実症例から学ぶ
小動物の画像診断

茅沼秀樹 編

100 Case Reports

文永堂出版

序　文

2004年2月からJVMに隔月連載でスタートし，2008年2月までの4年間，普段我々が遭遇する症例を提示してX線と超音波診断について解説を行ってきました。その後，2008年4月より2018年12月までは毎月連載となり，CTやMRI診断も取り入れ，15年間で169回となりました。実際に我々が診察した症例であるということを生かし，診断から治療に至る手順の中で，どのような目的でどのような画像検査を選択し，どのように活用したのか，または画像検査からどのような考察を経て確定診断や治療につなげたのかといった，通常の画像診断の本では載っていないような思考の流れについても解説してきました。今回，非常に長い連載期間の中から100症例を選別して1冊にしました。15年前と比べ現在では，画像診断機器が高性能化し，描出される画像の画質は非常に綺麗で高精細になりました。画質を優先すると，新しい検査機器を使用して検査された最近の症例ばかりになってしまいます。しかしながらこの本は，特徴的な画像所見を解説することだけではなく，様々な画像診断法の活用や応用についての解説も重要な趣旨としていることから，かなり過去の症例も選んだため，画質が綺麗でないものも含まれています。この点については，申し訳ありませんがご了承願いたいと思います。また，この連載では二次診療施設でも，なかなか遭遇しないようなめずらしい疾患は避けてきました。詳細が全く同一な症例に遭遇することはありませんが，この本で示された症例が普段の診療において皆様の参考になることを願う次第です。

最後に，長い間JVMに連載し，本書をまとめることになりましたが，多くの症例を我々に提供して下さった先生方，飼い主さんや動物たち，今回収載されなかった連載分も含め執筆して下さった先生方，文永堂出版の方々に感謝の意を表します。

2019年5月
茅沼秀樹

編集・執筆（敬称略）

茅沼秀樹　麻布大学獣医学部

共著者（五十音順・敬称略）

	【現所属】	【JVM 執筆時所属】
荒川太郎	つきしま動物病院	麻布大学獣医学部獣医放射線学研究室研究生
魚谷祐介	湘南動物愛護病院	麻布大学獣医学部附属動物病院放射線科専科研修医
小田切(島本)瑠美子	甲斐どうぶつ病院	麻布大学獣医学部附属動物病院全科研修医
金井詠一	麻布大学獣医学部外科学研究室	麻布大学獣医学部獣医放射線学研究室（大学院）
兼子祥紀	東大和獣医科病院	麻布大学獣医学部獣医放射線学研究室
木下淳一	木下動物病院	麻布大学獣医学部附属動物病院放射線科専科研修医
國廣(菅野)知里	MOMO 動物病院	麻布大学獣医学部附属動物病院全科研修医
佐竹恵理子	高野動物病院	麻布大学獣医学部附属動物病院放射線科専科研修医
柴田久美子		麻布大学獣医学部附属動物病院放射線科専科研修医
菅原優子	株式会社スカイベッツ	麻布大学獣医学部附属動物病院特任助手
杉山　観	杉山犬猫病院院	麻布大学獣医学部獣医放射線学研究室
芹澤昇吾	立川中央どうぶつ病院	麻布大学獣医学部附属動物病院画像診断科専科研修医
高尾将治	高尾動物病院	麻布大学獣医学部附属動物病院放射線科専科研修医
土持　渉	大岡山動物病院	麻布大学獣医学部附属動物病院放射線科専科研修医
外山康二	新浦安太田動物病院	麻布大学獣医学部附属動物病院放射線科専科研修医
中島(磯部)杏子	ベルジュ動物病院	麻布大学獣医学部附属動物病院全科研修医
西村匡史	西村獣医科病院	麻布大学獣医学部附属動物病院放射線科専科研修医
畑　岳史	かたせ江の島どうぶつ病院	麻布大学獣医学部附属動物病院放射線科専科研修医
廣間純四郎	みなみ野動物病院	麻布大学獣医学部附属動物病院放射線科専科研修医
深澤一将	深沢動物病院	麻布大学獣医学部附属動物病院放射線科専科研修医
福田祥子	どうぶつの総合病院	麻布大学獣医学部獣医放射線学研究室研究生
牧村(石原)さゆり	あかり動物病院	麻布大学獣医学部附属動物病院放射線科専科研修医
水野浩茂	ミズノ動物クリニック	麻布大学獣医学部附属動物病院放射線科専科研修医
宮田祥代	どうぶつのびょういん	麻布大学獣医学部附属動物病院全科研修医
守下　建	船橋どうぶつ病院	麻布大学獣医学部附属動物病院放射線科専科研修医
安川(伊予田)桃子	愛甲石田動物病院	麻布大学獣医学部附属動物病院放射線科専科研修医

目　次

頭　部

頭部・眼球

脳脊髄 -1

脳脊髄・内分泌

脳脊髄 -2

軸骨格

軸骨格・四肢

脳脊髄 -3

四　肢

四肢・胸部

四肢・循環

胸　部

胸部・循環

内分泌・循環

内分泌

肝 臓

肝臓・胆嚢

肝臓・胆嚢・腹腔

脾 臓

膵 臓

腎 臓

膀 胱

生殖器

生殖器・腹腔

消化管胸部

消化管 -1

消化管・腹腔

消化管 -2

腹腔・循環

腹 腔

体表・体壁

1．犬の真菌性鼻炎

症　例：ゴールデン・レトリーバー，雄，5 歳，体重 26.05kg。
主　訴：鼻出血，くしゃみ。
一般身体検査：右側前頭部の腫脹と疼痛が認められた。
問診特記事項：抗菌薬および消炎酵素薬を投与するも変化なし。

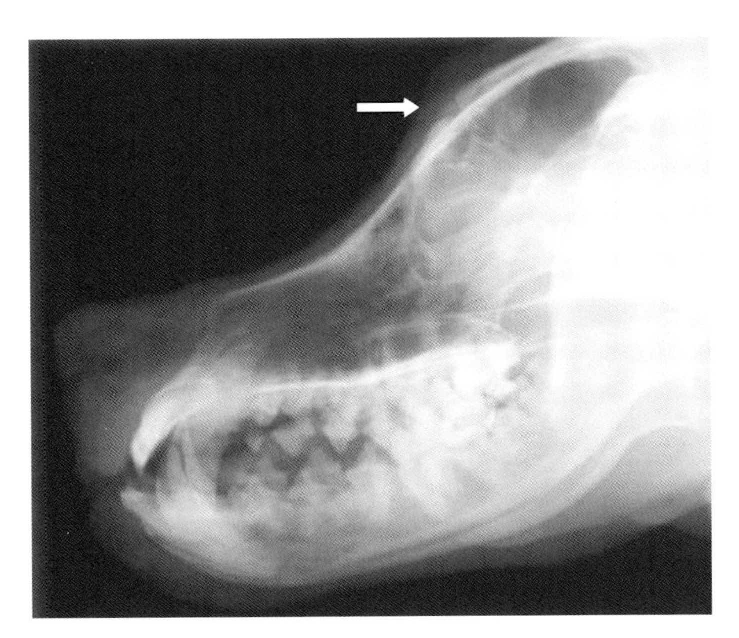

写真 1-1　腹部単純 X 線ラテラル像
鼻腔および前頭洞の軽度 X 線不透過性亢進，前頭骨の骨溶解を認める（矢印）。

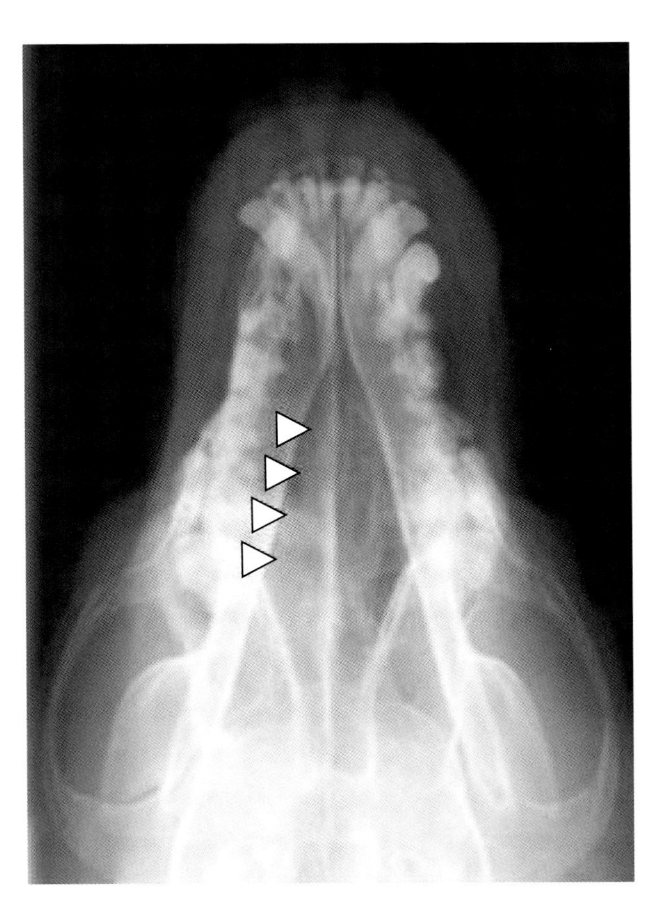

写真 1-2　腹部単純 X 線 DV 像
右側鼻腔の篩骨溶解を認め，X 線不透過性が亢進している（矢頭）。
鼻中隔を含む鋤骨の変位は認めない。

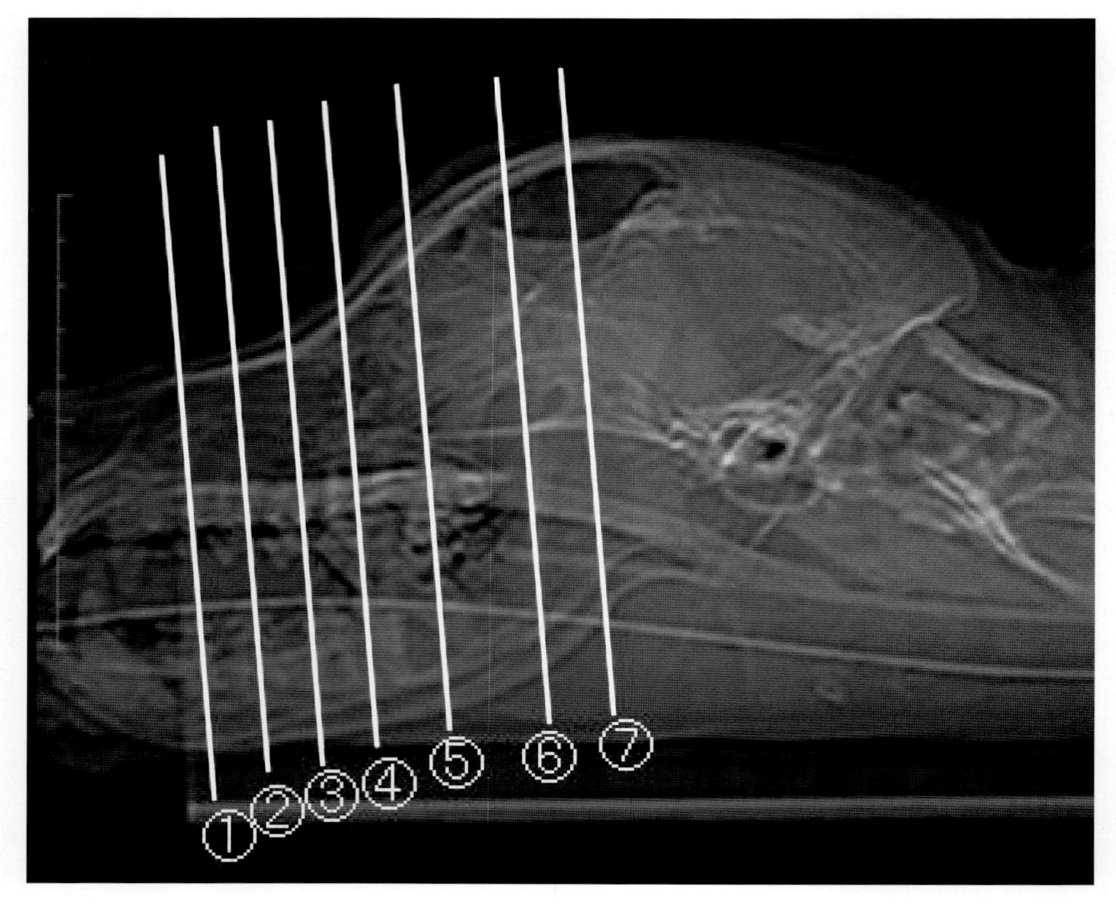

写真 1-3　CT 像（スキャノグラム）

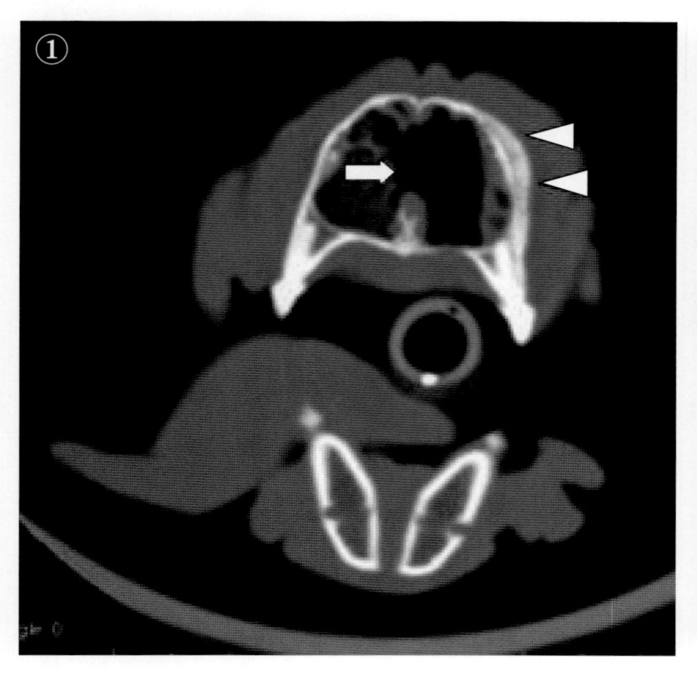

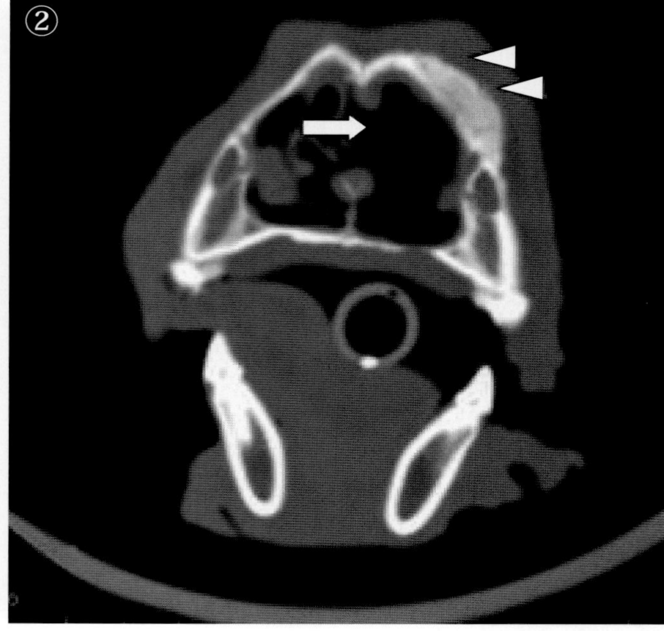

写真 1-4　写真 1-3 の①②における断面（CT 像）
鼻甲介の消失（矢印）および上顎骨の肥厚を認める（矢頭）。

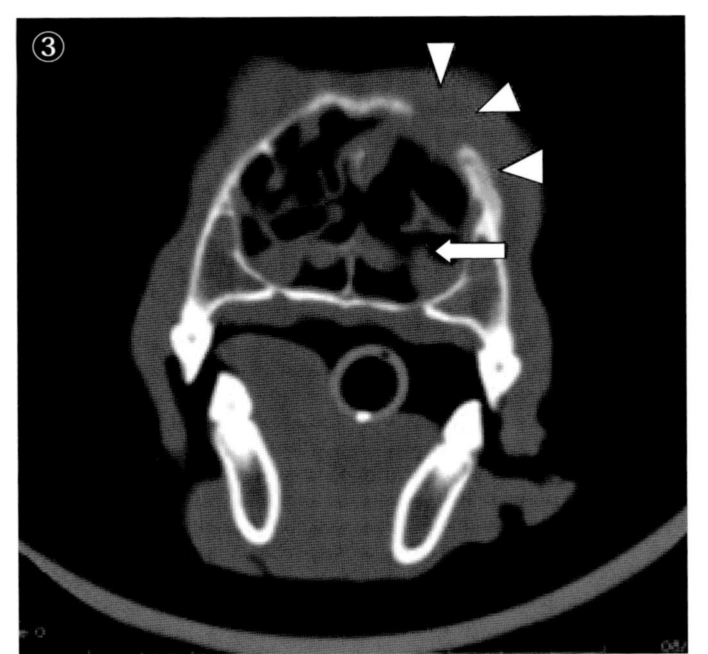

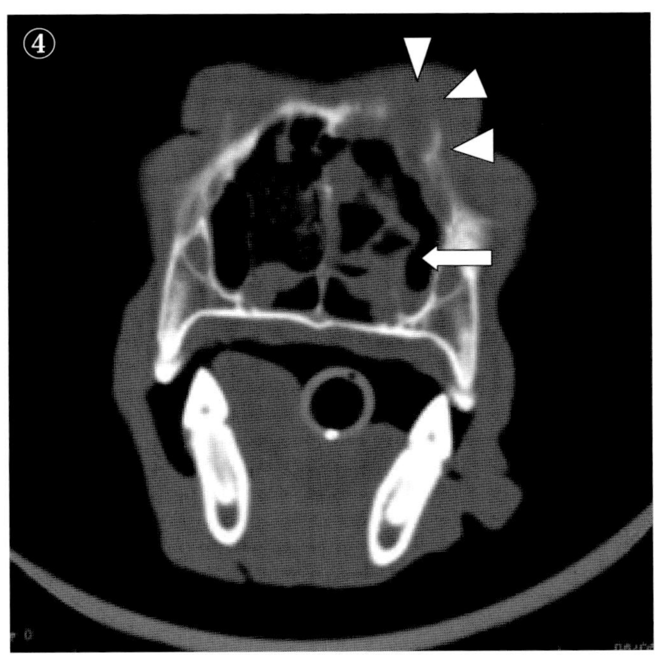

写真 1-5　写真 1-3 の③④における断面（CT 像）
篩骨の吸収と粘稠度の高い鼻汁の付着（矢印）および上顎骨の溶解を認める（矢頭）。

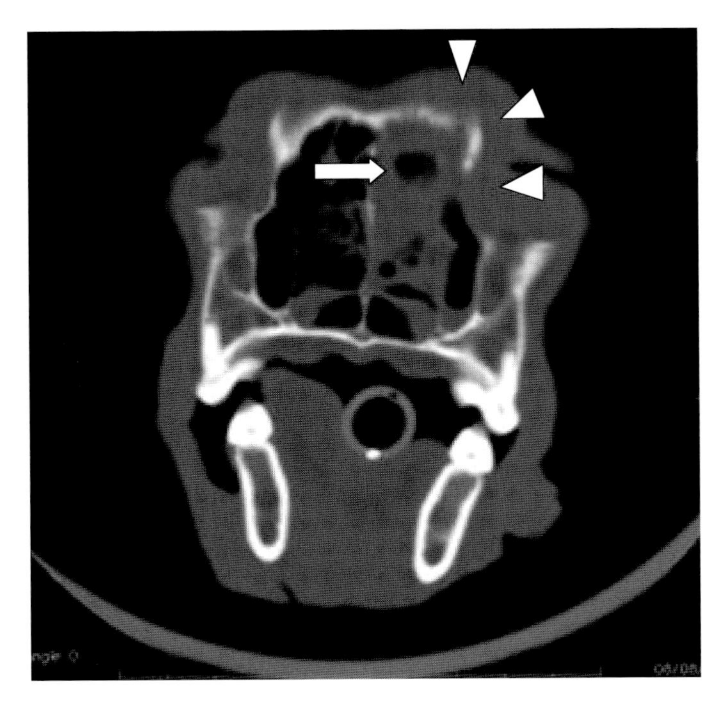

写真 1-6　写真 1-3 の⑤における断面（CT 像）
鼻腔の軟部組織デンシティーによる充満とその中のガス陰影（矢印），前頭骨の溶解像を認める（矢頭）。

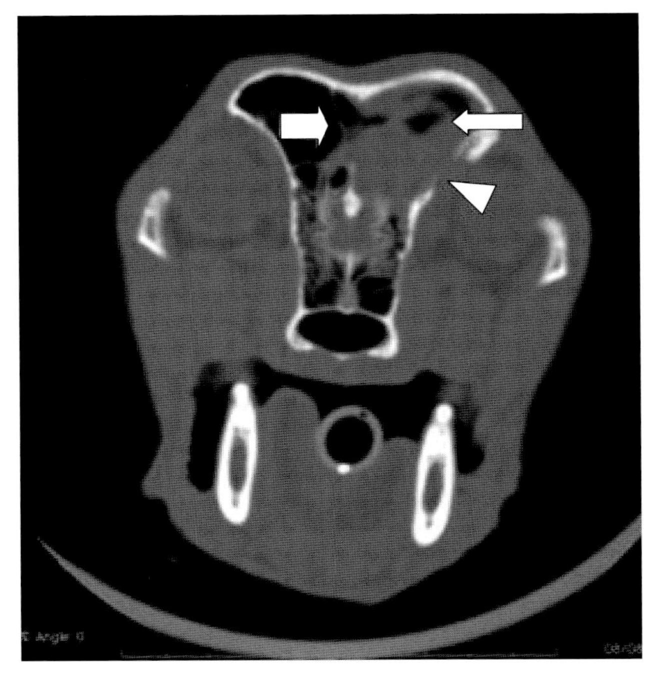

写真 1-7　写真 1-3 の⑥における断面（CT 像）
前頭洞の軟部組織デンシティーによる充満とその中のガス陰影（細矢印），鼻中隔の変位および病変の左側への浸潤（太矢印），前頭骨の溶解像（矢頭）を認める。

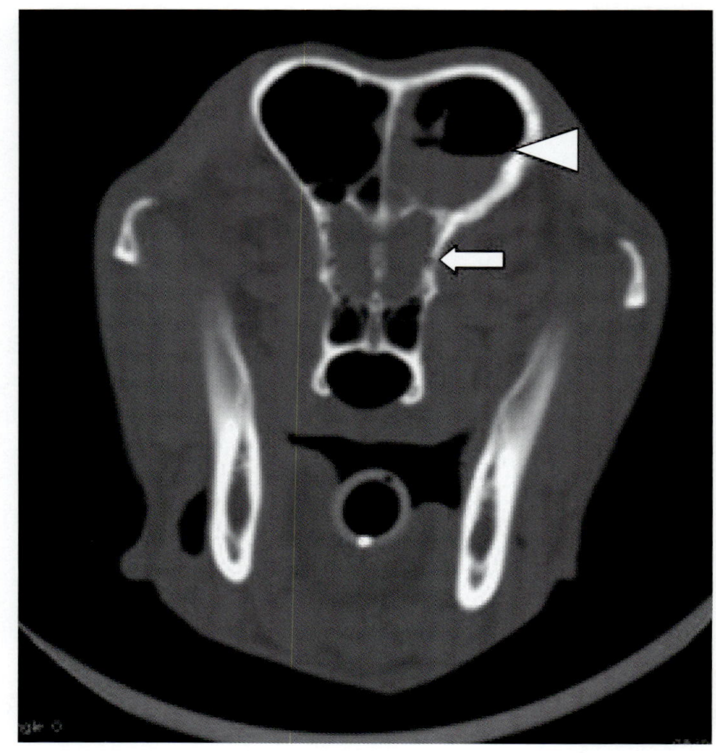

写真 1-8　写真 1-3 の⑦における断面（CT 像）
右側前頭洞内に境界明瞭かつ辺縁がスムーズで，重力方向と平行なラインを形成している軟部組織デンシティー（液体を疑う）を認め（矢頭），篩板の破壊は認めない（矢印）。

❖コメント❖

鼻出血，くしゃみを主訴に来院する症例は炎症性疾患，歯芽疾患，腫瘍性疾患のいずれかが多い。確定診断には病理組織検査が必須であるが，生検時における採材の位置や組織の状態によっては確定診断が得られない場合がある。よって画像検査を行い，より詳細に鼻腔内の状況を把握した上で生検を行うことが望ましい。

X 線検査における鼻腔疾患の所見としては鼻腔内の X 線不透過性の亢進，鼻腔内外の骨吸収などが挙げられるが，特異性が低く，骨に囲まれた領域であるため感度も低い。また，歯芽疾患については X 線での診断が可能なものの，一般 X 線撮影では困難であり，歯科用 X 線が必要となる。

CT および MRI 検査は，X 線検査と比較して解剖学的構造の重複がない横断像が得られ，より高い分解能を有している。特に CT は骨病変や歯芽疾患の診断に優れている。一方で，MRI は軟部組織（腫瘍または鼻汁の鑑別）に優れる。しかしながら，確定診断は画像所見というよりはむしろ，生検による病理診断に依存する。さらに，腫瘍と診断された場合，MRI は放射線治療の治療計画に直接用いられることはないが，CT は X 線吸収率によって画像化されているため，診断に用いた CT 像をそのまま使用して放射線治療計画が行えるというメリットがある。

本症例は一般身体検査および X 線検査において，前頭部の腫脹と骨破壊が認められた（写真 1-1，2）ため，CT 検査を行った。

所見としては，明確な腫瘍による占拠病変というよりは軟部組織デンシティーとガスデンシティーの混合病変を認め（写真 1-6，7），さらに前頭洞内には，重力方向と平行な面を形成している軟部組織デンシティーの辺縁が観察された（写真 1-8）ため，炎症による液体浸出が疑われる。しかしながら，骨破壊の程度は，通常の炎症によるものと比較し，非常に重度である。

診断は骨破壊部から鼻腔内へ皮膚生検用パンチを行い，その穴から生検鉗子を用いて採材を行った。その結果，真菌感染性鼻炎と診断された（コメント写真 1-1）。

抗真菌薬の投与を行い 2 か月後の CT 検査では完治していないものの，改善が認められた（コメント写真 1-2）。

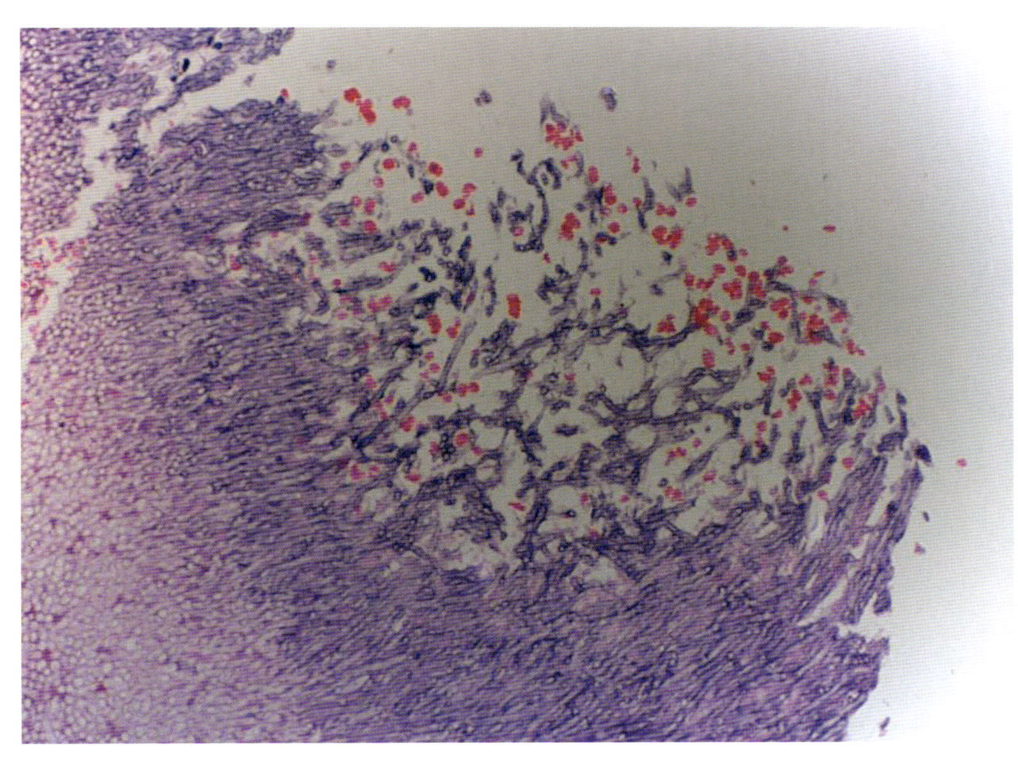

コメント写真 1-1　樹枝上に分岐する菌糸が観察される肉芽腫性病変

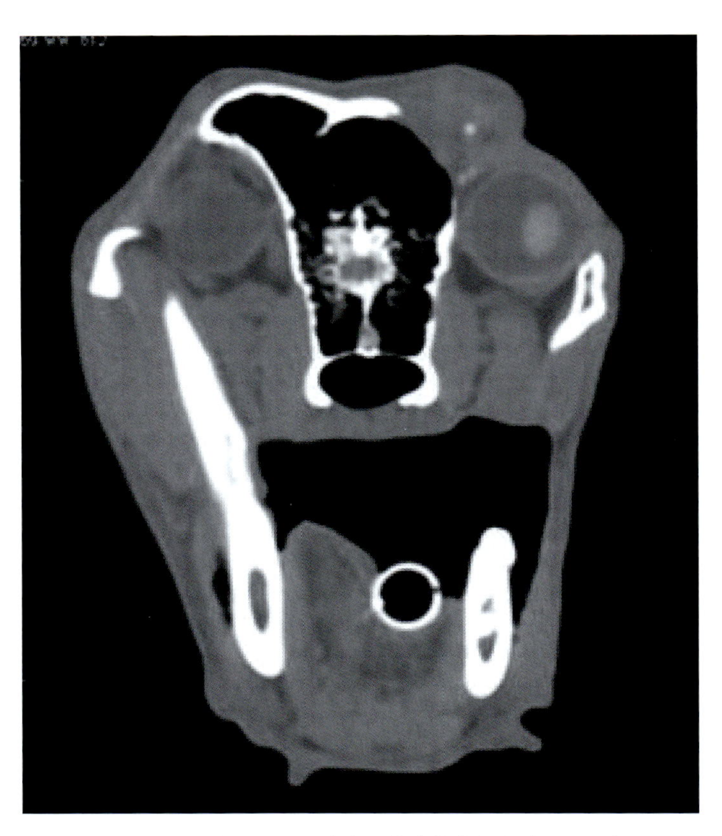

コメント写真 1-2　再診時（抗真菌薬投与後 2 か月）
右側前頭洞と鼻腔の占拠病変の改善を認める。

2．犬の鼻腔内腫瘍

症　例：雑種犬，避妊雌，14 歳。

主　訴：4 か月前より，くしゃみと鼻出血が認められる。抗菌薬，消炎剤を投与するが，症状の改善がみられない。

一般身体検査：異常なし（来院時は，鼻出血なし）。

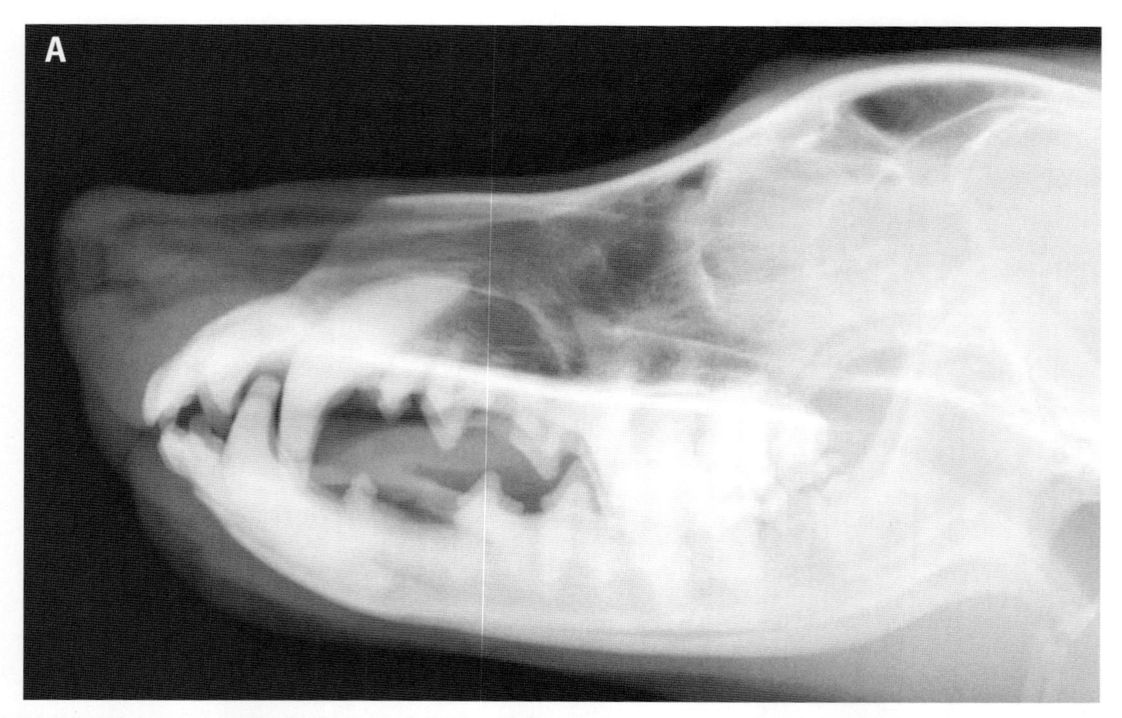

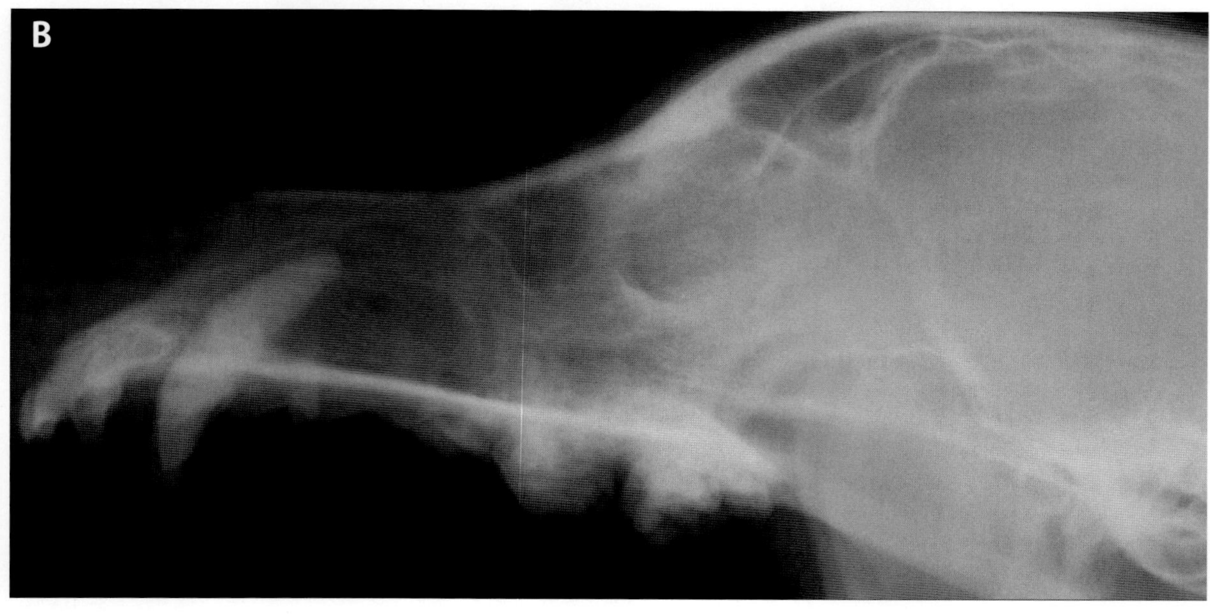

写真 2-1　鼻腔単純 X 線ラテラル像（A：正常犬，B：症例）

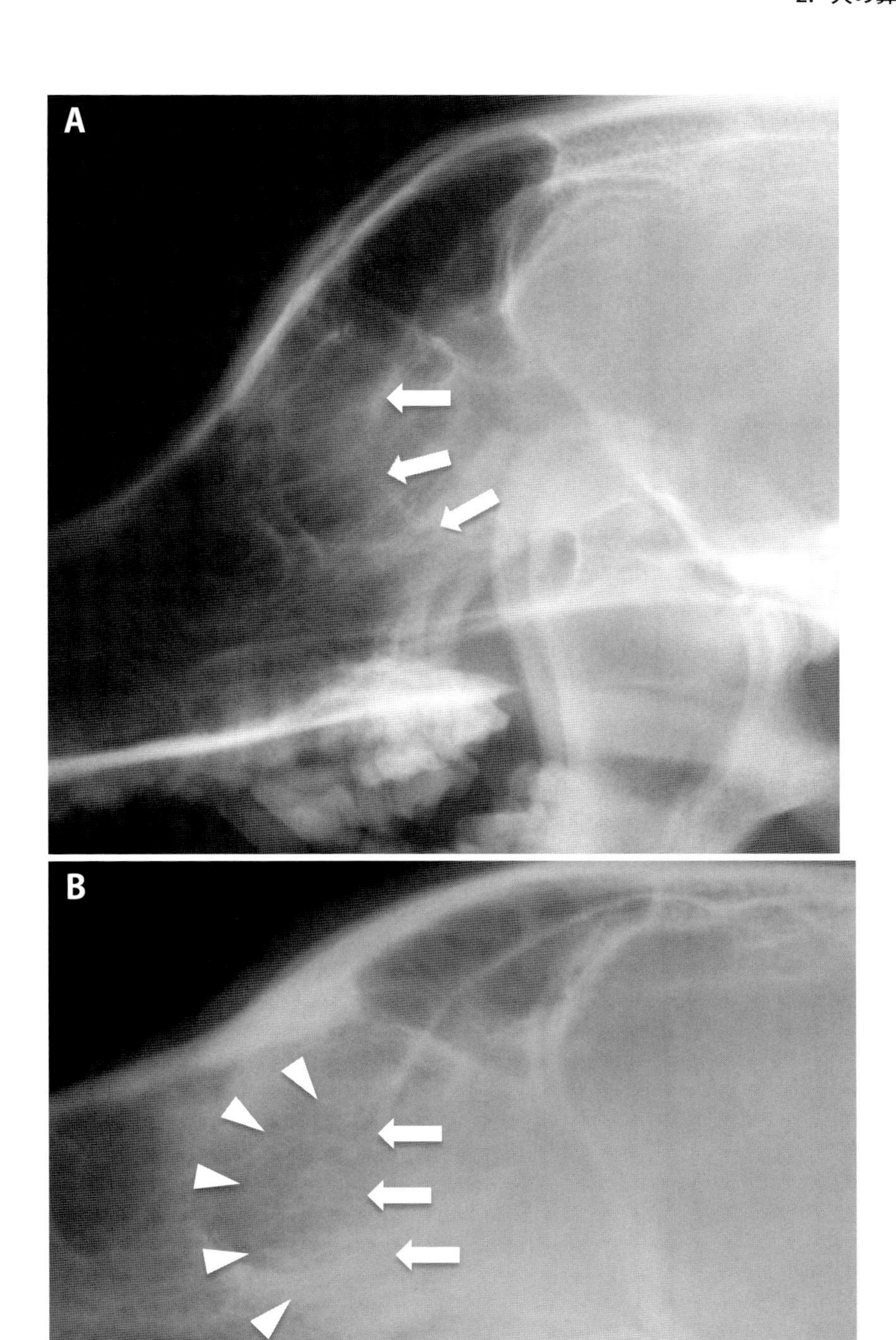

写真 2-2　写真 2-1 の拡大像（A：正常犬，B：症例）
正常犬では，篩骨の篩板（鼻腔と脳組織を隔てている骨）を示す X 線不透過性のライン（矢印）が明瞭に認められるが，症例では篩板ラインが不鮮明であり（矢印），篩板の骨溶解が疑われる。また，篩板頭側の鼻腔の X 線不透過性が亢進している（矢頭）。

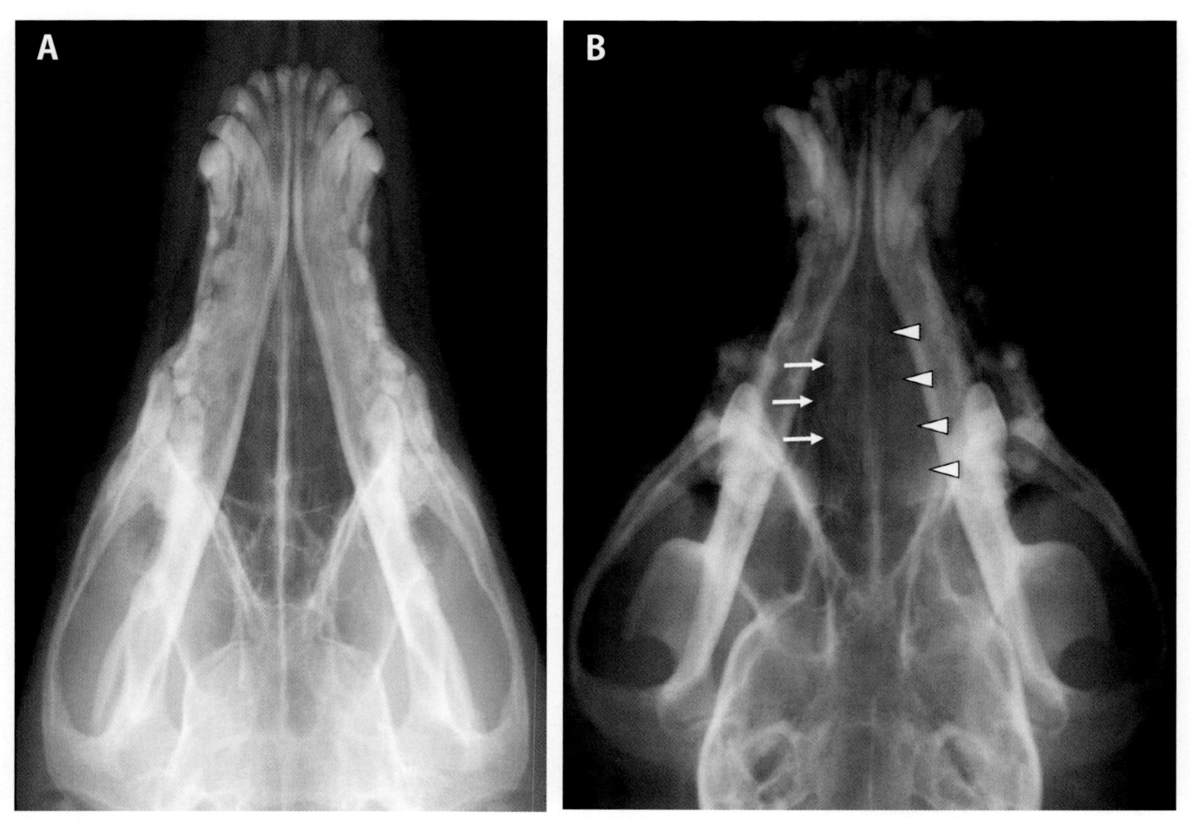

写真 2-3　鼻腔単純 X 線 DV 像（A：正常犬，B：症例）
正常犬の鼻腔内は，X 線透過性であり内部には線状の鼻甲介陰影がみられる。一方，症例では，右鼻腔の全域（矢頭）および左鼻腔の一部（矢印）に，X 線不透過性の亢進と鼻甲介陰影の消失が認められる。

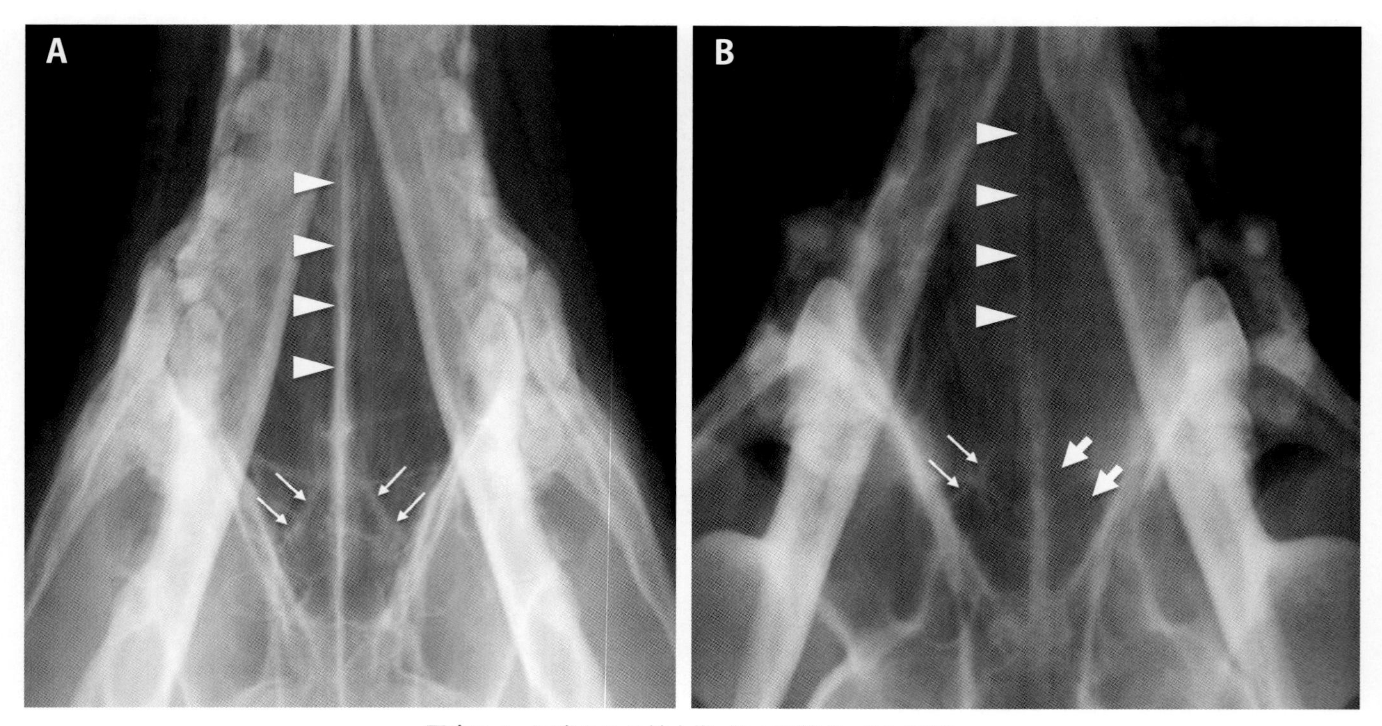

写真 2-4　写真 2-3 の拡大像（A：正常犬，B：症例）
正常犬では，左右の篩板ライン（細矢印）および鼻中隔（矢頭）が明瞭に認められる。一方，症例では，左側の篩板ライン（細矢印）は明瞭に観察されるが，右側の篩板ライン（太矢印）と吻側の鼻中隔（矢頭）が不鮮明である。

写真 2-1 ～ 4 の単純 X 線所見から，症例の鼻腔内には，骨溶解を伴った X 線不透過性病変が存在するものと考えられる。しかし，これらの単純 X 線所見は特異性が低く，鼻腔内腫瘍以外にも感染性およびアレルギー性鼻炎，異物，歯牙疾患なども考えられることから，病変の詳細把握と組織生検を目的として，麻酔下での CT 検査を実施した。

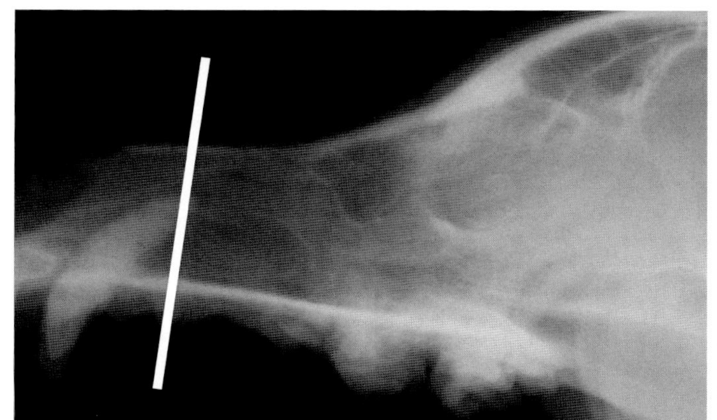

CT 像の横断位置

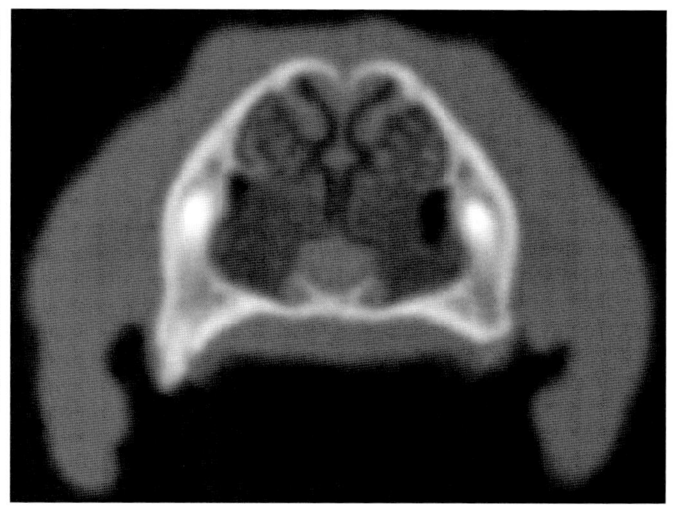

正常犬

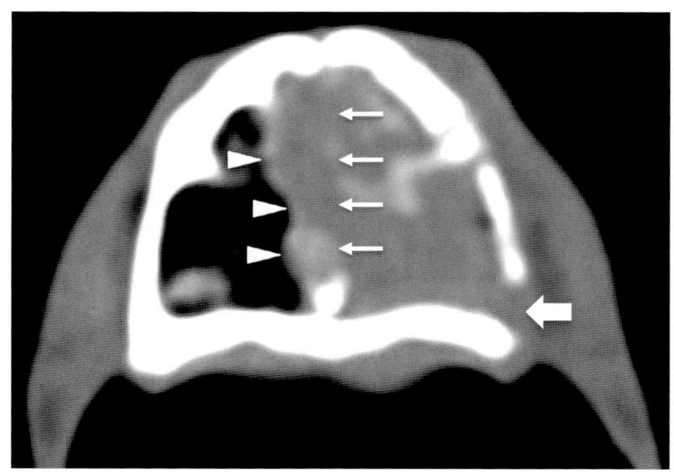

症例（軟部組織条件）

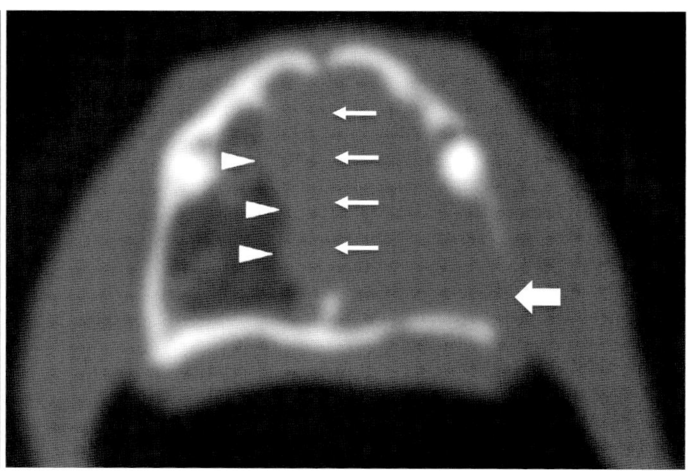

症例（骨条件）

写真 2-5　CT 横断像（上顎犬歯後方レベル）
正常犬の鼻腔内には，網目状の鼻甲介および左右の鼻腔を分ける鼻中隔が明瞭に観察される。一方，症例では，右側鼻腔内を軟部組織デンシティーの病変が占拠しており，鼻甲介が消失している。鼻中隔の一部は溶解し（細矢印），病変が右側鼻腔から左側鼻腔へ侵入しており（矢頭），右側上顎骨の一部には骨溶解が認められる（太矢印）。

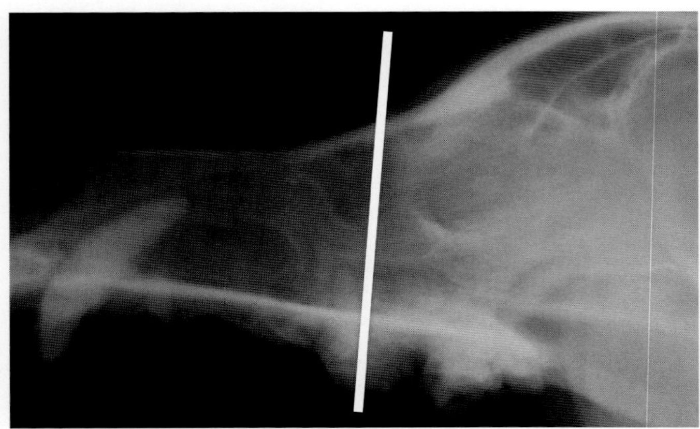
CT 像の横断位置

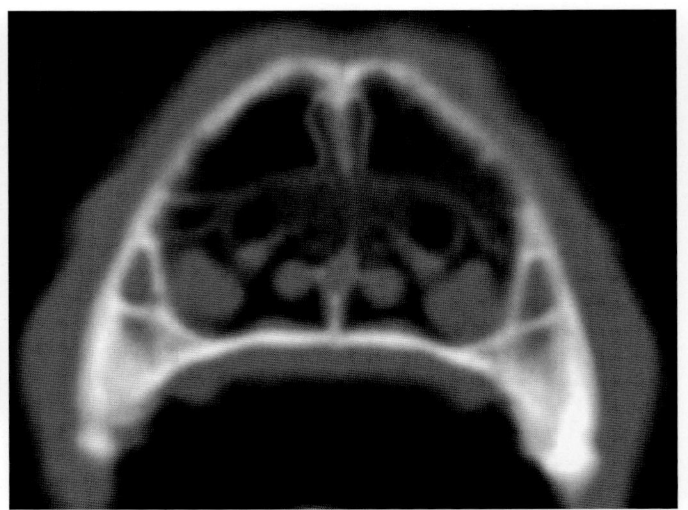
正常犬

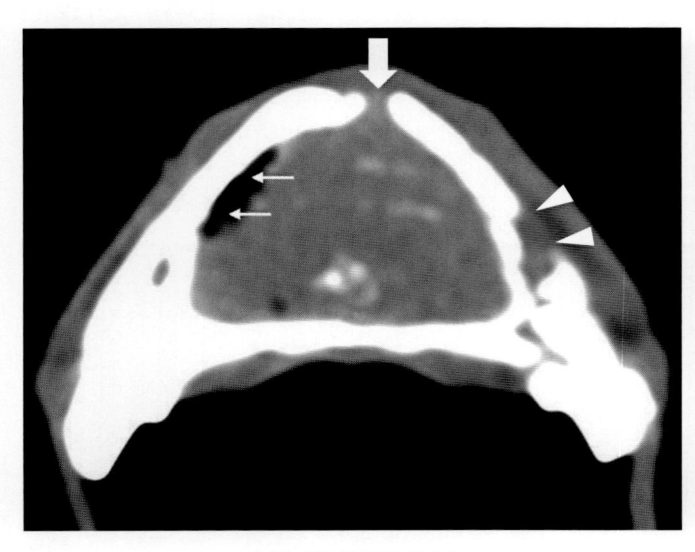
症例（軟部組織条件）

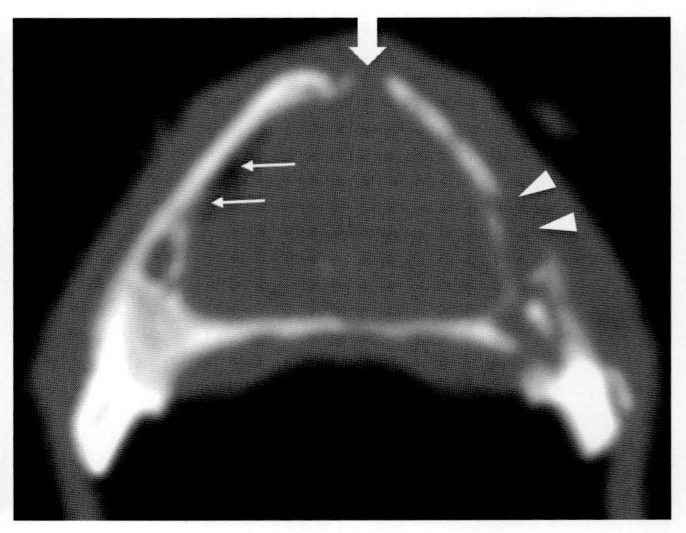
症例（骨条件）

写真 2-6　CT 横断像（上顎第 3 前臼歯レベル）
正常犬では，鼻骨および上顎骨は左右対称であり，また，鼻腔内には十分な気道スペースが存在する。一方，症例では，右側鼻骨の一部（太矢印）と右側上顎骨の一部（矢頭）の連続性が欠如しており，骨溶解がみられる。また，鼻腔内のほぼ全域が軟部組織デンシティーの病変に占拠されており，左側の一部を残し（細矢印），気道の大部分が閉塞している。

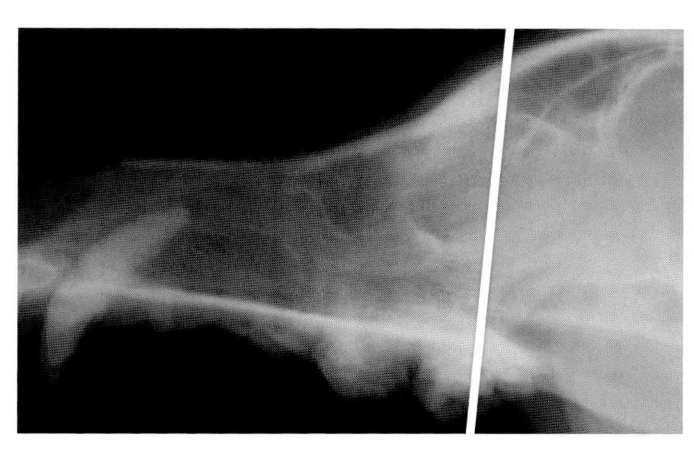

CT 像の横断位置

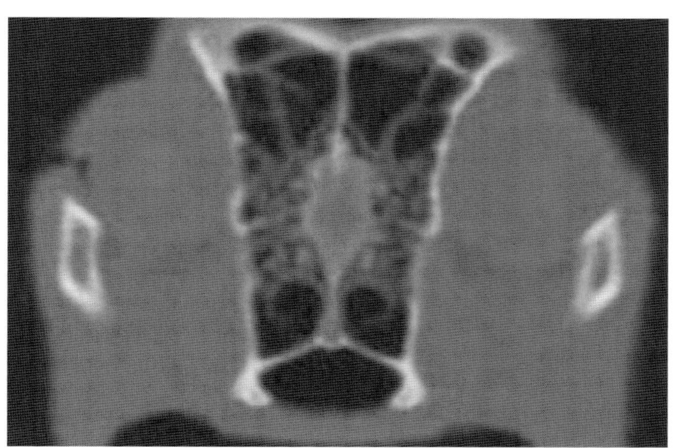

正常犬

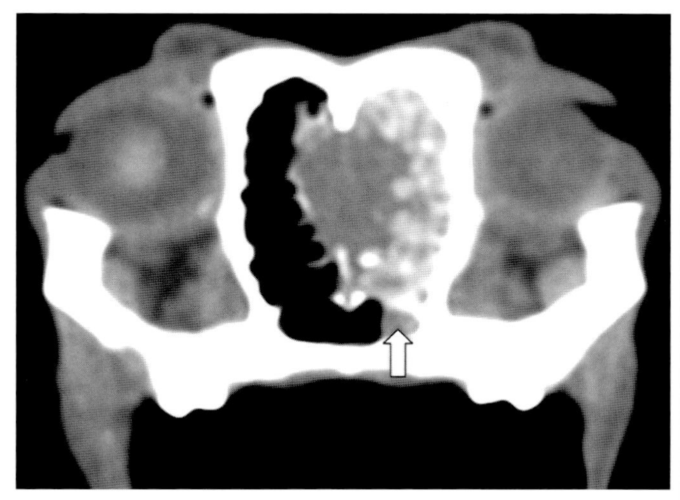

症例（軟部組織条件）

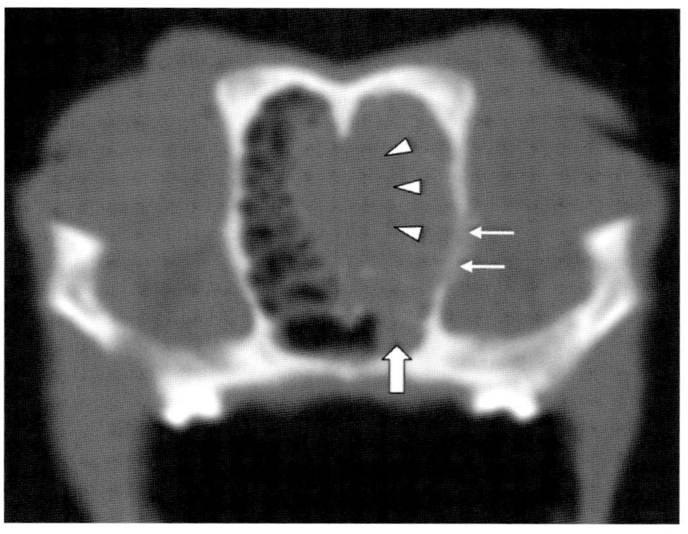

症例（骨条件）

写真 2-7　CT 横断像（上顎第 1 後臼歯レベル）
正常犬では，鼻咽頭はX線透過性であり，篩板，眼窩骨は正常に認められる。一方，症例では，右側鼻咽頭に右側鼻腔内より連続する軟部組織デンシティーの病変が認められ，鼻腔内病変の鼻咽頭浸潤がみられる（太矢印）。また，右側の篩板が消失している（矢頭）。眼窩骨には，混合性の骨溶解・骨増殖性病変が認められる（細矢印）。

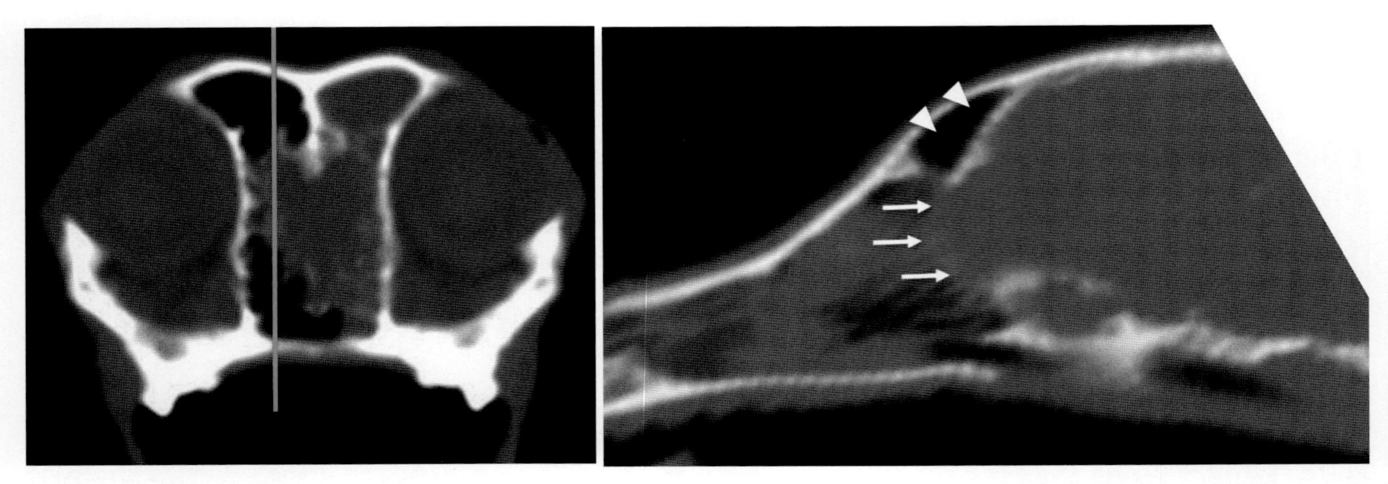

写真 2-8 前頭洞レベル CT 横断像（左），および，青線ライン（正中より左寄り）での MPR 縦断像（右，骨条件）
左側前頭洞は X 線透過性であり（矢頭），左側の篩板（矢印）は正常に認められる。

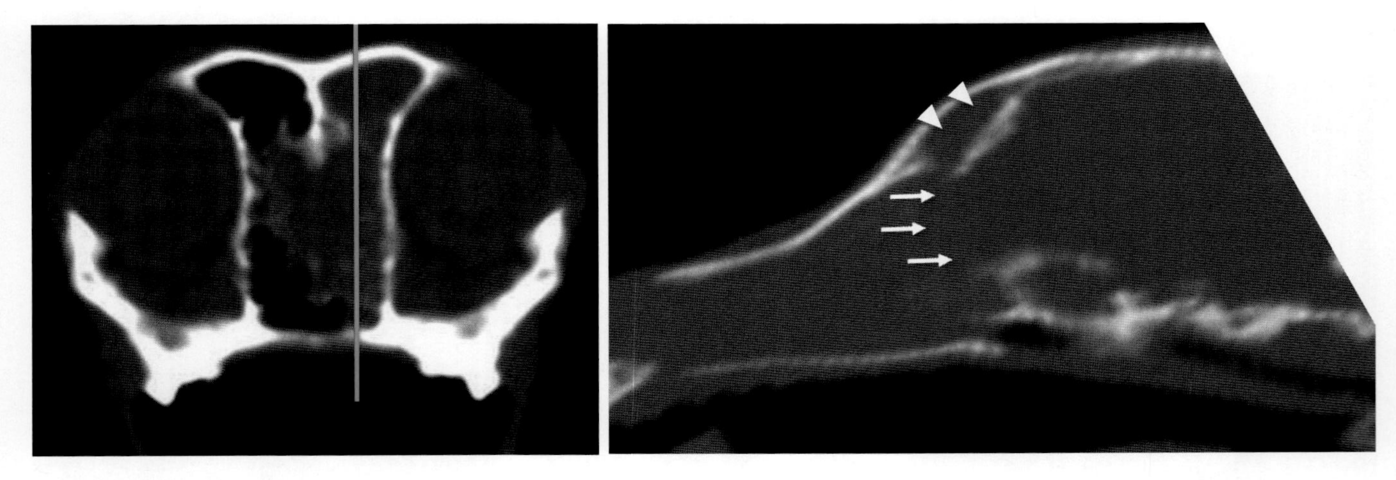

写真 2-9 前頭洞レベル CT 横断像（左），および，青線ライン（正中より右寄り）での MPR 縦断像（右，骨条件）
右側前頭洞は X 線不透過性であり，病変の浸潤が疑われる（矢頭）。また，右側篩板の溶解が認められることから（矢印），病変が頭蓋腔に浸潤していることがわかる。しかし，CT 検査では，軟部組織の分解能が低いため，脳浸潤の有無を判断することは不可能である。

写真 2-5 ～ 9 の CT 像から，症例の右側鼻腔内には軟部組織デンシティーの占拠性病変が存在し，骨破壊を伴って周辺組織に浸潤していることがわかる。強い浸潤性と骨破壊所見からは鼻腔内腫瘍が最も強く疑われるが，確定診断には病理組織検査が必要となるため，CT 像を参考にし，組織生検を実施した。その結果は，鼻腺癌であった。

❖コメント❖

鼻腔内腫瘍の犬において最もよく認められる症状は，くしゃみ，鼻汁，鼻出血といった非特異的なものであり，これらの症状は，他の鼻腔内疾患（感染性，およびアレルギー性鼻炎，外傷，異物，歯牙疾患など）でも同様に認められる。また，鼻腔は，周囲を骨で囲まれているために，視診や触診の実施が困難である。そのため，鼻腔内病変の診断には，画像検査が必須となる。画像検査の目的としては，鼻腔内病変の存在診断，病変の周囲組織浸潤と骨破壊の評価，適切な生検部位を判断するためのガイドとしての利用などが挙げられる。画像検査から疾患の特定を行うことは不可能であり，確定診断は病理組織検査によってのみ行われるが，採材位置によっては病変を反映しない場合があるため，画像検査の結果を参考にし，適切な位置で生検することが重要である。また，周囲組織浸潤および骨破壊の所見は，鼻腔内腫瘍におけるステージ分類に利用されており，画像検査の所見から，予後の推測を行うことができる。

鼻腔内に発生した腫瘍の画像検査には，単純X線検査，CT検査，MRI検査などが用いられている。単純X線検査で鼻腔内腫瘍にみられる異常としては，鼻腔内のX線不透過性亢進，鼻中隔や鼻甲介陰影の消失，鼻腔周囲の骨のX線透過性亢進などが挙げられるが，感度や特異性が低く，より詳細な病状の把握と確定診断を得るためには，断層画像検査や組織生検が必要となる。しかし，単純X線検査は，特殊な設備や全身麻酔，高額な検査費用を必要としないため，一般開業施設において簡易に実施が可能であり，また，さらなる精査へ進むべきかどうかの判断材料には十分になり得る。特に，単純X線検査において，鼻腔周囲の骨溶解が認められた場合には，腫瘍性疾患が強く疑われるため，断層画像検査および組織生検に進む根拠となる。一方，CT検査やMRI検査などの断層画像検査は，骨の重複による影響を受けず，形態学的異常の検出に優れている。そのため，鼻腔内病変の存在診断だけでなく，眼窩，前頭洞，鼻咽頭，口腔，脳などの周囲組織浸潤を知ることも可能である。特にCT検査は，骨病変の診断に優れており，より詳細な骨浸潤の評価が可能である。さらに，多断面構成法（MPR）を用いることで，任意の断面で多方向から観察することができ，細部にわたる評価が可能となる。また，CT検査の結果から，歯根の評価も行うことができるため，歯牙疾患の除外が可能である。しかしながら，CT検査は，腫瘤性病変と分泌物の区別が困難である。一方，MRI検査は，軟部組織の分解能に優れるため，鼻腔の腫瘤性病変と分泌物の区別が可能であり，また，脳の腫瘍浸潤が疑われる症例においては，より詳細な脳の評価が可能となる。しかし，骨破壊の評価に関しては，CT検査よりも劣る。このように，CT検査，MRI検査ともにそれぞれ利点と欠点があるが，CT検査，MRI検査どちらかまたは両者を行ったとしても，最終的な確定診断は病理組織検査となる。

3．犬の根尖周囲膿瘍

症　例：トイ・プードル，去勢雄，4 歳。

主　訴：約 2 年前より右眼窩下に瘻管を認め，抗菌薬の投与や瘻管洗浄を実施したが改善がみられない。

一般身体検査：右眼窩下に瘻管が形成され，瘻孔より排膿を認めた。歯周炎や歯肉炎などは軽度であり，瘻管との関連性は不明であった。

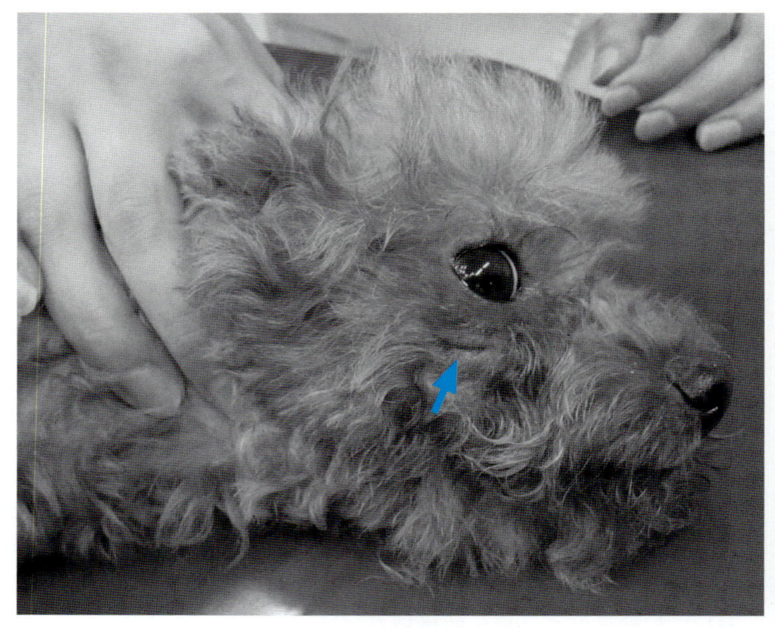

写真 3-1　症例の外貌写真
右眼窩下に瘻管が形成され，瘻孔より排膿を認める。排液の塗抹では細菌感染による炎症細胞の貪食像が観察された。

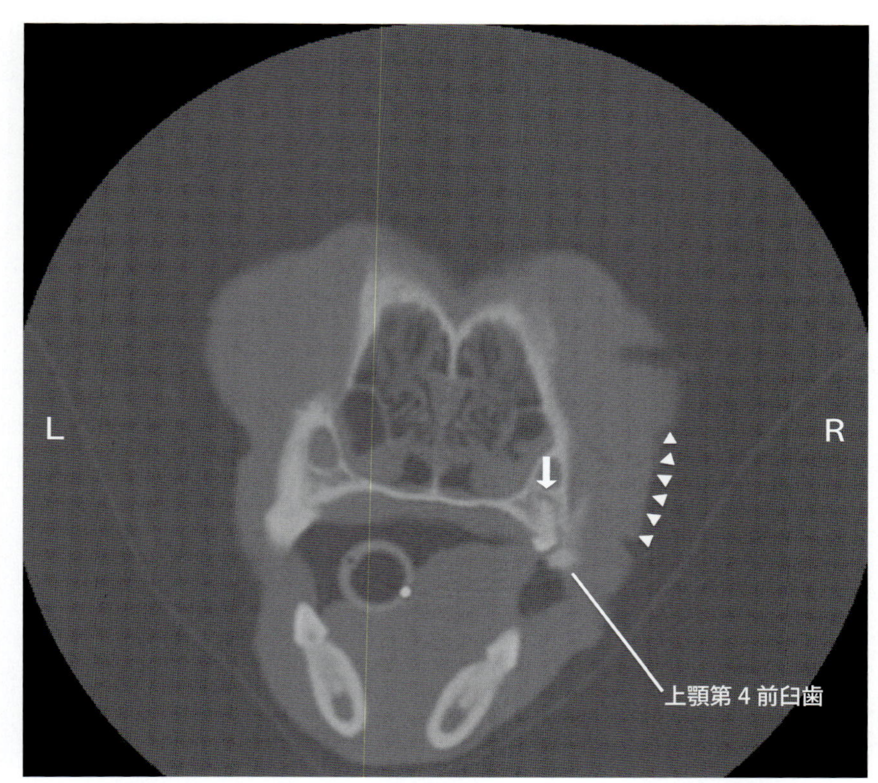

写真 3-2　CT 横断像〔上顎第 4 前臼歯（近心口蓋根）レベル〕
右眼窩下に軟部組織の腫脹はあるものの（矢頭），右上顎第 4 前臼歯の近心口蓋根に異常は認めない（矢印）。

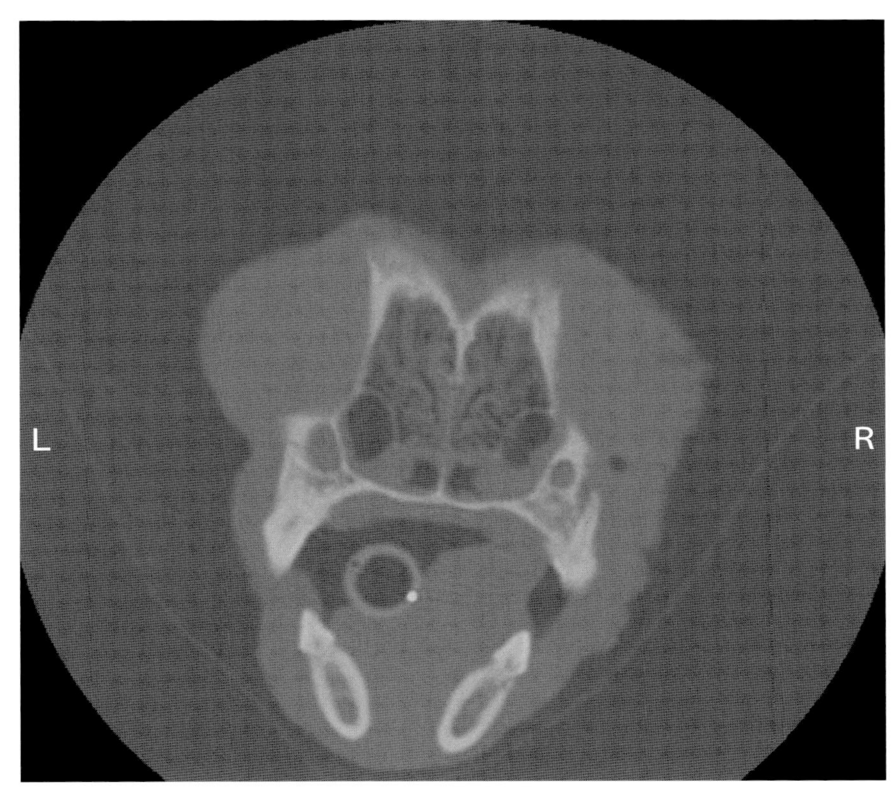

写真 3-3　CT 横断像〔上顎第 4 前臼歯（近心頬側根）レベル〕

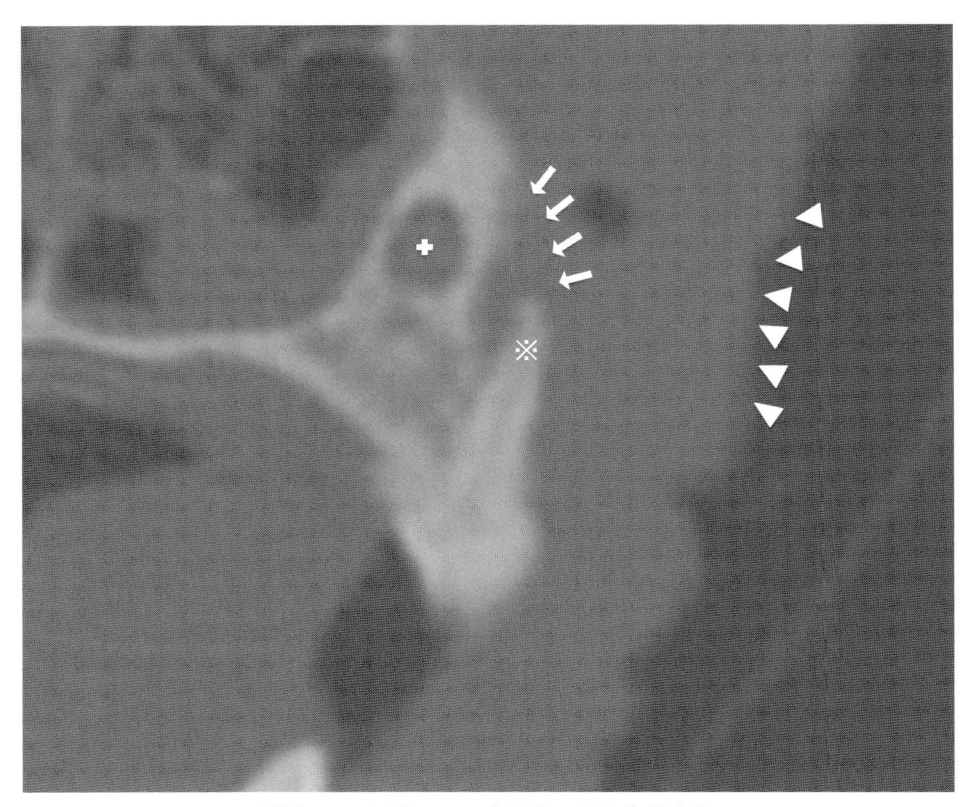

写真 3-4　写真 3-3 の上顎第 4 前臼歯拡大像

上顎第 4 前臼歯の近心頬側根は眼窩下管（＋）の頬側に位置する。右上顎第 4 前臼歯の近心頬側根（※）周囲の歯槽骨が消失し，上顎骨も骨溶解を認める（矢印）。同領域を中心に右眼窩下の軟部組織は腫脹している（矢頭）。

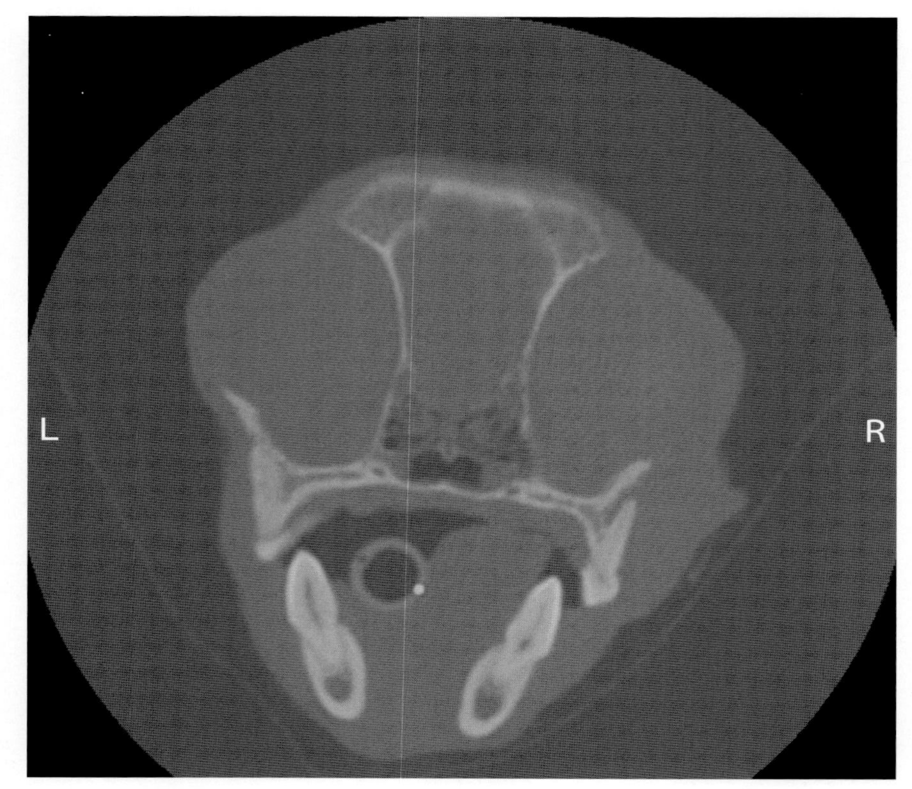

写真 3-5　CT 横断像〔上顎第 4 前臼歯（遠心根）レベル〕

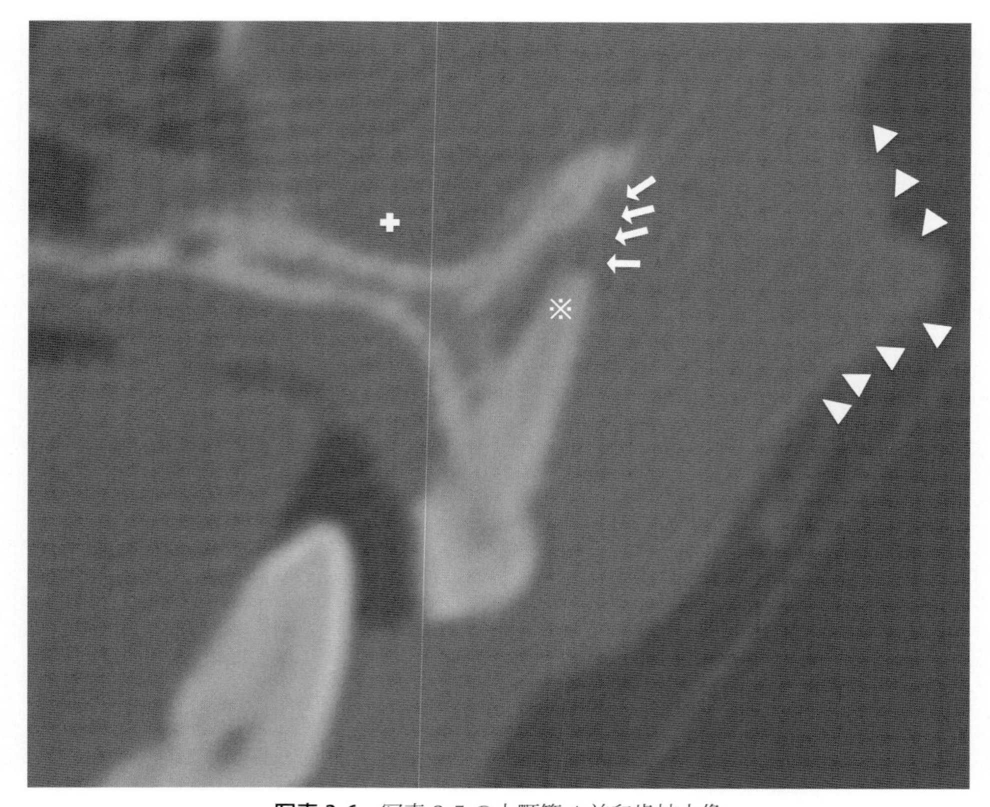

写真 3-6　写真 3-5 の上顎第 4 前臼歯拡大像
上顎第 4 前臼歯の遠心根は翼口蓋窩（✣）の頰側に位置する。右上顎第 4 前臼歯遠心根（※）周囲の歯槽骨が消失し，上顎骨も骨溶解を認める（矢印）。同様に右眼窩下の軟部組織は腫脹している（矢頭）。

❖コメント❖

根尖周囲膿瘍（根尖膿瘍，歯槽膿瘍，歯−歯槽膿瘍）は一般的に認められる根尖性歯周疾患の1つであり，根尖周囲組織に化膿性炎症による膿が貯留した状態のことである。この化膿性炎症は歯牙の破折や齲蝕による細菌感染，化学的刺激，温熱刺激などを原因とする歯髄炎や歯髄壊死に続発していることが多く，この結果，根尖周囲肉芽腫（根尖性歯周炎），根尖周囲肉芽嚢胞，根尖周囲膿瘍などの根尖周囲病巣の病態に進行すると考えられている。このため，外観上歯冠部に辺縁性歯周疾患（歯周炎や歯肉炎など）が存在しなくても本疾患を除外することは困難であり，診断と鑑別には画像検査と組織検査が必要となる。急性期には疼痛や発熱，リンパ節腫大などの症状を認めるが慢性化すると無症状のこともあり，臨床的には貯留した膿による局所の腫脹や皮膚，口腔粘膜，鼻腔に形成された瘻管（外歯瘻，内歯瘻，口腔鼻腔瘻）と瘻孔からの排膿や鼻汁で初めて飼い主が気づくことが多い。

根尖周囲病巣の診断に単純X線検査は有用であるが，診断精度の高い有用な写真を得るためには，撮影条件やポジション，手技，経験を含む多くの要素が関与する。特に外歯瘻を起こしやすいとされる上顎第4前臼歯などの多根歯は，歯根が重複しないようなポジションが要求され，撮影技術を必要とする。また，単純X線検査は骨に含まれるカルシウムの30～50%の脱灰が生じなければ異常所見として認識されないため，それ以前の初期病変の検出は困難である。一方，CT検査やMRI検査などの断層画像検査は複雑な口腔内構造や頭蓋骨構造の影響を受けることなく病変の特定と病巣の診断が可能である。特に骨病変を抽出するのに優れているCT検査は歯牙疾患に有用とされ，同時に病変と周辺組織の連続性を評価することで鼻腔内疾患や眼窩内もしくは眼窩周囲疾患，頭蓋内疾患との鑑別も可能である。このため特殊設備ではあるものの単純X線検査による評価が困難な場合，本疾患を含む根尖性歯周疾患に対するCT検査の有用性は非常に高い。

本症例はCT検査を実施した結果，右上顎第4前臼歯の根尖周囲膿瘍に起因する外歯瘻（眼窩下瘻管）と診断した。治療は右上顎第4前臼歯の抜歯を行い，培養検査において*Corynebacterium* sp.が検出されたことから感受性が確認されたミノマイシンを投薬した。

4．呼吸困難の猫の１例

症　例：雑種猫，雄，4 歳，体重 4.0kg。
主　訴：努力性呼吸。
一般身体検査：閉塞性呼吸音，開口呼吸，チアノーゼ。
問診特記事項：1 年間，内科治療（抗菌薬，消炎剤，ステロイド剤）を行うも改善なし。鼻汁や鼻出血，顔面の変形などは認められない。

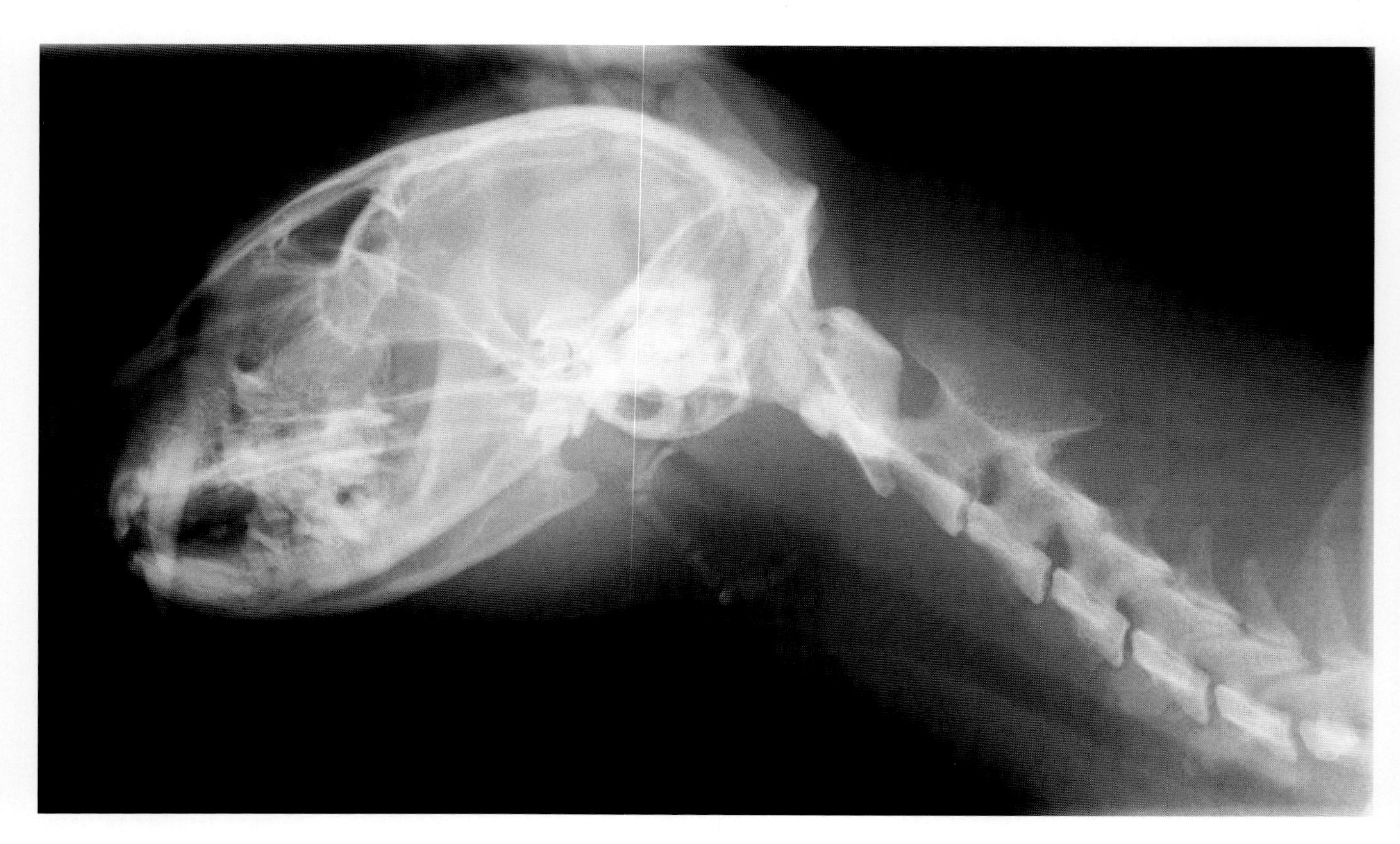

写真 4-1　頭部単純 X 線ラテラル像
上顎骨や口蓋骨などの骨融解は認められず，鼻腔や前頭洞の透過性も正常である。

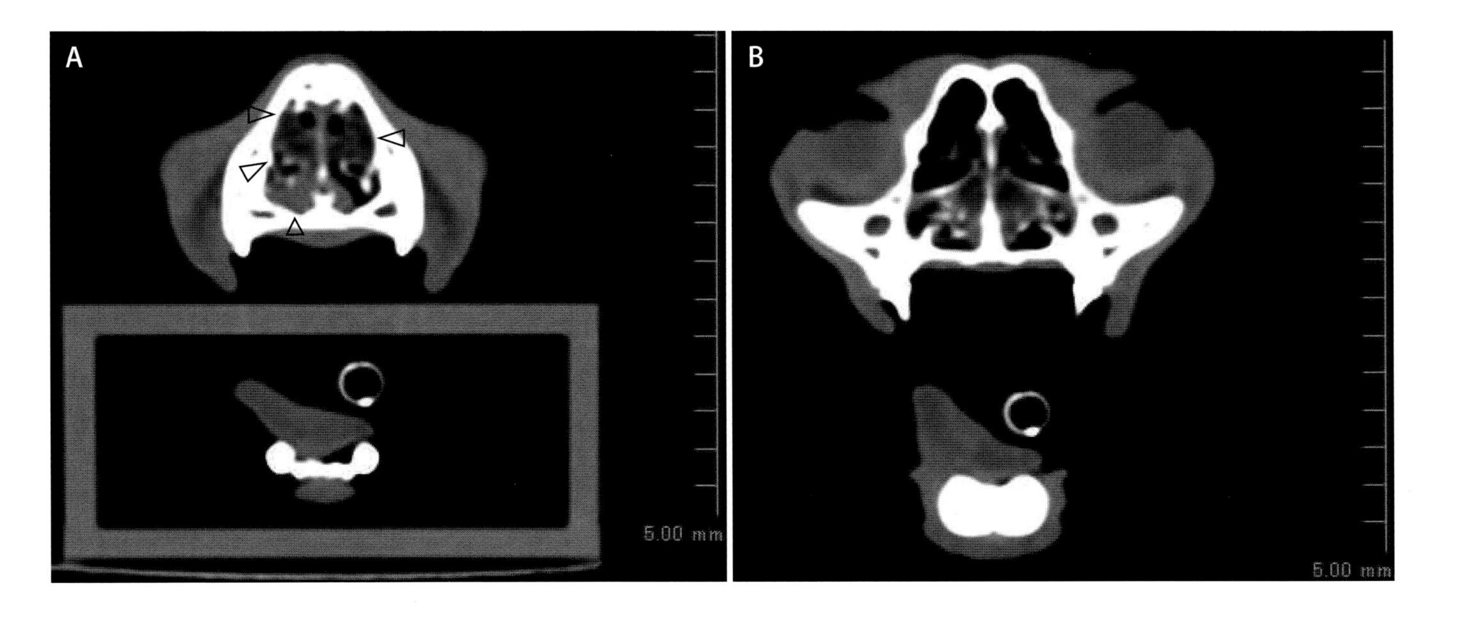

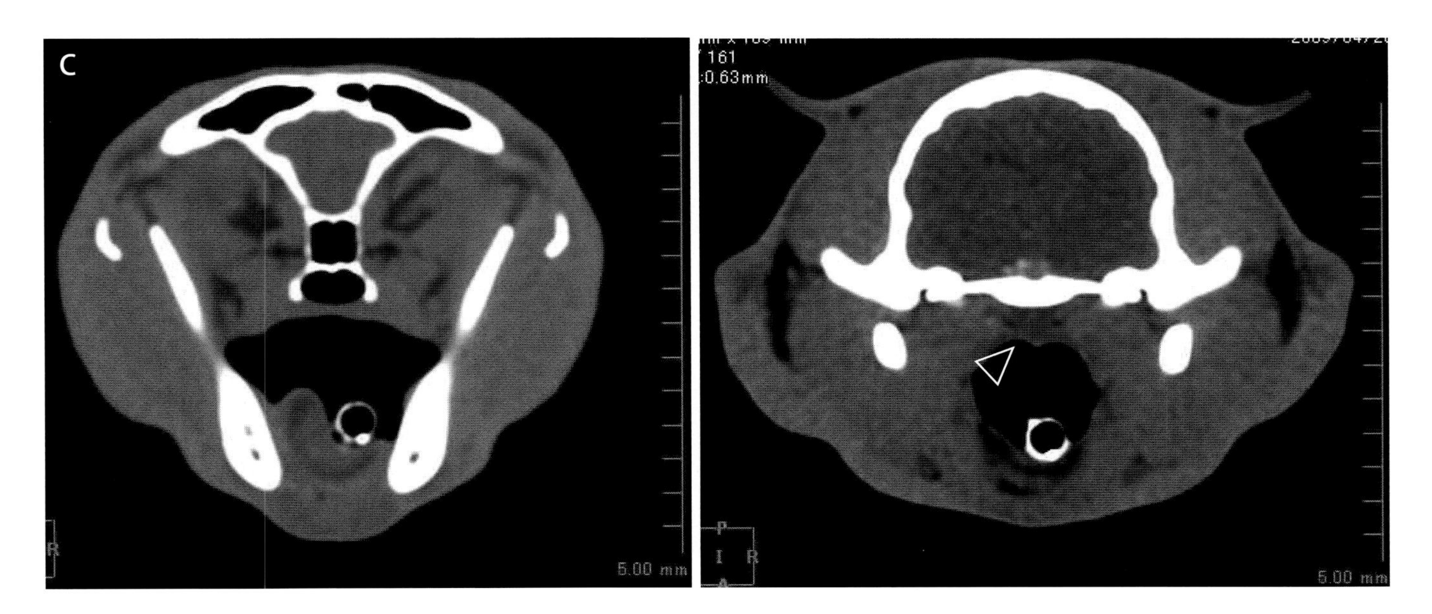

写真 4-2　CT 像（A：前臼歯レベル，B：後臼歯レベル，C：軟口蓋レベル，D：鼻咽頭レベル）
鼻甲介の変形と鼻汁様の陰影が認められる。鼻咽頭部気道の連続性の欠如が認められる（矢頭）。

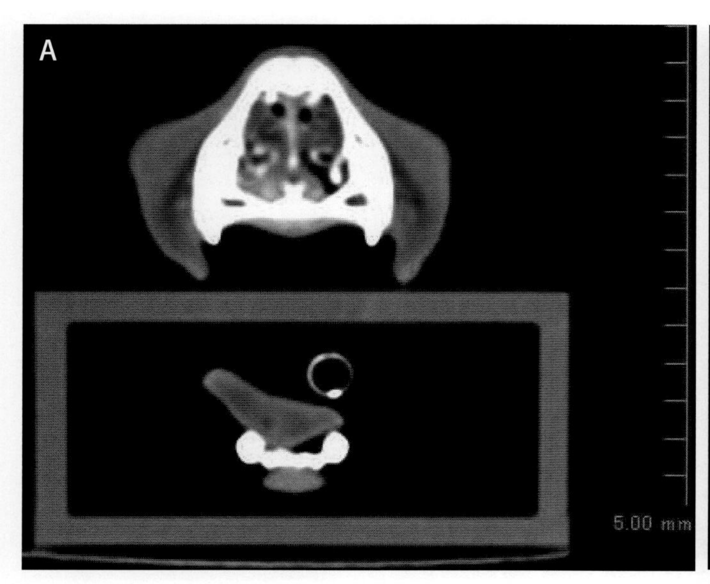

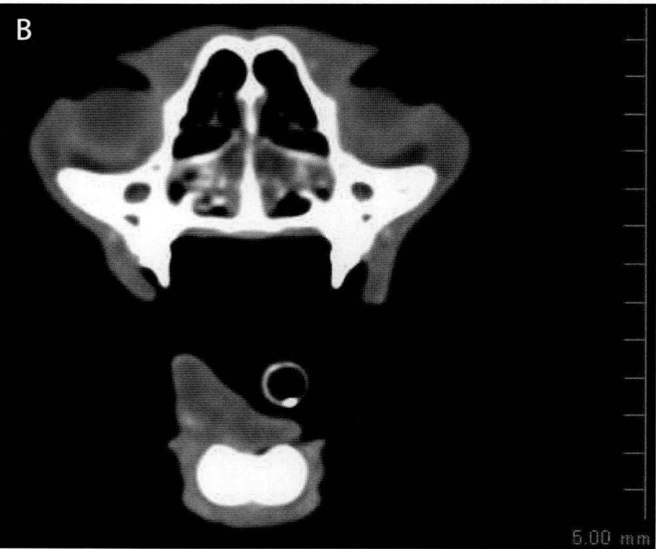

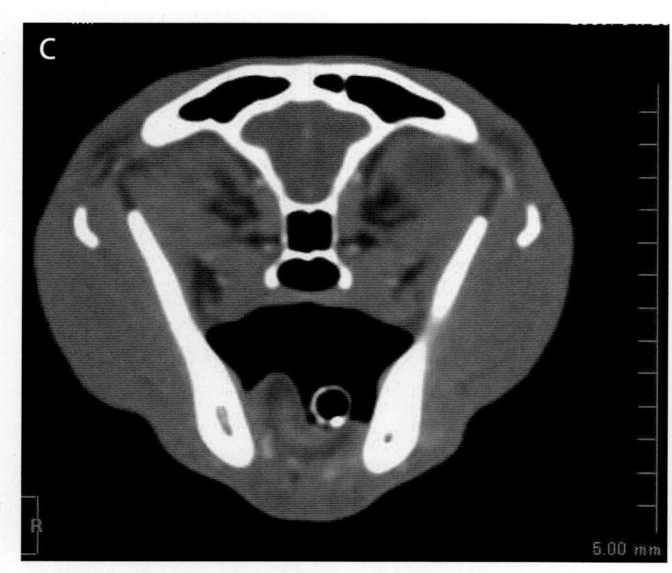

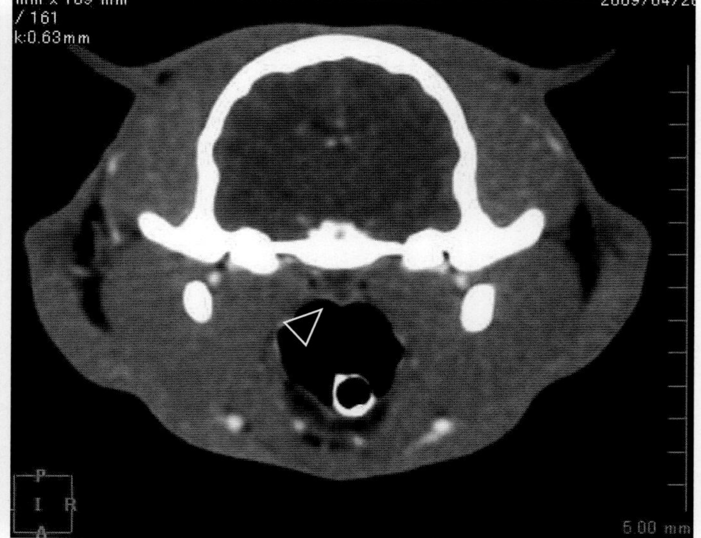

写真 4-3　造影 CT 像（A：前臼歯レベル，B：後臼歯レベル，C：軟口蓋レベル，D：鼻咽頭レベル）
鼻腔内および周辺組織で腫瘍を示唆するような有意な CT 値の増強は認められない。

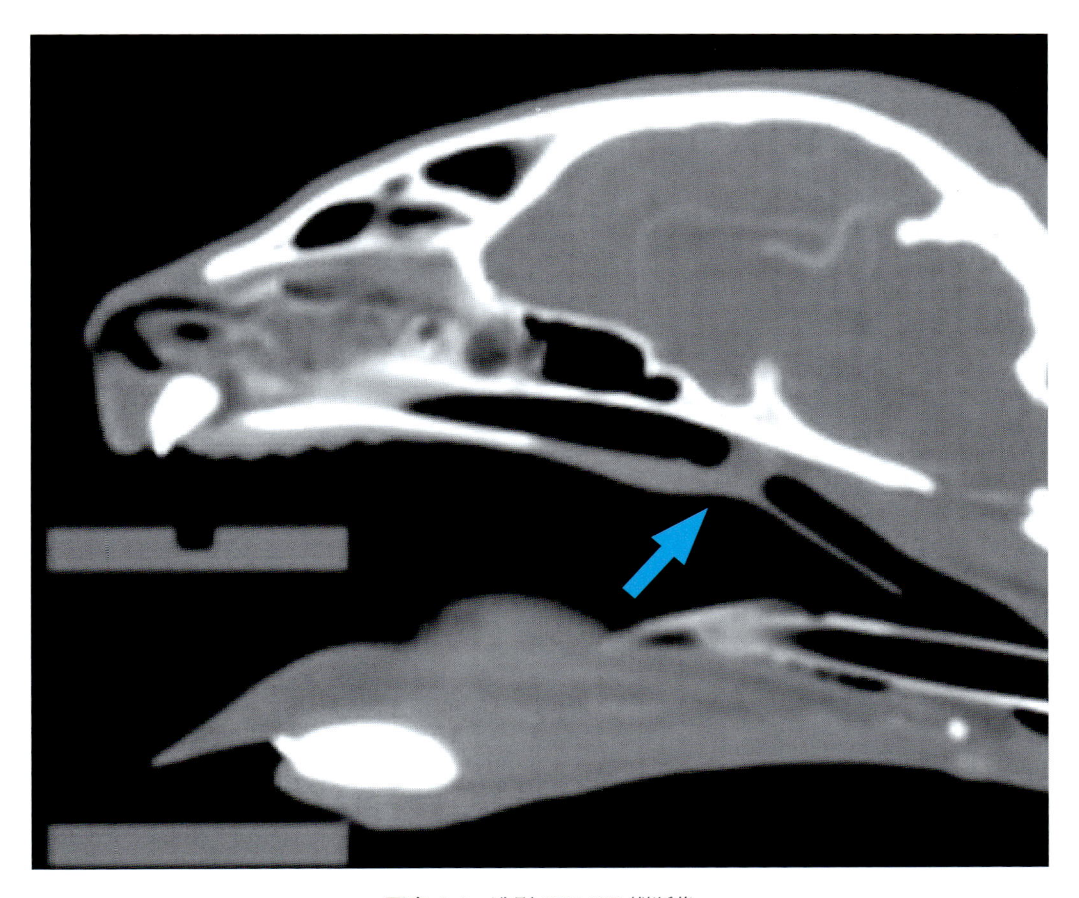

写真 4-4　造影 CT MPR 縦断像
鼻咽頭に狭窄が認められる（矢印）。

❖コメント❖

本症例は閉塞性の呼吸音や開口呼吸といった特徴的な呼吸様式が重度に認められ，頭部周囲の気道疾患が強く疑われた。小動物において頭部周囲の気道が閉塞する疾患としては，鼻孔から鼻腔，鼻咽頭，咽喉頭にかけての炎症やポリープ，悪性腫瘍，異物などが挙げられる。上部気道は骨や空気を含む組織であるため，超音波検査での評価が難しく，詳細な評価のためにはCTやMRI，鼻腔鏡検査などが必要となる。本症例ではCT検査において，激しい炎症や腫瘍病変を示唆する骨融解像や鼻腔内の占拠性病変は認められないが，鼻汁と考えられる軟部組織性病変が鼻甲介に付着しているように観察される。また鼻咽頭の連続性が一部不鮮明であるが，鼻咽頭狭窄や鼻咽頭ポリープのような病変や，この部位は軟口蓋直上の柔らかい組織であるため，気管チューブなどの圧迫によって一時的に潰れることもある。また，鼻汁により閉塞様に見えることもある。そのため，撮影後に軟口蓋を口腔側から触診しつつ鼻カテーテルを挿入して，狭窄の確認を行った。その結果，同部位で口腔側から軟口蓋を介してカテーテル先端が触知されるものの，カテーテルが通過不能であったため，発症原因は不明であるが鼻咽頭狭窄と診断した。治療は開口姿勢で軟口蓋を切開し狭窄部にアプローチし，限局的な膜性狭窄部を認めたため，鈍性に拡張処置を実施した。術後，抗菌薬，消炎剤の治療を継続し，現在は呼吸器症状が改善し良好に経過しているが，再発することも多く，鼻咽頭にステントの設置が必要となることもある。

5. 猫の中耳炎

症　例：雑種猫，雄，2歳。

主　訴：5日前からふらつき，右旋回，眼振がみられ，現在は若干改善している。

一般身体検査：歩行時の転倒と軽度の右旋回が認められた。

神経学的検査：異常は，認められなかった（来院時，眼振は改善）。

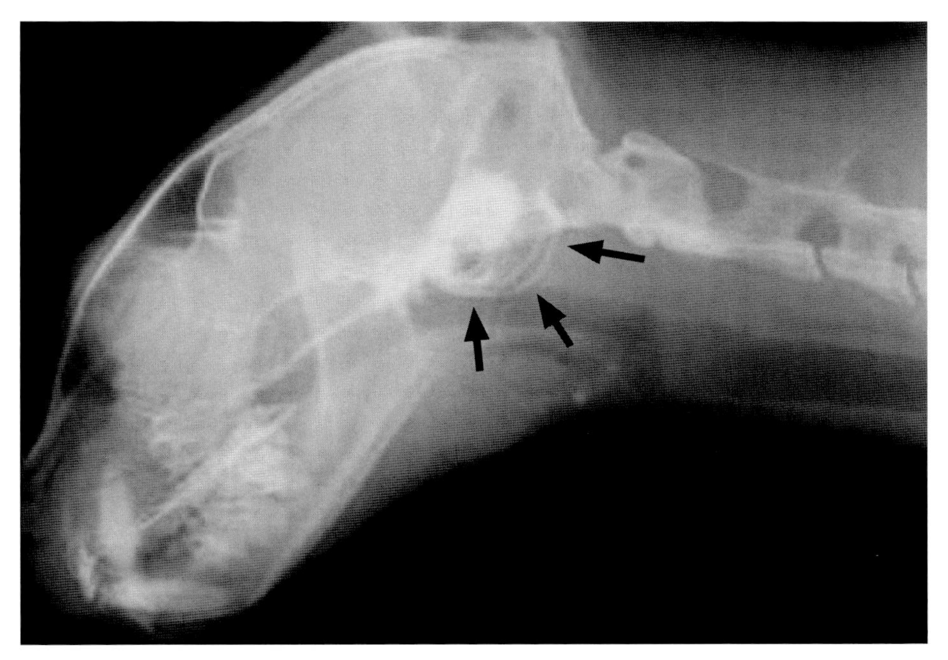

写真 5-1　頭部単純 X 線ラテラル像
前庭障害が疑われたため，頭部の X 線撮影を行った。ラテラル像においては，異常を認めない。矢印は鼓室胞を示す。

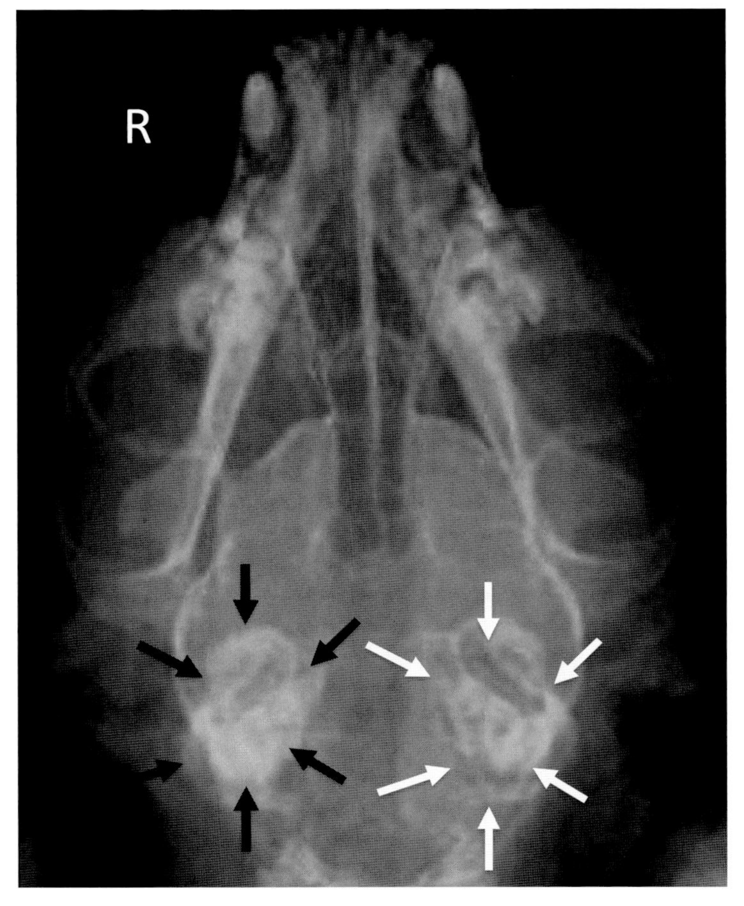

写真 5-2　頭部単純 X 線 DV 像
左右の鼓室胞を比較すると，右側鼓室胞（黒矢印）は左側鼓室胞（白矢印）より X 線不透過性が亢進している。以上より右鼓室胞病変が疑われる。X 線では病変の詳細についての診断に限界があることから，引き続き MRI 検査を実施した。

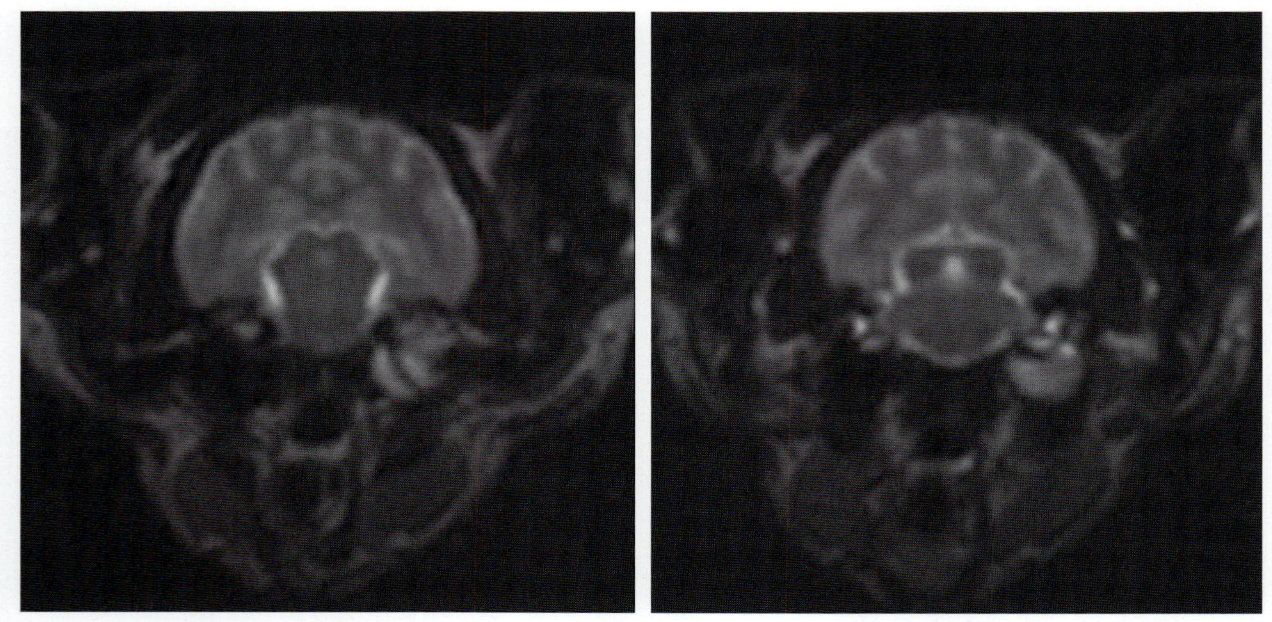

写真 5-3　耳道の MRI T2 強調像
正常な鼓室胞は空気を含有しているため，無信号（黒）に描出される（左側鼓室胞）が，右側鼓室胞は高信号（白）に観察されている。その他の構造に異常は，みられない。

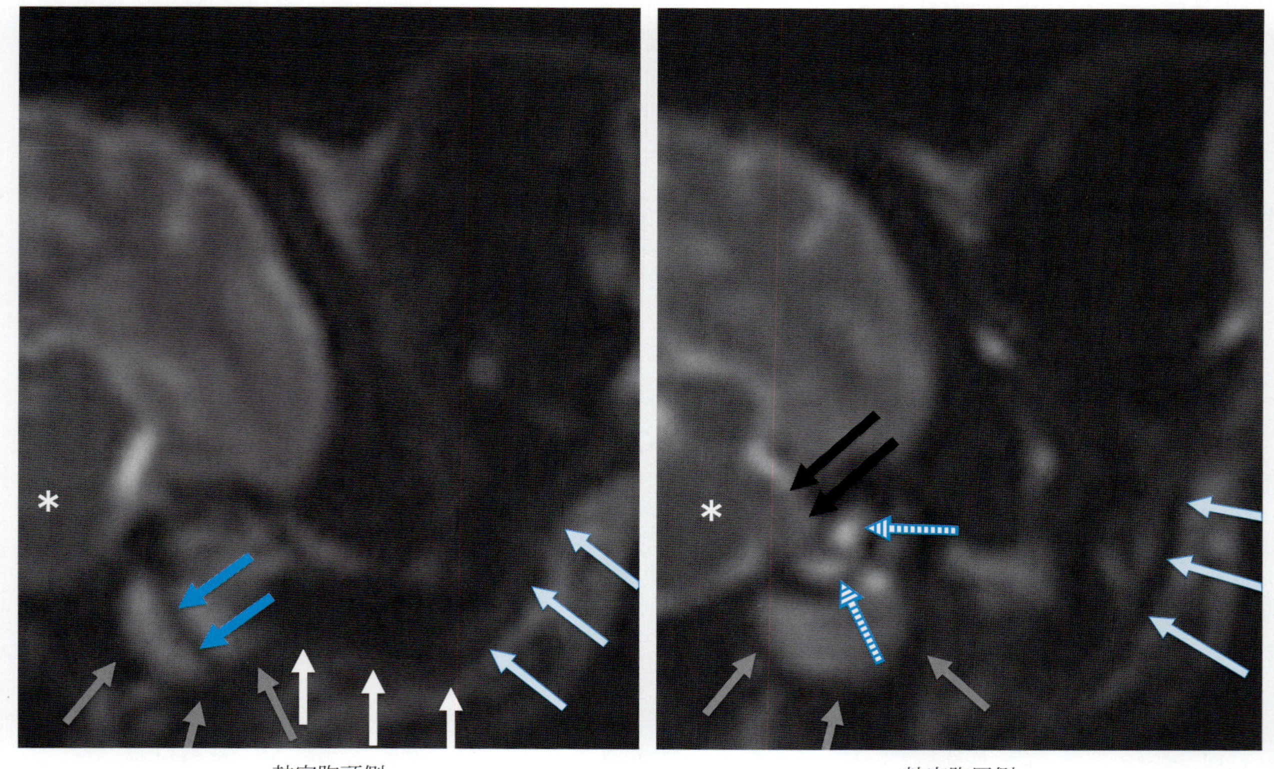

写真 5-4　MRI T2 強調像 右側鼓室胞の拡大写真（写真 5-3 の拡大）
水色矢印：垂直耳道(外耳)，白矢印：水平耳道(外耳)，灰色矢印：鼓室胞(中耳)，青縞矢印：半規管のリンパ液(内耳)，青矢印：骨性中隔，黒矢印：内耳神経，＊：中脳

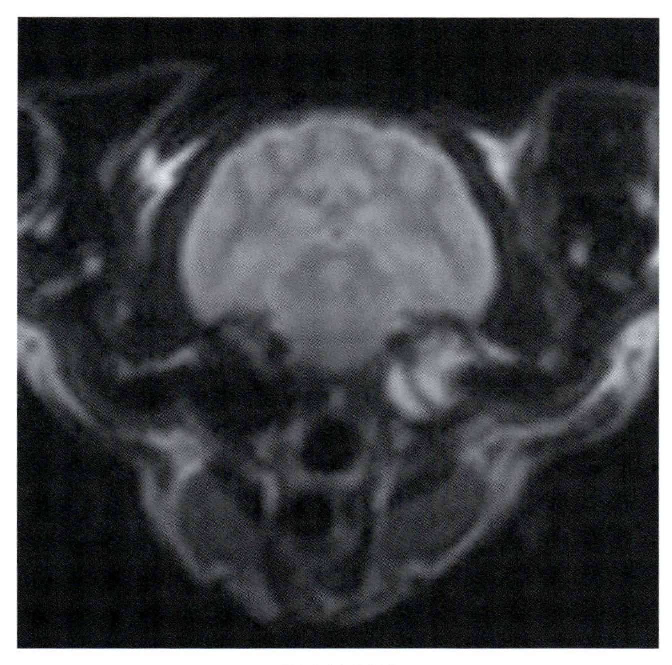

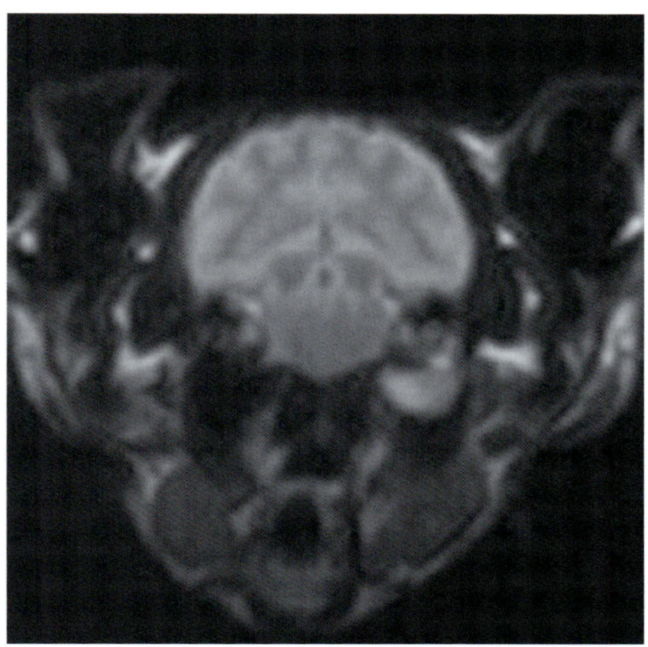

鼓室胞頭側　　鼓室胞尾側

写真 5-5　耳道の MRI FLAIR 像（水抑制画像*）
T2 強調像と同様の所見である。

*T2 強調像とほぼ同様の色の付き方で，脳脊髄液の信号を無信号化した画像。脳脊髄液周囲の病変の描出を目的に撮影される。

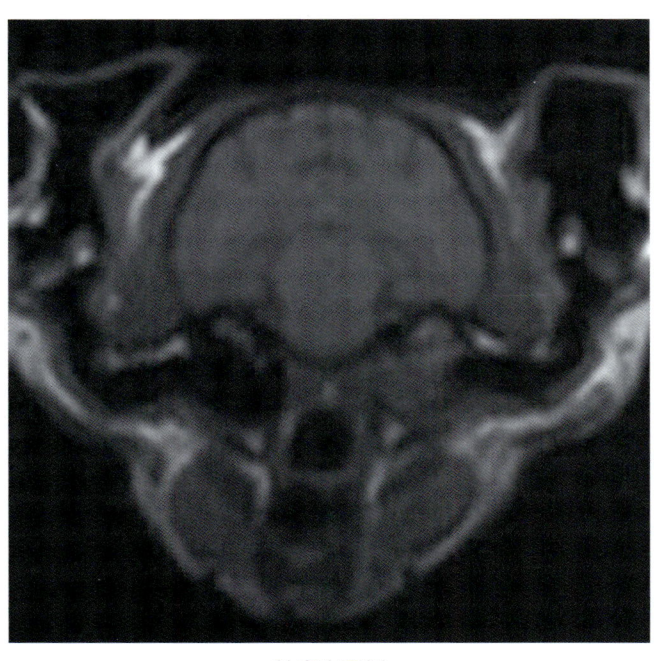

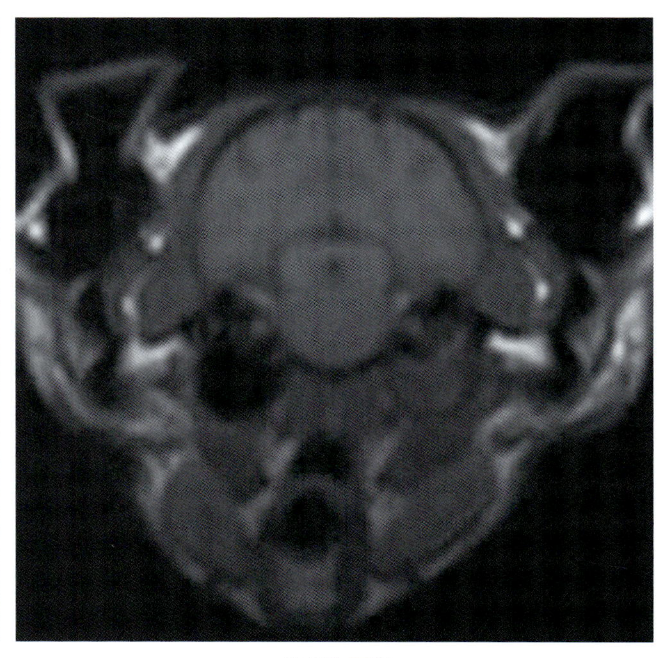

鼓室胞頭側　　鼓室胞尾側

写真 5-6　耳道の MRI T1 強調像
正常な鼓室胞は空気を含有しているため，写真 5-3 の T2 強調像と同様に無信号（黒）に描出されている（左側鼓室胞）。一方，写真 5-3 の T2 強調像で高信号（白）に観察された右側鼓室胞は，等～やや低信号（灰～やや暗い灰色）に観察されている。T2 強調像で高信号（白）に，T1 強調像で等～やや低信号（灰～やや暗い灰色）に描出される鼓室内病変としては，鼓室内腫瘤（腫瘍や炎症性ポリープ）や粘稠性の高い液体貯留が鑑別診断として挙げられる。その他の構造に異常は，みられない。

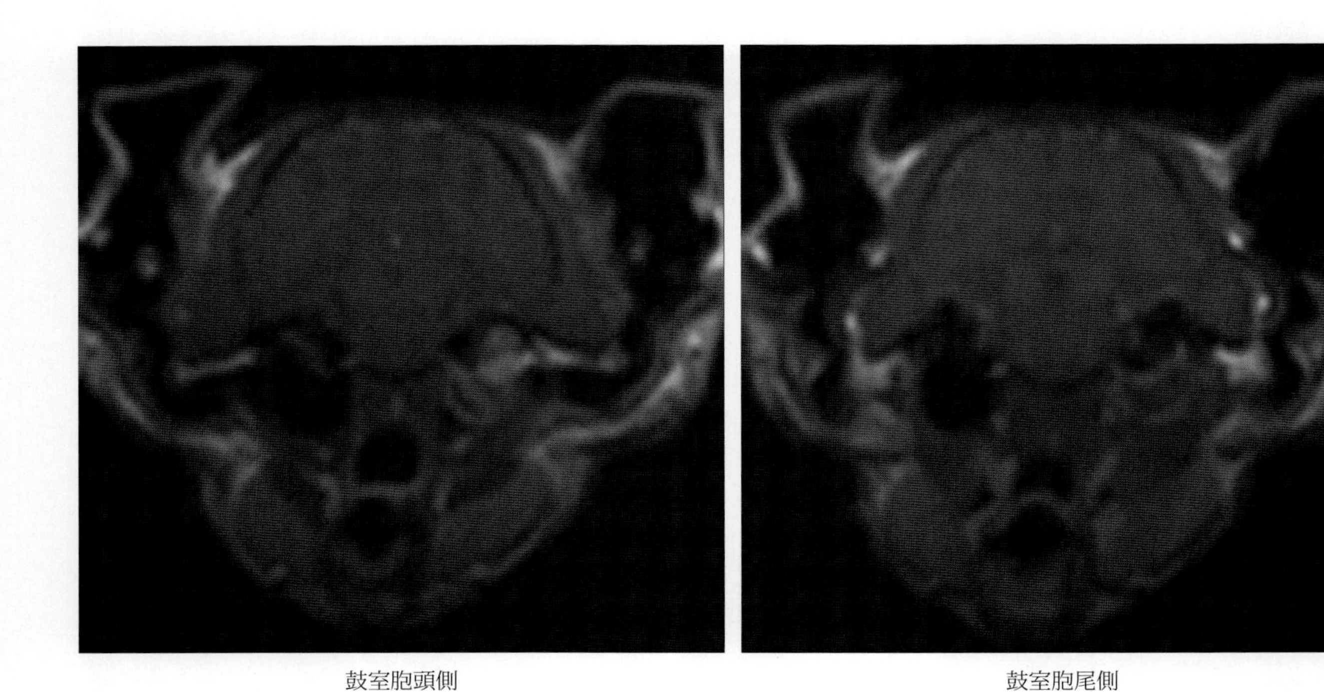

写真 5-7　耳道の造影 MRI T1 強調像（造影剤を静脈投与後に撮影）
造影前の T1 強調像（写真 5-6）と比較すると，左側鼓室胞には変化がみられないが，右側鼓室胞は内腔がライン状に縁取られて増強されているのがわかる。鼓室内腫瘤では，鼓室内に腫瘤が充満しているため，鼓室内腔周囲だけではなく内腔全体が増強される。以上から，鼓室内は液体で充満されているものと判断できる。

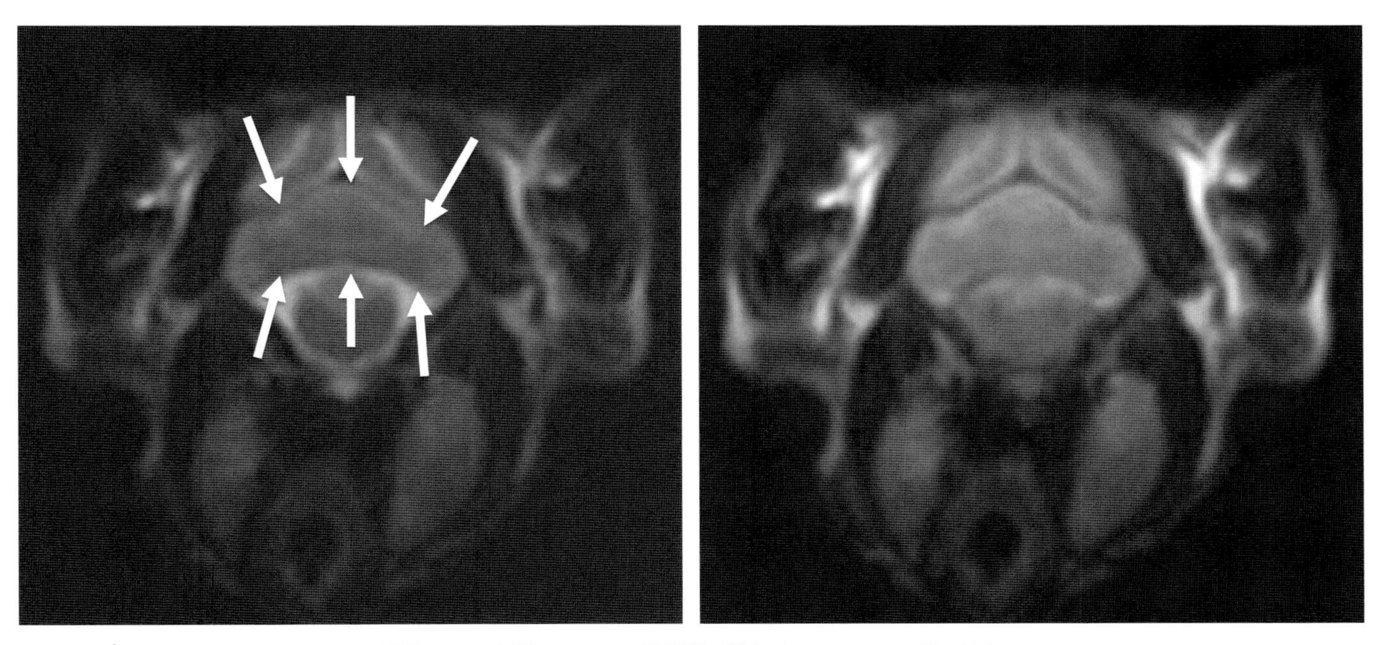

写真 5-8 小脳の MRI T2 強調像（左）と MRI FLAIR 像（右）
矢印：小脳

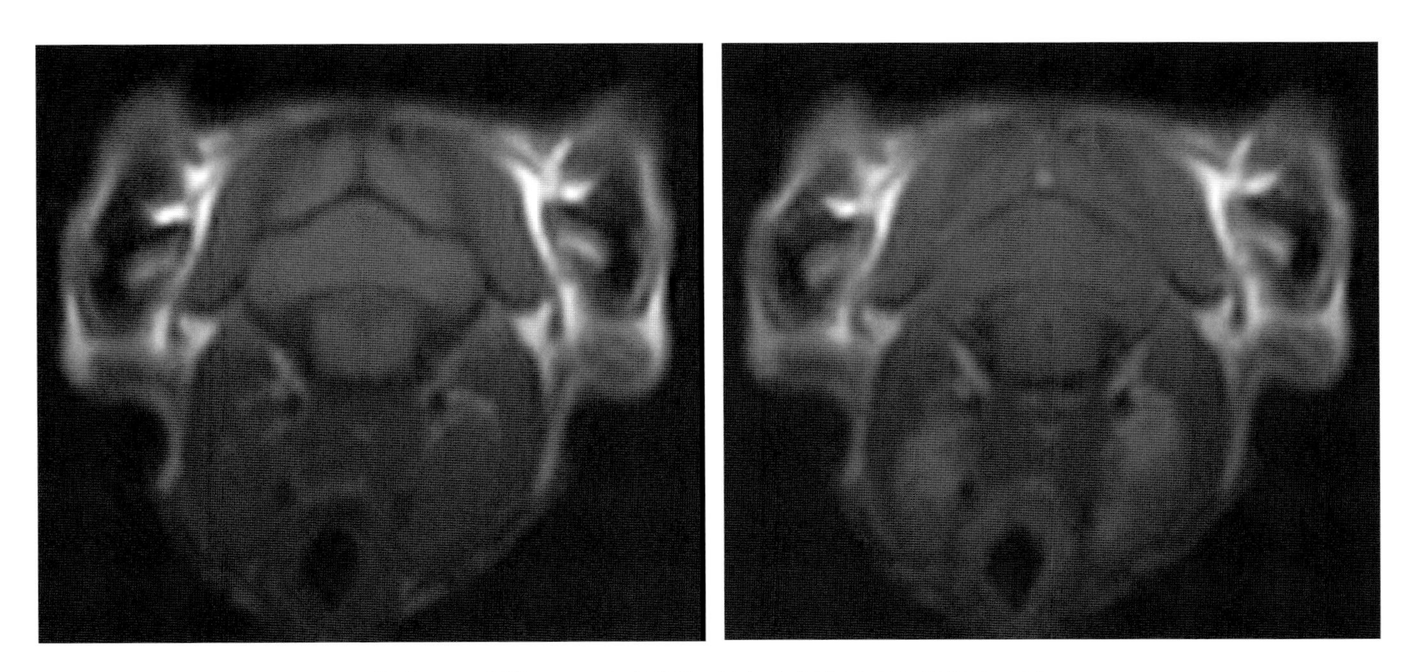

写真 5-9 小脳の MRI T1 強調像（左）と造影 MRI T1 強調像（右）
前庭障害は，内耳，内耳神経，中脳，小脳のいずれかに病変が存在する場合に現れる症状であるため，小脳（写真 5-8 の矢印参照）についても観察する必要があるが，異常は認められない。

❖コメント❖

ふらつき，旋回，眼振，斜頸といった前庭障害は，内耳，内耳神経，中脳，小脳のいずれかに障害が存在する場合に生じる。右旋回や右斜頸がみられる場合には，右内耳～右中脳あるいは左小脳に障害がみられるのに対し，左旋回や左斜頸では左内耳～左中脳あるいは右小脳に障害がみられる。

X 線検査は中耳の異常から波及する内耳障害を，鼓室胞の X 線透過性変化から診断することが可能であるが，異常の検出感度が低く（異常があっても，X 線透過性の変化が描出されないことが多い），病変の特異度も低い（X 線所見から病変の種類を特定できない）。さらには頭蓋内（中脳や小脳）の評価が不能である。しかしながら，MRI 検査は，外耳，中耳，内耳，内耳神経，中脳，小脳全ての評価が可能で，病変の種類もある程度特定できるため，前庭障害を呈する動物に対して非常に有用な検査である。

本症例は右旋回を呈するため，右内耳～右中脳あるいは左小脳に異常がみられることが推察される。MRI 検査の結果は，右中耳に液体性の病変が確認され，その他の部位に異常は認められなかった。以上の所見から，中耳炎が強く疑われるが，中耳内の液体貯留は偶発的所見の場合もあるため，中耳の液体を外耳道より滅菌綿棒を挿入して採取し，細胞診と培養検査を行った。細胞診では好中球が多量に認められたことから，本症例は化膿性中耳炎と診断した。しかし細菌培養の結果は陰性であった（コメント写真 5-1）。

動物の前庭障害は，外耳炎や中耳炎の炎症が内耳に波及して生じることが多い。治療は，徹底的な洗浄や薬剤の局所投与（点耳薬）であるが，必要に応じて抗菌薬や消炎剤の全身投与も行われる。しかしながら，内耳は骨性の盲端であり，このような内科的治療の効果には限界がある。特に猫の鼓室は，骨性中隔によって２つに区分されている解剖学的特徴を有し，洗浄をより困難にしている。したがって，内科的治療で改善がみられない，または，再発を繰り返す場合には，外耳道切開や内側鼓室胞切開などの外科的処置を行う必要もある。

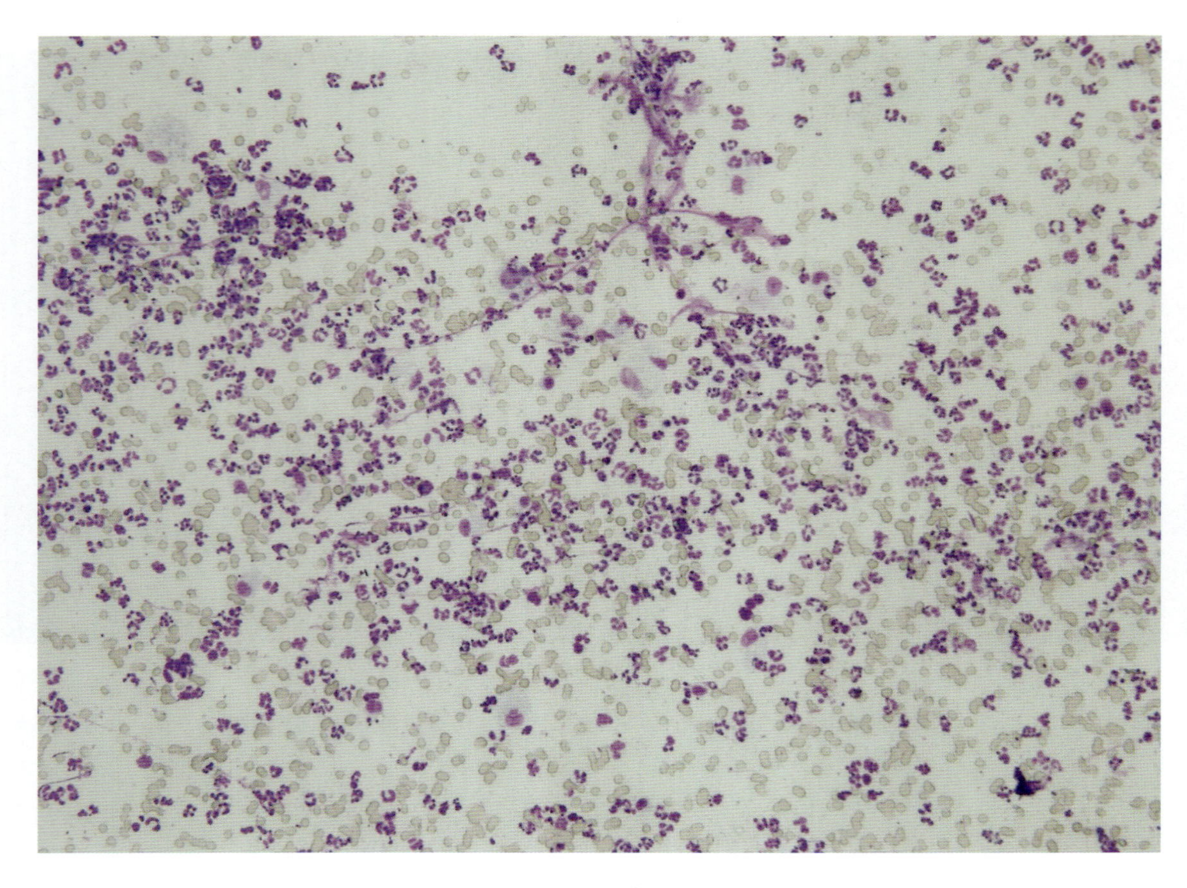

コメント写真 5-1

6. 犬の頭蓋骨腫瘍（骨の多小葉性腫瘍）

症　例：雑種犬，去勢雄，9歳，19.8kg。

主　訴：頭頂部に増大傾向のある大型腫瘤が形成され，本院を受診した。症状はみられなかった。

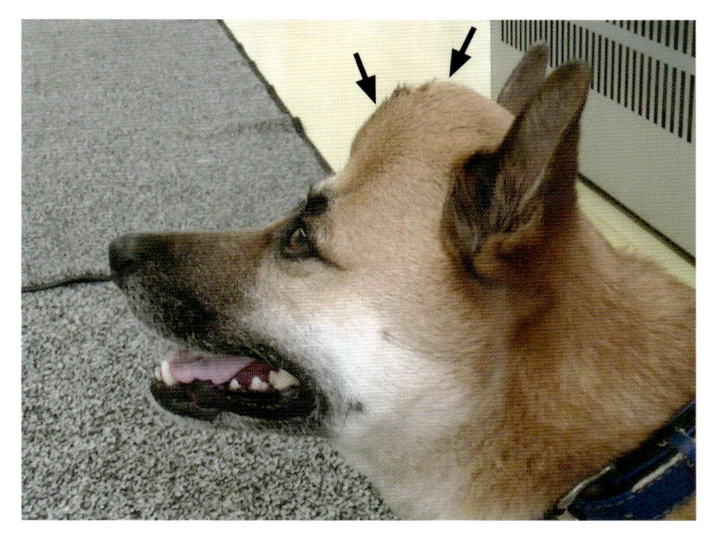

写真 6-1　頭頂部にソフトボール大の皮下腫瘤がみられる。

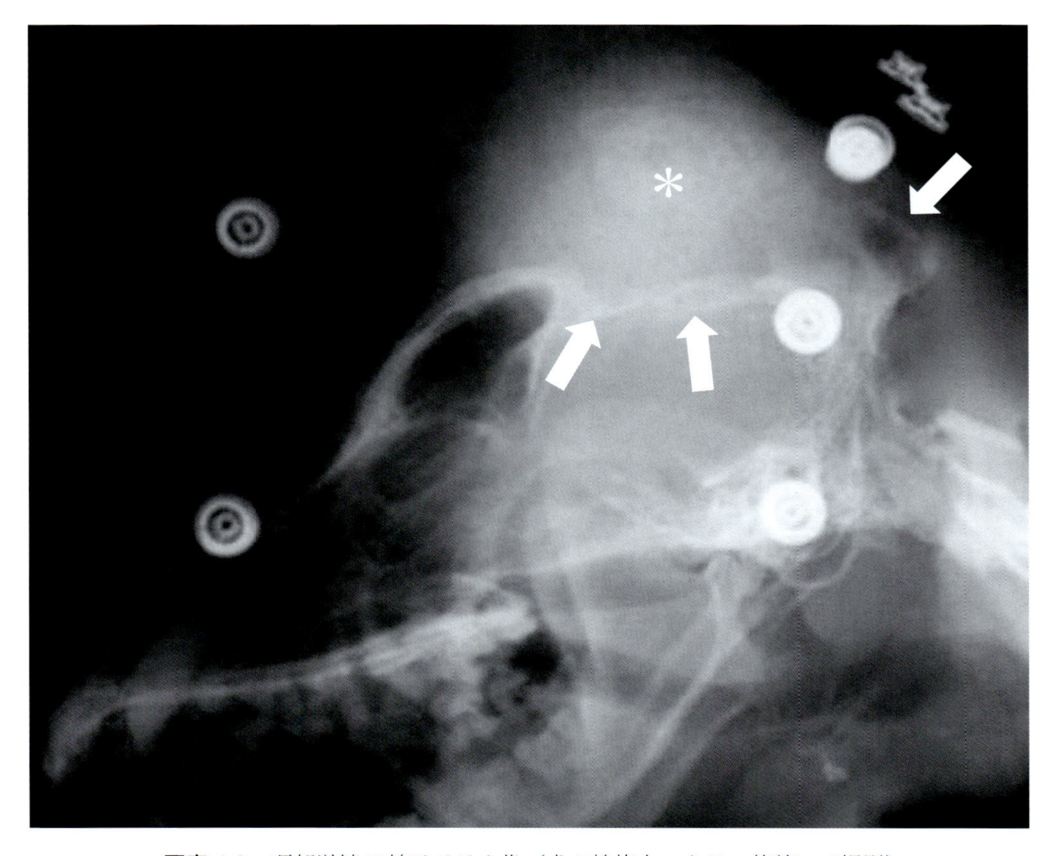

写真 6-2　頭部単純X線ラテラル像（犬の性格上，カラー装着にて撮影）
頭頂骨から外後頭隆起にかけて骨溶解がみられ（矢印），背側にはミネラルデンシティーの腫瘤陰影がみられる（*）。頭部は様々な骨や骨格筋，器官が隣接し，単純X線検査のみで病変の全体像を把握することは困難であることから，骨組織や石灰化病変の描出に優れ，異常を3次元的に把握可能なCT検査を実施した。

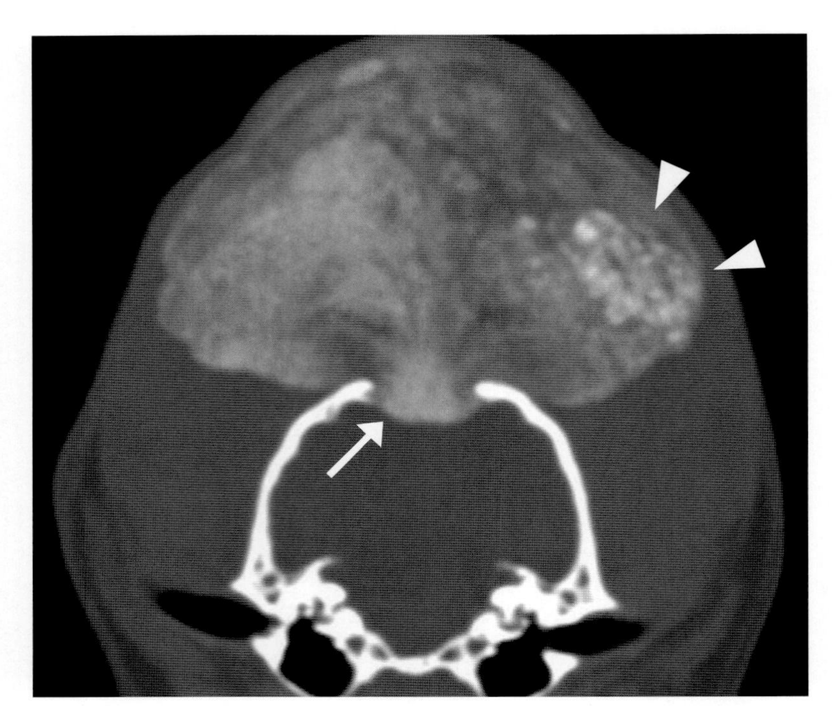

写真 6-3　頭部 CT 横断像
頭頂骨の骨溶解がみられ，背側の腫瘤が連続して頭蓋腔に達している（矢印）。腫瘤は不均一な X 線不透過性を示すが，主に小葉状のミネラルデンシティー領域で構成され，一部に点状から顆粒状の骨デンシティー領域がみられる（矢頭）。これらの CT 検査所見は，犬における骨の多小葉性腫瘍の特徴と一致する。

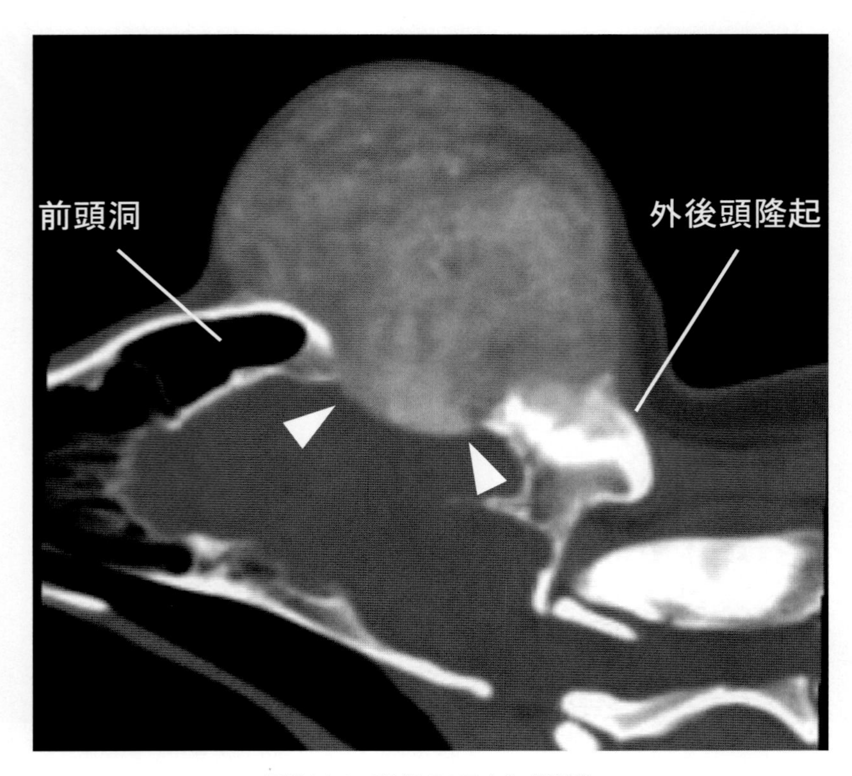

写真 6-4　頭部 CT 正中矢状断像
腫瘤は前頭洞背側から外後頭隆起に付着し，頭頂部から頭蓋腔に達している（矢頭）。CT 検査は軟部組織分解能に劣るため，脳ならびに脳の主要な静脈である背側矢状静脈洞を評価する目的で，軟部組織分解能に優れる MRI 検査を追加した。

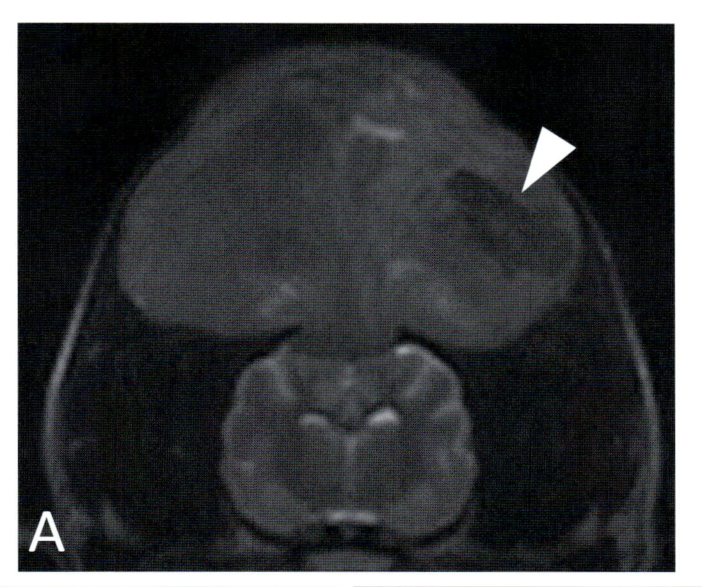

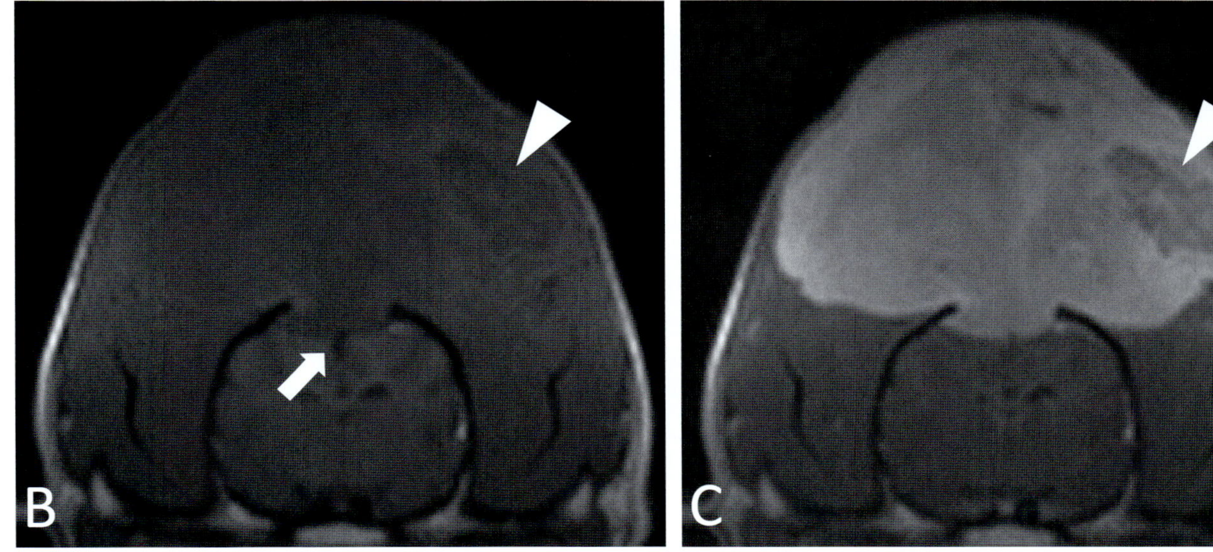

写真 6-5　頭部 MRI 横断像（A：T2 強調像　B：T1 強調像　C：造影 T1 強調像）
頭頂部腫瘤による頭頂葉の軽度圧迫がみられるが，大脳縦列上を走行する背側矢状静脈洞が確認され（矢印），明らかな脳実質の異常は認められない。腫瘤は T2 強調像，T1 強調像ともに高〜低信号で，不均一に描出され，造影 T1 強調像ではほぼ全域が増強されている。いずれの画像でも CT 像の骨デンシティー領域（写真 6-3，矢頭）に一致して低信号領域が認められる（矢頭）。MRI で用いるガドリニウム造影剤は血流が豊富で細胞成分に富んだ組織や軟骨基質を増強するが，線維性結合組織や骨基質は増強しない。したがって，単純 X 線検査と CT 検査も考慮すると，腫瘤は骨基質や石灰化，軟骨基質等が複雑に混在したものと考えられ，腫瘤の発生部位からしても骨の多小葉性腫瘍が強く疑われた。

❖コメント❖

骨の多小葉性腫瘍（multilobular tumor of bone）は犬の頭蓋腫瘍で最も多いとされ，多小葉性骨軟骨肉腫（multilobular osteochondrosarcoma），多小葉性骨腫（multilobular osteoma），多小葉性骨肉腫（multilobular osteosarcoma）などの様々な名称で報告されている。中〜高齢の犬でみられ，好発犬種や性差はなく，通常，中〜大型犬に認められる。ほとんどの腫瘍が頭蓋冠に生じ，症状は病変の冒す程度による。

本腫瘍は骨基質や軟骨基質，線維性結合組織などで構築されるため，CT 検査では不均一に描出され，石灰化領域が顆粒状〜斑状の高吸収領域としてみられる。MRI 検査では T1 強調像（T1WI），T2 強調像（T2WI）ともに低〜高信号で不均一に描出され，造影剤で増強されるという特徴がある。確定診断には病理学的検査が必須であるが，画像上，骨の多小葉性腫瘍は本症例のように特徴的な所見がみられ，鑑別疾患の上位に挙げることが可能である。

治療は外科手術が第1選択だが完全切除は困難なことが多い。しかし，再発率や生存期間は外科的マージンと相関するため，広汎な切除が望ましい。また，術後の補助的放射線療法が有効であるとされる。そのため，CT検査やMRI検査による3次元的な腫瘍病変の把握と，脳や軟部組織への影響を評価することは，外科手術と放射線療法の計画のためにも極めて重要である。

本症例は各種画像検査から頭蓋骨原発の多小葉性腫瘍であることが推察され，ジャムシディー骨生検針による組織検査において骨の多小葉性腫瘍と診断された。腫瘤は巨大でマージンの確保は困難であると考えられたが，減容積手術と放射線療法との併用が有効と判断され，前頭骨背側から外後頭隆起を含む頭蓋冠ごと広汎に摘出し，創傷治癒後，放射線治療を実施した。

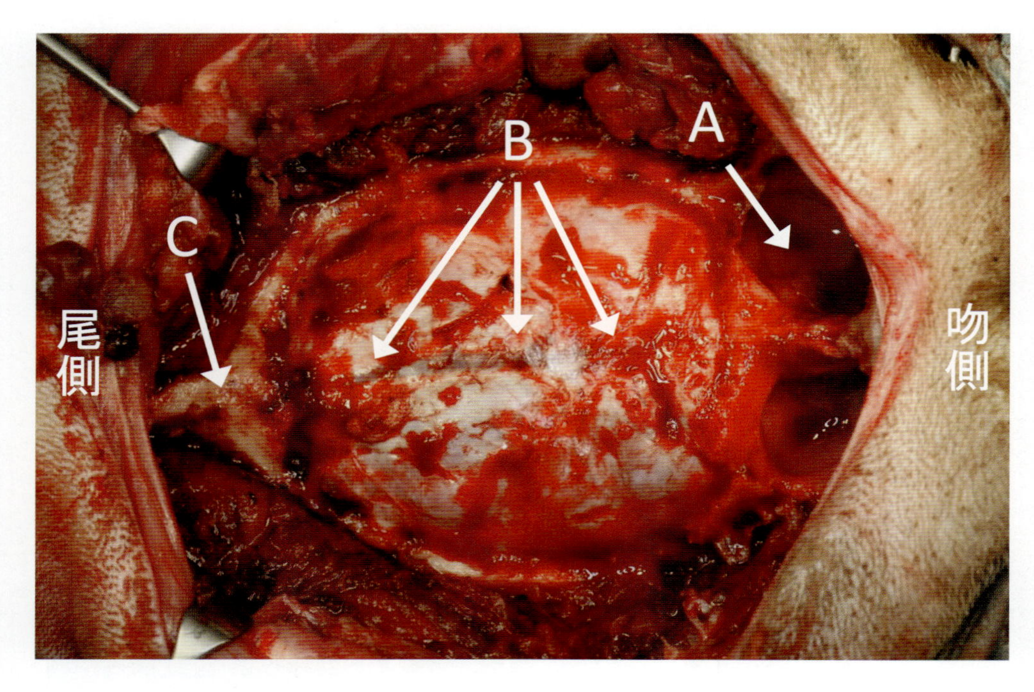

コメント写真 6-1　術中肉眼写真
A：前頭洞，B：背側矢状静脈洞，C：外後頭隆起

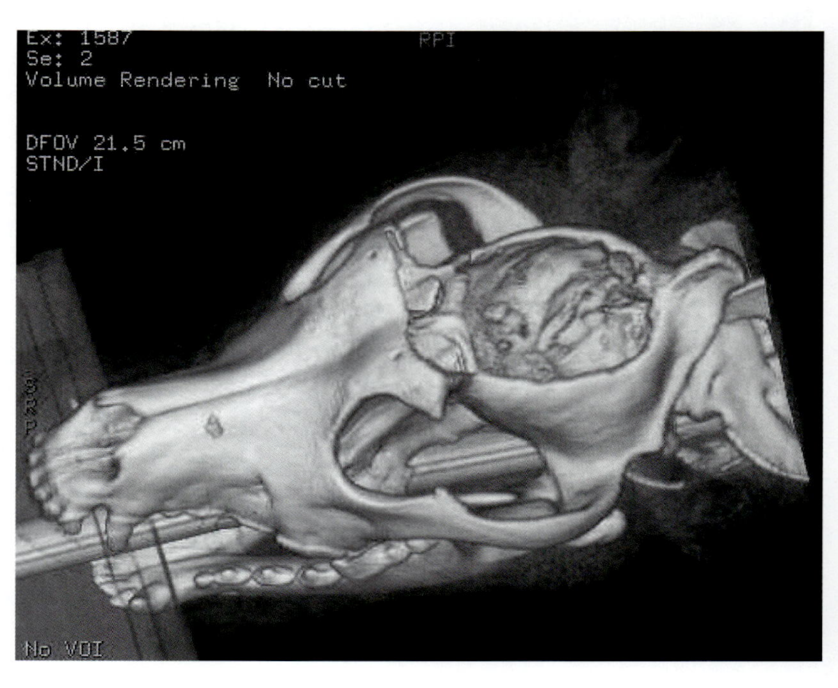

コメント写真 6-2　術後CT像
背側に存在した腫瘤が側頭骨も含め広汎に切除されたことが分かる。

7．猫の良性骨腫瘍

症　例：雑種猫，去勢雄，8 歳 8 か月，体重 7.6kg。FeLV（－）。
主　訴：一般身体検査にて，3cm 大の左下顎腫瘤を発見した。症状はない。

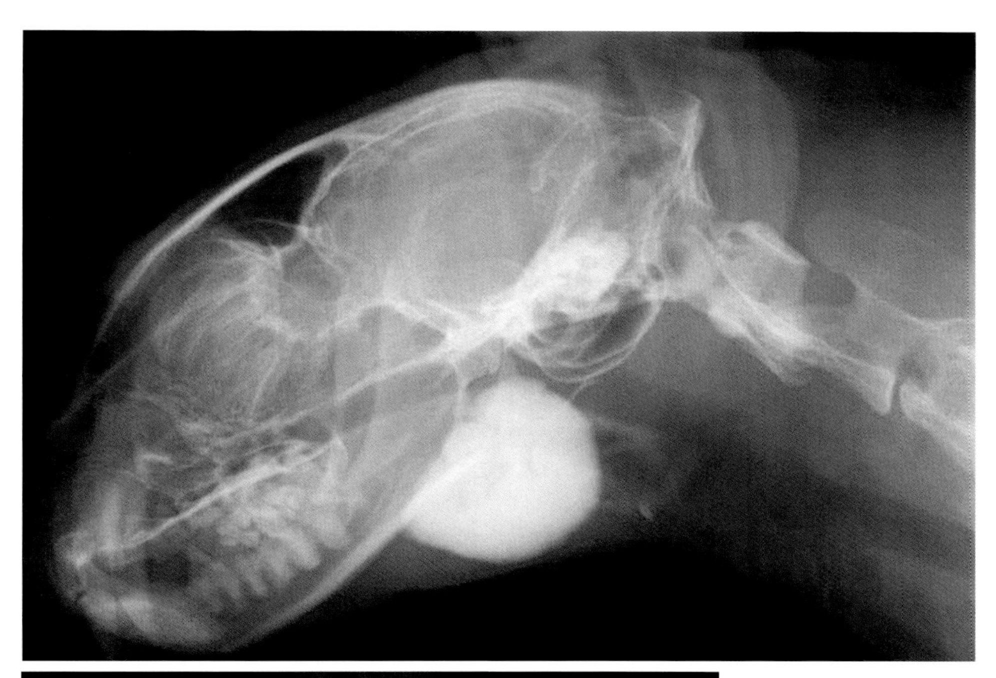

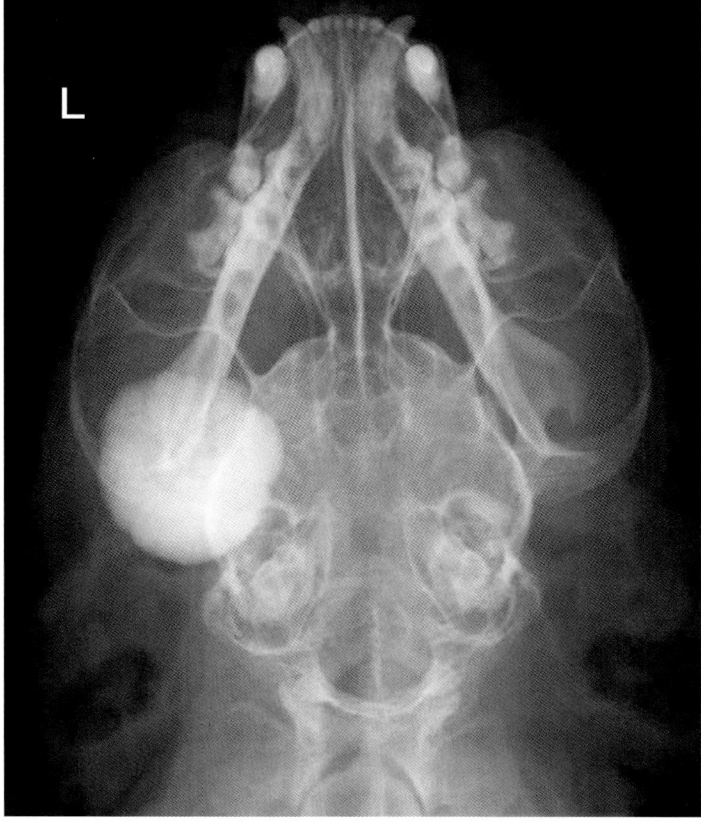

写真 7-1　頭部単純 X 線像（上：ラテラル像，下：DV 像）
左側下顎骨の尾側領域に腫瘤を認める。腫瘤の内部は均一な骨デンシティーを示し，境界明瞭である。隣接する骨の骨膜反応や周囲軟部組織の腫脹は認められない。しかしながら，X 線検査では腫瘤と下顎骨が重複し，腫瘤の発生部位や骨付着部の状態が確認できないため CT 検査を実施した。

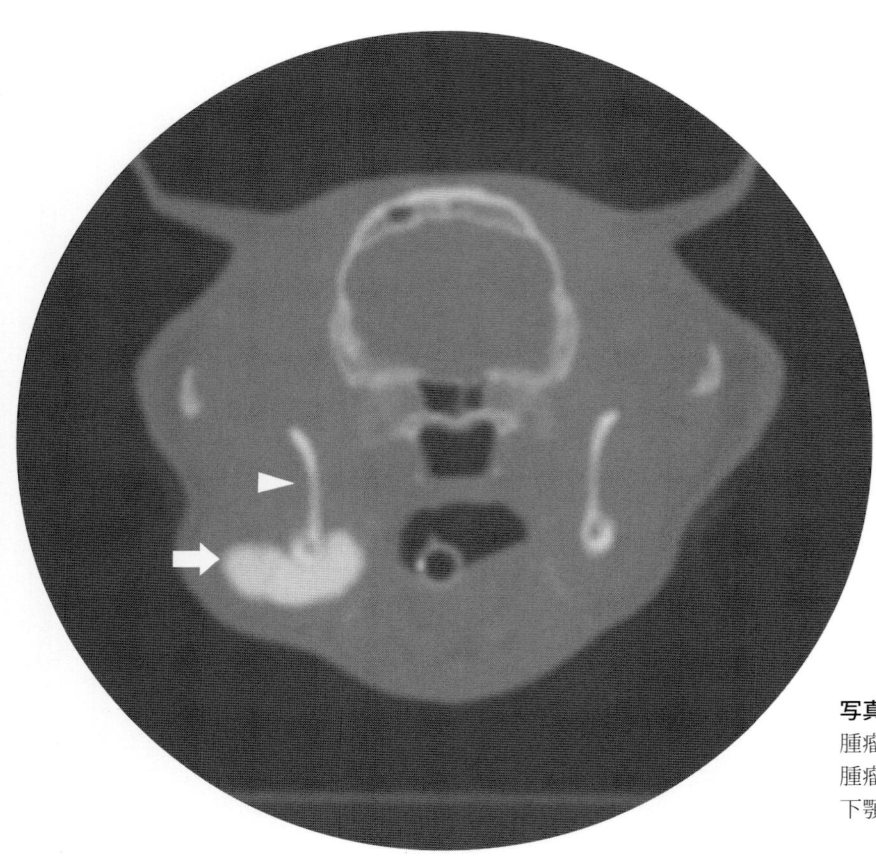

写真 7-2　頭部 CT 像（下顎骨下顎体尾側レベル，腫瘤頭側部）
腫瘤（矢印）は下顎骨と接しているが連続性はなく，下顎骨（矢頭）の骨膜反応も認めない。

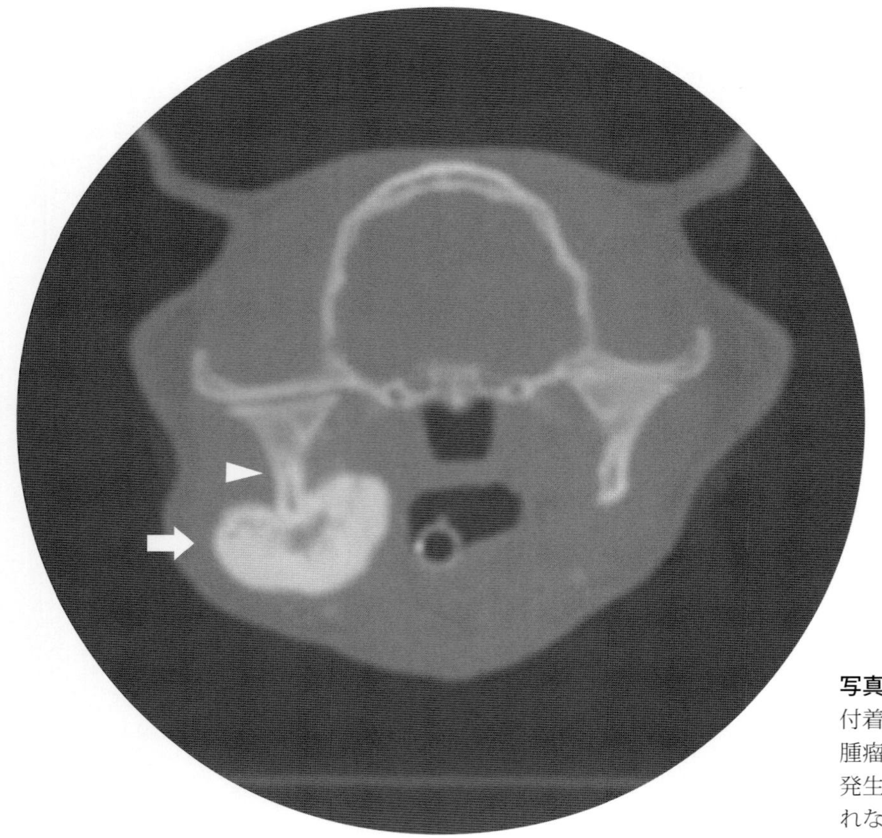

写真 7-3　頭部 CT 像（下顎骨角突起レベル，腫瘤付着部）
腫瘤（矢印）は下顎骨角突起の骨皮質から有茎状に発生し，腫瘤付着部での下顎皮質骨の破壊は認められない。　矢頭：腫瘤と下顎骨の接合部

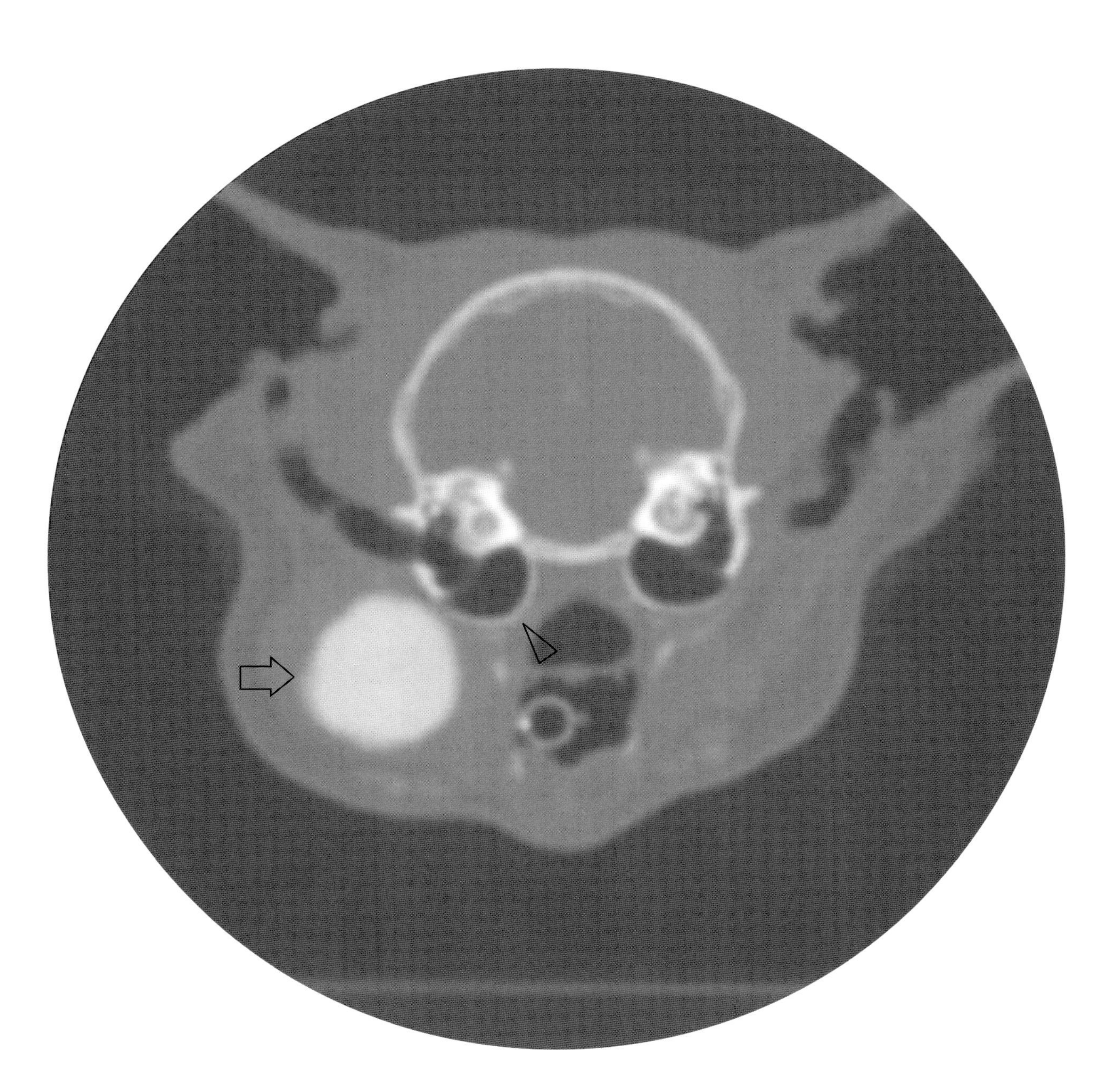

写真 7-4　頭部 CT 像（耳道レベル，腫瘤尾側部）
腫瘤（矢印）の境界は明瞭で，腫瘤尾側は鼓室胞（矢頭）に近接している。

❖コメント❖

猫の骨腫瘍には，骨腫，骨軟骨腫（多発性の際は多発性外骨症）あるいは骨肉腫などが挙げられる。

猫に発生する骨腫や骨軟骨腫などの良性骨腫瘍はまれな疾患である。骨腫は急速に成長し，発生部位によっては機能障害または疼痛を示すことがある。この腫瘍は全身の骨格系，特に体軸骨格での発生が多く，完全切除が可能であれば外科手術が第 1 選択となる。骨腫の特徴的な X 線所見は，境界明瞭な高い骨デンシティーを示し，隣接組織の反応をほとんど認めないことである。

猫の骨軟骨腫には，2 つの病型がある。FeLV 陰性の老齢猫に認められる単一病巣型と FeLV 陽性の若齢猫で認められる多発病巣型（多発性外骨症）である。通常，犬の骨軟骨腫は若齢に発生し，成長板閉鎖と共に腫瘤の成長が止まるが，猫では多くの場合，腫瘤の急速な成長が成猫で起こる。そのため，猫に骨様の腫瘤が認められた際は，FeLV 感染の有無および多発病変の確認のために全身 X 線検査が不可欠である。また，猫において骨軟骨腫が骨肉腫へと悪性転化するとの報告もあることから，注意が必要である。

骨肉腫などの悪性腫瘍は，通常著名な骨膜反応を伴う破壊性病変を呈する。しかし，傍骨性骨肉腫は，悪性腫瘍であるが腫瘍下の骨皮質破壊を伴うことがないため，骨腫などの良性腫瘍と画像所見のみで鑑別することはできない。また，骨腫は骨肉腫と類似した部位に発生することが多いため，確定診断には骨生検が必須となる。

本症例は X 線検査によって，下顎に限局した骨膜反応を伴わない境界明瞭な骨様の腫瘤と判断され，骨腫，骨軟骨腫あるいは傍骨性骨肉腫が疑われた。以上から確定診断のため，麻酔下で骨生検を行うと同時に，腫瘤の発生部位や骨付着部の状態を確認するために CT 検査を行った。病理検査では骨腫と診断され，CT 検査では腫瘤が下顎骨角突起から連続して発生し，周囲組織との癒着もなく境界明瞭であったため腫瘤全摘手術を実施した（コメント写真 7-1）。

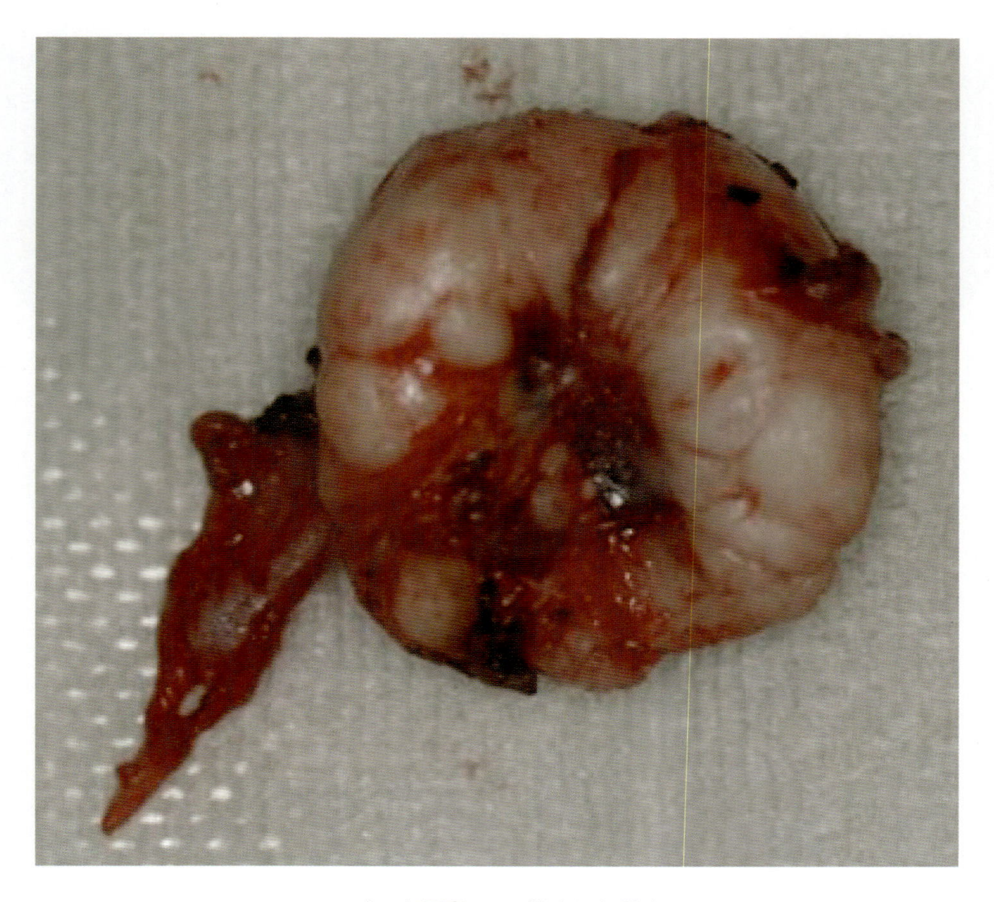

コメント写真 7-1　摘出した腫瘤

8. 犬の網膜剥離

症　例：ミニチュア・ダックスフンド，去勢雄，5 歳。
主　訴：2 か月前からの右眼前房出血。

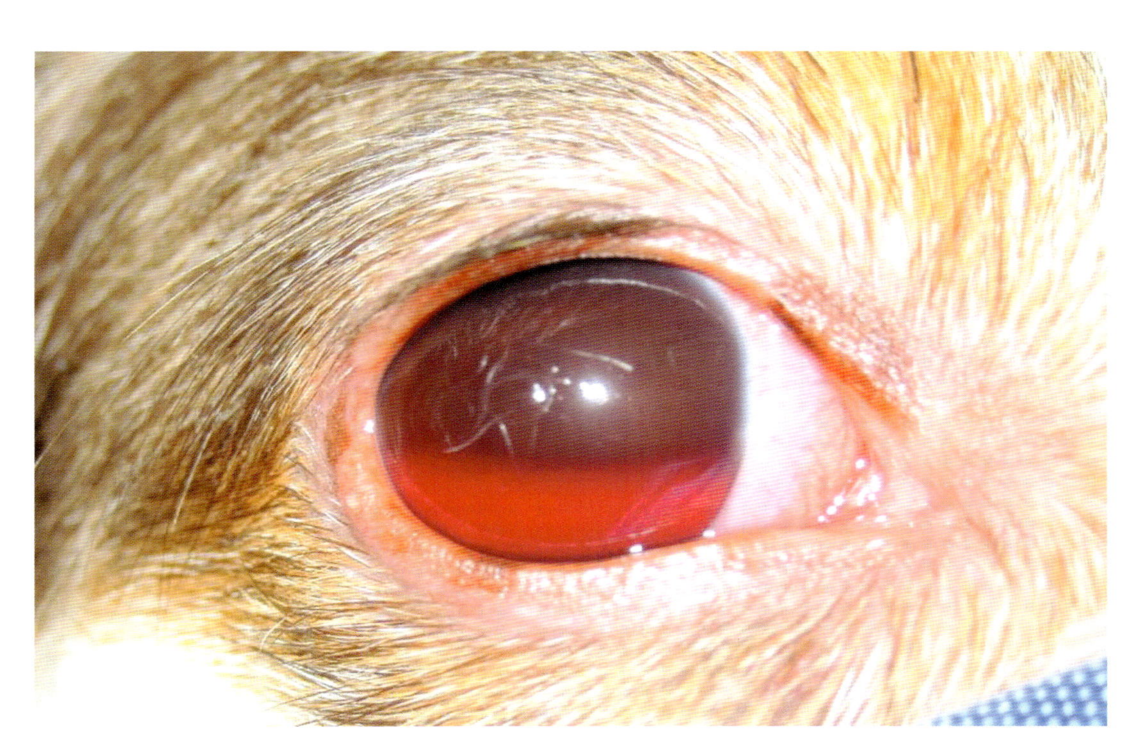

写真 8-1　右眼正面からの外貌
前房内に出血が認められ，眼内部の観察が困難である。

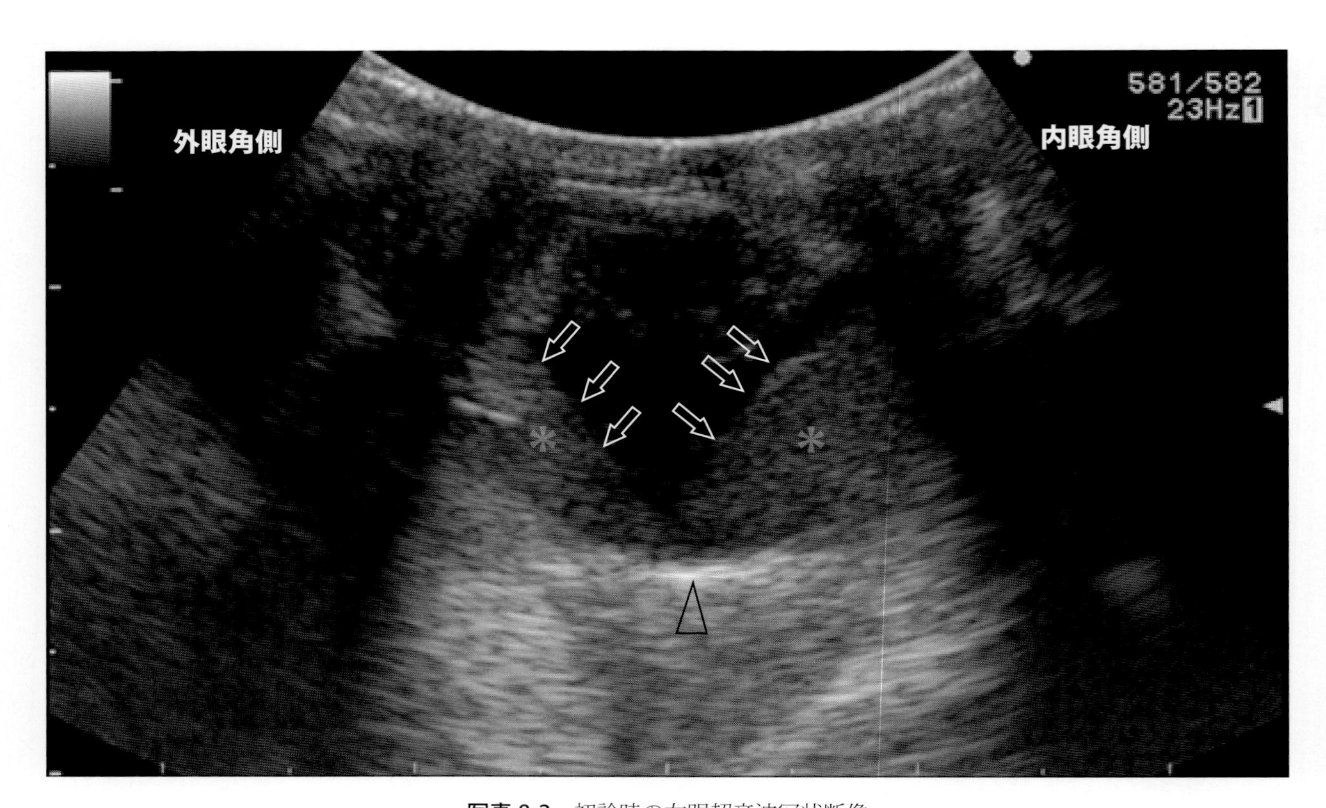

写真 8-2　初診時の右眼超音波冠状断像
剥離した網膜（矢印）の後面に高エコー内容物が認められる（＊）。網膜後方が視神経乳頭に付着している（矢頭）。

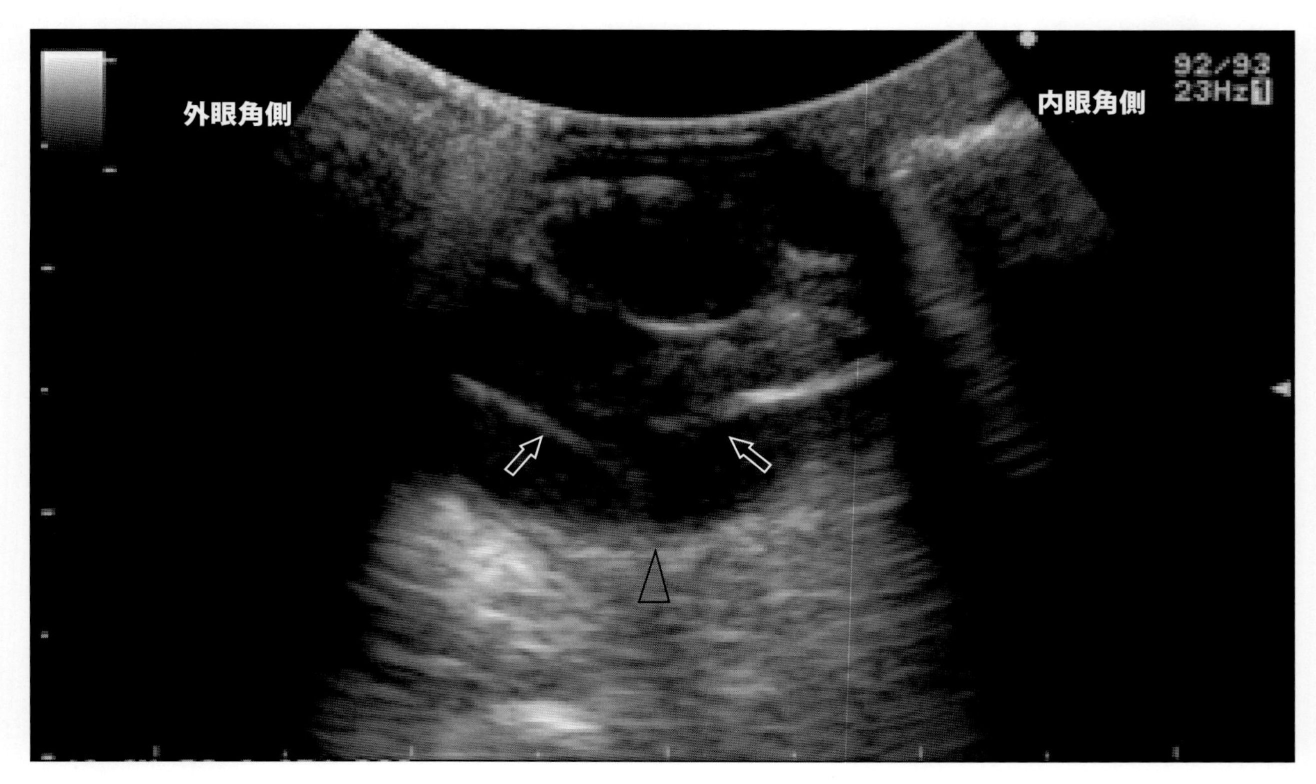

写真 8-3　第 7 病日の右眼超音波冠状断像
剥離した網膜が，硝子体腔内に V 字形エコー像として観察される（矢印）。網膜後方が神経乳頭に付着している（矢頭）。

❖コメント❖

眼球の内部構造を観察する検査には，前眼部検査（斜照法，徹照法，細隙灯顕微鏡法など）や眼底検査（直像鏡・倒像鏡など）が挙げられる。しかしながらこれらの検査では，中間透光体（角膜，前眼房，水晶体，硝子体）に混濁がある場合，眼内構造を観察することが困難となる。このような症例に対し，超音波検査は，非常に有用となる。

本症例は重度の前房出血が認められ，眼内構造を評価することが不能であったため超音波検査を行った。その結果，硝子体腔内に膜状の線状エコー像が描出された。この様な膜状病変の鑑別診断としては，網膜色素上皮から神経網膜が剥離した網膜剥離，硝子体が収縮して密着していた網膜から離れる後部硝子体剥離，硝子体における血餅形成に続発する硝子体膜形成が挙げられる。画像所見でこれらを鑑別することは困難な場合もあるが，弁膜病変が視神経乳頭へ付着していれば，網膜剥離を後部硝子体剥離や硝子体膜形成と鑑別することが可能とされている。本症例では，線状エコーが眼球後部の視神経乳頭領域に付着し，V 字状を呈していたことから，網膜剥離と診断した。

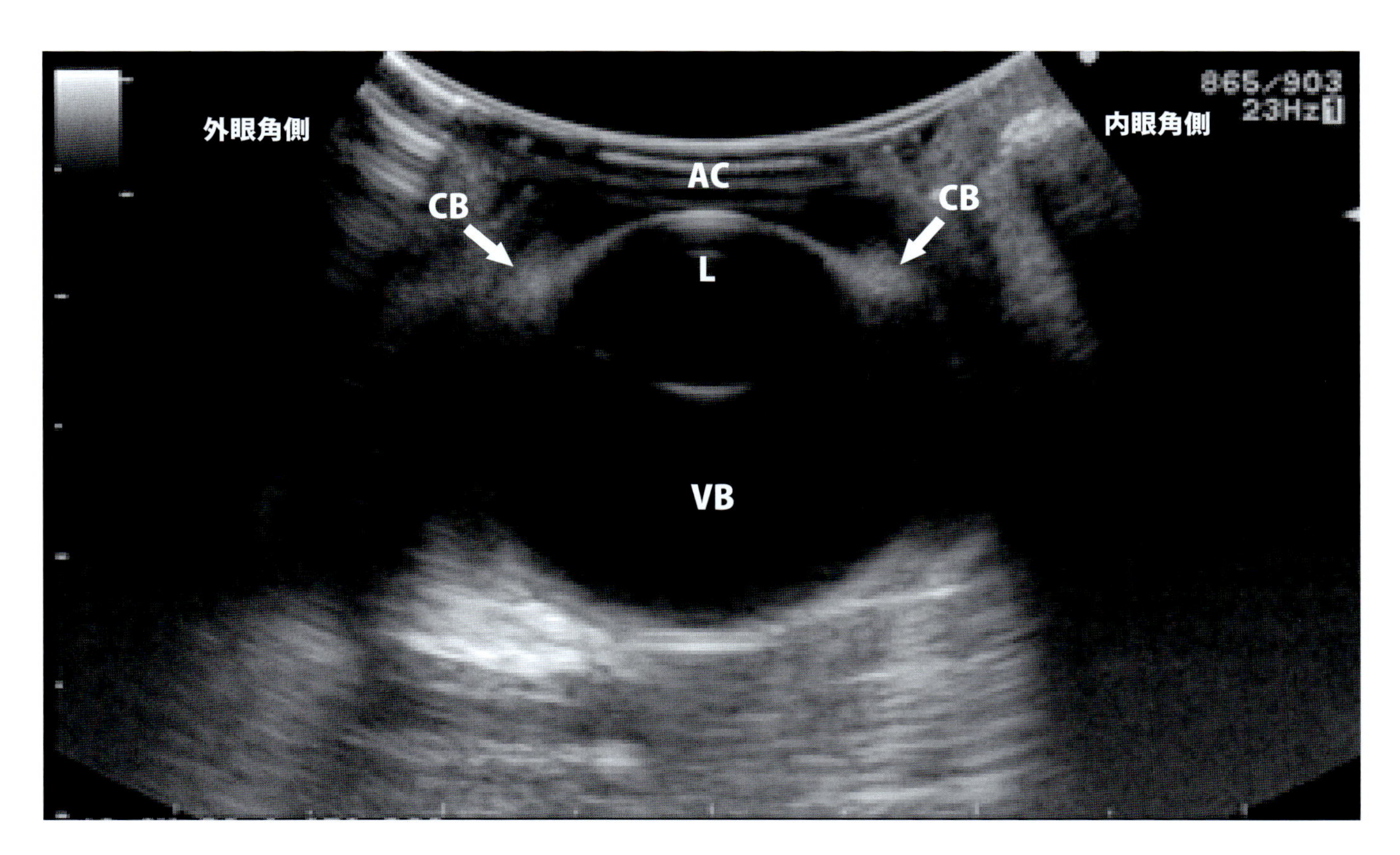

コメント写真 8-1 正常犬の眼超音波冠状断像
AC：前房，L：水晶体，VB：硝子体，CB：毛様体

9. 犬の眼球腫瘍（ブドウ膜メラノーマ）

症　例：マルチーズ，雄，14 歳。

主　訴：約 1 か月前からの左眼の充血，角膜潰瘍，眼圧上昇。

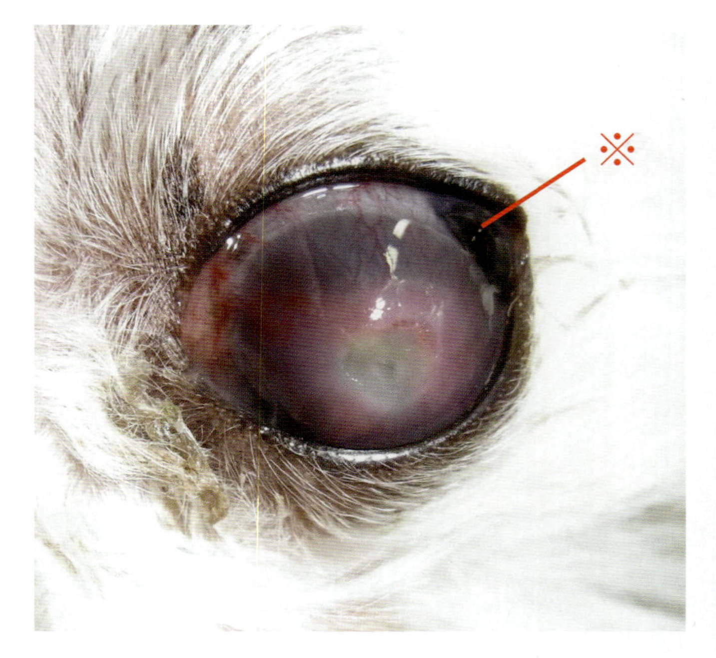

写真 9-1　左眼正面からの外貌写真

角膜潰瘍を伴う角膜炎ならびに前眼房出血が認められる。また，2 時方向の眼球結膜から角膜輪部にかけて，黒色の腫瘤性病変（※）が確認できる。眼圧が上昇し，病変が眼内に及んでいる可能性が疑われるが，角膜の混濁ならびに前眼房出血のため，細隙灯を用いての眼内状況の評価は困難である。以上の所見から，眼球メラノーマを疑い画像検査を行った。

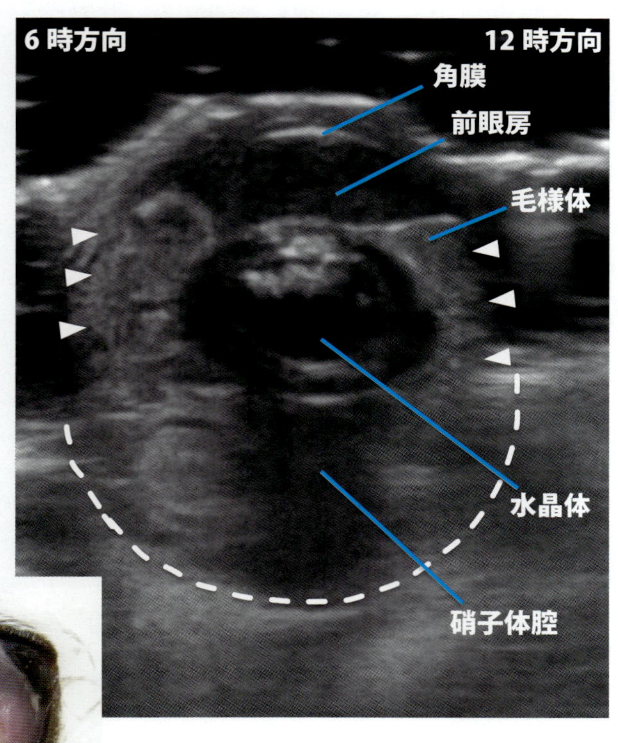

写真 9-2　左眼超音波像（角膜中央部の縦断面）

眼球構造の変化，ならびに眼球外への腫瘍浸潤を評価するために行った超音波検査では，前部ブドウ膜（虹彩および毛様体）の著しい肥厚が認められる（矢頭）。また，後部眼球壁は比較的明瞭に確認され（点線），この断面においては眼球外への病変浸潤はみられない。

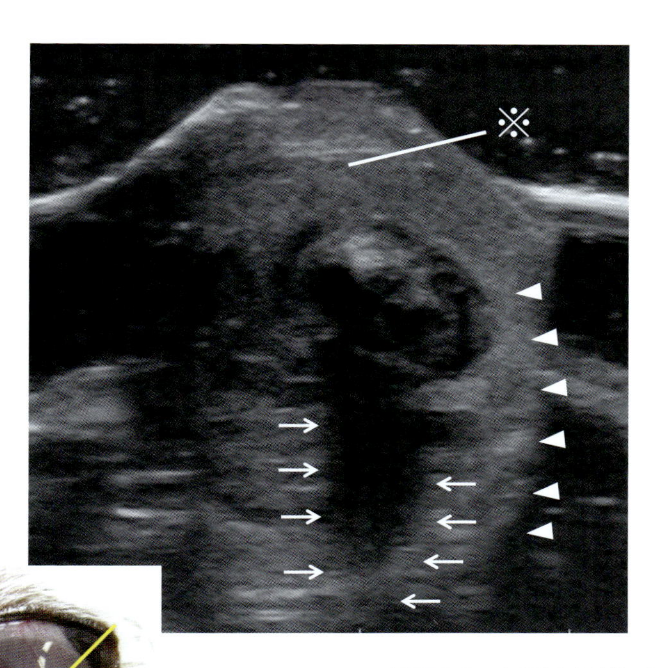

写真 9-3 左眼超音波像（黒色腫瘤と角膜中央を通る斜位断面）
結膜の腫瘤性病変（※）と肥厚した前部ブドウ膜（矢頭）の間には連続性が認められ，さらに病変は後部ブドウ膜（脈絡膜）まで達しているようにみえる。しかし，水晶体の音響陰影によるアーチファクト（矢印）のため，眼球深部の画像が不明瞭となり，この断面においては，後部眼球壁および眼窩浸潤を評価することが不可能である。黒色の色素を産生するメラノーマは，MRI 検査において他の腫瘍と異なる特殊な信号強度を示す。さらに，腫瘍の眼窩浸潤についても，超音波画像より明確に抽出することが可能であることから，MRI 検査を行った。

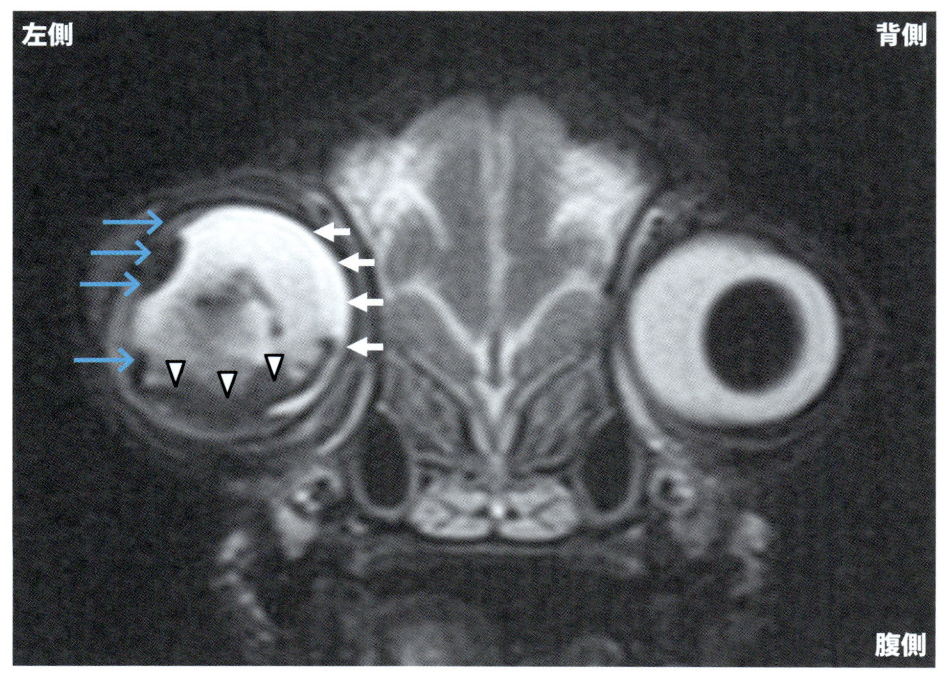

写真 9-4 MRI 横断像（T2 強調像，眼球レベル）

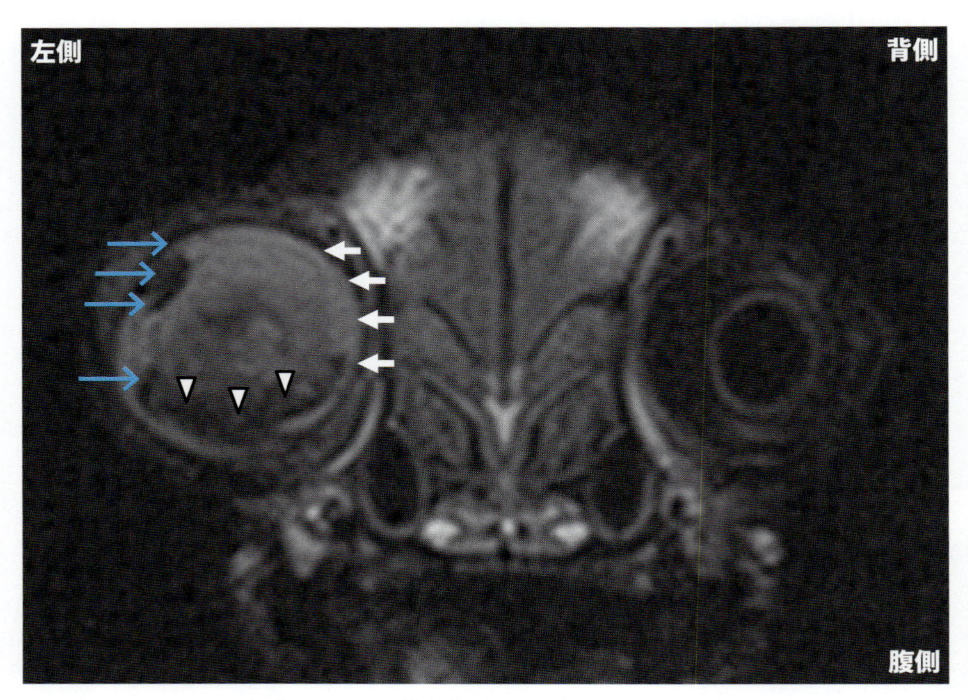

写真 9-5　MRI 横断像（FLAIR 像，眼球レベル）

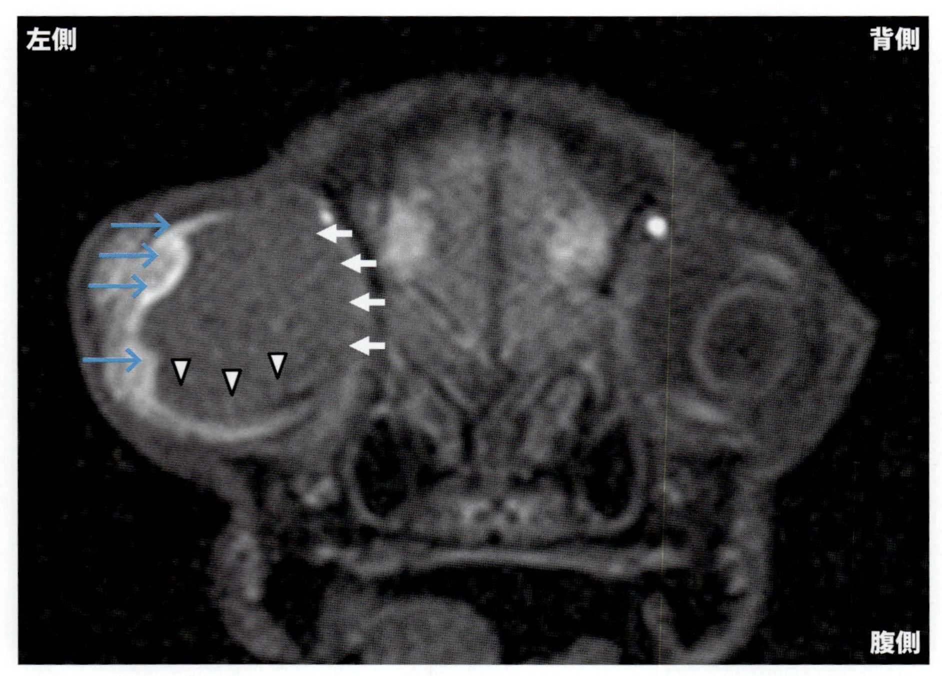

写真 9-6　MRI 横断像（T1 強調像，眼球レベル）

写真 9-4 〜 7 本症例の前部ブドウ膜にみられる腫瘤は，MRI 検査においてメラノーマに特徴的な所見（T2 強調像および FLAIR 像で強い低信号，T1 強調像で高信号）を呈している（水色矢印）。一方，内側のブドウ膜には，同様の信号強度が認められない（白矢印）ことから，後部ブドウ膜への腫瘍浸潤はないものと判断できる。硝子体腔内にも T2 強調像および FLAIR 像で低信号の病変を認めるが，この病変は T1 強調像では等信号であり，さらに造影剤による増強効果がみられない（矢頭）ため，メラノーマの浸潤ではなく，眼内の出血であることが示唆される。造影 T1 強調像において，腫瘍性病変の多くは造影剤による増強効果を示す（＝高信号となる）のに対し，本症例では腫瘍性病変部での増強効果が分かりにくいが，これは，メラノーマがもともと T1 強調像で高信号を示すためである。また，左眼ブドウ膜の全域で，造影 T1 強調像における増強所見が認められる（点線）が，ブドウ膜は非常に血流が豊富な組織であるため，正常であっても造影増強効果がみられる。右眼のブドウ膜でも同様の所見が得られている（点線）。

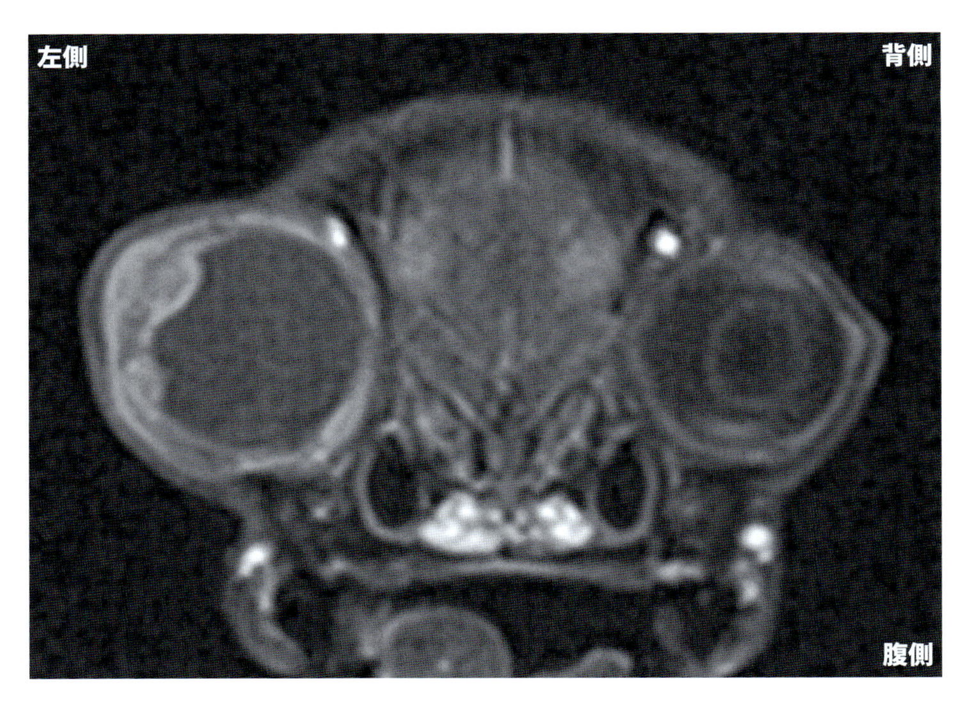

写真 9-7 造影 MRI 横断像（T1 強調像，眼球レベル）

❖コメント❖

犬の眼球に発生する腫瘍は，半数以上がメラノーマとされる。犬の眼球メラノーマには良性と悪性がみられ，悪性であっても遠隔転移率は高くない。しかし，多くの症例では，腫瘍の存在に起因した眼内出血や炎症，さらには続発性の緑内障を併発し，内科治療でのコントロールが困難となるため，良性悪性にかかわらず最終的には眼球摘出が必要となる。

MRI 検査において，メラノーマは特徴的な信号強度を示すため，他腫瘍との鑑別が可能となる。通常，腫瘍の多くは，T2 強調像で高信号，T1 強調像で低信号であるが，黒色色素を多く含むメラノーマは，一般的な腫瘍と異なる信号強度を示す。これは，メラニン自体の常磁性体効果に加えて，メラニンが強磁性体である金属イオンをキレート化する性質があるためである。特に，メラニンにキレートされた Fe^{3+} の効果は強く，T1 緩和速度を大幅に促進する。また，MRI 検査では，他の画像検査と異なり，信号強度の違いや造影剤による増強の有無などから，腫瘍性病変と出血性病変の鑑別がある程度可能である。

本症例では，MRI 検査において，眼球後方の強膜や眼球周囲組織への腫瘍の浸潤所見が認められなかったため，眼球のみの摘出術が行われた。病理組織検査の結果は，眼球結膜に浸潤した前部ブドウ膜の悪性メラノーマであった。

10. 犬の水晶体脱臼

症　例：トイ・プードル，去勢雄，6歳。

主　訴：右眼球内に可動性のある構造物がある。

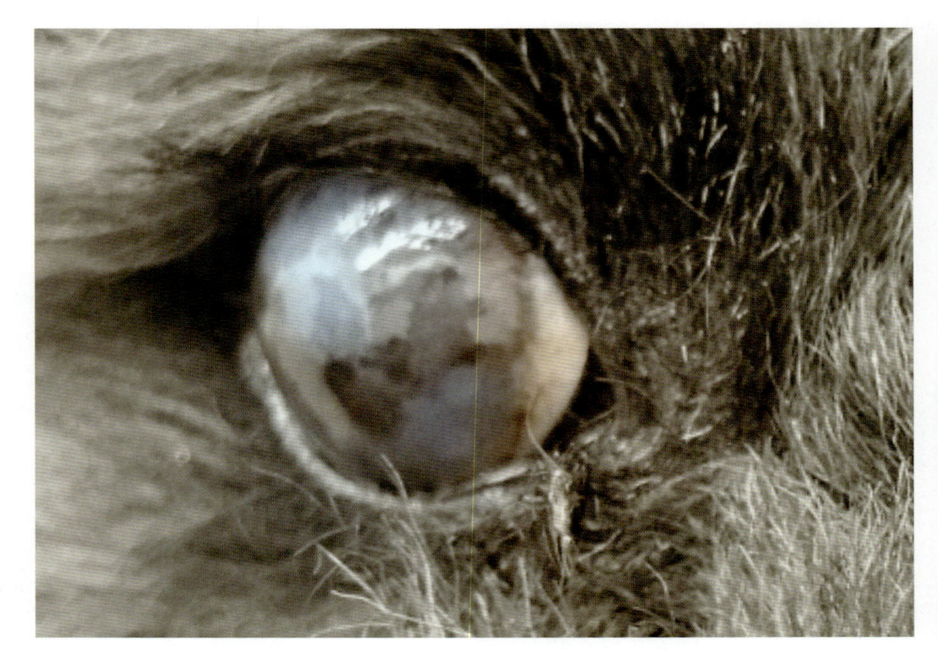

写真 10-1　右眼正面からの外貌
右眼球内に可動性のある構造物を認めるが，角膜が白濁，色素沈着をしているため眼球内部の詳細な確認が困難である。

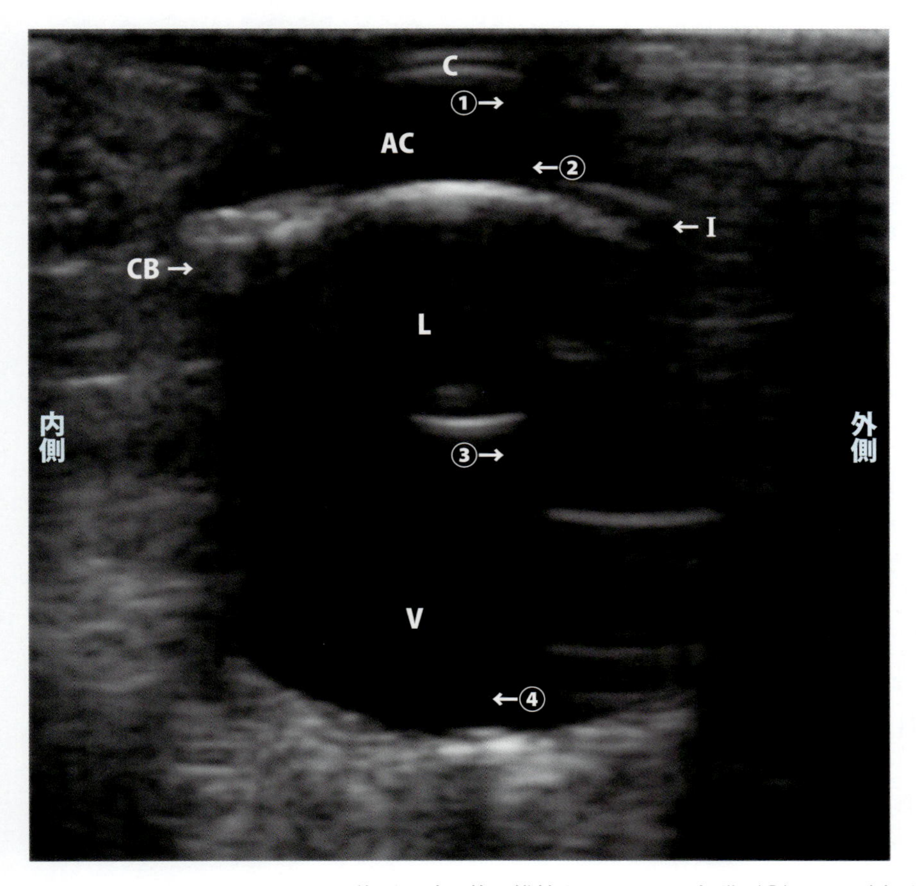

写真 10-2　左正常眼超音波冠状断像
正常眼では角膜（C）は2本の平行なラインとして表示され，中央は低エコーに観察される。さらに，その深部に認められる前房（AC），水晶体（L），硝子体（V）の内部も共に無エコーである。水晶体は水晶体嚢，皮質および核で構成されている両凸レンズの円盤状構造物でありその縁の赤道部に付着するチン小帯によって毛様体（CB）に固定され，前面は虹彩（I）および瞳孔領に接し，後面は硝子体に維持されている。角膜（①）および水晶体前嚢（②）のラインと，後嚢（③）および眼底（④）のラインは，各々平行であり水晶体は正常な位置であることが判断できる。

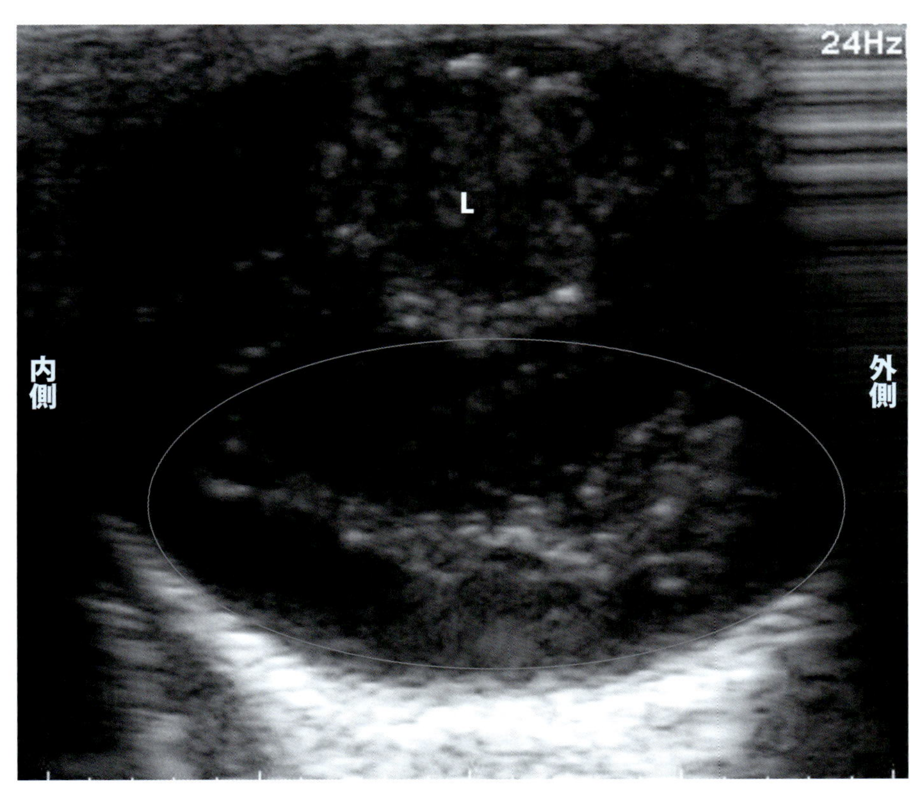

写真 10-3　右眼超音波冠状断像〔頭部が正面（水平）を向いた姿勢で走査〕
白内障形成した高エコーの不整形な水晶体（L）が硝子体腔へ脱出し，頭部の傾きにより眼球内を移動する。眼球内には硝子体変性を示唆する流動性のあるスラッジエコー（丸）がみられる。

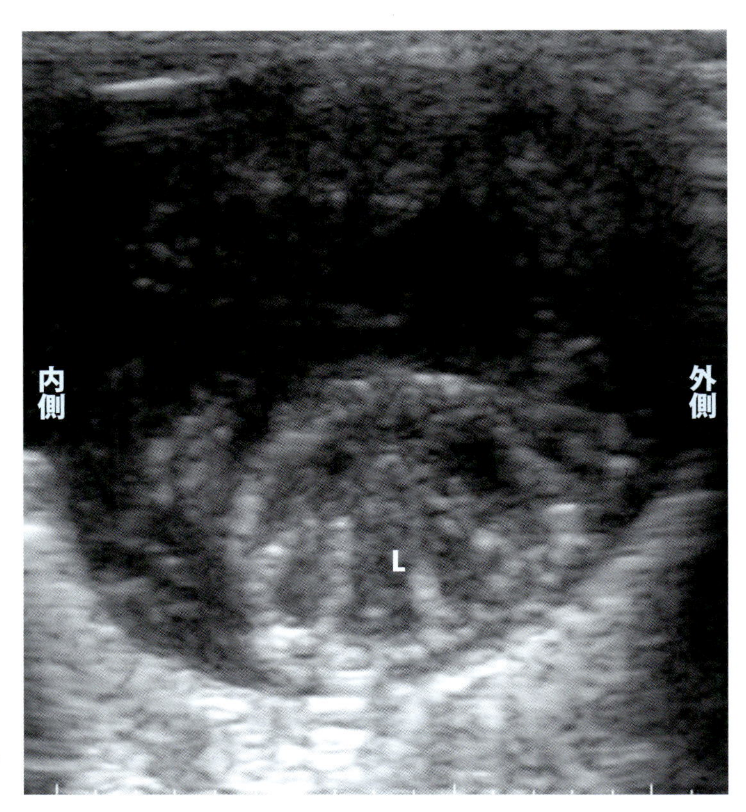

写真 10-4　眼超音波冠状断像
吻側を上方に向けた姿勢で走査。さらに頭部の向きを変えて走査を行うと，水晶体（L）は重力に従い網膜方向に落ち込んで移動する。このことから水晶体の後方脱臼と診断できる。

❖コメント❖

水晶体脱臼は最も頻度の高い犬の続発性緑内障の原因であるとともに，前方脱臼では，脱臼した水晶体が角膜面に接触することによる疼痛，亜脱臼では虹彩毛様体炎などの症状，後方脱臼では水晶体の前眼房への移動などの症状が発現する。一度脱臼した水晶体の整復は内科的にも外科的にも不可能であるが，内科治療で管理改善されない場合には，予防的あるいは内科療法の補助治療として白内障手術や水晶体摘出が選択される場合もある。通常診断は，検眼鏡等を使用した視診であるが，散瞳処置が禁忌で検眼鏡での観察が不能な場合や，本症例のように白内障，緑内障，角膜疾患等により中間透光体（角膜，房水，水晶体，硝子体）が不透明で眼球内の確認が行えない場合に，超音波検査は有用な検査法となる。

超音波検査において正常な眼球構造の水晶体は，写真10-2（L）のような位置に硝子体とチン小帯により支持されている。しかしながら，外傷，腫瘤，緑内障，遺伝的素因などの原因でチン小帯が断裂や欠損をした場合，水晶体は前方脱臼，亜脱臼，後方脱臼のような変位を起こす。そのため，写真 10-2 ①～④が示すように，正常であれば水晶体前嚢と角膜，水晶体後嚢と眼底のラインが各々平行に描出されるべきであるが，水晶体亜脱臼があると，これら曲面ラインの平行性がずれて観察されたり，脱臼があると，可動性のある水晶体が前房（前方脱臼）または硝子体腔内（後方脱臼）に確認できたりするようになる。

眼球の超音波検査は，人において禁忌とされているが，動物では症例に痛みや性格に問題がなければ安全かつ迅速に行うことができる有用な検査法である。

11. 脳脊髄の正常 MRI 像

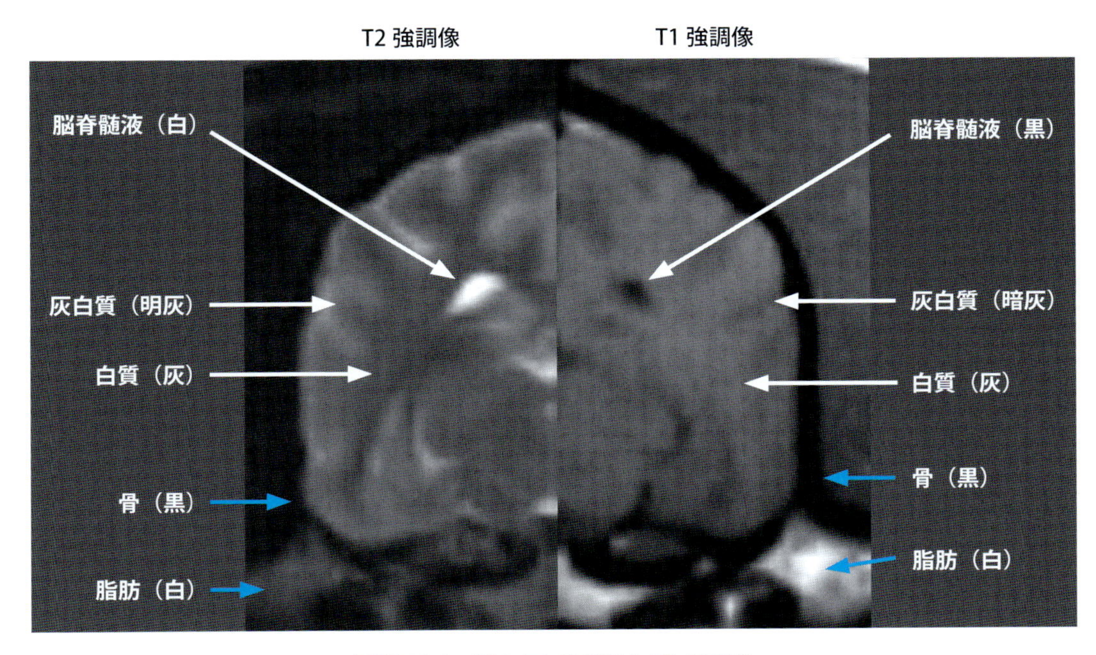

写真 11-1　脳の T2 強調像と T1 強調像

脳の解剖学的名称と，T2 強調像と T1 強調像における信号強度を示した。水分（脳脊髄液）の信号強度は，T2 強調像では高信号（白），T1 強調像では低信号（黒）を示している。しかし青矢印で示した骨，脂肪においては，骨では T1 強調像で黒，T2 強調像で黒，また脂肪では T1 強調像で白，T2 強調像で白と，白黒反転した像ではないことがわかる。

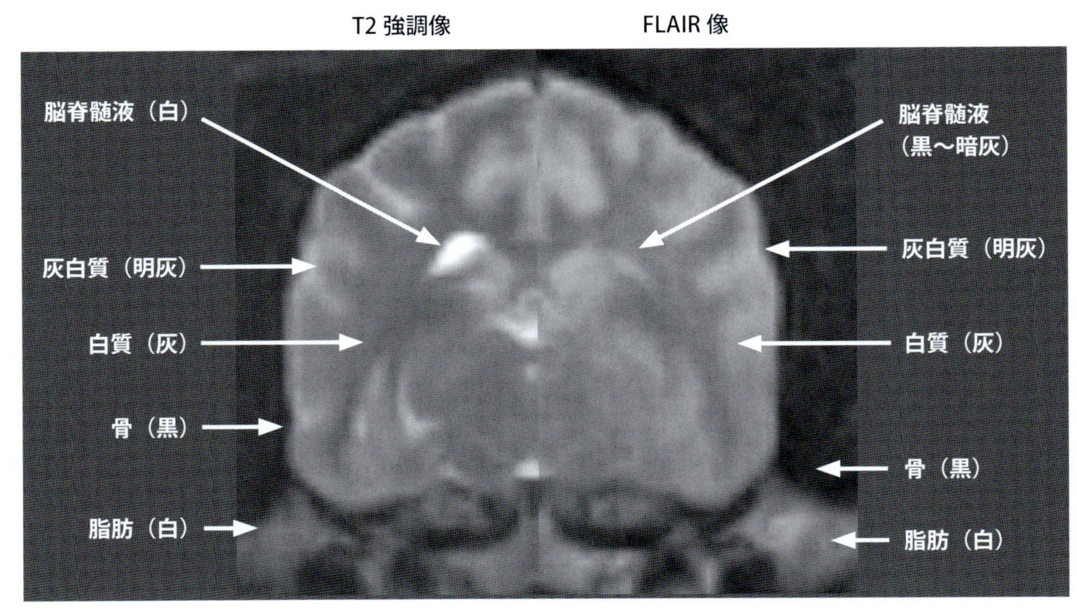

写真 11-2　脳の T2 強調像と FLAIR 像

FLAIR 像は，基本的に各組織の信号強度は T2 強調像と同様である。水分（脳脊髄液）の信号強度がゼロを示している。FLAIR 像が，水分（脳脊髄液）が黒い T2 強調像であることがわかる。

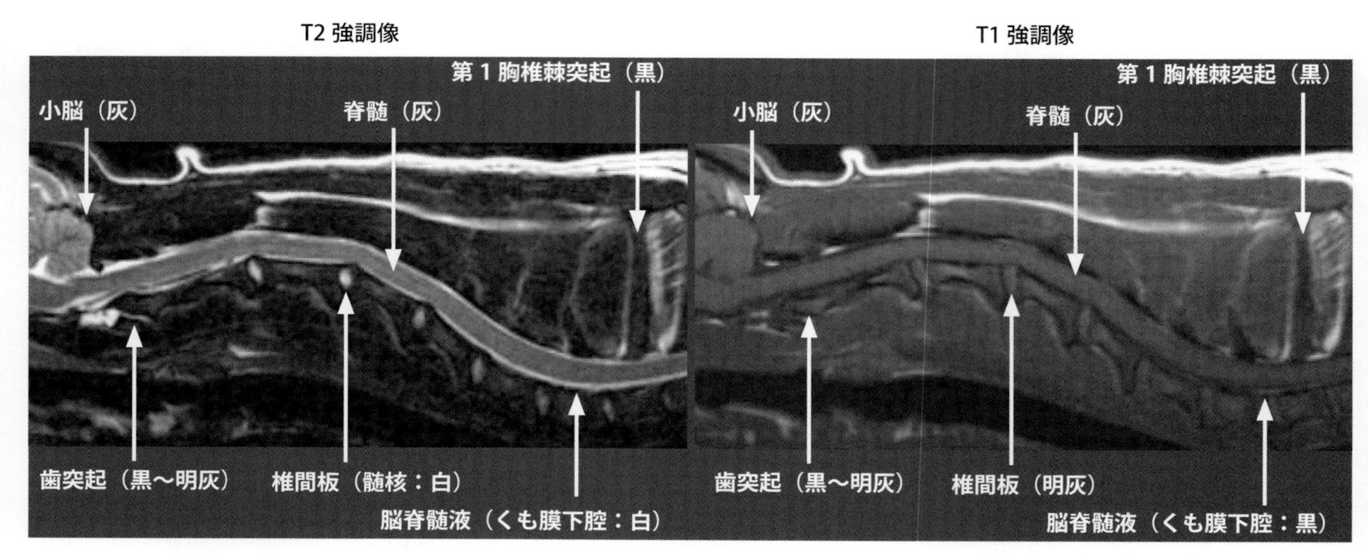

写真 11-3　頸部の T2 強調像と T1 強調像（矢状断像）

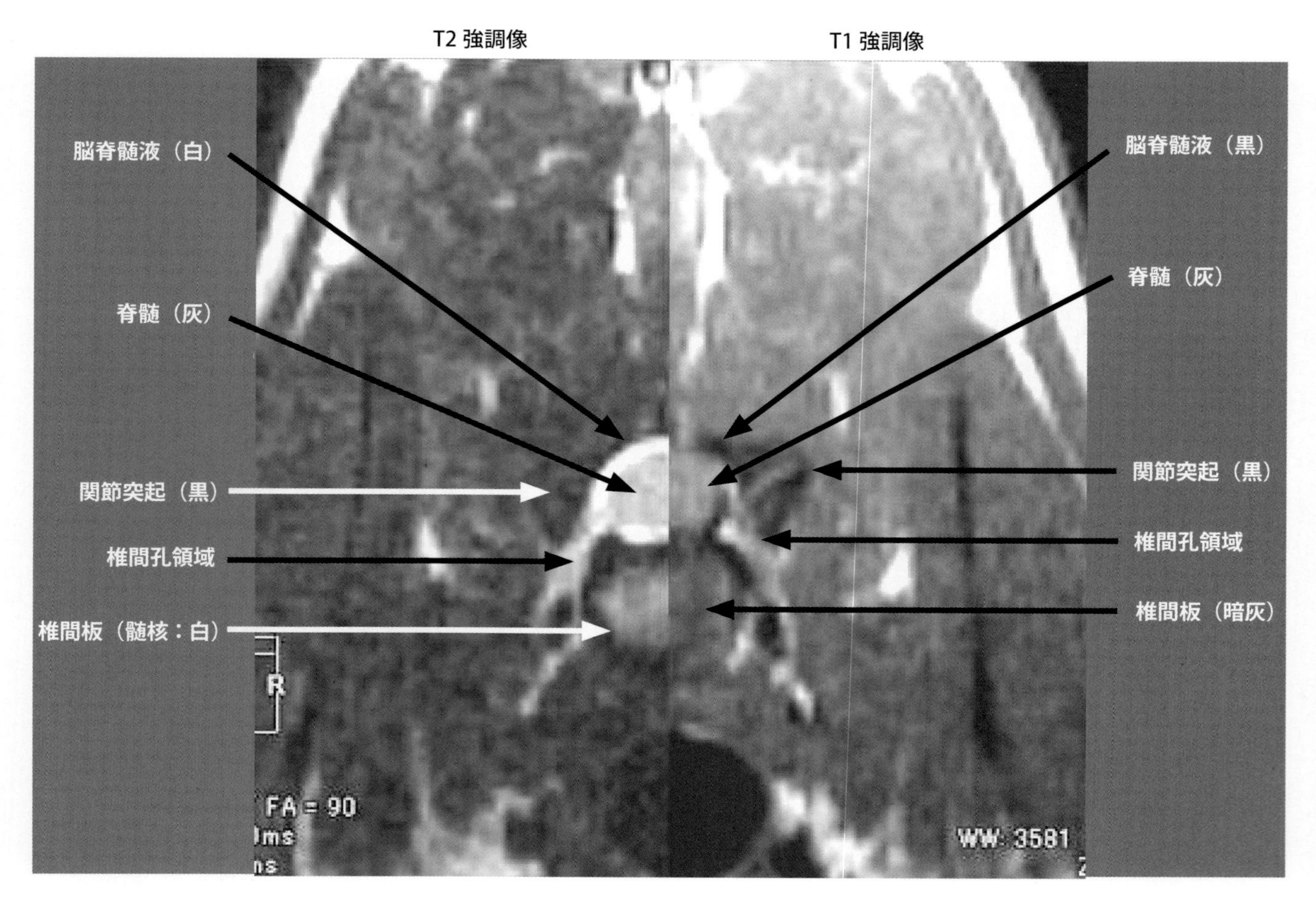

写真 11-4　頸部の T2 強調像と T1 強調像（横断像，椎間板レベル）

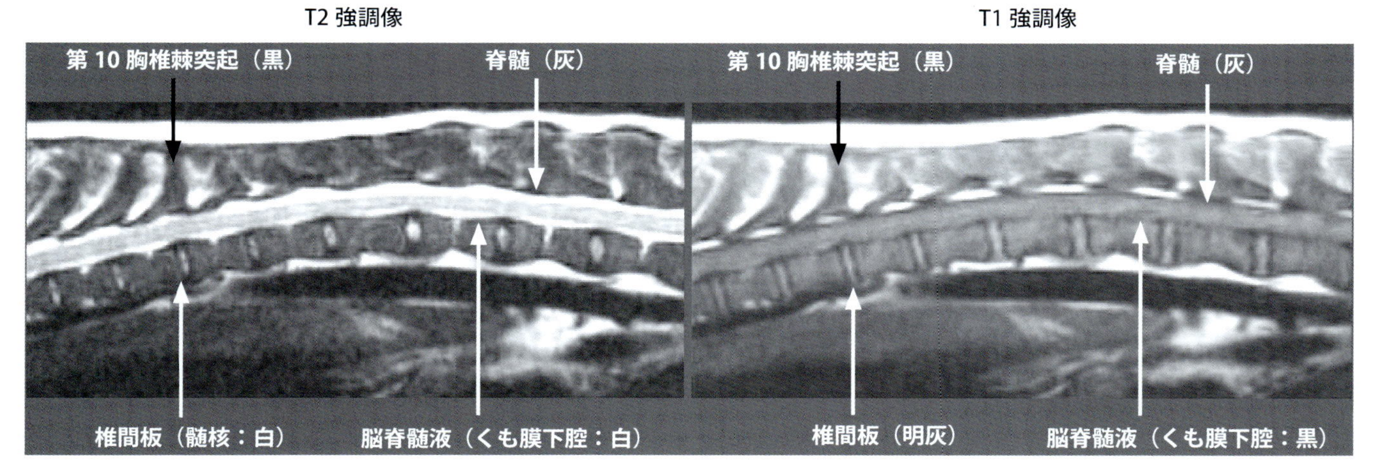

写真 11-5 胸腰椎の T2 強調像と T1 強調像（矢状断像）
第 10 胸椎と第 11 胸椎において，棘突起の向きの変わり目が確認できる。

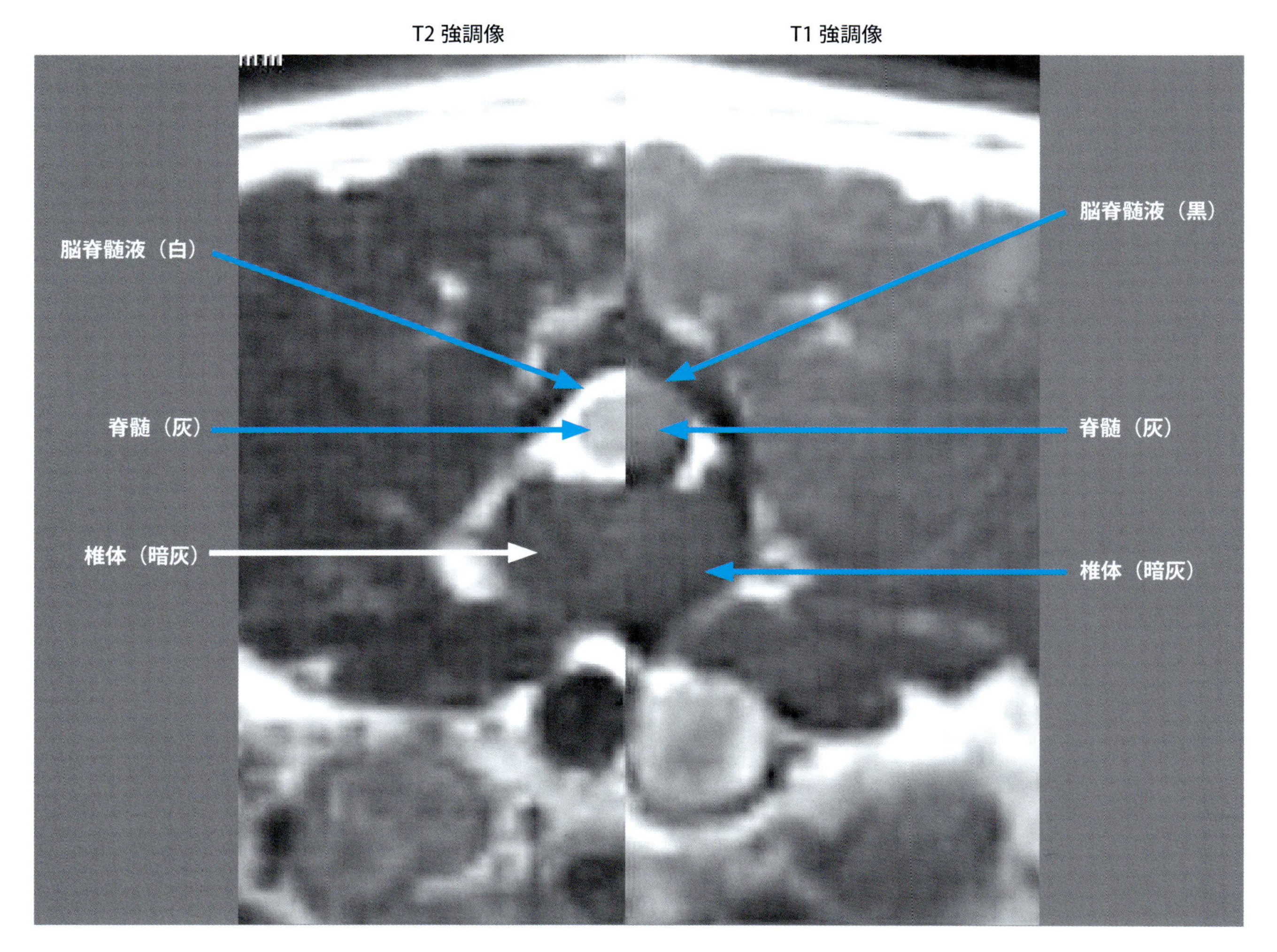

写真 11-6 胸腰椎の T2 強調像と T1 強調像（椎体レベル横断像）

❖コメント❖

MRI は複数の撮影方法から得られた像を基に読影していく。現在，主に使用されている撮影方法は，T1 強調像，T2 強調像である。これらの撮影方法の原理を知らなくとも読影することは可能であるが，どの像がどの撮影方法から得られたかを判別しなくてはならない。その方法として以下の 3 つが挙げられる。①施設にもよるが，像に「T1 強調像」などと記載されていることがある。②フィルムの四隅に記載されている撮影条件から判別する。施設によって差はあるものの，T1 強調像では TR 400msec 前後，T2 強調像では TR 4000msec 前後である。③最も簡便なのは，水分（脳脊髄液）の信号強度（色）から判別する方法である。水分の信号強度（色）は，T1 強調像で低信号（黒），T2 強調像で高信号（白）を示す（写真 11-1）。

MRI 像は，存在診断（病変の存在）と質的診断（病変の性質)を行うことにより読影される。病変の存在診断は，病変の位置，形，大きさ，分布などを断層解剖と比較して判断する。MRI 像は組織分解能に優れ断層解剖に近い像が得られることから，比較的容易に行うことができる。すなわち他の画像検査と同様，解剖学的知識が重要となる。また病変の質的診断は，それぞれの撮影方法における信号強度の変化を組み合わせることにより行われる。その際，信号強度（色）をあらわす言葉として，低信号（黒），等信号（灰），高信号（白）という言葉が用いられる。本来ならば「○○組織と比較して高信号」といったように基準をおく必要があるが，通常は周囲組織と比較して用いられることが多い。今回，中枢神経系における各組織の信号強度（色）を図に示した（写真 11-1 ～ 6)。ここで重要なことは，一見 T1 強調像と T2 強調像は白黒反転した像に感じられるが，骨では T1 強調像で黒，T2 強調像で黒，また脂肪では T1 強調像で白，T2 強調像で白と，白黒反転した像ではないことがわかる（写真 11-1)。

以上のことをまとめると，MRI 像の読影は，どの撮影方法より得られた像かを判別し，解剖学的な存在診断と信号強度の変化から質的診断を行うことにより読影されている。具体的には，「左側頭頂葉にマス病変が認められ，T2 強調像で等～高信号（灰～白)，FLAIR 像で等～高信号（灰～白)，T1 強調像で等信号（灰)，Gd 増強 T1 強調像で高信号（白）を示している」といった所見となる（写真 14-1 ～ 4，60 ～ 61 頁参照)。

上記の所見で述べた FLAIR 像は，基本的に各組織の信号強度は T2 強調像と同様であるが，水分（脳脊髄液）の信号がゼロを示す。すなわち FLAIR 像は,水分（脳脊髄液）が黒い T2 強調像である（厳密には異なる)（写真 11-2)。T2 強調像において脳室周囲に高信号（白）を示す病変が認められた際に FLAIR 像を用いると，脳室周囲の病変をより明瞭に描出することが可能となる。このため，主に脳の検査で用いられている。また撮影条件に TI 2000msec 前後と記載があれば，FLAIR 像と判断できる。

Gd 増強 T1 強調像（Gd-T1WI）は，造影剤を静脈投与後撮影した T1 強調像のことである。正常な脳脊髄に存在する血液脳関門（BBB）が崩壊することで造影される。しかし血液脳関門がもともと存在しない髄膜，脈絡叢，下垂体は，正常でも造影される。

最後に，MRI の普及により診断可能となった疾患が存在するのも事実である。しかし MRI は万能な検査方法ではなく，他の画像検査と同様に鑑別診断リストの数を減らすツールの 1 つにすぎない。

12．犬の水頭症

症　例：チワワ，3か月，雌。
主　訴：前後肢の運動失調，自力採食ができない。

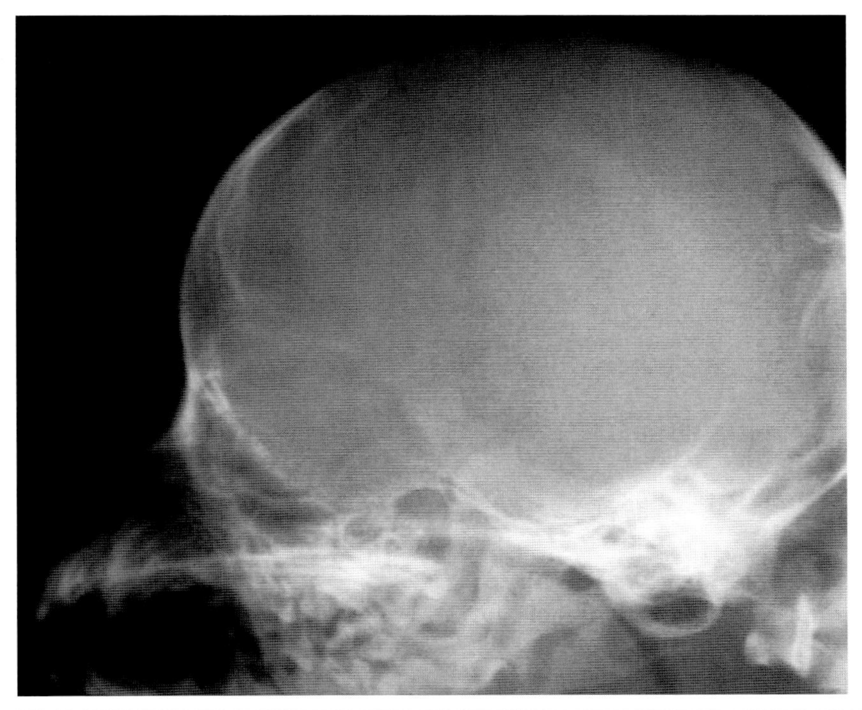

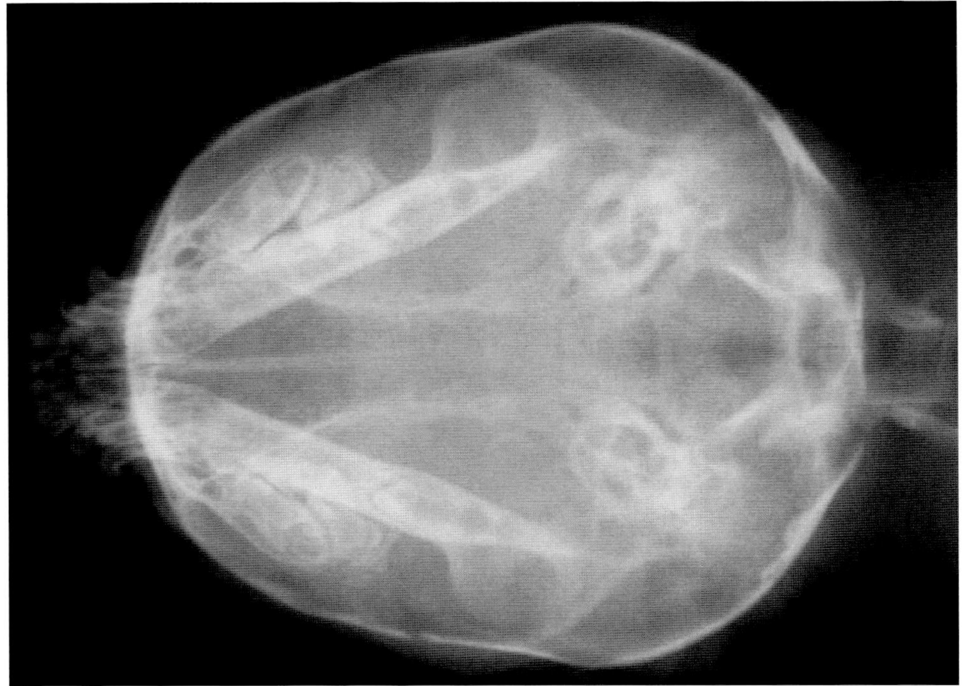

写真 12-1　頭部単純X線像
頭蓋骨が菲薄化し，頭蓋冠のドーム状拡大が観察される。また，指圧痕は消失し，スリガラス状の陰影を呈している。

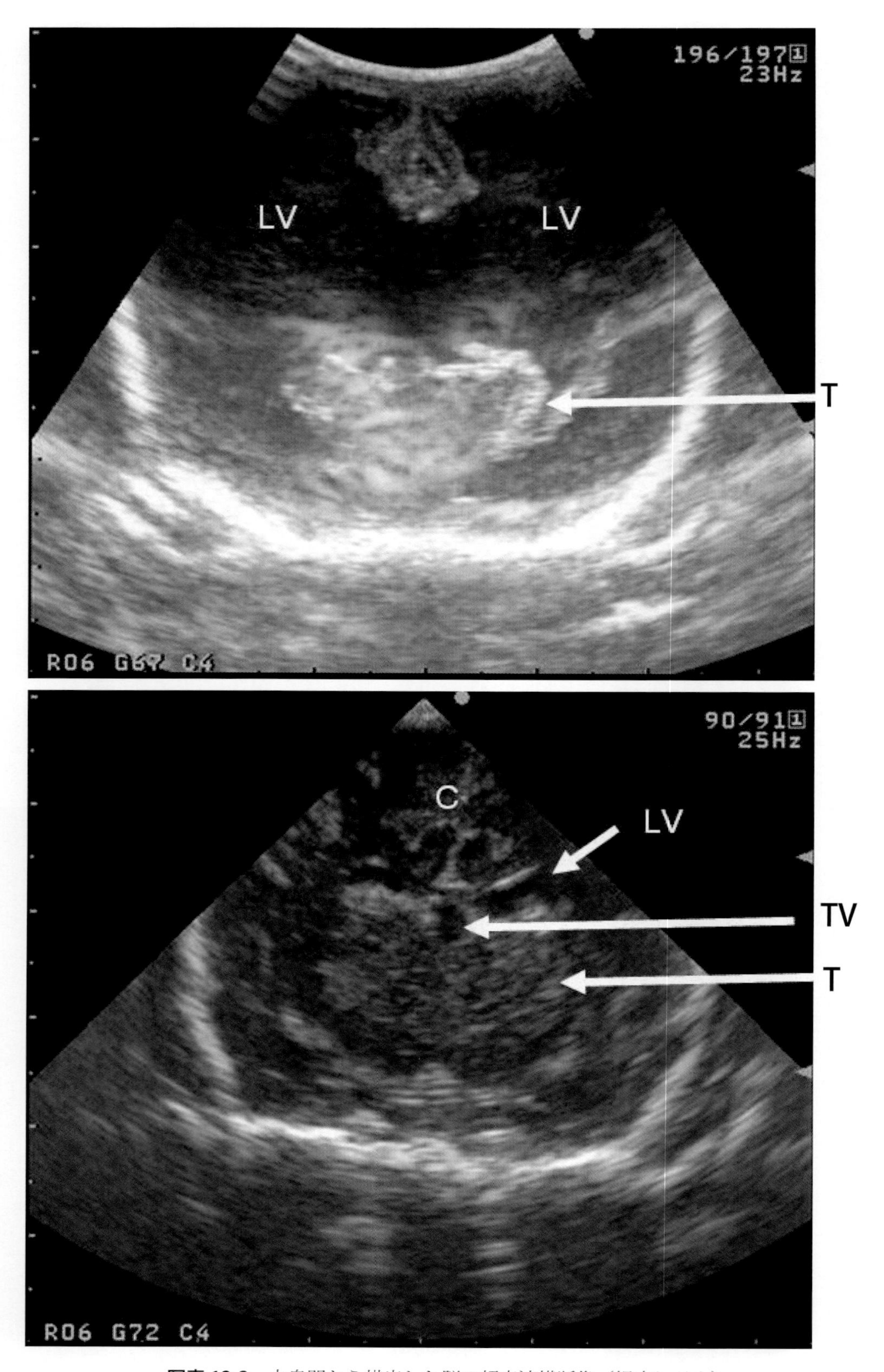

写真 12-2　大泉門から描出した脳の超音波横断像（視床レベル）
上：症例の脳。両側の側脳室の重度拡張と大脳実質の菲薄化が観察される。
下：正常チワワの脳。
LV：側脳室，T：視床，C：大脳，TV：第３脳室

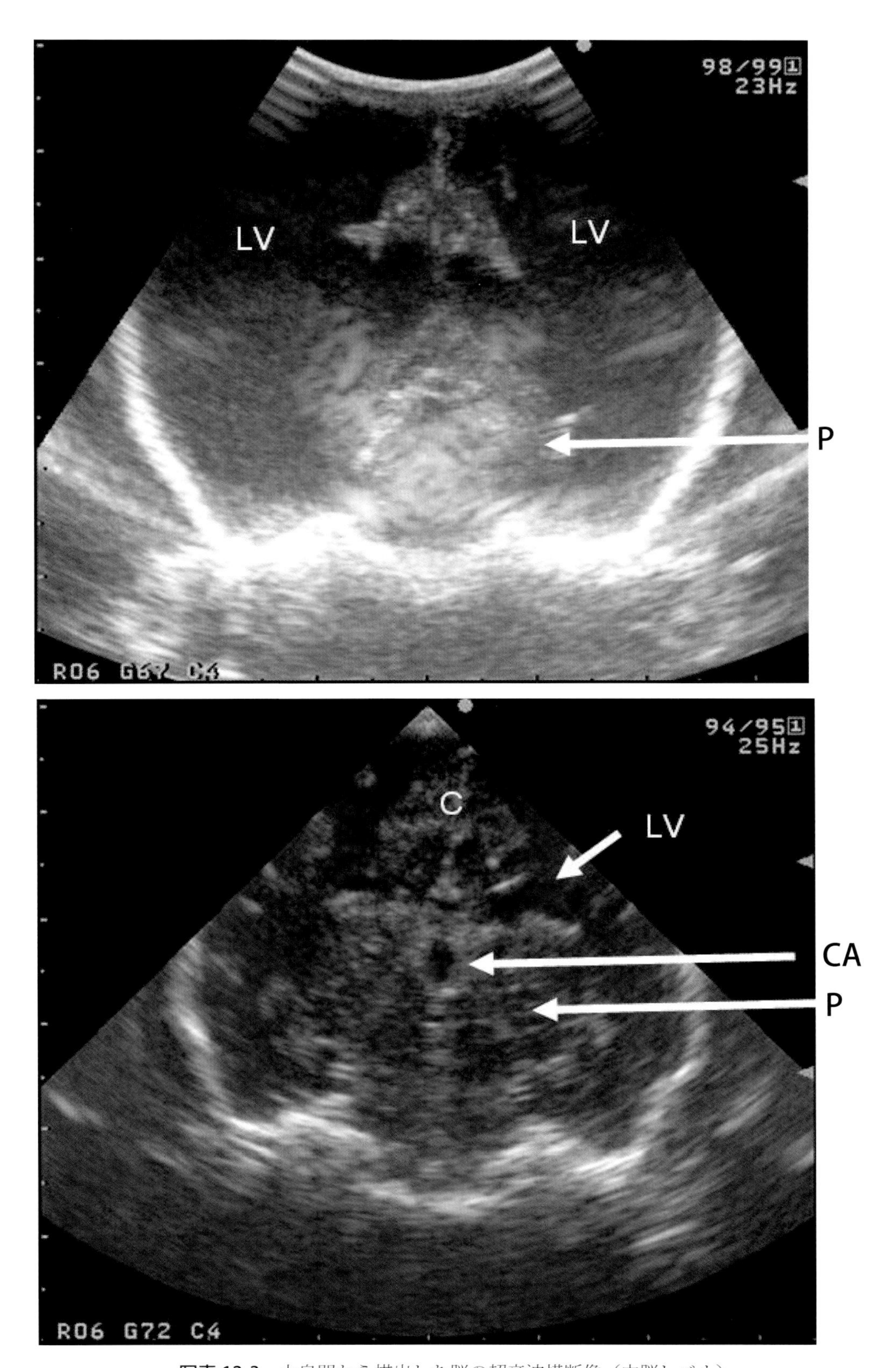

写真 12-3　大泉門から描出した脳の超音波横断像（中脳レベル）
上：症例の脳。両側の側脳室の重度拡張と大脳実質の菲薄化が観察される。
下：正常チワワの脳。
LV：側脳室，P：橋，C：大脳，CA：中脳水道

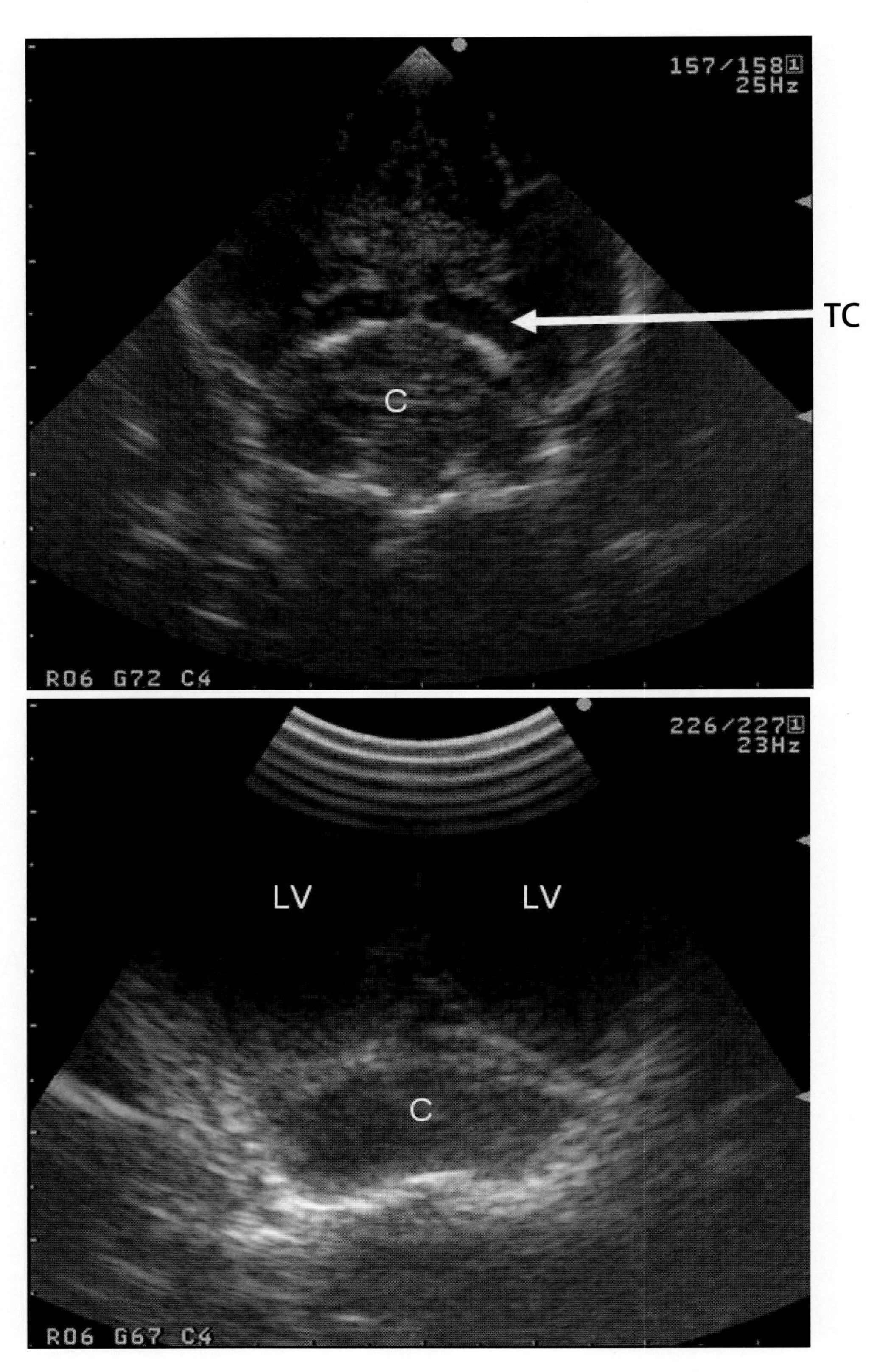

写真 12-4　大泉門から描出した脳の超音波横断像（小脳レベル）
上：正常チワワの脳。
下：症例の脳。両側の側脳室の重度拡張と大脳実質の菲薄化が観察される。
LV：側脳室，C：小脳，TC：小脳テント

❖コメント❖

水頭症の診断法として，脳室と頭蓋腔の高さを比較することで，脳室の大きさを客観的に評価する試みが，様々な画像診断法においてなされてきた。写真 12-2 の様に，左右の視床が正中の視床間橋を境に対称となる様に表示し，脳室の高さ（V）を正中における頭蓋腔の高さ（B）で割り 100 をかけることで算出される VB ratio（%）や，側脳室の面積を大脳半球の面積で割る脳室半球比がそれである。しかしながら，犬の側脳室の大きさには個体差がある程度認められる点や，症状の重篤度と脳室拡大の程度は相関しない点などから，水頭症の診断が非常に難しい症例に遭遇することがしばしばある。本症例では VB ratio が 60% 以上であり，重度な側脳室拡大が観察され，高度な大脳実質の菲薄化が認められることから水頭症と診断される。脳室拡大の程度が極めて重度であり，内科的な治療では困難であることが予測されたため，脳室腹腔シャント術を行った。本症例は自力での採食が不可能であり，飼い主が 40 分程度かけて強制給餌を行っていたが，術後においては依然自力採食が不可能なものの，5 分程度で給餌することが可能となった。また，運動失調についても明瞭に改善し，現在も経過は良好に推移している。

13. 犬の下垂体腫瘍

症　例：ウェルシュ・コーギー，雄，7 歳，体重 14.4kg。

主　訴：眼科検査において異常が認められない視力の低下。

神経学的検査：姿勢反応正常。左側の眼瞼および威嚇瞬き反応の消失，左眼の対光反射において直接および間接刺激の低下。

血液検査所見：

PCV	60.2	%
WBC	80.2×10^2	/μL
Neu	67.6×10^2	/μL
Lym	8.6×10^2	/μL
Mon	3.3×10^2	/μL
Eos	0.7×10^2	/μL
Bas	0.0×10^2	/μL
pl	46.0×10^4	/μL
TP	5.4	g/dL
Alb	2.8	g/dL

ALT	63	U/L
ALP	383	U/L
TC	382	mg/dL
T-Bil	0.00	mg/dL
Glu	104	mg/dL
BUN	37.2	mg/dL
Cr	1.2	mg/dL
Ca	9.5	mg/dL
iP	5.9	mg/dL

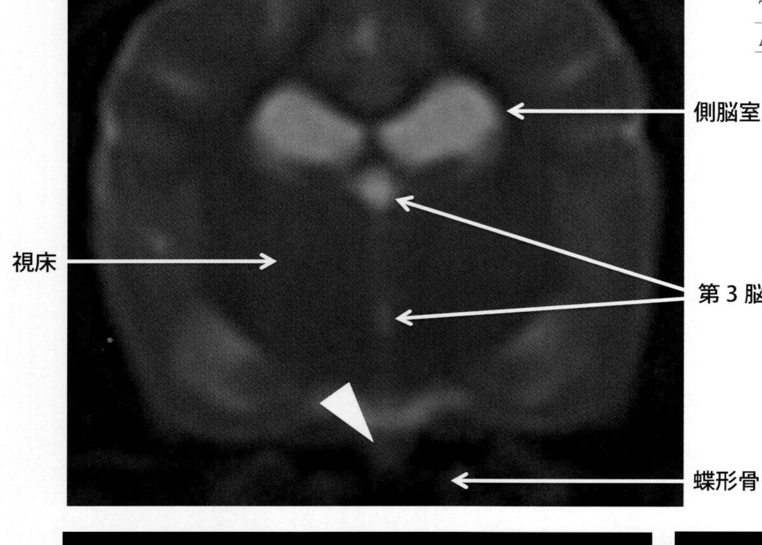

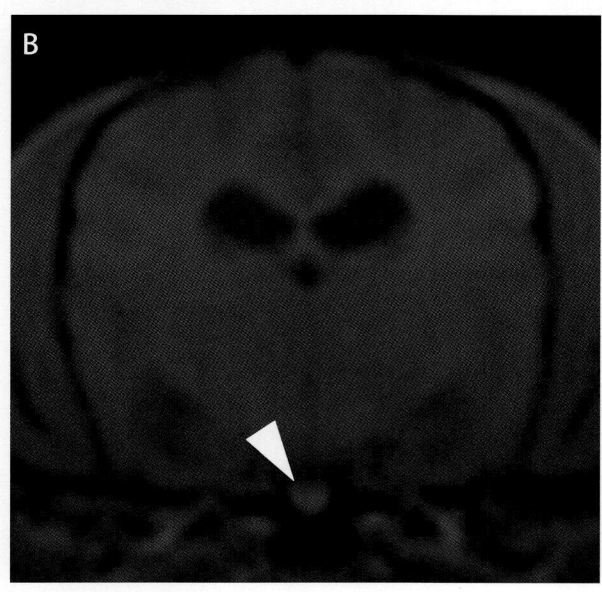

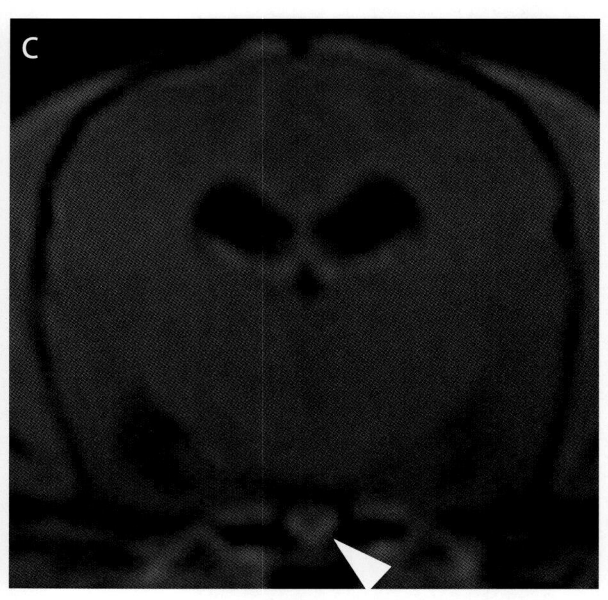

写真 13-1　正常な犬の MRI 横断像（下垂体レベル）（A：T2 強調像，B：T1 強調像，C：造影 T1 強調像）
MRI 所見において下垂体は，前葉と後葉に区分され，第 3 脳室の腹側正中下で蝶形骨上にみられる（矢頭）。T2 強調像において下垂体は前後葉ともに周囲の視床と比較し高信号で，大脳白質と比較すると等信号である。T1 強調像において後葉は，下垂体のほぼ中央に位置し，高信号に観察される特徴がある。これは後葉ホルモンであるバソプレッシン（ADH）分泌顆粒の T1 信号強度が高いためである。また，下垂体には血液脳関門が存在せず，前葉は後葉を包囲しているため，造影 T1 強調像において下垂体の腹側辺縁部が強く増強する。

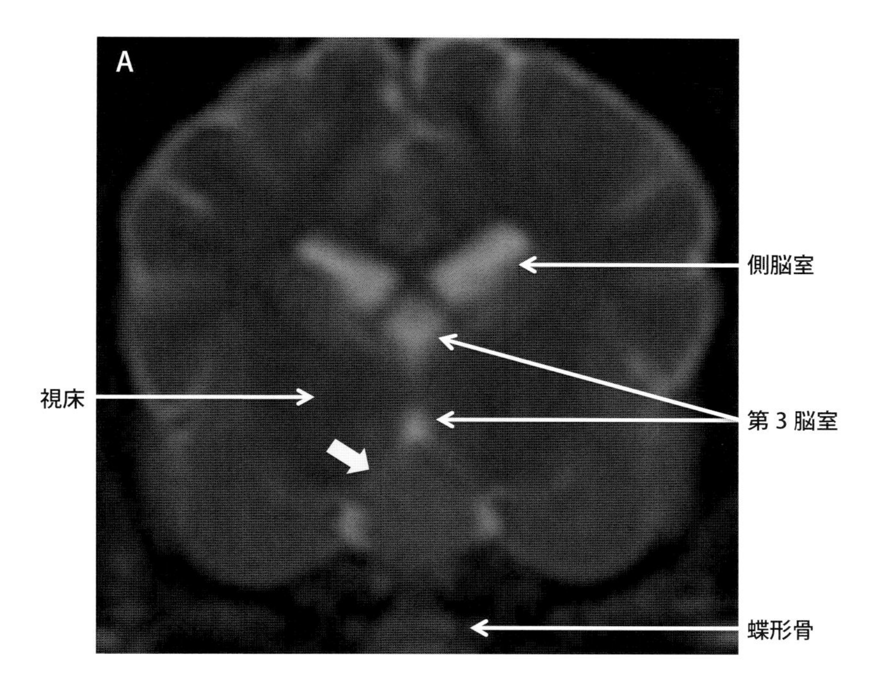

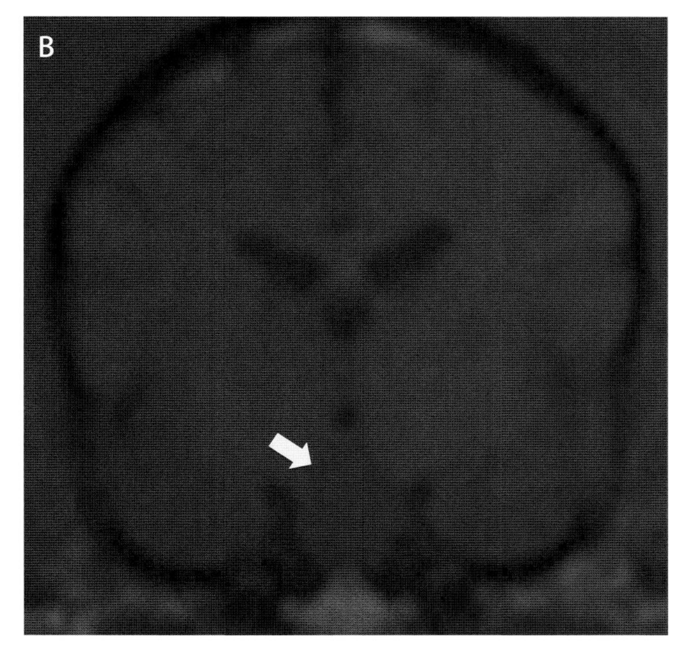

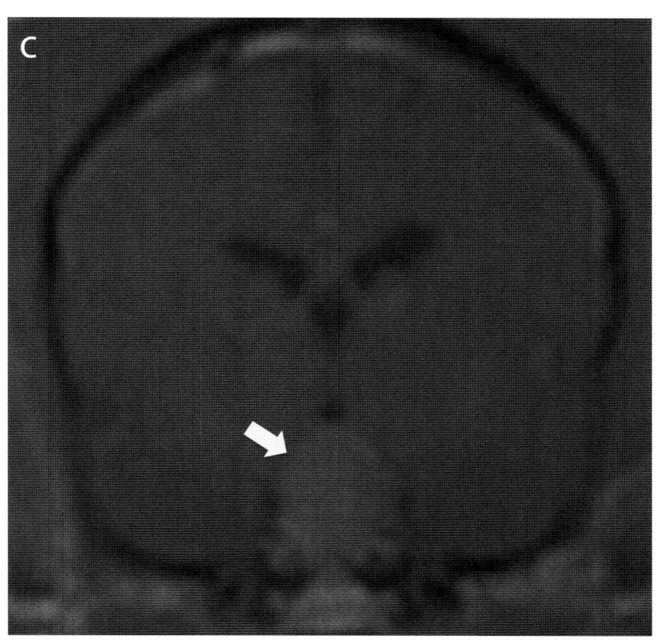

写真 13-2　症例の MRI 横断像（下垂体レベル）（A：T2 強調像，B：T1 強調像，C：造影 T1 強調像）
第 3 脳室の腹側で蝶形骨上に卵円形の腫瘤（太矢印）が観察される。その腫瘤の高さは約 15mm 大を呈しており，周囲の視床と比較し T2 強調像で高信号，T1 強調像でやや低信号，造影 T1 強調像では増強がみられる。

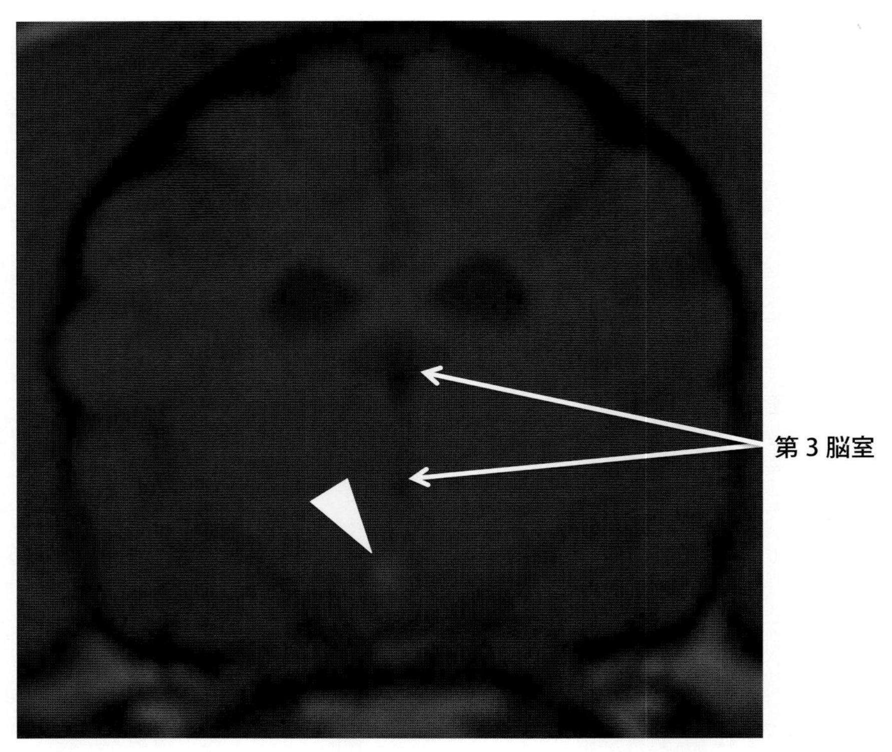

写真 13-3 写真 13-2 より一断面尾側の MRI 横断像（T1 強調像）
第 3 脳室腹側に T1 強調像で高信号の下垂体後葉（矢頭）が，腫瘤に圧迫され，正中よりやや左側に変位して観察される。

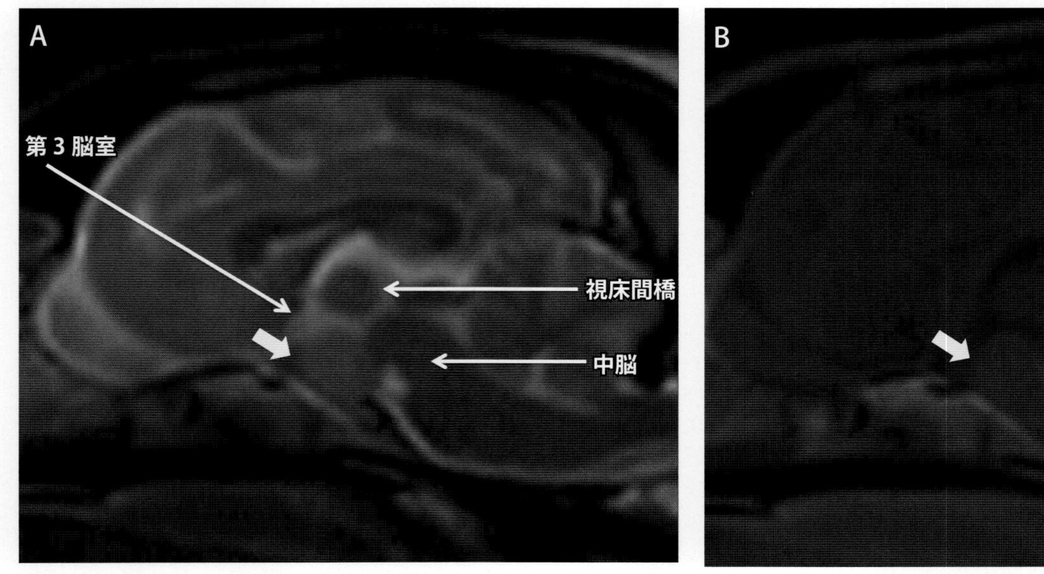

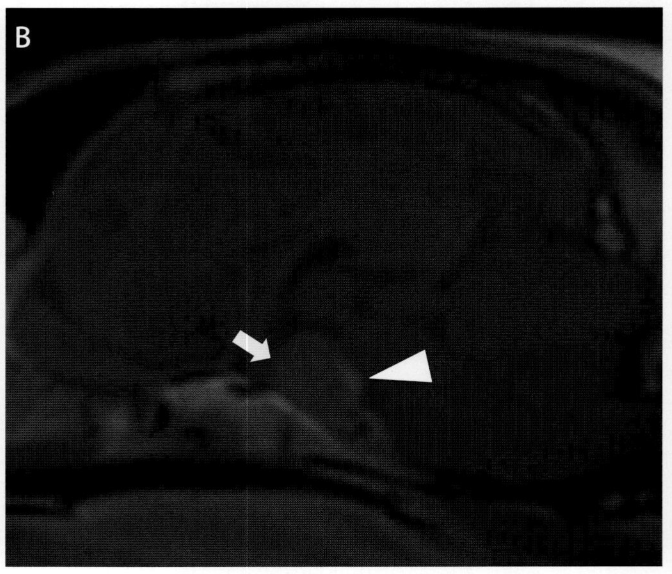

写真 13-4 症例の MRI 矢状断像（下垂体レベル）（A：T2 強調像，B：造影 T1 強調像）
視床間橋の腹側に，中脳と比較して T2 強調像で高信号，造影 T1 強調像においては増強された卵円形の腫瘤（太矢印）が観察される。また，腫瘤の圧迫により尾側に変位した後葉（矢頭）がみられるため，卵円形の腫瘤は下垂体前葉が腫瘍化したものと判断できる。画像所見から下垂体性クッシングが強く疑われたため，ACTH 刺激試験を実施したところ，血清コルチゾールは PRE が 3.65μg/dL，POST 1 時間後が 63.2μg/dL であり，ACTH 産生腺腫（巨大腺腫）による下垂体性副腎皮質機能亢進症（PDH）と確定診断された。

❖コメント❖

犬において最も多くみられる下垂体腫瘍は，前葉から分泌される副腎皮質刺激ホルモン（ACTH）産生性腺腫で，犬の副腎皮質機能亢進症（クッシング症候群）の約 80%を占めていると報告されている。下垂体腫瘍は，その大きさにより，肉眼的に形態的変化の認められない微小腺腫と，周囲の脳組織を圧迫する巨大腺腫に分類される。下垂体性クッシングと診断される症例の大部分が直径 10mm 未満の微小腺腫であるが，画像検査では描出されないほど小型のものが多い。腫瘍が大きく増大した症例では，成長した腫瘍が隣接する視交叉や視床を圧迫し，意識状態の変化や異常行動，失明，発作などの神経症状が発現することがある。

中枢神経には脳脊髄関門が存在するために，末梢の静脈から投与された MRI 造影剤は，正常な脳実質に移行することはない。しかしながら，脳腫瘍は脳脊髄関門が認められないため，腫瘍部には造影剤が移行し増強される。例外として下垂体は各種ホルモンを血液中に放出するため，下垂体門脈という特殊な構造であり，脳脊髄関門が存在しないことから，正常であって造影剤によって増強される。したがって，この部位に腫瘍が存在しても正常な増強と腫瘍が存在することによる増強とを識別することが困難な場合がある。また，下垂体の大きさは犬種や個体によっても異なる。そこで，下垂体が最大で描出される横断像での下垂体の高さ（P：mm）を頭蓋腔の面積（B：mm^2）で割り 100 をかけることで算出される PB ratio が診断のために計測される場合がある。

参考文献

1）Teshima,T., Hara,Y., Masuda,H. et al.（2008）：*J. Vet. Med. Sci.* 70, 693-699.
2）Teshima,T., Hara,Y., Masuda,H. et al.（2011）：*J. Vet. Med. Sci.* 73, 725-731.

14. 犬の頭蓋腔内髄膜腫

症　例：トイ・プードル，雄，11 歳 4 か月，体重 4.76kg。

主　訴：てんかん様発作。

神経学的検査：右側威嚇瞬き反射低下。その他の異常なし。

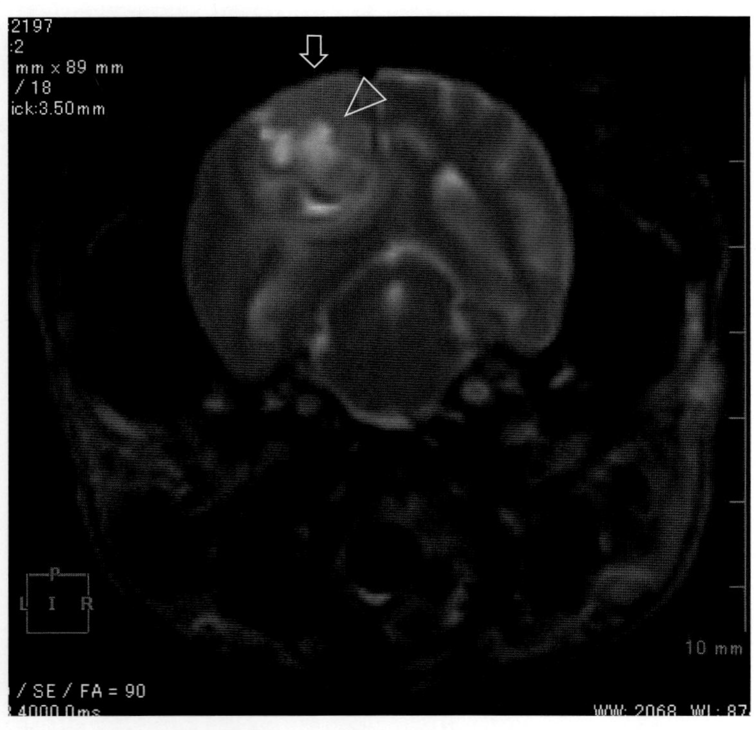

写真 14-1　MRI T2 強調像

左側頭頂葉に等～高信号の腫瘤病変を認める（矢印）。腫瘤病変内に高信号を認める（矢頭）。

腫瘤周囲の脳実質は圧迫され正中が右側に変位し（midline sift），さらに腫瘤周辺には灰白質の信号を認め，白質領域は高信号に観察される（mass effect）。

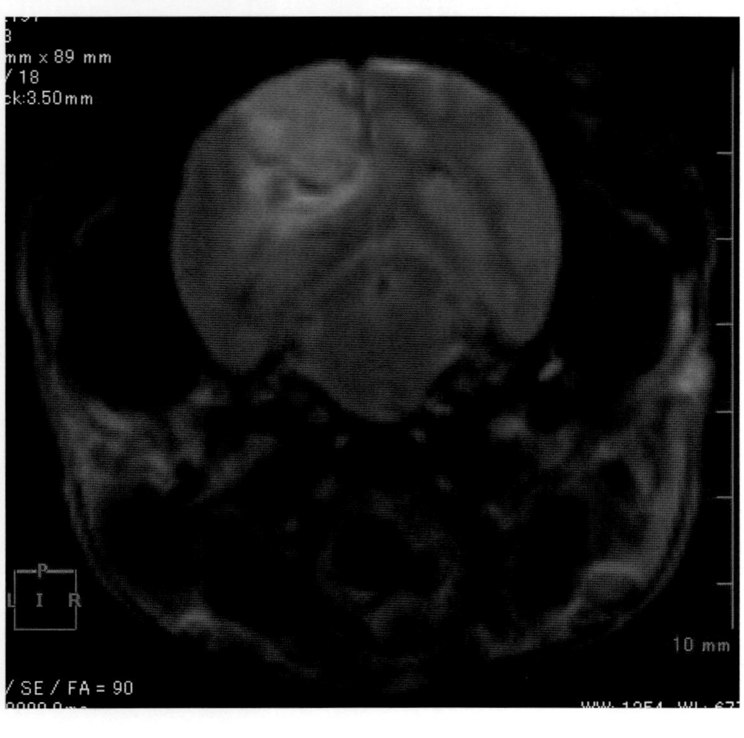

写真 14-2　MRI FLAIR 像

T2 強調像（写真 14-1）と同様の所見を認める。

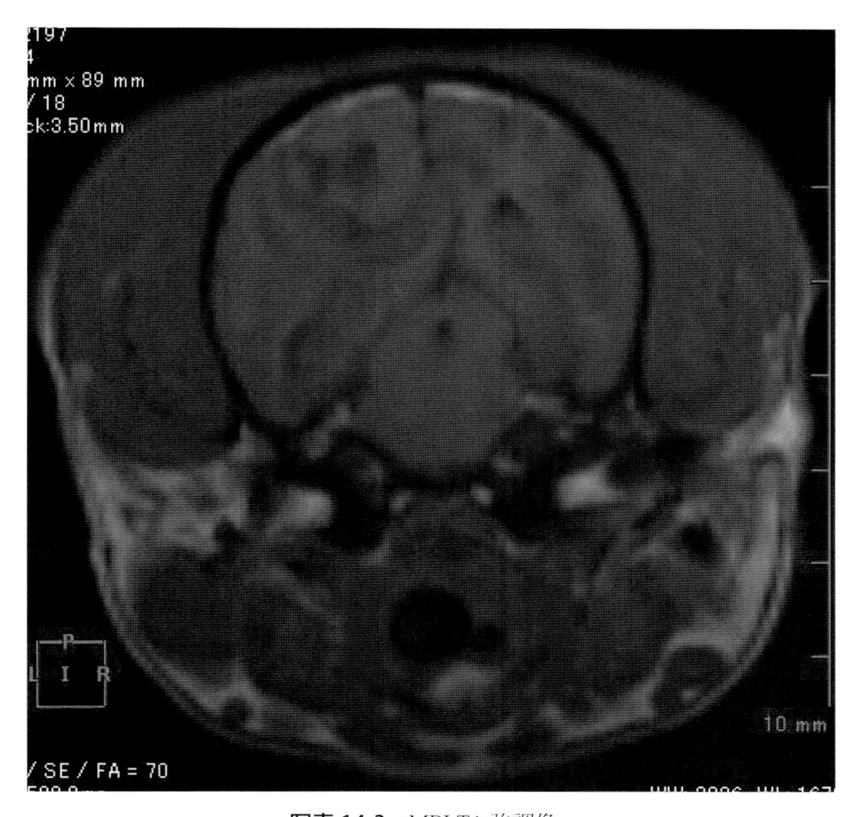

写真 14-3　MRI T1 強調像
左側頭頂葉に等信号の腫瘤病変を認める。腫瘤病変内に低信号を認める。

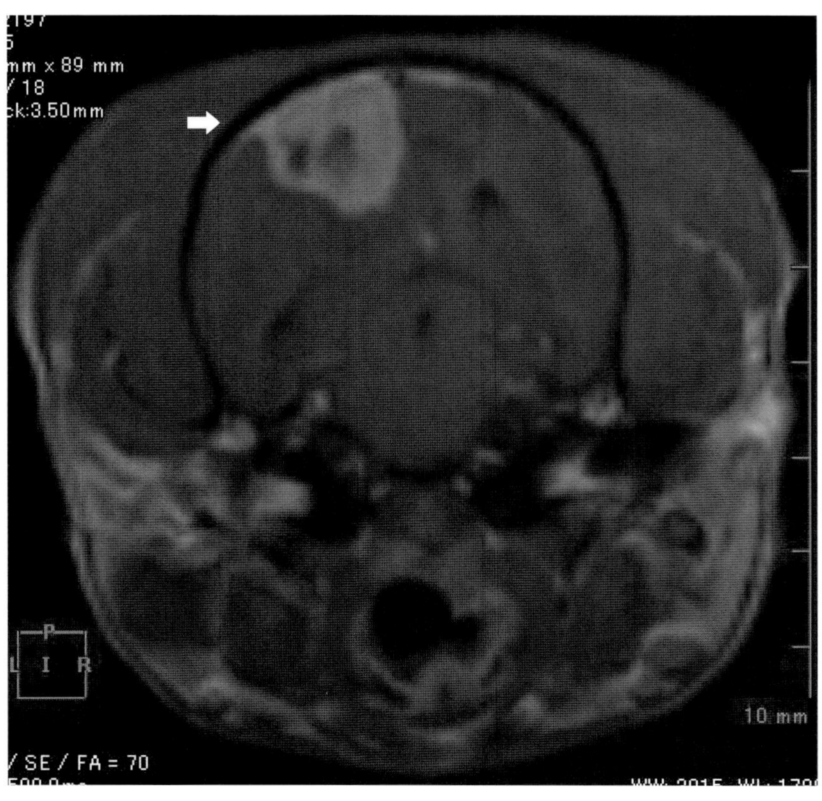

写真 14-4　造影 MRI Gd 増強 T1 強調像
腫瘍病変が高信号に増強され，髄膜との連続性を認める（dural tail sign，矢印）。

❖コメント❖

MRI 検査における頭蓋内病変の診断において，炎症，腫瘤，梗塞等の鑑別が必要となる。腫瘤性病変の特徴的な画像所見として midline sift（正中の変位）に代表される解剖学的構造の変化やそれに伴う浮腫といった mass effect が挙げられる。腫瘤は，その存在位置によって脳実質外腫瘤と脳実質内腫瘤とに分けられる。その鑑別方法として腫瘤境界における灰白質の存在の有無が重要となる。つまり腫瘤−灰白質−白質であれば脳実質外腫瘤であり，灰白質−腫瘤−白質であれば脳実質内腫瘤と判断できる。さらに腫瘤が腫瘍性病変の場合，造影 T1 強調像において一般的に高信号に増強される。

本症例はてんかん様発作を主訴に来院し MRI 検査において頭蓋内腫瘤病変を認めた。腫瘤は脳実質を右側へと変位させている所見（midline sift）を認め，腫瘤と白質の境に灰白質を認めた。さらに造影 T1 強調像（写真 14-4）において高信号に増強された腫瘤とそれに連続する髄膜が認められた（dural tail sign）。以上の所見から髄膜より発生した脳実質外腫瘤である髄膜腫が強く疑われた。また腫瘤内には T2 強調像（写真 14-1）で高信号，FLAIR 像（写真 14-2）で高信号，T1 強調像（写真 14-3）で低信号の領域を認めたため，壊死組織の存在や蛋白含有量の多い液体の貯留が示唆された。T2 強調像，FLAIR 像における腫瘤周辺の白質の高信号は mass effect による浮腫が疑われる。

髄膜腫は手術適応と判断されるため，切除を行った。腫瘤は全摘され，病理組織検査において髄膜腫と診断された（コメント写真 14-1）。

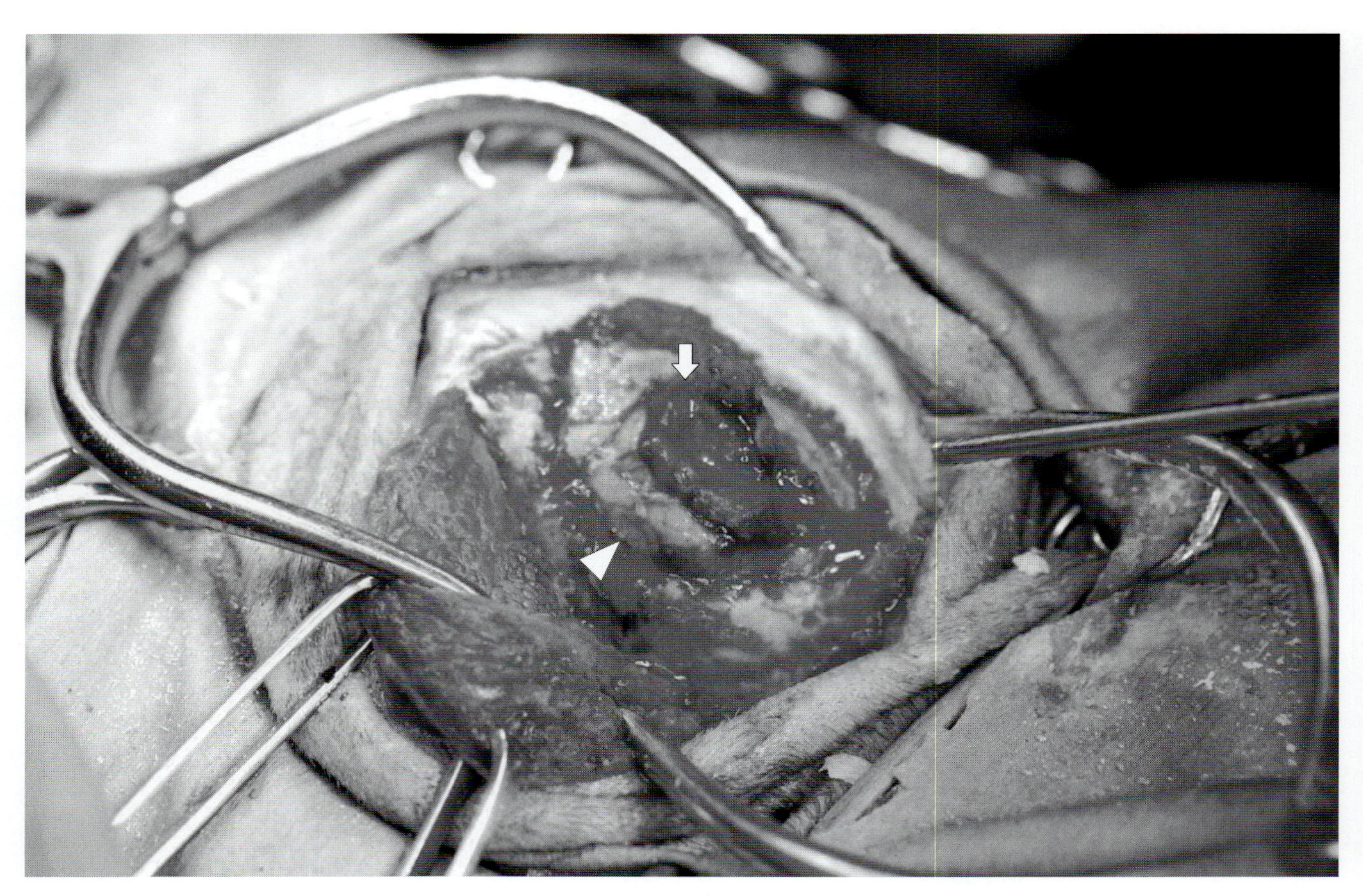

コメント写真 14-1　髄膜腫の切除手術
矢印：腫瘍，矢頭：正常大脳

15. 犬の脳腫瘍（組織球性肉腫）

症　例：ウェルシュ・コーギー，雄，10 歳。
主　訴：痙攣発作。
神経学的検査：異常なし。

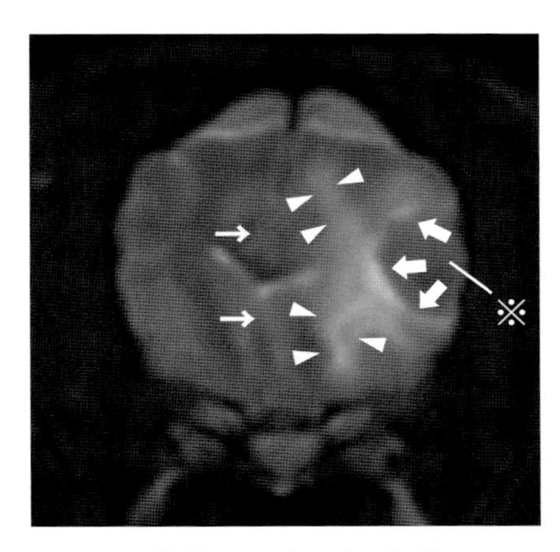

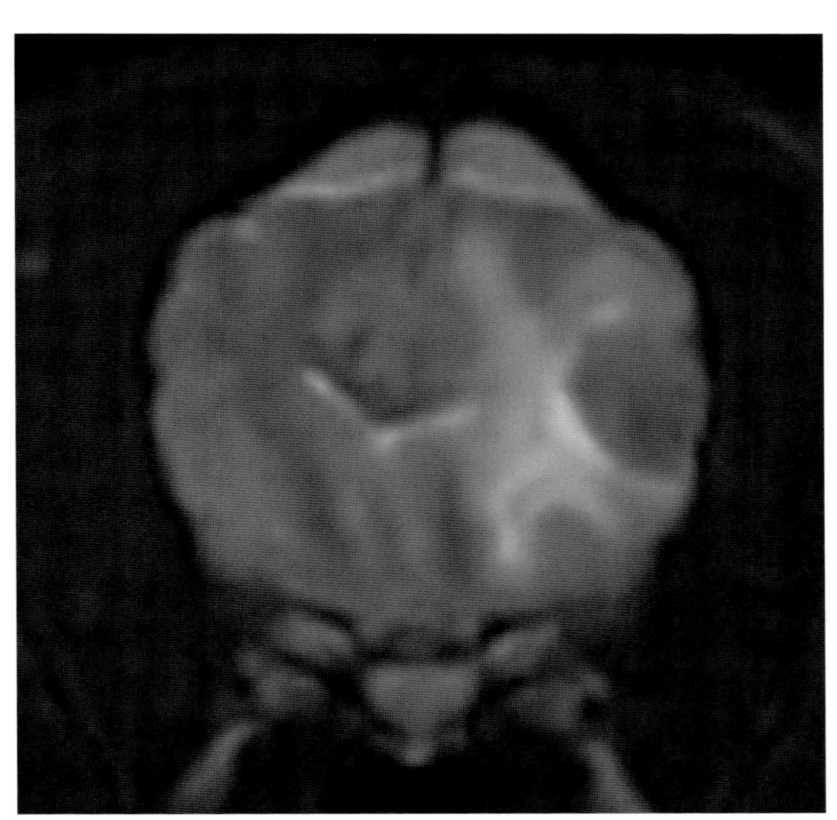

写真 15-1 MRI 横断像（T2 強調像，終脳レベル）
腫瘤（※）の周囲に，高信号の線状の縁取り（peritumonal band）が認められる（太矢印）。また，右側頭葉の白質に，高信号の領域が認められ（mass effect，矢頭），大脳縦裂の左側への変位がみられる（midline sift，細矢印）。

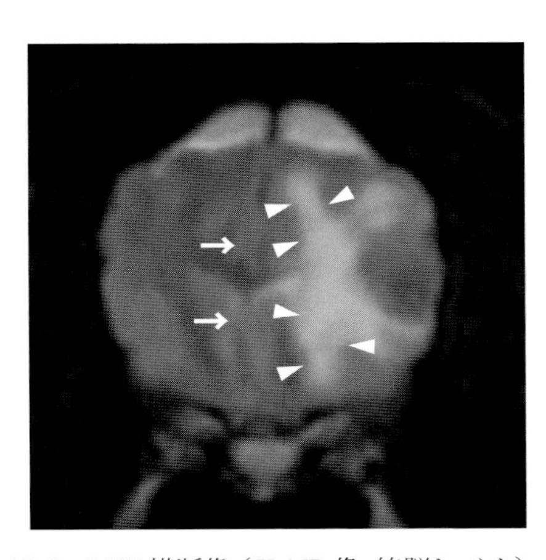

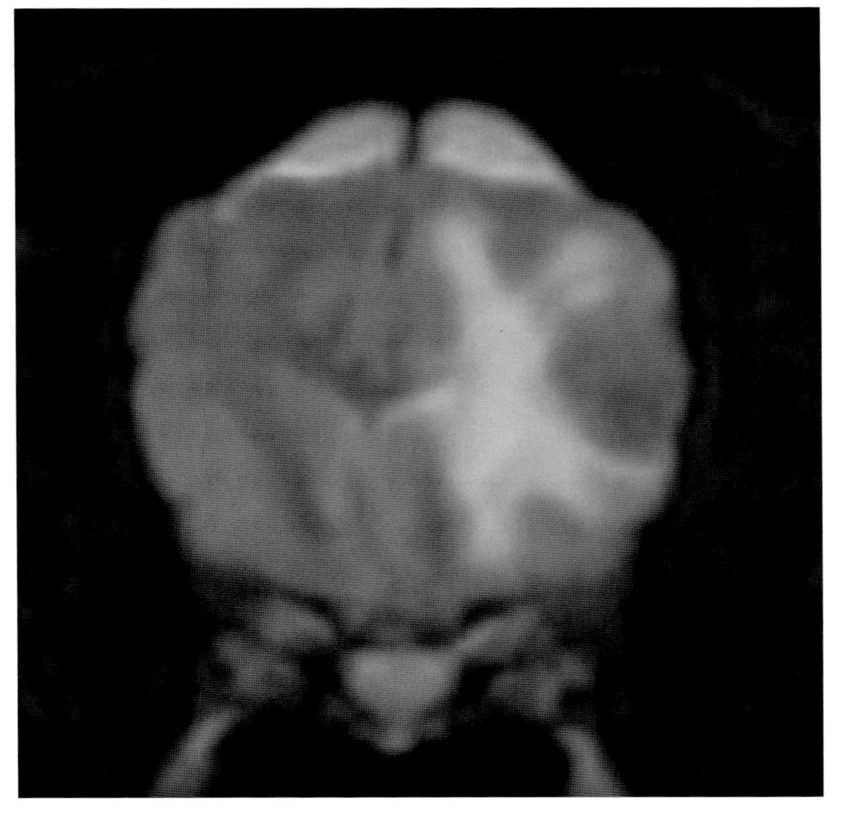

写真 15-2 MRI 横断像（FLAIR 像，終脳レベル）
右側頭葉の白質に，高信号の領域が認められ（矢頭），大脳縦裂の左側への変位がみられる（矢印）。

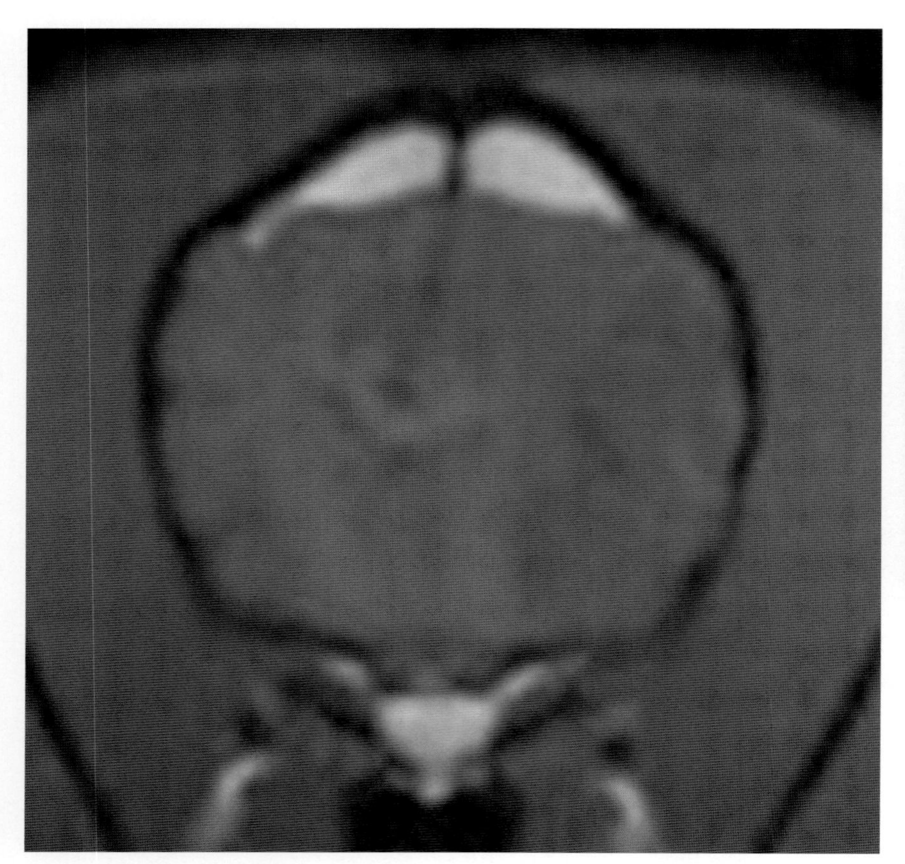

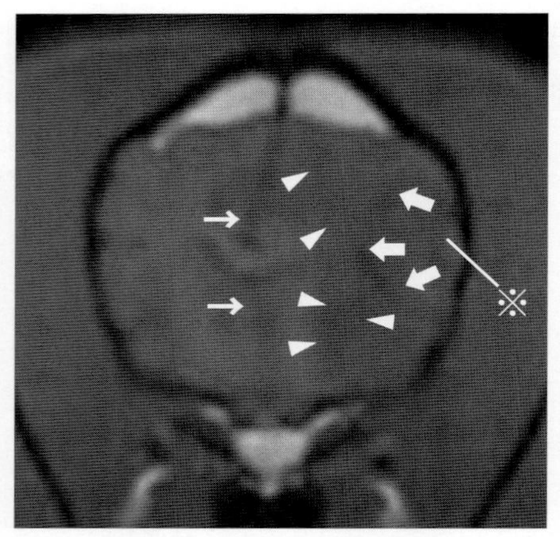

写真 15-3 MRI 横断像（T1 強調像，終脳レベル）
腫瘍（※）の周囲に，低信号の線状の縁取り（peritumonal band）が認められる（太矢印）。また，右側頭葉の白質に，低信号の領域が認められ（矢頭），大脳縦裂の左側への変位がみられる（細矢印）。

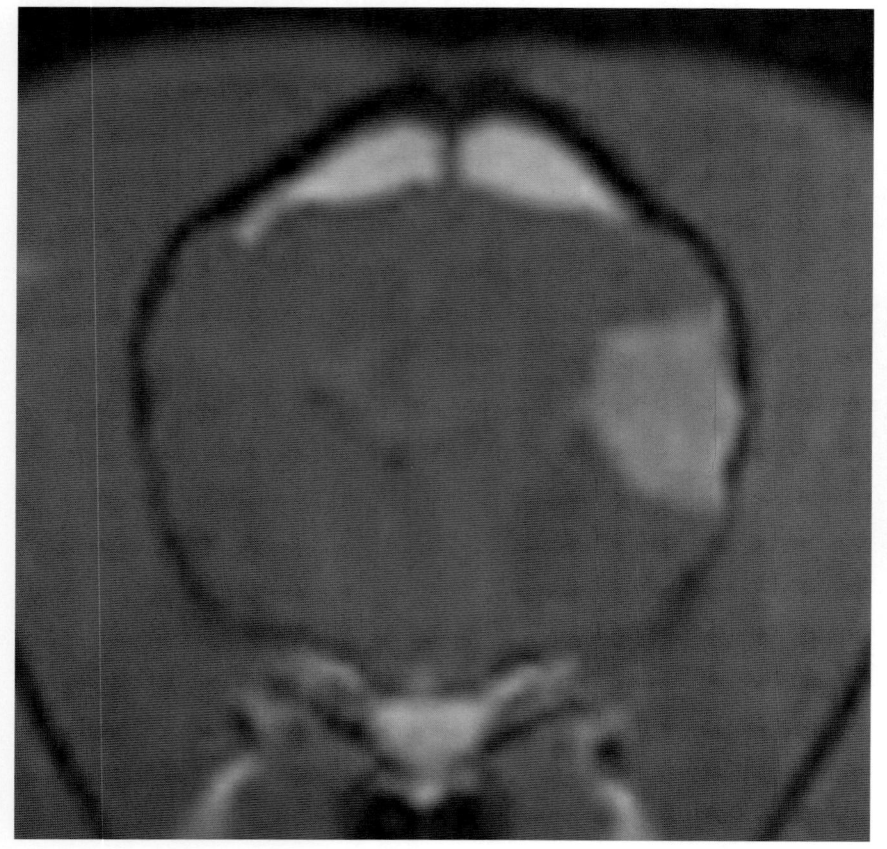

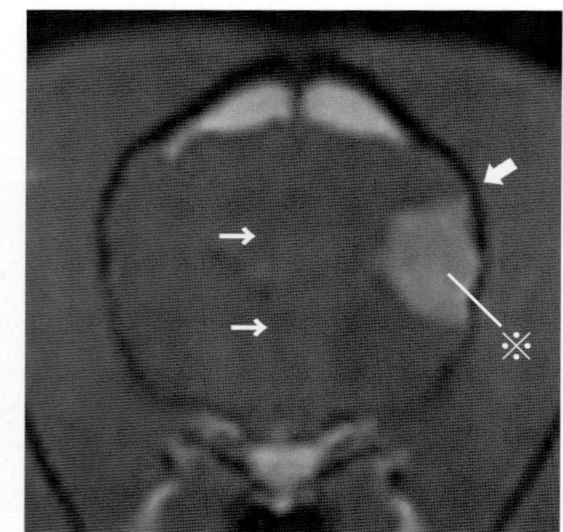

写真 15-4 造影 MRI 横断像（T1 強調像，終脳レベル）
右側頭葉に均一で境界明瞭な増強が認められる腫瘍（※）が存在し，腫瘍の辺縁には，尾の形をした髄膜の増強（dural tail sign）がみられる（太矢印）。また，大脳縦裂の左側への変位が認められる（細矢印）。

❖コメント❖

脳は頭蓋骨によって囲まれているため，脳腫瘍の診断には，断層画像検査，つまり，CT 検査や MRI 検査が必要不可欠である。CT 検査は，軟部組織の分解能が低いため，脳腫瘍の診断精度は低く，また，腫瘍の存在診断は可能であっても，腫瘍の詳細な質的診断や周囲の脳組織への影響を知ることは困難である。一方，MRI 検査は，軟部組織の分解能が非常に高く，より詳細な脳腫瘍の発生部位や周囲の脳組織への影響を知ることが可能であるため，脳腫瘍の診断により適しているといえる。また，複数の撮影方法から得られた MRI 像における病変の信号強度を比較し，腫瘍の質的診断を行うことも可能である。

本症例は，発作が頻発していたため，脳の疾患を疑い，頭部の MRI 検査を実施した。MRI 検査の結果，終脳レベルの横断像において，右側頭葉に孤立性の腫瘤病変が確認された。腫瘤本体は，T2 強調像（写真 15-1）および FLAIR 像（写真 15-2）で等～低信号，T1 強調像（写真 15-3）で等信号を示し，造影 T1 強調像（写真 15-4）では，均一で境界明瞭な増強が認められた。また，腫瘤に隣接した髄膜には，造影 T1 強調像において尾の形をした増強（dural tail sign）が認められ，腫瘤の周囲には，T2 強調像で高信号，T1 強調像で低信号の線状の縁取り（peritumonal band）が認められた。dural tail sign は，腫瘤付着部の辺縁の髄膜における腫瘍浸潤，または腫瘍による反応性変化を示唆する所見であり，peritumonal band は，腫瘤周囲の変位した脳表の脳脊髄液腔を示す所見である。いずれも，脳実質外の髄膜に腫瘍が存在することを意味し，髄膜腫の典型的な所見といわれている。

また，腫瘤が存在する右側頭葉の白質には，T2 強調像および FLAIR 像で高信号，T1 強調像で低信号の領域が広範囲に認められ，さらに，大脳縦裂の左側への変位を認めることから，腫瘤病変の存在により，周囲の脳実質に強い浮腫が起きていることが予想された。

以上の所見から，周囲脳組織に浮腫を伴う，髄膜に発生した脳腫瘍と判断し，外科摘出を行った。摘出された腫瘍の病理組織検査，および，免疫染色の結果から，組織球性肉腫と診断された。

dural tail sign や peritumonal band は，髄膜腫における特徴的な所見だが，特異的所見ということではなく，髄膜由来のその他の腫瘍においても認められる。髄膜に発生した組織球性肉腫は，本症例のように，髄膜腫に非常によく似た MRI 像を示し，画像検査のみでは鑑別ができない場合が多い。したがって，MRI 像で髄膜腫が疑われる所見が得られたとしても，組織球性肉腫も鑑別診断として考慮する必要がある。

脳腫瘍の診断には，MRI 検査が必要不可欠であり，MRI 像から，鑑別診断の絞り込みは可能である。しかし，腫瘍の種類の確定までには至らず，特に組織球性肉腫は，MRI 像上，特異的所見がなく，他疾患と類似した所見が得られることが多いため，確定診断には病理組織検査が必須となる。

16. 猫の髄膜炎

症　例：雑種猫，避妊雌，3 歳。
主　訴：眼振，頭部の振戦，食欲の低下。
神経学的検査：頭部振戦，水平眼振，ふらつき。

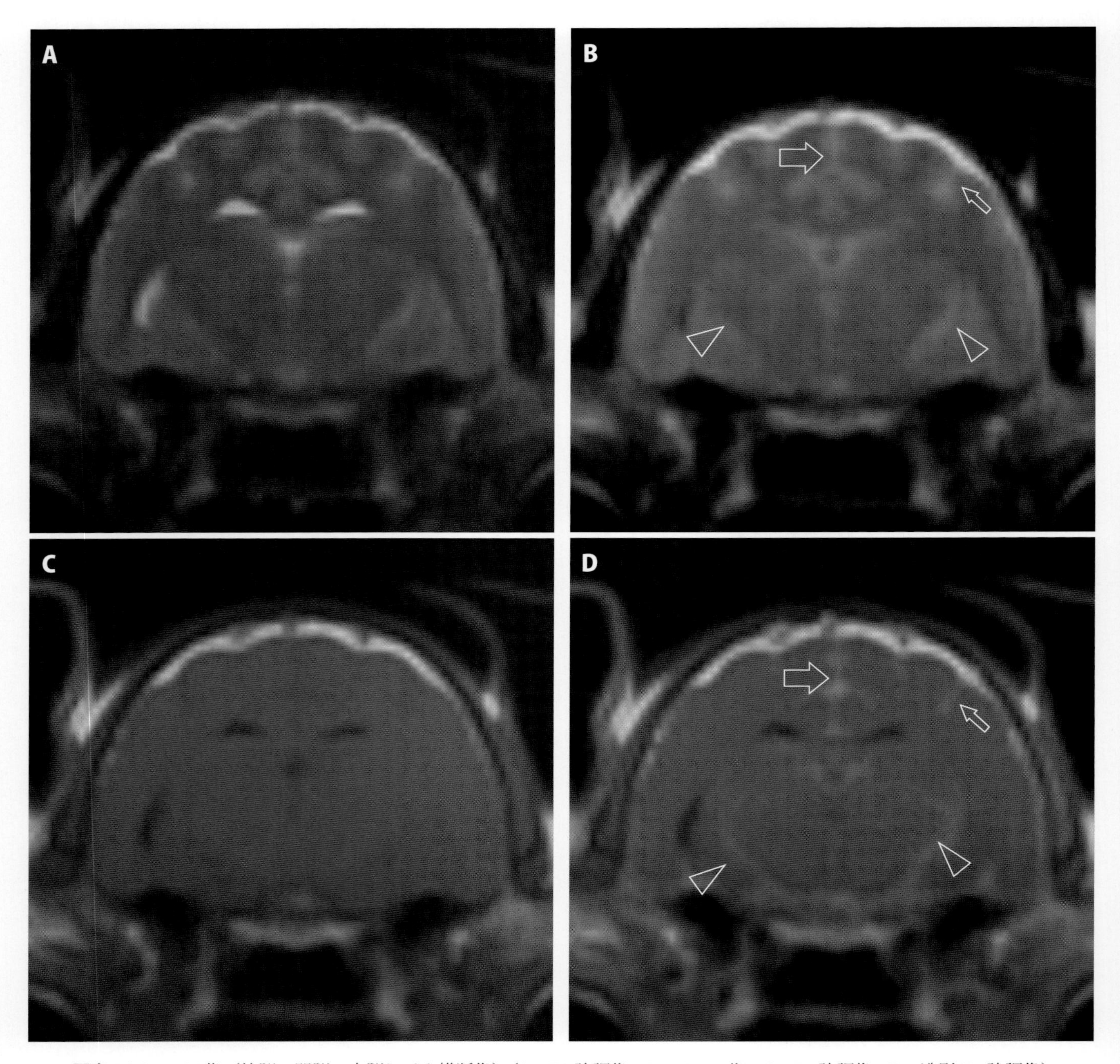

写真 16-1 MRI 像（終脳，間脳，中脳レベル横断像）（A：T2 強調像，B：FLAIR 像，C：T1 強調像，D：造影 T1 強調像）
脳溝（細矢印），大脳鎌（太矢印）および間脳の髄膜（矢頭）。

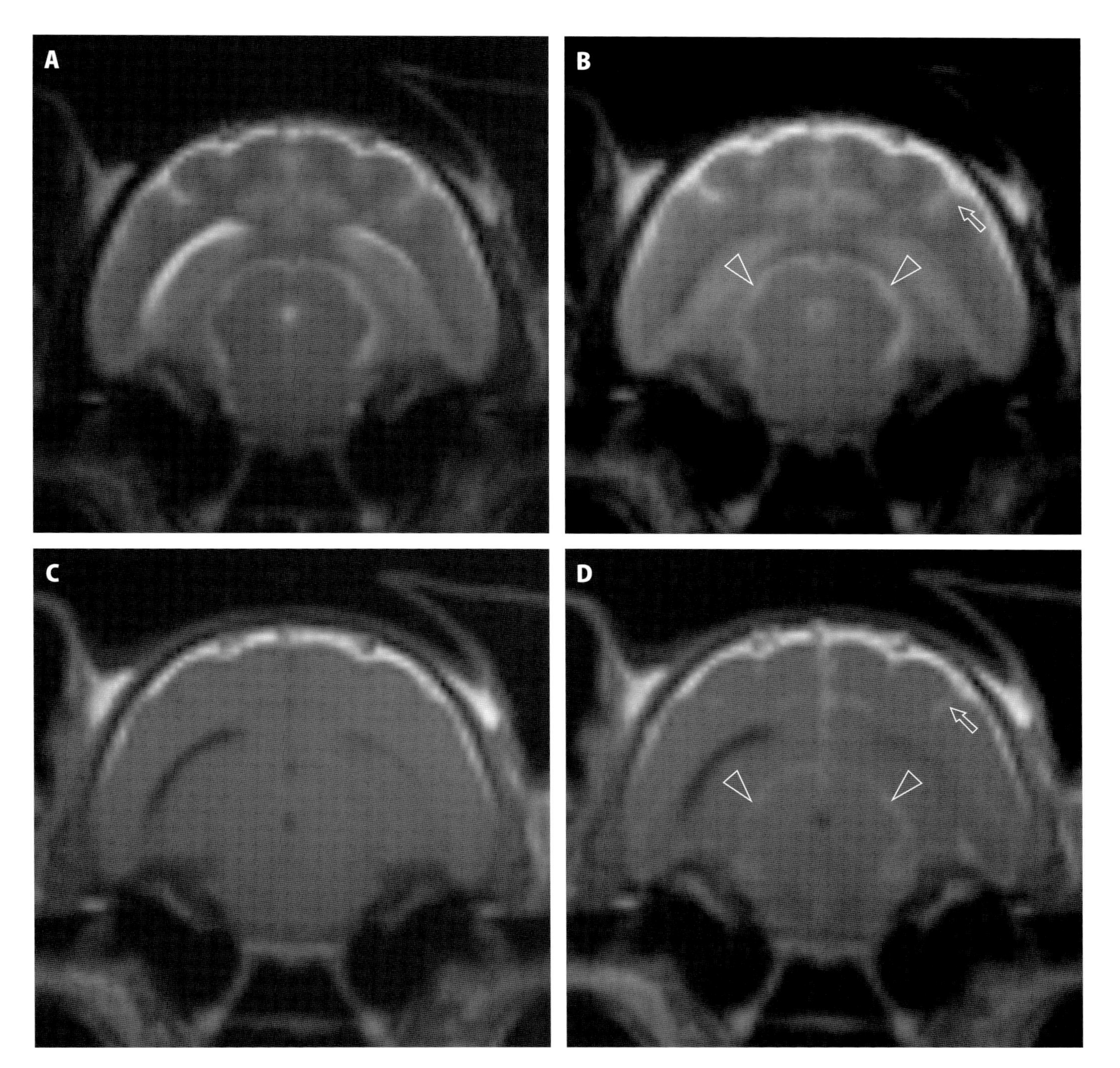

写真 16-2　MRI 像（中脳および終脳レベル横断像）（A：T2 強調像，B：FLAIR 像，C：T1 強調像，D：造影 T1 強調像）
脳溝（矢印）ならびに中脳の髄膜（矢頭）。

写真 16-1 ～ 3　矢印および矢頭の部位において，T2 強調像，T1 強調像では異常が認められず，FLAIR 像で高信号を呈して観察される。また，同部位は造影 T1 強調像で造影剤の増強効果を認める。

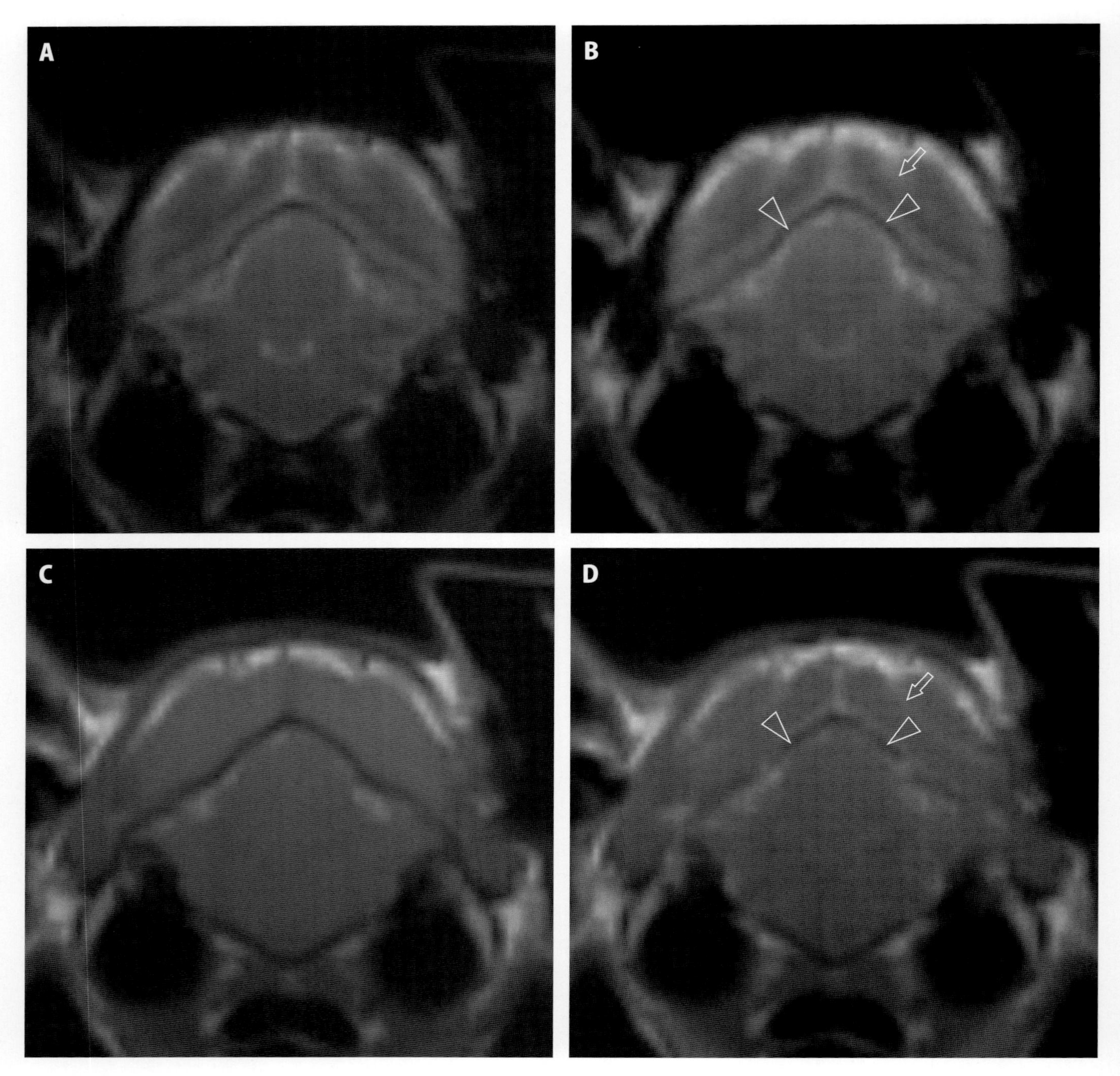

写真 16-3　MRI 像（延髄および小脳レベル横断像）（A：T2 強調像，B：FLAIR 像，C：T1 強調像，D：造影 T1 強調像）
脳溝（矢印）ならびに小脳の髄膜（矢頭）。

❖コメント❖

通常，髄膜を含む脳脊髄には脳脊髄関門が存在するため，静脈内に造影剤を注入しても脳脊髄関門の存在しない下垂体以外は造影されない。しかしながら，血管透過性亢進や脳脊髄関門の破壊が生じる重度な炎症，脳脊髄関門をもたない腫瘍組織は静脈内に投与された造影剤によって増強される。本症例は静脈内に造影剤を投与した後のT1強調像において，脳表すなわち髄膜に沿って増強効果が認められたことから髄膜炎が示唆された。また，炎症を起こした髄膜はT2強調像で高信号, T1強調像で低信号を示すが，髄膜周囲の脳脊髄液と同様の信号強度となるため，異常の検出は不可能となる。さらにFLAIR像は脳脊髄液に隣接する病変を検出するための撮影方法で，脳脊髄液の信号を無信号にすることから髄膜炎を示唆する所見が得られ，高信号化した髄膜が観察される。しかしながら, 本撮影法は，T2ならびにT1強調像と比較するとS/Nが低く画質が低下するため，造影T1強調像ほど明瞭な所見が現れない。

髄膜炎とは，何らかの原因により引き起こされた髄膜の炎症が，脳あるいは脊髄に波及することにより，様々な神経障害を引き起こす疾患である。犬では，免疫介在性，肉芽腫性，壊死性，および好酸球性などの非感染性髄膜炎が比較的よくみられるが，猫では，非感染性髄膜炎はまれであり，細菌性，ウイルス性，真菌性，原虫性などの感染性髄膜炎が最も多い。また，犬と猫の両者で認められるものとして，リンパ腫などの悪性腫瘍が脳脊髄液浸潤することによって起こる，癌性髄膜炎がある。

髄膜炎に伴う症状は，障害される中枢神経系の部位や炎症の程度によって様々であるため，症状からの診断は困難であり，MRI検査や脳脊髄液検査が必須となる。

本症例は，MRI像から髄膜炎が疑われたため，脳脊髄液検査を行ったところ，脳脊髄液中に多数のリンパ芽球や分裂像が認められたことから，リンパ腫の脳脊髄液浸潤に伴う髄膜炎と診断した。

17．犬の小脳出血

症　例：ミニチュア・ダックスフンド，避妊雌，7 歳 8 か月，体重 6.25kg。

主　訴：歩行時にふらつきが認められ，体全体が右側へ傾き，倒れる。

2011 年 1 月 25 日および 5 月 21 日に，上記の症状が認められたが，プレドニゾロンの投与により改善したため，経過観察を行っていた。同年 7 月 6 日にも同様の症状が再発したことから，MRI 検査を目的に来院した。

神経学的検査：四肢の姿勢反応の低下，および，脳神経検査では右目の威嚇まばたき反射と対光反射の低下が認められた。

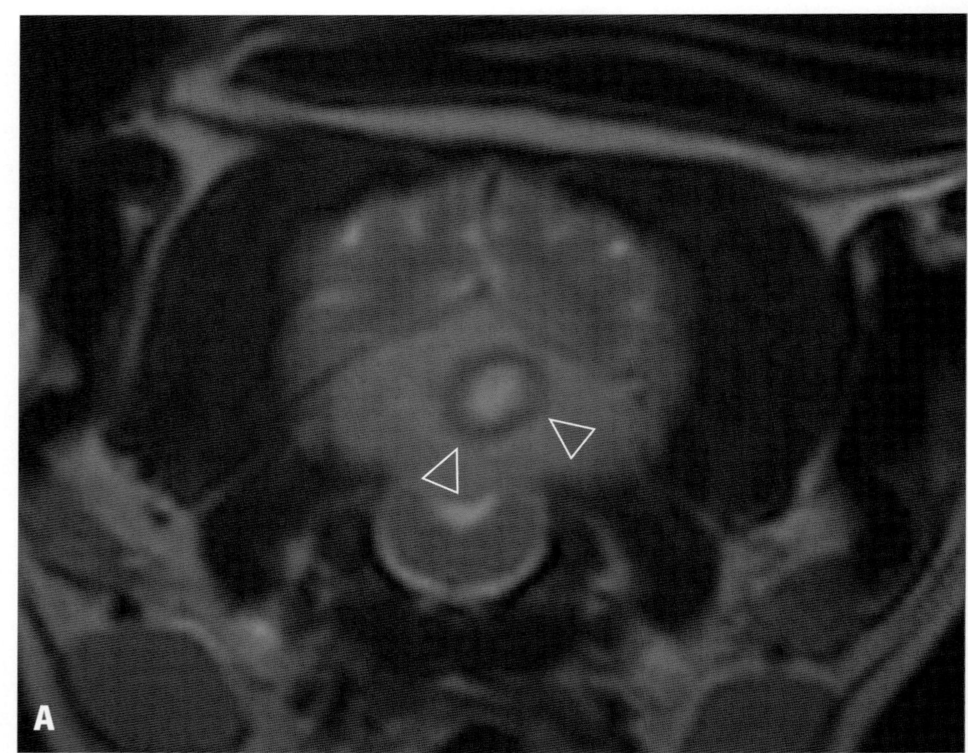

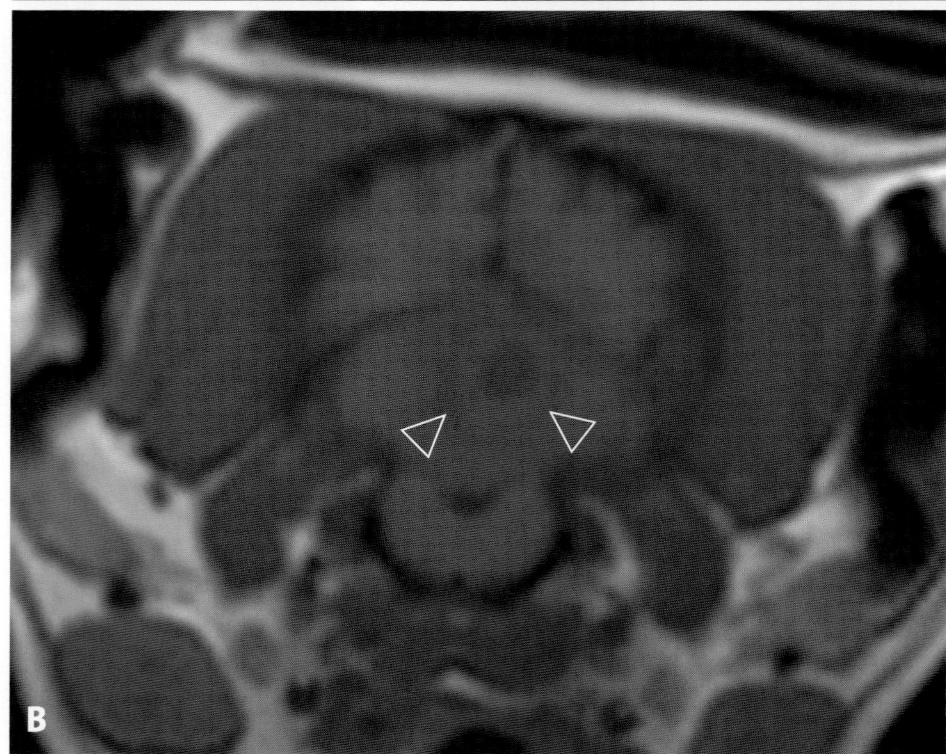

写真 17-1　頭部 MRI 冠状断像
A：T2 強調像，B：T1 強調像，
C：FLAIR 像，D：造影 T1 強調像

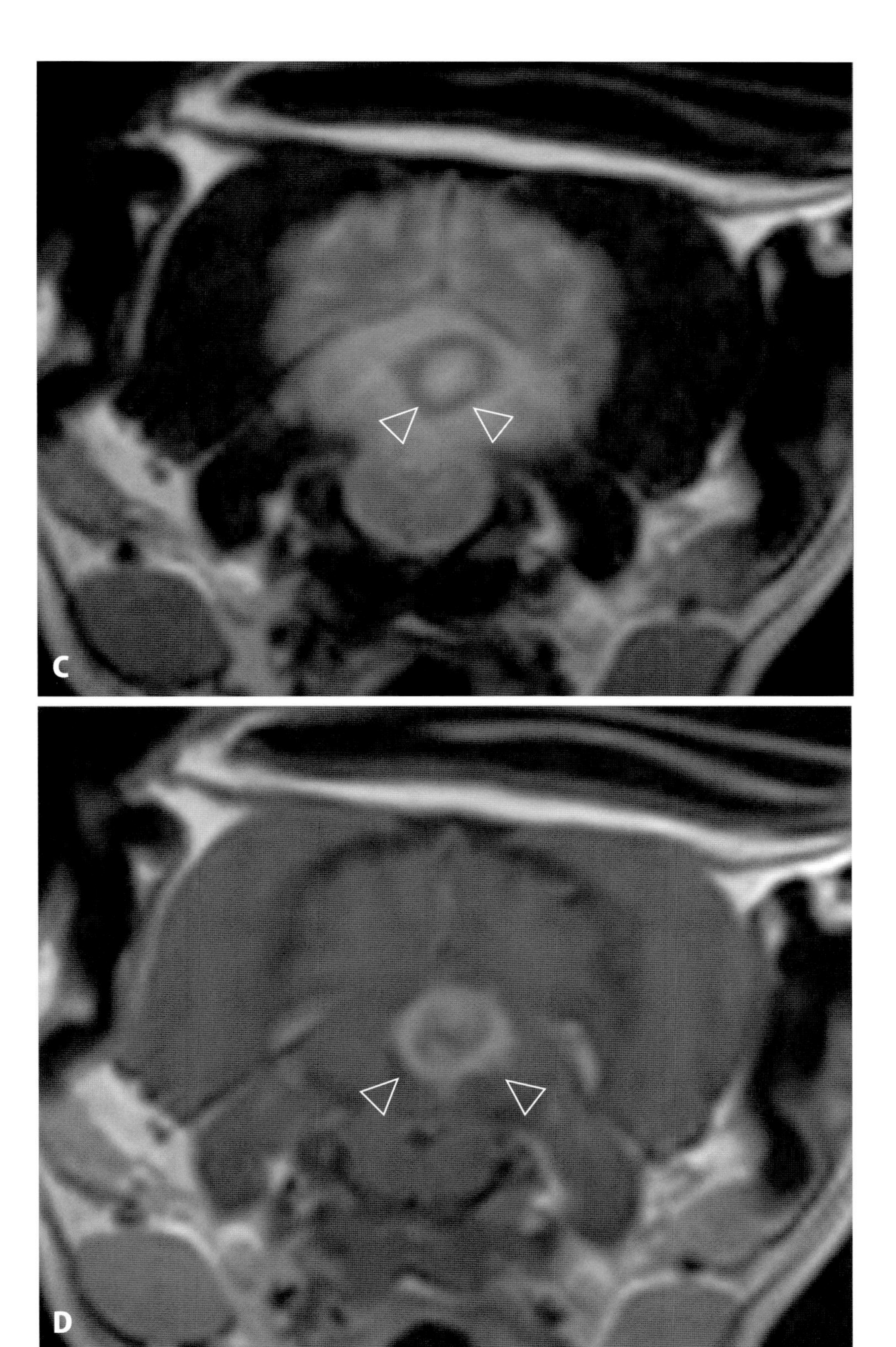
C
D

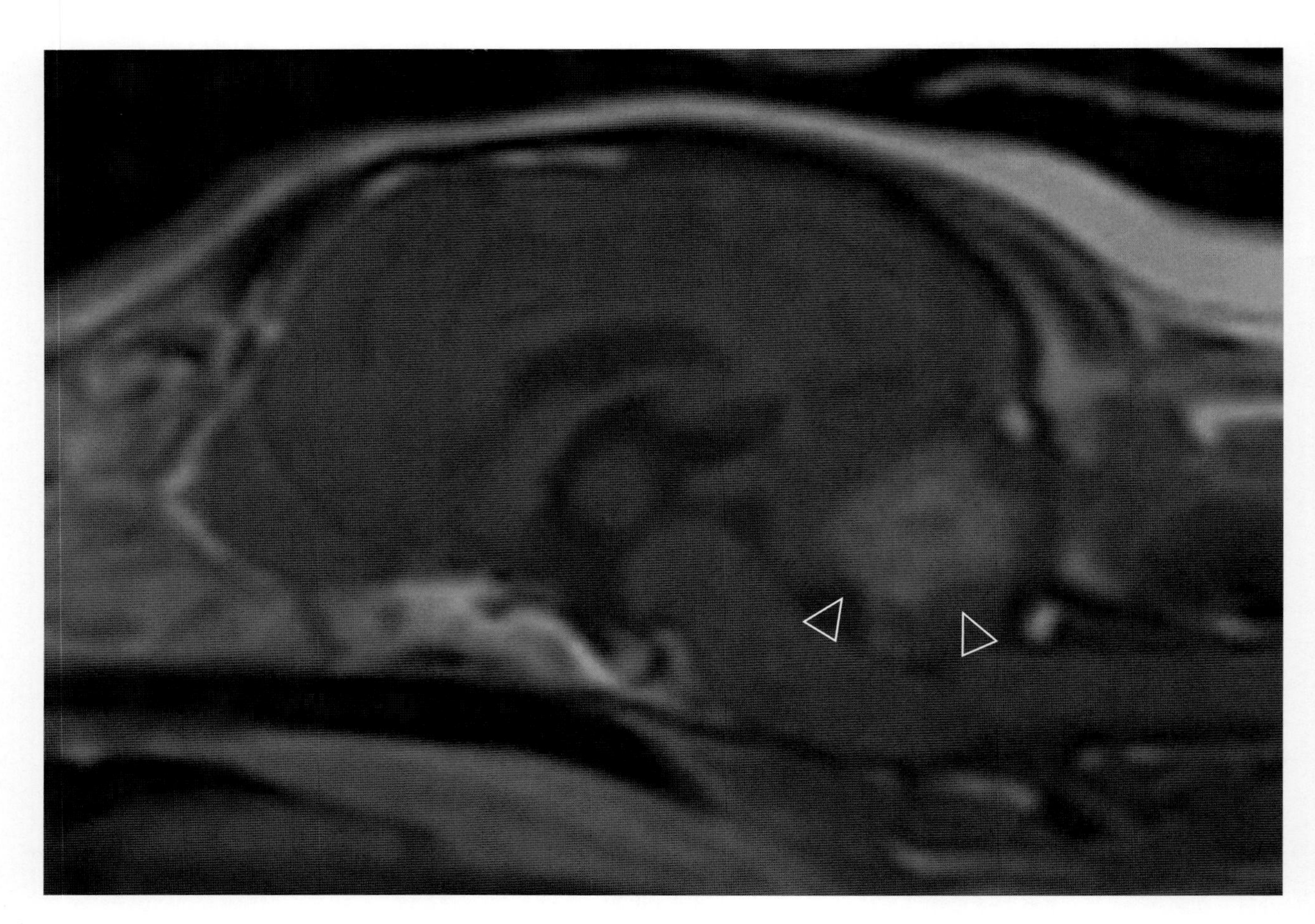

写真 17-2　頭部造影 MRI 正中矢状断像（T1 強調像）

写真 17-1，2　小脳虫部から左半球にかけて，リング状の病変が認められる（矢頭）。T2 強調像（写真 17-1A）および FLAIR 像（写真 17-1C）において，中心部は高信号，辺縁部は低信号，T1 強調像（写真 17-1B）において，中心部は低信号，辺縁部は等信号を示す。また造影 T1 強調像（写真 17-1D，2）では中心部，辺縁部ともに不均一に増強される。以上の特徴的な所見から，慢性期の出血が強く疑われる。病変部周囲は，T2 強調像でやや高信号，T1 強調像で等信号を示すことから，浮腫と考えられる。

❖コメント❖

神経疾患の診断において，脳脊髄の実質性病変が疑われる時，MRI 検査は診断精度が高く，非常に有用である。しかしながら，事前に動物の病歴を把握し，一般身体検査，神経学的検査，および各種臨床検査の結果を評価した上で，MRI の適応症例か否かを見極めることや，病変部位の絞り込みを行うことは重要である。

本症例は，血液，胸腹部X線，腹部超音波といった一般検査上異常は認められなかった。神経学的検査においては，姿勢反応の低下，運動失調，威嚇まばたき反射および対光反射の低下といった頭蓋内実質病変の存在が疑われた。以上より頭部の MRI 検査を行った。その結果，T2 強調像で内部が高信号，その周囲をリング状の低信号域が取り囲む構造が小脳に描出された。このような信号パターンを示す病変には，慢性期の出血が考えられる。

MRI における脳内出血は，赤血球のヘモグロビンに含まれる鉄の代謝過程に応じて，特徴的な信号強度の経時変化が認められる（コメント表 17-1）。そのため，出血からの経過時間をある程度推測することが可能である。T2 強調像で低信号を示す領域は，出血からの時間経過により，急性期ではデオキシヘモグロビン，亜急性期早期ではメトヘモグロビン，慢性期ではヘモジデリンの沈着によるものであるが，急性期および亜急性期では出血部全体が低信号なのに対し，慢性期では辺縁のみが低信号で内部は高信号となる。

脳内出血は人において，頭部外傷を除けば高血圧が原因となることが最も多く，動脈瘤，血管奇形，出血性素因，腫瘍なども原因として挙げられる。一方，犬・猫において脳内出血は比較的まれな病態であり，ほとんどの場合その原因は不明とされているが，血液凝固異常，高血圧，ホルモン異常，血管奇形，腫瘍が関与しているとの報告がある。本症例については，血液生化学検査に加え，血液凝固検査でも異常がなく（Plt 31.00 × 10^4/μL，PT 8.5sec，APTT 20.3sec），高血圧を示す所見も認められなかった。さらに，本症例の出血を示す病変部は，辺縁が不整であるが，通常の出血では病変部辺縁が平滑となる。一方，腫瘍に起因する出血では，出血が繰り返されるため，病変部辺縁が不整なケースが多いとされる。また，出血が比較的期間の長い慢性期と考えられるにも関わらず，浮腫が認められることも，腫瘍を示唆する所見となる。したがって本症例では，腫瘍に起因する出血が最も強く疑われた。なお，確定診断のためには病変部の生検が必要であるが，小脳の中央内部であるため，生検は困難であった。

参考文献

1）Thomas,W.B.（1999）：Nonneoplastic disorders of the brain. *In* Clinical Techniques in Small Animal Practice. Volume 14, Issue 3, 125-147, Elsevier Inc.

コメント表 17-1　出血における信号強度の経時的変化

病期	経過時間	ヘモグロビンの状態	T1 強調像	T2 強調像
超急性期	4～6 時間	オキシヘモグロビン	等信号	等信号
急性期	7～72 時間	デオキシヘモグロビン	等信号	低信号
亜急性期早期	4～7 日	メトヘモグロビン	高信号	低信号
亜急性期後期－慢性期早期	1～数週		高信号	高信号（辺縁低信号）
慢性期	2 週～数か月以降	ヘモジデリン	低信号（辺縁低信号）	高信号（辺縁低信号）

注：MRI 像の信号強度は，MRI 装置の磁場強度によって変化する。また，被検体により個体差があるため，文献によって記載が異なる場合がある。

18．犬の環軸椎不安定症

症　例：ミニチュア・ダックスフンド，避妊雌，5歳，体重6.5kg。

主　訴：2か月前より歩様異常がみられ，現在はほとんど歩くことができなくなった。

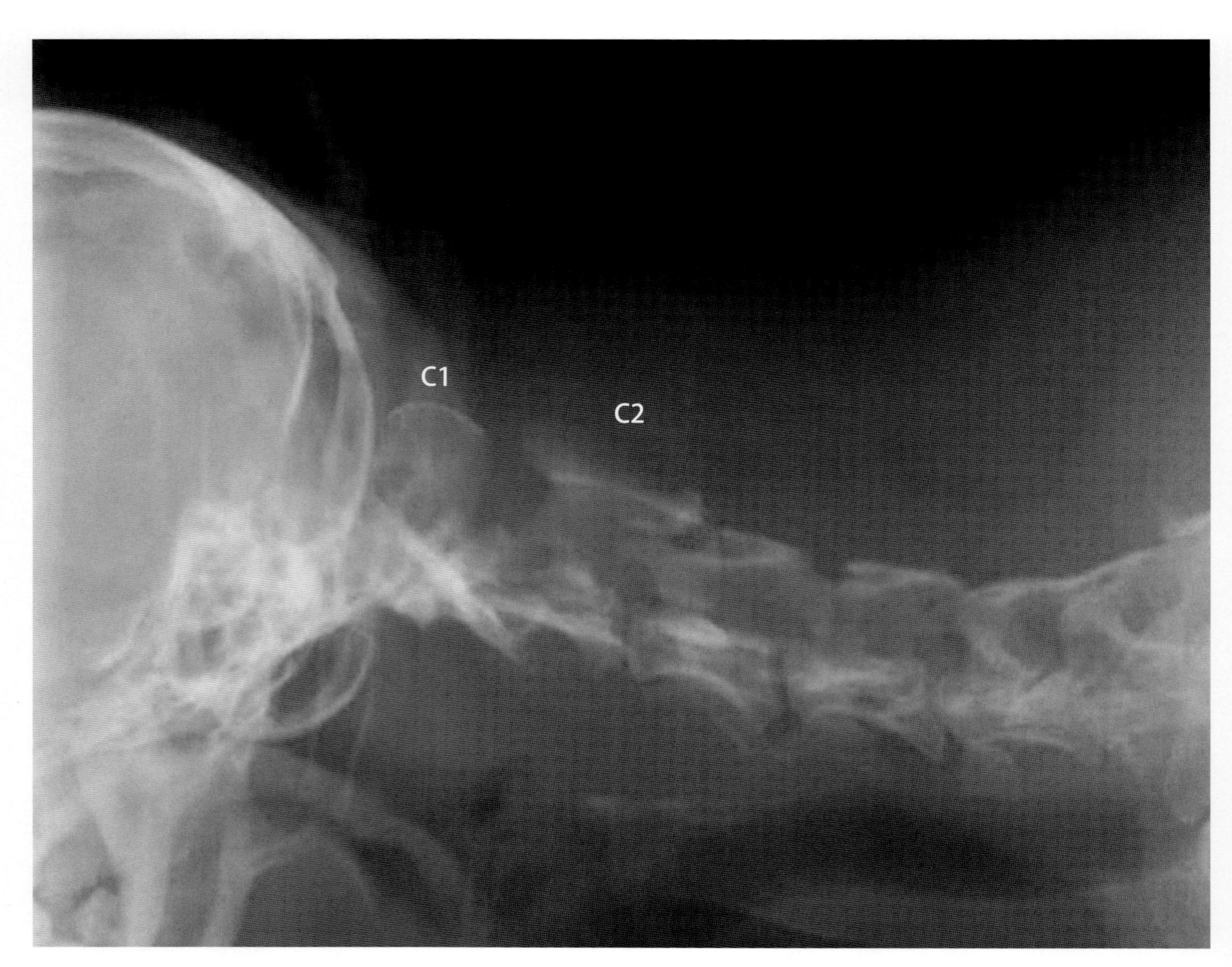

写真18-1　頸部単純X線ラテラル像
第1，第2頸椎（C1，C2）の骨列の異常は認められない。

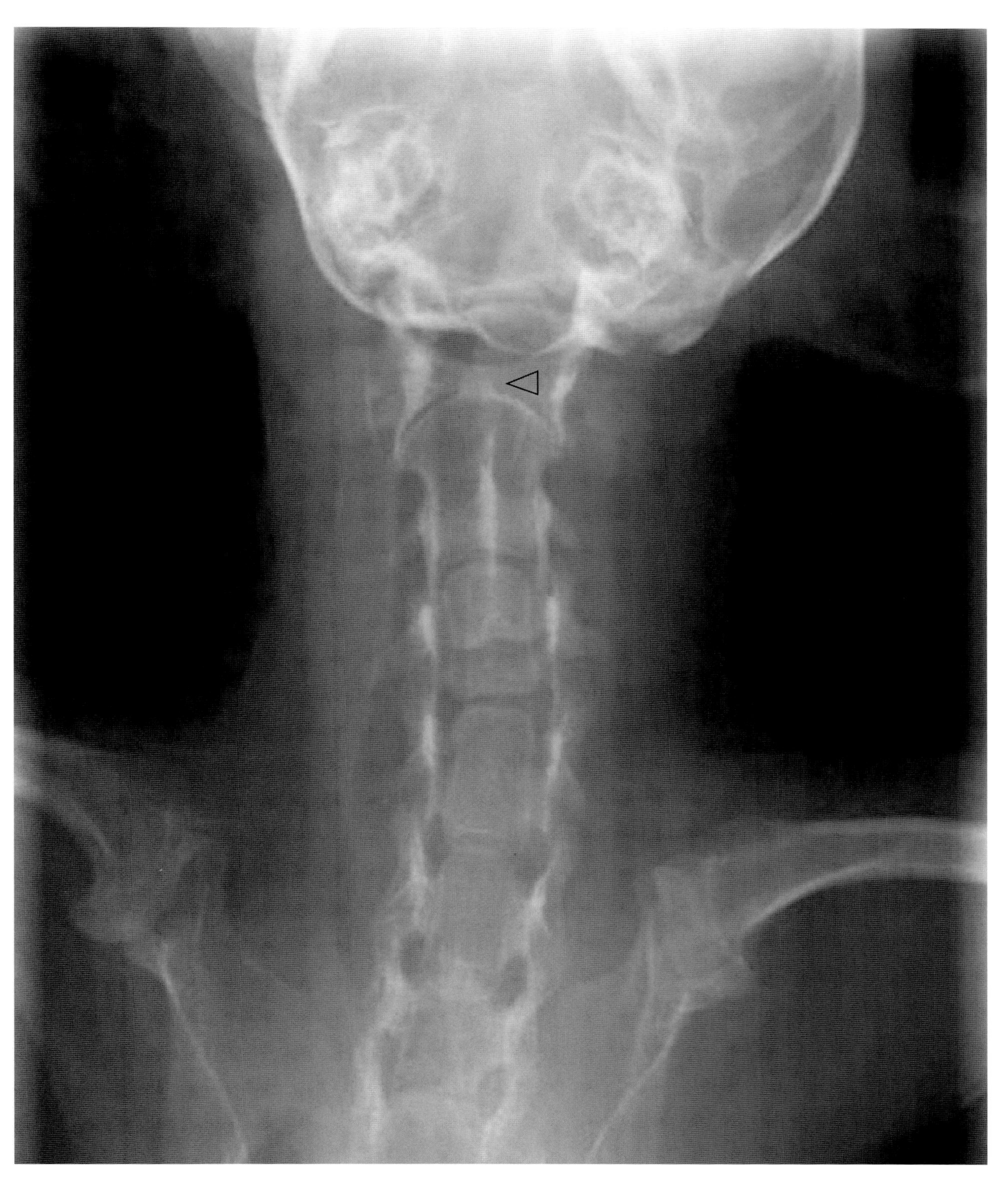

写真 18-2 頸部単純 X 線 VD 像
歯突起（矢頭）が認められ，異常は観察されない。

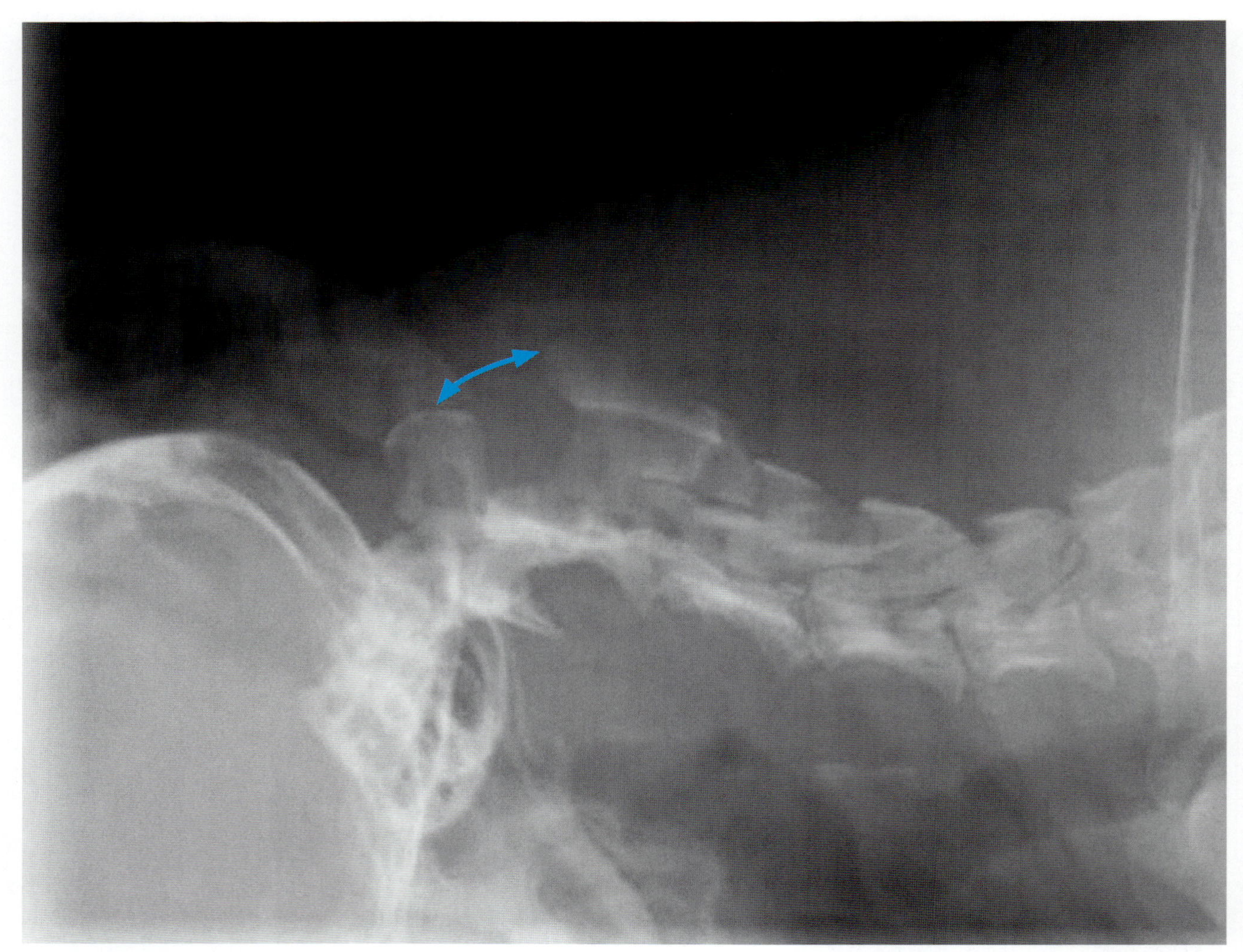

写真 18-3　頸部単純 X 線屈曲ラテラル像
環椎椎弓と軸椎棘突起の間（矢印）が拡大している。

❖コメント❖

環軸椎不安定症は，第 2 頸椎にある歯突起の低形成や欠損などの先天的発育障害または，外傷に伴う歯突起骨折や靭帯断裂などの後天的障害により発症する。

先天的に発症しやすい犬種としては，ミニチュア・プードル，チワワ，ペキニーズ，ヨークシャー・テリアなどの小型犬種が挙げられる。

環軸椎間が不安定になると，脊髄の損傷および圧迫が起こるため，軽度な頸部疼痛から頸部硬直，不全麻痺までと様々な症状を呈する。これら症状の発現は急性，慢性，一過性に現れる。

診断は，第 1，第 2 頸椎の骨列の異常を検出する必要があるため，屈曲ストレスによるラテラル像の撮影は歯突起の異常の有無にかかわらず，必須となる。さらに，撮影上の注意点としては，真横からのラテラル像でないと診断が困難となるため，左右の第 1 頸椎横突起が重複するようなポジションとする必要がある。

本症例は，屈曲ストレス像 X 線撮影（写真 18-3）において，環椎と軸椎の骨列の異常が認められたことから環軸椎不安定症と診断し，麻酔下にてキルシュナーワイヤーと骨セメントによる腹側椎体固定法を実施した。

19．犬の頸椎不安定症候群（ウォブラー症候群）（1）

症　例：グレート・デン，雄，6歳。
主　訴：頸部痛，四肢のふらつき。
神経学的検査：四肢の固有知覚反応が低下。

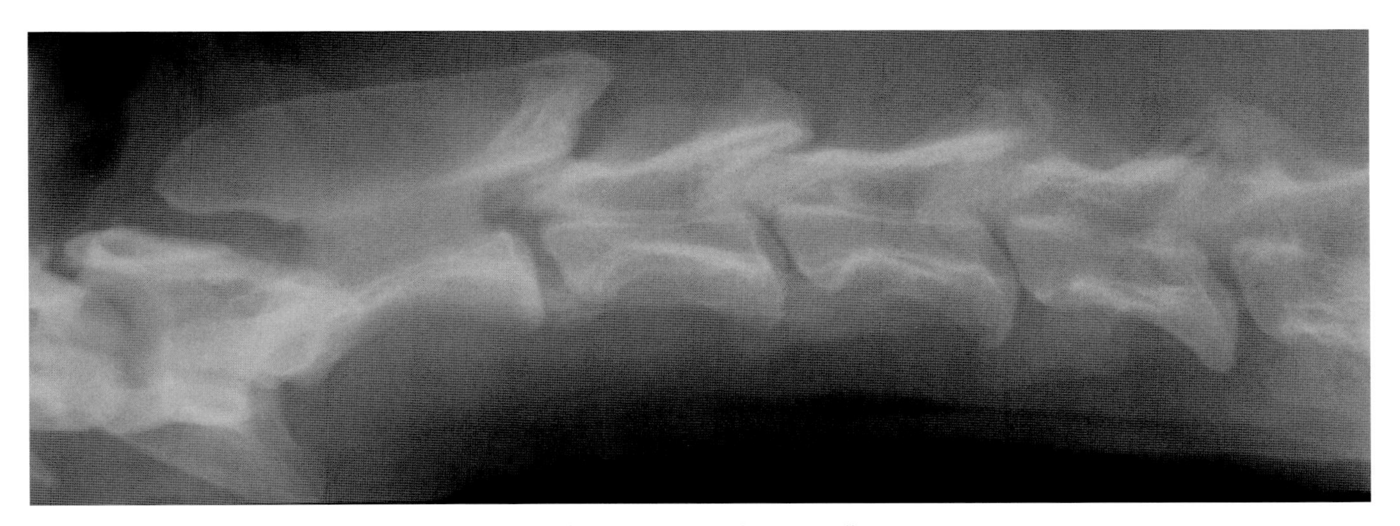

写真 19-1　単純X線ラテラル像
頸椎に異常所見は認められない。

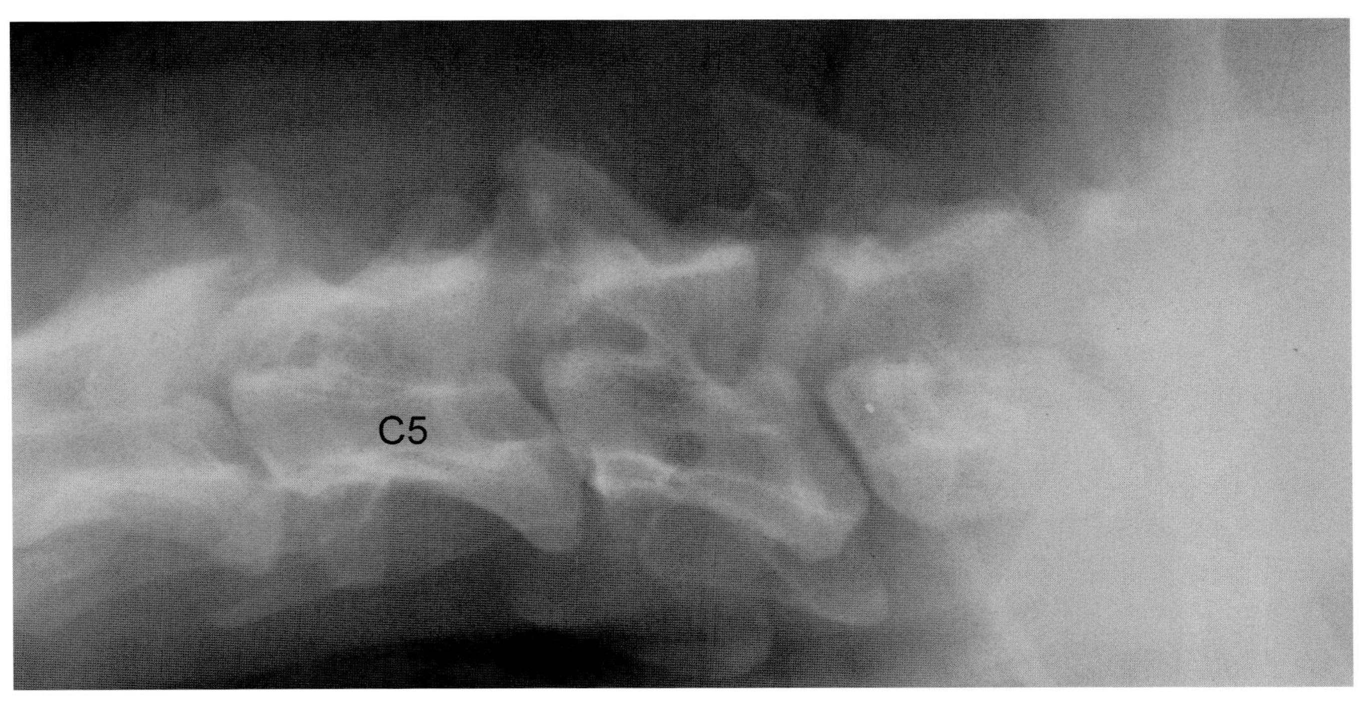

写真 19-2　単純X線ラテラル像
写真19-1と同様に，頸椎に異常所見は認められない。
C5：第5頸椎

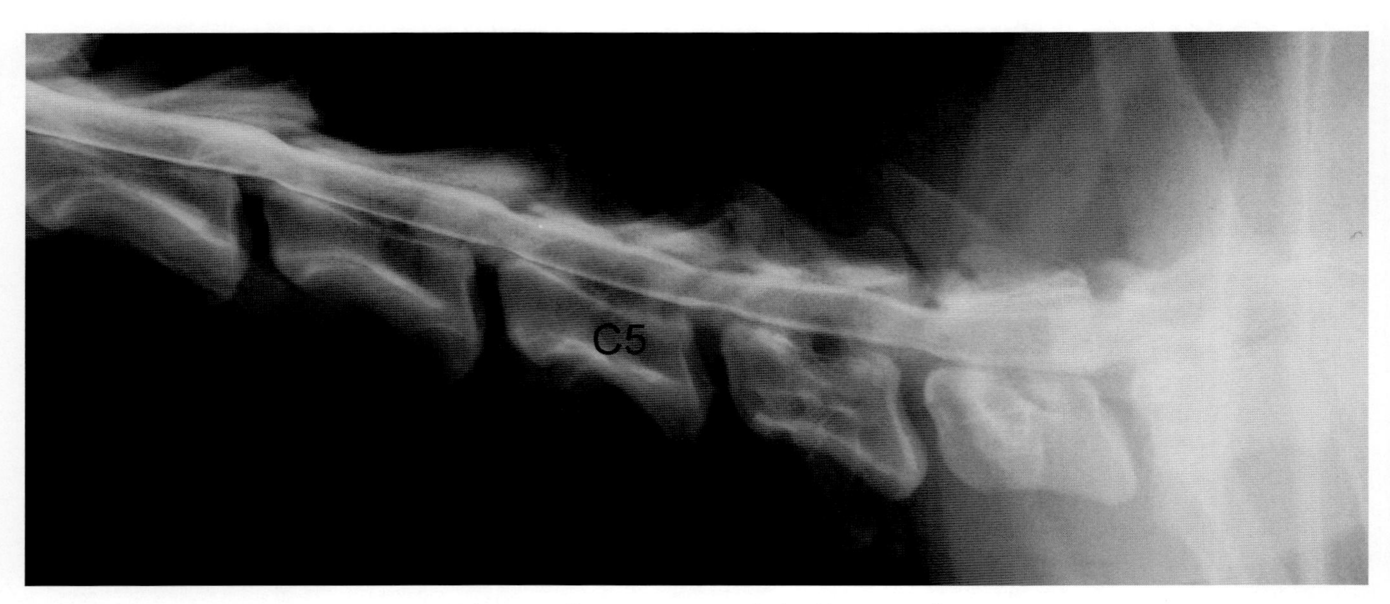

写真 19-3　非ストレス下での造影 X 線ラテラル像
ストレスをかけない状態では，明瞭な脊髄圧迫病変は，認められない。
C5：第 5 頸椎

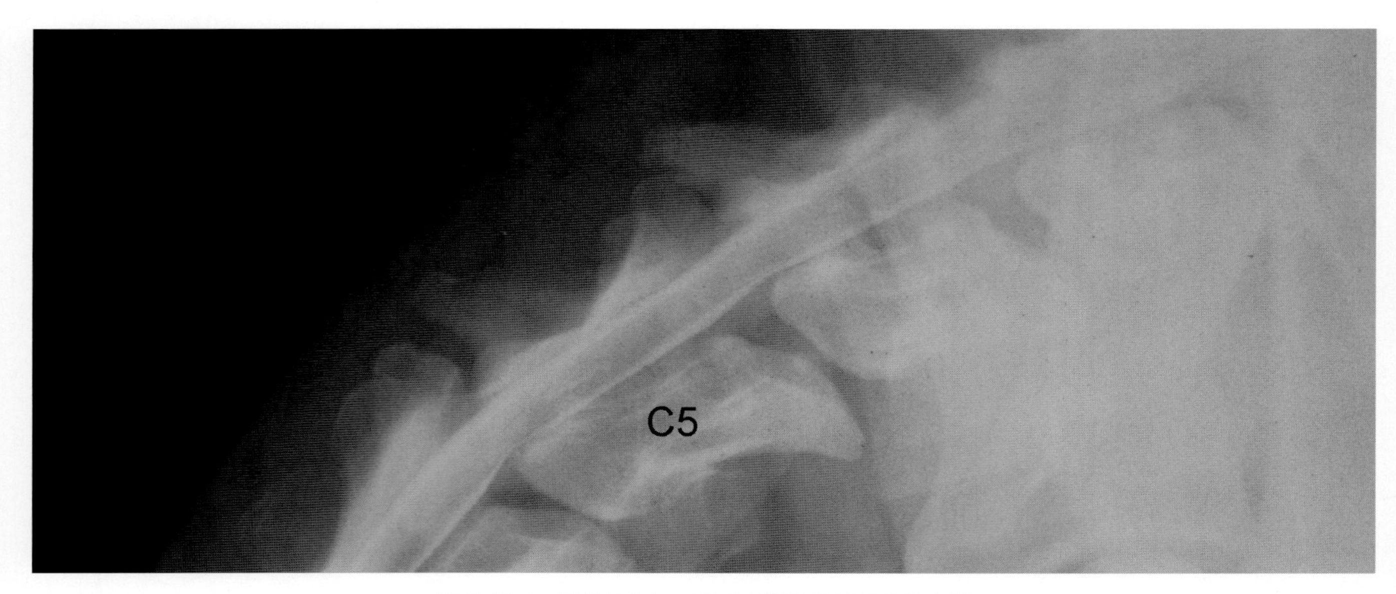

写真 19-4　屈曲ストレス下での造影 X 線ラテラル像
頭頸部を腹側に屈曲させて撮影を行っているが，椎体の背側変位による脊髄圧迫は認められない。
C5：第 5 頸椎

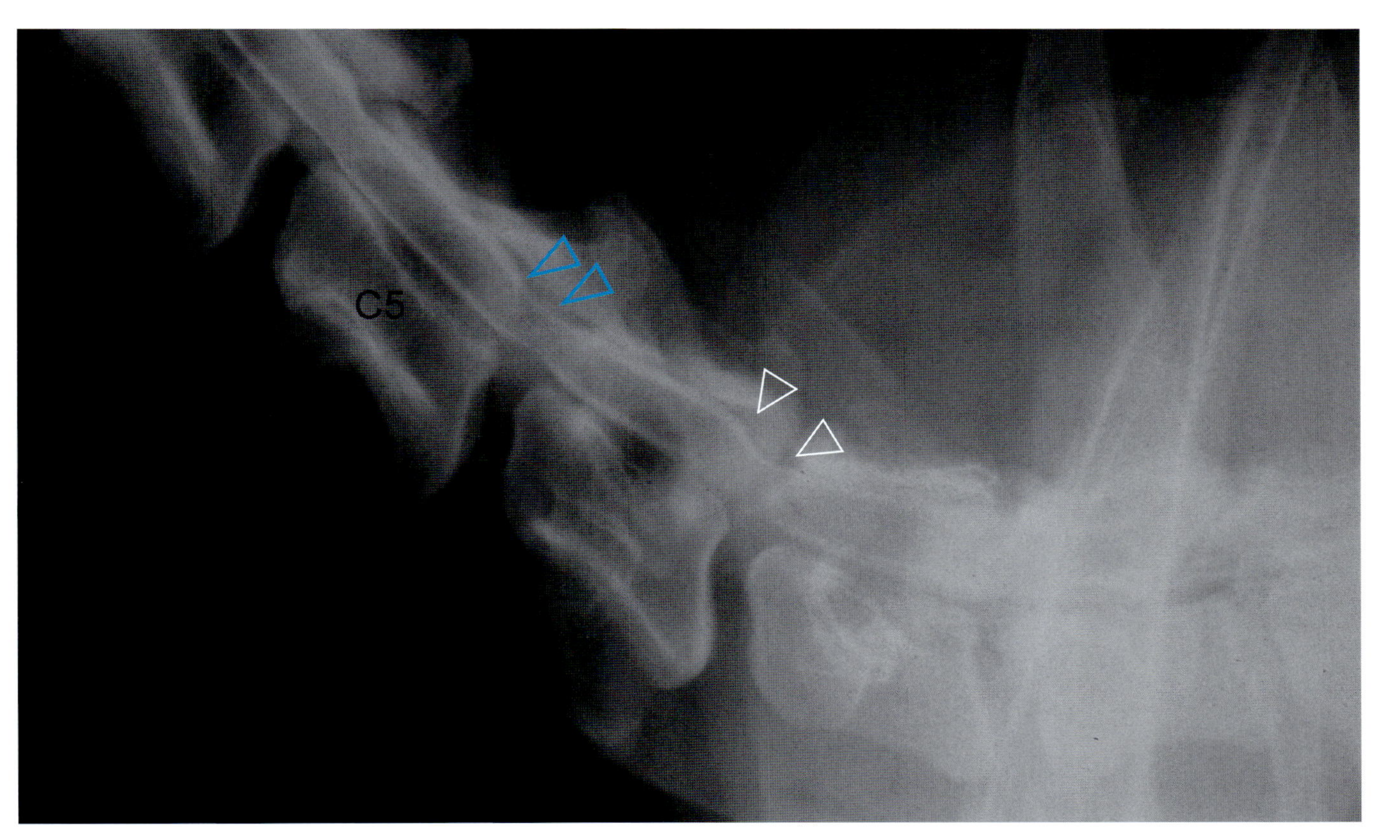

写真 19-5　伸展ストレス下での造影 X 線ラテラル像
頭頸部を背側にそらせて，伸展させることにより，脊髄背側の背側黄靭帯肥厚による圧迫が，第 5-6 頸椎間（C5-6，青矢頭）では軽度に，第 6-7 頸椎間（C6-7，白矢頭）では中程度に認められる。

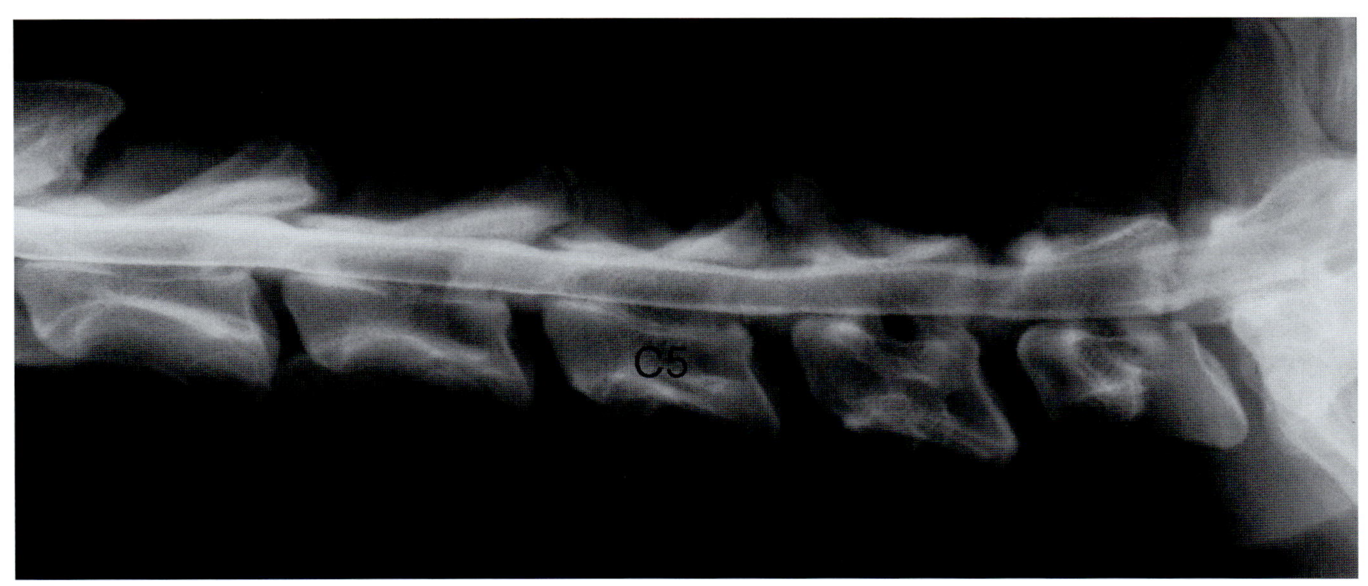

写真 19-6　牽引ストレス下での造影 X 線ラテラル像
頭頸部を頭尾方向に牽引して撮影したラテラル像では，非ストレス下（写真 19-3）と同様，異常所見は認められない。
C5：第 5 頸椎

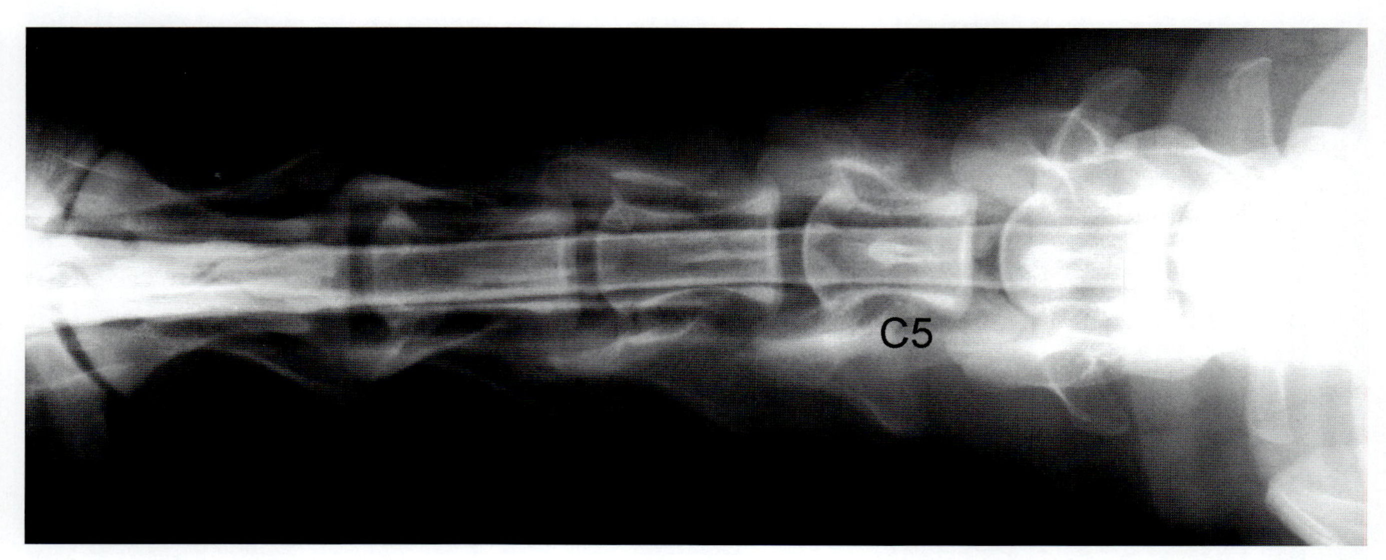

写真 19-7 非ストレス下での造影 X 線 VD 像
非ストレス下での造影ラテラル像（写真 19-3）同様，脊髄圧迫病変は認められない。
C5：第 5 頸椎

❖コメント❖

頸椎不安定症候群（ウォブラー症候群）は，頸部脊髄を圧迫する病変により頸部痛や四肢麻痺などの症状を引き起こす症候群で，一般的にドーベルマン・ピンシャーやグレート・デンといった，大型犬種や超大型犬種で認められる。頸椎不安定症候群は，症候群であるがゆえに，様々な病態が含まれている。最も有名な病態は，頸椎が滑ることにより椎体背側が脊髄を圧迫するものと思われるが，その他に，椎間板が脊髄腹側から圧迫する慢性変性性椎間板疾患や，背側黄靭帯の肥厚による脊髄の背側圧迫が含まれる。さらに慢性変性性椎間板疾患と背側黄靭帯肥厚により，背腹側両方向から，脊髄が圧迫される症例もある。これら病変部の多くは動的であり，屈曲や伸展のストレスがない状態では，脊髄圧迫が認められないこともある。椎体の脊柱管内への滑りは，頸椎を屈曲させると圧迫が増加し，脊髄背側の黄靭帯肥厚や脊髄腹側の椎間板突出では，頸椎を伸展させると圧迫が増加する。これらの病変は，頸椎を牽引させると脊髄圧迫の程度が緩和する。

病態を分類することは外科的治療の決定においても重要で，椎体圧迫によるものでは椎体固定，単一な椎間板疾患ではベントラル・スロット，2 か所以上の椎間板疾患または背側の黄靭帯肥厚では，背側椎弓切除術が適応となる。このことから，頸椎不安定症候群の画像検査は，ストレス状態での撮影が不可欠となる。CT 検査や MRI 検査では，ストレス状態での撮影が困難であるために，診断価値は低い。一方，脊髄造影による X 線検査では，各種のストレス撮影が容易であり，頸椎不安定症候群の検査方法として，最も優れている。

本症例は，単純 X 線検査において異常所見は認められないものの，脊髄造影で伸展させた時に第 5-6 頸椎間で軽度に，第 6-7 頸椎間で中程度に背側からの脊髄圧迫が認められた（写真 19-5）。この結果により，2 か所の背側黄靭帯肥厚と診断され，第 5-6 頸椎間と第 6-7 頸椎間の背側椎弓切除術を適応とした。

20. 犬の頸椎不安定症候群（ウォブラー症候群）(2)

症　例：ドーベルマン，雄，7歳6か月。

主　訴：後肢のふらつき，前肢のつまずき。

神経学的検査：四肢の固有知覚反応が低下。

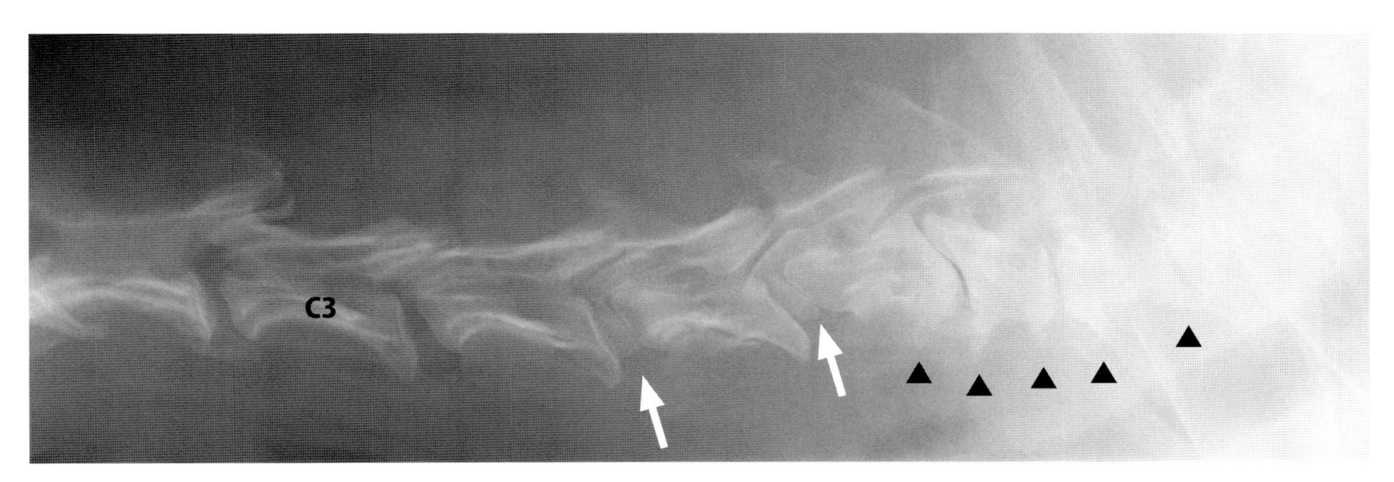

写真 20-1　単純X線ラテラル像
第6頸椎(C6)および第7頸椎(C7)の椎体奇形がみられ，また，第6頸椎−第2胸椎間（C6-T2）の変性性脊椎症（矢頭）が認められる。第6-7頸椎間(C6-7)においては，椎間の狭窄，さらに第6頸椎（C6）の椎体尾側部背側表面および第7頸椎（C7）の椎体頭側部背側表面が脊柱管内に侵入し（椎体傾斜症），脊柱管径は狭小化している。また，第4-5頸椎間（C4-5）および第5-6頸椎間（C5-6）の椎間板に石灰化（矢印）がみられる。
C3：第3頸椎

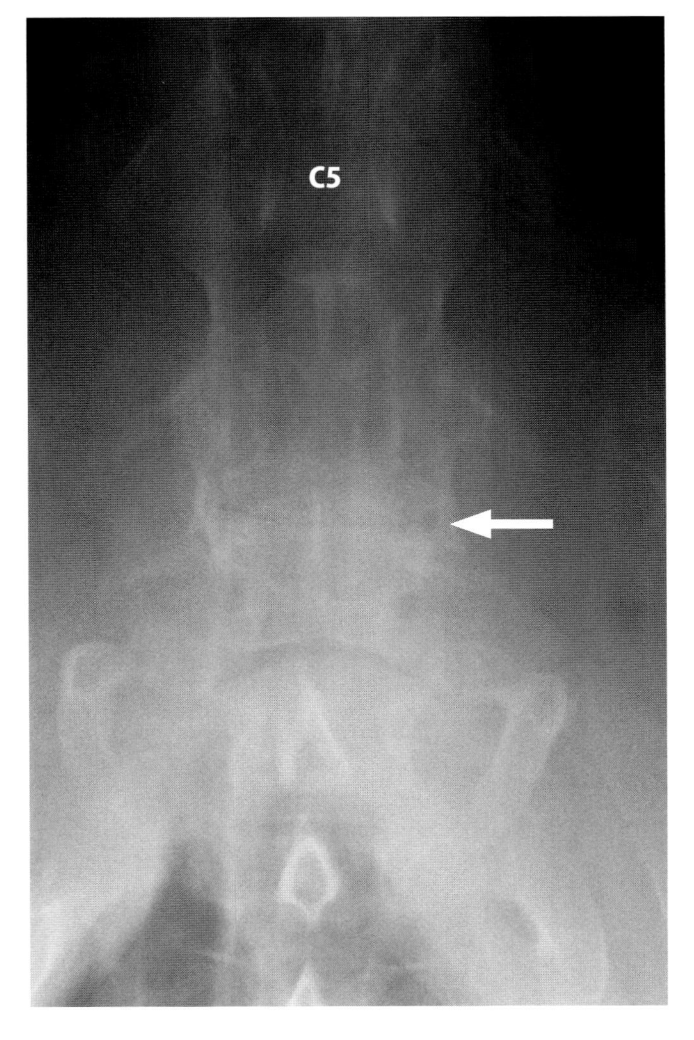

写真 20-2　単純X線VD像
第6頸椎（C6）と第7頸椎（C7）に椎体奇形がみられ，椎体間の狭窄（矢印）が認められる。　C5：第5頸椎

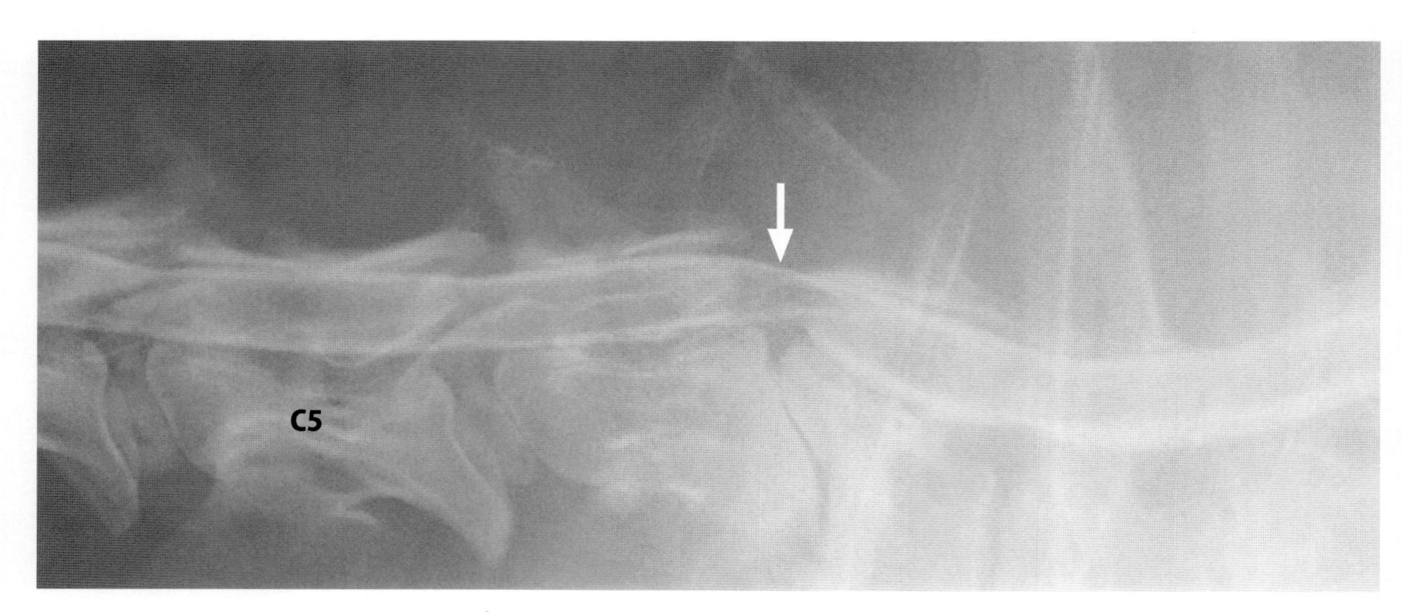

写真 20-3 非ストレス下での造影 X 線ラテラル像
ストレスをかけない状態での撮影において，第 6-7 頸椎間（C6-7）の腹側から脊髄の硬膜外圧迫（矢印）が認められる。
C5：第 5 頸椎

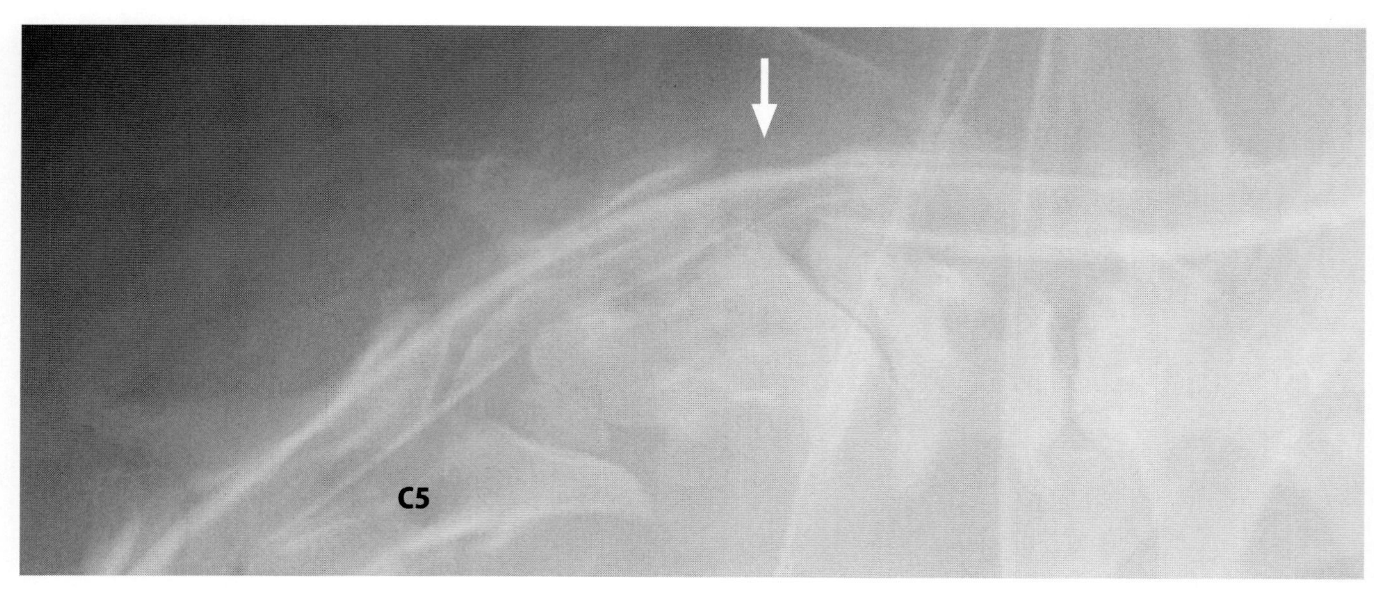

写真 20-4 屈曲ストレス下での造影 X 線ラテラル像
頭頸部を腹側に屈曲させる撮影では，非ストレス下（写真 20-3）と同様に腹側からの脊髄圧迫（矢印）が認められる。
C5：第 5 頸椎

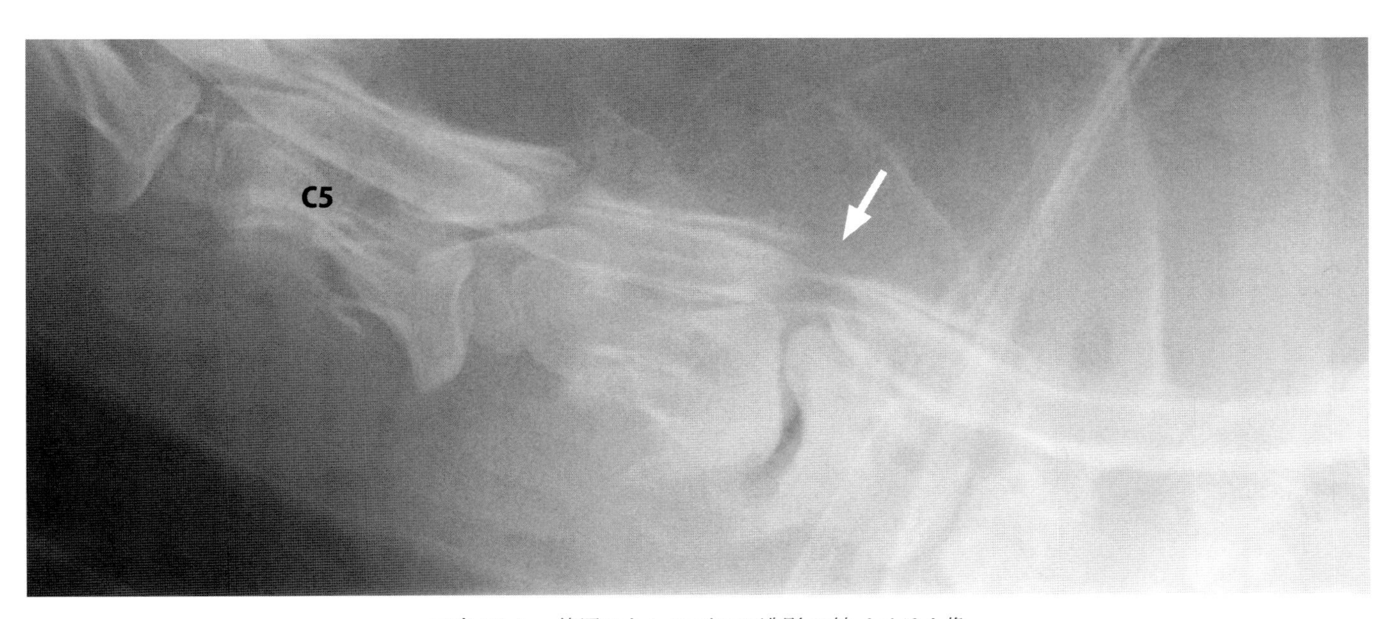

写真 20-5　伸展ストレス下での造影 X 線ラテラル像
頭頸部を背側にそらせて，伸展させる撮影では，腹側からの強い脊髄圧迫（矢印）のみが認められ，背側からの圧迫は観察されない。
C5：第 5 頸椎

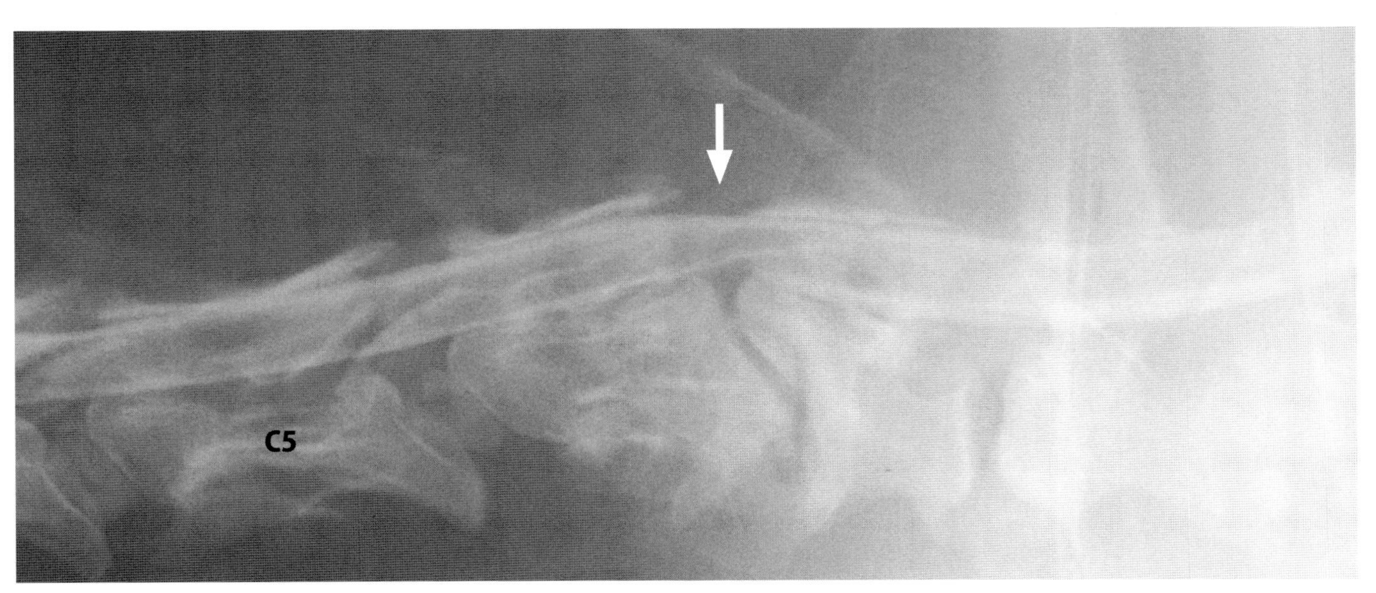

写真 20-6　牽引ストレス下での造影 X 線ラテラル像
頭頸部を頭尾方向に牽引して撮影しても，脊髄の圧迫は改善されていない（矢印）。
C5：第 5 頸椎

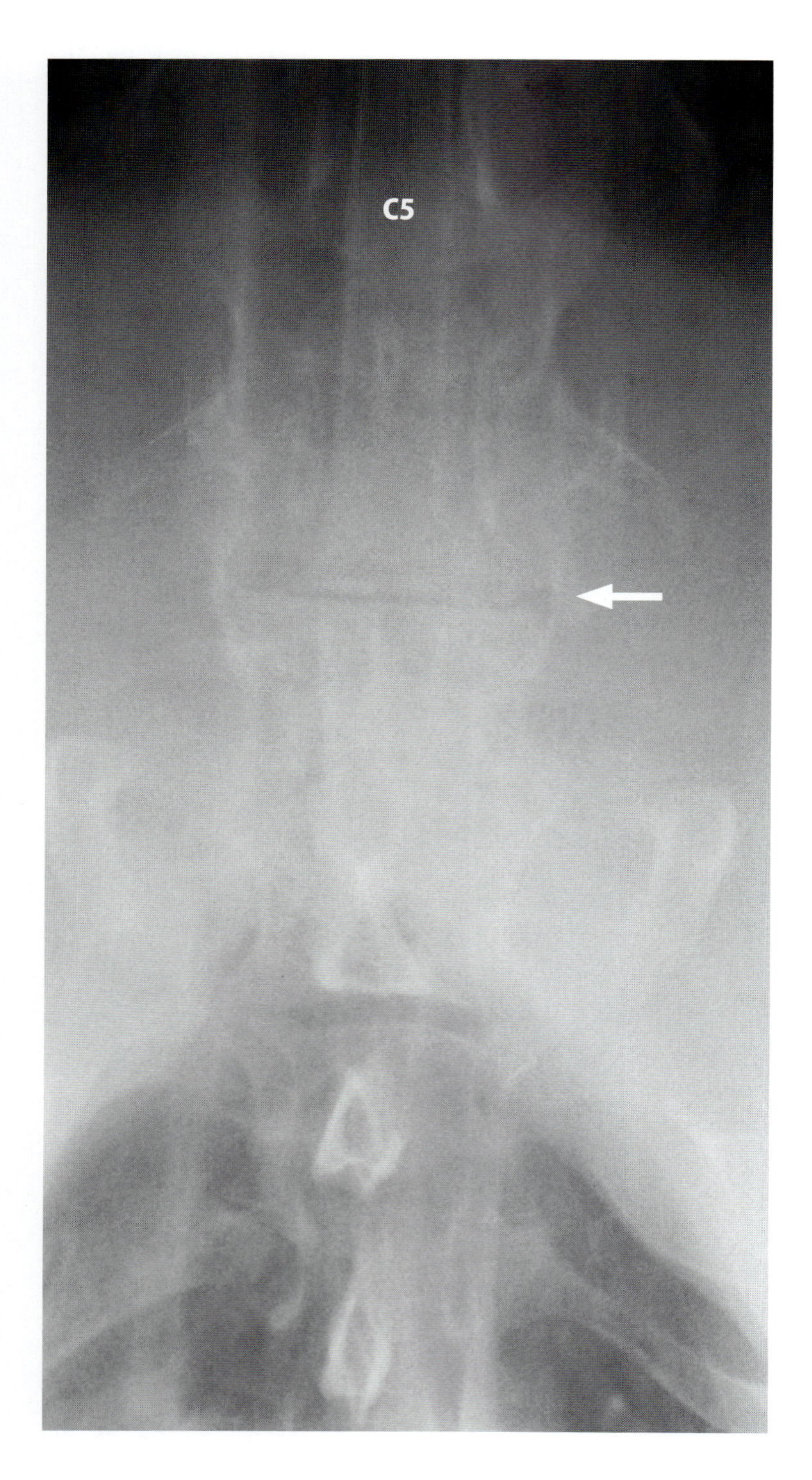

写真 20-7 非ストレス下での造影 X 線 VD 像
第 6-7 頸椎（C6-7）椎体間のくも膜下腔内の造影剤の進入が不鮮明である（矢印）。 C5：第 5 頸椎

❖コメント❖

本症例では，単純撮影において，第 6 頸椎（C6）および第 7 頸椎（C7）の椎体奇形，また変性性脊椎症および椎体間の狭窄も認められた。脊髄造影では伸展，屈曲，牽引のどのストレス撮影においても腹側方向から同様の脊髄圧迫が認められ，第 6-7 頸椎間（C6-7）における動揺（不安定性）は確認されなかった。以上より椎体固定は行わず，大きな減圧が可能である背側椎弓切除を行った。

21. 犬の椎間板ヘルニア

症　例：ウェルシュ・コーギー，雄，7 歳。
主　訴：1 週間前に突然生じた後肢不全麻痺。
神経学的検査：両後肢姿勢反応の消失ならびに脊髄反射の上位運動ニューロン徴候。

A
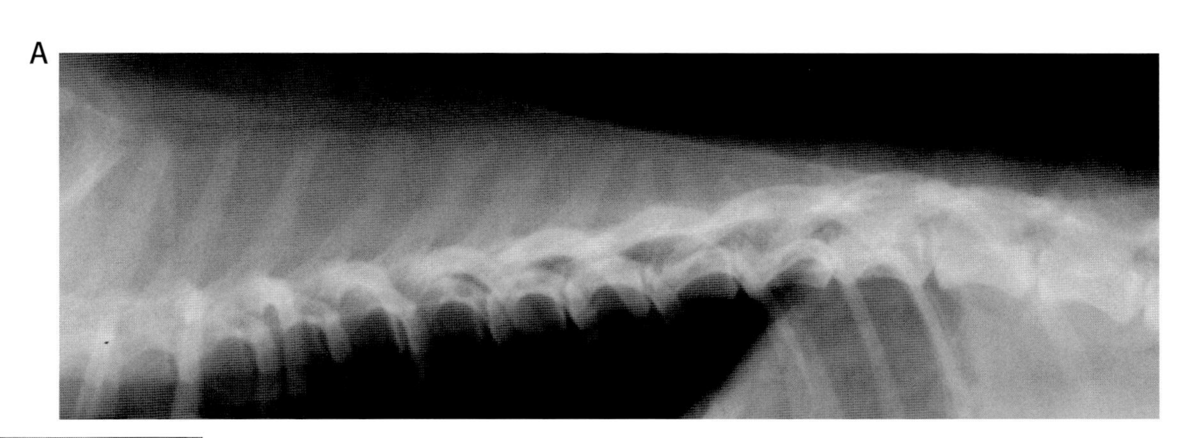

B
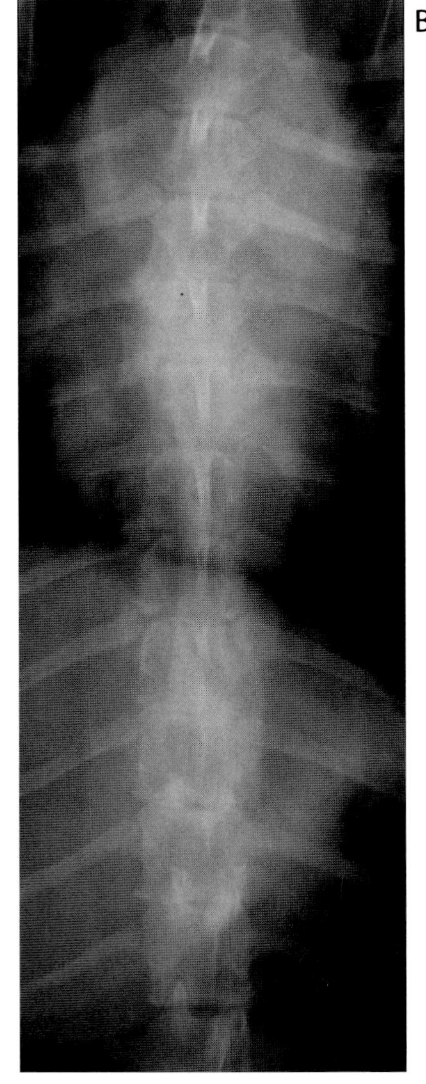

写真 21-1 胸椎単純 X 線像（A：ラテラル像，B：VD 像）
明らかな異常所見は認められない。

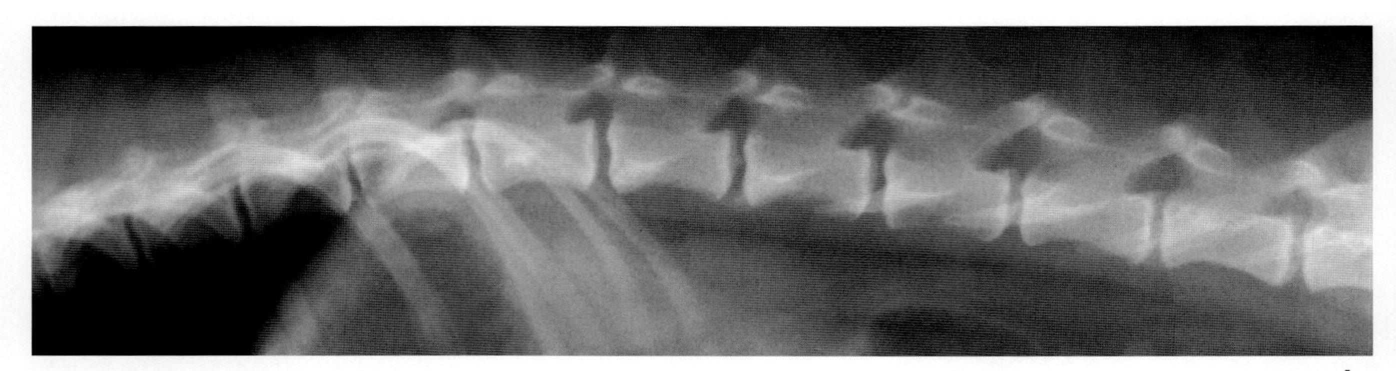

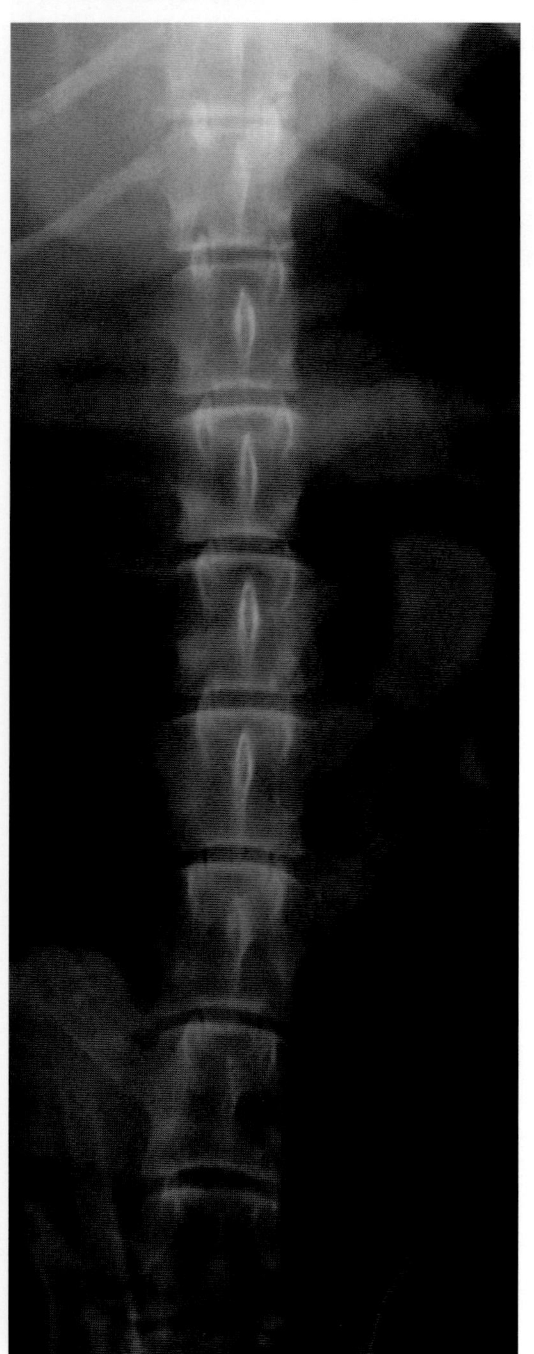

写真 21-2 腰椎単純 X 線像（A：ラテラル像，B：VD 像）
明らかな異常所見は認められない。

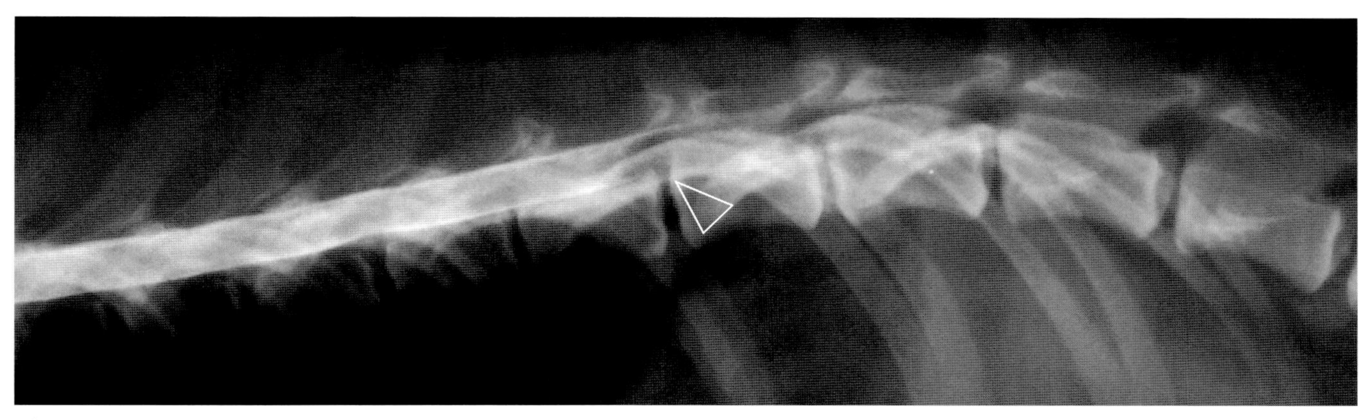

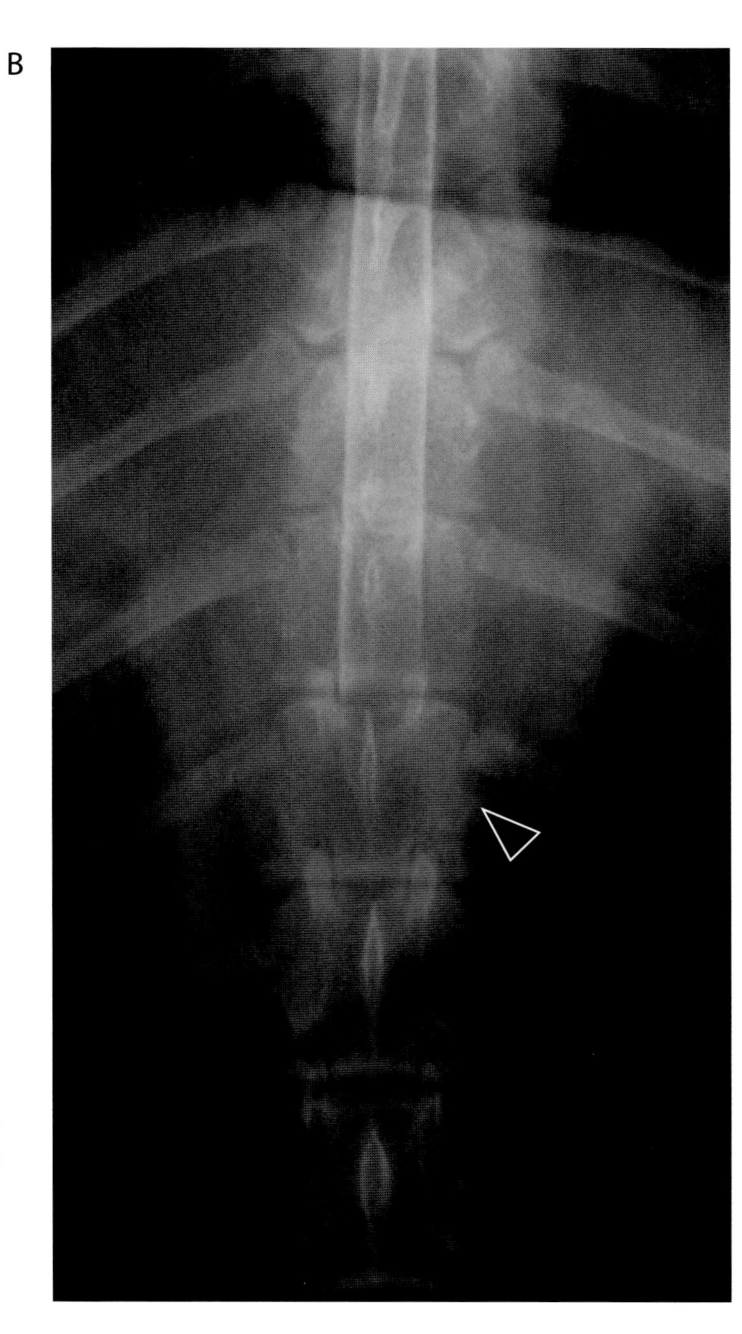

写真 21-3 脊髄造影 X 線像（A：ラテラル像，B：VD 像）
大槽から造影剤（オムニパーク 240：イオヘキソール 240mgI/mL，0.5mL/kg）を注入したラテラル像および VD 像においては，クモ膜下腔の造影剤が，第 12 胸椎（T12）の頭側部までほぼ平行に流入（矢頭）したが，第 13 胸椎（T13）以降への造影剤の侵入はみられない。

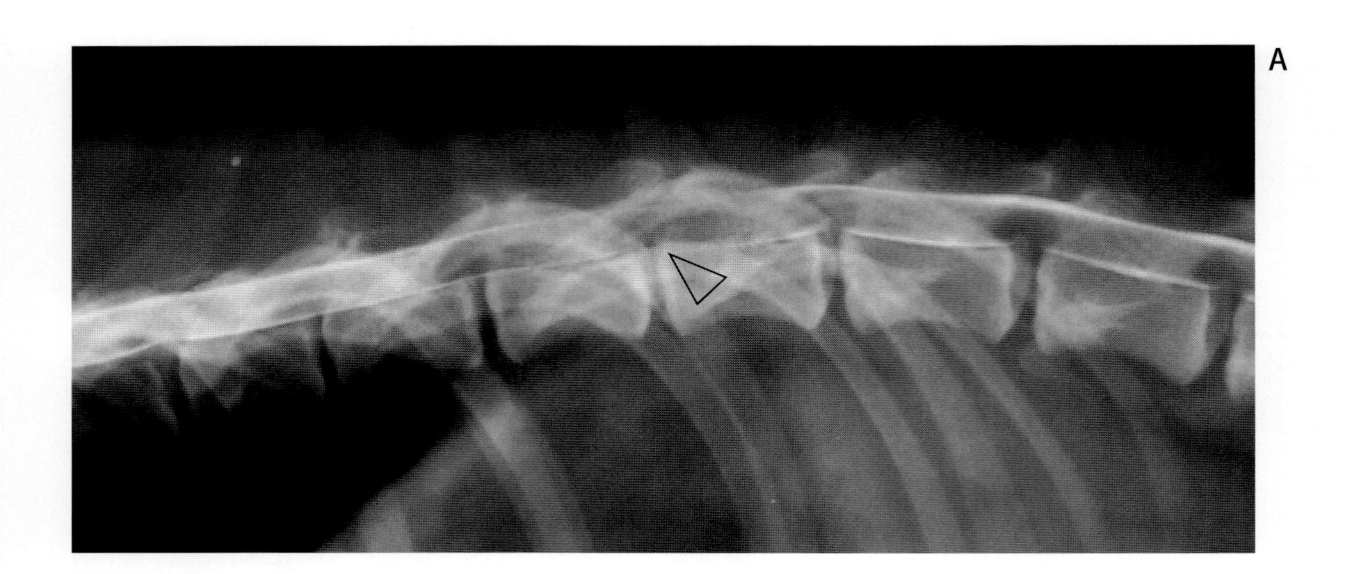

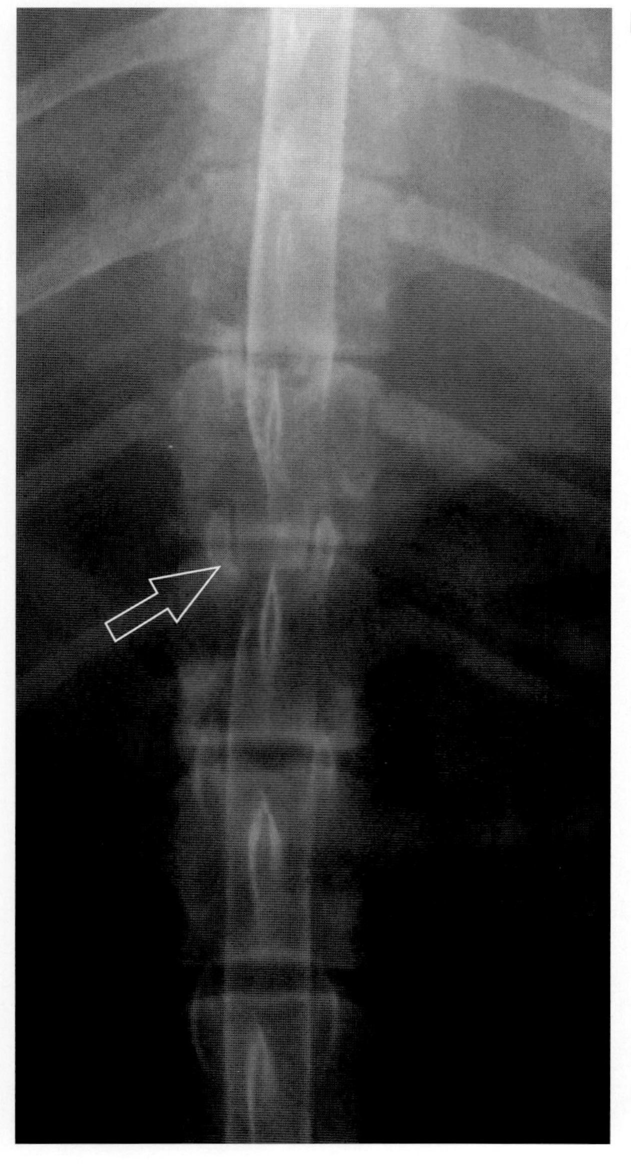

写真 21-4　脊髄造影 X 線像（A：ラテラル像，B：VD 像）
さらに造影剤（0.25mL/kg）を第 5-6 腰椎間（L5-6）から追加注入したラテラル像では，第 12-13 胸椎間（T12-13）でクモ膜下腔の狭小（矢頭）がみられ，VD 像では第 12-13 胸椎間において造影剤の左側変位（矢印）が認められる。写真 21-3，4 の脊髄造影 X 線検査結果から，第 12-13 胸椎間における右側硬膜外からの脊髄圧迫が考えられる。

❖コメント❖

両後肢の麻痺を呈する原因としては，脊椎，脊髄，椎間板の異常が考えられる。単純X線像から脊椎疾患は除外できるが，脊髄疾患または椎間板疾患の評価は不可能である。脊髄疾患としては炎症や腫瘍が，椎間板疾患としては椎間板ヘルニアが最も多いと思われる。本症例は突然の麻痺であることから，通常徐々に症状が進行する脊髄疾患やハンセンII型の椎間板ヘルニアというよりはむしろ，ハンセンI型の椎間板ヘルニアの可能性が最も強い。

椎間板ヘルニアの犬161例の報告では，発症後にステロイド投与が行われていても，行われていなくても，症状の改善率に有意差が認められなかったとされている[2)]。したがって，発症初期では，ステロイドを用いずに経過観察を行い，症状の良化が認められない場合には，脊髄疾患や手術が必要とされる椎間板疾患の可能性を考慮し，次の検査を行う。

さらなる検査としては，脊髄造影X線，CT，MRI検査が選択肢として考慮されるが，脊髄造影X線検査はこれら画像検査の中でも特殊な設備を必要とせずにできる検査である。犬の椎間板ヘルニア182頭における報告では，脊髄造影X線検査の診断精度が83.6％，CT検査の診断精度が81.8％であった。特に，5kg以下の犬においては，診断精度がCT検査よりも脊髄造影X線検査の方が優位に高いと報告されている[1)]。また，CT検査はMRI検査と異なり，脊髄疾患の診断が不可能であることから，後肢の麻痺に対しては，MRI検査が推奨される。しかしながら，もし早急な検査診断が必要であれば，上記の理由により，CT検査ではなくむしろ，脊髄造影X線検査が選択されるべきである。

本症例では脊髄造影X線検査が行われ，造影所見から脊髄右側の硬膜外病変が疑われた。以上の結果から，右側の片側椎弓切除を行い，ハンセンI型の椎間板ヘルニアと診断され，治療された。

引用文献

1）Israel,S.K., Levine,J.M., Kerwin,C.K. et al.（2009）：*Vet. Radiol. Ultra.* 50, 247-252.
2）Levine,J.M., Levine,G.J., Boozer,L. et al.（2008）：*J. Am. Vet. Med. Assoc.* 232, 411-417.

22. 犬の椎間板脊椎炎

症　例：ビーグル，雄，8 歳。
主　訴：2か月前からの腰背部痛と進行性の後躯不全麻痺。
神経学的検査：上位運動神経徴候から第 3 胸椎–第 3 腰椎（T3-L3）の病変が疑われた。

A
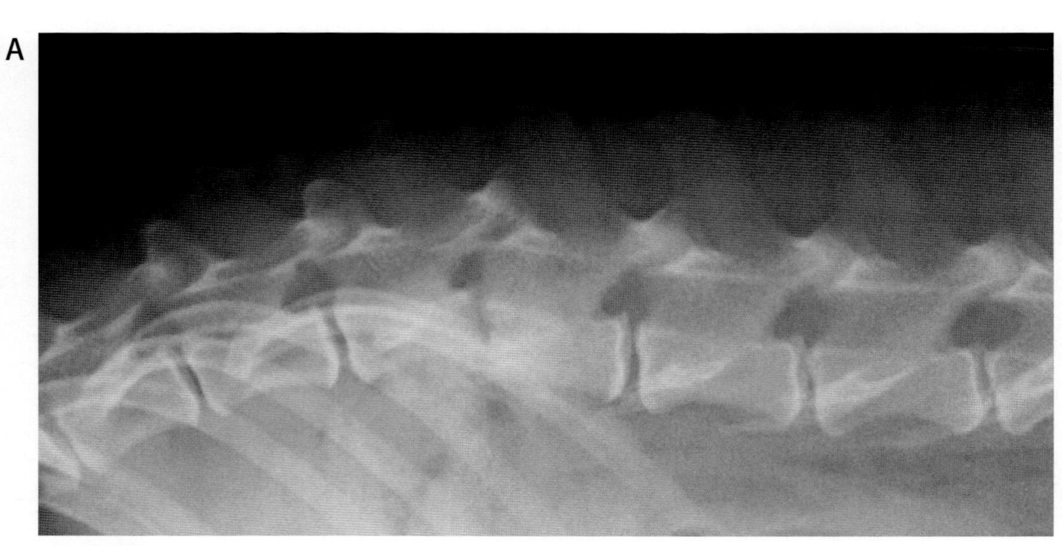

B
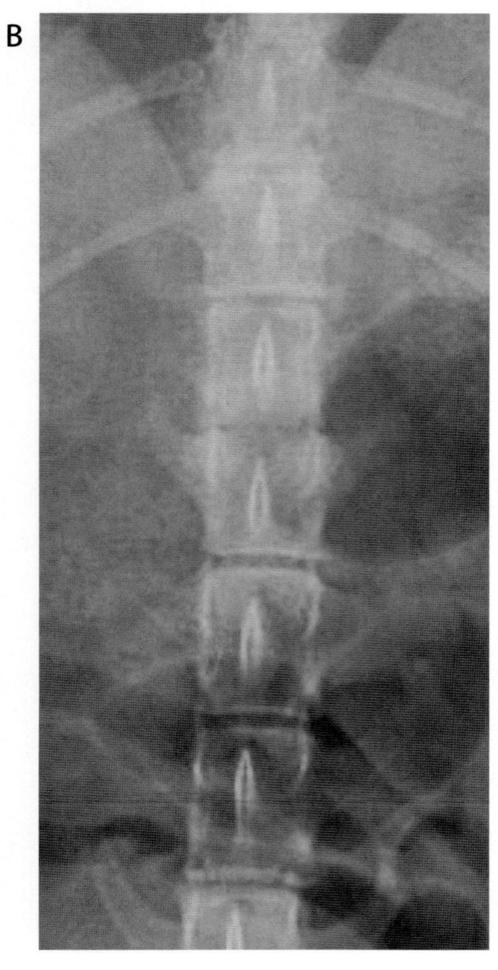

写真 22-1　胸腰椎部単純 X 線像
（A：ラテラル像，B：VD 像）

A

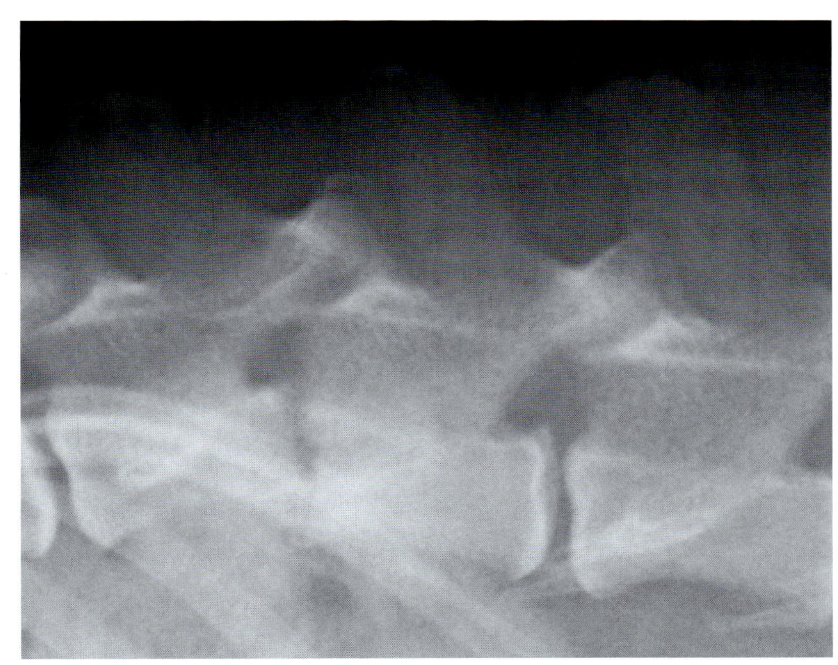

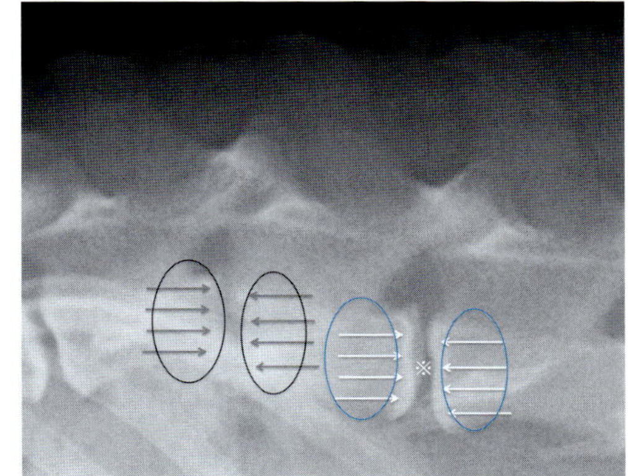

B

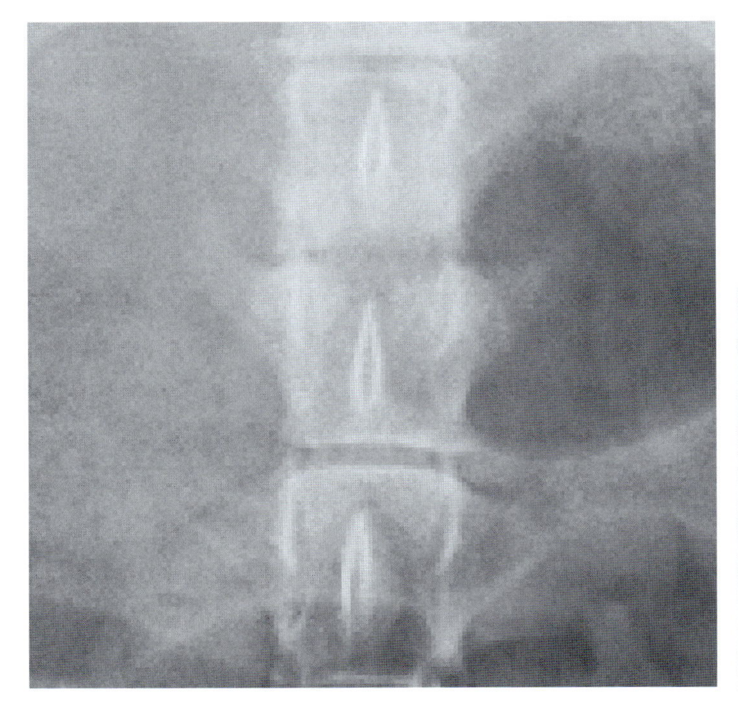

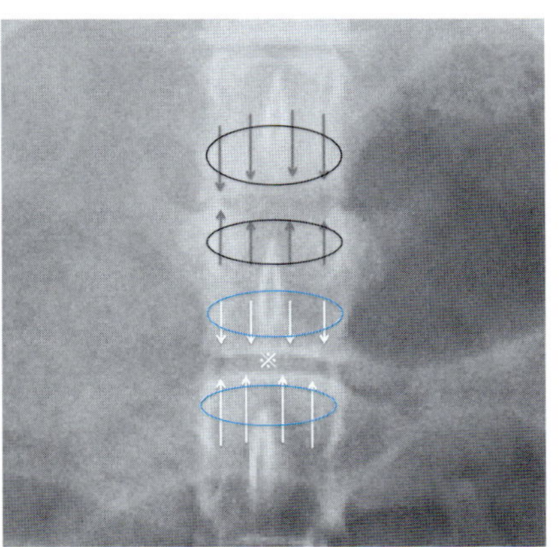

写真 22-2 第 1-3 腰椎部（L1-3）の拡大像（写真 22-1 の拡大像）

正常な領域の椎間板は前後の椎体に囲まれた X 線透過部として観察され，X 線学的には椎間腔と呼ばれる（※）。椎間腔前後を形成する椎体の皮質骨は，X 線不透過性ラインとして描出され，脊椎終板と呼ばれる（白矢印）。一方，異常のみられる第 1-2 腰椎間（L1-2）は終板の陰影が消失して，椎体辺縁が不整となり，椎間板腔も不鮮明となっている（灰色矢印）。また，不整な椎体辺縁の前後の領域（黒で囲まれた部位）は，正常な領域（青で囲まれた部位）と比較すると，骨硬化が生じて X 線不透過性がやや亢進している。以上の所見から，本症例は椎間板脊椎炎と診断できる。

❖コメント❖

椎間板脊椎炎は，中齢の大型犬の未去勢雄に好発する感染性疾患である（多くは細菌感染で，まれではあるが真菌感染のこともある）。初期症状は病変部領域の疼痛で，その後，発熱，食欲低下，運動不耐といった症状が3割の犬で生じる。病変が進行するにつれて麻痺が認められるようになることがある。

確定診断は，上記に記載したX線学的異常をもとに下されるが，発症2～4週では，明確なX線学的異常が検出できない場合もある。X線検査によって椎間板脊椎炎と診断された動物は，尿培養や血液培養を実施するが，それぞれの細菌検出率はおよそ50%ならびに75%と報告されている。これら検査で陰性の場合は，罹患部椎間板腔の針生検スワブ培養を行い（陽性率75%），それでも陰性の場合はオープンバイオプシーを考慮する（陽性率80%）。また，ブルセラが起因菌となることもあるため，ブルセラ抗体も公衆衛生上検査される。

起因菌の多くは *Staphylococus intermedius* であるが，*Streptcoccus* 属，*Escherichia coli*，*Brucella canis* のこともある。したがって，治療は抗菌薬となり，投与1週間程度で症状は改善する例が多い。治療期間はX線学的評価を行いながら，最低でも2か月以上を必要とする。一般的に真菌感染でない限り予後は良好とされている。

本疾患は，血液を介した椎間板ならびに脊椎終板の感染性疾患であることから，腰背部痛や神経疾患症例にはステロイド治療というような短絡的に治療を実施すると，表面上での症状は改善がみられても，病状を増悪させてしまうこととなる。椎間板脊椎炎は簡単な画像検査で診断できる疾患であり，腰背部痛や神経疾患における鑑別診断にはこのような疾患もあることを認識して，常にX線検査を実施することが重要である。

23. 犬の多発性外骨症

症　例：イタリアン・グレイハウンド，避妊雌，10 か月。
主　訴：前肢に腫瘤があるのに気付いた。症状はなし。

A

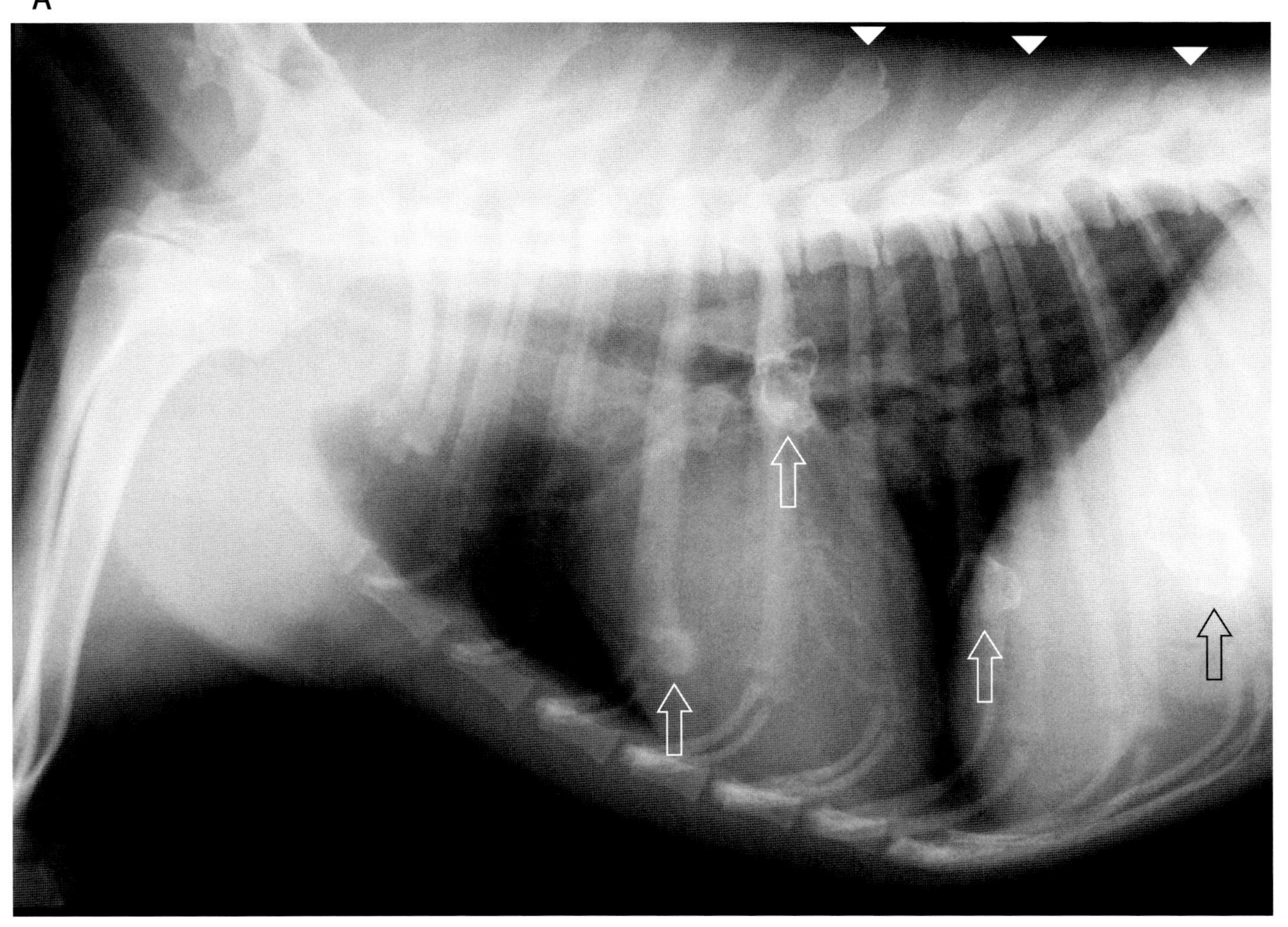

写真 23-1 胸部単純 X 線像（A：ラテラル像，B：VD 像）
棘突起および肋骨に複数の骨瘤を認め，骨瘤の辺縁は皮質骨から連続し，内部は X 線透過性と不透過性の混合デンシティで骨梁様である。　矢印：骨瘤

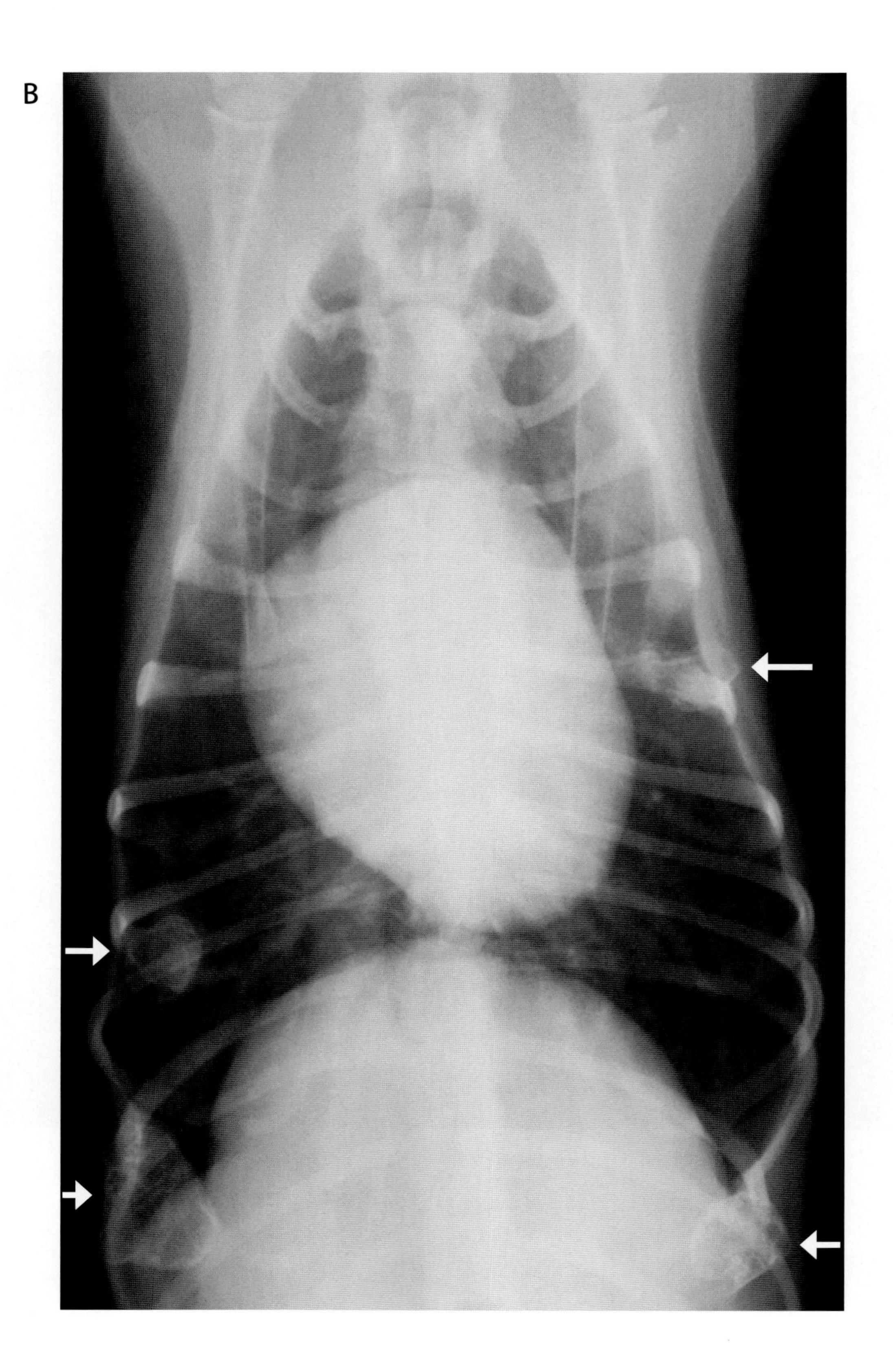

写真 23-1（つづき）

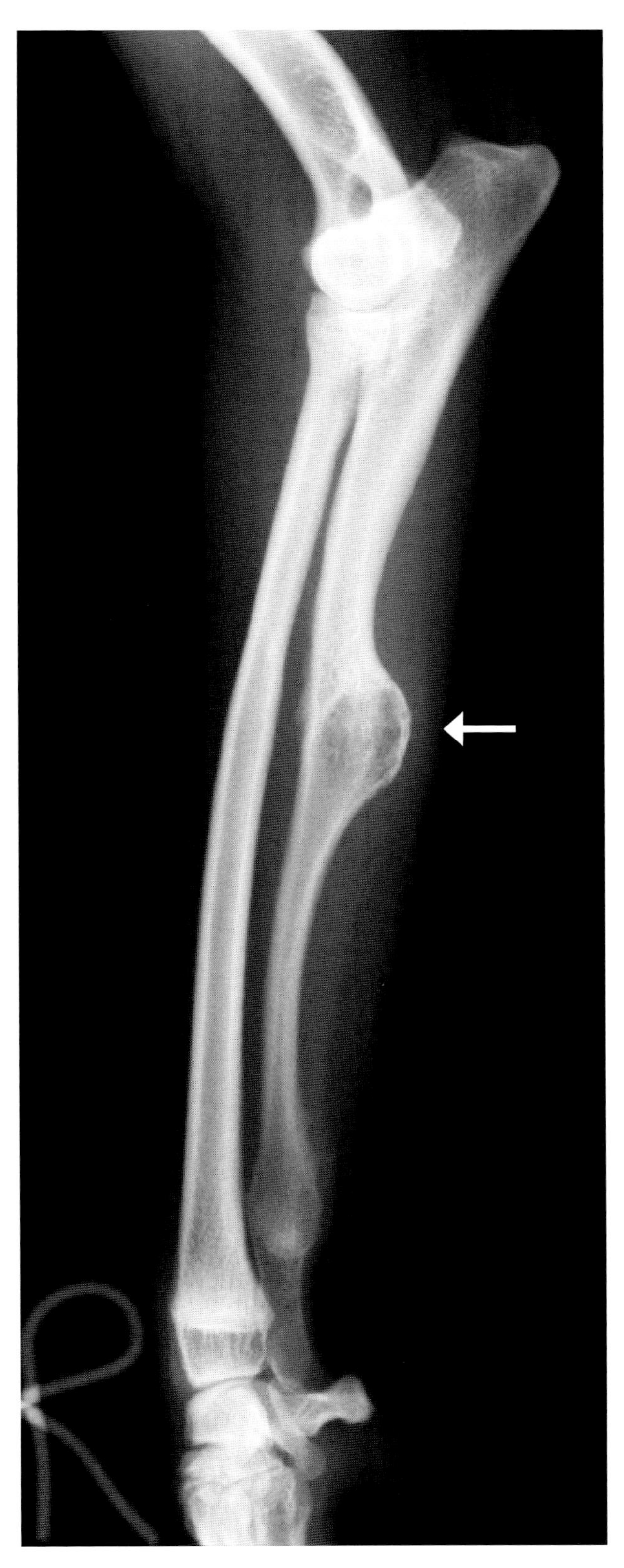

写真 23-2 右前腕骨単純 X 線 屈曲ラテラル像
矢印：骨瘤

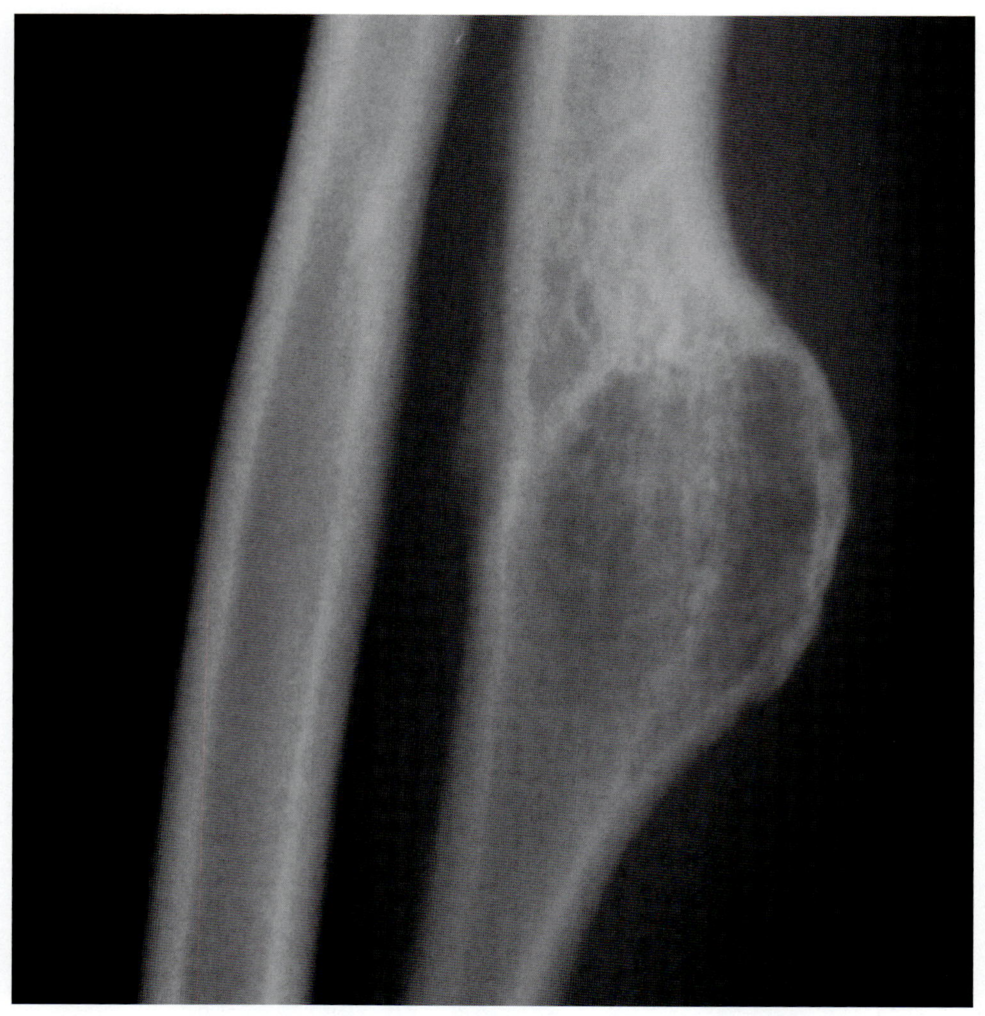

写真 23-3　写真 23-2 の病変部拡大
右尺骨骨幹にも同様の骨瘤を認める。骨瘤内部はX線透過性が高いが，中心部はX線不透過性であり，骨梁を思わせる陰影が観察される。

❖コメント❖

骨瘤を形成する疾患として，悪性腫瘍の他に，骨軟骨腫や骨嚢胞が挙げられる。特に骨軟骨腫は成長期に発生し，様々な部位に多発する傾向がある（多発性の場合，多発性外骨症または多発性骨軟骨腫症と呼ばれる）。X線所見としては，一見骨嚢胞と類似しているものの，中心部に骨梁新生がみられるため，内部がX線透過性となる骨嚢胞や骨融解を伴う骨腫瘍とは異なり特徴的である。しかしながら，確定診断には骨生検が必須となる。したがって，本症例は年齢やX線所見から多発性外骨症を強く疑い，骨生検を実施した。その結果，多発性外骨症と診断された。

若齢期において，椎骨，肋骨，長骨の成長板は軟骨組織が海綿骨に置換されることによって骨成長が生じている。骨端の成長板以外の場所，すなわち骨幹や骨幹端で同様の現象が誤って起きると，骨軟骨腫病変が形成される。このため，骨軟骨腫はこれらの骨に好発し，骨瘤の中心部で骨梁が新生して，海綿骨が形成される様がX線像上に反映される。

通常，疼痛などの症状は伴わないが，椎骨や気管に病変が形成された場合，物理的な圧迫による機能障害が生じ，症状が顕在化する場合がある。また，骨瘤の成長は成長板閉鎖と共に終了し，臨床上問題となることはまれである。しかしながら，軟骨肉腫や骨肉腫へ悪性転化するとの報告が少ないながら認められることから，骨瘤の成長が成長板閉鎖後も続くようであれば注意が必要となる。

24. 犬のキアリ様奇形

症　例：キャバリア・キング・チャールズ・スパニエル，雄，5 歳。

主　訴：1 か月前からの頸部痛。

神経学的検査：四肢の姿勢反応は正常。

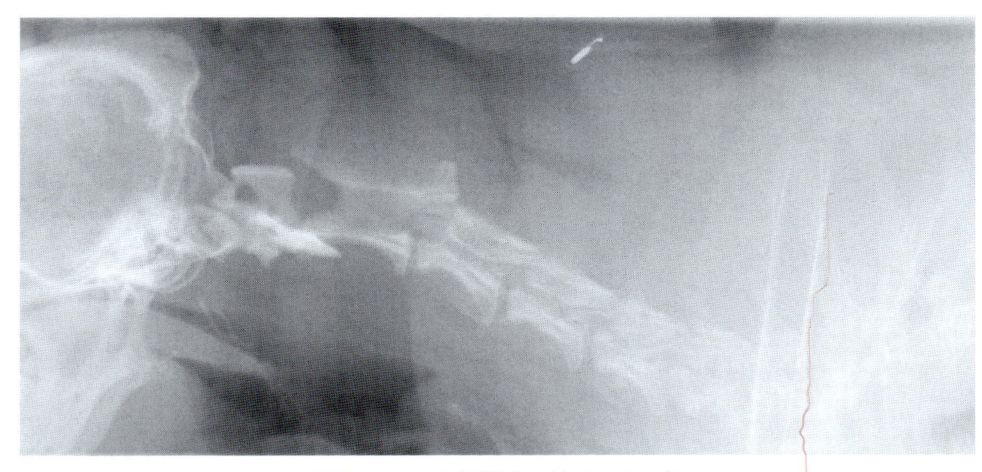

写真 24-1　頸部単純 X 線ラテラル像
頸椎に異常は認められない。

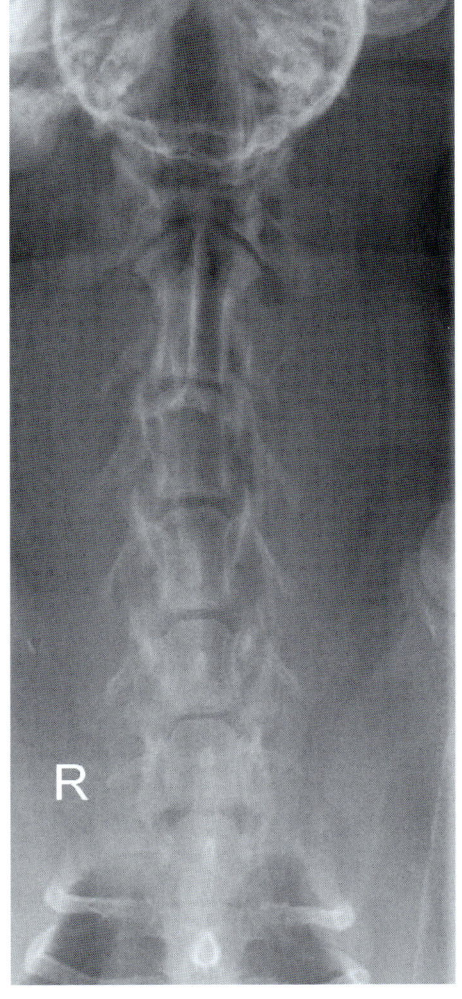

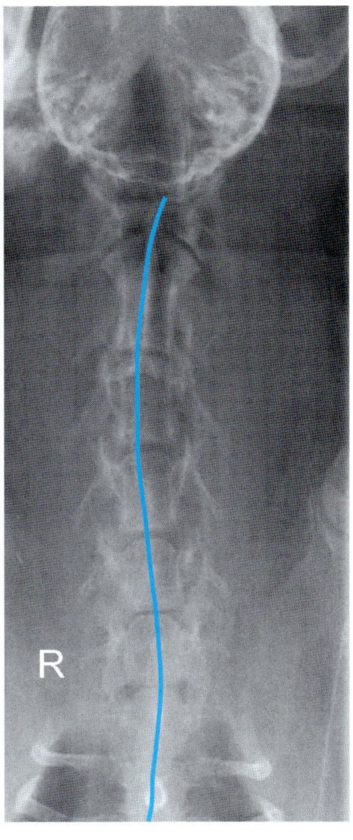

写真 24-2　頸部単純 X 線 VD 像
頸椎の側弯が認められる。

A

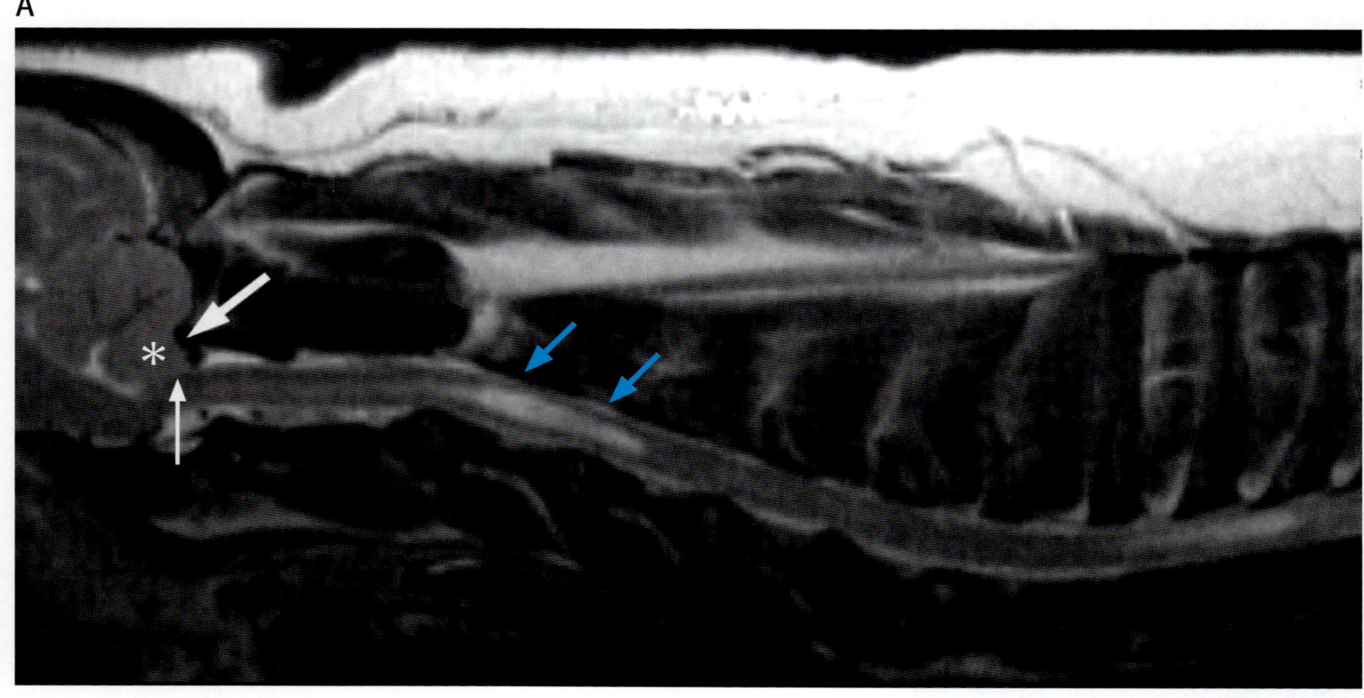

B

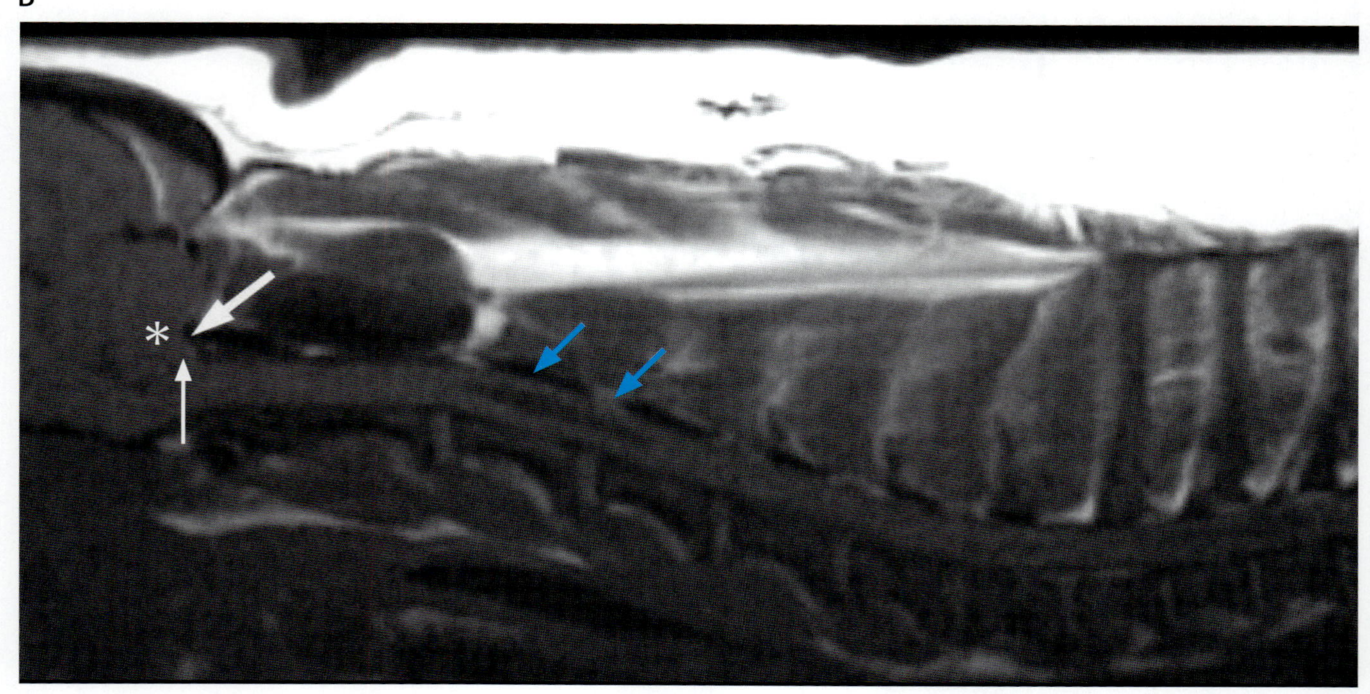

写真 24-3 頸部 MRI 正中矢状断像（A：T2 強調像，B：T1 強調像）
後頭骨による小脳の吻側への圧迫（太矢印），小脳の尾側方向への下垂（＊），大槽の狭窄化（細矢印）が認められる。また，第 3-4 頸椎間（C3-4）と第 2-3 胸椎間（T2-3）の脊髄内（青矢印）に，T2 強調像で高信号，T1 強調像では低信号領域が観察される。

❖コメント❖

キアリ奇形（Chiari malformation）は，小脳や脳幹部（中脳，橋，延髄）の一部が頭蓋部から脊柱管内に入り込むことにより，脳脊髄液の循環障害を起こす疾患である。人では，MRI 検査の所見によりⅠ型〜Ⅳ型まで分類されている。Ⅰ型は，後頭蓋窩から小脳扁桃のみが逸脱し脊柱管内に下垂するものと定義されており，先天性の場合，後頭蓋の形成異常に起因するとされている。獣医学領域でも，後頭骨後部形成不全症候群（caudal occipital malformation syndrome）が報告されており，その1つに，人のキアリ奇形Ⅰ型に類似した疾患が存在し，キアリ様奇形（Chiari-

A

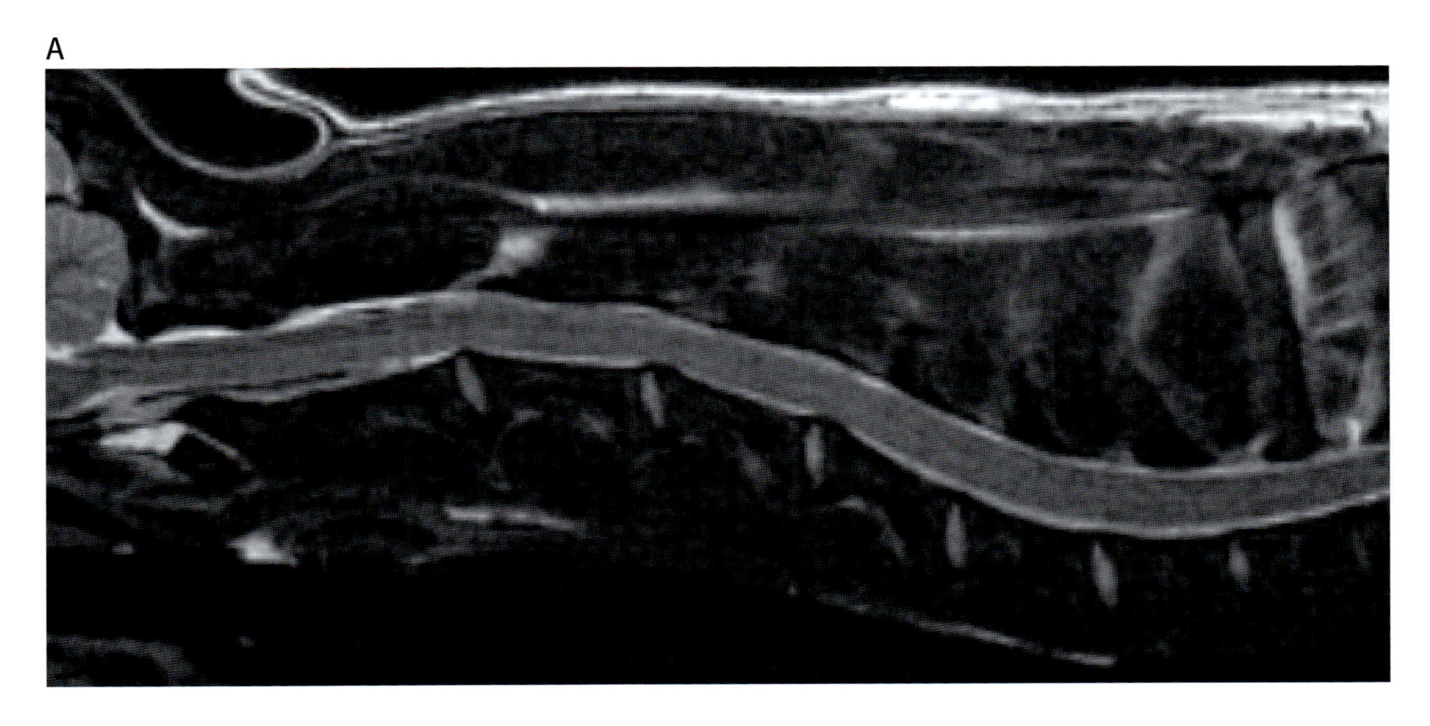

B

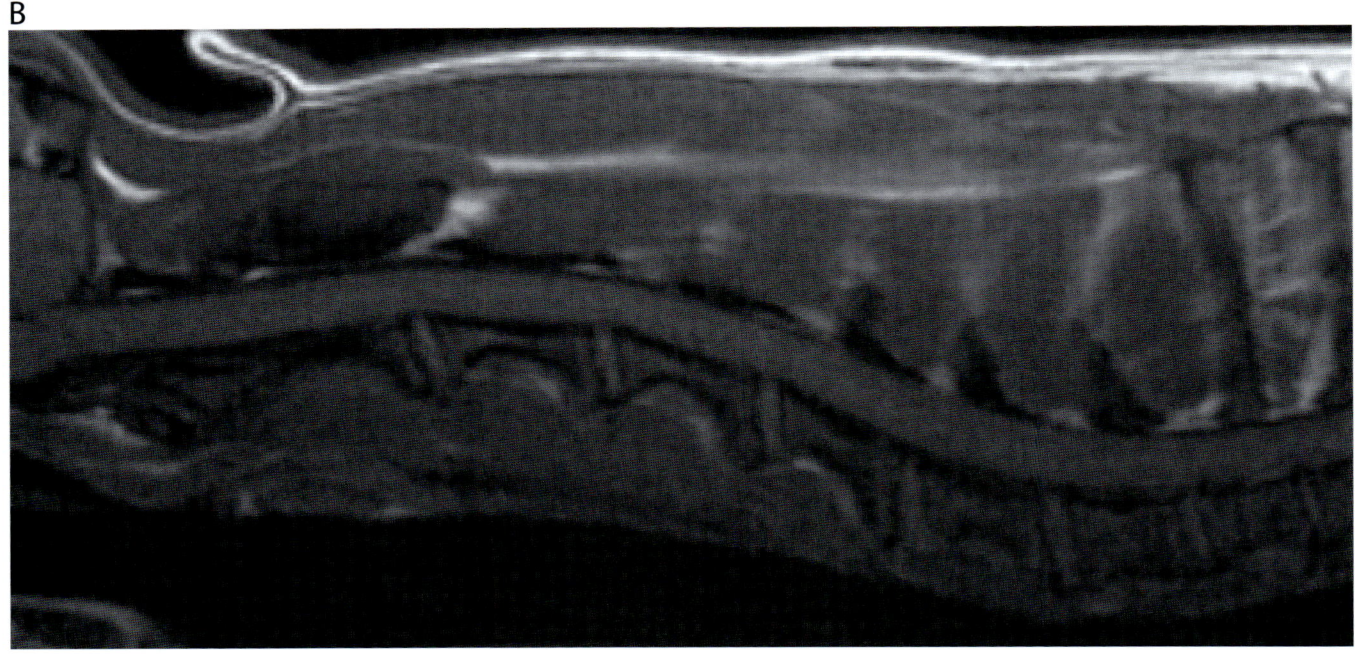

コメント写真 24-1 正常犬の MRI 正中矢状断像（A：T2 強調像，B：T1 強調像）

like malformation）と呼ばれている。マルチーズやキャバリア・キング・チャールズ・スパニエルに多く発生するとされており，症状としては，引っ掻き行動（特に体幹部皮膚の瘙痒感による），知覚過敏，頸部痛，運動失調などが確認される。また，人と同様，脳脊髄液の循環障害により，脊髄の中心管内や，中心管外の脊髄実質内に脳脊髄液が進入し，空洞化を引き起こす水脊髄空洞症，または水頭症が合併する。

本症例の頸部単純X線検査では，VD像（写真24-2）で頸椎の側弯が認められた。側弯を引き起こす鑑別疾患には，椎体奇形，椎骨脱臼や骨折，脊髄形成不全，水脊髄空洞症などが挙げられるが，骨格異常がなく，症例犬がキャバリア・キング・チャールズ・スパニエルということから，神経疾患，特に水脊髄空洞症を疑いMRI検査を行った。MRI検査所見（写真24-3）は，コメント写真24-1に示す正常犬画像と比較し，後頭骨が吻側方向に迫り出し，小脳の吻側への圧迫および小脳虫部の尾側方向への下垂が認められた。これにより，正常犬では第4脳室～脊髄クモ膜下腔間において，T2強調像で高信号，T1強調像で低信号に描出される脳脊髄液の連続性が認められるが，症例犬では連続性が欠損しており，脳脊髄液の循環障害が推測された。さらに，第3-4頸椎間と，第2-3胸椎間の脊髄内に，T2強調像で高信号，T1強調像で低信号に描出される領域が認められたことから，水脊髄空洞症を併発していると判断された。以上から，キアリ様奇形と診断した。

キアリ様奇形の治療法には，内科的治療法と外科的治療法があるが，本症例は，内科的治療法による症状の改善が認められなかったため，外科的治療法として，大後頭孔拡大術および第1頸椎背側椎弓切除術が選択された。

25. 犬の脊髄梗塞（線維軟骨塞栓症）

症　例：ポメラニアン，雄，3歳。
主　訴：急性の左側前後肢不全麻痺。

神経学的検査：左前肢，および左後肢の姿勢反応消失。右側の姿勢反応は，前後肢ともに正常であり，脊髄反射，脳神経検査に異常は認められなかった。

A
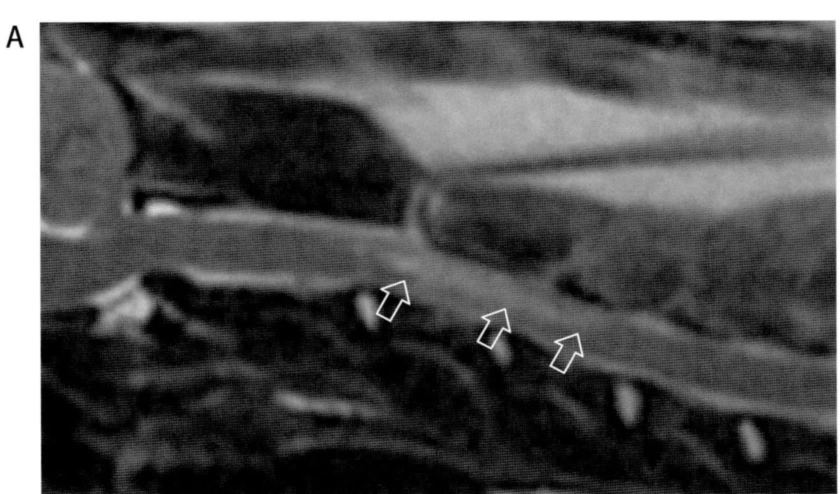

B
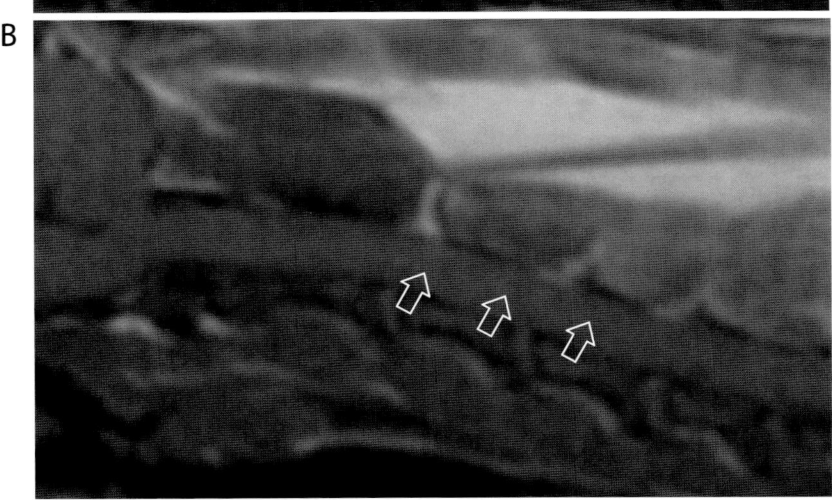

C
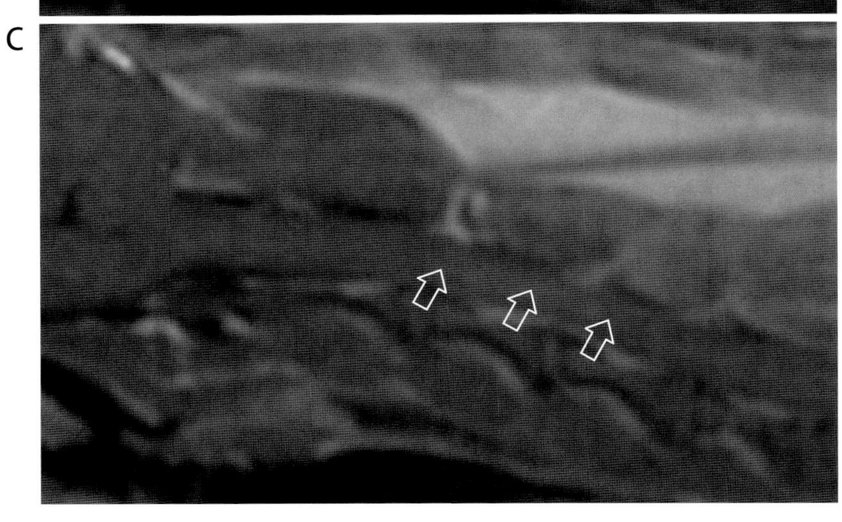

写真 25-1　MRI 矢状断像（頸椎レベル）（A：T2 強調像，B：T1 強調像，C：造影 T1 強調像）T2 強調像で高信号，T1 強調像で等～低信号，造影 T1 強調像でわずかに増強される病変が，脊髄 1 分節に限局して認められる（矢印）。

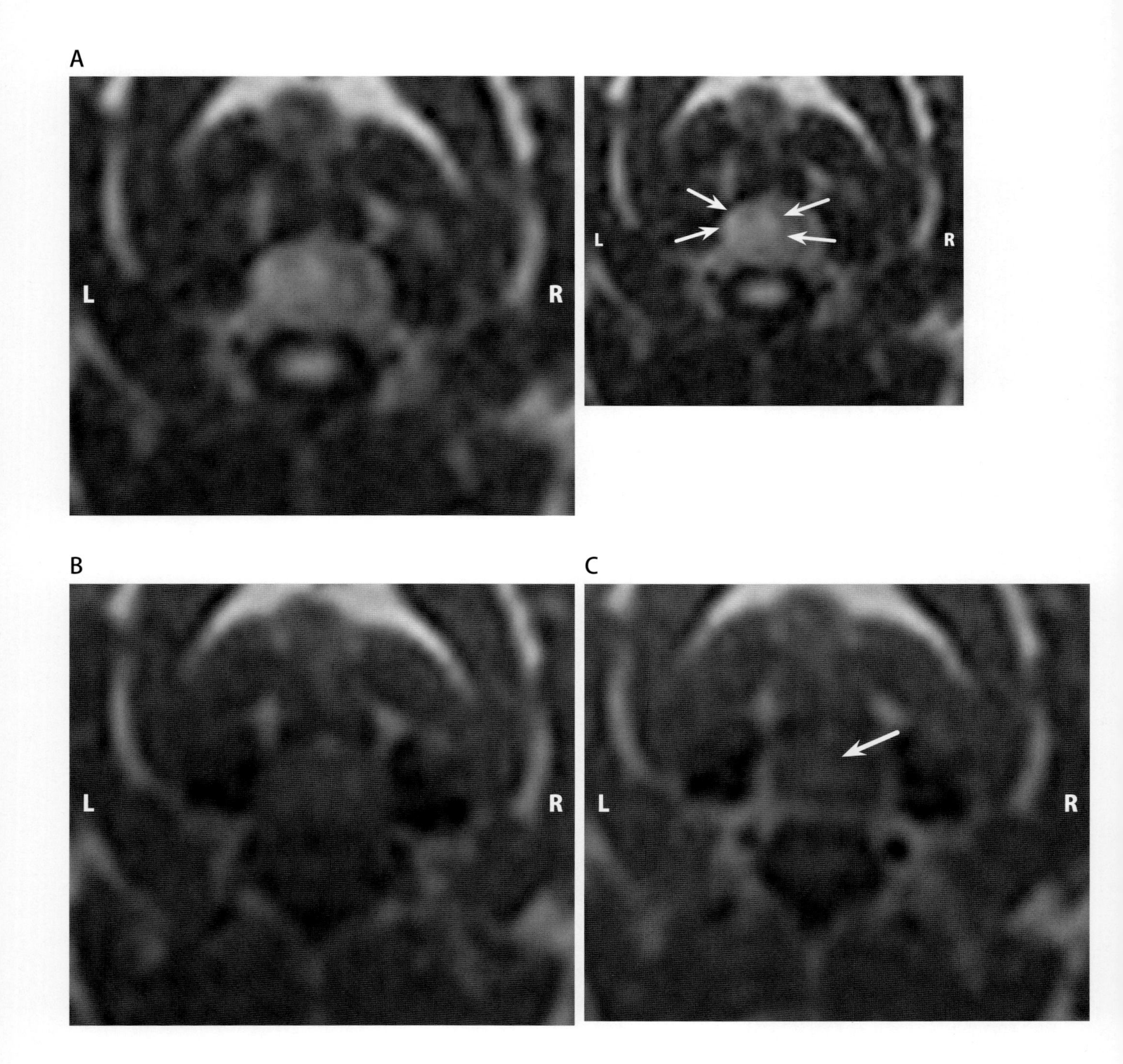

写真 25-2 MRI 横断像（第 4 頸椎レベル）（A：T2 強調像，B：T1 強調像，C：造影 T1 強調像）
T2 強調像で高信号，T1 強調像で等信号，造影 T1 強調像でわずかに増強される病変が，脊髄の左側に限局して認められる（矢印）。

❖コメント❖

本症例は突然の起立不能を主訴として，発症3日後に本院を受診した。元気，食欲はあり，症状の進行や疼痛は認められないとのことであった。血液検査や身体検査に異常はなく，神経学的検査において左側のみの前後肢不全麻痺が確認された。頸部の単純X線検査を行ったが，異常は認められなかった。以上のことから，頸部脊髄病変を疑い，MRI検査を実施した。その結果，矢状断像（写真25-1）において第3頸椎から第4頸椎レベルの脊髄1分節に限局した病変を認め，本病変は横断像（写真25-2）でも片側に限局していたことから，線維軟骨塞栓症と診断した。

脊髄梗塞は，脊髄に分布する血管の塞栓により起こる，急性の虚血性神経障害である。犬の脊髄梗塞のうち最も発生の多いものは，線維軟骨塞栓症とされる。線維軟骨塞栓症は，椎間板の髄核（線維軟骨）による脊髄血管の梗塞であるが，線維軟骨が血管内に侵入するメカニズムについては解明されていない。脊髄の血管系は脊髄分節ごとに分布するため，梗塞により生じる病巣は1分節領域に限局する。また，脊髄の血管支配は左右で対となっており，通常，塞栓が起こるのはどちらか一方のみである。そのため，麻痺の程度には極端な左右差が生じることが多い。その他，典型的な症状として，椎間板ヘルニアにみられるような強い痛みを伴わないこと，発症から24時間以降は非進行性であることが挙げられる。神経異常の発現部位と重症度は，梗塞の部位と程度に依存してさまざまであるが，多くは無治療で回復し，予後は比較的良好である。確定診断には組織検査が必須であるが，生前の生検実施は困難なため，画像検査や症状から診断を行う必要がある。

各種画像検査のうち単純X線検査は，軟部組織分解能が低く，また，骨に囲まれた領域の診断が不可能であることから，脊髄病変の評価には適さない。しかしながら，椎体の病変（奇形，外傷，腫瘍，変性，炎症など）に付随して起こる神経異常の可能性を除外するためのスクリーニング検査としては有用である。また，CT検査は，断層像であるという点で単純X線検査よりも高感度に椎体の病変を検出することができるが，単純X線検査と同様，軟部組織の分解能に劣ること，さらには骨に囲まれた領域の診断に適さないことから，脊髄自体の病変の評価は不能である。X線脊髄造影検査や脊髄造影CT検査は，クモ膜下腔の狭小化から髄内腫脹が診断可能であるが，腫脹の原因までは診断できない。一方，MRI検査は，任意方向の断層像の撮影が可能であり，また，軟部組織分解能に優れているため，脊髄梗塞を示唆する病変の限局性や信号強度の変化を可視化することができる。また，脊髄炎や脊髄腫瘍，椎間板ヘルニアなど，他の脊髄疾患の診断率も高いため，類症鑑別に役立つ。

以上より，線維軟骨塞栓症は，MRIの所見と，他疾患の除外，ならびに典型的な臨床所見を併せることにより，予測診断が可能である。

26. 犬の脊髄軟化症

症　例：ミニチュア・ダックスフンド，雄，6 歳。
主　訴：急性発症の両後肢麻痺。
神経学的検査：両後肢の上位運動ニューロン徴候，深部痛覚消失。

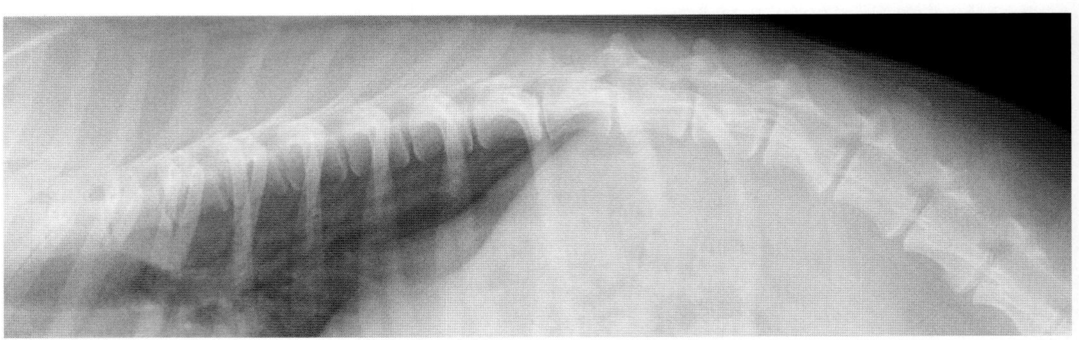

写真 26-1　胸腰椎単純 X 線ラテラル像
腹弯以外に，異常所見は認められない。

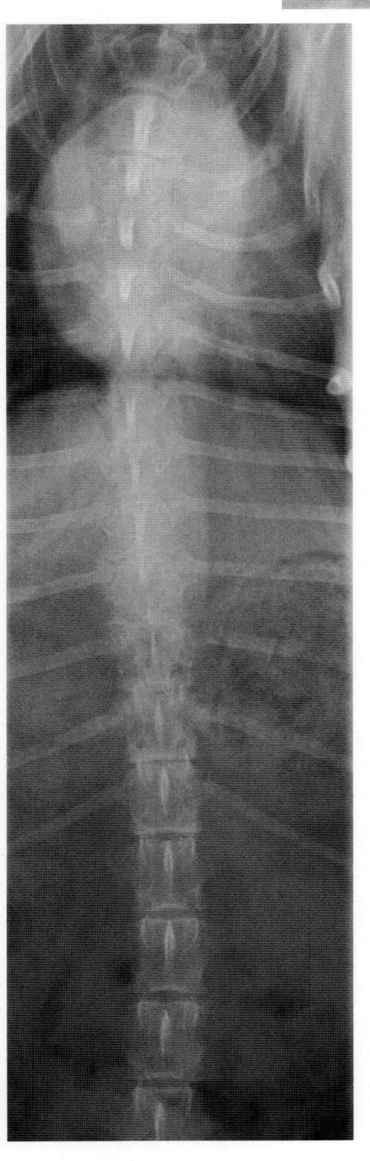

写真 26-2　胸腰椎単純 X 線 VD 像
側弯以外に，異常所見は認められない。

A

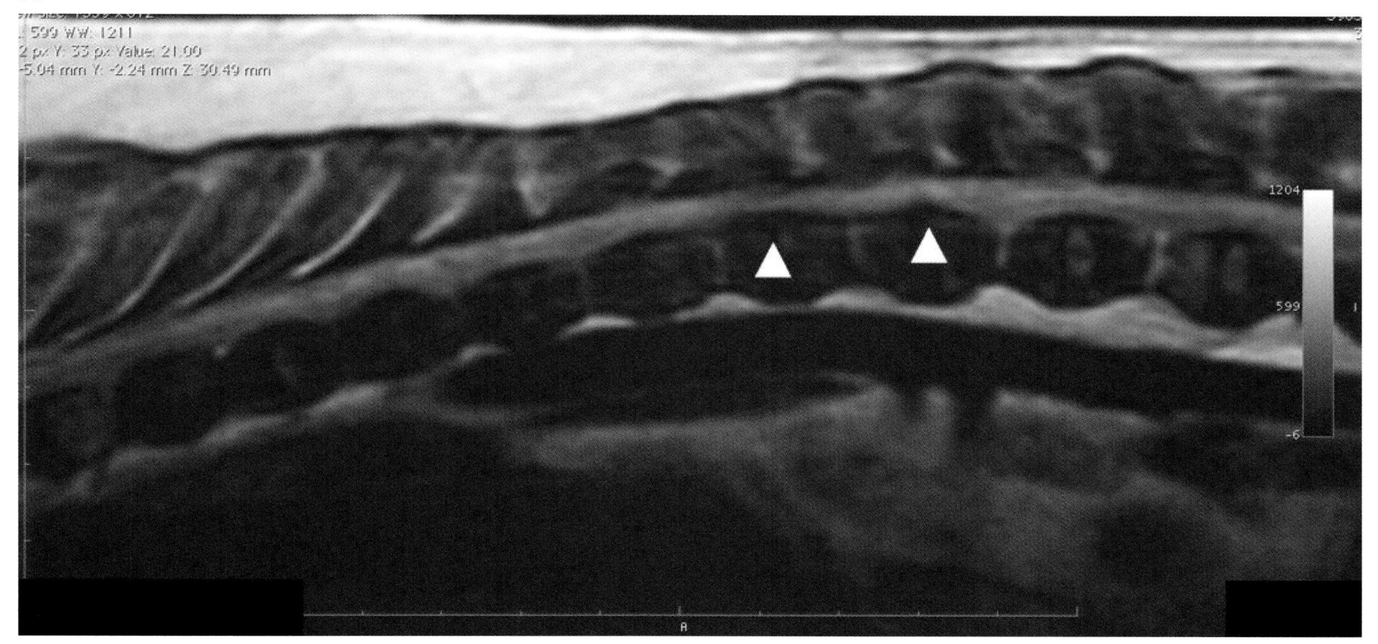

B

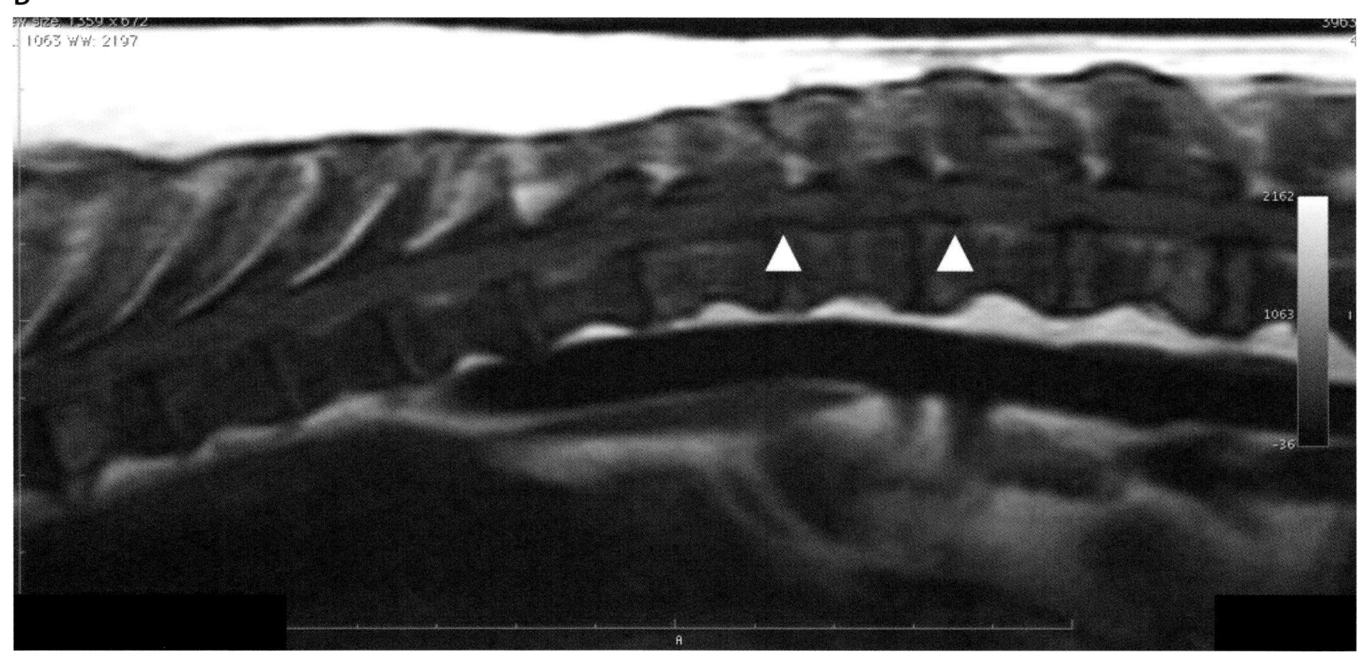

写真 26-3　胸腰部 MRI 矢状断像（A：T2 強調像，B：T1 強調像）
T2，T1 強調像ともに低信号を示す椎間板物質が，平坦で広範囲に逸脱しており，脊髄を圧迫している（矢頭）。脊髄自体は全体的に，T2 強調像で高信号，T1 強調像で等信号として認められる。

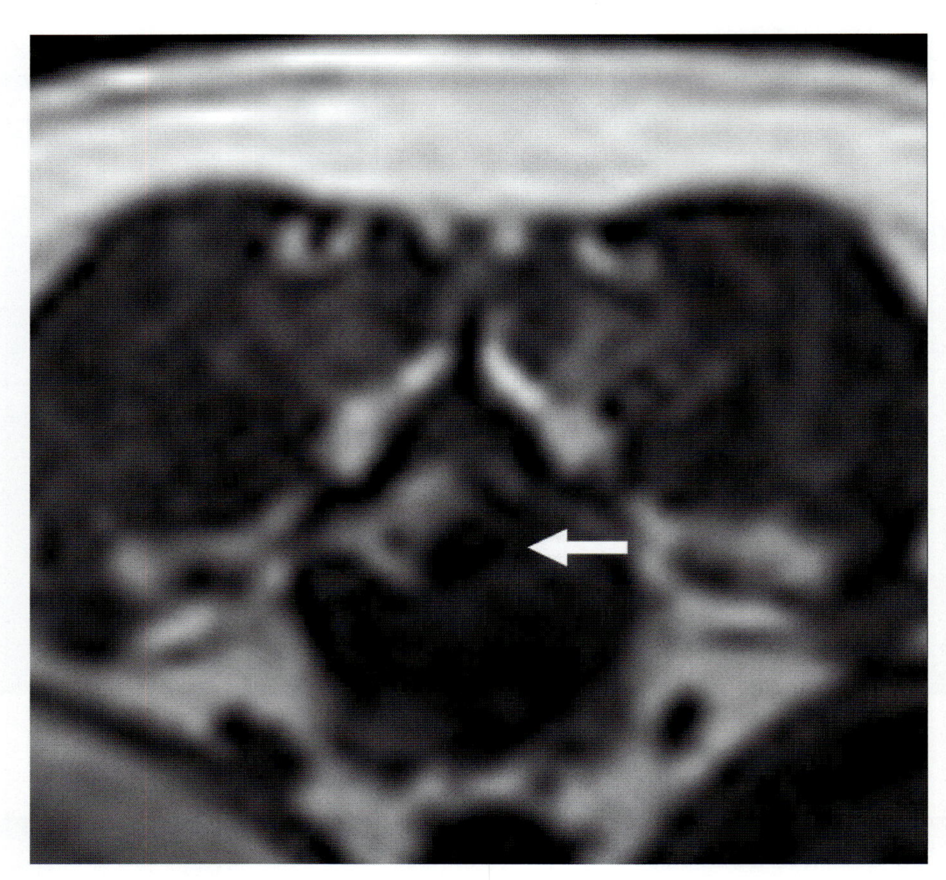

写真 26-4　胸腰部 MRI 横断像（T2 強調像）
左側下方から上方にかけて，低信号の逸脱した椎間板物質により，脊髄が右側から圧迫されている（矢印）。

❖コメント❖

本症例は，神経学的検査ならびに MRI 検査から，椎間板ヘルニアグレードⅤと診断された。椎間板ヘルニアは症状から，グレードⅠ～Ⅴに分けられる。グレードⅠは，痛みのみで，神経学的な異常が認められない。グレードⅡは，歩行可能な不全麻痺で，グレードⅢは，歩行不可能な不全麻痺とされる。また，グレードⅣは，蓄尿または尿漏れ，浅部痛覚の消失が観察され，グレードⅤでは，深部痛覚の消失が認められる。特に，グレードⅤの症例では，約 9 ～ 11% で進行性脊髄軟化症が発症すると報告されている。

進行性脊髄軟化症とは，髄核突出によって，重度の脊髄損傷が生じ，脊髄自体が，出血性もしくは虚血性壊死（脊髄軟化）を起こす状態である。さらに，脊髄軟化は，脊髄損傷後 72 時間以上かけて，損傷部位から，脊髄の神経線維に沿って頭尾方向両者に進行する。頭側方向への脊髄軟化の進行は，体幹皮筋反射消失点の頭側移動，神経障害の前肢への波及，両眼のホルネル症候群などが認められる。一方，尾側方向への脊髄軟化では，後肢の神経障害が上位運動ニューロン徴候から，下位運動ニューロン徴候へ移行する。そして，最終的には，呼吸筋麻痺が生じ，死亡する。脊髄軟化症の MRI 像では，脊髄が T2 強調像で高信号，T1 強調像で等信号に描出される。Funkquist は，髄核が局所で塊状突出したものをタイプ 1，髄核が限局して突出することなく，数椎体上に広がったものをタイプ 3，タイプ 1 とタイプ 3 の中間的な髄核突出のものをタイプ 2 と分類し，随意運動が消失した椎間板ヘルニア 67 頭を検討した。その結果，進行性脊髄軟化症の発症率が，タイプ 1 では 0/19（0%），タイプ 2 では 1/5（20%），タイプ 3 では 20/43（47%）であったと報告している。このことは，タイプ 1 で認められる限局的な重度脊髄圧迫より，圧迫の程度は軽いが広範囲に及ぶタイプ 3 の方が，進行性脊髄軟化症の発症率が高いことを示唆している。

本症例は，急性発症でグレードⅤに進行しており，MRI 所見で Funkquist タイプ 3 に分類される髄核の逸脱，さらに脊髄実質内に変性を疑わせる所見が認められたことから，進行性脊髄軟化症を併発している可能性が高いと判断された。飼い主との協議の上，片側椎弓切除術を実施したが（写真 26-3），術後 4 日後に呼吸困難により死亡した。

参考文献

1）Funkquist,B.（1968）：*Acta. Vet. Scand.* 3, 256-274.

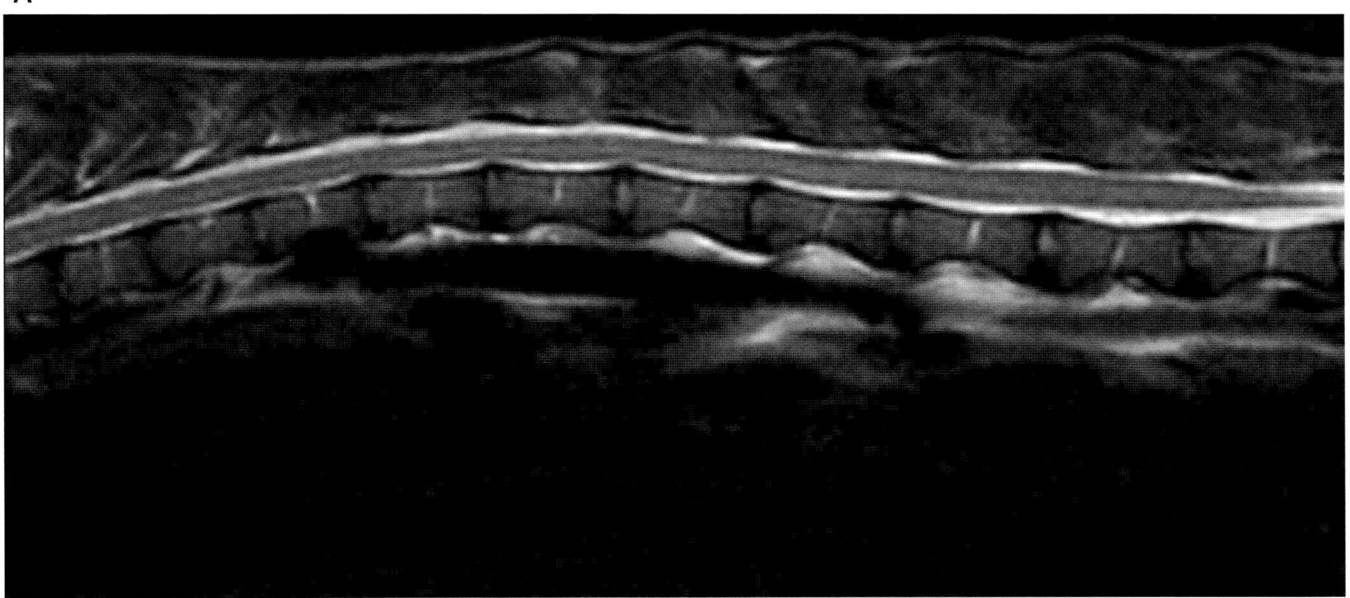

B

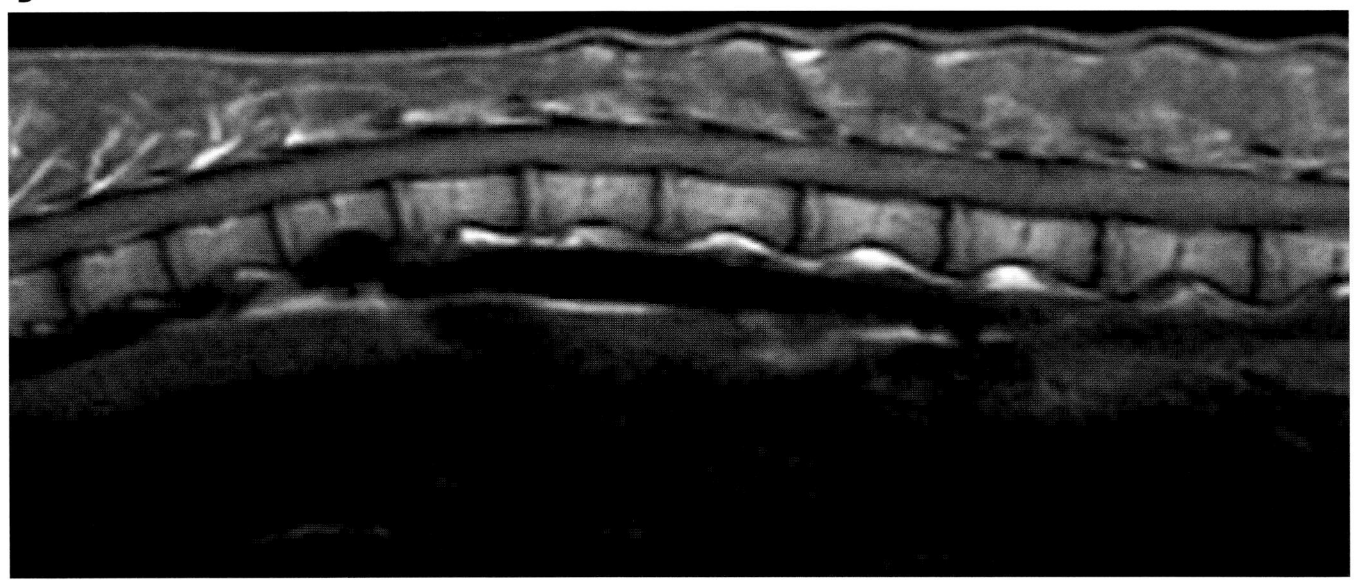

コメント写真 26-1　正常犬の胸腰部 MRI 矢状断像（A：T2 強調像，B：T1 強調像）
脊髄の信号強度が症例と大きく異なることに注目。

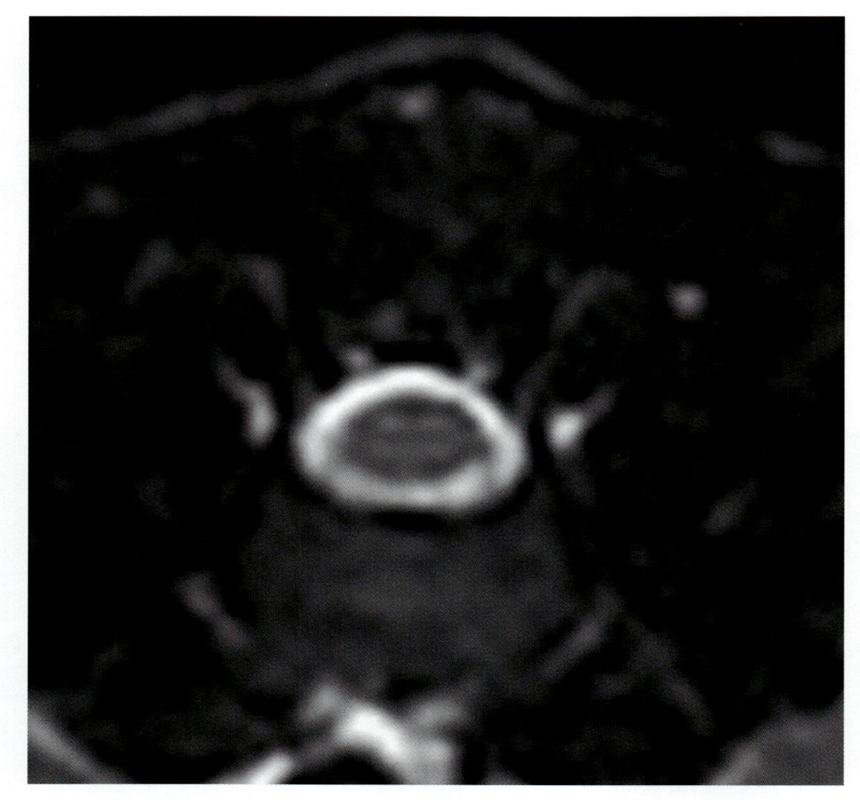

コメント写真 26-2　正常犬の胸腰部 MRI 横断像（T2 強調像）

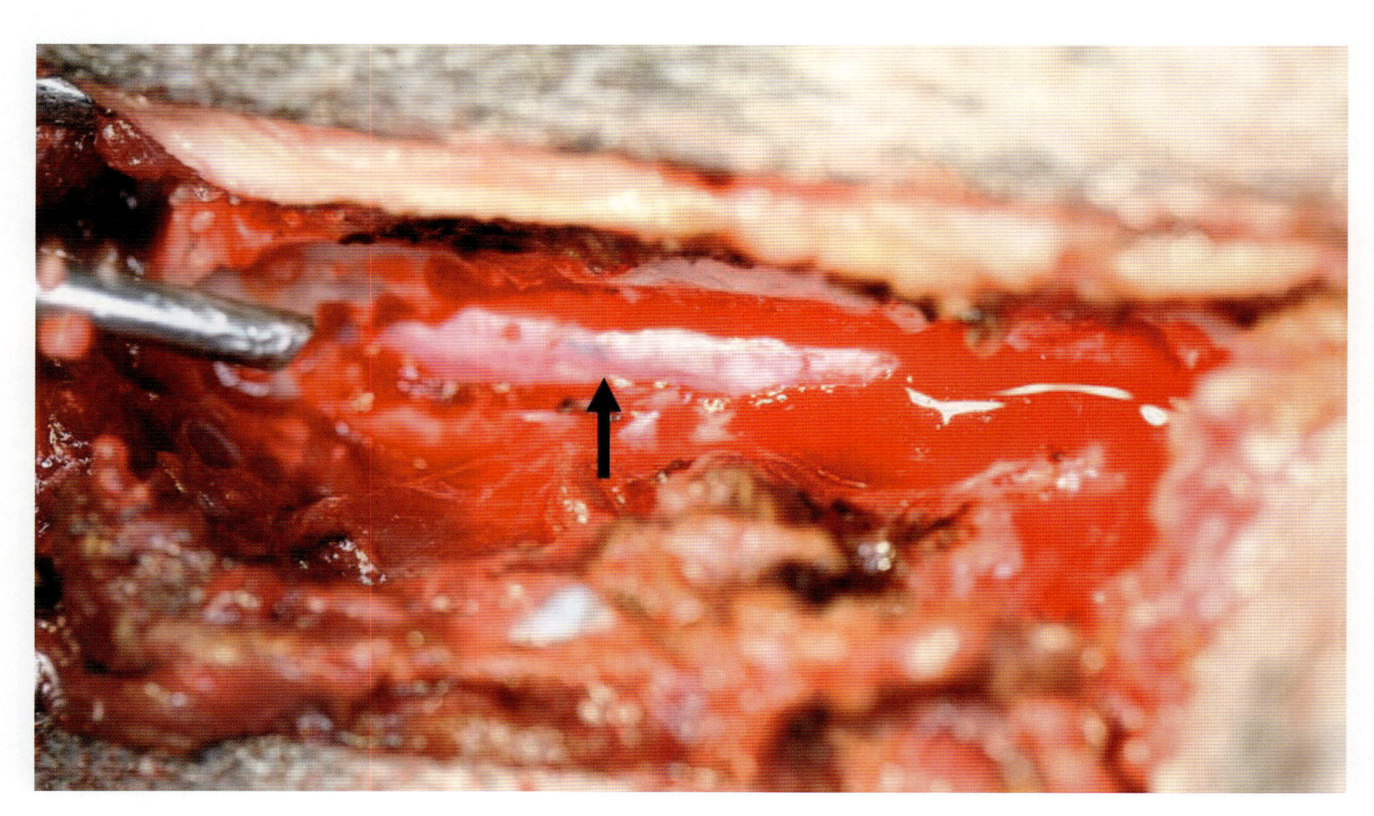

コメント写真 26-3　症例犬の外科手術所見
片側椎弓切除術を行った際の肉眼的所見。脊髄が薄紫色に変色している（矢印）。

27. 犬のクモ膜嚢胞

症　例：シー・ズー，雄，1歳6か月。

主　訴：3か月前に気付き，徐々に悪化している後肢のふらつき。

一般身体検査ならびに神経学的検査：上位運動神経徴候を示す，歩行可能な後肢の不全麻痺。

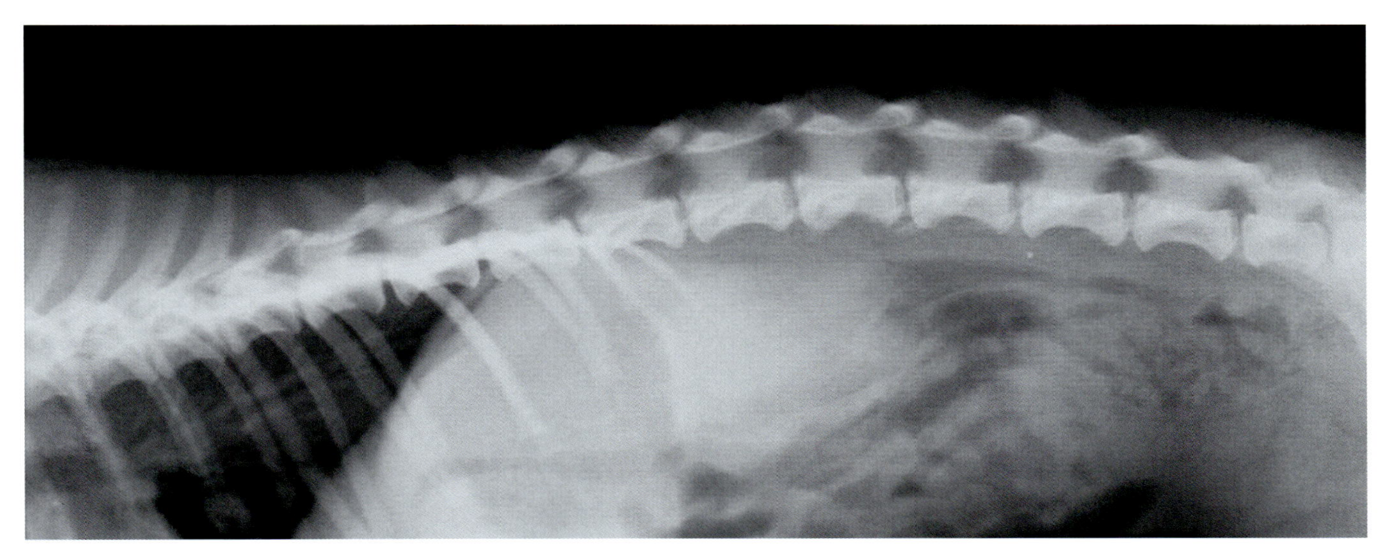

写真 27-1　単純X線ラテラル像
脊柱に異常所見は認められない。

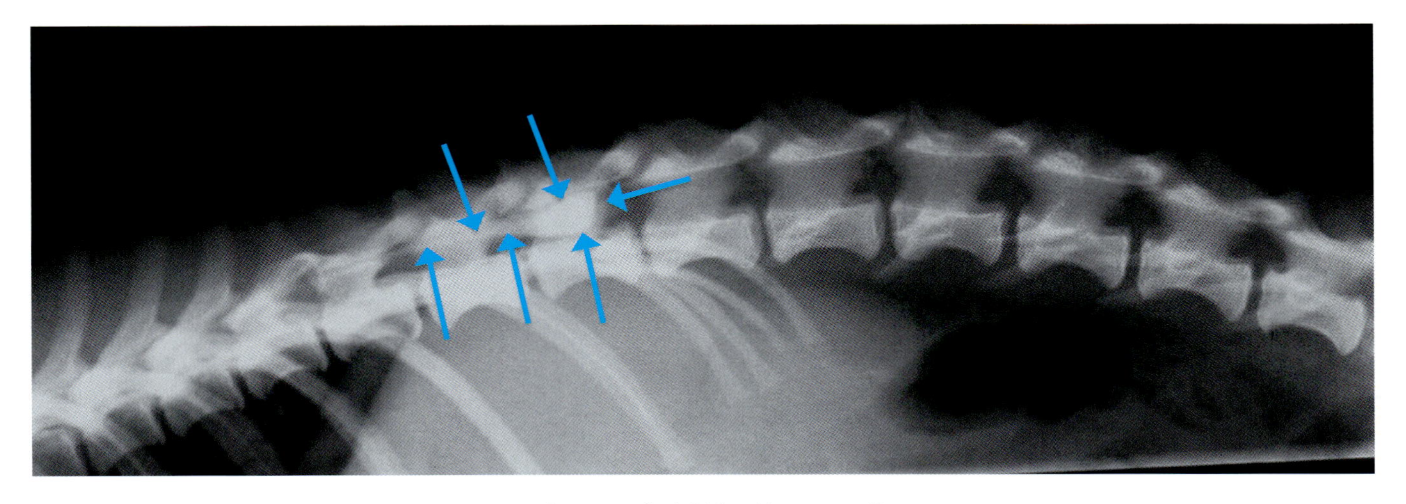

写真 27-2　脊髄造影X線ラテラル像
第11胸椎（T11）まで背側クモ膜下腔の幅は正常に観察されるが，正常な背側クモ膜下腔に連続して第12胸椎（T12）から第13胸椎（T13）にかけては尾側に向かい膨隆している（青色矢印）。この所見は，涙滴状陰影（tear drop sign）と呼ばれ，クモ膜嚢胞に特徴的な所見である。

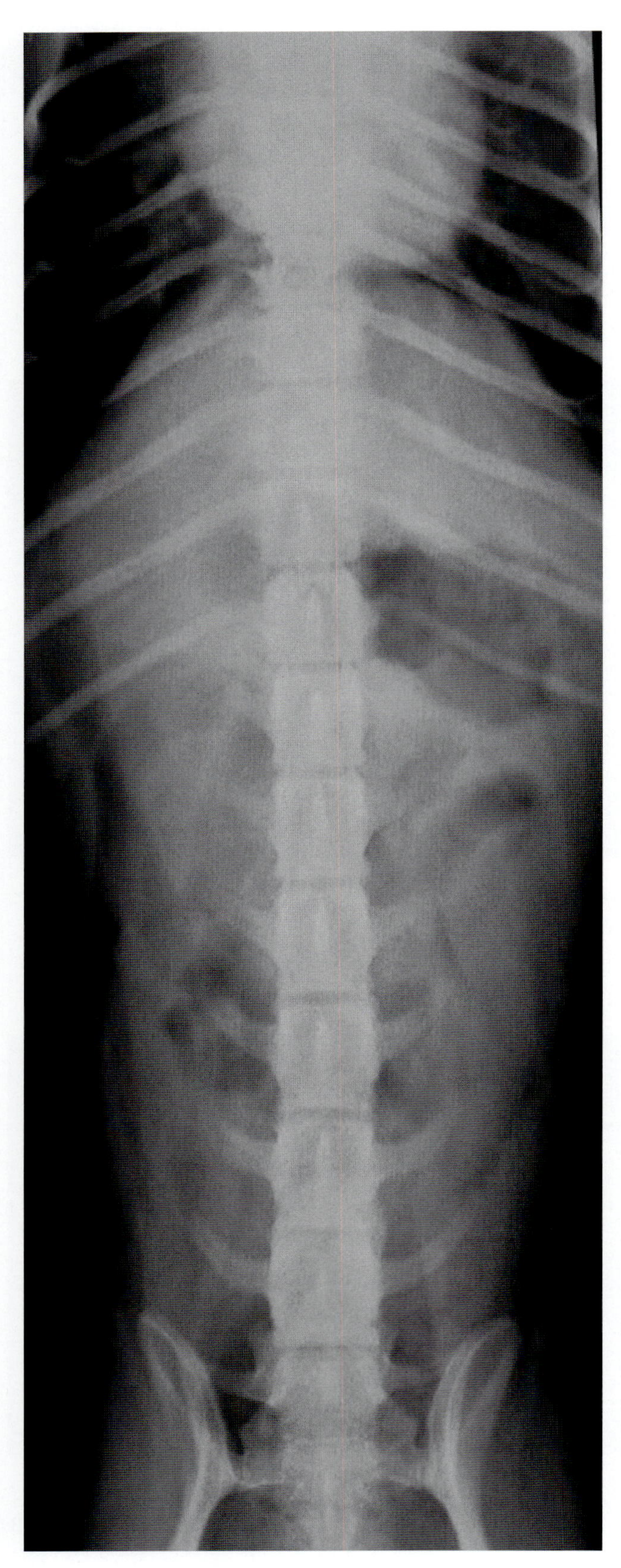

写真 27-3　単純 X 線 VD 像
脊柱に異常所見は認められない。

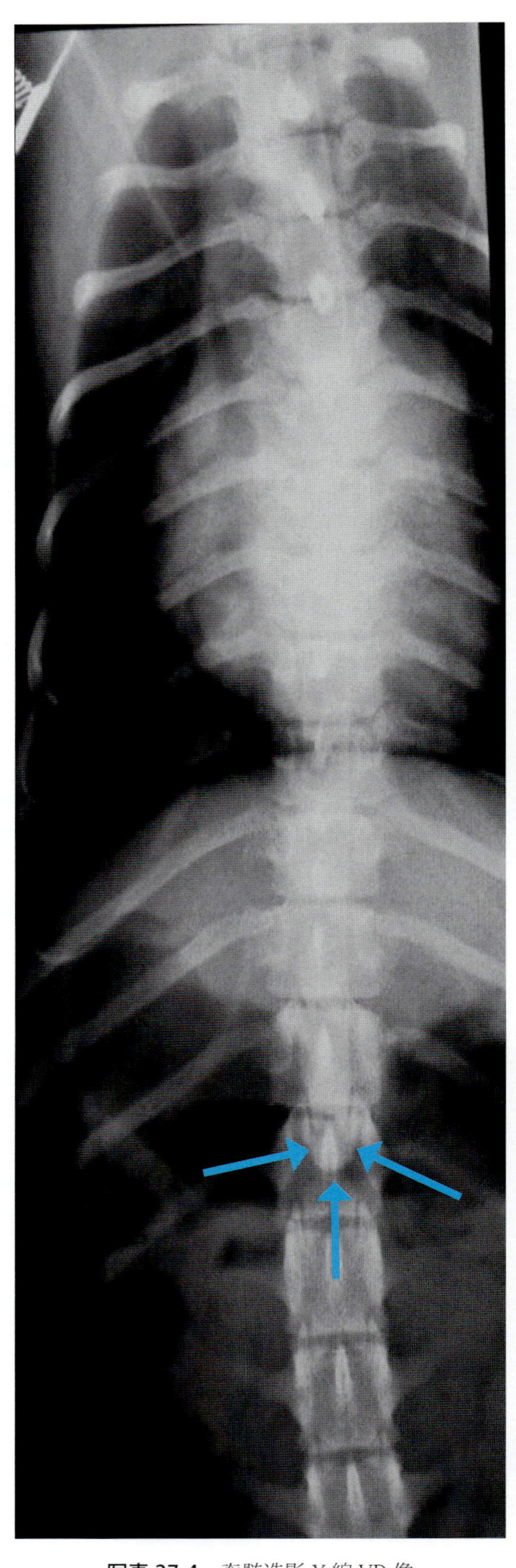

写真 27-4　脊髄造影 X 線 VD 像
第 13 胸椎（T13）中央部で，U 字状にクモ膜下腔の造影剤貯留が観察される（青色矢印）。

❖コメント❖

囊胞とは病理学的に，腺組織に形成される液体を貯留した病変で，囊胞壁は上皮細胞で内張されている。クモ膜囊胞は，背側のクモ膜下腔が球根状あるいは涙滴状に拡張して，直下の脊髄は狭小化する。内部には脳脊髄液（CSF）が貯留しているが，壁は腺組織ではなくクモ膜で，上皮細胞で内張りされてもいない。したがって，真の囊胞ではなく，クモ膜偽囊胞とも呼ばれる。通常，大型犬では第2-3頸椎間，小～中型犬では第8-10胸椎間，猫では胸腰部に発生することが多い。若齢の雄に認められる傾向にあるが，病因は不明である。遺伝性，炎症性，外傷といった要因が考慮され，おそらくCSFの異常によりクモ膜炎が生じ，癒着する可能性が示唆されている。画像上は，クモ膜から連続する涙滴状陰影が特徴的であり，MRIでも診断可能であるが，脊髄造影の方が明瞭に描出される。クモ膜囊胞は，背側，側方，腹側どこにも生じ，頭側方向を向く場合もあれば，本症例のように尾側方向を向く場合もある。治療は，椎弓切除と病変部クモ膜の切開を行い，切開した囊胞部クモ膜と周囲筋組織を縫合する。

28. 犬の硬膜内 / 髄外腫瘤（線維性髄膜腫）

症　例：シェットランド・シープドッグ，雄，11 歳 4 か月。

主　訴：3 か月前からの頸部の疼痛，右前後肢の不全麻痺。

神経学的検査：右前後肢の姿勢反応の低下ならびに UMN（上位運動ニューロン）サイン。脳神経検査では異常所見なし。

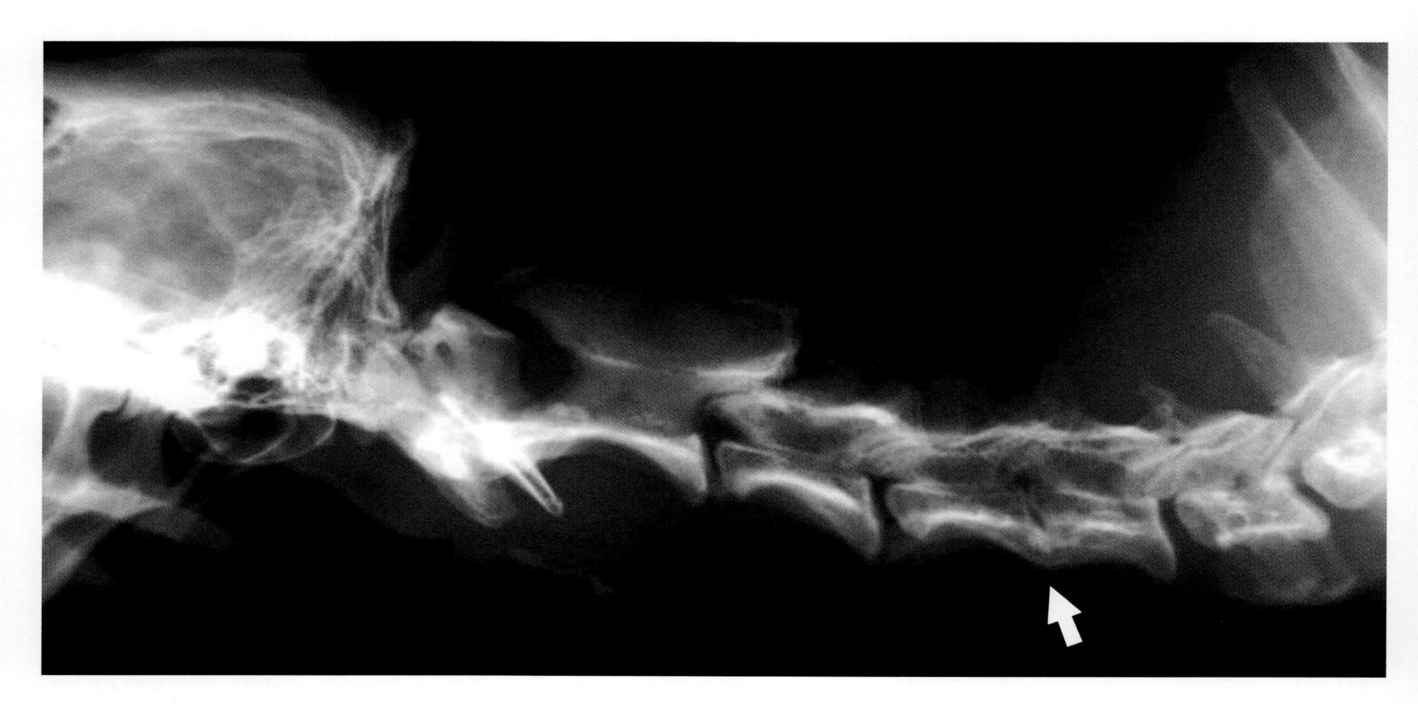

写真 28-1　単純 X 線ラテラル像
第 4-5 頸椎間（C4-5）の椎間板腔に著しい狭窄が認められる（矢印）。

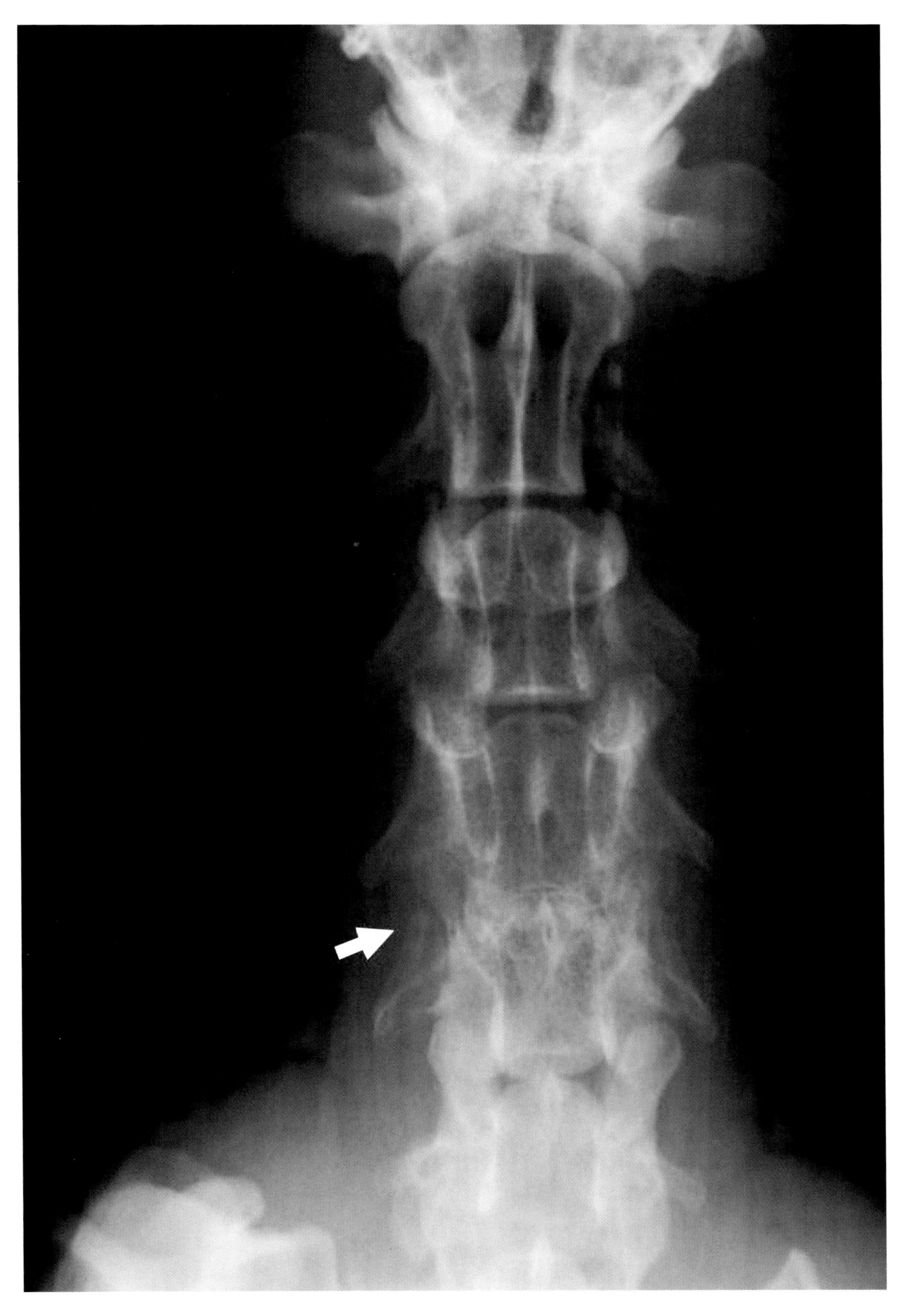

写真 28-2 単純 X 線 VD 像
写真 28-1 と同様，第 4-5 頸椎（C4-5）椎間板腔の狭窄が認められる（矢印）。

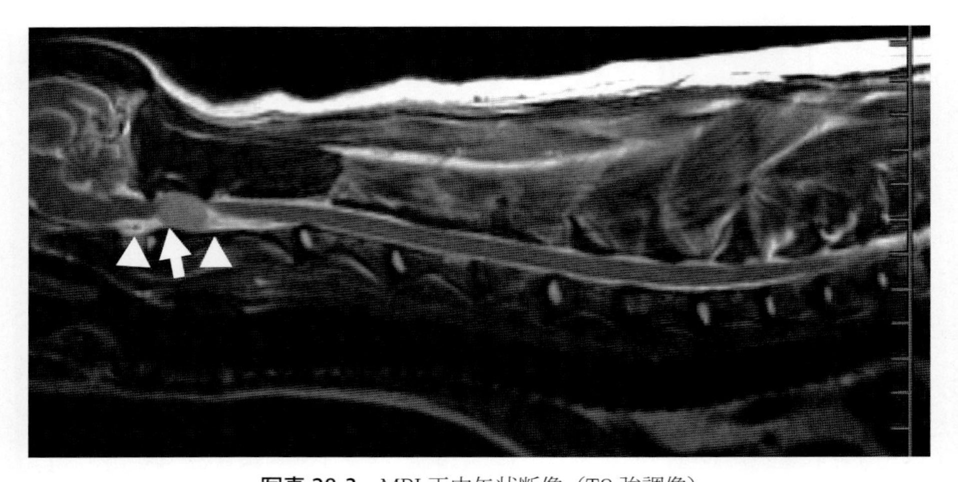

写真 28-3　MRI 正中矢状断像（T2 強調像）
第 1-2 頸椎間（C1-2）の脊柱管内に高信号の境界明瞭な腫瘤塊が認められ（矢印），腫瘤の頭側ならびに尾側方向に三角形の高信号領域が認められる（矢頭）。

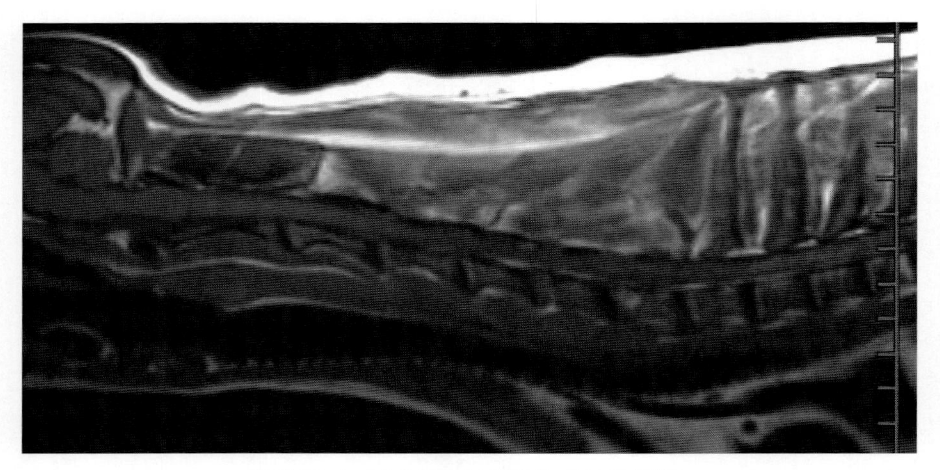

写真 28-4　MRI 正中矢状断像（T1 強調像）
T1 強調像では腫瘤病変が等信号で観察される。また，腫瘤の頭尾側で T2 強調像（写真 28-3）において高信号に観察された部位は，低信号である。

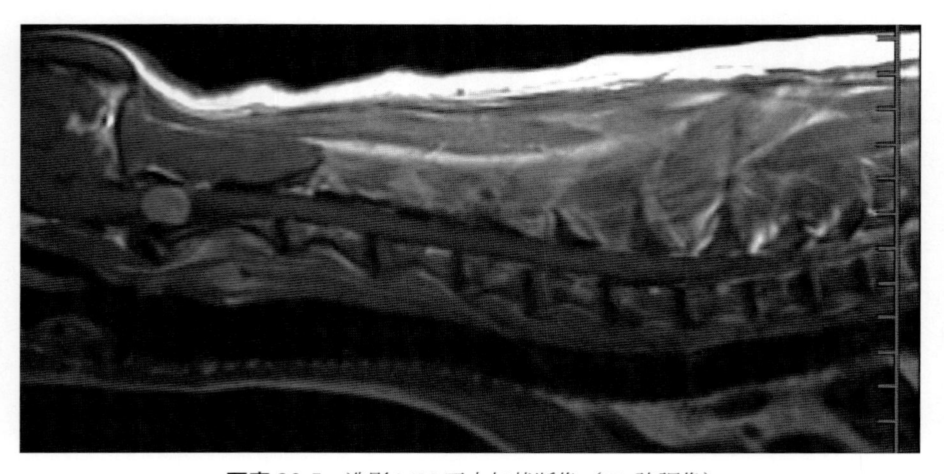

写真 28-5　造影 MRI 正中矢状断像（T1 強調像）
写真 28-3, 4 で確認された腫瘤は，静脈内に投与された造影剤によって均一に増強されている。

❖コメント❖

嚢胞とは病理学的に，腺組織に形成される液体を貯留した病変で，嚢胞壁は上皮細胞で内張されている。クモ膜嚢胞は，背側のクモ膜下腔が球根状あるいは涙滴状に拡張して，直下の脊髄は狭小化する。内部には脳脊髄液（CSF）が貯留しているが，壁は腺組織ではなくクモ膜で，上皮細胞で内張りされてもいない。したがって，真の嚢胞ではなく，クモ膜偽嚢胞とも呼ばれる。通常，大型犬では第2-3頸椎間，小～中型犬では第8-10胸椎間，猫では胸腰部に発生することが多い。若齢の雄に認められる傾向にあるが，病因は不明である。遺伝性，炎症性，外傷といった要因が考慮され，おそらくCSFの異常によりクモ膜炎が生じ，癒着する可能性が示唆されている。画像上は，クモ膜から連続する涙滴状陰影が特徴的であり，MRIでも診断可能であるが，脊髄造影の方が明瞭に描出される。クモ膜嚢胞は，背側，側方，腹側どこにも生じ，頭側方向を向く場合もあれば，本症例のように尾側方向を向く場合もある。治療は，椎弓切除と病変部クモ膜の切開を行い，切開した嚢胞部クモ膜と周囲筋組織を縫合する。

28. 犬の硬膜内 / 髄外腫瘤（線維性髄膜腫）

症　例：シェットランド・シープドッグ，雄，11 歳 4 か月。

主　訴：3 か月前からの頸部の疼痛，右前後肢の不全麻痺。

神経学的検査：右前後肢の姿勢反応の低下ならびに UMN（上位運動ニューロン）サイン。脳神経検査では異常所見なし。

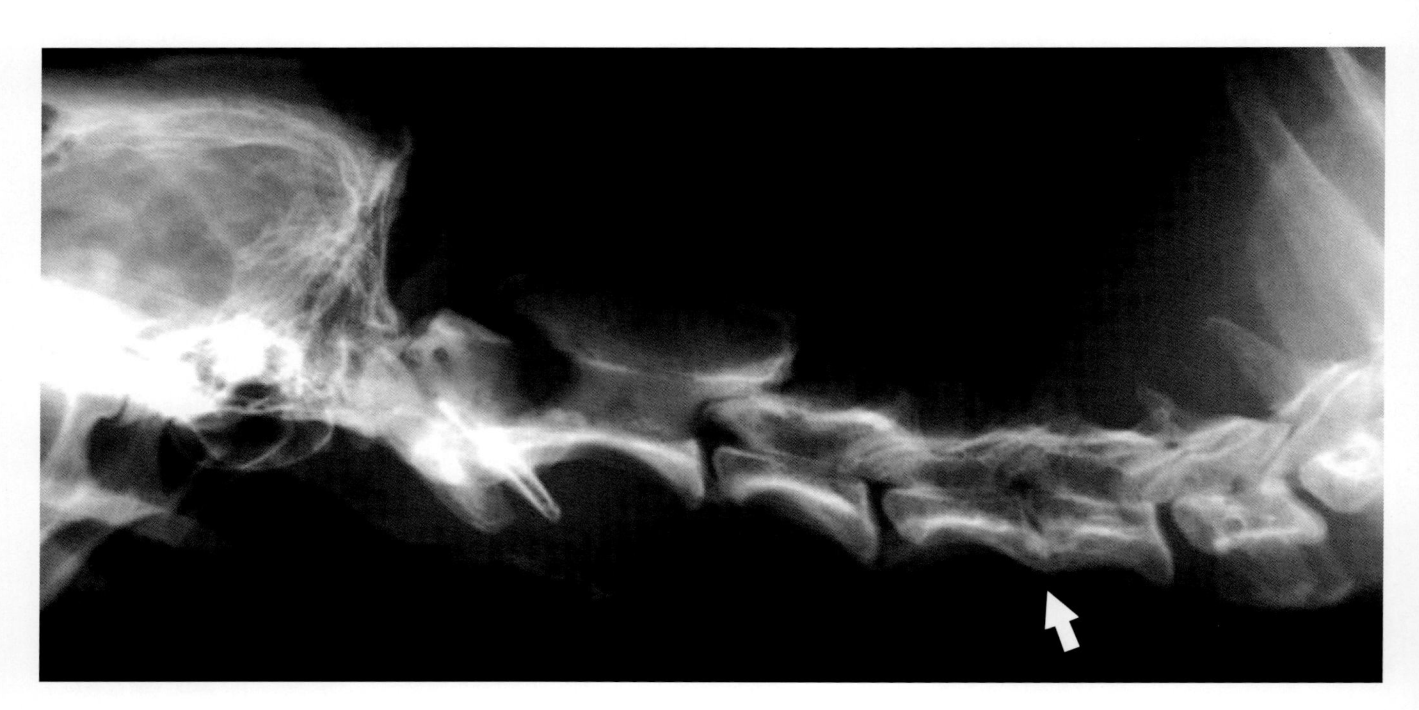

写真 28-1　単純 X 線ラテラル像
第 4-5 頸椎間（C4-5）の椎間板腔に著しい狭窄が認められる（矢印）。

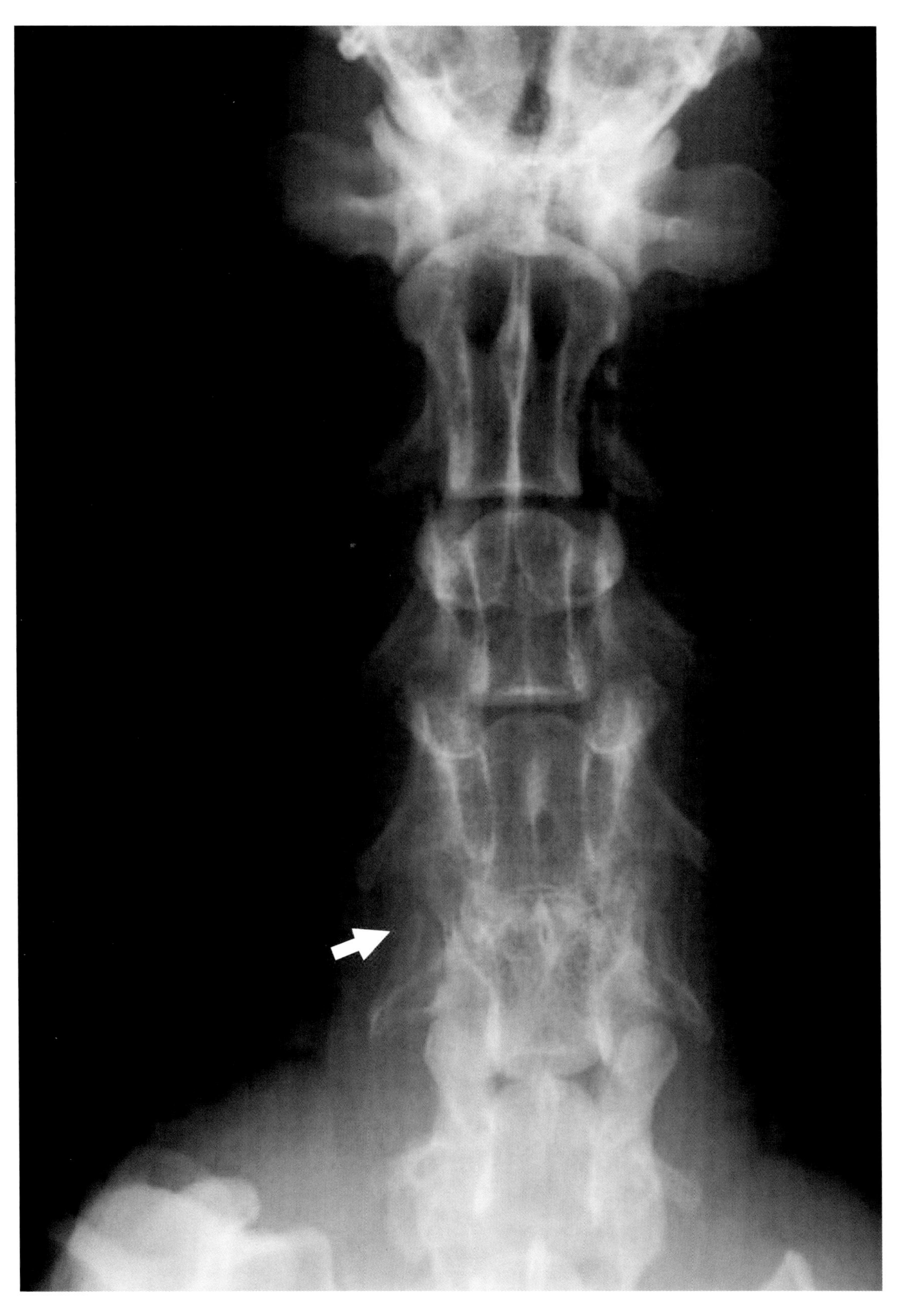

写真 28-2 単純X線 VD 像
写真 28-1 と同様，第 4-5 頸椎（C4-5）椎間板腔の狭窄が認められる（矢印）。

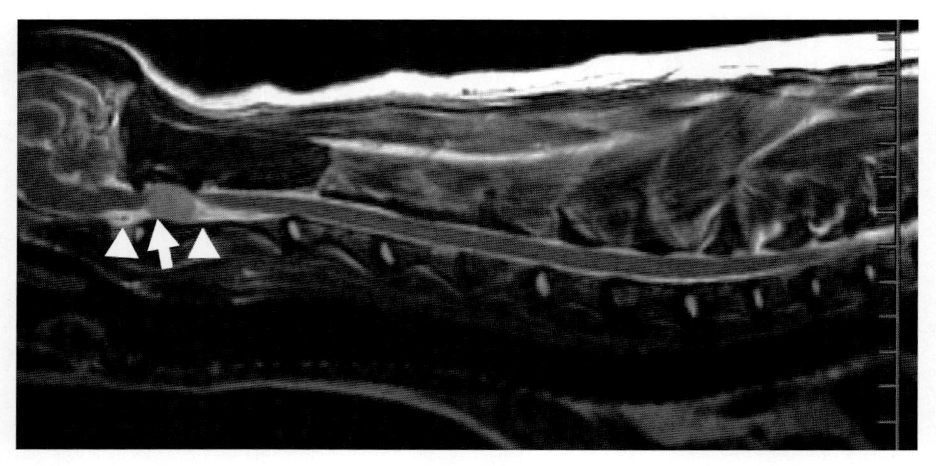

写真 28-3　MRI 正中矢状断像（T2 強調像）
第 1-2 頸椎間（C1-2）の脊柱管内に高信号の境界明瞭な腫瘤塊が認められ（矢印），腫瘤の頭側ならびに尾側方向に三角形の高信号領域が認められる（矢頭）。

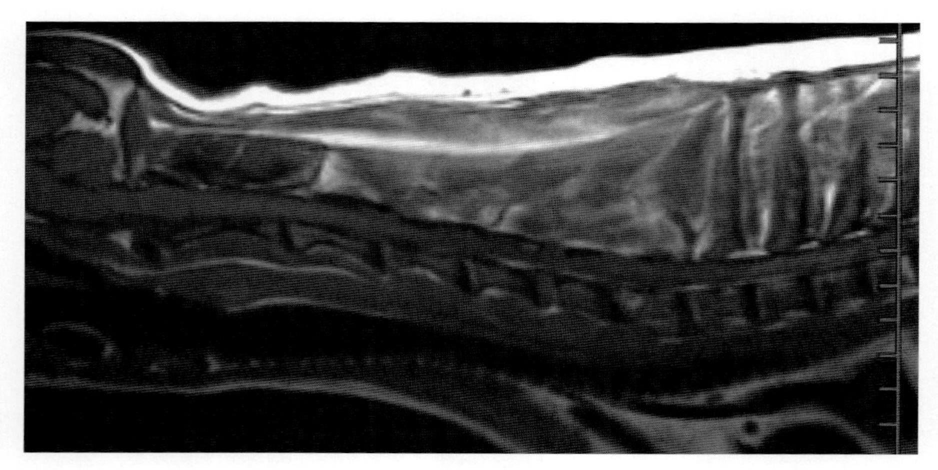

写真 28-4　MRI 正中矢状断像（T1 強調像）
T1 強調像では腫瘤病変が等信号で観察される。また，腫瘤の頭尾側で T2 強調像（写真 28-3）において高信号に観察された部位は，低信号である。

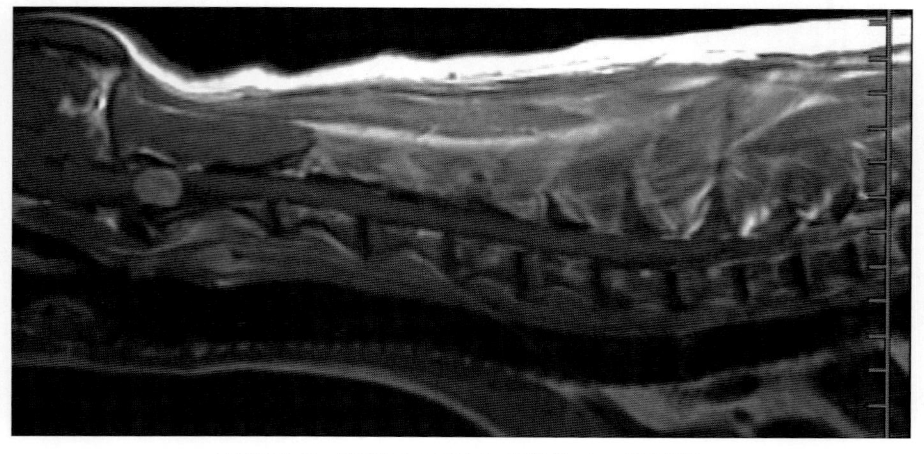

写真 28-5　造影 MRI 正中矢状断像（T1 強調像）
写真 28-3，4 で確認された腫瘤は，静脈内に投与された造影剤によって均一に増強されている。

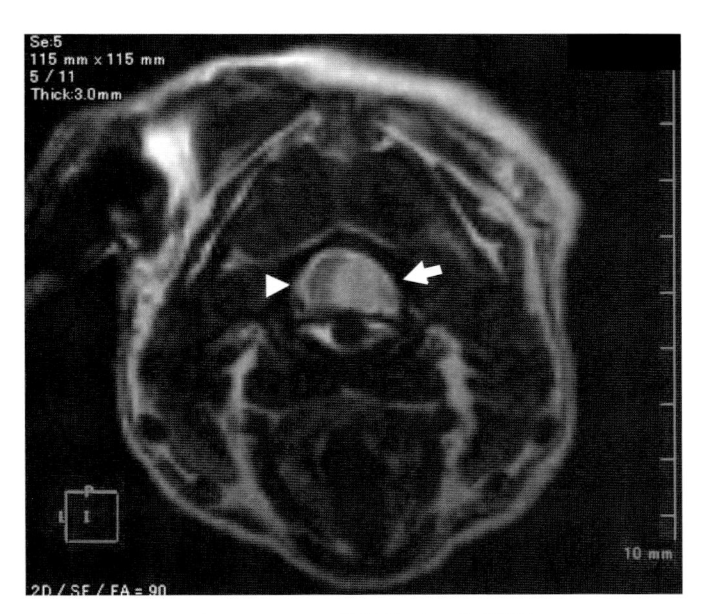

写真 28-6 MRI 横断像（T2 強調像）
第 1-2 頸椎間（C1-2）の脊柱管内に高信号の境界明瞭な腫瘤塊（矢印）が認められ，脊髄（矢頭）を左方に強く圧迫している。

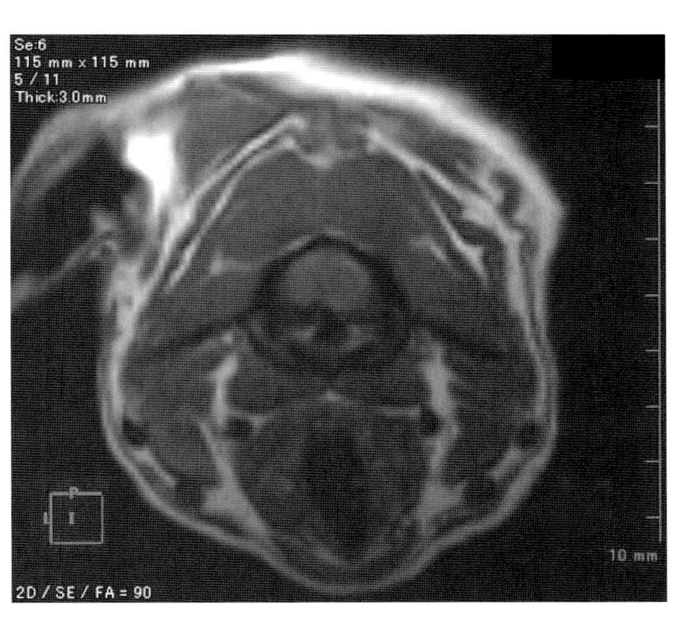

写真 28-7 MRI 横断像（T1 強調像）
第 1-2 頸椎間（C1-2）の脊柱管内に脊髄と等信号の腫瘤病変が認められる。

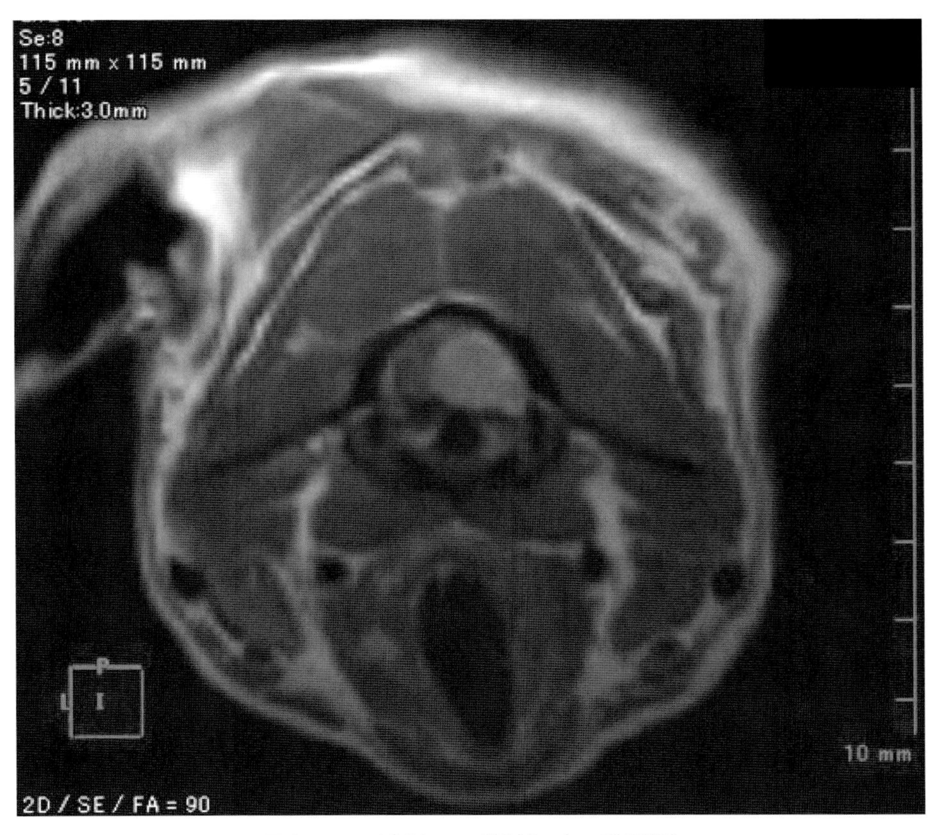

写真 28-8 造影 MRI 横断像（T1 強調像）
写真 28-6，7 で確認された腫瘤は，造影剤によって境界明瞭に均一に増強され，脊髄を左方に強く圧迫している。

❖コメント❖

本症例はT2強調像（写真28-3，6）で高信号，T1強調像（写真28-4，7）で等信号の腫瘤が観察された。正常な神経組織は脳脊髄関門を有するため，静脈内に投与された造影剤によって増強されないのが一般的であるが，腫瘍組織では脳脊髄関門が認められないため，T1強調像において増強される。本症例で，T2ならびにT1強調像で認められた腫瘤は，造影T1強調像（写真28-5，8）において増強が認められたことから，腫瘍が強く疑われる。また，腫瘍頭側ならびに尾側にはT2強調像にて高信号，T1強調像にて低信号で観察される三角形の領域が確認された。T2高信号/T1低信号のパターンは液体，炎症，浮腫などが考えられるが，腫瘍頭尾側に認められる三角形の部位は，脊柱管内で脊髄外であることからクモ膜下の脳脊髄液(CSF)と考えられる。この所見はゴルフのティーに類似していることからゴルフティーサイン(CSF cap sign)と呼ばれ，硬膜内/髄外腫瘍において観察される特徴的な所見である。

頸部に生じる硬膜内/髄外腫瘍の中で最も発生率の高い腫瘍は，髄膜腫ならびに神経鞘腫瘍であるが，造影T1強調横断像において神経根部の増強像が認められなかったことから，髄膜腫を強く疑い外科手術を実施した。摘出された腫瘤は病理組織学的検査によって線維性髄膜腫と診断された。

硬膜内/髄外腫瘍で観察されるゴルフティーサインは，MRIで特異的に認められる所見ではなく，X線による脊髄造影法においても得られる所見であり，同一の用語が使用されている。したがって，本症例はX線による脊髄造影検査のみでも診断が可能であったと考えられる。さらに，MRIの読影は非常に難解と思われがちであるが，診断の基本は解剖学や病理学に裏付けされるその他の画像検査と同様であることから，柔軟に考えることが重要である。

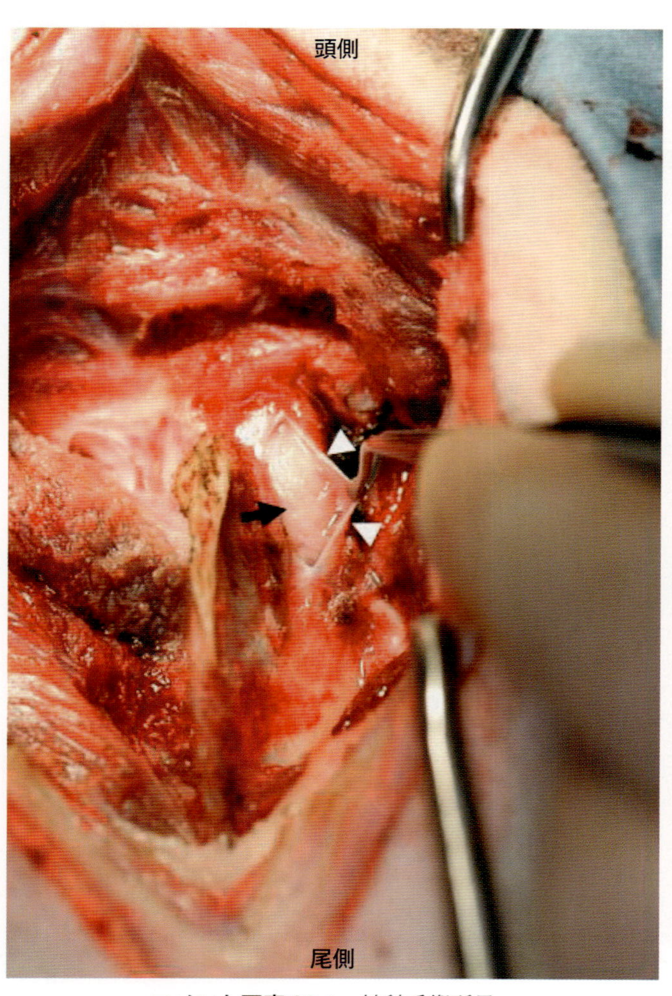

コメント写真28-1 外科手術所見
黒矢印：腫瘍，白矢頭：硬膜

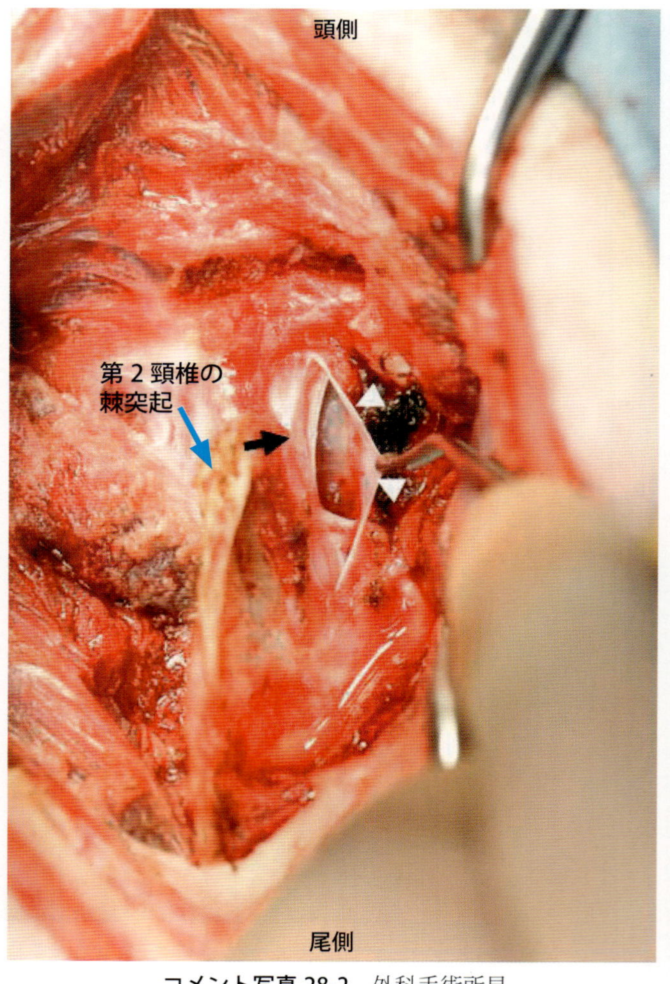

コメント写真28-2 外科手術所見
黒矢印：腫瘍摘出後に認められた脊髄，白矢頭：硬膜

29. 末梢神経腫瘍

症　例：ラブラドール・レトリーバー，雄，8 歳，体重 30kg。
主　訴：約半年前から左前肢跛行を示し，3 日前より起立不能な四肢不全麻痺になった。
一般身体検査：左前肢の筋萎縮を認め，左腋窩部に小児手拳大の腫瘤触知。
神経学的検査：姿勢反応…四肢すべてで消失。
脊髄反射…前肢下位運動ニューロン徴候，後肢上位運動ニューロン徴候。

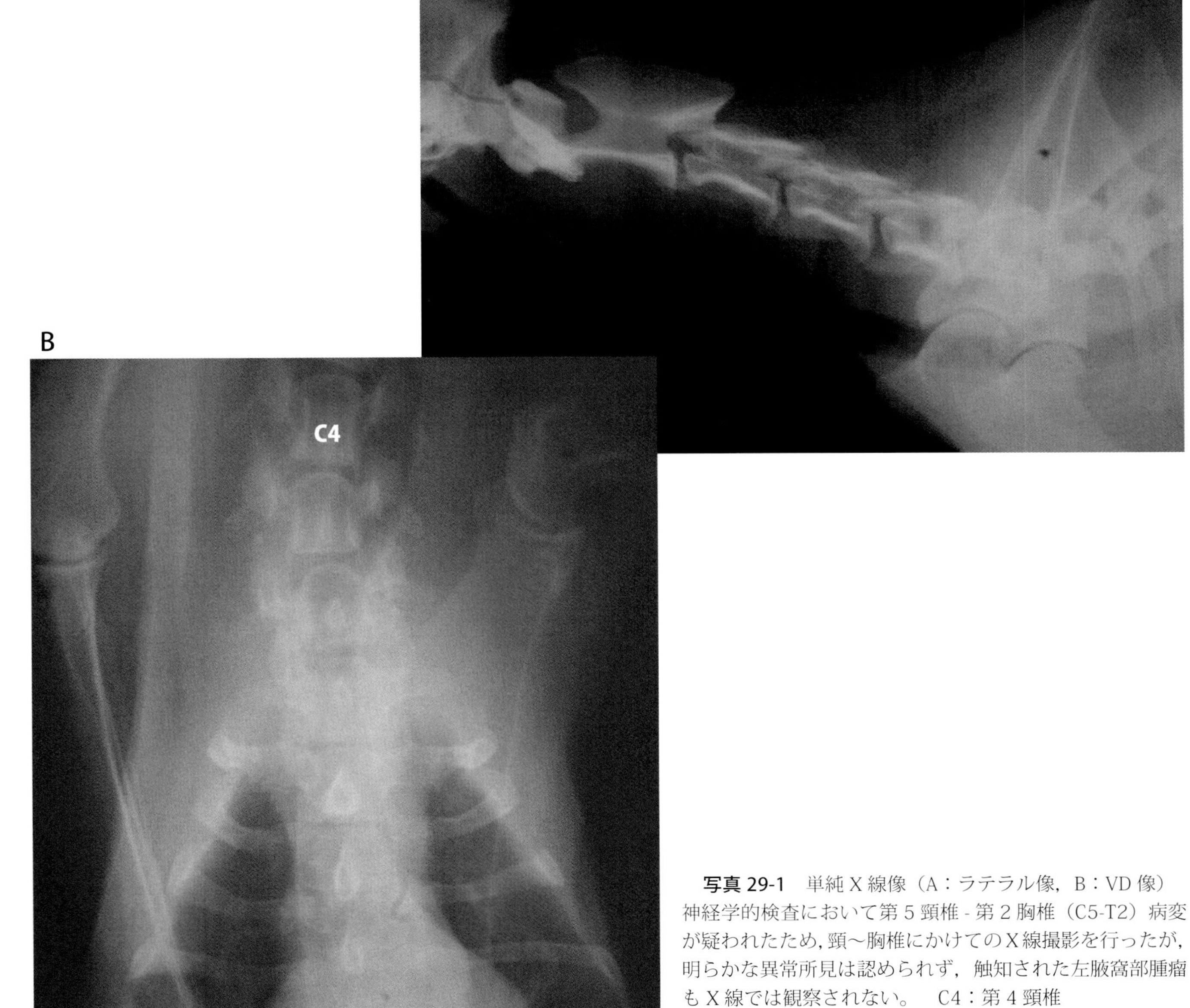

写真 29-1　単純 X 線像（A：ラテラル像，B：VD 像）
神経学的検査において第 5 頸椎 - 第 2 胸椎（C5-T2）病変が疑われたため，頸〜胸椎にかけての X 線撮影を行ったが，明らかな異常所見は認められず，触知された左腋窩部腫瘤も X 線では観察されない。　C4：第 4 頸椎

A
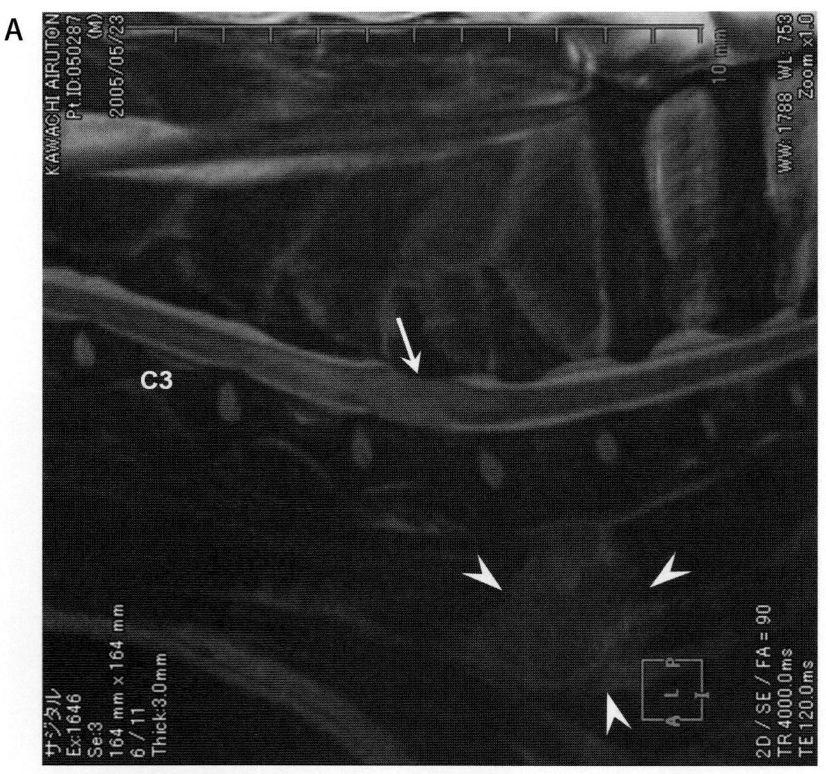

B
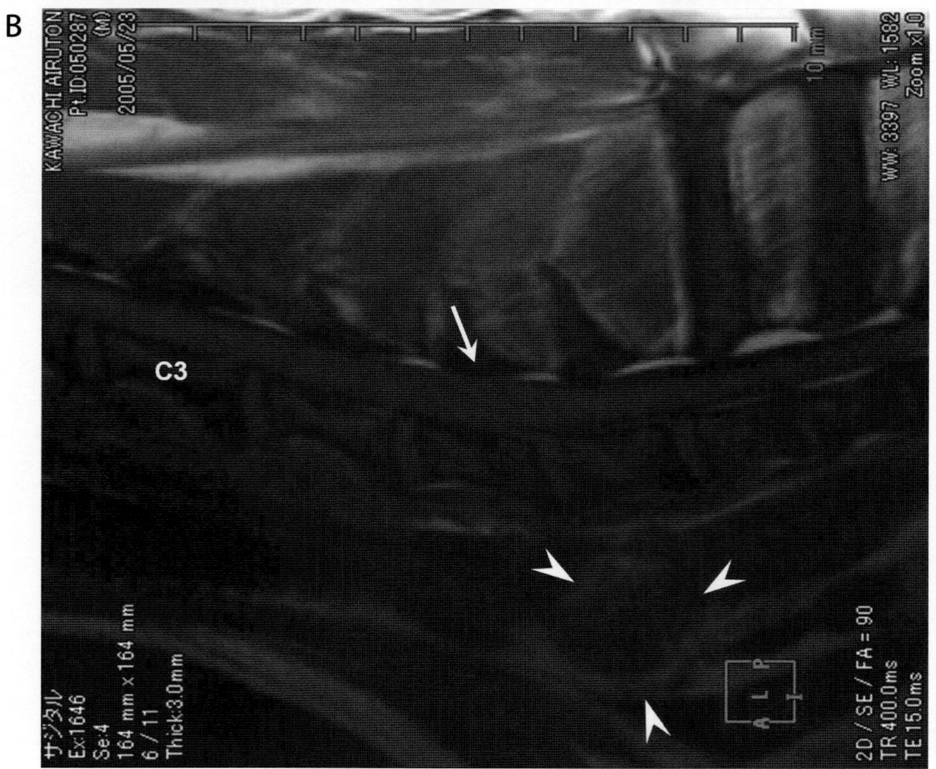

写真 29-2　頸部正中 MRI 矢状断像（A：T2 強調像，B：T1 強調像）
C3：第 3 頸椎

写真 29-2・3　第 6 頸髄〔第 5 頸椎（C5）部〕に T2 強調像で高信号，T1 強調像で等信号を示す腫脹がみられ，髄内腫瘤と判断される（矢印）。また，第 6 頸椎（C6）の椎体下に T2 強調像で等～高信号，T1 強調像で低信号を示す腫瘤が認められる（矢頭）。

A

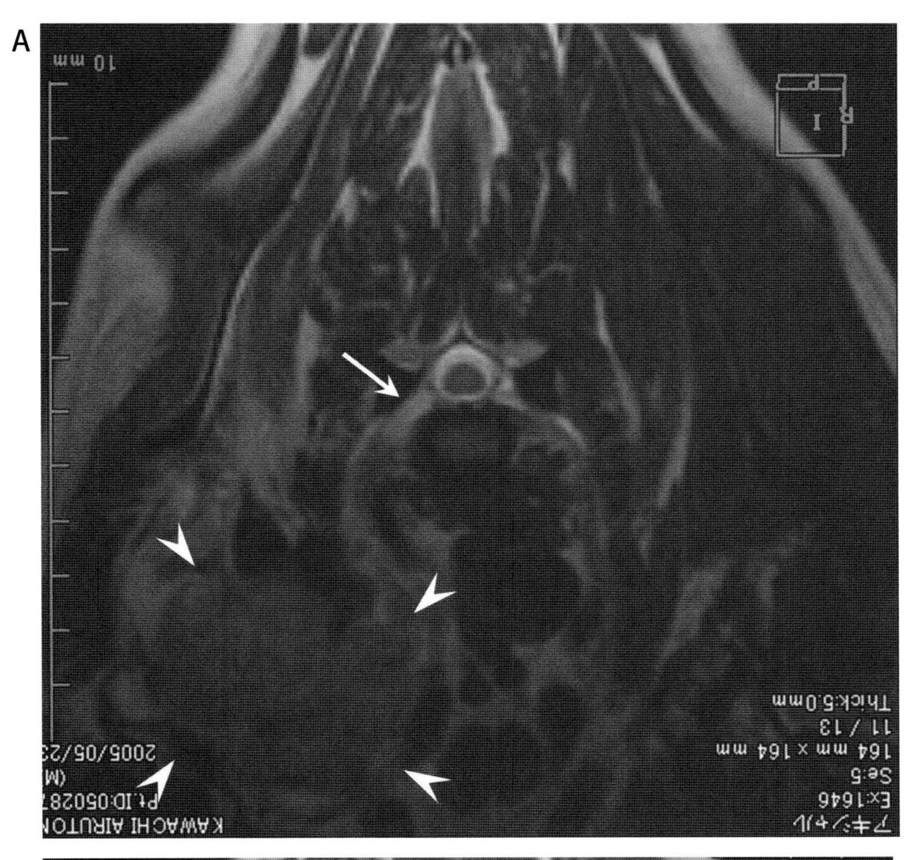

B

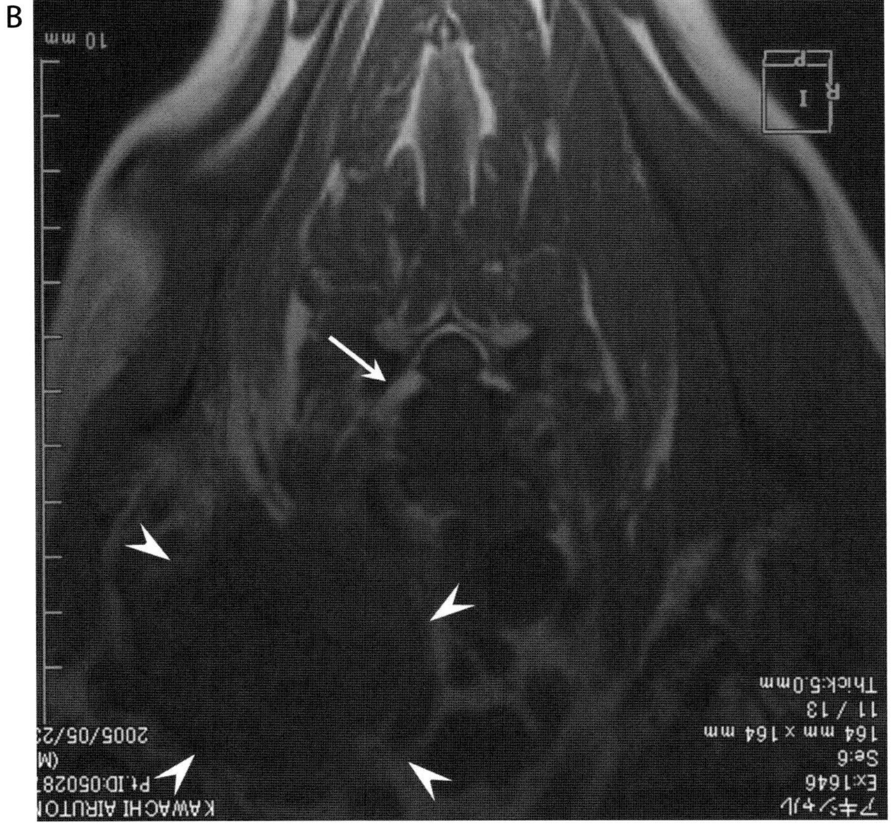

写真 29-3　第 5-6 頸椎（C5-6）椎間部 MRI 横断像（A：T2 強調像，B：T1 強調像）

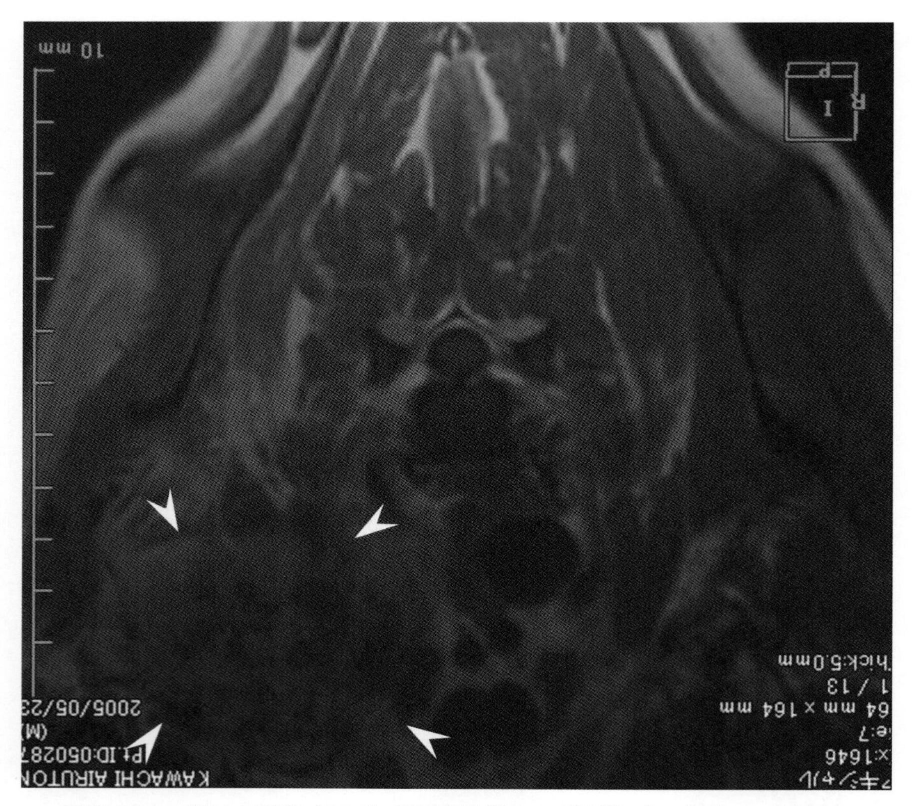

写真 29-4　第 5-6 頸椎（C5-6）椎間部造影 MRI 横断像（Gd 増強 T1 強調像）
腋窩部に認められた腫瘤は T2 強調像で等～高信号（写真 29-2A，3A），T1 強調像で低信号を示し（写真 29-2B，3B），造影 T1 強調像（Gd 増強 T1 強調像）において，腫瘤の不均一な増強が観察され（矢頭），さらに，神経根に沿って浸潤し，神経孔まで達している（矢印）。

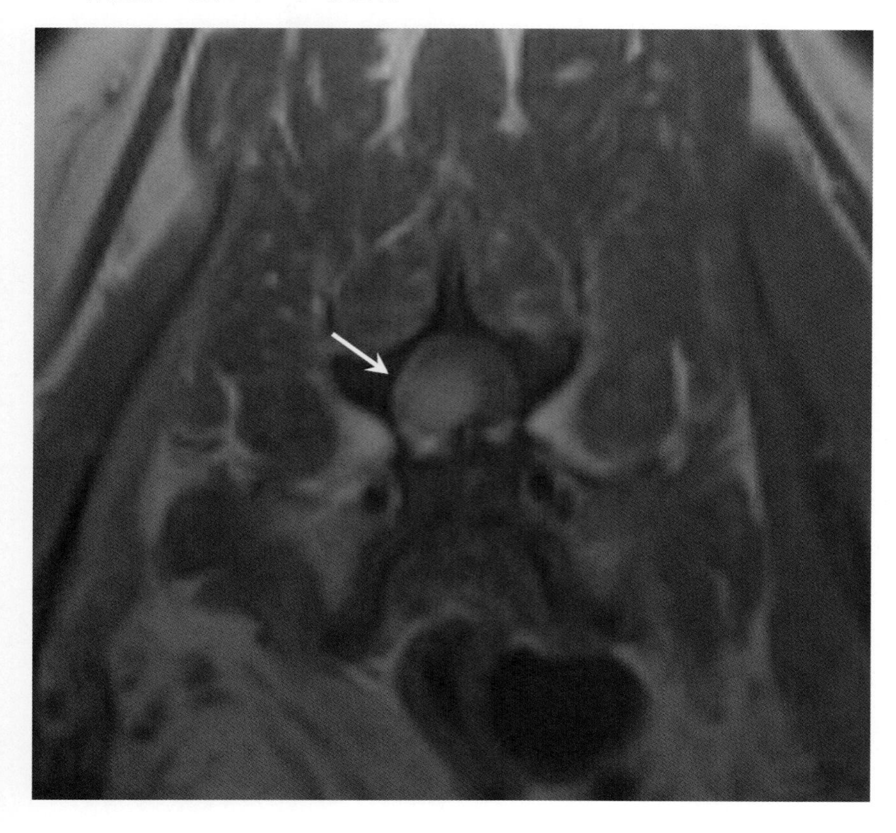

写真 29-5　第 5 頸椎（C5）椎体中央部造影 MRI 横断像（Gd 増強 T1 強調像）
髄内の増強も認められた（矢印）。

❖コメント❖

末梢神経腫瘍の代表的な疾患である末梢神経鞘腫瘍（PNST）は，髄鞘（ミエリン）を形成するシュワン細胞や神経を囲う結合組織（神経内膜，神経周膜，神経上膜の線維芽細胞）から発生する。この腫瘍は末梢神経そのものと，その神経枝に沿って局所的に侵襲するが，神経周囲の他の組織に浸潤することはまれである。いかなる部分の末梢神経も障害される可能性があるが，一般的に太い神経ないし腕神経叢やその神経根に発生するため頸部，四肢などに好発する。

本症例は，慢性的な左前肢跛行から進行性の脊髄障害を示し，さらに左腋窩部に腫瘤が触知されたことから，PNSTの他，骨肉腫，軟骨肉腫などの骨原発性腫瘍，線維肉腫，血管肉腫，組織球性肉腫，リンパ腫などの軟部組織肉腫が末梢神経を巻き込むことによる末梢神経障害などが鑑別診断として挙げられる。これらを鑑別する画像検査として，MRI検査は中枢神経領域の病変の検出はもとより，軟部組織の分解能にも優れるため有用である。

本症例のMRI検査では，横断像にて左腋窩部腫瘤が神経根に沿って上行性に浸潤しているのが観察された。また造影検査においては腋窩腫瘤内部の増強，さらに脊髄内の増強も確認されたことから，PNSTによる髄内浸潤と診断した。本症例は有効な治療が見込めないことから安楽死となり，病理解剖が実施された。その結果，第7頸神経に発生し，第6頸髄内へ上向性浸潤した悪性神経鞘腫と診断された（コメント写真29-1）。

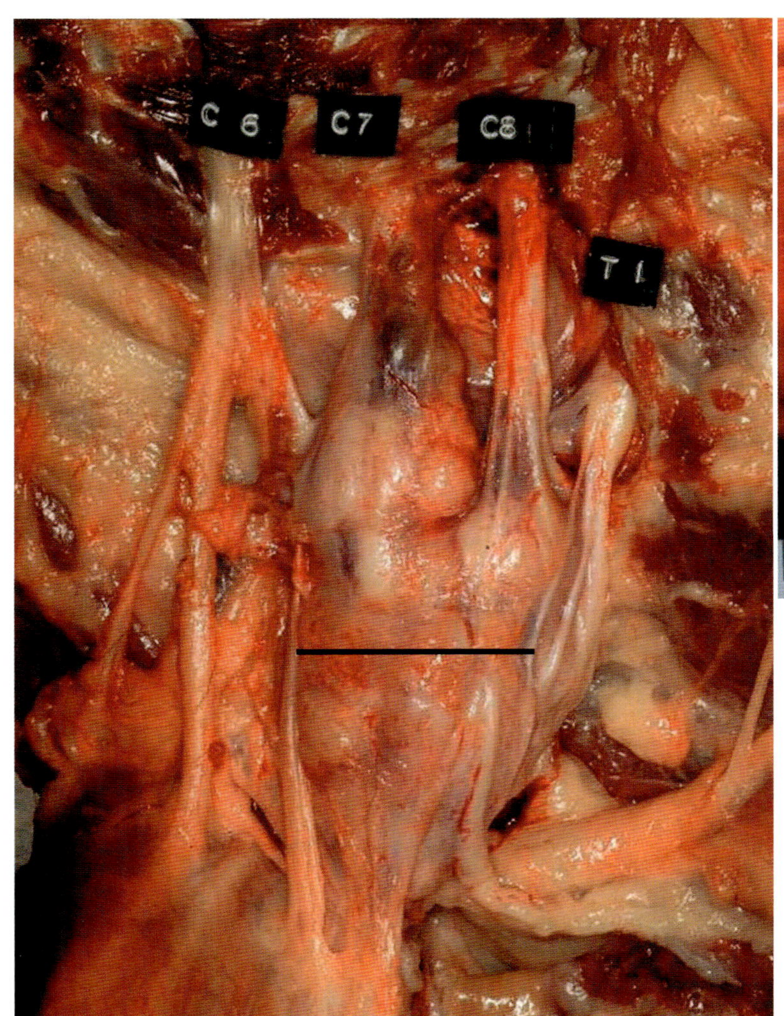

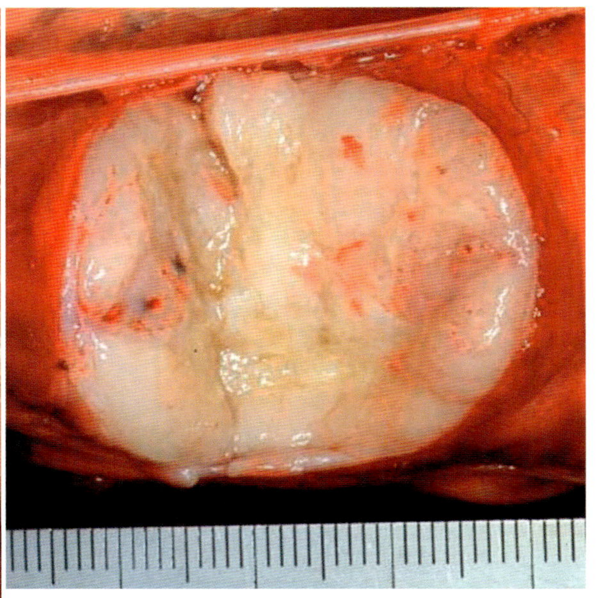

割面

コメント写真 29-1 腋窩腫瘤
C6：第6頸椎，C7：第7頸椎，C8：第8頸椎，T1：第1胸椎

30. 肥大性骨異栄養症

症　例：アイリッシュ・セッター
主　訴：左右前肢の跛行，発熱。

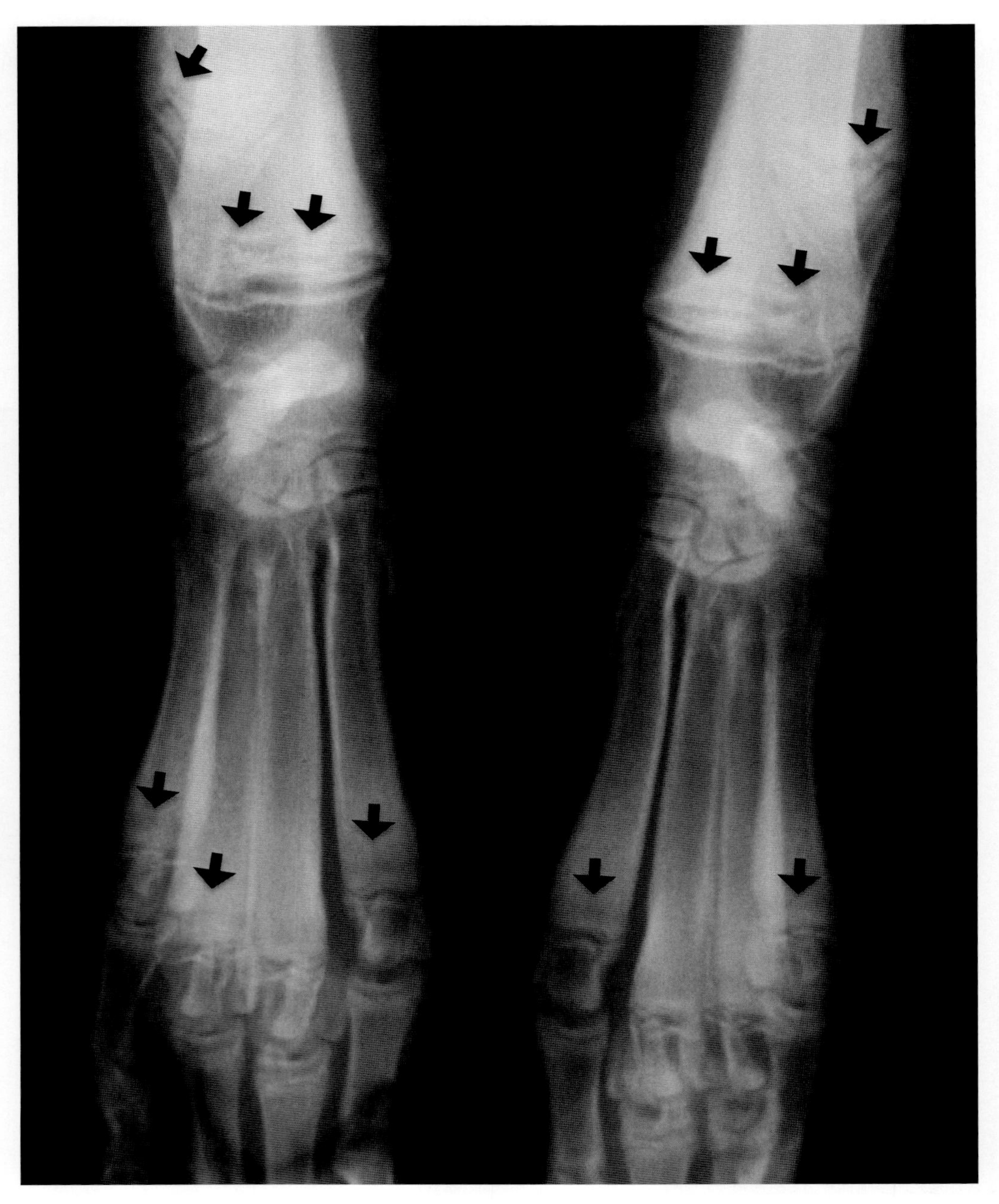

写真 30-1　左右前腕部単純 X 線 DP 像

写真 30-1・2　橈尺骨遠位端，中手骨遠位端と近位端の骨幹端部に，不透過性ラインを示す骨幹端変性帯が観察される（黒矢印）。また，病変部周囲軟部組織は腫脹し（白線），骨髄内には骨梁陰影の消失（＊印）が認められる。

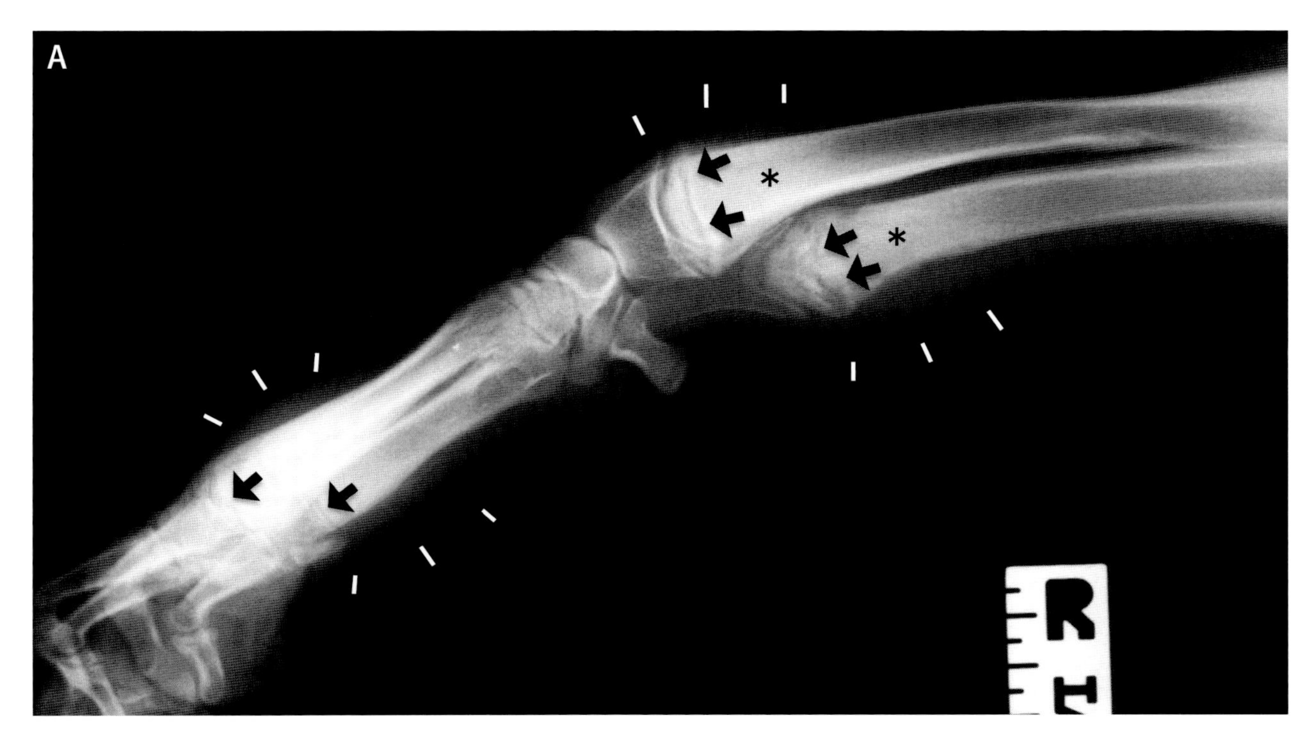

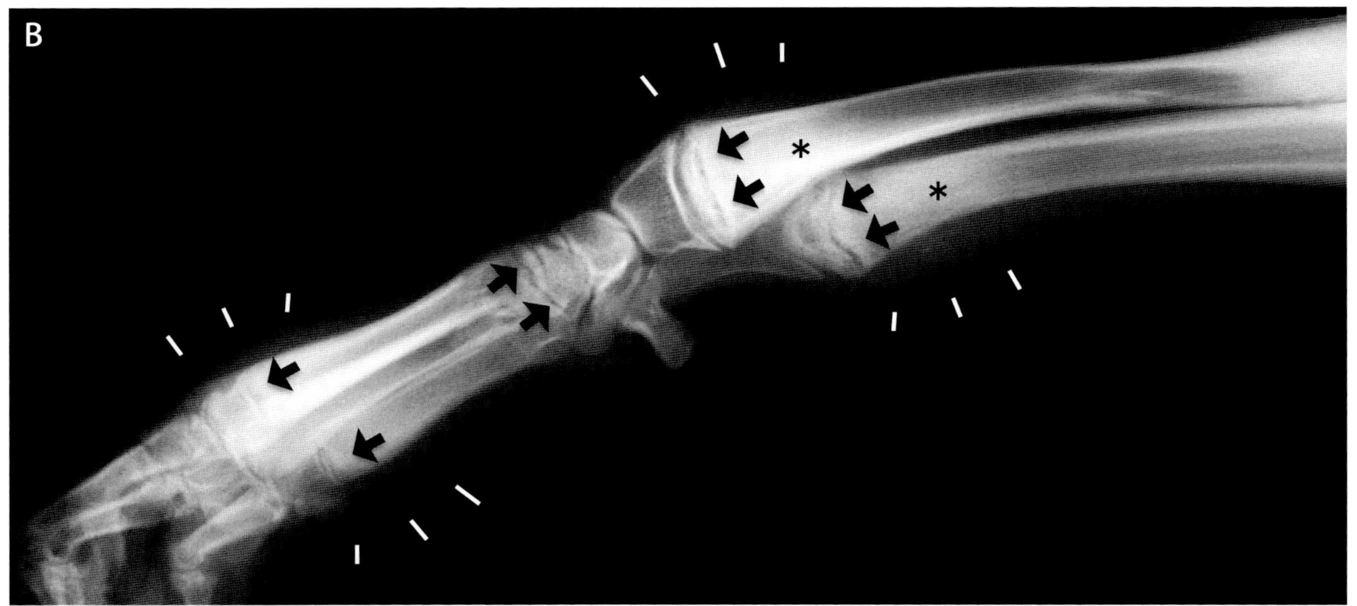

写真 30-2　単純 X 線ラテラル像（A：右手根部，B：左手根部）

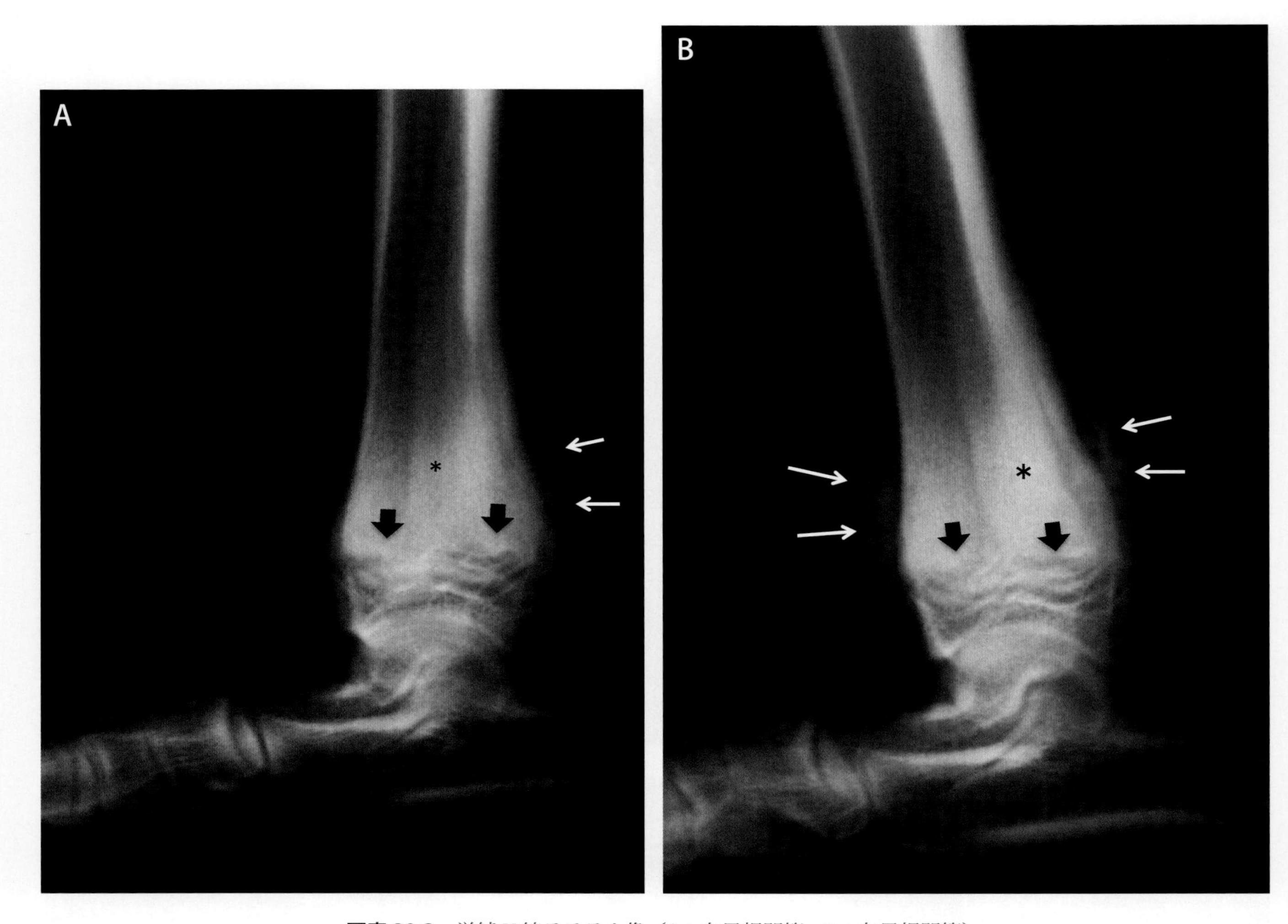

写真 30-3　単純 X 線ラテラル像（A：右足根関節，B：左足根関節）
脛骨遠位端骨幹端部に骨幹端変性帯が観察される（黒矢印）。また，脛骨遠位端皮質外側に，袖口状の石灰化組織が形成されている（白矢印）。骨髄内には骨梁陰影の消失（＊印）が認められる。

前後肢の X 線所見（写真 30-1 ～ 3）から，肥大性骨異栄養症と診断できる。

❖コメント❖

成長速度の速い若齢期の大型犬において跛行を認める代表的な疾患には，関節疾患として，肘突起癒合不全症，内側鈎状突起癒合不全症，離断性骨軟骨炎，軟骨芯遺残症，股関節形成不全症，膝蓋骨脱臼が挙げられ，骨疾患には，肥大性骨異栄養症（HOD），汎骨炎，栄養性骨症が挙げられる。この内，肥大性骨異栄養症とは，3～7か月齢にみられる骨の炎症性疾患であり，雄に発生しやすい。罹患した動物は疼痛により運動を嫌がり，軽度から負重不能に至る両側性跛行，無気力，食欲低下，体重減少，下痢といった症状を認める。さらに41℃に及ぶ発熱も特徴的である。身体検査では，罹患した長骨の骨幹端部（多くの場合，橈骨，尺骨，脛骨の遠位部で両側性）に疼痛，圧痛，熱感，腫脹を示す。また，発生要因には，ビタミンC欠乏症，銅欠乏症，カルシウム過剰症が提唱されているが，正確な病因は不明で，一定期間を経過すると自然治癒する自己限定性の疾患である。

肥大性骨異栄養症のX線検査での特徴的な所見としては，患肢の骨幹端にX線透過性の不規則な帯状領域（骨幹端変性帯）が急性期に認められることである。画像上，成長板に平行して存在するため，成長板が二重になっているように見える。この帯状領域は，組織学的に炎症細胞と壊死組織で構成されている。発症後1週間から10日経つと，骨幹端部の骨皮質外側に新生骨形成，または石灰沈着による外骨膜の層状性増殖パターンが認められ，不規則な袖口状の陰影が出現する。疾患が進行するにつれて，袖口状の陰影が増加するため，骨幹端部のデンシティーが正常より高くなり，骨梁模様が消失する。また，骨幹端周囲の軟部組織は広範囲に腫脹する。さらに進行すると，骨幹端部周囲の袖口状の陰影は骨幹端の骨に融合し，その結果この部分が幅広くなる。成長板の幅，骨幹部ならびに骨髄には異常を認めない。数か月間にわたる骨の再構築によって異常像は徐々に消失するが，骨幹端部領域の肥厚が残存することがある。

X線での鑑別診断には，汎骨炎，くる病，栄養性骨症が挙げられる。汎骨炎は，罹患骨の栄養孔周辺の髄腔内デンシティーが増加し，正常な骨梁陰影の消失と内骨膜ラインの不明瞭化とともに，その部位の外骨膜の肥厚が認められる。また，疾患の進行によって斑点状模様が骨髄内に出現する。くる病では，成長板の幅が次第に広くなり，その輪部が不整となることで，その領域の骨陰影はマッシュルーム（末広がり）様の外観を呈するのが特徴である。さらに栄養性骨症は，成長板付近の骨幹端部の幅が広くなり，デンシティーが増加する。成長板には異常はみられない。いずれの疾患も，発育期にみられる代謝性骨疾患であり，代謝異常の重篤さに比例して骨変化が出現する。

現在推奨される治療は，症状の改善が目的であり，NSAIDs，コルチコステロイドが使用される。NSAIDsとコルチコステロイドの治療効果を検討した研究では，コルチコステロイドの改善率が79.2％でNSAIDsの18.9％を大きく上回っている。

参考文献

1）Safra.N., Jhonson.E.G., Lit,L.. et al.（2013）：*J. Am. Vet. Med. Assoc.* 242, 1260-1265.

31．犬の肘関節異形成症（尺骨内側鉤状突起離断）

症　例：バーニーズ・マウンテンドッグ，雄，２歳。
主　訴：間欠的に認められる左右前肢の負重性跛行。

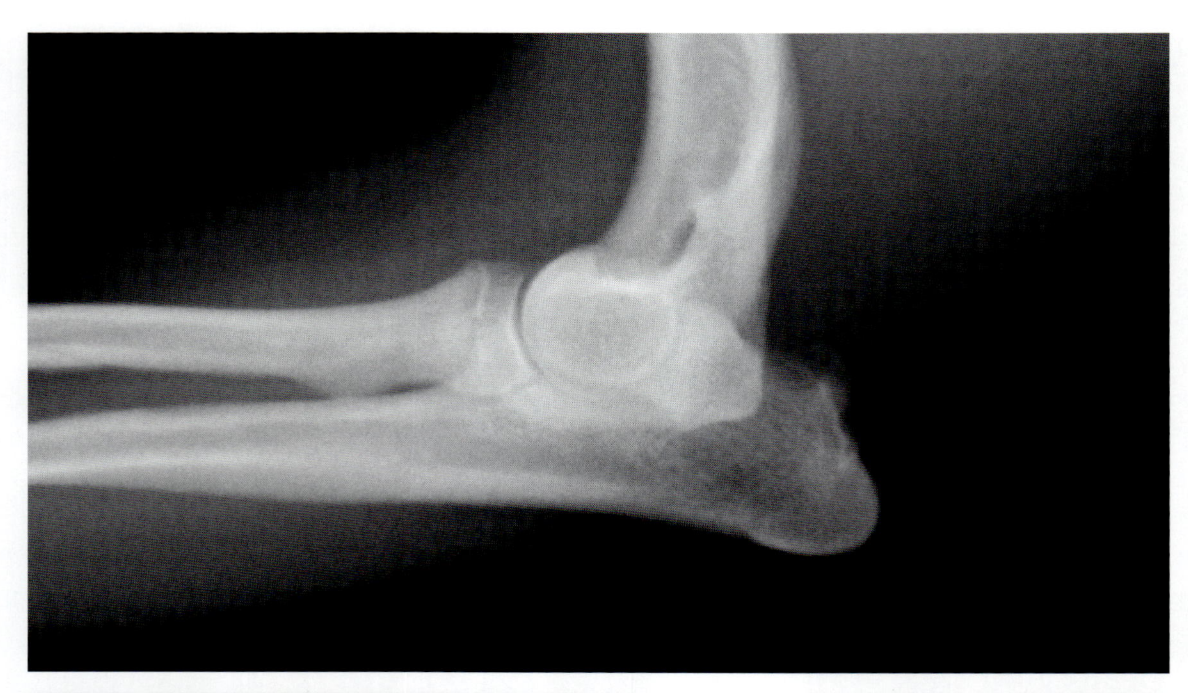

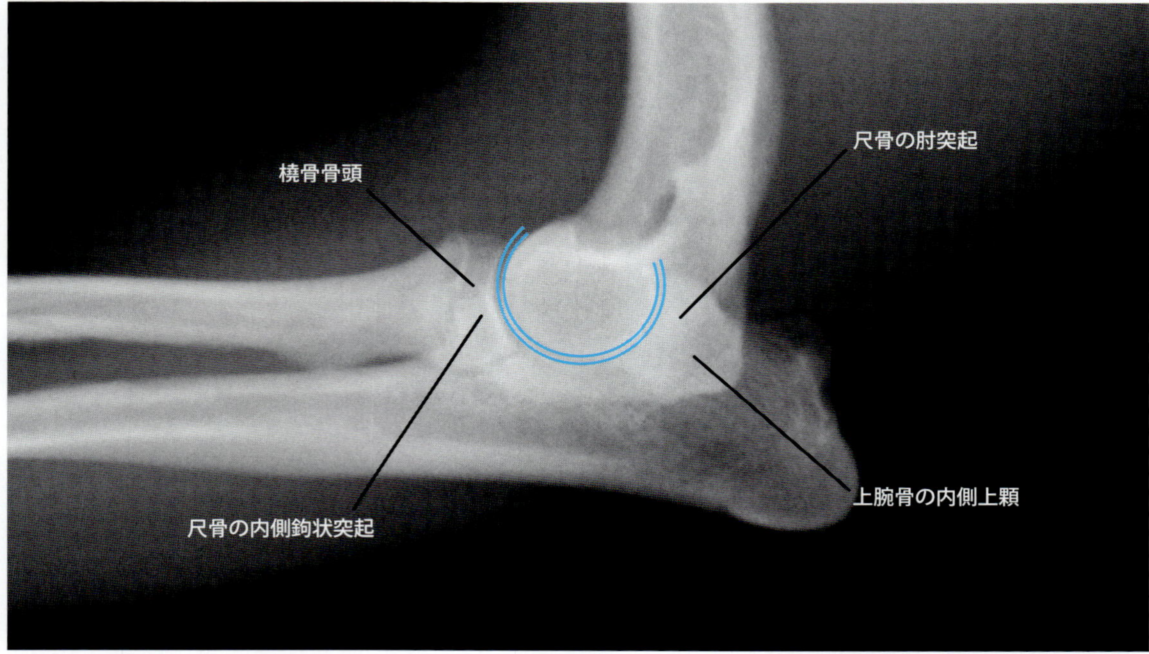

写真 31-1　正常犬の肘関節単純Ｘ線ラテラル像（通常位）
肘関節は３つの骨からなる複合関節であるため，Ｘ線では骨同士が重複する。通常位のラテラル像では，尺骨の肘突起が上腕骨の内側上顆と，尺骨の内側鉤状突起が橈骨頭とそれぞれ重複する。また，正常犬において，上腕橈骨関節および上腕尺骨関節の関節腔幅は一定である（青線）。

右側

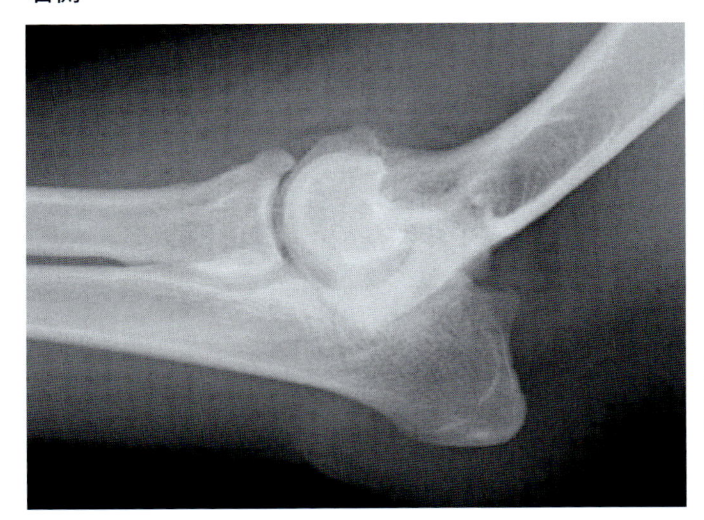

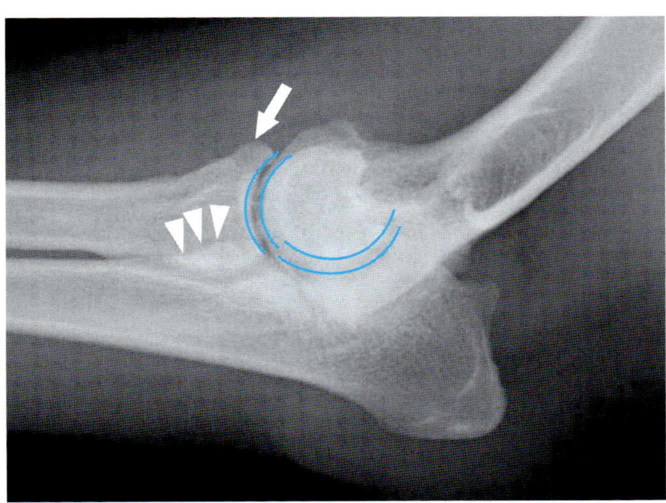

左側

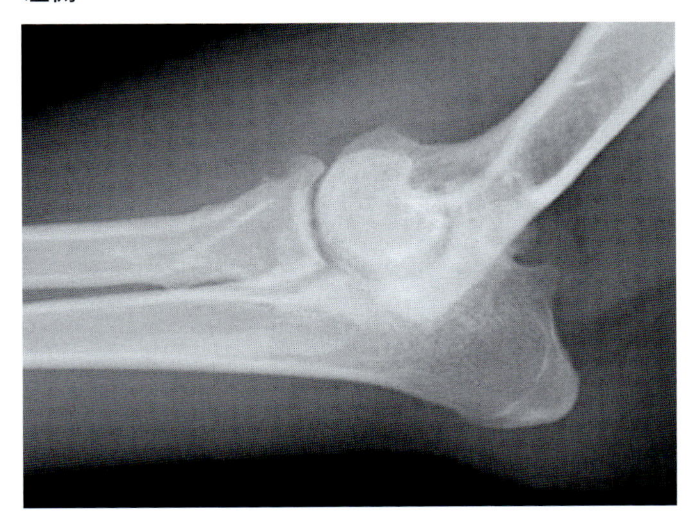

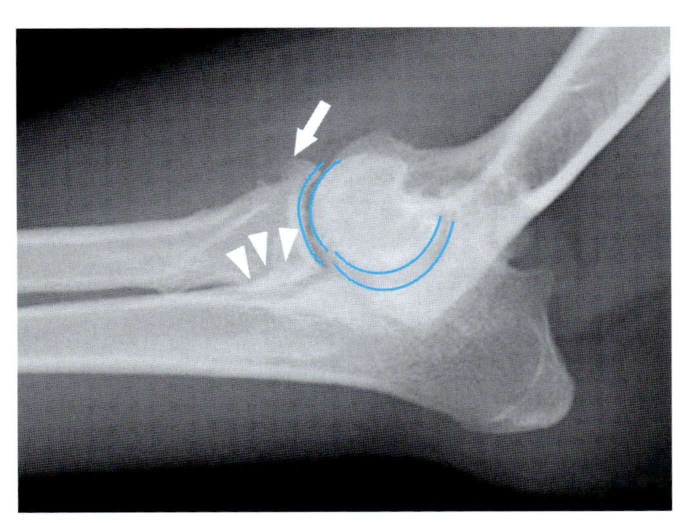

写真 31-2 症例の左右肘関節単純 X 線ラテラル像（通常位）
尺骨内側鉤状突起の背側辺縁に鈍化が認められ（矢頭），橈骨近位の外側縁には骨増殖体が形成されている（矢印）。また，上腕橈骨関節と上腕尺骨関節の関節腔幅が一定でないことから，橈骨と尺骨の成長不均衡による肘関節不整合が考えられる（青線）。

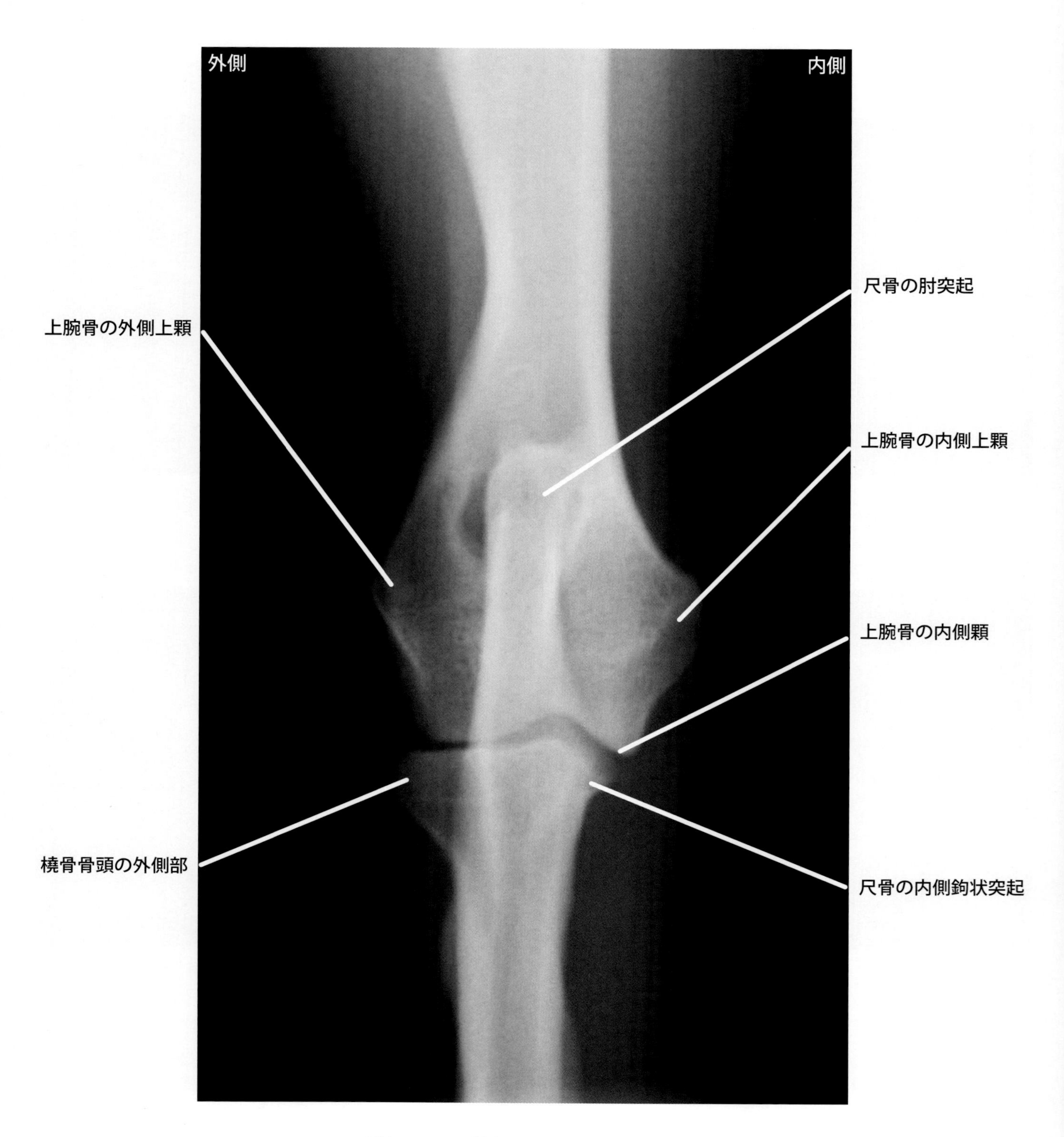

写真 31-3 正常犬の肘関節単純Ｘ線 CrCa 像
CrCa 像では，ラテラル像で肘突起との重複により評価が困難であった上腕骨内側上顆の辺縁が観察可能である。一方，尺骨の肘突起は上腕骨と，内側鉤状突起は橈骨頭とそれぞれ重複するために，詳細な評価は困難である。

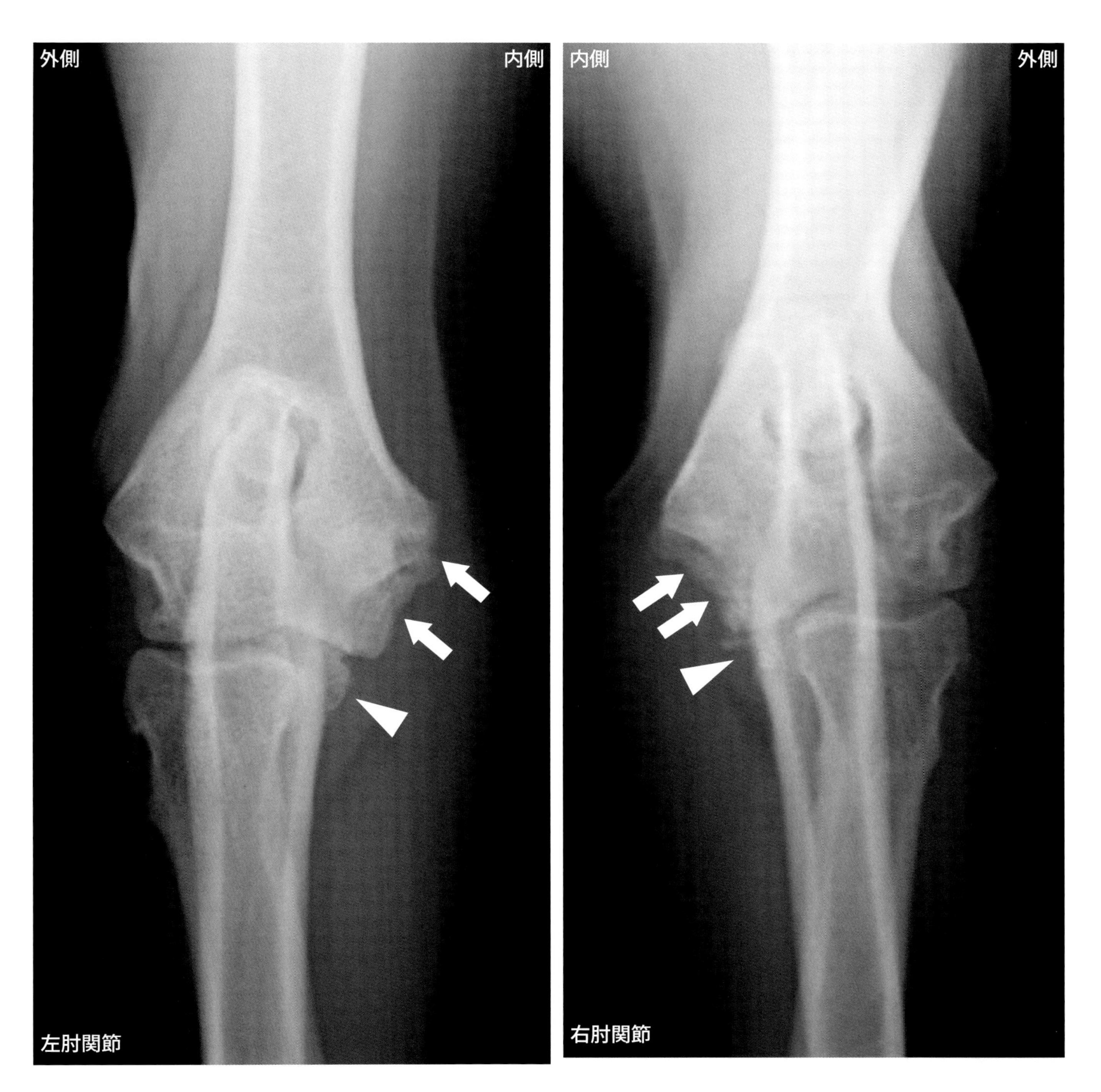

写真 31-4　症例の左右肘関節の単純 X 線 CrCa 像
上腕骨の内側上顆辺縁（矢印）および尺骨の内側鉤状突起周辺（矢頭）に骨増殖体が認められるが，内側鉤状突起からの離断骨片は確認できない。また，上腕骨内側顆の軟骨下骨は正常であり，離断性骨軟骨炎の所見はみられない。

単純 X 線所見（写真 31-1 ～ 4）と犬種や年齢から，肘関節異形成症（肘関節不整合に伴う尺骨内側鉤状突起離断，上腕骨内側顆の骨軟骨症または離断性骨軟骨炎，肘突起癒合不全）ならびに 2 次性骨関節症が疑われる。

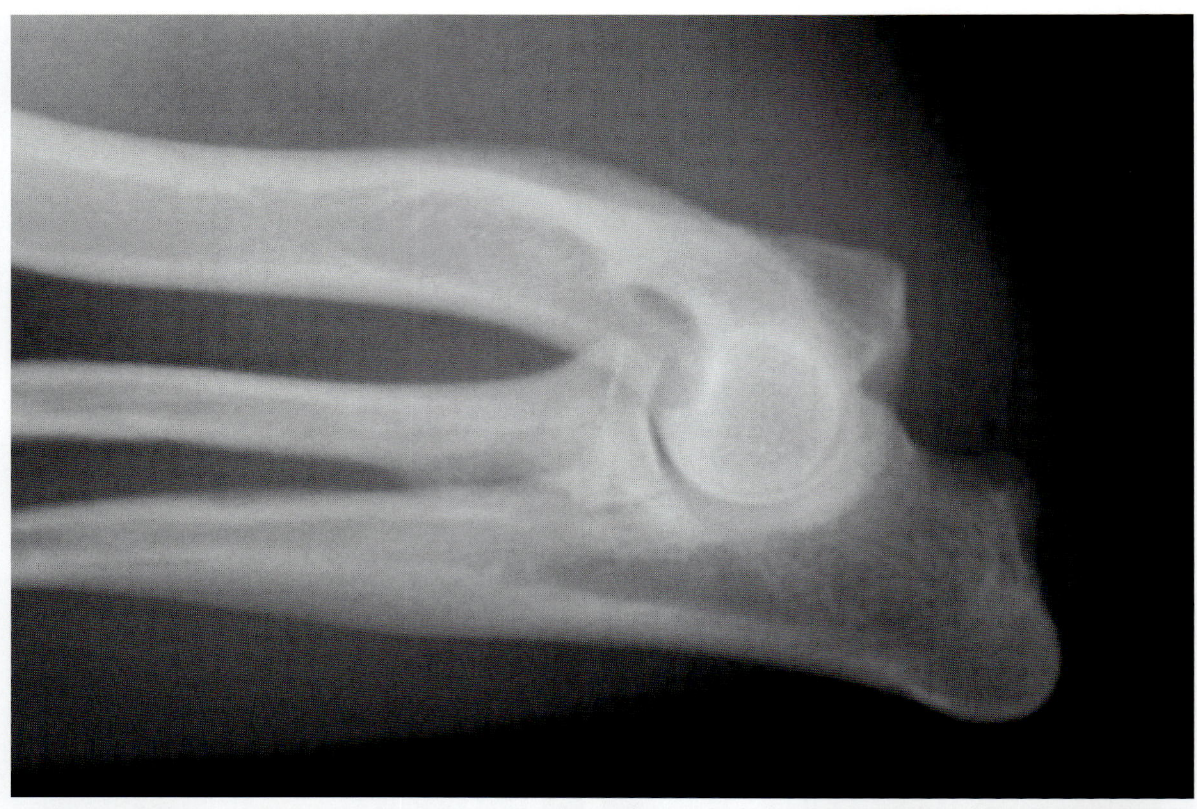

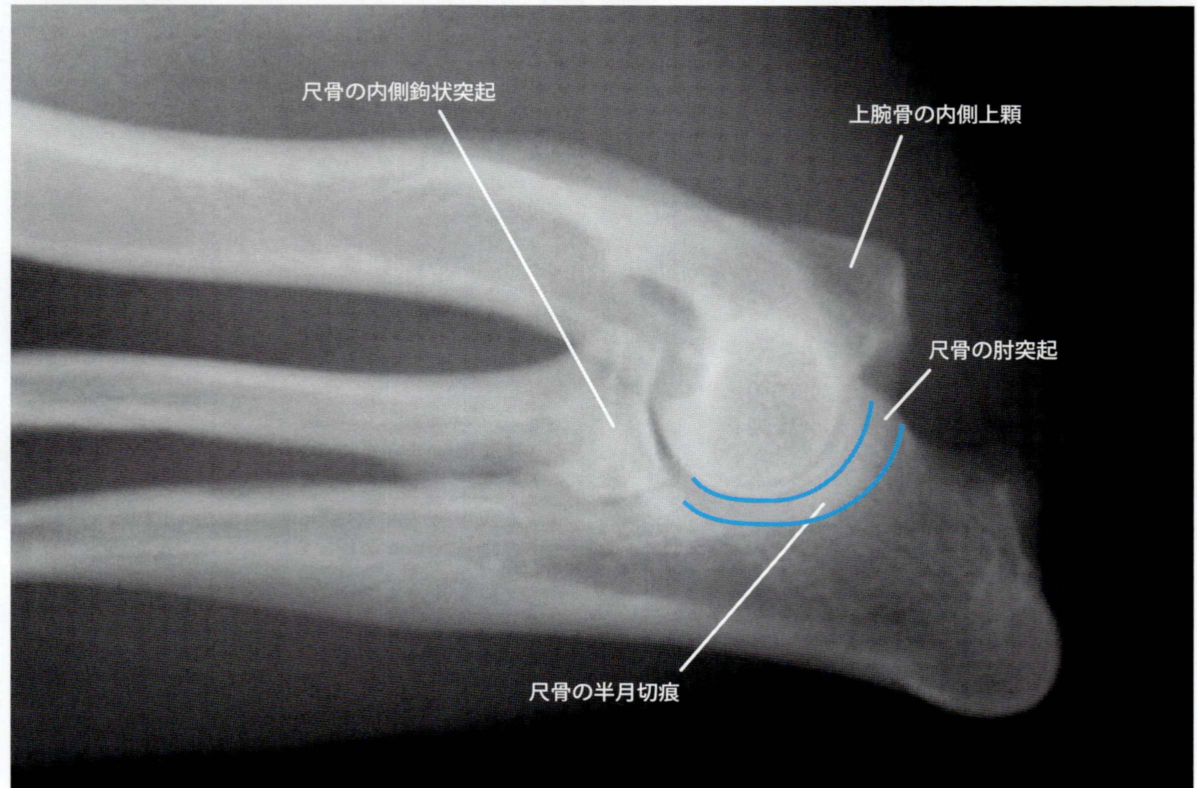

写真 31-5 正常犬の肘関節単純 X 線ラテラル像（屈曲位）
肘関節を屈曲して撮影を行うことにより，尺骨の肘突起および半月切痕をより明瞭に観察できる。成長期（約 6 か月齢）を過ぎた正常犬では，肘突起の癒合が認められる。また，半月切痕は上腕骨滑車と同心円状に認められる（青線）。

右側

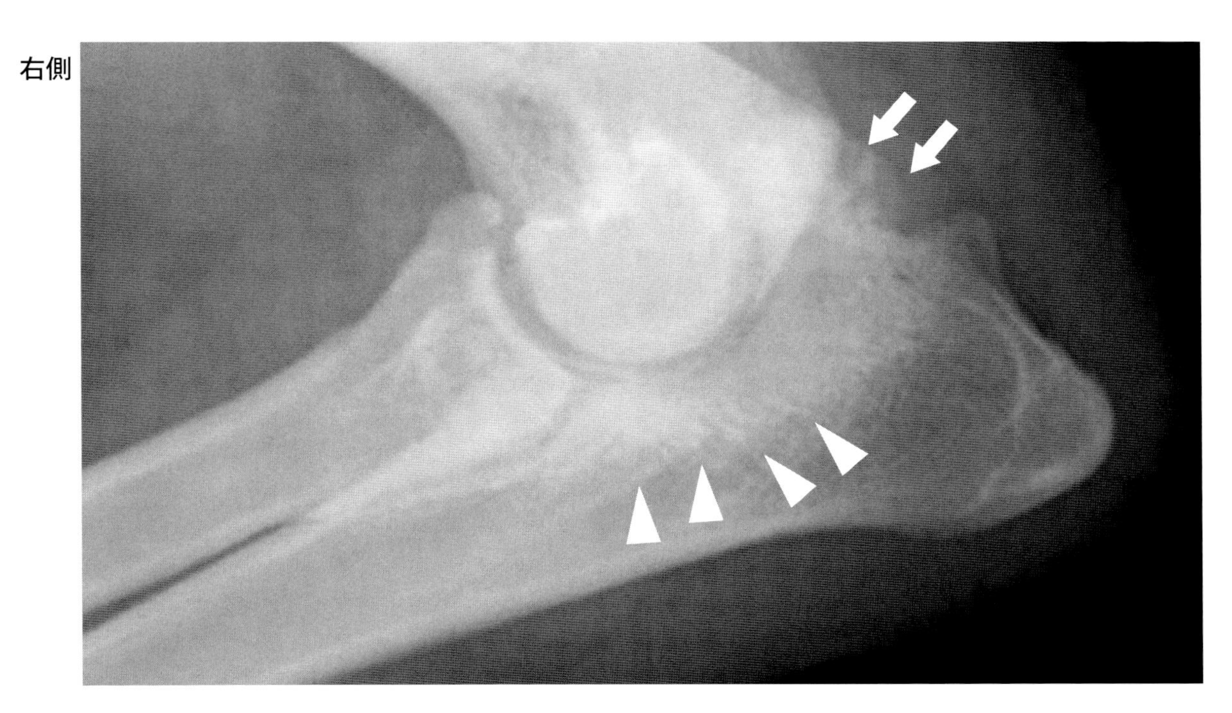

左側

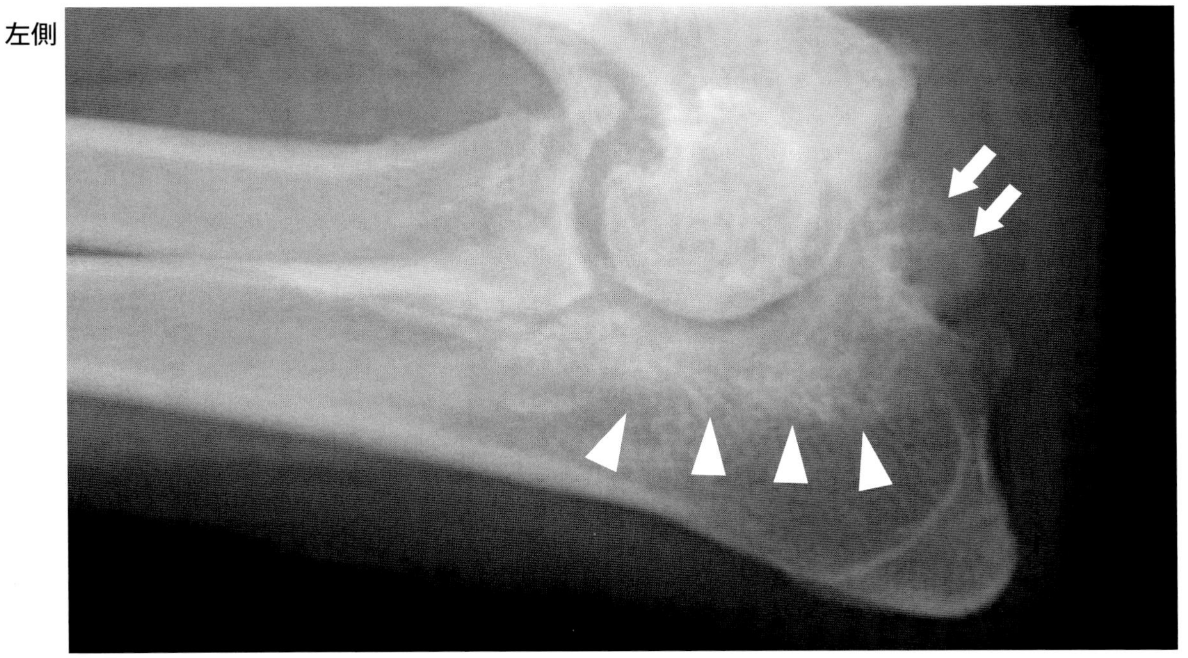

写真 31-6　症例の左右肘関節の単純 X 線ラテラル像（屈曲位）
肘突起の背側縁に骨増殖体が認められる（矢印）が，成長板の癒合不全はみられない。また，尺骨半月切痕の軟骨下骨に X 線不透過性の亢進がみられる（矢頭）。

屈曲位のラテラル像（写真 31-5，6）から肘突起癒合不全は否定できるため，骨軟骨症（離断性骨軟骨炎）または尺骨内側鉤状突起離断のいずれかの可能性が考えられる。本症例においては，上腕骨内側顆の軟骨下骨に異常がみられず，また，内側鉤状突起の平坦化が確認されたため，内側鉤状突起離断が最も強く疑われる。単純 X 線検査では，内側鉤状突起からの離断断片の確認ができないため，確定診断のために CT 検査を実施した。

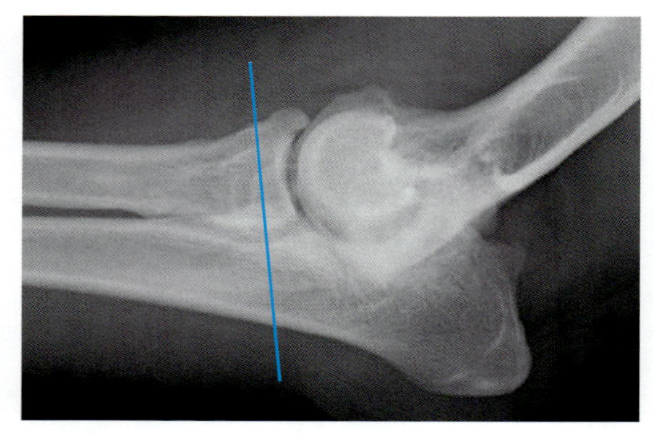

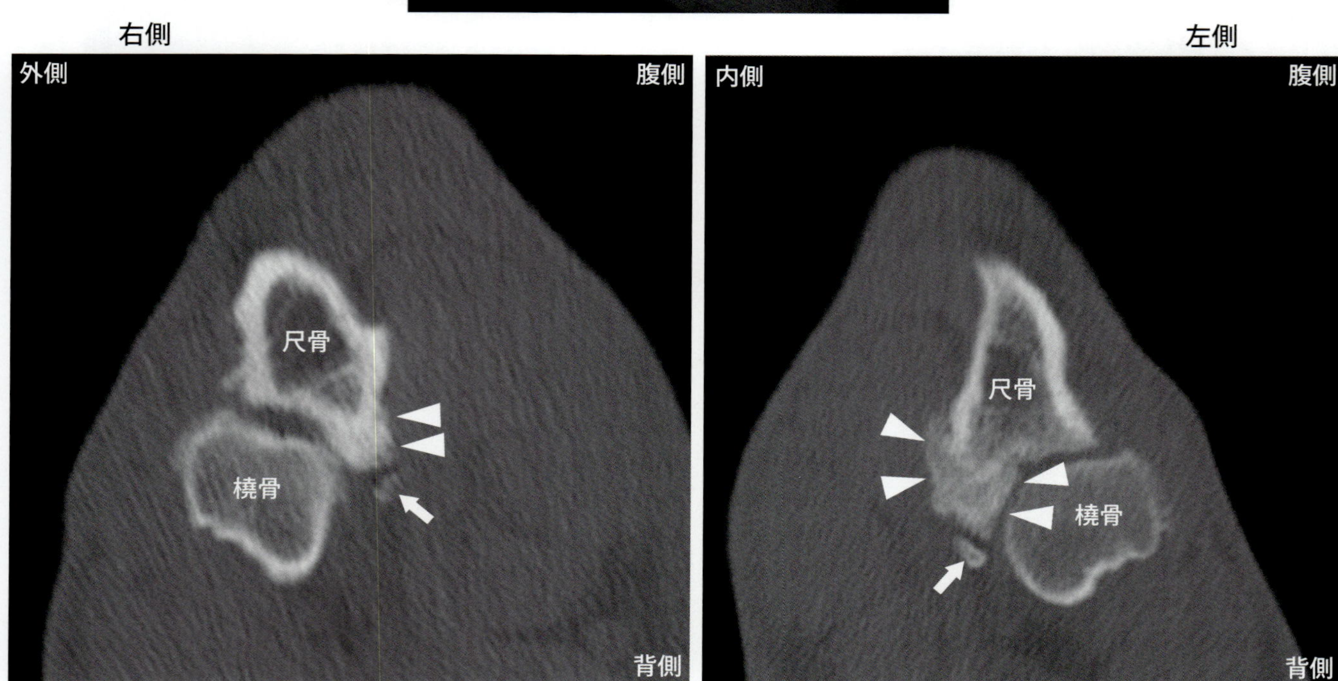

写真 31-7　症例の左右肘関節の CT 横断像（内側鉤状突起レベル）
上の X 線像は，CT 像の横断位置を示す。内側鉤状突起から離断した骨片が明瞭に観察され（矢印），周囲に骨増殖体が認められる（矢頭）。以上の所見から，尺骨内側鉤状突起離断とそれに随伴した 2 次性骨関節症と診断できる。

❖コメント❖

犬の肘関節異形成症とは，肘関節の発達異常に起因したいくつかの遺伝性疾患の総称であり，急速に成長する若齢の大型犬種において好発し，両側性に認められることが多い。尺骨と橈骨の 2 つの骨の不均一な割合での成長により肘関節の不整合が生じることで，肘関節に局所的な異常圧力が加わり，その結果，軟骨化骨の硬化不全が発生して骨軟骨症（軟骨下骨が骨化する過程で障害が起こる疾患であり，離断性骨軟骨炎は，骨軟骨症の結果として軟骨下骨が溶解し軟骨に亀裂や分離が起きた状態である）が生じたり，尺骨内側鉤状突起の離断や肘突起の癒合不全が引き起こされたりすると考えられている。肘関節異形成症は，無治療で経過することによって 2 次性の骨関節症を引き起こすため，早期の診断および治療が必要である。

肘関節異形成症に含まれる各疾患は，好発犬種や発症年齢，また，症状や整形学的検査の所見が類似している。そのため，それらの情報のみから鑑別を行うことは困難であり，診断には，本症例のように各種画像検査や関節鏡検査が必要となってくる。

本症例は，両側性の尺骨内側鉤状突起離断とそれに随伴した骨関節症と診断し，関節鏡下で離断骨の除去手術を実施した。

32．犬の尺骨遠位成長板早期閉鎖

症　例：チワワ，雄，7 か月。
主　訴：1 か月前からの手根部外反。

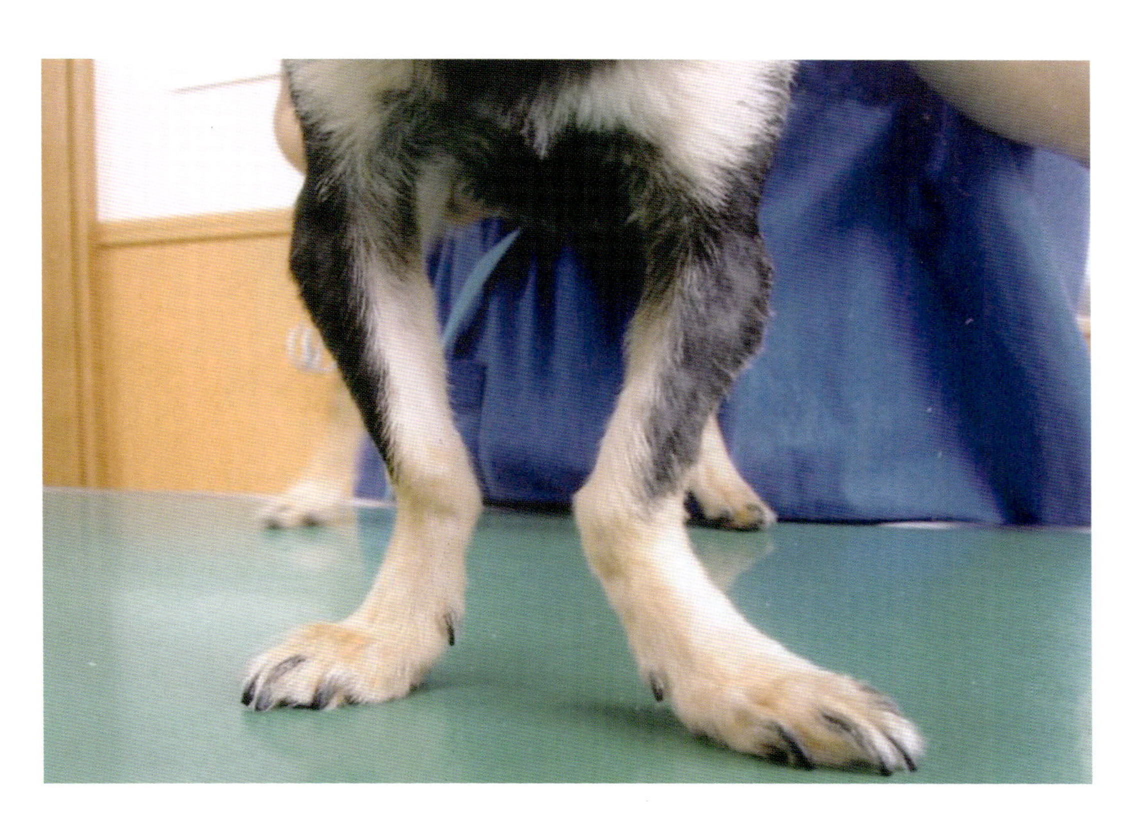

写真 32-1　両側前肢正面の外貌
両側ともに，著しい手根部の外反が認められる。

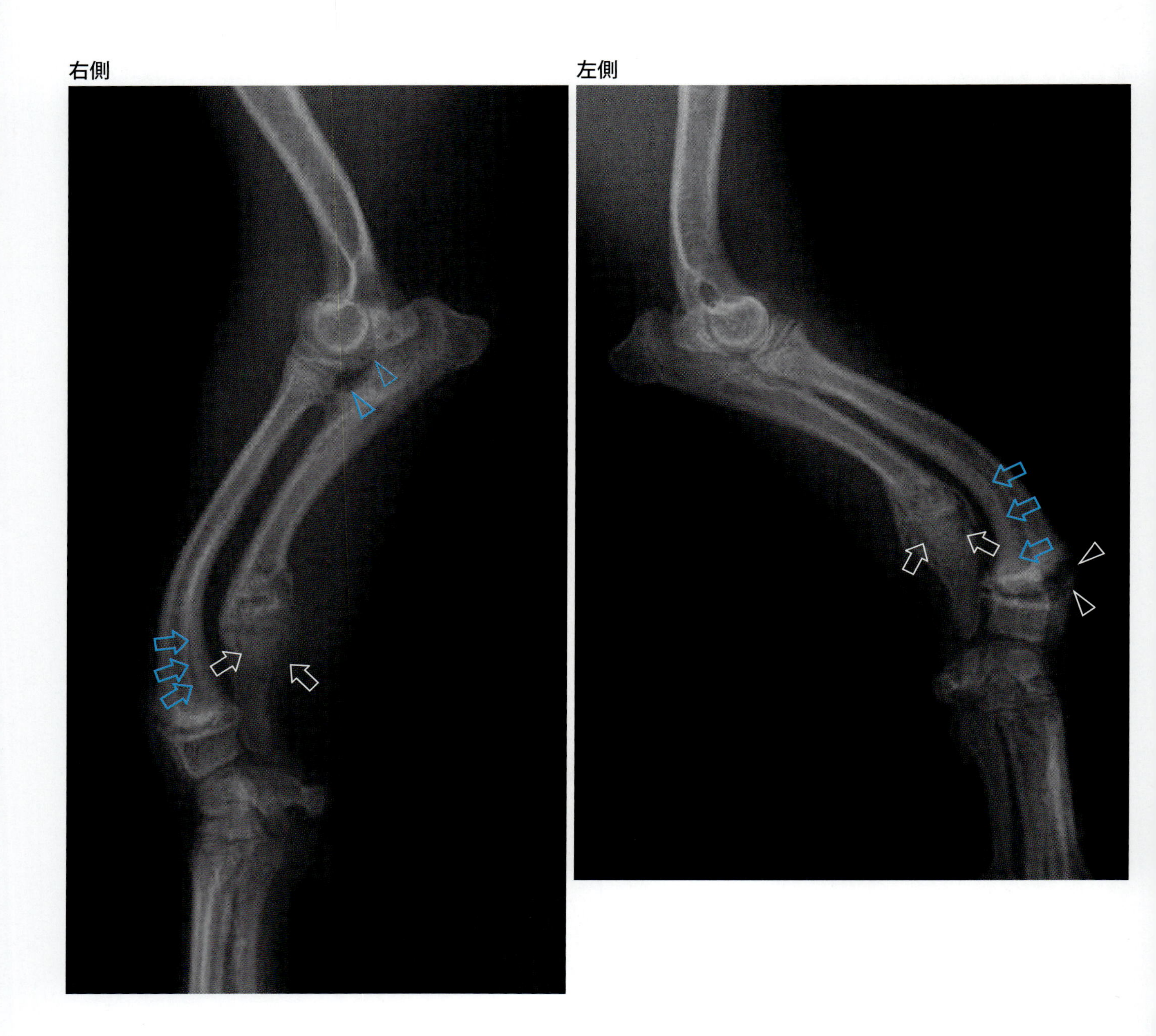

写真 32-2 前腕単純 X 線ラテラル像
上腕骨内側上顆と外側上顆を合わせて正確なラテラル像で撮影しているにもかかわらず，第 2 ～ 4 中手骨同士が重複して認められないため，肢端は外旋している。橈骨の顕著な弯曲，最大弯曲部における橈骨尾側皮質の肥厚が認められる（青矢印）。また，X 線透過性である尺骨遠位成長板が不明瞭（白矢印）であり，左側上腕骨尺骨関節の脱臼（青矢頭），右側橈骨成長板の部分剥離（白矢頭）を生じている。

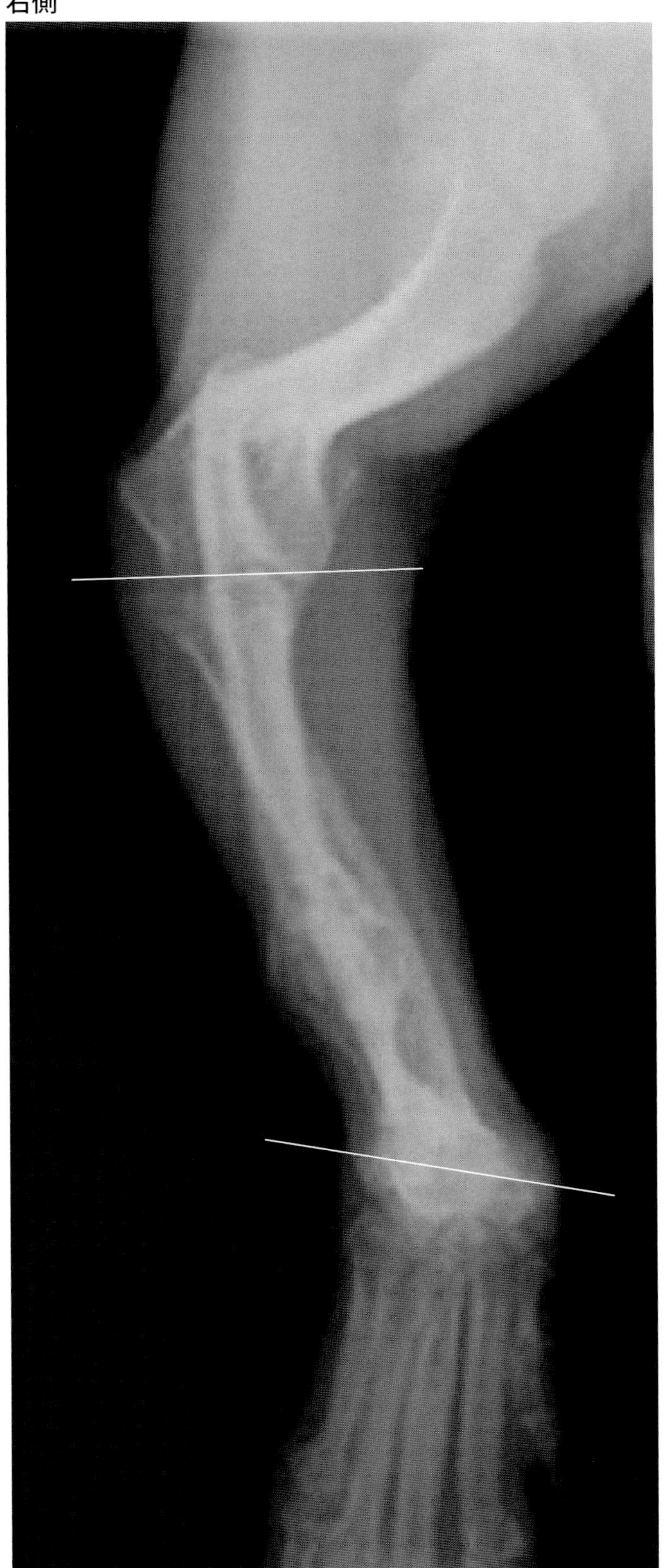

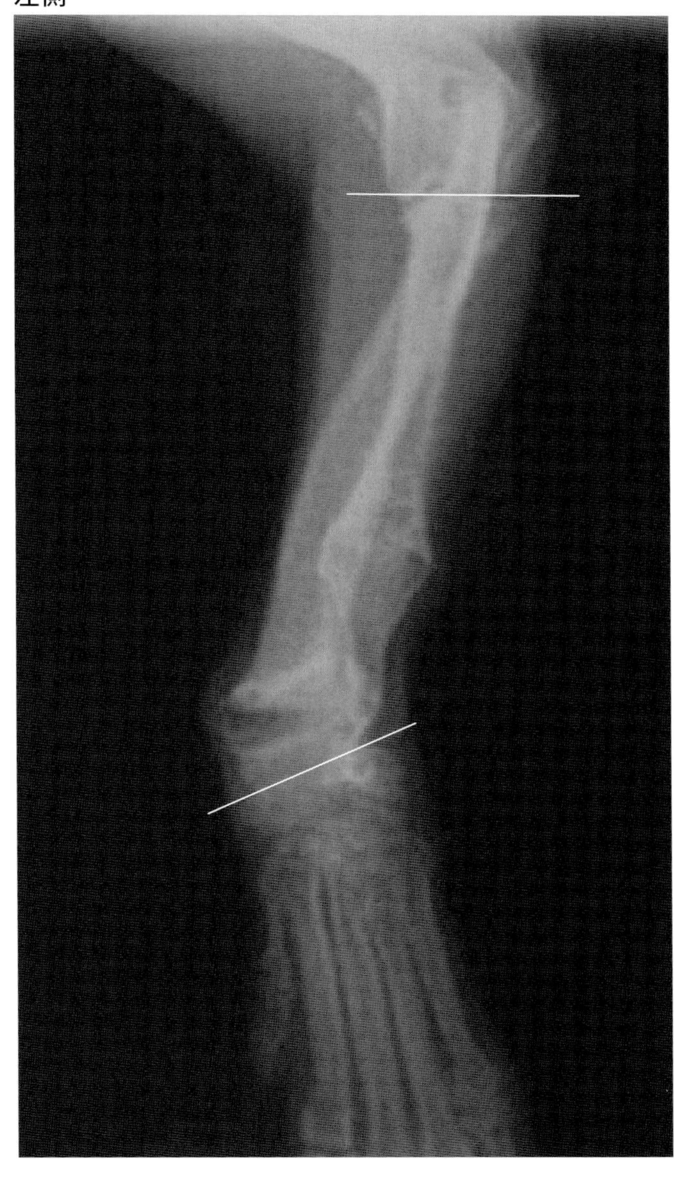

写真 32-3　前腕単純 X 線 CrCa 像
腕橈関節面と前腕手根関節面の角度が一致していないため，手根部は外反している。

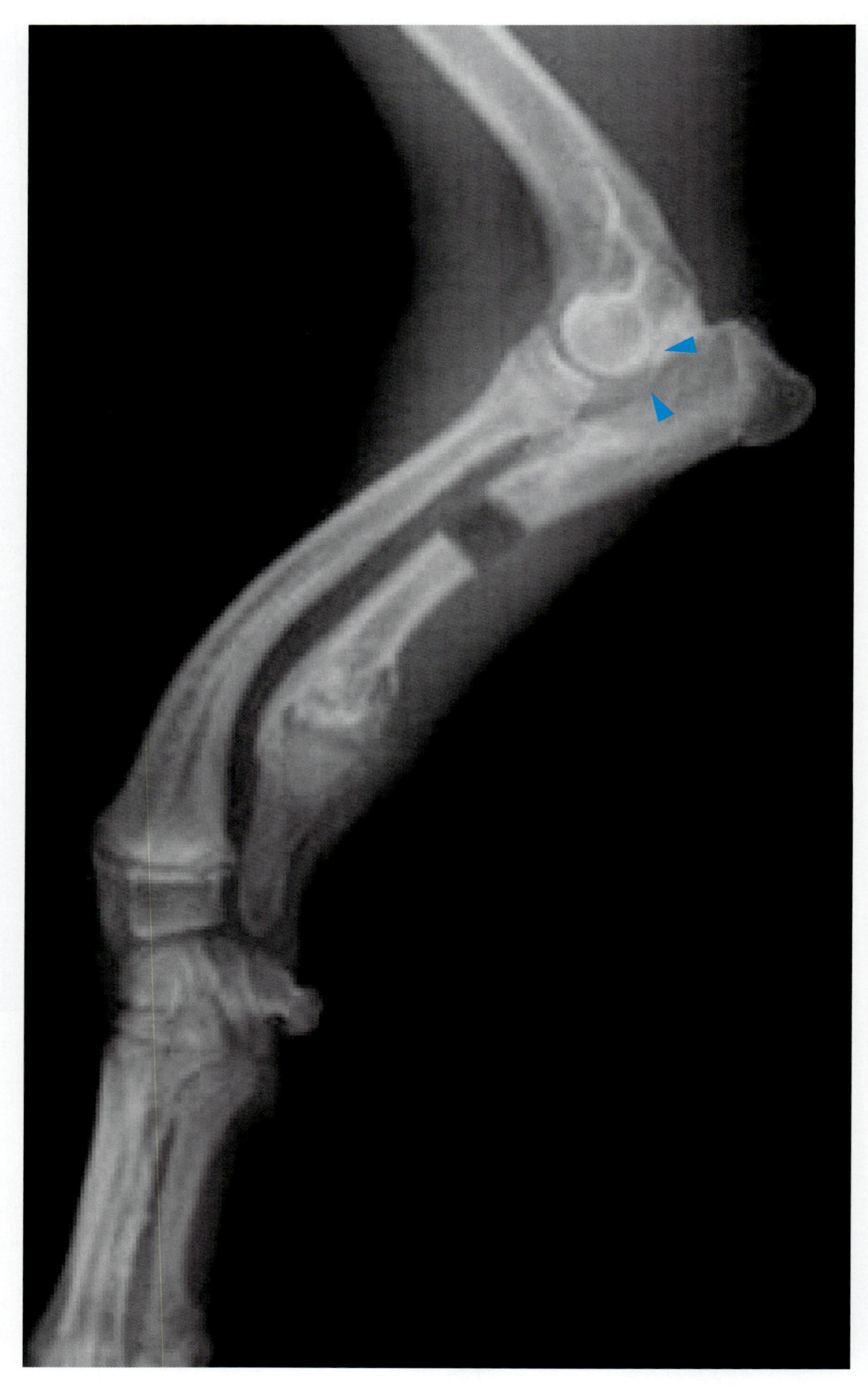

写真 32-4　右側前腕単純 X 線ラテラル像（尺骨骨切り後）
尺骨骨切り術により，右側上腕骨尺骨関節の脱臼は写真 32-2 と比較し，改善が認められる（青矢頭）。

❖コメント❖

尺骨遠位成長板早期閉鎖とは，尺骨成長の85%を担う尺骨遠位成長板が，早期に閉鎖することで生じる発育障害である。そのため，尺骨の成長が遅延または停止するが，一方で橈骨は正常に成長するため，橈骨の弯曲，肢端の外旋，手根部の外反変形が生じる。また，骨成長が著しい4～7か月齢における，軟骨異型性犬種，トイ種，超大型犬種に多く認められる。犬の尺骨遠位成長板は円錐型を呈しているため，平坦型の橈骨成長板に比べ，外力（剪断力）に対して，軟骨細胞の損傷を受けやすく，早期閉鎖を起こしやすい。成長期において，同様な手根部外反が認められる疾患としては，橈骨遠位成長板の部分的閉鎖，橈尺骨の遠位骨折や骨折の変形治癒，短橈側側副靱帯の緩み，軟骨芯遺残症，肥大性骨異栄養症などが挙げられる。手根部の外反や肢端の外旋を評価し，これらの鑑別診断を行う際には，

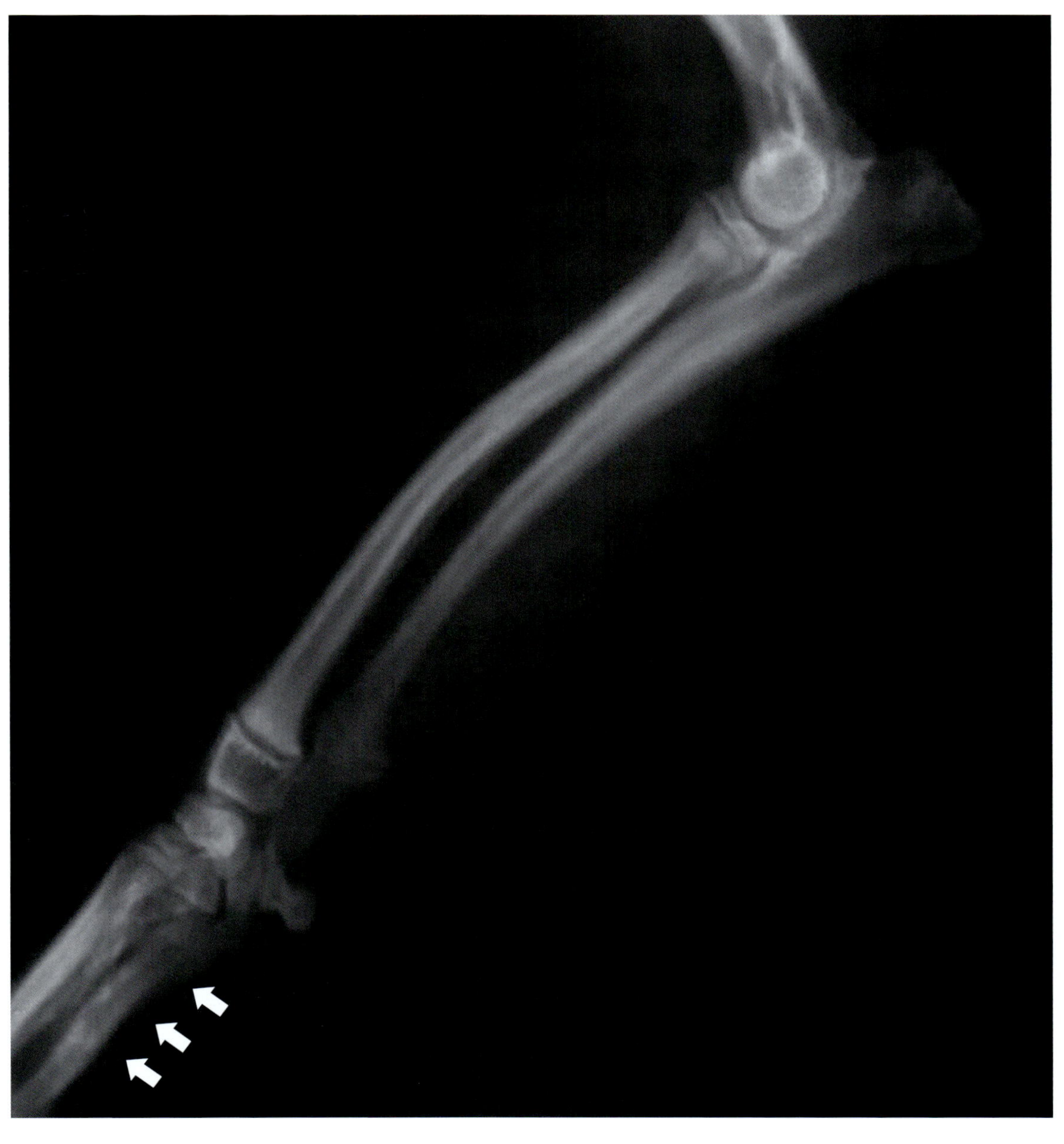

コメント写真 32-1　正常な幼若犬の右側前腕単純X線ラテラル像
上腕骨内側上顆と外側上顆の合致と同様に，第2～4中手骨同士が重複して認められる（白矢印）。

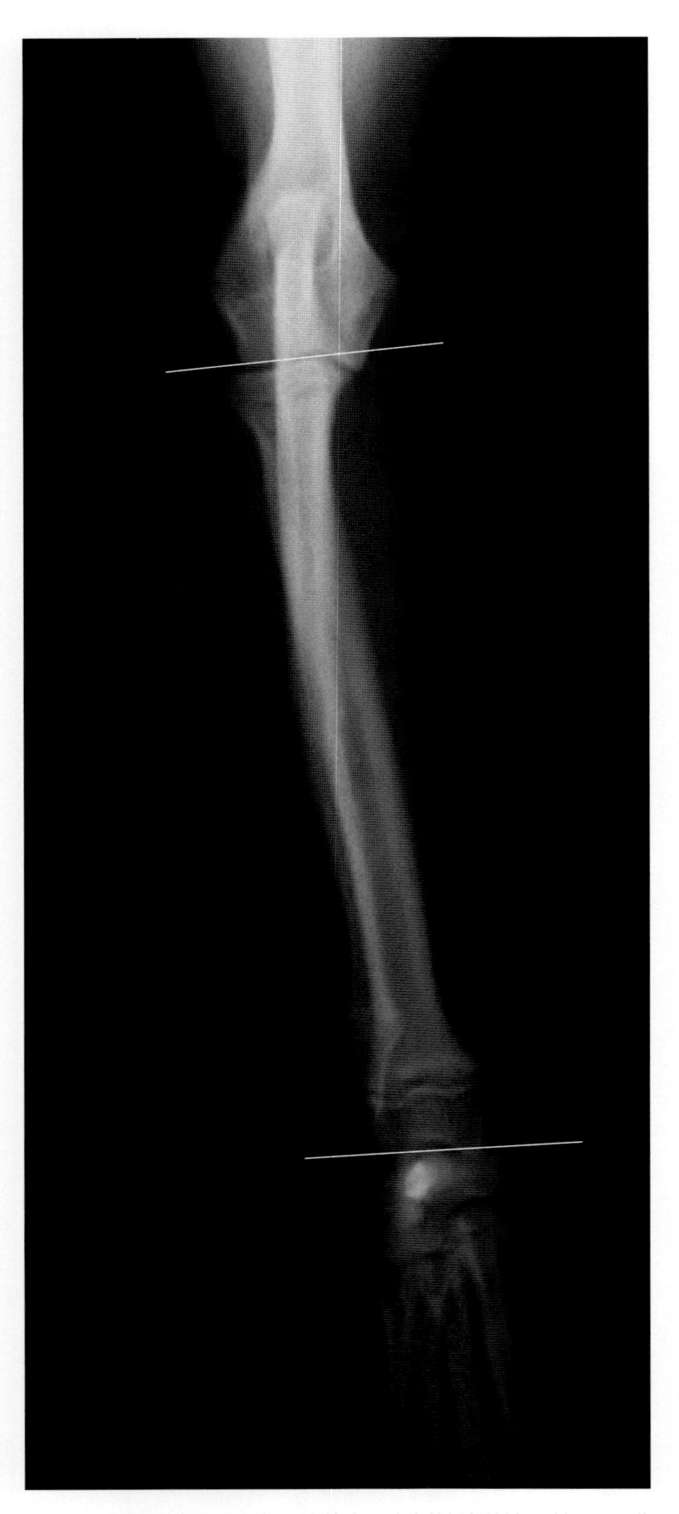

コメント写真 32-2 正常な幼若犬の右側前腕単純 X 線 CrCa 像 腕橈関節面と前腕手根関節面の角度が，ほぼ一致して認められる。

前肢の整形学的な触診に加え，橈尺骨，肘関節，手根骨を含めた両側前肢の X 線検査が有用となる。

尺骨遠位成長板早期閉鎖における X 線検査所見として，尺骨遠位成長板の部分的または完全骨化が挙げられる。正常な尺骨遠位成長板閉鎖時期は，217 ～ 450 日齢と言われており，これ以前における成長板の骨化は診断の一助となる。また，橈骨の弯曲や最大弯曲部における橈骨尾側皮質の肥厚が挙げられ，弯曲程度は尺骨の成長板閉鎖時期により様々である。重症例においては，橈骨頭が上腕骨窩を尾側方向に圧迫することにより，上腕骨尺骨関節の脱臼が生じる。これにより，肘突起骨折を併発する場合もある。

尺骨遠位成長板早期閉鎖の治療として，尺骨骨切り術または，橈骨の変形矯正骨切り術が挙げられる。橈骨成長過程の症例では，さらなる橈骨変形が予測されるため，変形を緩和する目的と，また上腕骨尺骨関節における遠位亜脱臼の補正を目的として，尺骨骨切り術を実施することが多い。一方，成長が終了した症例では，橈骨の変形矯正骨切り術が実施される。そのため，月齢に加えて X 線検査の実施により，透過性の橈骨成長板を確認することは術式を決定する判断の一助となる。

本症例は，重度な両側手根部の外反が認められ，両前肢の X 線検査により，尺骨遠位成長板早期閉鎖と診断した。骨成長期の 7 か月齢であり，X 線像上，透過性の橈骨成長板が認められたため，尺骨骨切り術を実施した。術後，右側上腕骨尺骨関節における脱臼の改善が認められた。

33. レッグペステル病

症　例：トイ・プードル，雌，8か月。
主　訴：1か月半前からの左後肢跛行。触診時に股関節伸展，外転痛が認められる。

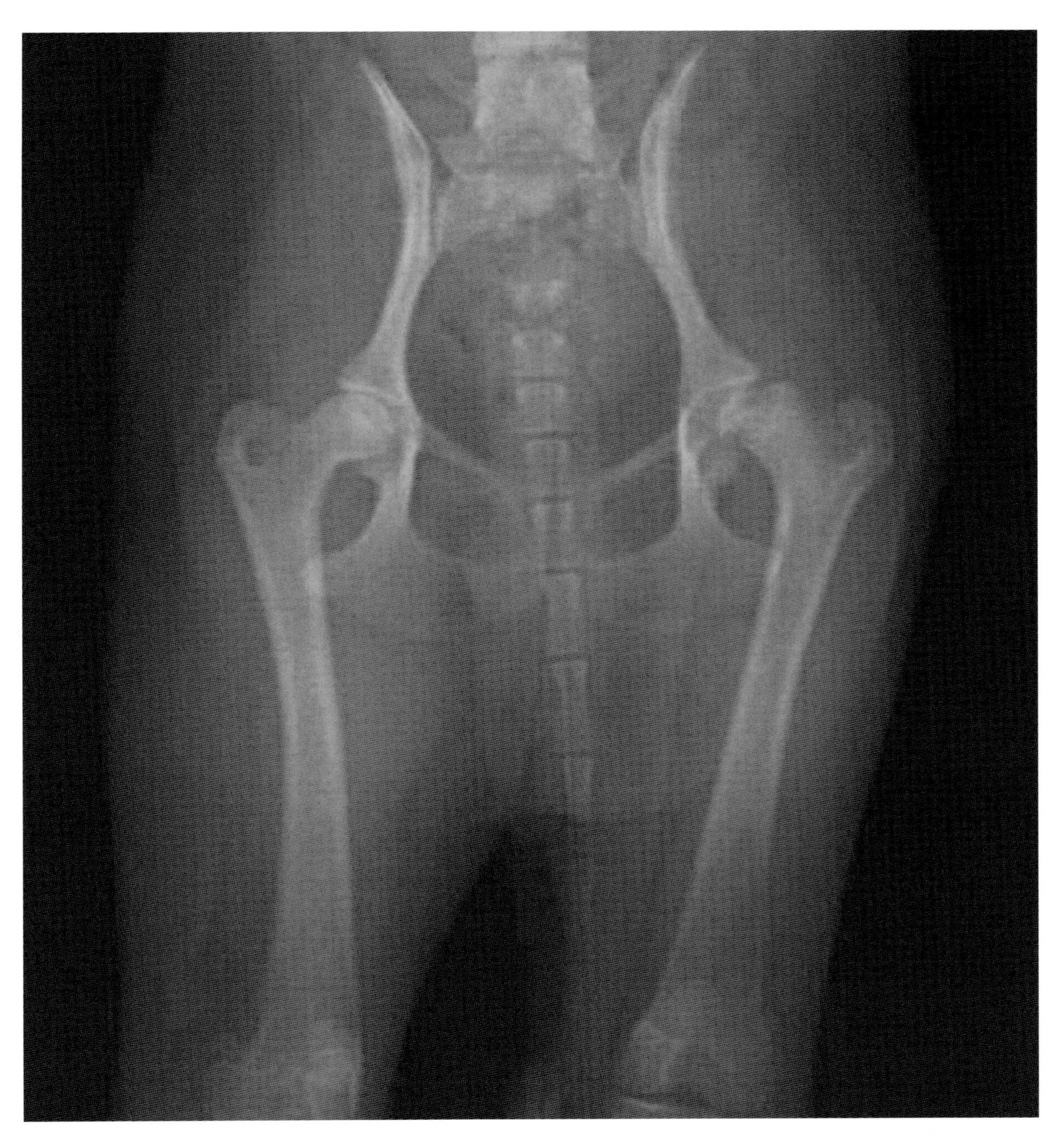

写真 33-1　股関節伸展位単純 X 線 VD 像
左側大腿部ならびに臀部の筋肉量が減少している。

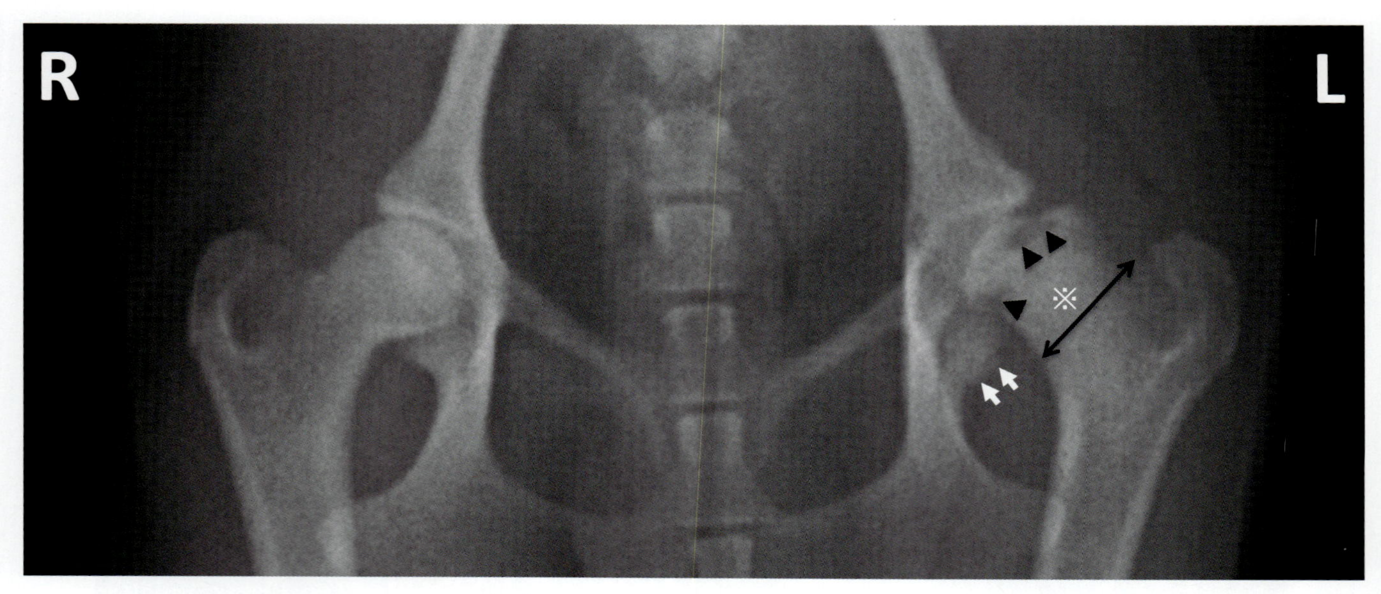

写真 33-2　写真 33-1 の股関節部拡大像

左側大腿骨頭には，レッグペルテス病の特徴的な X 線所見である，骨頭の変形や軟骨下における線状の透過性領域（黒矢頭）が認められる。また，重度な関節腔の増大が認められる。さらに，左側骨頸部の肥厚（黒矢印）と X 線不透過性亢進領域（※印），寛骨臼における新生骨形成（白矢印）が認められ，2 次性の骨関節症が生じている。

❖コメント❖

レッグペルテス病とは，大腿骨頭および骨頸部が原因不明の非炎症性無菌性壊死を起こす疾患であり，3 ～ 13 か月齢のトイ種やテリア種といった小型犬に多く認められる。症状は，通常徐々に悪化する跛行であり，6 ～ 8 週間程度かけて進行する。触診では，股関節の伸展時や外転時に疼痛が誘発できる。同様な股関節の伸展痛や外転痛が認められる疾患には，股関節形成不全，股関節脱臼，骨折，免疫介在性関節炎などが挙げられる。これらの疾患を鑑別する際には，骨盤と股関節を含めた X 線検査（ラテラル像，VD 股関節伸展位像，VD 股関節屈曲位像）が有用である。

初期のレッグペルテス病における大腿骨頭は，病理組織学的に虚血性壊死以外認められず，骨や骨髄組織は正常に観察される。また，関節軟骨の断続的な成長があるにもかかわらず，軟骨骨化の骨化不全が生じ，関節軟骨の厚みが増大する。そのため，X 線検査においては大腿骨頭の異常がわずかであり，関節腔の増大のみが認められる。続いて病変部の進行と体重負荷に伴い，海綿骨である大腿骨頭骨梁の断片化，変形，空洞化が生じる。このため，この時期になるとレッグペルテス病に特徴的な X 線所見である，骨頭の変形や軟骨下における線状の透過性領域が認められるようになる。さらに病変部の進行に伴い，透過性領域が大腿骨頸部まで及ぶこともある。また，変形と同時期に大腿骨頭の骨幹端や関節の軟部組織へ血管新生が起こる。そのため，関節腔の増大がさらに進行する。血行が再開されても大腿骨頭は変形したままであり，骨関節症が生じると大腿骨頸部の肥厚や関節周囲の新生骨形成が認められる。全ての症例が，以上のような順序で X 線学的異常を認めるわけではないが，レッグペルテス病における経時的な X 線学的変化と組織学的変化には，関連性が報告されている。

本疾患の治療法としては，大腿骨頭切除術が適応となる。大腿骨頭切除術は，術後の永続的な跛行がほとんど認められず，安静と鎮痛剤投与による保存療法に比べ予後が良好であり，回復期間も短いことが報告されている。

本症例は左側後肢跛行で来院し，股関節伸展時，屈曲時や外転時に疼痛が認められたため，股関節 X 線検査（ラテラル像，VD 像），CRP 測定を実施した。CRP は正常値で非炎症性関節疾患が示唆され，さらに股関節 X 線検査では，骨頭の変形を伴うレッグペルテス病が考えられたため，大腿骨頭切除術を実施した。

参考文献

1）Lee,R.（1974）：Legg-Perthes Disease in the Dog: The histological and associated radiological changes, *J. Am. Vet. Rad. Soc.* 15, 24.
2）Lee,R. & Fry,P.D.（1969）：Some observations of the occurrence of Legg-Calve-Perthes disease (coxa plana) in the dog, and an evaluation of excision arthroplasty as a method of treatment, *J. Small Anim. Pract.* 10, 309.

34. 猫の大腿骨頭すべり症

症 例：メインクーン，去勢雄，1 歳 6 か月，体重 7.84kg（BCS3）。

主 訴：1 か月前から右後肢を跛行。外傷歴はない。

本症例は初診時に大腿骨頭すべり症と診断し手術を提示したが，飼い主の都合で再診は 3 か月後になったものである。その 3 か月後の画像所見は特徴的であり，合わせて掲載する。

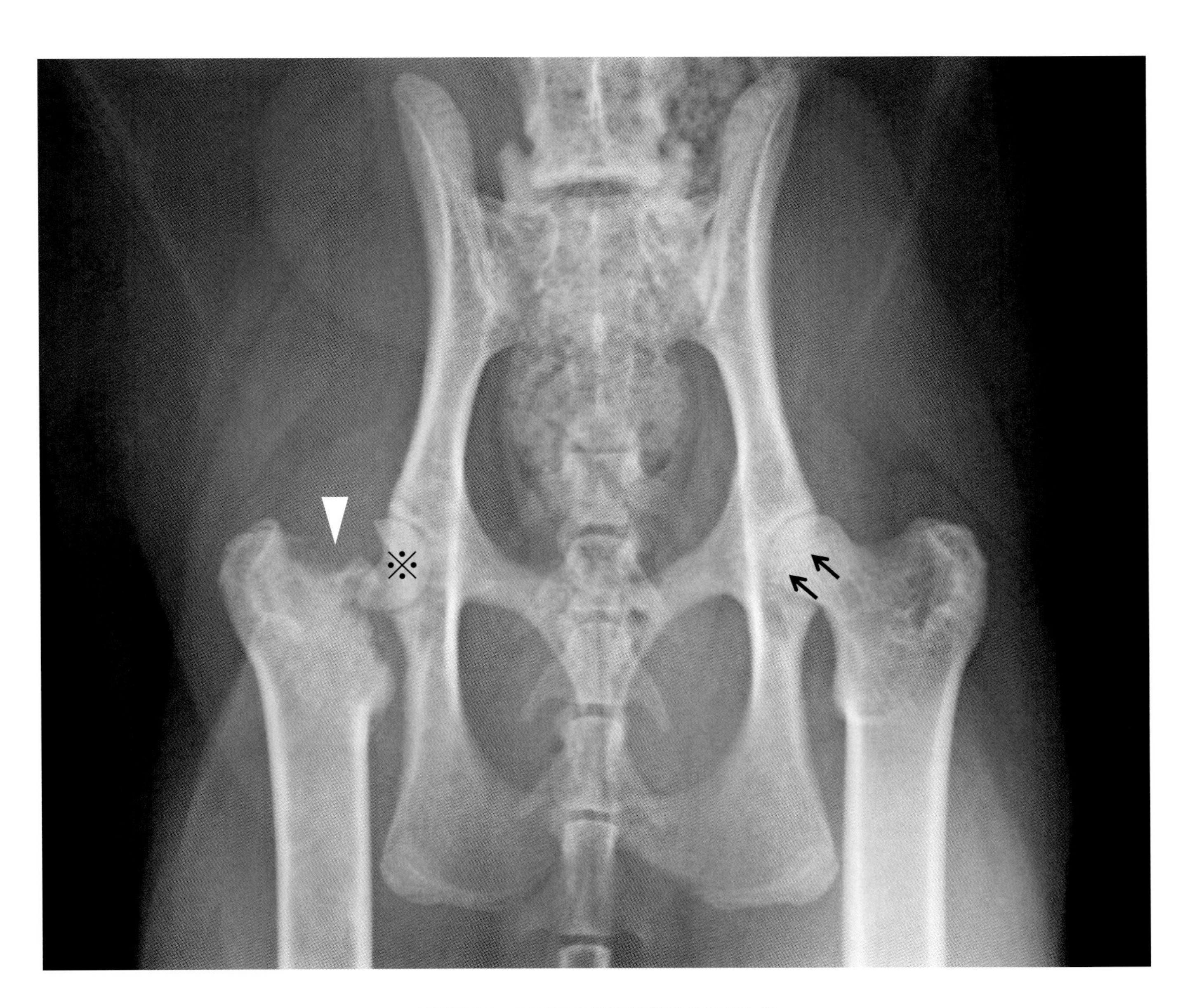

写真 34-1 初診時の股関節単純 X 線 VD 像

右側大腿骨骨頸部に顕著な骨溶解像が認められ（矢頭），分離した骨頭が寛骨臼内に観察される（※印）。また，本症例は 1 歳 6 か月齢の成猫であるにもかかわらず，左側大腿骨近位骨端に X 線透過性ラインが観察され，成長板の閉鎖遅延が両側性に確認できる（矢印）。これらの所見から，右側大腿骨頭は遺残した成長板において骨折し，さらに骨頸の骨溶解が生じたことが示唆される。これは猫の大腿骨頭すべり症に特徴的な所見である。

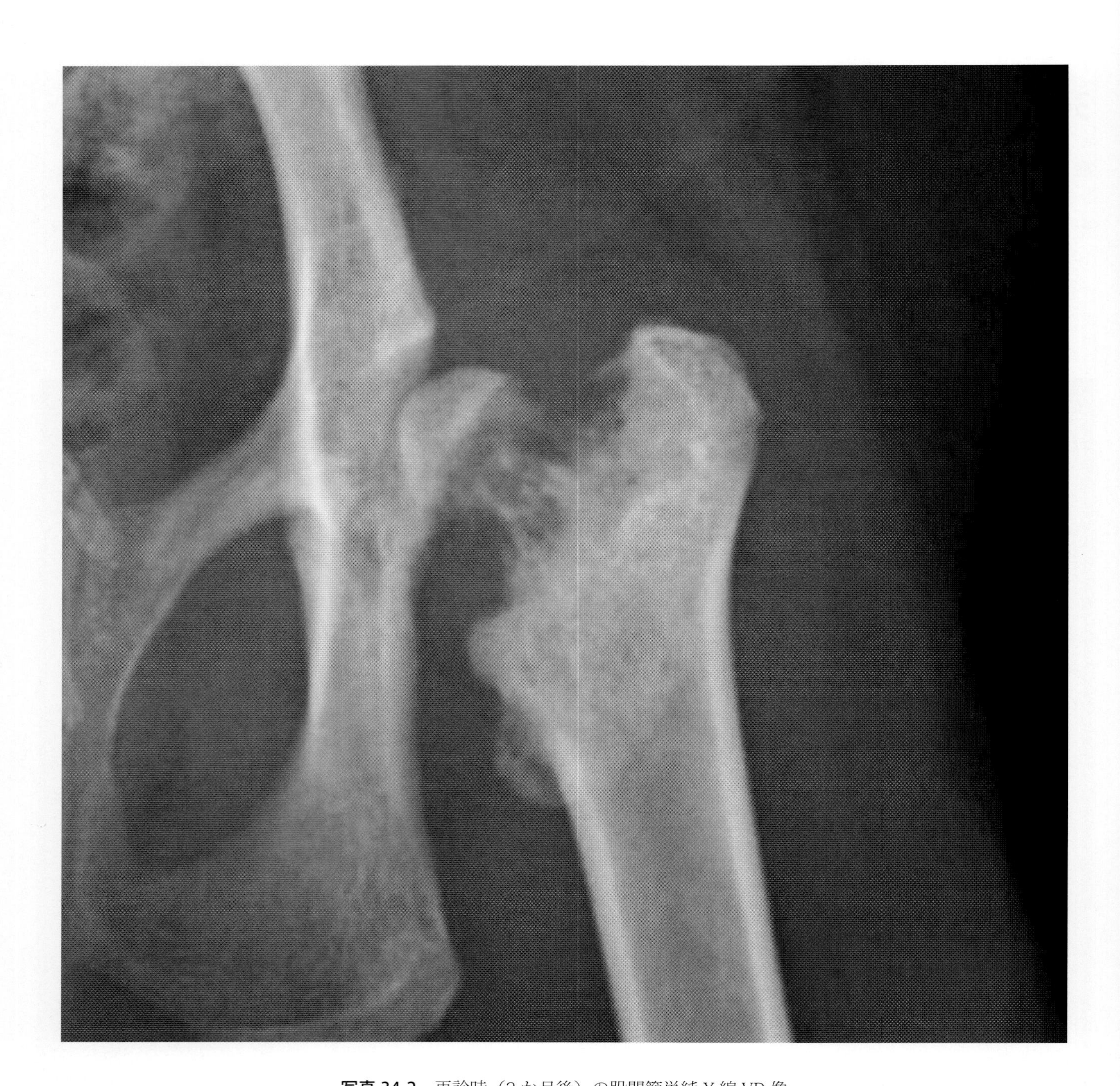

写真 34-2　再診時（3 か月後）の股関節単純 X 線 VD 像
左側大腿骨骨頸部にも骨溶解像が認められ，成長板を境に骨頭とのコントラストが明瞭になり，本病態の特徴をよく表している。また，左右とも骨頭に明らかな異常所見は認められない。

❖コメント❖

猫の大腿骨頭すべり症は，大腿骨頭骨端軟骨異形成症候群，自発性大腿骨頭骨端軟骨骨折といった様々な名称で報告されている。一般に，猫の骨頭骨端軟骨骨折は若齢動物で外傷後に生じるが，大腿骨頭すべり症は成長板閉鎖時期（30 ～ 40 週齢）を過ぎた成猫で自発性に骨頭骨端軟骨骨折を生じる疾患である。類似した疾患として骨頸の特発性骨溶解が原因で骨頭の病的骨折が起きるとする骨頸骨幹端骨症も報告されているが，いずれも同一疾患の異なる段階を反映していると考えられている。

本疾患の病因には不明な点もあるが，病理学的に骨端軟骨組織の異形成が認められ，これによる成長板閉鎖遅延により正常な活動の外力に耐えられず骨折が生じると考えられている。また，去勢手術が成長板閉鎖遅延を招くことが知られており，本疾患と去勢手術との関連が示唆されている。実際に罹患猫のほとんどが去勢雄であり，通常 1 ～ 2 歳で後肢の跛行やジャンプ不能の臨床徴候を示し来院することが多い。

診断には骨盤と股関節を含めた単純 X 線検査が有用である。骨端軟骨における大腿骨頭の変位（いわゆる『すべり』）が初期変化であり，変位がわずかな症例では通常の撮影姿勢に加えて，かえる足姿勢での撮影や経時的な X 線検査により詳細な評価が可能となる。猫の大腿骨頭は円靭帯からの豊富な血液供給により虚血性変化が生じにくく，分離した骨頭にはほとんど異常がみられないが，分断された骨頸部は血流が不足するために，様々な程度の骨溶解が 2 次変化として観察される。また，その程度は有病期間と相関するため，検査の時期によって様々な画像所見が得られる。通常，比較的早期に X 線撮影が行われた場合，コメント写真 34-1 → 2 の順で骨溶解が進行していく。したがって，経過が長い症例は診断時に骨溶解が進行していることが多く，腫瘍や炎症性疾患との鑑別を要する。

罹患が軽度または急性で骨頸の骨溶解が顕著でない時期では，キルシュナーワイヤーによる骨頭骨折の固定も選択肢の 1 つとなる。しかしながら，本疾患は骨病変が進行した段階で診断されることが多く，大腿骨頭および骨頸切除術が第 1 選択となることがほとんどである。

本症例は初診時，骨頸部に強い骨溶解を認めたため，鑑別のため病変部の細胞診および細菌培養検査を行ったが腫瘍や感染性疾患を示唆する所見は得られず，画像所見から大腿骨頭すべり症が考えられた。手術は 3 か月後になり，その際の X 線検査で対側肢にも同様の病変がみられたため，両側大腿骨頭切除術を実施した。

参考文献

1）Queen,J., Bennett,S., Carmichael,S., et al.（1998）：*Vet. Rec.* 142, 159-162.
2）Forrest,J., O'Brien,T. & Manley,A.（1999）：*Vet. Radiol. Ultrasound.* 40, 672.
3）Craig,L.（2001）：*Vet. Path.* 38, 92-97.
4）McNicholas,W., Wilkens,B., Blevins,W. et al.（2002）：*J. Am. Vet. Med. Assoc.* 221, 1731-1736.

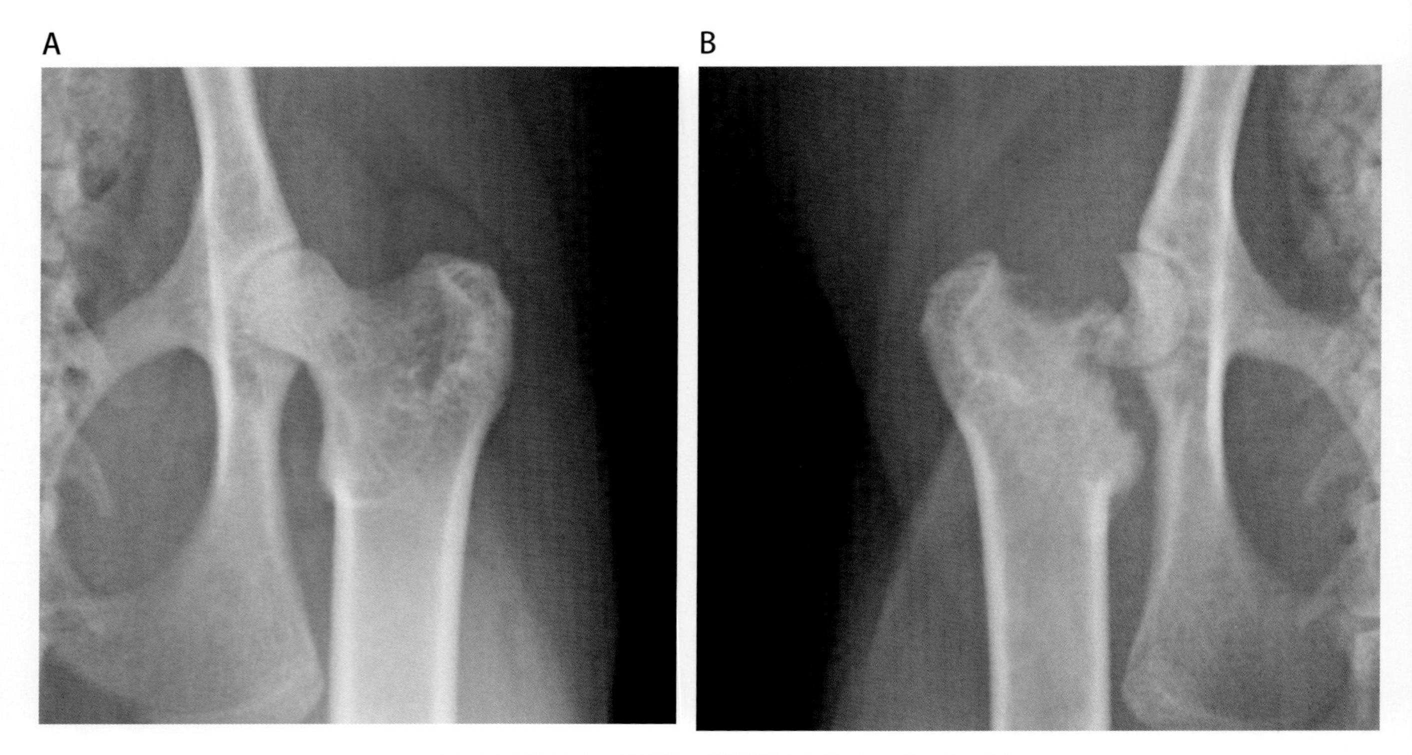

コメント写真 34-1　初診時の股関節拡大像（A：左，B：右）

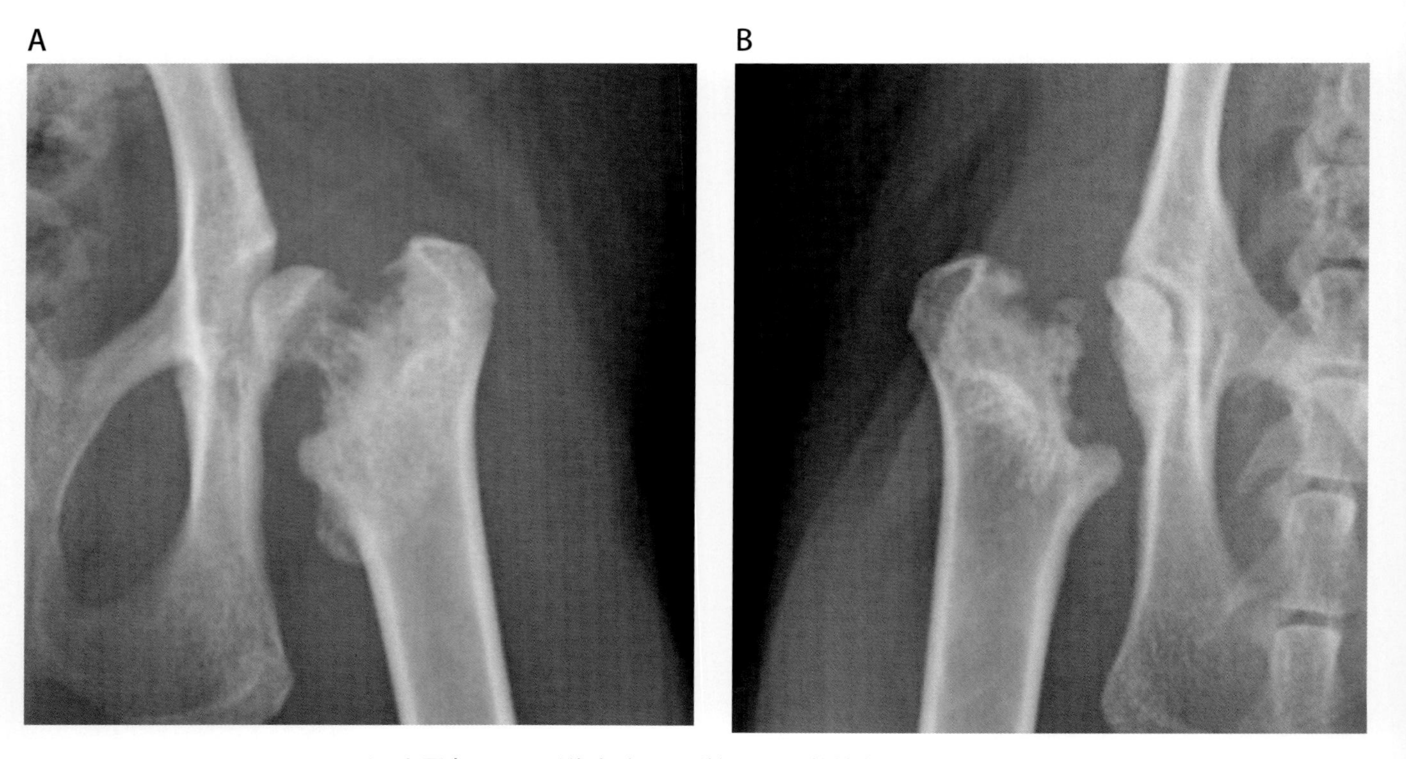

コメント写真 34-2　再診時（3 か月後）の股関節拡大像（A：左，B：右）

35．犬の前十字靭帯完全断裂と半月板損傷

症　例：イングリッシュ・セッター，雄，10 歳，体重 25.0kg
主　訴：左後肢跛行。来院時，左後肢は挙上しており，触診では左側膝関節において伸展痛およびドローワーサインが認められた。

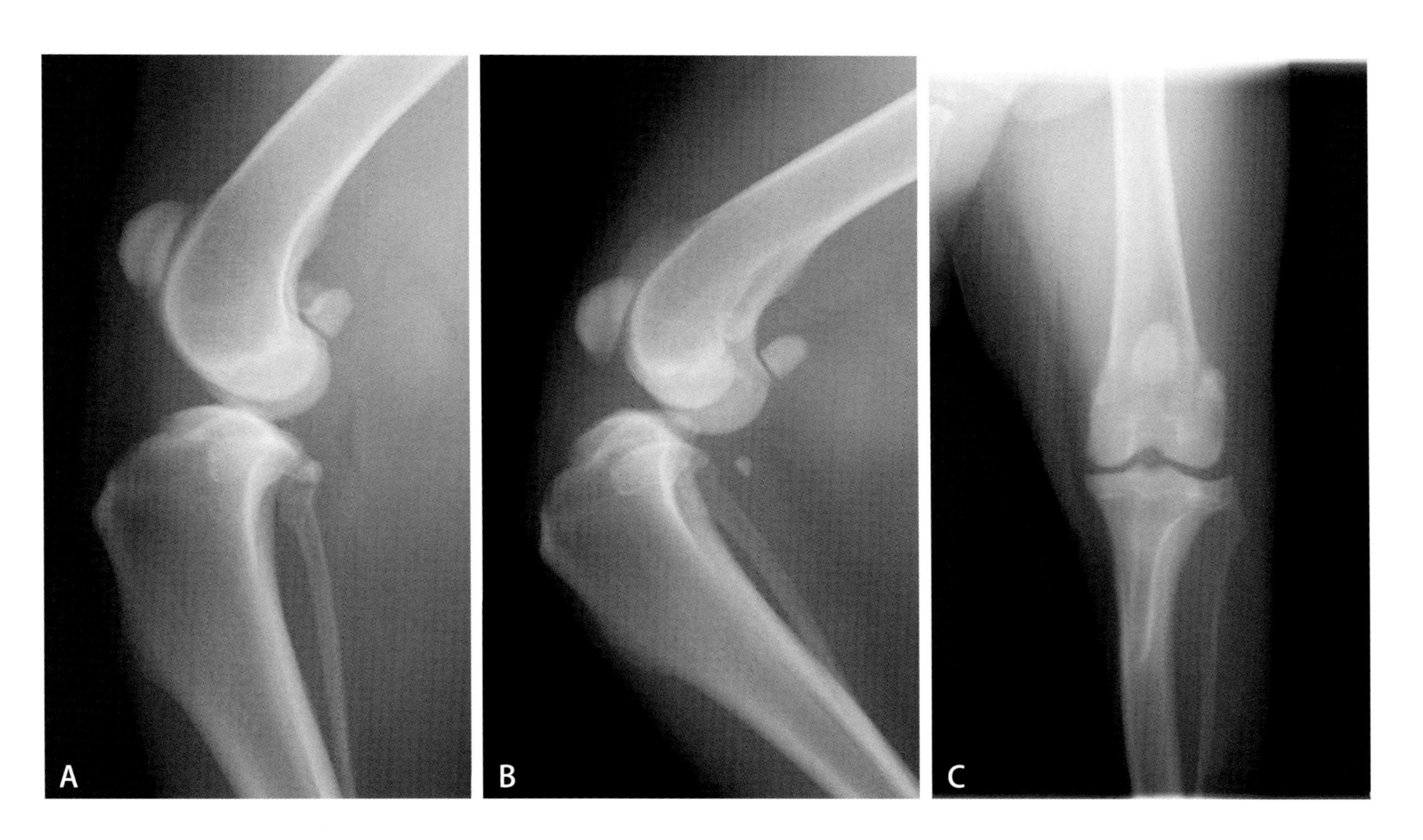

写真 35-1　通常の単純 X 線ラテラル像（A），ストレス下での単純 X 線ラテラル像（B），単純 X 線 CrCa 像（C）
脂肪三角の消失とストレス撮影時に脛骨が前方に変位して確認される。CrCa 像においては異常を認めない。以上の所見から前十字靭帯完全断裂と診断できる。

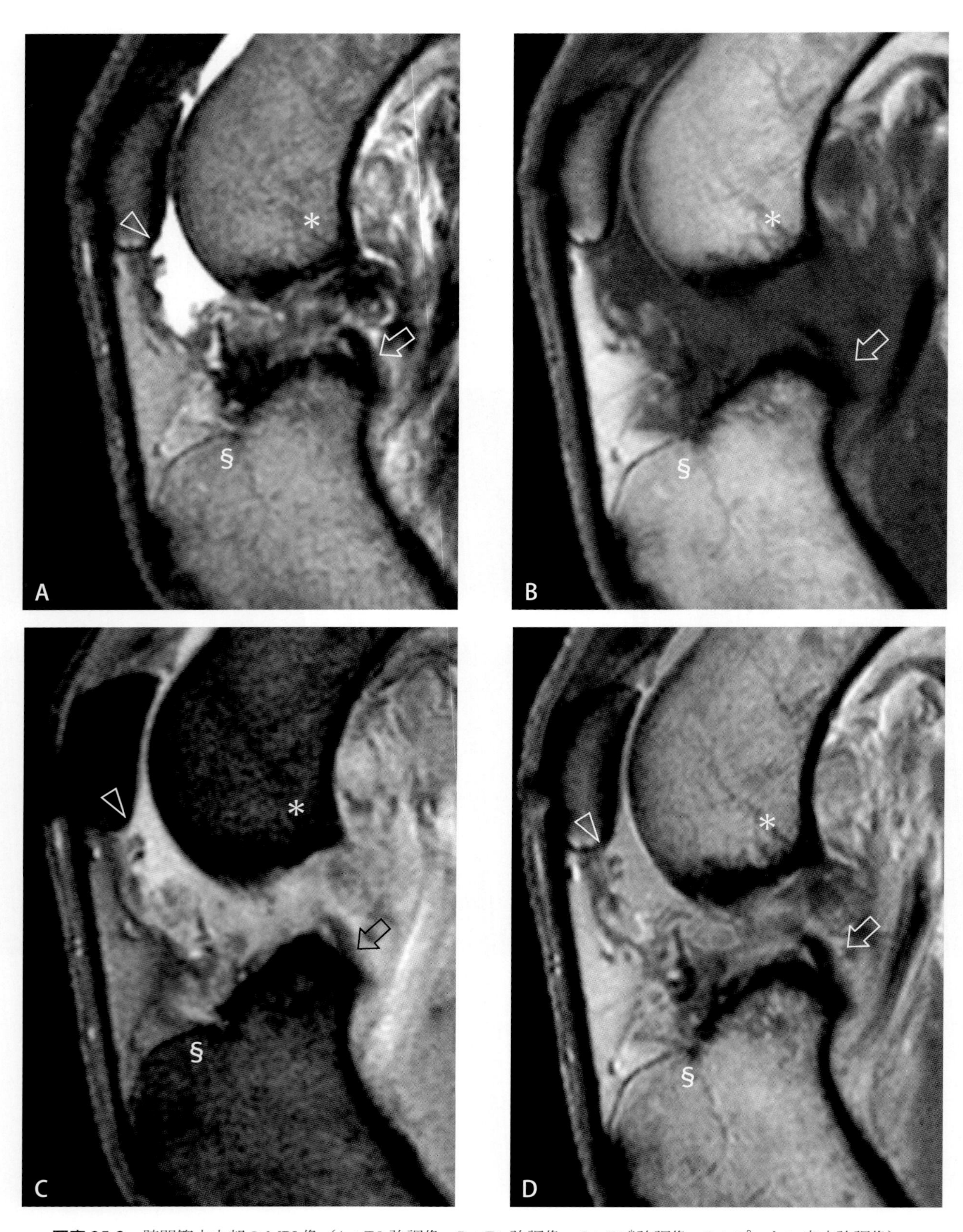

写真 35-2　膝関節中央部の MRI 像（A：T2 強調像，B：T1 強調像，C：T2*強調像，D：プロトン密度強調像）
画像上部が膝関節近位を，画像左側が膝関節前方を示している。全ての撮像法において前十字靭帯が描出されていない。さらに，前十字靭帯の付着部を同定することができない。
矢頭：貯留した関節液，矢印：後十字靭帯，＊：外側顆，§：前顆間区

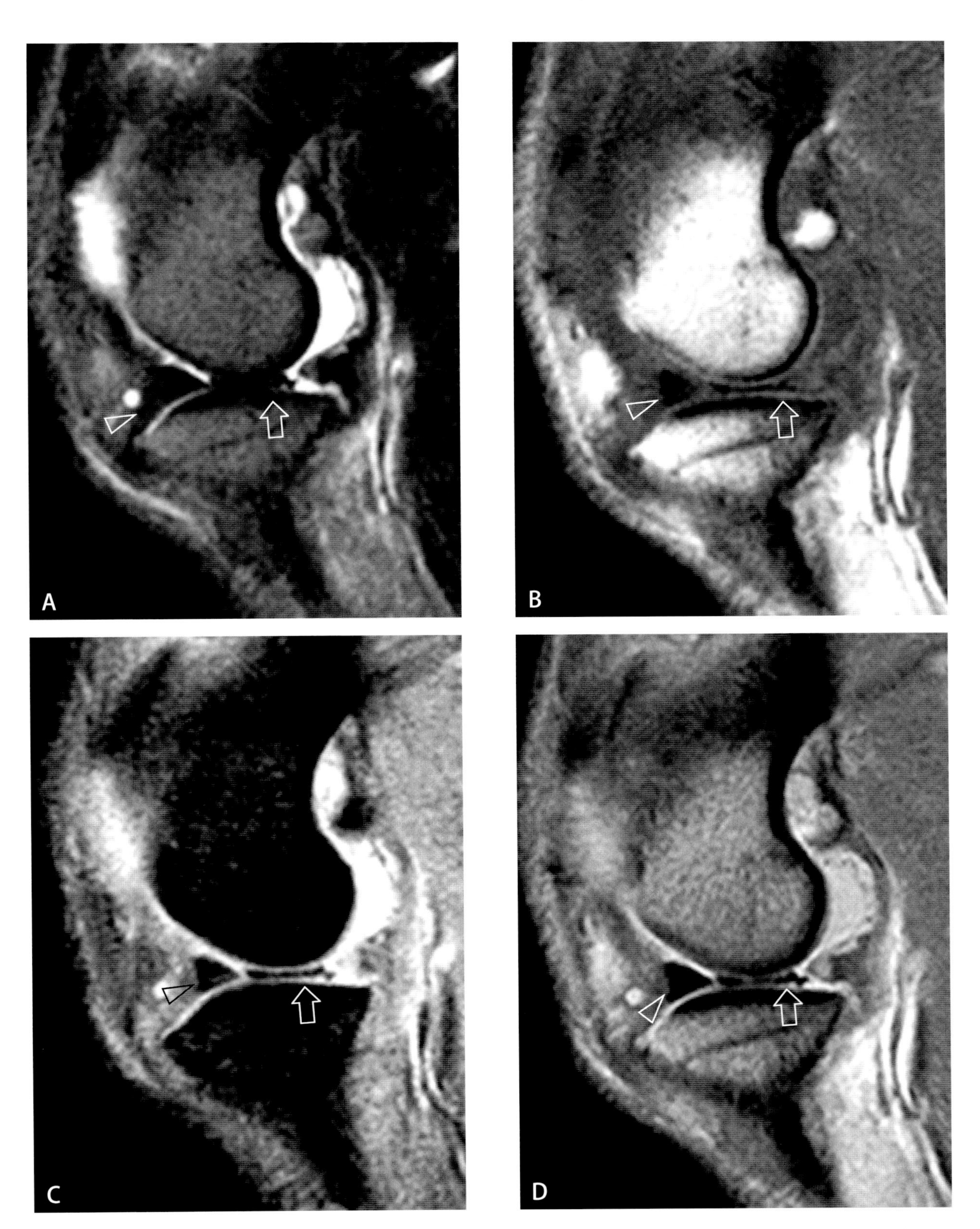

写真 35-3 膝関節内側部の MRI 像（A：T2 強調像，B：T1 強調像，C：T2*強調像，D：プロトン密度強調像）
正常であれば半月板の内側前角と同様，内側後角についても三角形の形状が観察されるが，本症例では内側後角が矢印に示すよう，扁平化している。
矢頭：半月板の内側前角，矢印：半月板の内側後角

❖コメント❖

犬の前十字靭帯完全断裂は，ドローワーサインが認められるため，触診やX線検査で診断が可能である。しかしながら，前十字靭帯断裂に併発する可能性のある半月板損傷については，症状や触診による膝関節のクリック音から推測している現状にある。したがって，半月板は，前十字靭帯の手術を行う際，関節鏡を用いるか，または関節包を切開して直接損傷の有無を確認する必要がある。

前十字靭帯断裂の外科的治療法は様々な術式があるが，中でも関節外での外側縫合法は最も一般的に行われる容易な術式と考えられる。本術式は名前の通り，結紮糸を使用して外側腓腹筋種子骨とドリルホールを開けた脛骨を締結し，関節外で固定を行う方法である。もし，術前に半月板の状態が診断できていれば，関節を切開する必要はなく，関節を切開した場合と比較して切開していなければ動物の術後回復は非常に速い。以上から，医学領域において半月板の診断に使用されている MRI 検査は，動物においても実施する優位性はあるものと考えられる。本症例のように，半月板損傷が存在する場合，MRI 検査において亀裂や変形などの異常が観察可能となる。ただし，関節の MRI は，脳神経系の MRI と比較し，未だ一般的とはいえないことから，今後，さらなる症例数を重ねる必要もある。

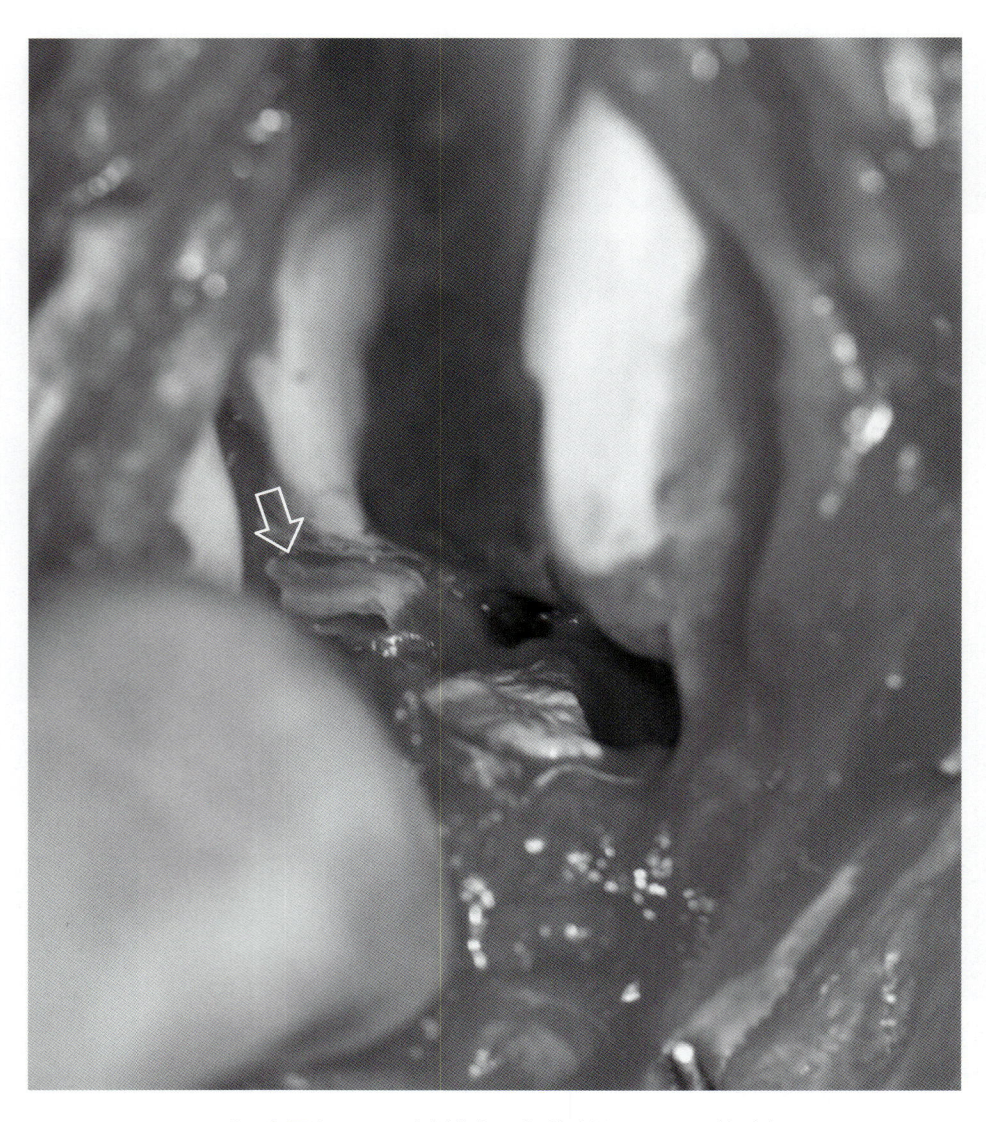

コメント写真 35-1 内側後角に亀裂が認められる（矢印）。

36. 犬の細菌性関節炎

症　例：ジャーマン・シェパード，雌，11 歳，体重 36.7kg。

主　訴：2 週間前からの左後肢挙上，一般状態は良好。

一般身体検査：体温 38.6℃，左股関節の伸展痛，左膝下リンパ節腫大。

血液検査所見：

Ht	53.3	%
WBC	162 × 10^2	/μL
Neu	118.26 × 10^2	/μL
Lym	14.58 × 10^2	/μL
Mon	17.82 × 10^2	/μL
Eos	11.34 × 10^2	/μL
Bas	0.0 × 10^2	/μL
pl	65.6 × 10^4	/μL
TP	7.2	g/dL
Alb	3.1	g/dL
ALT	86	U/L
ALP	903	U/L

TC	309	mg/dL
T-Bil	0.5	mg/dL
Glu	105	mg/dL
BUN	8.5	mg/dL
Cr	0.6	mg/dL
Ca	12.5	mg/dL
iP	6.4	mg/dL
Na	150	mmol/L
K	4.3	mmol/L
Cl	108	mmol/L
CRP	5.7	mg/dL

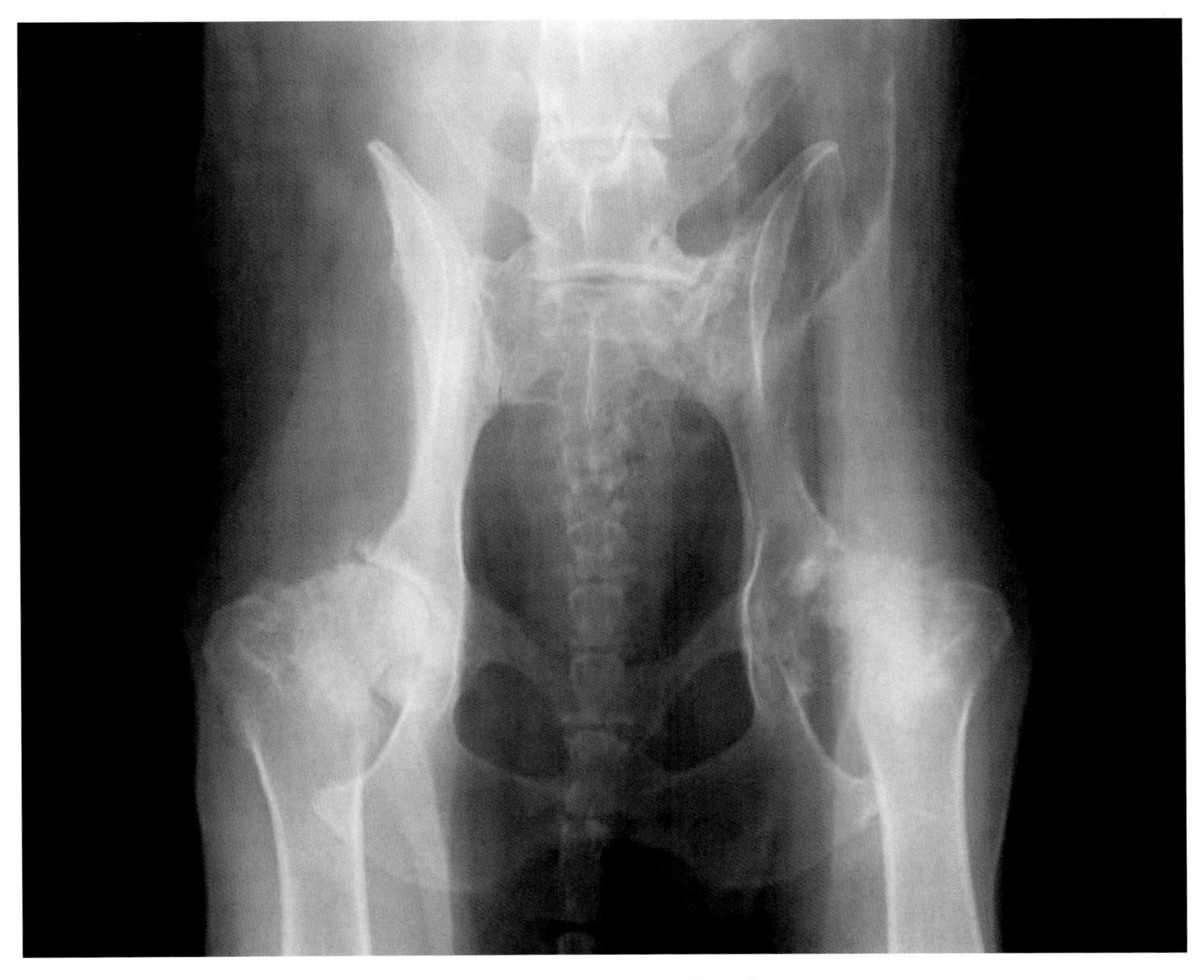

写真 36-1　股関節単純 X 線 VD 像
寛骨臼が浅く，左右股関節共に亜脱臼を起こしている。

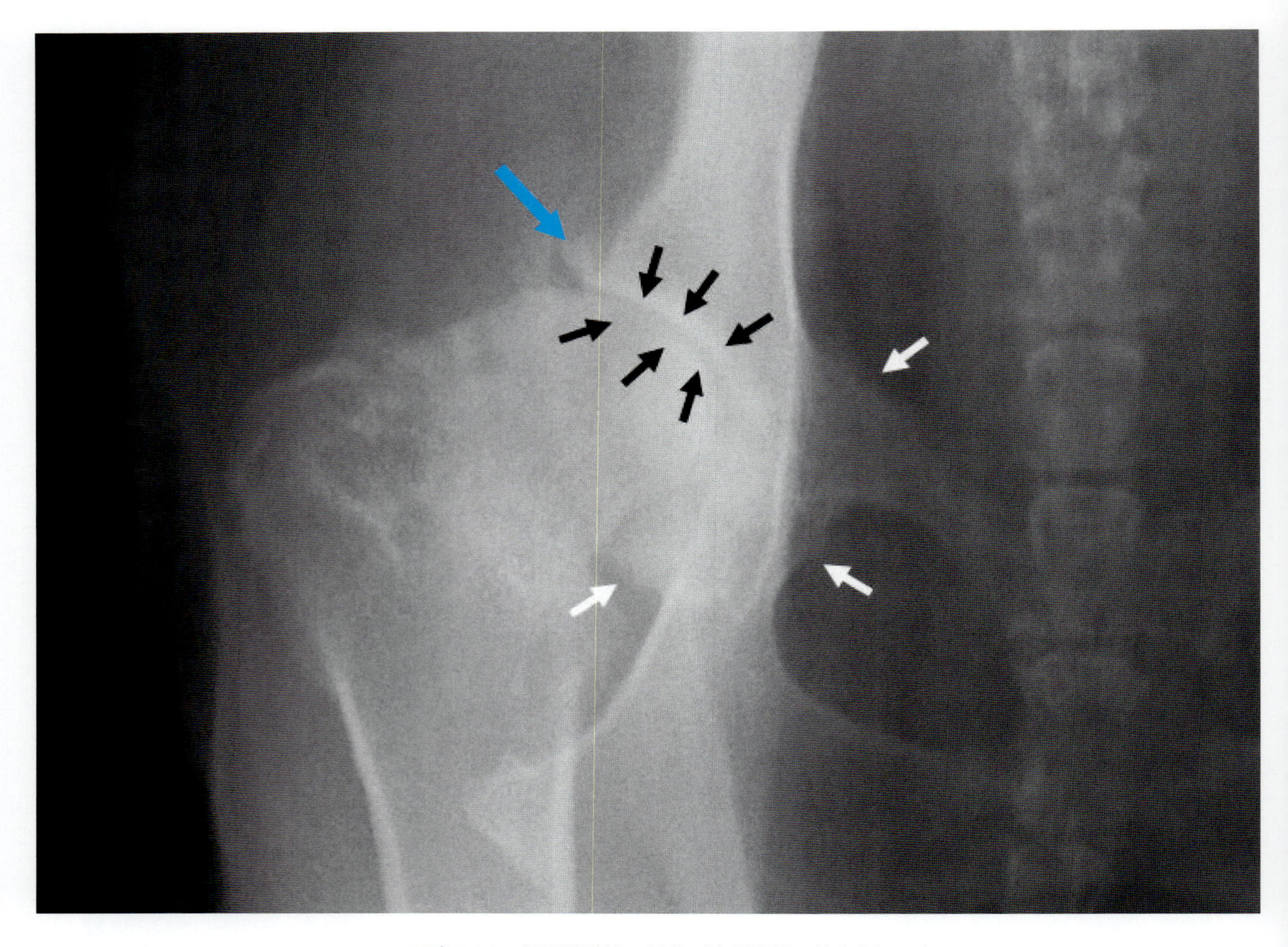

写真 36-2 股関節単純 X 線像（右股関節の拡大像）
股関節腔の狭小化が観察される。大腿骨頭と寛骨臼における軟骨下骨が硬化し，骨端が扁平化している（黒矢印）。寛骨臼窩から恥骨にかけて骨増生がみられる（白矢印）。寛骨臼前方有効端の骨棘の形成が認められる（青矢印）。以上の所見から，股関節異形成による骨関節症が疑われる。

❖コメント❖

関節疾患は，非炎症性および炎症性に分類される。非炎症性関節疾患は，関節に病変が発現するが，通常，感染や全身性疾患には無関係で，関節における先天性の変形や脱臼，発育期の形成不全，外傷，骨折，脱臼などがある。また，これらの疾患が慢性あるいは続発性経過をたどることにより，関節軟骨の代謝異常が生じ，2 次的に骨関節症が発現する。骨関節症は X 線像上で，関節液の減少や関節軟骨の菲薄化による関節腔の狭小化，軟骨下骨の骨硬化，関節包付着部石灰化，骨棘形成などの所見がみられ，骨増生像が特徴的である。

一方，炎症性関節疾患は，初期においては滑膜および滑液に病変が発現するが，経過とともに関節軟骨や軟骨下骨にも異常が波及する。代表的な疾患としては，全身性紅斑性狼瘡，関節リウマチ，感染性関節炎が挙げられる。全身性紅斑性狼瘡，関節リウマチは全身性の自己免疫疾患で，免疫複合体が滑膜や関節軟骨に付着することによって関節の炎症とそれに伴う破壊が生じる。感染性関節炎では，泌尿器および生殖器，細菌性心内膜炎などから血行を介する

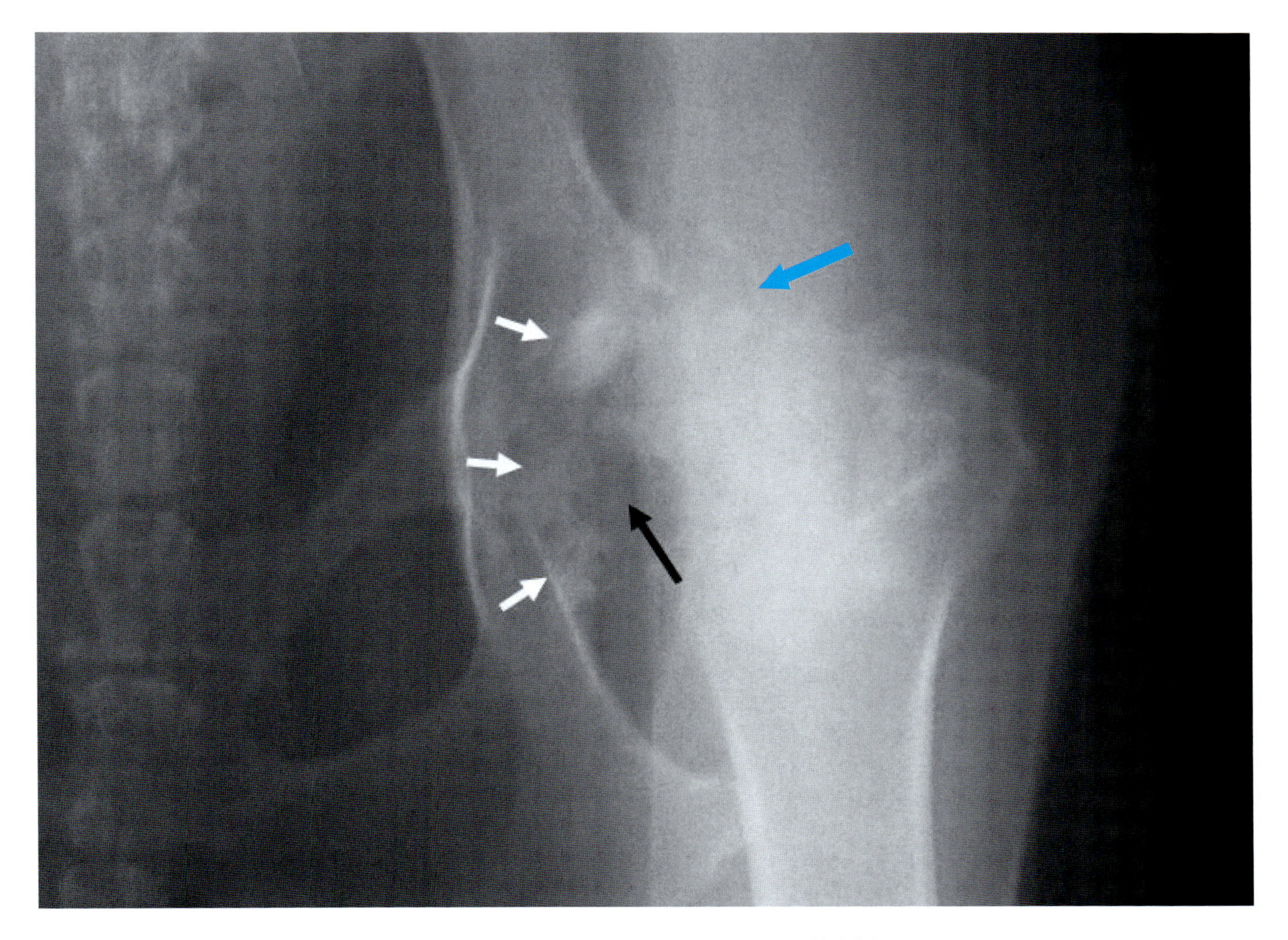

写真 36-3　股関節単純 X 線像（左股関節の拡大像）
股関節腔の拡大が観察される（黒矢印）。大腿骨頭先端の骨溶解が認められ，骨端密度が減少し，輪郭が不整となっている（青矢印）。また，寛骨臼においても不整な軟骨下骨の骨溶解と破壊がみられる（白矢印）。

場合と，外傷や隣接する軟部組織の感染が関節に波及することによって生じる場合がある。いずれの炎症性関節疾患においても，X 線写真上では，関節液の増加による関節腔の拡大，軟骨下骨の骨溶解などの所見がみられ，骨溶解像が特徴的である。

本症例は，ステロイドおよび消炎鎮痛剤の投与により改善がみられなかったため，麻布大学附属動物病院に紹介された。X 線検査において，右股関節は骨増生像を主体とした骨関節症が，左股関節では大腿骨頭および寛骨臼の骨溶解がみられ，炎症性関節疾患や腫瘍性疾患が疑われた。血液検査において顕著な WBC の上昇は認められなかったものの，CRP の上昇が確認された。罹患動物が高齢の大型犬であることから，炎症性関節疾患のみではなく腫瘍性関節疾患も疑われたため，追加検査として，関節液の採取と培養検査ならびに左股関節のジャムシディによる骨生検を実施した。病理学的検査では関節軟骨の線維化と壊死が診断され，培養検査では *Staphylococcus intermedius* が検出されたことから細菌感染による感染性炎症性関節炎と診断した。

37．犬の骨肉腫

症　例：秋田犬，避妊雌，9 歳，32.3kg。
主　訴：右後肢の跛行。

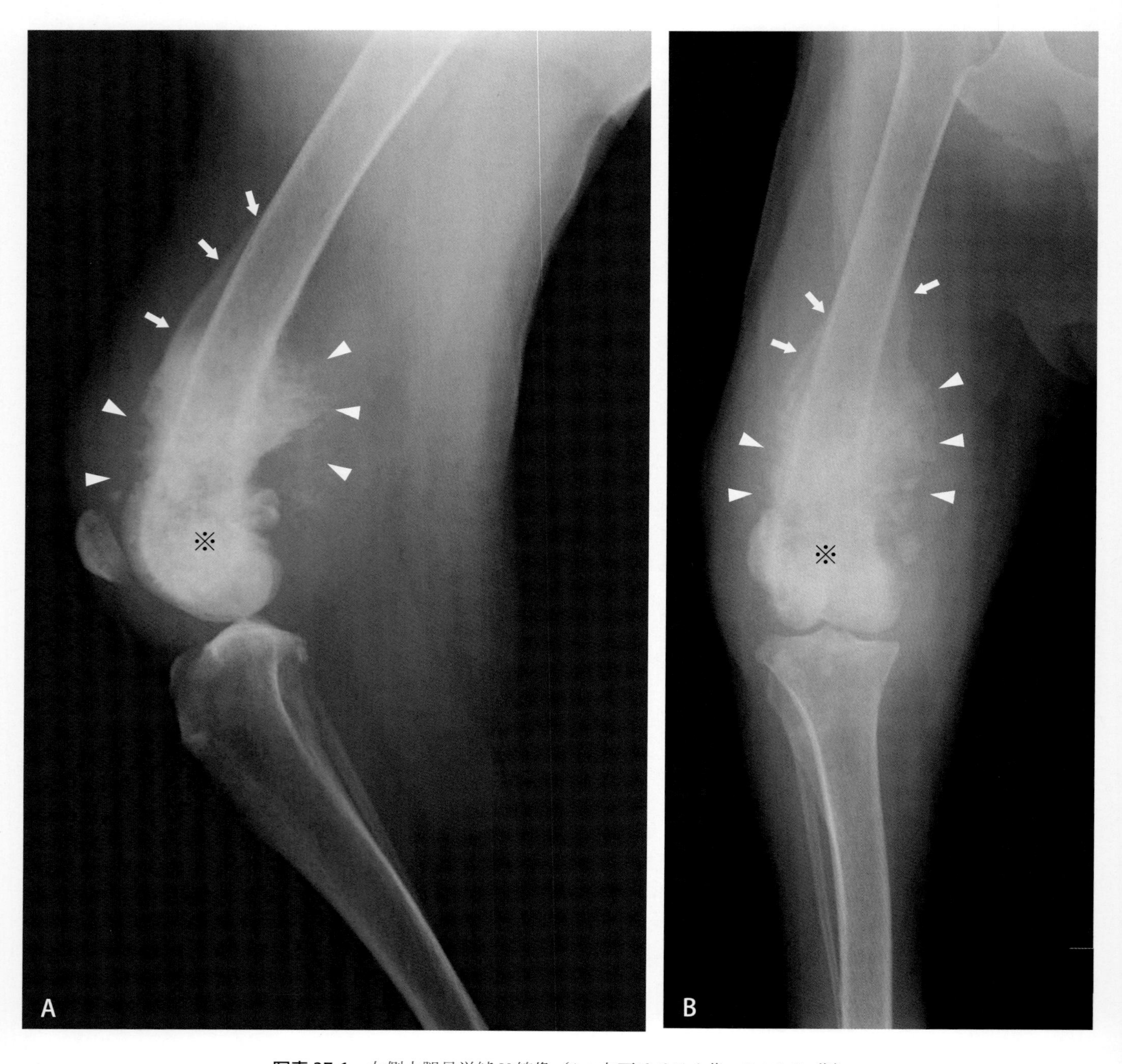

写真 37-1　右側大腿骨単純 X 線像（A：右下ラテラル像，B：CrCa 像）
大腿骨遠位骨幹端においてサンバースト型の骨膜反応（矢頭）と境界不明瞭な骨溶解像（※）が認められ，正常領域と異常領域の移行部にはコッドマン三角（矢印）が観察される。また，病変は関節を越えて観察されない。以上の所見は原発性悪性骨腫瘍の典型的なX線パターンであり，犬の体格，年齢，発生部位を考慮すると骨肉腫が強く疑われる。

A

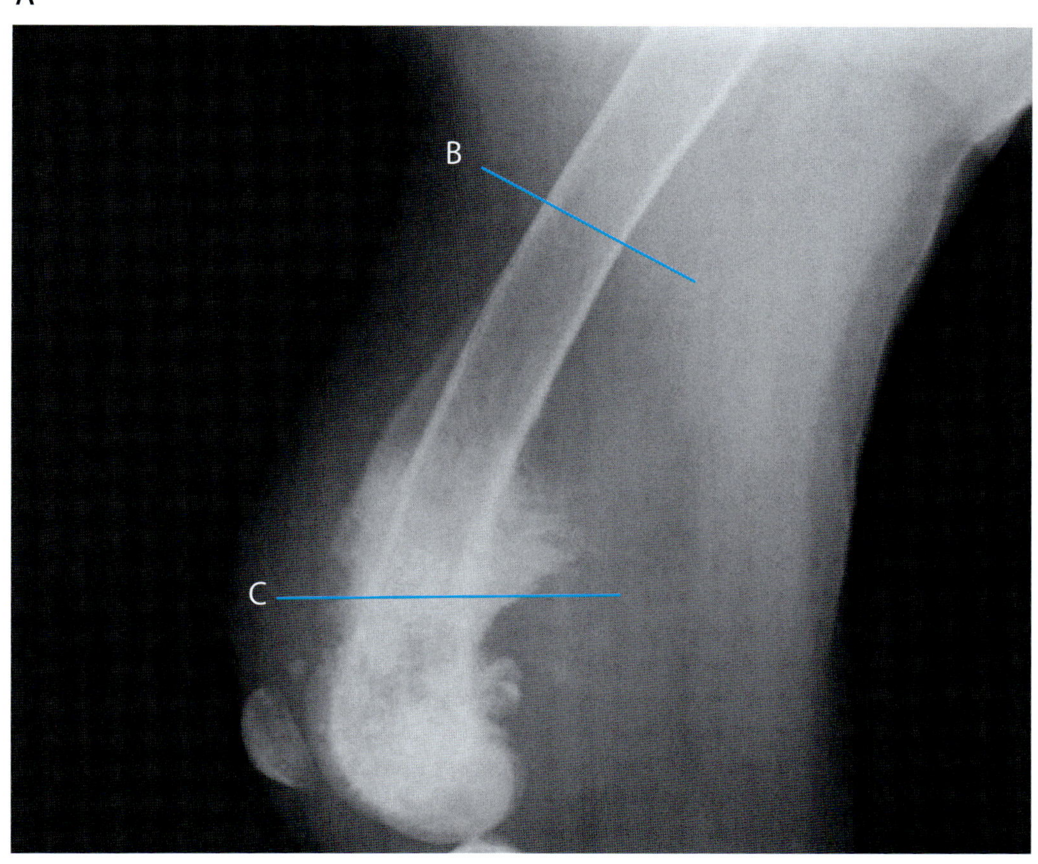

写真 37-2

A：写真 37-2B，C のスキャン部位を示した X 線像

B：正常部位の超音波短軸像

正常な骨皮質は境界明瞭な高エコーラインとして観察される。

C：病変部位の超音波短軸像

骨皮質は不規則なラインとなり連続性が失われ（矢頭），骨皮質が破壊された領域において腫瘤の軟部組織成分が低エコーに認められる（矢印）。石灰化した骨膜反応は表層に向けて増生した高エコー構造物として観察できる（※）。超音波検査は骨組織の描出は困難であるが，B，C のような骨皮質の破壊があれば病変の評価が可能で，経皮的針生検のガイドとして非常に有用である。また，X 線に比較して筋骨格系の軟部組織病変の評価にも優れている。

B
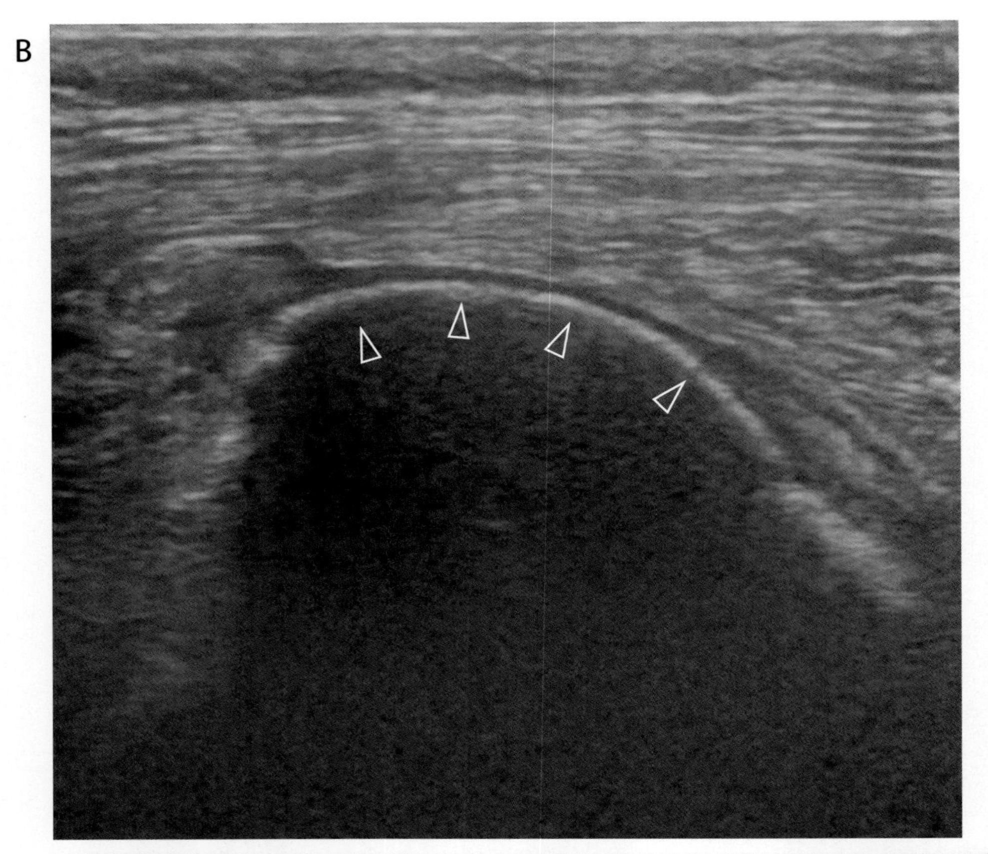

C
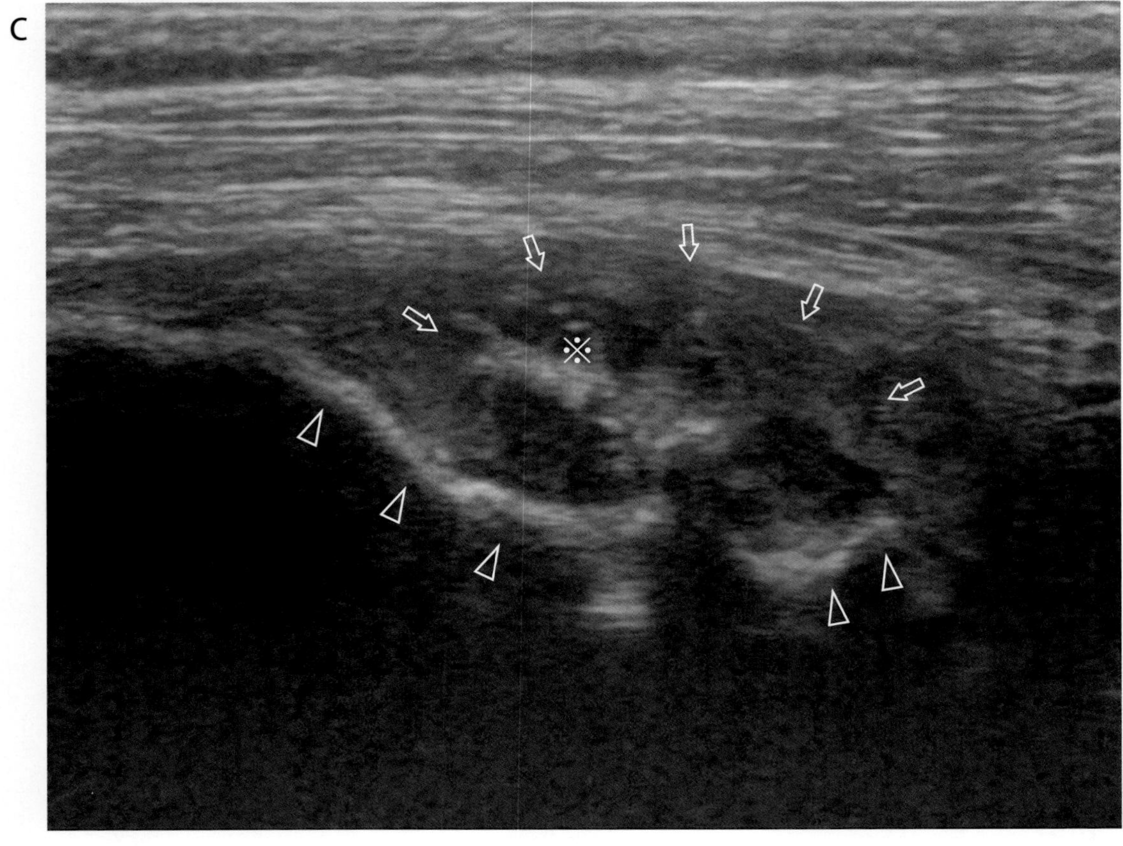

写真 37-2（つづき）

❖コメント❖

犬の原発性悪性骨腫瘍には骨肉腫，粘液肉腫，血管肉腫，脂肪肉腫，線維肉腫などが挙げられるが，骨肉腫は最も多く発生し，原発性悪性骨腫瘍の 85% を占める。中齢～老齢の 20kg 以上の大型犬が罹患しやすく，前肢では上腕骨近位または橈骨遠位，後肢では大腿骨遠位または脛骨近位それぞれの骨幹端が好発部位である。通常，進行性の跛行や患部の腫脹を主訴に来院する。骨肉腫は疾患の初期段階から肺転移を起こしやすい腫瘍であるが，断脚術と化学療

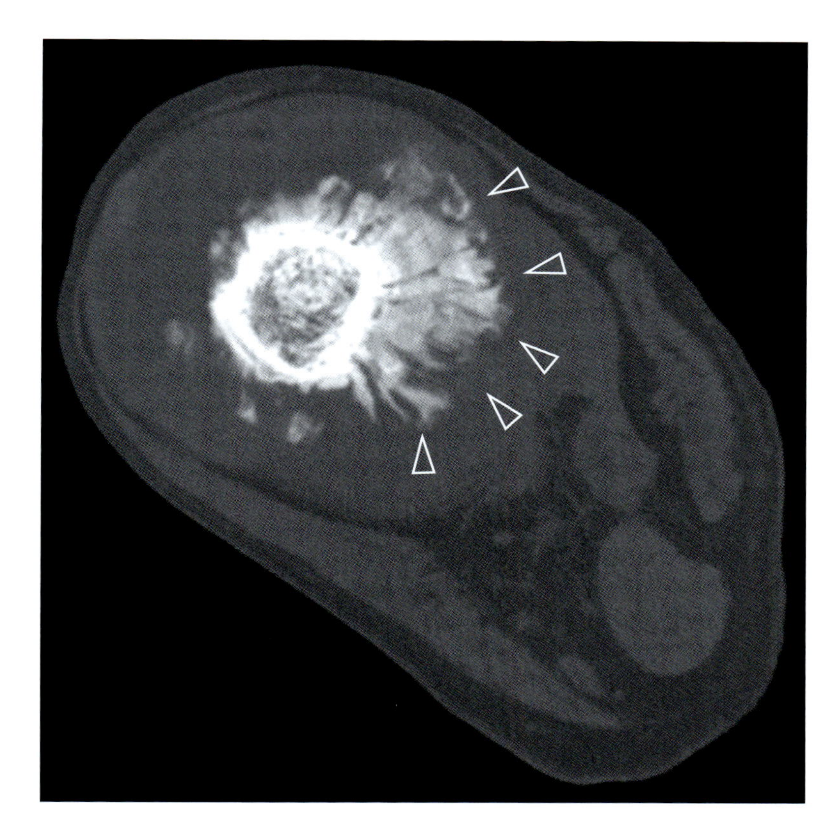

コメント写真 37-1　CT 像（大腿骨遠位骨幹端レベル）本症例は転移確認の CT 検査の際に，参考のため病変部の撮影を行った。骨皮質から放射状に骨膜反応が生じている様子がみられ（矢頭），X 線や超音波でみられる異常所見をよく表している。

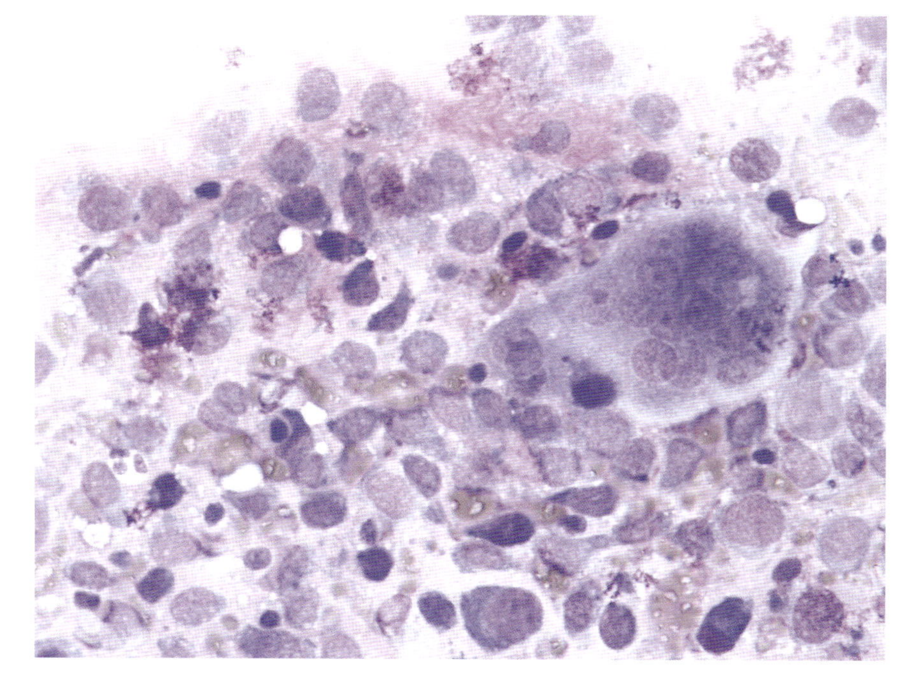

コメント写真 37-2　細胞診像

法の併用によって生存期間の延長や QOL の改善が期待できる。

骨肉腫は特徴的なＸ線パターンに加え，犬の体格と年齢，病変の発生部位から鑑別診断の上位に挙げられる。しかしながら，サンバースト型の骨膜反応や骨溶解像のような侵攻性パターンは細菌性骨髄炎や真菌性骨髄炎でも観察されるため，確定診断には病理組織検査が必要である。

骨病変の生検にはジャムシディ骨髄生検針が一般に用いられるが，超音波ガイド下での経皮的針生検による細胞診も診断精度が高いことが報告されている[1)]。コア生検には全身麻酔や深い鎮静が必要であるのに対し，超音波ガイド下針生検は麻酔を必要とせず，診断も迅速かつ低コストで実施できる点で優位である。一般的に骨病変に超音波は不適用な検査と思われがちだが，良好な画像が得られ，ガイドとすることで穿刺部位を的確に選択することができる。

本症例は超音波ガイド下細胞診でコメント写真 37-2 のような細胞が得られ骨肉腫が強く疑われ，ジャムシディ骨髄生検で骨肉腫と診断された。胸部単純Ｘ線検査および CT 検査で転移は認められず，股関節における断脚術を実施した。

引用文献

1）Britt,T., Clifford,C., Barger,A. et al.（2007）：*J. Small Anim. Pract.* 48, 145-150.

38. 犬の関節腫瘍

症　例：フラット・コーテット・レトリーバー，雄，14 歳。
主　訴：2 か月前からの，左後肢跛行。
既往歴：左後肢の筋肉量低下，左膝関節の伸展痛ならびに腫脹。

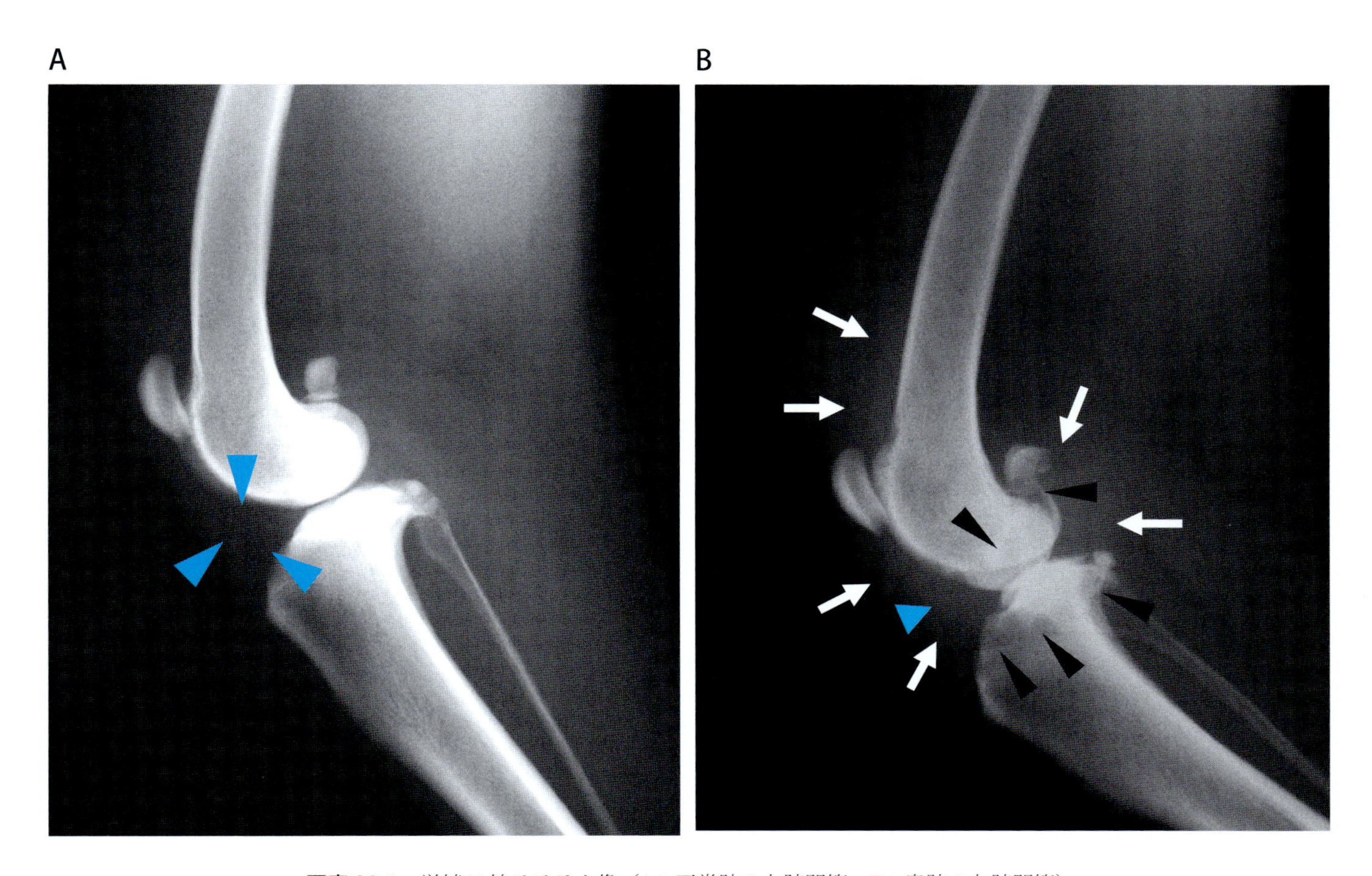

写真 38-1　単純 X 線ラテラル像（A：正常肢の右膝関節，B：患肢の左膝関節）
正常肢の骨端部には，海綿骨内に骨梁陰影が観察される。しかし，患肢の大腿骨遠位端と脛骨近位端の骨梁陰影には，局所的な X 線透過性領域（黒矢頭）が数か所認められる。この所見は，軟骨下骨やその下部における骨梁破壊を示すが，周囲に骨硬化が認められないことから，活動性病変が考えられる。さらに，正常肢では，膝蓋靭帯尾側に，脂肪パットの X 線透過性三角形（A の青矢頭）が観察されるが，患肢においては，関節周囲で X 線不透過性亢進領域（白矢印）が認められ，膝蓋下の X 線透過性三角形が消失している（B の青矢頭）。このことから関節包の拡大が考えられる。この所見の鑑別診断には，関節液貯留，滑膜の肥厚，ならびに新生物が挙げられる。

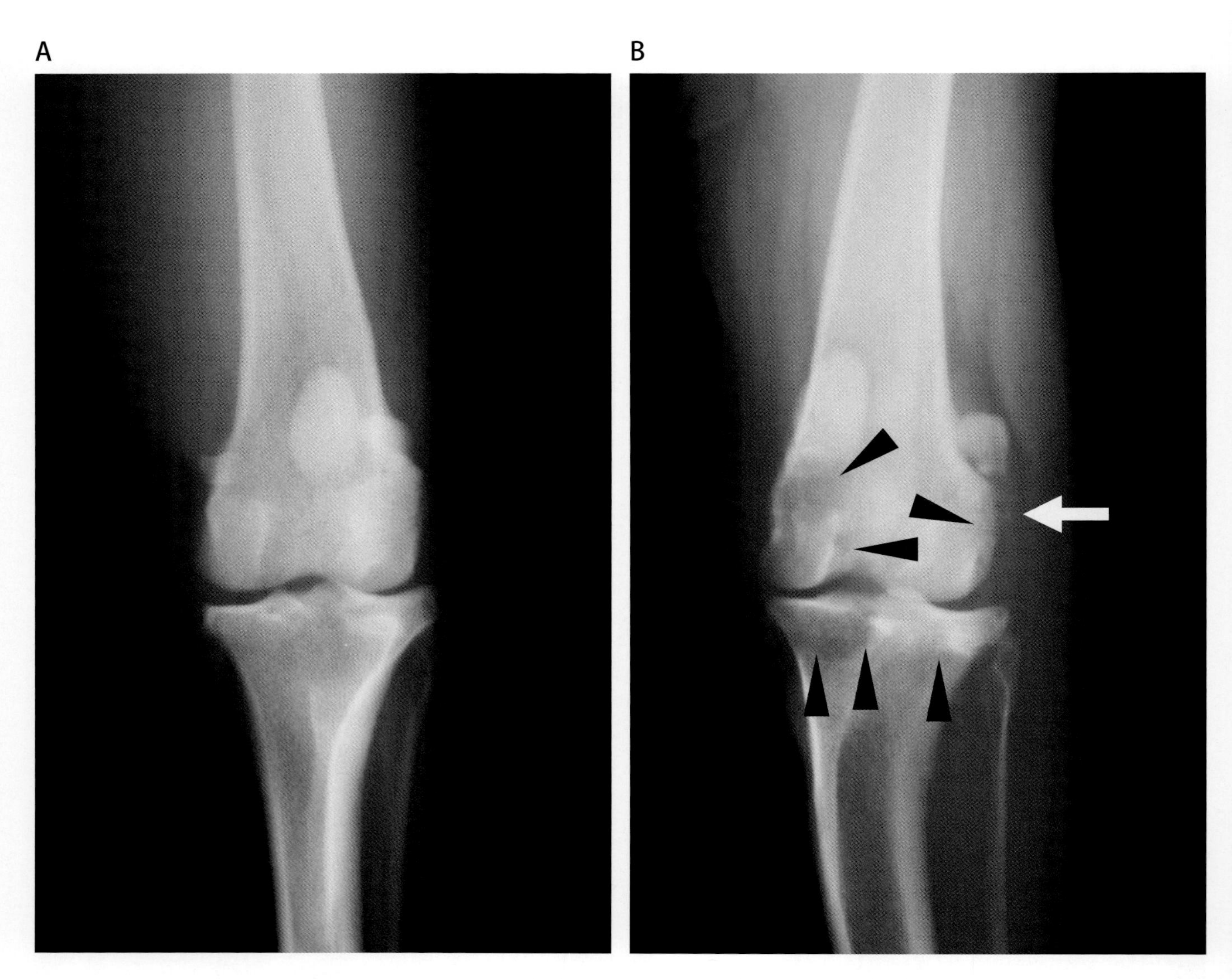

写真 38-2 単純 X 線 CrCa 像（A：正常肢の右膝関節，B：患肢の左膝関節）
患肢では，ラテラル像（写真 38-1B）と同様に，大腿骨遠位と脛骨近位の軟骨下骨領域に骨溶解像（黒矢頭）が認められる。また，大腿骨外側顆辺縁では，骨溶解像領域直上の皮質外側に，無定形の骨膜反応が認められる（白矢印）。

写真 38-1，2 の所見から，感染性や腫瘍性などの侵襲性病変が考えられる。

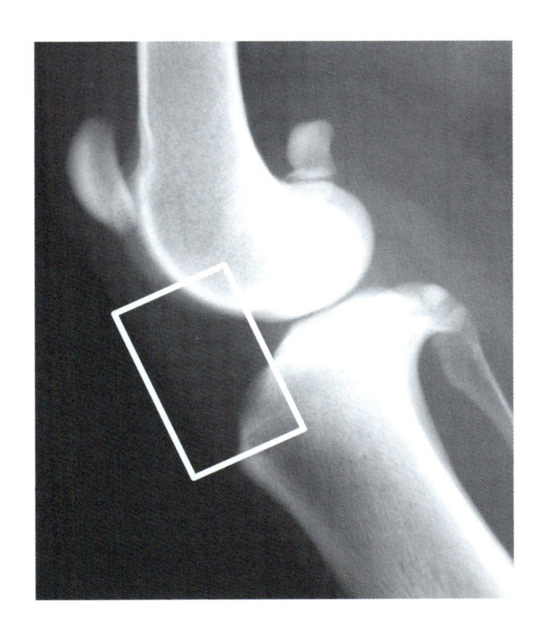

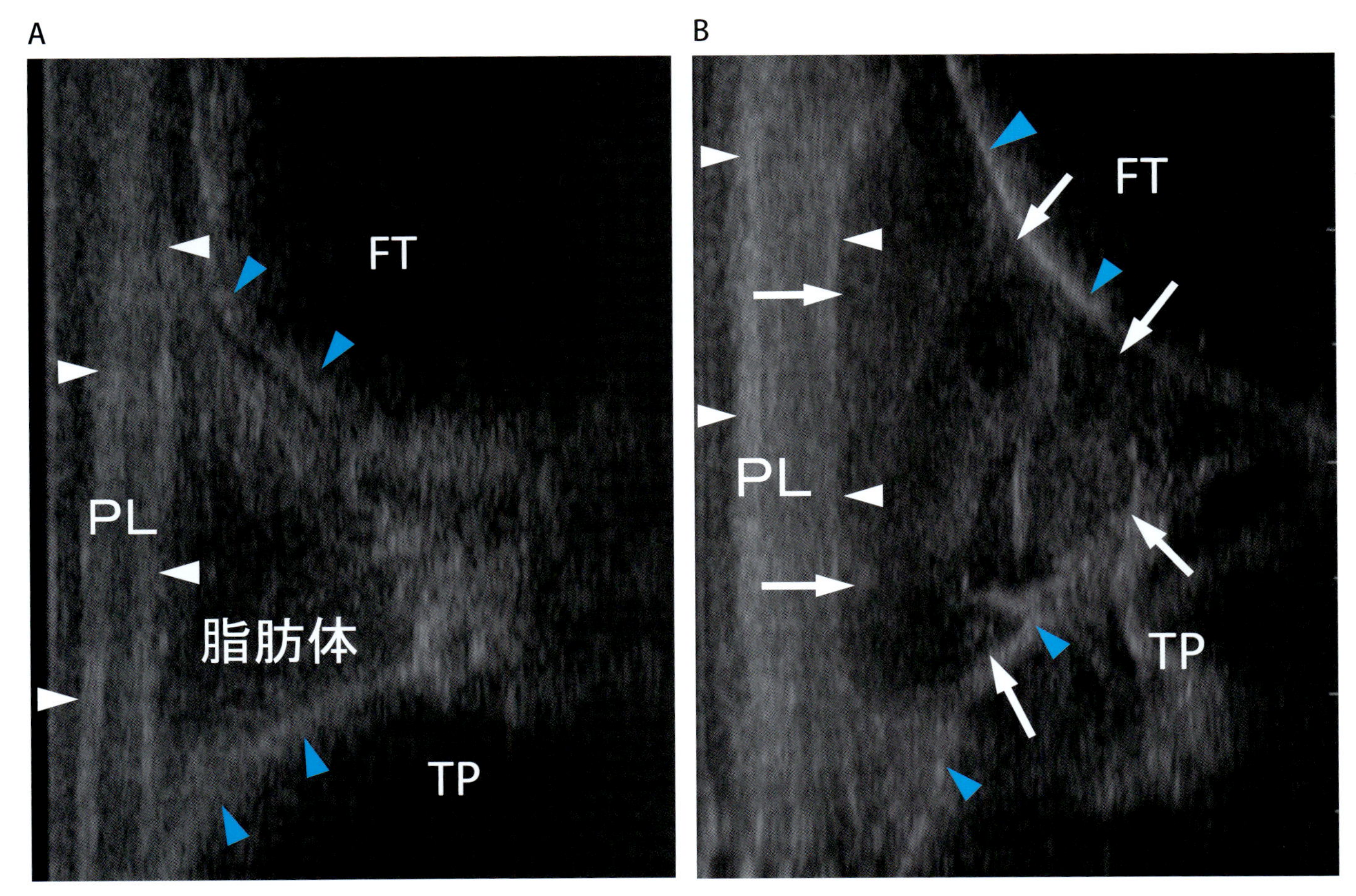

写真 38-3　膝関節超音波像（A：正常肢の右膝，B：患肢の左膝）

＊上部 X 線像内の白枠は，超音波像に一致する部位を示す。

A：膝蓋靱帯尾側における脂肪三角は，均一な粒状構造として認められる。

B：患肢では，膝蓋靱帯尾側の脂肪三角が，全体的に低エコーで，不均一なエコー構造として描出される。本来ならば関節液が存在している領域に，軟部組織腫瘤が充満していることがわかる。

PL・白矢頭：膝蓋靱帯，FT：大腿骨滑車，TP：脛骨高平部，青矢頭：軟骨下骨，白矢印：軟部組織腫瘤

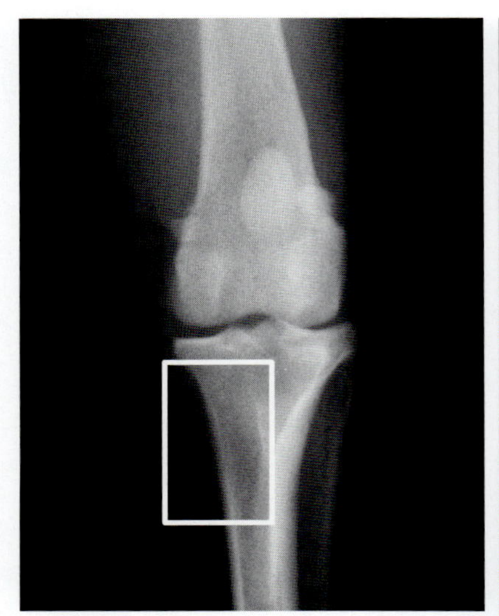

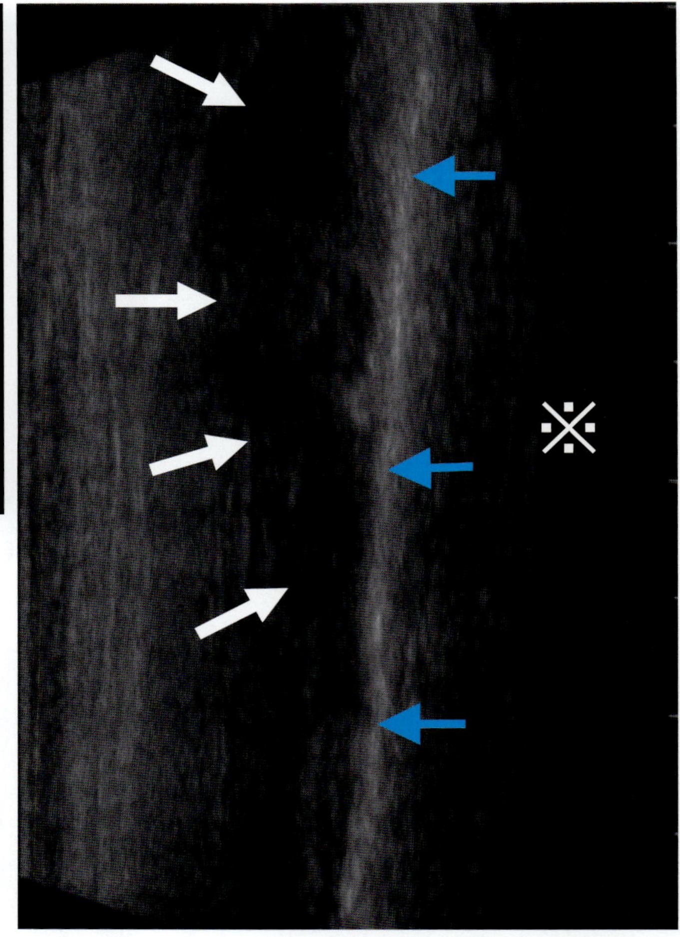

写真 38-4　左脛骨近位骨幹端周囲の超音波像
＊左上 X 線像内の白枠は，超音波像に一致する部位を示す。
下腿部近位の内側から，脛骨に対し長軸走査を行った画像では，脛骨近位骨幹端周囲にも，低エコーで，不均一なエコー構造の軟部組織腫瘤が認められる。
白矢印：軟部組織腫瘤，※：脛骨，青矢印：脛骨の骨表面

❖コメント❖

関節内に発生する腫瘍には，滑膜肉腫，軟骨肉腫，傍骨肉腫，線維肉腫，横紋筋肉腫，組織球肉腫，血管肉腫，滑膜粘液腫，転移性腫瘍などが挙げられ，大型犬種に好発する傾向がある。これらは軟部組織腫瘍であるため，発生初期には骨溶解像が検出されず，病態がかなり進行した段階で初めて軟骨下骨溶解が認められ，異常として認識される。また，感染性や免疫介在性の炎症性関節疾患でも，関節液の性状が変化すると，関節軟骨の糜爛が生じる結果，軟骨下骨領域にも障害が波及し，骨溶解を呈する。このことから，軟骨下骨の溶解が認められなくても，関節腫瘍は否定できず，また，溶解が認められた場合でも，炎症性関節疾患も鑑別しなければならない。よって，X 線検査では画像検査としての情報量が不十分な場合，他の画像検査である，超音波検査，CT 検査，MRI 検査，関節鏡検査などを考慮する必要がある。それら検査方法の中でも超音波検査は，非侵襲性であり，無麻酔で簡便に実施できる。軟部組織性関節腫瘍の超音波所見は，エコー構造とエコー源性が様々であり特異性はないが，関節腔を狭小化させる不整な軟部組織の肥厚，軟部組織の骨軟骨結合部への浸潤，関節腔への腫瘤突出といった異常が確認可能である。さらに，関節周囲の骨表面が不整となり，軟部組織腫瘤が骨幹端の骨皮質や髄質内に浸潤している所見が検出されることもある。描出された軟部組織病変に対しては，超音波ガイド下による経皮的生検が有用である。特に円形細胞腫瘍では，簡易な針生検で確定診断可能となる場合が多い。

本症例では，X 線検査所見から第 1 に関節腫瘍が疑われたが，炎症性関節疾患による関節液貯留も考えられたため，膝関節内の超音波検査を実施した。その結果，関節内や脛骨近位骨幹端周囲に軟部組織性病変が認められた。超音波ガイド下で針生検を行ったところ，組織球性肉腫と診断された。

39. 骨転移を伴う原発性肺腫瘍

症　例：ラブラドール・レトリーバー，避妊雌，7 歳 8 か月，体重 33.5kg。

主　訴：2 か月前からの咳，1 か月前からの喀血，10 日前からの左前肢跛行で来院。

血液検査所見：

PCV	40.6	%	ALP	1407	U/L
RBC	582 × 10^4	/μL	TC	255	mg/dL
Hb	14.3	g/dL	Tg	146	mg/dL
WBC	259 × 10^2	/μL	T-Bil	0.1	mg/dL
Neu	227.7 × 10^2	/μL	Glu	101	mg/dL
Lym	15.9 × 10^2	/μL	BUN	13.6	mg/dL
Mon	14.6 × 10^2	/μL	Cr	0.6	mg/dL
Eos	1.2 × 10^2	/μL	Ca	9.6	mg/dL
Bas	0.1 × 10^2	/μL	iP	4.0	mg/dL
pl	32.5 × 10^4	/μL	Na	149.0	mmol/L
TP	6.6	g/dL	K	4.55	mmol/L
Alb	3.4	g/dL	Cl	111.2	mmol/L
ALT	70.0	U/L	CRP	1.0 以上	mg/dL

A

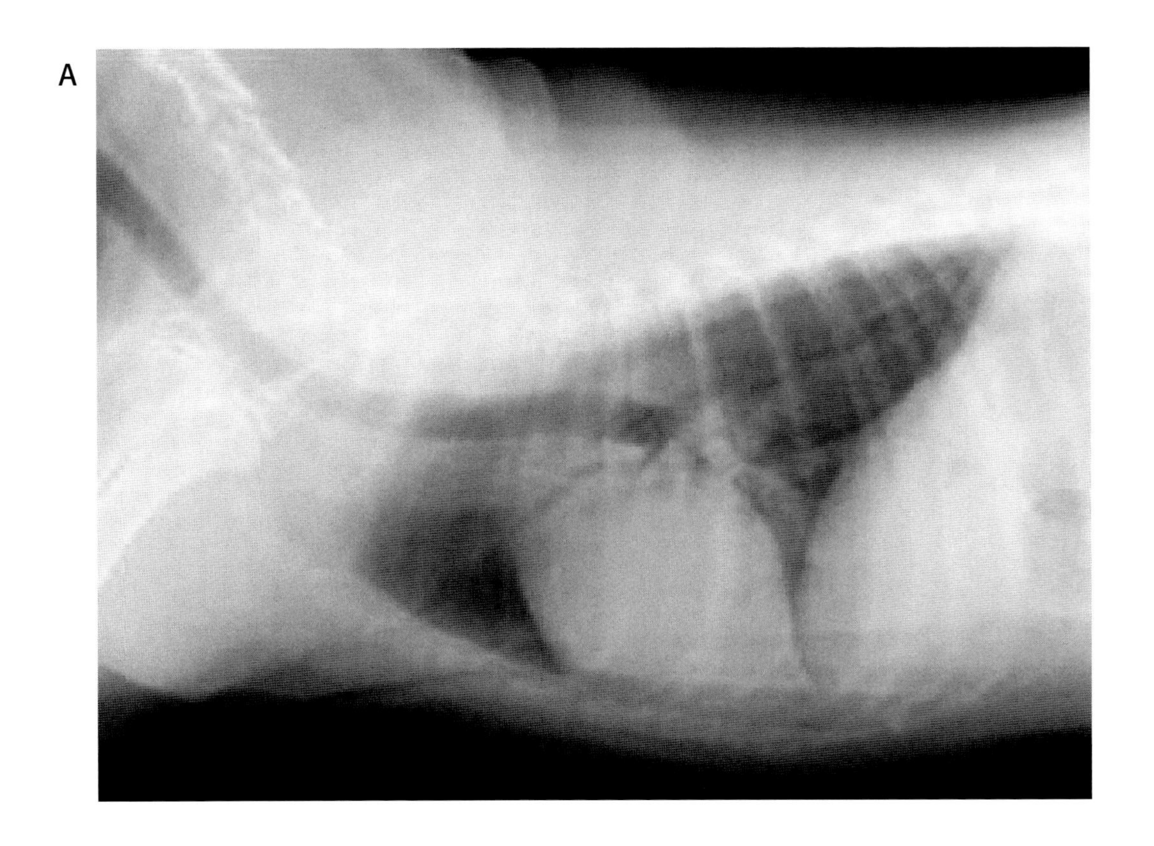

写真 39-1　胸部単純 X 線像（A：右ラテラル像，B：左ラテラル像，C：VD 像）
右中葉は，気管支や肺胞の一部ガスを含有するものも，全体的に X 線の不透過性が亢進している。また，肺容積は中等度であることから肺葉硬化と判断される（矢頭）。肺葉硬化は，肺炎や肺腫瘍の場合に観察される。

B

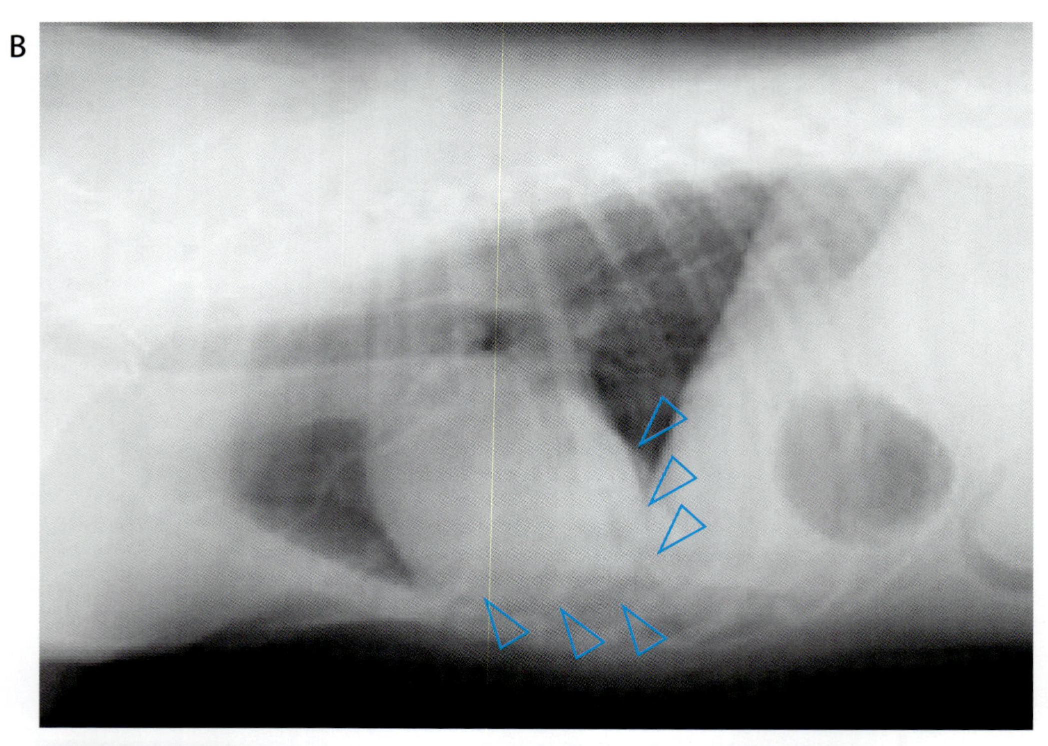

C

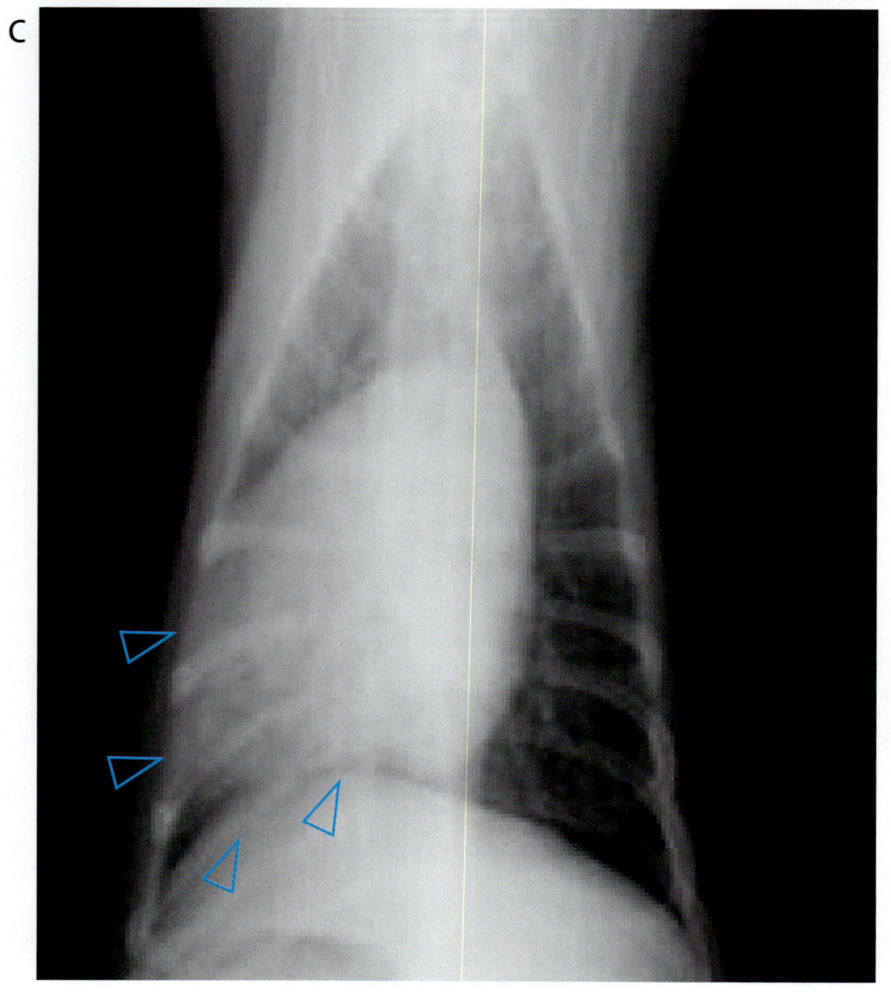

写真 39-1（つづき）

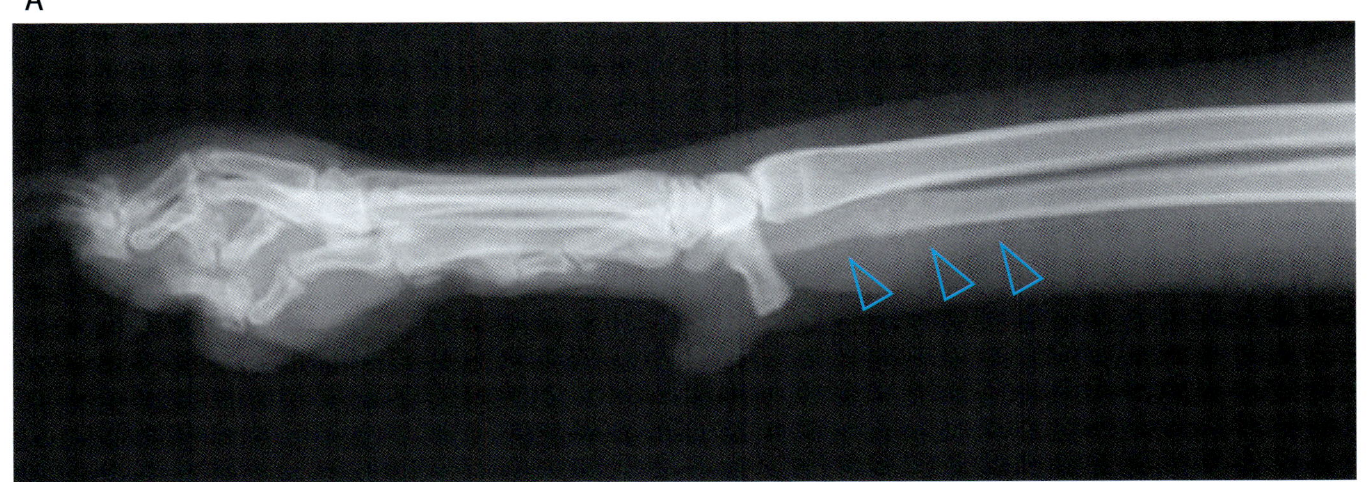

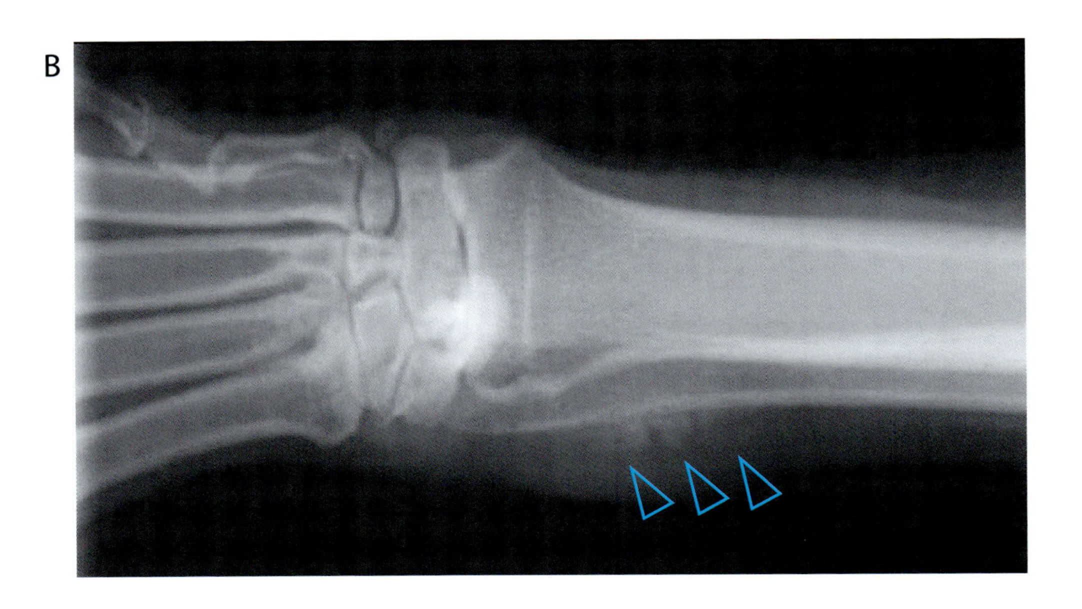

写真 39-2 左前肢単純 X 線像（A：ラテラル像，B：AP 像）
尺骨遠位端の骨表面から，立方状のボックスを並べたような骨膜反応が認められることから，断崖状骨膜反応と判断される（矢頭）。この骨膜反応のタイプは，増殖速度が中等度の病変で観察される。

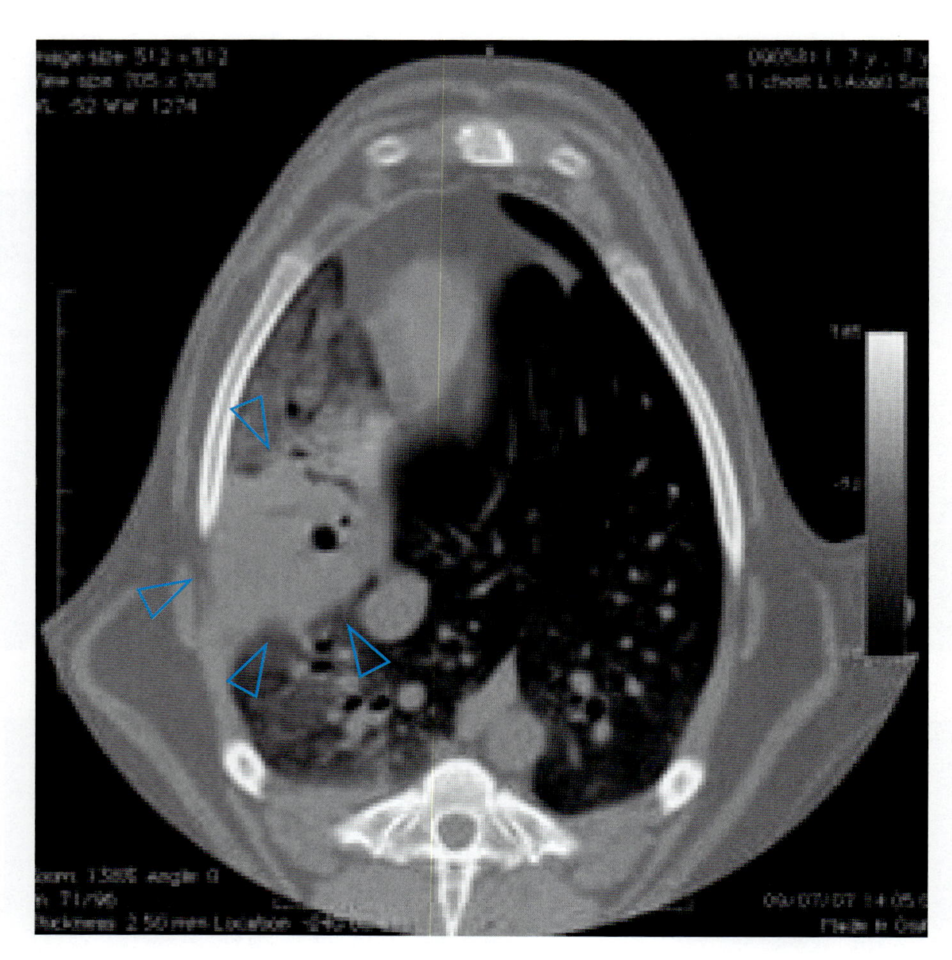

写真 39-3　胸部 CT 像
間質結節の輪郭（矢頭）が，肺胞パターンに取り囲まれて観察される。

❖コメント❖

本症例は，X 線検査から肺葉硬化と判断され（写真 39-1），肺腫瘍や肺炎が考えられる。また，左前肢については，中等度の骨膜増生を示す断崖状の骨膜反応が認められ（写真 39-2），骨腫瘍や肺との関係から肥大性骨症が疑われる。したがって，肺病変と前肢病変の関係を診断することが重要となる。

考え得る関係としては，肺原発性腫瘍＋肺性肥大性骨症，肺炎＋肺性肥大性骨症，肺原発性腫瘍＋骨転移，骨原発性腫瘍＋肺転移，骨腫瘍＋肺炎，骨腫瘍＋肺原発性腫瘍といったものが挙げられる。

胸部 CT 検査を行ったところ，右中葉は肺胞パターンの中心部に比較的大型の孤立性間質結節を認めた（写真 39-3）。肺葉に間質結節が認められる疾患としては，腫瘍や膿瘍などの感染性疾患が鑑別診断となるが，9 割以上の確率で腫瘍と判断してよい。また，転移性腫瘍では，通常大小多数の結節が認められることから，本症例の場合肺原発性腫瘍の可能性が非常に高いと判断される。また，前肢については，肺性肥大性骨症の場合中手骨や中足骨から病変が発現することが多い。したがって，画像診断所見からは，肺原発性腫瘍＋骨転移，または肺原発性腫瘍＋骨原発性腫瘍の可能性が高いことが示唆される。しかしながら，前肢病変が肥大性骨症であった場合，肺葉切除が適応となる可能性も考慮されるため，肺の針生検ならびに骨生検を行った。その結果，肺からは悪性度の認められる上皮細胞集塊が確認され，前肢からも肺と同様の腫瘍細胞が観察された。以上から，本症例は肺原発性腫瘍の骨転移と診断し，対症療法のみの治療に留められた。

40. 犬の末梢性動静脈瘻

症　例：柴犬，雄，7 歳 2 か月。

主　訴：1 か月前より左前肢中手部掌側面の腫脹，穿刺吸引により多量の血液が抜けたが，縮小しない。

一般身体検査：左前肢掌側面掌球，手根球間に 2.5cm 大の軟性腫瘤が存在し，無痛性で波動感があり，底部に固着している。血液検査に異常は認めない。

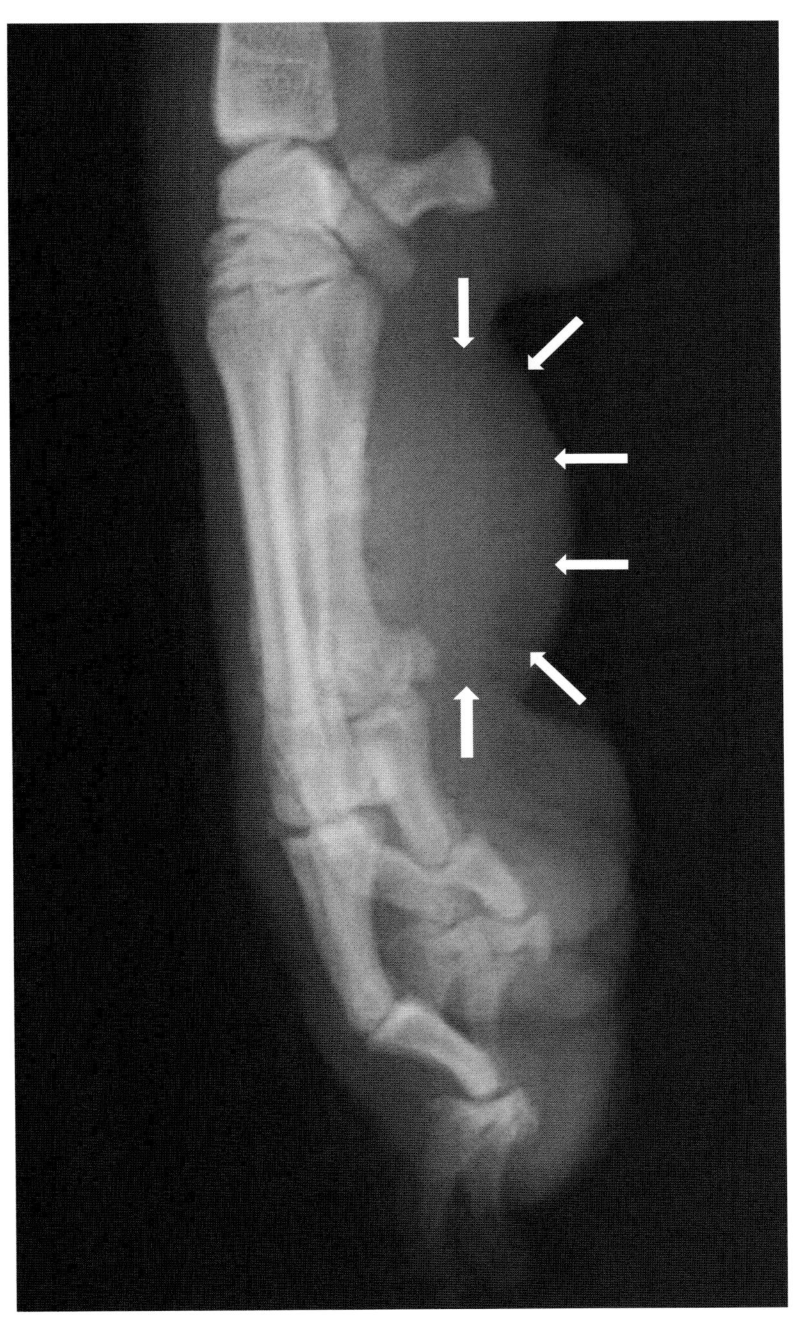

写真 40-1　左側前肢端単純X線ラテラル像
中手部尾側に軟部組織デンシティーの隆起（矢印）が確認され，骨の明らかな異常は認めない。

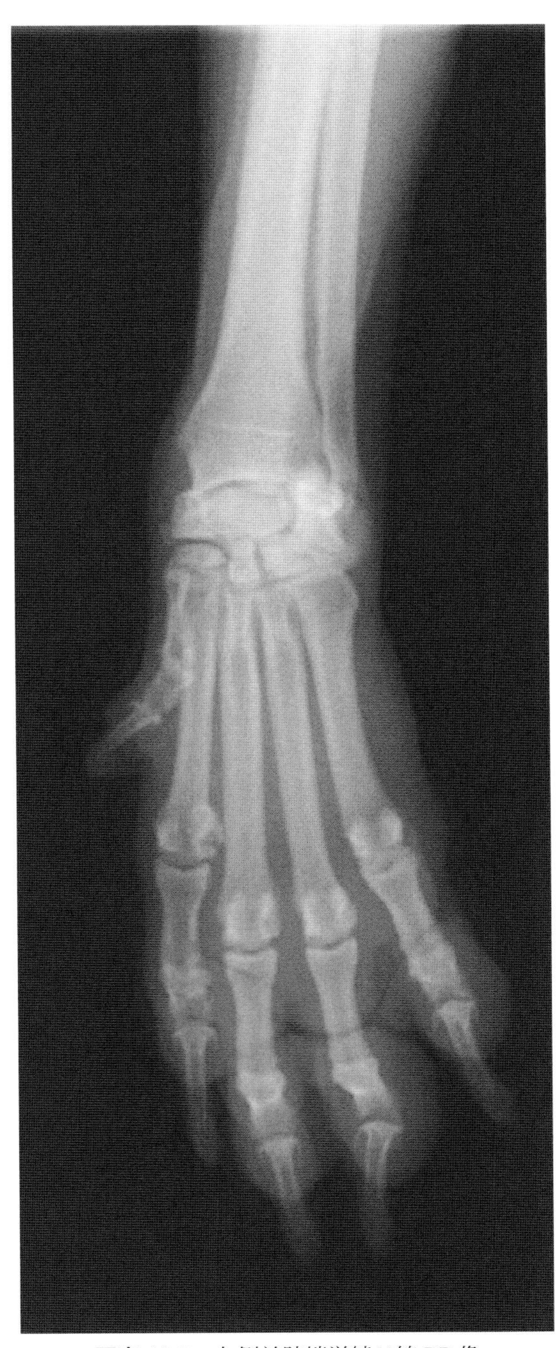

写真 40-2　左側前肢端単純X線 DP 像
DP 像では，腫瘤が中手骨などの構造と重複するため，異常は観察されない。

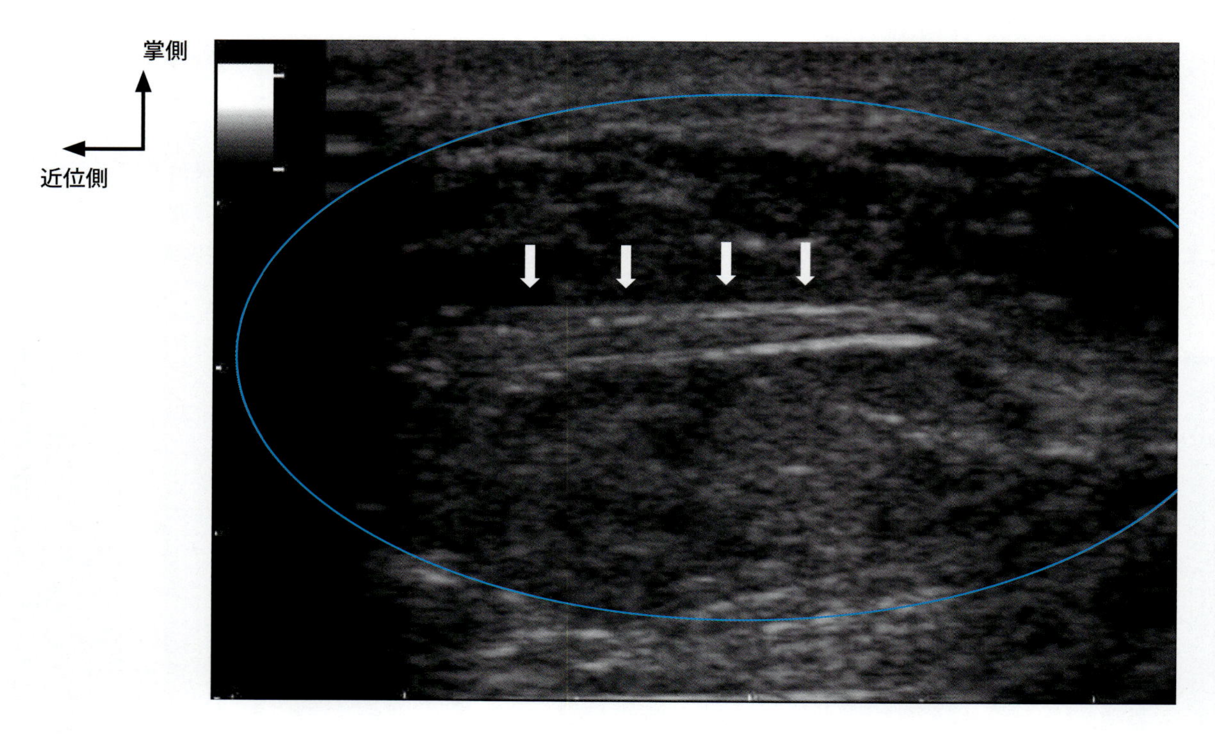

写真 40-3　超音波像（掌側観縦断像）
軟部組織腫瘤の内部構造を確認するために超音波検査を行った。腫瘤内には浅指屈筋（矢印）を取り囲む混合エコーの構造物（青枠）が確認された。

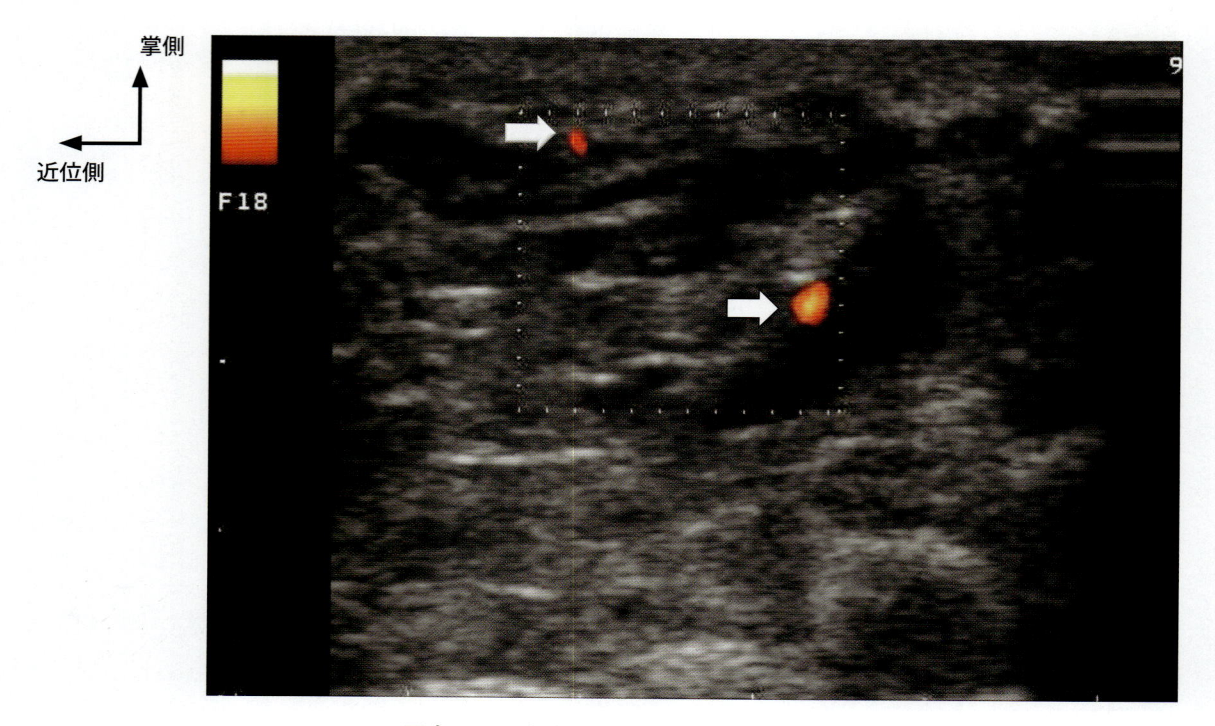

写真 40-4　超音波像（腫瘤部ドプラ像）
ドプラ法により腫瘤内に血流信号（矢印）を認めるが，主訴で言われるような，血液が多量に抜けるほどの豊富な血流信号は見られなかった。

以上の検査により軟部組織腫瘤と判断され，穿刺を行ったところ，主訴と同様に血様の液体が採取された。液体の性状の検査では，表 40-1 に示すように静脈から採取された血液と同様な結果が得られ，採取された液体は血液と判断された。さらに腫瘤から採取した血液の血液ガス検査では，表 40-2 に示すように，酸素を多量に含む（犬の動脈血の PaO_2 の正常値 90 ± 10mmHg）動脈血であることが判明した。

表 40-1　血液検査

検査項目	末梢静脈血	腫瘤部貯留液	単位
HCT	39.4	41.1	%
RBC	657×10^4	686×10^4	/μL
HGB	13.2	13.7	g/dL
WBC	9210	9750	/μL
Neu	7230	7740	/μL
Lym	1480	1550	/μL
Mono	220	200	/μL
Eos	280	260	/μL
PLT	185000	195000	/μL

表 40-2　血液ガス検査

検査項目	末梢静脈血	貯留液	単位
pH	7.398	7.384	
PCO_2	30.2	28.0	mm Hg
PO_2	45.9	107.1	mm Hg
HCO_3	18.6	16.7	mmol/L

以上から，動脈瘤や動静脈瘻が疑われるが，超音波検査の所見と一致しなかったため，さらに詳細な血管走行を観察する目的で CT 検査を実施した。

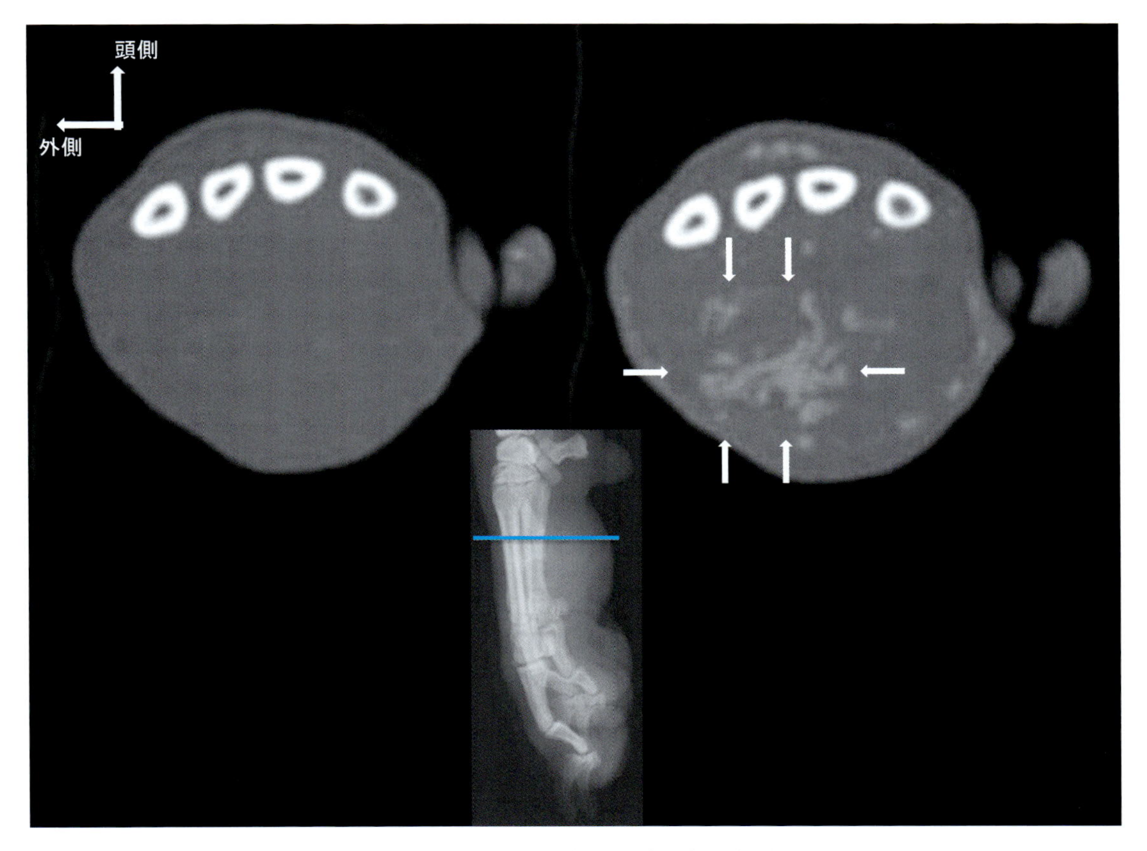

写真 40-5　CT 像（左：単純　右：造影）
造影像において，多数の蛇行した吻合血管の形成が認められる。

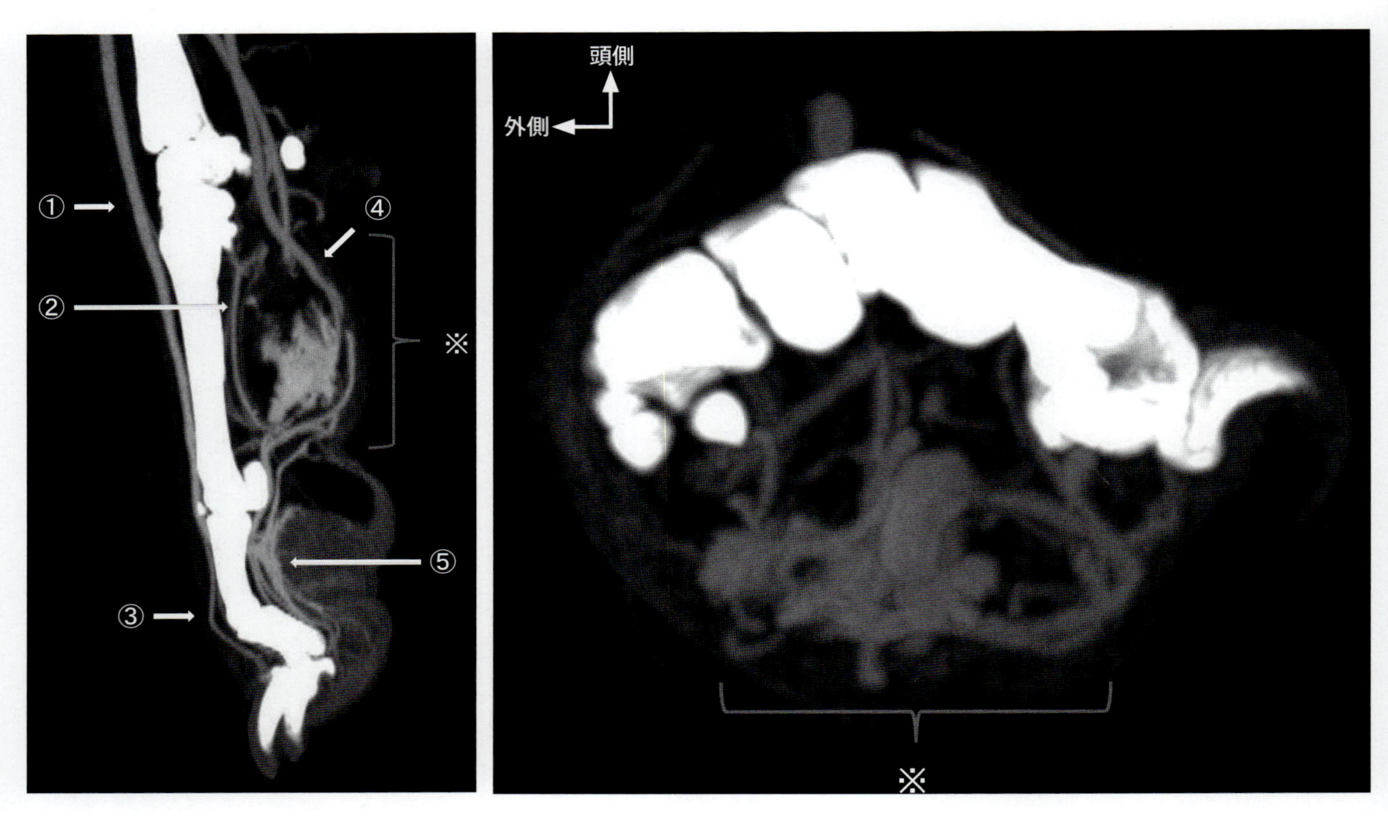

写真 40-6　造影 CT の 3D 最大値投影法（左：側面から観察，右：横断で観察）
①副橈側皮静脈，②正中動脈，③背側指静脈，④橈側皮静脈，⑤掌側指動脈
非選択的血管造影により，腫瘤遠位端で正中動脈と橈側皮静脈が吻合し，その下流に血管が蔓状に密に拡張蛇行しているのがみられる（※印）。

以上より，動静脈瘻と診断した。

❖コメント❖

動静脈瘻とは，毛細血管床をバイパスし，動脈と静脈との間に生じた異常な短絡血管である。胎生期血管が持続して起きる先天性のもの（硬膜動静脈瘻，肺動静脈瘻）や，手術，貫通性外傷，動脈瘤の静脈内への破裂によって生じる後天性のものが，臓器内や四肢末梢などに形成される。今回のような末梢性の場合は，軟性腫瘤が皮下にみられ，正常部よりもやや高い皮膚温があり，大きさや部位にもよるが，疼痛，神経麻痺，振戦，出血，血管雑音を伴う拍動などの症状が確認される。短絡した動脈血が静脈に流入すると，静脈壁は動脈圧に耐えられず拡張，蛇行し，正常な組織還流が阻害されるため，組織壊死や潰瘍，また瘻が存在する部位の骨に軽度の骨膜反応，または骨濃度の低下が観察されることがある。

診断は上記したような身体検査での特徴，超音波カラードプラ等を利用した腫瘤の内部構造の把握，血液性状の検査により診断可能である。しかし，今回のように血管走行が不明瞭な症例の場合は，非選択的造影 CT 検査や選択的 X 線血管造影検査を行うことで，動静脈の吻合部の特定や，拡張，蛇行した静脈の部位や大きさを明らかにすることができる。

動静脈瘻の治療としては，外科的切除や塞栓術が挙げられるが，連絡部位が多数あり範囲が広いため，結紮が複雑であったり再発の可能性も高く，また，側副路が豊富でない部位では，動脈遮断による血流不足からの壊死も起こり得る困難な手技となる。

本症例は，腫瘤から抜けた血液性状から，動脈瘤や動静脈瘻が考えられたが，ドプラ検査の結果がどちらにも一致しなかったため CT 検査を実施した。その結果，動静脈を交通する多発の異常な血管が認められたため，後天的な動静脈瘻と診断した。

41．犬の縦隔洞気腫

症　例：シー・ズー，雄，7 歳。
主　訴：交通事故。

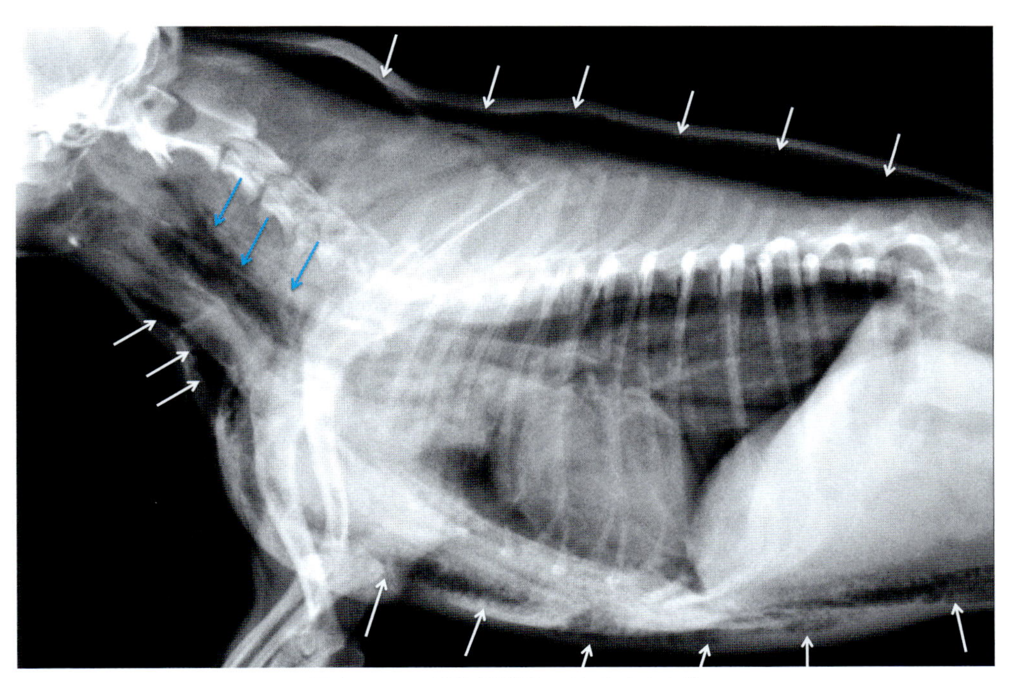

写真 41-1　頸胸部単純 X 線ラテラル像
全身の皮下（白矢印）と頸部筋間（青矢印）にガスが認められる。また，大動脈や後大静脈辺縁が通常よりも明瞭に観察されている。

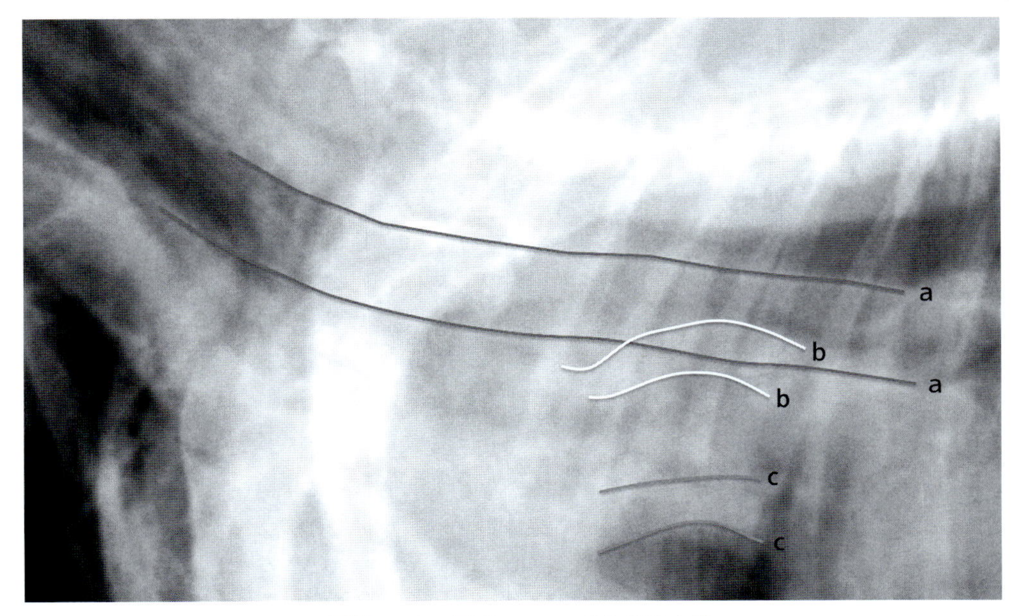

写真 41-2　写真 41-1 の前胸部拡大像
通常では観察されることのない，気管壁自体のラインが観察される（a のライン）。また，通常では観察されることのない前縦隔内の血管辺縁のラインも，うっすらではあるが観察可能となっている（b ならびに c のライン）。これは前縦隔内に少量ではあるものの，ガスが存在することを示唆する所見である。

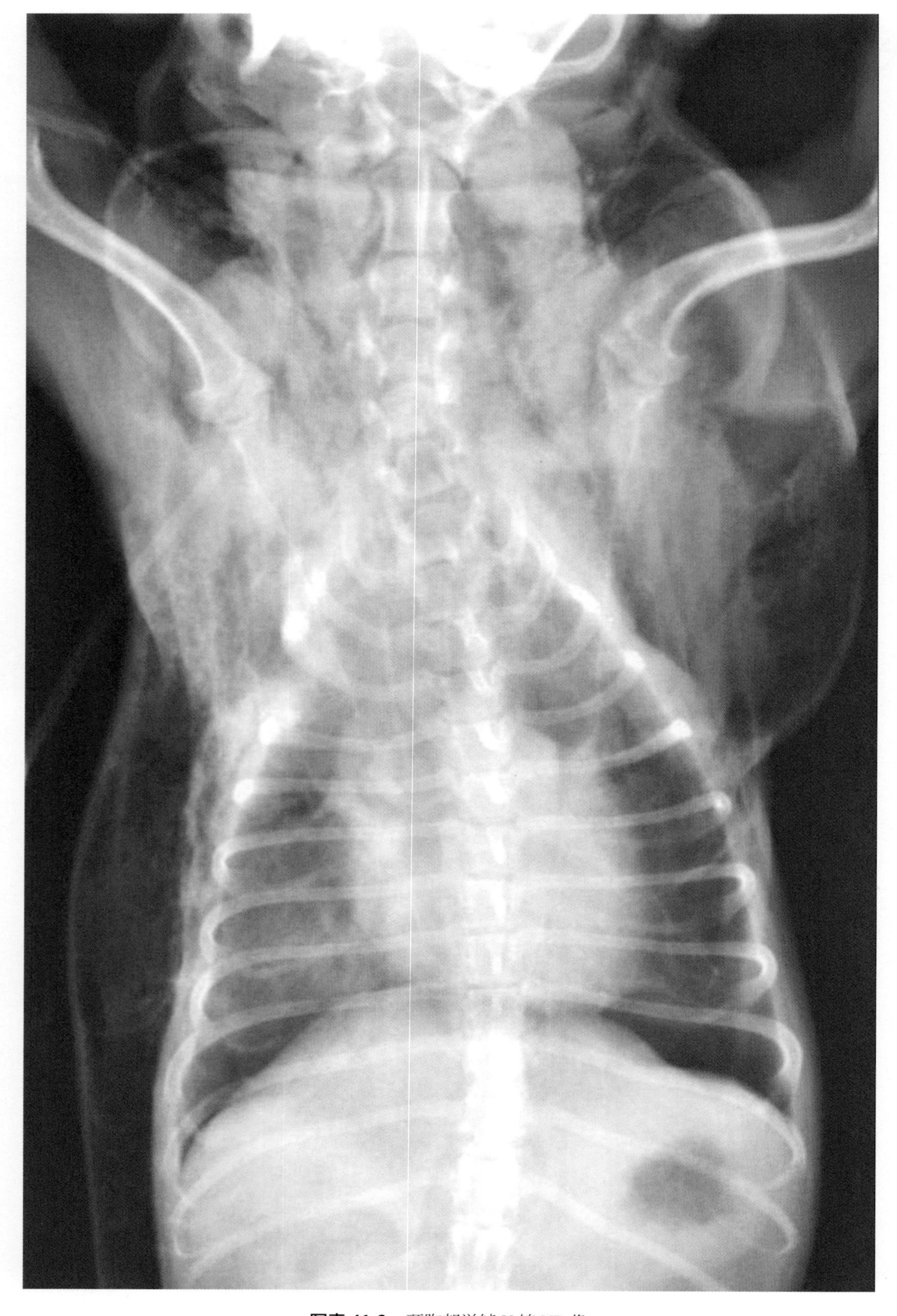

写真 41-3　頸胸部単純 X 線 VD 像
ラテラル像（写真 41-1，2）同様，全身の皮下と頸部筋間にガスが認められる。縦隔は脊柱や脊柱周囲の厚い筋組織と重複するため，明瞭な異常の観察が不能である。

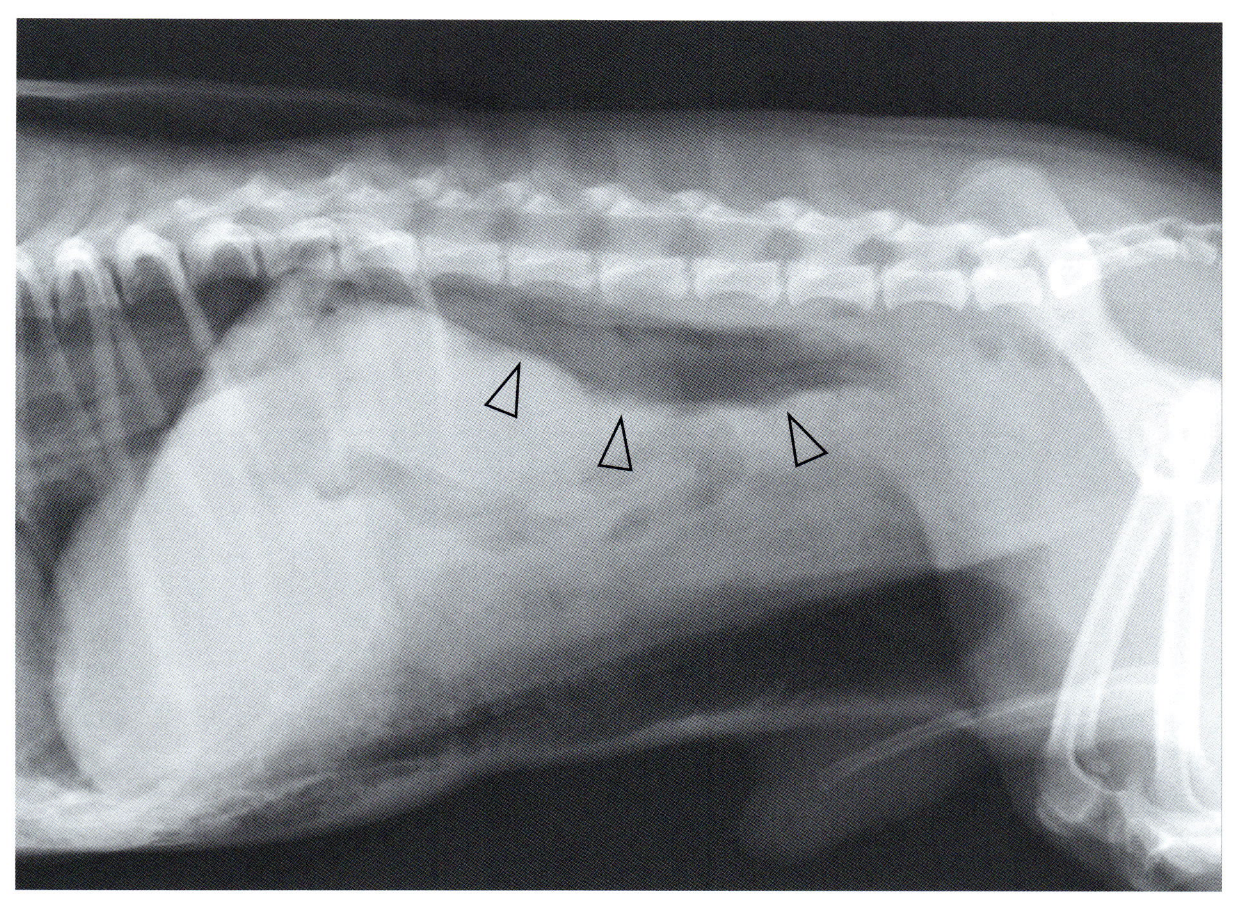

写真 41-4 腹部単純 X 線ラテラル像
全身の皮下気腫がみられ,腰椎腹側の後腹膜腔領域にもガス貯留を認める。この所見は後腹膜腔気腫を示唆する(矢頭)。

写真 41-1 ～写真 41-4 の所見から，本症例は縦隔洞気腫と診断できる。

❖コメント❖

縦隔洞気腫とはその名の通り，縦隔洞内にガス貯留が生じる現象である。原因には，①気管支穿孔により肺間質を経由してガスが縦隔内に漏れ出る場合，②口腔または頸部損傷によって皮下や筋間に侵入したガスが，連続する縦隔に侵入する場合，③気管チューブによる吸入麻酔後や頸部損傷によって生じた気管穿孔からガスが漏出し，連続する縦隔に侵入する場合，④異物，頸部損傷，食道炎，食道腫瘍によって食道穿孔が生じ，漏出したガスが連続する縦隔に侵入する場合，⑤腰部異物の迷入によって後腹膜腔気腫が生じ，連続する縦隔にガスが侵入する場合，⑥ガス産生性微生物が感染した場合，などが挙げられる。

解剖学的に前縦隔は頭側で頸部筋間と交通し，後縦隔は尾側で大動脈裂孔後方の後腹膜腔内に連続する。したがって，頸部から縦隔へ，縦隔から頸部または後腹膜腔へ，後腹膜腔から縦隔へとガスは貯留する。①が原因の場合は，縦隔内のガスが優位となり，②③④が原因の場合には，頸部筋間や皮下気腫が優位となる。本症例では，頸部筋間や皮下の気腫が優位であり，交通事故が主訴であることから，頸部気管の損傷が強く疑われる。通常治療は，圧迫包帯や酸素吸入（パラコート中毒では酸素吸入によって悪化することから禁忌）で自然治癒を期待するが，②③④が原因の場合には，外科的な穿孔部の修復を行うこともある。穿孔部を正確に確認することは不可能であることが多いが，原因不明であってもガス貯留の状況から本症例の様に穿孔部の範囲を大まかであるが限定することは可能である。

42. 縦隔の腫瘍

症　例：パピヨン，去勢雄，11 歳。

主　訴：胸部 X 線にて腫瘤陰影が確認され来院した。顕著な呼吸器症状なし。

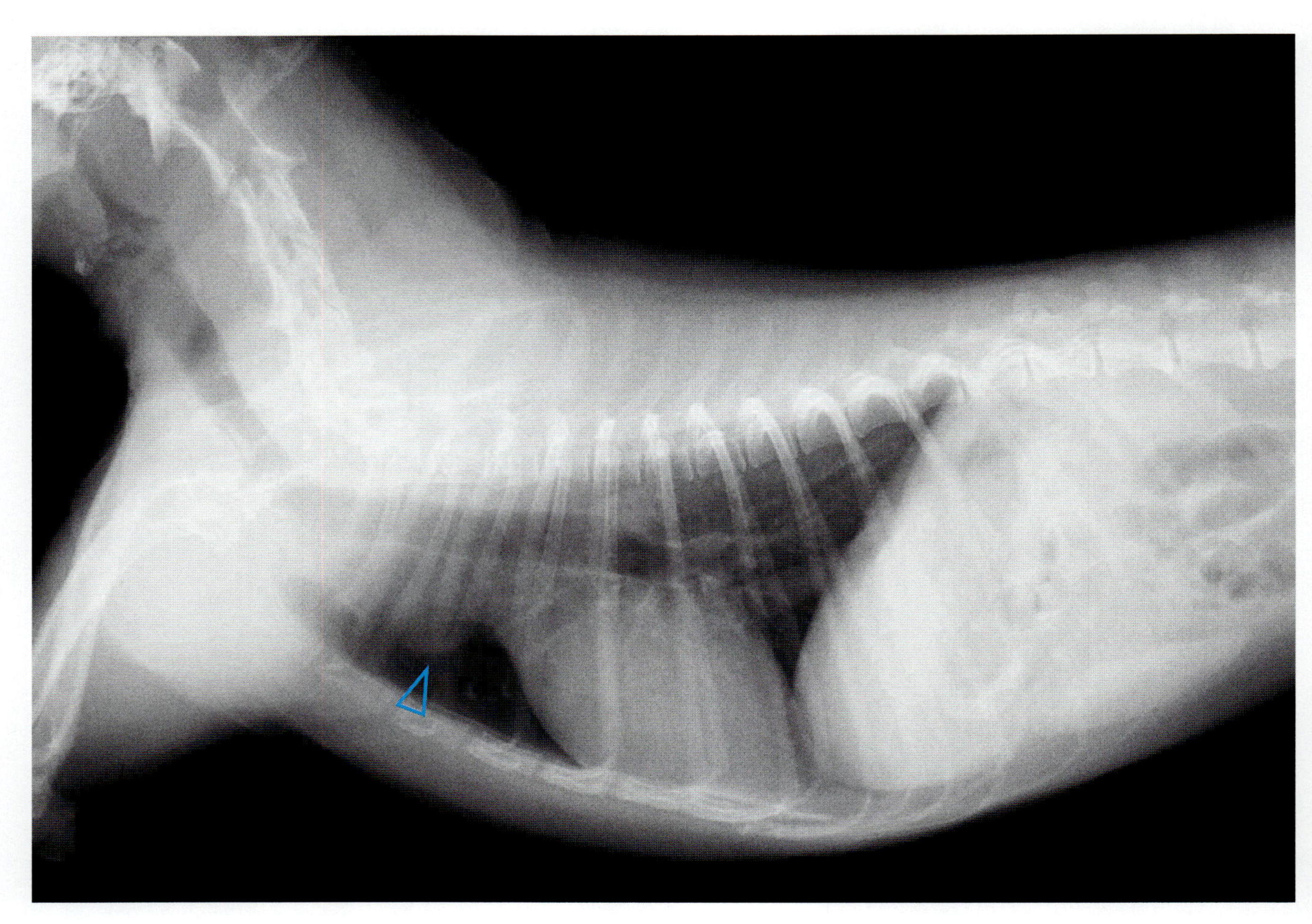

写真 42-1　胸部単純 X 線右側ラテラル像
第 2 肋間の心臓頭側に半円状の腫瘤陰影（矢頭）が認められる。

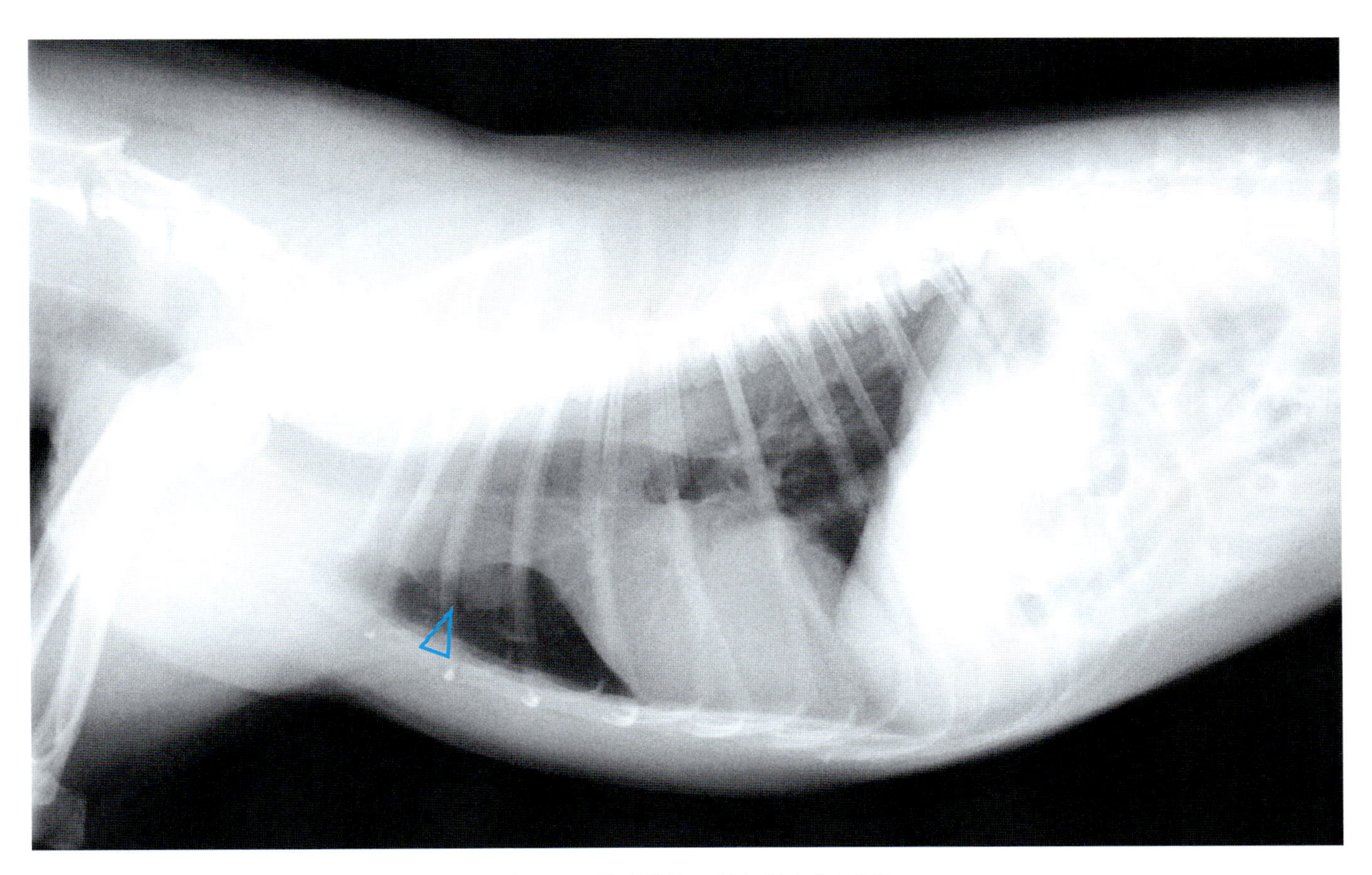

写真 42-2　胸部単純 X 線左側ラテラル像
右側ラテラル像（写真 42-1）と同様，第 2 肋間にほぼ同形の腫瘤陰影（矢頭）が認められる。

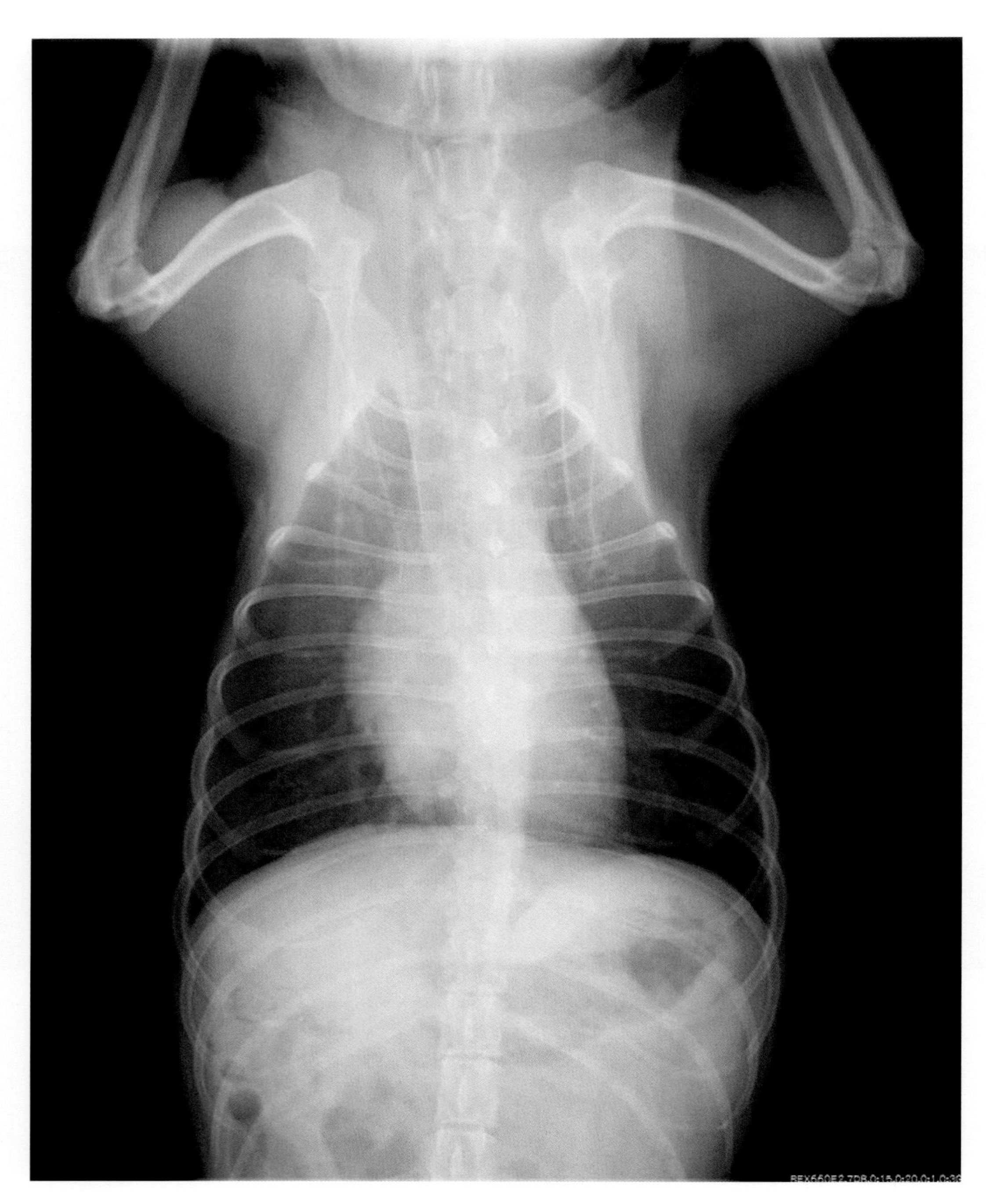

写真 42-3　胸部単純 X 線 VD 像
ラテラル像（写真 42-1，2）で確認された腫瘤は確認されず，異常は認められない。

❖コメント❖

腫瘤が肺野に存在する場合，右ラテラル像，左ラテラル像およびVD像それぞれの撮影ポジションにおいて，同一病変が不明瞭となったり，確認されなくなったりする場合がある（写真39-1，写真43参考）。

本症例では，右ラテラル像（写真42-1）と左ラテラル像（写真42-2）の両者において腫瘤は同様に描出され，またVD像（写真42-3）では確認されなかったことから，肺野の病変というよりむしろ縦隔洞内の病変が強く疑われた。腫瘤の存在位置の確定と，腫瘤が縦隔洞内に存在する場合では，気管，食道，動静脈といった主要な器官との関連を見極める必要があることから，CT検査を行った。その結果，腫瘤は前縦隔に存在し，辺縁明瞭で，縦隔洞内器官との間には脂肪のCT値を示す領域が確認されたことから，摘出可能と判断した（コメント写真42-1，2）。

前縦隔洞腫瘤は，リンパ腫，胸腺腫，異所性甲状腺腫または癌，末梢神経腫瘍などが鑑別診断として考慮されるが，CT検査では鑑別が不能であるため，確定診断ならびに治療を目的としたオープンバイオプシーを実施した。開胸は，X線写真から右側第2肋間にて行い，摘出した腫瘤の病理検査では異所性甲状腺癌と診断された。

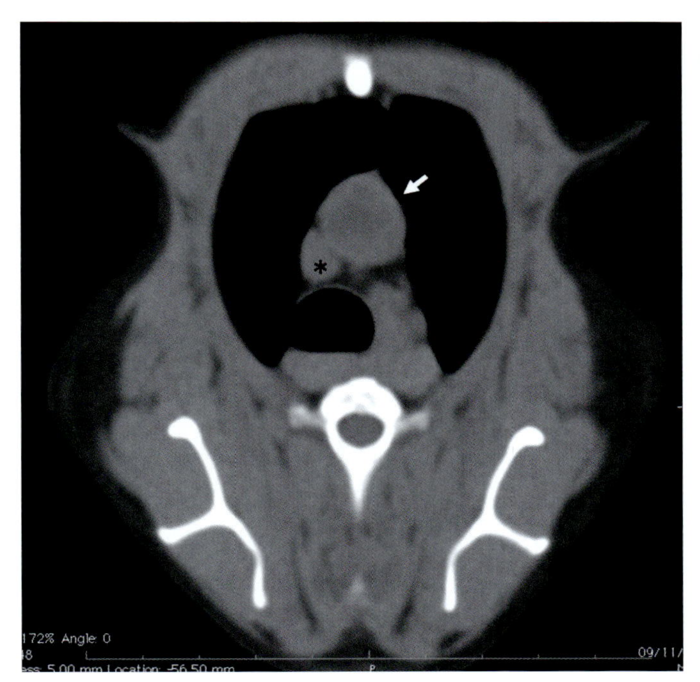

コメント写真 42-1　前縦隔レベルにおける横断CT像

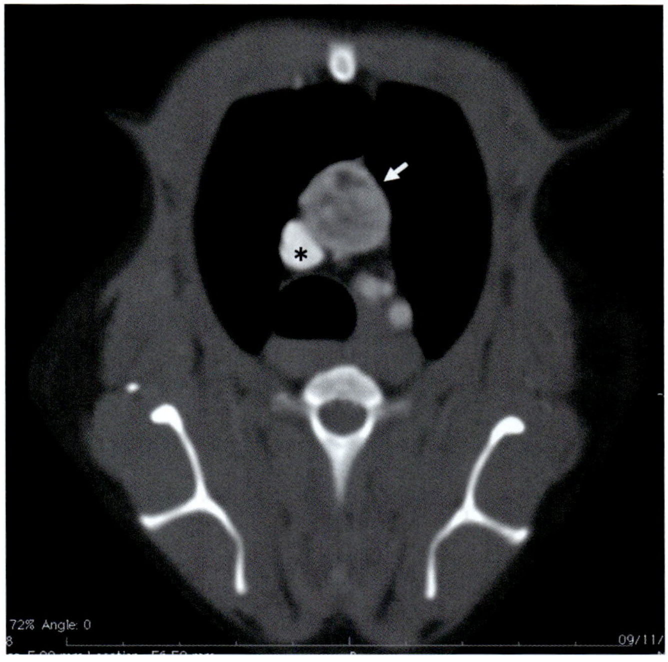

コメント写真 42-2　コメント写真42-1と同部における横断造影CT像

コメント写真 42-1，2　腫瘤は前縦隔に存在し，前大静脈に接している。明らかな大血管の巻き込みは認められない（矢印：腫瘤，＊：前大静脈）。

43．転移性肺腫瘍

症　例：シー・ズー，避妊雌（9 歳時に避妊手術実施），13 歳 8 か月。

主　訴：右鼠径部に腫瘤が確認されたため来院。

細胞診検査：乳腺癌を疑う。

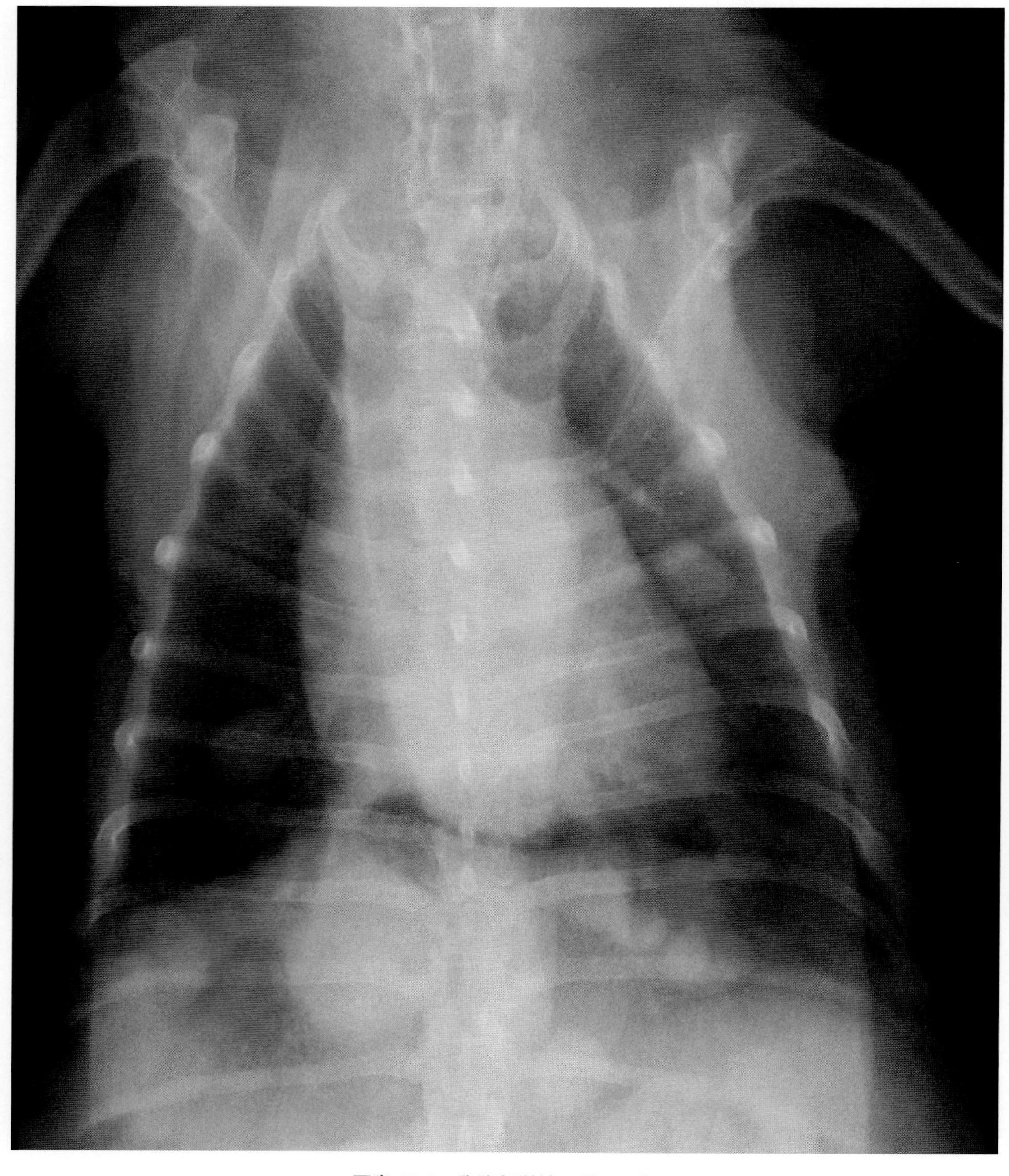

写真 43-1　胸腹部単純 X 線 VD 像

左前葉前部，後部および左後葉，右中葉，右後葉，副葉の領域に，軟部組織デンシティを呈する大小様々な大きさの結節が複数認められる。

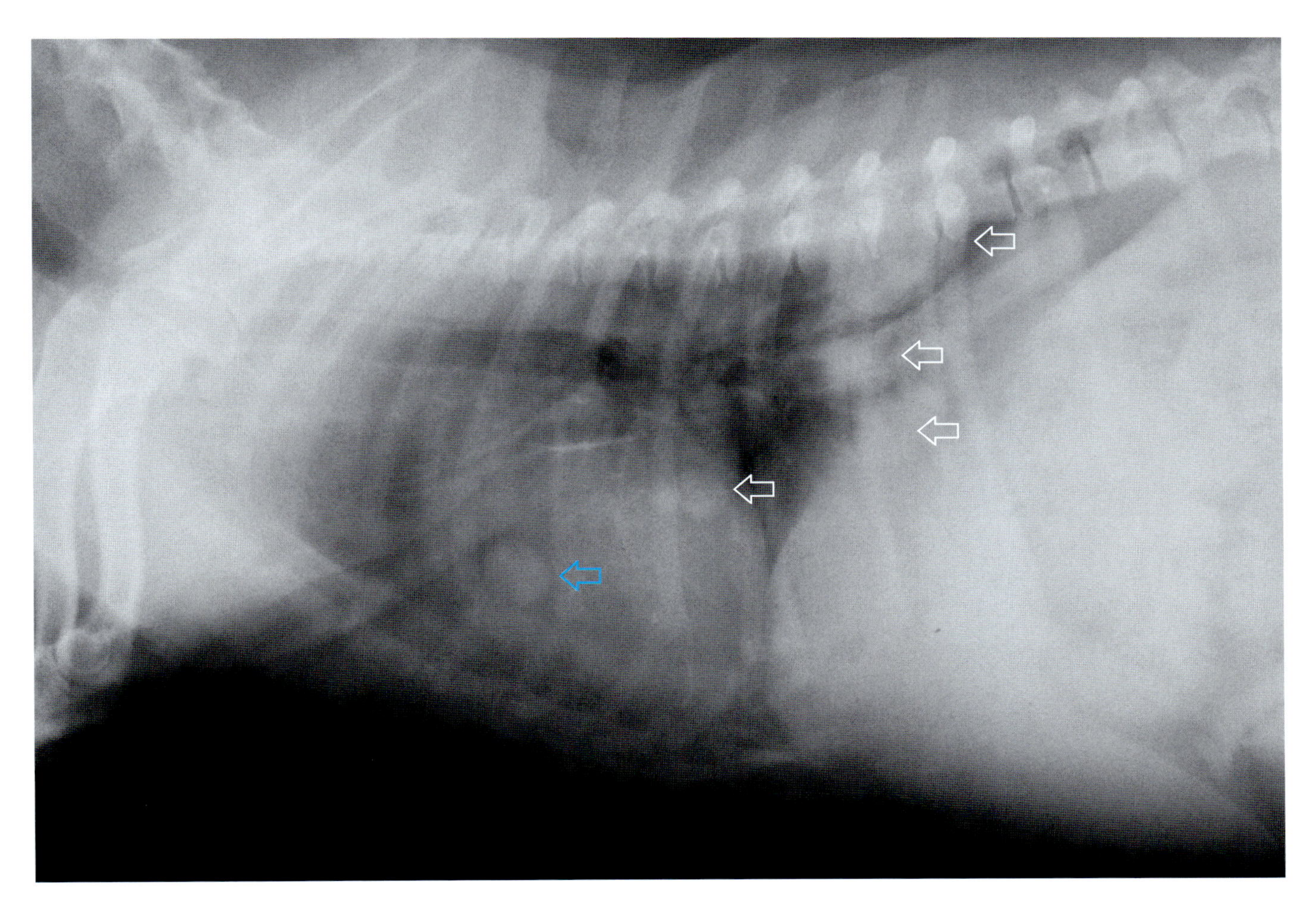

写真 43-2　胸腹部単純 X 線右側ラテラル像
VD 像（写真 43-1）で左前葉後部に観察された結節（青矢印），左右後葉に観察された結節（白矢印）を認める。

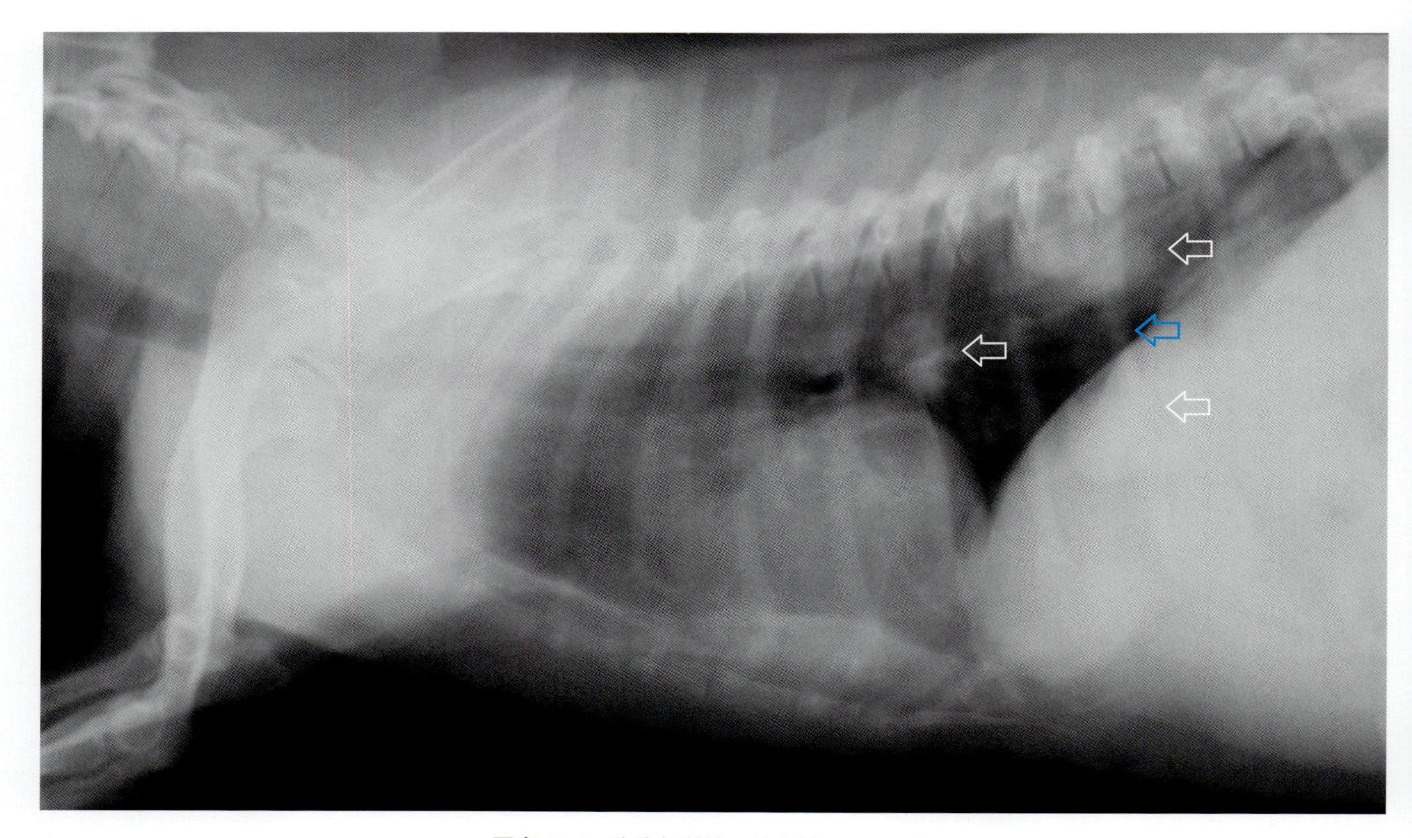

写真 43-3　胸腹部単純 X 線左側ラテラル像
心臓背尾側および後葉の背尾側に認められる結節は鮮明に観察されるが，青矢印で示された結節および横隔膜と重複している結節は非常に不鮮明である。右側ラテラル像（写真 43-2）で観察された左前葉後部の結節は確認されない。

❖コメント❖

本症例は 2 か月前に乳腺部腫瘤の切除を行っており，病理検査によって乳腺癌と診断された症例である。胸部 X 線検査を実施したところ，大小様々な大きさの軟部組織結節が複数認められ，腫瘍の肺転移が強く疑われた。

本症例の 3 枚の X 線写真が示すように，撮影方向によって腫瘤陰影の鮮明さや確認可能な腫瘤数は，同一症例でありながら様々である。

胸部 X 線ラテラル像において，撮影台と反対に位置する上方の肺は，含気量が多く，下部に位置する肺は物理的な圧迫のため含気量が少ない。このため，含気量の多い上部の肺に位置する軟部組織腫瘤は，肺内ガスとのコントラストがより良好となるため鮮明に描出される。一方，撮影台側にあたる下部に位置する肺葉は，含気量の低下により軟部組織腫瘤と肺内ガスのコントラストが減弱するため不鮮明となる。VD または DV 像は，体位からの含気量に影響を受けないが，体厚がラテラル像と比較し厚く，肺が体幹部筋肉などと重複することから，全体的なコントラストが低く，肺腫瘤の検出率が低い傾向にある。

一般的に，肺内腫瘤の検出率は右ラテラル，左ラテラル，VD または DV 像の順に低下するが，肺野全域に多数散在する転移性肺腫瘍の全体像を把握するためには，左ラテラル像，右ラテラル像，VD あるいは DV 像の 3 方向撮影を行うべきである。

44. 肺の組織球性肉腫

症　例：ラブラドール・レトリーバー，雌（避妊済み），12 歳。
主　訴：発咳，軽度の呼吸促迫。
一般身体検査：著変なし。

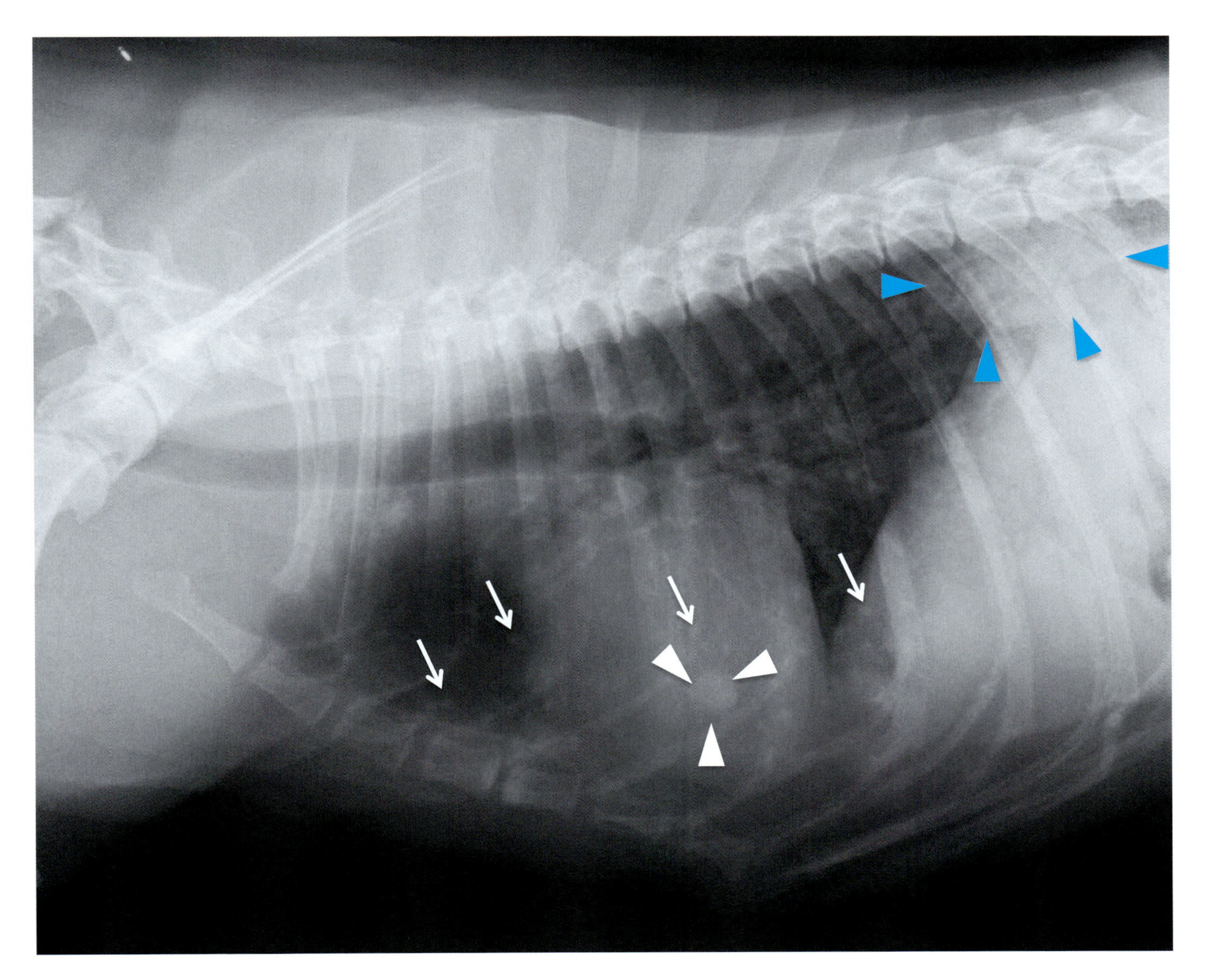

写真 44-1　胸部単純 X 線ラテラル像
肺野全体に，約 3mm 大の境界明瞭で小型の結節陰影（白矢印）が多発性に観察される。また，第 5 肋間の胸骨側には，16 × 15mm の境界明瞭で比較的大型の結節陰影（白矢頭）が認められる。また，横隔膜ラインの背側に重複して，辺縁が不整な局所性肺胞パターン（青矢頭）が確認される。

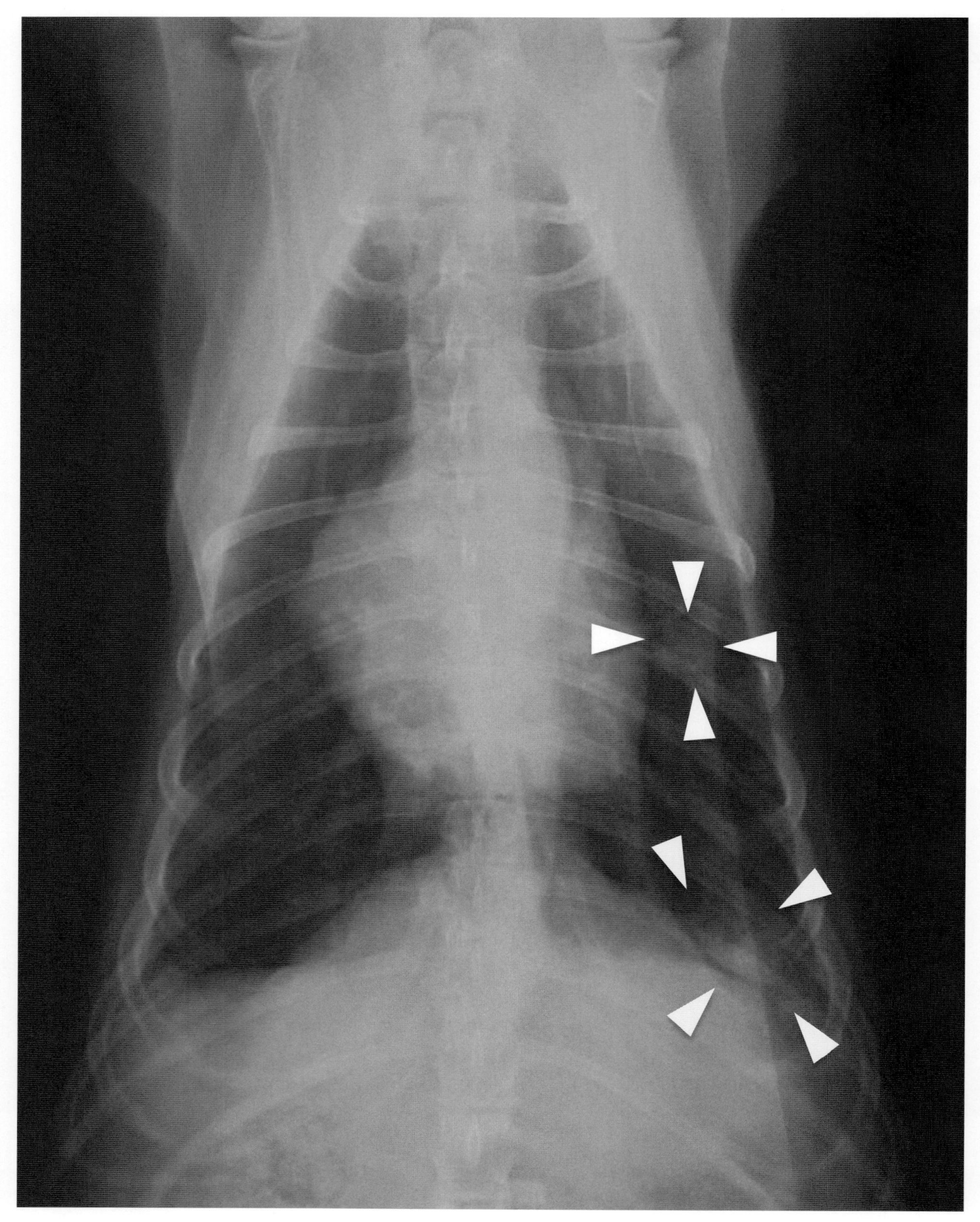

写真 44-2　胸部単純 X 線 VD 像
ラテラル像（写真 44-1）で確認された大きな結節と，肺胞パターンの病変部は，VD 像において，両者ともに左胸腔内に確認される。

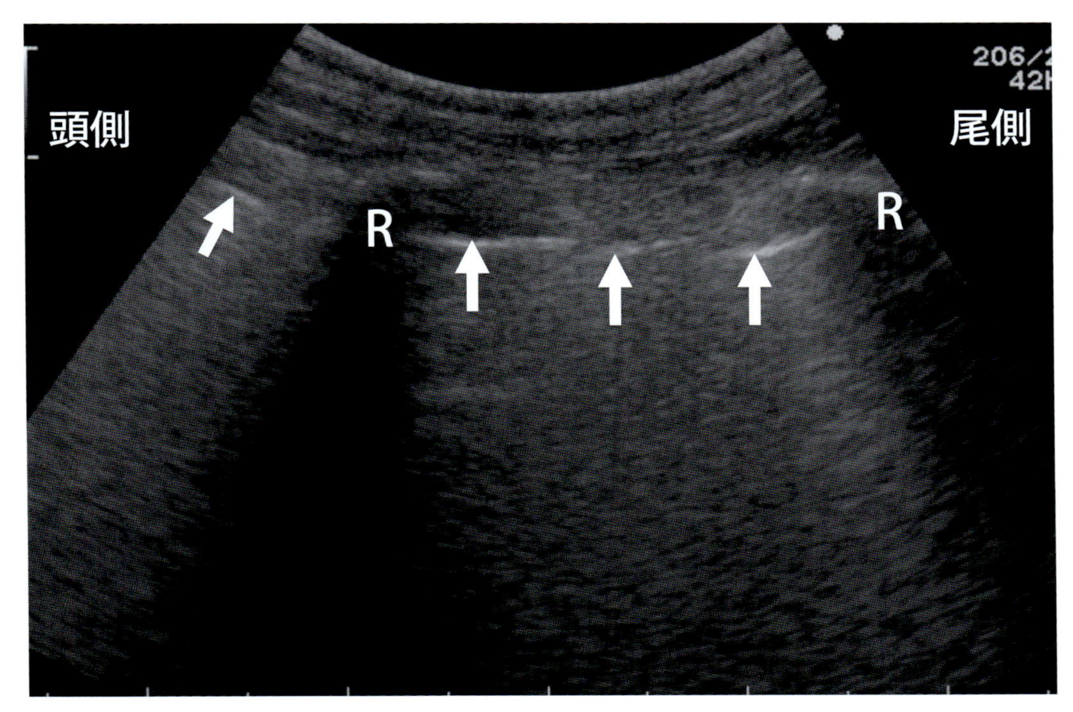

写真 44-3　正常な肺の超音波像（肋間走査）

胸壁からの超音波像で，肺表面は薄く平滑な高エコーライン（矢印）として描出される。これは肺実質に空気を含むことから，超音波ビームが肺表面で 99% 反射されるためである。また，これにより肺表面の深部に描出される陰影は，多重反射と呼ばれるアーチファクトとなる。　R：肋骨とその深部のシャドー

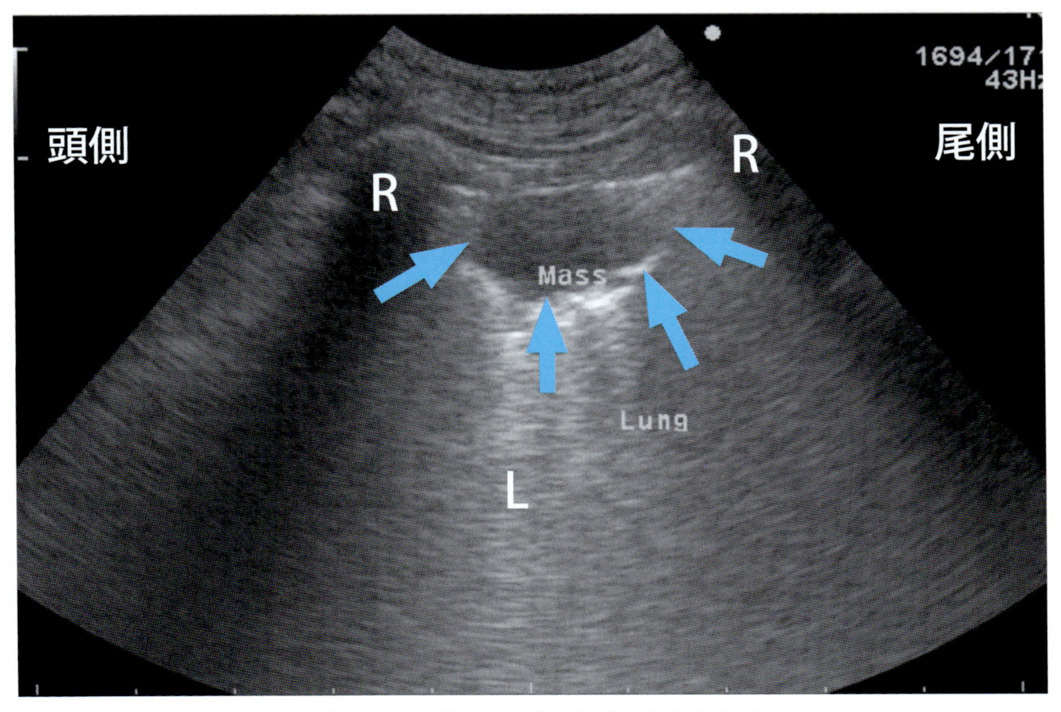

写真 44-4　症例の肺の超音波像（左肋間走査）

X 線像で左側第 5 肋間に認められた，大型結節の超音波像であるが，結節が胸壁直下の肺表面に確認される。この結節は，薄い明確なエコー源性の辺縁を伴い，内部構造は，低エコー性で均一に描出されている（矢印）。　R：肋骨とその深部のシャドー，L（Lung）：肺

❖コメント❖

X 線検査において，肺野に結節性または腫瘤性病変が認められた場合，原発性もしくは転移性の腫瘍が最も一般的だが，良性の疾患として膿瘍，嚢胞，血腫，あるいは肉芽腫（真菌，寄生虫，好酸球性肉芽腫，リンパ球様肉芽腫など）も鑑別診断となり得る。これらを鑑別診断するには，細胞学的，または病理学的検査が必要となる。人医学領域では，結節性または腫瘤性病変に対して，超音波ガイド下，X 線透視ガイド下，また近年では CT ガイド下での経皮肺生検や，気管支内視鏡による経気管支肺生検により，組織検査が実施されている。しかしながら，獣医学的領域では，動物病院の医療設備や動物に対する侵襲性などから，超音波ガイド下での細胞診が診断方法の主流となっている。通常，肺野の超音波検査は，肺が正常に含気していると，超音波の伝搬が遮断されるために，胸壁から臓側胸膜表面までしか描出されない。しかしながら，肺胞や気道内の空気が液体や細胞に置換された場合には，その病変部の位置や大きさ，また適切なエコーウィンドウがあるかどうかにも左右されるが，本症例のように検出可能になる。超音波検査で通常描出される肺の異常は，無気肺，肺葉硬化，および肺の腫瘤性や結節性病変である。X 線検査で，肺野にこれらの異常所見が検出された場合，さらに超音波検査を実施することで内部構造が観察可能であり，また細胞診を行うことにより，診断につながる可能性がある。

本症例では，左側第 5 肋間の結節に対して，超音波ガイド下針生検を行った結果，細胞の形態ならびにエクセラーゼ染色陽性から，組織球性肉腫と診断された（コメント写真 44-1）。

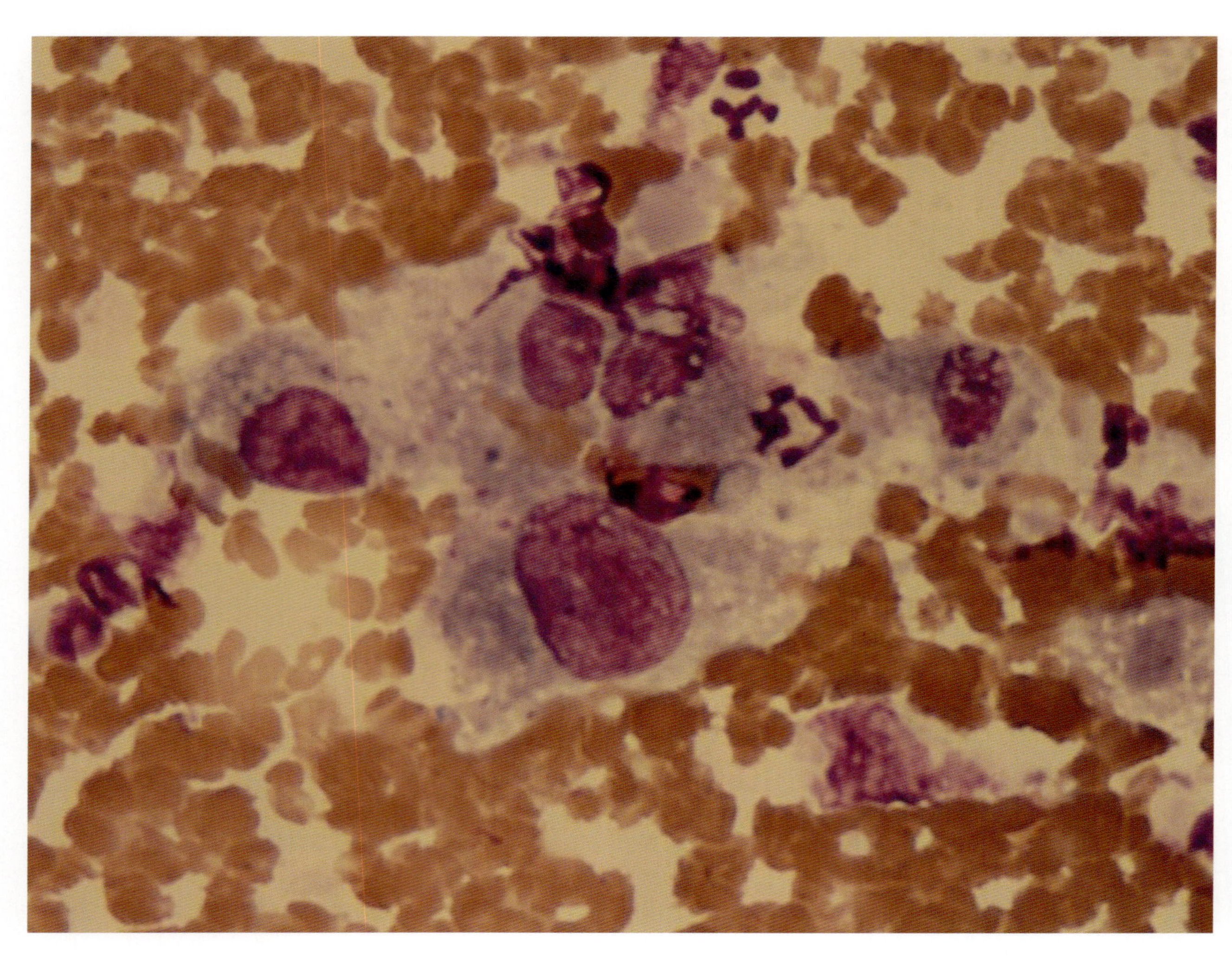

コメント写真 44-1　肺結節の細胞診写真

45．犬の胸水貯留

症　例：ウェルシュ・コーギー・ペンブローク，雌，6歳。

主　訴：発咳。

一般身体検査：呼吸様相正常。呼吸性雑音聴取あり。肺胞呼吸音の減少。心雑音聴取なし。

血液検査所見：

PCV	42.4	%
RBC	770×10^4	/μL
Hb	13.4	g/dL
網状赤血球	0.4	%
WBC	17.8×10^2	/μL
Neu	16.4×10^2	/μL
pl	54.4×10^4	/μL
TP	6.2	g/dL
Alb	2.2	g/dL
ALT	10.0	U/L

ALP	127.0	U/L
TC	138.0	mg/dL
Tg	56.0	mg/dL
T-Bil	0.3	mg/dL
Glu	91.0	mg/dL
BUN	9.0	mg/dL
Cr	0.7	mg/dL
Na	153.0	mmol/L
K	4.3	mmol/L
Cl	118.0	mmol/L

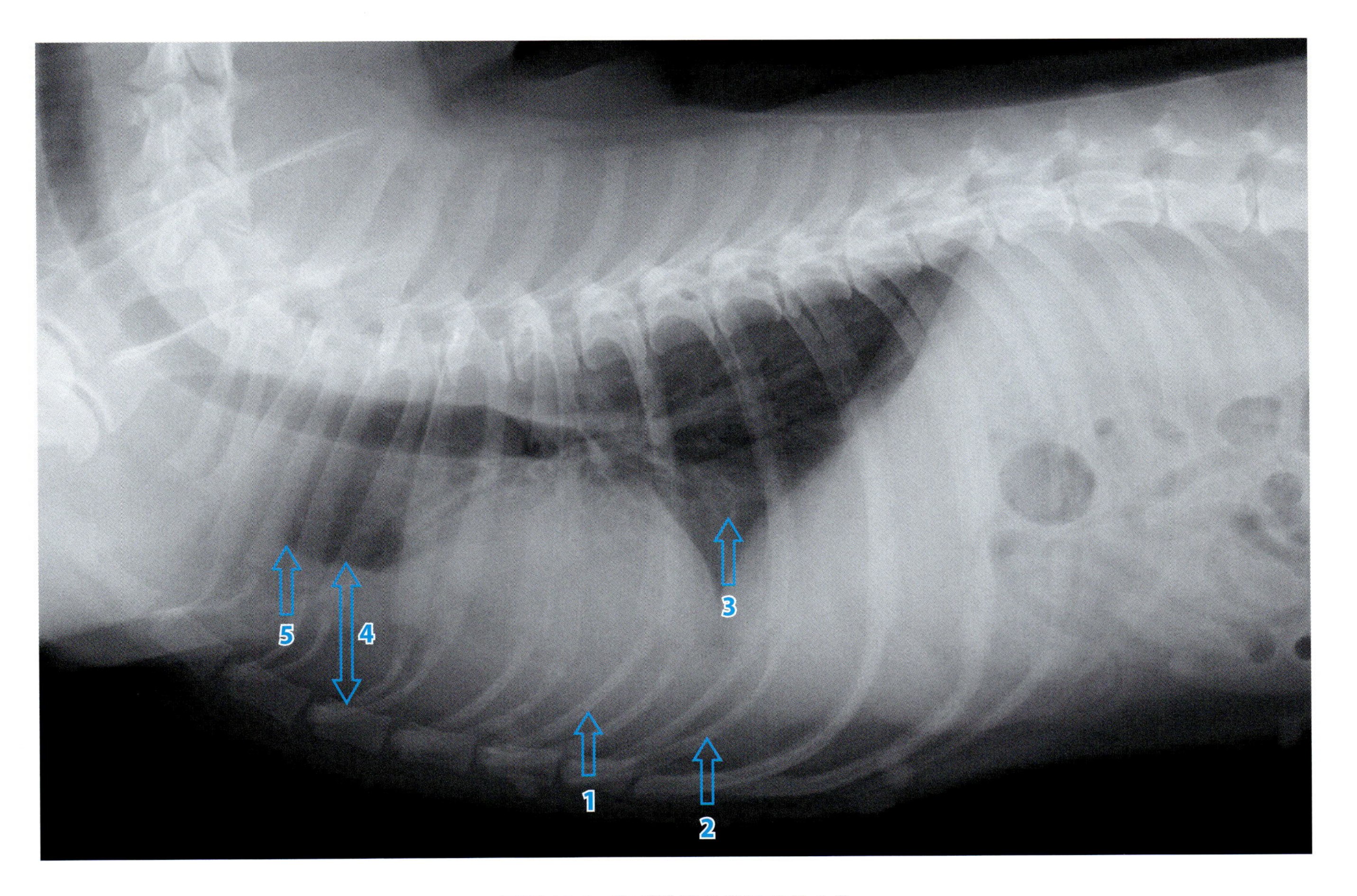

写真 45-1　胸部単純 X 線ラテラル像

心陰影の消失（矢印 1），横隔膜ラインの消失（矢印 2），不明瞭な後大静脈ライン（矢印 3），前葉と胸骨間のスペースの拡大（矢印 4）および前葉辺縁の鈍化（矢印 5）が認められる。

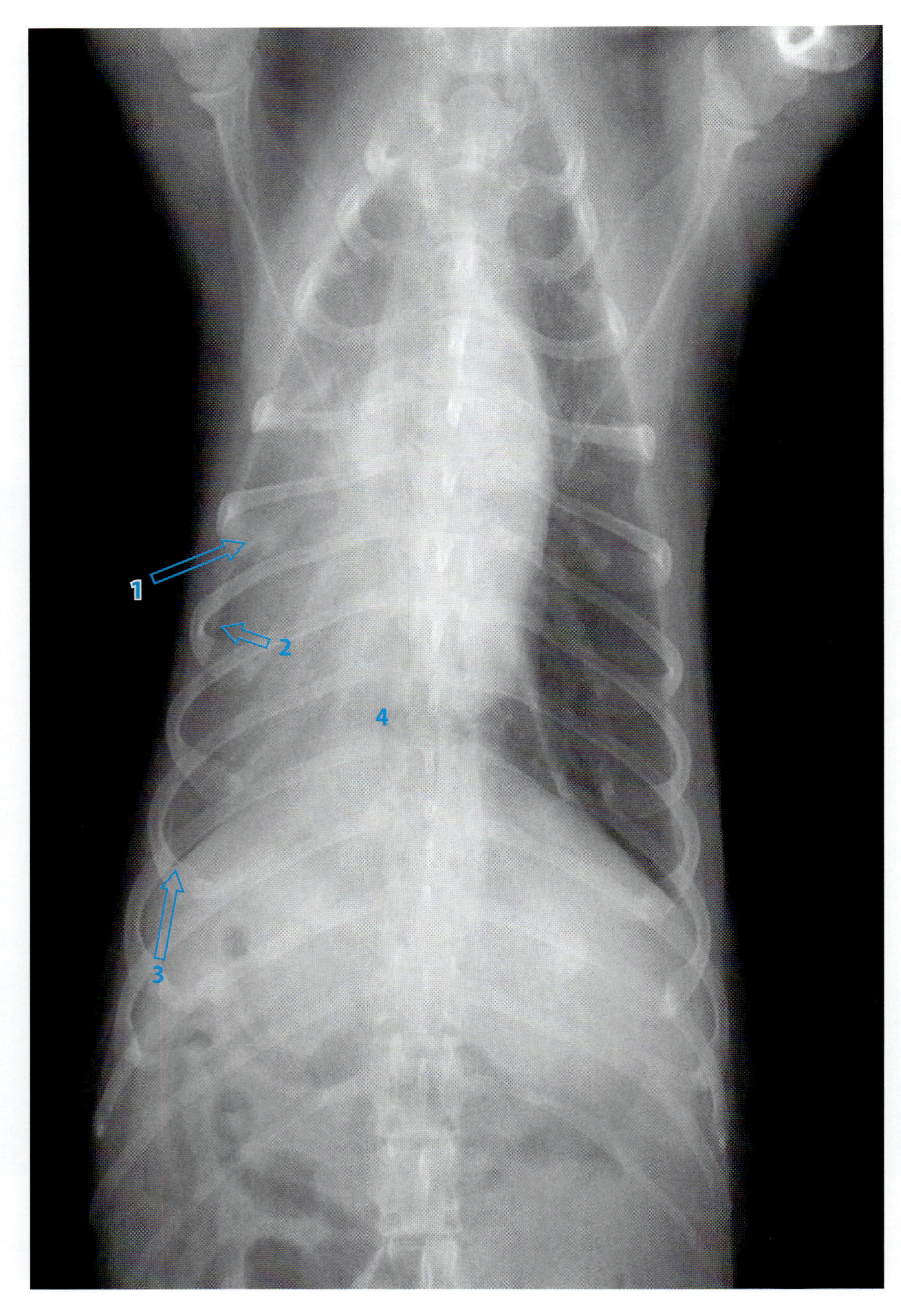

写真 45-2　胸部単純 X 線 VD 像
葉間裂の明瞭化（矢印 1），臓側胸膜と壁側胸膜のスペース拡大（矢印 2），肺葉辺縁の鈍化（矢印 3），心陰影および横隔膜ラインの消失（4）が認められる。以上の所見から，胸水症と暫定診断した。

❖コメント❖

胸水とは，何らかの原因により，壁側胸膜と臓側胸膜の間（胸膜腔）に，液体が異常に溜まった状態をいい，胸部X線検査では，胸腔内の液体が10kg程度の犬において約50mL以上貯留した時，初めて異常所見が認められる。また，少量の胸水貯留では，撮影時のポジショニングによってX線所見が異なり，VD撮影では，心陰影が比較的明瞭に観察され，臓側胸膜と壁側胸膜の離解が認められる。一方，DV撮影では，心陰影が消失し，胸膜の離解は不明瞭となる。

胸水貯留を認める疾患は非常に多く，貯留液性状を把握し鑑別診断を絞る必要がある。しかしながら，胸水性状を画像検査で確定することは不可能であることから，胸腔穿刺が必須となる。胸水性状を分類するためには比重，総蛋白，細胞数が最低限必要であり，色調が血様であれば赤血球数とヘマトクリットを追加し，乳糜様であればコレステロールとトリグリセリドを追加する。漏出液は，比重1.017以下，TP 2.5g/dL以下，有核細胞数が1,000/μL以下であり，静水圧の上昇および血漿膠質浸透圧の減少が原因であることから，主な原因疾患としては，うっ血性心不全，肝硬変，低蛋白血症などが挙げられる。また，変性漏出液では，比重1.017～1.025，TP 2.5～5.0g/dL，有核細胞数が5,000/μL以下であり，漏出液と類似した性状であるが，蛋白および細胞数が増加する。貯留した漏出液の経時的変化によるものや，血圧および血管の異常により血液成分を伴って漏出したものであることから，主な疾患としては，悪性腫瘍，右心不全などが挙げられる。一方，滲出液は，比重1.025以上，TP 3.0g/dL以上，有核細胞数が5,000/μL以上で，毛細血管透過性の増大を引き起こす局所的変化が原因となり，体液，蛋白，細胞およびその他の血清成分の滲出をきたす。疾患としては，感染症，悪性腫瘍，炎症性疾患，肺血栓塞栓症など数多くの疾患が挙げられる。血胸は胸膜腔内出血であり，比重，総蛋白，細胞数，赤血球数，ヘマトクリット値が静脈血の性状と類似し，外傷，悪性腫瘍，医原性損傷などが原因となる。乳糜胸は，トリグリセリドを多く含む乳白色の液体であるため，胸水中のトリグリセリド値が血液中のトリグリセリド値を上回り，胸管の損傷や閉塞が原因で起こる。さらに，偽乳糜胸は，色調が乳糜液と類似しているが，胸水中のコレステロール値が血液中よりも高値を示し，トリグリセリド値は血液中よりも低値を示す。これは，胸水中の赤血球および好中球が溶解してコレステロールが放出されることが原因とされており，原因疾患としては，炎症性疾患および悪性腫瘍などが考慮される。

本症例は，胸部X線検査において，少量の胸水貯留が疑われ，引き続き行った超音波検査では，心臓周囲にのみわずかな胸水が認められた。上記のごとく診断には，液体性状を鑑別することが必須となるが，画像検査から貯留液を分類することは不可能であるため，超音波ガイド下で胸腔穿刺を行った。その結果，採取された胸水は血様であったが，比重1.028，蛋白3.1g/dL，細胞数は，白血球1091.6 × 10^2/μL，赤血球163 × 10^4/μL，Ht 15%であることから，滲出液と判断された。また，胸水塗抹において白血球は，変性好中球が主体で，少数のマクロファージも出現していた。

以上の所見から胸膜炎と診断し，原因鑑別のため細菌培養を実施したところ，*Staphylococcus aureus* が検出された。

46．犬の心原性肺水腫

症　例：チワワ，雄，14 歳，体重 3.18kg。
主　訴：咳，呼吸促迫。

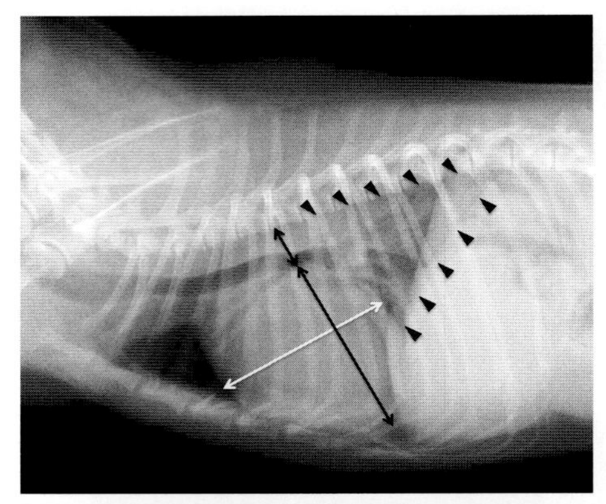

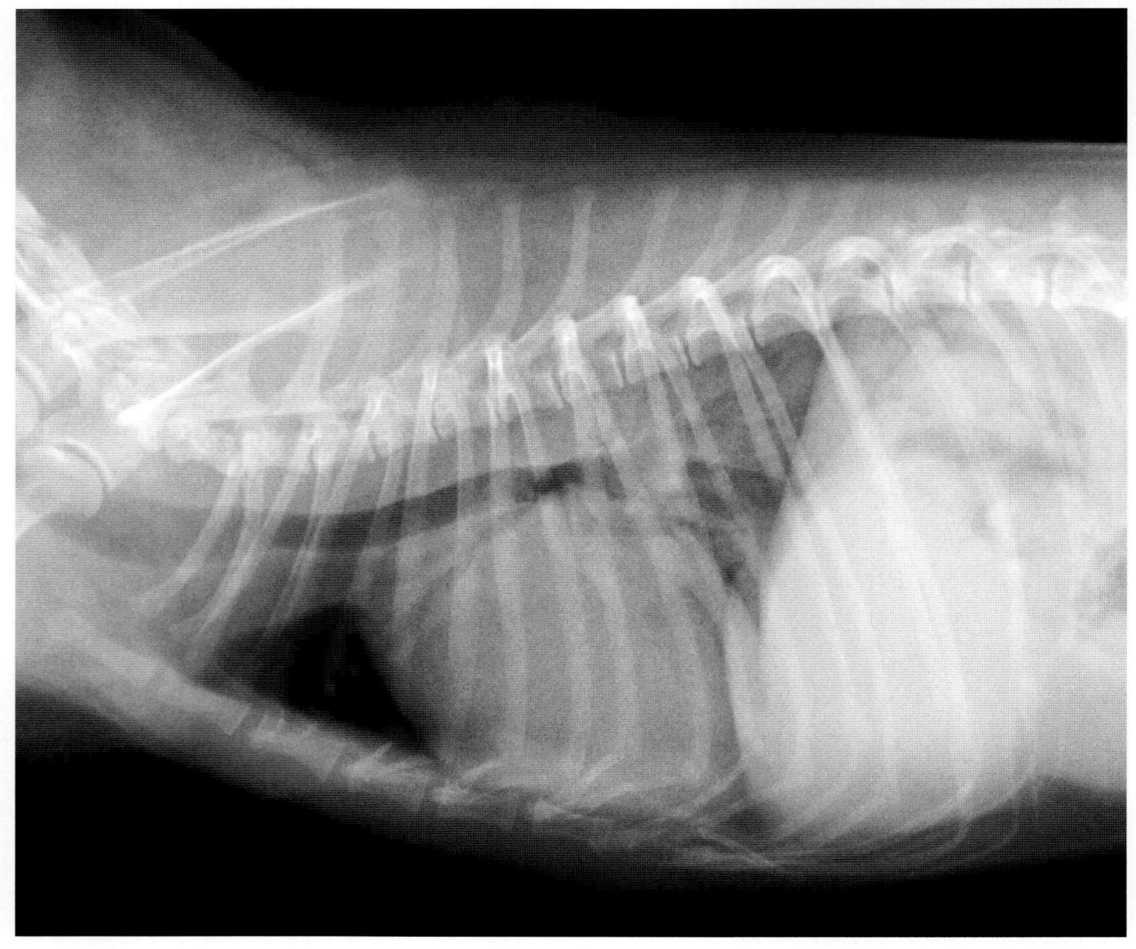

写真 46-1　胸部単純 X 線右側ラテラル像

写真 46-1，2　肺後葉領域は X 線不透過性で，肺血管陰影は不明瞭であり，含気の認められる X 線透過性の部位と，含気の少ない X 線不透過性の亢進した部位が混在している（黒矢頭）。そのためこの領域は，エアーアルベオログラムと呼ばれる肺胞パターンに分類できる。また通常心臓長軸の距離は，胸椎から気管分岐部の距離に対して 3 倍であるが，本症例は 4.7 倍であるため，心臓縦径の拡大が疑われる（黒矢印）。また，正常犬の最大心横径は，2.5 ～ 3.5 肋間分であるのに対し，本症例は，5.5 肋間分であることから，心横径の拡大も示唆される（白矢印）。

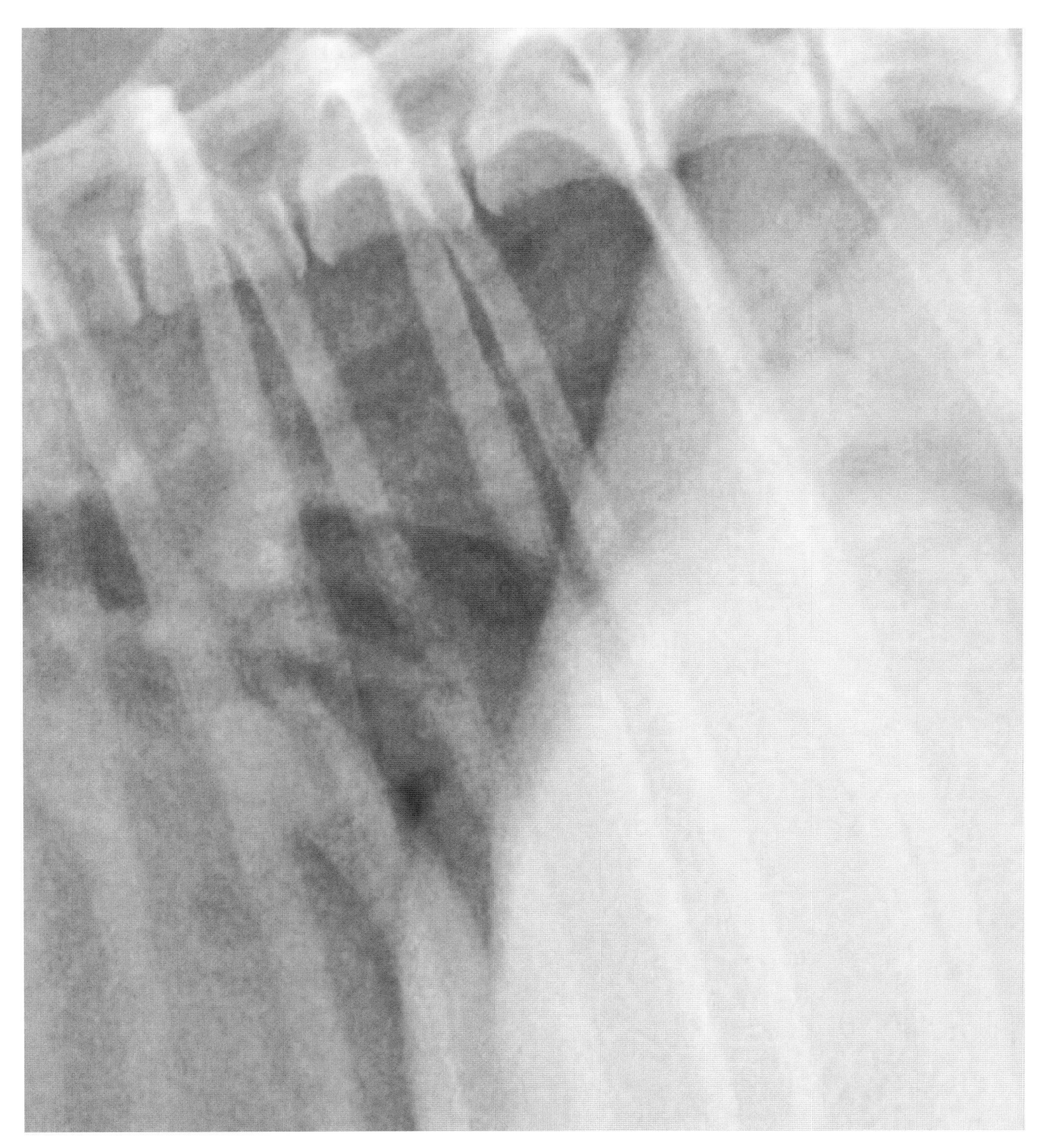

写真 46-2 写真 46-1 の後葉領域拡大像

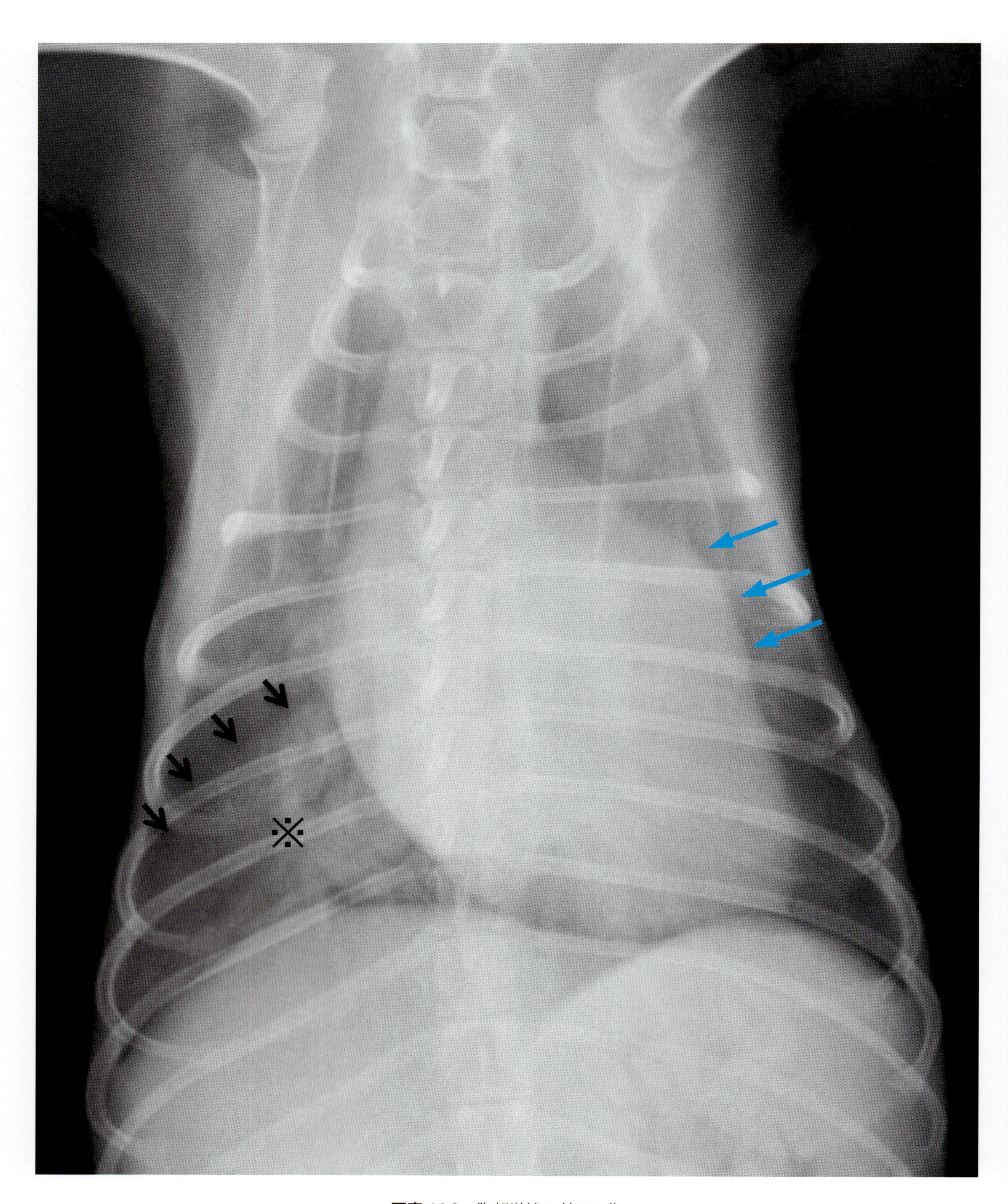

写真 46-3 胸部単純 X 線 VD 像
不透過性が亢進した右後葉（※）と正常な透過性を示す右中葉の間に，明瞭な境界線（肺葉サイン）が認められる（矢印）。心陰影は拡大し，特に左心耳の突出がみられる（青矢印）。右肺後葉に限局した非対称性肺胞パターンは，心拡大を考慮すると，心原性肺水腫が疑われる。

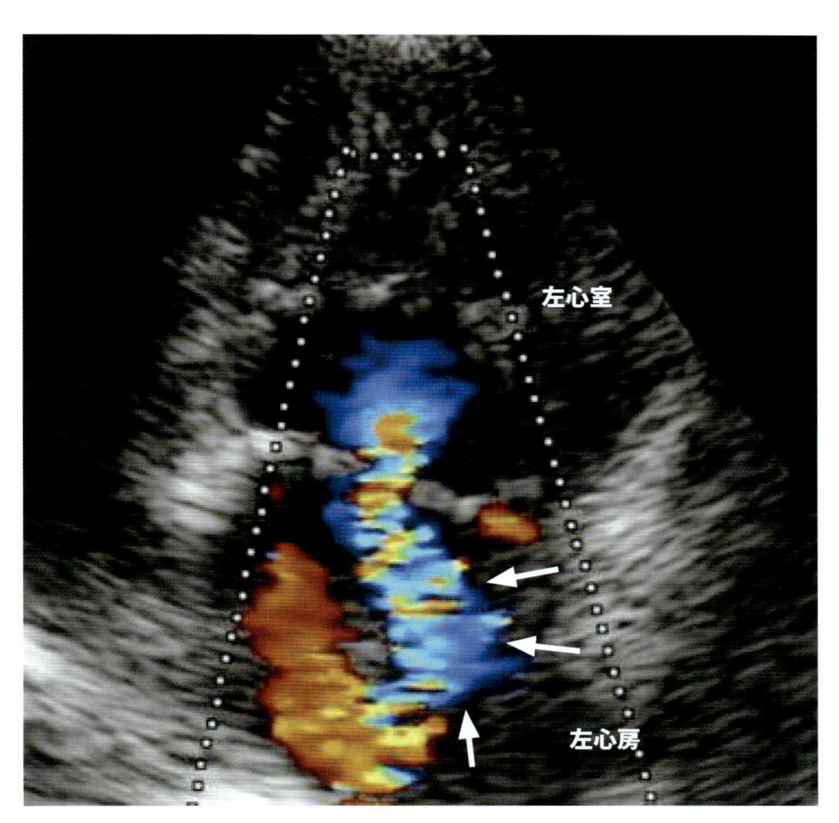

写真 46-4　胸部超音波像（左傍胸骨二腔断面像）

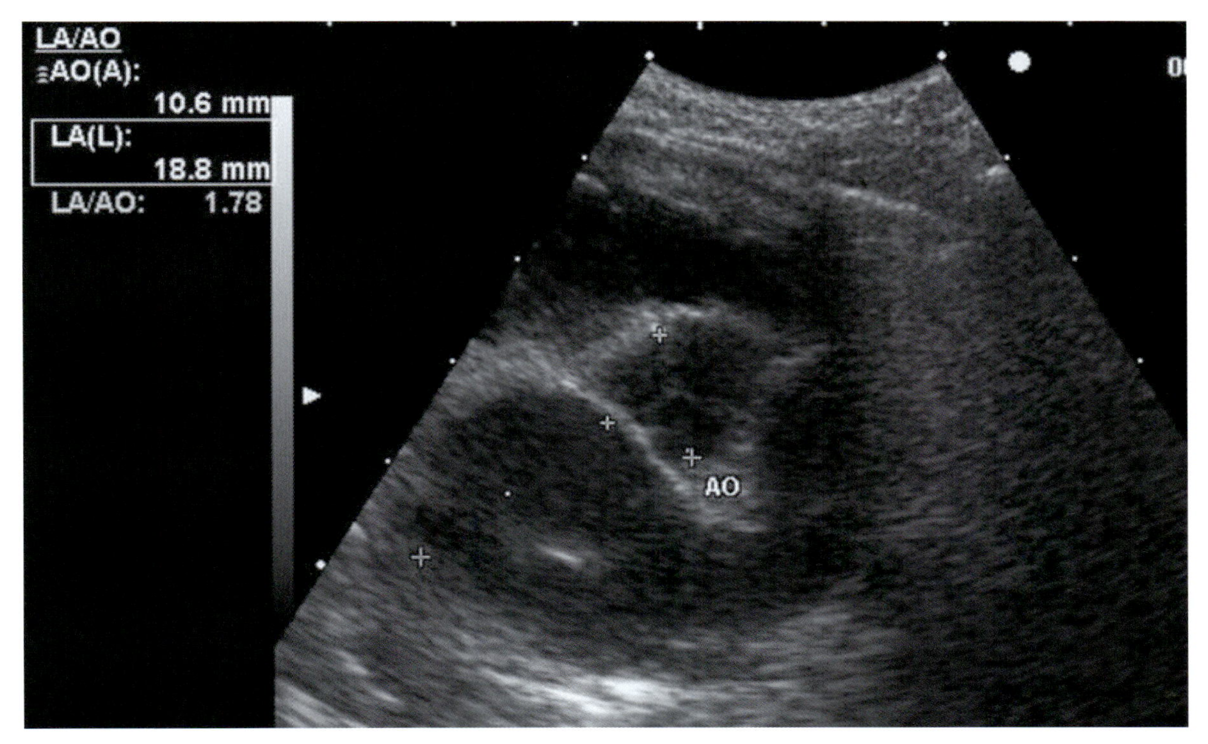

写真 46-5　胸部超音波像（右傍胸骨心基底部短軸断面像）

写真 46-4・5　心疾患による肺水腫が疑われるため，心臓エコー検査を実施したが，収縮期において左房室弁の偏心性逆流（矢印）が認められ，LA/AO（左心房 / 大動脈）比は 1.78 である。

❖コメント❖

肺胞パターンとは，肺胞内の含気スペースから空気が消失するX線学的サインである。肺胞パターンは，エアーアルベオログラムとエアーブロンコグラムに分類される。エアーアルベオログラムとは，末梢含気スペースにおいて含気の認められるX線透過と，含気スペースが液体や軟部組織で充満したX線不透過が混在し，領域内の肺血管が消失した像である。さらに病態が進行し，末梢含気スペース全体に含気が認められない状態になると，エアーブロンコグラムといった，より重度な肺の不透過性亢進に発展する。エアーブロンコグラムは，気管支内腔にガスが認められ，その周囲が軟部組織デンシティーによって囲まれた像であり，気管支周囲の肺血管像は消失している。また，この肺胞パターンが局在性に生じると，不透過性の亢進した肺葉と，隣接する正常な肺葉との間に明瞭な境界線がみられ，肺葉サインと呼ばれる陰影が生じる。

肺胞パターンが認められる疾患としては，肺水腫（心原性または非心原性），肺出血，肺炎，腫瘍，無気肺，肺葉捻転，外傷による肺挫傷，肺血栓塞栓症などが挙げられる。これらの疾患を鑑別する際には，病歴や稟告の聴取，聴診における心雑音の評価に加え，X線検査において，心拡大の有無および肺胞パターンの分布を評価することが有用である。本症例の様に，心拡大を伴う肺胞パターンでは，心

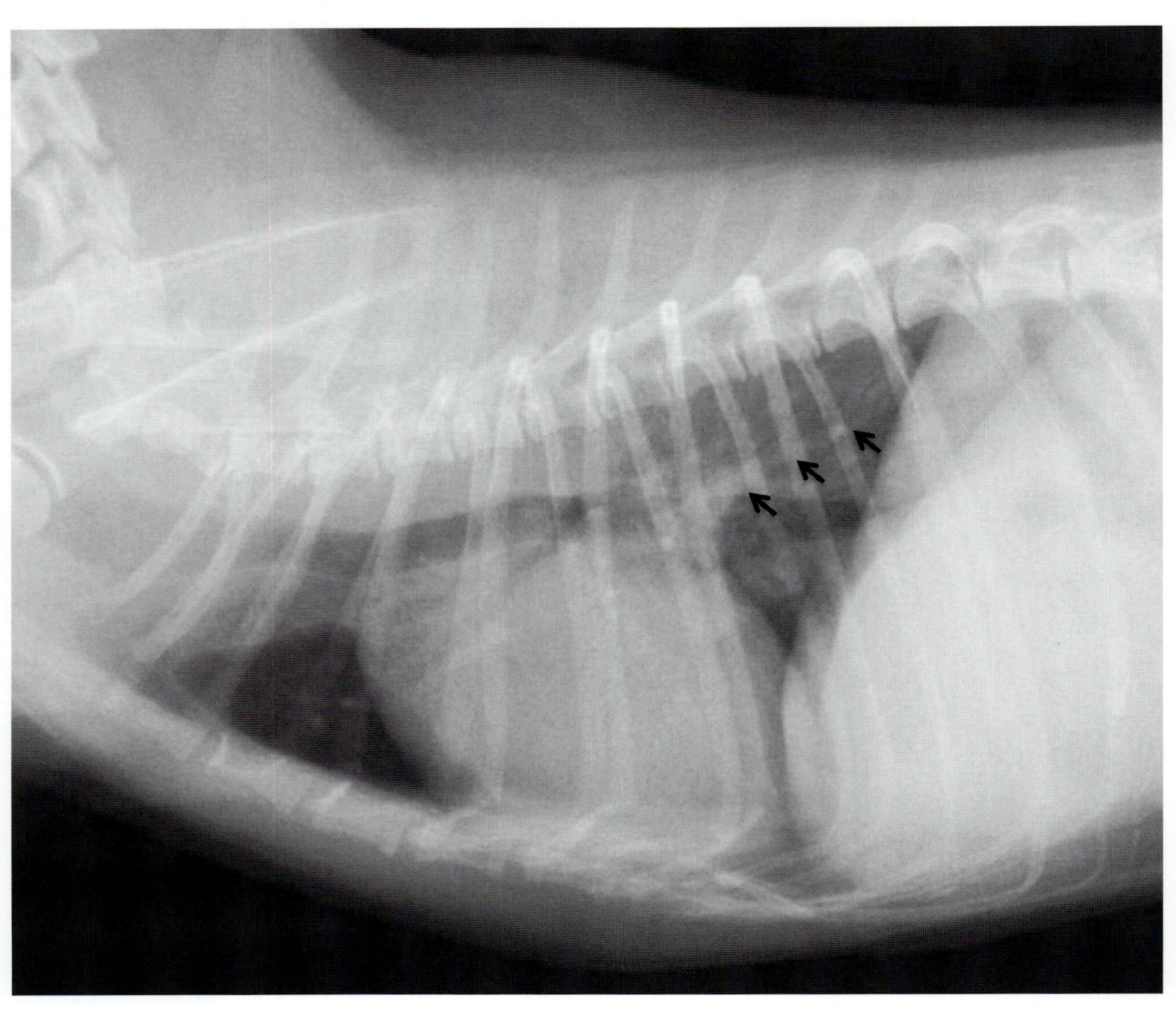

コメント写真 46-1　胸部単純X線右下ラテラル像

原性肺水腫が最も強く疑われる疾患となる。心原性肺水腫と診断された犬 61 頭の報告において，肺水腫が広汎性に認められたもの，肺門周囲に認められたもの，局在性に認められたものは，それぞれ 11 頭（18%），7 頭（11.5%），43 頭（70.5%）とされる。また，局在性肺水腫の症例 43 頭中，少なくとも左右どちらかの肺後葉領域に肺水腫が生じた症例は，42 頭（97.6%）であった[1)]。この報告は，犬において心拡大を伴い，少なくとも左右どちらかの肺後葉領域に局在性肺胞パターンが認められた場合，心原性肺水腫である可能性が高いことを示唆している。

本症例は，慢性の咳および急性の呼吸促迫で来院し，聴診にて握雪様の呼吸音と Levine5/6 の左側心尖部を最強点とする収縮期心雑音を聴取した。また，胸部 X 線検査からも，心原性肺水腫が疑われたため，酸素吸入および利尿剤投与を行ったところ，改善が認められた（コメント写真 46-1，2）。

引用文献

1) Diana,A（2009）: *J. Am. Vet. Med. Assoc.* 235, 1058-1063.

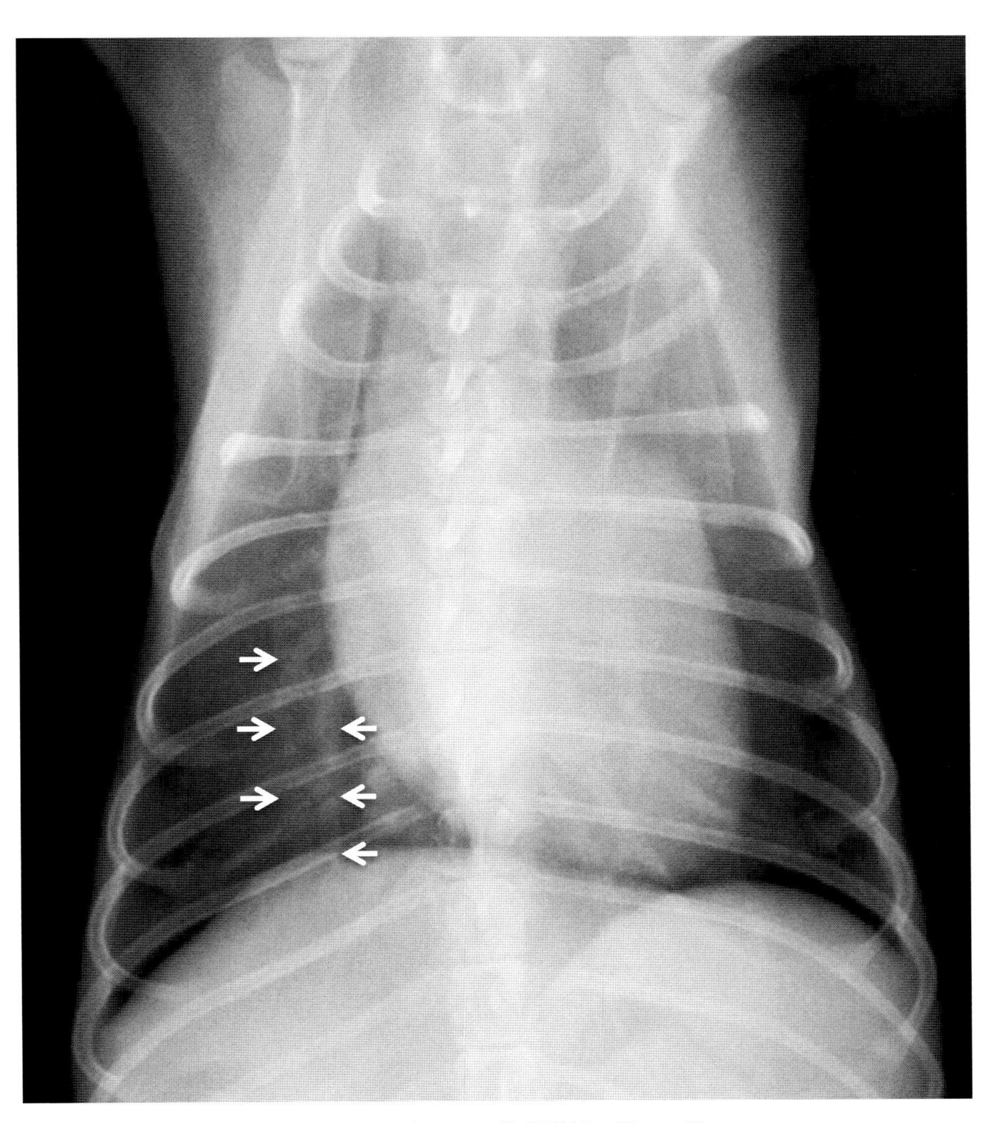

コメント写真 46-2 胸部単純 X 線 VD 像

コメント写真 46-1・2 利尿剤投与 24 時間後，後葉領域の肺胞パターンは消失し，肺血管像が認められる（矢印）。

47．犬の心筋肥大

症　例：マルチーズ，雌，14 歳，体重 2kg。
主　訴：心雑音。
血液検査所見：

PCV	53.0	%
RBC	757×10^4	/μL
Hb	17.5	g/dL
MCV	67.0	fL
MCH	23.1	pg
MCHC	34.3	g/dL
WBC	141×10^2	/μL
pl	55.5×10^4	/μL
ALT	38.0	U/L
ALP	68.0	U/L
T-Bil	0.1 以下	mg/dL
Glu	193	mg/dL
BUN	22.0	mg/dL
Cr	1.0	mg/dL
Ca	9.5	mg/dL
Na	152	mmol/L
K	4.6	mmol/L
Cl	111	mmol/L

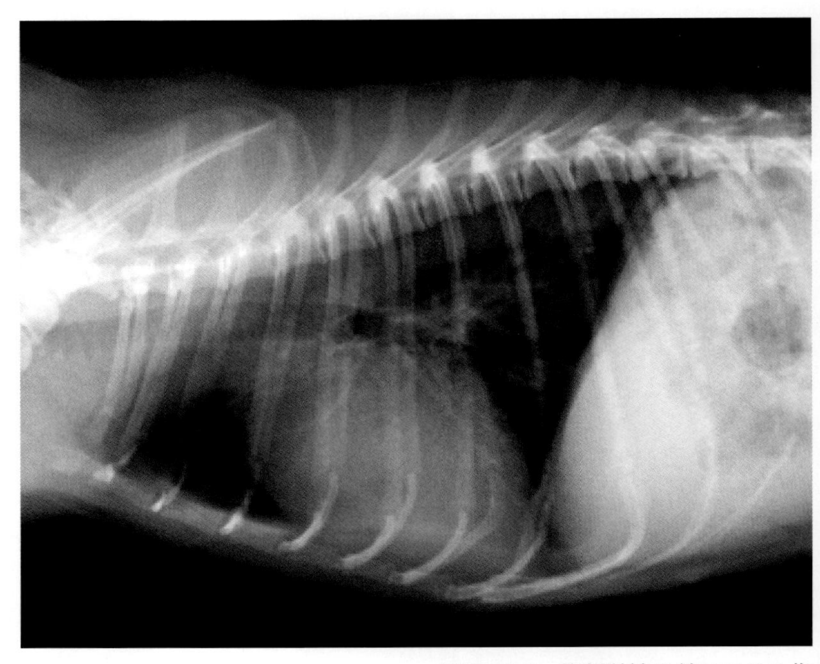

写真 47-1　腹部単純 X 線ラテラル像
心横径の軽度拡大が観察されるが，形状の異常は観察されない。また，肺野についても異常は認められない。

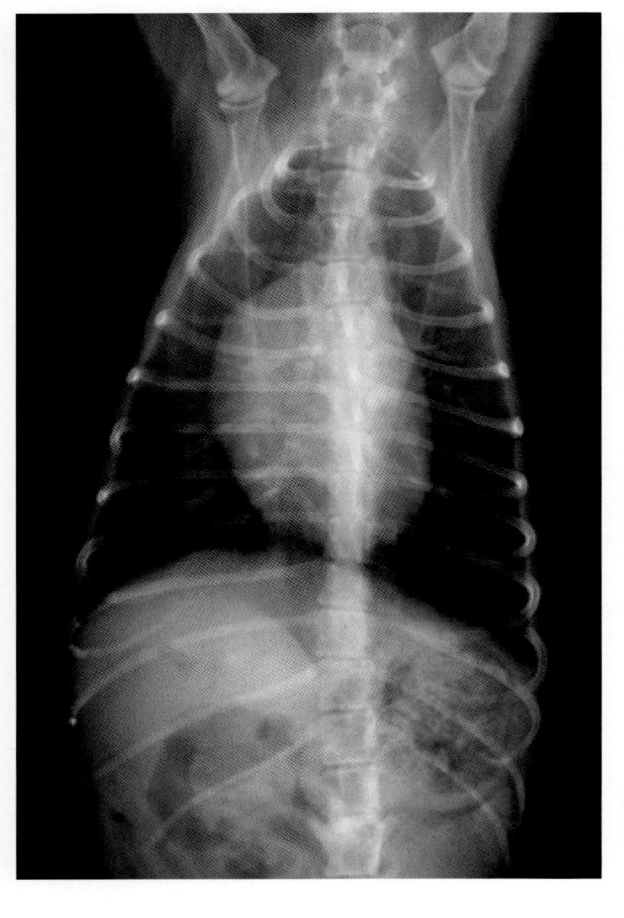

写真 47-2　腹部単純 X 線 VD 像
心臓の大きさ，形状の異常は観察されない。また，肺野についてもラテラル像同様，異常は認められない。

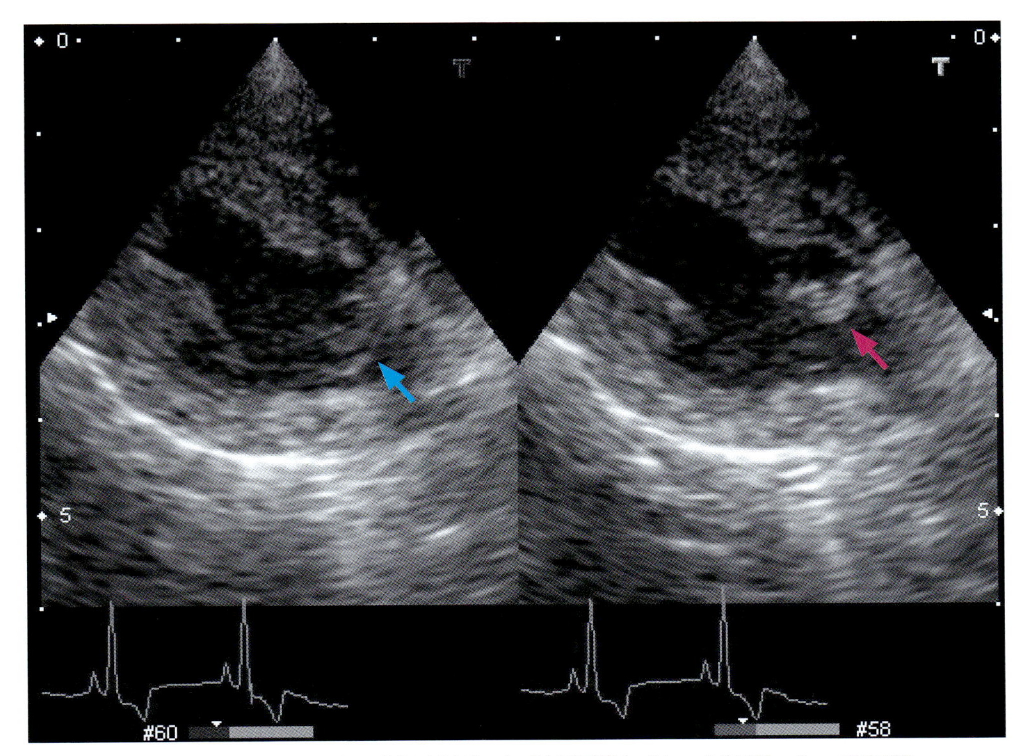

写真 47-3 経右側胸壁心臓超音波像（四腔断層像）（左：収縮期，右：拡張期）
拡張期において，僧帽弁弁尖の肥厚が認められ（赤矢印），収縮期においては僧帽弁弁尖が逸脱して観察される（青矢印）。

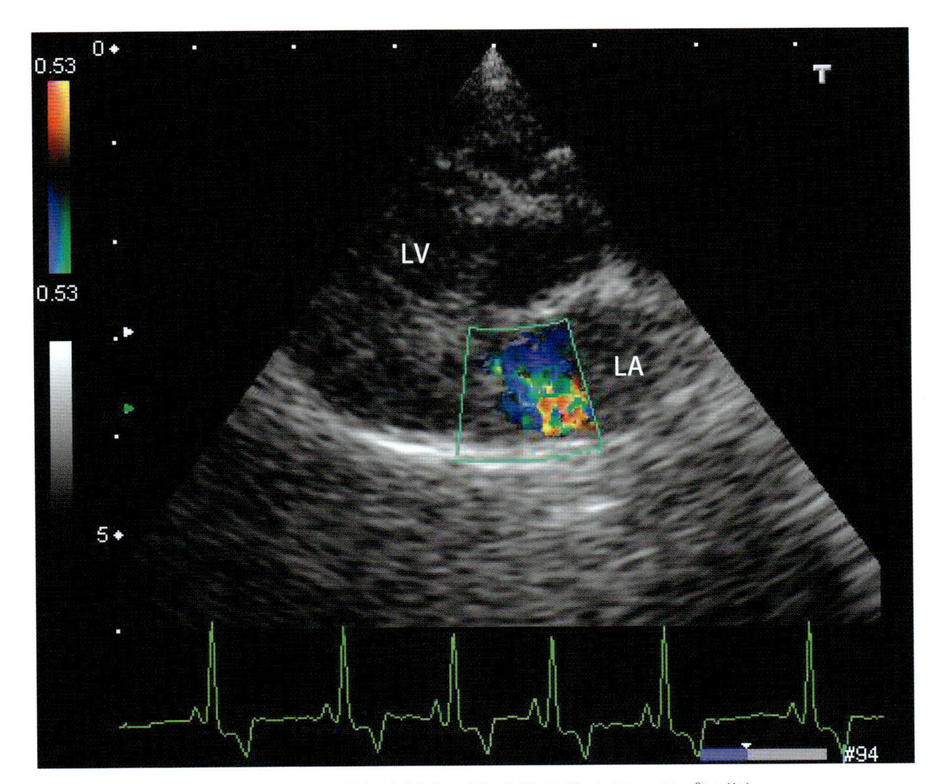

写真 47-4 心臓超音波像（左室流入路カラードプラ像）
収縮期において左心室（LV）から左心房（LA）方向に吹く，逆流が観察される。

以上の所見から，弁膜症と診断される。

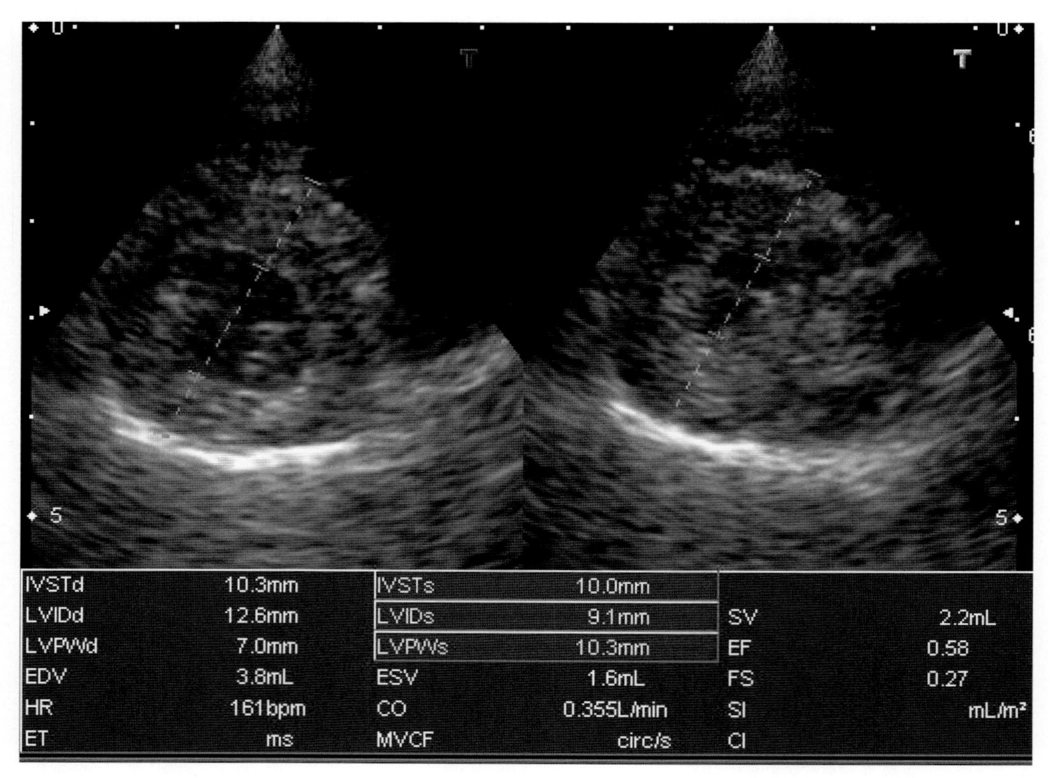

写真 47-5 Ｂモード経右側胸壁心臓超音波像（左室短軸像）（腱索レベル　左：拡張期，右：収縮期）による左室機能計測
本症例は体重 2kg であるが，心室中隔ならびに後壁が対称性に著しく肥大している。また，心筋エコーに異常は認められない。

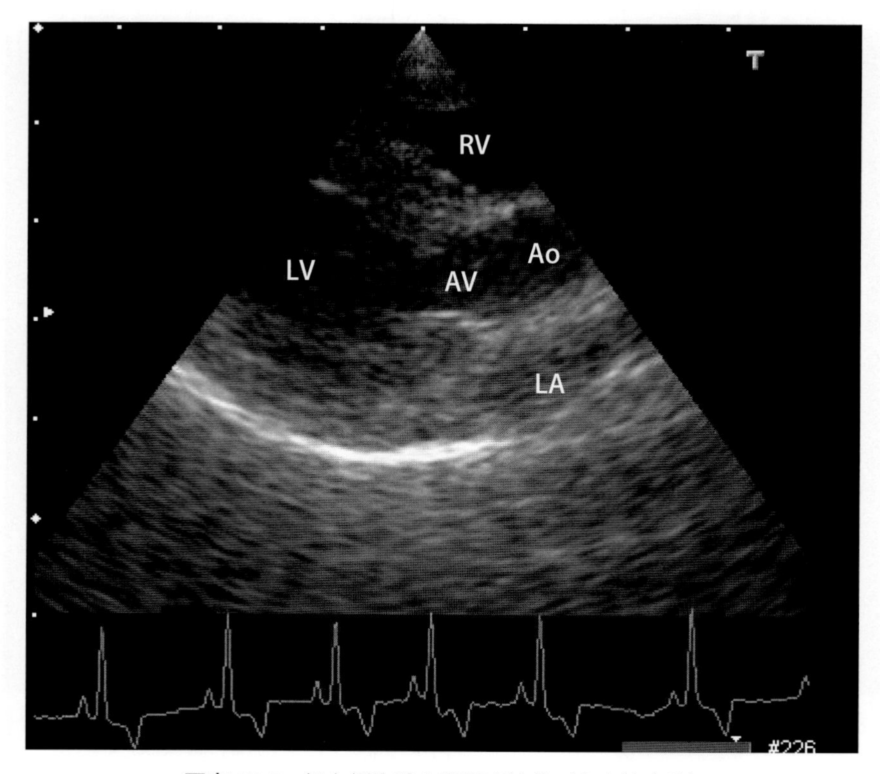

写真 47-6 経右側胸壁心臓超音波像（左室流出路）
大動脈弁口部の位置，大動脈弁尖（AV），大動脈（Ao）に異常は認められない。　RV：右心室，LA：左心房，LV：左心室

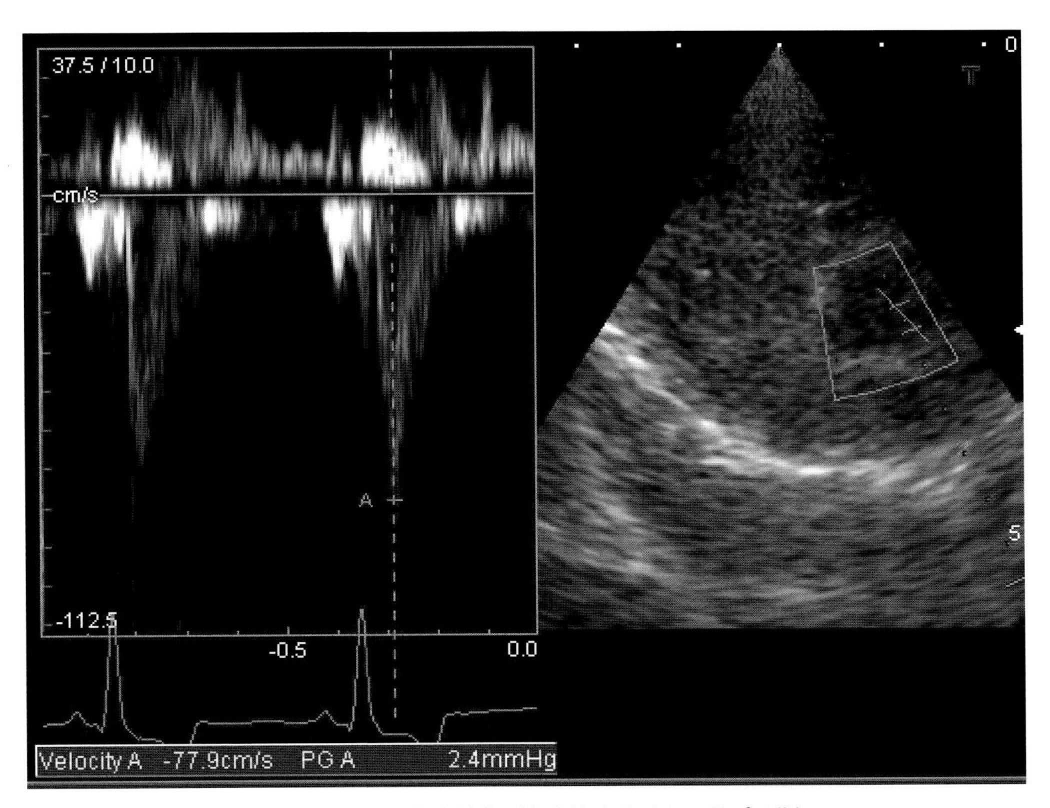

写真 47-7 心臓超音波像（左室流出路パルスドプラ像）
大動脈血流に乱流は観察されず，血流速度にも異常は見られない。したがって，左心室肥大を呈する狭窄性病変（大動脈弁狭窄症）は否定される。

写真 47-1 ～ 7 の所見から，全身性高血圧を呈する内分泌疾患や腎疾患を考慮し，腹部 X 線検査ならびに超音波検査を行った（写真 47-8 ～ 15）。

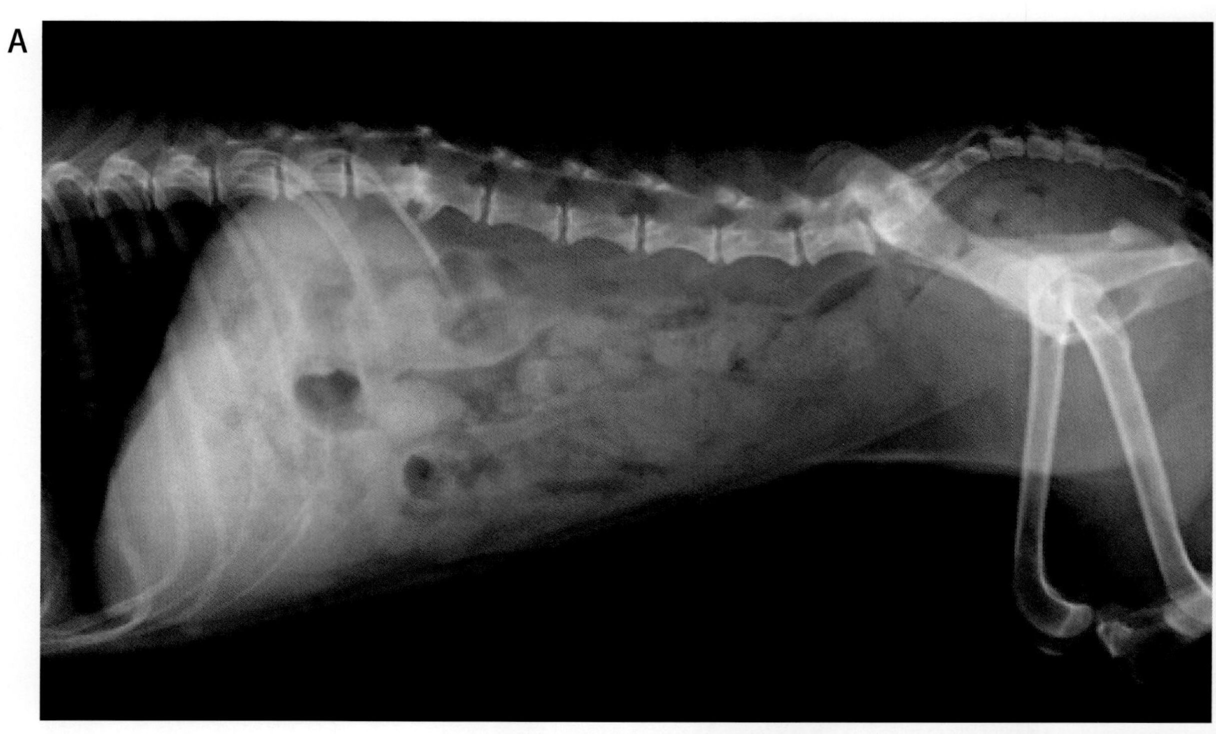

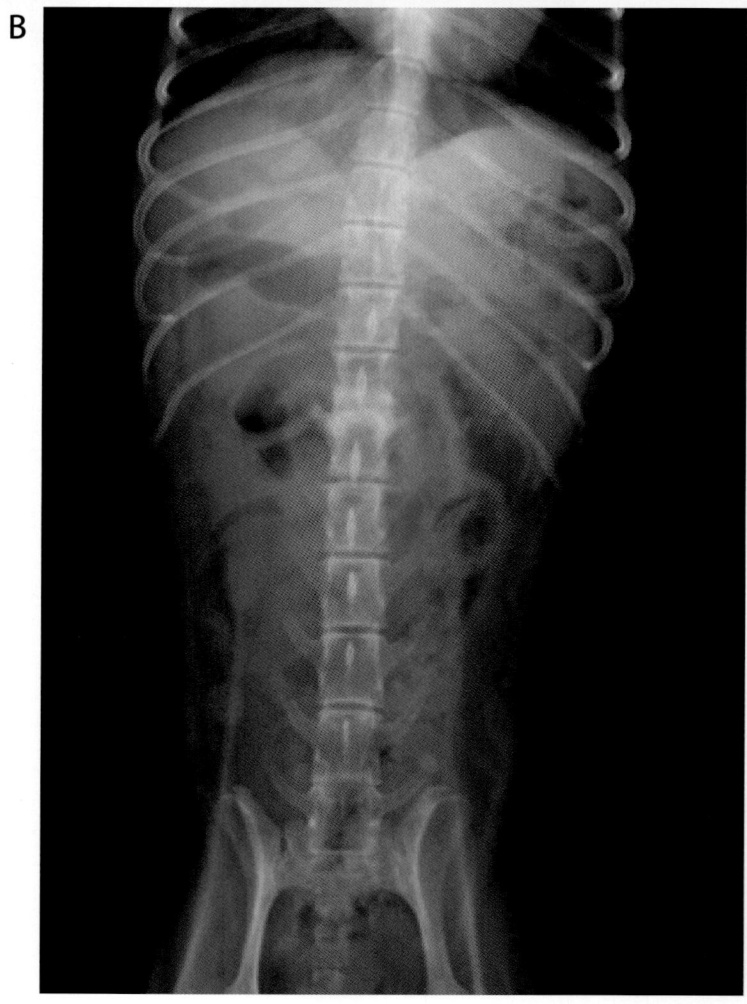

写真 47-8　腹部単純 X 線像（A：ラテラル像，B：VD 像）
異常は認められない。

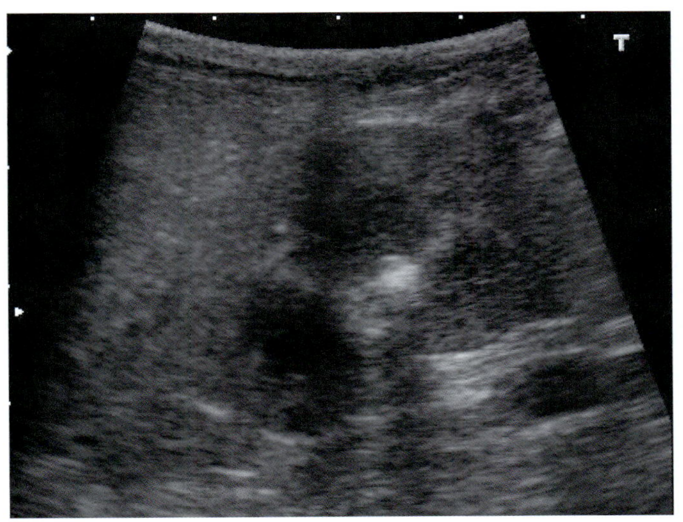

写真 47-9 左腎超音波長軸像
皮質髄質明瞭で，腎疾患を示唆する所見は認められない。

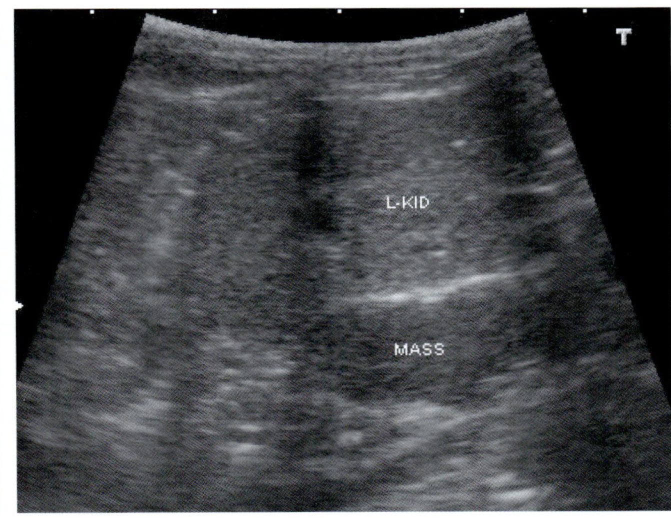

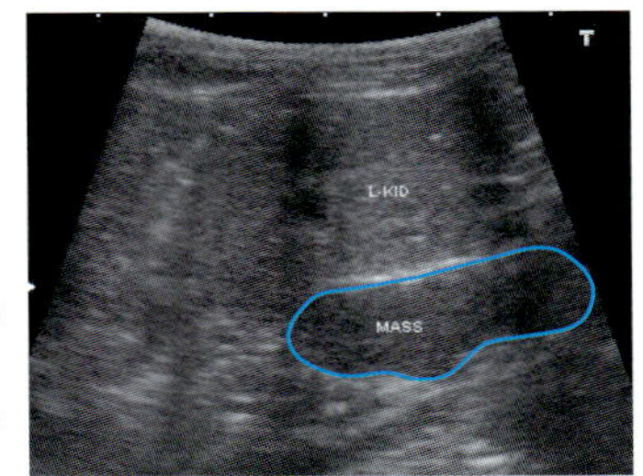

写真 47-10 左副腎超音波長軸像
左副腎は著しく拡大している。
L-KID：左腎

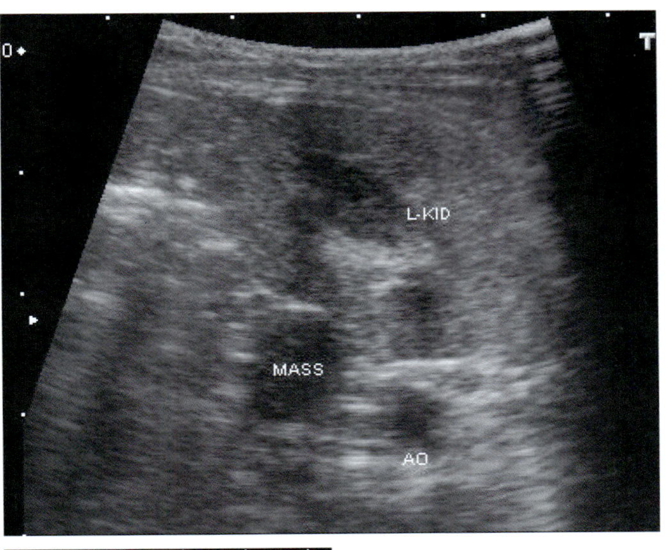

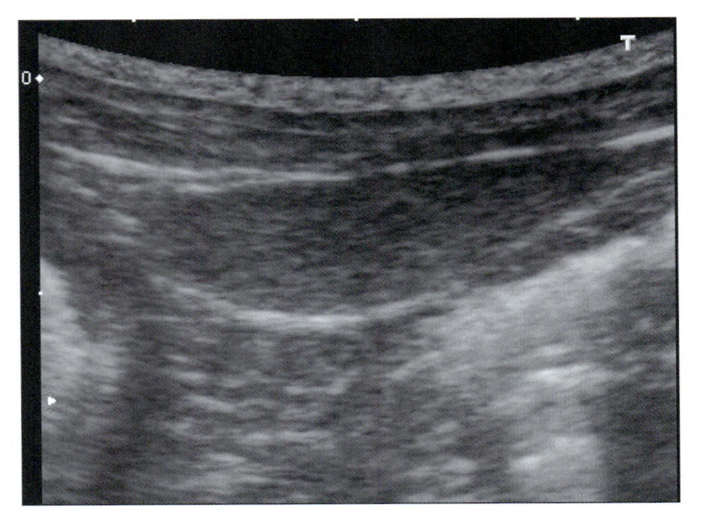

写真 47-12 脾臓超音波像
脾臓は均一で，異常所見は認められない。

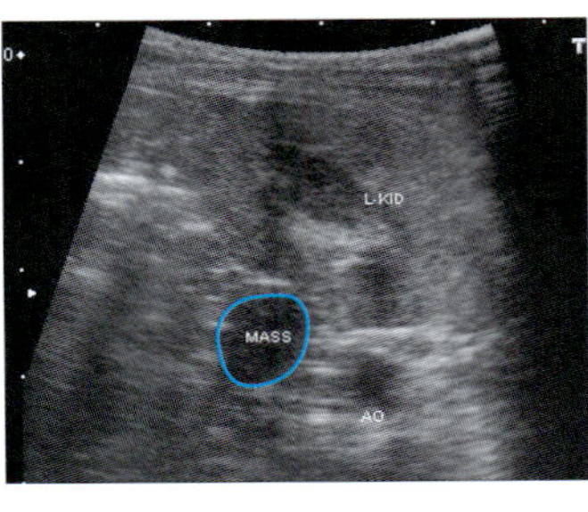

写真 47-11 左副腎超音波横断像
拡大した副腎は被膜が明瞭で，周囲組織浸潤や大血管（大動脈，後大静脈）浸潤の所見はない。また，腰大動脈リンパ節群についても異常は観察されない。 L-KID：左腎，AO：大動脈

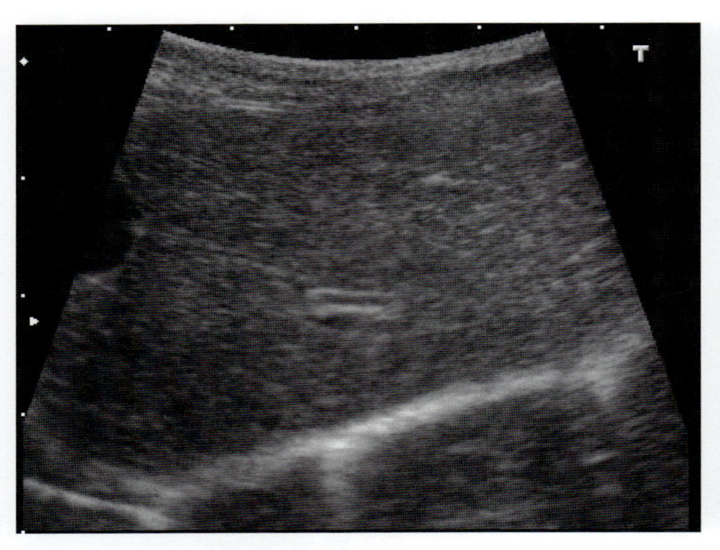

写真 47-13　肝臓超音波横断像
肝臓実質は均一で，異常所見は認められない。

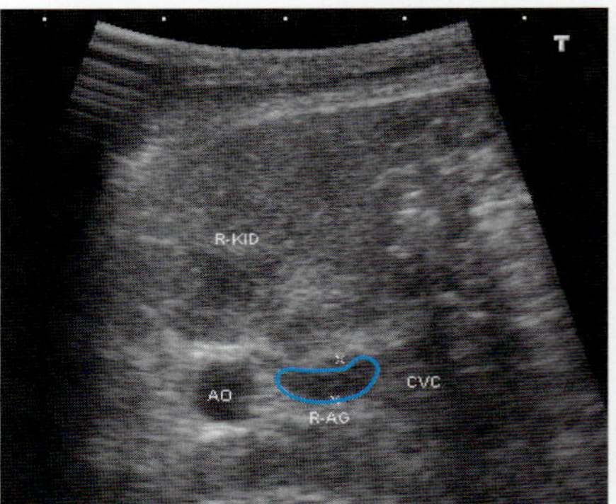

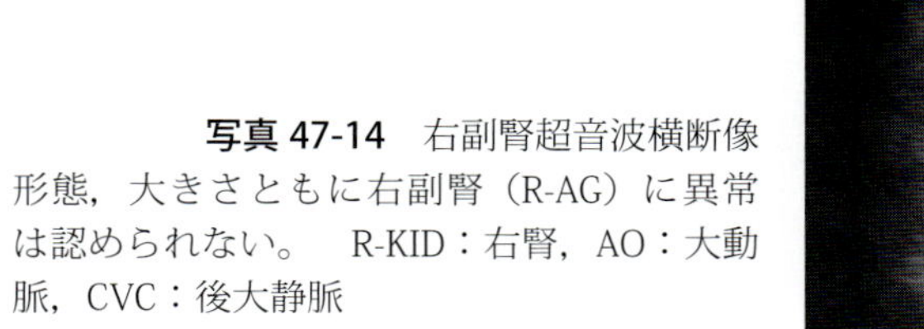

写真 47-14　右副腎超音波横断像
形態，大きさともに右副腎（R-AG）に異常は認められない。　R-KID：右腎，AO：大動脈，CVC：後大静脈

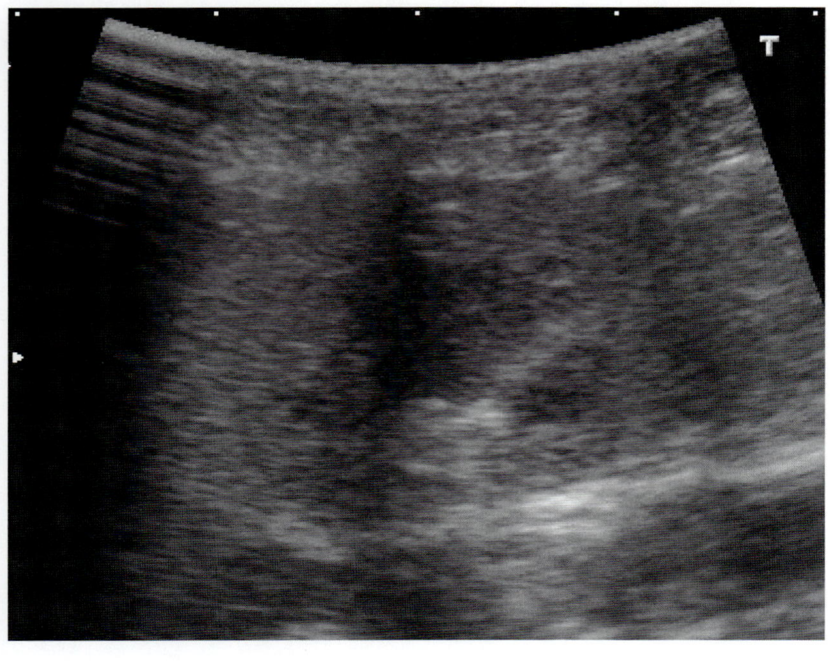

写真 47-15　右腎超音波長軸像
左腎（写真 47-9）同様，皮質髄質明瞭で，腎疾患を示唆する所見は認められない。

❖コメント❖

犬の左室心筋を肥大させる疾患としては，大動脈弁狭窄症，全身性の高血圧症，肥大型心筋症が挙げられる。本症例においては，大動脈弁狭窄症が超音波上否定されたため，高血圧症や肥大型心筋症が考えられるが，猫と異なり肥大型心筋症の発生はまれである。したがって，全身性高血圧症を第1に疑い，その原因となる疾患を除外していく必要がある。

全身性高血圧症を呈する疾患には，腎疾患，副腎皮質機能亢進症，甲状腺機能亢進症，糖尿病，さらにはカテコールアミンを分泌するクロム親和性細胞腫（褐色細胞腫）が考えられる。したがって，これらの診断は，血液検査や超音波検査などを駆使し総合的に行う必要がある。本症例では，右副腎が正常にもかかわらず左副腎が非常に大きいこと，血液検査やX線，超音波検査において腎障害や肝障害を示唆する所見が見られないことから，副腎腫瘍の中でもカテコールアミンを分泌する副腎腫瘍すなわち副腎髄質から発生するクロム親和性腫瘍（褐色細胞腫）が強く疑われた。確定診断には病理検査が必須となるが，本疾患ではカテコールアミンを急速に分泌し，突然死亡することがあるので，腫瘍に刺激を与えるような針生検やTru-Cut生検は禁忌となる。外科切除が本腫瘍における唯一の診断・治療となるが（内科的治療は対症的），クロム親和性細胞腫は周囲組織や大血管に浸潤する傾向にあり，外科的切除が可能であるかを超音波検査やCT検査によって慎重に見極める必要がある。幸い本症例については超音波検査にて周囲組織や器官に浸潤が認められず，リンパ節転移，肺転移も認められなかったため，外科的切除の適応となる。

48．犬の副腎腫瘍

症　例：アメリカン・コッカー・スパニエル，雌，8 歳。
主　訴：腹囲膨大

血液検査所見：

PCV	31.3	%	Alb	2.5	g/dL
RBC	440×10^4	/μL	ALT	416.9	U/L
Hb	10.7	g/dL	ALP	703.0	U/L
MCV	71.2	fL	TC	1653.1	mg/dL
MCH	24.3	pg	Tg	108.9	mg/dL
MCHC	34.1	g/dL	T-Bil	0.274	mg/dL
WBC	185×10^2	/μL	Glu	105	mg/dL
Neu	181×10^2	/μL	BUN	36.0	mg/dL
Lym	2.86×10^2	/μL	Cr	0.8	mg/dL
Mon	0.91×10^2	/μL	Ca	8.9	mg/dL
Eos	0.21×10^2	/μL	iP	6.0	mg/dL
Bas	0.0×10^2	/μL	Na	157.0	mmol/L
Other	0.0×10^2	/μL	K	4.82	mmol/L
pl	13.5×10^4	/μL	Cl	120.6	mmol/L
TP	4.2	g/dL			

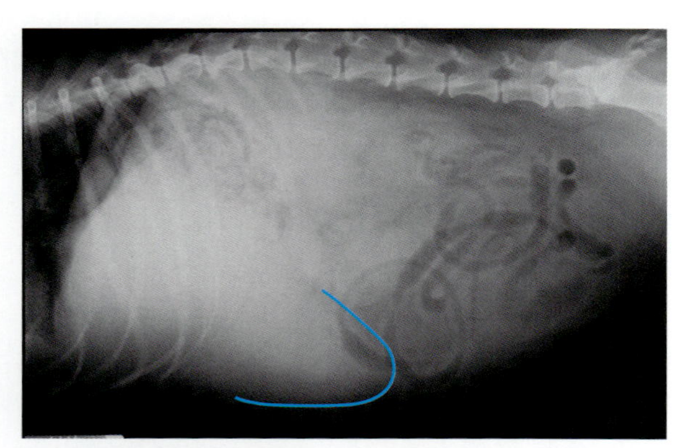

A

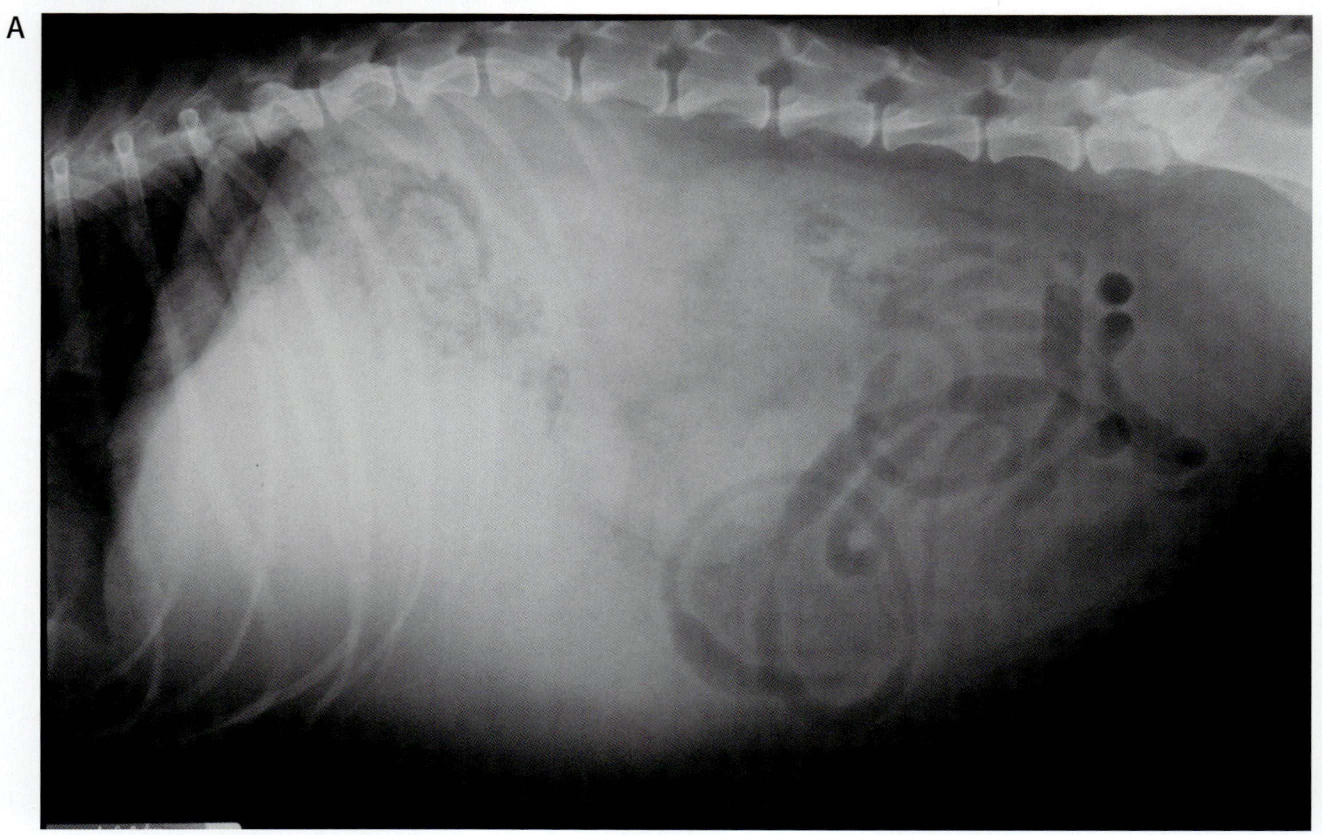

写真 48-1　腹部単純 X 線像（A：ラテラル像，B：VD 像）
腹部全体の鮮鋭度が低下し，肝腫大，肝辺縁の鈍化が観察される。

B

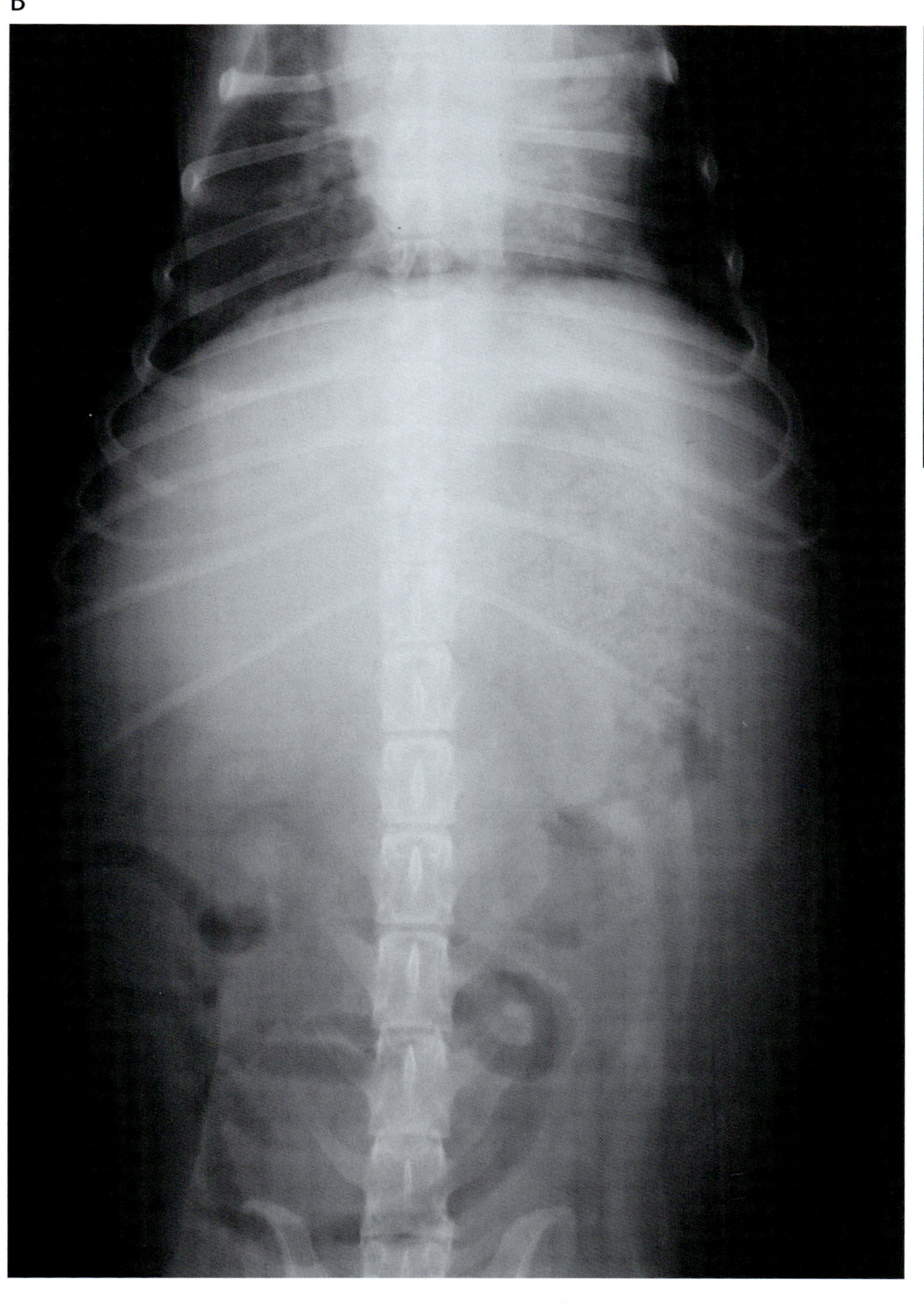

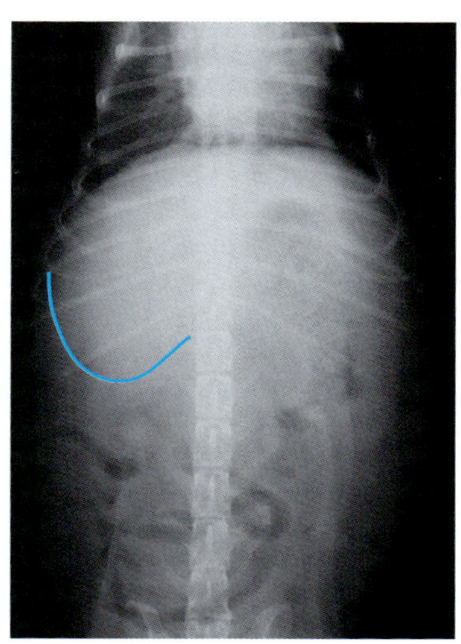

写真 48-1（つづき）

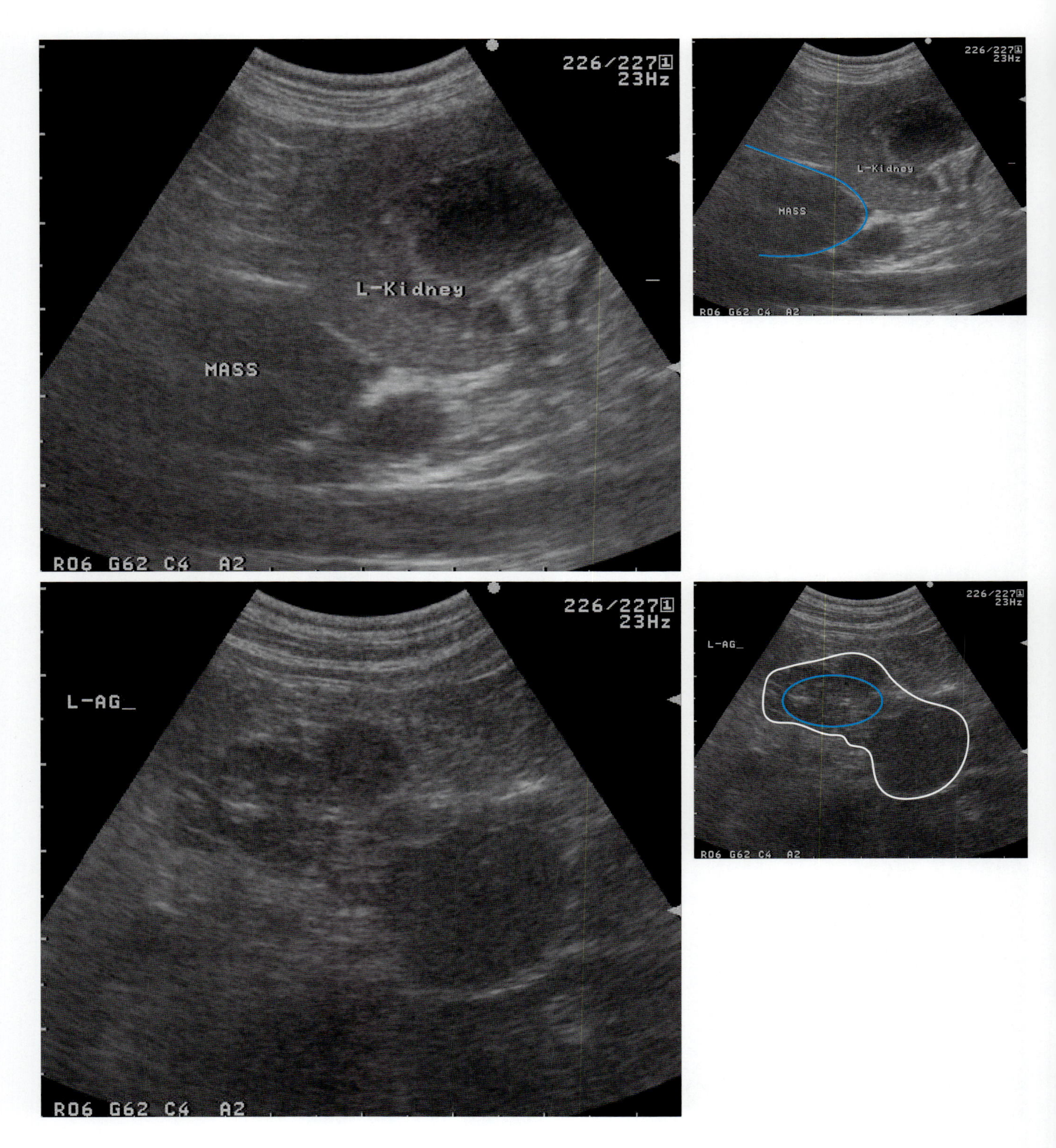

写真 48-2　腎臓超音波像

左腎（L-Kidney）頭側で，大動脈外側に低エコー性のマスが観察される。マス内部には高エコー性の点状エコー（青楕円）が認められ，マスの一部が石灰化しているものと考えられる。これらの所見ならびに，正常副腎が認められないことから，副腎腫瘍が示唆される。　L-AG：左副腎

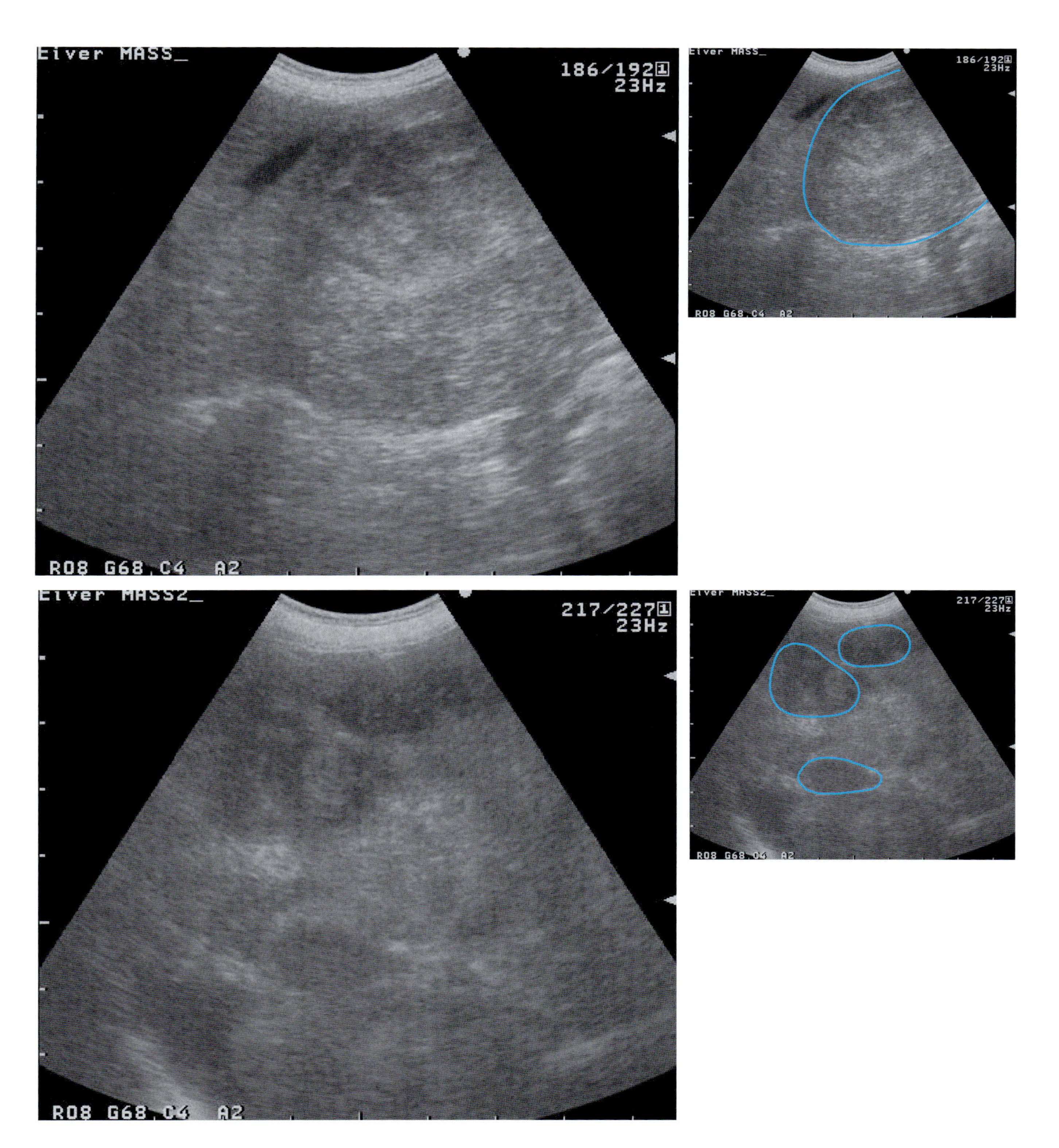

写真 48-3 肝臓超音波像
複数のマスが認められる。

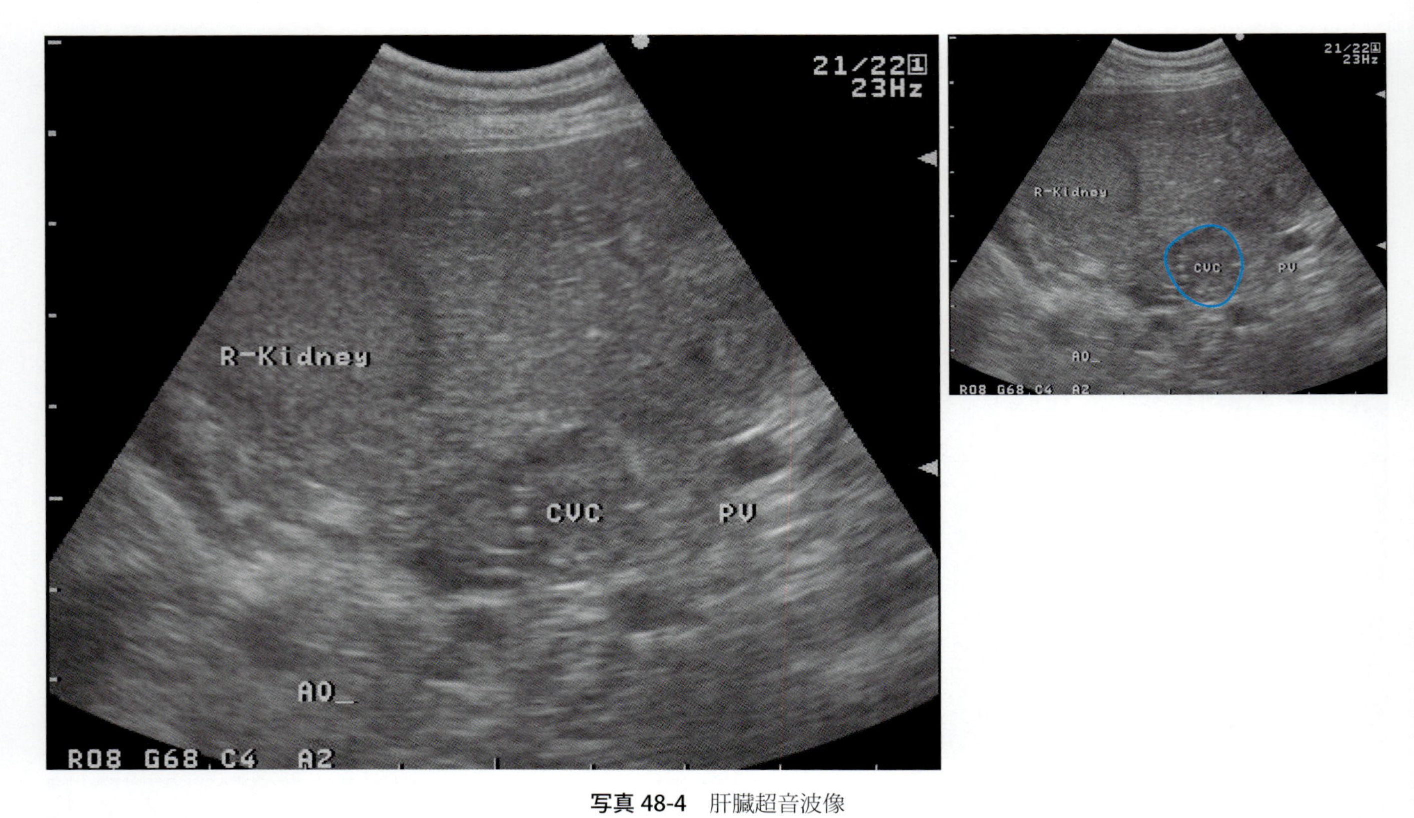

写真 48-4 肝臓超音波像
肝門部の後大静脈内に腫瘍塞栓が観察される。R-Kidney：右腎，CVC：後大静脈，PV：門脈，AO：大動脈

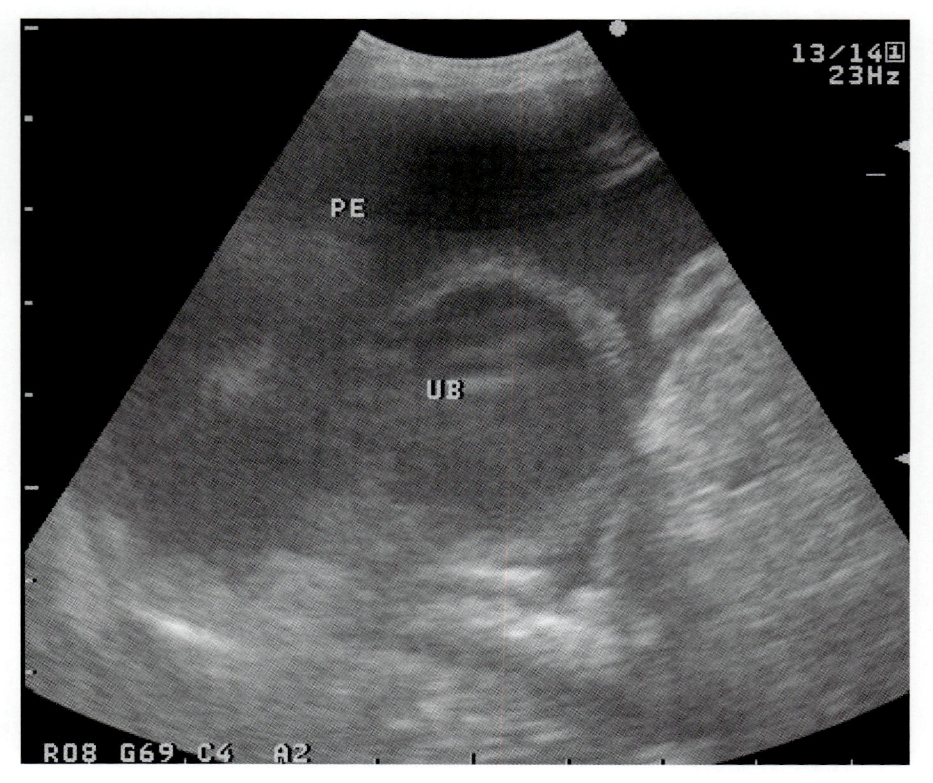

写真 48-5 下腹部超音波像
膀胱周囲に腹水貯留が観察される。PE：腹水，UB：膀胱

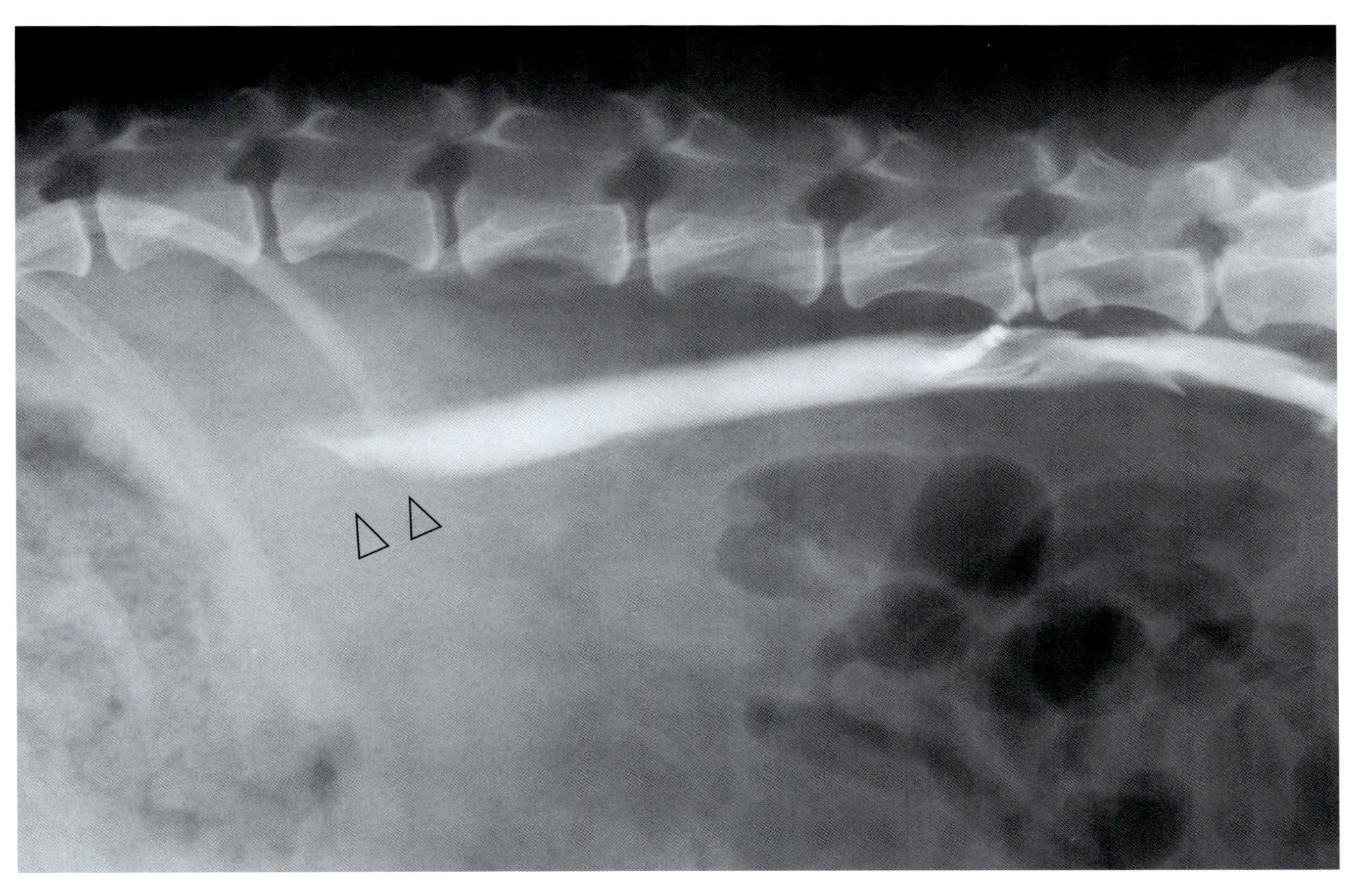

写真 48-6 腹部造影 X 線像
後肢の伏在静脈から造影剤を注入し，後大静脈の造影を行ったところ，腎臓頭側の領域において閉塞が確認された（矢頭）。

❖コメント❖

犬の副腎の正常な厚さは 7mm 以下とされる。2cm を超える場合においては，腫瘍が強く示唆されるが，本症例においても左副腎が 2cm を超えて腫大しているため，副腎腫瘍が示唆される。また，副腎腫瘍は石灰化，後大静脈内への腫瘍栓形成，肝転移を起こしやすいという特徴を有する点からも，本症例は副腎腫瘍の可能性が極めて高いと考えられる。確定診断には生検が必要となるが，副腎髄質腫瘍では血圧の急激な変化により死亡する例もあるため，慎重なインフォームド・コンセントが必要である。

49. 犬の腹大動脈血栓症

症　例：ミニチュア・ダックスフンド，避妊雌，15 歳。

主　訴：血液検査で肝酵素上昇と高脂血症を指摘され，精査を目的に来院した。

一般身体検査：異常は認められなかった。

血液検査所見：

ALT	168	U/L
ALP	1400	U/L
TC	458	mg/dL
Tg	223	mg/dL

A

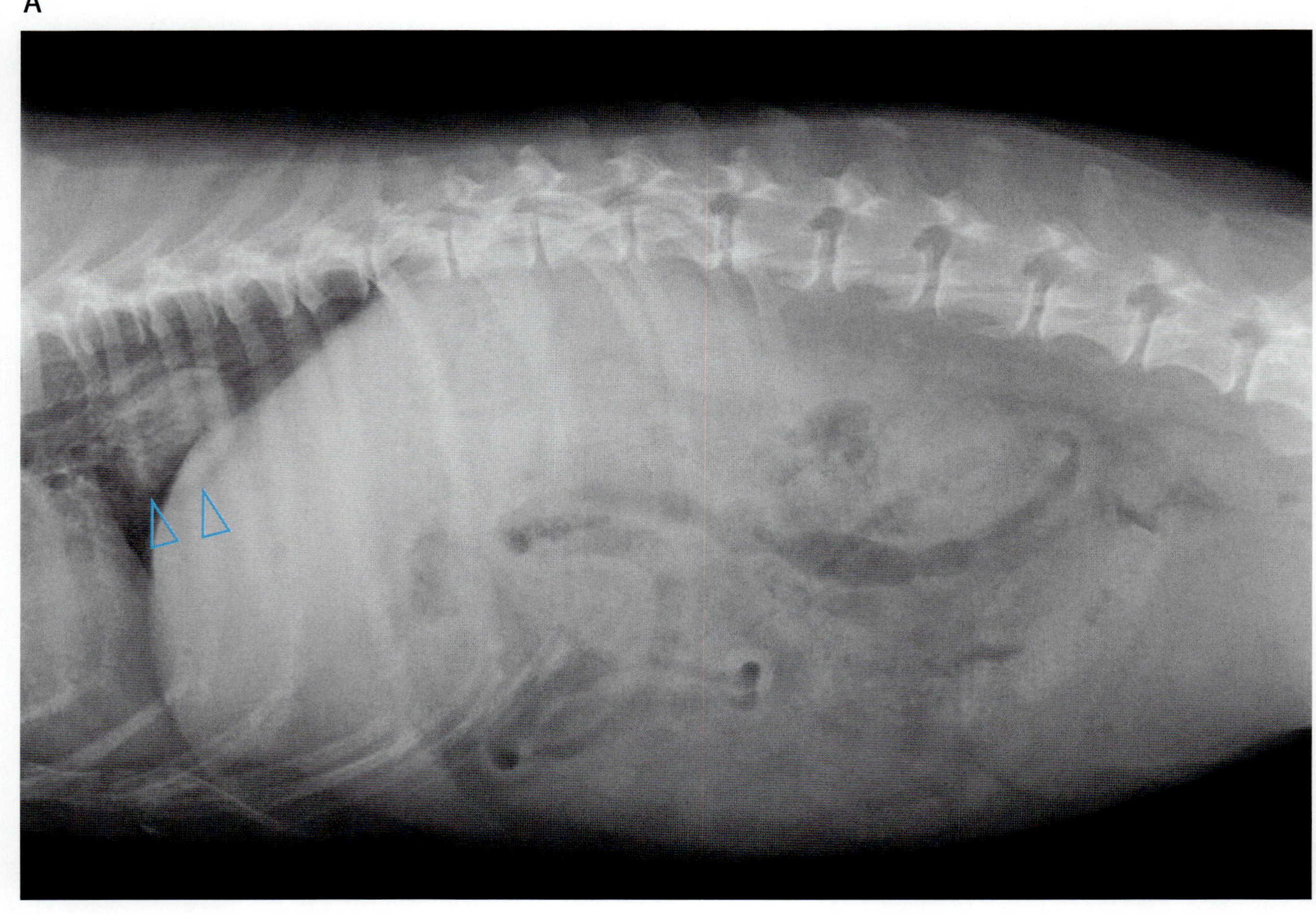

写真 49-1　腹部単純 X 線像（A：ラテラル像，B：VD 像）
腹部に明らかな異常は認められない。偶発的な所見として肺後葉領域に軟部組織デンシティーの腫瘤を認める（矢頭）。

B

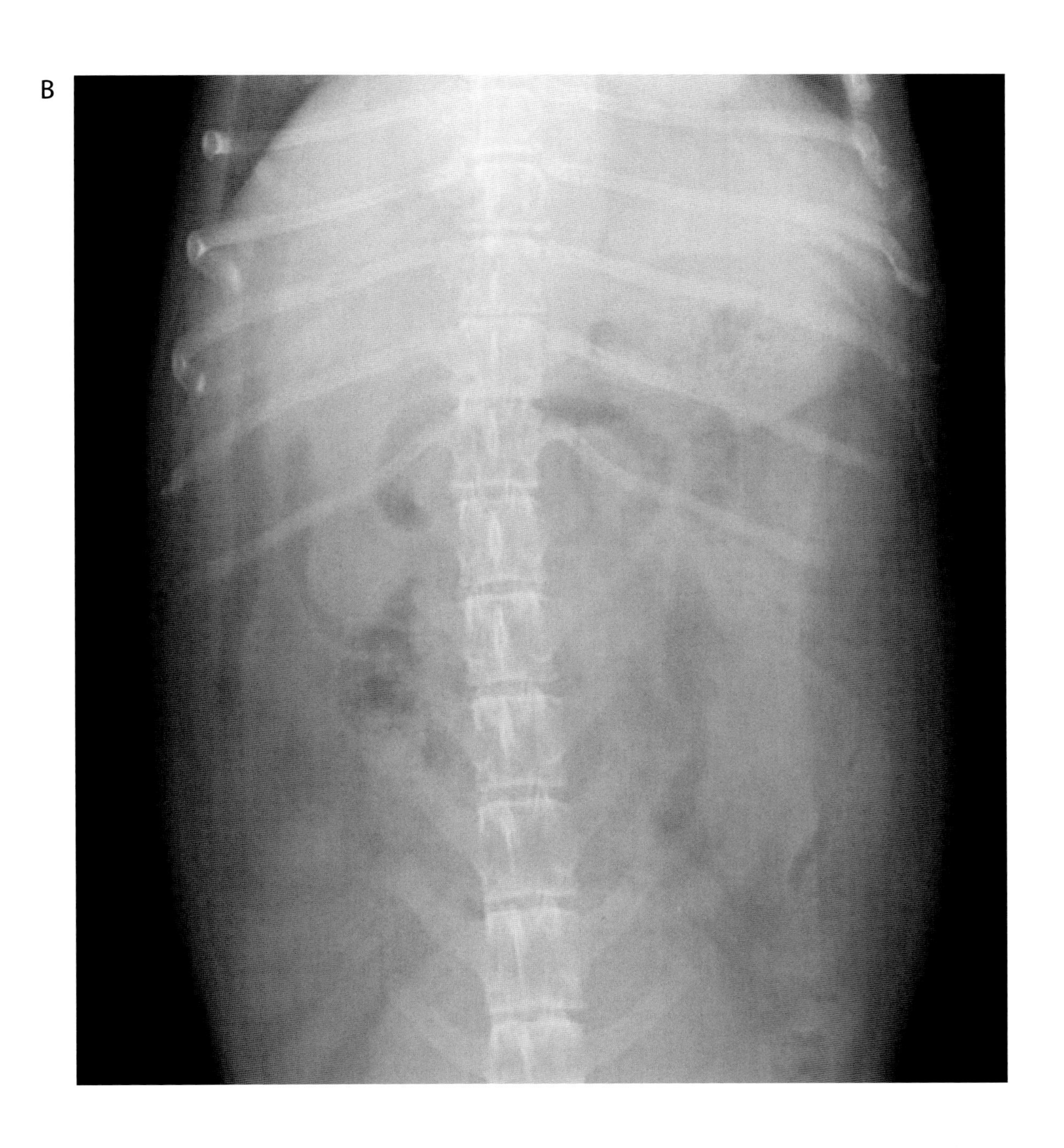

写真 49-1（つづき）

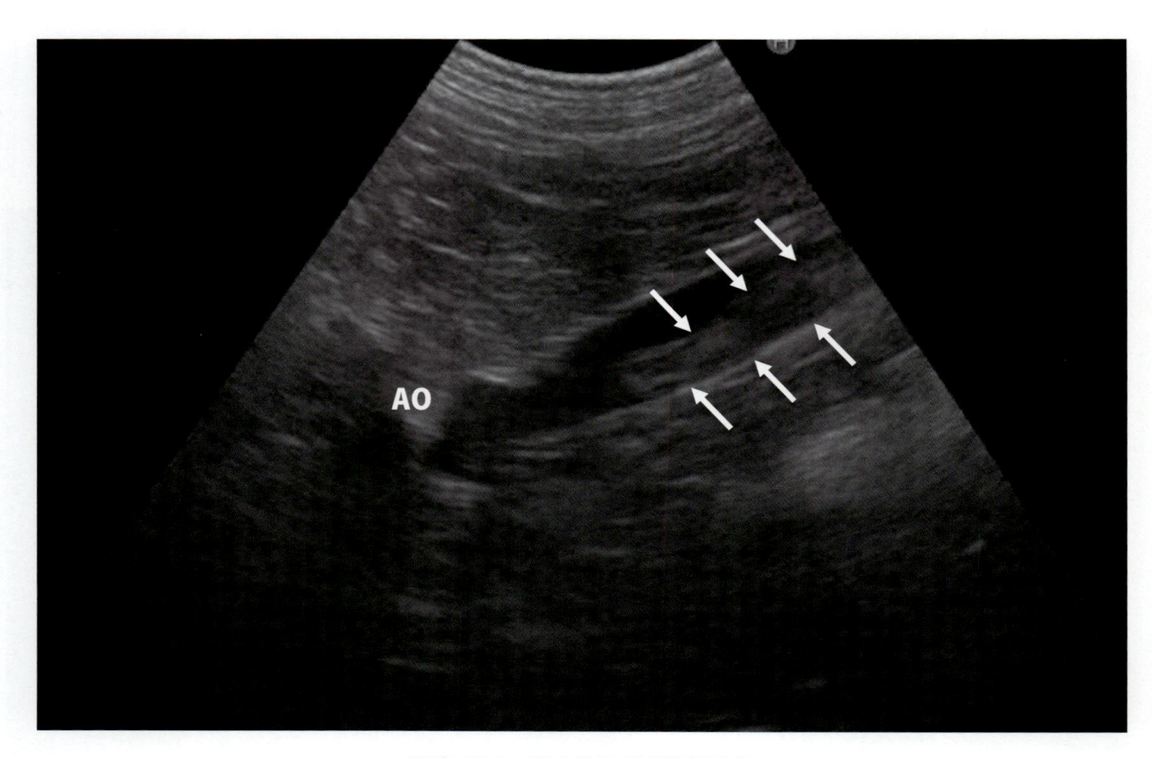

写真 49-2　腹大動脈超音波長軸像
腎動脈より尾側の腹大動脈内に，高エコーの塊状病変（矢印）を認める。以上の所見から，塊状病変は腫瘍栓または血栓が疑われる。　AO：大動脈

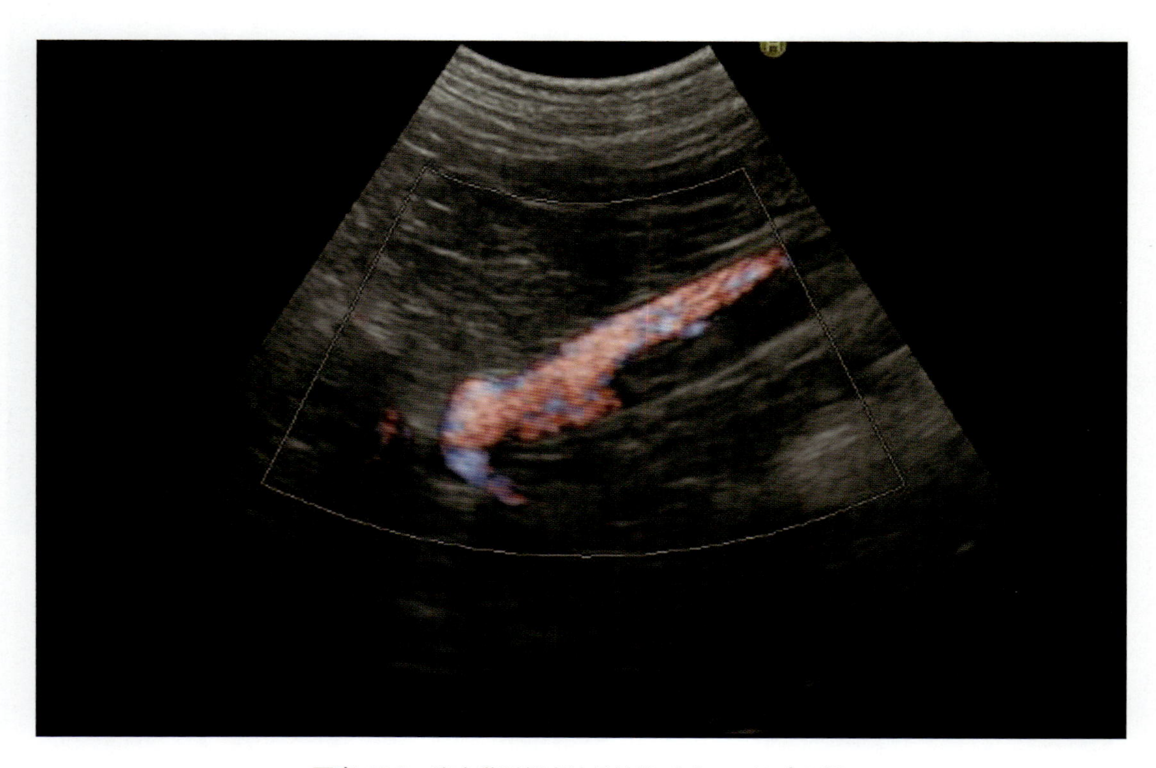

写真 49-3　腹大動脈超音波長軸像（パワードプラ像）
塊状病変の脇を通過するドプラ信号が確認されるが，塊状病変内に血流が認められないため，腫瘍栓の可能性は極めて低いと考えられる。

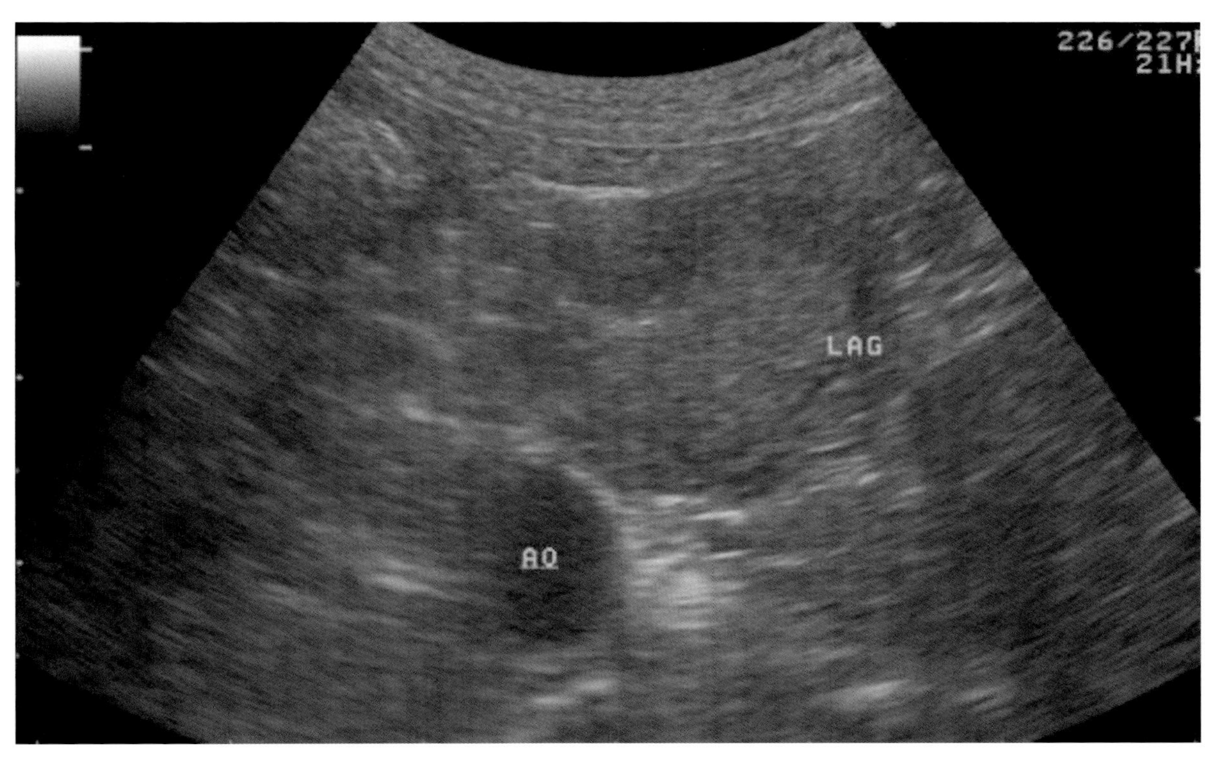

写真 49-4 左副腎超音波短軸像
LAG：左副腎，AO：大動脈

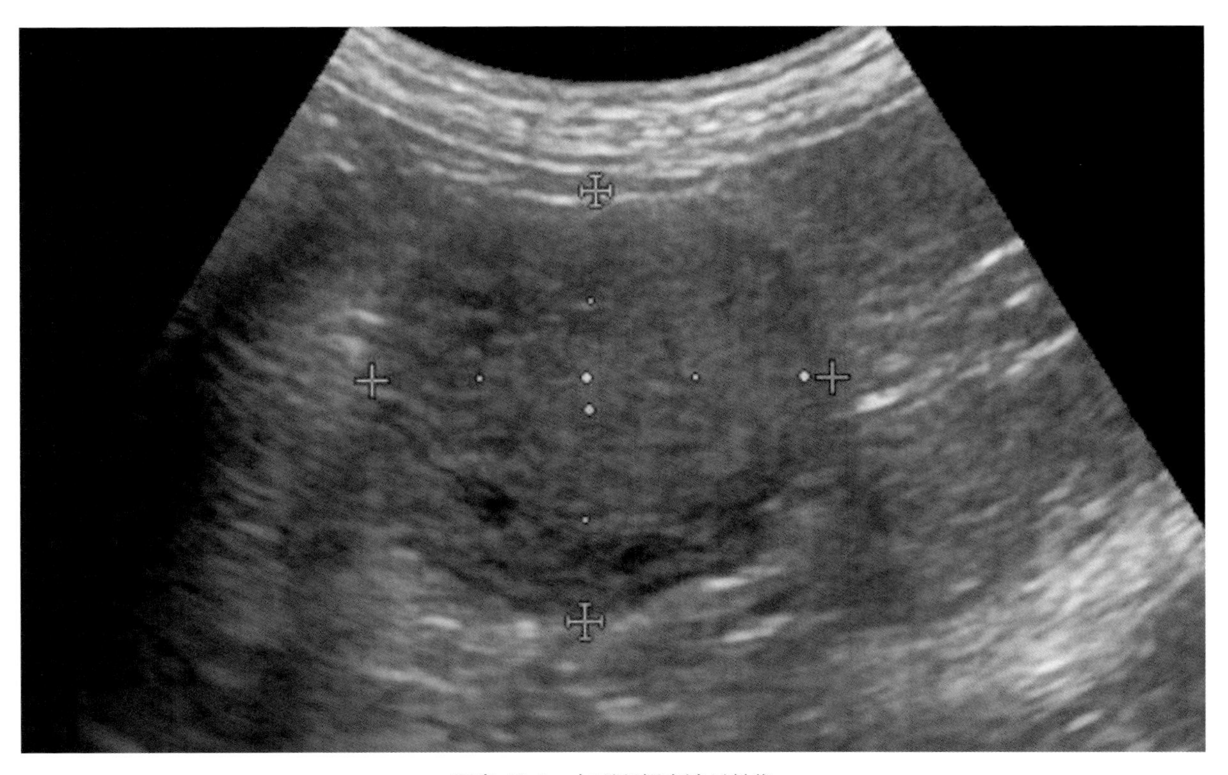

写真 49-5 左副腎超音波長軸像
左腎付近で，腹大動脈外側に境界が明瞭で混合エコー性の腫大した左副腎を認める。左副腎の最大横径は22.5mm である。

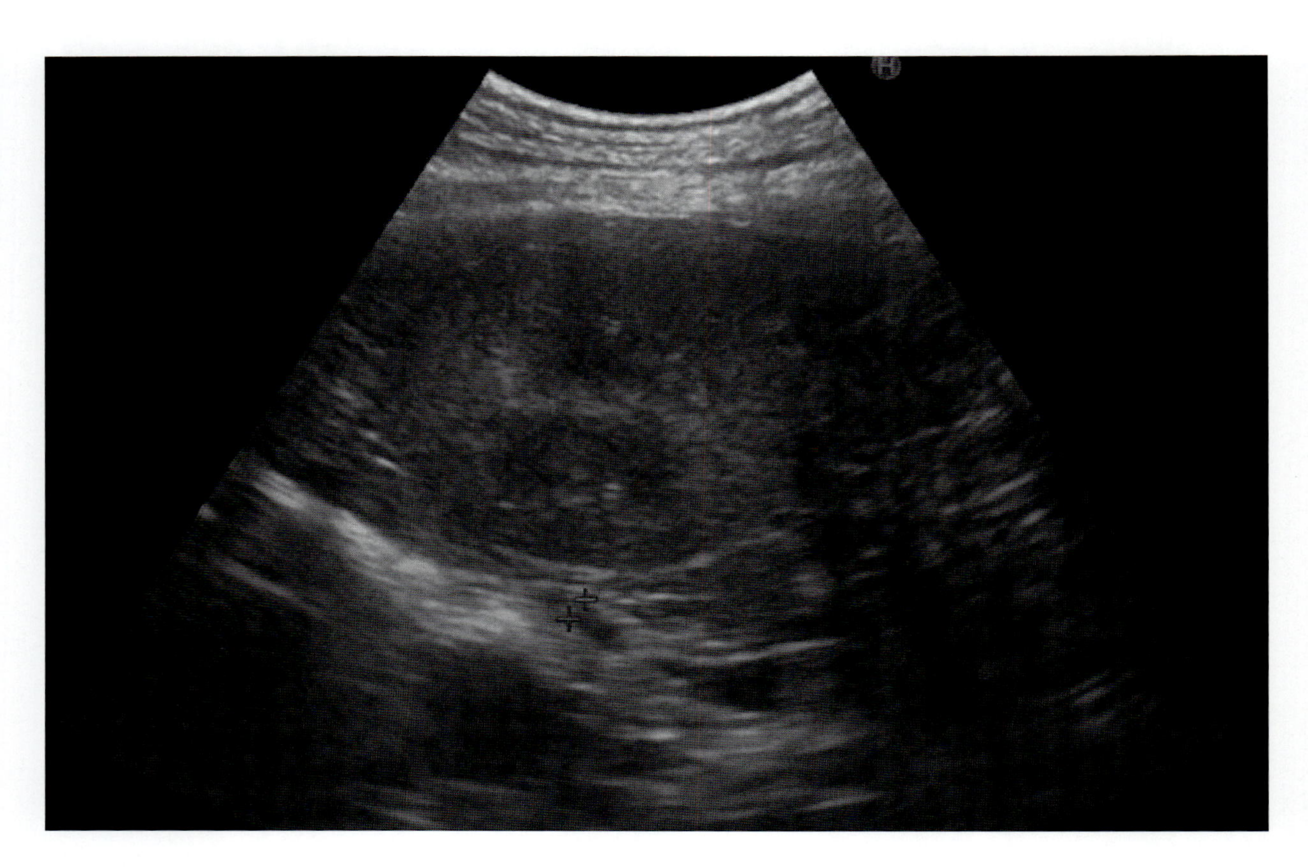

写真 49-6　右副腎超音波短軸像
右副腎の最大横径は 3.8mm で，異常を認めない。

❖コメント❖

人での血栓症の診断は，造影 CT 検査が有用とされている。しかし，動物においては一般的に全身麻酔が必要になるため，超音波検査の方が有用であると考えられる。血栓形成の初期では血栓のエコー源性が乏しいため，通常の B モードで確認することは困難であるが，ドプラ法による血流信号の欠如によって確かめられる場合がある。特に，ドプラ法のなかでも，パワードプラ法は血流検出感度が最も高い。時間が経過することにより，エコー源性に乏しかった血栓は，血管内壁に接したエコー源性領域として B モードでも観察可能となる。

本症例では，エコー源性の血管内病変が B モードで比較的容易に観察されたことから，ある程度時間が経過した血栓であると考えられる。

通常，犬の血栓症は，免疫介在性疾患，心疾患，腫瘍，蛋白漏出性疾患などの血液凝固亢進を伴う疾患や，副腎皮質機能亢進症，甲状腺機能低下症など代謝性疾患で発生することが知られている。犬の正常な副腎の厚さは 7mm 以下とされ，2cm を超える場合には，腫瘍が強く示唆される。左副腎は 2cm を超えていることから，副腎腫瘍が疑われた。以上より，本症例の血栓症は副腎腫瘍（副腎皮質機能亢進症）に由来するものと考えられる。

50. 犬の下垂体性クッシング

症　例：ウェストハイランド・ホワイト・テリア，雌，7 歳。
主　訴：肝酵素の上昇。

血液検査所見：

PCV	47.1	%	TC	310	mg/dL
RBC	600×10^4	/μL	Tg	116	mg/dL
Hb	15.8	g/dL	T-Bil	0.39	mg/dL
MCV	78.5	fL	Glu	126	mg/dL
MCH	26.3	pg	BUN	6.1	mg/dL
MCHC	33.5	g/dL	Cr	0.6	mg/dL
WBC	278.0×10^2	/μL	Ca	9.9	mg/dL
pl	27.2×10^4	/μL	iP	3.85	mg/dL
TP	6.2	g/dL	Na	146	mmol/L
Alb	2.8	g/dL	K	4.3	mmol/L
ALT	632	U/L	Cl	115	mmol/L
ALP	2073	U/L			

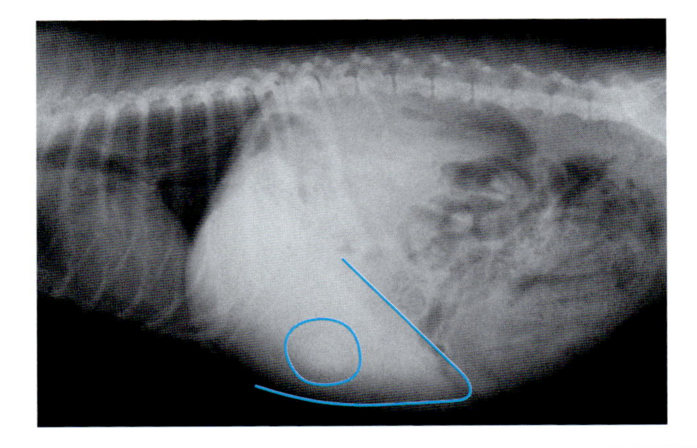

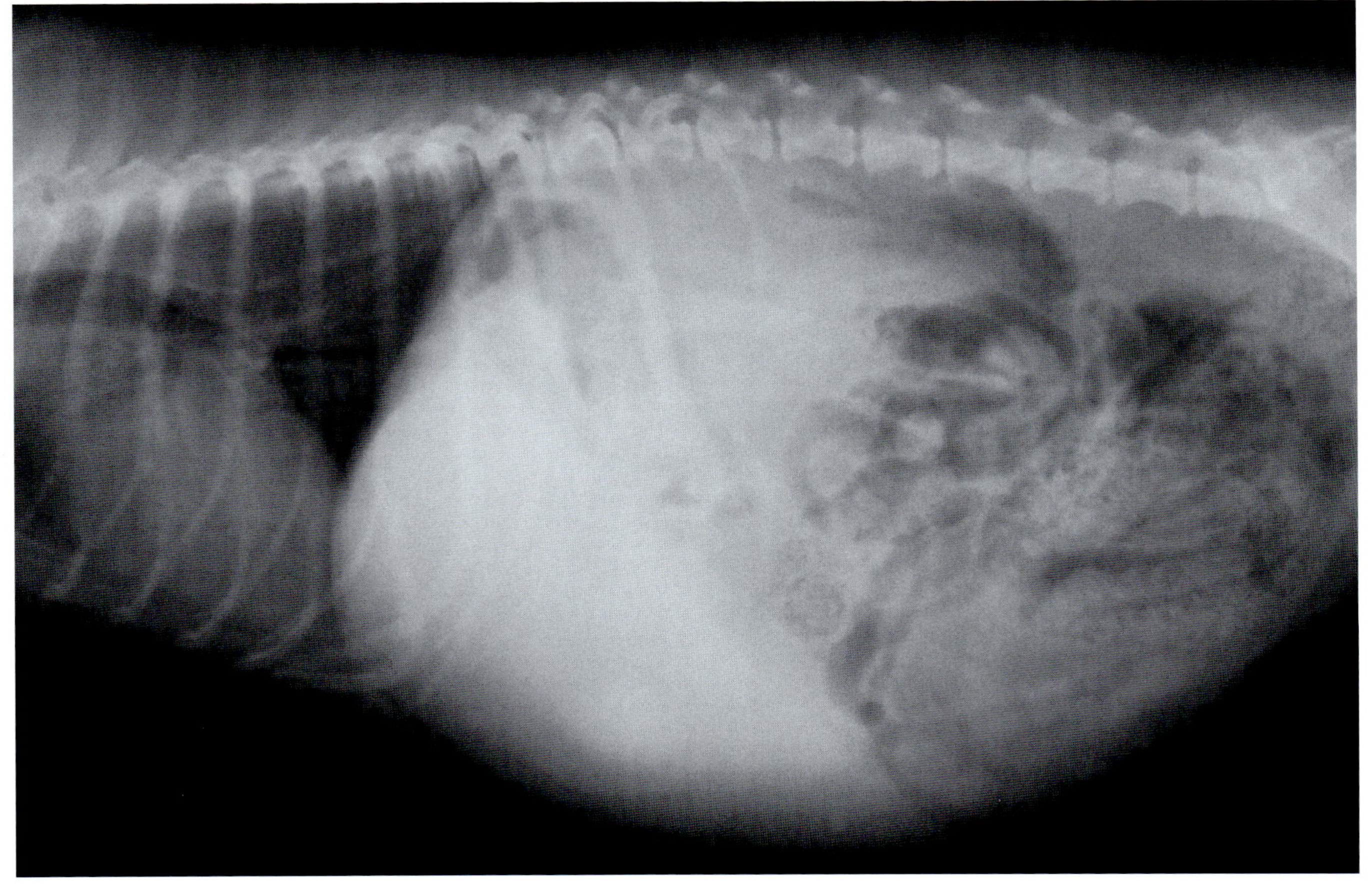

写真 50-1　腹部単純 X 線ラテラル像
肝臓尾側辺縁の鈍化，肝臓幅の増大，胃軸の尾側への変位が観察される。また，肝臓内の腹側に X 線不透過性が亢進したマス病変を認める。

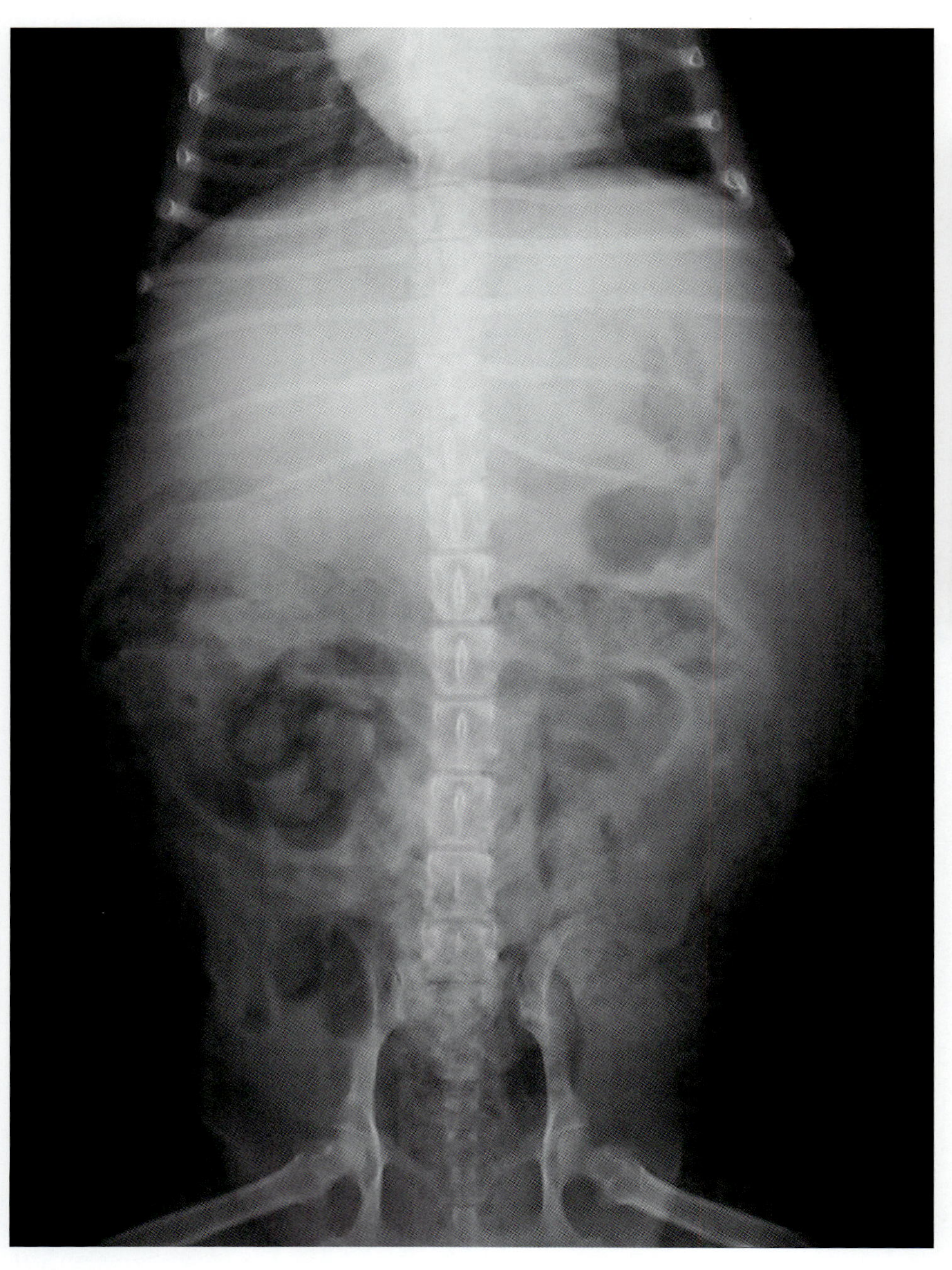

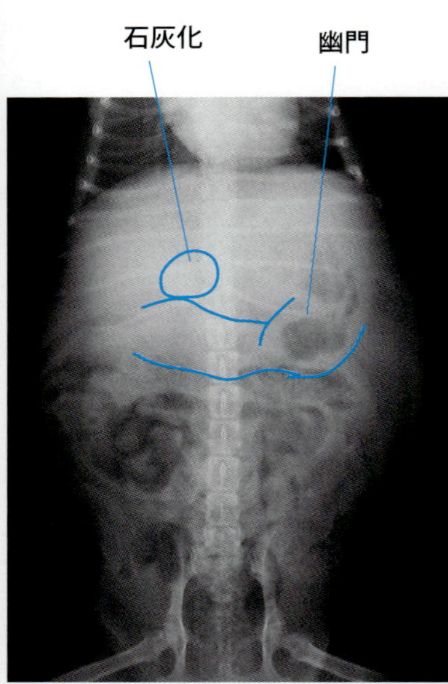

写真 50-2 腹部単純 X 線 VD 像
胃体部，幽門部が最後肋骨を越えて尾側に変位している。

腹部ラテラル像（写真 50-1）と VD 像の所見から，著しい肝腫大が確認できる。また，ラテラル像で認められた X 線不透過性のマス病変は，右上腹部の肝臓内に認められることから，胆石または胆嚢の石灰化が疑われる。

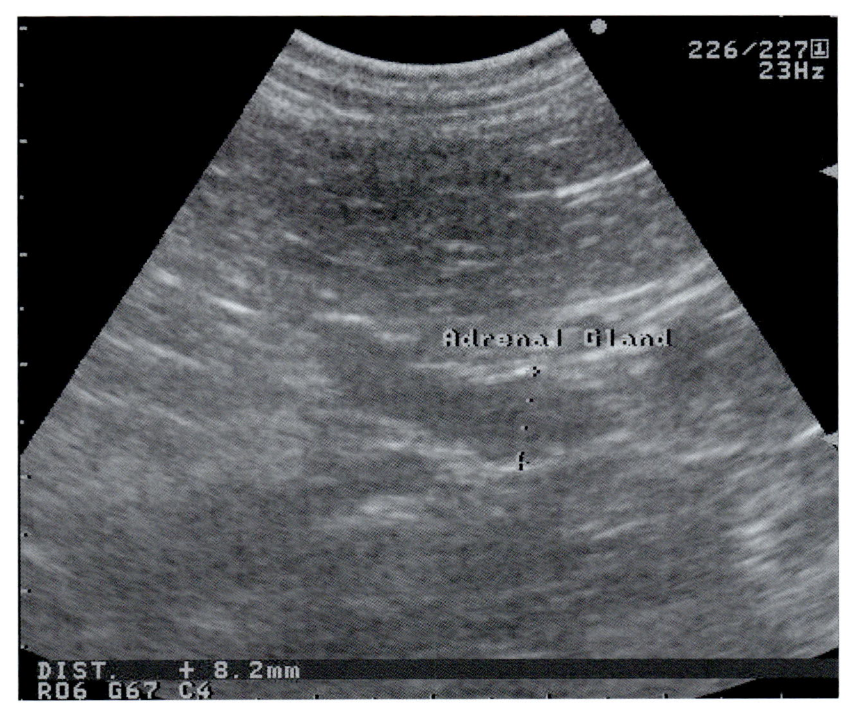

写真 50-3　左副腎超音波像
左副腎はピーナツ型の形状であることから，形の異常は認められない。しかしながら，大きさは（最大厚）は 8.2mm であることから肥大していることが推察される。
Adrenal Gland：副腎

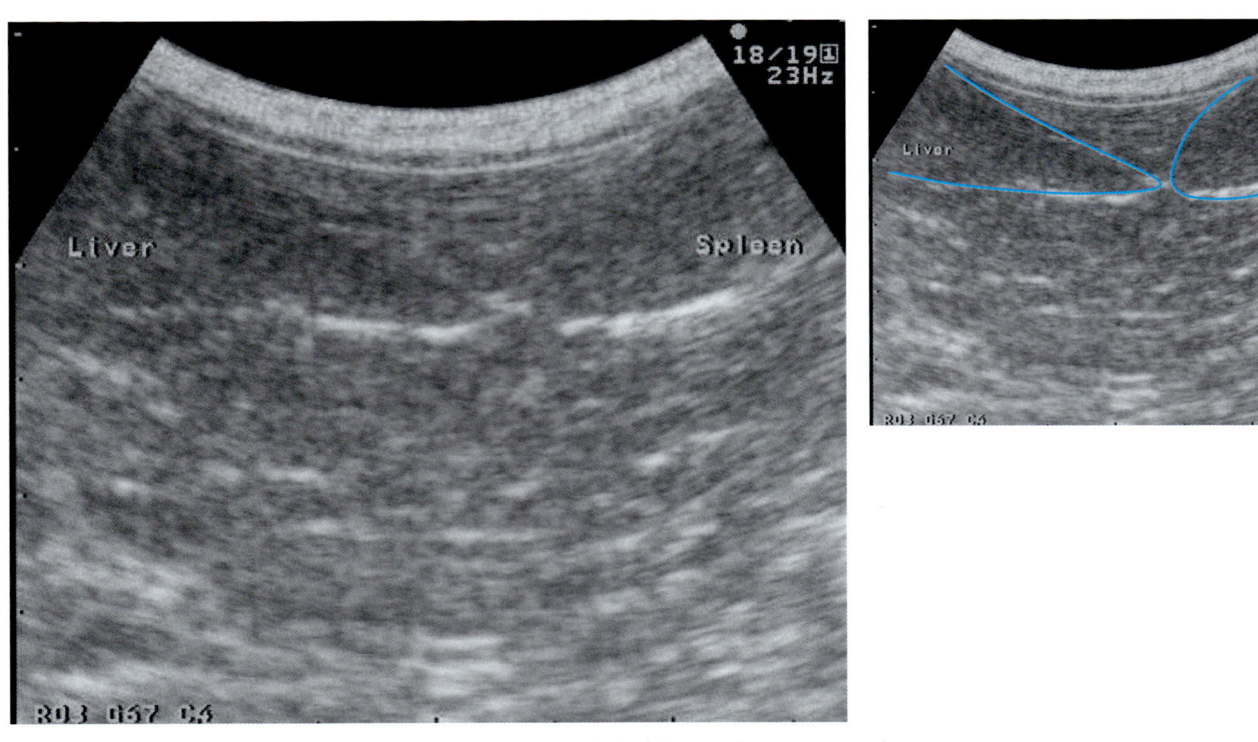

写真 50-4　超音波像（肝脾コントラスト）
肝臓（Liver）の輝度は脾臓（Spleen）の輝度とほぼ同様であることから，肝臓のエコー源性が上昇しているものと考えられ，肝臓の脂肪変性またはグリコーゲン変性が疑われる。

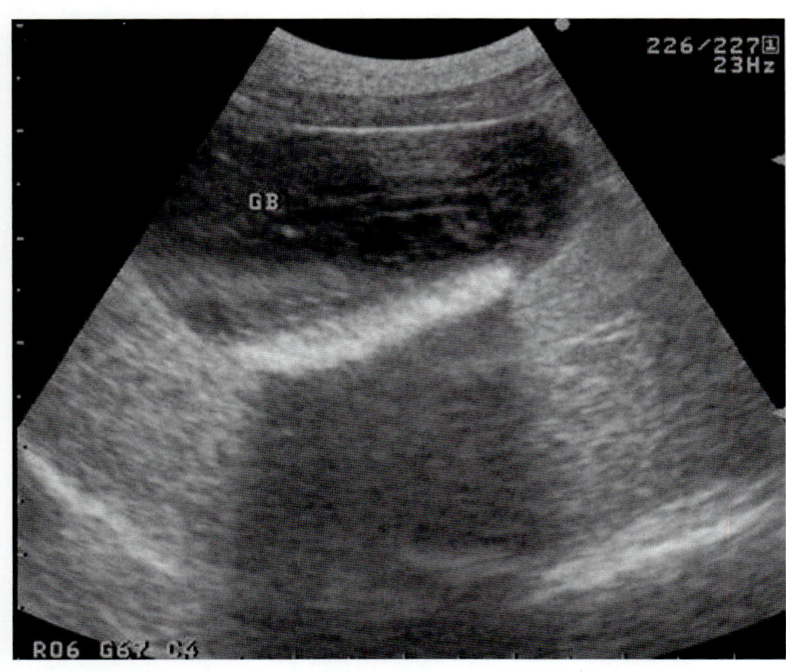

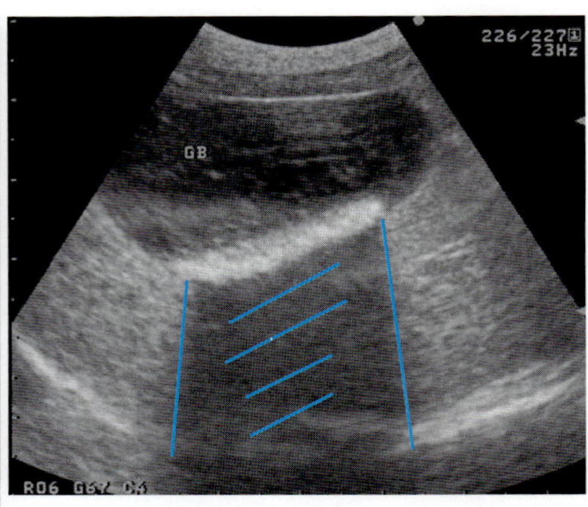

写真 50-5 肝臓ならびに胆嚢超音波像
肝臓実質は均一であるが，肝臓のエコー源性が上昇していることから，肝内胆管が不明瞭である。また，胆嚢（GB）内にエコー源性の高いスラッジが認められ，後方のシャドーが観察されることから，石灰化を伴った貯留物の蓄積が考えられる。

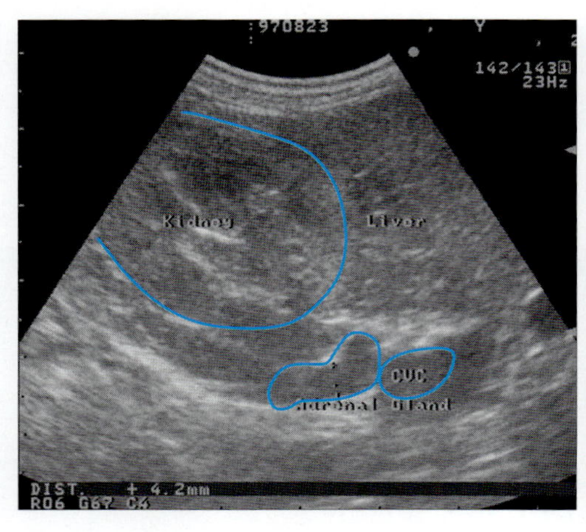

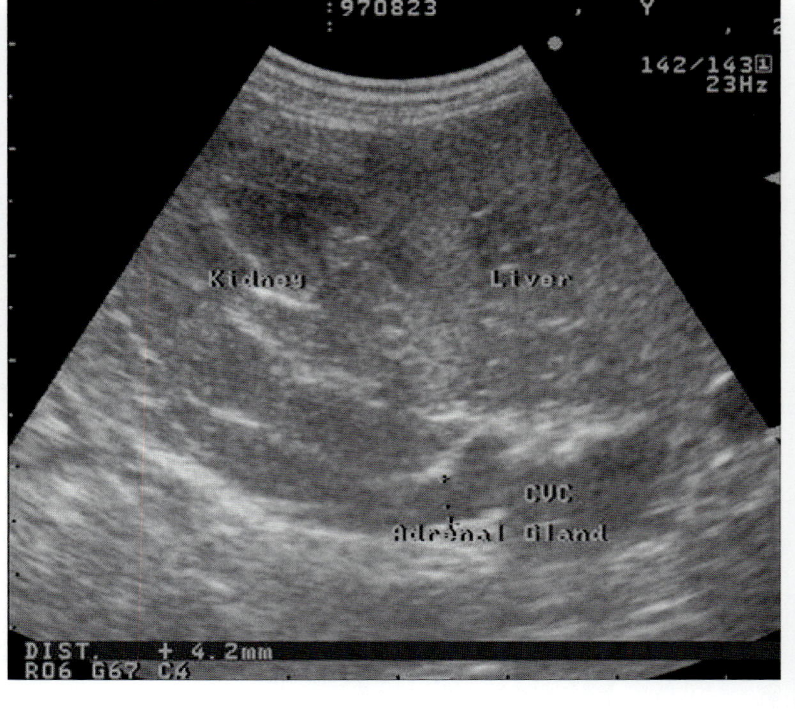

写真 50-6 右副腎超音波像
右副腎は，形状も正常であり大きさ（最大厚）についても異常は認められない。肝腎コントラストは，腎皮質と比較し肝臓（Liver）の輝度が高く観察されることから，異常と考えられる。 Kidney：腎臓，CVC：後大静脈，Adrenal Gland：副腎

❖コメント❖

正常な犬の左副腎は長軸でピーナツ型，右副腎はハート型または卵円形を呈し，左右ともに大きさ（最大厚）は犬の大きさにかかわらず 7mm 以下とされる。本症例は ACTH 刺激試験において，自然発生性クッシング症候群と診断されているが（pre 7.9μg/dL，post 1h 45.5μg/dL），副腎の形状の変化が認められず内部の輝度や辺縁も均一で，さらに大きさについても左副腎は 7mm 以上 20mm 以下であることから（右副腎は正常な大きさ），下垂体性クッシング症候群による副腎過形成と考えられる。また，肝臓については全体の輝度の上昇が認められたことから，クッシング症候群に伴う脂肪変性またはグリコーゲン変性と考えられる。

51. 犬の副腎皮質機能低下症

症　例：ケアン・テリア，雌，2 歳。

主　訴：2 か月前からのふらつき，食欲低下，嘔吐，軽度脱毛。

血液検査所見：

PCV	34.0	%	Alb	4.0	g/dL
RBC	507.0×10^4	/μL	ALT	58.0	U/L
Hb	11.9	g/dL	ALP	124.0	U/L
MCV	68.0	fL	TC	282.0	mg/dL
MCH	23.4	pg	Tg	46.0	mg/dL
MCHC	34.4	g/dL	T-Bil	0.01	mg/dL
WBC	78.7×10^2	/μL	Glu	176	mg/dL
Neu	70.8×10^2	/μL	BUN	38.8	mg/dL
Lym	6.99×10^2	/μL	Cr	0.7	mg/dL
Mon	0.55×10^2	/μL	Ca	10.8	mg/dL
Eos	0.34×10^2	/μL	iP	3.8	mg/dL
Bas	0.01×10^2	/μL	Na	107.6	mmol/L
pl	49.3×10^4	/μL	K	6.47	mmol/L
TP	6.1	g/dL	Cl	70.8	mmol/L

尿検査所見：

pH	7.0
比重	1.029
スティック検査	
白血球	−
亜硝酸塩	−
ウロビリノーゲン	0.1
蛋白質	++
潜血	++
ケトン体	−
ビリルビン	−
ブドウ糖	++
沈渣	
結晶	−
細菌	−
RBC	++
WBC	−
円柱	−

尿生化学検査所見：

TP	52.8	g/dL
Cr	83.21	mg/dL
BUN	1271.4	mg/dL
Ca	12.1	mg/dL
iP	61.5	mg/dL
Glu	118	mg/dL
Na	77.4	mmol/L
K	> 100.0	mmol/L
Cl	101.6	mmol/L

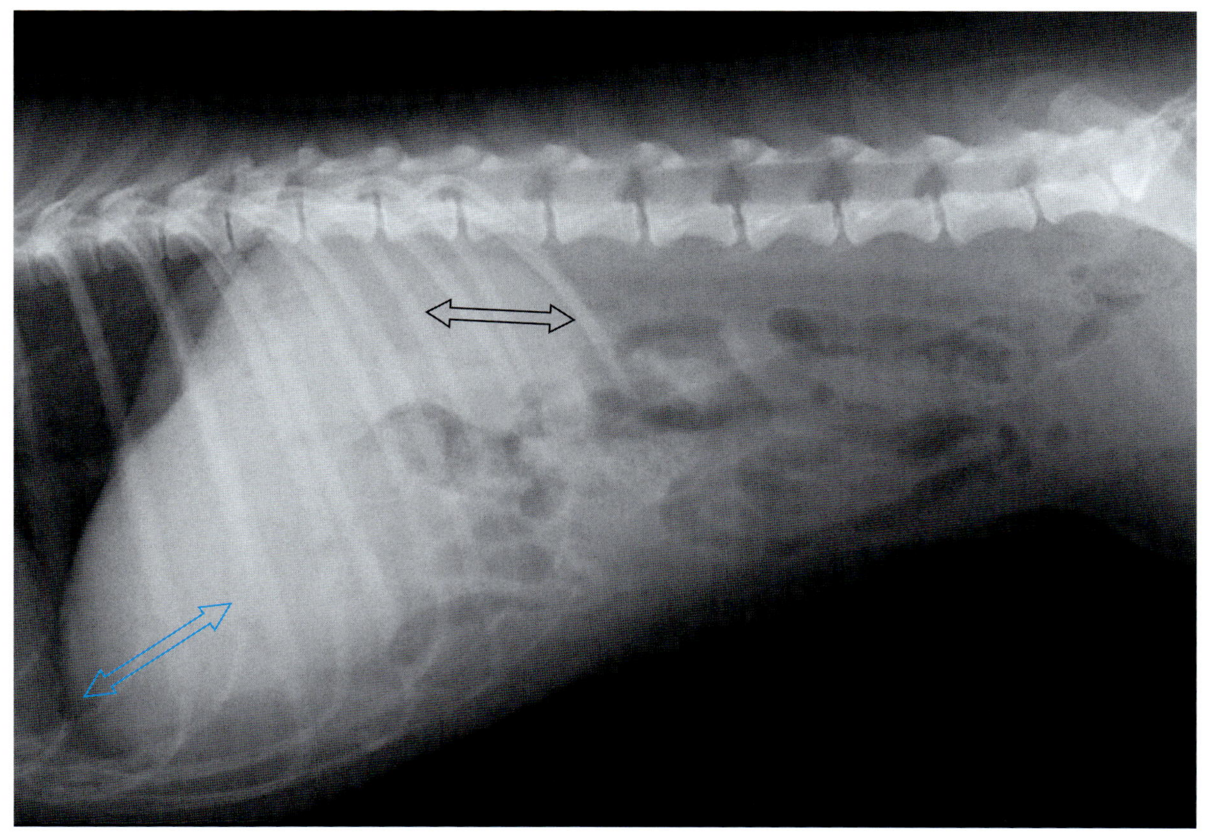

写真 51-1　腹部単純 X 線ラテラル像

肝陰影が肋間 2 つ分（青矢印）であることから，肝臓の縮小と判断されるが，辺縁の異常は認められない。左右の腎臓も第 2 腰椎 2 つ分（黒矢印）であることから，両側腎臓の縮小と判断されるが，辺縁の異常は認められない。

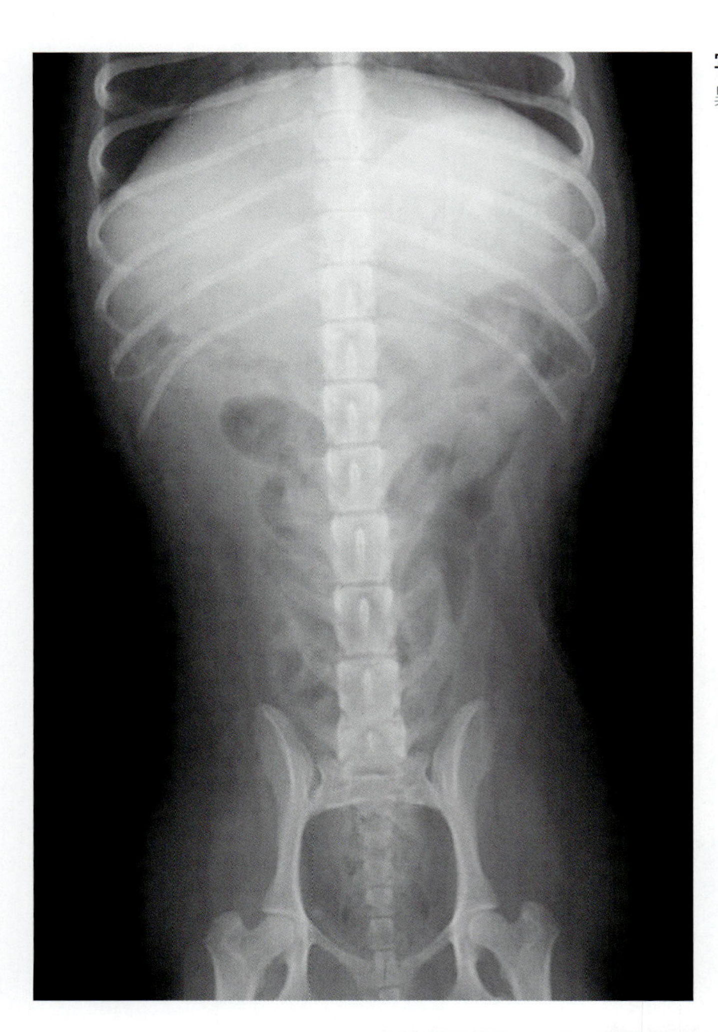

写真 51-2　腹部単純 X 線 VD 像
異常を認めない。

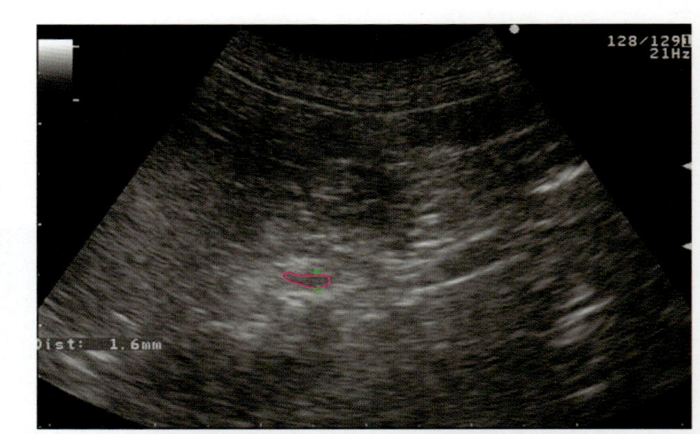

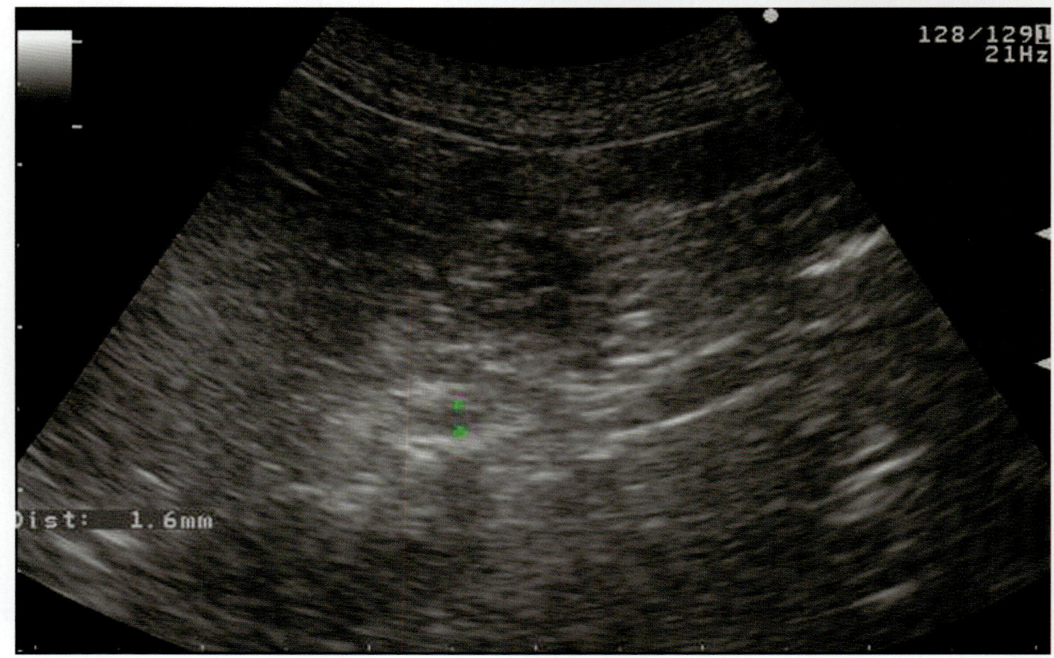

写真 51-3　左副腎超音波縦断像
左副腎の辺縁は平滑で，形態的異常を認めない。しかしながら，厚みは 1.6mm で，萎縮と判断される。

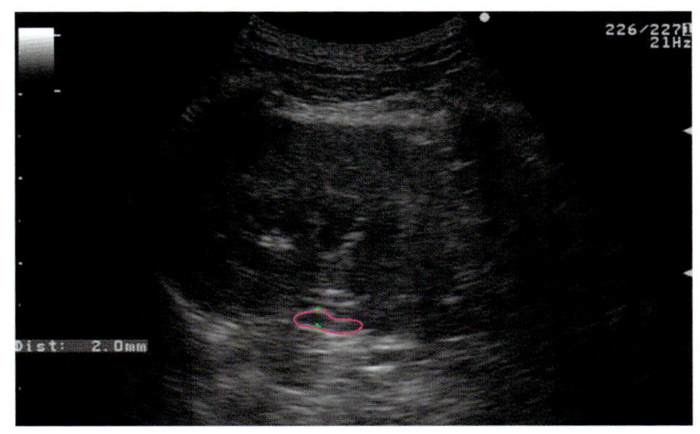

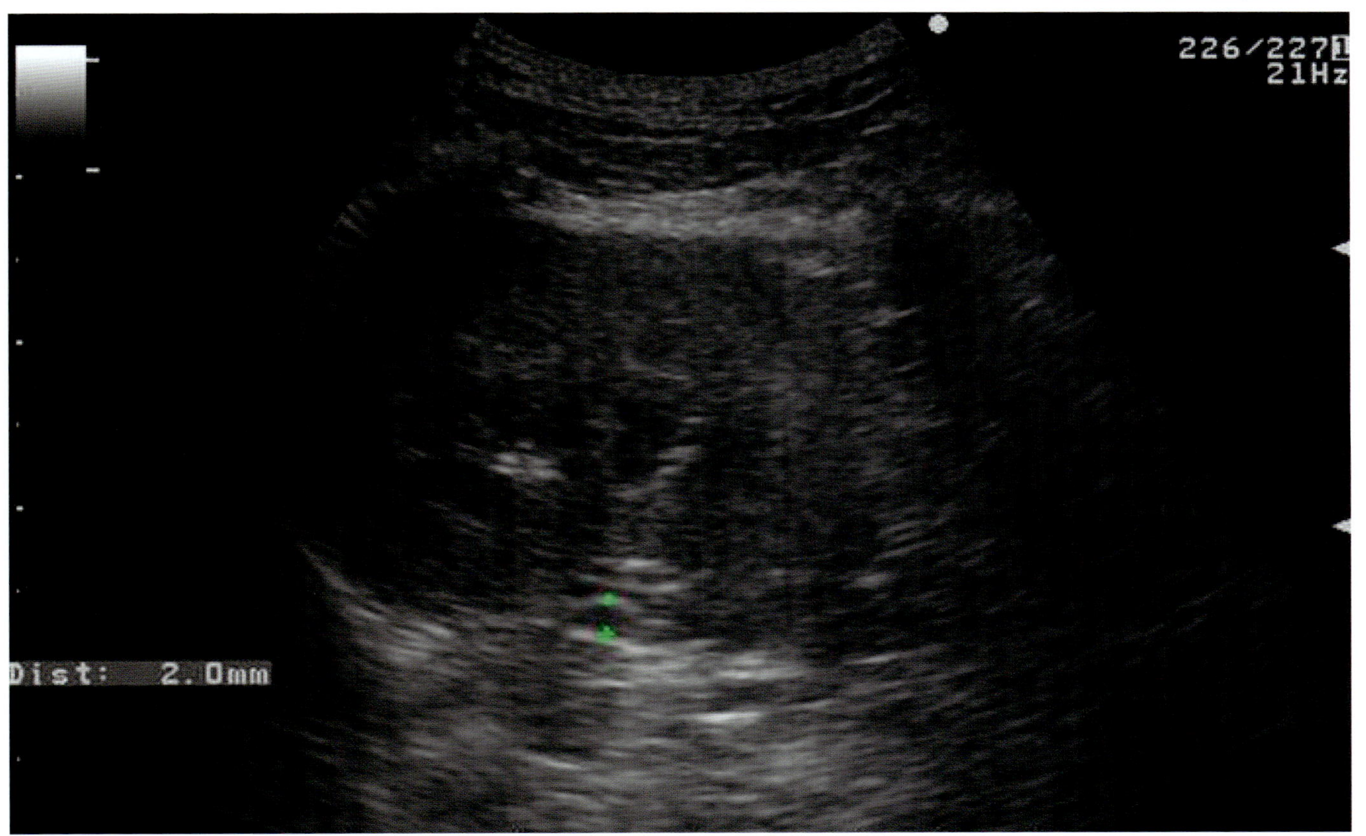

写真 51-4 右副腎超音波横断像
右副腎の辺縁は平滑で，形態的異常を認めない。しかしながら，厚みは 2.0mm であり，左副腎同様，萎縮と判断される。

❖コメント❖

犬の正常な副腎の大きさは，最大厚で計測されるが，体重との相関は認められない。したがって，体重に関係なく副腎厚は 7mm 以下とされている。さらに，超音波検査において 3mm 以下または確認されない場合では，副腎の萎縮すなわち副腎皮質機能低下症（Addison 病）を疑う。

本症例は，高カリウム血症，低ナトリウム血症を呈し，超音波検査においても副腎の縮小が確認され，副腎皮質機能低下症が強く疑われた。ACTH 刺激試験を行った結果，血清コルチゾール値は pre 0.345μg/dL，post 1h ＜ 0.200μg/dL，post 2h ＜ 0.200μg/dL と低値を示したことから，副腎皮質機能低下症と診断した。

52. 犬の甲状腺癌

症　例：ビーグル，雄，16 歳。

主　訴：発咳。身体検査にて，2cm 大の左側頚部腫瘤を触知。

血液検査所見：

PCV	51.9	%
Hb	17.4	g/dL
WBC	93.2×10^2	/μL
pl	67×10^4	/μL
TP	7.2	g/dL
Alb	4.0	g/dL
ALT	77	U/L
AST	26	U/L
ALP	36	U/L
Chol	184	mg/dL
T-Bil	0.6	mg/dL
Glu	110	mg/dL
BUN	40	mg/dL
Cr	1.2	mg/dL
Ca	11.2	mg/dL
P	3.0	mg/dL
Na	157	mmol/L
K	4.8	mmol/L
Cl	113	mmol/L
CRP	0.20	mg/dL

A
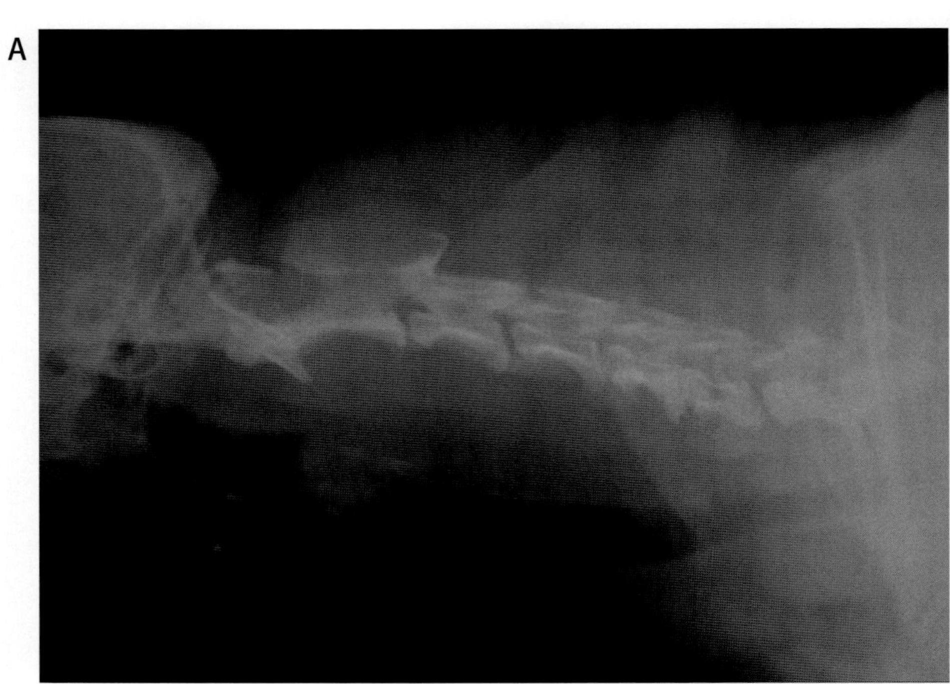

B
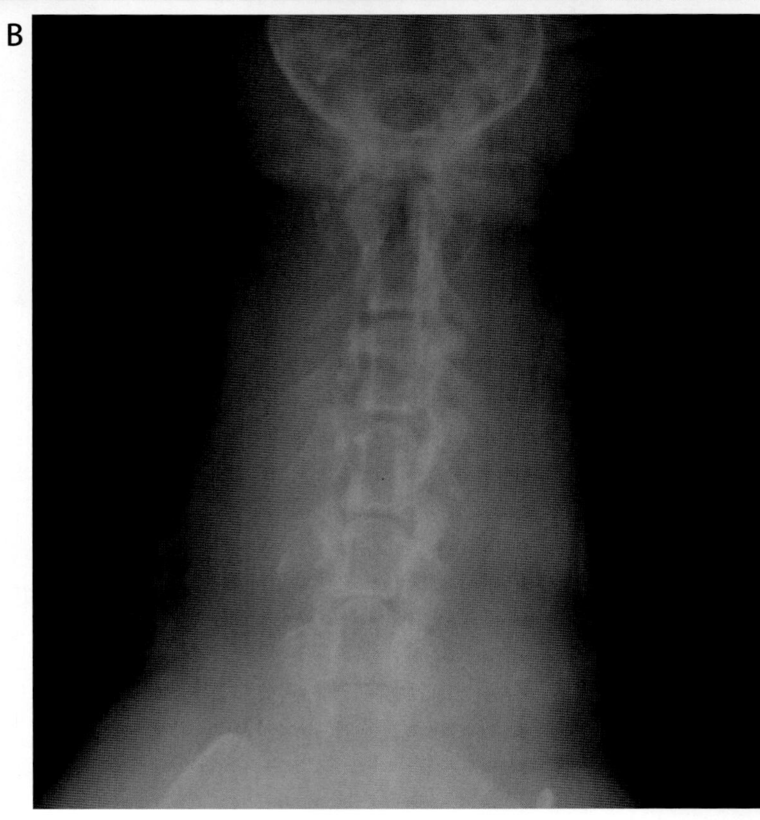

写真 52-1　頚部単純 X 線像
（A：ラテラル像，B：VD 像）
腫瘤は描出されず，また気管への圧迫所見も認められない。

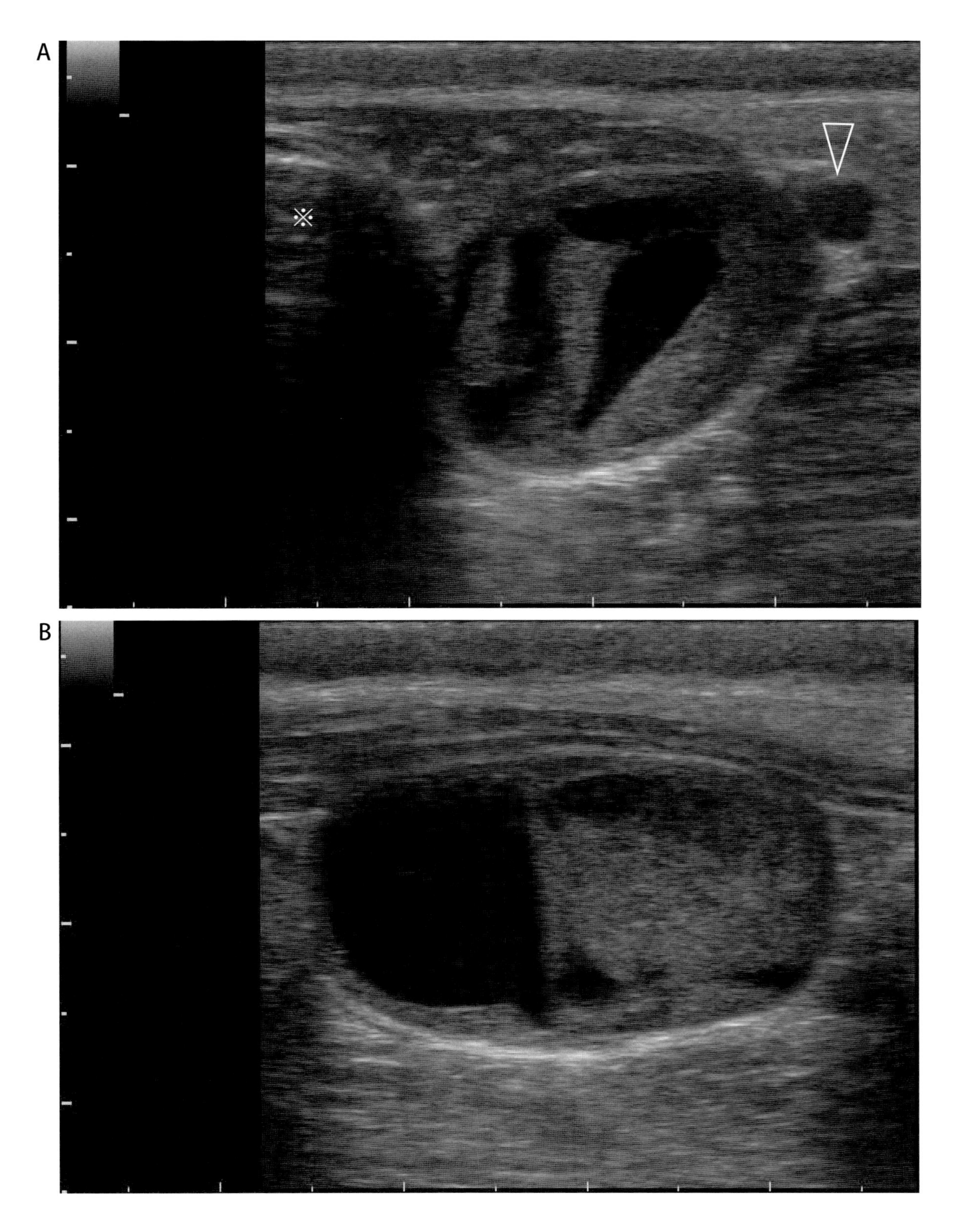

写真 52-2 左側頸部超音波像〔A：横断像，B：縦断像，C：横断像（カラードプラ像）〕
甲状腺の解剖学的指標である気管（※）と総頸動脈（矢頭）間に，境界明瞭な被包性腫瘤が認められ，実質は嚢胞様の低エコー領域を有する混合エコーを呈している（A，B）。また，甲状腺組織は他の組織に比べ，実質内の血管が発達しているため，血管の走行を確認する目的でパワードプラ検査を実施した。発達した血管が腫瘤表面に認められる（C）。腫瘤の位置や血管走行および実質の所見から，甲状腺腫瘍が疑われる。大きさは，長さ 3.11cm，幅 1.81cm，高さ 1.53cm 大で，体積は 4.5cm^3 であった。

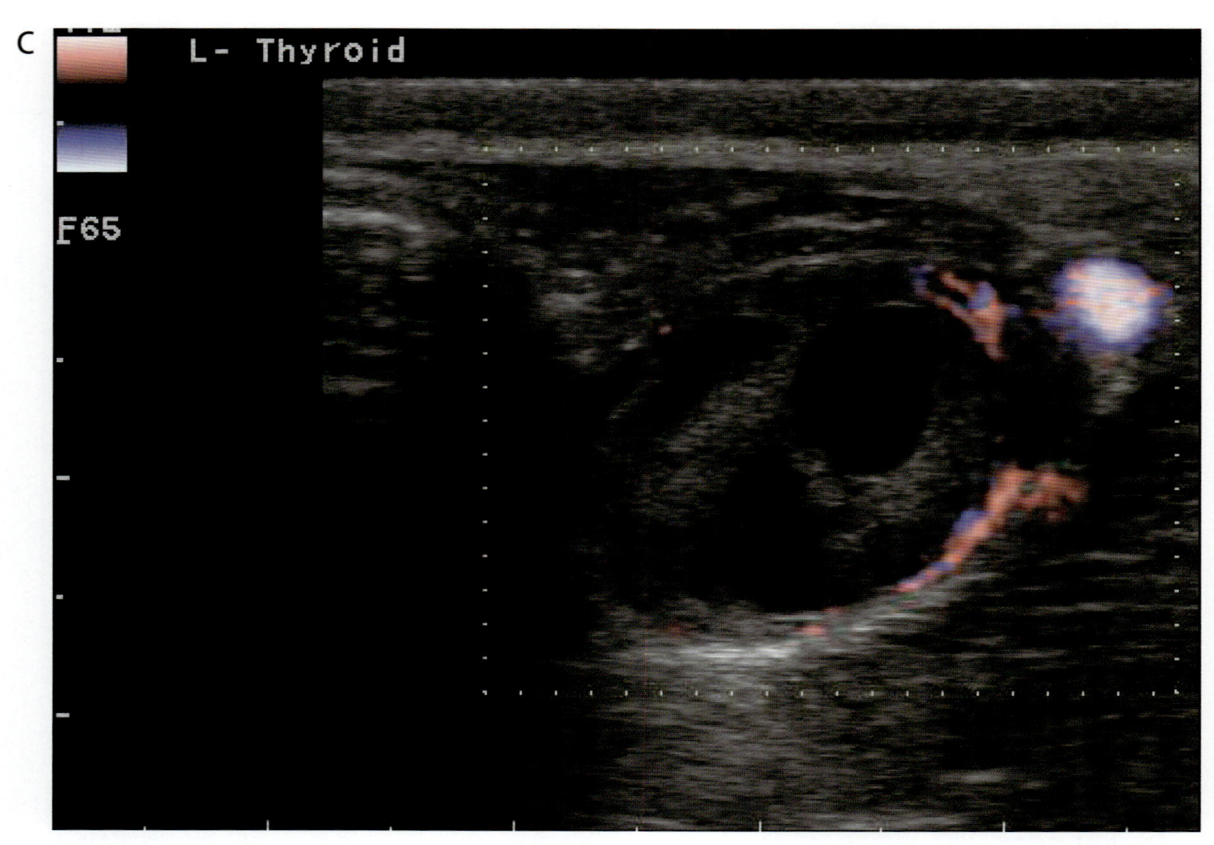

写真 52-2（つづき）

❖コメント❖

頸部腹側に腫瘤を認める動物の鑑別診断としては，甲状腺腫瘍，リンパ節（下顎，咽頭後，浅頸）の腫大，蜂窩織炎，膿瘍，肉芽腫，唾液腺炎，唾液腺腫瘍，横紋筋肉腫，平滑筋肉腫，頸動脈小体腫瘍などが挙げられる。特に甲状腺を鑑別するためには，超音波検査を行い，気管や総頸動脈を解剖学的指標として描出し，腫瘤が甲状腺そのものかを評価する必要がある。さらに，甲状腺は，他の組織に比べ，組織内外の血管が発達しているため，カラーまたはパワードプラ検査を実施することも有用である。しかしながら，ドプラ検査はプローブの形状，周波数，ゲイン，フィルター，流速レンジ，ROIの大きさ，角度などの要因によって，ドプラ信号が適切に表示されなくなる

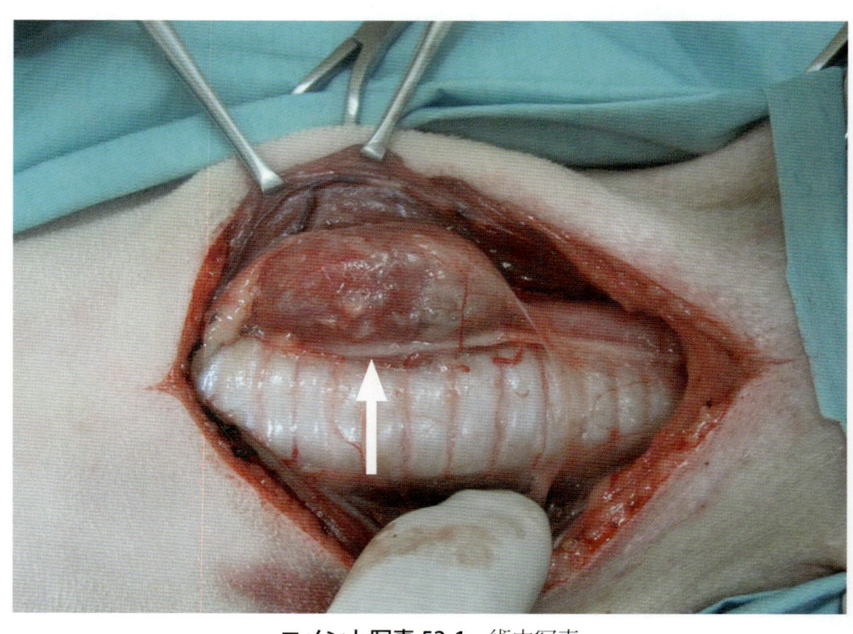

コメント写真 52-1　術中写真
腫大した甲状腺が気管に沿って認められる（矢印）。被膜に包まれており，周囲組織への癒着は認められない。

A

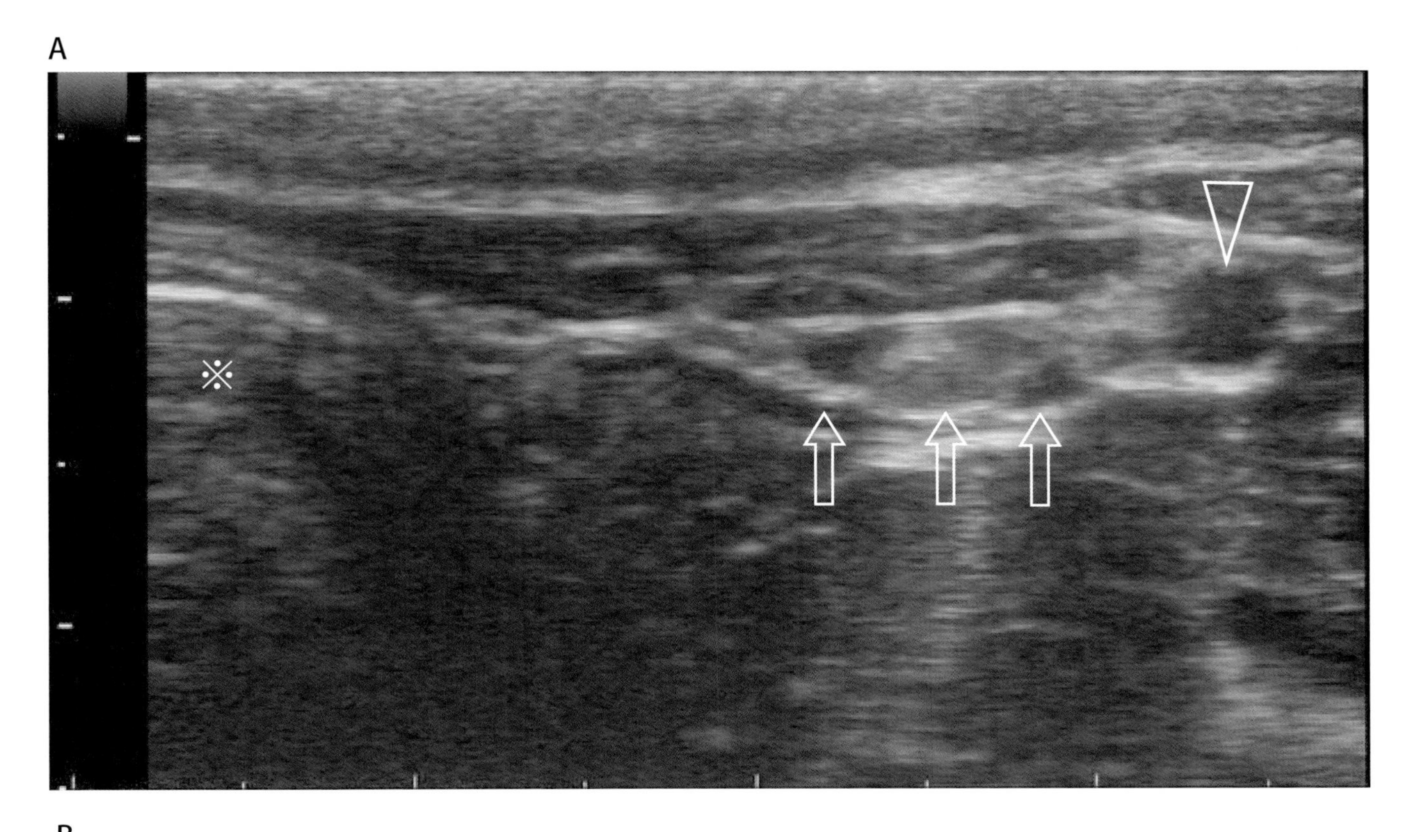

B

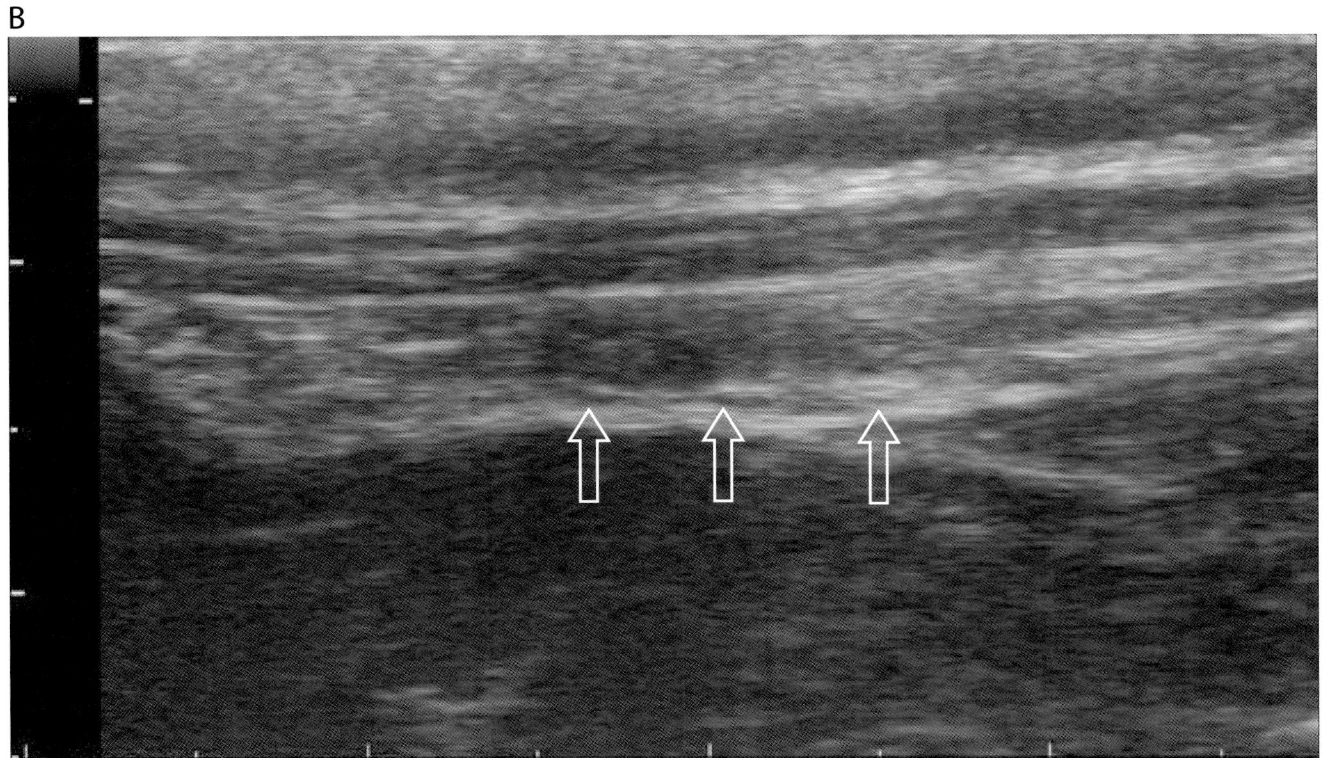

コメント写真 52-2 頸部超音波像（正常像）（A：左甲状腺横断像，B：左甲状腺縦断像）
症例犬との比較画像。解剖学的指標である気管（※）と総頸動脈（矢頭）間に甲状腺（矢印）が認められる。甲状腺は均一なエコー源性を有し，周囲の筋組織と比べ等エコーまたは高エコー性に認められる。また，甲状腺の形状は，横断像において卵円形，縦断像において紡錘形を呈している。

ため，血流の有無を評価するには，超音波ドプラ装置の原理や操作について熟知している必要がある。

超音波検査における正常な甲状腺実質は，均一なエコー源性で周囲の筋組織と比較すると等～高エコー性に描出される。また，正常なビーグルにおける甲状腺の大きさは，長さ 2.45cm，高さ 0.53cm，幅 0.53cm，体積は 0.38cm^3 前後〔楕円体の方程式 π /6（長さ×高さ×幅）により体積を算出〕であり，甲状腺の体積は体重や体表面積と相関があるとされる。一方，甲状腺腫瘍では，実質が一般的に不均一な低エコー性に観察されるが，多発性嚢胞を有する場合もある。腫瘍辺縁は，初期において明瞭平滑であるが，進行して被膜外浸潤が生じると辺縁は不明瞭不整に変化する。また，甲状腺癌の転移率は腫瘍の大きさに応じて増加し，腫瘍体積が 20cm^3 以下で 14%，20 ～ 100cm^3 で 74%，100cm^3 以上では 100% に転移が認められたと報告されていることから，超音波検査による甲状腺腫瘍の計測も予後を予測する上で有用である。さらに，診断を目的とした細胞診を超音波ガイド下で行うことにより，発達した血管を避けることが可能となる。しかしながら，細胞診による甲状腺腫瘍の診断精度は高くなく，腫瘤が甲状腺由来の腫瘍であると確定できたのは，甲状腺腫瘍のうち半数程度であると報告されている。このことからも，甲状腺腫瘍の診断において，超音波検査の画像所見が重要といえる。

本症例は身体検査にて，左側腹側頸部に約 2cm 大の腫瘤が触知され，頸部超音波検査を実施した。気管と総頸動脈間に境界明瞭な被包性腫瘤が認められ，また実質は嚢胞様の無エコー領域を有する混合エコーを呈していた。さらに，パワードプラ検査にて，発達した血管が腫瘤表面に認められた。以上の超音波所見より甲状腺腫瘍を疑い，左甲状腺切除生検を実施した。病理検査結果は，甲状腺濾胞腺癌であった。また，甲状腺ホルモンを含めた血液検査上，異常が認められなかったため，本症例は，最終的に非機能性甲状腺癌と診断した。

参考文献

1）Bailey,D.B. & Page,R.L.（2007）：Tumors of the endocrine system. *In* Withrow & MacEwen's Small Animal Clinical Oncology（Withrow,S.J. & Vali, D.M. eds）, 4th ed., pp. 583-609, Saunders.
2）Bromel,C., Pollard,R.E., Kass,P.H. et al.（2006）：*Am. J. Vet. Res.* 67, 70-77.
3）Wisner,E.R. & Nyland,T.G.（1998）：*Vet. Clin. North Am. Small Anim. Pract.* 28, 973-991.
4）Leav,I., Schiller,A.L., Rijnberk,A. et al.（1976）：*Am. J. Pathol.* 83, 61-122.

53. 犬の原発性上皮小体機能亢進症

症　例：ビーグル，雄，14 歳。

主　訴：多飲・多尿。

血液検査所見：

PCV	48.5	%
Hb	16.5	g/dL
WBC	74.1×10^2	/μL
pl	61×10^4	/μL
TP	6.6	g/dL
Alb	2.7	g/dL
ALT	79	U/L
AST	34	U/L
ALP	286	U/L
Chol	248	mg/dL

T-Bil	0.1	mg/dL
Glu	124	mg/dL
BUN	19	mg/dL
Cr	1.0	mg/dL
Ca（補正値）	13.1	mg/dL
P	3.7	mg/dL
Na	153	mmol/L
K	5.2	mmol/L
Cl	116	mmol/L
CRP	0.15	mg/dL

内分泌学的検査：

イオン化カルシウム	1.59	mmol/L
INTACT-PTH	9.4	pg/mL
PTHrP	1 以下	pmol/L
T4	1.2	μg/dL
fT4	24.5	pmol/L

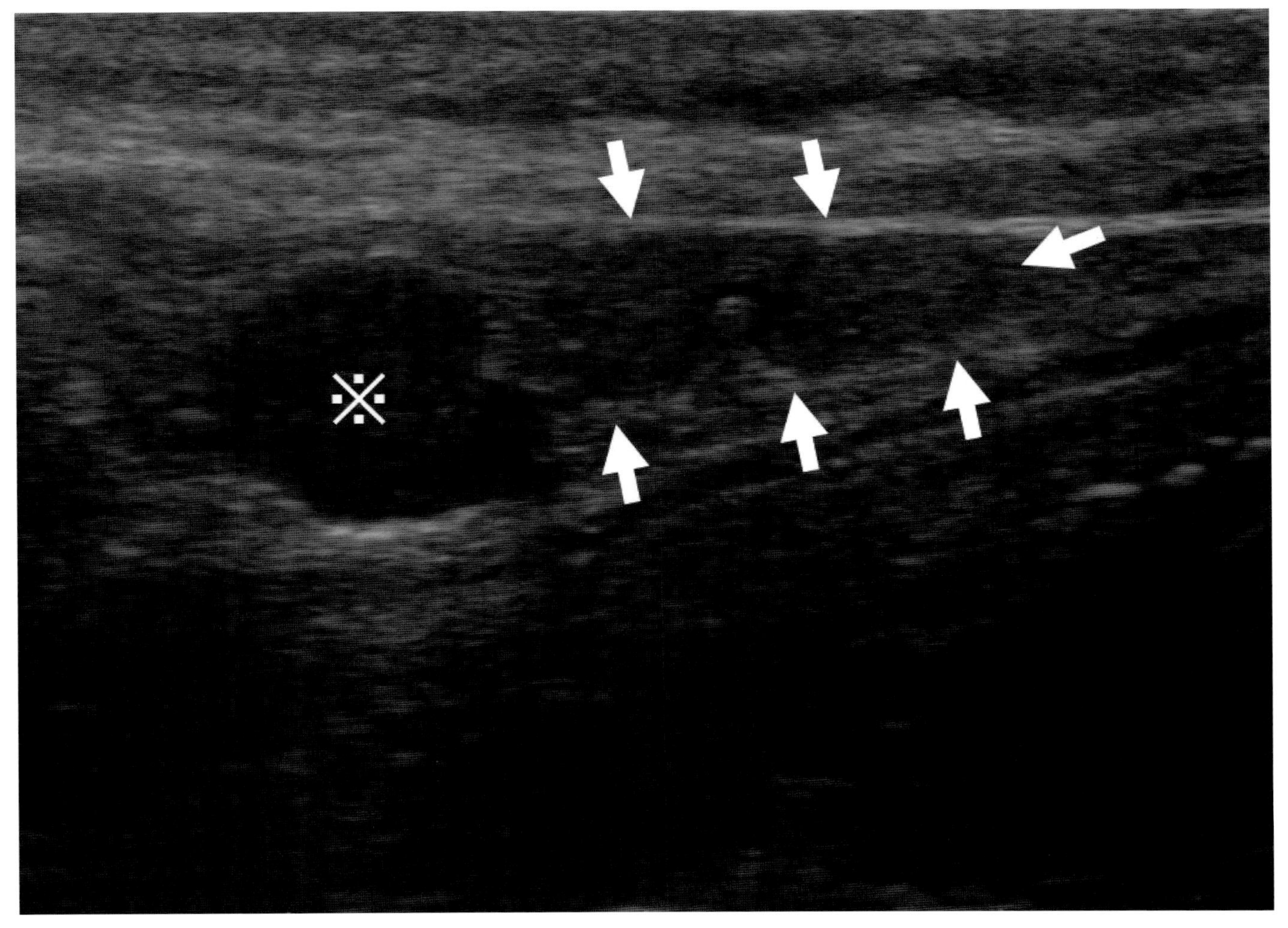

写真 53-1　頸部超音波像　左甲状腺長軸像
左甲状腺（矢印）の頭側部に，甲状腺実質と比較して低エコーの腫瘤（※）が認められる。

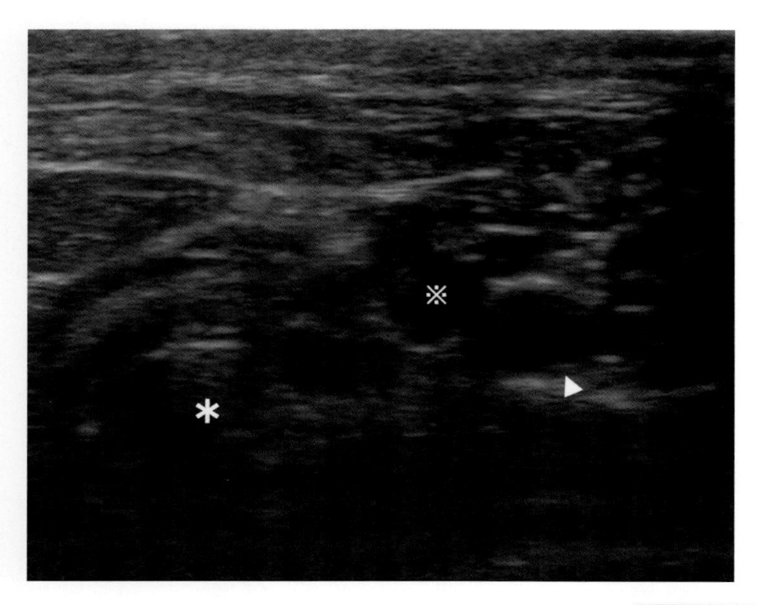

写真 53-2　頸部超音波像　左甲状腺横断像
頸部気管（＊）と左総頸動脈（矢頭）の間に，写真53-1と同様の低エコー性腫瘤（※）が認められる。

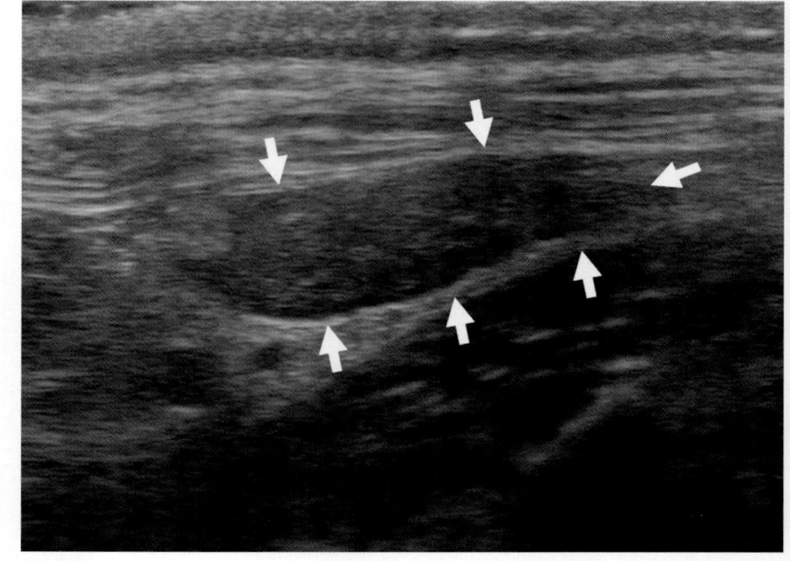

写真 53-3　頸部超音波像　右甲状腺長軸像
右甲状腺（矢印）の頭側部や実質内に，上皮小体は観察されない。

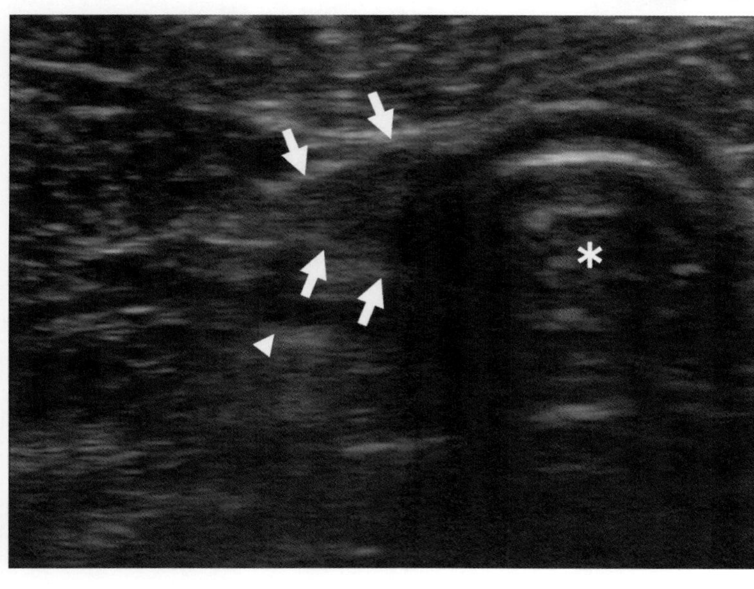

写真 53-4　頸部超音波画像　右甲状腺横断像
頸部気管（＊）と右総頸動脈（矢頭）の間に，右甲状腺（矢印）が観察されるが，上皮小体は確認されない。

❖コメント❖

原発性上皮小体機能亢進症は，高カルシウム血症を引き起こすことから，多飲多尿，倦怠感，振戦や食欲不振などの症状が認められる。診断方法は，高カルシウム血症の鑑別診断リスト（腎不全，アーチファクト，脱水，肉芽腫性疾患，ビタミンA・D過剰症，甲状腺機能低下症，3次性上皮小体機能亢進症，副腎皮質機能低下症，腺癌，血液腫瘍，骨疾患，薬剤・中毒性，原発性上皮小体機能亢進症）からの除外診断を行う。原発性上皮小体機能亢進症以外の疾患が除外され，血清中のイオン化カルシウムが上昇，無機リンが正常～低下，上皮小体ホルモン（PTH）が正常～上昇，PTHrPが正常であった場合には，原発性上皮小体機能亢進症が疑われる。

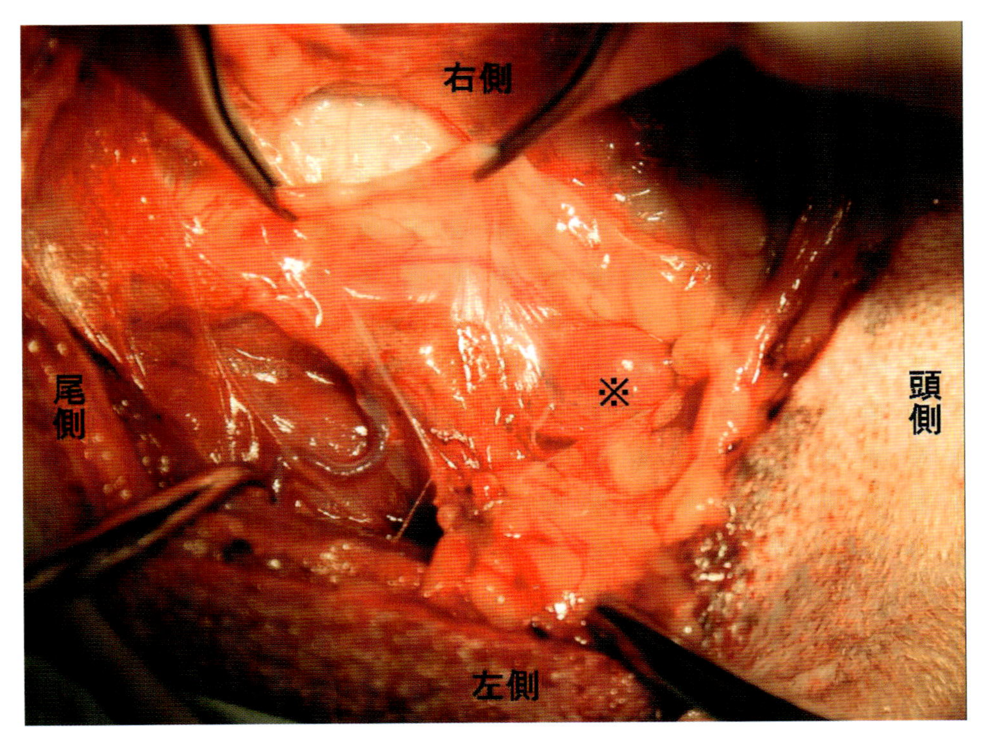

コメント写真 53-1　術中写真
左甲状腺の頭背側部に，赤色に腫大した上皮小体腫瘤（※）が，孤立性に認められる。

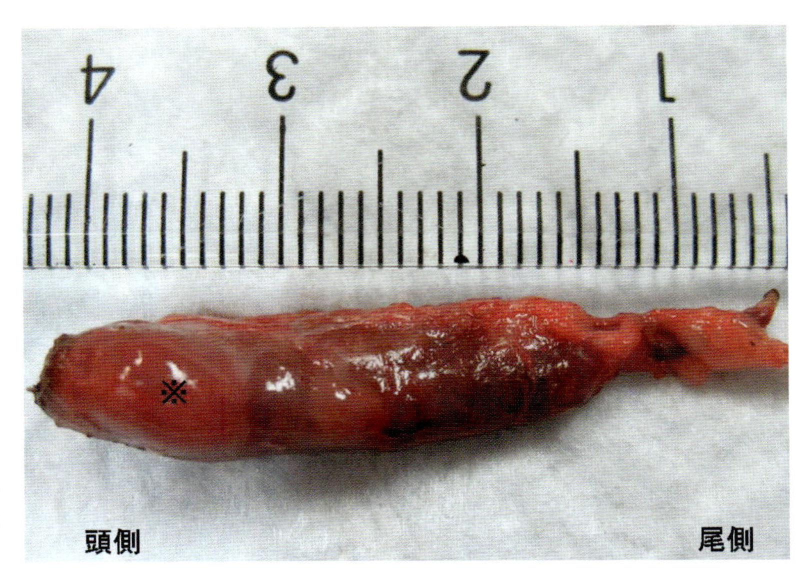

コメント写真 53-2　左甲状腺摘出後の写真
甲状腺の頭側部に，9×6×4mm大の，上皮小体腫瘤（※）が認められる。

犬には通常，左右2対の上皮小体がある。頭側に位置する上皮小体は，甲状腺の包膜外にあり，尾側に位置する上皮小体は，甲状腺実質内に存在することが多いが，上皮小体の位置と数には個体差がある。原発性上皮小体機能亢進症では，上皮小体に，腺腫，腺癌，過形成などが生じ，PTHが過剰に分泌される。この場合，他の上皮小体は萎縮するため，多くは単一性病変である。一方，腎不全や栄養性により引き起こされる2次性上皮小体機能亢進症では，複数の上皮小体に過形成が生じる。

確定診断には，非侵襲的な診断法として頸部超音波検査が有用である。正常な上皮小体は，超音波検査で直径2mm以下として検出される。病的に腫大した上皮小体は，通常，円形もしくは楕円形であり，甲状腺実質の周囲と比較して，無エコーか低エコーで認められる。Feldmanは，上皮小体が腫大した場合，超音波検査によって90～95%検出可能と報告している。また，高カルシウム血症が認められた33頭の犬の26頭で上皮小体サイズを測定したWisnerらの報告では，腺腫と腺癌が平均値7.5mm，中央値6mm，レンジ4～20mm，過形成が平均値2.9mm，中央値2mm，レンジ2～6mmであったことから，直径が4mm以上では腺腫や癌腫，4mm未満では過形成（原発性または2次性）である可能性が非常に高いと結論付けている。

本症例では，各種検査結果から原発性上皮小体機能亢進症が疑われたため，頸部超音波検査を実施した。その結果，左甲状腺の頭側部に，上皮小体と思われる7.6×9.5mm大の低エコー性腫瘤が認められた。また，その他の上皮小体は萎縮のためか，確認されなかった。摘出手術を行ったところ，左甲状腺の頭背側部に，赤色に腫大した上皮小体が孤立性に確認され，右甲状腺には，上皮小体が確認されなかった。摘出標本の病理組織検査は，上皮小体腺癌であった。

参考文献

1）Feldman,E.C.（2005）：Textbook of Veterinary Internal Medicine. 6th ed., 1508-1535, WB Saunders; 1508-1535.
2）Wisner,E.R.（1997）：*Vet. Radiol. Ultrasound* 38, 462-466.

54. 犬の慢性活動性肝炎

症 例：キャバリア・キング・チャールズ・スパニエル，雌，6歳

主 訴：削痩，食欲低下，嘔吐にて近院を受診し，血液検査によって慢性肝疾患を疑いプレドニゾロン，マロチラート（グリチロン），ウルソデオキシコール酸の投与が行われた。しかしながら，プレドニゾロンの投薬を中止すると症状が再発すること，TP，Alb が低値となり，徐々に体重が減少してきたことから麻布大学附属動物病院に来院した。

血液検査所見：

PCV	40.8	%	TP	5.3	g/dL
RBC	574×10^4	/μL	Alb	2.0	g/dL
Hb	13.7	g/dL	ALT	225	U/L
MCV	7.1	fL	ALP	134	U/L
MCH	23.9	pg	TC	49	mg/dL
MCHC	33.6	g/dL	Tg	44	mg/dL
WBC	144.0×10^2	/μL	T-Bil	0.782	mg/dL
Band-N	―		Glu	75	mg/dL
Seg-N	105.3×10^2	/μL	BUN	9.9	mg/dL
Lym	24.8×10^2	/μL	Cr	0.8	mg/dL
Mon	12.5×10^2	/μL	Ca	8.3	mg/dL
Eos	0.2×10^2	/μL	iP	3.37	mg/dL
Bas	1.3×10^2	/μL	Na	154.1	mmol/L
Other	―		K	3.94	mmol/L
pl	1.53×10^4	/μL	Cl	119.4	mmol/L

TBA	食前	9.4	μmol/L
	食後2時間	35.1	μmol/L

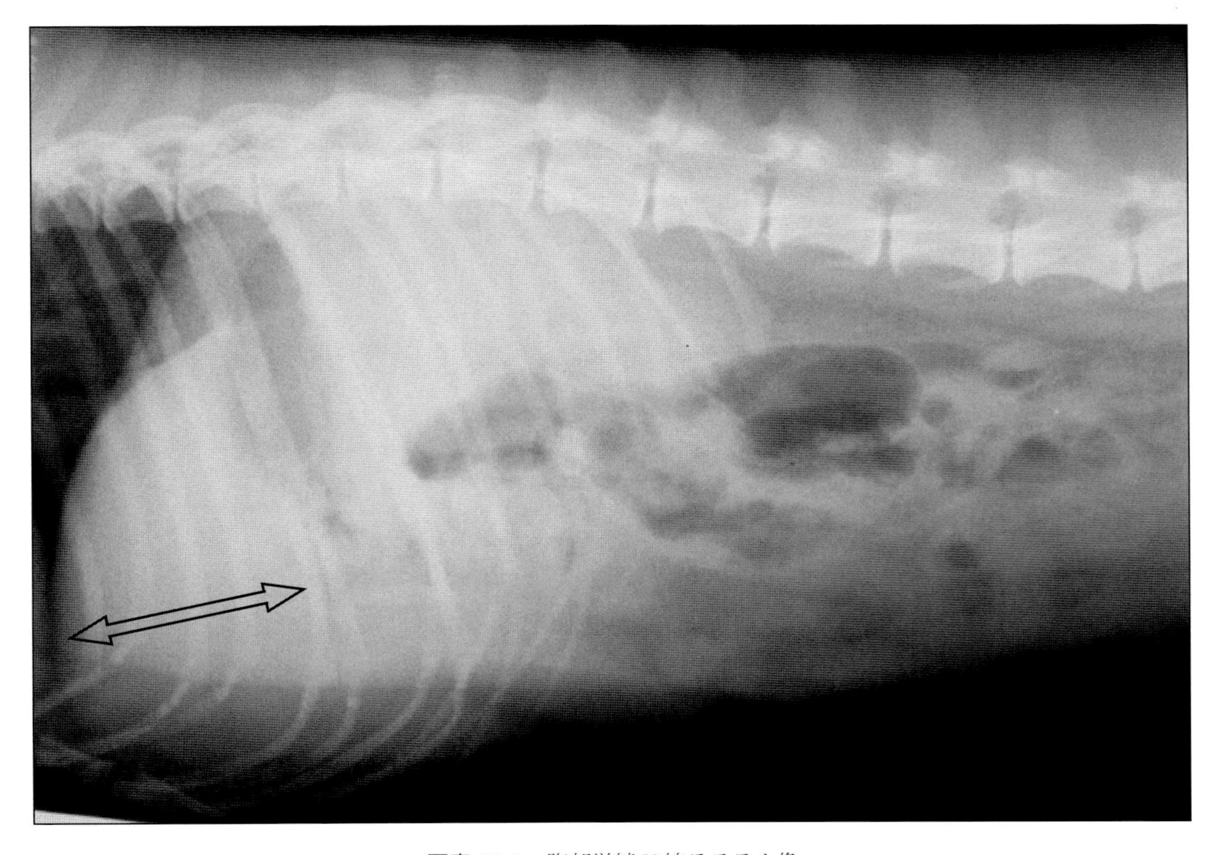

写真 54-1 腹部単純X線ラテラル像
肝臓幅は肋間2つ分であり（矢印），軽度の縮小が示唆された。胃軸や肝辺縁の異常は確認されず，その他臓器の異常についても観察されなかった。

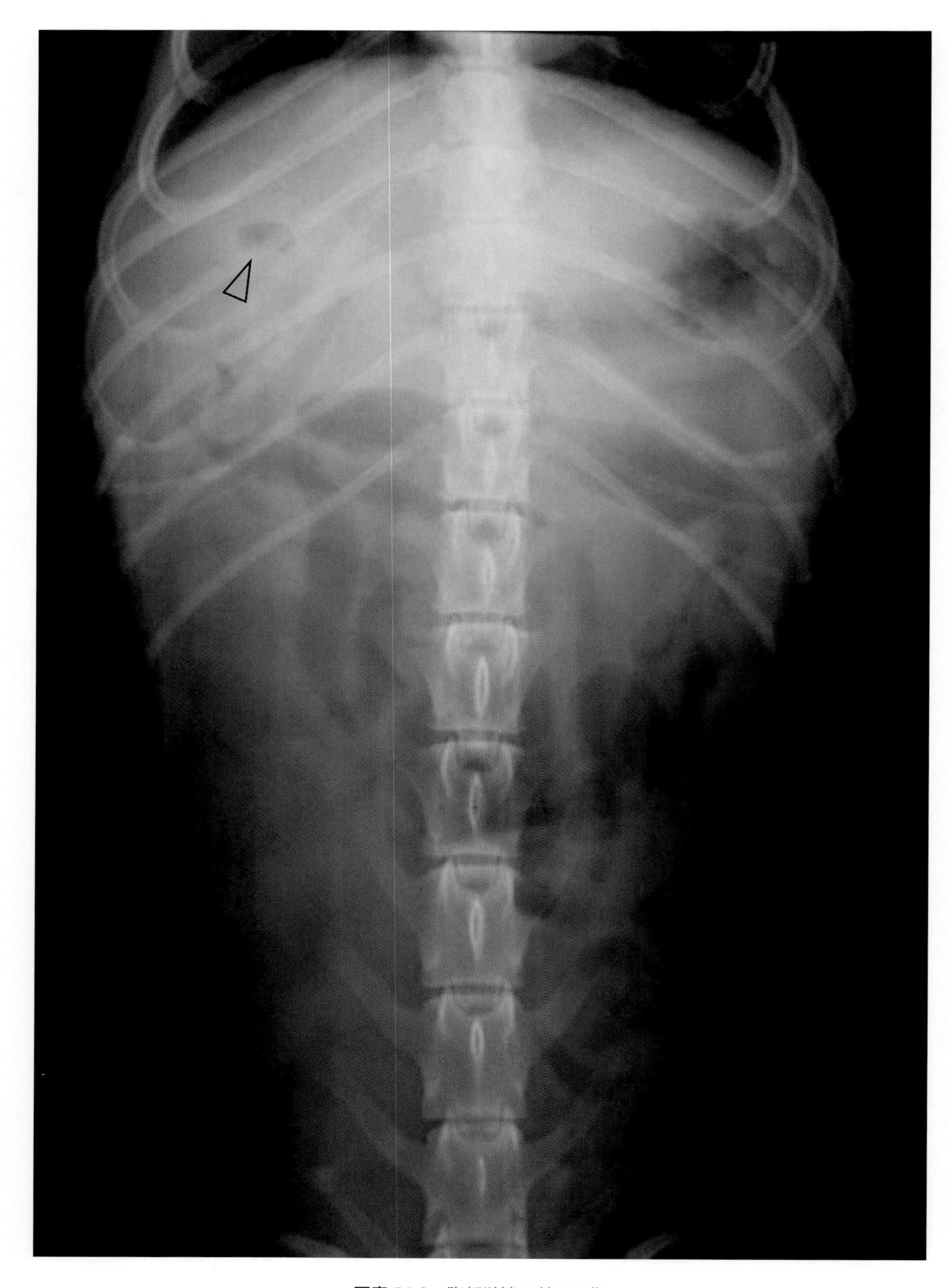

写真 54-2　腹部単純 X 線 VD 像
幽門管のガス（矢頭）が，第 9 胸椎（T9）尾側レベルで観察され，肝臓の縮小が示唆された。ラテラル像（写真 54-1）同様，その他の異常は観察されなかった。

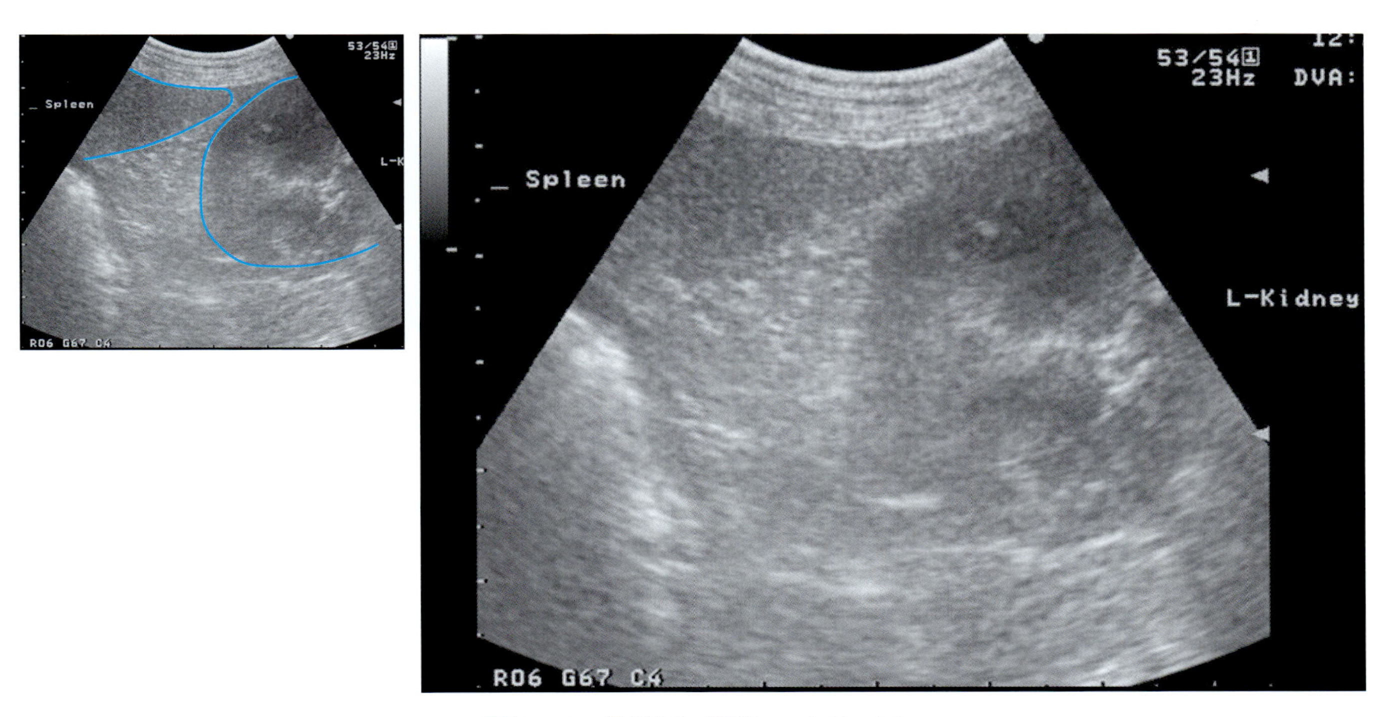

写真 54-3 超音波像（腎脾コントラスト）
腎皮質は脾臓（Spleen）と比較し低エコーであり異常は認められない。 L-Kidney：左腎

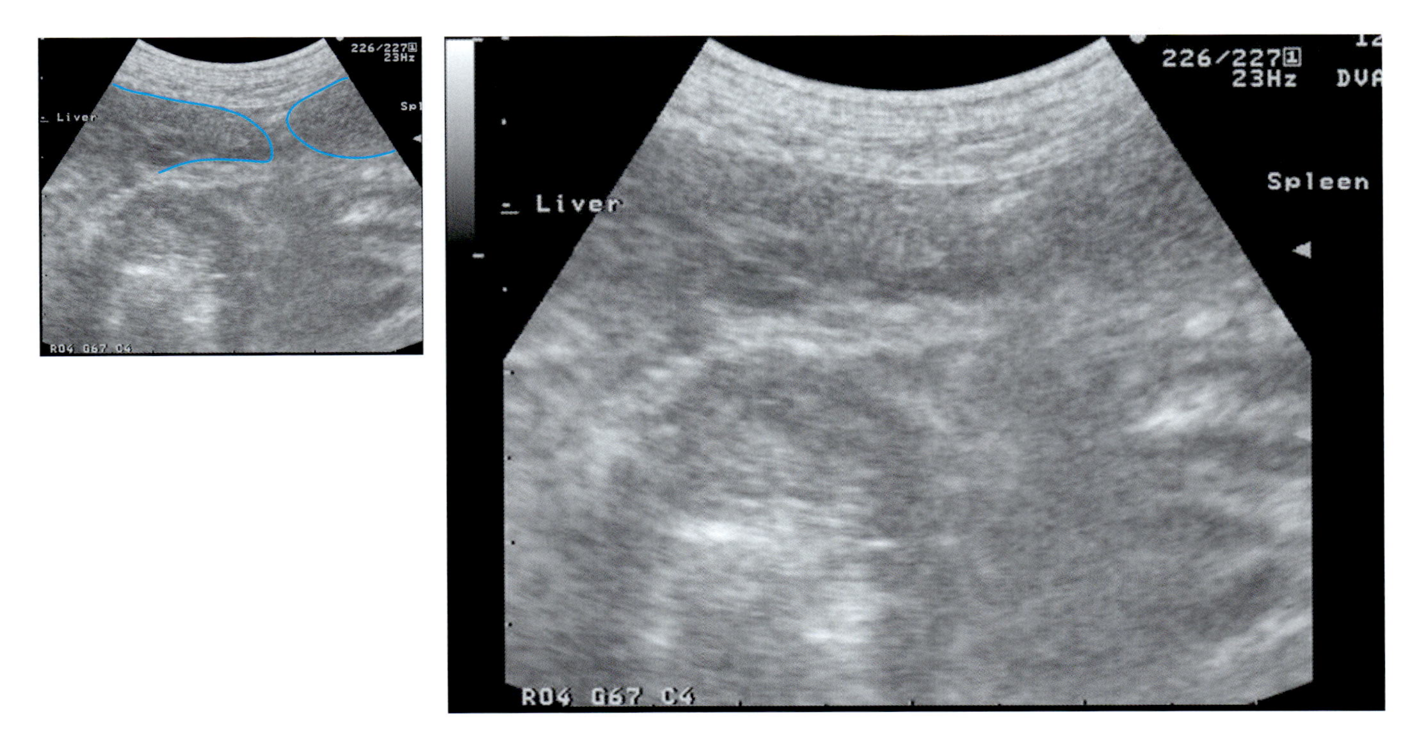

写真 54-4 超音波像（肝脾コントラスト）
肝臓（Liver）は脾臓（Spleen）とほぼ同等のエコーである。

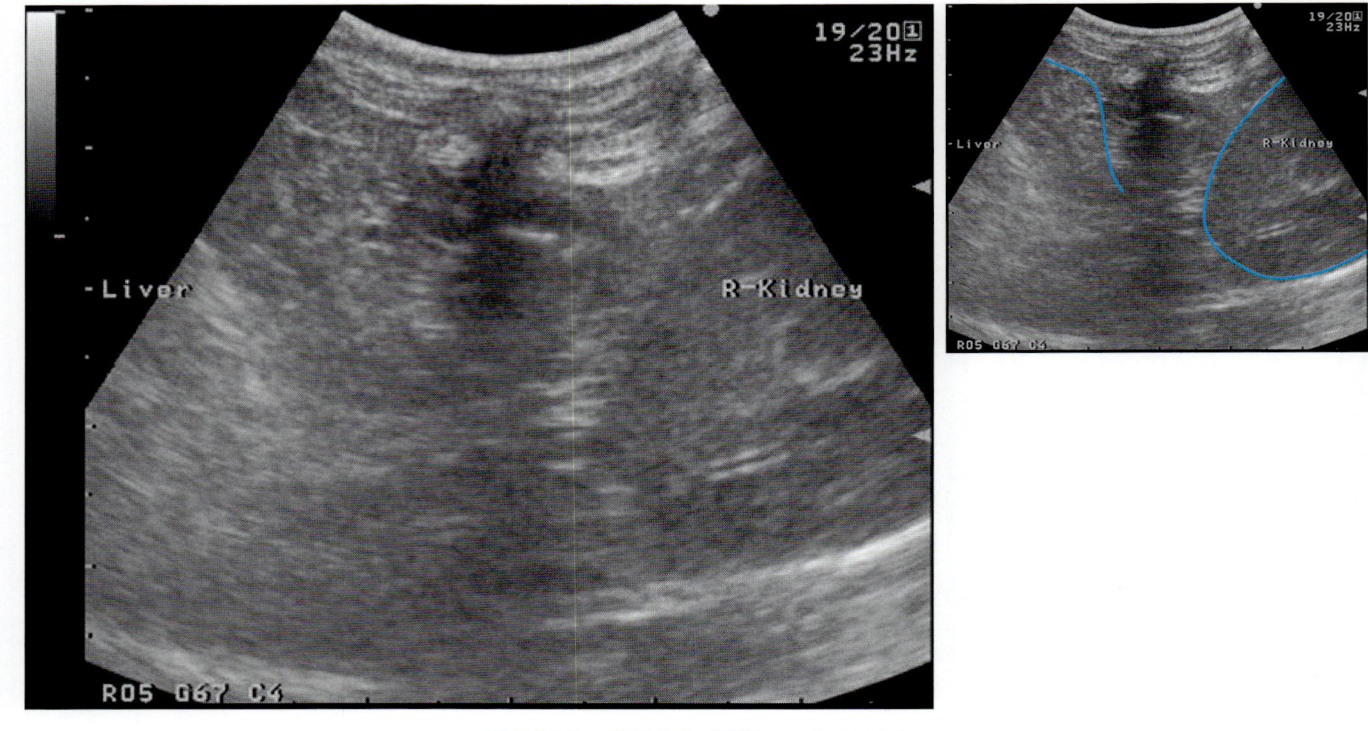

写真 54-5　超音波像（肝腎コントラスト）
肝臓（Liver）は腎皮質と比較し高エコーである。以上から肝臓実質の輝度が上昇していると考えられる。　R-Kidney：右腎

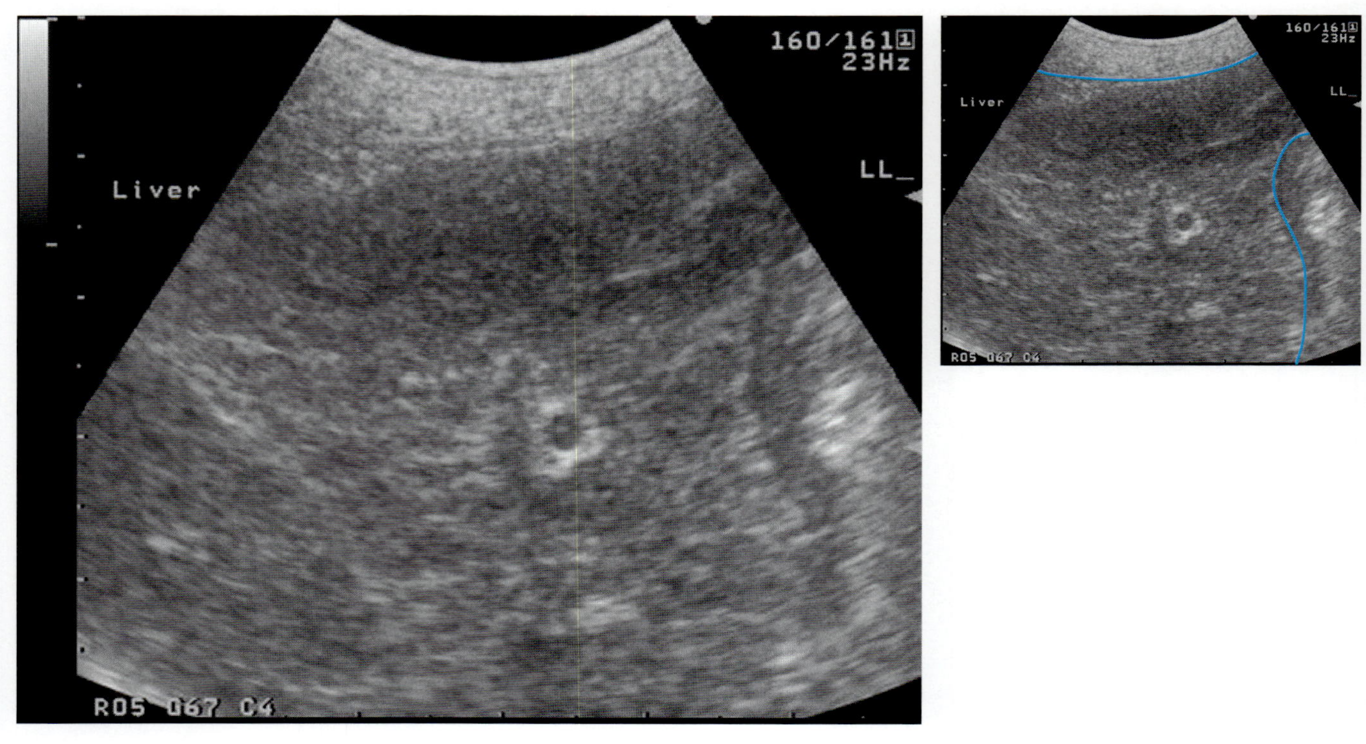

写真 54-6　肝左葉超音波縦断像
全体的に高エコーで，肝臓（Liver）の左葉実質（LL）の輝度は不均一に観察される。

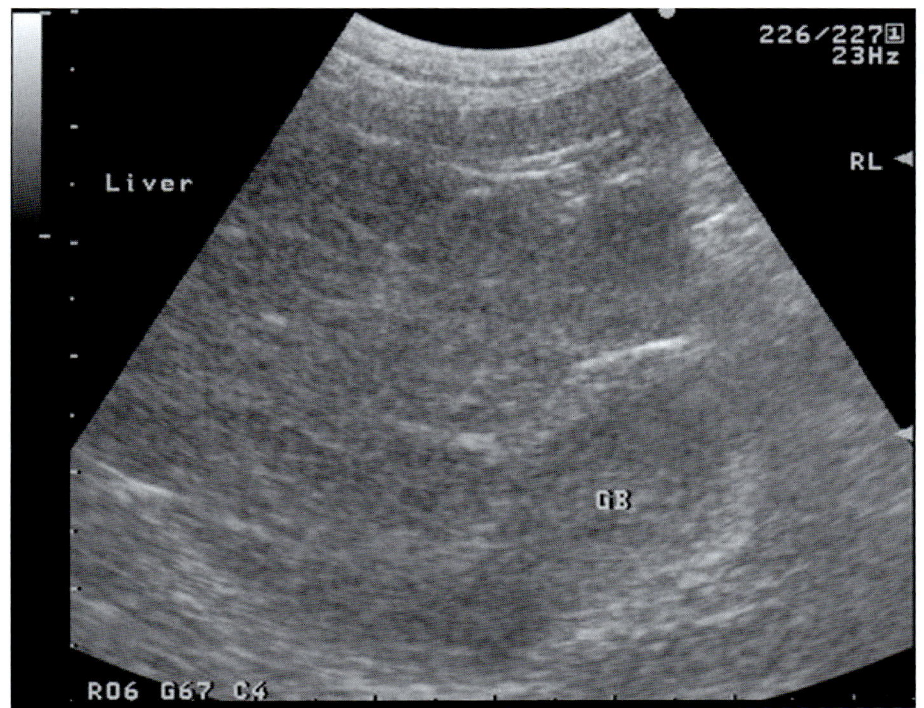

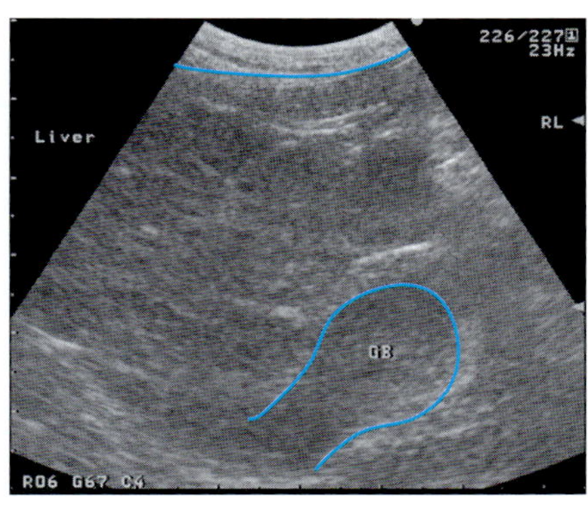

写真 54-7　肝右葉超音波縦断像
肝臓（Liver）の右葉実質（RL）についても，左葉と同様に輝度が不均一に観察される。　GB：胆嚢

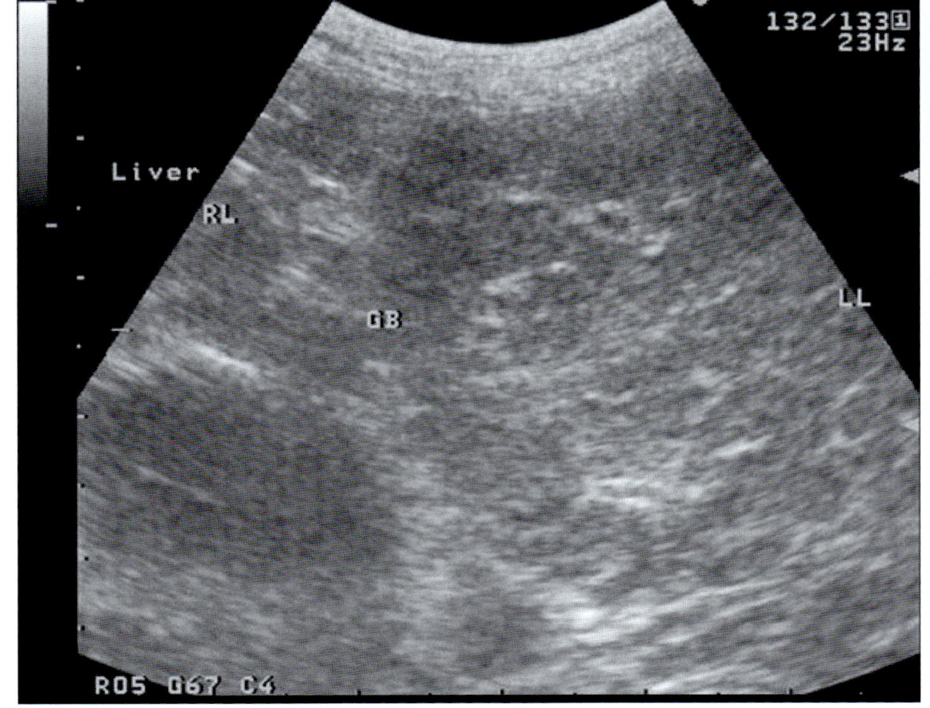

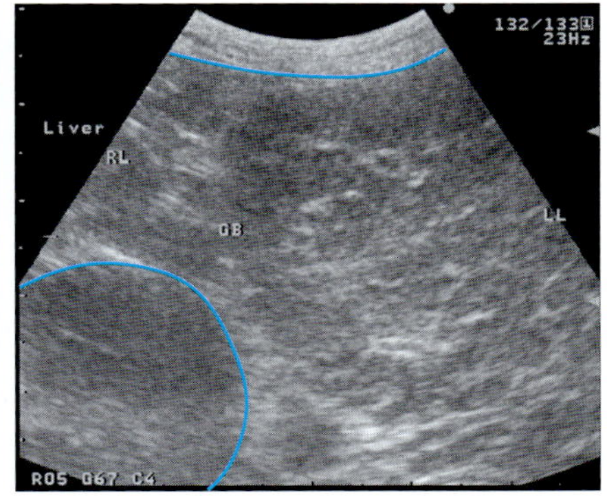

写真 54-8　肝臓超音波横断像
肝臓実質（Liver）全体が不均一な輝度を呈して観察される。肝臓実質の不均一性は，実質部の壊死や線維化に起因しているものと考えられる。
RL：肝右葉，LL：肝左葉，GB：胆嚢

❖コメント❖

以上の画像所見からは慢性肝炎または肝硬変が考えられる。細胞診では鑑別が不十分であり組織生検が必要である。全身麻酔下で Tru-Cut 生検を行った結果，本症例は慢性活動性肝炎と診断された。

慢性活動性肝炎とは特定の肝疾患を表現しているわけではなく，壊死や新旧の炎症が混在し，肝硬変に進行している慢性的な肝炎の形態学的な診断名である。このような症例では早期に肝硬変へと移行していくことから，組織生検による速やかな診断と適切な治療が必要となる。

55．猫の肝広汎性高エコー性病変

症　例：雑種猫，雄，年齢不明。
主　訴：元気消失，食欲不振，黄疸。

血液検査所見：

項目	値	単位
PCV	30.3	%
RBC	631×10^4	/μL
Hb	6.9	g/dL
MCV	44.0	fL
MCH	18.3	pg
MCHC	31.7	g/dL
WBC	16.4×10^2	/μL
pl	33.3×10^4	/μL
TP	6.9	g/dL
Alb	3.1	g/dL
ALT	157.5	U/L
ALP	364	U/L

項目	値	単位
TC	231	mg/dL
Tg	262	mg/dL
T-Bil	11.415	mg/dL
Glu	174	mg/dL
BUN	7.6	mg/dL
Cr	0.5	mg/dL
Ca	9.1	mg/dL
iP	2.27	mg/dL
Na	149.7	mmol/L
K	3.54	mmol/L
Cl	112.9	mmol/L

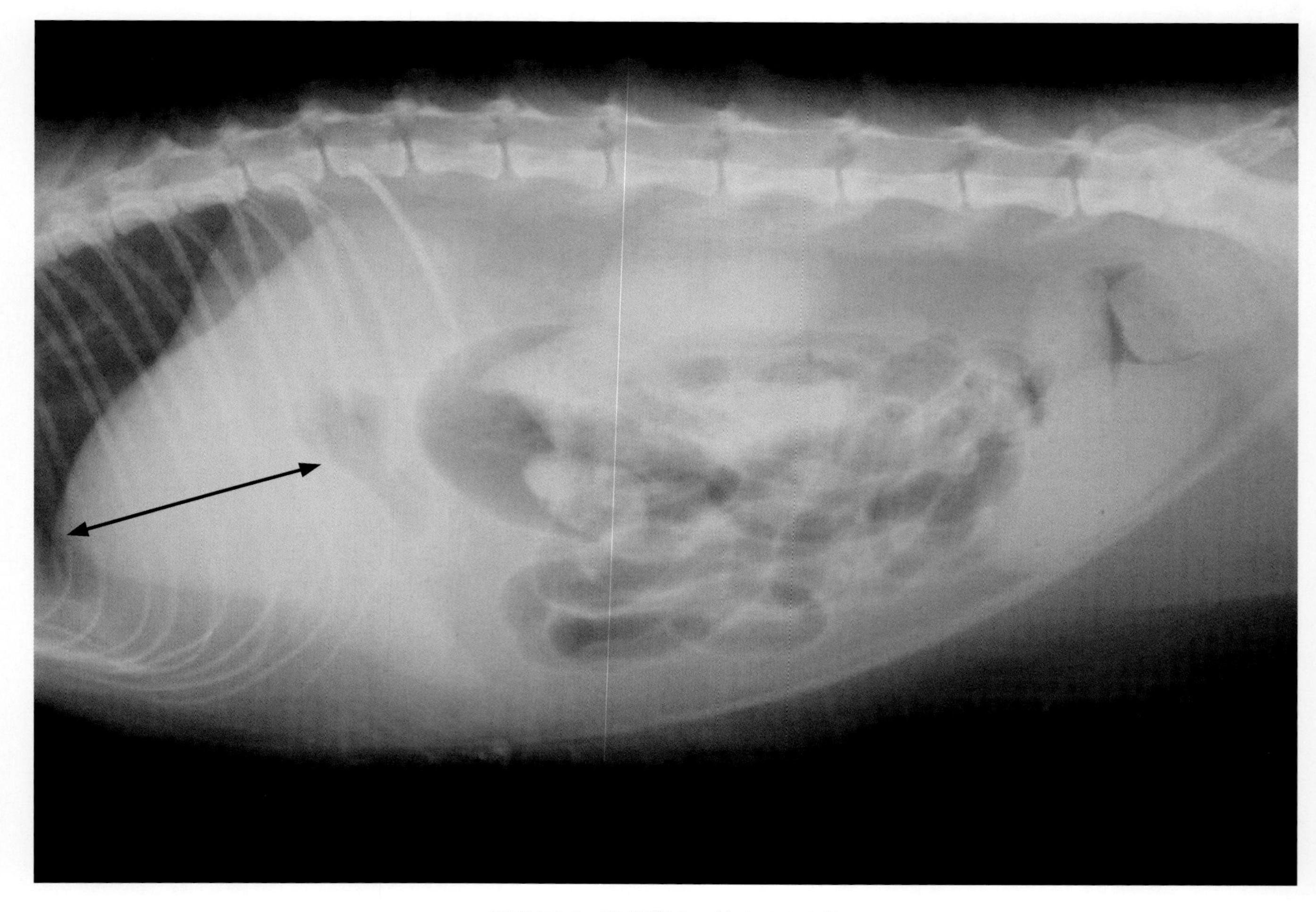

写真 55-1　腹部単純 X 線ラテラル像
肝臓幅が肋間 4 つ分であり（矢印），増大して観察される。その他，肝臓，腎臓，脾臓，消化管，膀胱などの異常は認められない。

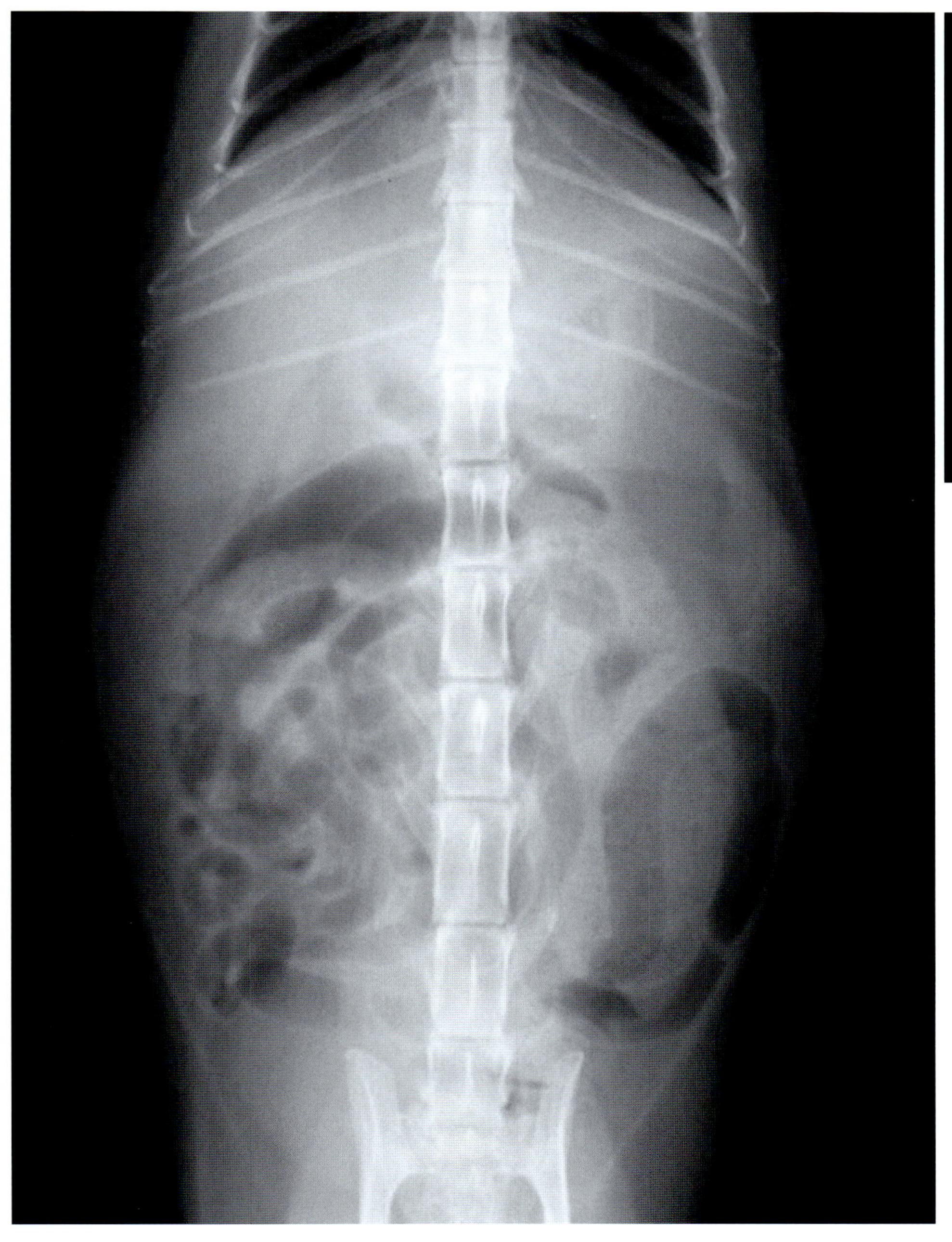
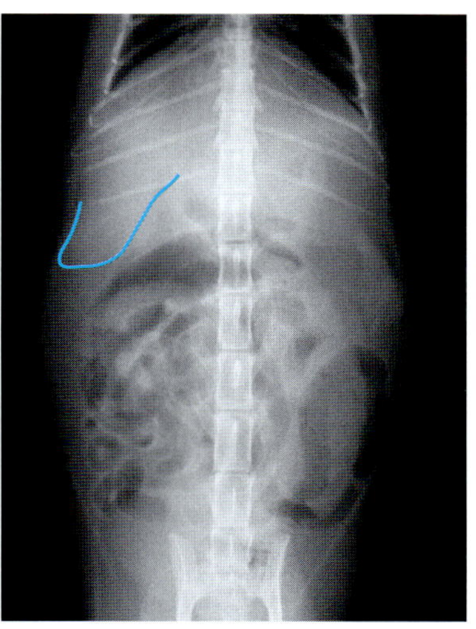

写真 55-2 上腹部単純 X 線 VD 像
肝右葉が大きく尾側に張り出し，辺縁の鈍化が観察される。その他，腹腔内臓器の異常は観察されない。

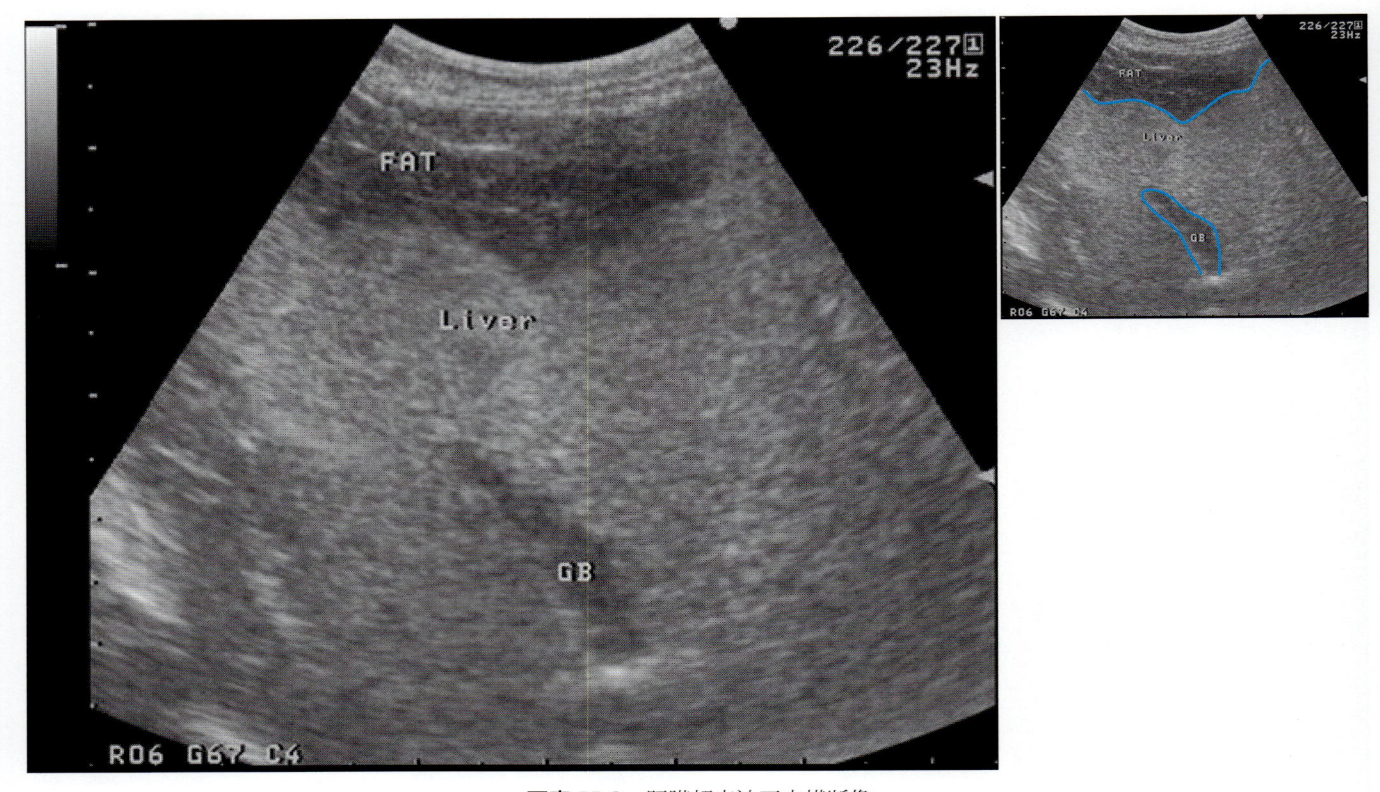

写真 55-3 肝臓超音波正中横断像
肝臓（Liver）は均一な輝度を示している。 FAT：脂肪，GB：胆嚢

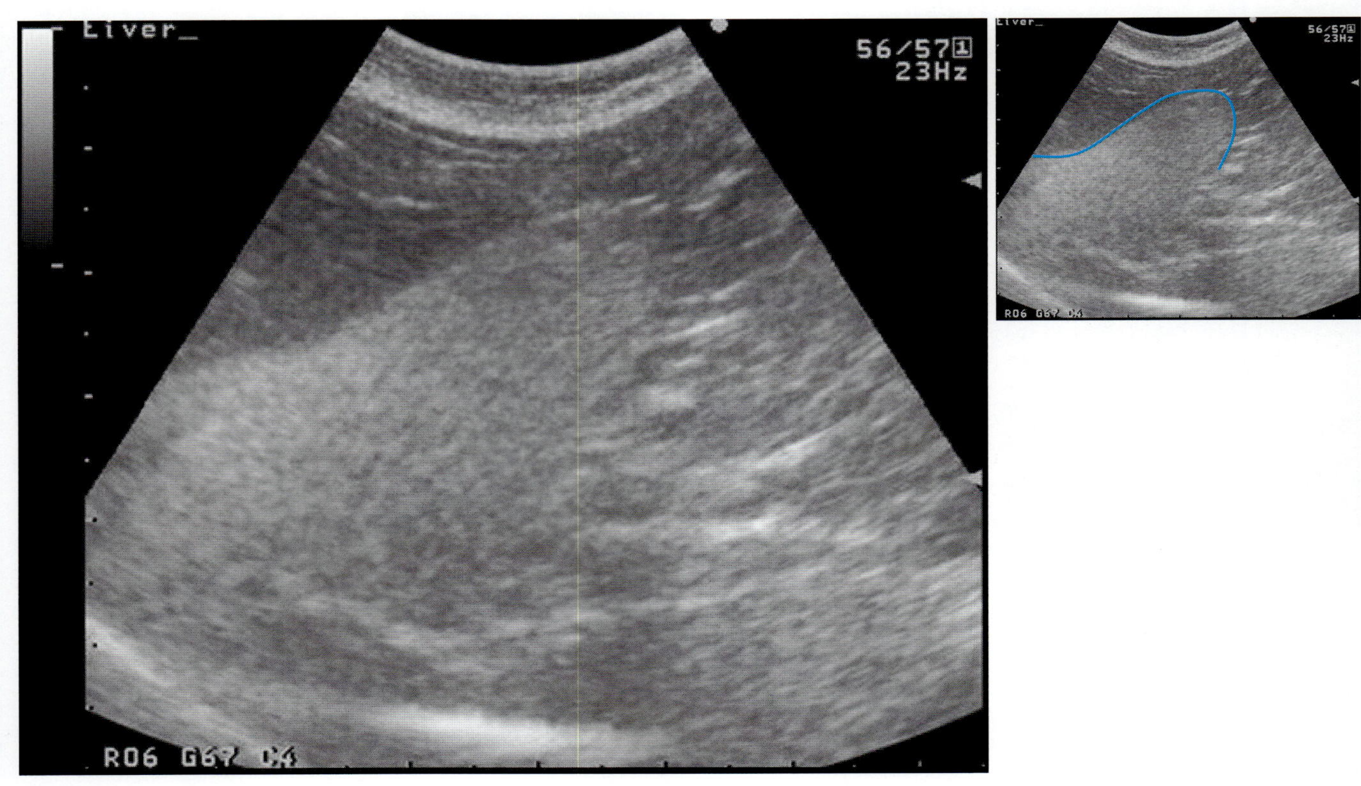

写真 55-4 肝臓超音波左葉縦断像
左葉は均一な輝度を示しており，肝辺縁の鈍化が認められる。

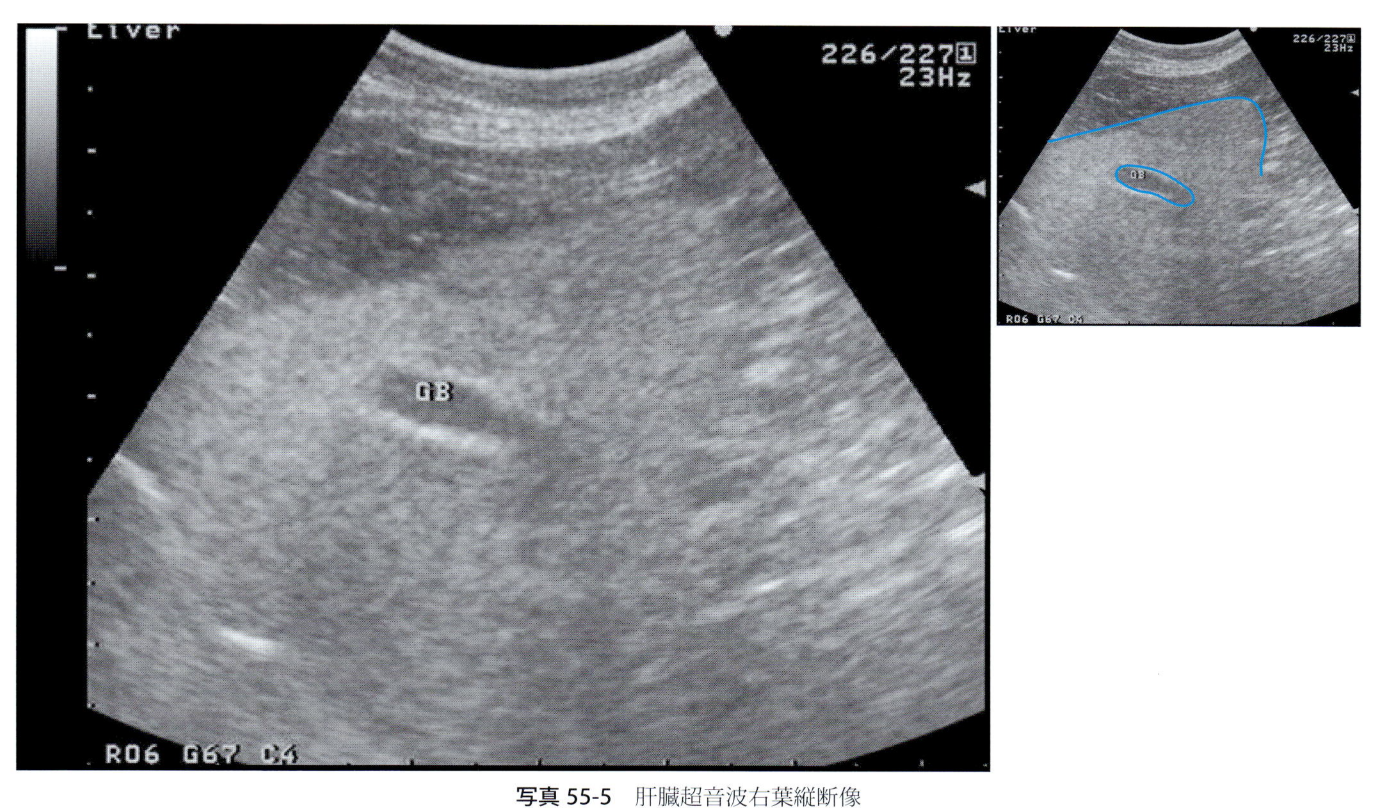

写真 55-5 肝臓超音波右葉縦断像

右葉は均一な輝度を示しており，肝辺縁の鈍化が認められる。胆嚢は明瞭な壁を有さず，内部エコーも認めない。 GB：胆嚢

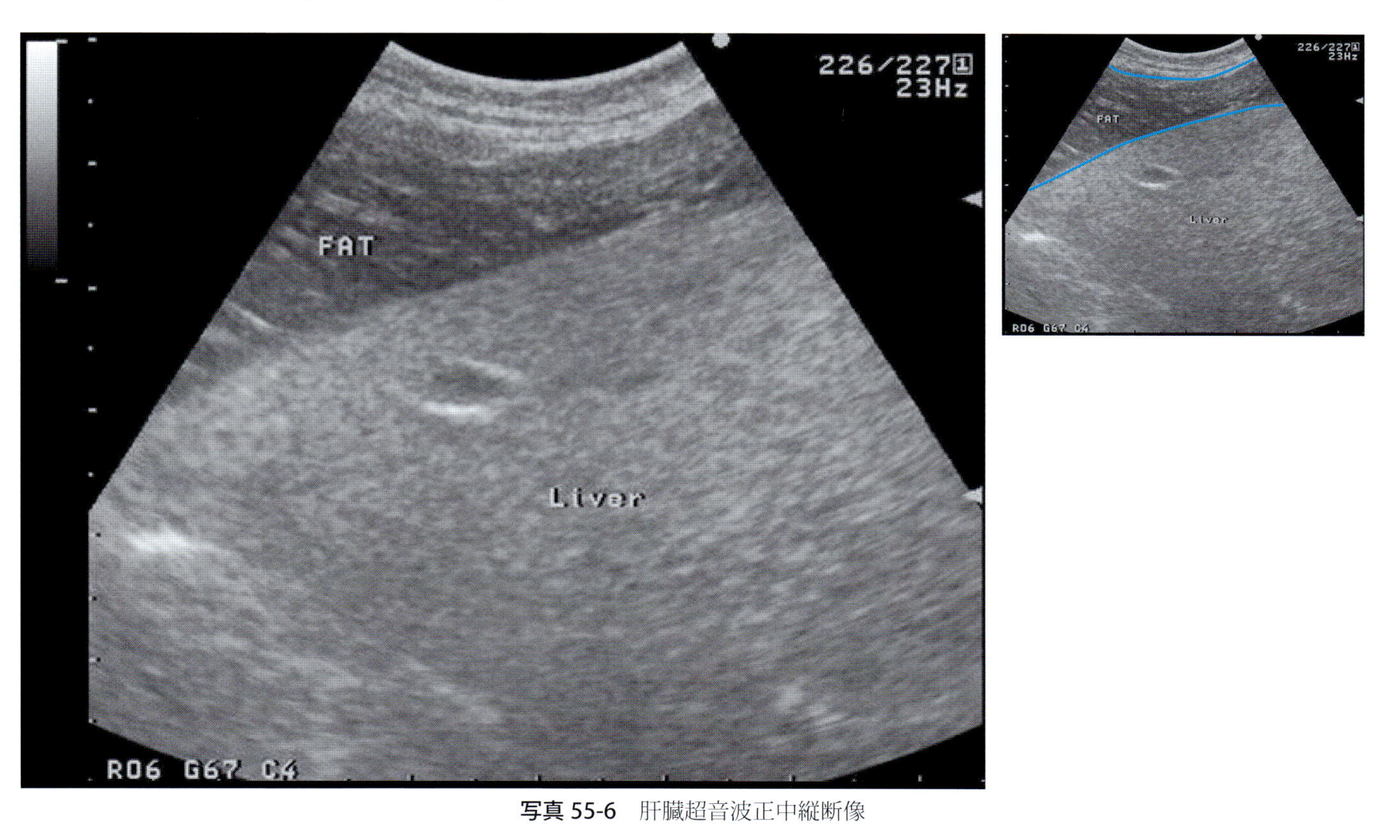

写真 55-6 肝臓超音波正中縦断像

肝臓（Liver）の輝度は鎌状間膜の脂肪（FAT）と比較し，高エコーに観察される。

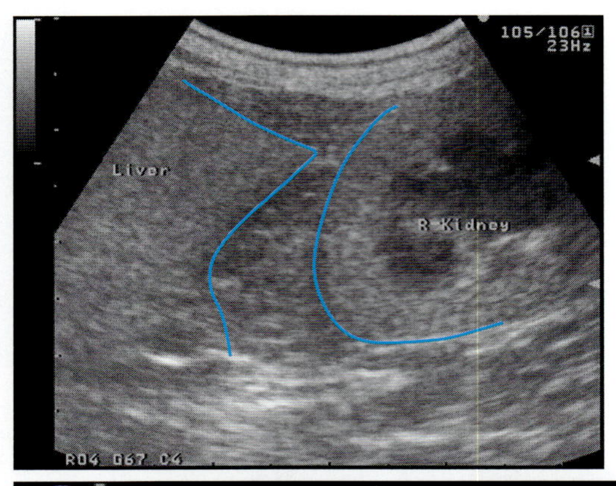

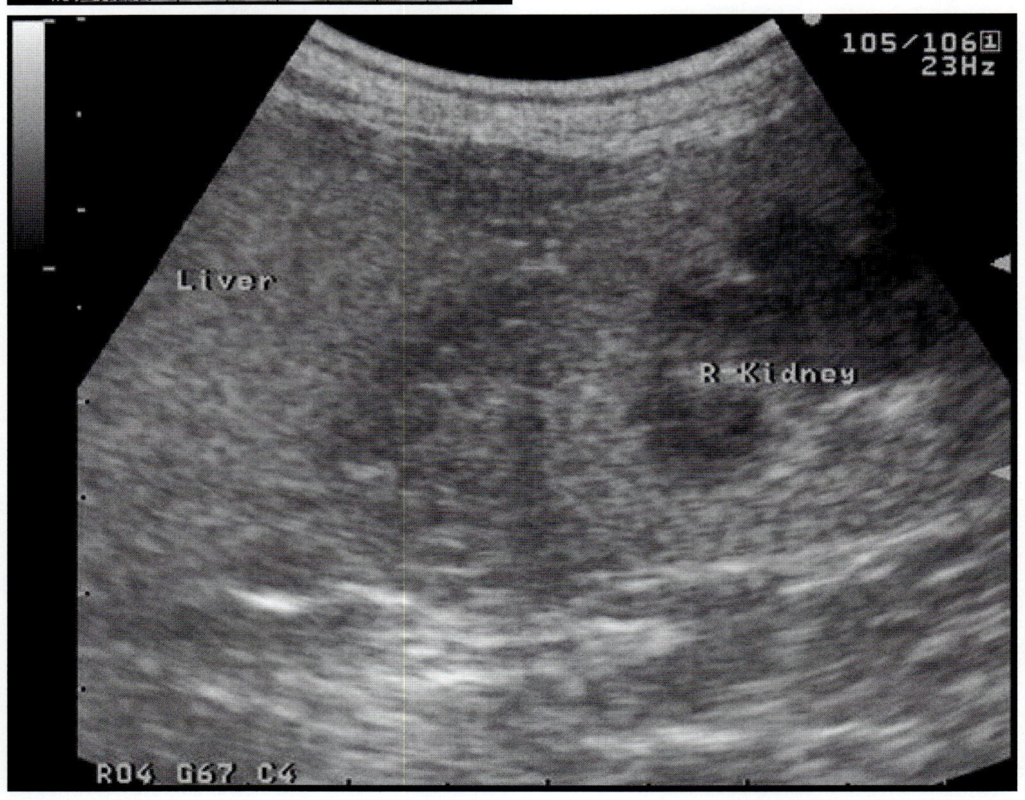

写真 55-7　右側最後肋骨超音波尾側縦断像
肝臓（Liver）は右腎（R-Kidney）の皮質と比較し，等エコーに観察される。

❖コメント❖

肝臓の輝度は基本的に右腎の皮質と比較し，ほぼ等しいか，若干肝臓の方が高エコーを呈する。また，鎌状間膜の脂肪と比較した場合においては，ほぼ同等の輝度を呈する。本症例においては，鎌状間膜と比較すると肝臓は高エコーであるが，右腎の皮質と比較すると等エコーであり，一見矛盾した所見となるが，猫では５～６歳を超えた頃より腎皮質の尿細管に脂肪滴が貯留するため，正常でも肝臓実質と比較し高エコーとなる。したがって，中，老齢猫の肝臓の輝度は鎌状間膜の脂肪と比較したほうがより正確であることから，本例の肝臓実質は高エコーを呈しているといえる。肝臓実質が高エコーを呈する疾患には，脂肪浸潤，糖尿病，ステロイド性肝症，リピドーシス，慢性肝炎，肝硬変，リンパ腫，その他の浸潤性腫瘍が鑑別診断として挙げられる。確定診断には，針生検，理想的には組織生検が必須である。

56. 犬の肝腫瘤

症　例：雑種犬，雌，13歳。

主　訴：健康診断のため血液検査を行ったところ，異常値が認められた。

血液検査所見：

PCV	32.0	%
RBC	639×10^4	/μL
WBC	70.0×10^2	/μL
TP	7.48	g/dL
Alb	3.56	g/dL
ALT	146	U/L
ALP	1273	U/L
GGTP	8	U/L
TC	294	mg/dL
Tg	95	mg/dL

T-Bil	0.19	mg/dL
Glu	123.4	mg/dL
BUN	26.7	mg/dL
Cr	1.21	mg/dL
Ca	12.11	mg/dL
iP	4.18	mg/dL
Na	161.1	mmol/L
K	4.46	mmol/L
Cl	122.5	mmol/L

ACTH 刺激試験：

Pre	1.1	μg/dL
Post 1h	11.4	μg/dL

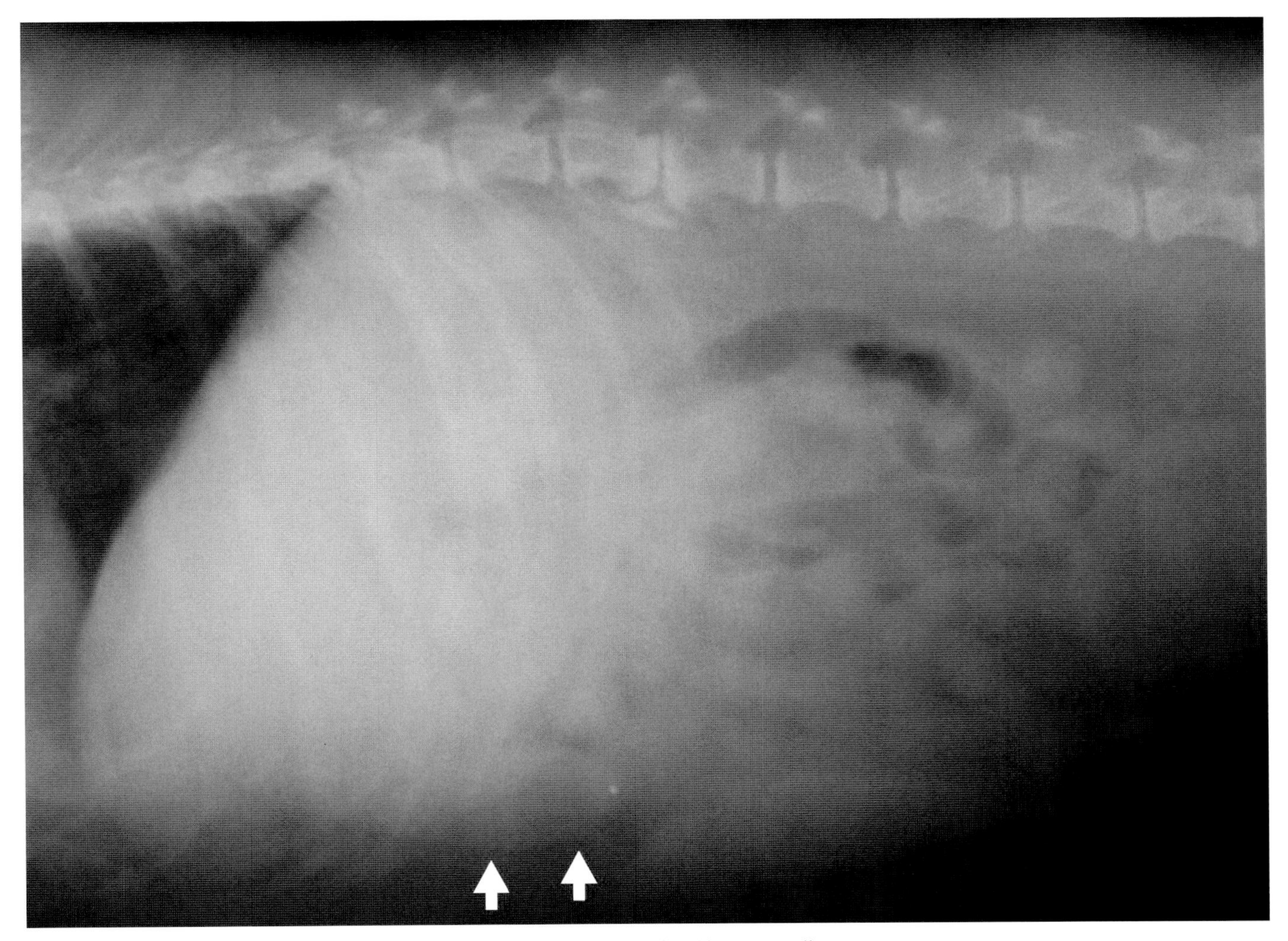

写真 56-1　腹部単純X線ラテラル像

肝臓幅や胃軸には異常が認められないが，肝臓尾側辺縁の鈍化が観察される（矢印）。その他，腎臓，脾臓，腸管，膀胱等の異常も観察されない。

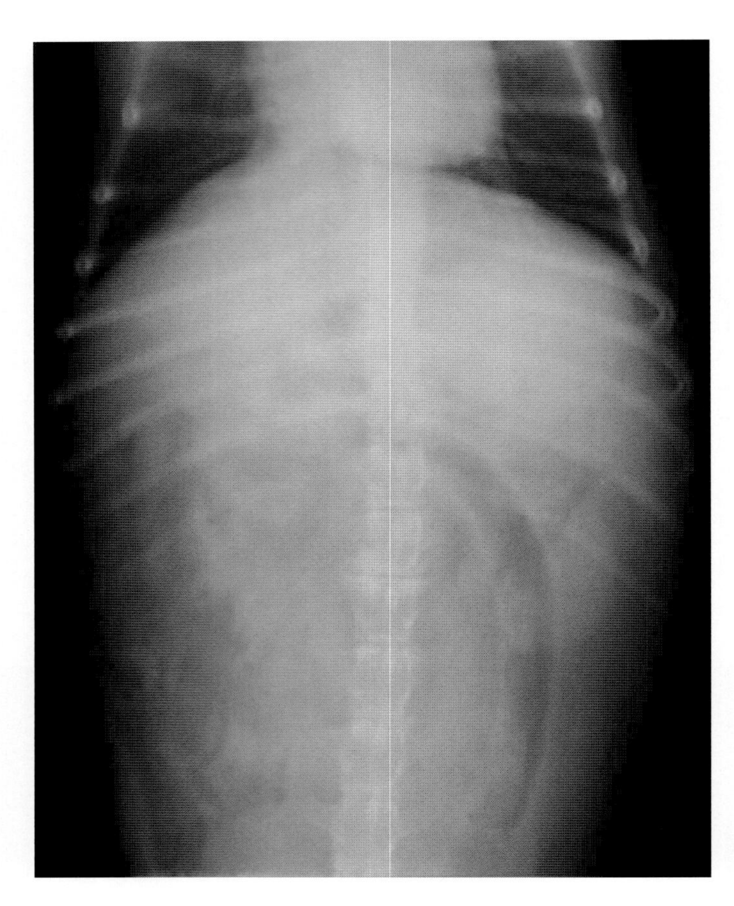

写真 56-2　上腹部単純 X 線 VD 像
異常所見は観察されない。

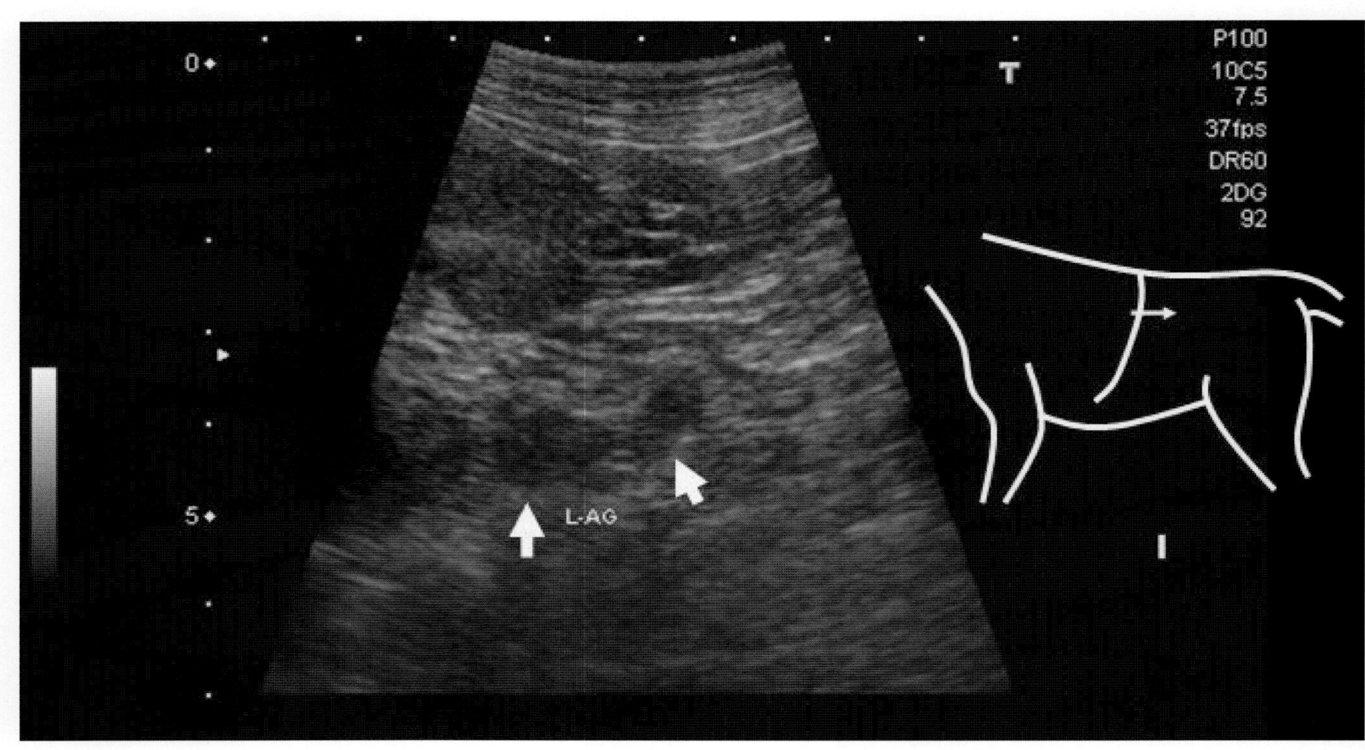

写真 56-3　左副腎超音波像
左副腎（L-AG，矢印）は形状，大きさともに正常であった。

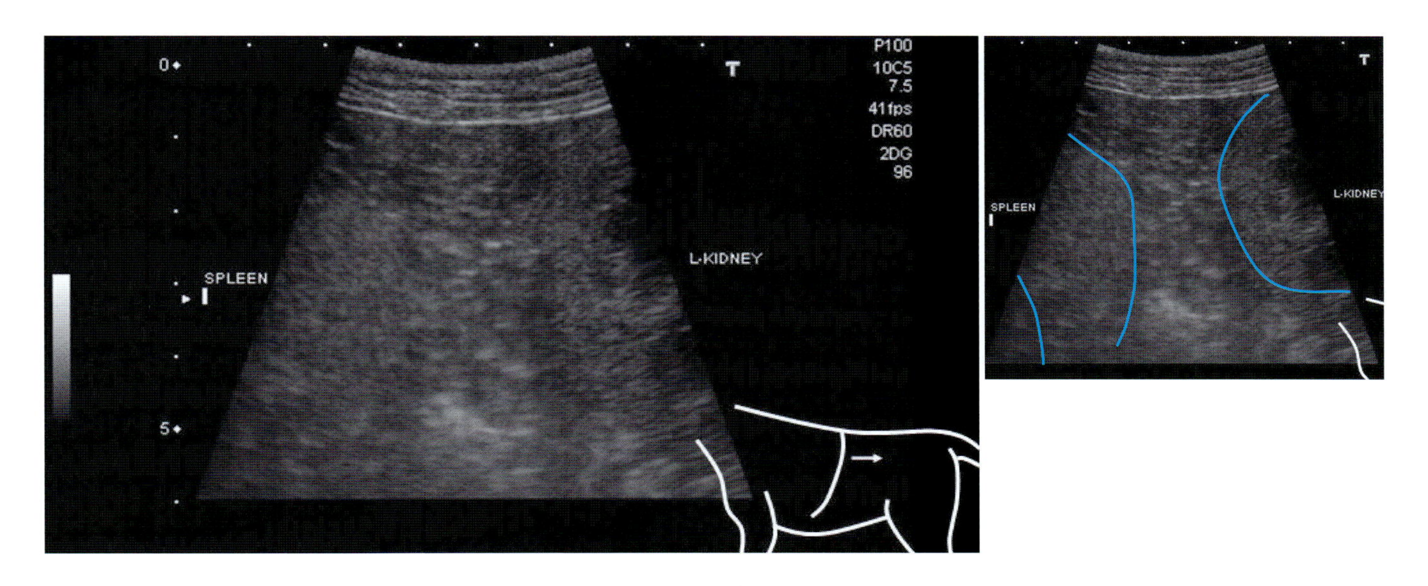

写真 56-4　超音波像（脾腎コントラスト）
脾臓（SPLEEN）は肝臓より高エコーに描出されている点から，輝度の異常は確認されない。　L-KIDNEY：左腎

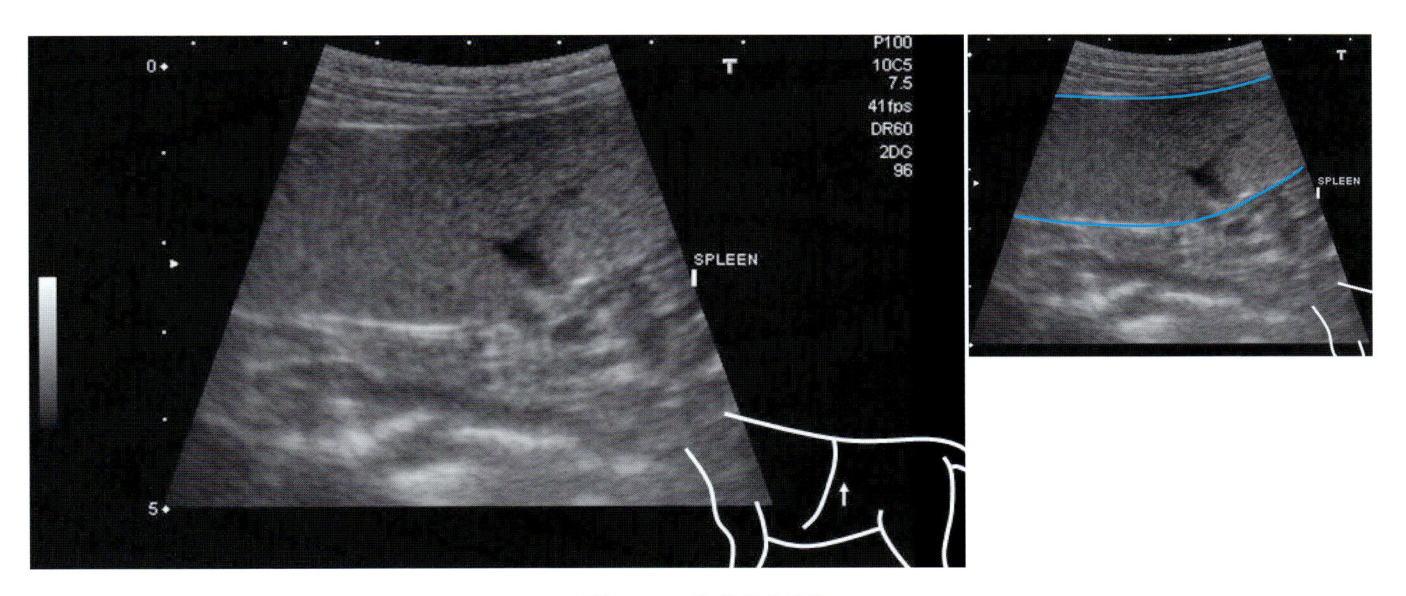

写真 56-5　脾臓超音波像
脾臓実質（SPLEEN）は均一であり，異常所見は認められない。

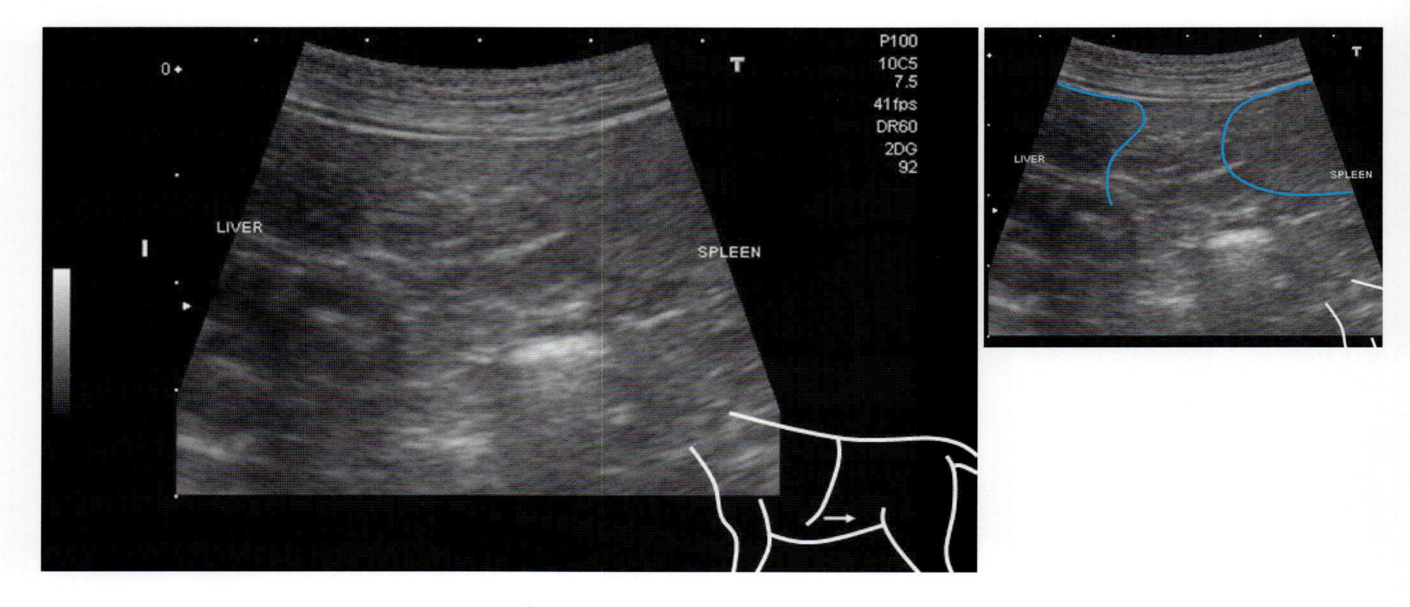

写真 56-6　超音波像（肝脾コントラスト）
肝臓（LIVER）は脾臓（SPLEEN）より低エコーに観察されている点から，輝度の異常は観察されない。

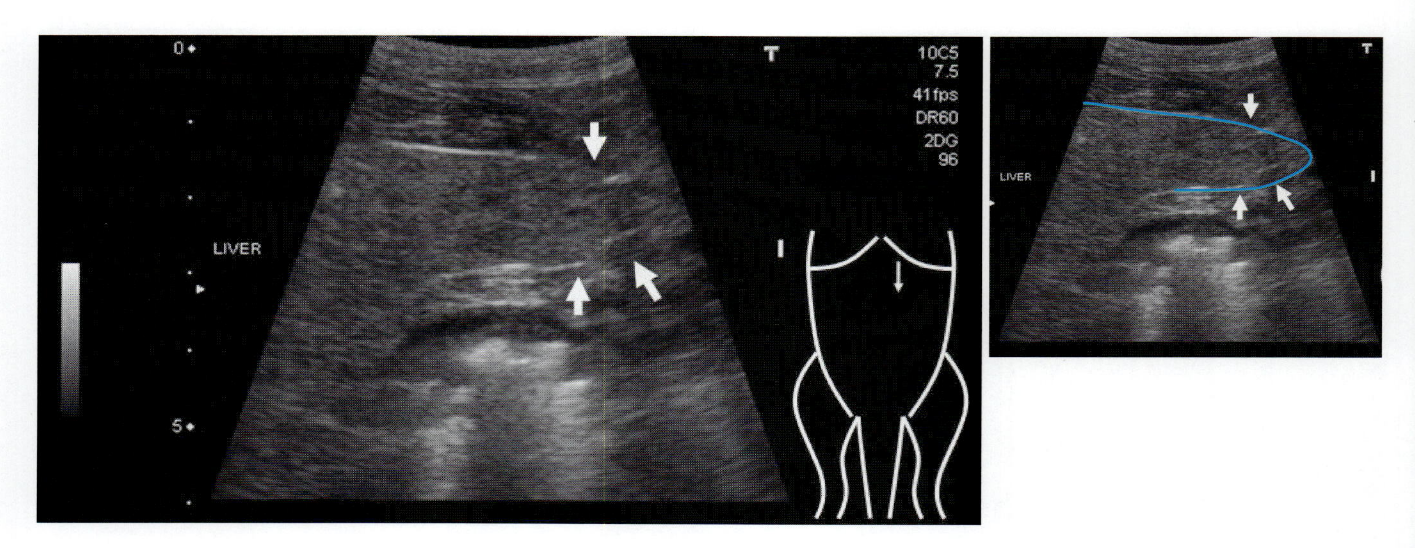

写真 56-7　肝臓超音波像
肝臓（LIVER）尾側辺縁は鈍化して観察される（矢印）。

A

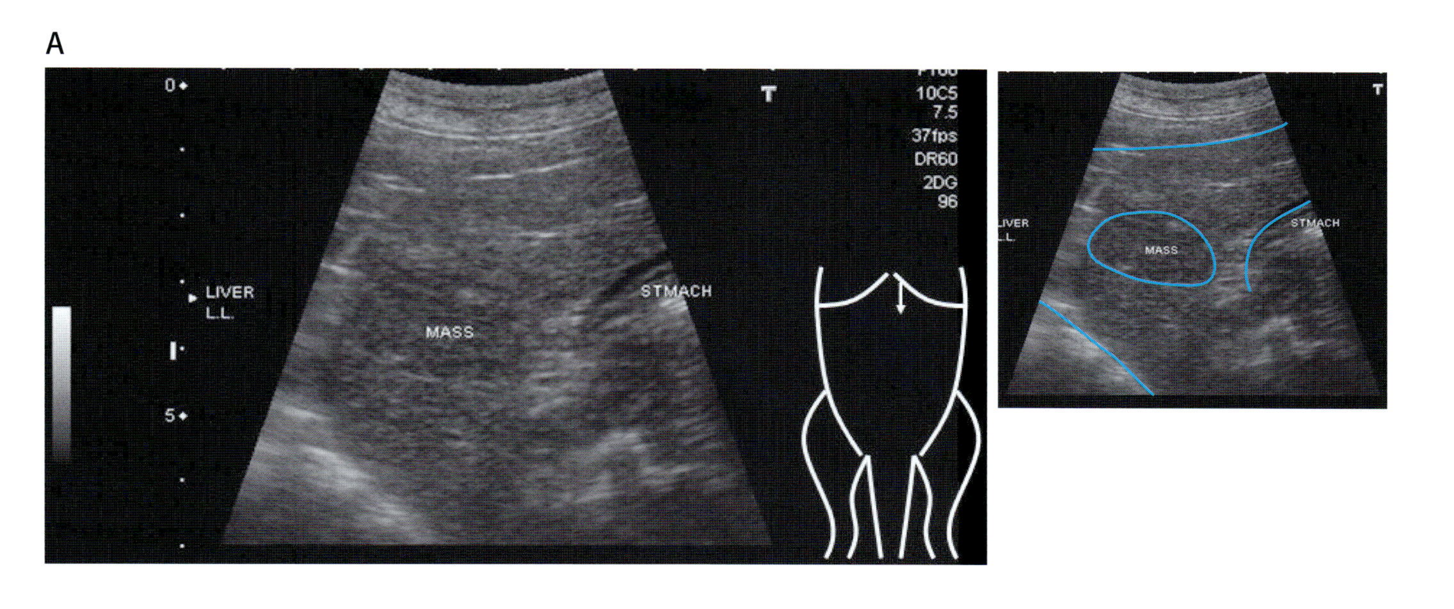

B

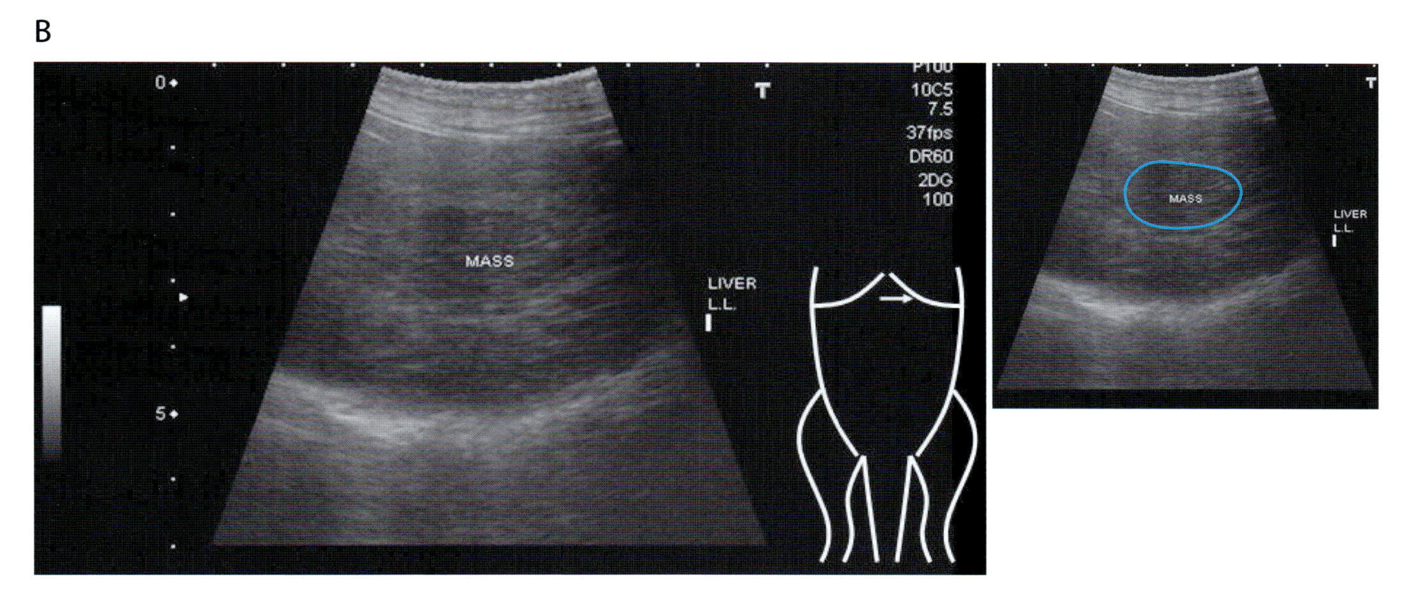

写真 56-8 肝左葉超音波像（A：長軸像，B：短軸像）
肝左葉（L.L.）の実質内に低エコー性のマス病変を認める。 LIVER：肝臓，STMACH：胃

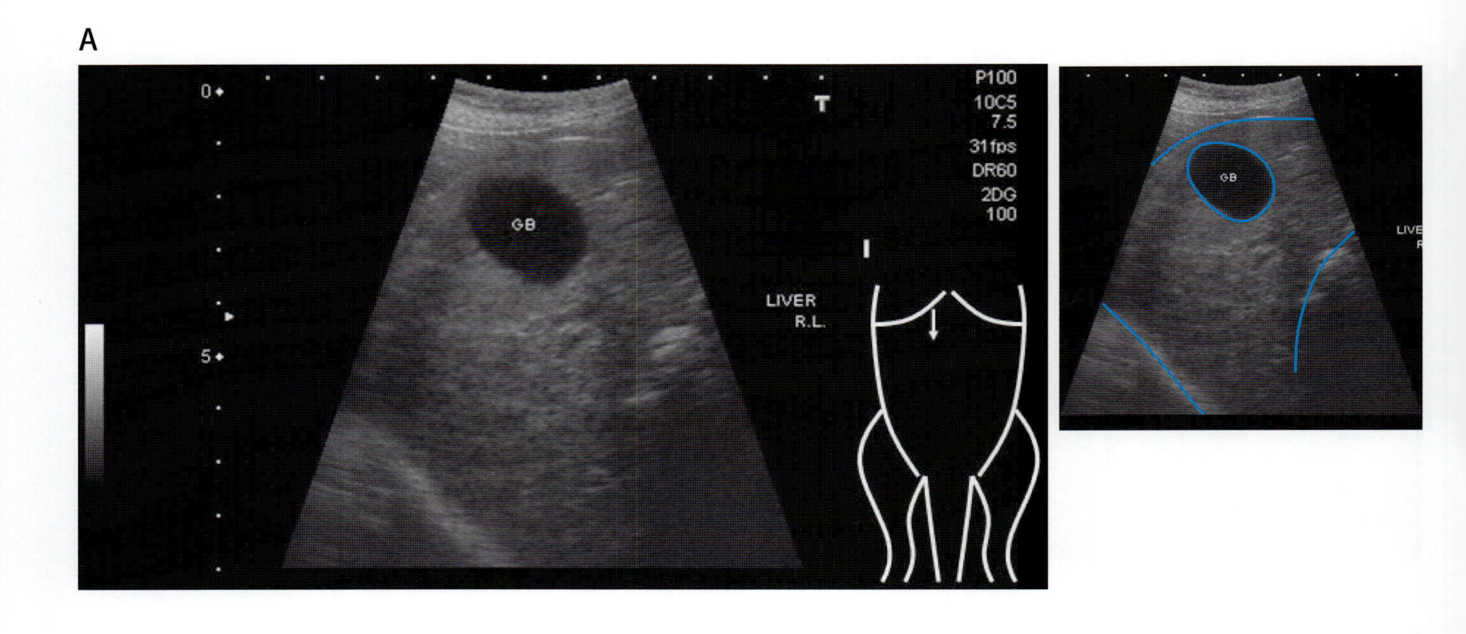

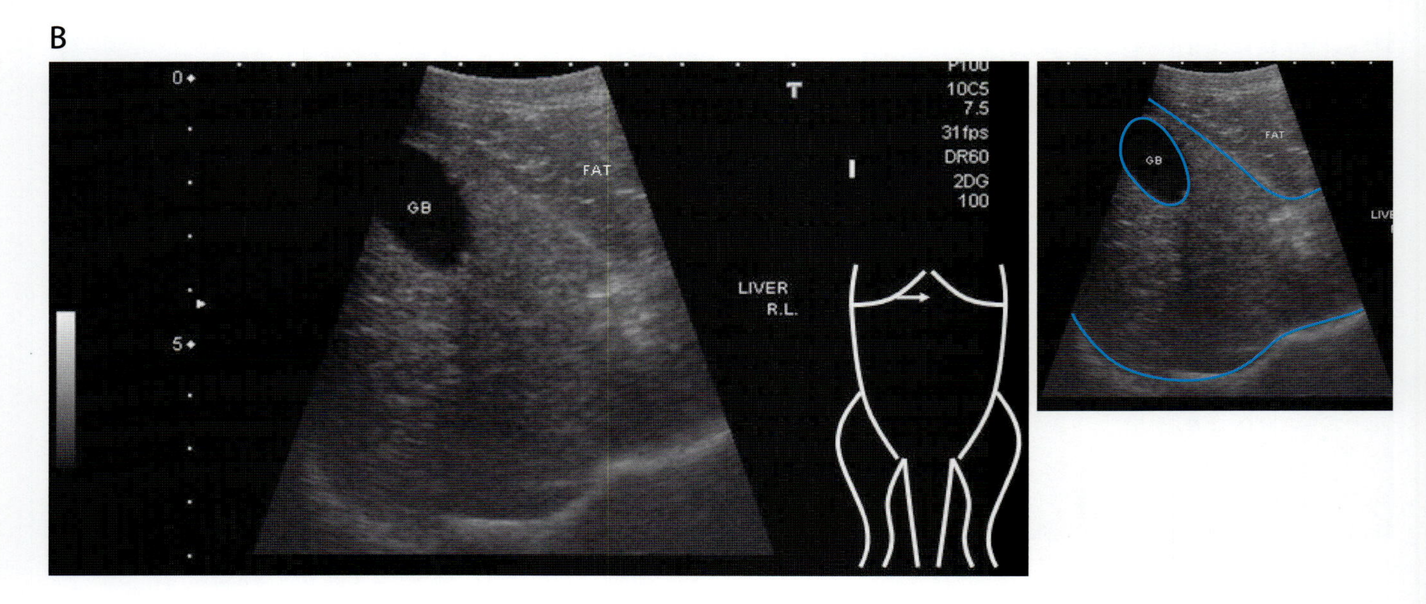

写真 56-9　肝右葉（A：短軸像，B：長軸像，C：短軸像，D：短軸像）
右葉（R.L.）は均一であり，肝鎌状間膜（FAT）の輝度とほぼ等しい点から異常は認められない。胆嚢（GB）についても異常は確認されない。　LIVER：肝臓，L.L.：左葉

C

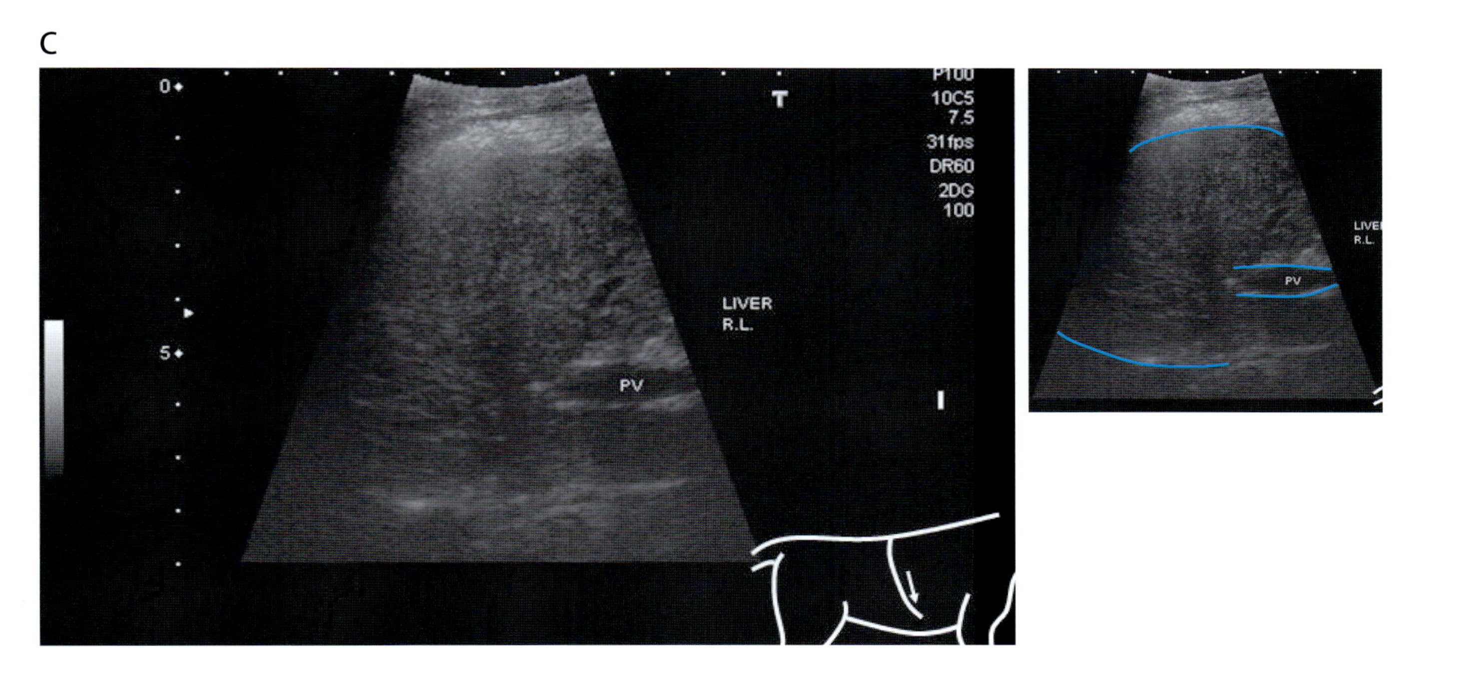
0
5
P100
10C5
7.5
31fps
DR60
2DG
100
LIVER
R.L.
PV

D

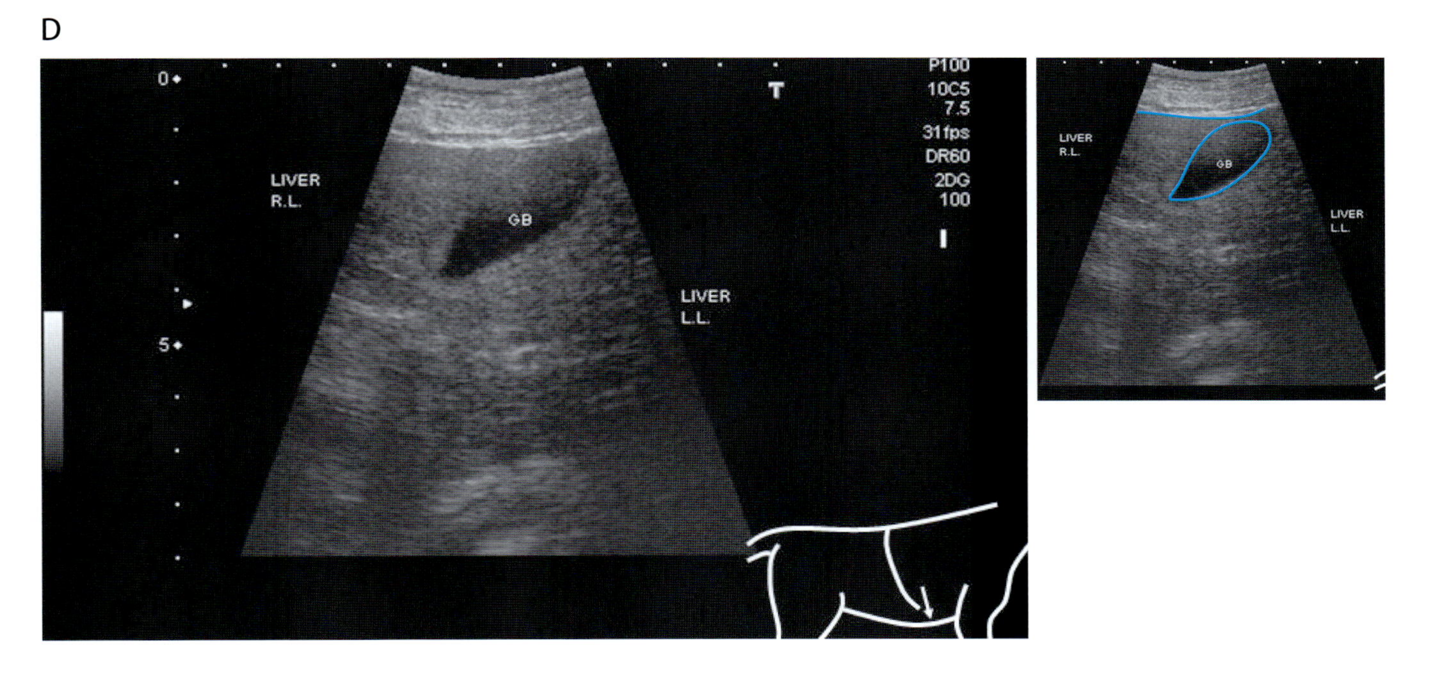
0
5
P100
10C5
7.5
31fps
DR60
2DG
100
LIVER
R.L.
GB
LIVER
L.L.

写真 56-9（つづき）

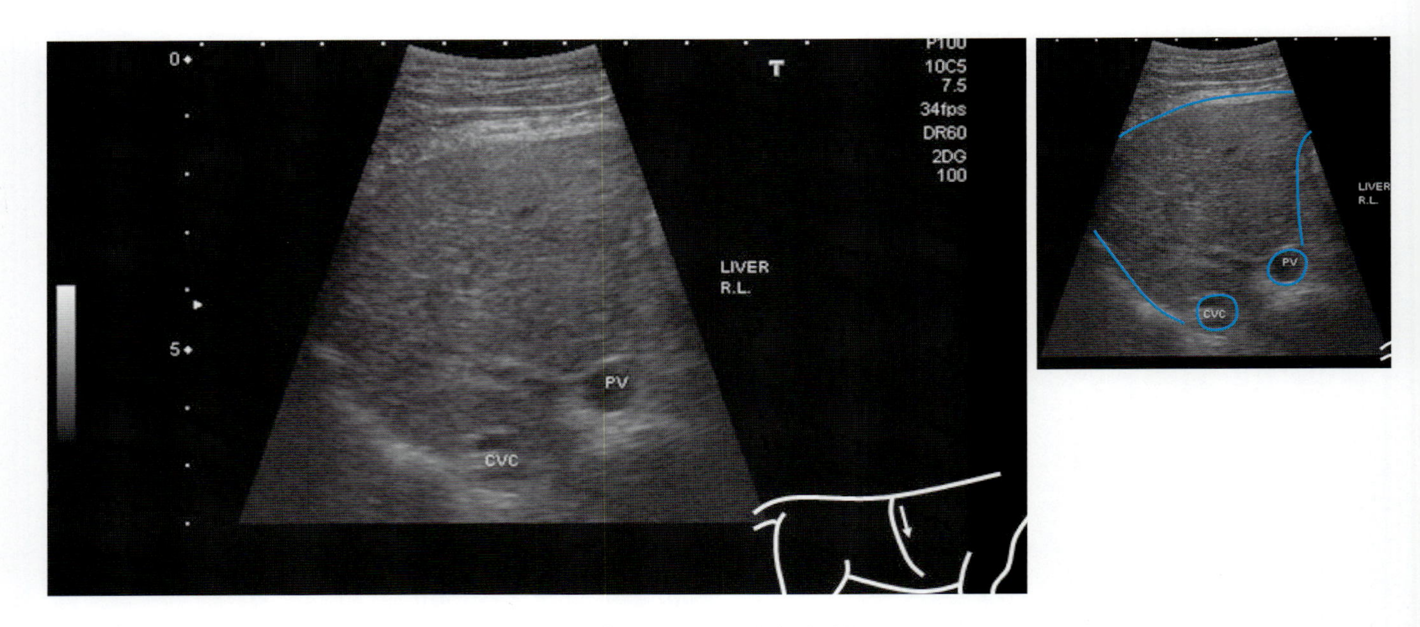

写真 56-10　肝門部超音波像
肝臓実質（LIVER）は均一で，門脈（PV），後大静脈（CVC）ともに正常に観察される。　R.L.：肝右葉

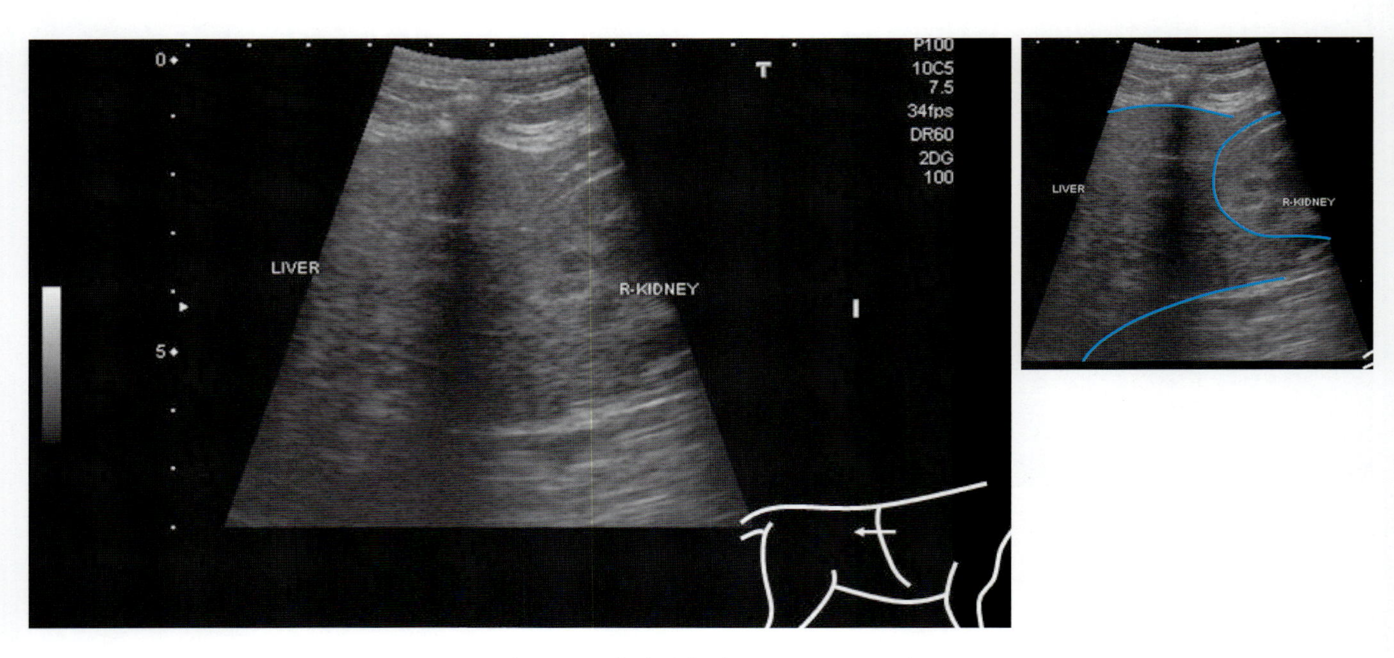

写真 56-11　超音波像（肝腎コントラスト）
肝臓実質（LIVER）は腎臓皮質と比較しほぼ等しい。　R-KIDNEY：右腎

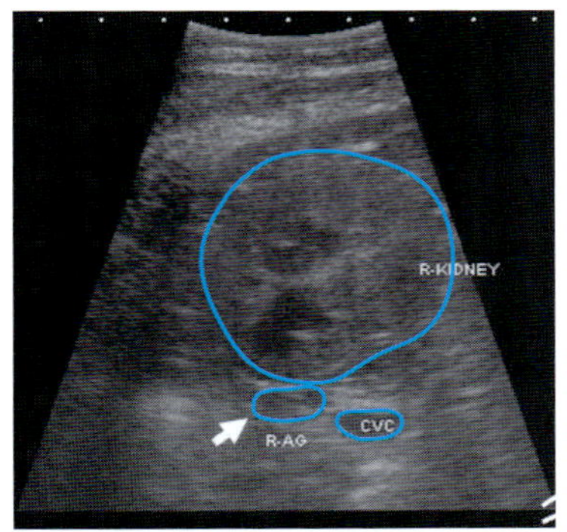

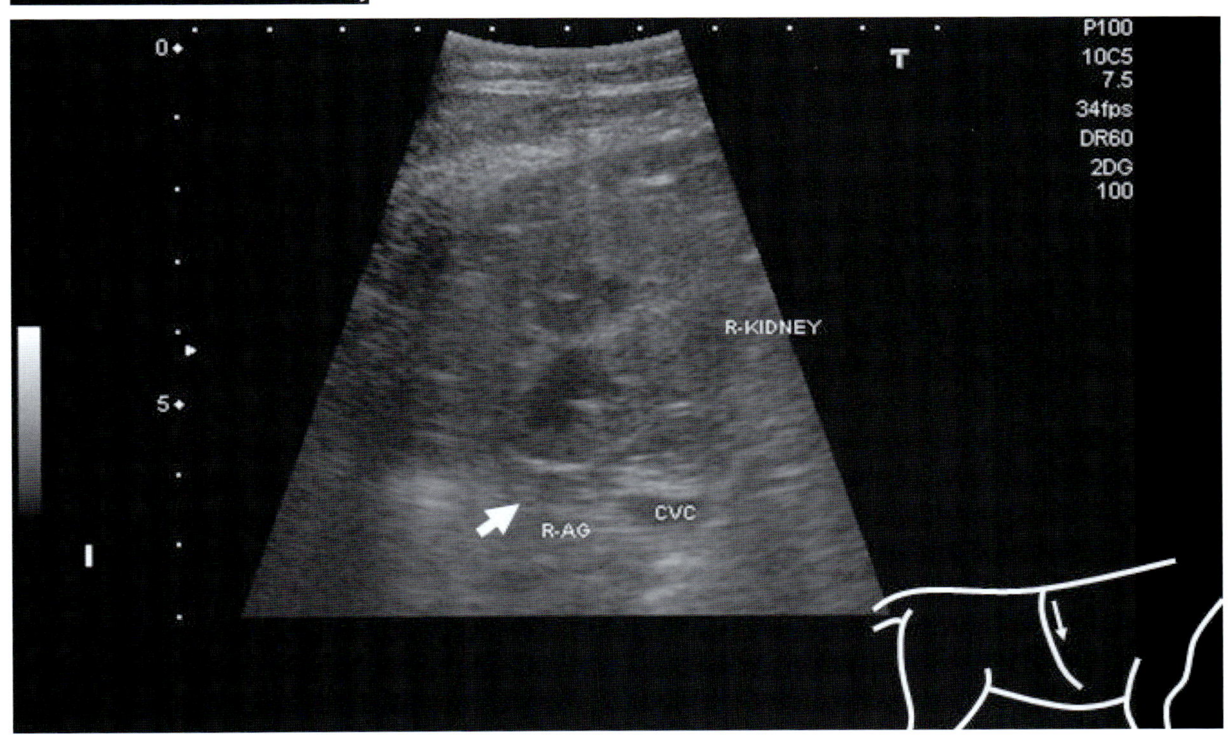

写真 56-12　右副腎超音波像
右副腎は形状，大きさともに異常は認められない（R-AG，矢印）。　R-KIDNEY：右腎，CVC：後大静脈

❖コメント❖

広汎性の肝臓実質病変は脾臓，腎臓，鎌状間膜の脂肪と肝臓実質の輝度を比較して診断されるが（正常では腎臓≦鎌状間膜脂肪＝肝臓＜脾臓），輝度の変化はかなり病変が重度に進行しないかぎり確認は不可能である。しかしながら，肝臓辺縁の鈍化は輝度の変化より早期に観察され，広汎性肝疾患を示唆する所見となる。また，肝臓の巣状性病変には血腫，膿瘍，肝腫瘍，結節性過形成（正常な老齢性変化）などが挙げられるが，結節性過形成は病理学上，老齢犬の 70% 以上に認められる。超音波所見や細胞診所見から肝臓の広汎性病変や巣状性病変の鑑別は困難であり，確定診断には組織生検が必要となる。

本症例では肝臓の広汎性病変ならびに巣状性病変が認められるが，以下のどの方法を選択しても良いものと考えられる。

①症状を伴わない点や緊急性を要する病変でない点から定期的な画像検査による経過観察
②悪性病変も否定できない点から麻酔下でのコア生検
③腫瘤が限局性であり，転移所見も認められない点から治療を兼ねた開腹下でのオープンバイオプシー

57．犬の肝臓癌

症　例：スピッツ，雌，6 歳 2 か月，体重 8.0kg。

主　訴：来院 2 週ならびに 3 日前の突然の虚脱，間欠的な食欲や活動性の低下。

血液検査所見：

PCV	34.2	%	Alb	2.9	g/dL
RBC	503.0 × 10^4	/μL	ALT	165.0	U/L
Hb	11.0	g/dL	ALP	6749.0	U/L
MCV	67.9	fL	TC	140.0	mg/dL
MCH	21.8	pg	Tg	58.0	mg/dL
MCHC	32.1	g/dL	T-Bil	0.00	mg/dL
WBC	108.0 × 10^2	/μL	Glu	180	mg/dL
Neu	99.0 × 10^2	/μL	BUN	20.4	mg/dL
Lym	7.89 × 10^2	/μL	Cr	1.2	mg/dL
Mon	0.48 × 10^2	/μL	Ca	9.3	mg/dL
Eos	0.12 × 10^2	/μL	iP	1.8	mg/dL
Bas	0.0 × 10^2	/μL	Na	148.4	mmol/L
pl	20.9 × 10^4	/μL	K	3.50	mmol/L
TP	4.9	g/dL	Cl	110.8	mmol/L

A

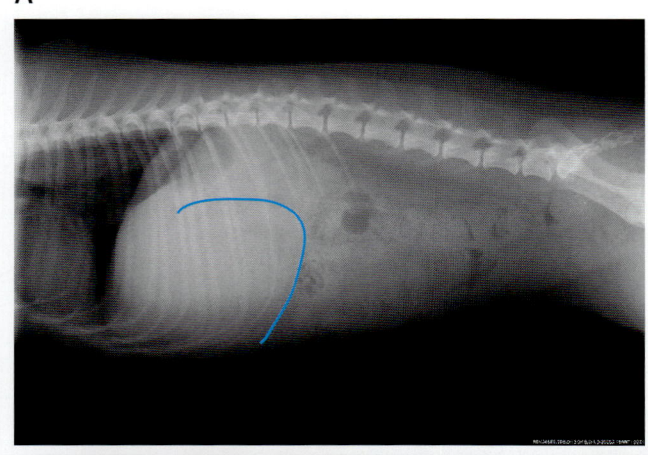

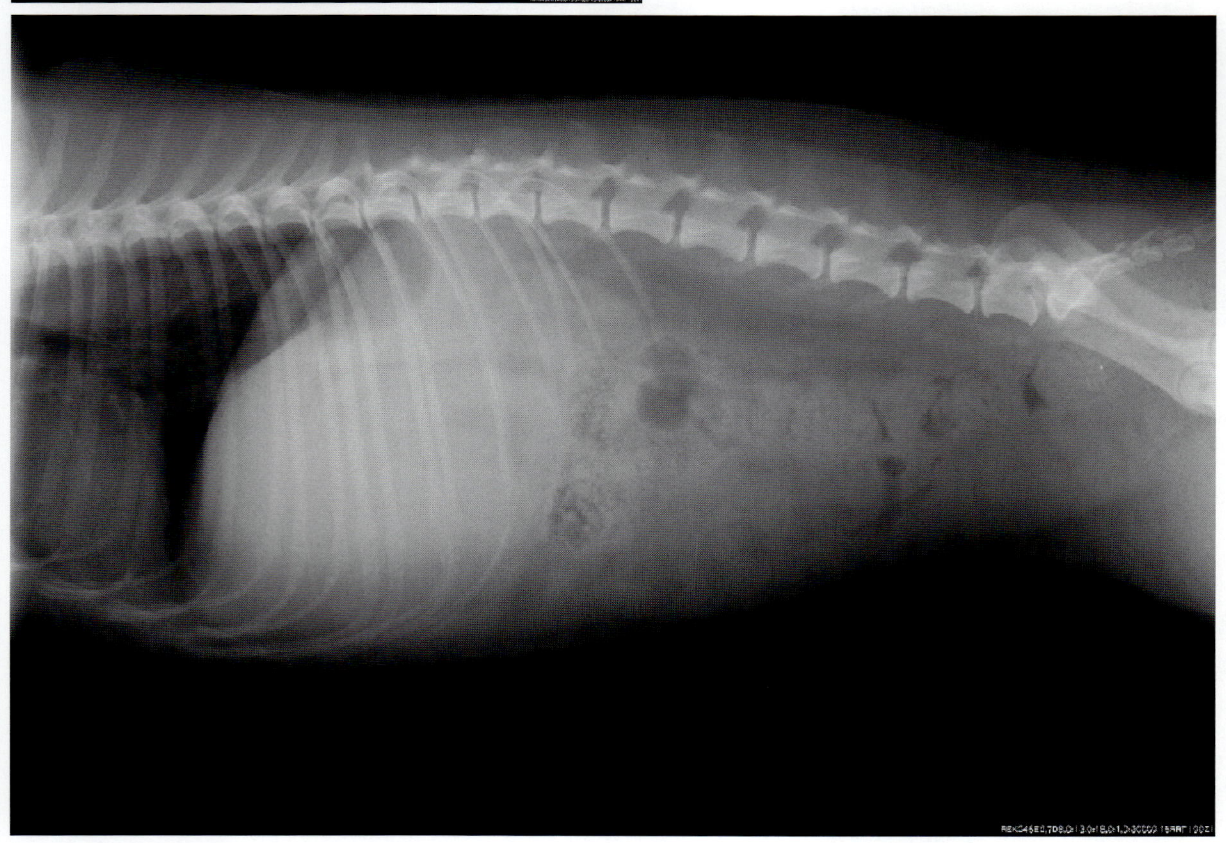

写真 57-1　腹部単純 X 線像（A：ラテラル像，B：VD 像）

上腹部において，肝臓の尾側にテニスボール大の腫瘤陰影が認められる。このような場合は，肝腫瘤や脾尾部腫瘤の疑いが高い。胃は左側背側に圧排されている。その他，異常な消化管内ガスなどは認められない。

B

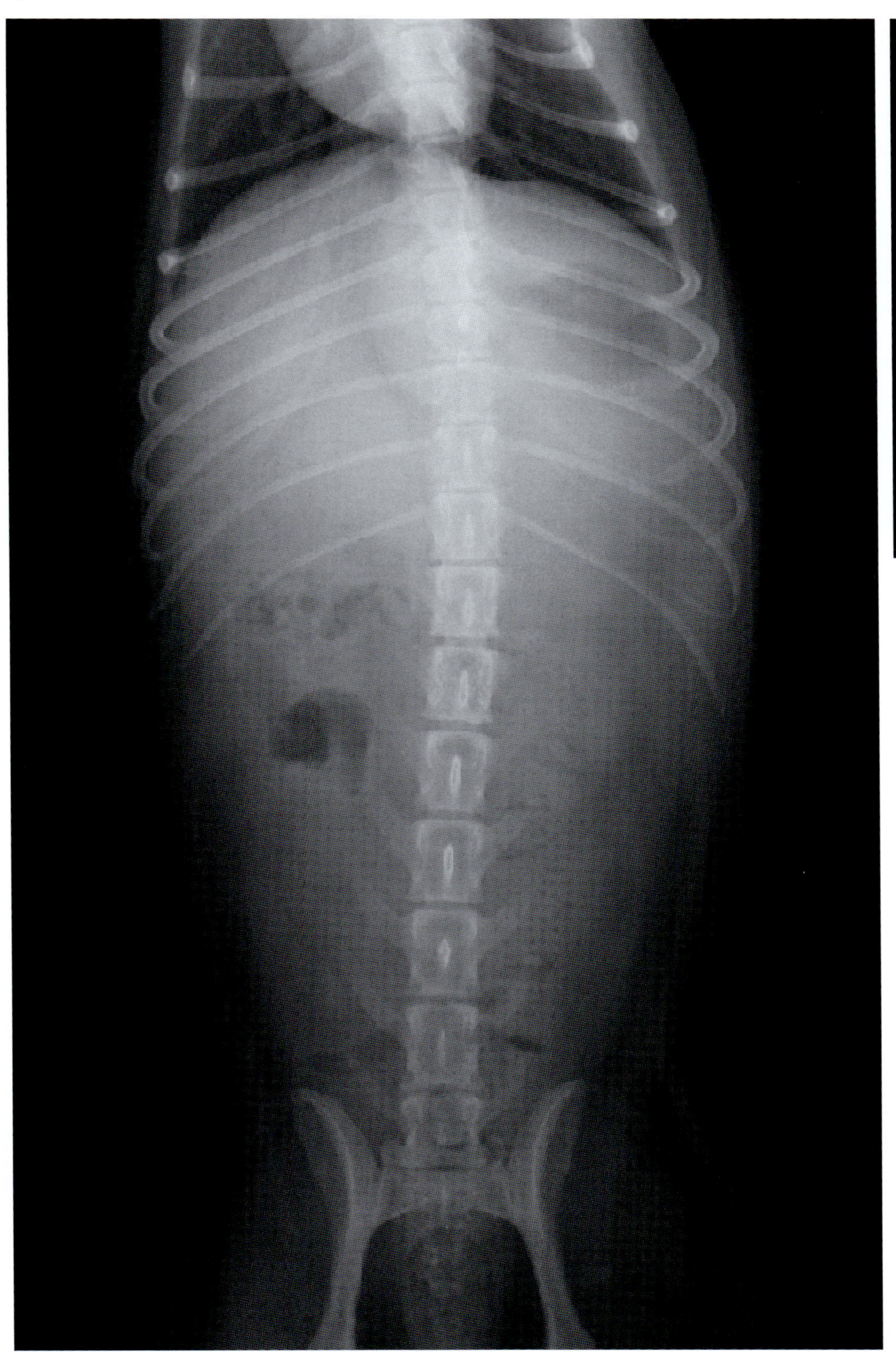

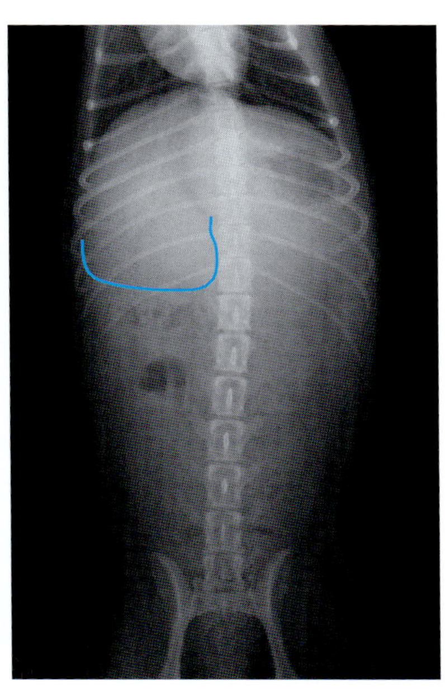

写真 57-1（つづき）

A

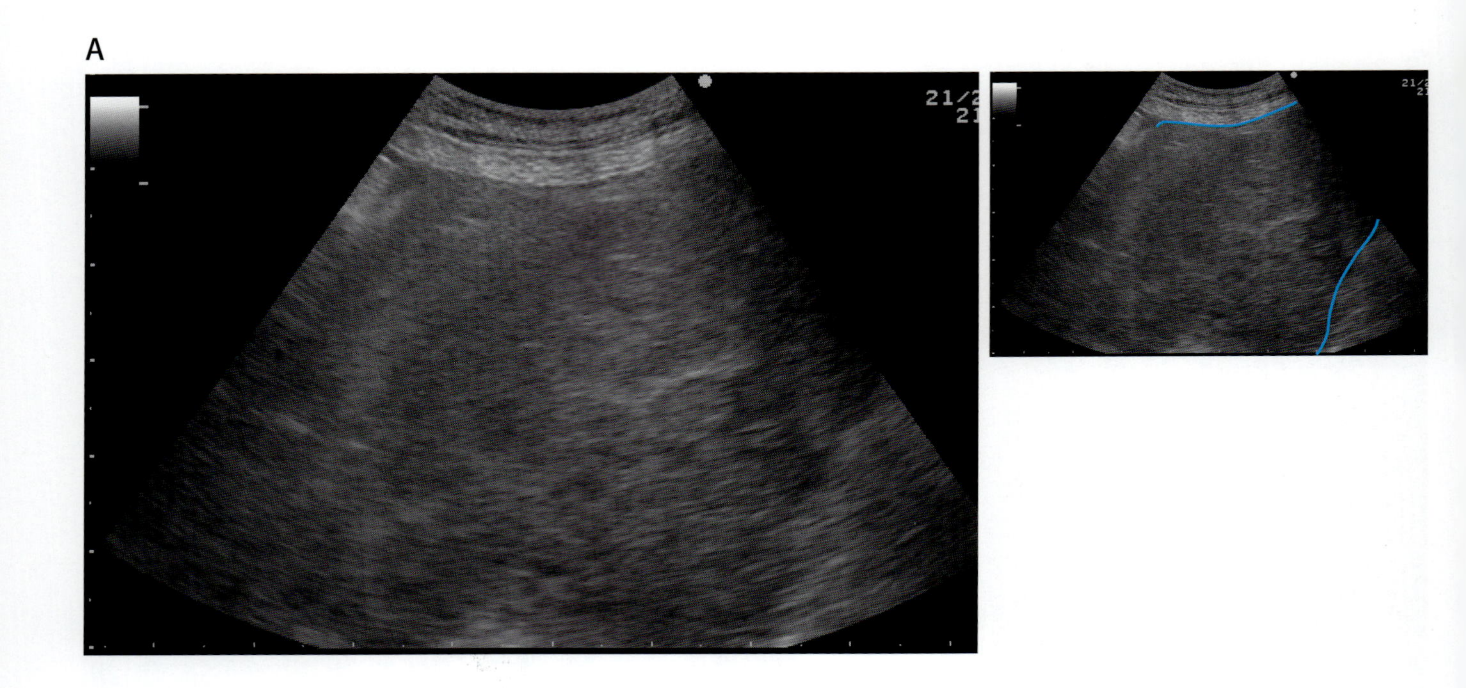

B

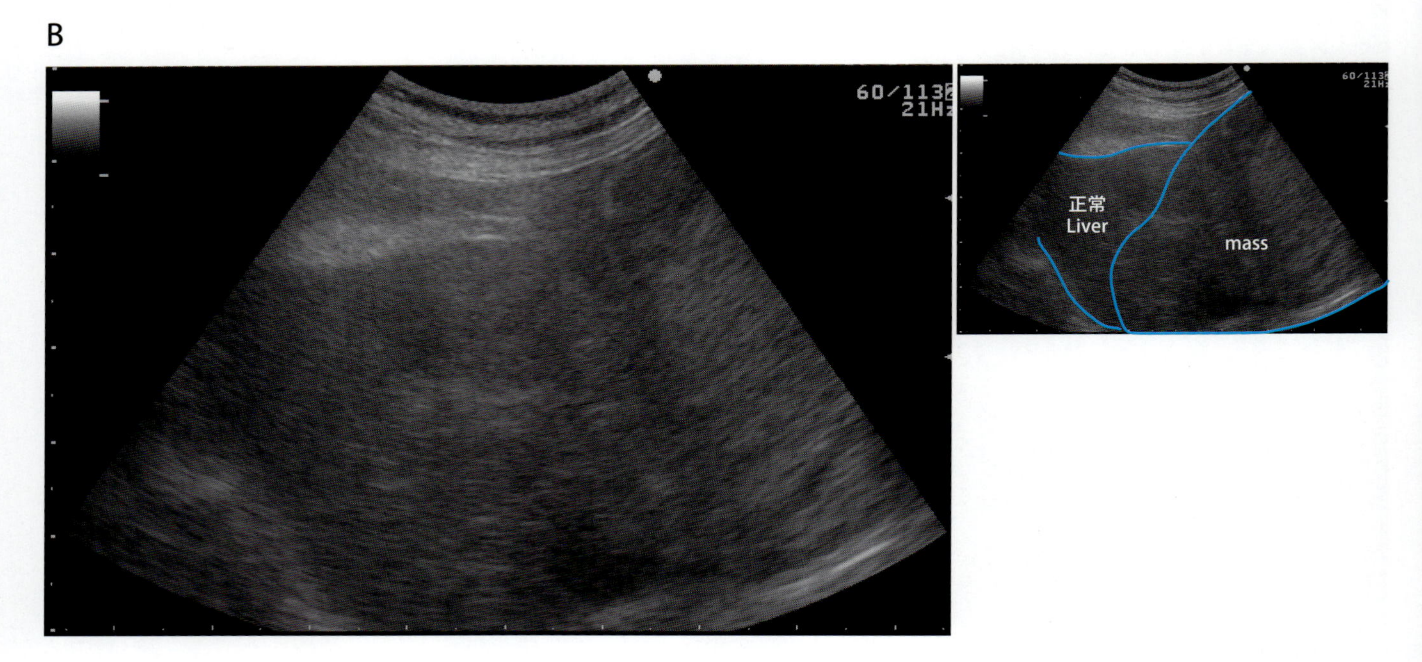

写真 57-2　腹部超音波像（右側横臥位）

A：剣状突起下から左側方向にプローブを向けると，外側左葉臓側面に充実性の腫瘤病変が認められる。

B：プローブを写真 A の位置から中央に向けていくと，横隔膜に接している内側左葉横隔膜面が認められる。腫瘤と内側左葉の間には正常なエコー源性の肝臓（Liver）が認められ，外側左葉の一部に腫瘤が存在することが示唆される。

A

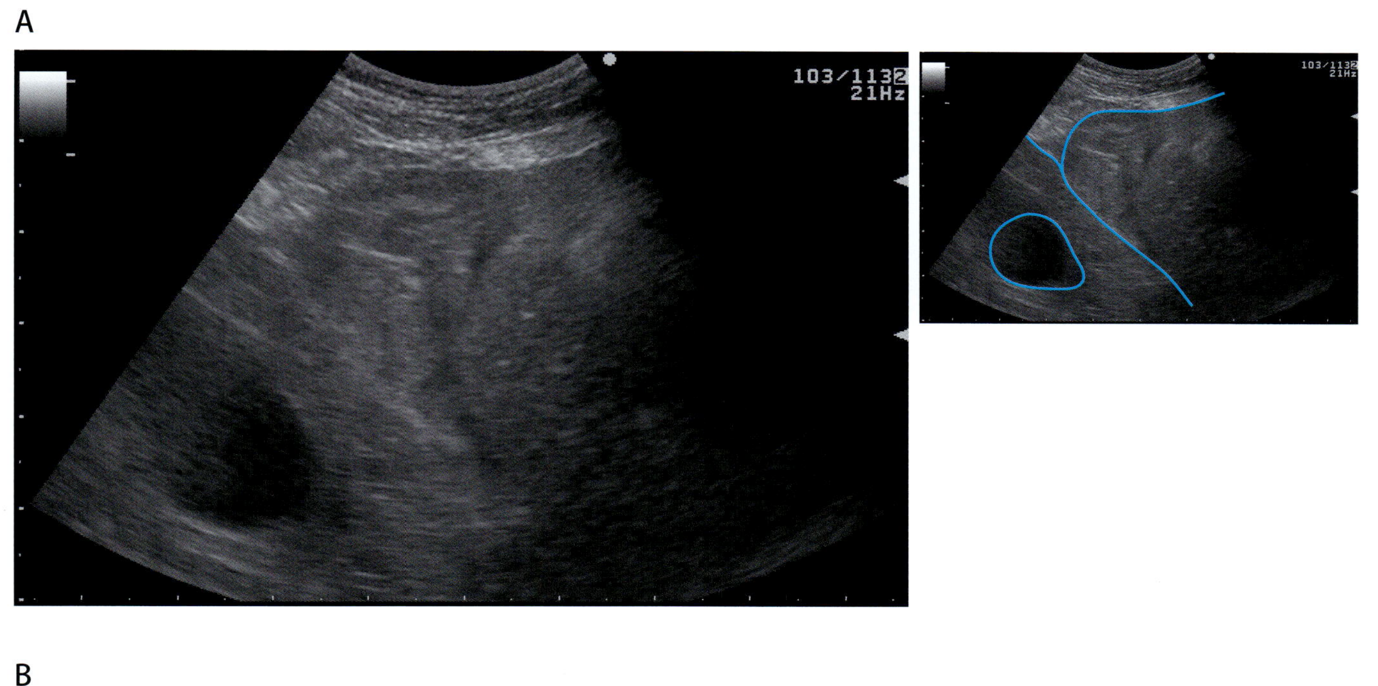

B

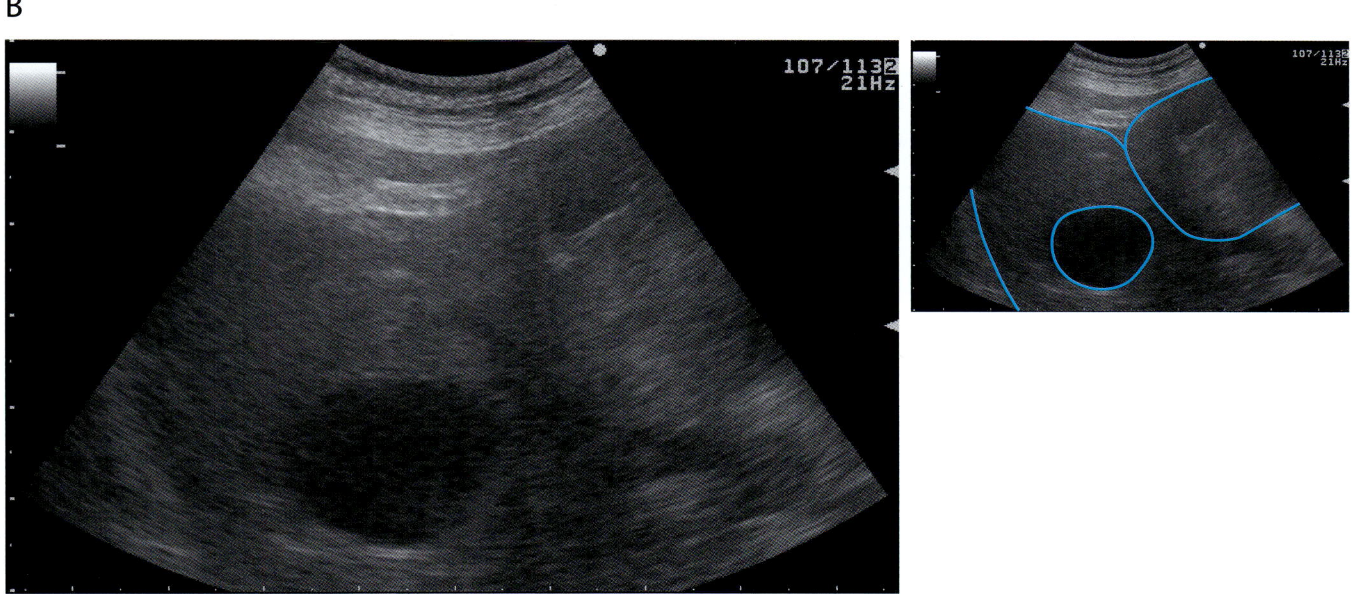

写真 57-3　腹部超音波像（仰臥位）

A：剣状突起下から横走査を行うと，胆嚢と内側右葉，方形葉が描出される。腫瘤と方形葉の境界は明瞭である。

B：プローブを写真 A の位置からさらに右側に向けると，胆嚢と内側右葉の一部が描出される。腫瘤と内側右葉は一部で接していたが，その境界は明瞭である。

A

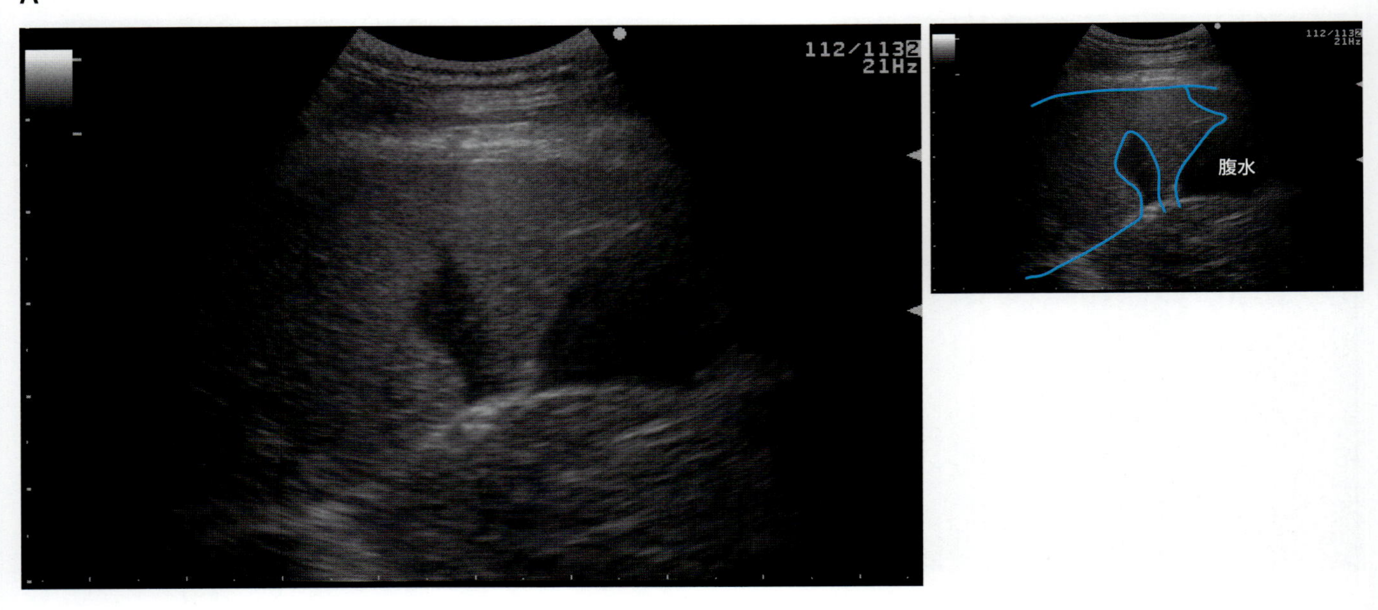

B

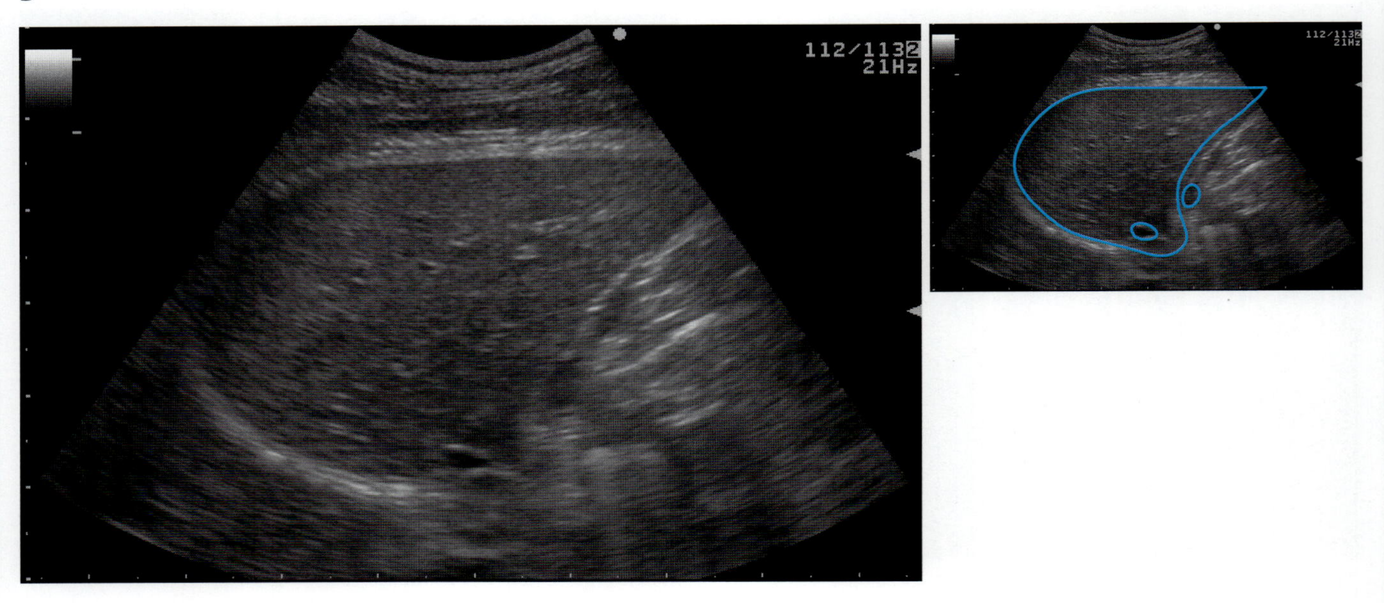

写真 57-4　腹部超音波像（左側横臥位）

A：第 10 肋間から走査すると，胆嚢，内側・外側右葉が描出される。内・外側右葉間には少量の腹水が認められる。

B：プローブを写真 A の位置から背側にずらすと肝門部が描出される。肝葉ならびに門脈，大動脈，肝静脈は正常に観察された。肝門リンパ節に異常は認められない。

C：プローブを写真 B の位置からさらに尾側に向けていくと尾状葉尾状突起が認められる。頭側端から腎圧痕のある尾側端まで観察可能であったが，異常所見は認められない。肝臓と腎臓の間隙には低エコー性の少量の腹水が認められる。

C

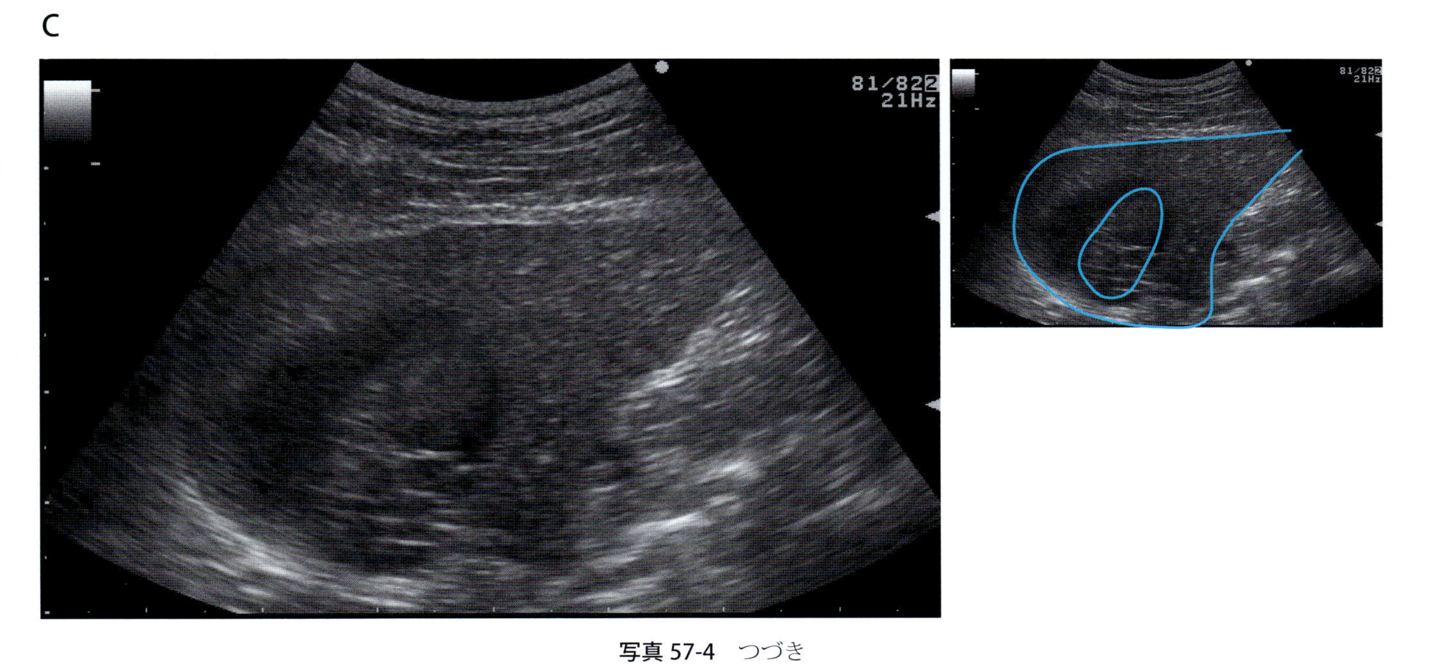

写真 57-4　つづき

A

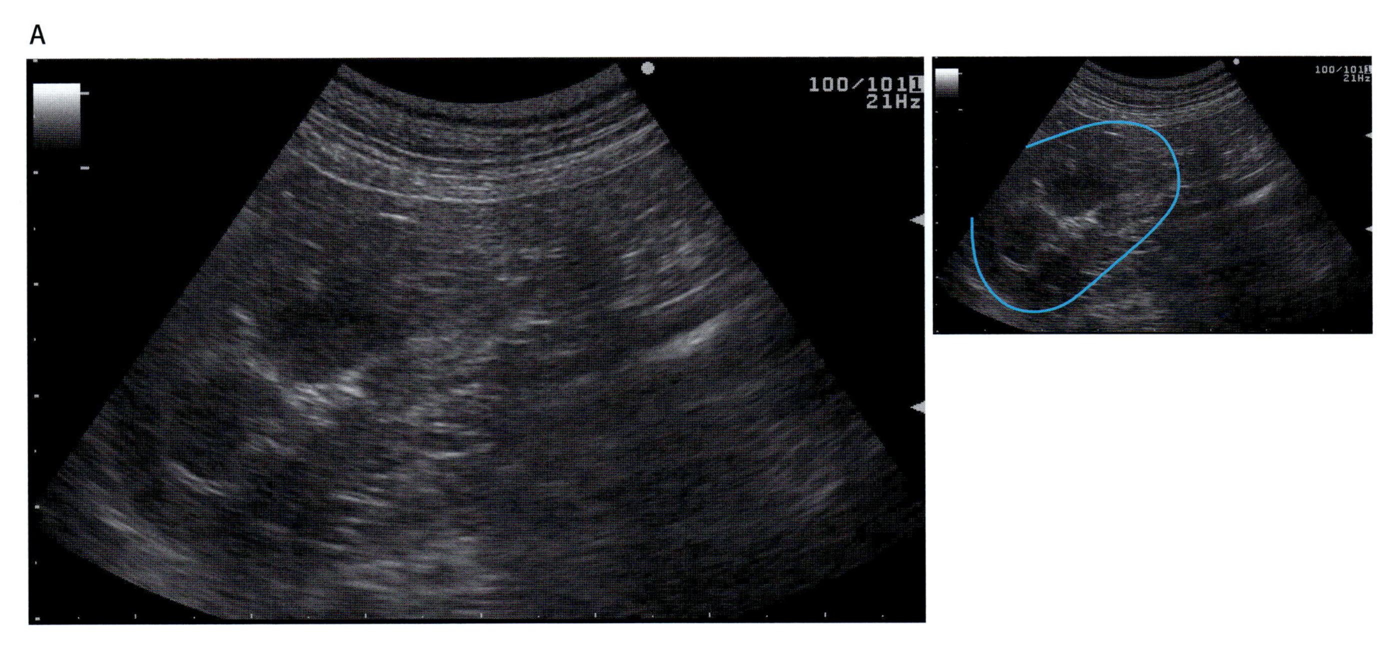

写真 57-5　腹部超音波像（A：右腎，B：左腎，C：脾臓，D：膀胱）
他の腹部臓器や付属リンパ節には他の病変や転移様の異常所見は認められなかった。

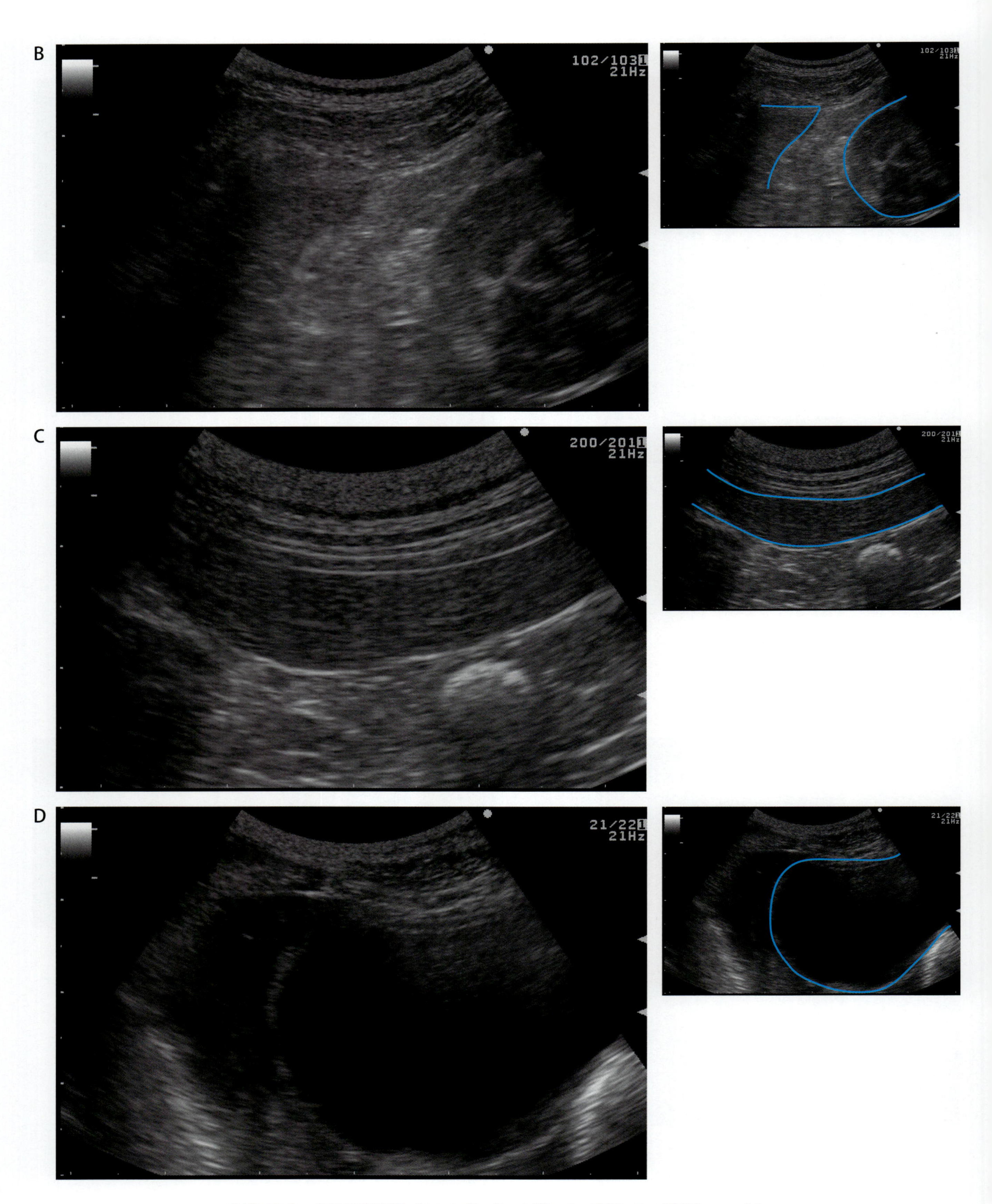

写真 57-5　腹部超音波像（A：右腎，B：左腎，C：脾臓，D：膀胱）　つづき

❖コメント❖

本症例は，突然の全身状態の低下，貧血（来院前の血液検査では PCV 26%），超音波検査における肝臓の腫瘤病変および腹腔内の液体貯留の所見から，腹腔内出血が第 1 に疑われる。しかし，超音波検査では液体成分の鑑別が不可能であることから，サンプルの採取が必要となる。本症例では腹腔内の液体を採取した結果，血液であった。出血の原因となる病変が腹腔内で見つかり，それが命に関わる程度であった場合，外科手術による止血が必須となる。その際，事前の検査で病変の位置や浸潤の程度，単発病変か多発病変かなどを判断することで，術後の予後など有効な情報を得ることができる。本症例のように肝臓の病変であれば，何葉であるか，肝門部に浸潤はないか，が切除可能かどうかの重要なポイントとなる。消化管内ガスや肋骨，含気している肺によって制限を受けるため，肝臓の超音波検査に際しては走査する部位により患者の体位を変えていく必要がある。一般的に右側横臥位での肋骨下からの走査では外側左葉の一部が，横臥位もしくは仰臥位での剣状突起下からの走査では内側・外側左葉，方形葉，内側右葉の一部，胆嚢が，左側横臥位での肋骨間からの走査では内側・外側右葉，尾状葉，胆嚢，肝門部を描出することが可能である。超音波検査の結果，外側左葉に腫瘤を認めたが，その肝門部付近では正常な肝臓の像が確認され，他の葉や臓器，リンパ節に病変も認められなかったため，限局した単発病変であると判断し，完全切除を考え，開腹手術を行った。開腹時の所見として，外側左葉の尾側 2/3 を占める腫瘤が認められたため，マージンを確保し完全切除を行うことが可能であった。この病変の病理診断は肝細胞癌であった。

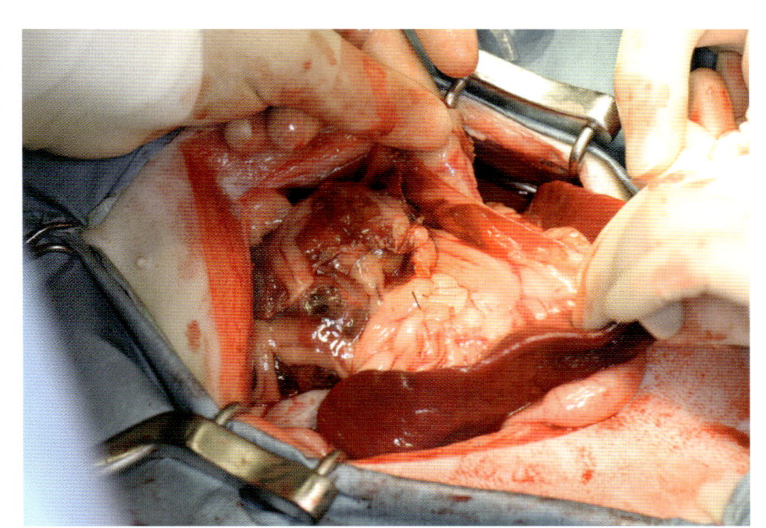

コメント写真 57-1
開腹時所見

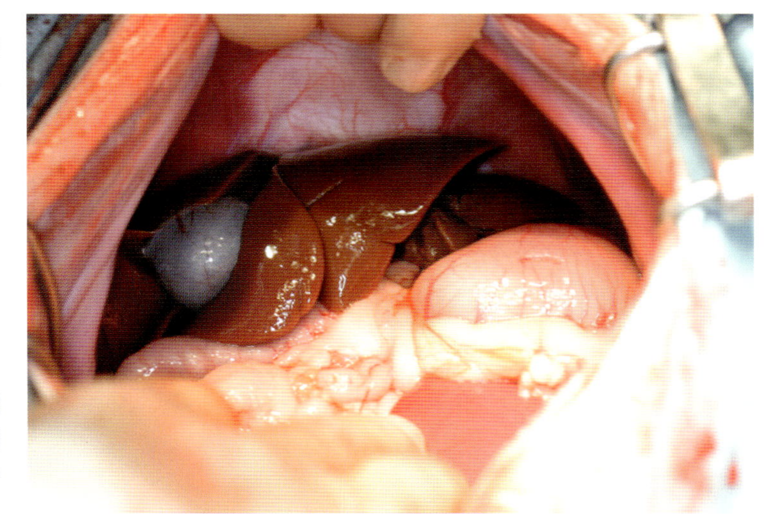

コメント写真 57-2
術後所見

コメント写真 57-1，2
開腹時，外側左葉尾側部より突出するような形で肝臓に腫瘤が認められた。肉眼的にも肝臓の他の部位や他臓器に病変は認められず，超音波所見と合致するものであった。外側左葉の正常部位は残し，病変部を結紮離断した。

58. 肝臓のターゲットサイン

症　例：スコティッシュ・テリア，雄，11 歳。
既往歴：2 年前に甲状腺癌を摘出。その後，抗癌剤などの治療はしていない。
主　訴：1 か月前から少量の黄色軟便を 1 日 2 〜 3 回排泄する。
一般身体検査：上部腹腔内に mass が触知された。それ以外の異常は認められなかった。

血液検査所見：

Ht	41.2	%
RBC	701×10^4	/μL
Hb	14.2	g/dL
WBC	14.0×10^2	/μL
Neu	87.2×10^2	/μL
Lym	36.4×10^2	/μL
Mon	14.7×10^2	/μL
Eos	1.9×10^2	/μL
Bas	0.5×10^2	/μL
pl	15.2×10^4	/μL
TP	6.6	g/dL
Alb	3.0	g/dL
Glb	3.6	g/dL
ALT	53	U/L
ALKP	1611	U/L
Chol	218	mg/dL
T-Bil	0.3	mg/dL
Glu	84	mg/dL
BUN	20	mg/dL
Cr	0.6	mg/dL
Ca	10.3	mg/dL
Phos	5.4	mg/dL

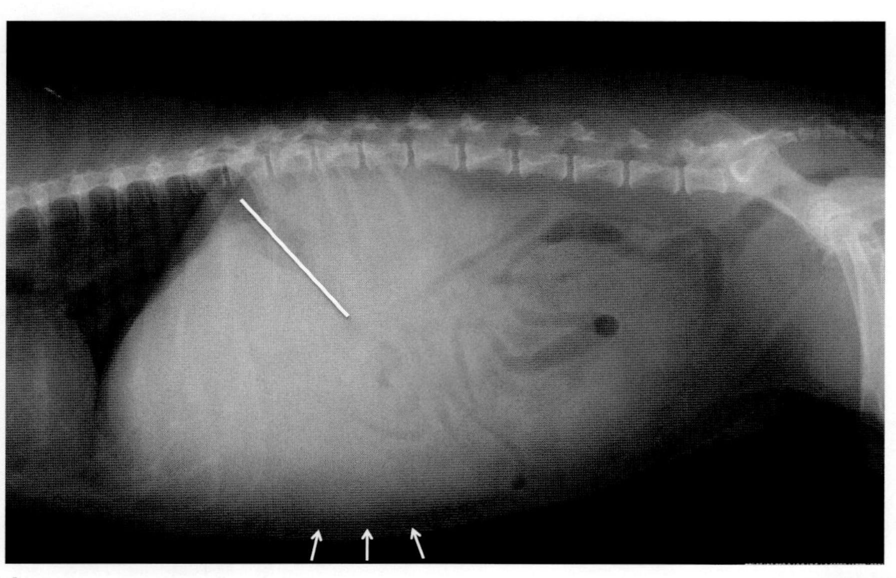

A

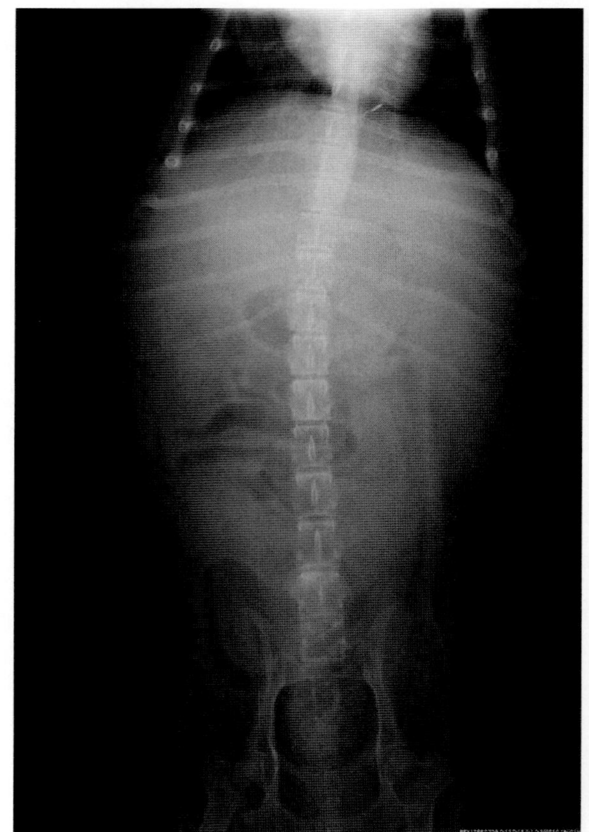

B

写真 58-1　腹部単純 X 線像（A：ラテラル像，B：VD 像）
肝臓尾側辺縁が鈍化し，肋骨弓から突出している（矢印）。また，胃軸（白線）が尾側に変位し，肝臓拡大が判断できる。

A

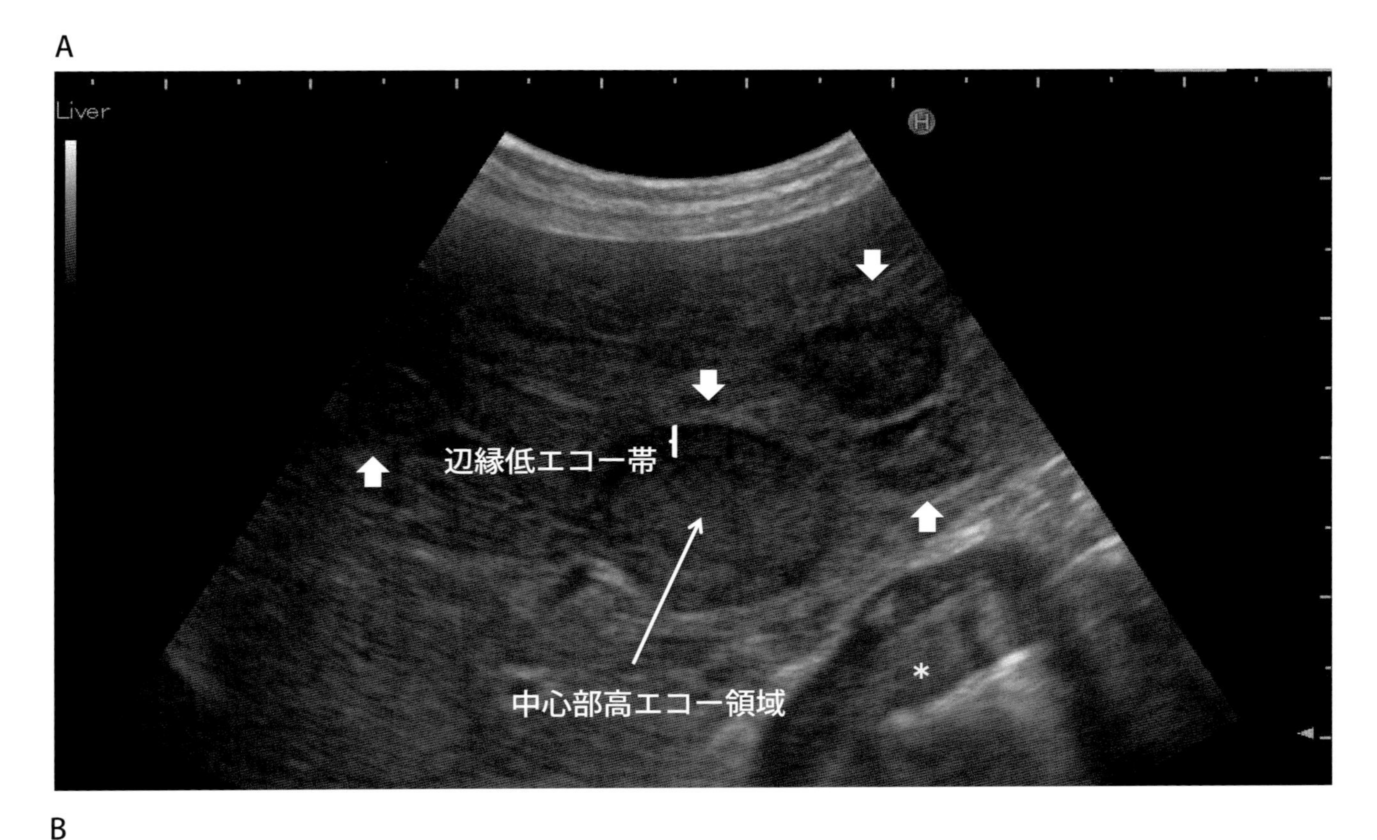

B

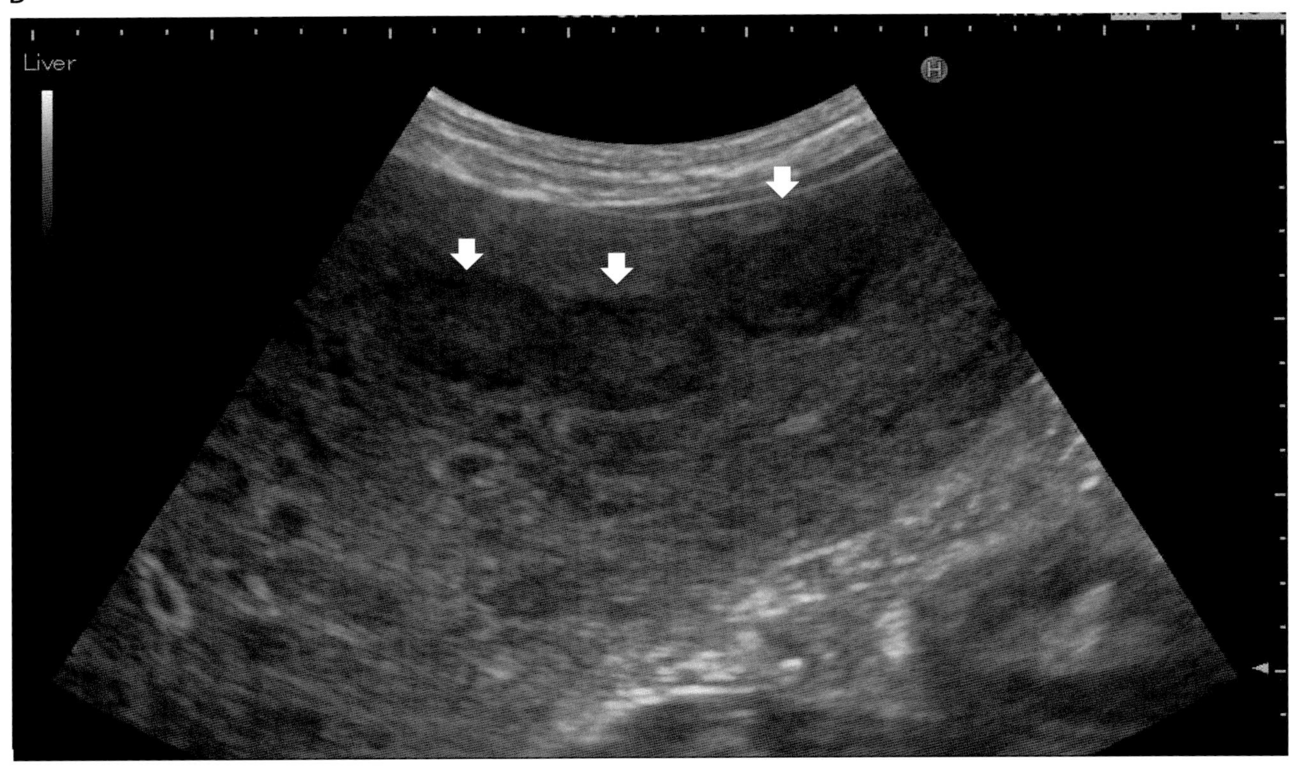

写真 58-2 腹部超音波像（右側横臥位　剣状突起下縦断像）

A：肝臓の外側左葉の実質内に，辺縁低エコー帯で中心部が高エコーの周囲肝組織と明瞭に区分けされたターゲットリージョン（標的病変）が複数認められる（矢印）。＊：胃体部

B：写真 A の位置から，やや内側よりにプローブを動かすと，さらに複数のターゲットリージョンが認められる（矢印）。

❖コメント❖

本症例は，身体検査にて腹腔内に腫瘤が触知され，X 線検査で肝臓腫大が認められた。X 線において肝臓腫大は，広範性肝腫大と局所性肝腫大に分類され，広範性肝腫大には，うっ血肝，ステロイド肝症，糖尿病，原発性または転移性肝腫瘍，肝炎，リピドーシス，アミロイドーシス，胆汁うっ滞が挙げられる。一方，局所性肝腫大には，原発性または転移性肝腫瘍，肝膿瘍，肝嚢胞，結節性過形成，血腫，肝線維症が挙げられる。しかしながら，X 線でこれら2つを分類することは困難なことも多く，超音波検査の方が内部構造の画像化に優れており，確実に分類できる。本症例においても，内部構造を確認する目的で超音波検査を実施したが，肝臓実質内に複数のターゲットサインが認められた。ターゲットサインとは，超音波画像上，円形で辺縁に均等な厚みのある低エコー帯（halo）と，中心部が辺縁の低エコー帯より高エコーを示すドーナツ状に観察される所見である。また，牛の眼にも似ていることから，ブルズアイサイン（bull's eye sign）とも呼ばれ，転移性肝腫瘍，原発性肝腫瘍，肝膿瘍で認められる。

転移性肝腫瘍では，肝臓内に比較的大きさの等しい病変が多発する。原発性肝腫瘍と比較して，境界明瞭な厚みのある辺縁低エコー帯が存在し，中心部に高エコー領域が認められることが特徴である。辺縁低エコー帯は腫瘍細胞の配列によるもので，中心部高エコー領域は中心壊死を示している。また，中心部が液化壊死となり，嚢胞状になれば逆に低〜無エコーとなる。一方，原発性肝腫瘍は超音波画像上，結節型（境界明瞭な孤立性病変），塊状型（境界不明瞭な集塊状病変），び漫型（臓器全体に広がる病変）の3つに分けられるが，ターゲットサインは結節型に分類され，転移性肝腫瘍とは異なり，単発に出現することが特徴である。一般的に，ターゲットサインとして観察される原発性肝腫瘍は，境界明瞭で辺縁の低エコー帯は薄く鮮明にみられ，中心部が不均一なモザイクパターンを呈する。この場合の菲薄な低エコー帯は，腫瘍の線維性皮膜によるものである。また，肝膿瘍では，膿瘍壁が肥厚し，境界が不明瞭で不整な形状を示すことが多く，円形のターゲットサインとして認める場合は少ない。したがって，境界明瞭で円形のターゲットサインが観察される場合には，ほぼ腫瘍といってもよいが，極まれに膿瘍の場合もあることから，診断には FNA による細胞診やコアバイオプシーによる病理組織学的検査，細菌培養検査を実施する必要がある。

本症例は肝臓実質内に大きさの等しい複数のターゲットリージョンが認められたため，転移性肝腫瘍の可能性が強く示唆された。エコーガイド下で FNA を実施した結果，形態学的に内分泌細胞を思わせる上皮系悪性腫瘍が採取された。本症例は甲状腺癌の既往歴があることから，今回の肝臓病変は甲状腺癌の転移と考えられた。

59. 犬の微小血管異形成

症　例：トイ・プードル，雄，2歳，体重2.6kg。

主　訴：犬糸状虫検査時の血液検査にてALTの上昇が偶発的に認められた。症状はない。

血液検査所見：

PCV	56.8	%
RBC	829.0 × 10^4	/μL
Hb	19.1	g/dL
MCV	68.5	fL
MCH	23.0	pg
MCHC	33.6	g/dL
WBC	81.5 × 10^2	/μL
Neu	56.6 × 10^2	/μL
Lym	18.2 × 10^2	/μL
Mon	5.76 × 10^2	/μL
Eos	0.14 × 10^2	/μL
Bas	0.77 × 10^2	/μL
pl	22.3 × 10^4	/μL
TP	5.5	g/dL
Alb	3.6	g/dL
ALT	386	U/L

ALP		111	U/L
TC		205	mg/dL
Tg		33.0	mg/dL
T-Bil		0.05	mg/dL
Glu		95	mg/dL
BUN		19.6	mg/dL
Cr		0.5	mg/dL
Ca		9.5	mg/dL
iP		2.3	mg/dL
Na		149.7	mmol/L
K		4.3	mmol/L
Cl		118.7	mmol/L
NH_3	食前	42	μg/dL
	食後2時間	31	μg/dL
TBA	食前	1.0	μmol/L
	食後2時間	97.5	μmol/L

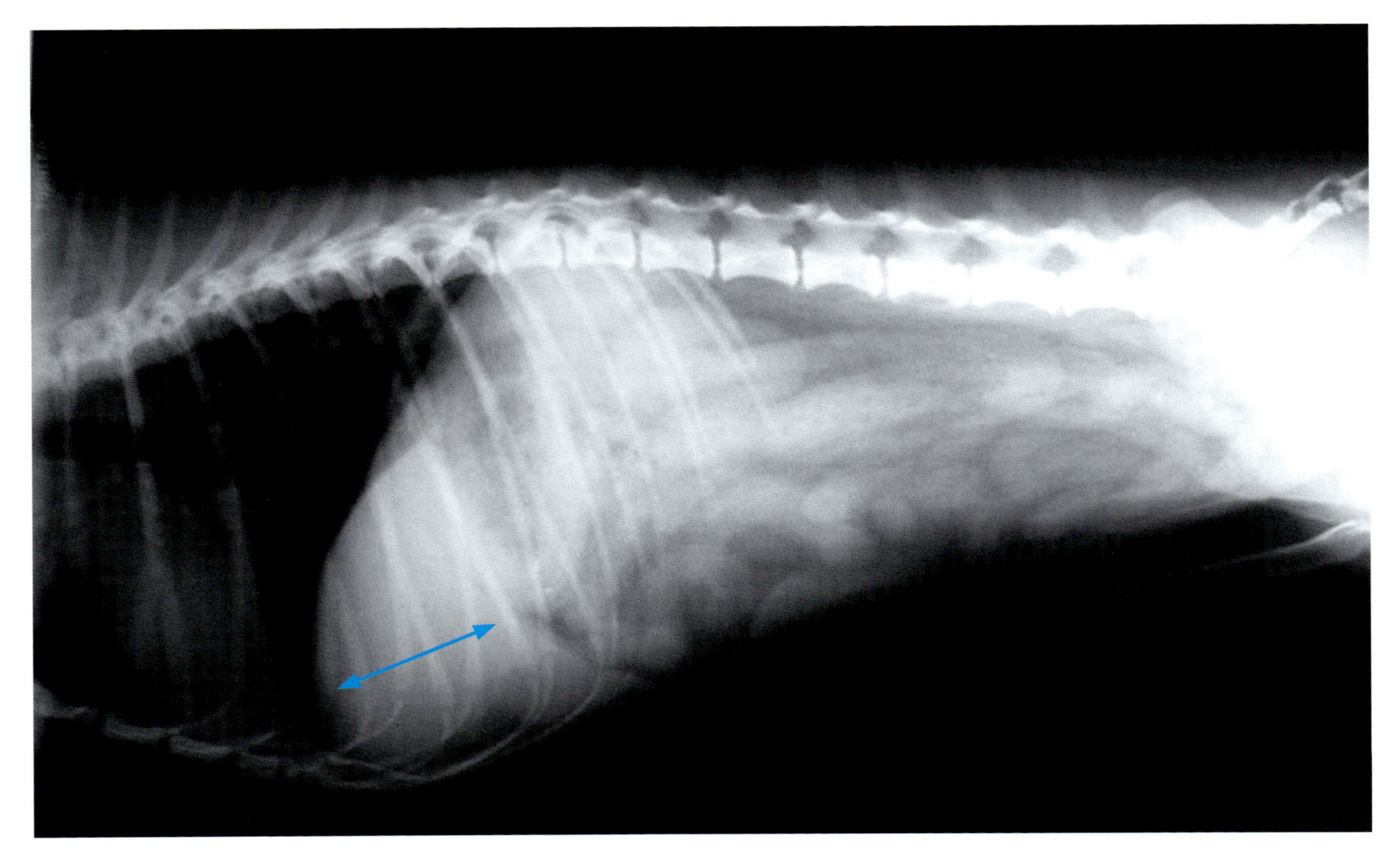

写真59-1　腹部単純X線ラテラル像

胃軸が頭側に変位し，肝臓幅が肋間2つ分（矢印）であることから，肝臓の縮小と判断される。

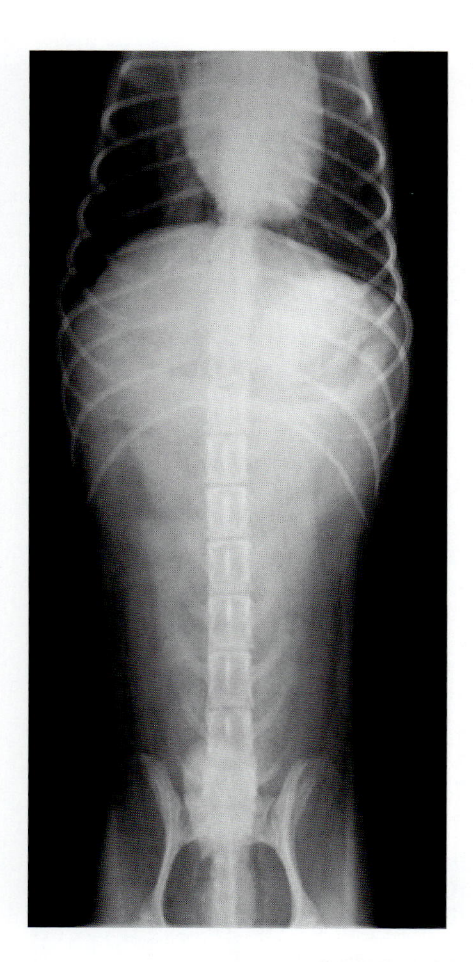

写真 59-2　腹部単純 X 線 VD 像
異常所見は認められない。

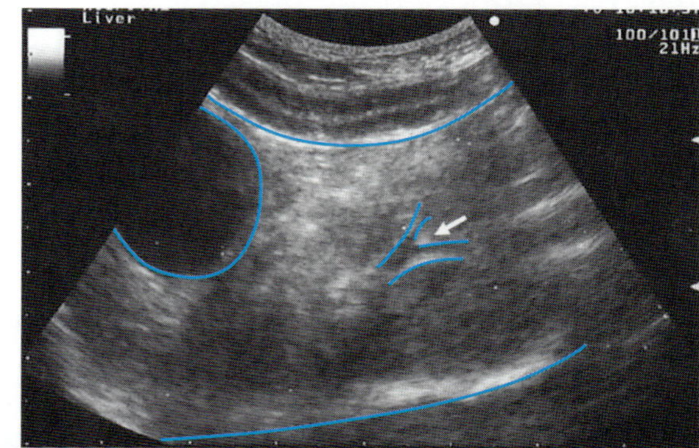

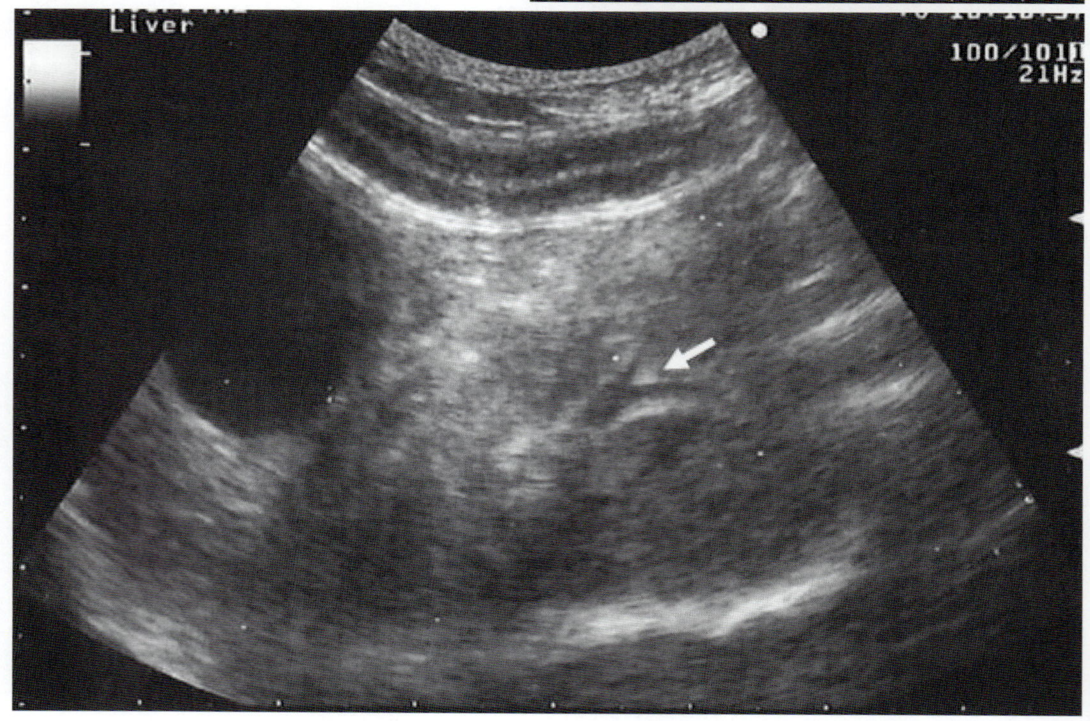

写真 59-3　超音波像（肝臓および胆嚢）
肝臓実質は均一な輝度を呈しており，門脈の発達が認められる（矢印）。　Liver：肝臓

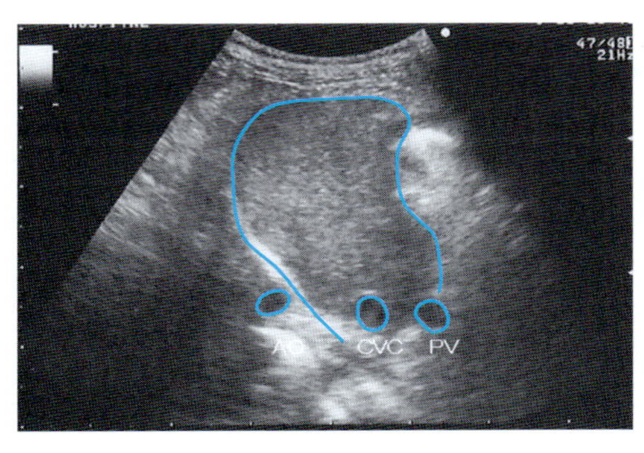

写真 59-4　超音波像（肝門部）
肝門部レベルにおいて正常な太さの門脈が認められる。　AO：大動脈，CVC：後大静脈，PV：門脈

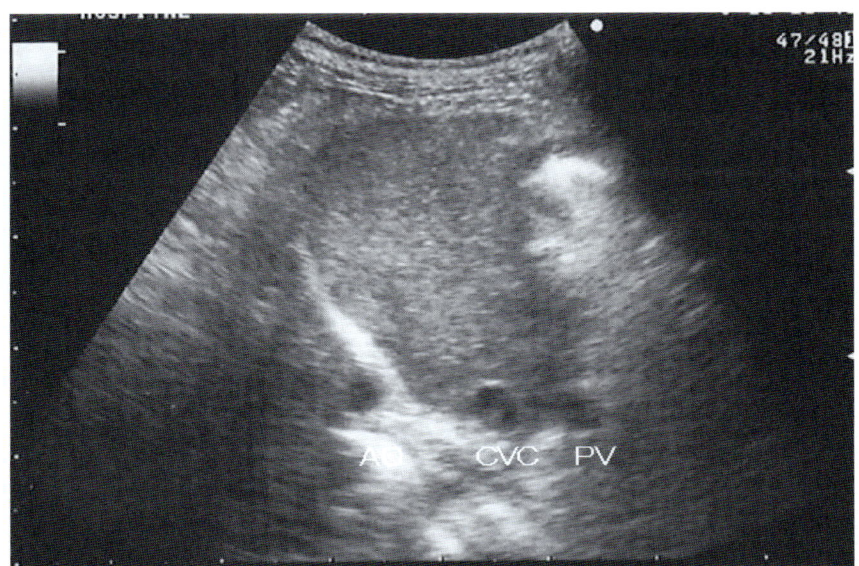

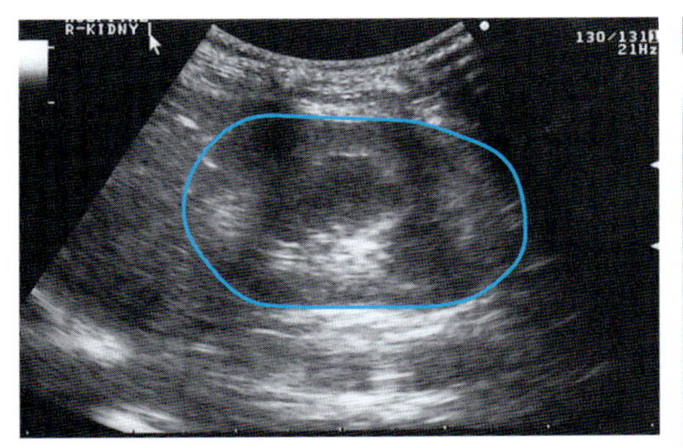

写真 59-5　超音波像（右腎）
肝腎コントラストは正常で，右腎（R-KIDNY）に異常は認められない。

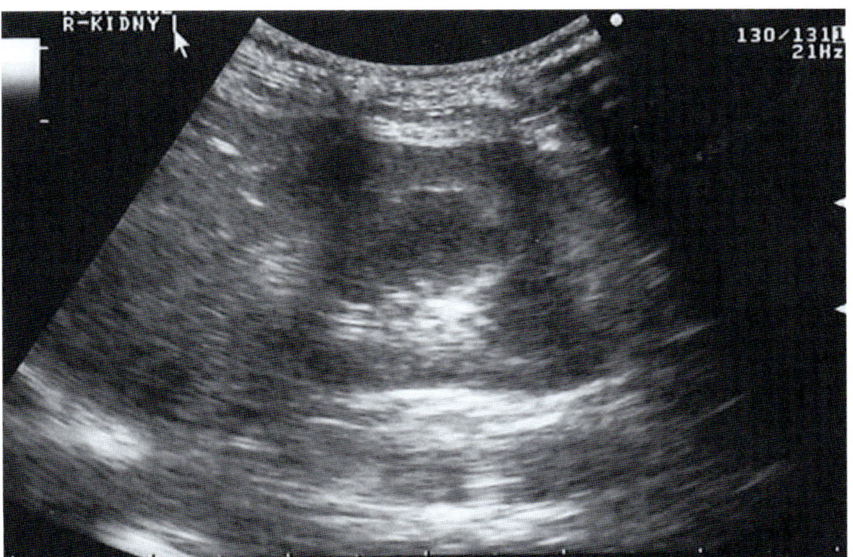

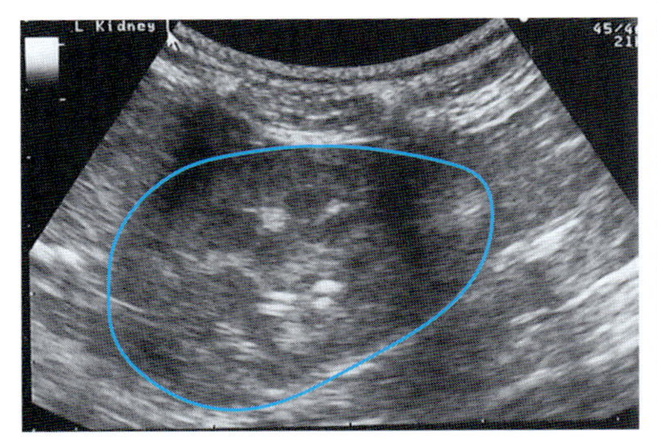

写真 59-6　超音波像（左腎）
腎脾コントラストは正常で，左腎（L-Kidney）に異常は認められない。

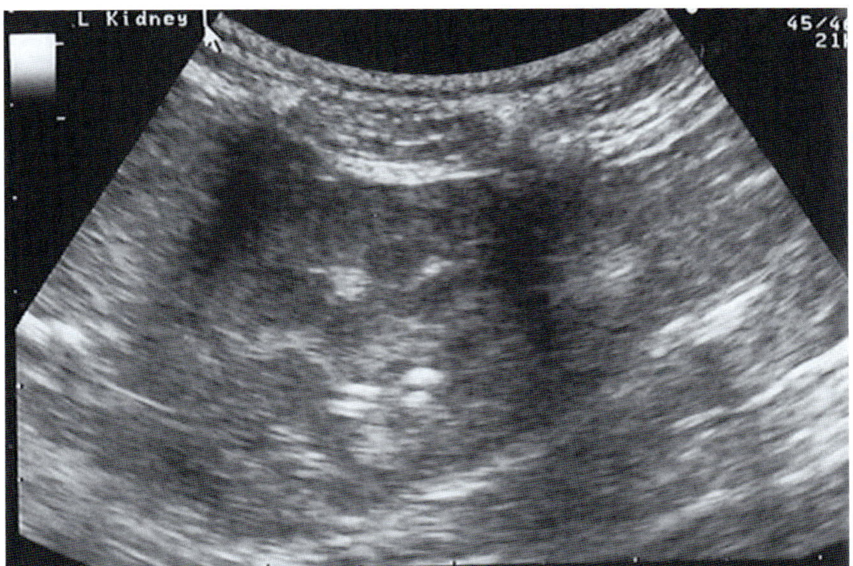

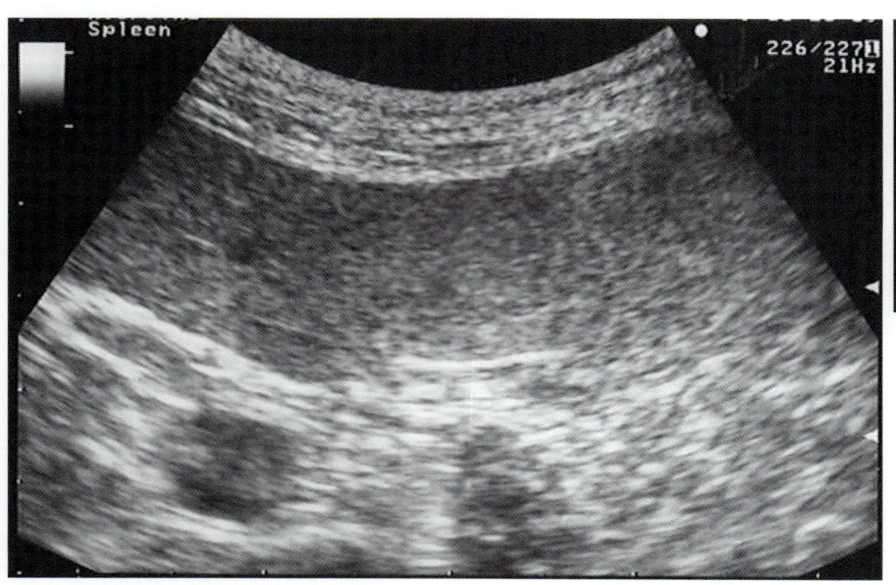

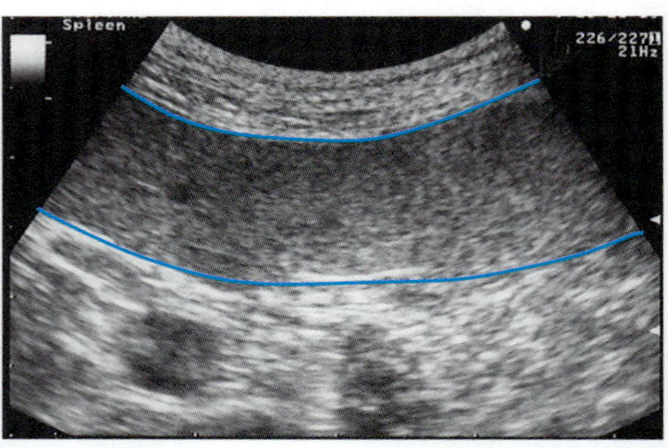

写真 59-7 超音波画像（脾臓）
肝脾コントラストは正常で，脾臓（Spleen）に異常は認められない。

❖コメント❖

本症例は症状が認められず，健康診断時の血清学検査にて偶発的に ALT の高値が発見された。追加検査として食前と食後 NH_3・TBA の測定を行ったところ，食後 2 時間において TBA のみが高値を示したことから麻布大学附属動物病院に来院した。

X 線検査では，小肝症を示したことから，門脈シャントなどの血管異常もしくは肝疾患が疑われるが，超音波検査では血管異常ならびに肝臓実質障害の所見は得られなかった。しかしながら，超音波における肝外性シャントの診断率は 40 ～ 80.5% とされることや，肝臓実質のび漫性病変は重度でないと検出困難であることから，門脈造影と肝生検が診断上必要となる。これらの検査を行うに際し，一貫して非開腹下で診断を進める方法（CT を用いて門脈造影を行い，短絡が認められない場合には，経皮的に超音波ガイド下 Tru-Cut 生検を実施する）と，開腹下での方法（X 線門脈造影を行い，異常血管が認められない場合，そのまま肝生検を実施する）という 2 通りの方法が考えられる。非開腹下での診断は低侵襲といったメリットがあるが，異常血管が発見された場合には，結紮するために開腹が必要となる。さらに，肝生検においても開腹下で行ったほうが出血による死亡リスクが少なく，病変部を直接肉眼的に確認し，多くの組織材料が得られることから，診断精度の面からも非開腹下と比較して有利である。本症例は，開腹下で門脈造影を行ったところ，短絡血管は認められなかったため，肝生検を行った（コメント写真 59-1）。その結果，微小血管異形成と診断された（コメント写真 59-2）。

微小血管異形成は現在，門脈低形成という総称で呼ばれており，門脈低形成には微小血管異形成の他に非肝硬変性門脈高血圧，肝門脈線維症が含まれる。微小血管異形成は先天的な門脈の低形成を伴い，肝小葉レベルで門脈と静脈とが無数に短絡血管で結合する先天性血管形成異常で，肝臓実質に門脈低灌流障害を引き起こす。また，先天性の異常であることから，対症療法が主体となり根本的な治療法はない。門脈の低形成の程度は症例によって様々であり，その結果，症状および形態学的変化は軽度から重度まで幅広いバリエーションをもつ。症状は主に生後 1 か月から 4 歳の間に明らかになり，画像検査においては特異的所見が認められないことから，診断には肝臓の病理組織検査が必須となる。

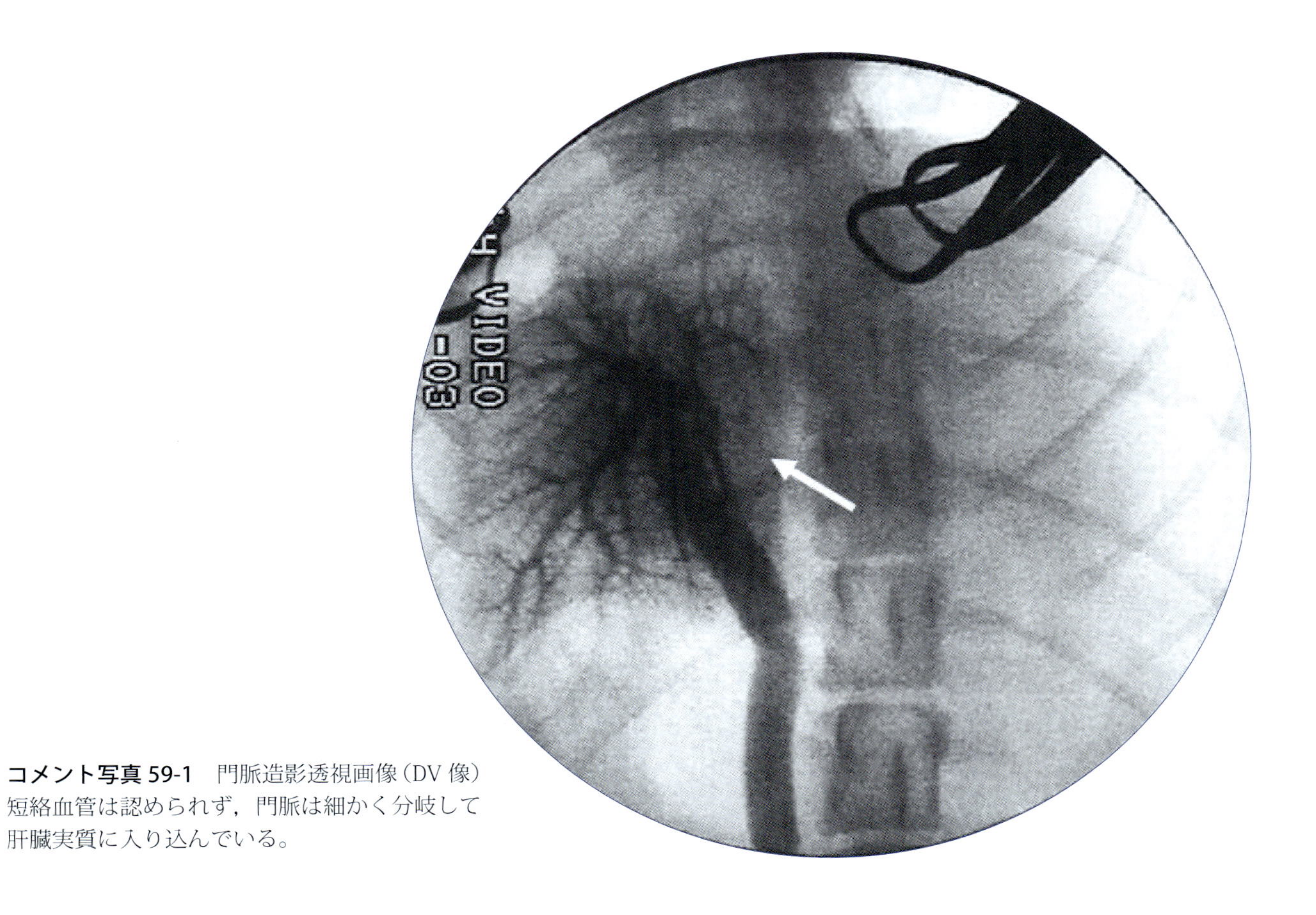

コメント写真 59-1　門脈造影透視画像（DV 像）
短絡血管は認められず，門脈は細かく分岐して肝臓実質に入り込んでいる。

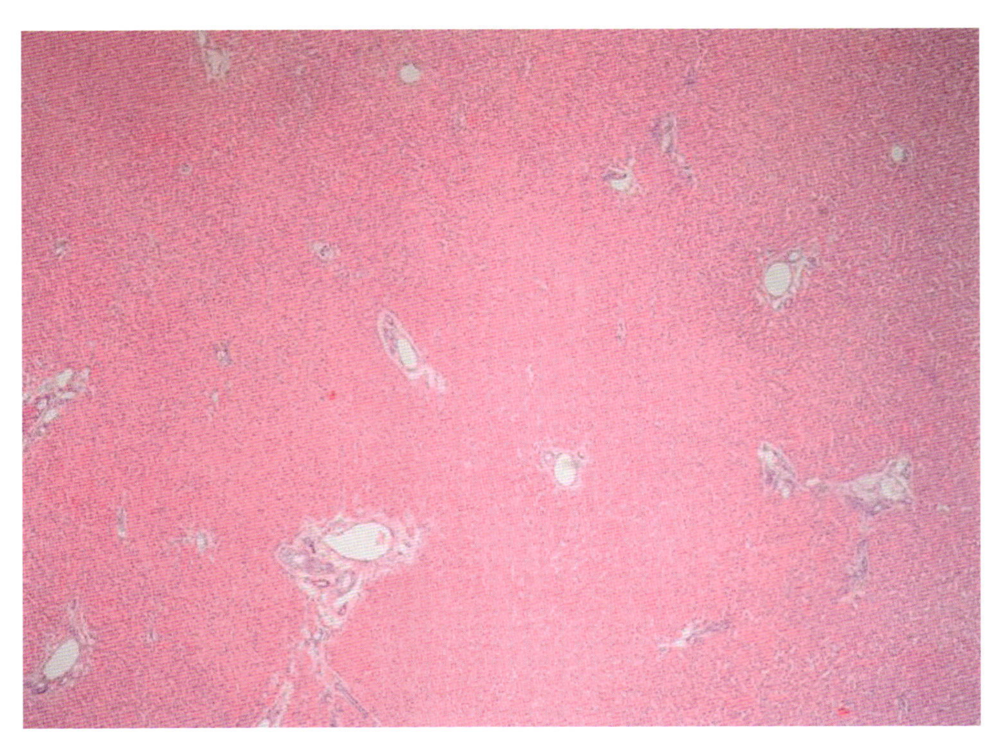

コメント写真 59-2　肝臓の組織写真（HE 染色，弱拡大）
各々の肝小葉は小さく，肝三つ組周囲では輪郭がはっきりとしない門脈（肝静脈）や内腔が拡張している門脈が認められ，肝動脈と胆管の増生が認められる。

60. 犬の門脈体循環シャント（肝外性門脈－後大静脈吻合）

症　例：ヨークシャー・テリア，雌，7か月。

主　訴：発育不良，嘔吐，沈うつ，一過性の失明。

血液検査所見：

PCV	40.0	%
RBC	657×10^4	/μL
Hb	1301	g/dL
MCV	60.7	fL
MCH	19.9	pg
MCHC	32.8	g/dL
WBC	204.0×10^2	/μL
Neu	185.8×10^2	/μL
Lym	15.7×10^2	/μL
Mon	2.2×10^2	/μL
Eos	0.2×10^2	/μL
Bas	0.0×10^2	/μL
Others	0.0×10^2	/μL
pl	32.8×10^4	/μL
TP	4.1	g/dL
Alb	1.6	g/dL

ALT	136	U/L
ALP	207	U/L
TC	88	mg/dL
Tg	95	mg/dL
T-Bil	0.138	mg/dL
Glu	94	mg/dL
BUN	8.2	mg/dL
Cr	0.6	mg/dL
Ca	9.2	mg/dL
iP	4.54	mg/dL
Na	147.2	mmol/L
K	4.89	mmol/L
Cl	117.0	mmol/L
NH_3	497	μg/dL
TBA	90	μmol/L

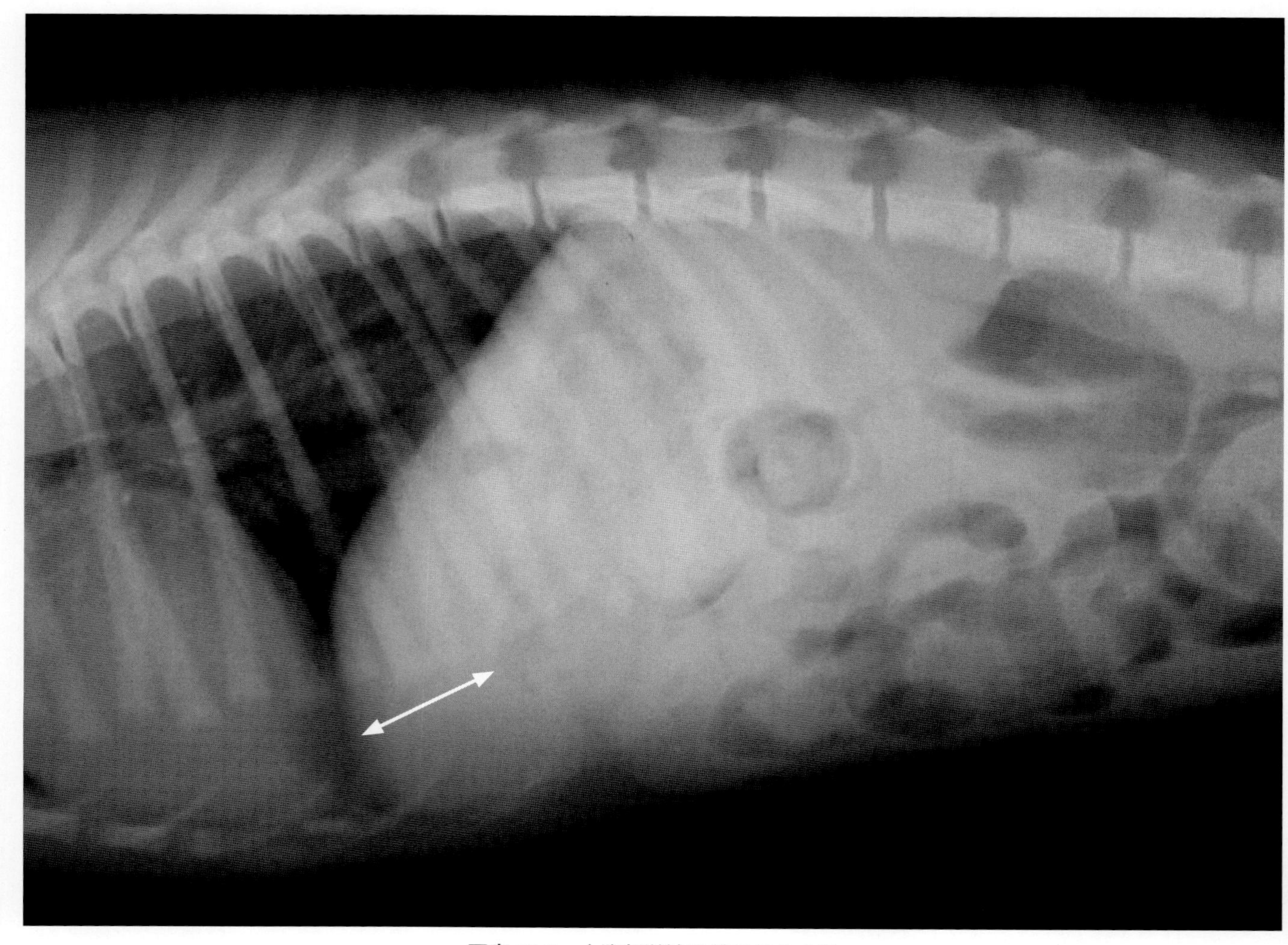

写真 60-1　上腹部単純X線ラテラル像
胃軸が頭側に変位し，肝臓幅の縮小が観察される（矢印）。

写真 60-2　上腹部単純 X 線 VD 像
VD 像において異常所見は観察されない。

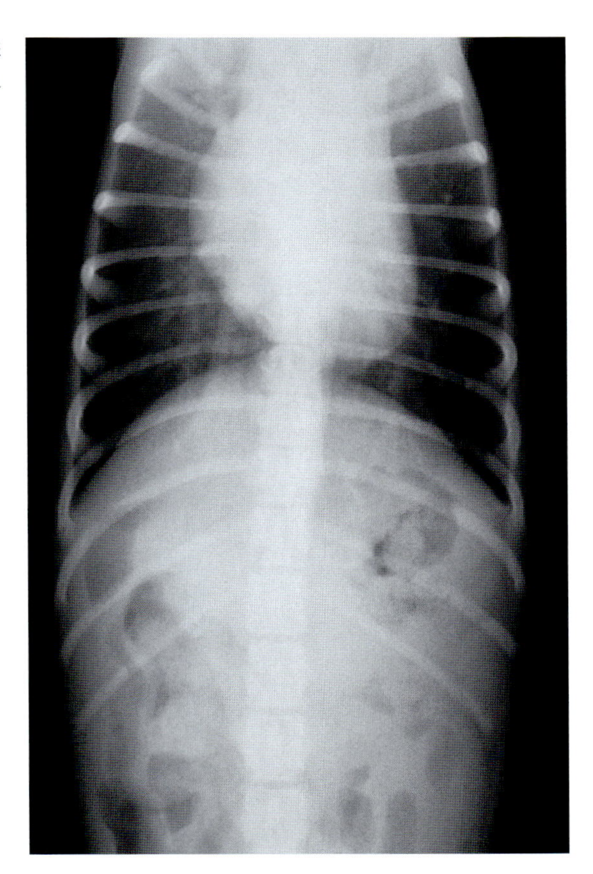

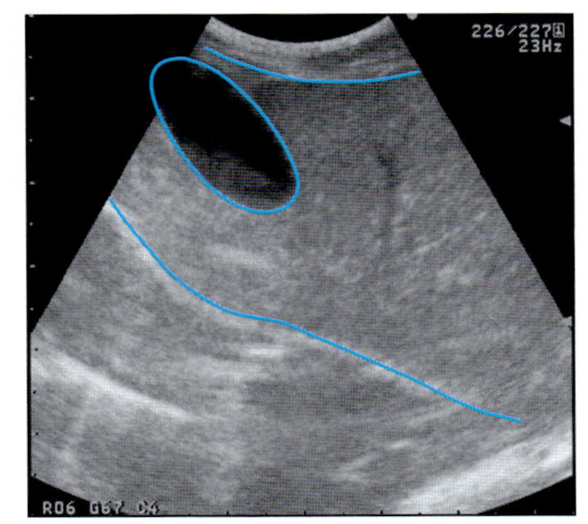

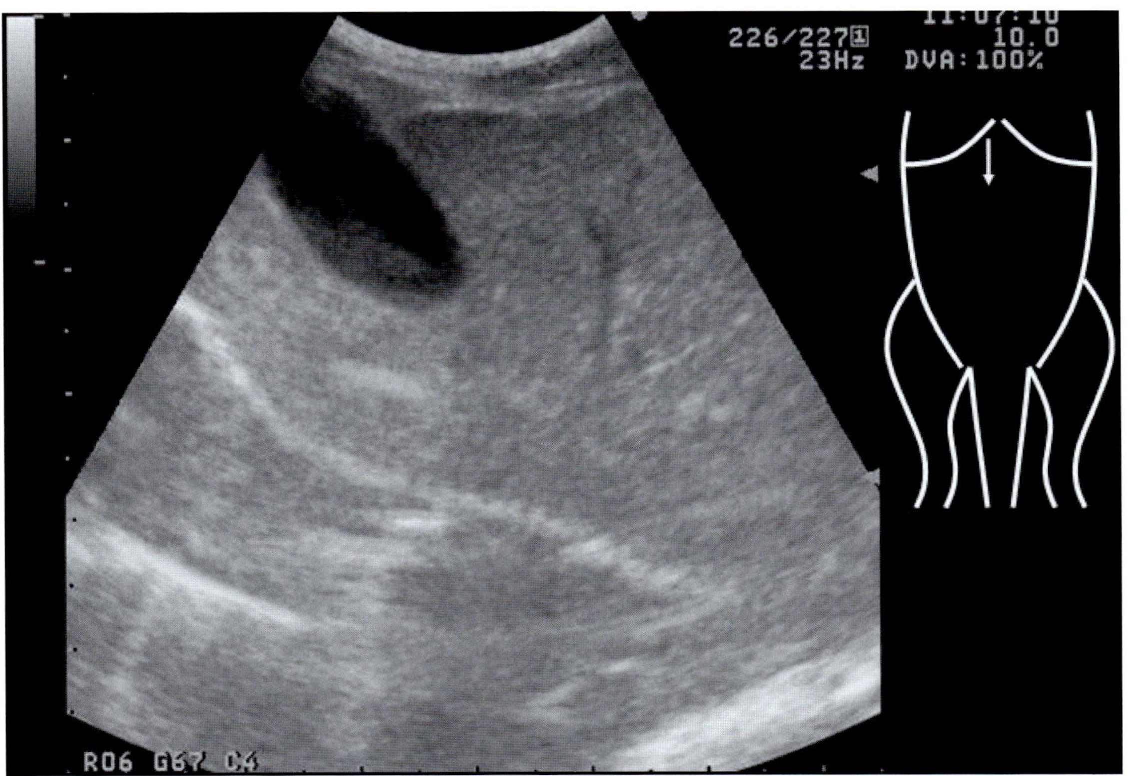

写真 60-3　超音波像
肝臓内は均一な実質を呈して観察されるが，肝内に認められるべき肝静脈や門脈といった管状構造が乏しい。

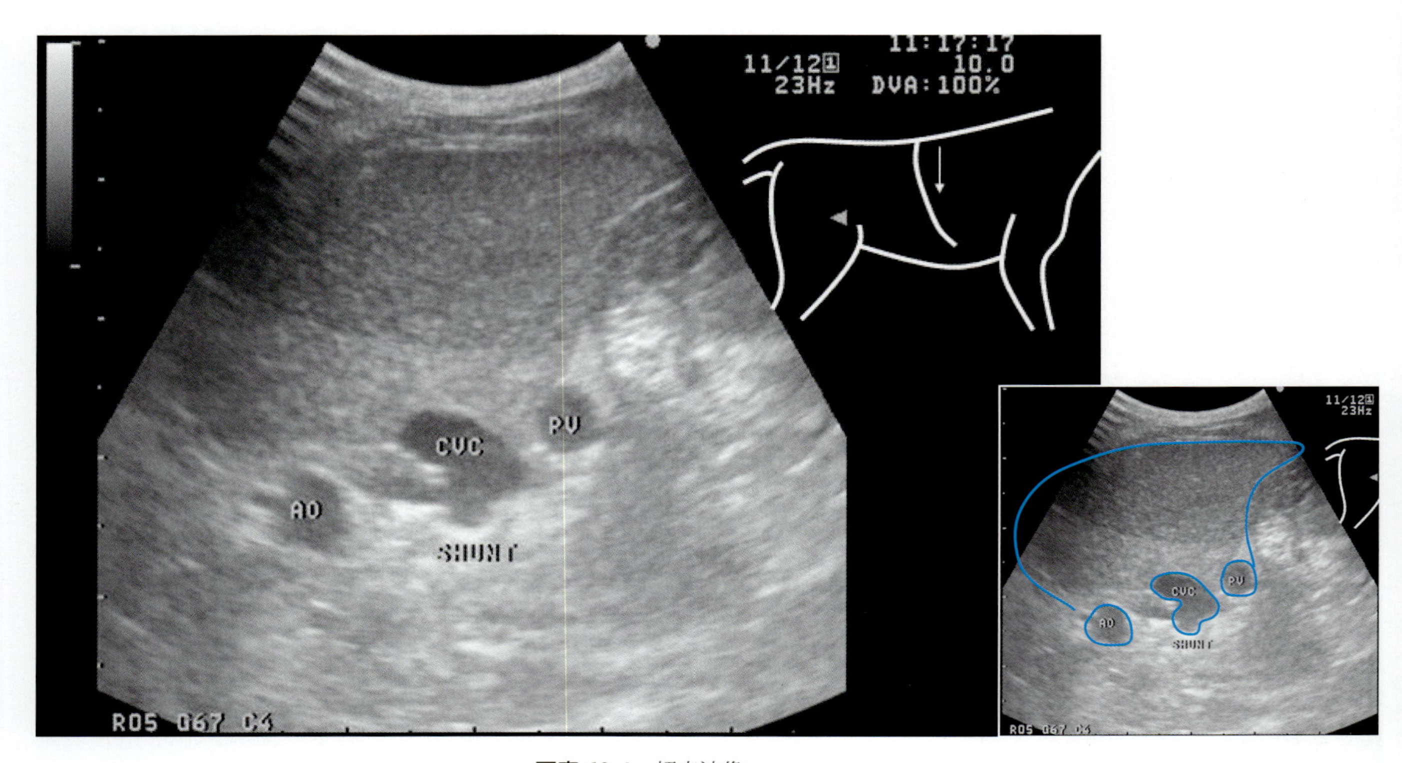

写真 60-4　超音波像
肝門部において，後大静脈に吻合する異常血管が認められる。
PV：門脈，CVC：後大静脈，AO：大動脈，SHUNT：短絡

A

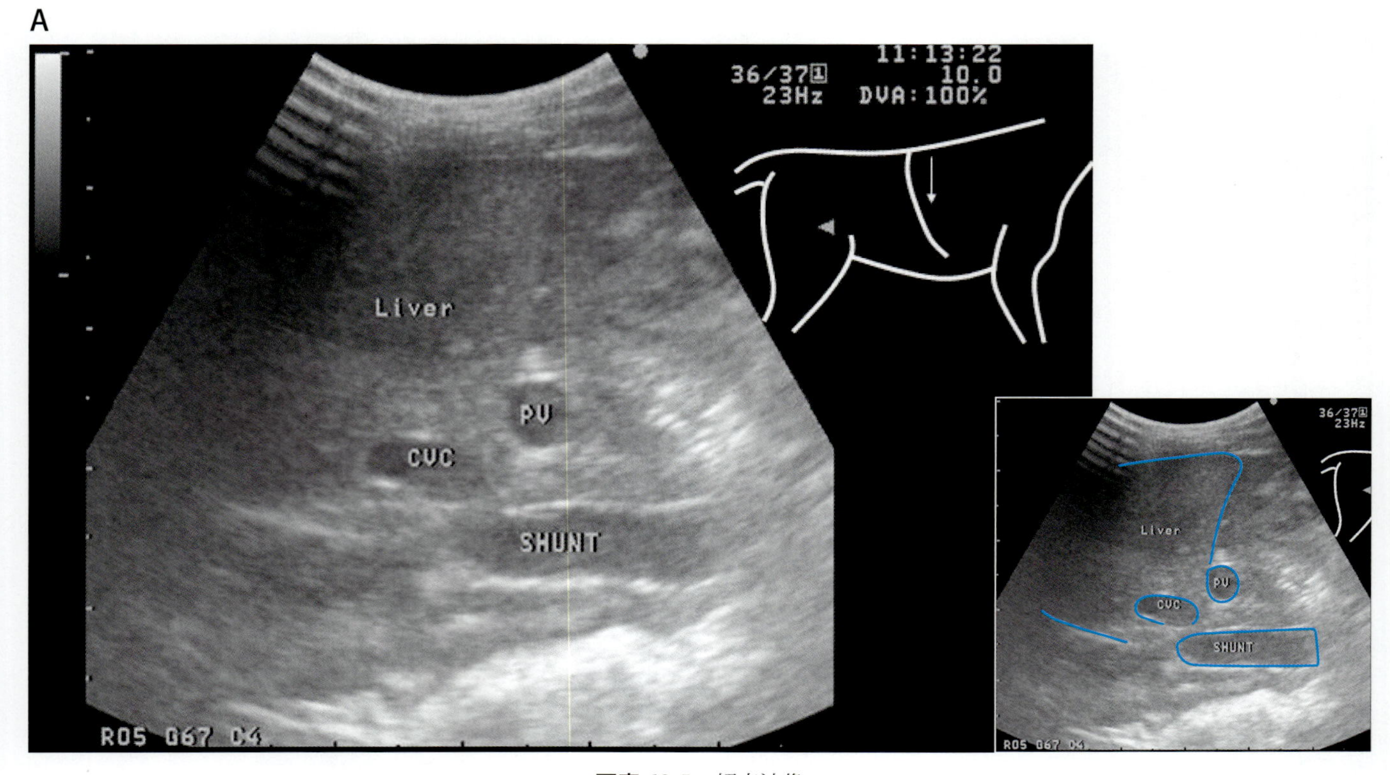

写真 60-5　超音波像
異常血管はループを描き門脈から分枝していることが確認される。以上の所見から，肝外性門脈−後大静脈吻合と診断される。　Liver：肝臓，PV：門脈，CVC：後大静脈，SHUNT：短絡

B

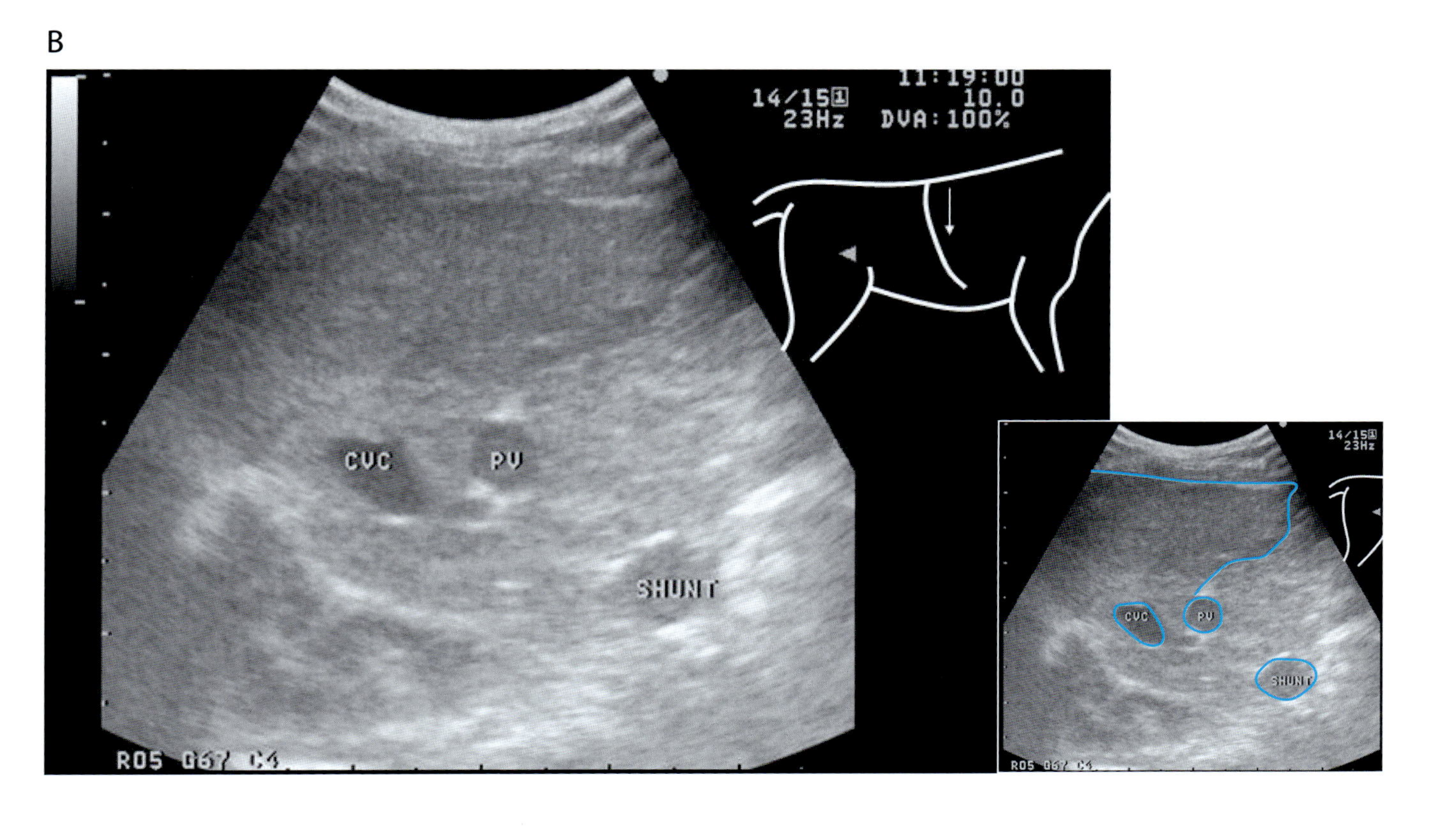
11:19:00
14/15
10.0
23Hz DVA:100%
CVC
PV
SHUNT
R05 067 C4

C

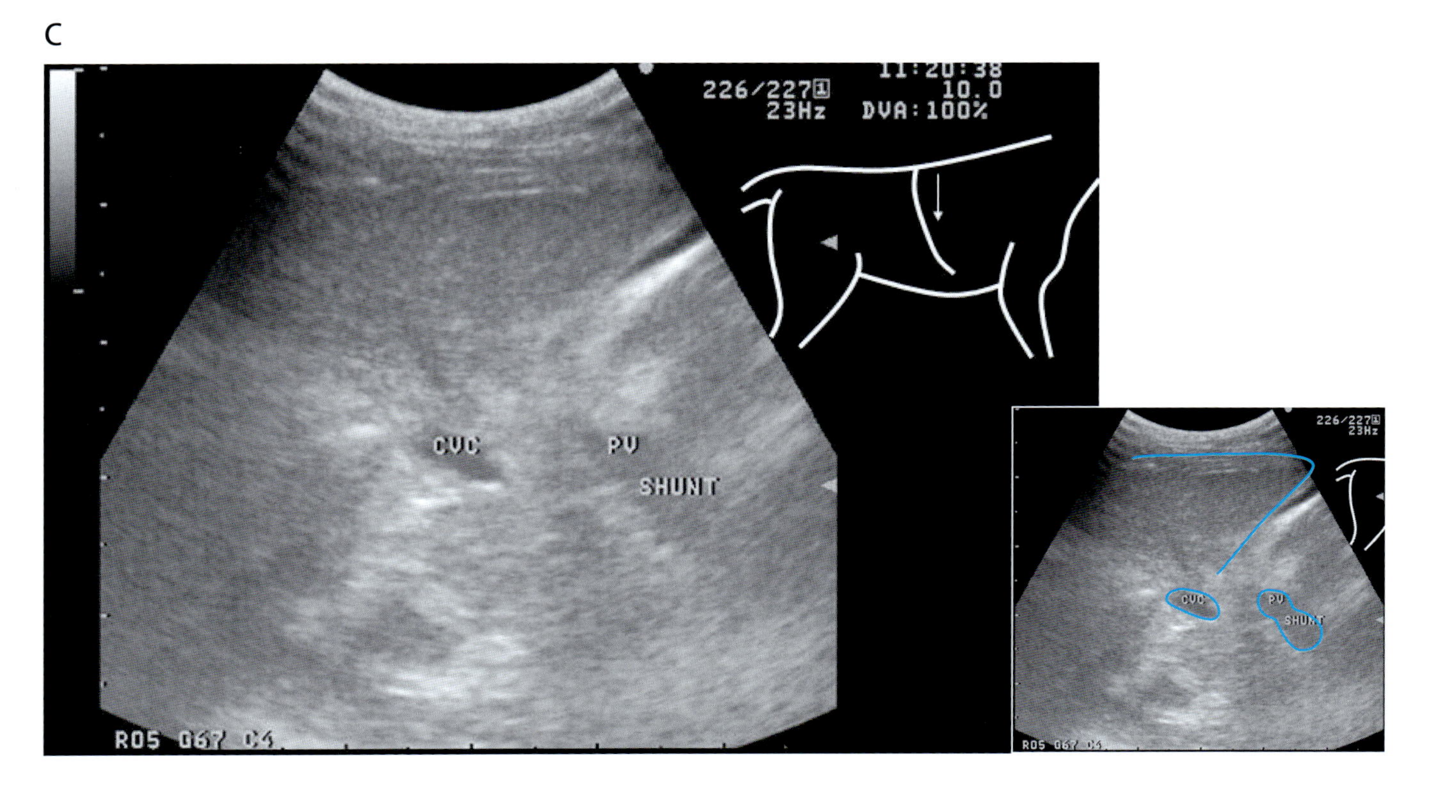
11:20:38
226/227
10.0
23Hz DVA:100%
CVC
PV
SHUNT
R05 067 C4

写真 60-5（つづき）

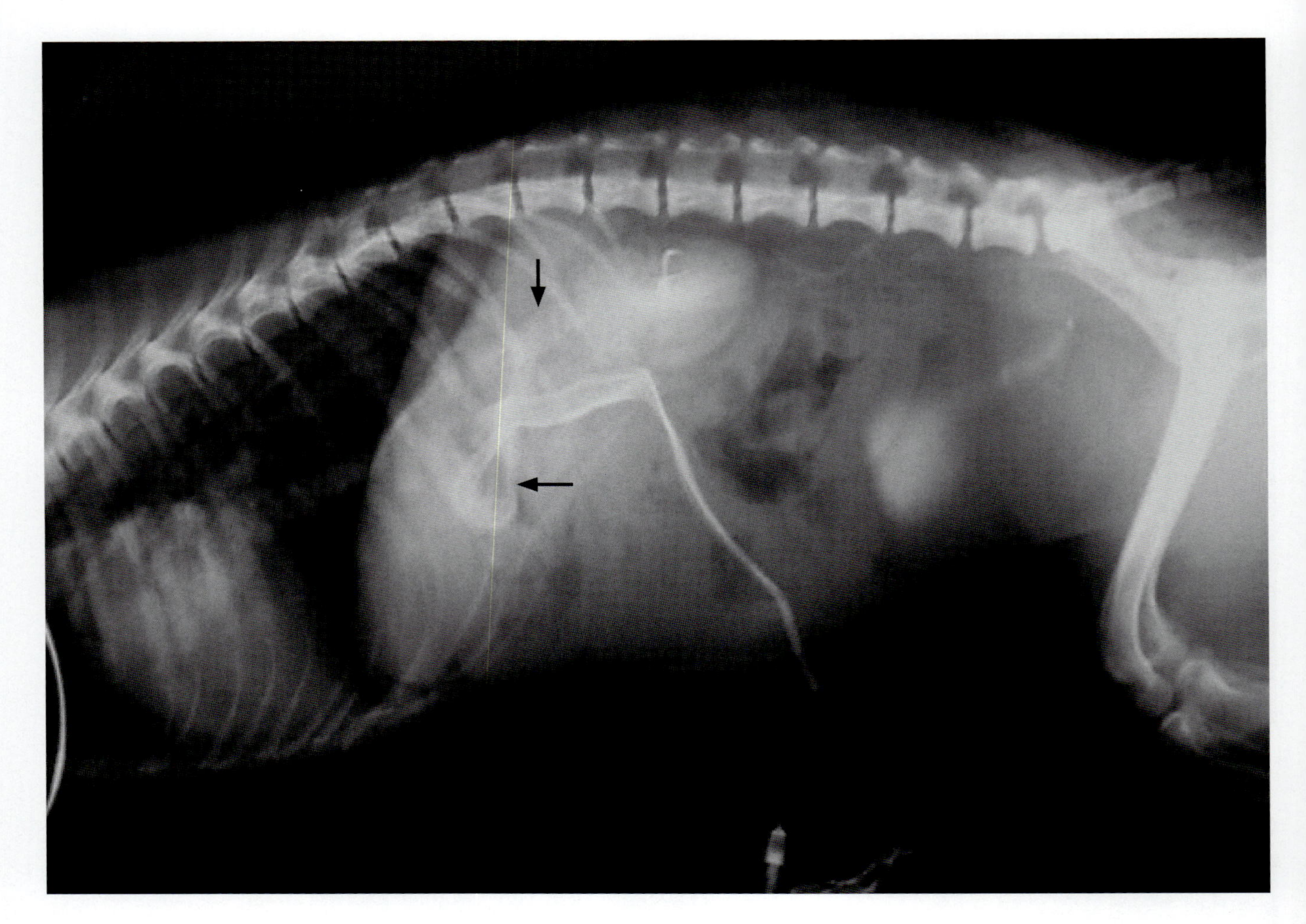

写真 60-6　門脈造影 X 線ラテラル像
開腹下にて空腸静脈から造影剤を注入した結果，門脈から後大静脈にバイパスする単一の異常血管が確認された（矢印）。

❖コメント❖

小型犬の門脈体循環シャントは肝外性が多く，肝外性短絡のおよそ 7 割の症例が肝静脈と腎静脈の間に吻合すると報告されている。正常な犬では肝静脈から腎静脈の間に血管系は観察されない（解剖学的には横隔腹腔静脈が存在するが，詳細に観察しない限り気付かない）。したがって，肝外性門脈−後大静脈吻合の症例のほとんどは腎静脈頭側をスキャンすることによって診断が可能である。本症例では門脈から分枝した血管が後大静脈に吻合している所見として得られたが，後大静脈に吻合する血管の存在が確認されれば，診断上十分である。しかしながら，超音波においては全体像を評価することが困難であるため，短絡血管の数の評価を行うためには，開腹下での門脈造影が必須となる。

61. 犬の先天性門脈体循環シャント

症　例：トイ・プードル，雄，６か月。

血液検査所見：

PCV	53.8	%
RBC	870×10^4	/μL
Hb	13.4	g/dL
MCV	62	fL
MCH	15.4	pg
MCHC	24.9	g/dL
WBC	155×10^2	/μL
pl	22.7×10^4	/μL
TP	6.0	g/dL
Alb	2.8	g/dL
ALT	96	U/L
AST	66	U/L

ALP		349	U/L
TC		401	mg/dL
Glu		104	mg/dL
BUN		10.6	mg/dL
Cr		0.2	mg/dL
Ca		10.7	mg/dL
Na		158	mmol/L
K		4.0	mmol/L
Cl		119	mmol/L
NH_3		650	μg/dL
TBA	（食前）	201	μmol/L
	（食後２時間）	473	μmol/L

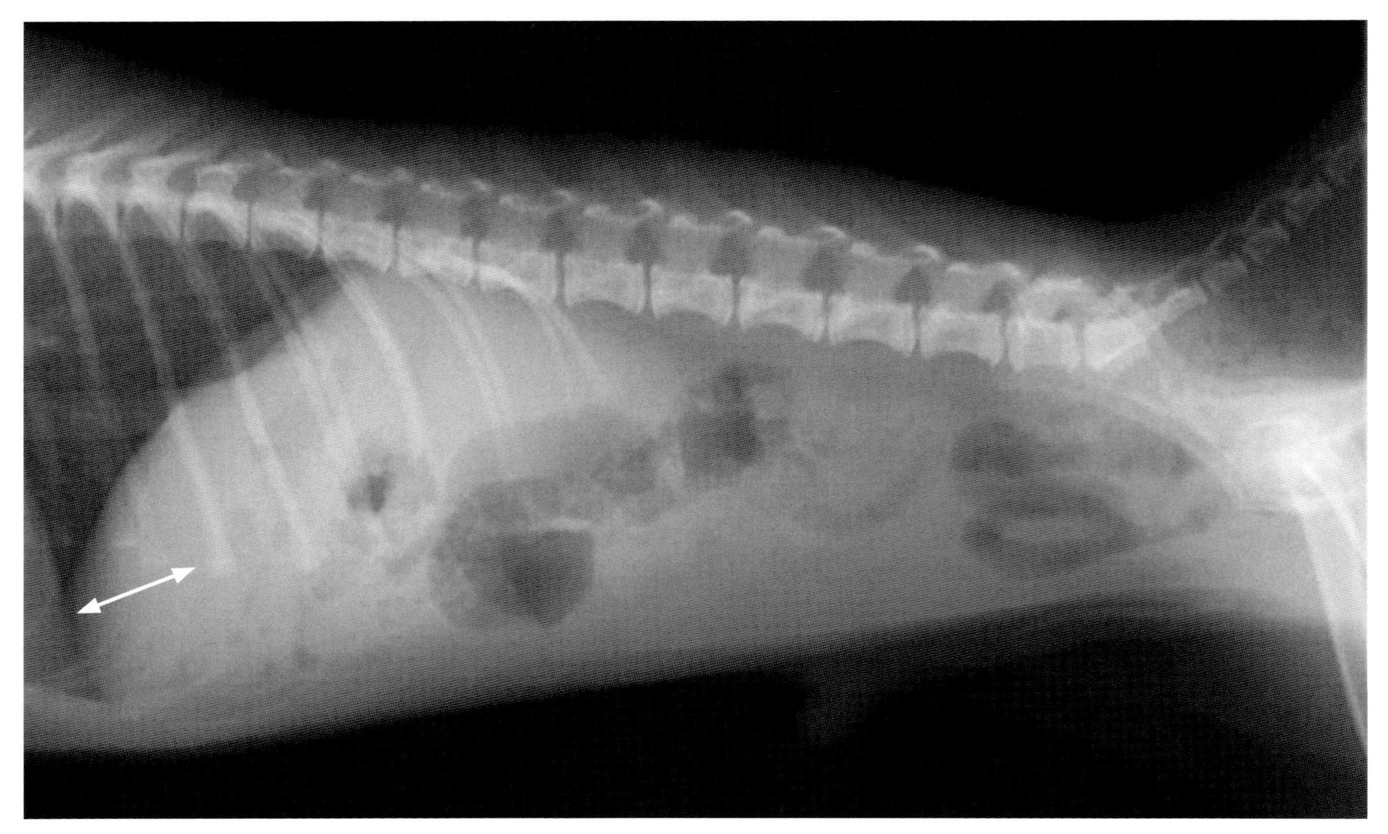

写真 61-1　上腹部単純Ｘ線ラテラル像
胃軸が頭側に変位し，肝臓幅の縮小が観察される（矢印）。

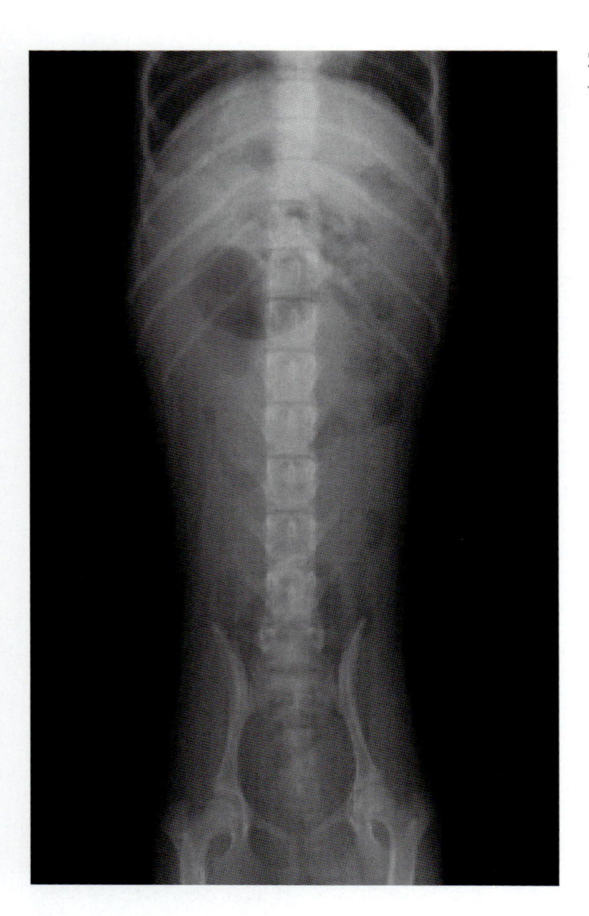

写真 61-2　上腹部単純 X 線 VD 像
VD 像において異常所見は観察されない。

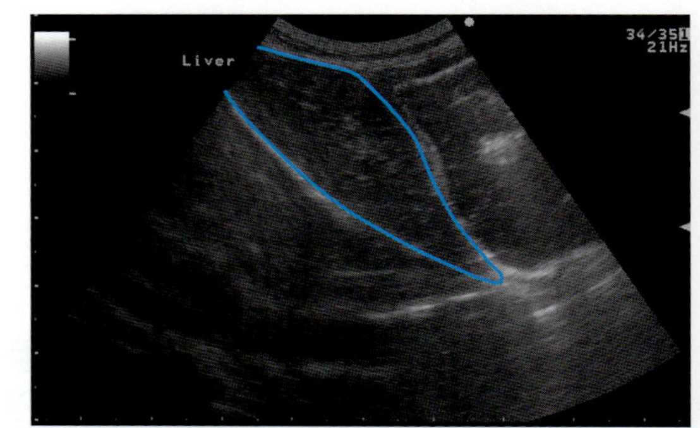

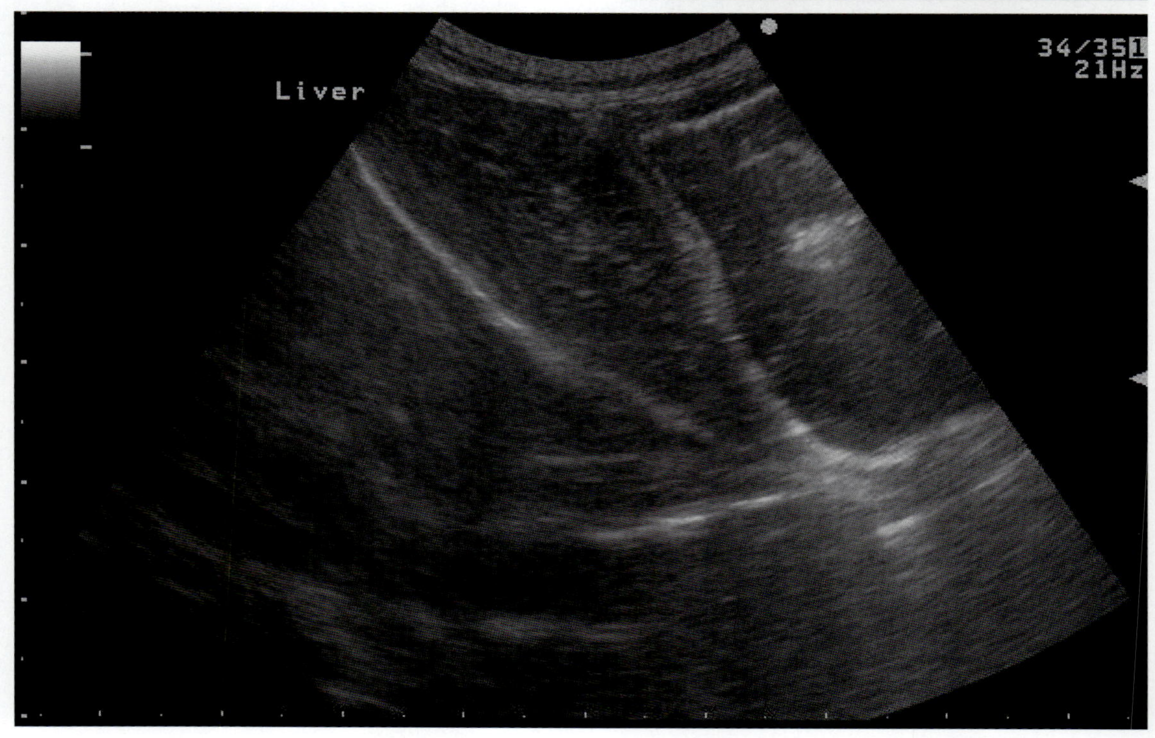

写真 61-3　肝臓超音波縦断像（剣状突起下）
肝臓実質（Liver）は均一な輝度を呈しているが，肝静脈や門脈といった脈管構造が乏しい。

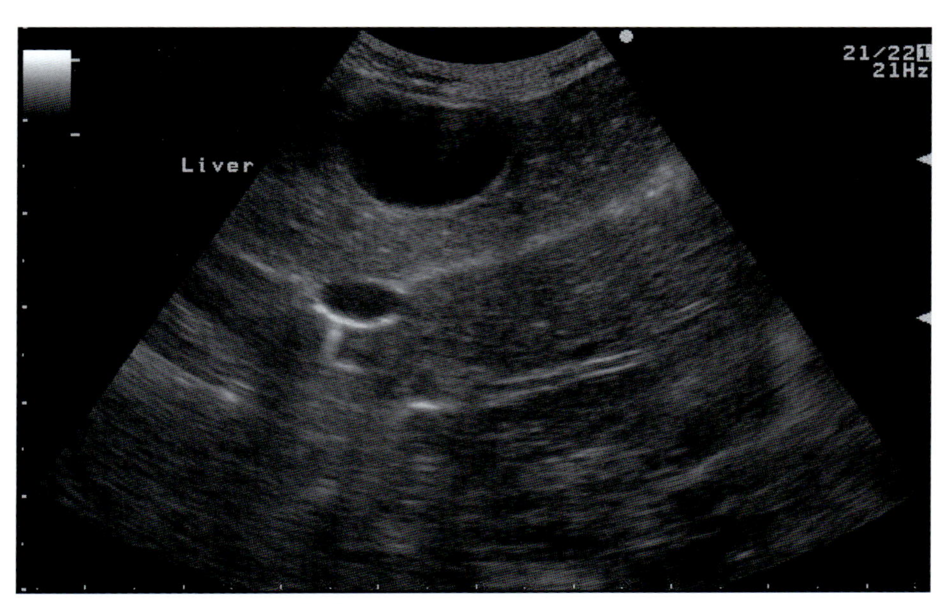

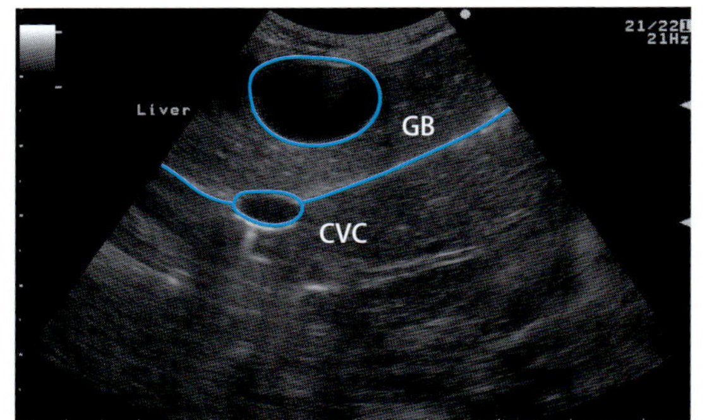

写真 61-4　肝臓超音波横断像（剣状突起下）
縦断像（写真 61-3）と同様に，肝臓実質（Liver）は均一な輝度を呈しているが，肝静脈や門脈といった脈管構造が乏しい。　GB：胆嚢，CVC：後大静脈

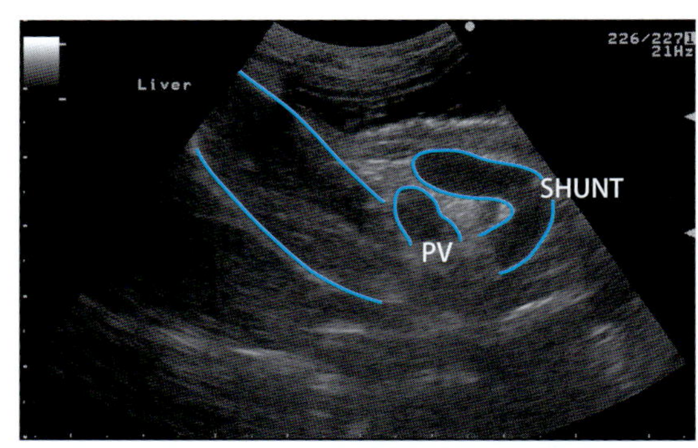

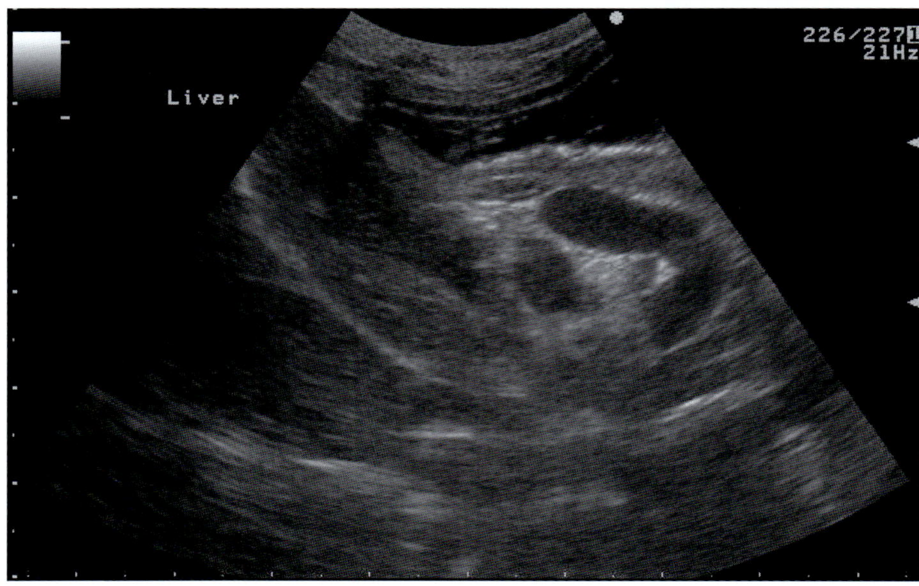

写真 61-5　肝臓超音波縦断像（剣状突起下）
肝臓（Liver）尾側において門脈（PV）からの異常血管が観察される。
SHUNT：短絡

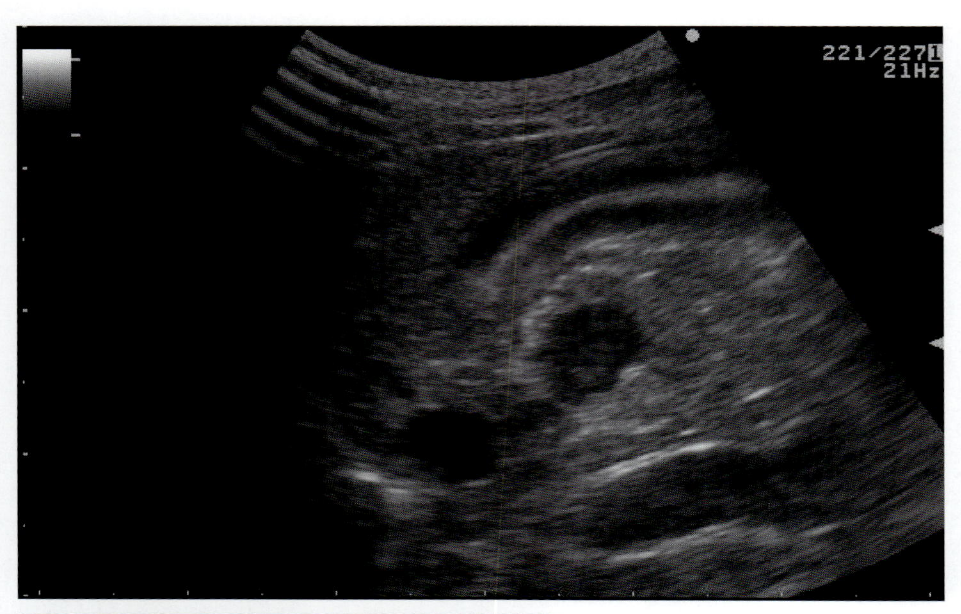

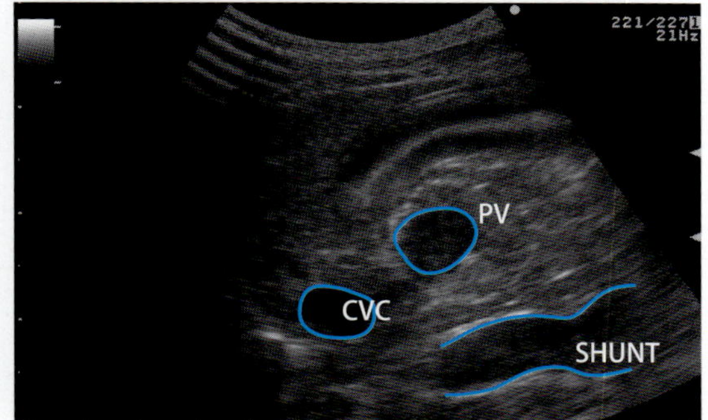

写真 61-6 肝臓超音波横断像（右側第 11 肋間）
肝門部において門脈（PV）より分枝する異常血管が観察される。 CVC：後大静脈，SHUNT：短絡

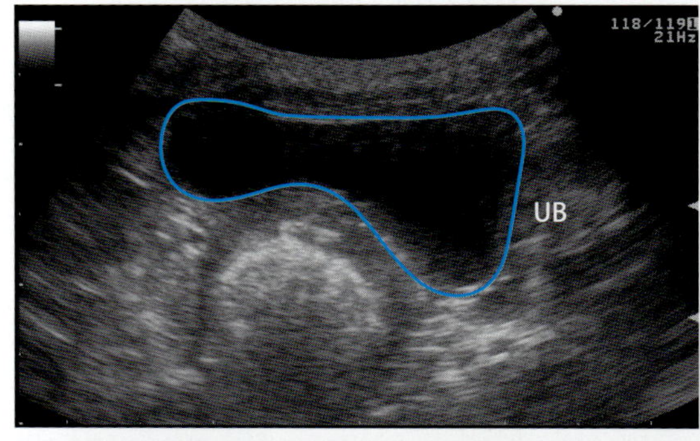

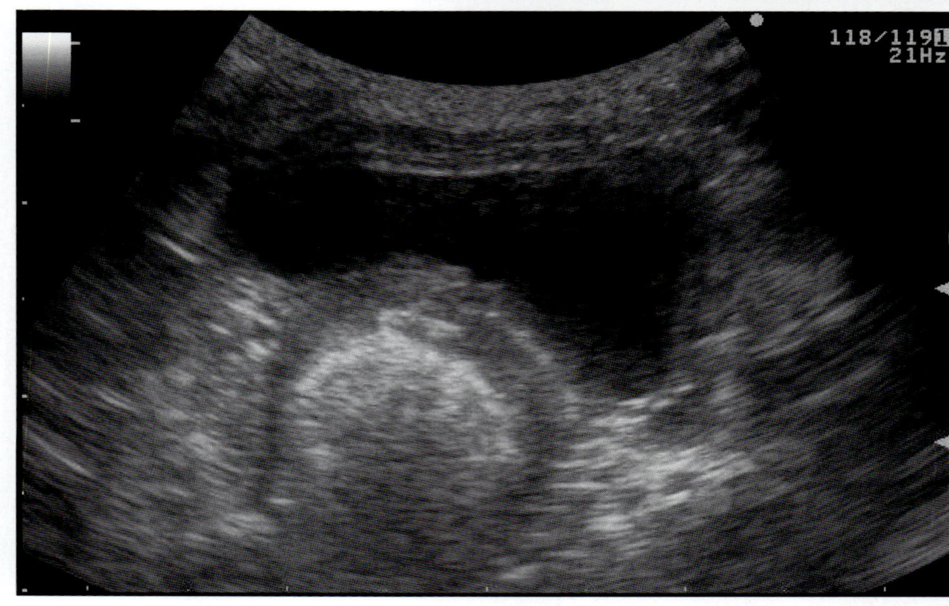

写真 61-7 膀胱超音波横断像（下腹正中）
膀胱（UB）内に異常所見は観察されない。

❖コメント❖

門脈体循環シャントは肝内あるいは肝外のいずれかに発生する。肝外性短絡の発生率は 61 ～ 94% で，全肝外性短絡中，門脈後大静脈シャントの発生率はおよそ 90% とされている。肝外性短絡の超音波上での診断率は 40 ～ 80.5% であり，短絡血管の 67% 以上が横隔腹腔静脈頭側の後大静脈に吻合することが報告されている。超音波検査において短絡血管の存在が示唆されても，本数や走行は確認が不可能なことが多い。また，門脈体循環シャントが疑われる症例に対して，CT，造影 CT，MRI といった他の画像診断機器を応用することによって超音波検査以上の詳細な情報が得られると考えられるが，たとえこれらの情報が得られたとしても，短絡血管を結紮するためには開腹が必要である。さらに，これらの症例はアンモニアや総胆汁酸の上昇が認められているため，短絡血管が認められなかったとしても，何らかの肝疾患が存在することが示唆され，肝疾患の適切な診断，治療のためには肝臓のコア生検が必要であり，開腹下での生検が症例の安全性を考慮した上で最も適切であると考えられる。以上より，超音波検査で詳細が得られなかったとしても，他の画像診断機器を利用するよりは，開腹下で X 線門脈造影検査を行い，異常血管が認められた場合には血管の結紮，あるいは異常血管が認められなかった場合には肝生検という流れで行った方が診断，治療をよりシンプルに行うことができる。また門脈体循環シャントでは肝不全により尿酸代謝に異常が生じ，尿酸アンモニウム結石が 20 ～ 53% の症例に認められるとされる。この結石は内科的な溶解が困難であり，外科的に摘出することが必要であるが，本結石は X 線透過性であるため，超音波検査において結石の有無を確認し開腹時に摘出を行う。したがって，尿路の評価も重要となる。

本症例は開腹下にて空腸静脈より造影剤を注入した結果，門脈から後大静脈に流入する短絡血管が観察された。造影剤はほとんど短絡血管に流れているが，わずかに肝臓へも流入している。

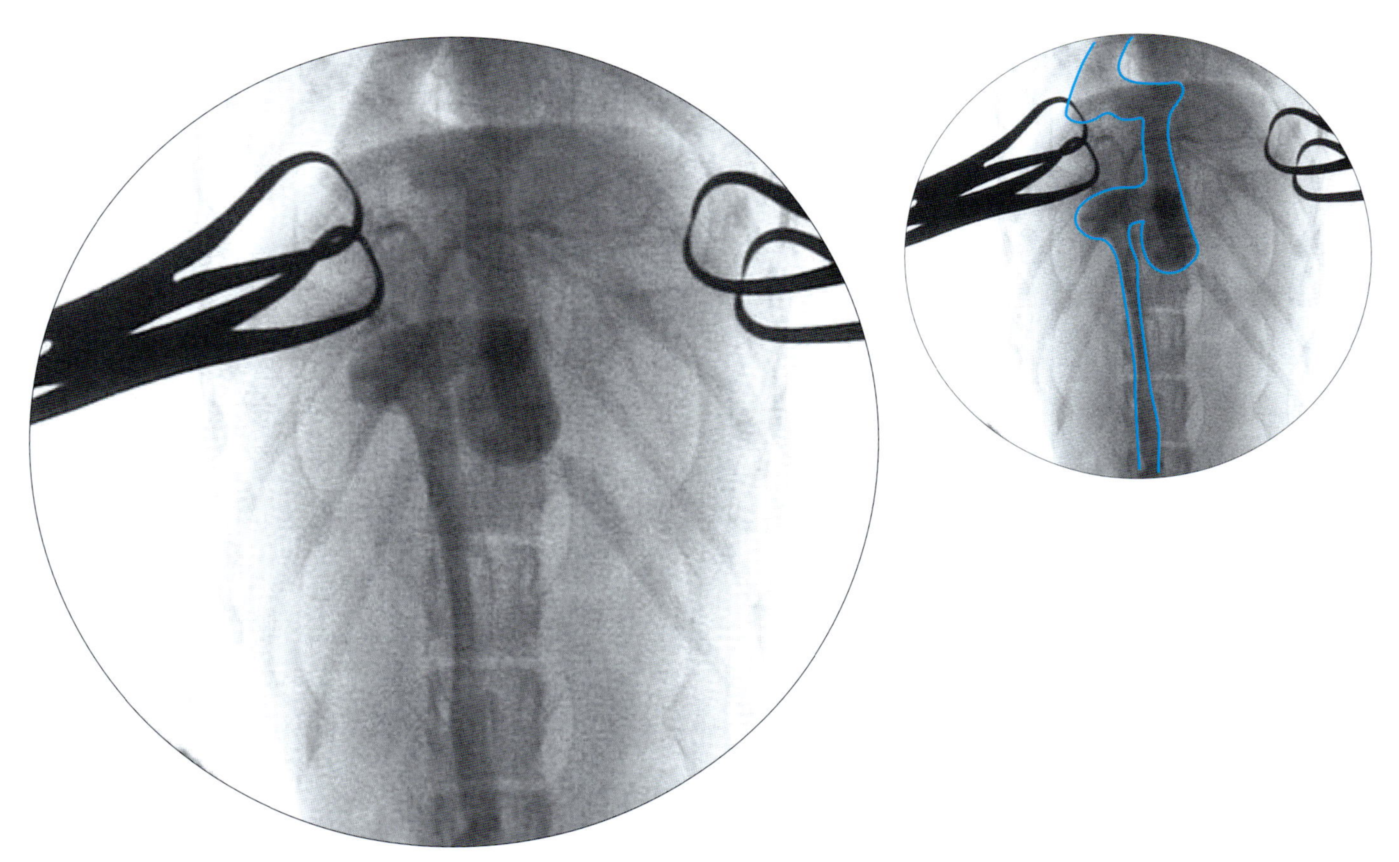

コメント写真 61-1　門脈造影透視画像（DV 像）
左腎静脈から横隔膜腔静脈に流入し，後大静脈に吻合する短絡血管が認められる。

62．犬の先天性肝内門脈体循環シャント

症　例：ゴールデン・レトリーバー，雌，3か月。

主　訴：ふらつき，徘徊，嗜眠傾向。

血液検査所見：

PCV	32.4	%
RBC	499×10^4	/μL
Hb	10.5	g/dL
MCV	64.9	fL
MCH	21.1	pg
MCHC	32.5	g/dL
WBC	82.5 × 10^2	/μL
pl	15.9 × 10^4	/μL
TP	3.5	g/dL
Alb	2.1	g/dL
ALT	363	U/L

ALP	2379	U/L
TC	167	mg/dL
Glu	110	mg/dL
BUN	1.6	mg/dL
Cr	0.2	mg/dL
Ca	8.6	mg/dL
Na	138	mmol/L
K	4.14	mmol/L
Cl	105	mmol/L
NH_3（食後３時間）	932	μg/dL
（食後８時間）	605	μg/dL

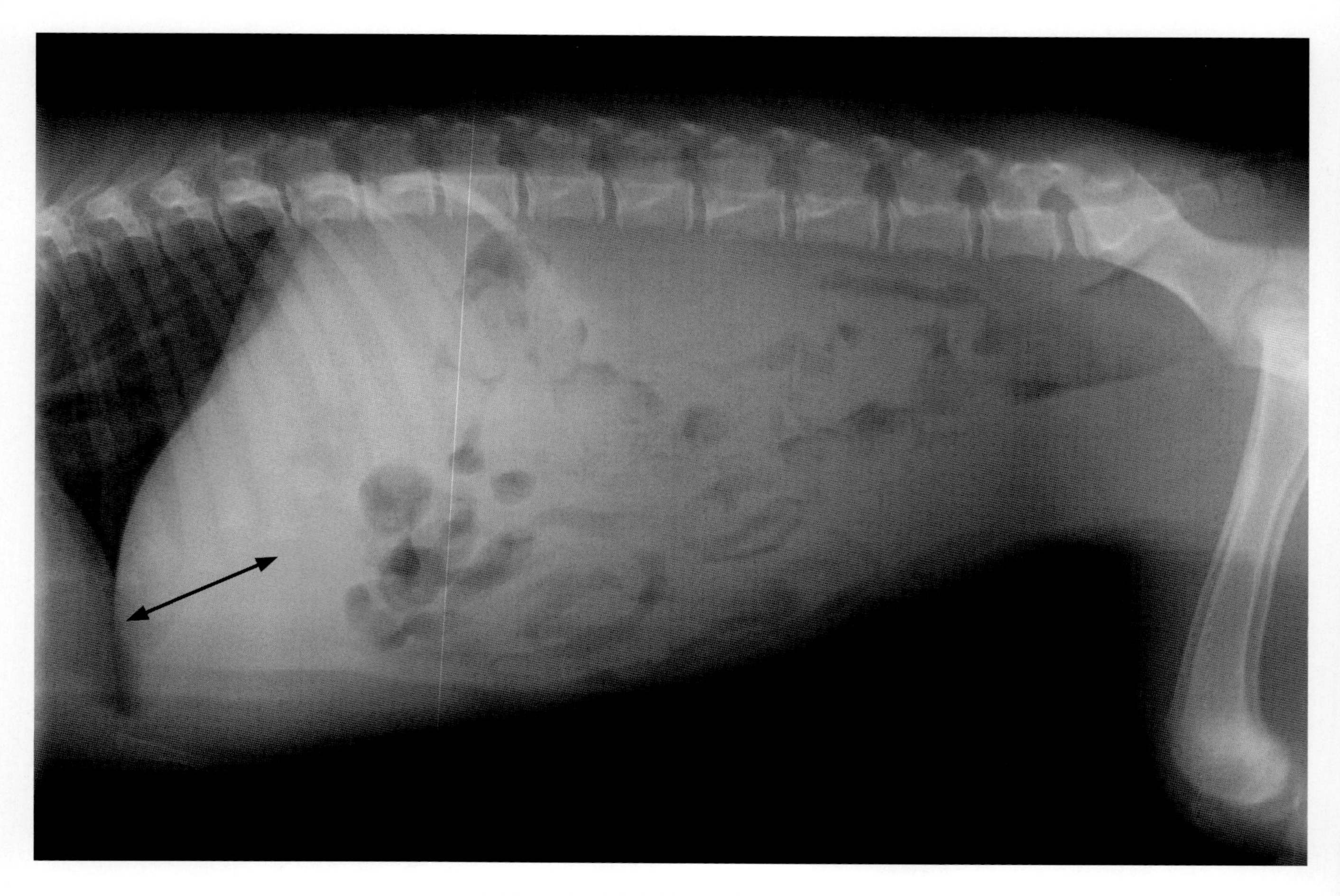

写真 62-1　上腹部単純Ｘ線ラテラル像
胃軸が頭側に変位し，肝臓幅の縮小が観察される（矢印）。

写真 62-2　上腹部単純 X 線 VD 像
VD 像において異常所見は観察されない。

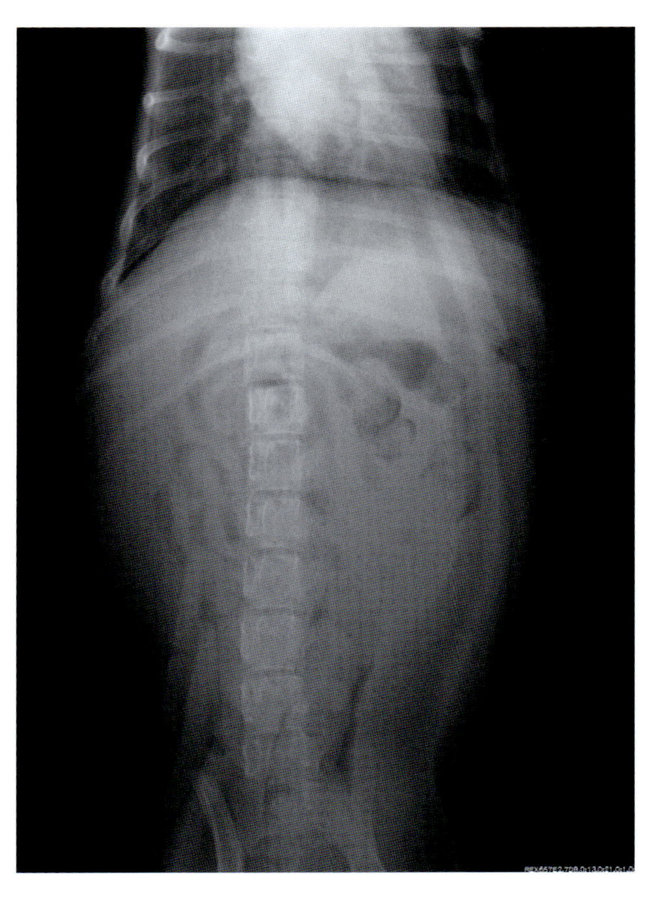

A

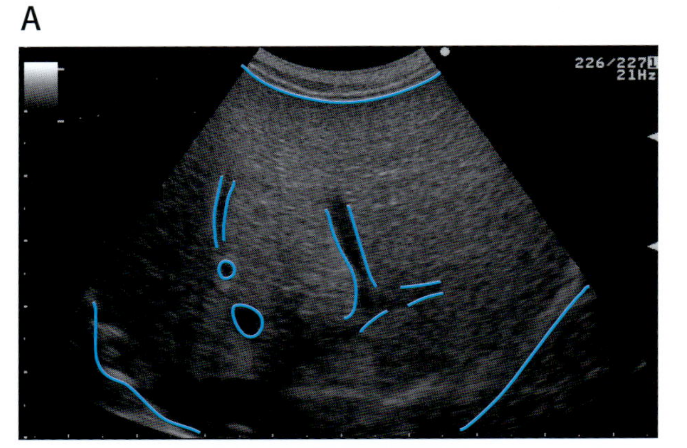

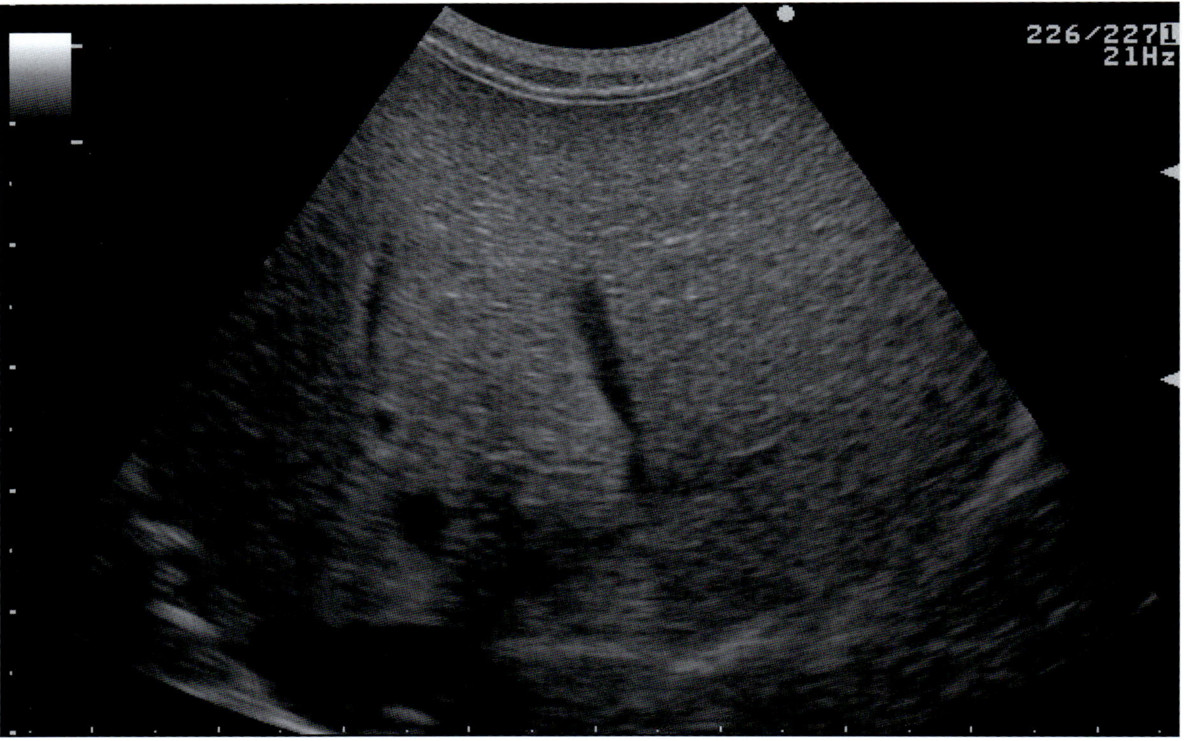

写真 62-3　肝臓超音波像〔A：横断像（剣上突起下横走査），B：縦断像（剣上突起下縦走査）〕
肝臓のエコー輝度は均一であるが肝静脈，門脈といった脈管構造が乏しい。

B

写真 62-3（つづき）

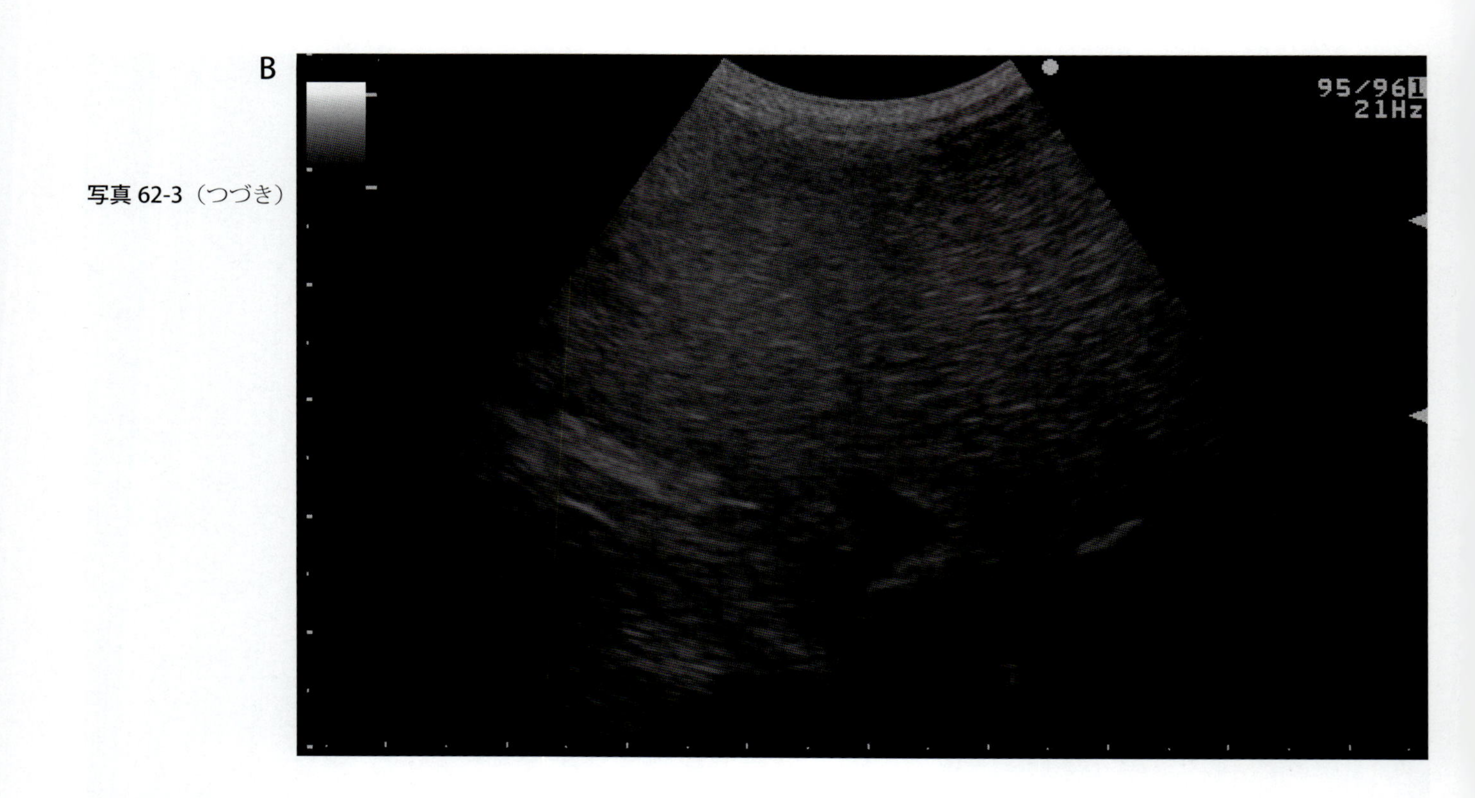

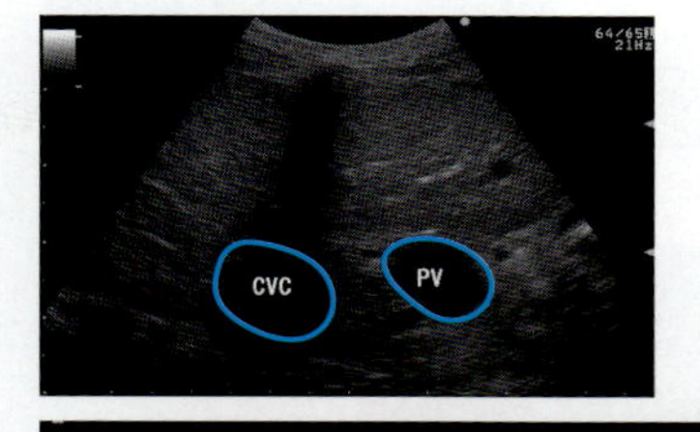

写真 62-4 肝臓超音波横断像（右側第 12 肋間）
肝門部までは正常な門脈（PV）が確認される。 CVC：後大静脈

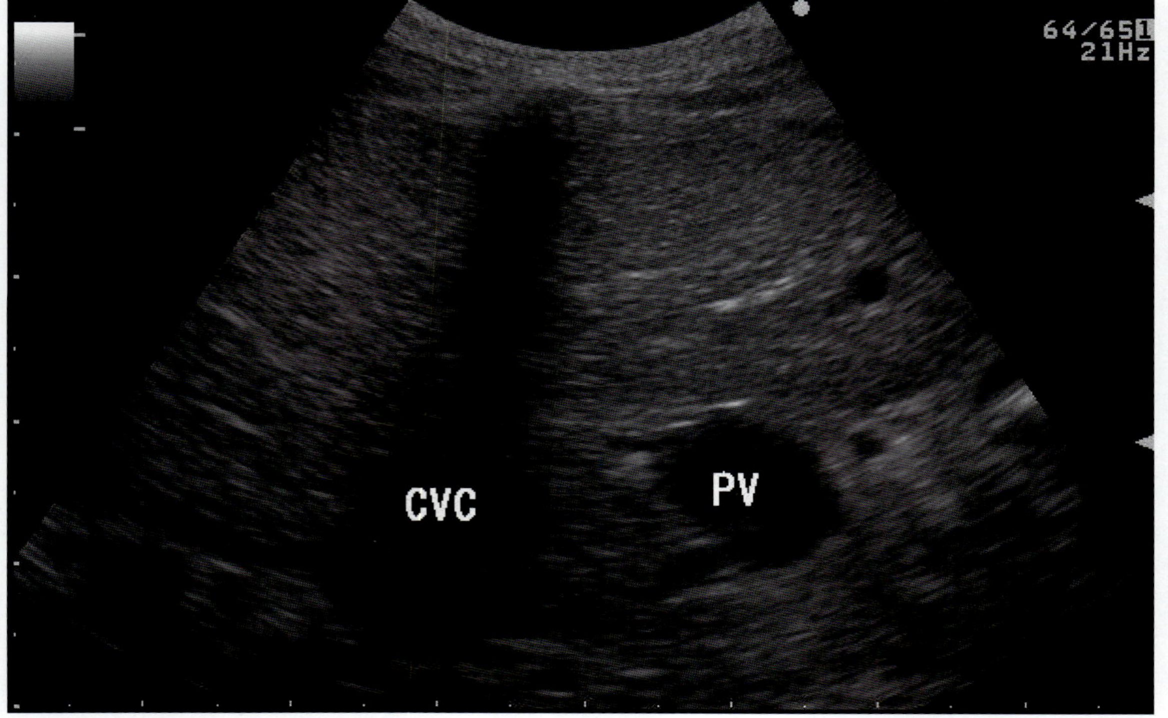

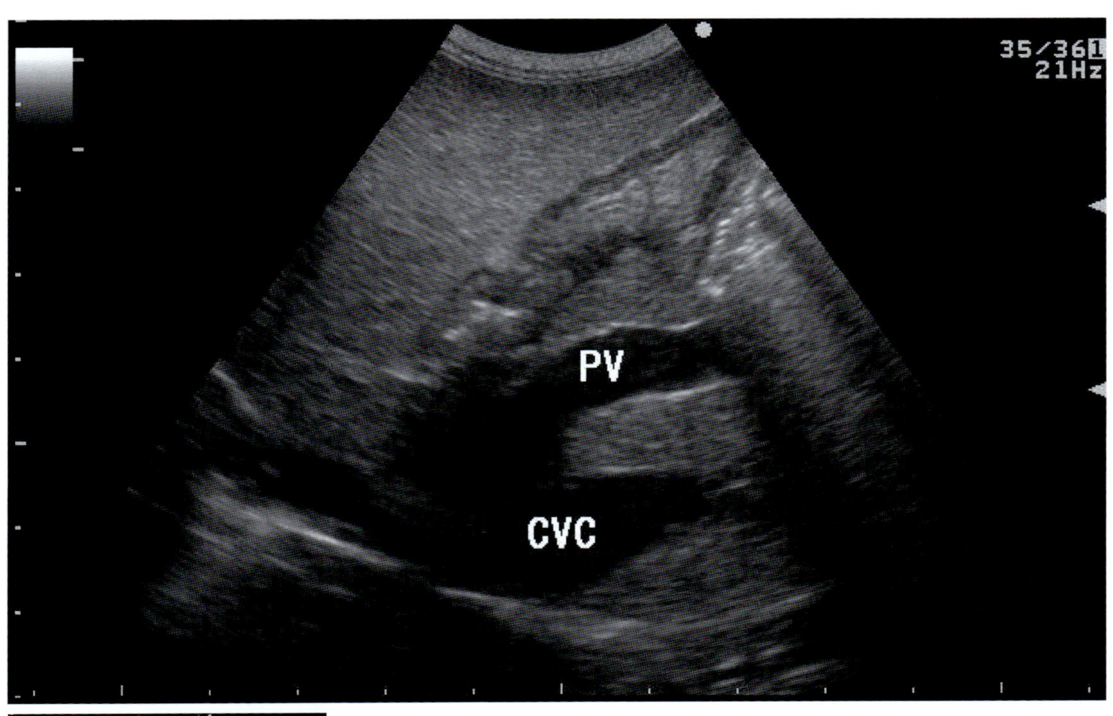

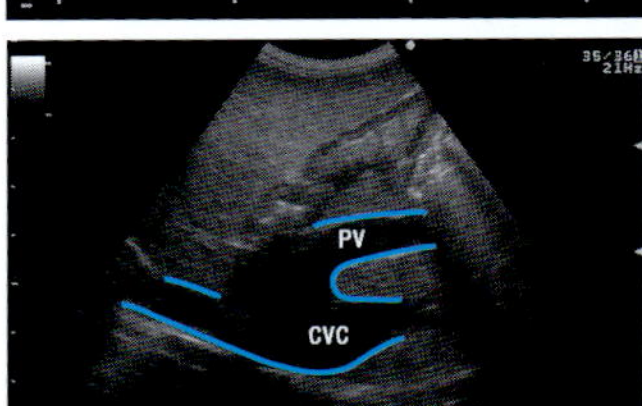

写真 62-5 肝臓超音波横断像（右側第 11 肋間）
肝門部に入った門脈血管（PV）は肝臓実質内で直接後大静脈（CVC）に開口している。以上の所見から肝内性の門脈体循環シャントと診断される。

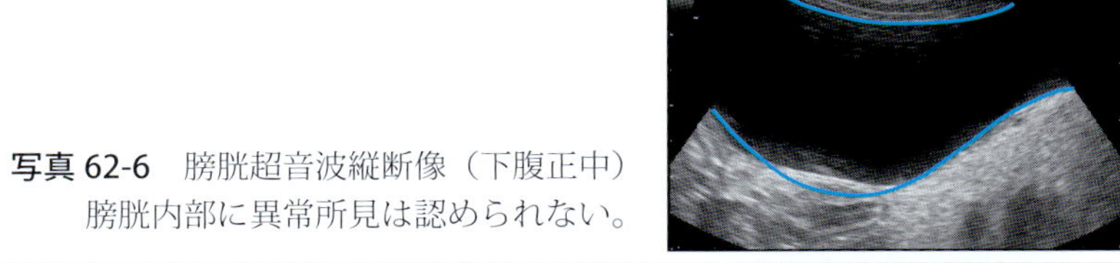

写真 62-6 膀胱超音波縦断像（下腹正中）
膀胱内部に異常所見は認められない。

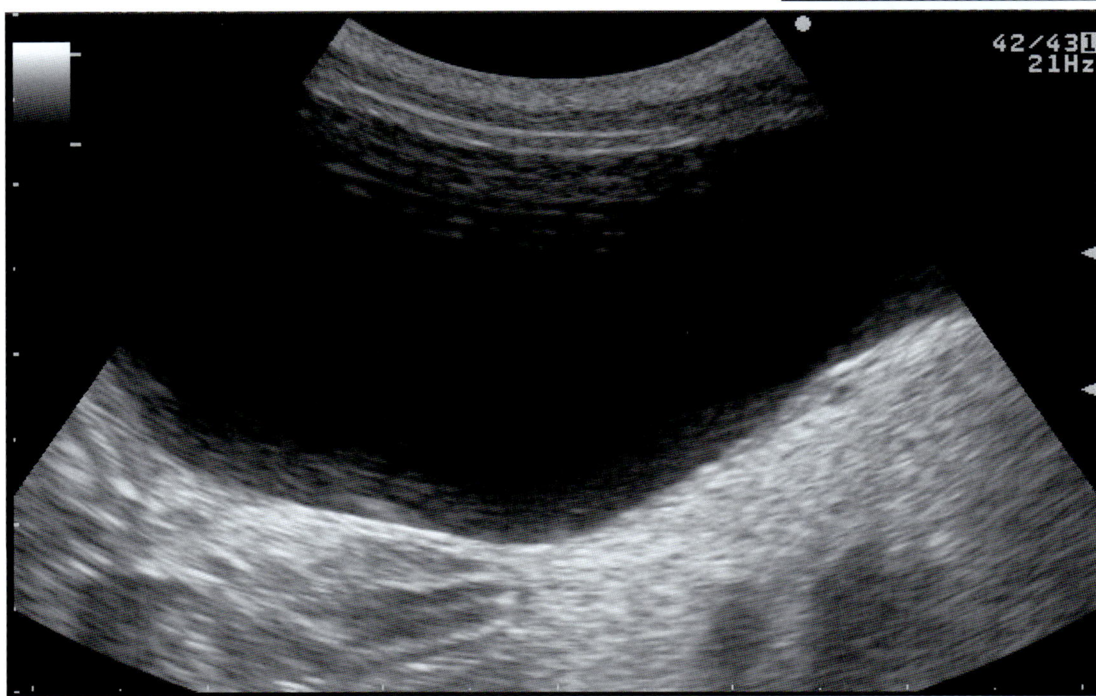

❖コメント❖

門脈体循環シャントは，短絡血管の存在部位により肝内性シャント，肝外性シャントの２つに分類され，肝内性シャントは若齢の大型犬に認められる場合が多く，正常であれば閉鎖するべき静脈管が残存することで生じるとされる。犬の肝内性シャントの発生率は全門脈シャント症例中の６～39％とされ，さらに肝内性シャントは短絡様式により左側部，中心性，右側部に分類される。超音波検査による肝内性シャントの診断率は92～100％と極めて高く，肝外性シャントと比較して容易に診断が可能である。肝内性シャントの外科的な治療には，超音波吸引装置を使用して肝臓実質を分割し，シャント血管を露出して結紮する方法やコイル塞栓術などが行われているが，いずれの方法についてもシャント血管の走行を術前に確認することが不可欠である。そのため実際に外科的な治療を行う際には，超音波検査のみではなくＸ線門脈造影検査や造影 CT 検査が必要とされる。本症例はコメント写真62-1が示すように，開腹下でのＸ線門脈造影検査により肝中央部において門脈から後大静脈に流入するシャント血管が確認された。造影剤はシャント血管に流れ，肝臓への流入は確認されない。

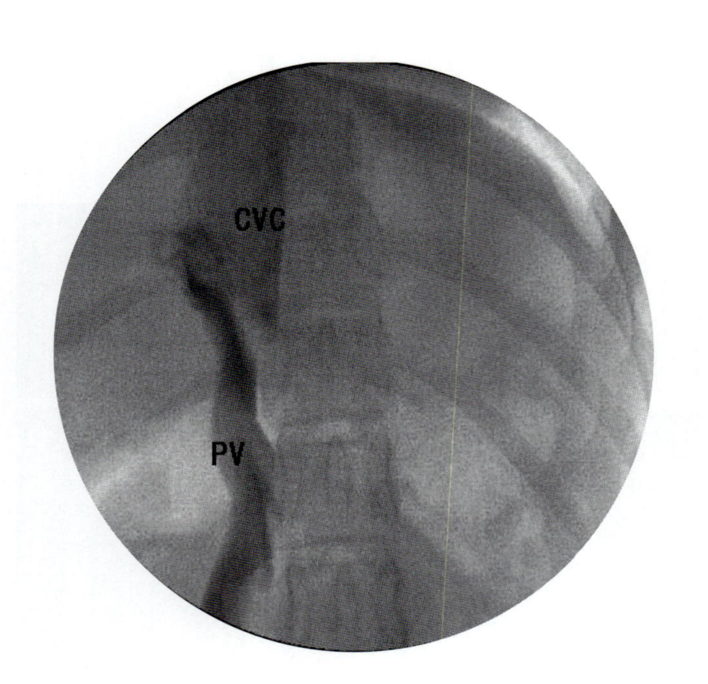

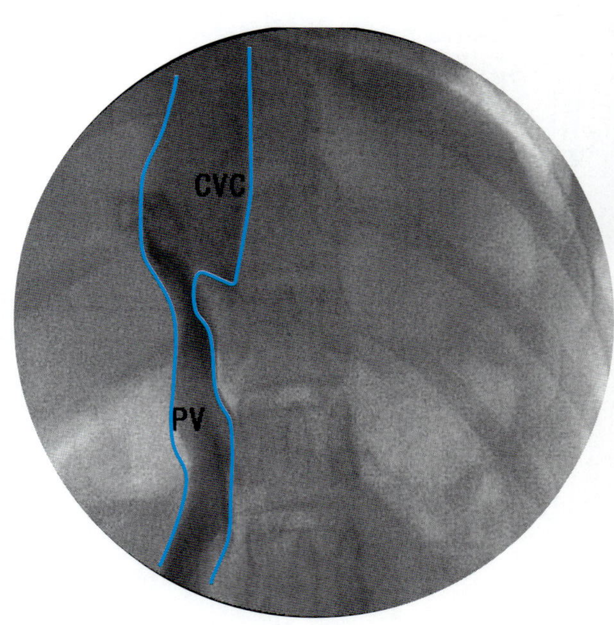

コメント写真 62-1　門脈造影透視画像
門脈（PV）から後大静脈（CVC）に流入する短絡血管が確認される。

63. 猫の門脈体循環シャント

症　例：雑種猫，避妊雌，7か月，体重 1.94kg。

主　訴：成長障害。

臨床病理所見：血中アンモニアと総胆汁酸の高値。

NH_3		432	μg/dL
TBA	食前	6.1	μmol/L
	食後２時間	95.5	μmol/L

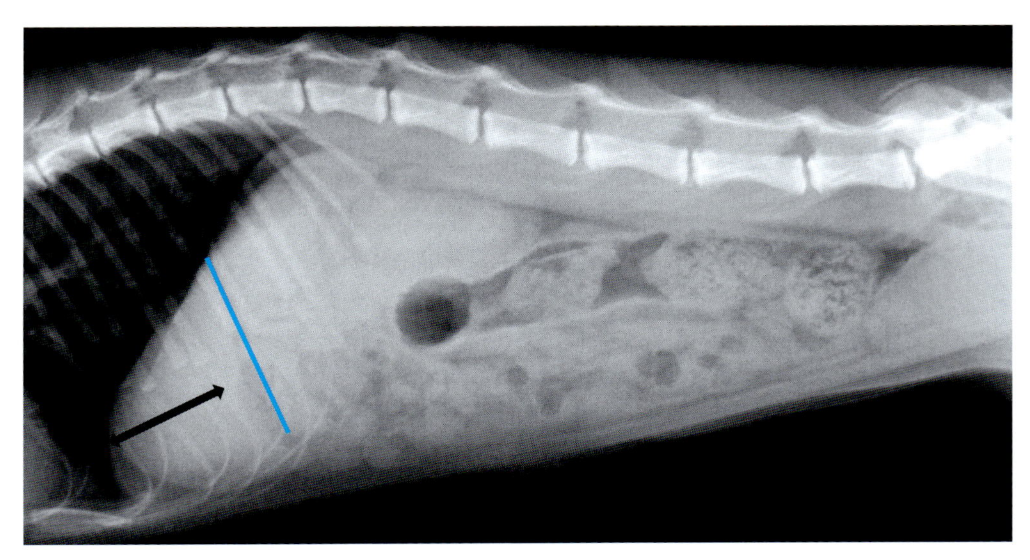

写真 63-1　腹部単純Ｘ線ラテラル像

肝臓陰影は肋骨弓内に収まっている。肝臓頭側の横隔膜境界から幽門方向に向かう肝臓尾側までの肝臓幅は，肋間２個分である（矢印)。胃軸（青ライン）は肋骨とほぼ並行に位置している。以上３つの所見から本症例の肝臓サイズは正常と判断できる。

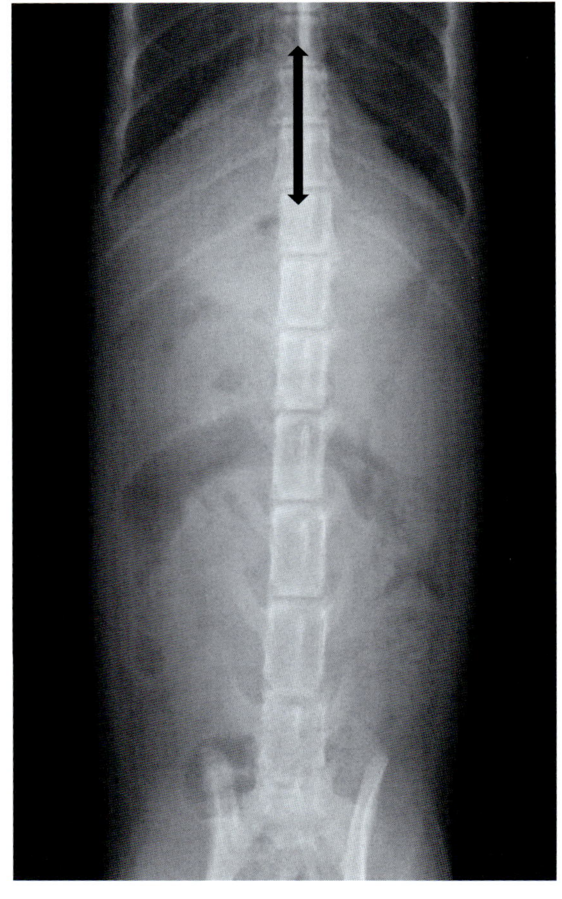

写真 63-2　腹部単純Ｘ線 VD 像

VD 像では，正中線上において肝臓幅（矢印）が２肋間以下の場合，肝臓サイズの縮小と判断するが，本症例に異常は認められない。

A

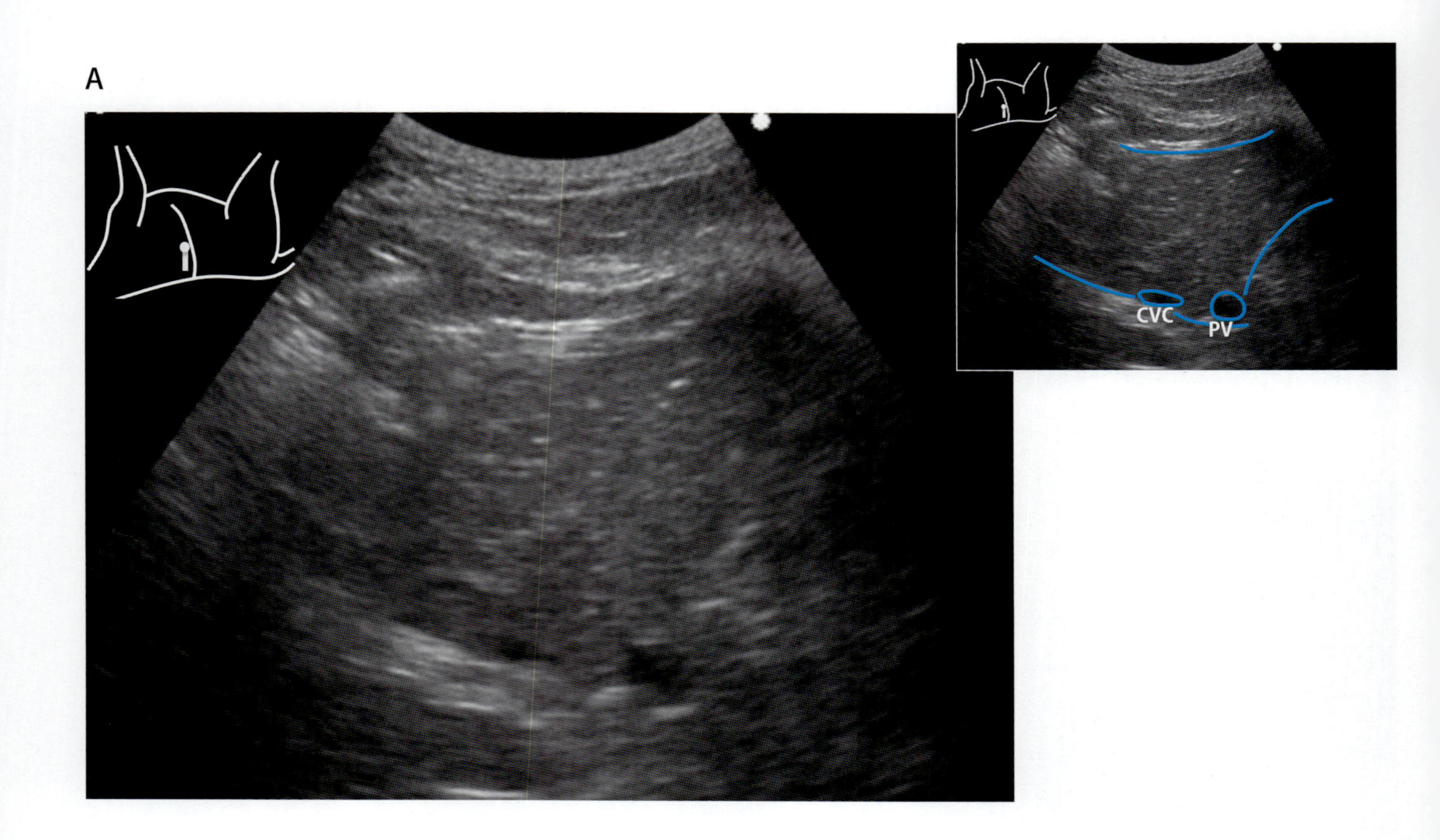

B

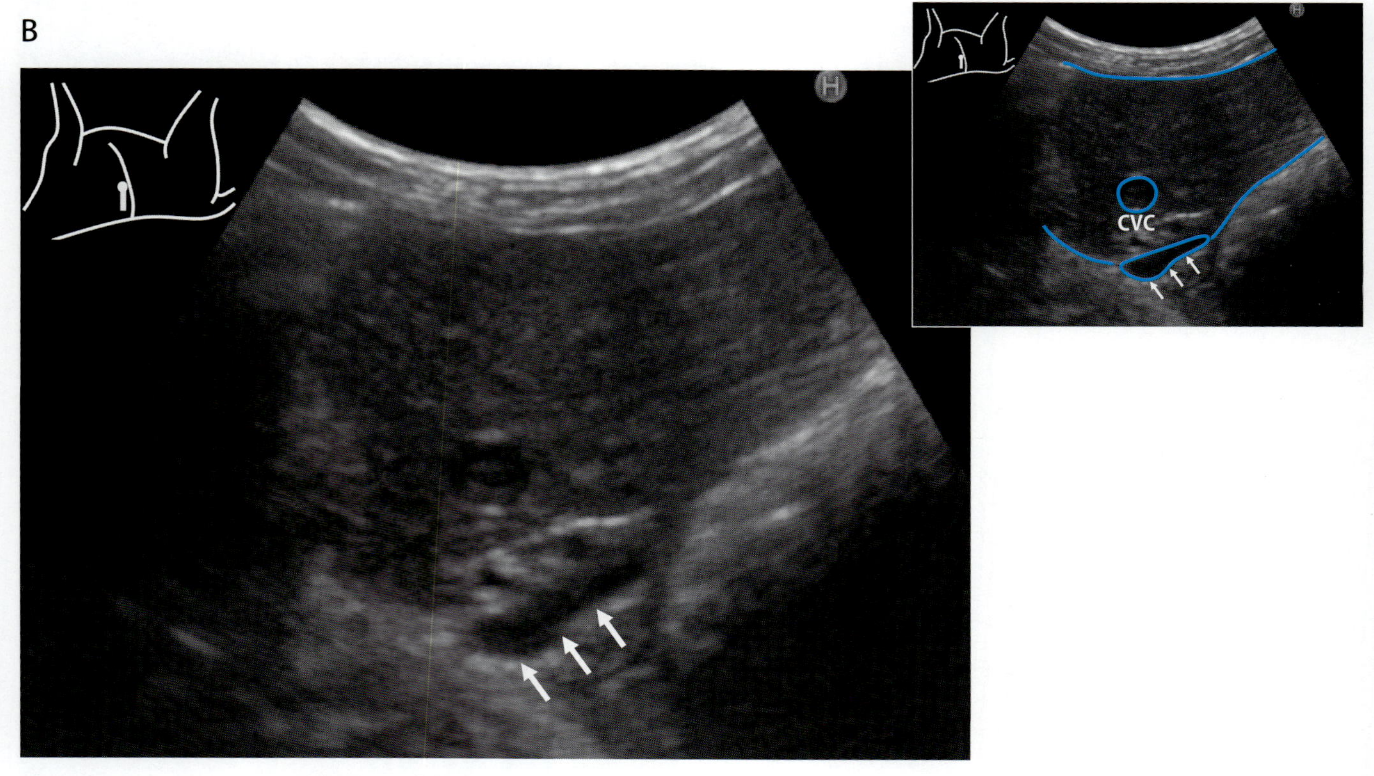

写真 63-3　右側上腹部超音波横断像（肝門部横断像）（A：正常像，B：症例像）
A：後大静脈（CVC）および門脈（PV）が認められる。
B：A とは異なり門脈は認められず，後大静脈（CVC）ならびに門脈とは異なる異常血管が認められる（白矢印）。

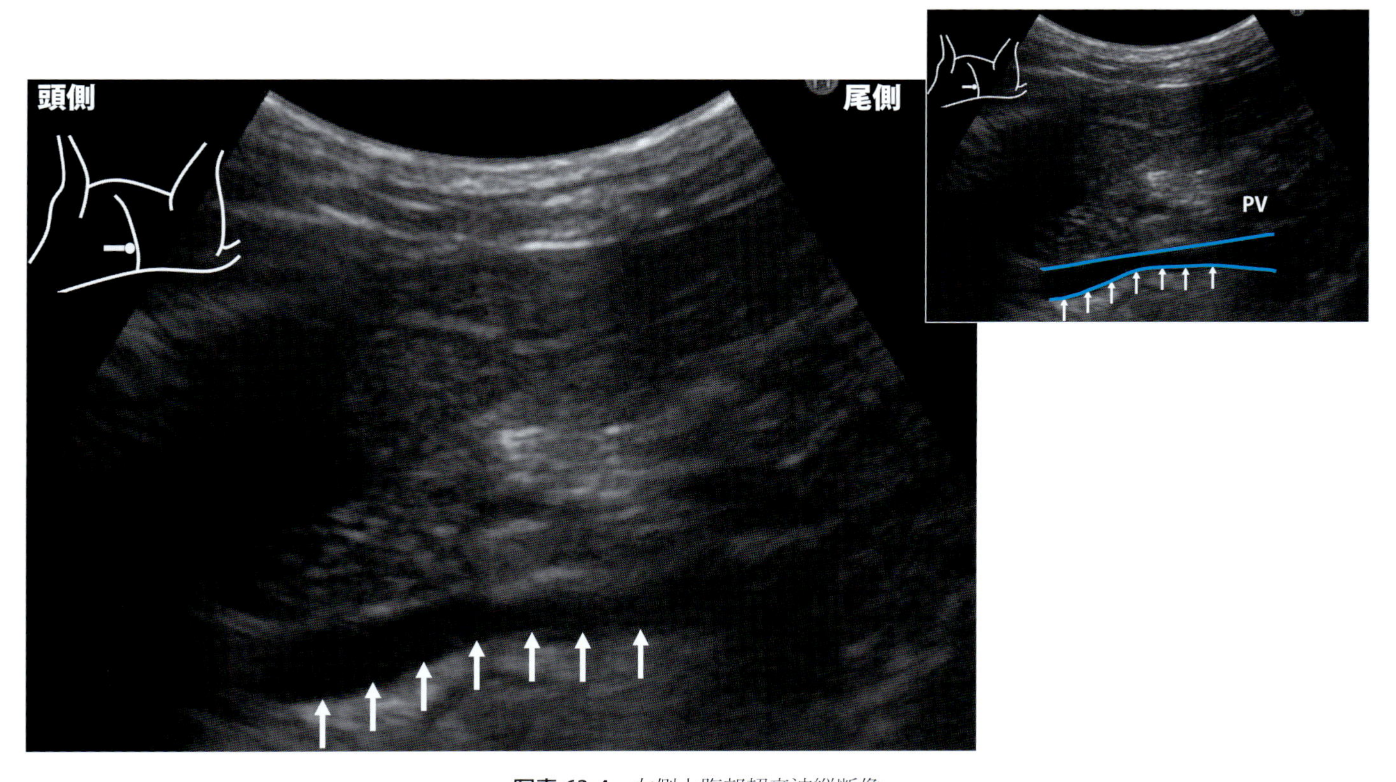

写真 63-4　右側上腹部超音波縦断像
門脈（PV）から分岐した異常血管を頭側へ追って行くと，異常血管は横隔膜に向かって走行し，肝臓内に流入していない（矢印）。以上の所見より，門脈体循環シャントと診断できる。

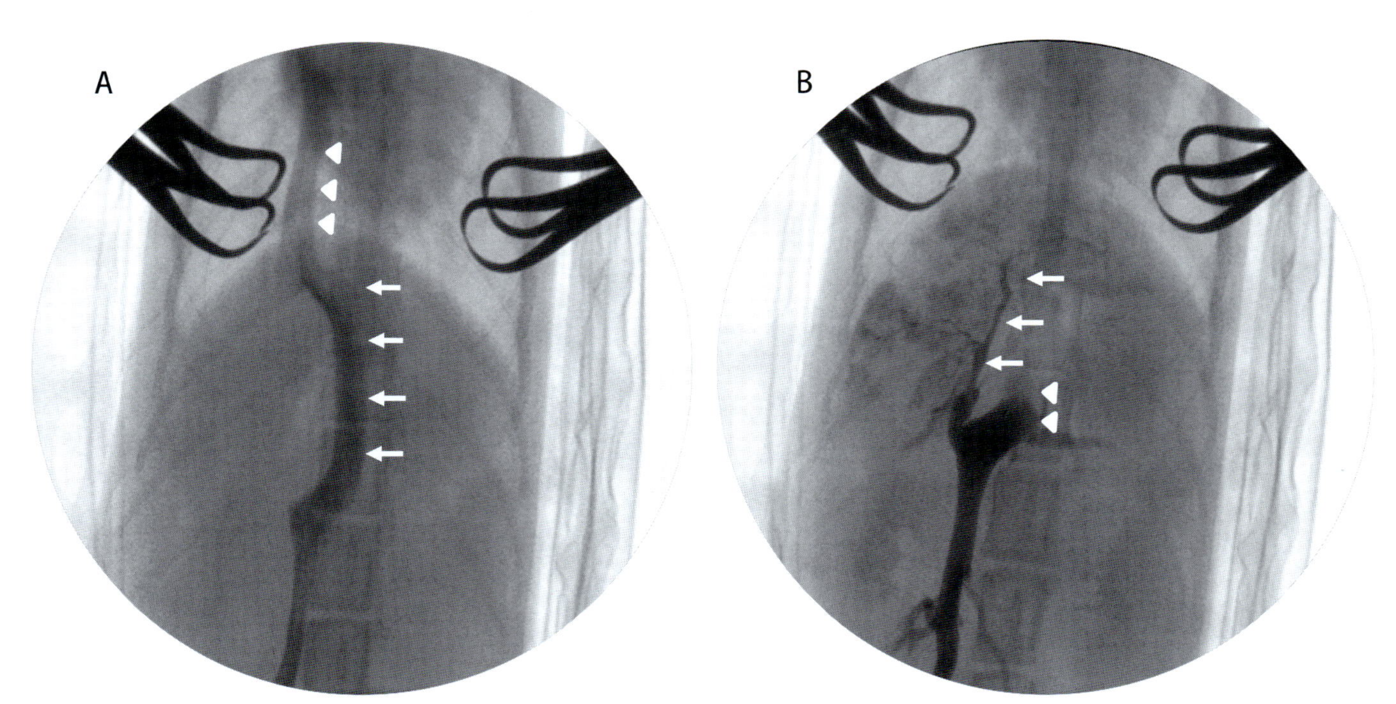

写真 63-5　開腹下でのＸ線門脈造影 VD 像（A：異常血管結紮前，B：異常血管閉塞後）
A：後大静脈（矢頭）に向かうシャント血管（矢印）が認められる。肝臓内に流入する血管は，認められない。
B：シャント血管を結紮糸で一時的に閉塞し（白矢頭），再度造影を行ったところ，臓内の門脈枝（矢印）が認められる。

❖コメント❖

門脈体循環シャントは，異常な短絡血管により門脈血が体循環に直接流入する疾患である。猫において最も多く認められる症状は，発作，運動失調，振戦，異常行動といった神経症状であり，中でも間欠性の流涎は高頻度に認められる。また，先天性門脈体循環シャントの猫では，虹彩が銅色の色調を示すという報告もある[2]が，関連性については不明である。以上のような症状に加え，門脈体循環シャントを疑う検査所見として，血中アンモニア濃度と血清胆汁酸濃度の上昇が挙げられ，猫における血中アンモニアの感度と特異度は83%と86%であり，血清胆汁酸では100%と84%と報告されている[3]。一方，門脈体循環シャントの動物の腹部X線検査において小肝症が出現する割合は，犬で84%（37頭/44頭），猫で22%（2頭/9頭）であったと報告されている[1]。このように，腹部単純X線検査において，門脈体循環シャントの犬の多くで認められる小肝症が，猫では認められないことが多い。以上より，猫では小肝症から門脈血管異常を犬のように疑うことはできないのが一般的と認識しておくことが重要である。

引用文献

1）D'Anjou,M-Andre（2004）：*Vet. Radiol. Ultrasound* 45, 424-437.
2）Lamb,C.R.（1996）：*J. Small Anim. Pract.* 37, 205-209.
3）Ruland,K.（2010）：*Vet. Clin. Pathol.* 39, 57-64.

64. 犬の胆石ならびにリンパ球プラズマ細胞性胆管肝炎

症　例：チワワ，雌，9 歳。

主　訴：嘔吐，血液検査での肝酵素上昇，X 線ならびに超音波検査での胆嚢異常を主訴に麻布大学附属動物病院に紹介された。

血液検査所見：

PCV	44.6	%
RBC	670 × 10^4	/μL
Hb	16.1	g/dL
MCV	68.1	fL
MCH	24.0	pg
MCHC	35.3	g/dL
WBC	97.0 × 10^2	/μL
Neu	73.3 × 10^2	/μL
Lym	17.1 × 10^2	/μL
Mon	5.5 × 10^2	/μL
Eos	1.0 × 10^2	/μL
Bas	0.1 × 10^2	/μL
pl	31.4 × 10^4	/μL
TP	4.9	g/dL

Alb	2.9	g/dL
ALT	491	U/L
ALP	2136	U/L
TC	228	mg/dL
Tg	33	mg/dL
T-Bil	33	mg/dL
Glu	67	mg/dL
BUN	12.7	mg/dL
Cr	0.4	mg/dL
Ca	8.5	mg/dL
iP	2.8	mg/dL
Na	146.4	mmol/L
K	4.33	mmol/L
Cl	108.3	mmol/L

A

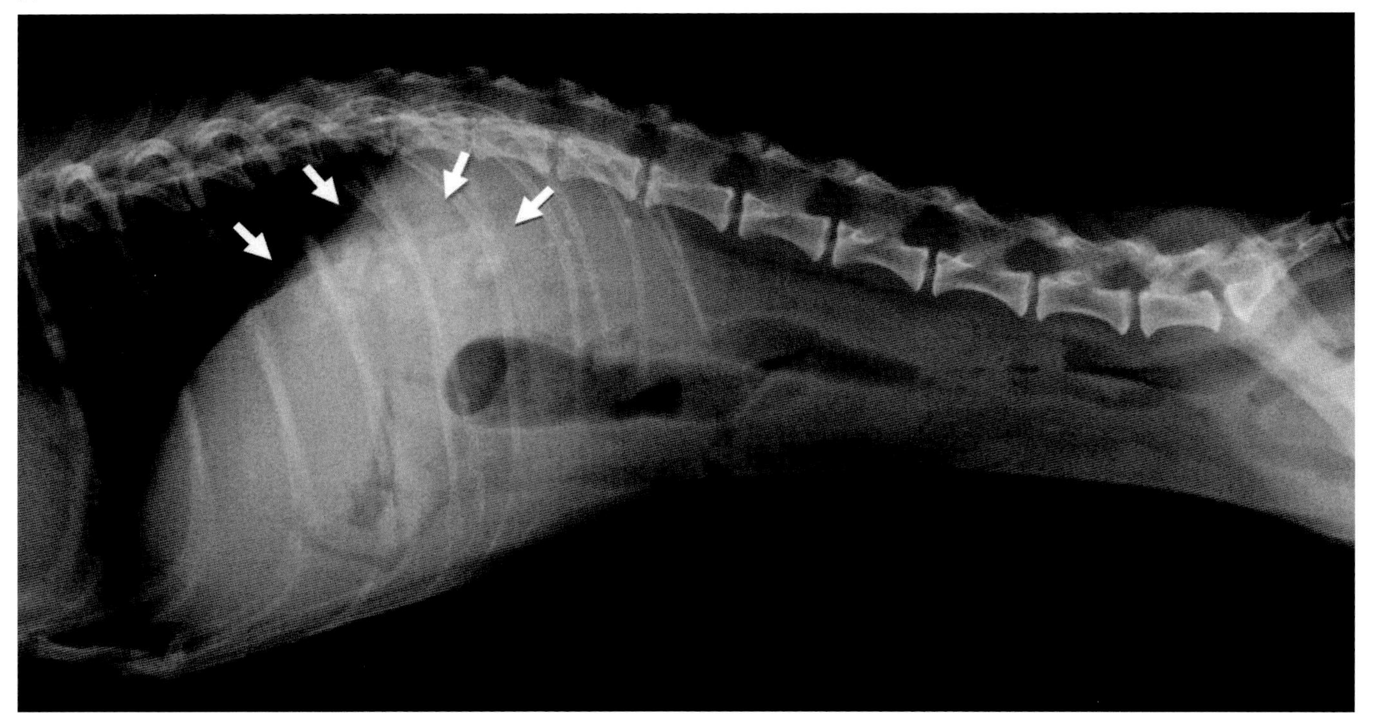

写真 64-1　腹部単純 X 線像（A：ラテラル像，B：VD 像）
肝臓は肋骨弓内に収まり，肝臓辺縁はシャープであるが，肝臓幅は肋間 2 つ分弱で胃軸が頭側に変移している。以上から肝臓の縮小が判断される。また，胆嚢に一致した部位において，複数の石灰化病変が認められることから，胆嚢結石の存在が示唆された（矢印）。

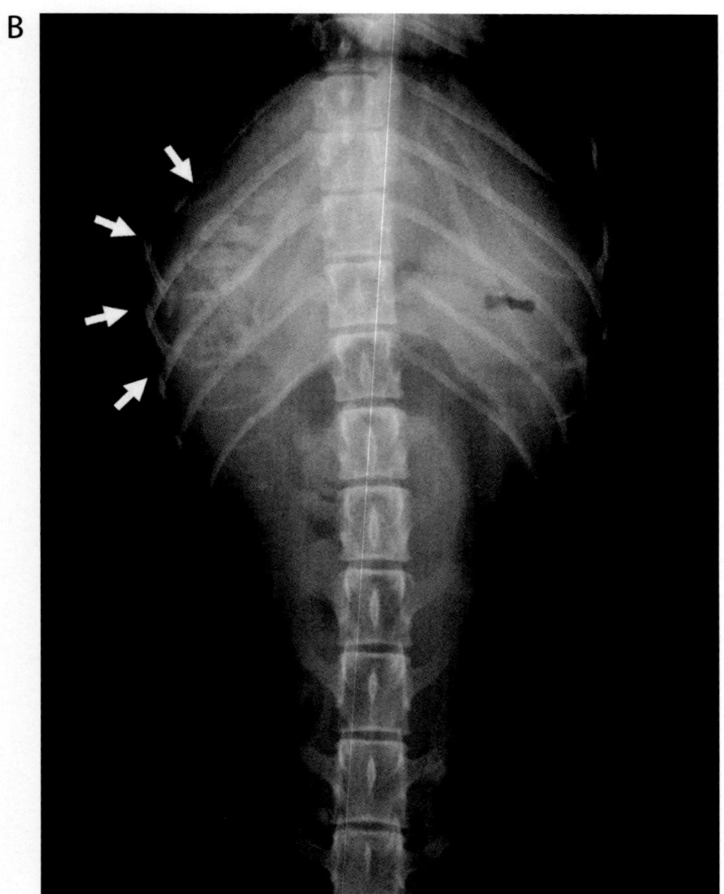

写真 64-1（つづき）

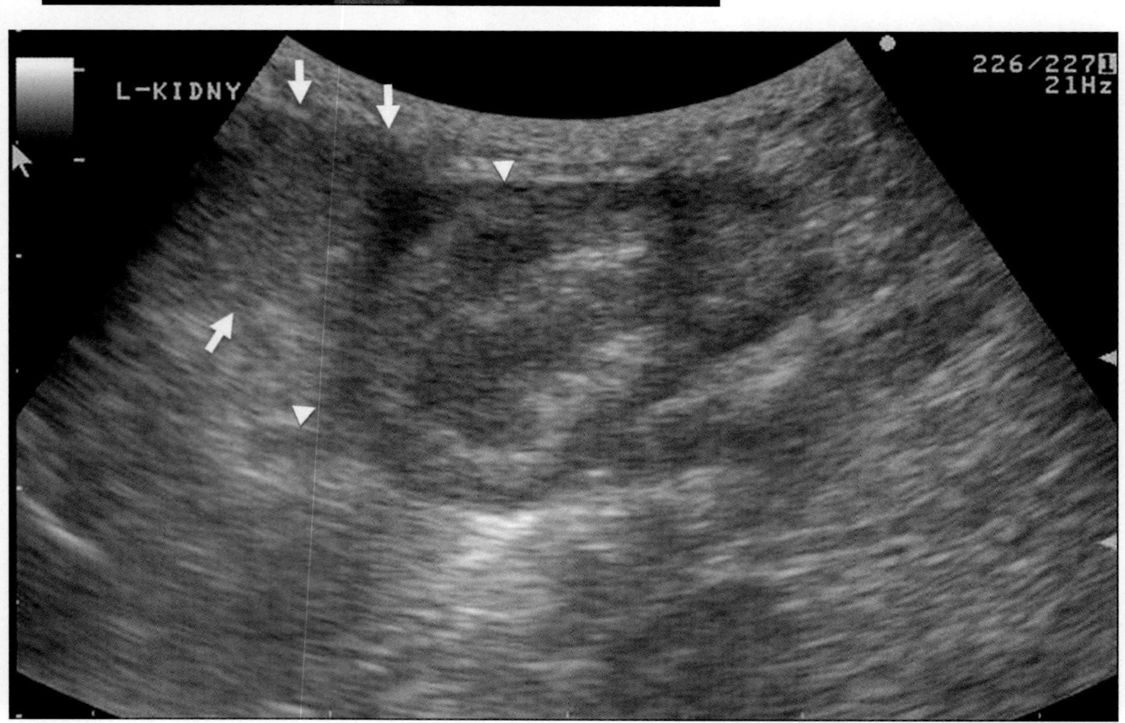

写真 64-2 左腎超音波像（長軸像ならびに腎脾コントラスト）
皮質髄質は明瞭で，構造上の異常は認められない。また，脾臓（矢印）は腎皮質（矢頭）と比較し高エコーであり正常である。 L-KIDNY：左腎

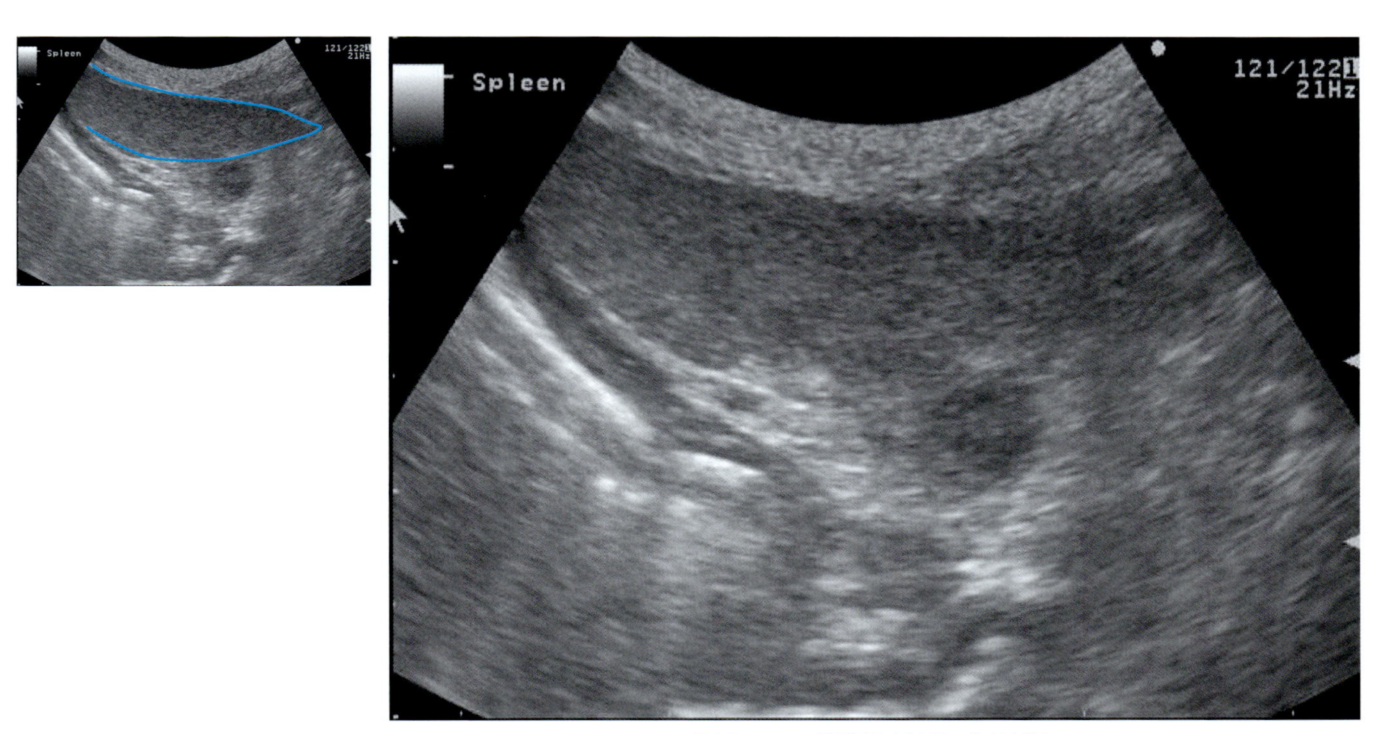

写真 64-3　脾臓超音波像（短軸像）
脾臓実質は均一で，辺縁形状の異常も観察されない。　Spleen：脾臓

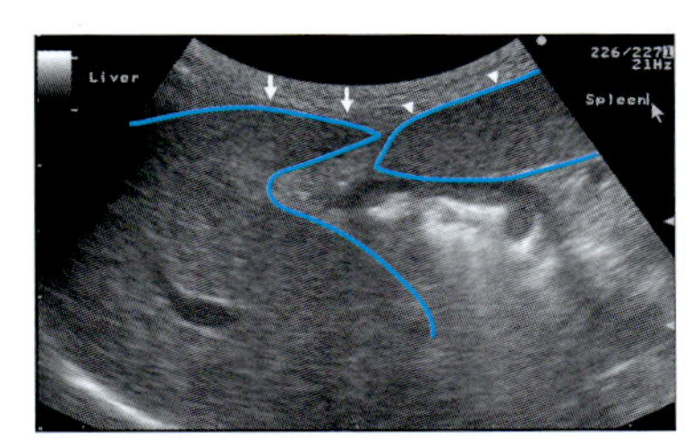

写真 64-4　超音波像（肝脾コントラスト）
通常，肝臓は脾臓よりも低エコーで描出されるが，本症例では肝臓（矢印）と脾臓（矢頭）が等エコーを示している。写真 64-3 の腎脾コントラストを考慮すると，肝臓実質が高エコー化しているものと考えられる。　Liver：肝臓，Spleen：脾臓

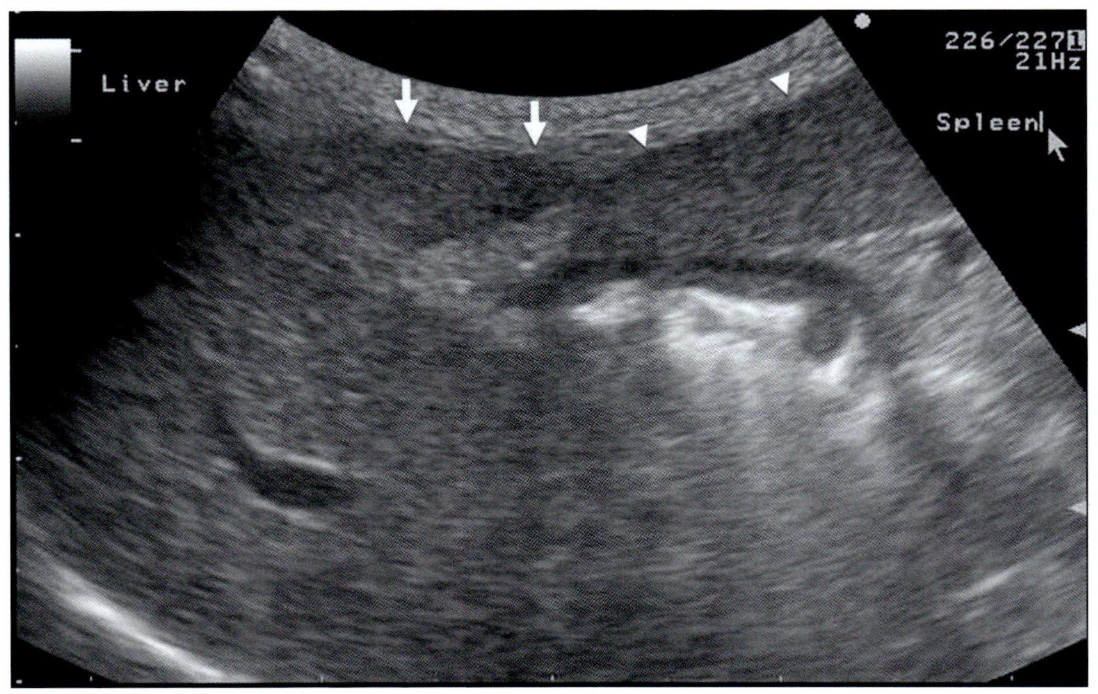

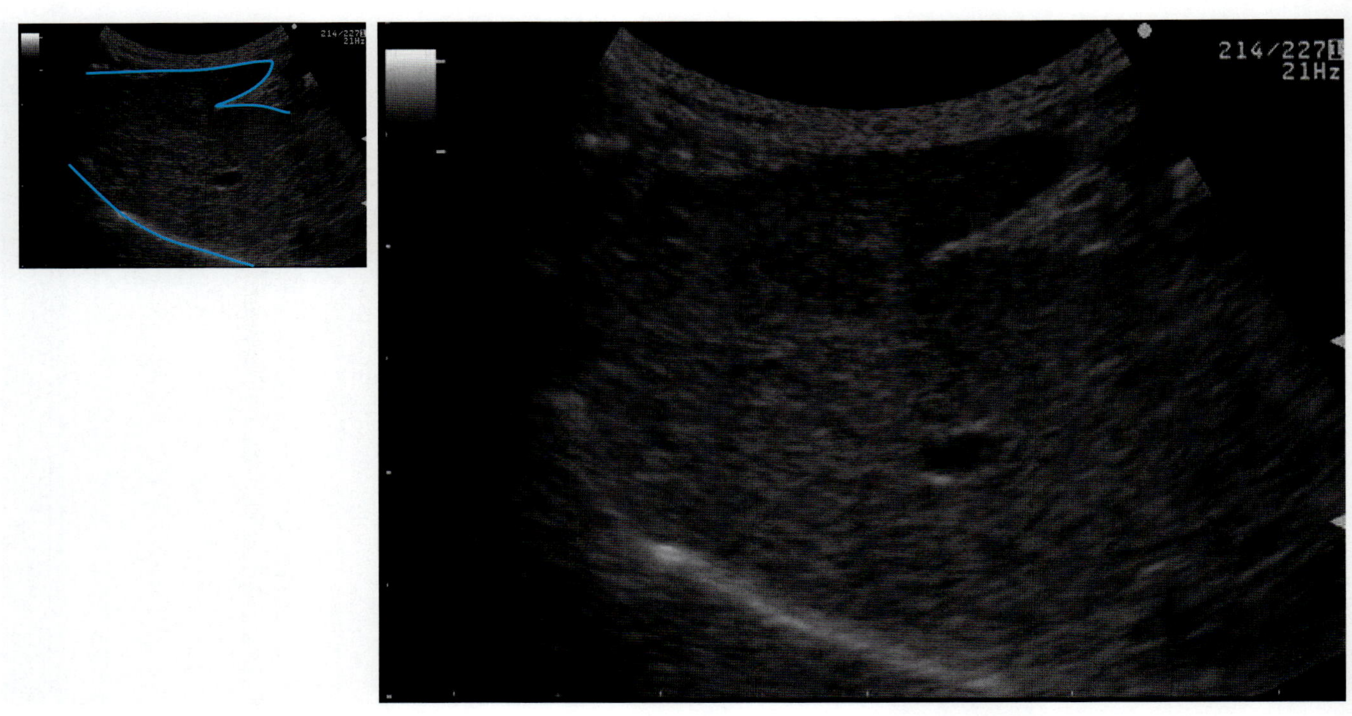

写真 64-5　肝左葉超音波像（長軸像）
X 線同様，肝臓辺縁はシャープで平滑である。また，肝臓実質は均一に観察される。

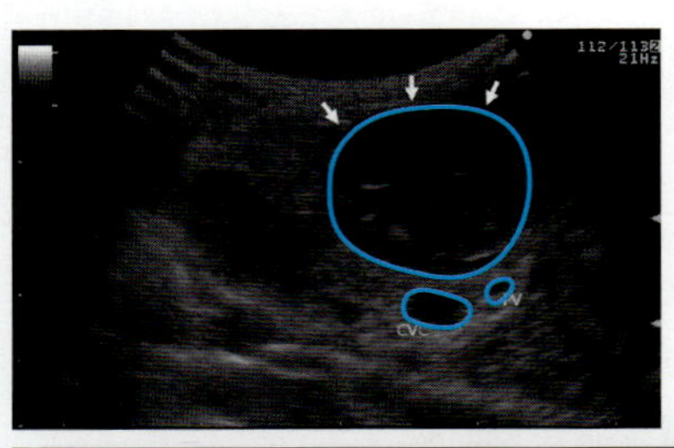

写真 64-6　胆嚢ならびに肝右葉，肝門部超音波像（短軸像）
胆嚢内には多発性の結節状エコーが認められ，胆嚢粘膜の粗造が観察される（矢印）。肝右葉，門脈（PV），後大静脈（CVC）に異常はない。総胆管は解剖学的に門脈血管と併走しているが，拡張は確認されない。

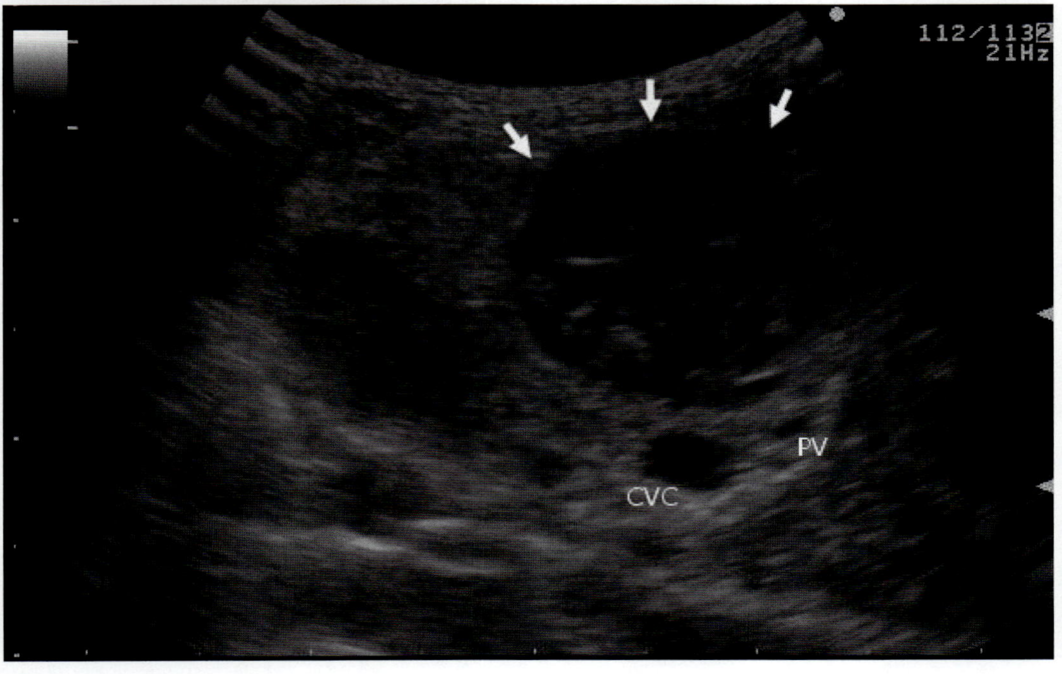

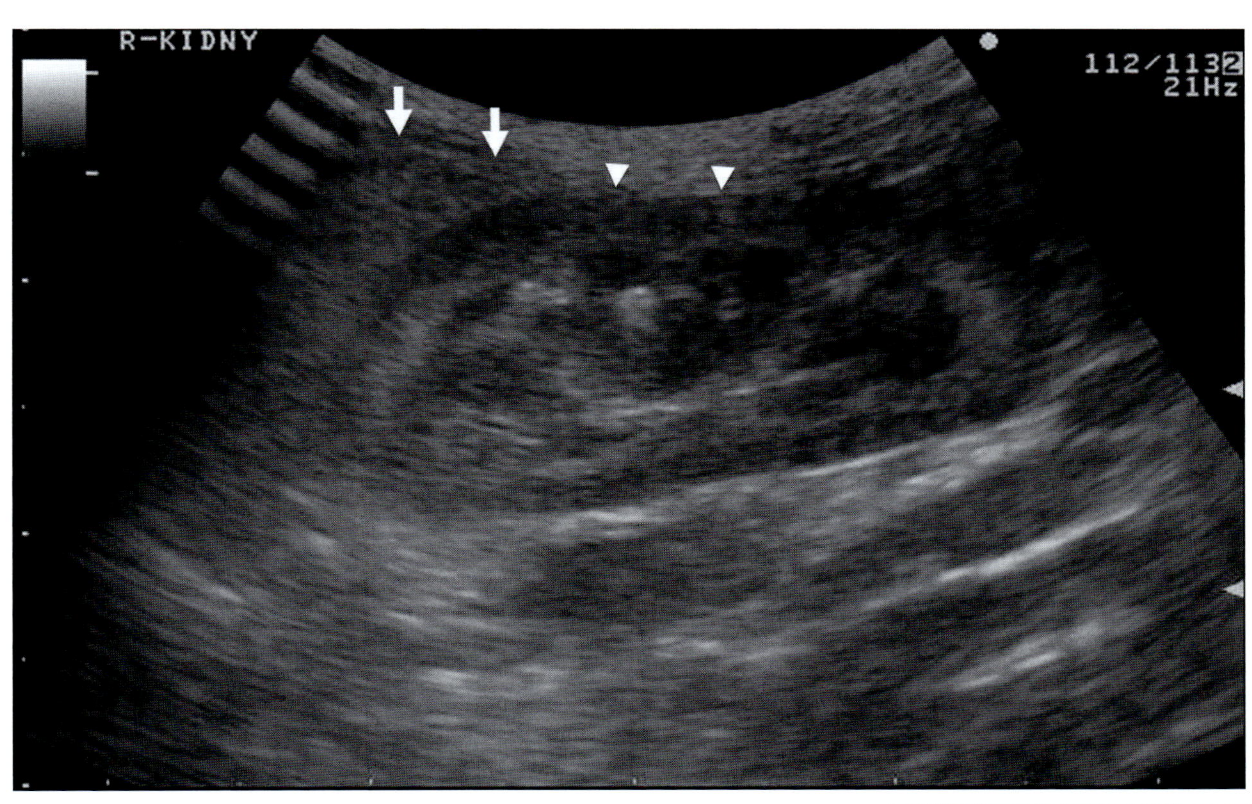

写真 64-7 超音波像（肝腎コントラスト）
肝臓は腎臓皮質と比較し，正常では同等か軽度に高エコーを呈する。本症例の肝臓（矢印）は，右腎皮質（矢頭）と比較し，顕著に高エコーである。
R-KIDNY：右腎

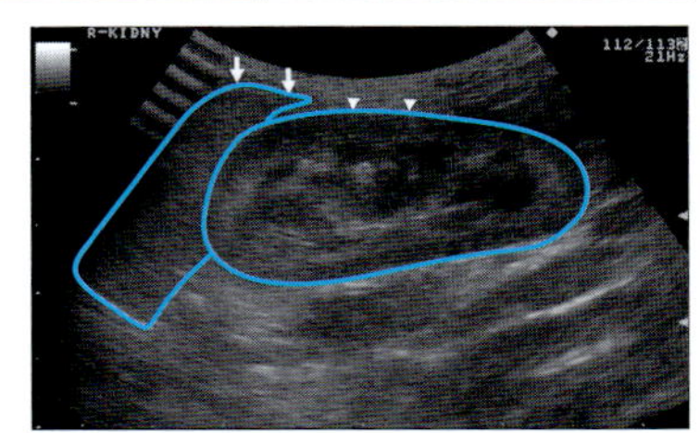

❖コメント❖

本症例は嘔吐を主訴に動物病院を受診したところ，血液検査では肝酵素の上昇が，X 線ならびに超音波検査では肝胆道系の異常が確認されたため，精査を目的として麻布大学附属動物病院に紹介された。

X 線で肝臓の縮小が認められる場合の鑑別診断には，門脈体循環短絡症，慢性肝炎，肝硬変または肝線維症，横隔膜ヘルニアなどが挙げられる。一方，超音波検査で肝臓が高エコー化する場合の鑑別診断には，脂肪浸潤，糖尿病，ステロイド性肝症，リピドーシス，慢性肝炎，肝硬変または肝線維症，リンパ腫，その他の浸潤性腫瘍が挙げられる。したがって本症例では，血液検査所見も加味すると，何らかの慢性肝疾患が考慮されるが，診断には肝生検が必須となる。

肝生検の方法としては，オープンバイオプシー，Tru-Cut バイオプシー，腹腔鏡下バイオプシーが挙げられるが，体重の小さな超小型犬であることから腹腔鏡下バイオプシーは今回対象とならず，胆嚢結石の処置（胆嚢切除）も考慮すると，オープンバイオプシーが一番適当と考えられる。さらに，オープンバイオプシーでは，門脈造影や門脈圧測定も同時実施できるメリットがある。

本症例は開腹にて胆嚢切除，門脈造影，門脈圧測定，外側左葉先端部の肝生検を行った。造影上，門脈血管は正常に観察され，門脈圧も 9.52cm H_2O と正常を示した。胆汁培養によって細菌は検出されず，切除された肝臓サンプルではリンパ球形質細胞性胆管肝炎と診断された。以上から本症例は，自己免疫性の肝炎と考えられるため，治療にはステロイド，アザチオプリン，シクロスポリンといった免疫抑制剤が必要と判断された。

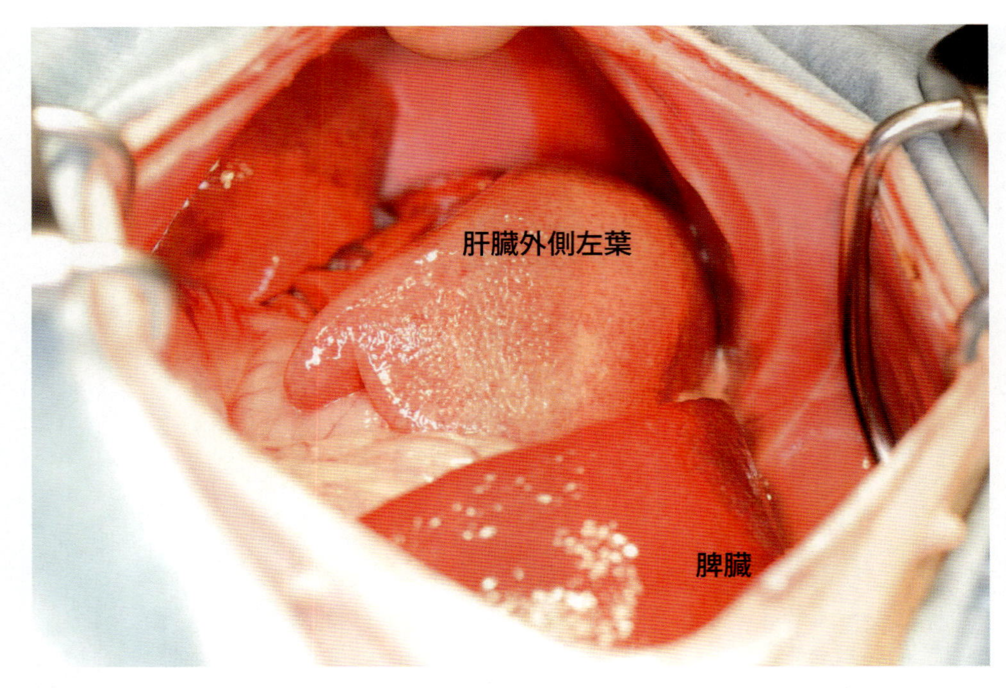

コメント写真 64-1　肝臓の術中写真
肝臓は黄褐色を呈している。

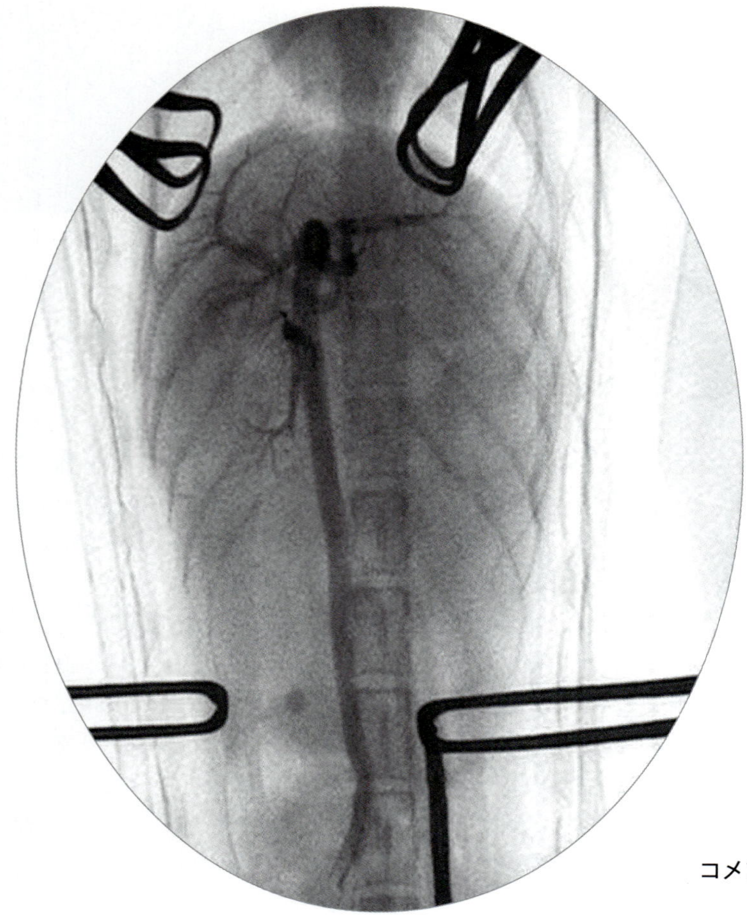

コメント写真 64-2　門脈造影透視画像
異常はみられない。

65. 犬の胆嚢壁肥厚

症　例：ビーグル，避妊雌，7 歳。

主　訴：急激な元気消失。

一般身体検査：意識レベル低下，低体温。

血液検査所見：

Ht	63.4	%
Hb	20.4	g/dL
WBC	227×10^2	/μL
pl	22.2×10^4	/μL
TP	6.3	g/dL
Alb	3.5	g/dL
ALT	163	U/L
AST	164	U/L
ALP	47	U/L
GGTP	0	U/L
Chol	146	mg/dL
T-Bil	1.5	mg/dL
Glu	116	mg/dL
BUN	26	mg/dL
Cr	1.5	mg/dL
Ca	9.6	mg/dL
Lip	771	U/L
Amy	627	U/L
Na	154	mmol/L
K	4.3	mmol/L
Cl	116	mmol/L
CRP	0.35	mg/dL

A

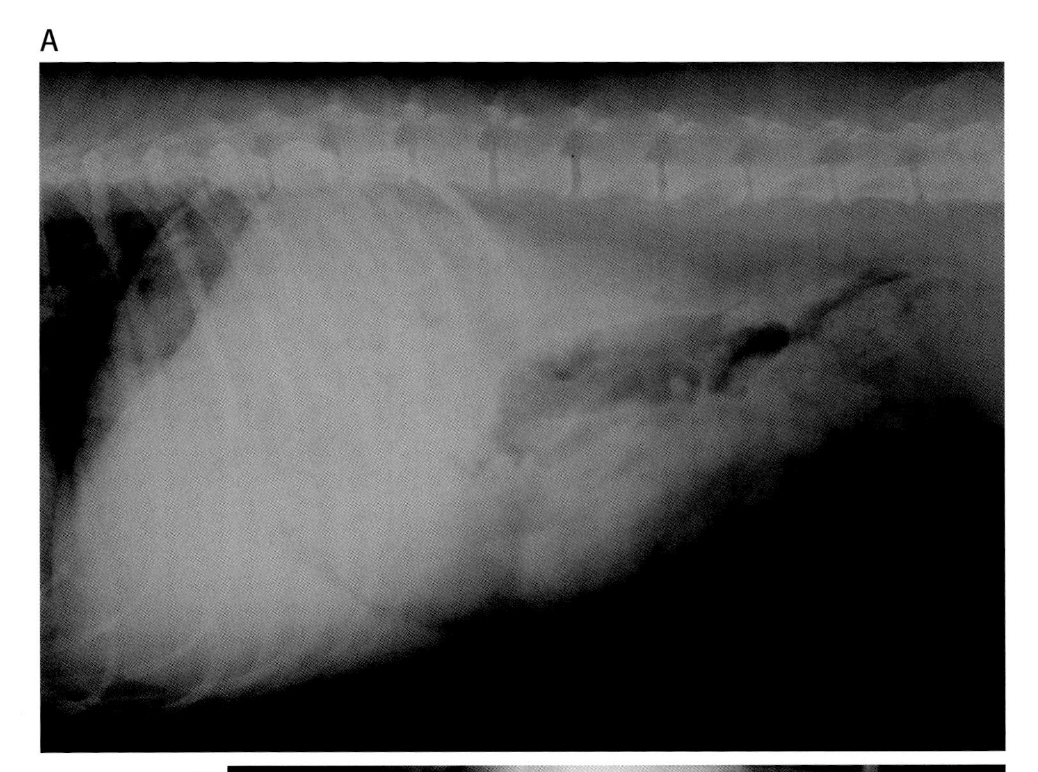

B

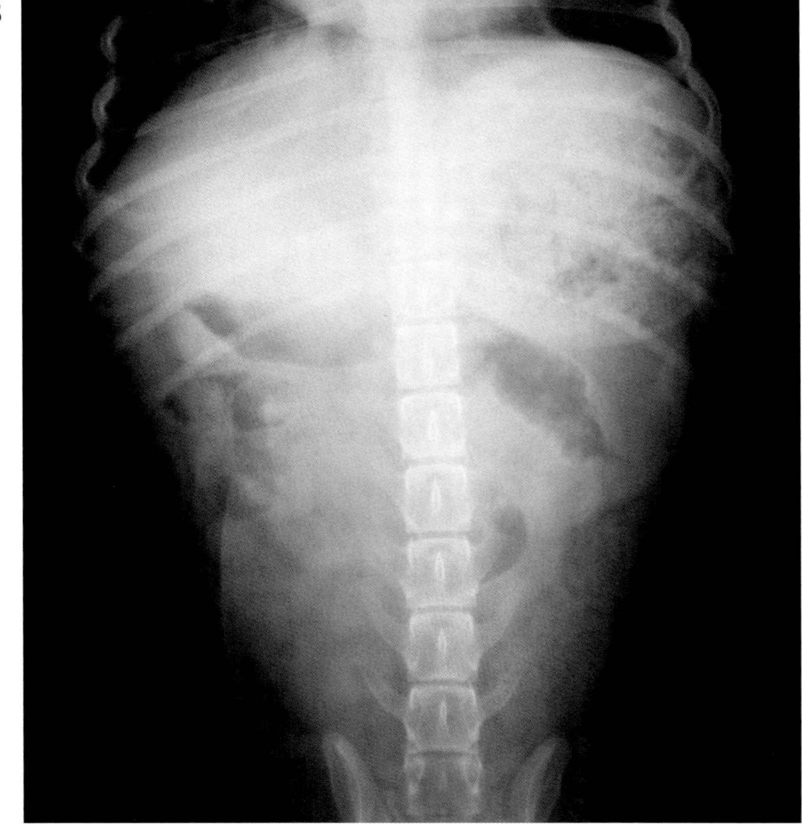

写真 65-1　腹部単純 X 線像（A：ラテラル像，B：VD 像）顕著な異常所見は認められない。

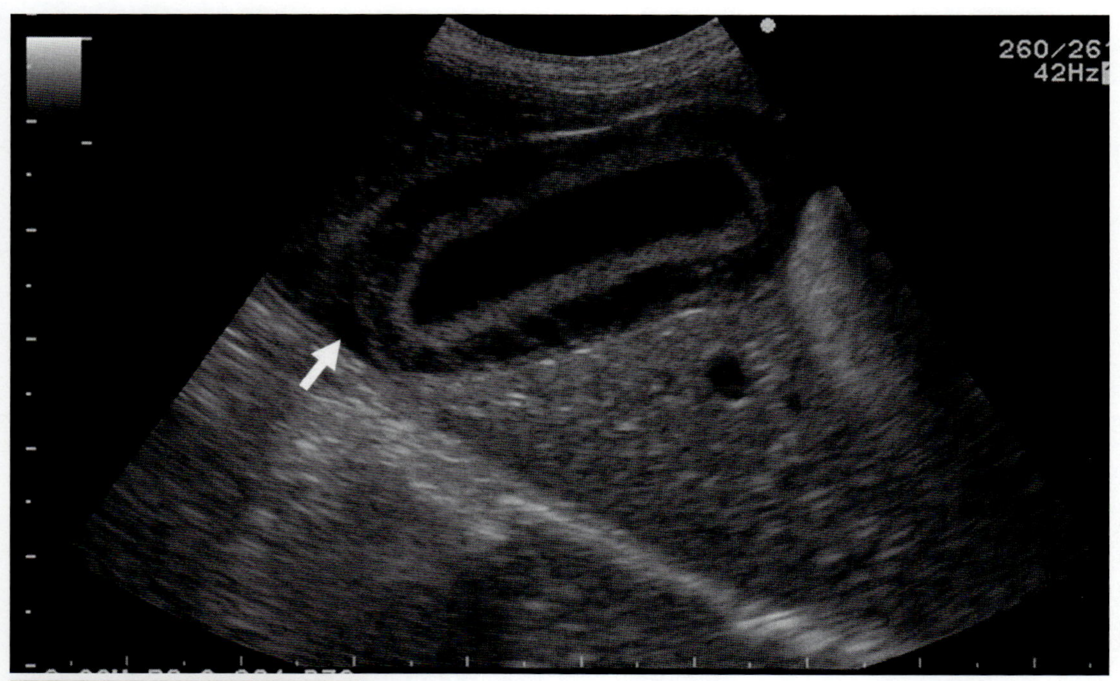

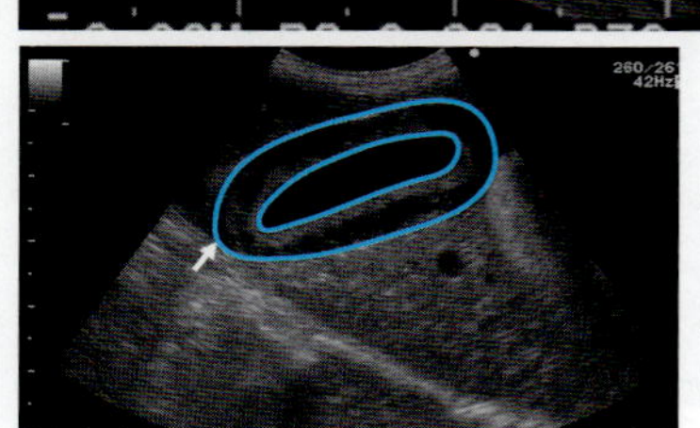

写真 65-2 腹部超音波像 剣状突起下胆嚢縦断像
肝酵素の軽度上昇を認めたことから，腹部超音波検査を実施した。胆嚢壁は全周性に肥厚しており，壁は平滑で，3 層構造に描写される。壁の厚さは 5mm 幅であった。また，軽度の腹水も認められる（矢印）。

A

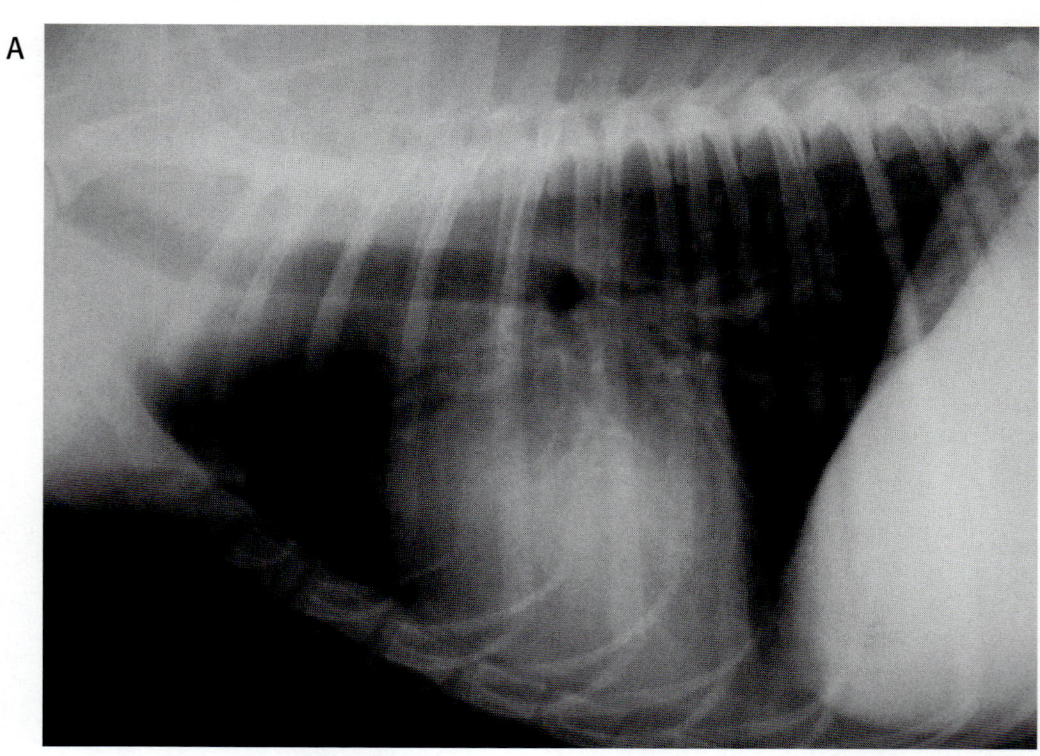

写真 65-3 胸部単純 X 線像（A：ラテラル像，B：VD 像）
顕著な異常所見は認められない。

写真 65-3（つづき）

B

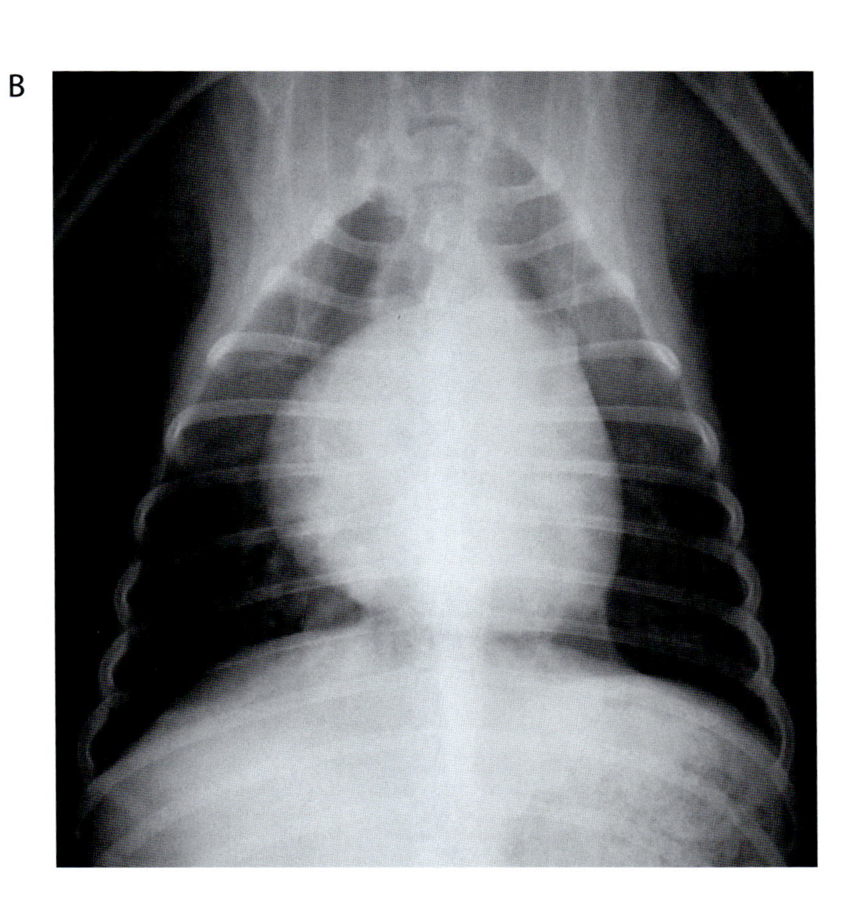

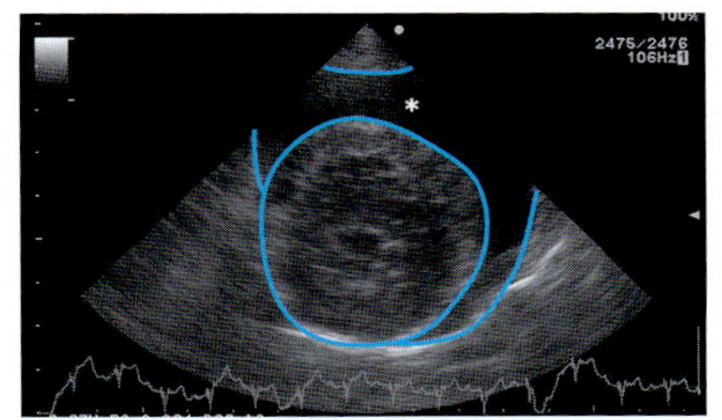

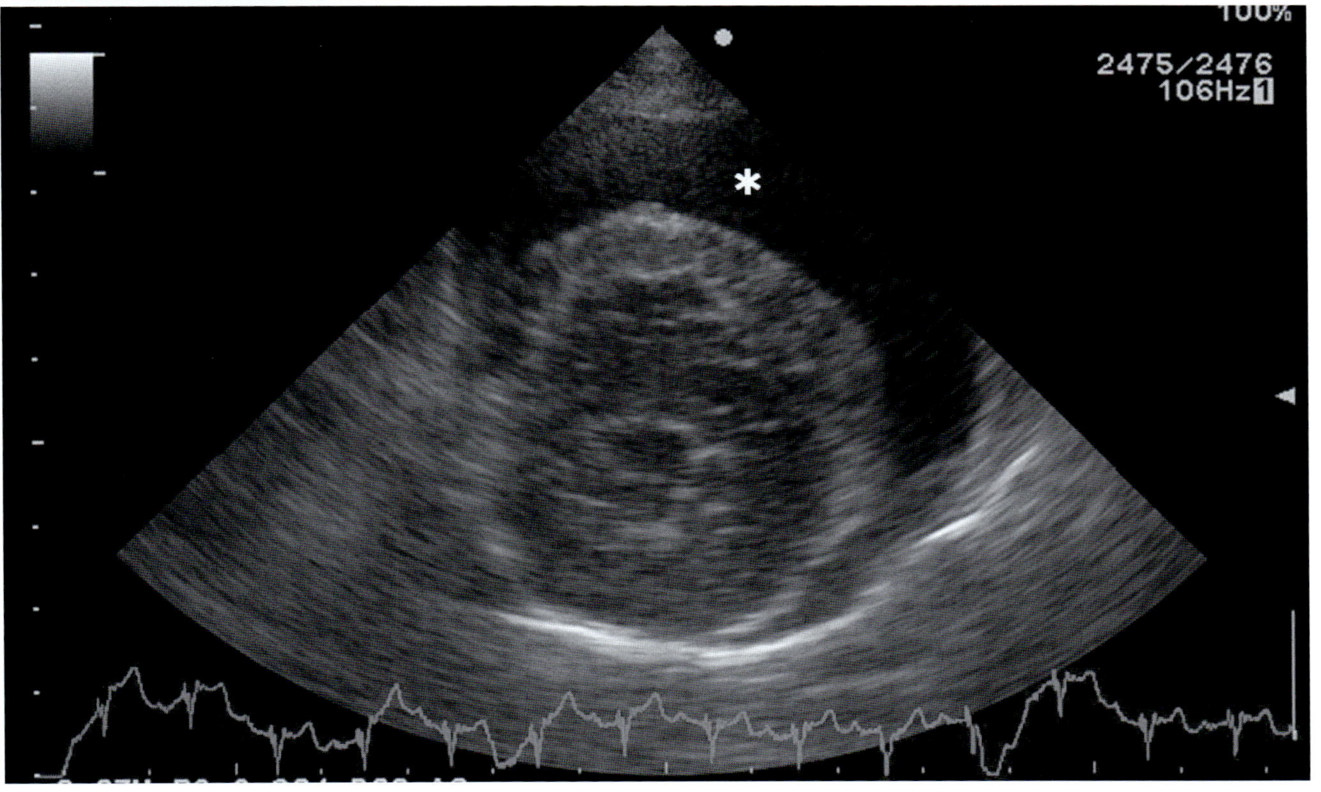

写真 65-4 心臓超音波像 右側傍胸骨短軸断面像
心臓周囲に低エコー領域が描出され，心膜水の貯留が確認される（＊）。

❖コメント❖

正常な胆嚢壁は，超音波検査では描出されないか，または薄いエコー源性ラインとして認められる。胆嚢壁が，犬で2～3mm以上，猫で1mm以上ある場合には，肥厚していると判断される。胆嚢壁の肥厚には，生理的肥厚と病的肥厚がある。生理的肥厚は，循環不全や門脈圧亢進などにより2次的に発症し，原因としては肝硬変，急性肝炎，低アルブミン血症，心疾患などが鑑別診断として挙げられる。胆嚢壁は浮腫により，全周性に3層構造(内層，低エコー層，外層）を呈し，平滑に肥厚する。一方，病的肥厚では，胆嚢自体に異常が認められ，胆嚢炎，胆嚢癌などが鑑別診断として挙げられる。したがって，病態の種類や程度により胆嚢壁の形状は異なり，全周性または限局性に肥厚し，内腔側は，平滑または不整な形状を呈する。

本症例は，来院時に血液検査を行ったところ，HCT値と白血球数の上昇，さらにALT，AST，T-Bilの軽度上昇が認められた。以上から，腹部単純X線検査ならびに腹部超音波検査を実施した。X線検査（写真65-1）においては異常が認められなかったものの，超音波検査（写真65-2）において，剣状突起下からの胆嚢縦断像で，胆嚢壁肥厚（5mm幅）と軽度腹水が認められた。胆嚢壁は全周性に3層構造を呈しており，平滑に肥厚していた。しかしながら，肝臓実質や胆道系には顕著な異常所見が検出されなかった。

この所見から，胆嚢壁肥厚は生理的肥厚と判断されたため，鑑別診断リストに基づき，胸部単純X線検査ならびに心エコー検査を追加した。その結果，X線検査（写真65-3）で異常は認められなかったが，心エコー検査（写真65-4）においては，右側傍胸骨短軸断面像で，心膜水貯留が認められた。引き続き心膜穿刺を行ったところ，採取された貯留液は，ヘマトクリット値が57％の血液であったことから，出血と判断された（コメント写真65-1）。心膜内の血液を可能な限り排液し，さらに心臓の詳細を観察した結果，右心耳に腫瘤性病変が認められ，血管肉腫の可能性が示唆された（コメント写真65-2）。

心外膜液が高度に貯留すると，心膜内の圧が上昇し，血圧の低い右心房は拡張不全を呈する。その結果，静脈還流障害が生じ，その影響が腹部臓器や器官に及ぶ。したがって，胆嚢壁肥厚が認められる場合，肝・胆道系疾患以外の病態についても考慮する必要性がある（コメント写真65-3）。

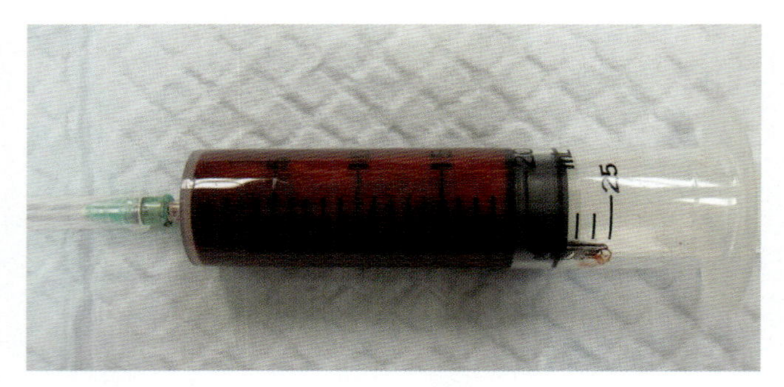

コメント写真65-1　心膜水
心膜水は肉眼的に血液様で，貯留液のHCTは57％である。

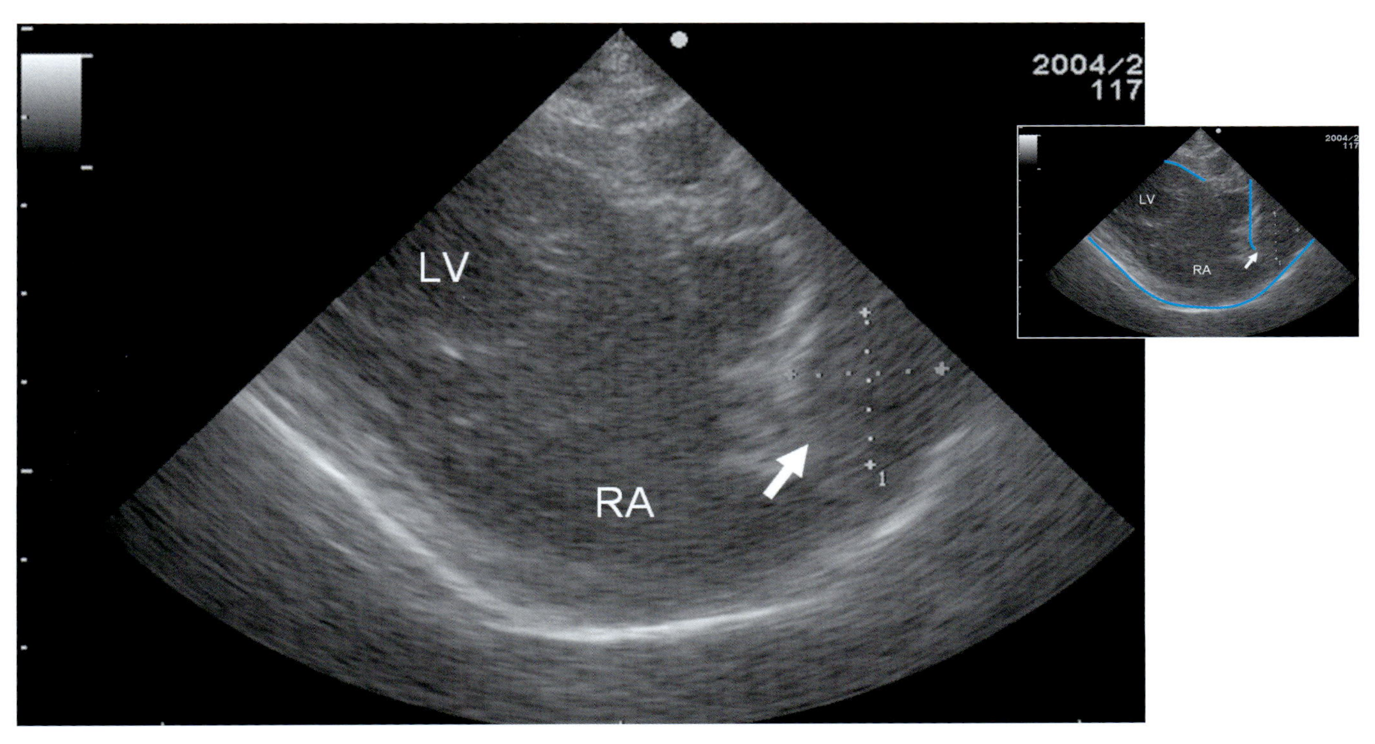

コメント写真 65-2 心臓超音波像 左側傍胸骨右房・右心耳断面像
右心耳領域に腫瘤病変が認められる（矢印）。 LV：左心室，RA：右心房

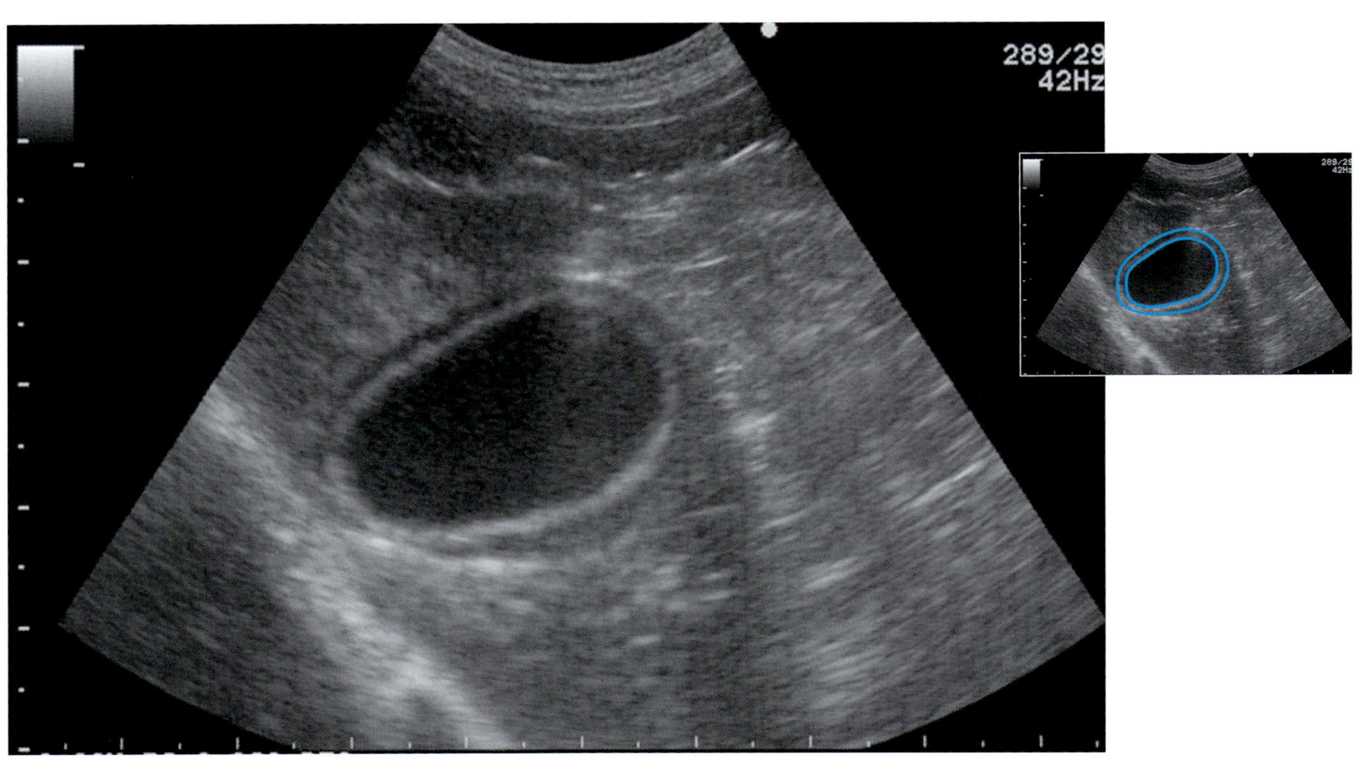

コメント写真 65-3 腹部超音波像 剣状突起下 胆嚢縦断像
心膜水抜去３時間後の胆嚢壁は，静脈還流障害が改善されたため，壁厚が減少して観察される。

66. 犬の胆嚢の粘液嚢腫

症　例：ビーグル，雄，9歳。
主　訴：無症候性であるが,内科治療に反応しない胆嚢拡大。
血液検査所見：

PCV	44.4	%
RBC	622.0×10^4	/μL
Hb	15.1	g/dL
MCV	71.4	fL
MCH	24.3	pg
MCHC	34.0	g/dL
WBC	124.0×10^2	/μL
Neu	96.5×10^2	/μL
Lym	13.2×10^2	/μL
Mon	13.2×10^2	/μL
Eos	0.18×10^2	/μL
Bas	1.14×10^2	/μL
Other	0.0×10^2	/μL
pl	37.9×10^4	/μL
TP	5.6	g/dL
Alb	2.9	g/dL
ALT	161.0	U/L
ALP	1931.0	U/L
TC	293.0	mg/dL
Tg	64.0	mg/dL
T-Bil	0.0	mg/dL
Glu	96	mg/dL
BUN	21.8	mg/dL
Cr	0.9	mg/dL
Ca	10.6	mg/dL
iP	4.4	mg/dL
Na	148.2	mmol/L
K	4.68	mmol/L
Cl	110.9	mmol/L

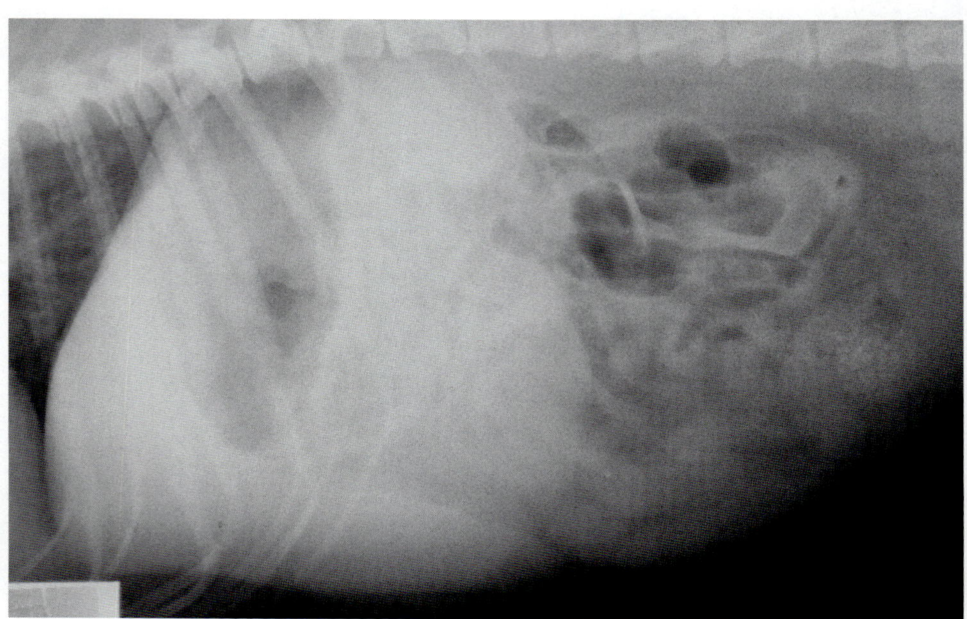
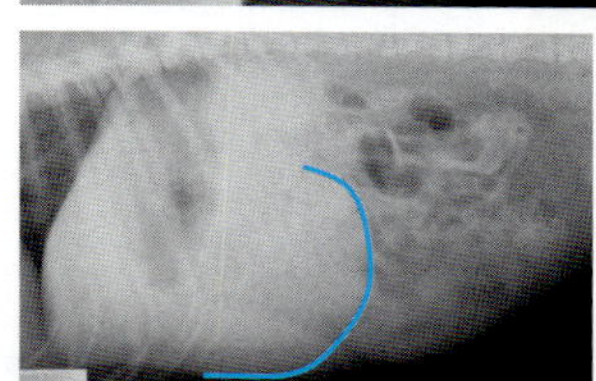

写真 66-1　腹部単純 X 線ラテラル像
胃幽門部尾側に肝臓から連続する円形のマス陰影が観察される。

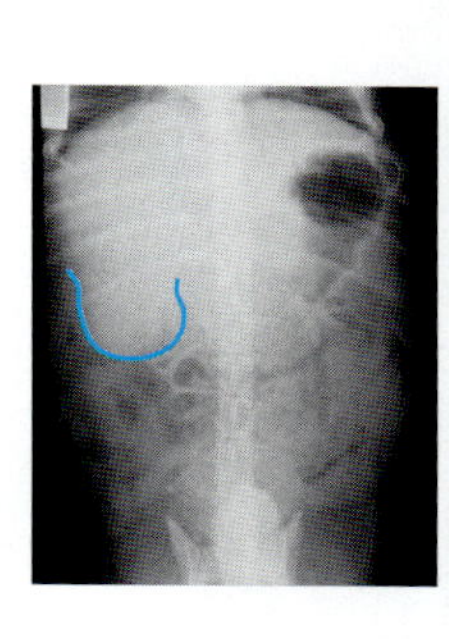
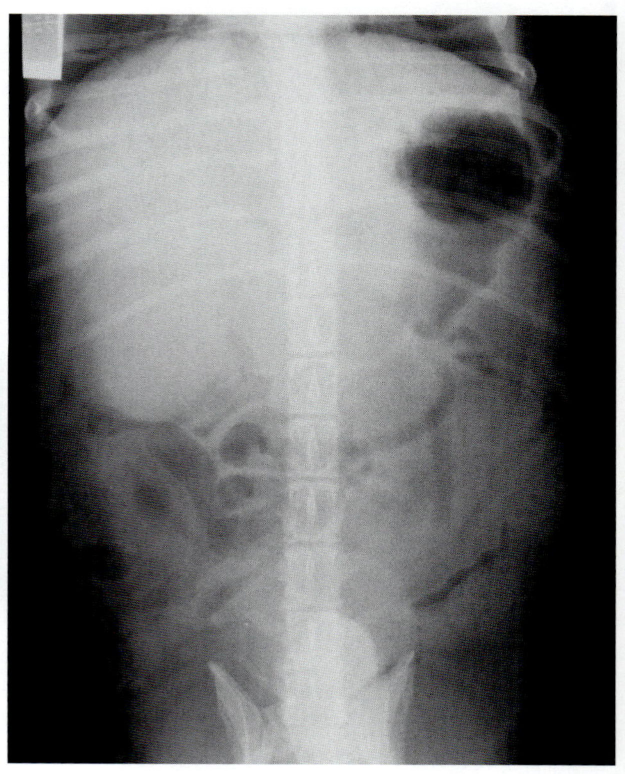

写真 66-2　腹部単純 X 線 VD 像
ラテラル像（写真 66-1）で認められたシルエットサインは右上腹部に認められる。以上の所見から，肝腫瘤，胆嚢拡大が疑われる。

A

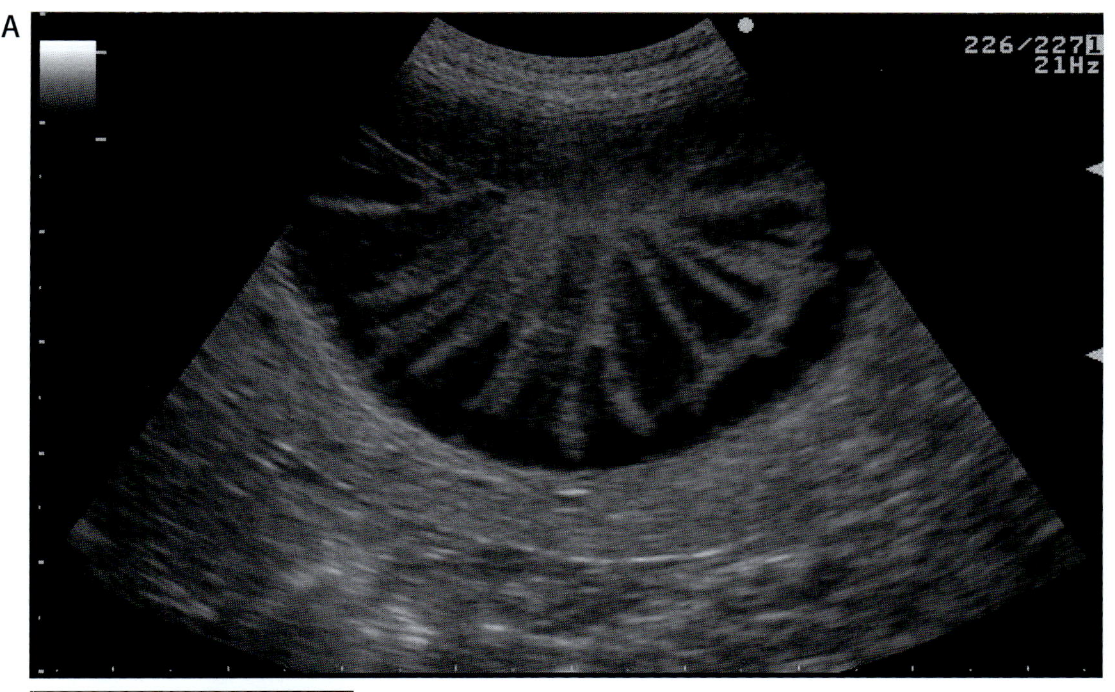

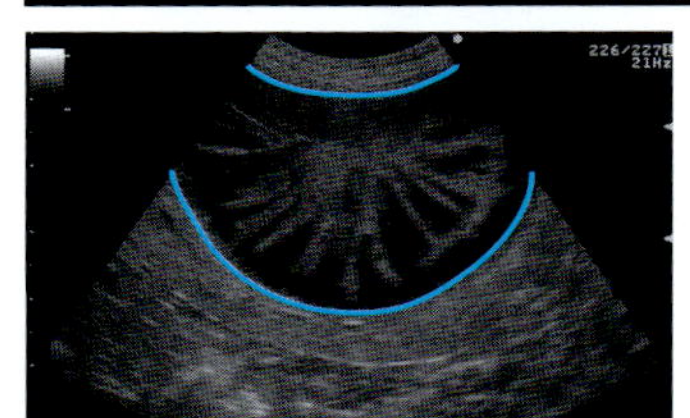

写真 66-3 胆嚢超音波横断像
A：レモンの輪切りのような模様を呈する胆嚢が観察される。
B：角度によっては車軸状に観察される。

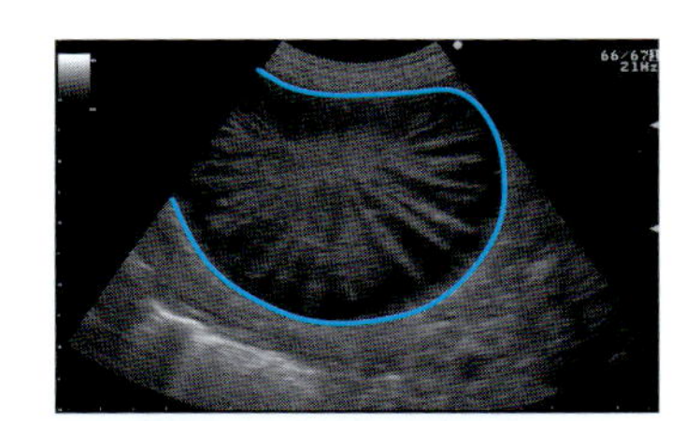

B

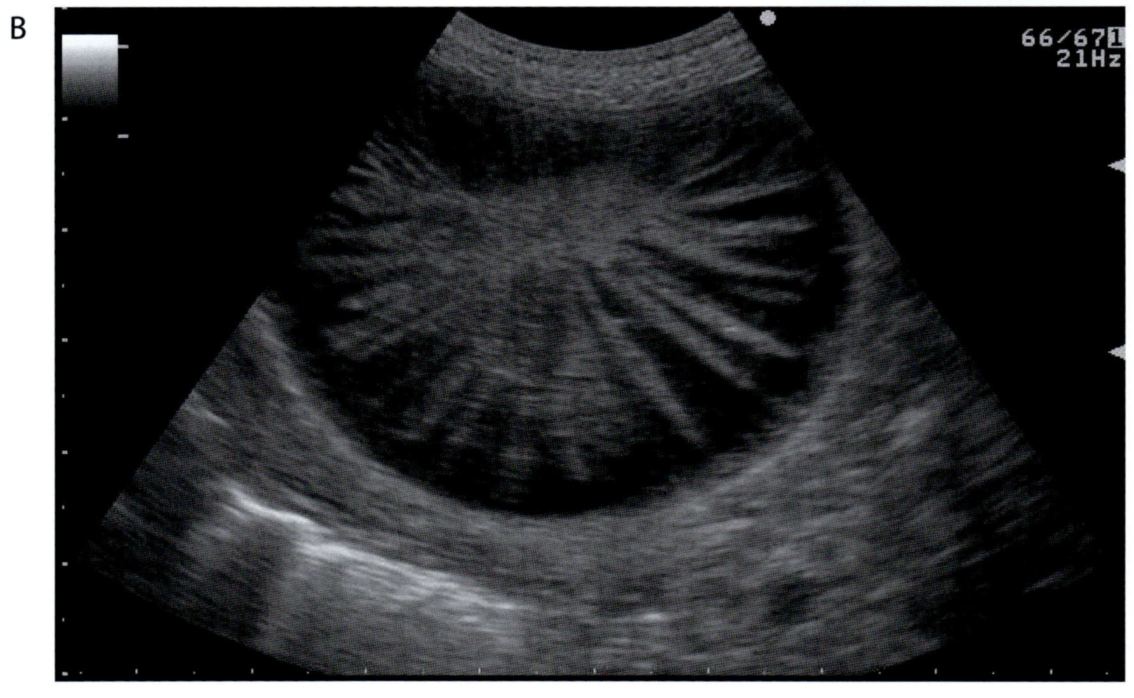

A
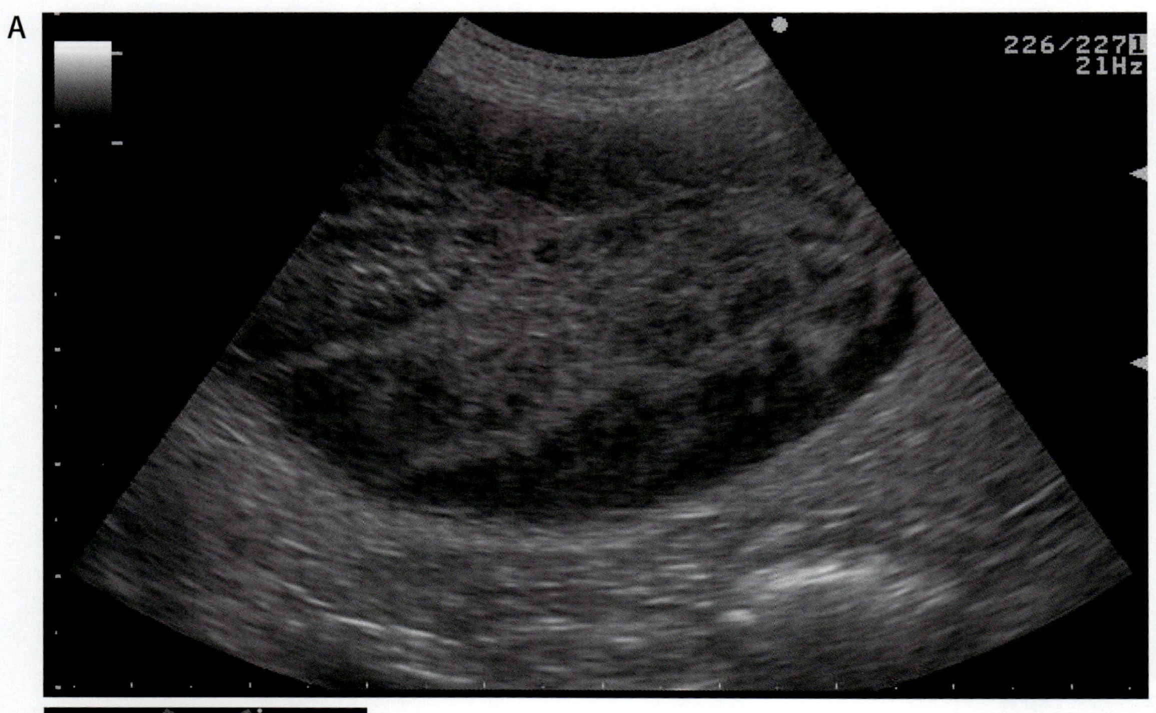

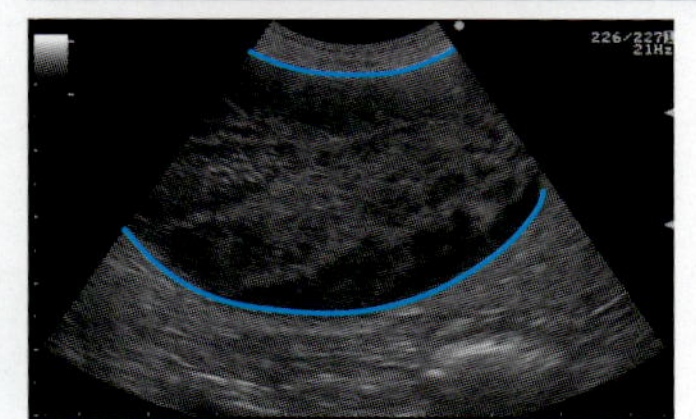

写真 66-4　胆嚢超音波縦断像
A：網目状の構造物が充満している。
B：角度によっては縞状に観察される。

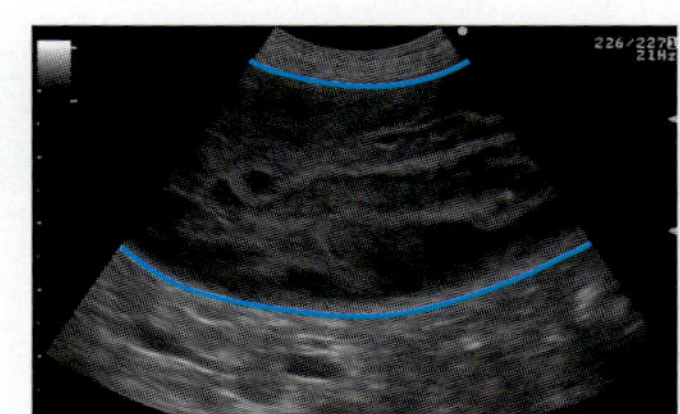

B
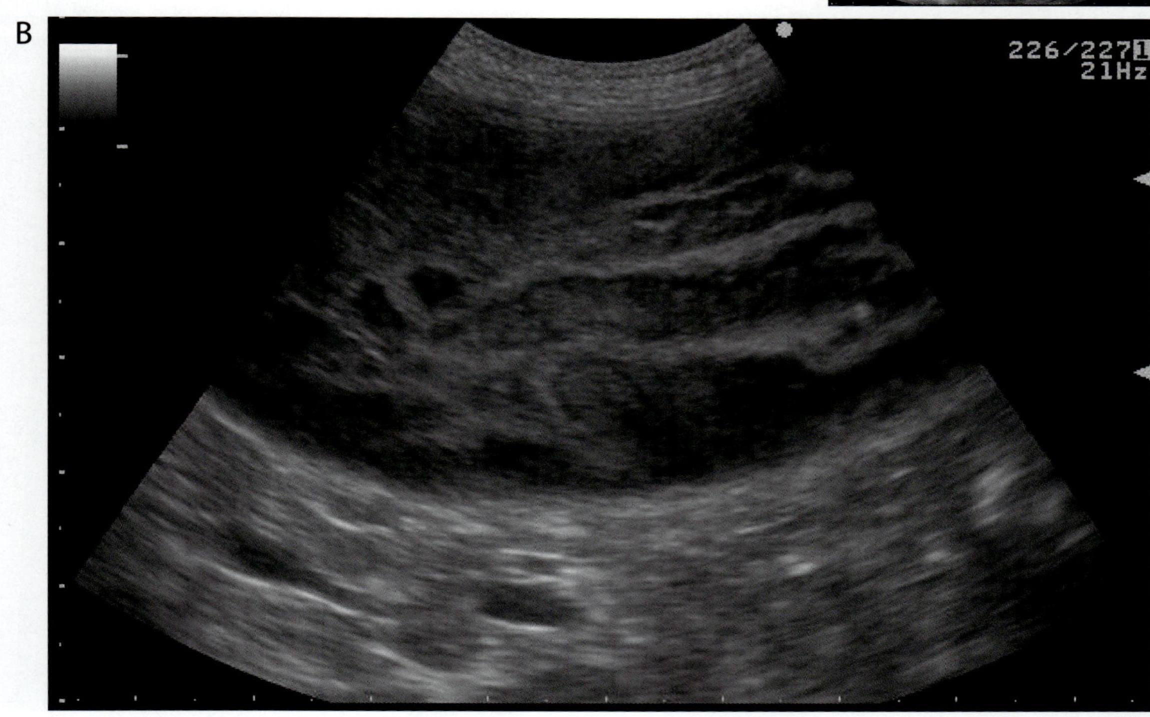

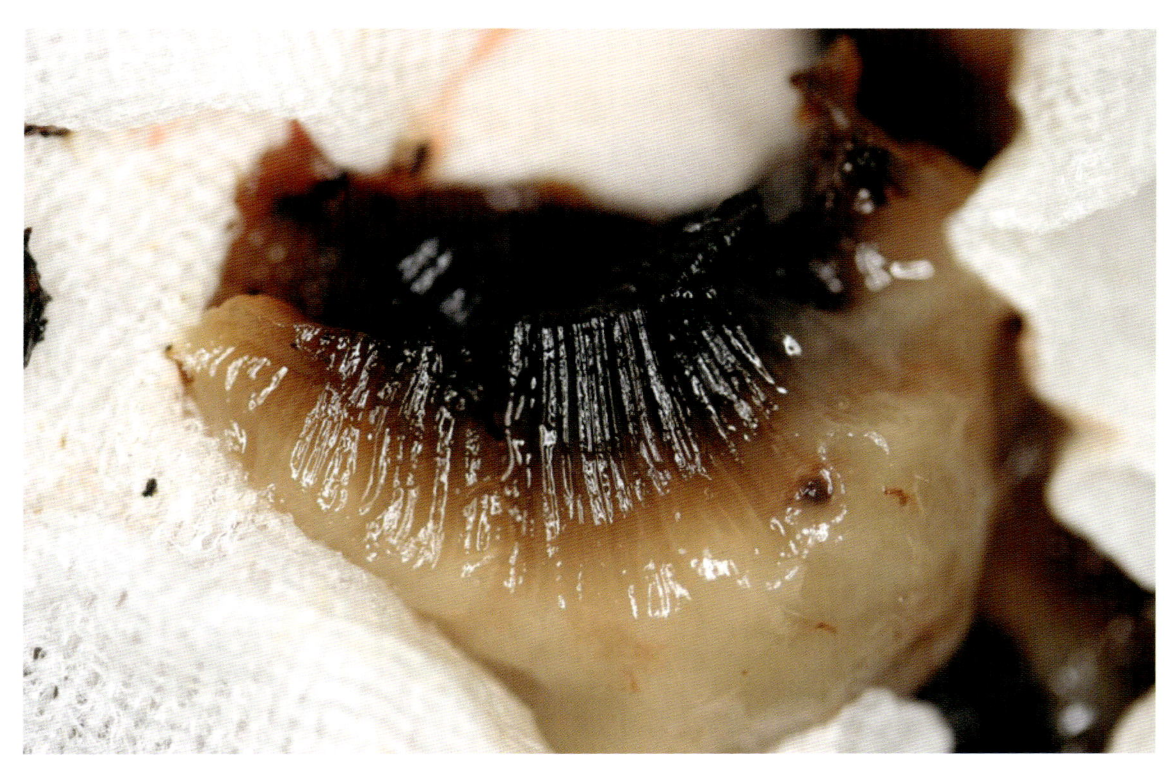

写真 66-5 胆嚢内の粘液嚢腫

❖コメント❖

本症例は症状，血液検査において明らかな異常は認められなかったが，胆嚢の著しい拡張が確認された。粘液嚢腫は写真 66-5 に示すような構造物が充満しており，内側（黒い部位）は中心に向かって線状の構造を呈している。超音波検査では，このような構造であるため写真 66-3 に示すような，キウイフルーツを輪切りにしたような線状構造が車軸状に観察される。写真 66-4 からもわかるように，角度によっては典型的な所見が認められないので，注意を要する。粘液嚢腫は，内科治療での溶解が困難であること，胆嚢炎による胆嚢壁の壊死に起因し，突然の胆汁性腹膜炎を呈する場合があるので，基本的には胆嚢切除が推奨される。

67．犬の胆嚢破裂

症　例：アメリカン・コッカー・スパニエル，雌，9 歳，体重 7.5kg。

主　訴：食欲低下，嘔吐。

血液検査所見：

PCV	46.0	%
RBC	706 × 10^4	/μL
WBC	245 × 10^2	/μL
Band-N	0.0 × 10^2	/μL
Seg-N	213.1 × 10^2	/μL
Lym	17.2 × 10^2	/μL
Mon	14.7 × 10^2	/μL
Eos	0.0 × 10^2	/μL
Bas	0.0 × 10^2	/μL

pl	7.3 × 10^4	/μL
TP	7.4	g/dL
Alb	2.9	g/dL
ALT	399	U/L
ALP	4750	U/L
TC	307	mg/dL
T-Bil	0.9	mg/dL
Glu	106	mg/dL
BUN	8.8	mg/dL

Cr	0.7	mg/dL
Ca	11.4	mg/dL
iP	4.7	mg/dL
Na	147	mmol/L
K	4.5	mmol/L
Cl	108	mmol/L
NH_3	39	μg/dL
PT	8.1	sec
APTT	22.4	sec

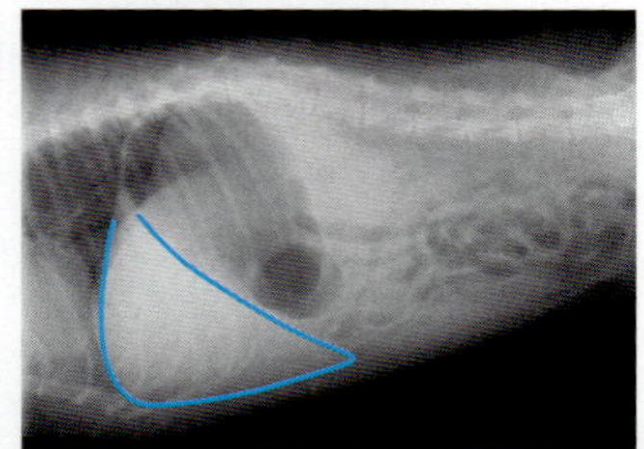

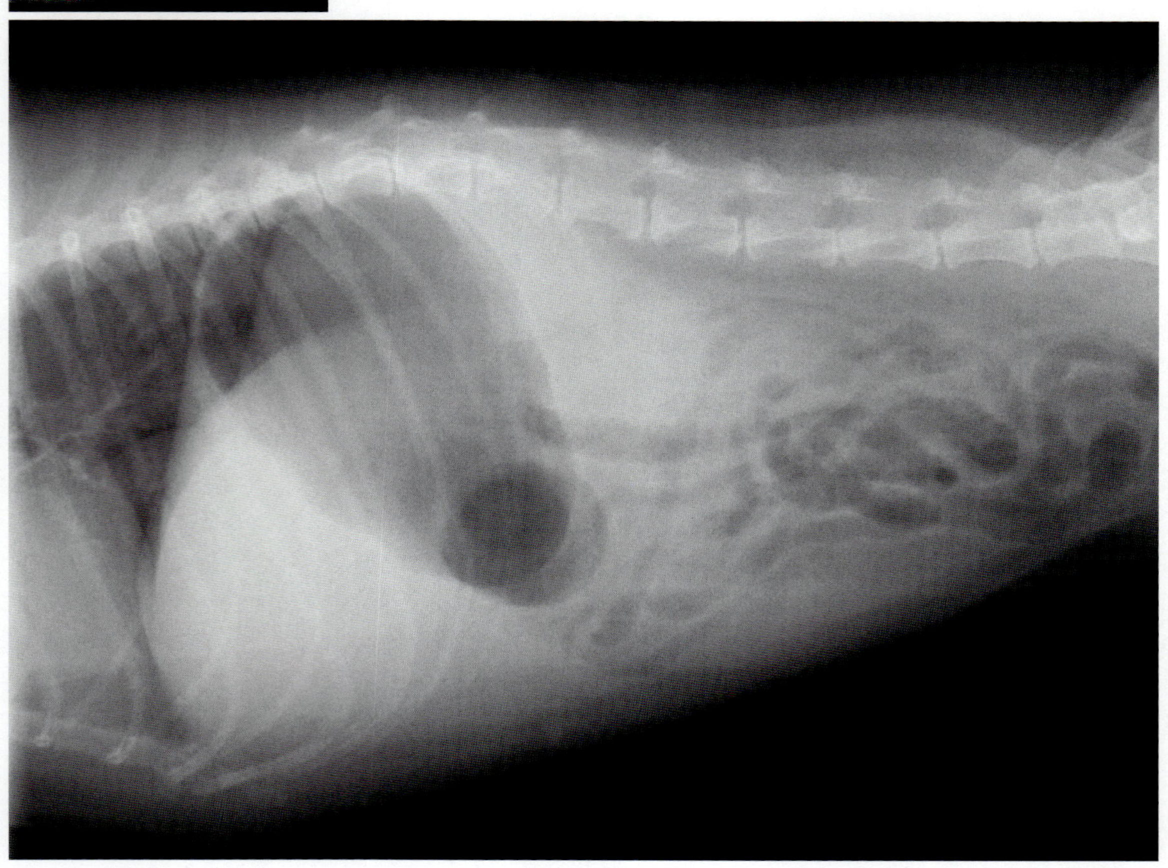

写真 67-1　腹部単純 X 線ラテラル像
肝臓の軽度腫大が認められる。腹腔内鮮鋭度の低下は認められない。

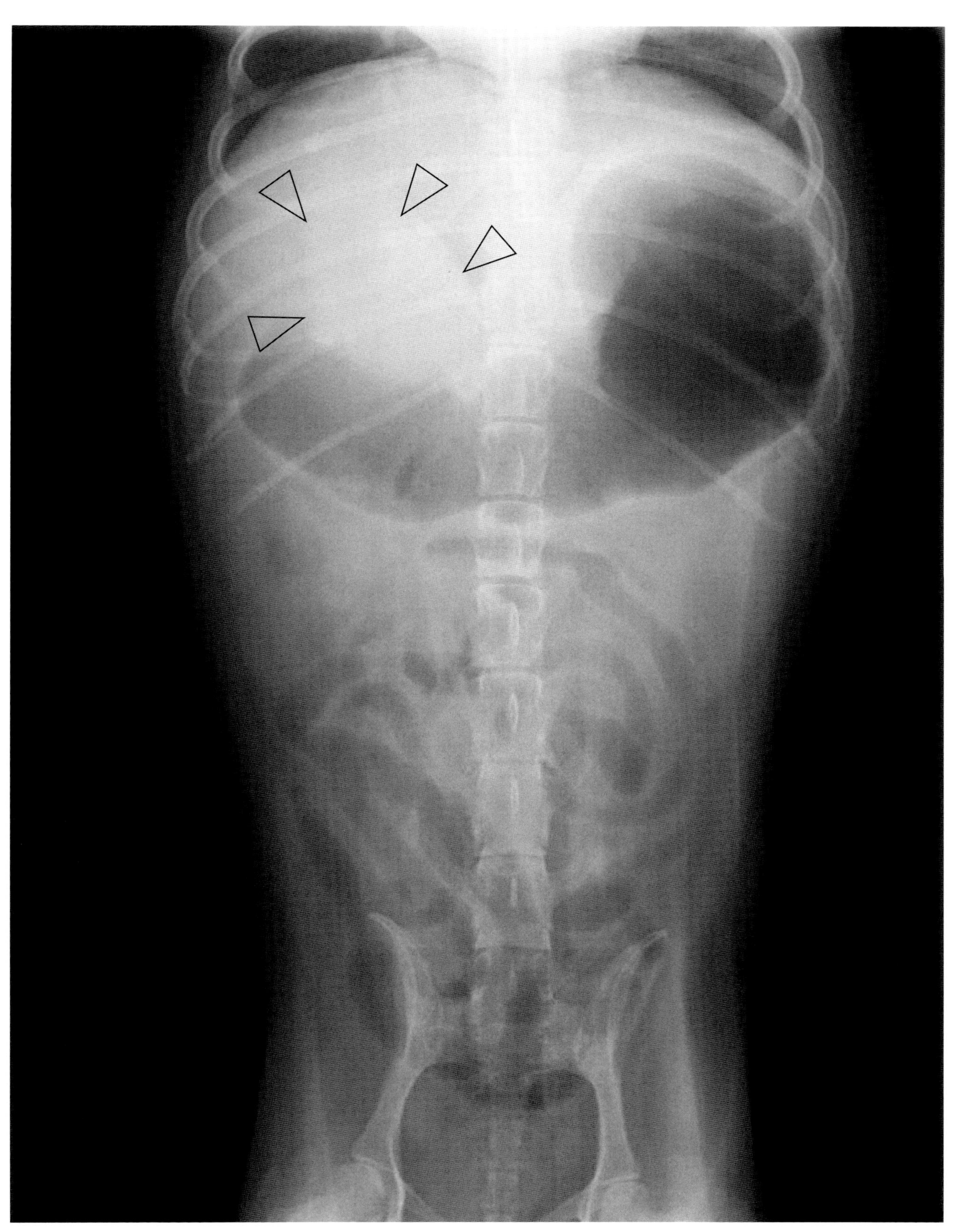

写真 67-2　腹部単純 X 線 VD 像
幽門頭側に卵円形の不透過性亢進領域が認められる（矢頭）。腹腔内鮮鋭度の低下は認められない。

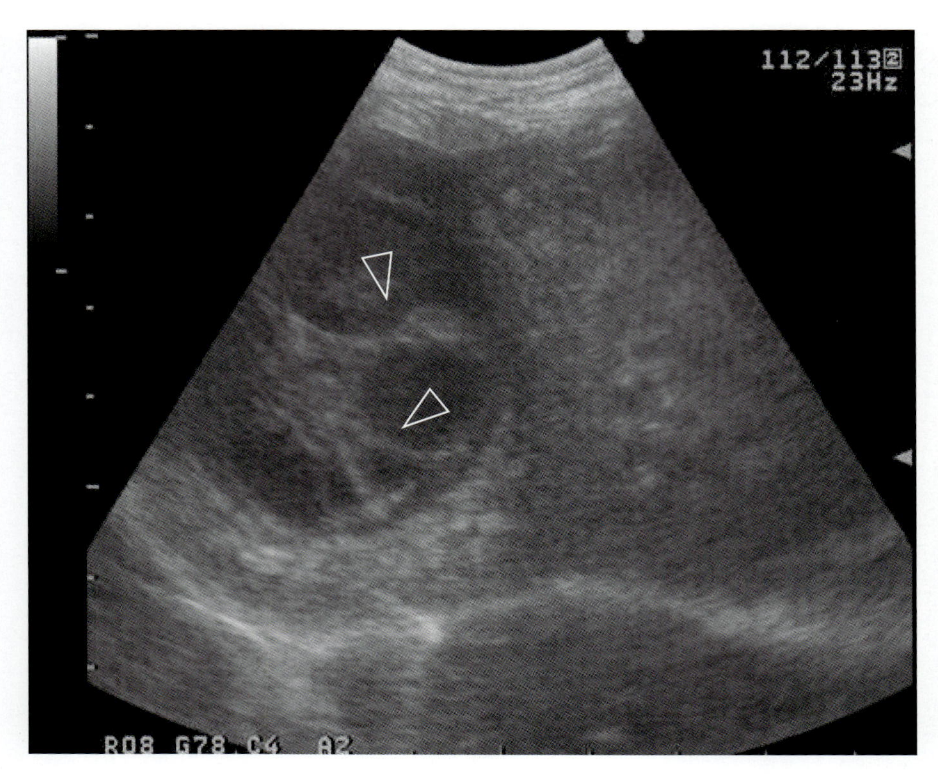

写真 67-3　腹部超音波像（剣状突起下縦走査）
胆嚢は拡張しており，内部にキウイフルーツ状の陰影が認められる（矢頭）。

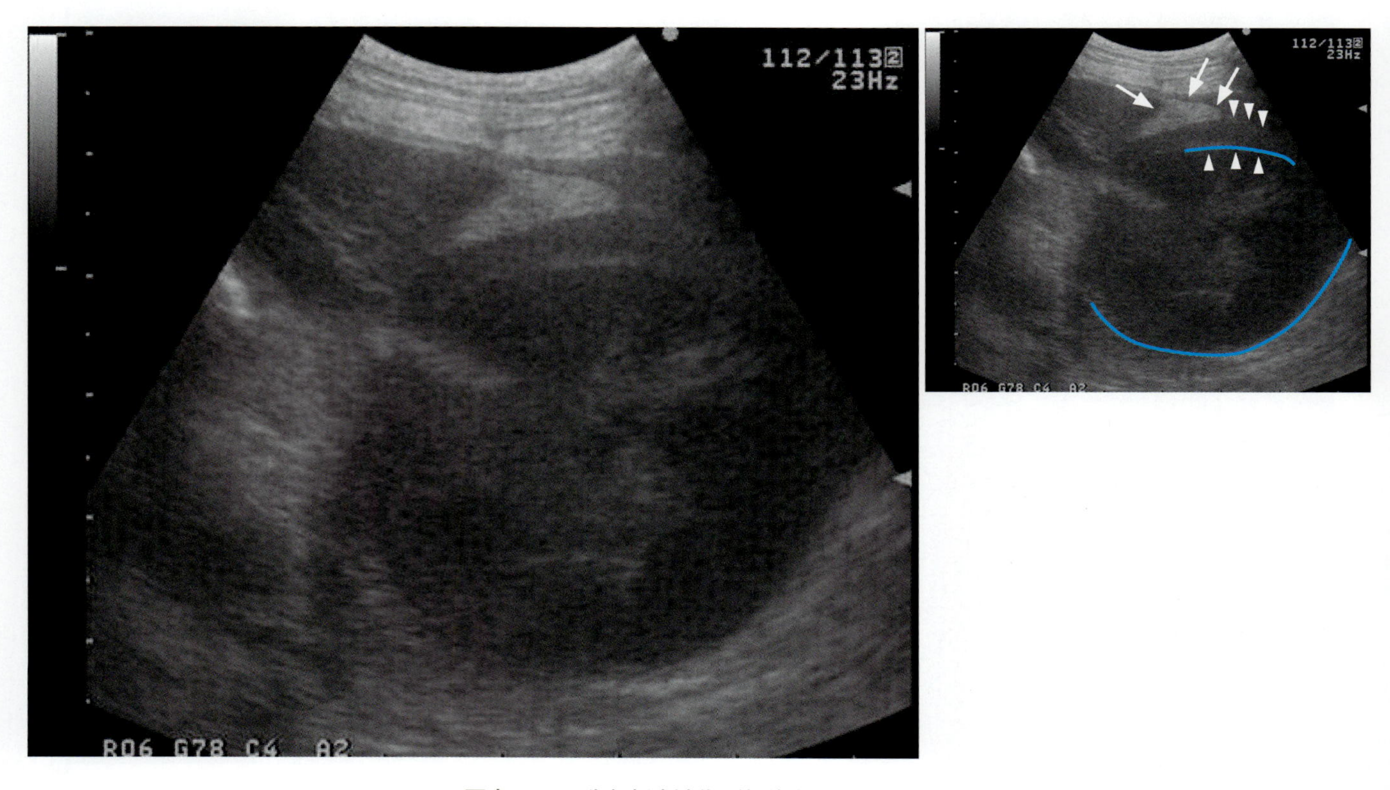

写真 67-4　腹部超音波像（剣状突起下縦走査）
胆嚢周囲の脂肪組織が高エコー性に描出されている（矢印）。胆嚢壁の外側に層状の低エコー領域が認められる（矢頭）。

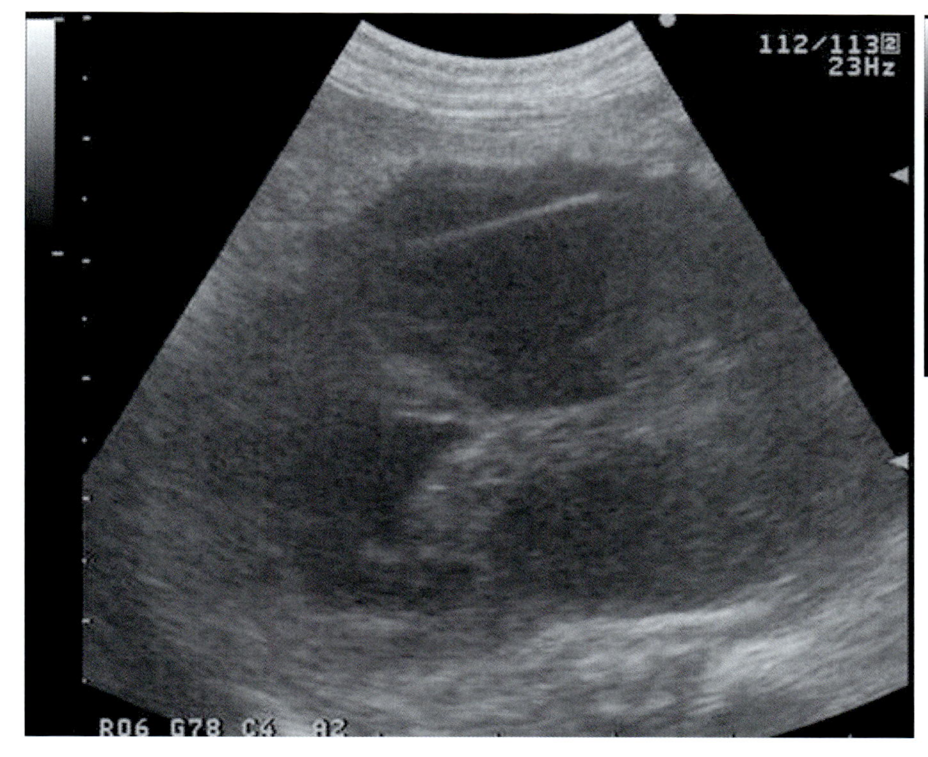

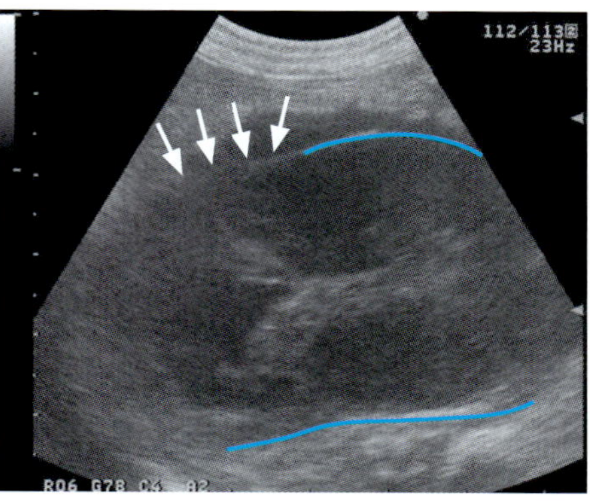

写真 67-5 腹部超音波像（剣状突起下縦走査）
胆嚢壁の連続性が不明瞭となっている（矢印）。

❖コメント❖

胆嚢破裂は通常，胆嚢壁の壊死によって引き起こされ，一般的には胆嚢粘液嚢腫や胆嚢炎が原因となる。胆嚢粘液嚢腫は，特に高齢の中小型犬において多く発生し，胆嚢内に粘液様物質（ムチン）が過度に貯留することにより胆嚢が次第に拡張する病態である。一方，胆嚢炎は，胆石症，胆汁うっ滞，細菌感染によって引き起こされ，完全または部分的胆管閉塞を伴う。胆嚢破裂による胆汁性腹膜炎の症状は，発熱，食欲低下，嘔吐，腹痛など非特異的なものが多い。しかしながら，慢性胆嚢疾患による胆嚢破裂の場合では，大網などの周囲組織が破裂部位に癒着することで，胆汁漏出が極めて微量となり明らかな症状を示さない症例も存在する。血液検査においては白血球数，CRP が上昇し，肝酵素は軽度～中程度上昇することが多く，重症例では低蛋白血症，低血糖，BUN 濃度の上昇も認められることがある。

胆嚢破裂の特徴的な超音波所見は，胆嚢周囲脂肪組織の高エコー化および胆嚢壁の連続性消失である。さらに腹膜炎が存在する場合では，腹部単純 X 線写真において腹腔内鮮鋭度の低下が認められ，超音波においては腹水の存在が確認される。本症例では，腹部単純 X 線検査において腹腔内鮮鋭度の低下は認められなかったが（写真 67-1, 2），超音波検査で胆嚢周囲脂肪の高エコー化，胆嚢壁の連続性の消失が確認された（写真 67-4）。また，胆嚢内部にはエコー源性のキウイフルーツ状を呈する陰影が観察された（写真 67-3）。

以上の所見から，胆嚢粘液嚢腫による胆嚢破裂が疑われたため開腹を行ったところ，胆嚢に穿孔が認められ，鎌状間膜，大網，横隔膜が穿孔部に癒着していた。摘出した胆嚢の病理検査では，胆嚢壊死および化膿性線維性胆嚢周囲炎と診断された。また本症例は以前より肝酵素が高値を示していたため，肝生検を同時に行った。病理検査では，微小血管異形成を伴う肝臓線維化および線維素付着を伴う化膿性肝臓周囲炎と診断された。

68. 犬の脾捻転

症　例：ブルドック，雄，２歳６か月，体重 19.9 kg。

主　訴：１か月前よりだるそうであまり動かない。

血液検査所見：白血球数の増加が認められた。

PCV	36.7	%
RBC	457×10^4	/μL
Hb	12.3	g/dL
MCV	80.3	fL
MCH	26.9	pg
MCHC	33.5	g/dL
WBC	708×10^2	/μL
Neu	701×10^2	/μL
Lym	4.44×10^2	/μL
Mon	0.59×10^2	/μL
Eos	2.18×10^2	/μL
pl	42.3×10^4	/μL
TP	6.1	g/dL
Alb	3.3	g/dL
ALT	260	U/L
ALP	3258	U/L
TC	220	mg/dL
Tg	130	mg/dL
T-Bil	0.04	mg/dL
Glu	125	mg/dL
BUN	34.5	mg/dL
Cr	0.6	mg/dL
Ca	9.3	mg/dL
iP	5.5	mg/dL
Na	148.4	mmol/L
K	4.13	mmol/L
Cl	113	mmol/L

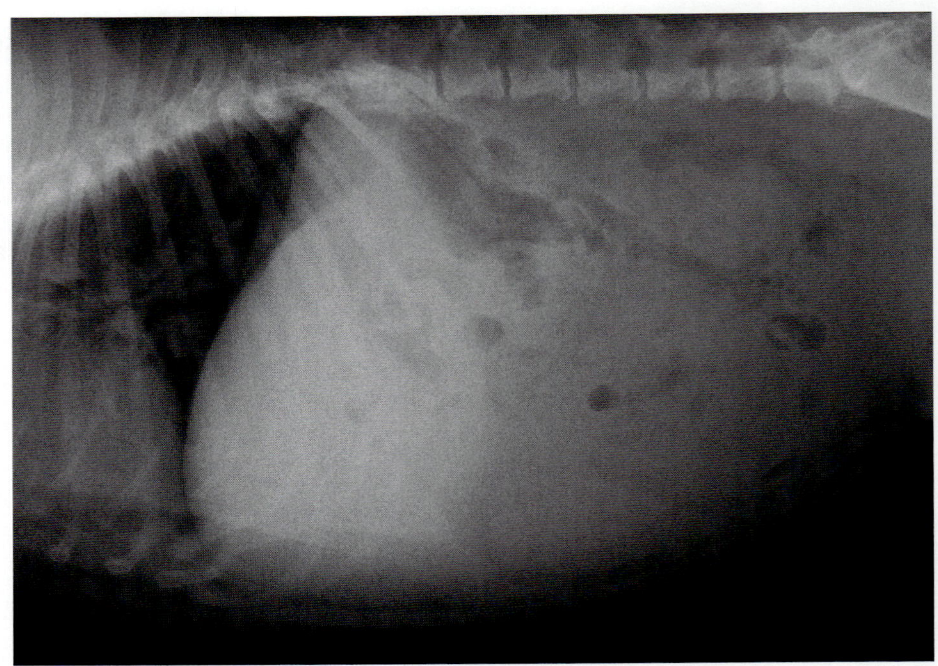

写真 68-1　腹部単純Ｘ線ラテラル像
腹腔内の鮮鋭度低下ならびに脾尾部辺縁の鈍化が観察される。

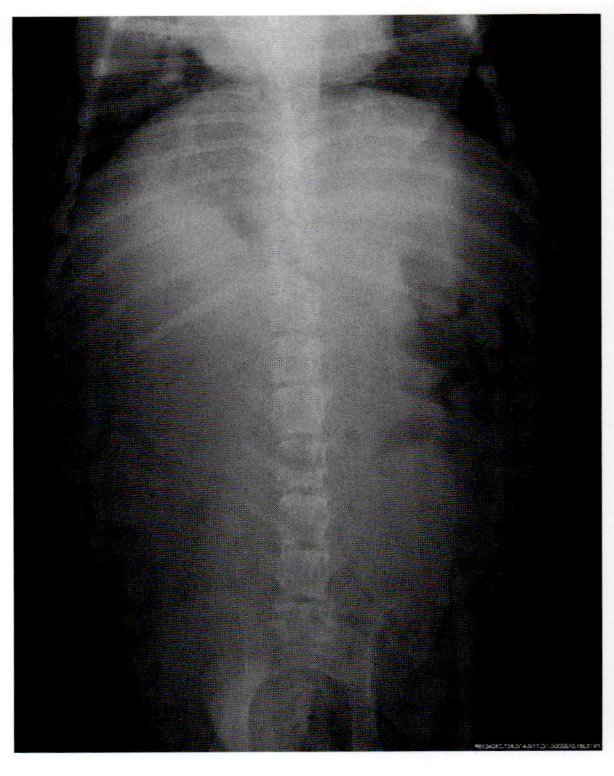

写真 68-2　腹部単純Ｘ線 VD 像
腹腔内の鮮鋭度低下が観察される。

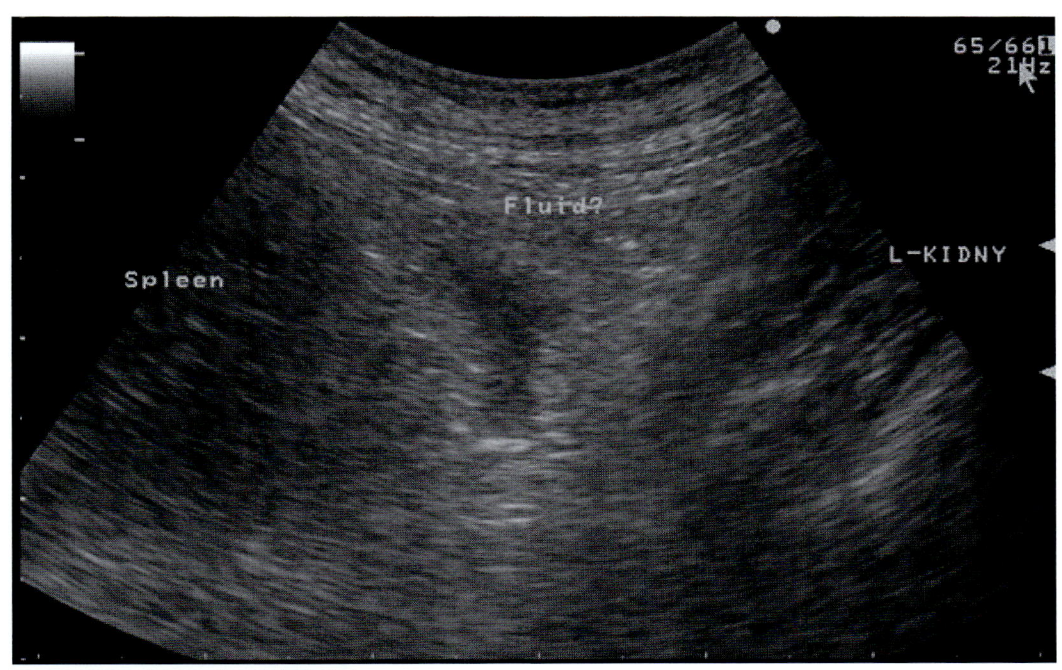

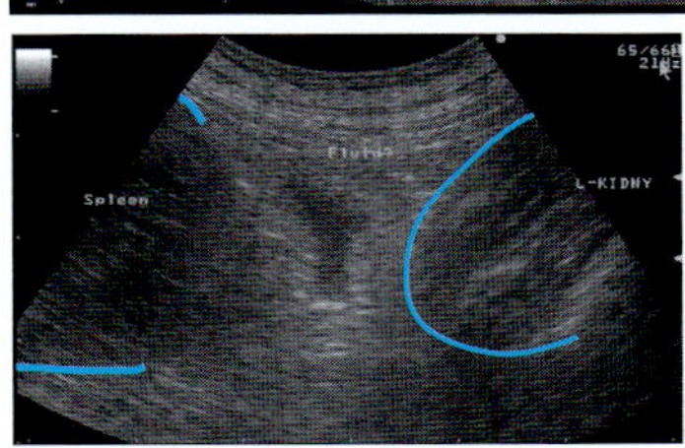

写真 68-3 脾臓，左腎超音波像（腎脾コントラスト）
脾臓（Spleen）と左腎（L-KIDNY）皮質の輝度が同一であることから，脾臓の輝度低下あるいは腎皮質の輝度上昇が考えられる。左腎頭側に軽度腹水が観察される。 Fluid：液体

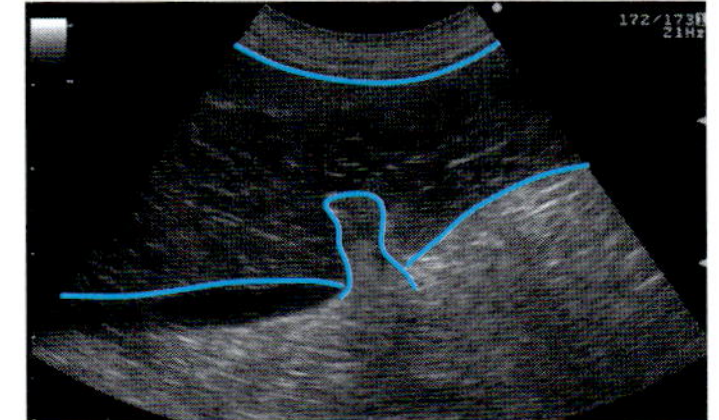

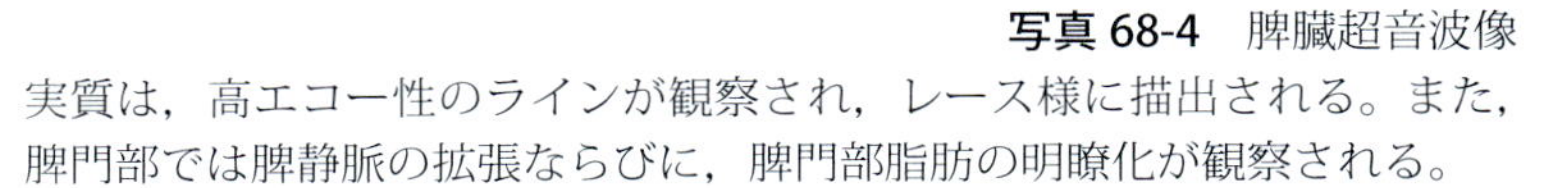

写真 68-4 脾臓超音波像
実質は，高エコー性のラインが観察され，レース様に描出される。また，脾門部では脾静脈の拡張ならびに，脾門部脂肪の明瞭化が観察される。

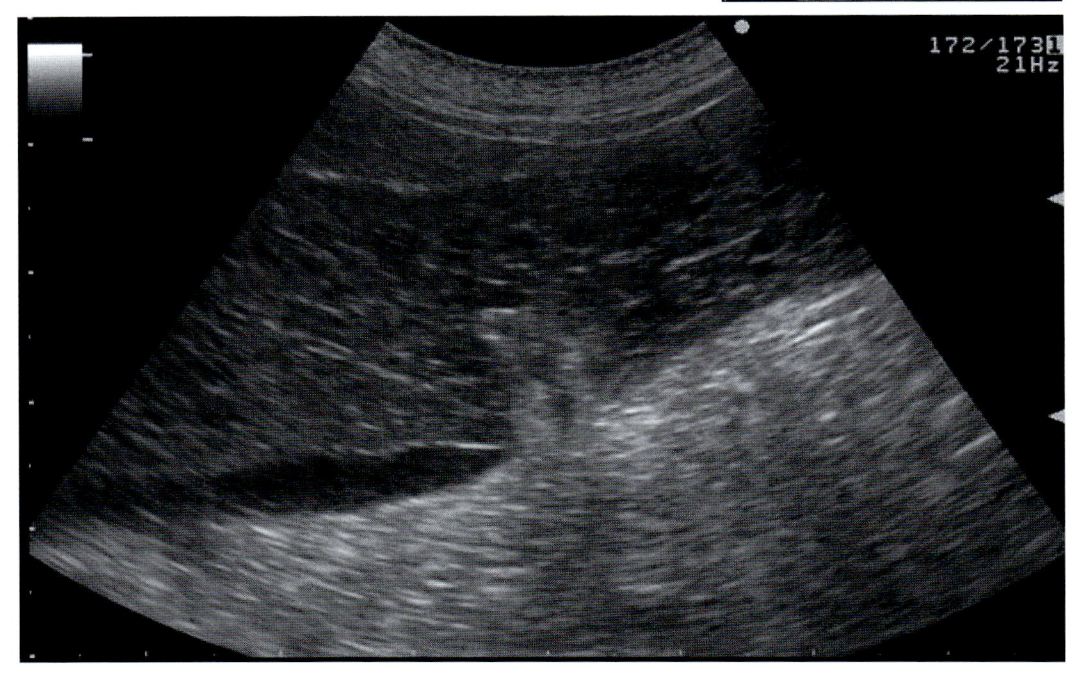

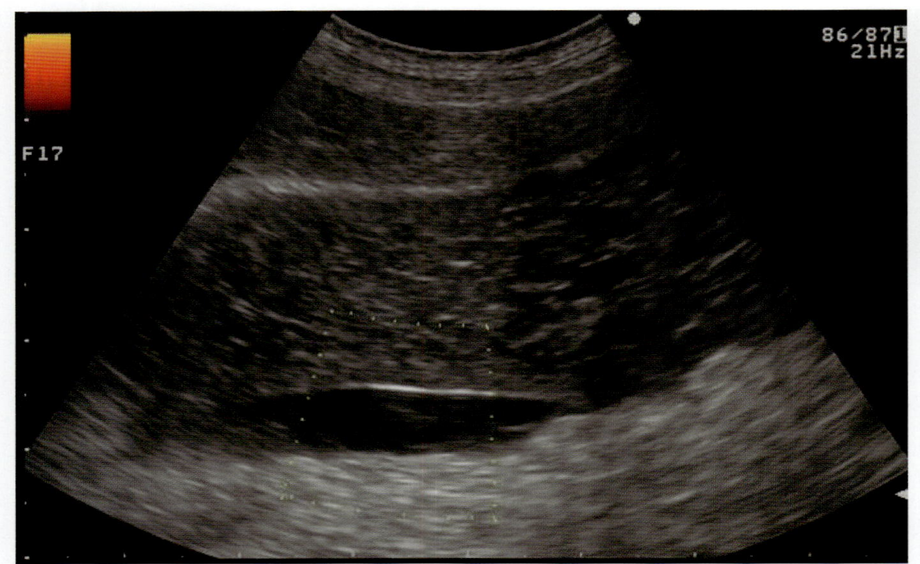

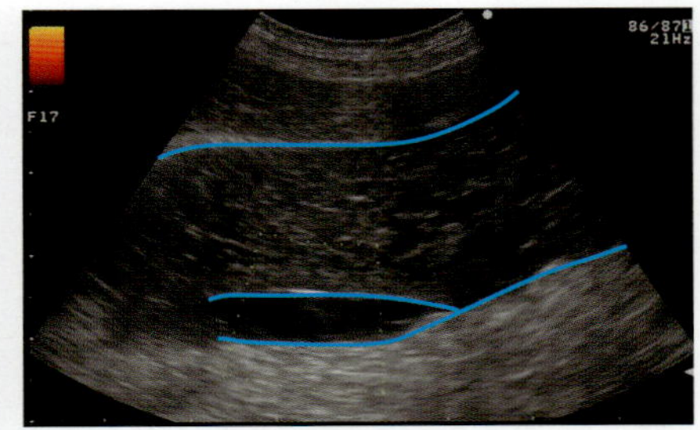

写真 68-5　脾臓超音波像（カラードプラ像）
脾門部や脾臓実質の血流欠如が観察される。

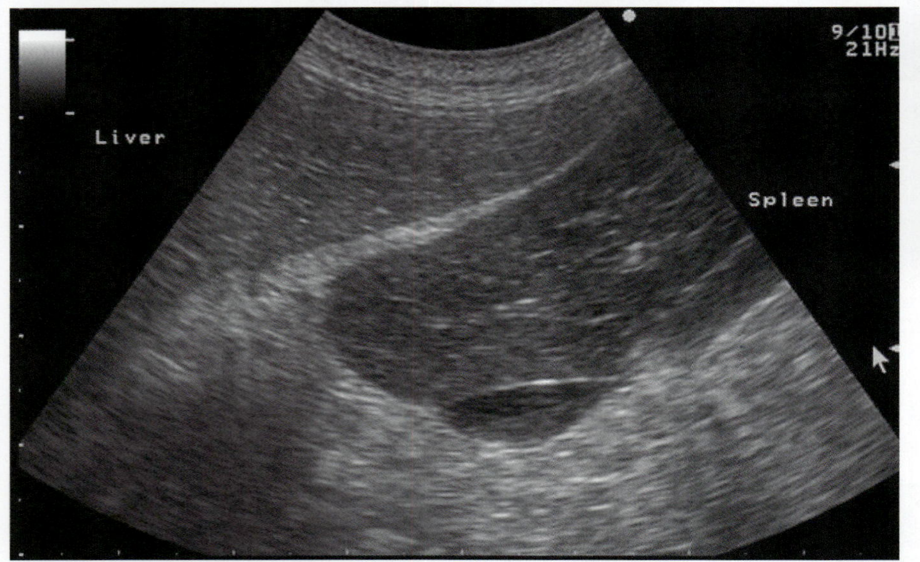

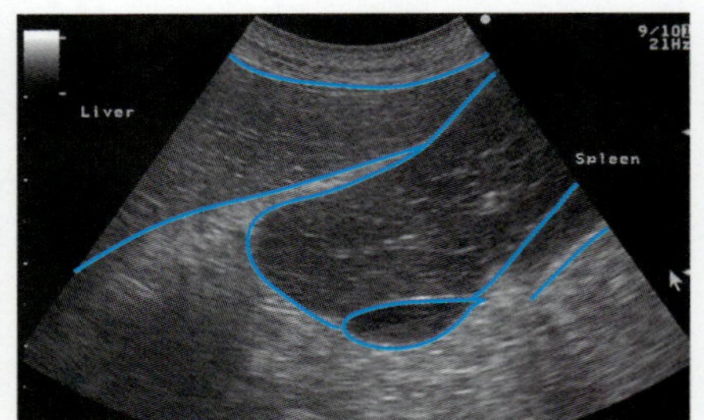

写真 68-6　肝臓，脾臓超音波像（肝脾コントラスト）
肝臓（Liver）と比較して脾臓（Spleen）の輝度が低いことから，脾臓の輝度低下あるいは肝臓の輝度上昇が考えられる。

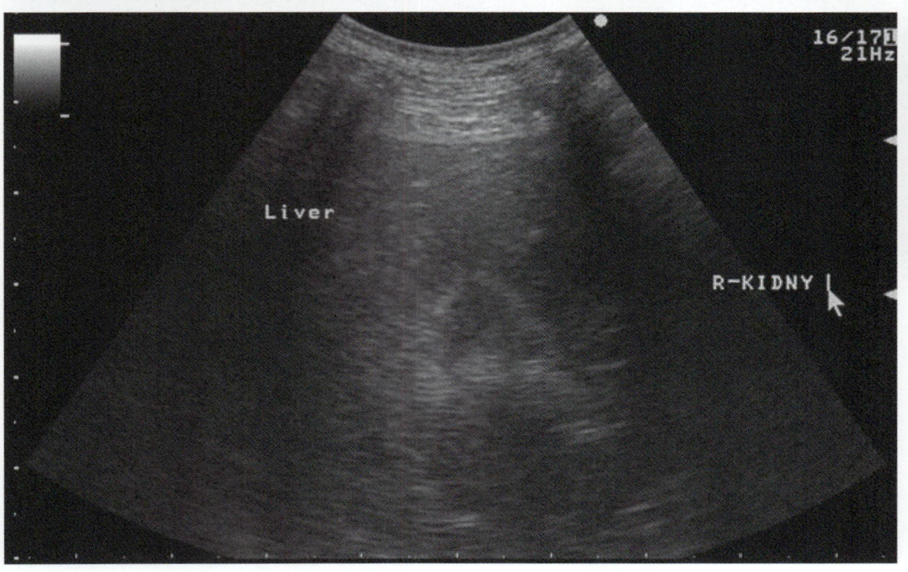

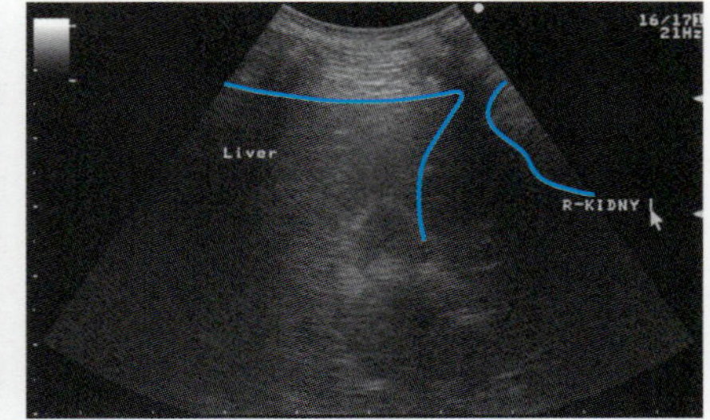

写真 68-7　肝臓，右腎超音波像（肝腎コントラスト）
肝臓（Liver）と右腎（R-KIDNY）皮質の輝度はほぼ等しく，右腎に構造異常を認めないことから，肝腎コントラストは正常である。写真 68-3 および写真 68-6 から，脾臓の輝度低下と判断される。

❖コメント❖

脾捻転は非常にまれな疾患であるが，超音波検査により特徴的な所見を呈する。脾捻転の特徴的な超音波所見としては，脾臓実質がび漫性にうっ血することにより，類洞が拡張し低エコー化する。さらに拡張した静脈壁が明瞭な高エコーに変化するため，全体としてレース様の実質パターンを呈する。また脾門部付近では，拡張した静脈ならびに高エコー化し三角形に描出される脾門部脂肪がみられる。カラードプラでは脾門部ならびに実質において血流信号の消失を認める。

本症例は，単純X線写真にて腹部中央の鮮鋭度の低下と脾尾部辺縁の鈍化を認めたことから，腹膜炎や腹水，および脾腫を伴う疾患の存在が疑われた。腹部超音波検査では，脾臓実質におけるレース様の実質パターン，脾門付近の脾静脈の拡張と三角形に描出される脾門部脂肪（写真68-4），およびカラードプラ（写真68-5）での脾臓内血流の欠如といった脾捻転に特徴的な所見を得たことから，開腹を行った。

その結果，コメント写真68-1に示すように，脾臓が360度回転し，脾門部脂肪が円柱状となって観察された。

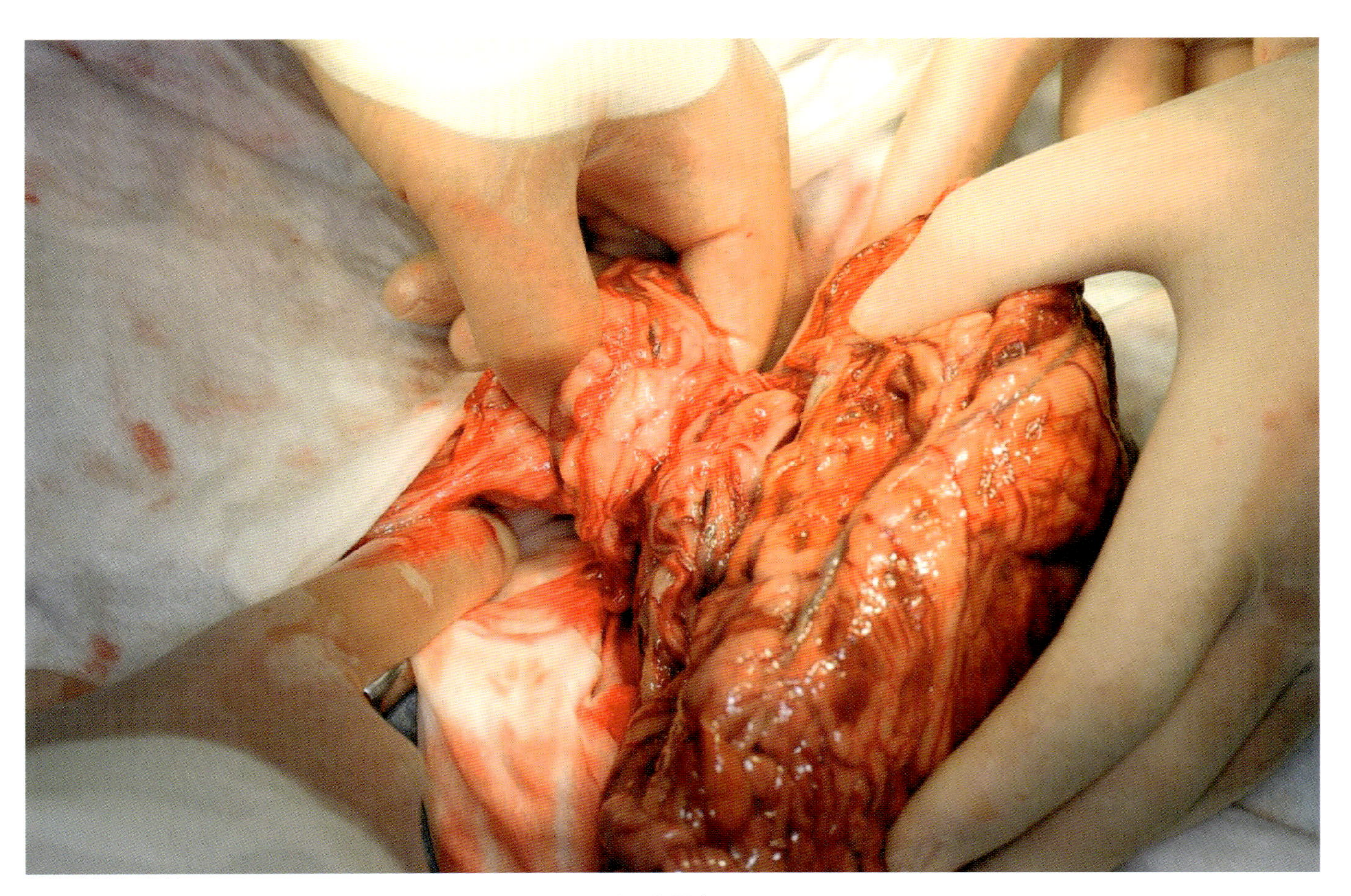

コメント写真68-1

69. 猫の膵偽嚢胞

症　例：アビシニアン，雄，13 歳。

主　訴：腹腔内の腫瘤を指摘され来院。

血液検査所見：

PCV	43.7	%
RBC	890 × 10^4	/μL
Hb	13.6	g/dL
MCV	49.1	fL
MCH	15.3	pg
MCHC	31.1	g/dL
WBC	85.1 × 10^2	/μL
pl	39.6 × 10^4	/μL
TP	7.2	g/dL
Alb	3.9	g/dL
ALT	61.0	U/L
ALP	65.0	U/L
TC	189.0	mg/dL
Tg	25.0	mg/dL
T-Bil	0.1	mg/dL
Glu	95	mg/dL
BUN	19.3	mg/dL
Cr	1.5	mg/dL
Ca	10.4	mg/dL
iP	3.4	mg/dL
Na	151.6	mmol/L
K	4.25	mmol/L
Cl	118.7	mmol/L

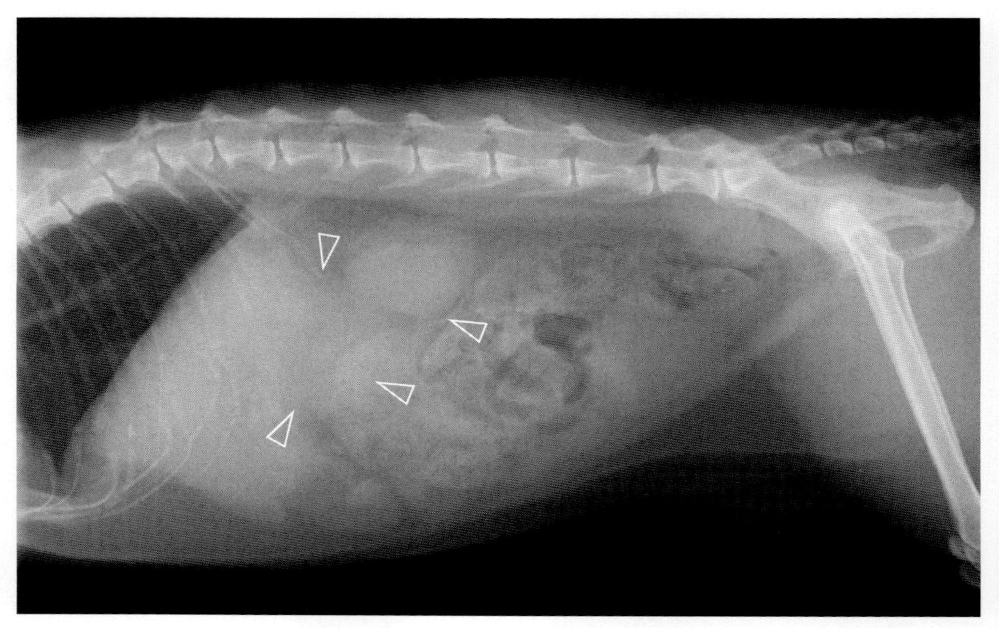

写真 69-1　腹部単純 X 線ラテラル像
上腹部に直径 3cm 大の不整な軟部組織デンシティーの陰影が確認される（矢頭）。

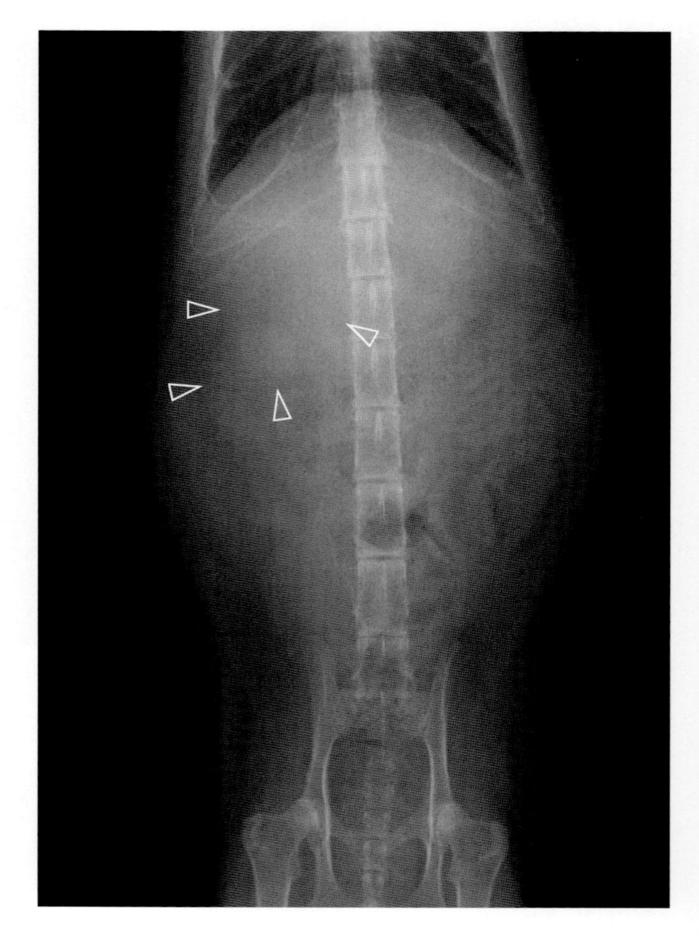

写真 69-2　腹部単純 X 線 VD 像
ラテラル像（写真 69-1）同様，上腹部に直径 3cm 大の不整な軟部組織デンシティーの陰影が確認される（矢頭）。

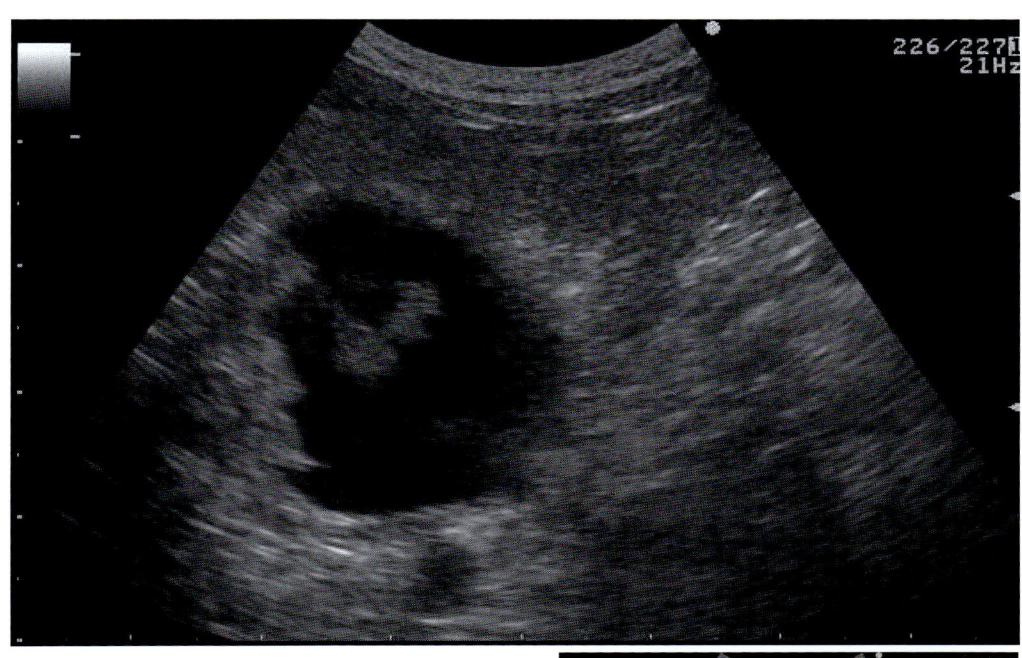

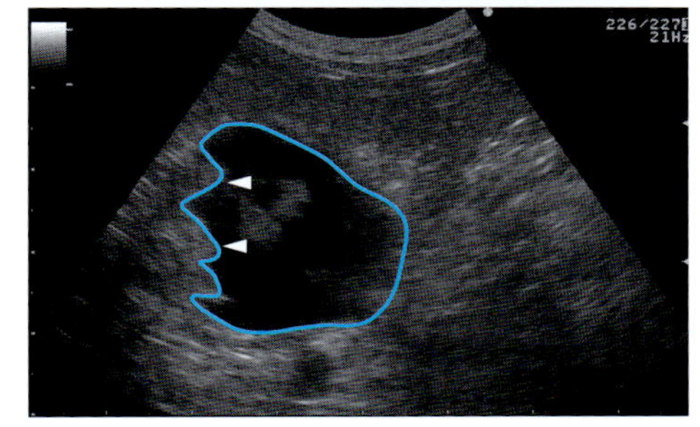

写真 69-3　腹部超音波像
膵臓領域において内部が低エコーで，スラッジを含む嚢胞様病変が確認される。嚢胞様組織の壁は不整で肥厚しており，内腔との境界は明瞭である（矢頭）。

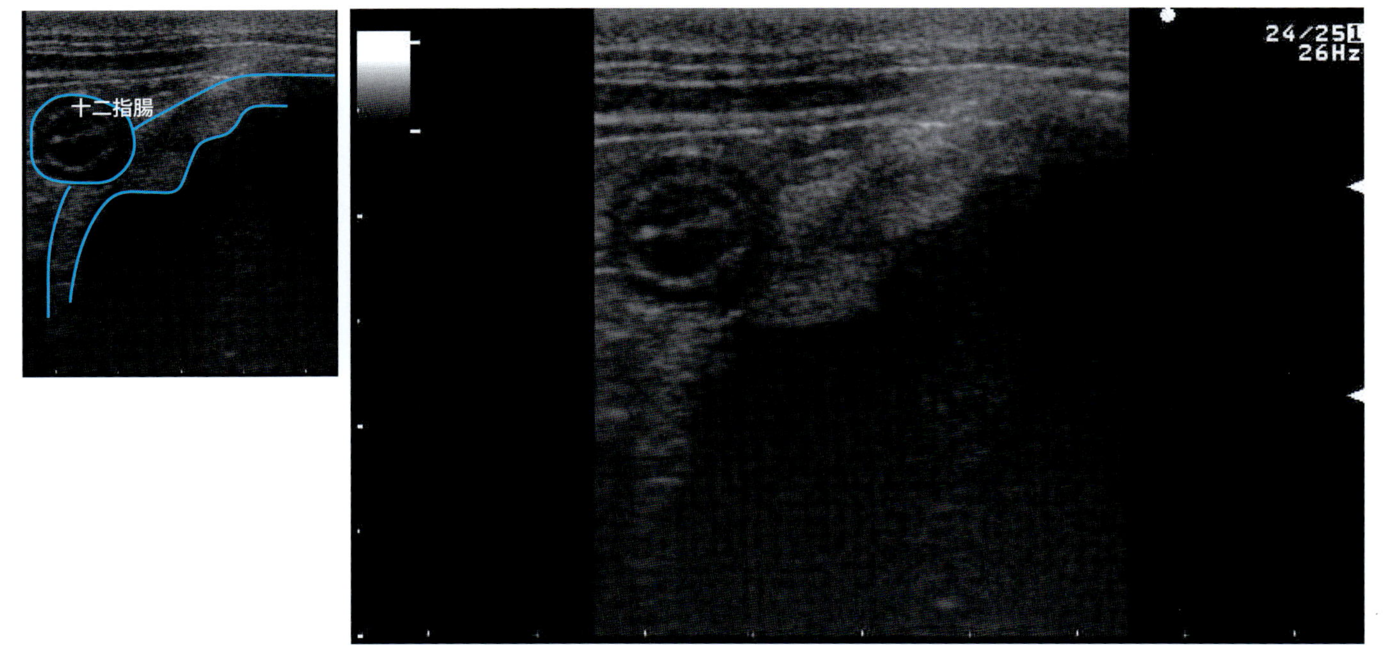

写真 69-4　腹部超音波像
嚢胞様組織は超音波像上膵体部から膵右葉領域にかけて存在している。

❖コメント❖

本症例は膵臓に嚢胞様構造を認め，超音波ガイド下で内部の貯留液を回収し，性状を検査したところ，比重 1.014，TP 0.57g/dL，pH 7.5，細胞数 3530 個 /μL，Amy 753U/L，Lip 20000U/L 以上であった。また，沈査塗抹では非変性好中球が主体に確認され，細菌は観察されなかった。膵臓に発生する嚢胞様病変の鑑別診断としては，膵偽嚢胞，膵腫瘍，先天的嚢胞，膵臓嚢，膵膿瘍が挙げられ，これらの鑑別には細胞・病理学的検査が必須とされているが，超音波所見ならびに貯留液性状から膵偽嚢胞が最も強く疑われた。

膵偽嚢胞とは，急性または慢性膵炎に関連して発生し，膵臓の壊死部に滲出液，膵分泌液，血液等が含有した病変である。超音波画像上，膵偽嚢胞は内部が無エコーあるいは時にスラッジを含む低エコー性に描出され，線維性の厚く不整な壁構造をもつ嚢胞様組織として確認される。治療は保存療法によって消失することもあるが，改善が見られない場合は外科的なドレナージや切除が必要となる。

本症例は病変を膵体部から右葉にかけて認め，膵管や総胆管に隣接することが予測されたことから外科的切除は不可能と考え，利胆剤，制吐剤，蛋白分解酵素阻害剤の投与による内科療法を行ったが，嚢胞様構造が増大し，嘔吐や食欲低下が認められるようになった。以上から，病理組織検査材料の採材ならびにドレナージまたは縫縮を目的とし，開腹を行った。その結果，コメント写真に示すように，嚢胞様病変は膵体部から右葉にかけて存在し，膵管，総胆管に隣接していた。膵管損傷のリスクを考慮し，偽嚢胞様組織の全切除は行わず，壁を一部切除した後に内部の掻爬および縫縮を行い閉腹した。切除した嚢胞様組織の病理組織検査では，膠原線維成分に富む瘢痕化しつつある肉芽組織と診断され，膵偽嚢胞と確定診断された。

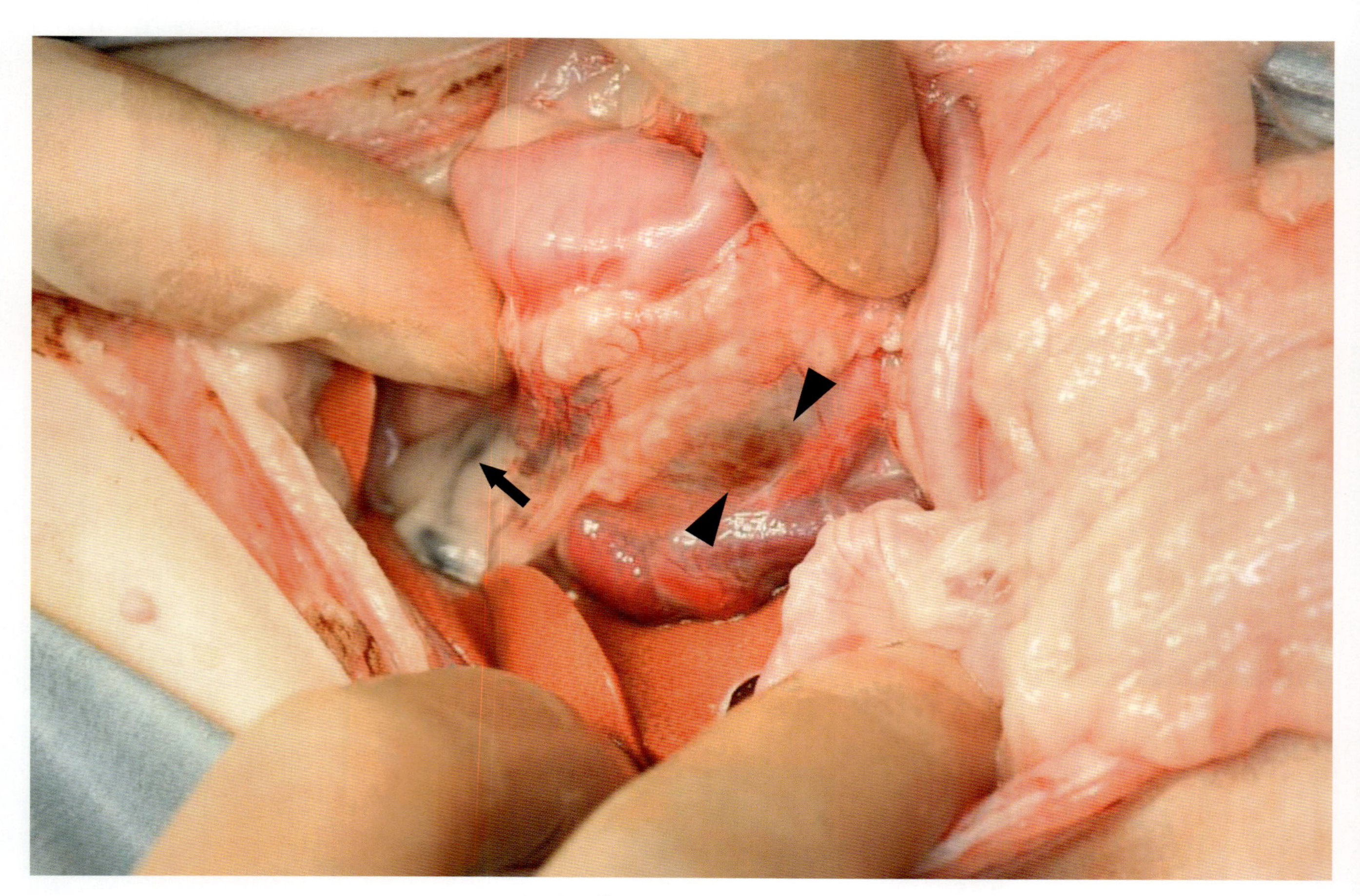

コメント写真 69-1　十二指腸間膜背側

コメント写真 69-1，2　嚢胞様組織は膵体部から膵右葉にかけて存在し（矢頭），総胆管（矢印）は嚢胞様組織に隣接している。

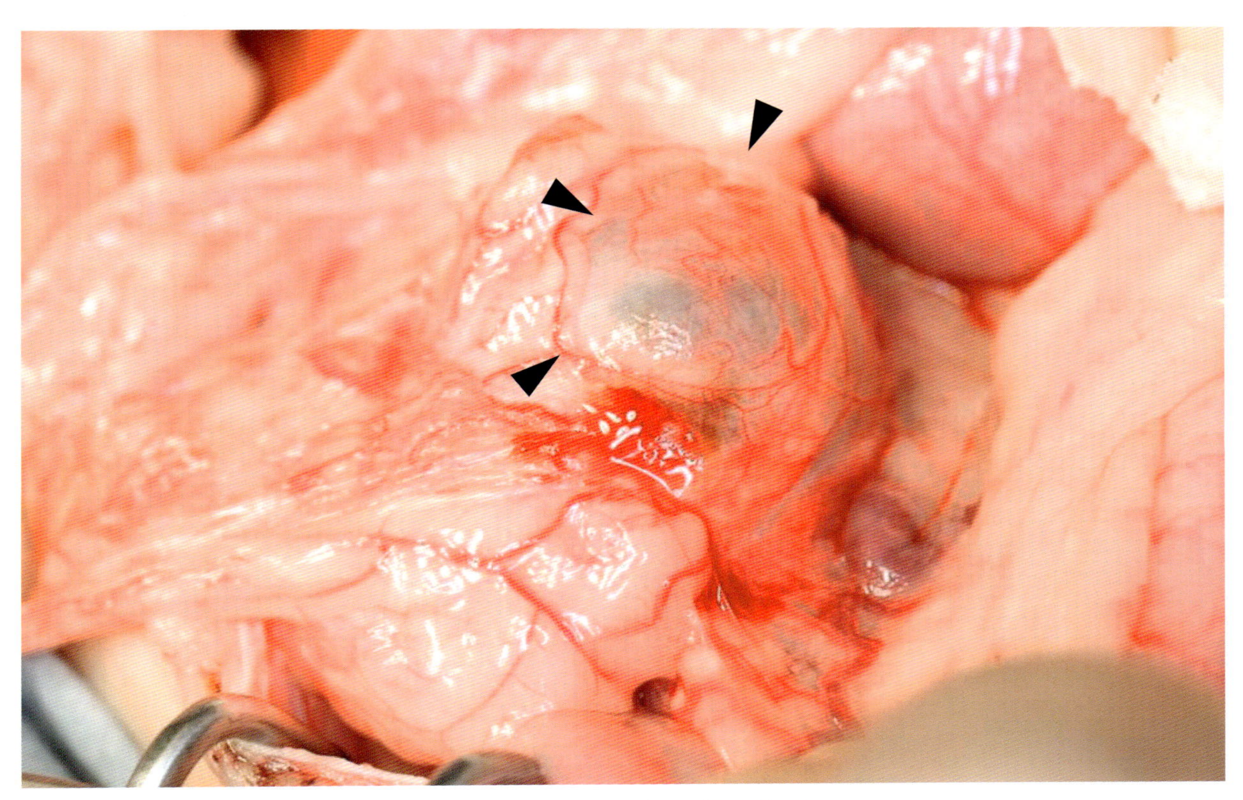

コメント写真 69-2　十二指腸間膜腹側

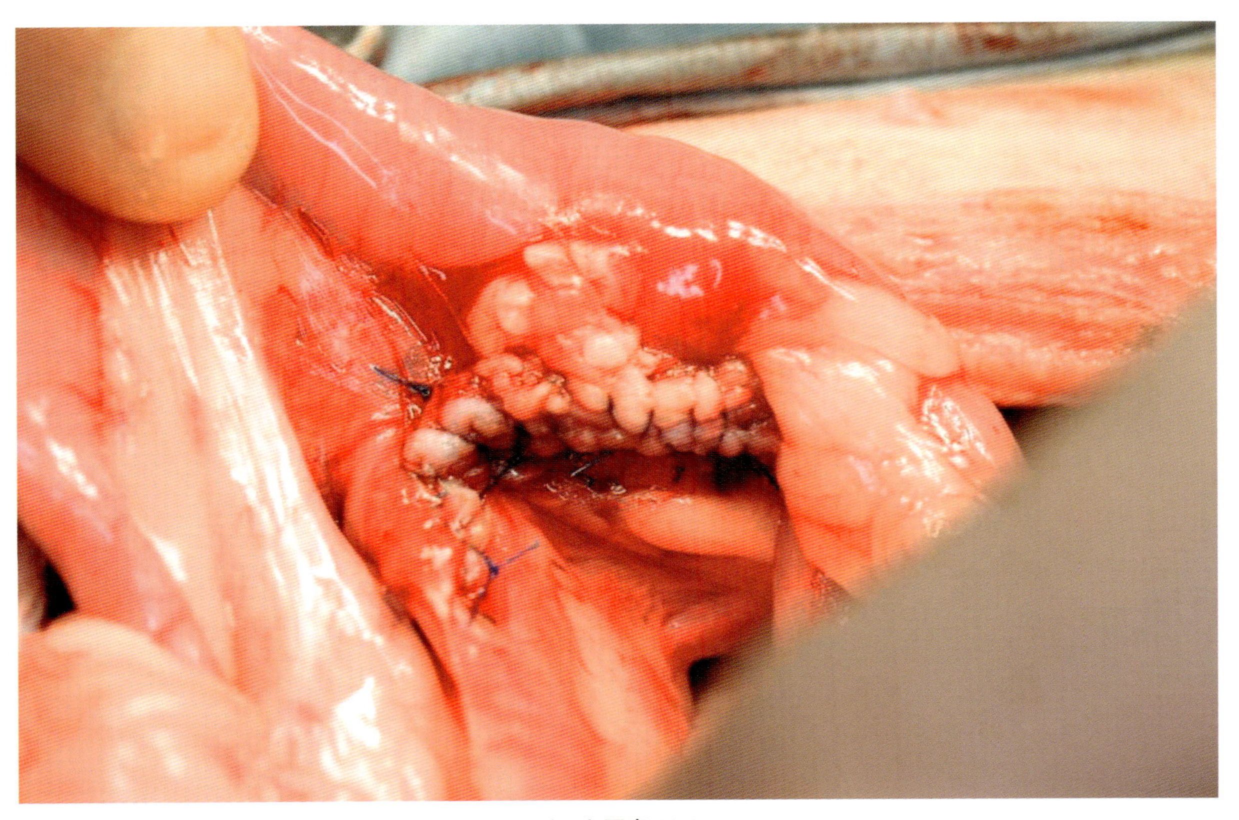

コメント写真 69-3
膵管損傷のリスクを考慮して，壁の一部切除および嚢胞様組織内部の掻爬と縫縮を行った。

70. 猫の膵硬変

症 例：メインクーン，避妊雌，10 歳 8 か月。
主 訴：低血糖および昏睡の原因追及のため来院。

血液検査所見：

PCV	33	%
RBC	644 × 10^4	/µL
WBC	84.4 × 10^2	/µL
pl	27 × 10^4	/µL
TP	7.0	g/dL
Alb	3.4	g/dL
ALT	378.0	U/L
ALP	522.0	U/L
TC	162	mg/dL

T-Bil	0.04	mg/dL
Glu	249	mg/dL
BUN	32.9	mg/dL
Cr	1.8	mg/dL
Ca	7.9	mg/dL
Na	153.2	mmol/L
K	4.34	mmol/L
Cl	119.2	mmol/L

A

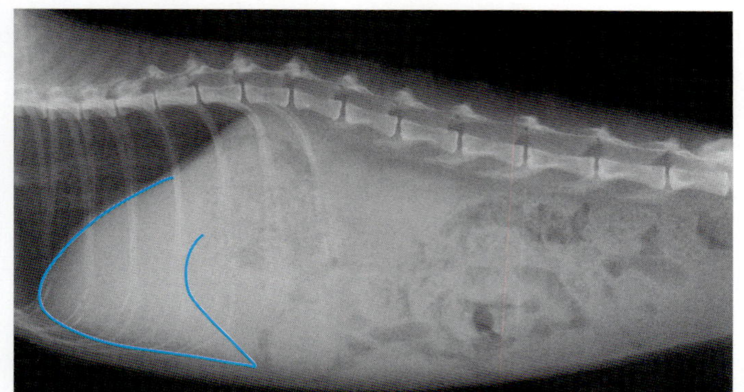

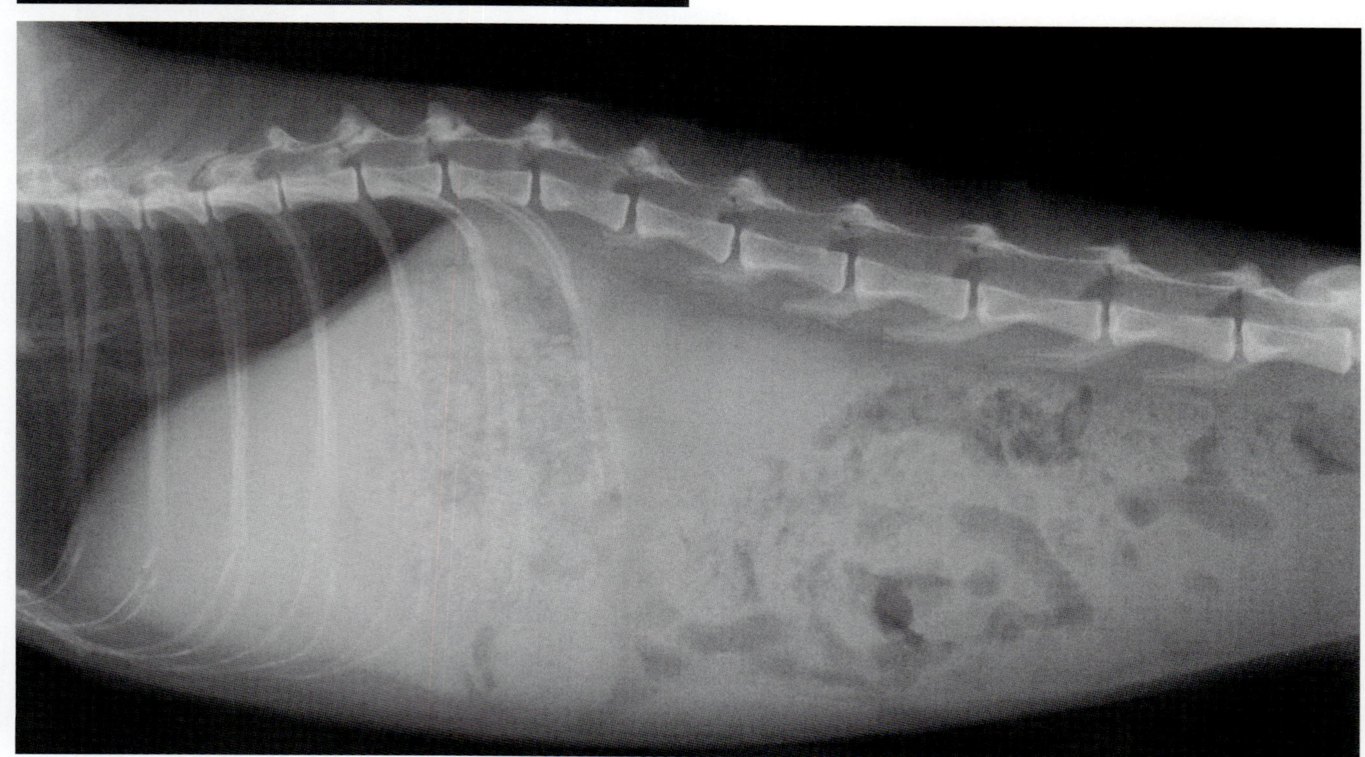

写真 70-1 腹部単純 X 線（A：ラテラル像，B：VD 像）
肝腫大が観察される。また，削痩によるものと考えられる腹腔内鮮鋭度の低下が認められる。

B

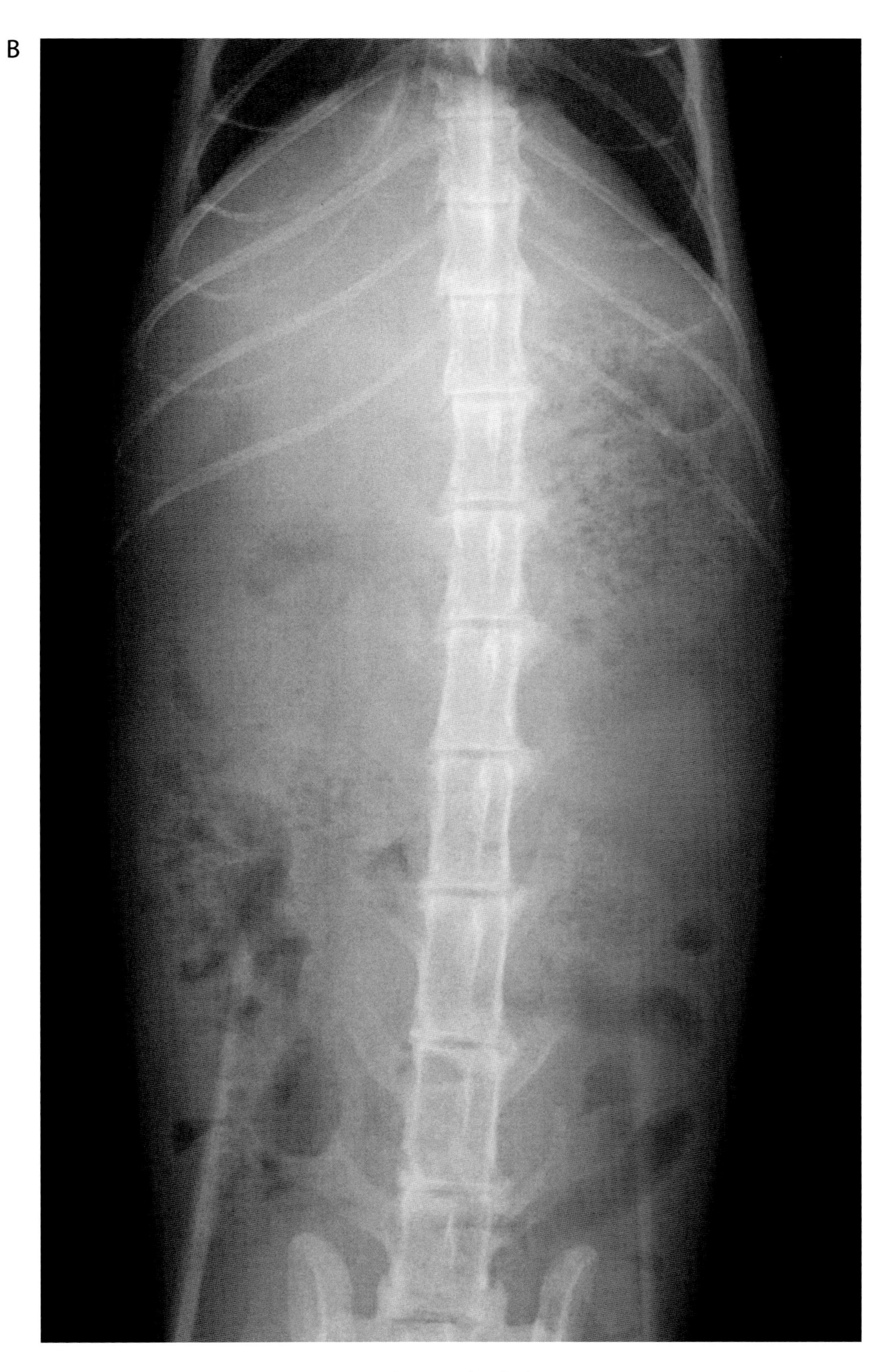

写真 70-1 （つづき）

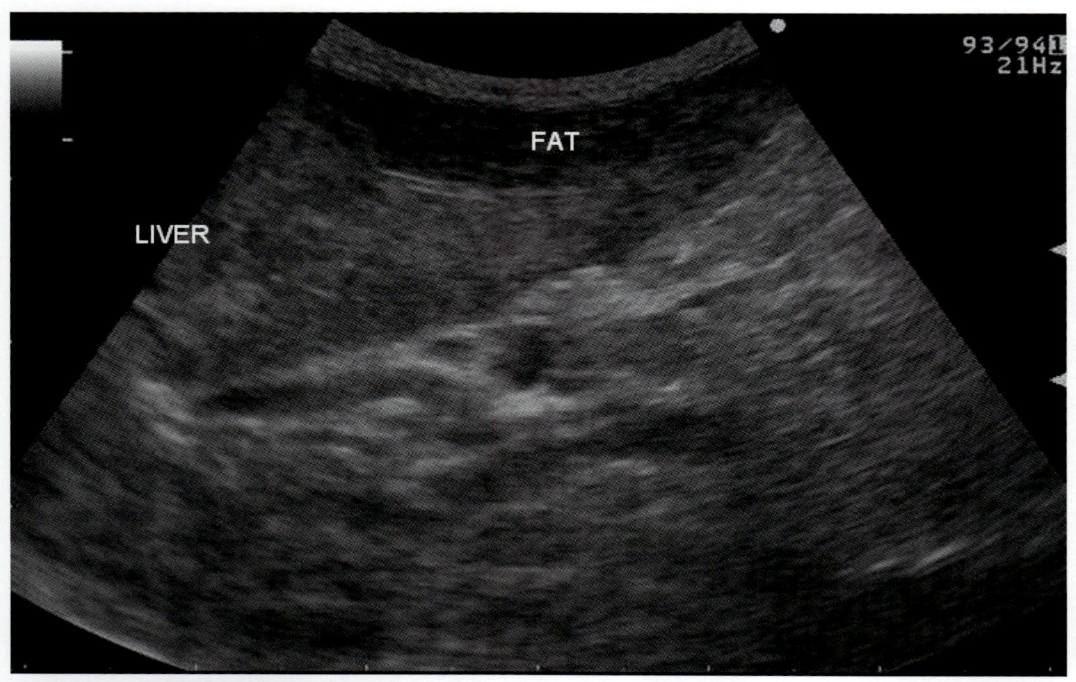

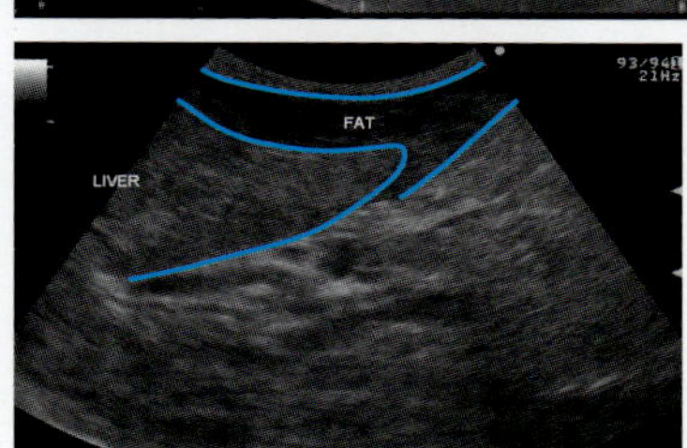

写真 70-2 腹部超音波像（肝外側左葉）
肝臓（LIVER）はび漫性に不均一で，鎌状間膜の脂肪（FAT）と比較し高エコーを示している。

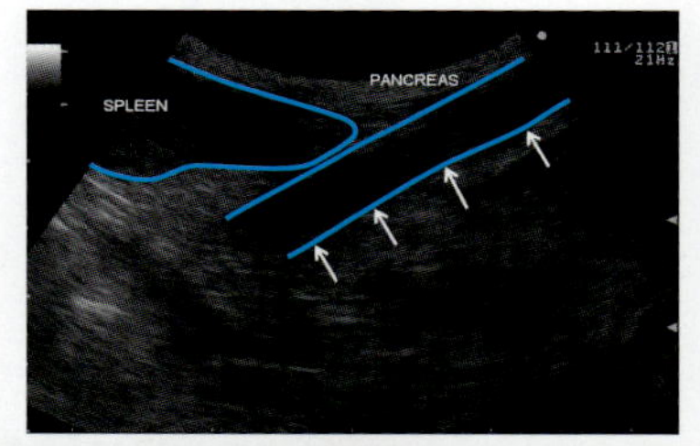

写真 70-3 腹部超音波像（膵左葉）
膵臓（PANCREAS，矢印）は周囲の脂肪組織比較し，低エコーに観察される。
SPLEEN：脾臓

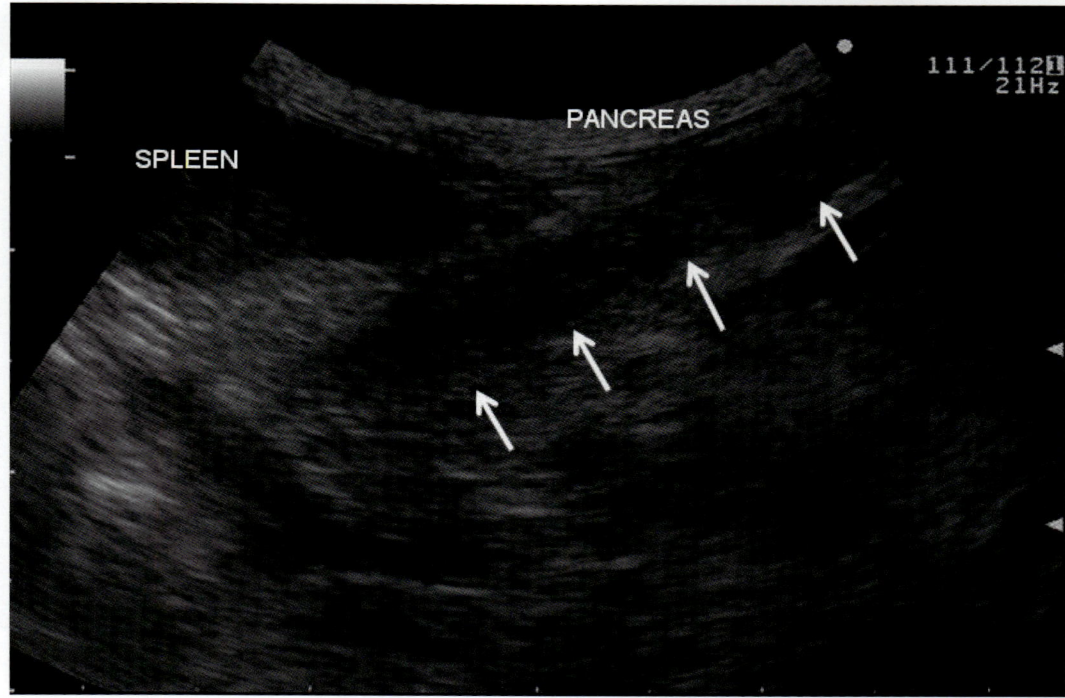

❖コメント❖

本症例は，紹介病院にて食欲廃絶，高血糖のため糖尿病と診断され，当初は療法食（Hill's w/d，m/d）のみで治療されたが，低血糖および昏睡が生じたためプレドニゾロン内服による処置が行われ，血糖値異常の原因精査のため麻布大学附属動物病院に紹介された。来院時の血液検査ではALT，ALP，Gluの上昇がみられ，腹部単純X線検査では肝腫大が認められた。引き続き行われた超音波検査において肝臓はび漫性に高エコーを呈し（写真70-2），膵臓は周囲の脂肪組織に比べ低エコーが認められた（写真70-3）。肝臓のび漫性高エコー像は，肝臓への脂肪浸潤，ステロイド肝障害，慢性肝炎，胆管肝炎および肝硬変が鑑別診断として挙げられる。また，膵臓の低エコー像は，急性膵炎，膵膿瘍，膵壊死，慢性膵炎，膵硬変および膵腫瘍が鑑別診断として挙げられる。しかしながら，これらの疾患は血液検査，各種画像検査，針生検で鑑別することが困難であり，組織学的検査が必須になる。

内科的治療を行ったが，症状の改善がみれらなかったため，組織採材を目的に開腹した。肉眼的に肝臓は異常が観察されず，膵臓は全体が萎縮し，触診上硬結感が認められた。肝臓の外側左葉および膵臓の左葉を一部切除生検し，病理組織学的検査を行ったところ，肝臓については線維化を伴う胆管管炎症と診断され，膵臓は膵硬変と診断された。

膵硬変とは増殖性間質性膵炎であり，膵臓の間質に結合織が増加する炎症性変化である。間質に沿って結合織が増殖し膵臓全体として硬くなり，同様な変化を示す肝硬変と対比され，膵硬変と呼ばれている。人ではこのような病変は，腫瘤形成性膵炎と呼ばれており，慢性膵炎の終末像の1つとされている。

膵硬変の超音波検査では特異的所見はなく，確定診断には組織学的検査が必要である。

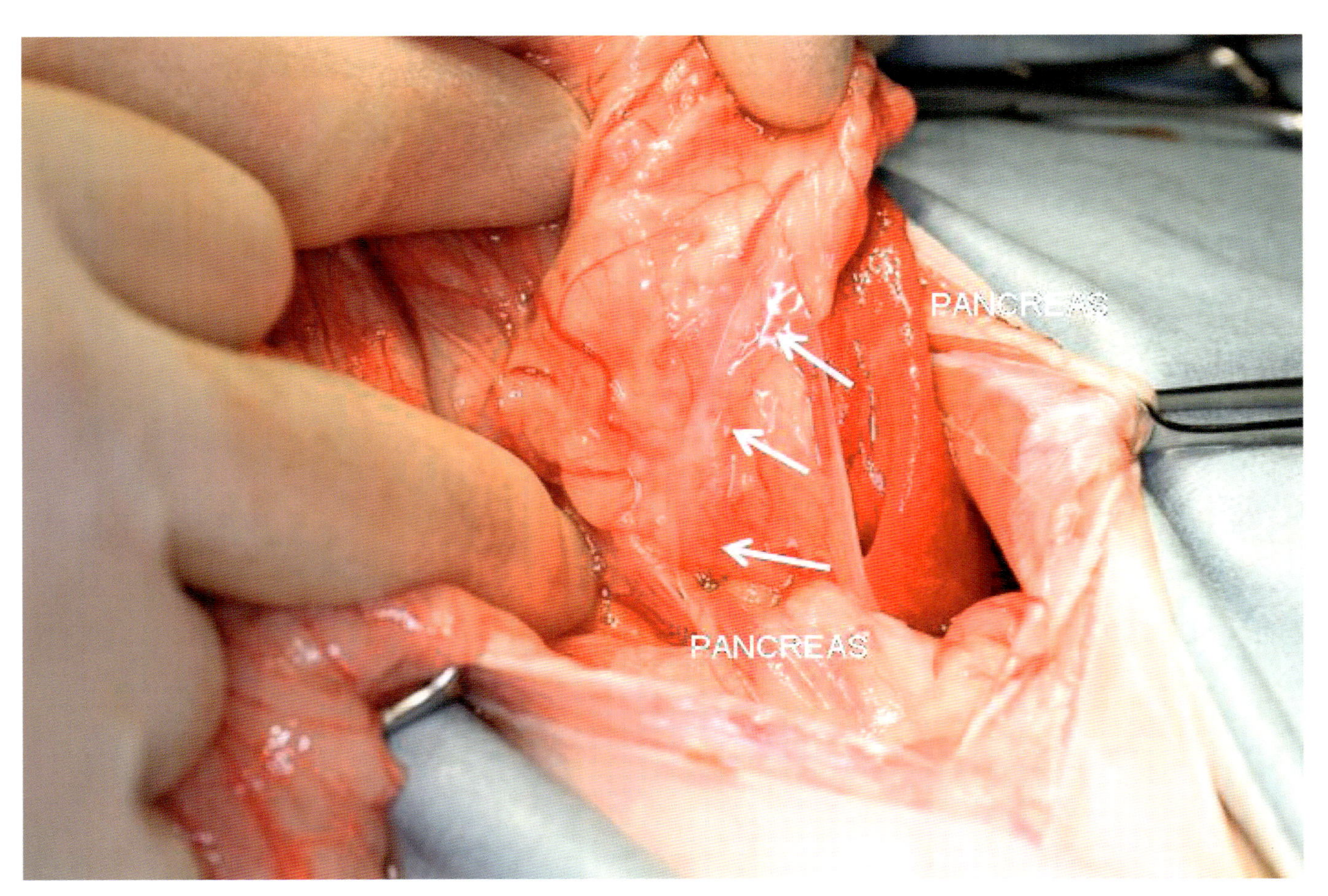

コメント写真 70-1　開腹時所見（膵左葉）
膵臓（PANCREAS，矢印）の全体が萎縮し，触診上硬結感が認められた。

71．犬のインスリノーマ

症　例：ウェストハイランド・ホワイト・テリア，雌，13 歳。

主　訴：3 か月前に嘔吐，食欲低下で血液検査をしたところ低血糖が認められた。以後，定期的な血液検査を繰り返し，食後においても持続的な低血糖が確認された。

血液検査所見：

PCV	50.0	%
RBC	759.0×10^4	/μL
Hb	17.3	g/dL
MCV	66.5	fL
MCH	22.8	pg
MCHC	34.3	g/dL
WBC	125.0×10^2	/μL
Neu	97.5×10^2	/μL
Lym	16.8×10^2	/μL
Mon	8.55×10^2	/μL
Eos	0.14×10^2	/μL
Bas	1.93×10^2	/μL
Other	0.0×10^2	/μL
pl	29.9×10^4	/μL
TP	7.2	g/dL
Alb	4.0	g/dL
ALT	46	U/L
ALP	372	U/L
TC	221	mg/dL
Tg	282	mg/dL
T-Bil	0.0	mg/dL
Glu	49	mg/dL
BUN	22.7	mg/dL
Cr	1.1	mg/dL
Ca	11.3	mg/dL
iP	3.91	mg/dL
Na	149.7	mmol/L
K	4.11	mmol/L
Cl	112.7	mmol/L

A

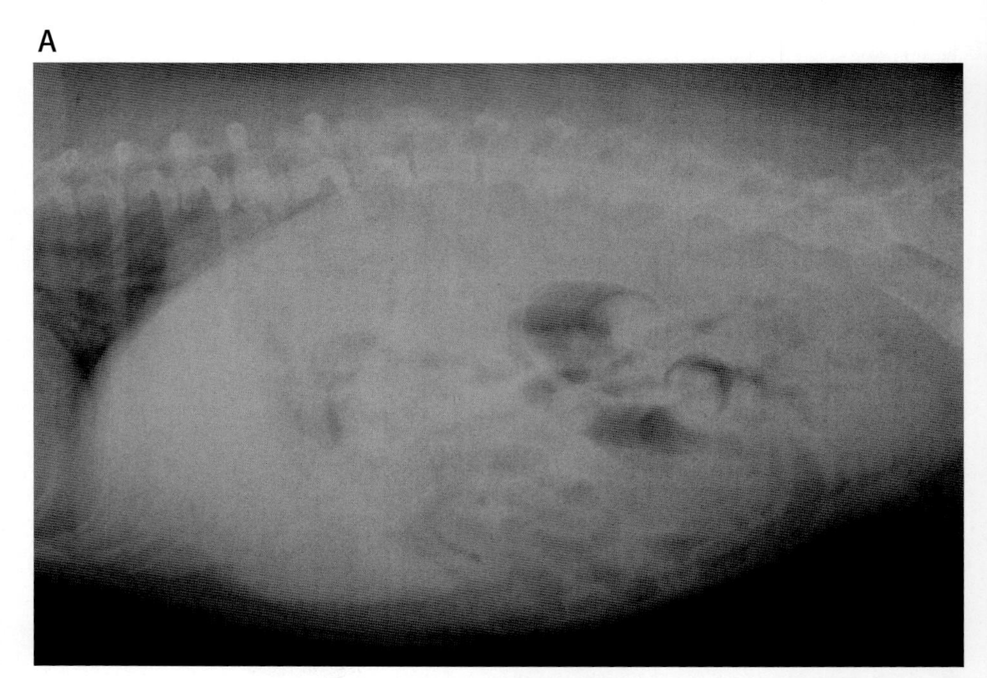

B

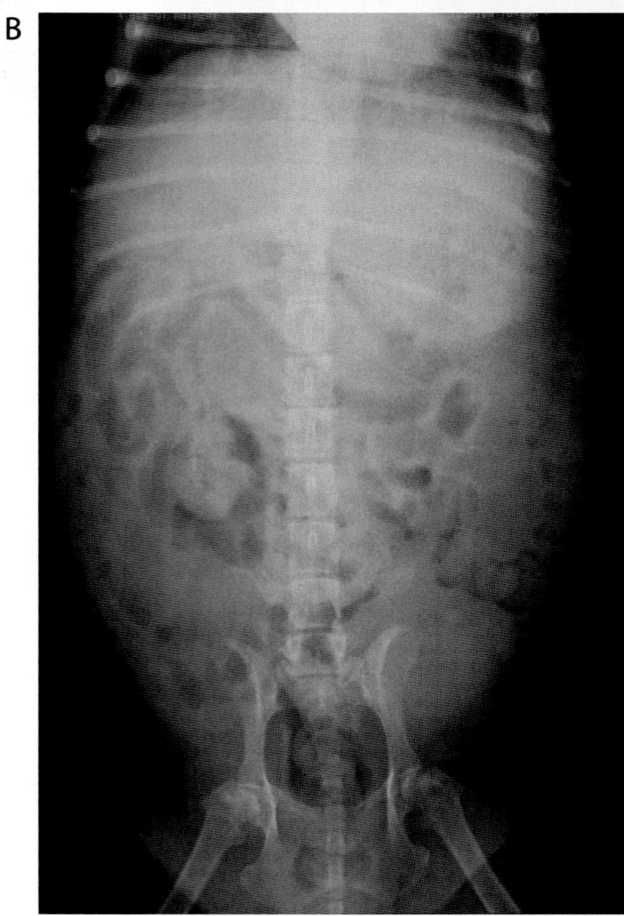

写真 71-1　腹部単純 X 線像（A：ラテラル像，B：VD 像）
腹腔内の異常は認められない。

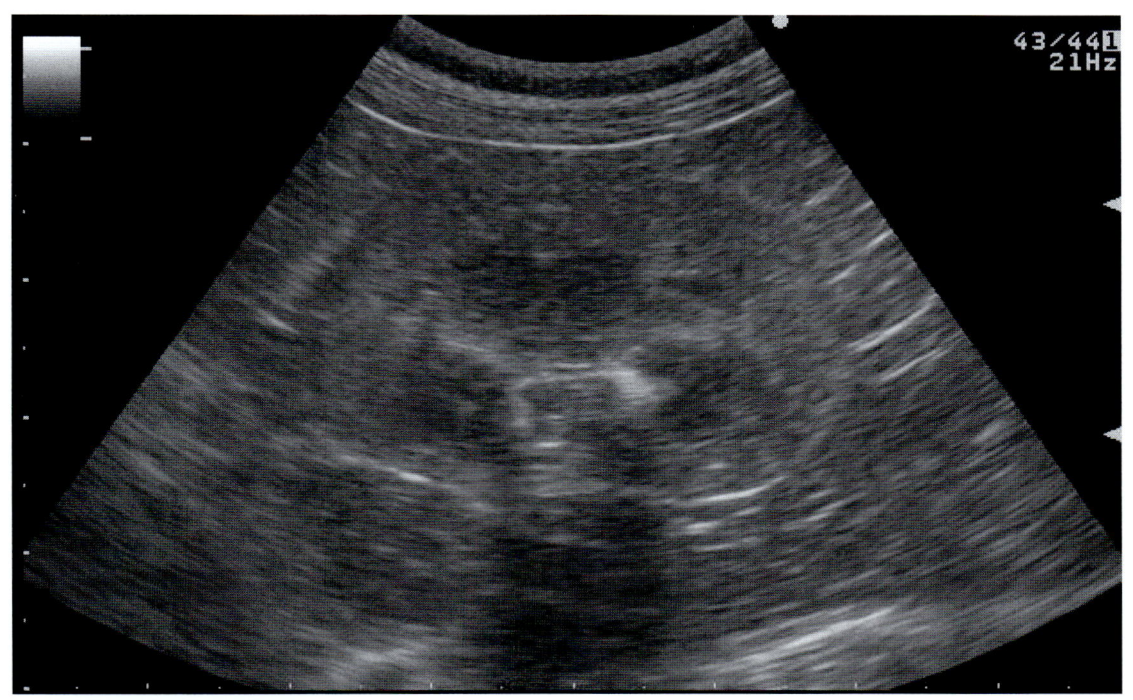

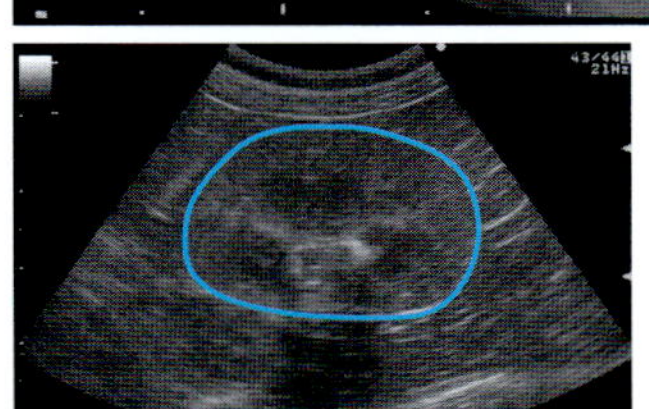

写真 71-2　左腎超音波像
構造上の異常は観察されない。

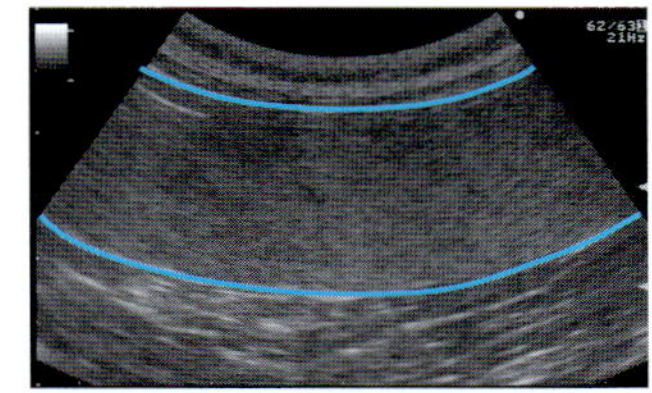

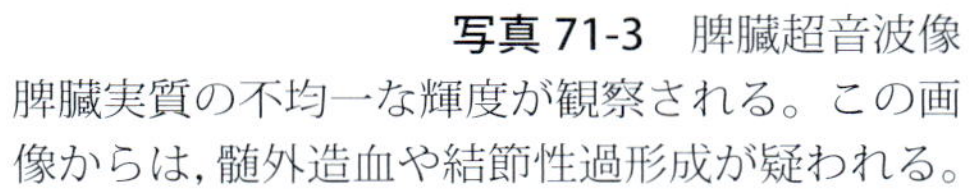

写真 71-3　脾臓超音波像
脾臓実質の不均一な輝度が観察される。この画像からは，髄外造血や結節性過形成が疑われる。

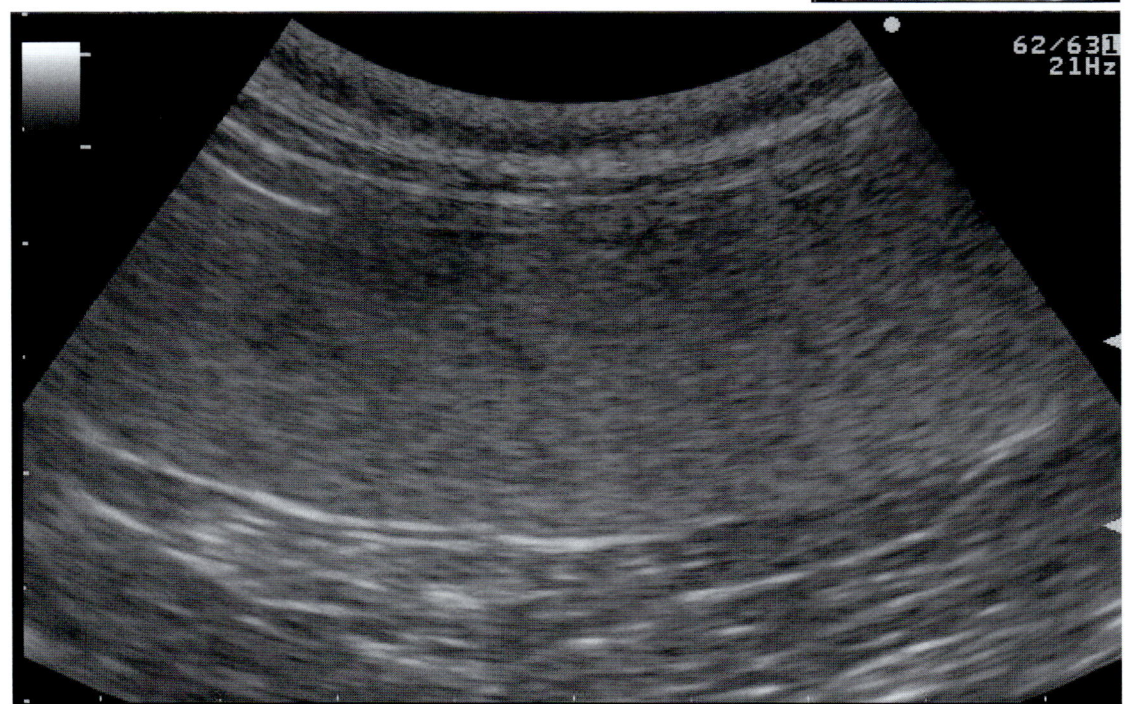

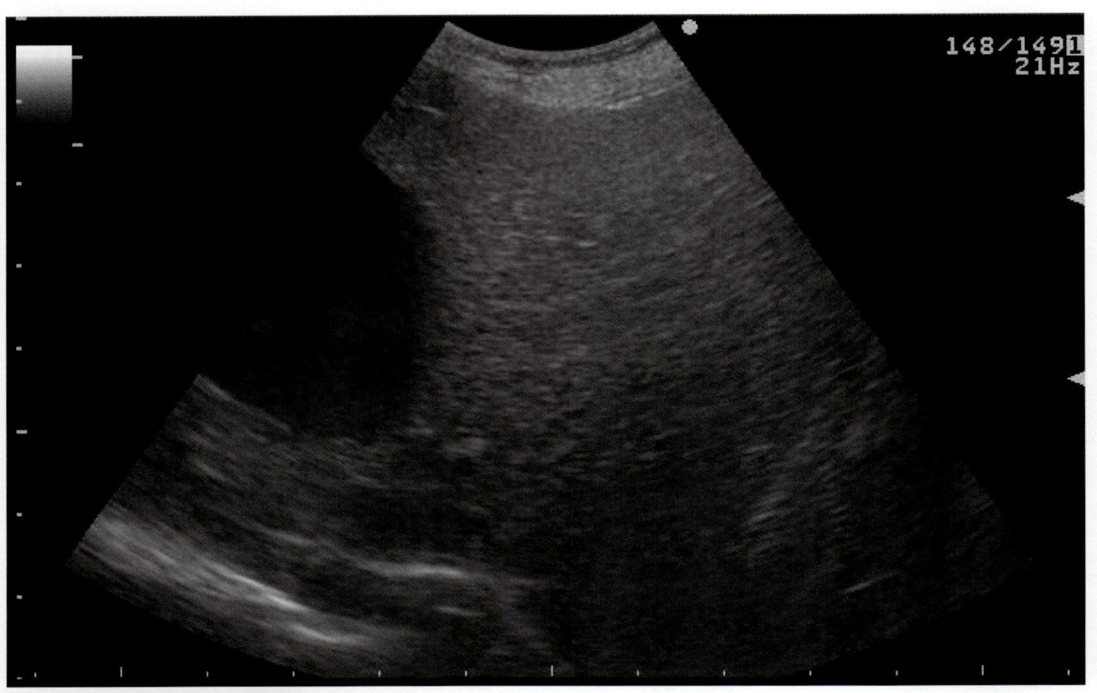

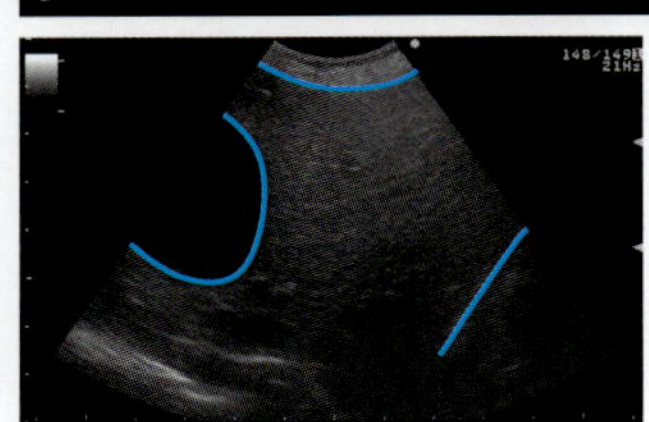

写真 71-4　肝臓超音波像
肝臓は全体に均一で，異常は認められない。

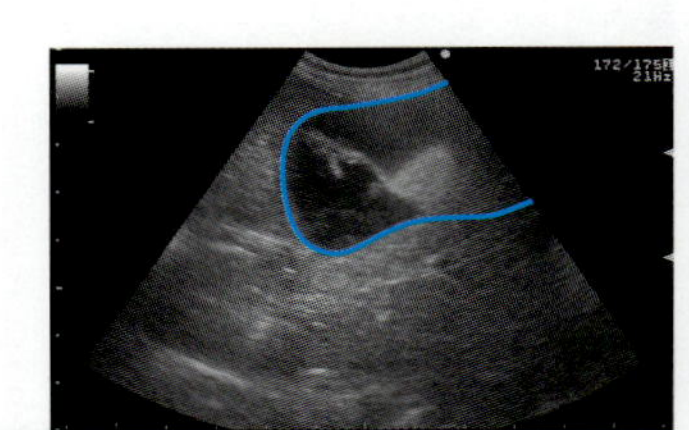

写真 71-5　胆囊超音波像
胆囊内に高エコーのマスが観察され，マスから胆囊壁に向かい線状の構造物を認める。以上の所見から涙囊腫（粘液囊腫）が疑われる。

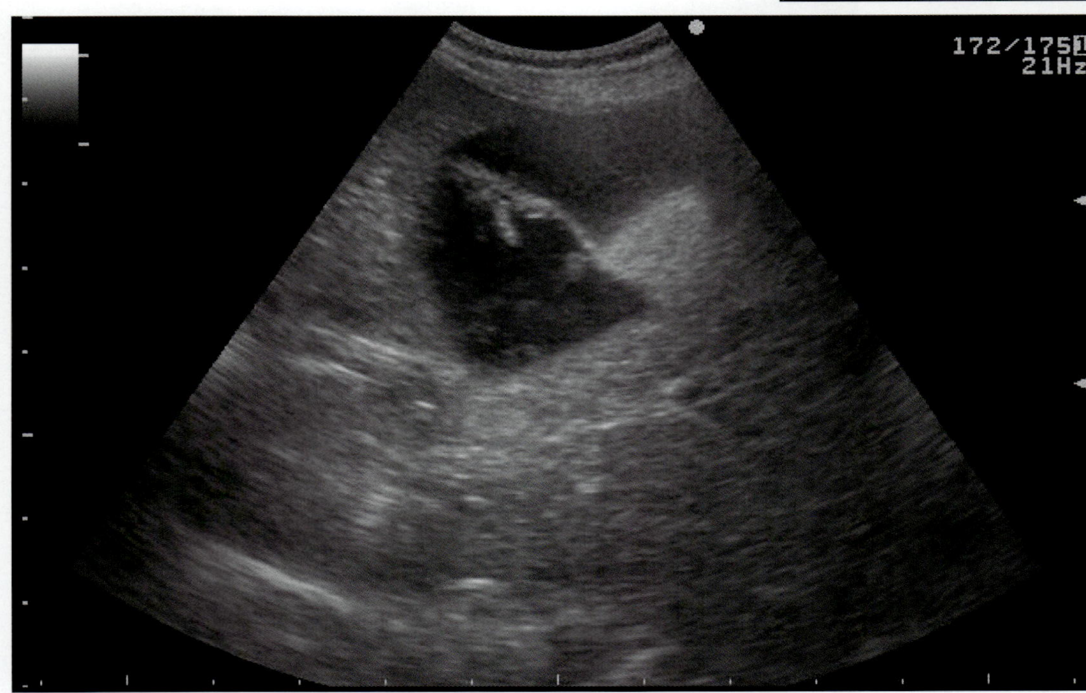

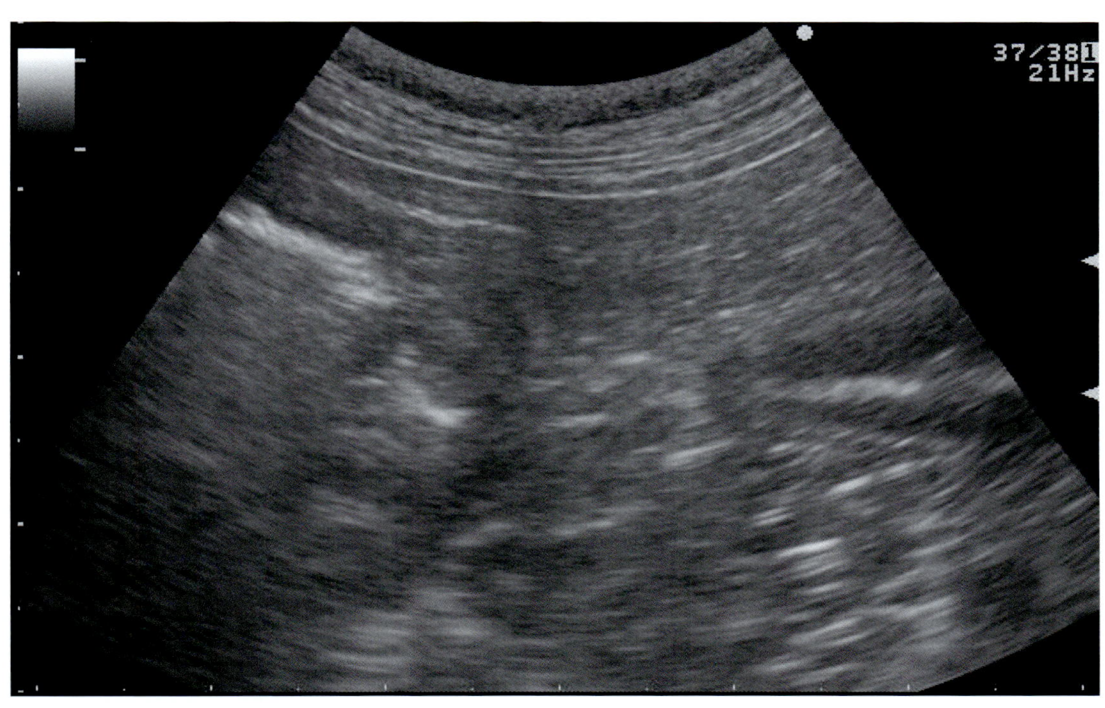

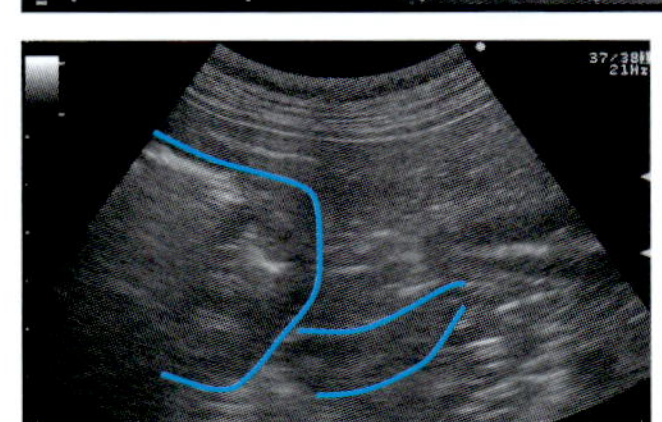

写真 71-6　膵左葉超音波像
胃の尾側に認められる膵左葉には異常を認めない。
また，脾リンパ節腫脹も観察されない。

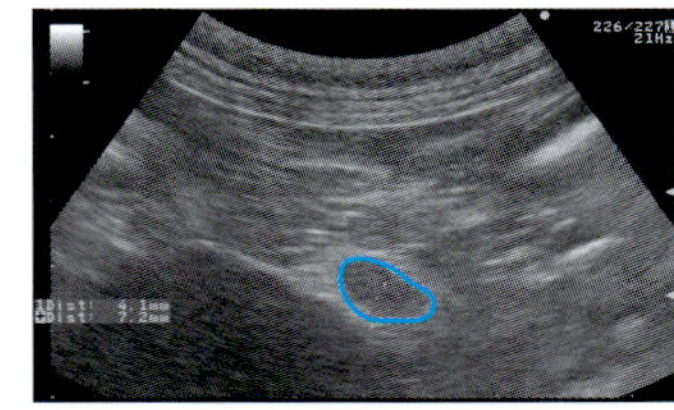

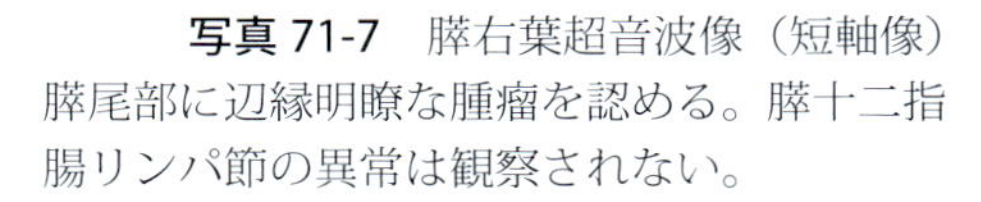
写真 71-7　膵右葉超音波像（短軸像）
膵尾部に辺縁明瞭な腫瘤を認める。膵十二指腸リンパ節の異常は観察されない。

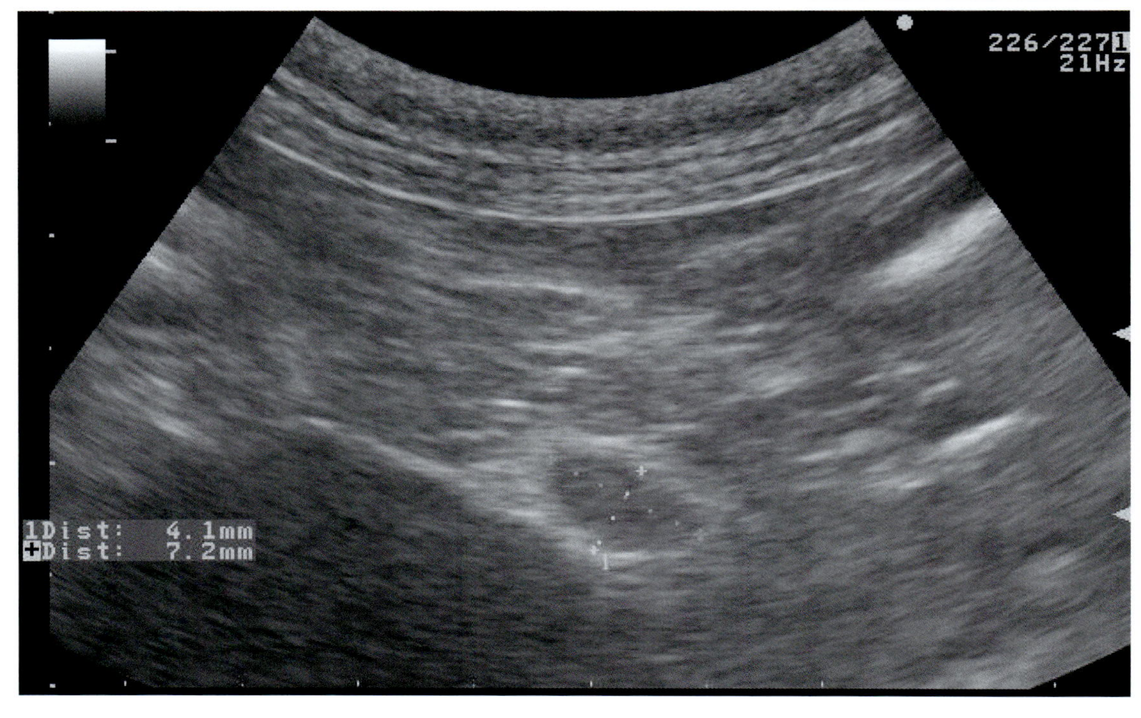

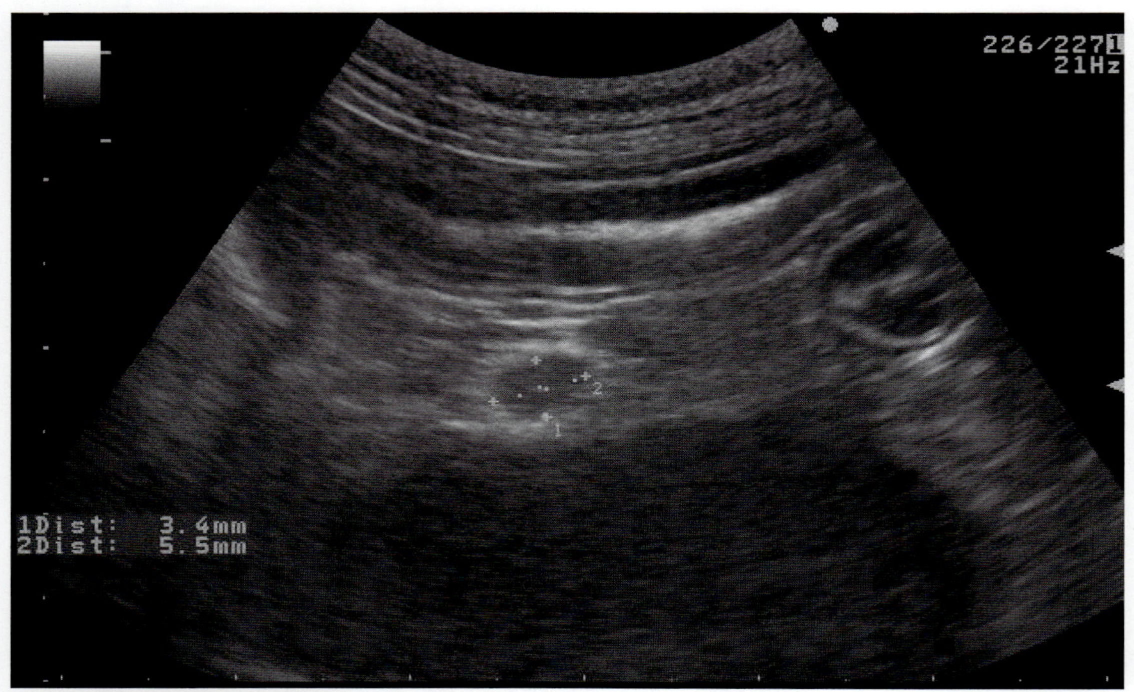

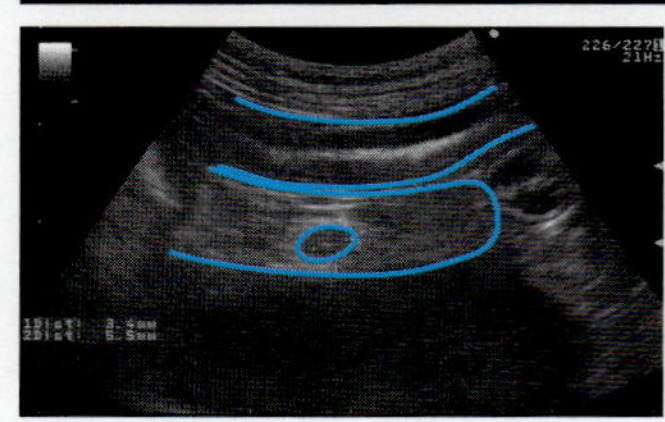

写真 71-8　膵右葉超音波像（長軸像）
十二指腸深部の膵右葉尾部に辺縁明瞭な腫瘤が観察される。

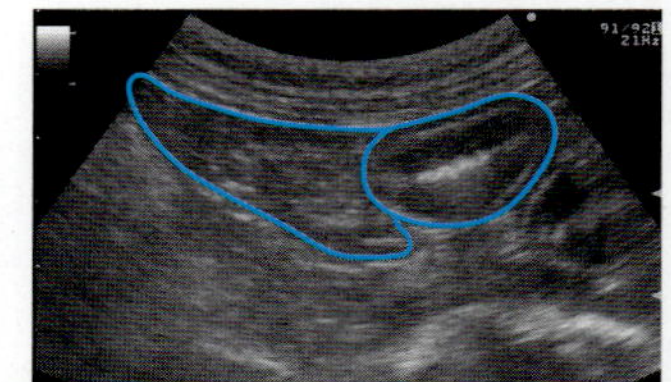

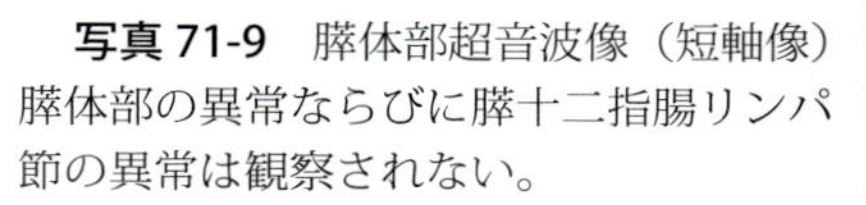

写真 71-9　膵体部超音波像（短軸像）
膵体部の異常ならびに膵十二指腸リンパ節の異常は観察されない。

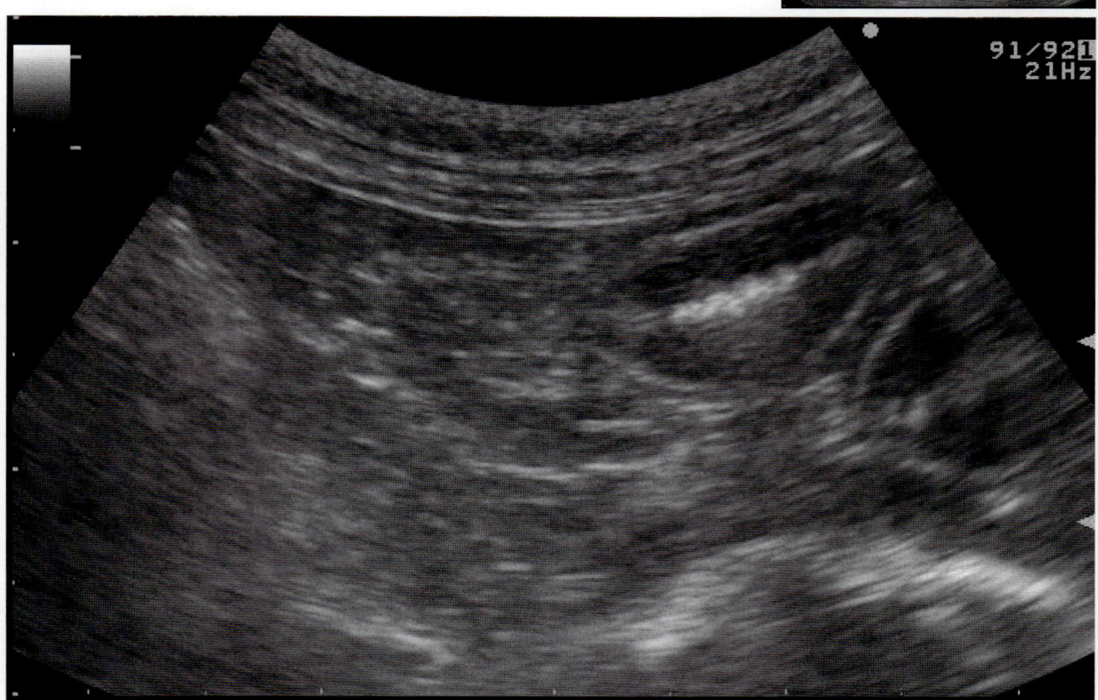

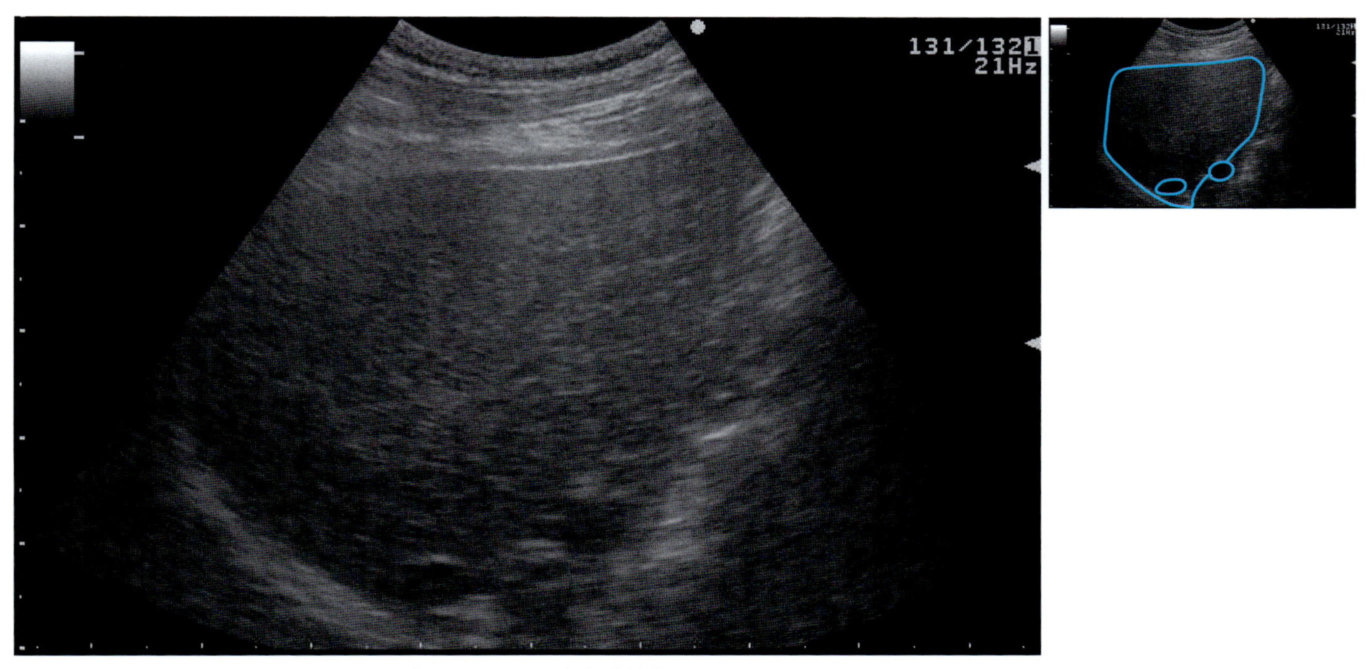

写真 71-10　肝門部超音波像
外側右葉，尾状葉尾状突起，肝門部に異常は認められない。

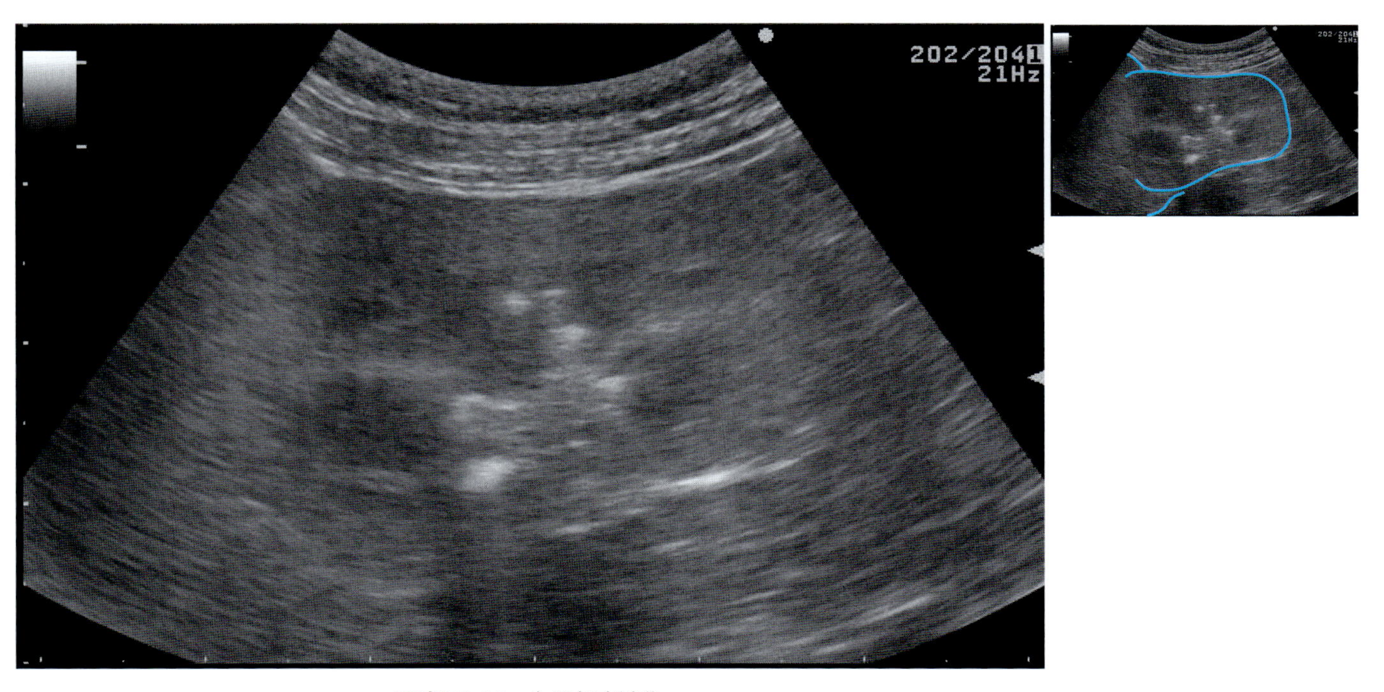

写真 71-11　右腎超音波像
構造上の異常は観察されない。

❖コメント❖

本症例は食後にもかかわらず持続的な低血糖を呈しており，超音波検査において膵尾部に腫瘤が観察された。以上からステージⅠのインスリノーマが強く示唆され，試験開腹を行った。試験開腹の結果，膵臓に腫瘤が認められたため腫瘤を切除したところ，血糖値は 200 前後にまで復帰した。

72. 犬の腎広汎性高エコー性病変（1）

症　例：雑種犬，雄，11 歳。

主　訴：右後肢の腫脹および排膿，食欲不振，腎機能低下。

血液検査所見：

PCV	41	%	Alb	2.0	g/dL
RBC	613×10^4	/μL	ALT	48.0	U/L
Hb	13.8	g/dL	ALP	6550.0	U/L
MCV	66.9	fL	TC	472.0	mg/dL
MCH	22.5	pg	T-Bil	4.87	mg/dL
MCHC	33.6	g/dL	Glu	201	mg/dL
WBC	456×10^2	/μL	BUN	150.5	mg/dL
Neu	444.0×10^2	/μL	Cr	3.9	mg/dL
Lym	8.13×10^2	/μL	Ca	8.3	mg/dL
Mon	0.88×10^2	/μL	iP	11.5	mg/dL
Eos	2.18×10^2	/μL	Na	114.0	mmol/L
Bas	0.09×10^2	/μL	K	3.42	mmol/L
pl	10.9×10^4	/μL	Cl	105.7	mmol/L
TP	5.5	g/dL			

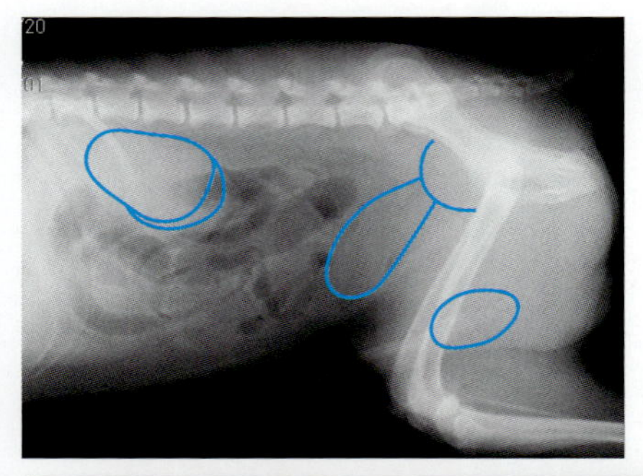

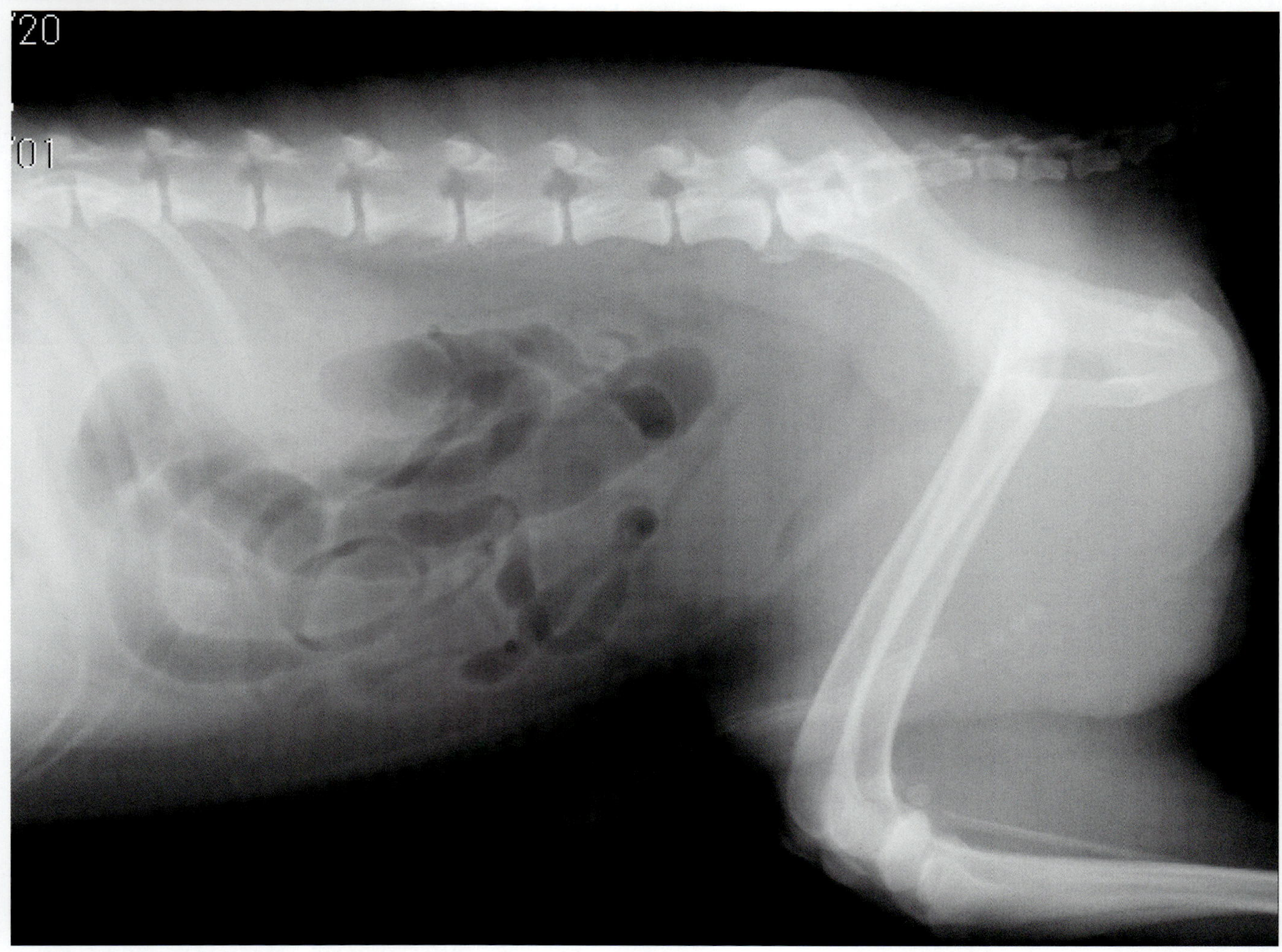

写真 72-1　腹部単純 X 線ラテラル像

腎陰影の長径は第 2 腰椎 3 個分であり，大きさ，辺縁の形態，デンシティーともに正常である。前立腺の肥大，ならびに陰茎骨近位尿道内に結石が数珠状に並んで認められる。そのほか消化管，膀胱には異常は認められない。

写真 72-2　腹部単純 X 線 VD 像
左腎陰影は不明瞭であるが，両腎ともに大きさ，形態に異常を認めない。

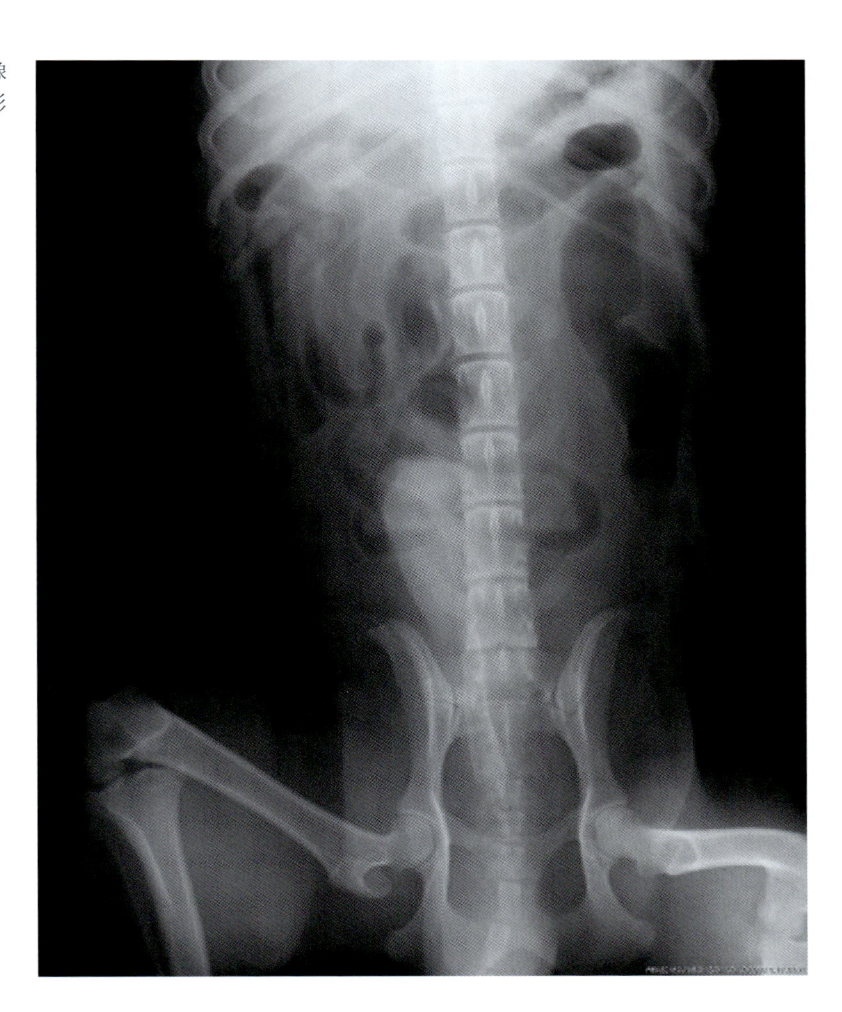

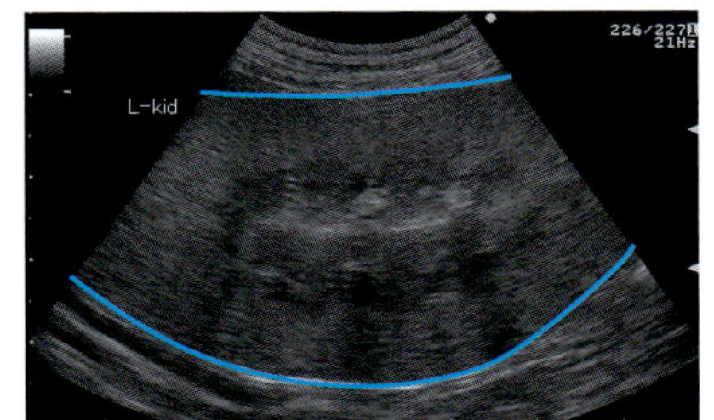

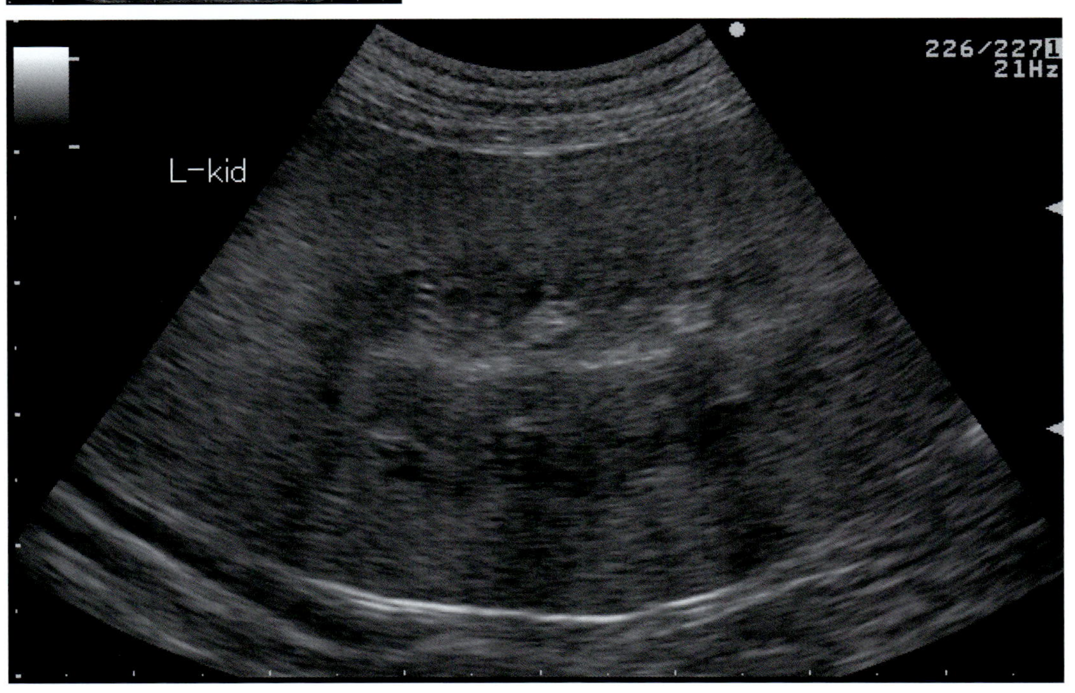

写真 72-3　左腎超音波矢状断像
左腎（L-kid）の辺縁は平滑であり，被膜の異常は認められない。また皮質，髄質の境界は明瞭である。

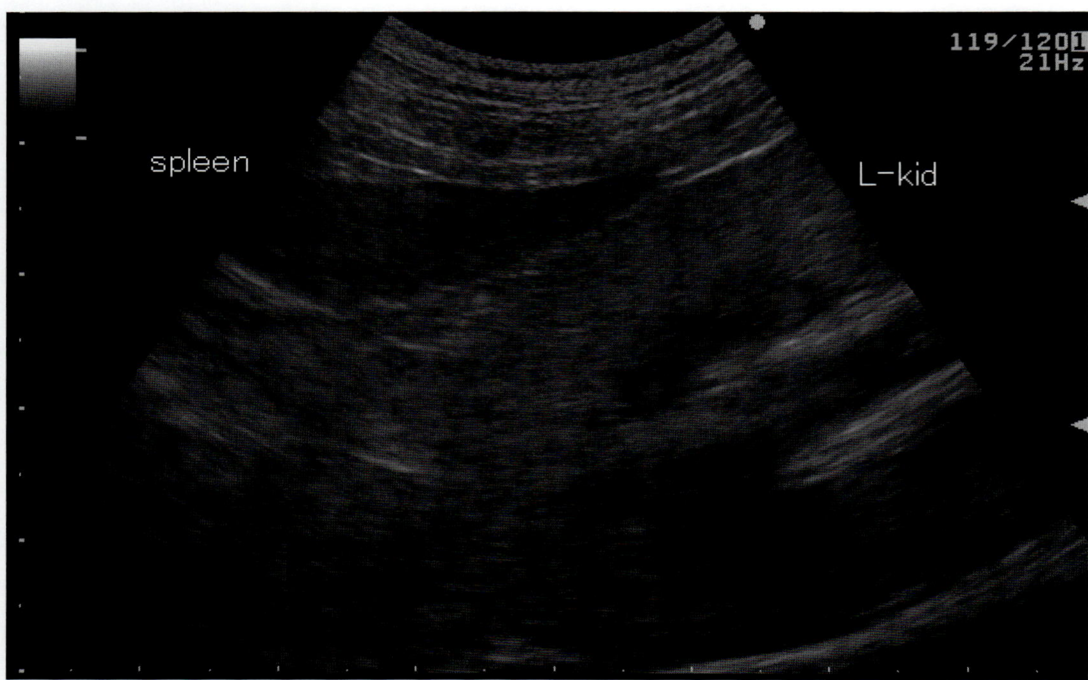

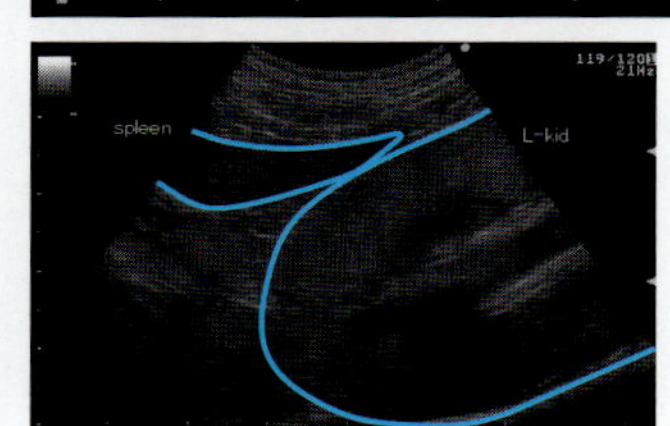

写真 72-4　左背側最後肋骨尾側超音波縦断像（腎脾コントラスト）
脾臓（spleen）の実質と比較し，左腎（L-kid）の皮質は高エコーを示している。

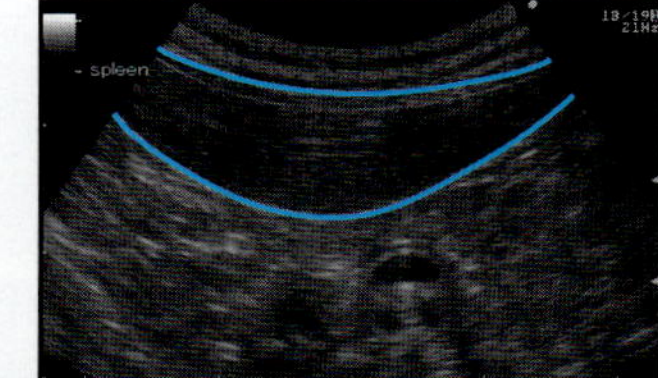

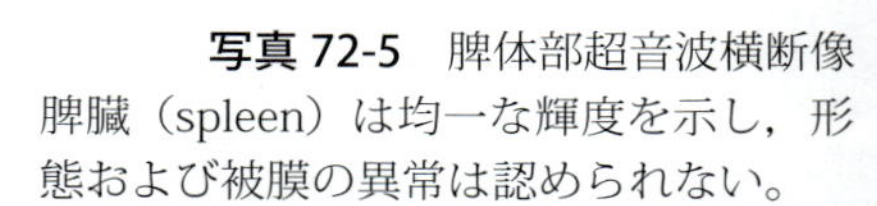

写真 72-5　脾体部超音波横断像
脾臓（spleen）は均一な輝度を示し，形態および被膜の異常は認められない。

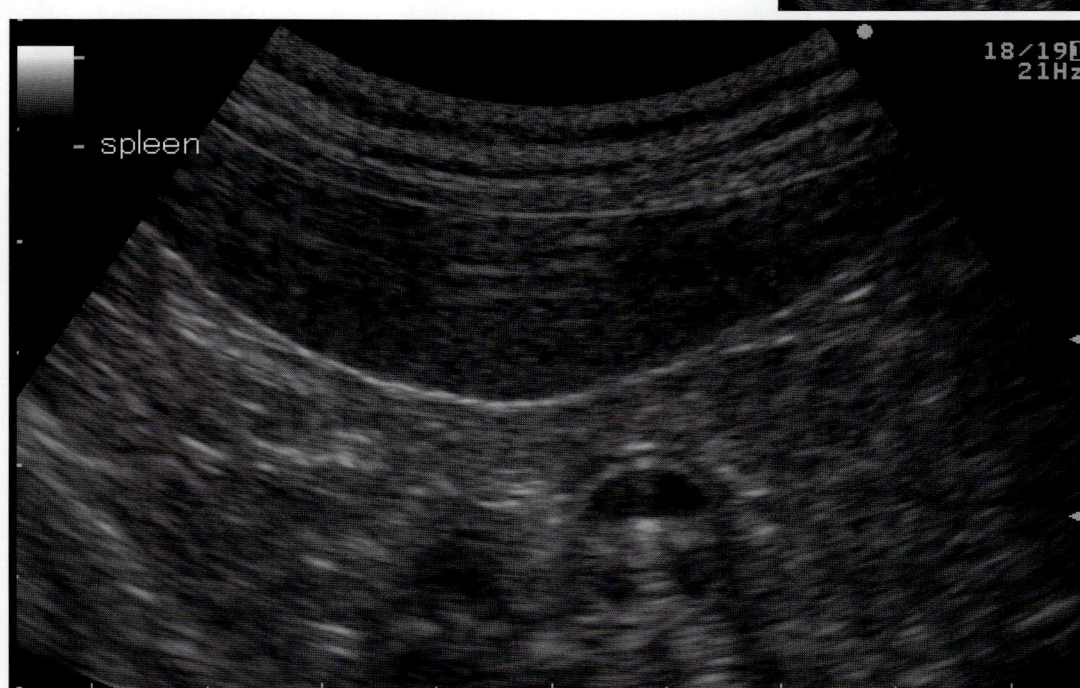

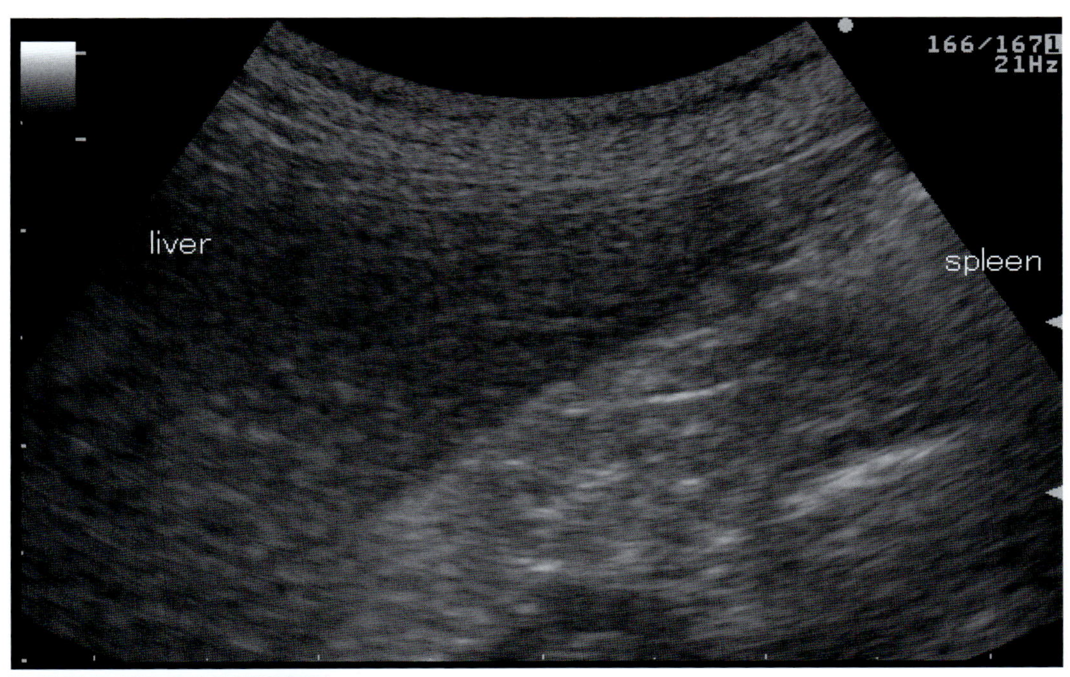

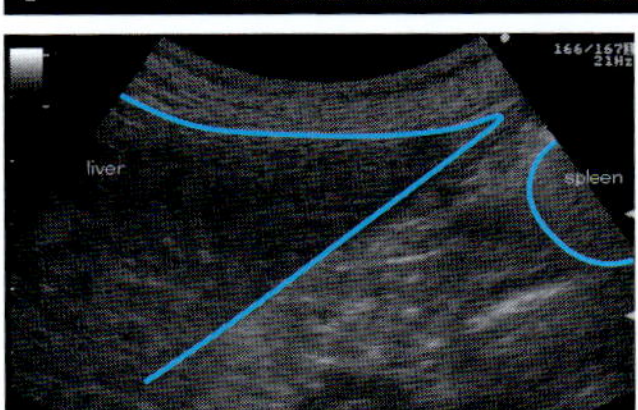

写真 72-6　左腹側最後肋骨超音波縦断像（肝脾コントラスト）
肝臓（liver）の被膜は平滑で，辺縁の鈍化など形態の異常も認められない。また，脾臓（spleen）の実質と比較し肝臓実質は低エコーを示す。

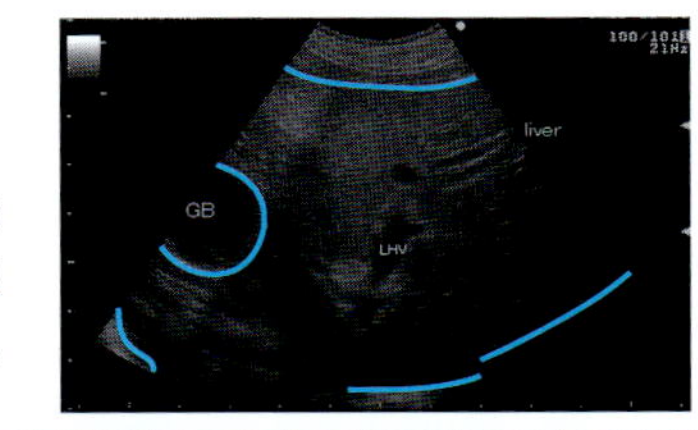

写真 72-7　剣状突起下超音波横断像
肝臓（liver）は均一な輝度を呈し，肝内脈管系（LHV：肝静脈）の異常も認められない。また，胆嚢（GB）についても異常は観察されない。

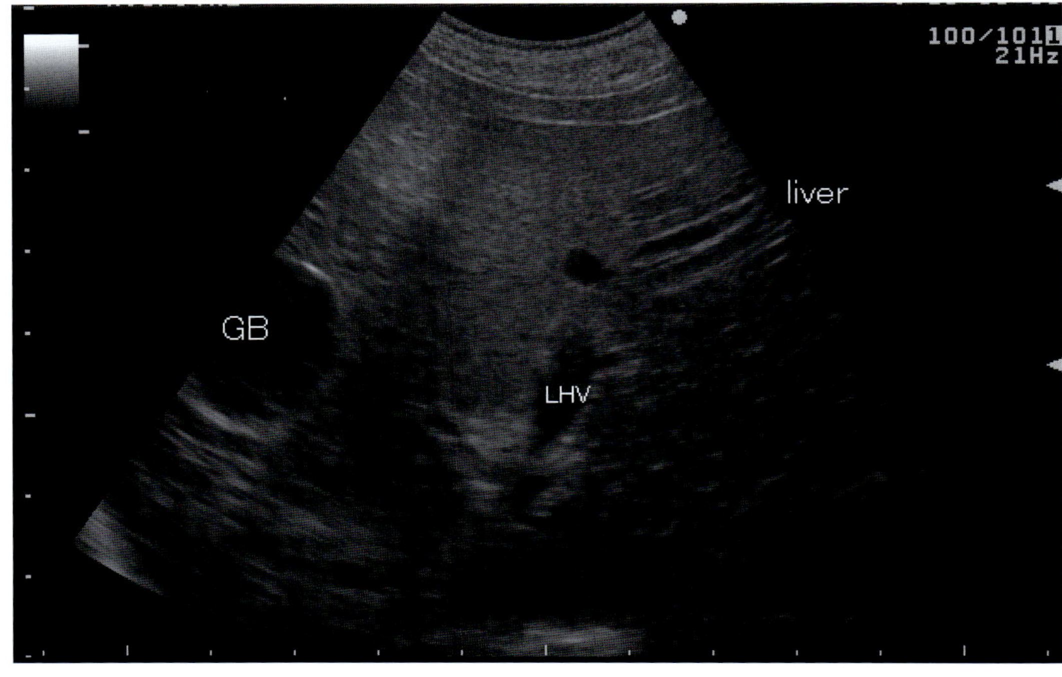

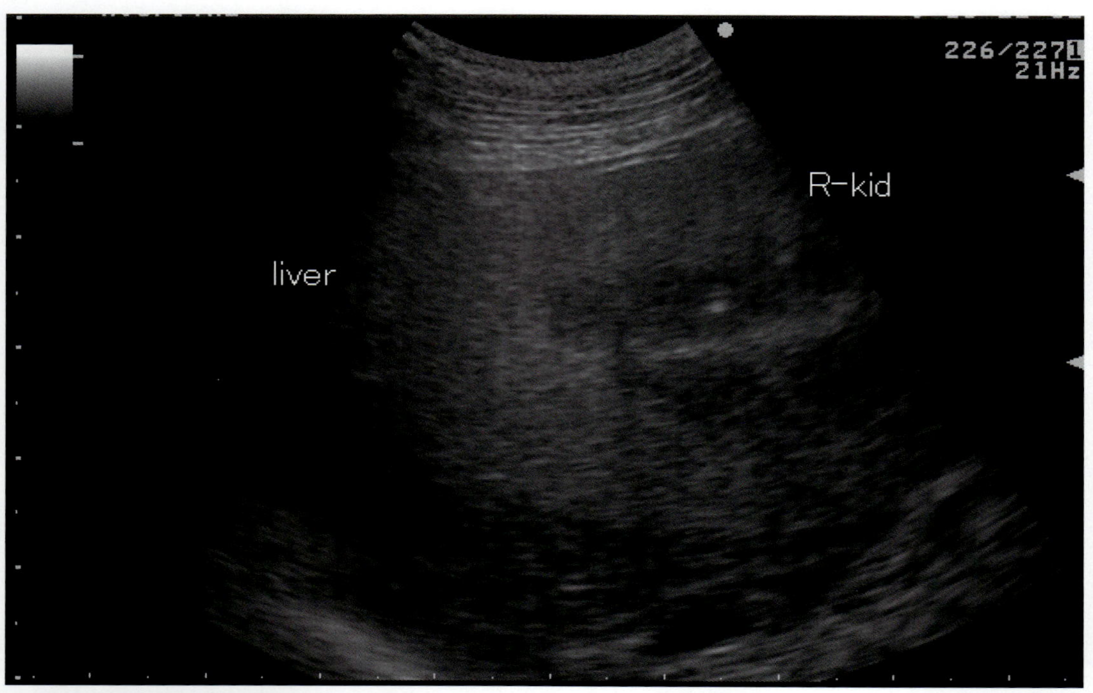

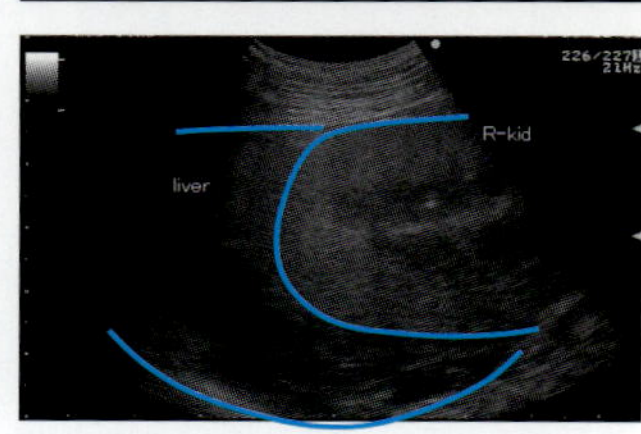

写真 72-8　右側第 10 肋間超音波縦断像（肝腎コントラスト）
肝臓（liver）の実質と比較し，右腎（R-kid）の皮質は高エコーを示している。

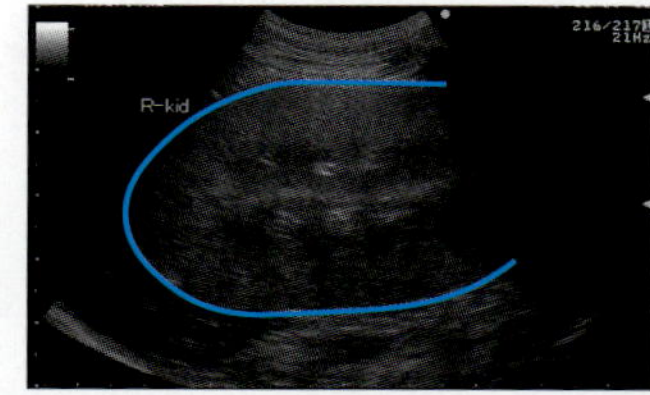

写真 72-9　右腎超音波矢状断像
左腎と同様，皮質，髄質の境界は明瞭であり，辺縁の不整や，被膜の異常も認められない。　R-kid：右腎

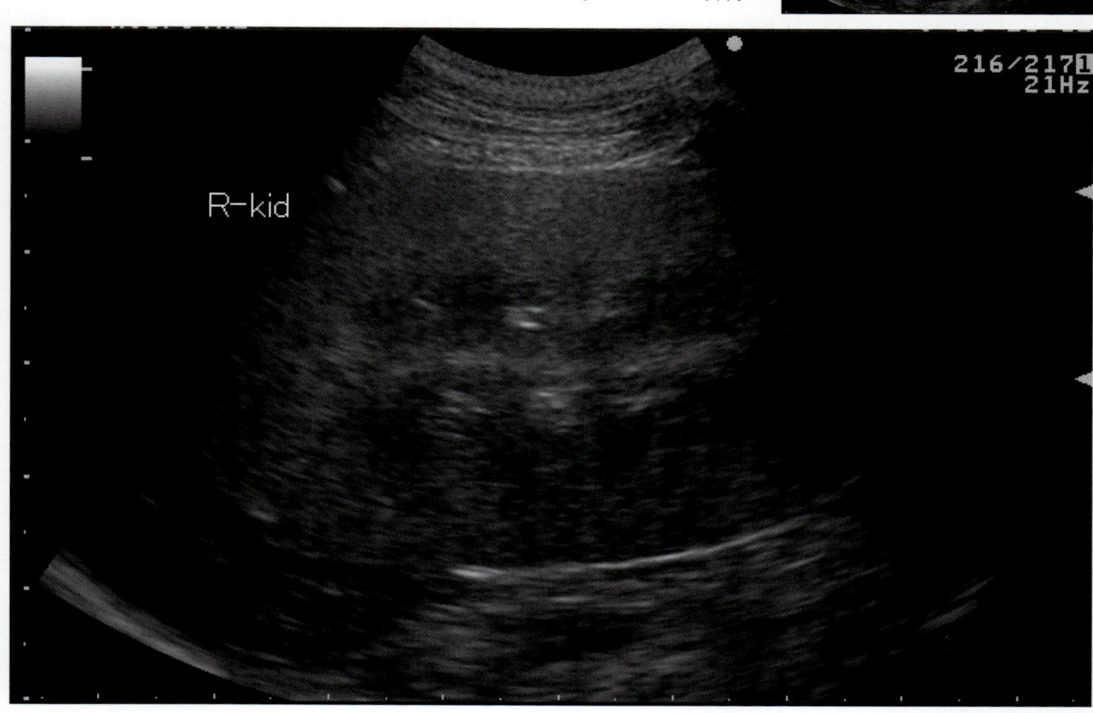

❖コメント❖

正常な腎臓は，皮質と髄質がそれぞれ異なったエコー源性を示すため，２層構造が識別できる。腎皮質は，脾臓の実質と比較し低エコー性であり，肝臓実質と比較すると低～等エコー性である。ところが本症例は，皮質髄質の境界は明瞭であるものの，皮質は肝臓や脾臓に比べ広汎性に高エコーを呈している。このような超音波所見からは，糸球体腎炎，慢性間質性腎炎，腎石灰沈着症，アミロイドーシス，腎硬化症，リンパ腫，末期の腎疾患などが考えられる。しかしこれらの画像診断所見は非特異的であるため，針生検やTru-Cut生検による確定診断が必要となる。

本症例は，治療の甲斐なく死亡したが，飼い主の承諾のもと死後Tru-Cut生検を実施した。病理組織検査結果は，写真に示すごとく化膿性腎炎であった。このことから，全身性の感染症（敗血症）により腎不全が生じたものと考えられた。

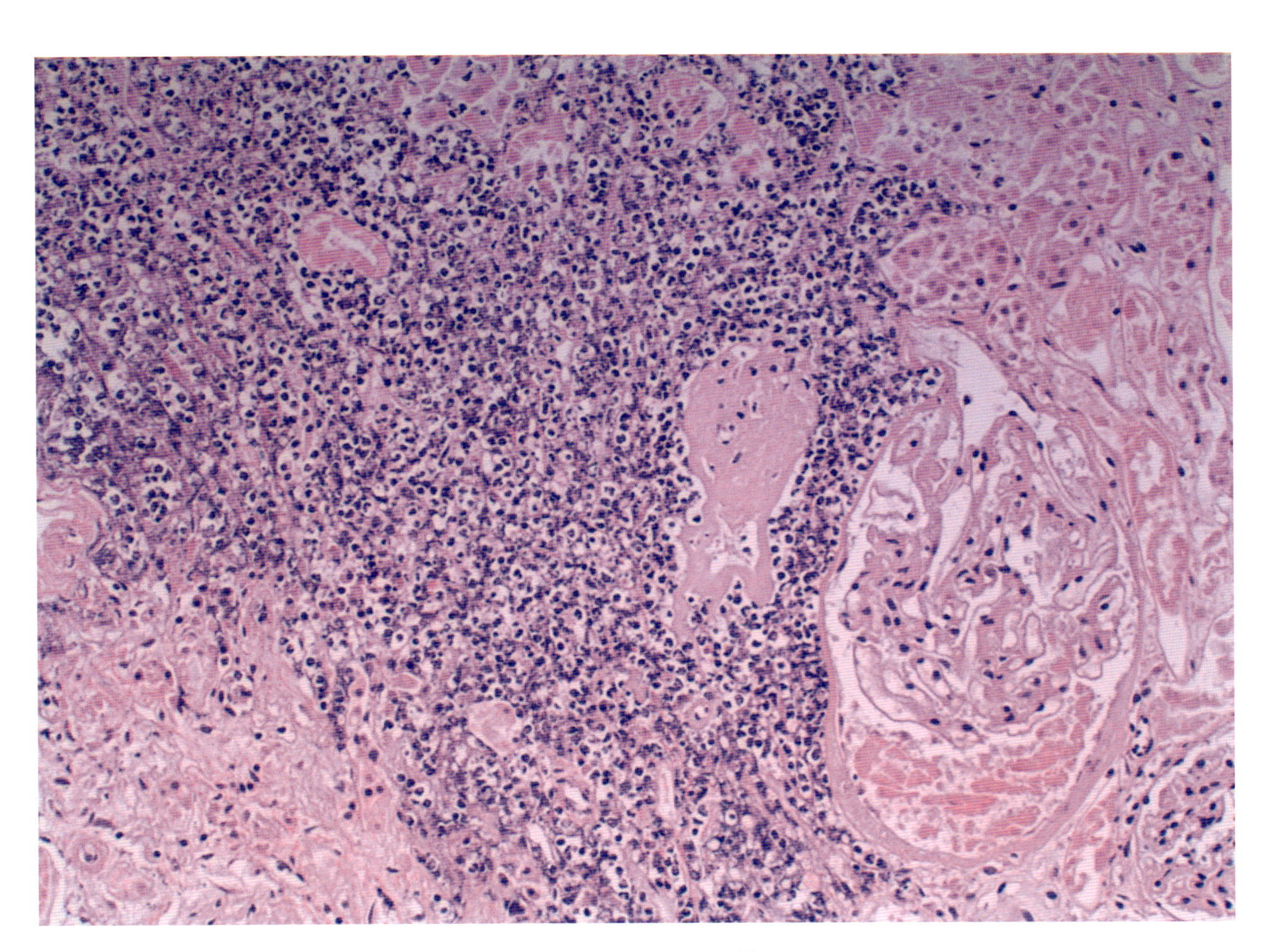

コメント写真 72-1　病理組織像

73. 犬の腎広汎性高エコー性病変（2）

症　例：パピヨン，雄，5 歳。

主　訴：血液検査により低蛋白血症が，偶発的に判明。

血液検査所見：

PCV	50.1	%
RBC	736.0 × 10^4	/μL
Hb	19.1	g/dL
MCV	68.1	fL
MCH	26.0	pg
MCHC	38.1	g/dL
WBC	70.0 × 10^2	/μL
pl	50.2 × 10^4	/μL
TP	3.8	g/dL
Alb	1.0	g/dL
ALT	17.01	U/L
ALP	130.0	U/L

TC	331	mg/dL
Tg	33.0	mg/dL
T-Bil	0.05	mg/dL
Glu	118	mg/dL
BUN	9.1	mg/dL
Cr	0.5	mg/dL
Ca	9.1	mg/dL
iP	4.3	mg/dL
Na	138.0	mmol/L
K	3.7	mmol/L
Cl	180	mmol/L

尿検査所見：

pH	6.5	
比重	1.034	
UPC	6.66	
尿中蛋白	632.6	mg/dL
尿中クレアチニン	95	mg/dL
結晶	−	
細菌	±	
RBC	±	
WBC	−	

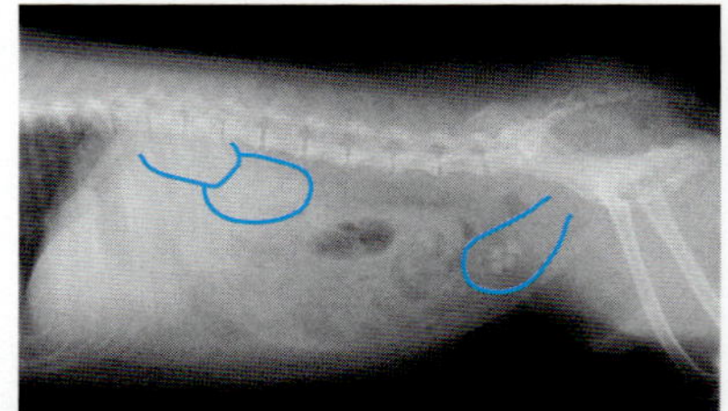

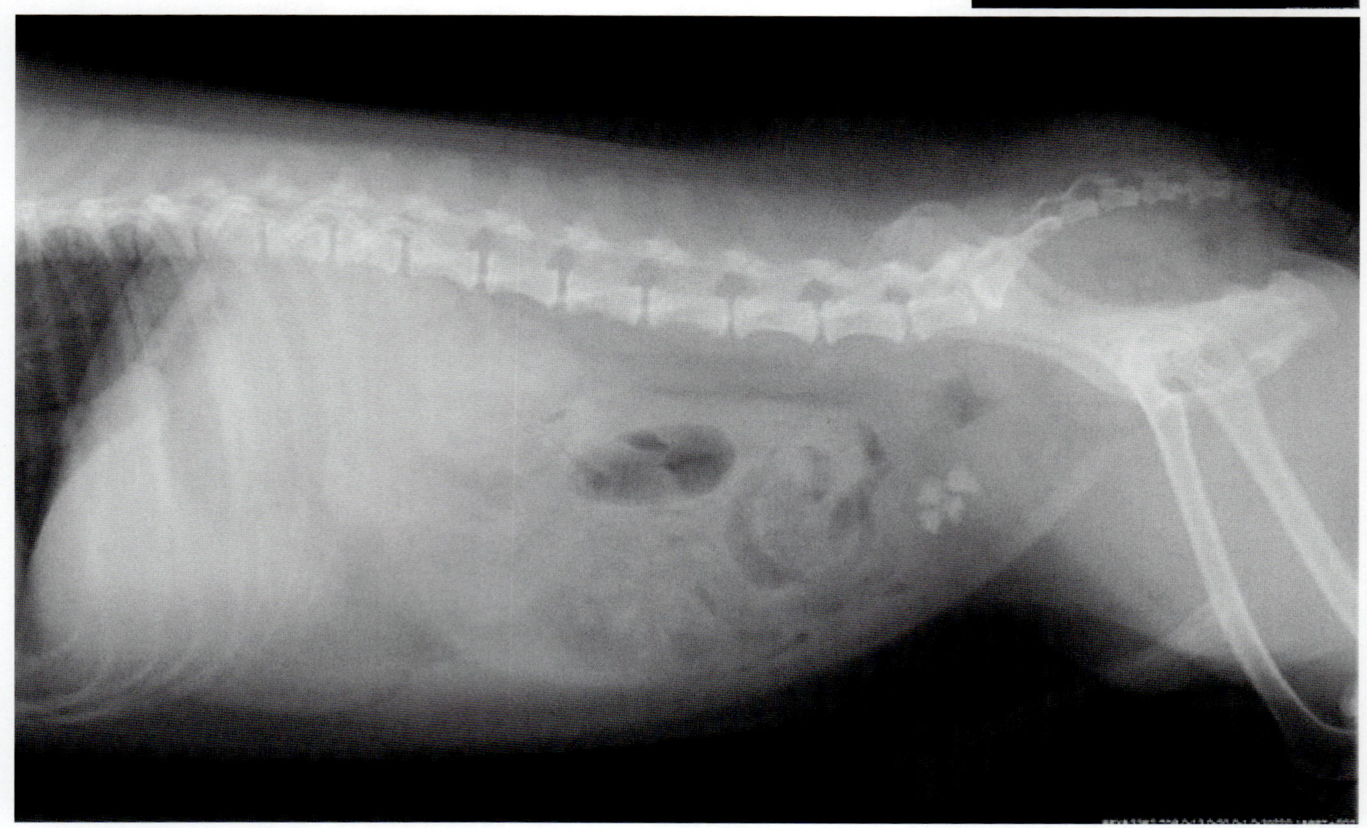

写真 73-1　腹部単純 X 線ラテラル像

腎陰影の長径は第 2 腰椎 3 個分であり，大きさ，辺縁の形態，デンシティーともに正常である。膀胱内に 4 個の結石が認められる。そのほか，腹部全体の鮮鋭度が低下している。

写真 73-2　腹部単純 X 線 VD 像
腎陰影はやや不明瞭であるが，両腎ともに大きさ，形態に異常を認めない。

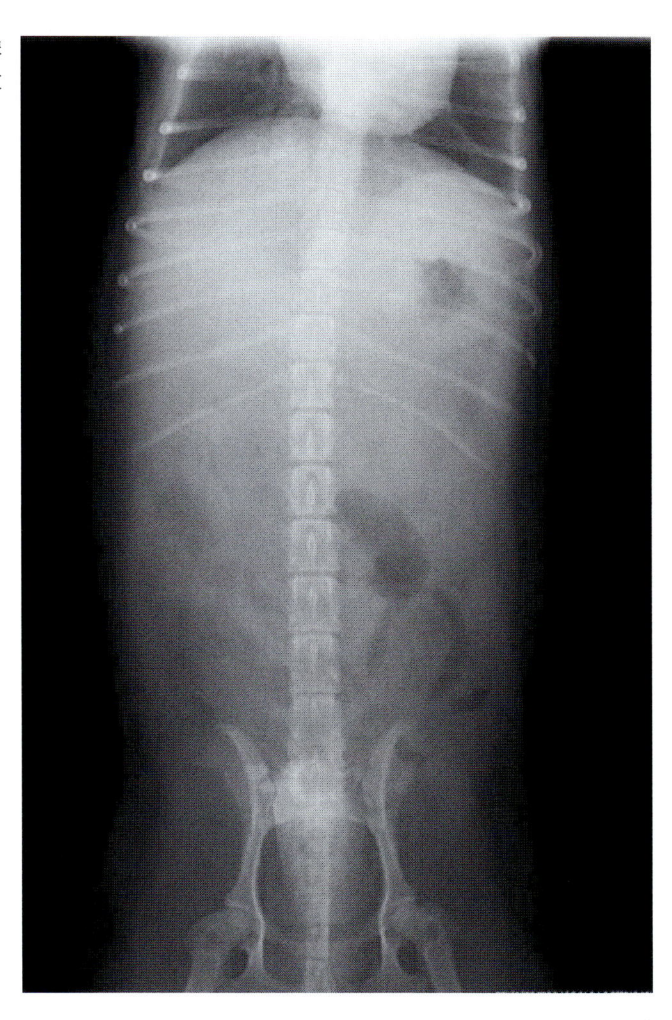

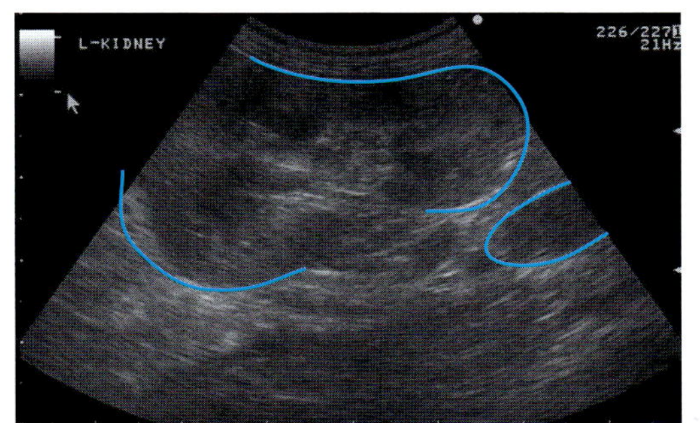

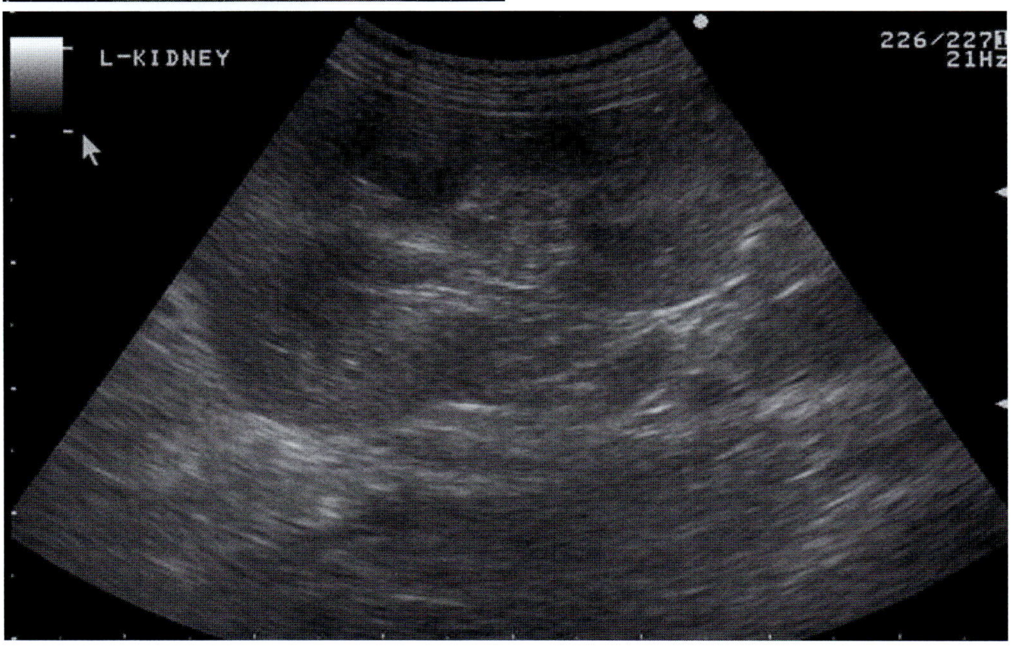

写真 73-3　左腎超音波矢状断像
左腎（L-KIDNEY）の辺縁は平滑であり，被膜の異常は認められない。また皮質，髄質の境界は明瞭である。

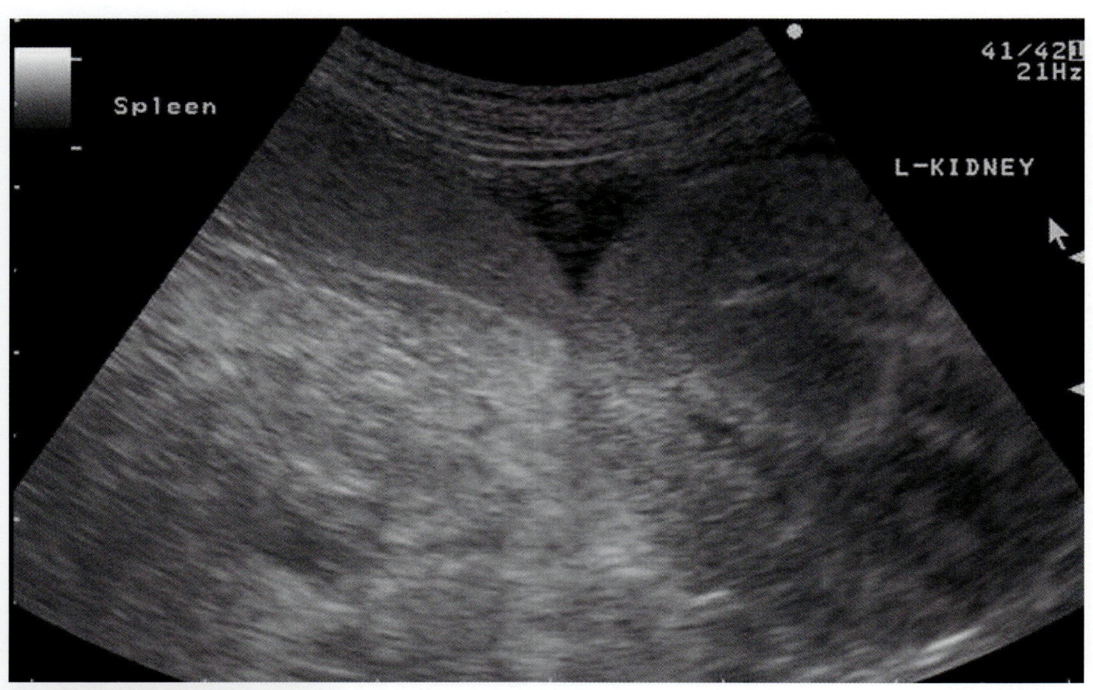

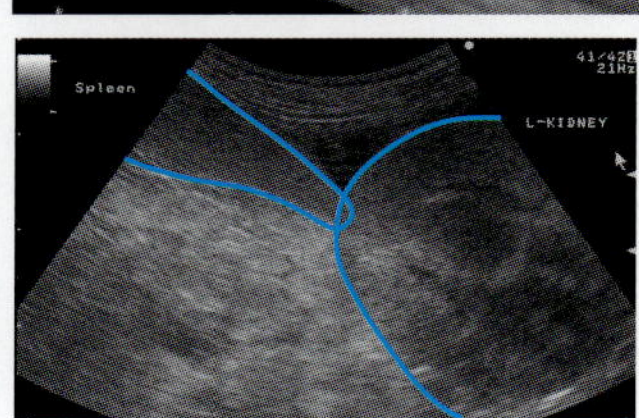

写真 73-4　左背側最後肋骨尾側超音波縦断像（腎脾コントラスト）
脾臓（Spleen）の実質と比較し，左腎（L-KIDNEY）の皮質は高エコーを示している。また臓器間に無エコー領域が存在し，腹水が認められる。

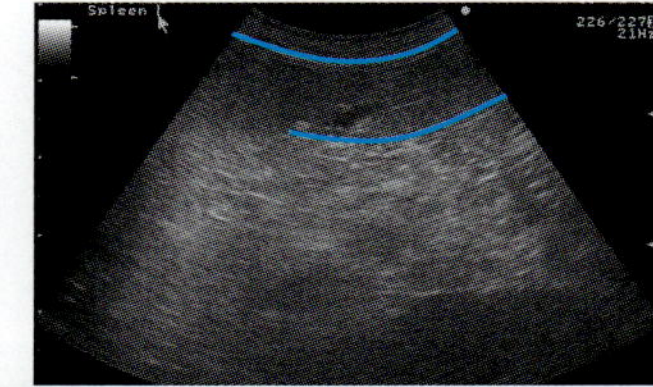

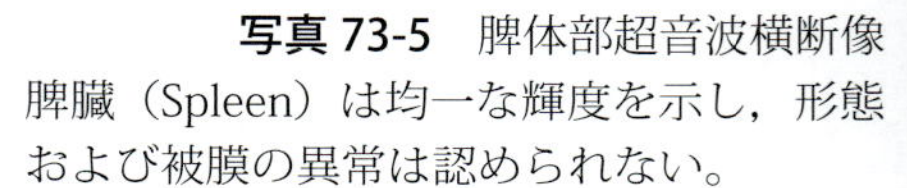

写真 73-5　脾体部超音波横断像
脾臓（Spleen）は均一な輝度を示し，形態および被膜の異常は認められない。

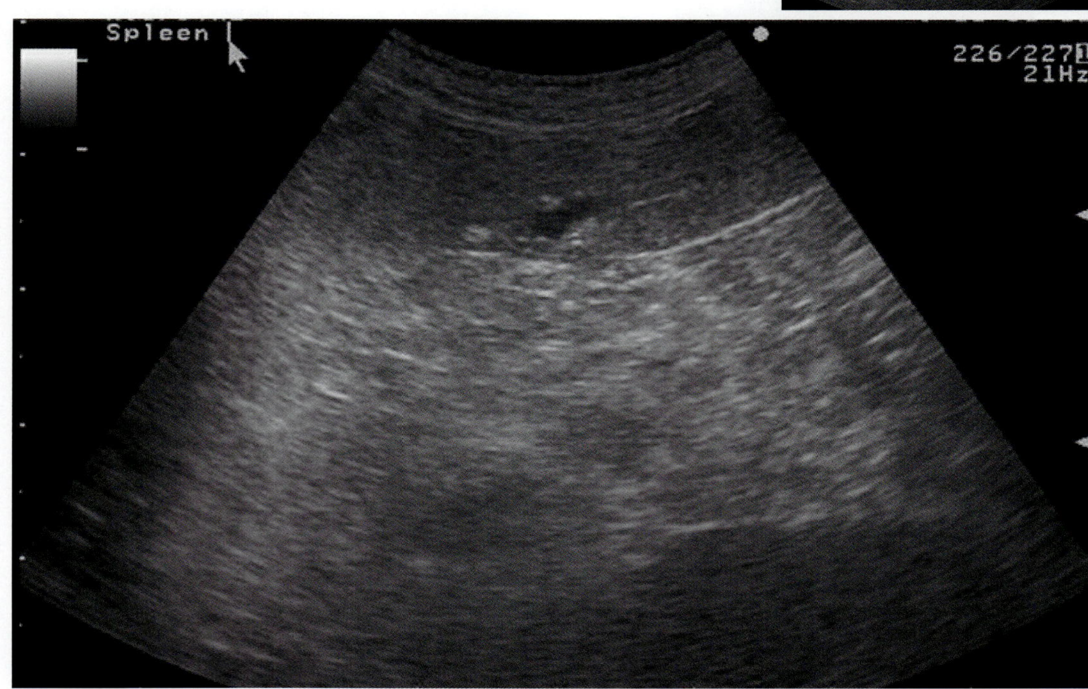

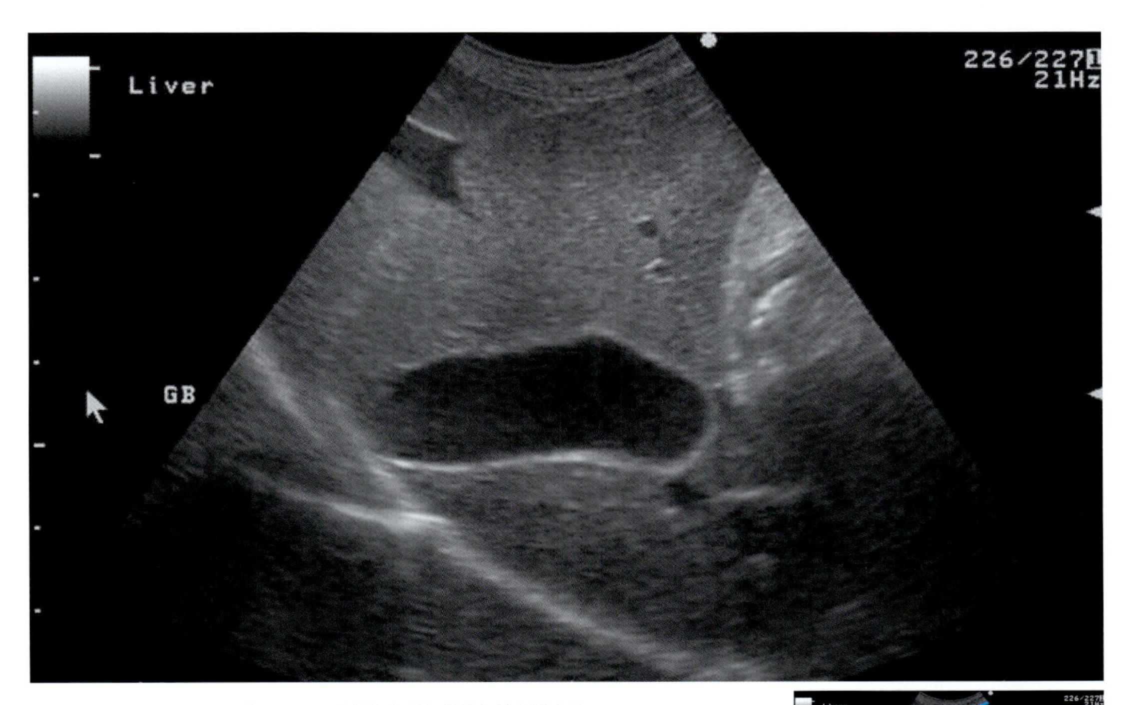

写真 73-6　剣状突起下超音波縦断像
肝臓（Liver）の被膜は平滑で，辺縁の鈍化などの形態異常は認められない。また，均一な輝度を呈し，肝内脈管系ならびに胆嚢についても異常は観察されない。

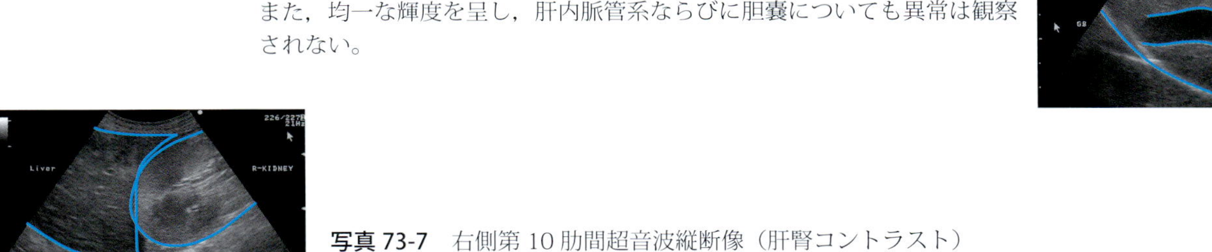

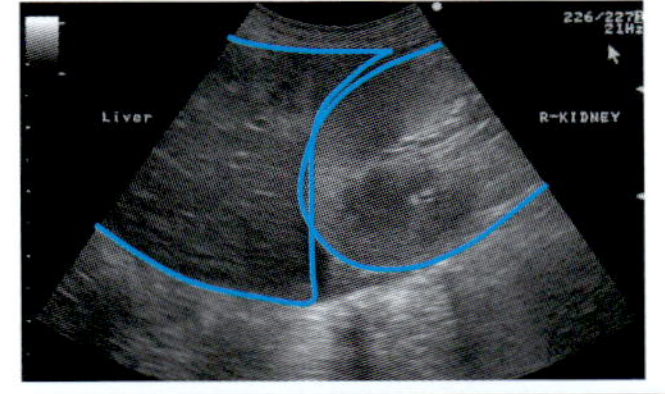

写真 73-7　右側第 10 肋間超音波縦断像（肝腎コントラスト）
肝臓（Liver）の実質と比較し，右腎（R-KIDNEY）の皮質は高エコーを示している。

Liver
R-KIDNEY
226/227
21Hz

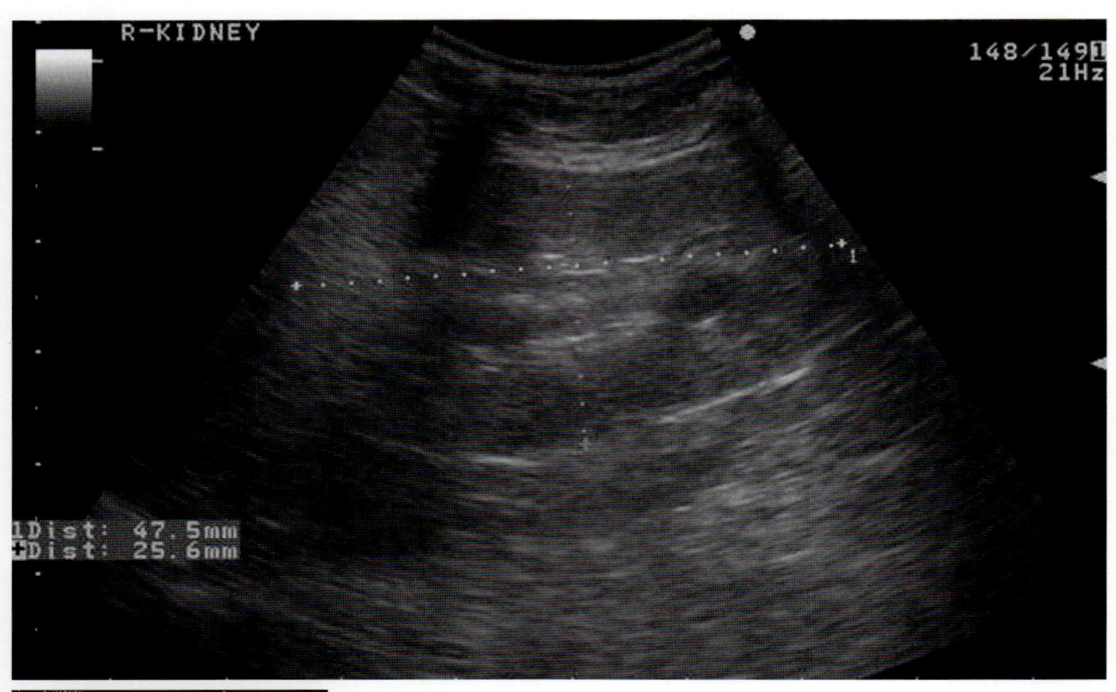

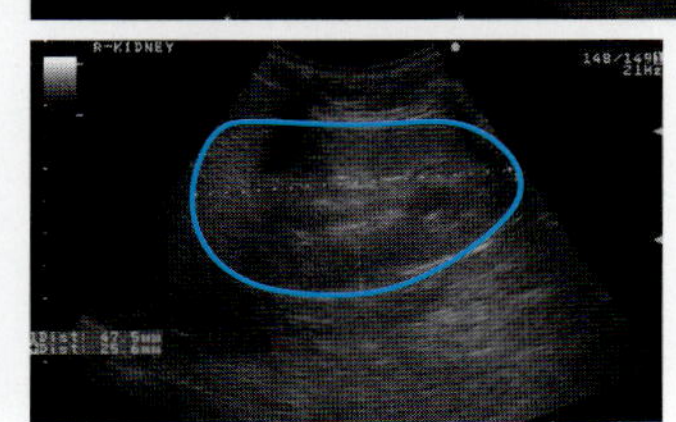

写真 73-8　右腎超音波矢状断像
左腎と同様，皮質，髄質の境界は明瞭であり，辺縁の不整や，被膜の異常も認められない。　R-KIDNEY：右腎

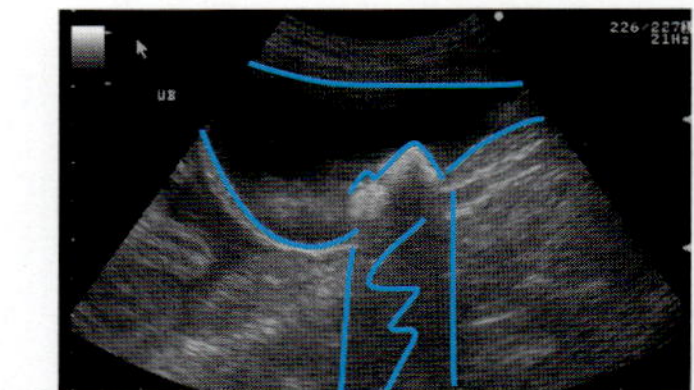

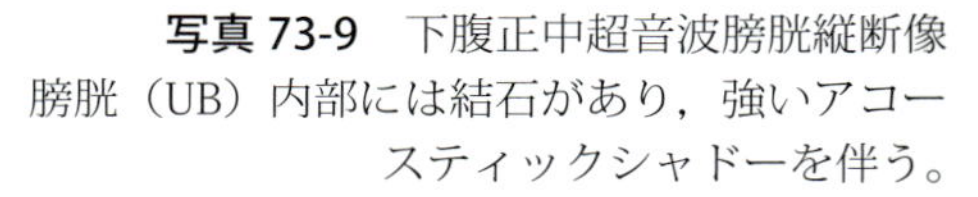

写真 73-9　下腹正中超音波膀胱縦断像
膀胱（UB）内部には結石があり，強いアコースティックシャドーを伴う。

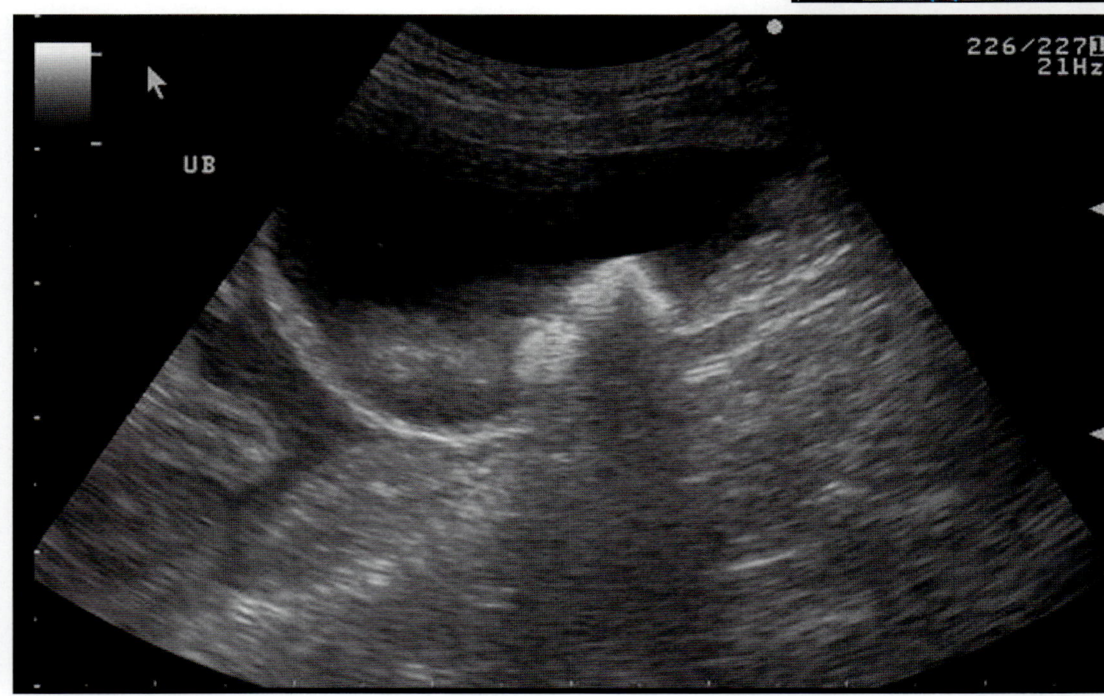

❖コメント❖

正常な腎臓は，皮質と髄質がそれぞれ異なったエコー源性を示すため，2層構造が識別できる。腎皮質は，脾臓の実質と比較し低エコーであり，肝臓実質と比較すると低〜等エコーである。ところが本症例では，皮質髄質が明瞭であるものの，皮質は肝臓や脾臓に比べ広汎性に高エコーを呈している。このような超音波所見からは，糸球体腎炎，慢性間質性腎炎，腎石灰沈着症，アミロイドーシス，腎硬化症，リンパ腫，末期の腎疾患などが考えられる。しかしこれらの画像診断所見は非特異的であるため，針生検やTru-Cut生検による確定診断が必要となる。

本症例は，軽度な高窒素血症をともなう低アルブミン血症であった。尿検査や超音波所見から，蛋白喪失性腎疾患が強く疑われたため，膀胱結石の除去とともに開腹下で腎生検を実施した。

膀胱結石は，シュウ酸カルシウムであった。また，腎臓の病理組織検査では，コメント写真73-1（HE染色），コメント写真73-2（PAS染色）が示すとおり糸球体腎炎と診断された。

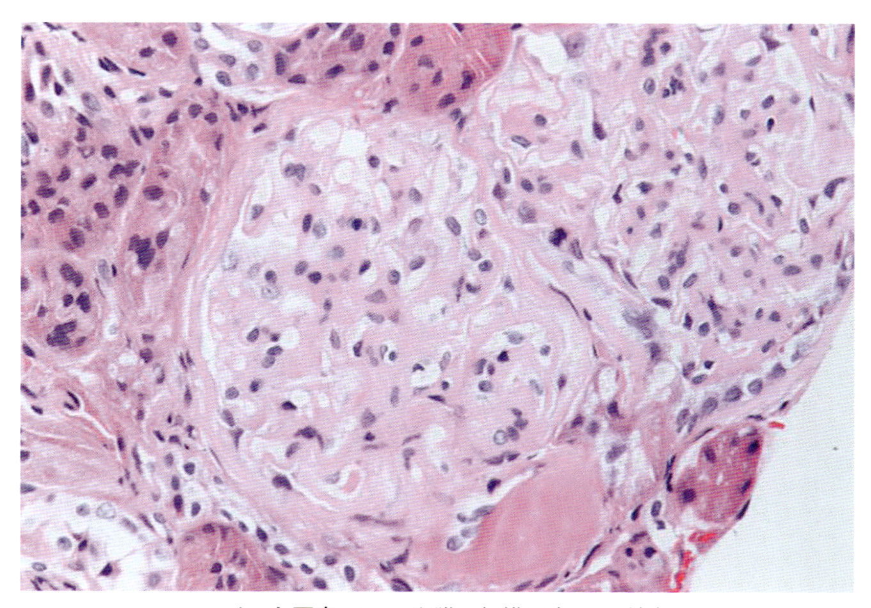

コメント写真 73-1 腎臓 組織写真 HE染色

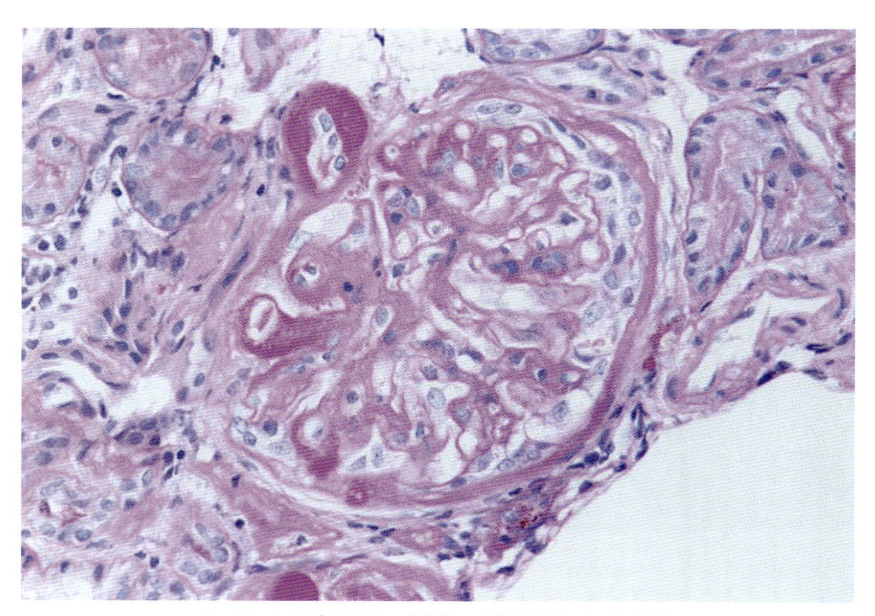

コメント写真 73-2 腎臓 組織写真 PAS染色

74. 犬の腎臓腫瘍

症　例：ビーグル。
主　訴：食欲不振，腹部疼痛，血尿。
一般身体検査：主訴以外の異常所見認めず。

血液検査所見：

PCV	33.2	%
RBC	639×10^4	/μL
Hb	11.7	g/dL
MCV	52.0	fL
MCH	18.3	pg
MCHC	35.2	g/dL
WBC	82.1×10^2	/μL
Band-N	0.0×10^2	/μL
Seg-N	69.4×10^2	/μL
Lym	6.6×10^2	/μL
Mon	1.6×10^2	/μL
Eos	2.1×10^2	/μL
Bas	0.0×10^2	/μL
Other	2.5×10^2	/μL
pl	31.70×10^4	/μL

TP	8.7	g/dL
Alb	3.0	g/dL
ALT	899	U/L
ALP	407	U/L
TC	267	mg/dL
Tg	70	mg/dL
T-Bil	7.364	mg/dL
Glu	98	mg/dL
BUN	9.6	mg/dL
Cr	1.0	mg/dL
Ca	10.0	mg/dL
iP	3.71	mg/dL
Na	146.5	mmol/L
K	3.47	mmol/L
Cl	113.0	mmol/L

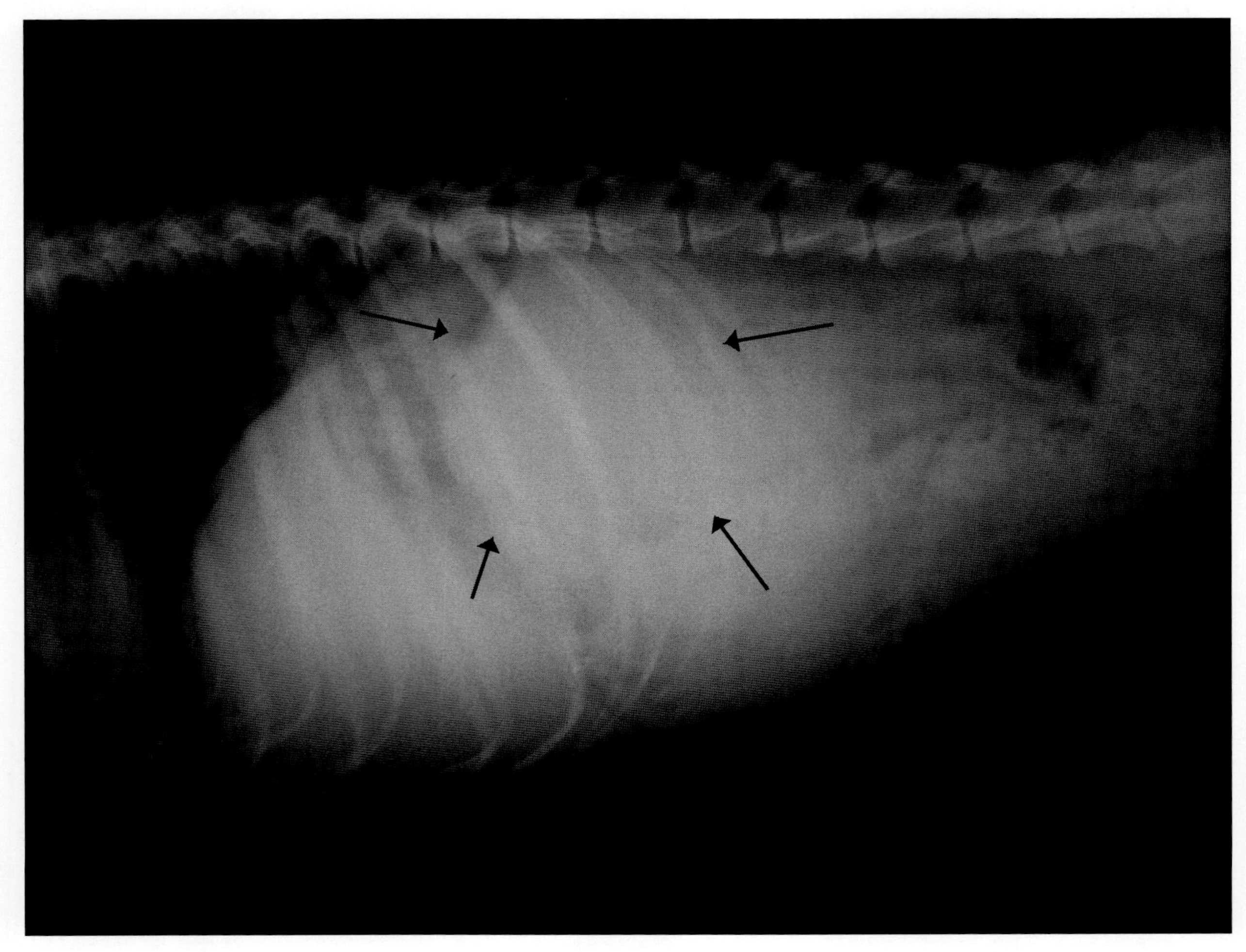

写真 74-1　腹部単純 X 線ラテラル像
胃底部の尾背側領域を中心としたマス陰影が確認される（矢印）。マスにより胃は胃底部から胃体部にかけて変形しており，さらに小腸は腹側，尾側に変位して観察される。

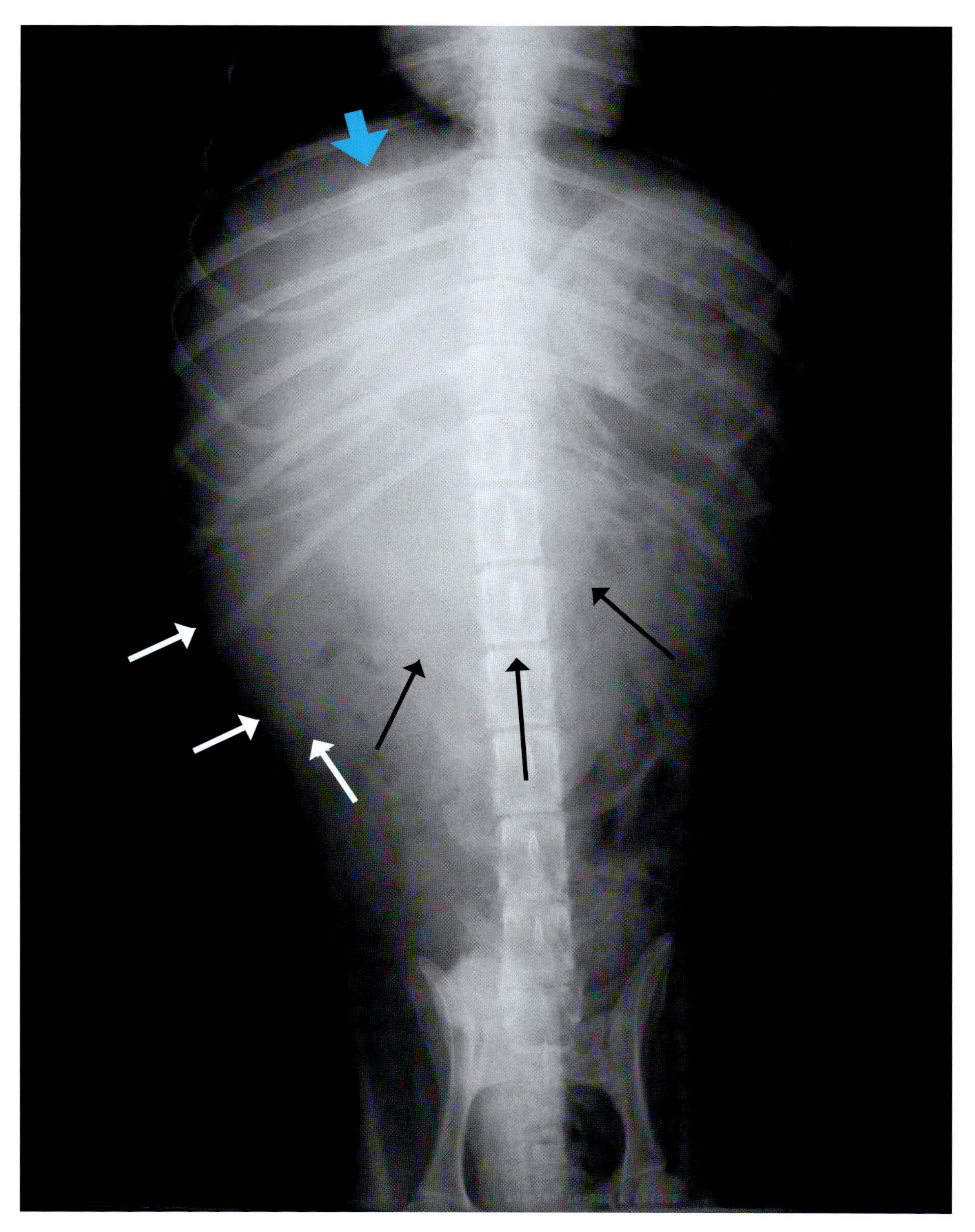

写真 74-2　腹部単純 X 線 VD 像

肝臓尾側の右側から中央領域にマス病変が認められ（黒矢印），小腸は左側または尾側方向に変位して観察される。マス病変の右尾側領域にも卵円形の軟部組織デンシティーが認められ（白矢印），大きさや形状から右腎と考えられるが，単純 X 線写真から確定することは困難である。以上の X 線所見から，鑑別診断として右副腎腫瘤，前腸間膜リンパ節腫大，右腎拡大（腫瘍，水腎，腎周囲嚢胞，腎嚢胞を含む）などが鑑別診断となる。また，左側後葉（肝陰影と重複）には砲弾状の結節パターンが観察される（青矢印）。

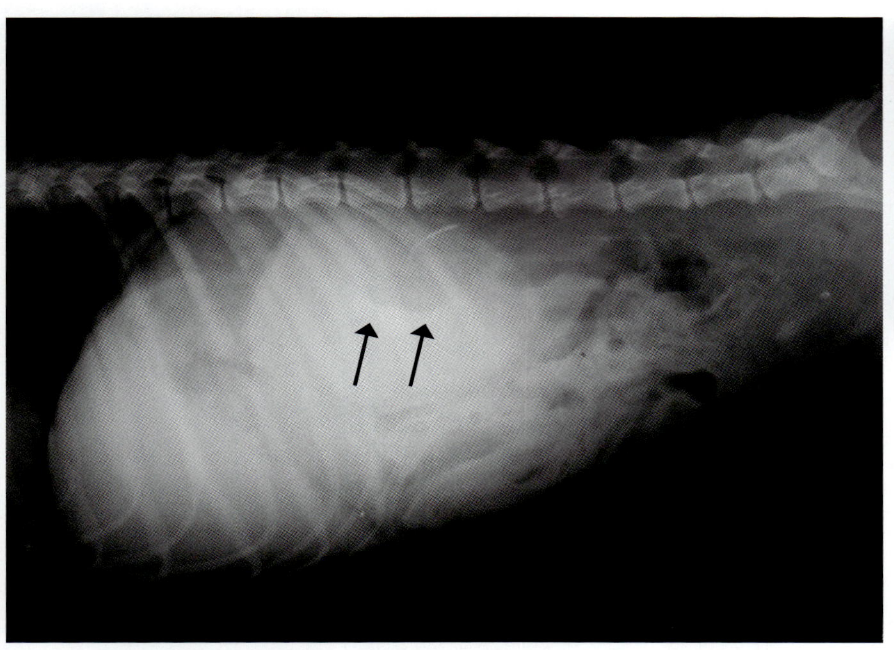
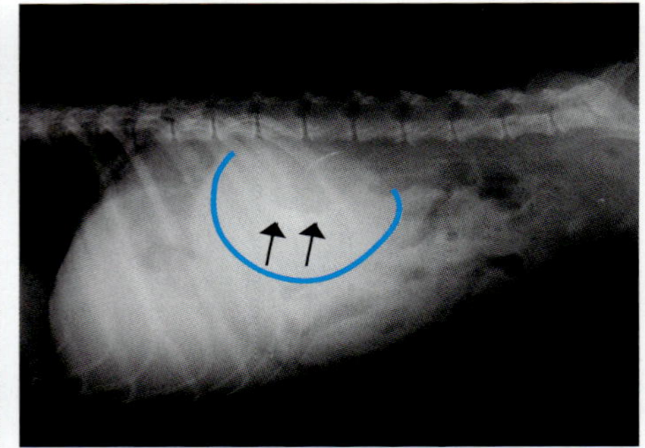

写真 74-3　静脈性尿路造影 X 線ラテラル像（造影剤注入直後）
腎臓の陰影を確認する目的で静脈性尿路造影を行ったところ，腎臓実質とその腎盂が片側のみ確認された（矢印）が，もう一方の腎臓が確認できない。

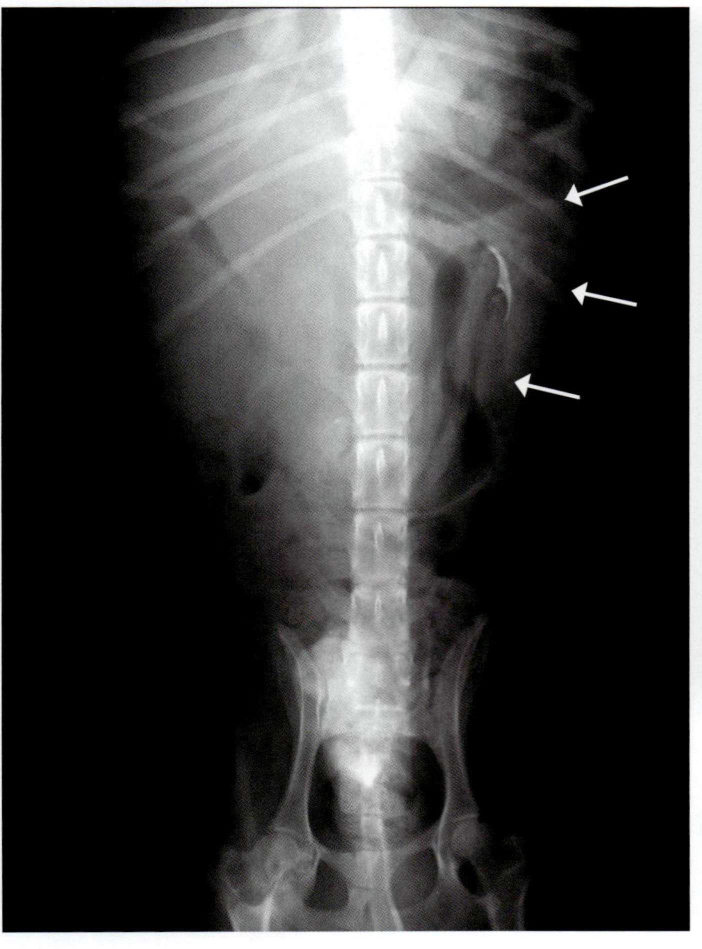
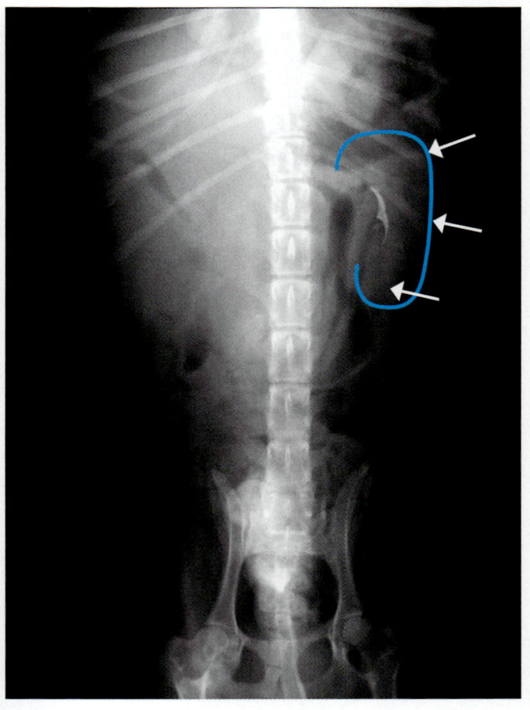

写真 74-4　静脈性尿路造影 X 線 DV 像（造影剤注入直後）
ラテラル像で確認された腎臓は左腎であることがわかる（矢印）。しかしながら，右腎は実質，腎盂共に明らかな造影像が確認できない。

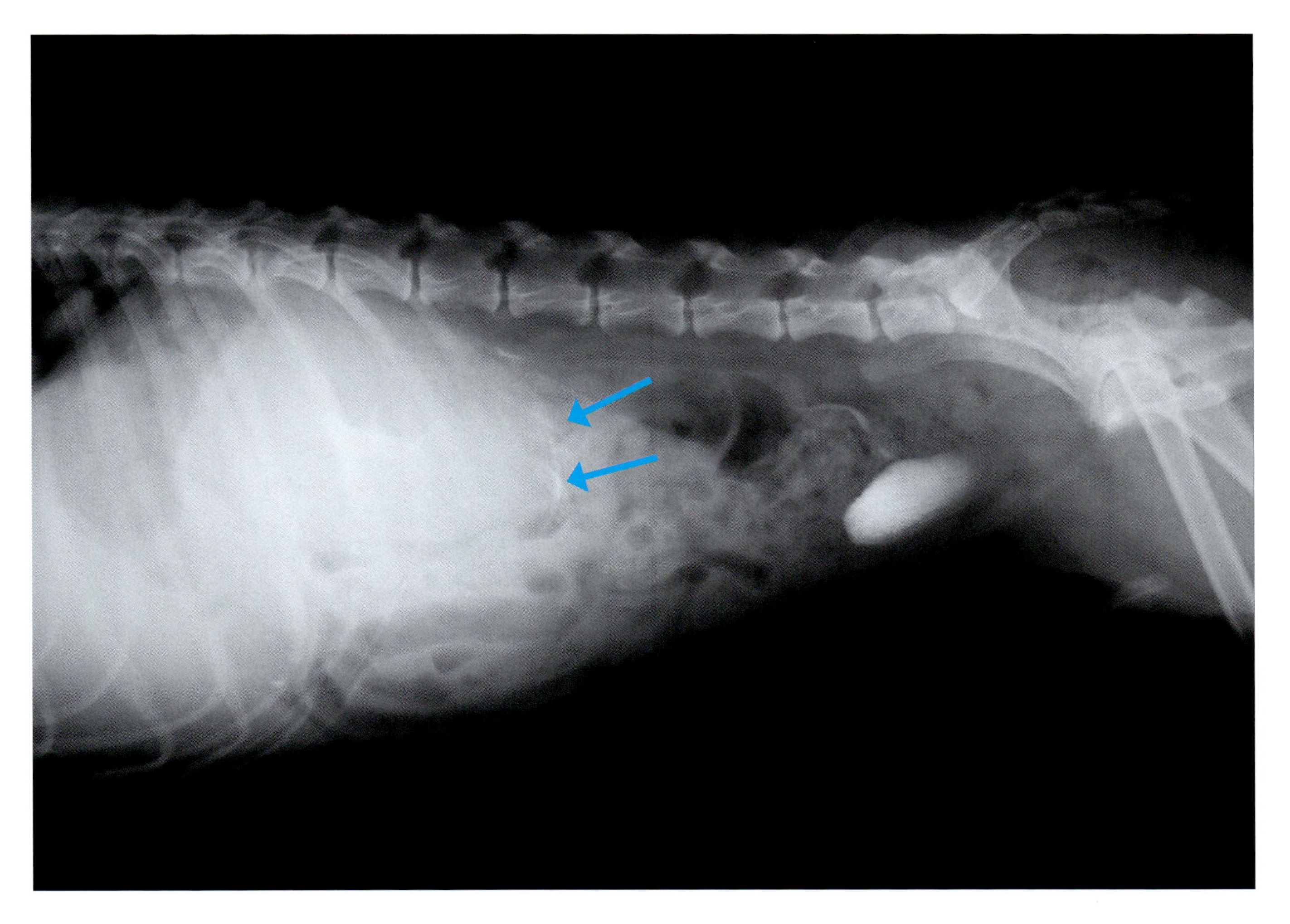

写真 74-5 静脈性尿路造影 X 線ラテラル像（造影剤注入 5 分後）
依然，右腎実質の明瞭な造影像は確認されないが，第 3 腰椎レベルの腹部中央に不整な造影剤集積像が認められる（矢印）。

DV 像においても，右腎実質の明瞭な造影像は確認不可能であるが，第 3 腰椎右側に不整な造影剤の集積像が認められ，右腎の腎盂が変形していることがわかる（矢印）。以上の造影所見から，腹部の巨大なマス陰影は右腎であることが確定される。

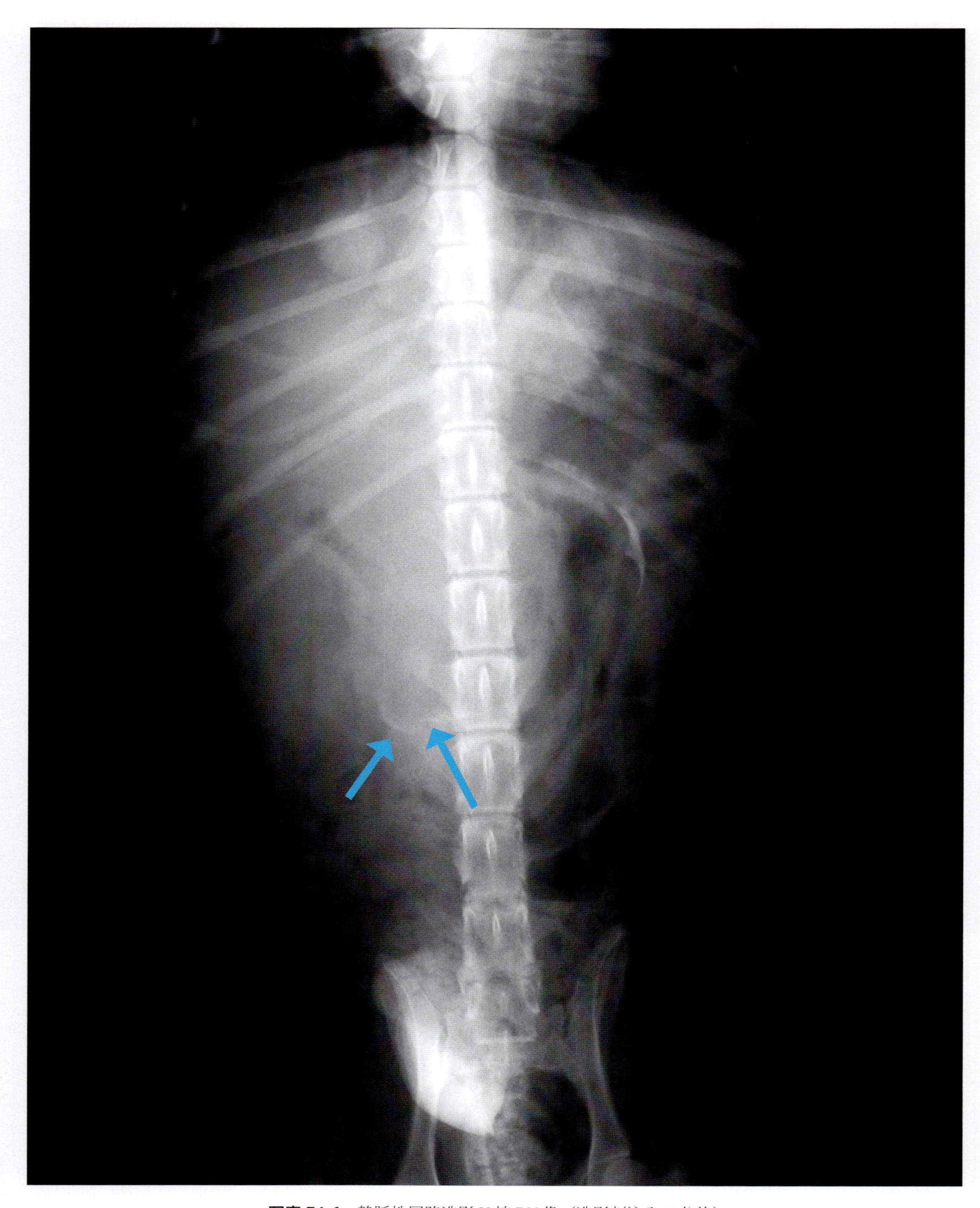

写真 74-6 静脈性尿路造影 X 線 DV 像（造影剤注入 5 分後）

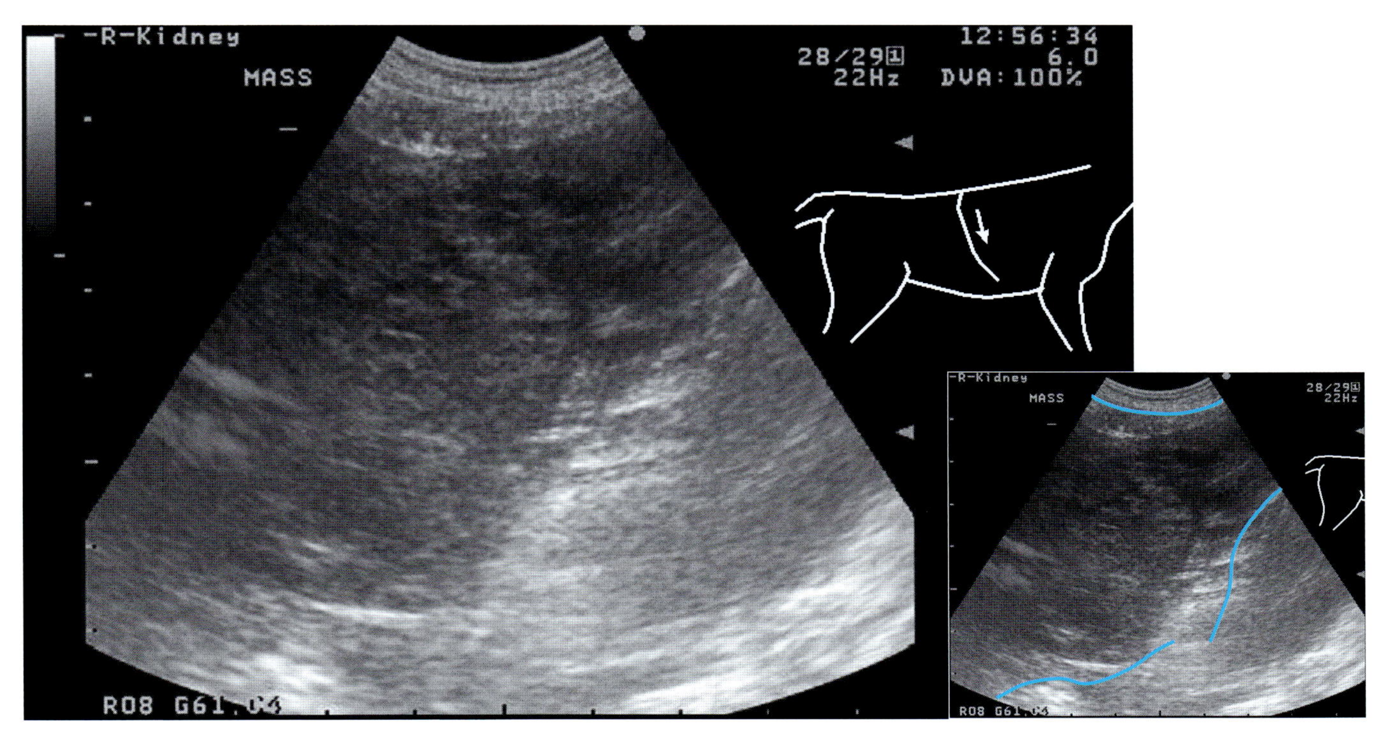

写真 74-7 右側最後肋骨下背側超音波横断像
辺縁不明瞭で不均一な実質性の腹部マスが確認される。 R-Kidney：右腎

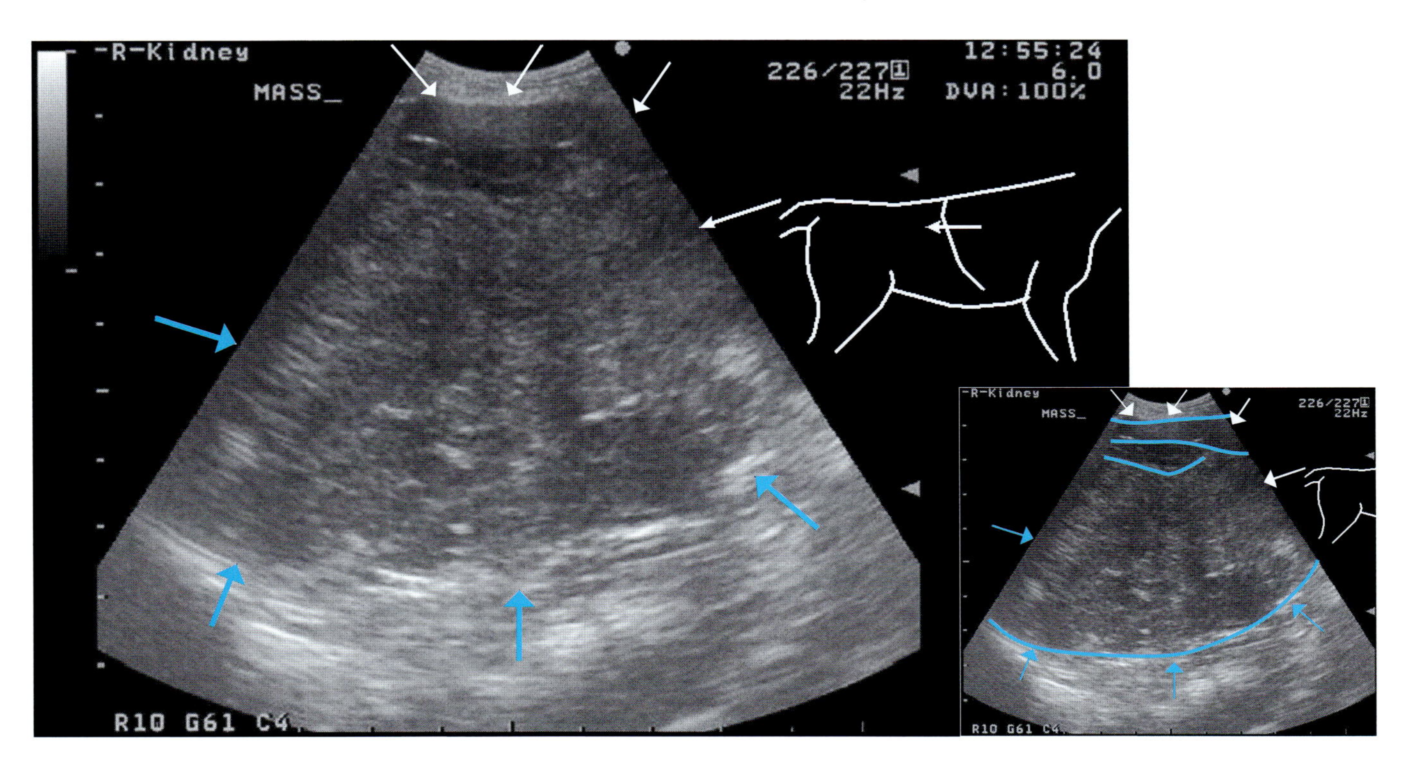

写真 74-8 右側第 12 肋間背側超音波縦断像
プローブ直下には正常と考えられる腎皮質と腎髄質が確認されるが（白矢印），わずかに構造が残された腎臓から連続して不均一な実質エコーが深部に観察される（青矢印）。以上の所見から腎臓腫瘍の可能性が濃厚であることがわかるが，腫瘍の種類を超音波で確定することは不可能である。また，腎膿瘍や腎血腫などの良性病変を否定することもできない。 R-Kidney：右腎

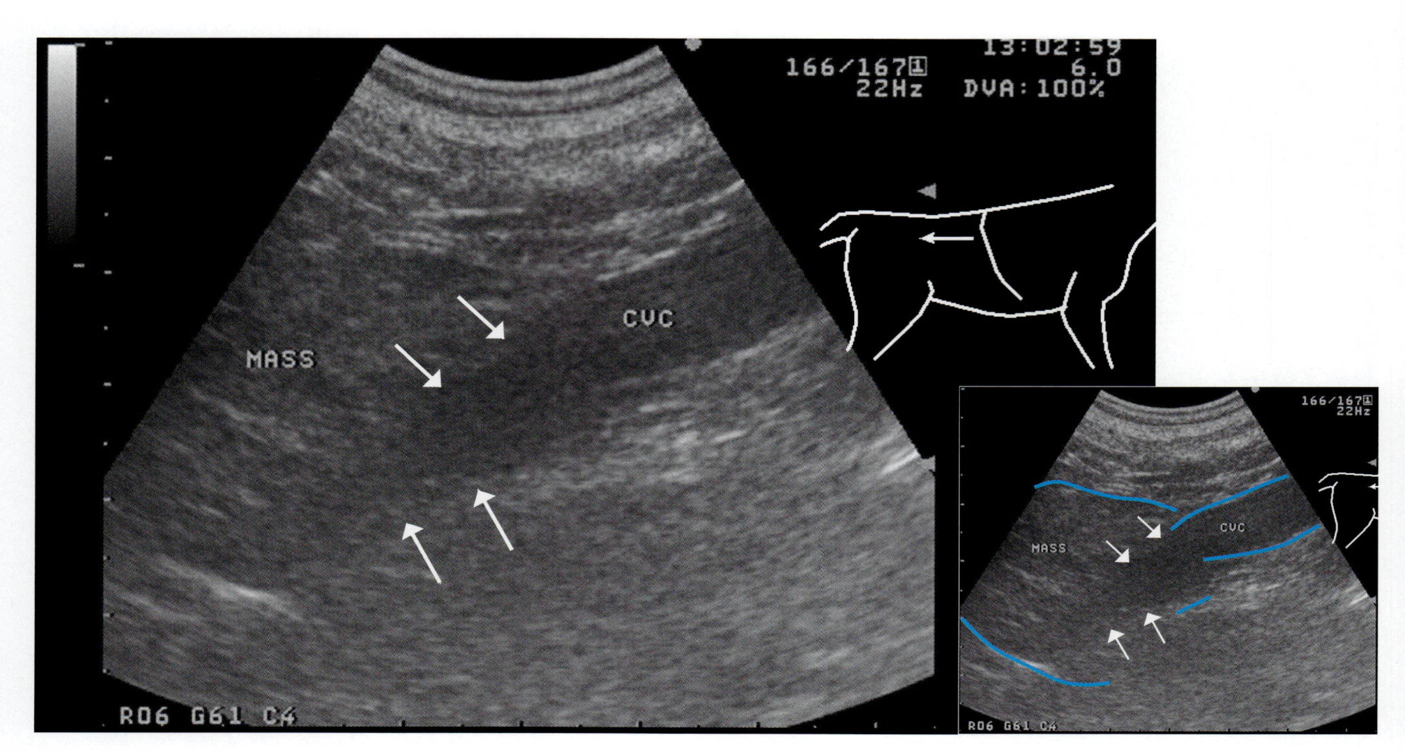

写真 74-9　右側腰椎腹側超音波縦断像
腎臓腫瘤の摘出を考慮し，腫瘤と周辺器官の関係を超音波で確認した。本断面は腫瘤尾側の後大静脈縦断像であるが，腫瘤尾側で後大静脈（CVC）が途絶えて観察される（矢印）。

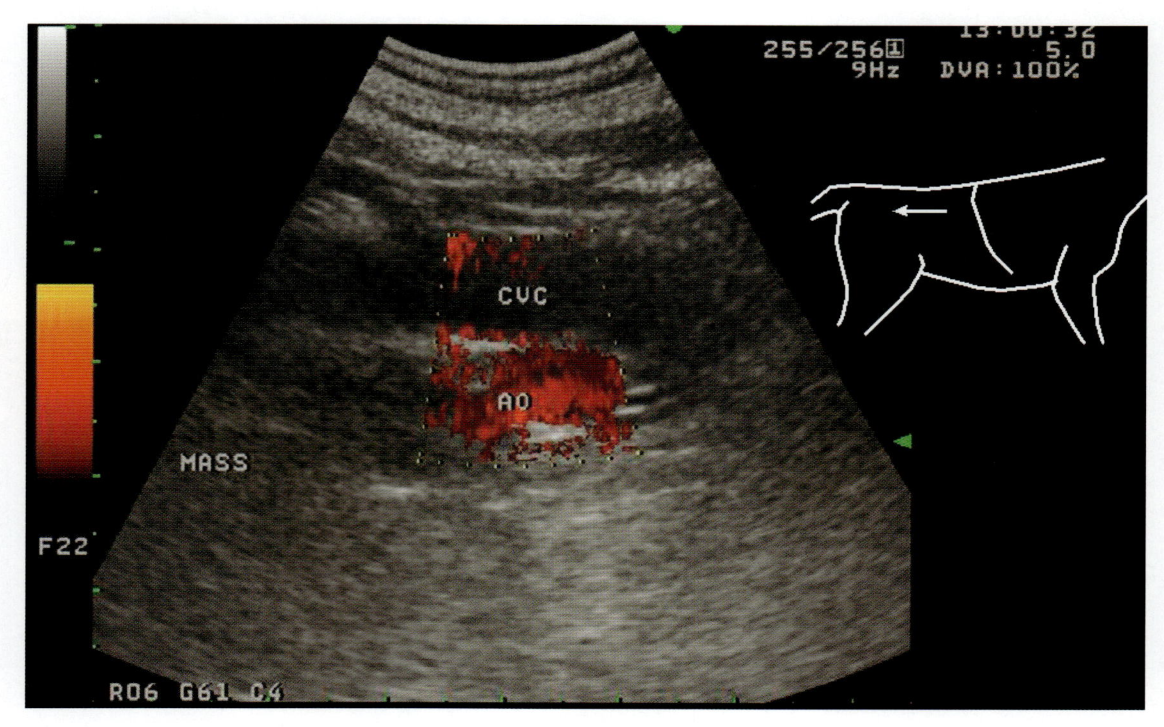

写真 74-10　右側腰椎腹側超音波縦断像
後大静脈（CVC）の血流信号をパワードプラにて確認した像では，後大静脈内に血流信号が認められないことから，後大静脈血流のうっ滞が確認される。以上の所見から，腫瘤の後大静脈浸潤が考えられる。　AO：大動脈

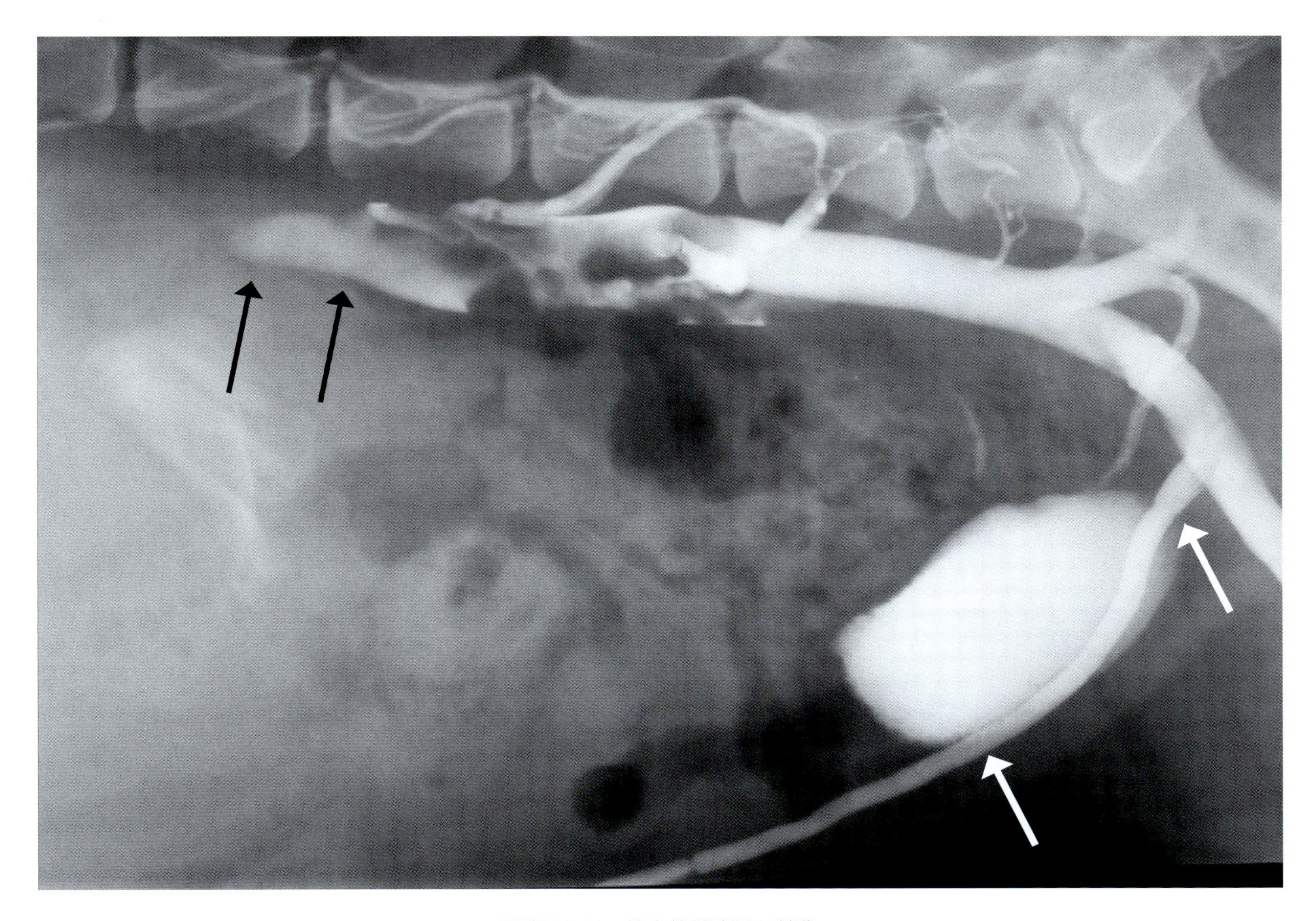

写真 74-11 後大静脈造影 X 線像
写真 74-9，10 の超音波所見より，後大静脈の閉塞を X 線上で確認する目的で，造影剤を伏在静脈に注入して腹部後大静脈の撮影を行った。後大静脈が腫瘤尾側部で閉塞し（黒矢印），深後腹壁静脈の発達が確認される（白矢印）。

❖コメント❖

本症例のような後腹膜腔の腫瘤は，外科的切除が治療の第 1 選択となる。したがって，大動脈や後大静脈といった後腹膜腔に存在する重要器官の状態を把握し，外科切除が可能かどうかの診断を下す必要がある。これらの画像所見から本症例は，T4，NX，M1 の腎臓腫瘍と診断され，腫瘍は後大静脈浸潤を呈していることから外科切除は不可能である。したがって，治療の方向性は内科治療のみに限定されるが，さらに針生検を行えば，腫瘍の種類（特に腎型リンパ腫）がある程度鑑別可能であり，抗癌剤による内科療法，その他の薬剤による対症療法，どちらを積極的に行うべきかを判断することができるものと考えられる。

75. 犬の単胞性腎囊胞

症　例：ミニチュア・ダックスフンド，雌。
主　訴：身体検査時に触診にて腹腔内腫瘤を認める。
血液検査所見：異常認めず。

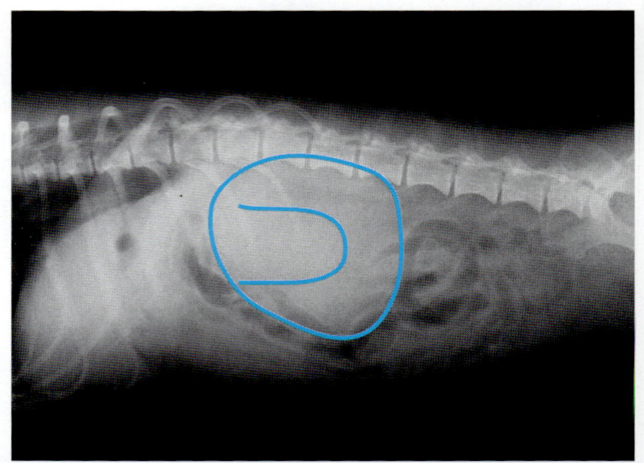

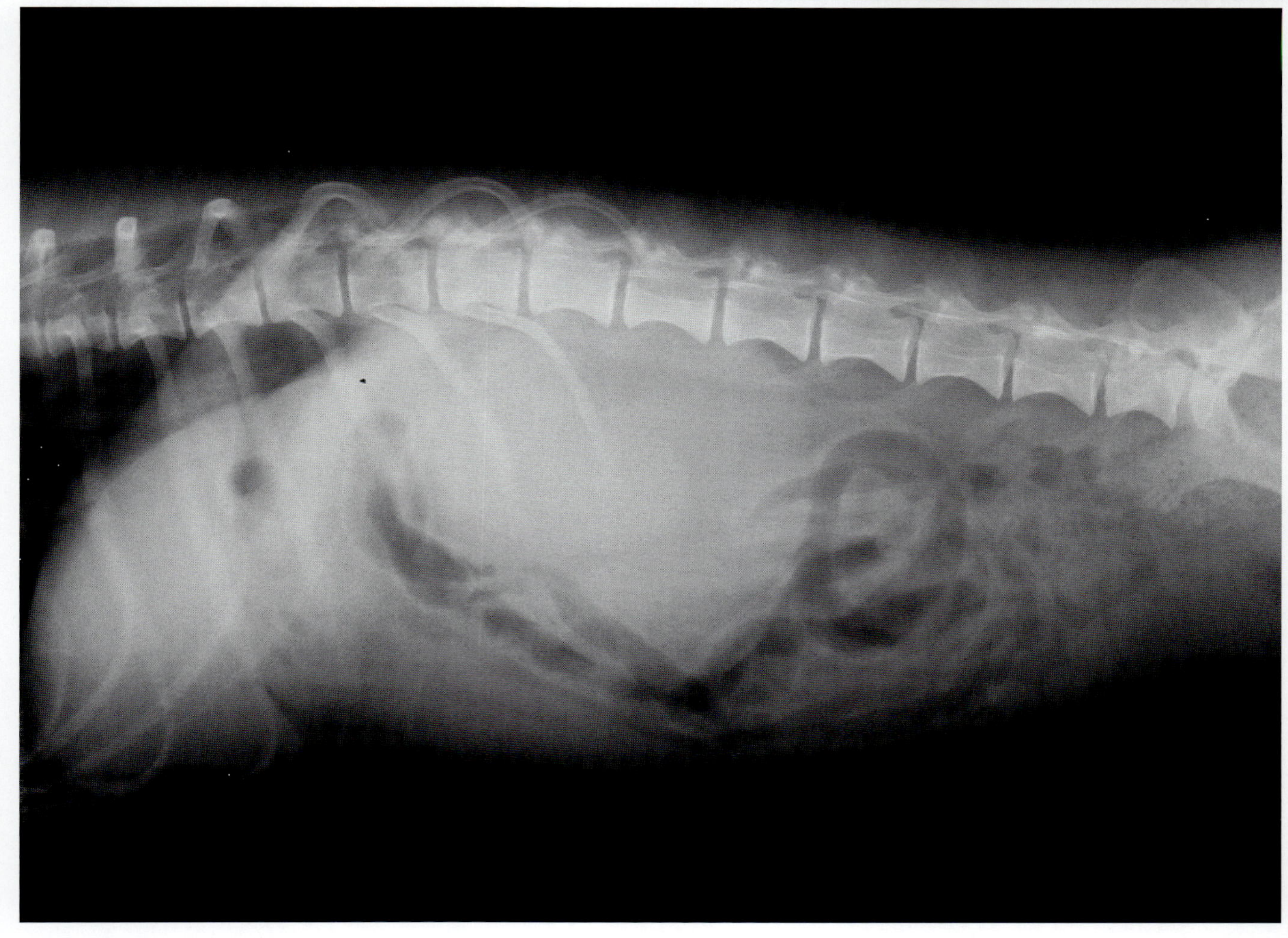

写真 75-1　腹部単純 X 線ラテラル像
胃底部尾側に均一な軟部組織デンシティーを呈するマス陰影が認められ，マス陰影と重複して片側の腎臓が確認される。マス陰影は，消化管を腹側または尾側方向に変位して観察されること，片側腎が確認されないことから腎臓の可能性が示唆される。

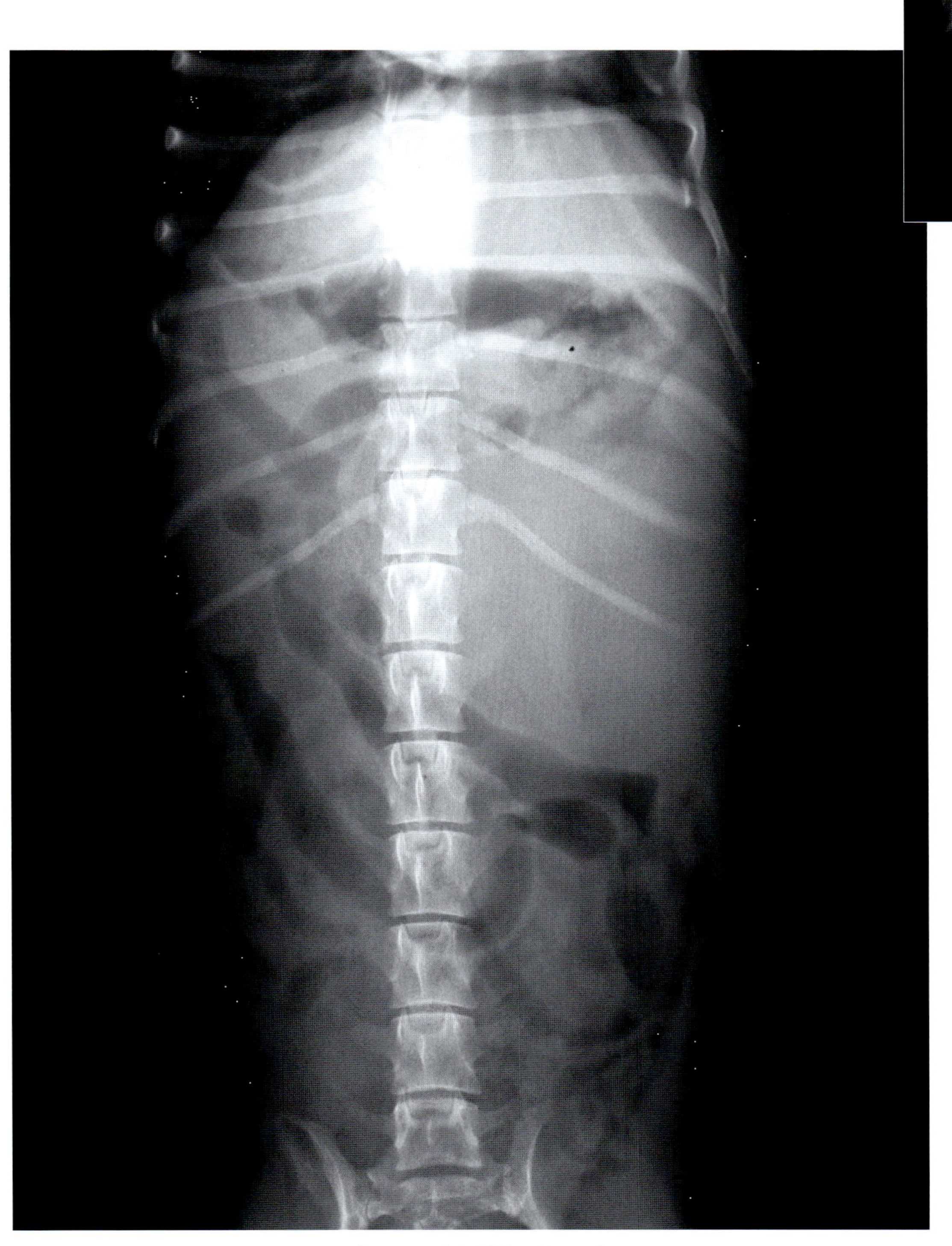

写真 75-2　腹部単純 X 線 VD 像

ラテラル像（写真 75-1）同様左側の胃底部尾側にマス陰影が観察され，正常な左腎が観察されない。右腎についても確認されないが，犬では VD・DV 像において右腎が観察されなくても正常である。以上の所見から，左側のマス陰影は左腎であることが考えられる。

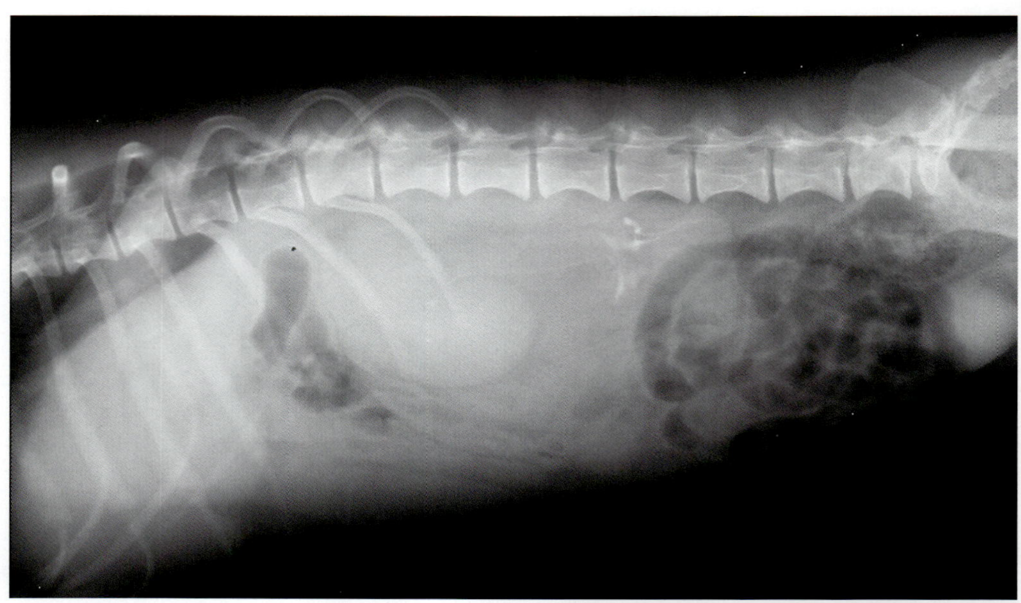

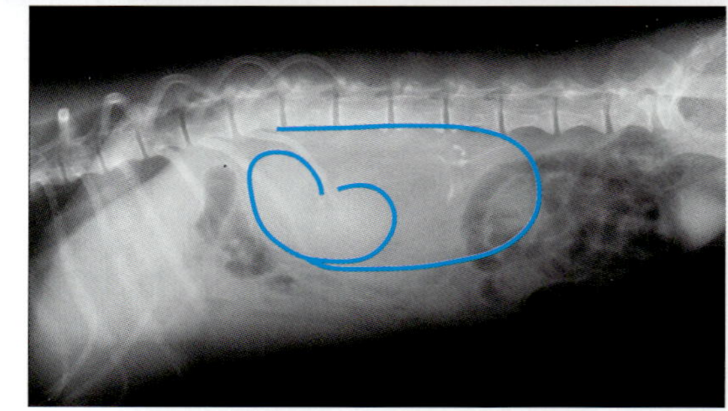

写真 75-3　静脈性尿路造影 X 線ラテラル像（造影剤注入 5 分後）
マス陰影の尾側部に重複して，変形した腎盂が認められる。

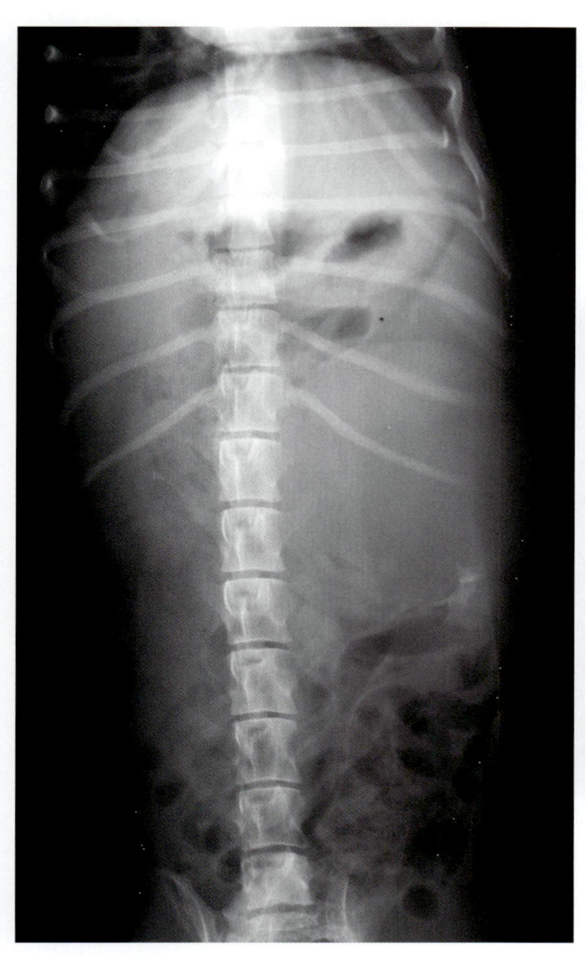

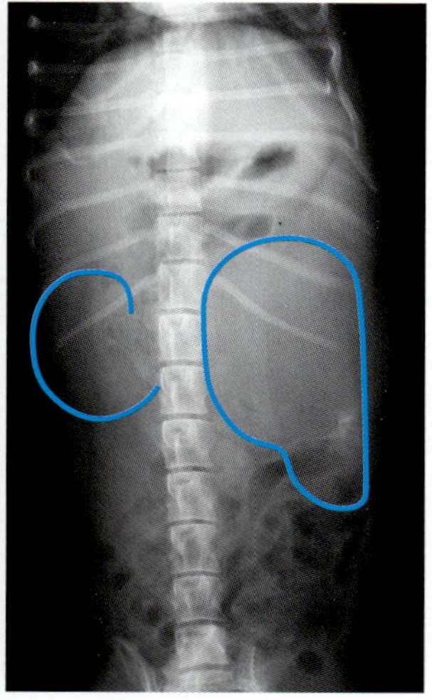

写真 75-4　静脈性尿路造影 X 線 VD 像（造影剤注入 5 分後）
ラテラル像（写真 75-3）と同様の所見が確認され，マス陰影は左腎であることが分かる。

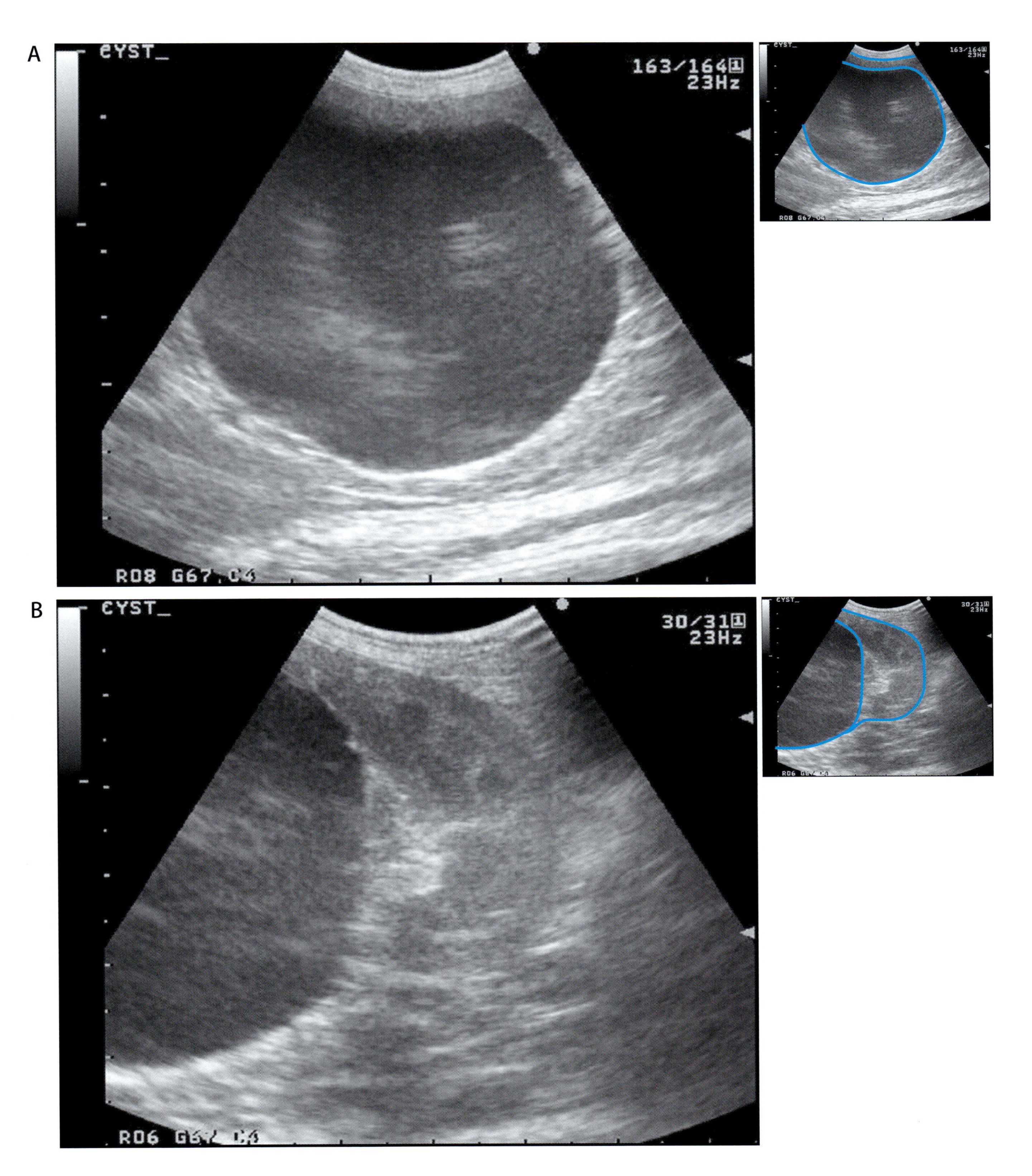

写真 75-5　腎臓超音波像

A：X 線上で認められた腫瘤は，円形で無エコーの内容を有し，辺縁が平滑で薄い壁を呈している。この所見から，嚢胞性病変であることが分かる。

B：さらにプローブを尾側に振ると嚢胞（CYST）は左腎に連続して認められ，単胞性の腎嚢胞と診断される。

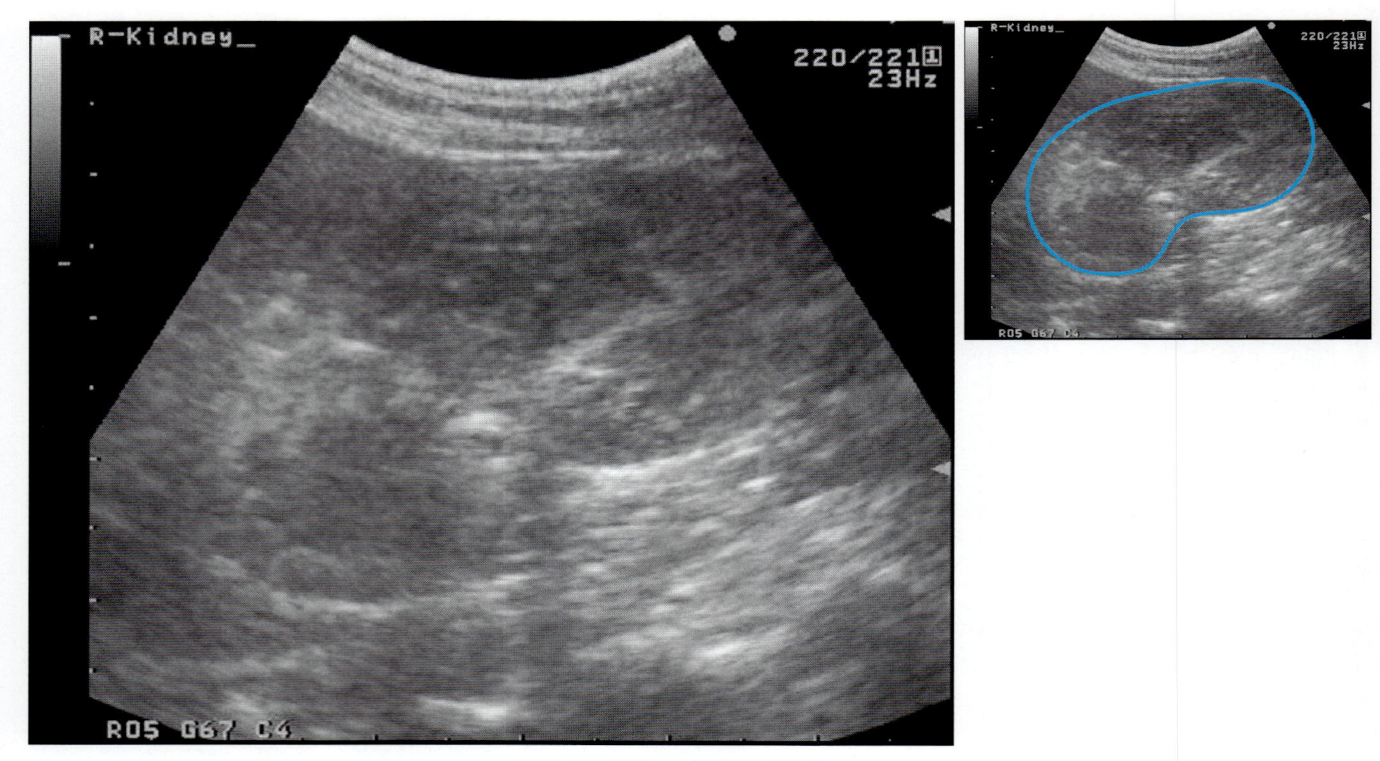

写真 75-6　腎臓超音波像

右腎（R-Kidney）に，写真 75-5 と同様の嚢胞性病変が認められるかについて確認を行ったが，正常な皮質髄質が観察され，異常所見は得られなかった。

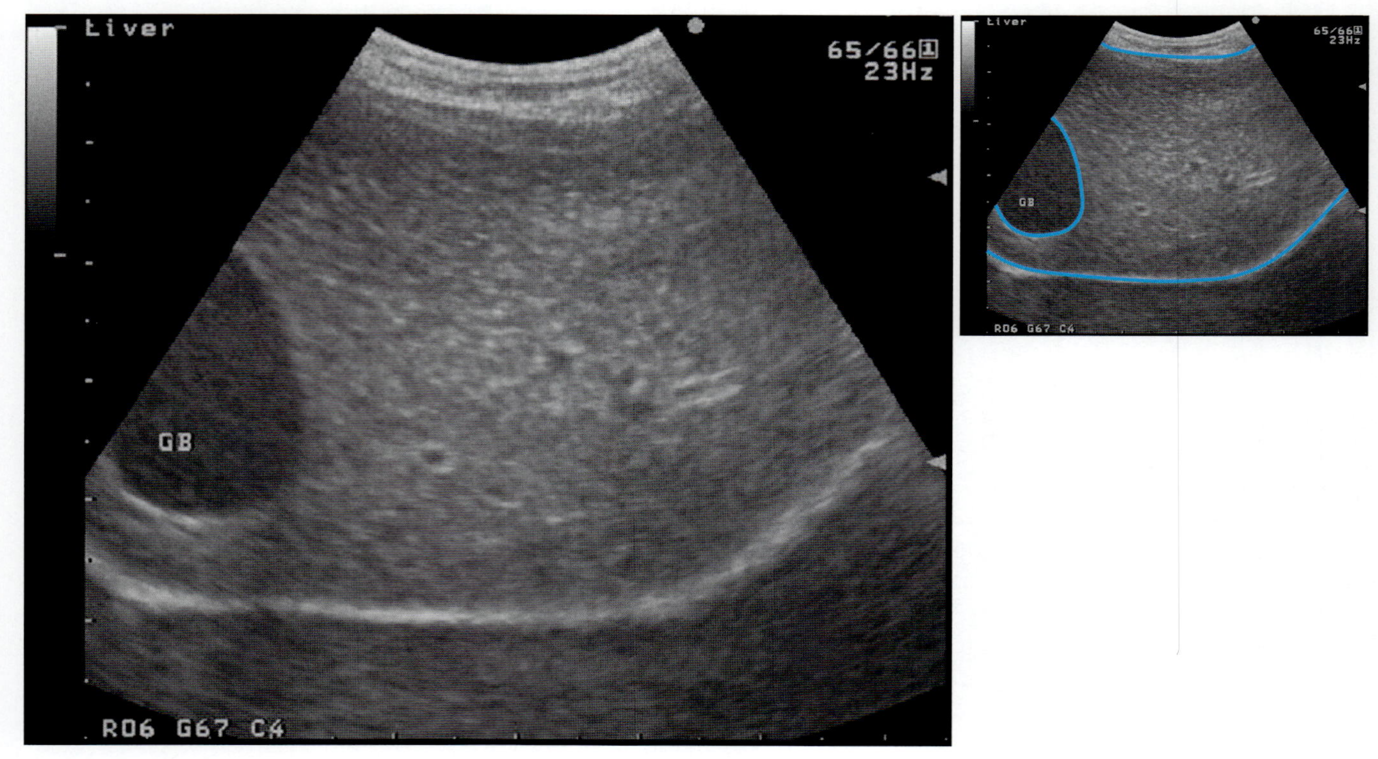

写真 75-7　肝臓超音波横断像

人や一部の猫においては，腎臓の他に肝臓（Liver），膵臓といった器官に嚢胞性病変が多発するとされている。ここでは嚢胞性病変は観察されない。　GB：胆嚢

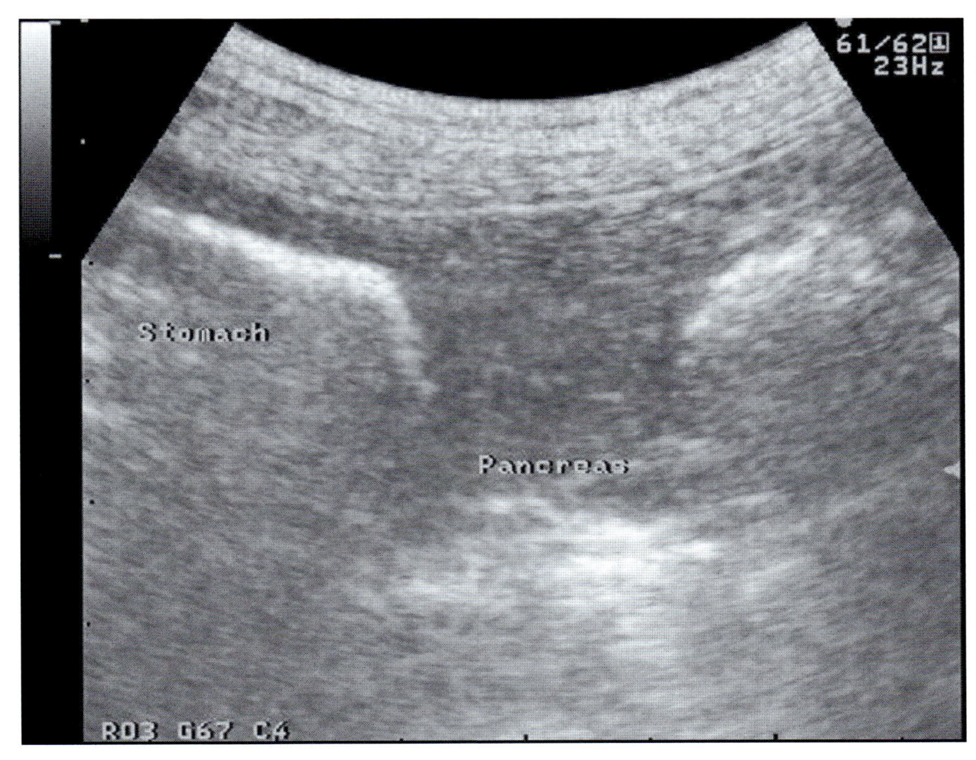

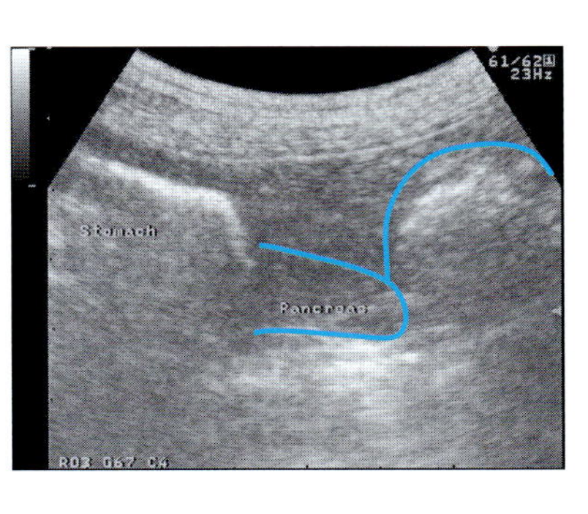

写真 75-8　腹部超音波像
胃（Stomach）の尾側に認められる膵左葉の横断像においても異常は認められない。　Pancreas：膵臓

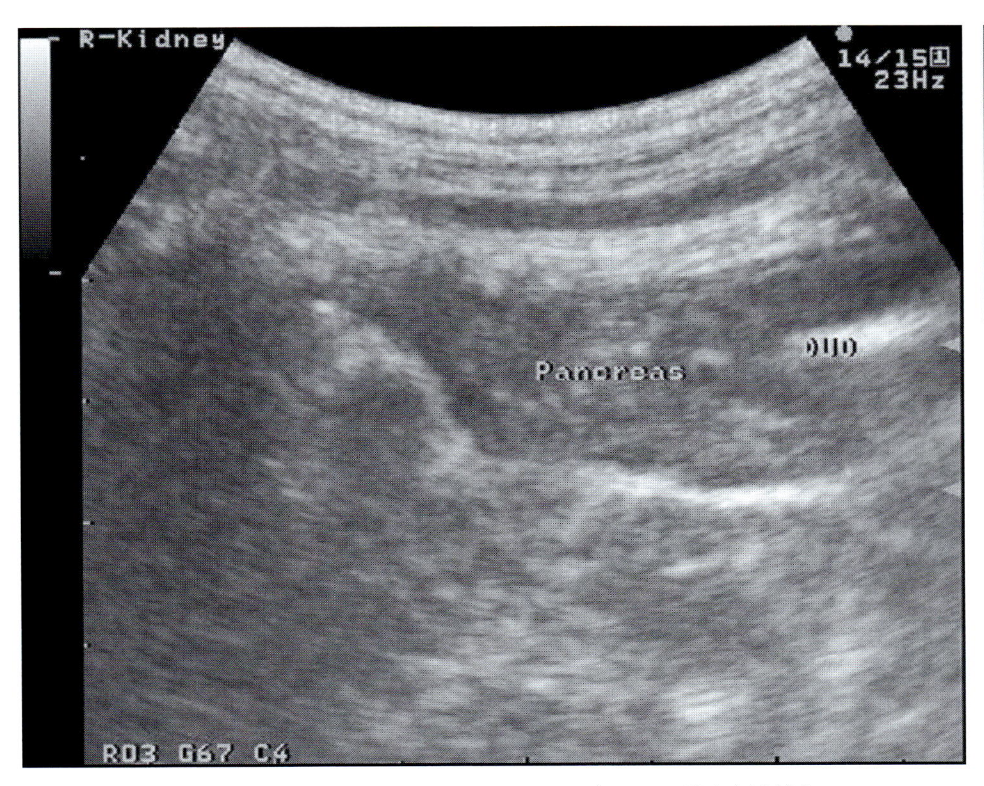

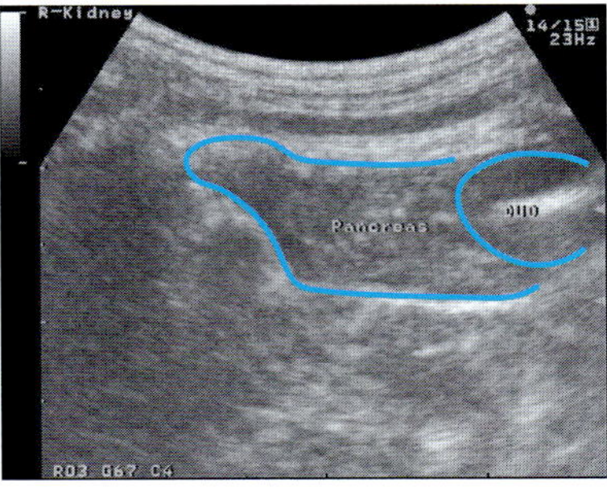

写真 75-9　腹部超音波像
膵右葉についても正常であった。　R-Kidney：右腎，Pancreas：膵臓，DUO：十二指腸

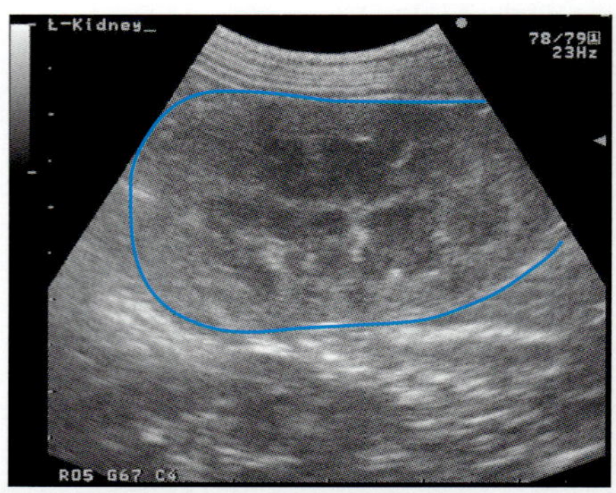

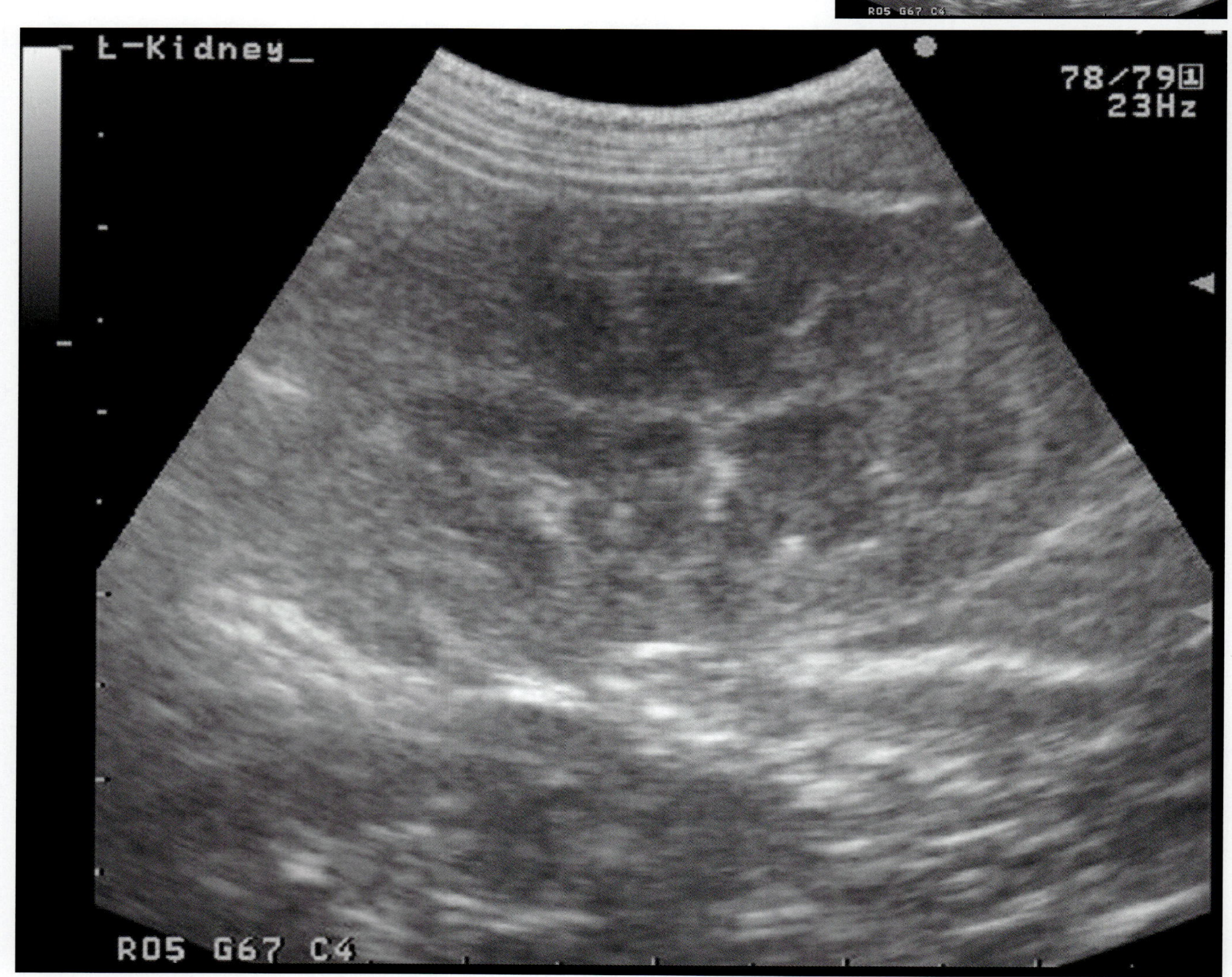

写真 75-10 腹部超音波像
穿刺を行い，左腎（L-Kidney）の囊胞内容を排液した後の画像であるが，正常な構造が観察される。

❖コメント❖

本症例は発熱や腎臓の触診時に疼痛もなく，血液検査上においても白血球数の増加や分画の異常も認められなかった。さらに囊胞内容液の検査においても腫瘍を疑う所見や炎症細胞の優位な増加が観察されないことから，経過観察とし，定期的に囊胞内容を穿刺によって排液することとした。

76. 犬の腎型リンパ腫

症　例：ダックスフンド，雄，6 歳。
主　訴：嘔吐，多血。

血液検査所見：

RBC	1085×10^4	/μL
Ht	70	%
Hb	22.3	g/dL
MCV	65	fL
MCHC	31.5	g/dL
WBC	93.0×10^2	/μL
Band-N	0.0×10^2	/μL
Seg-N	77.19×10^2	/μL
Lym	13.02×10^2	/μL
Mon	0.93×10^2	/μL
Eos	1.86×10^2	/μL
Bas	0.0×10^2	/μL
pl	17.0×10^4	/μL
TP	7.0	g/dL

Alb	3.3	g/dL
ALT	64	U/L
AST	25	U/L
ALP	44	U/L
TC	194	mg/dL
T-Bil	0.6	mg/dL
Glu	96	mg/dL
BUN	100.6	mg/dL
Cr	5.0	mg/dL
Ca	13.12	mg/dL
P	7.1	mg/dL
Na	145	mmol/L
K	4.5	mmol/L
Cl	110	mmol/L

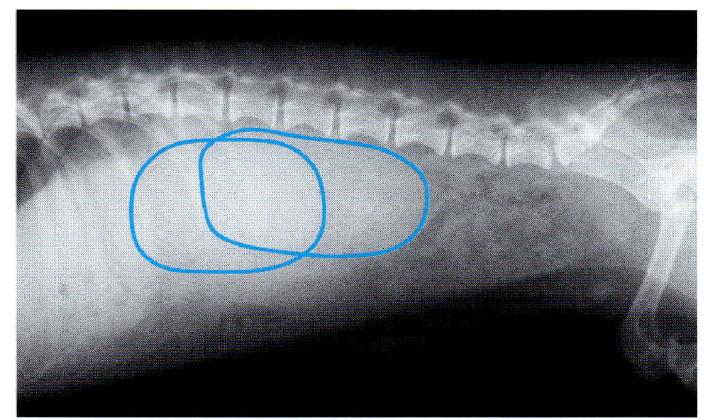

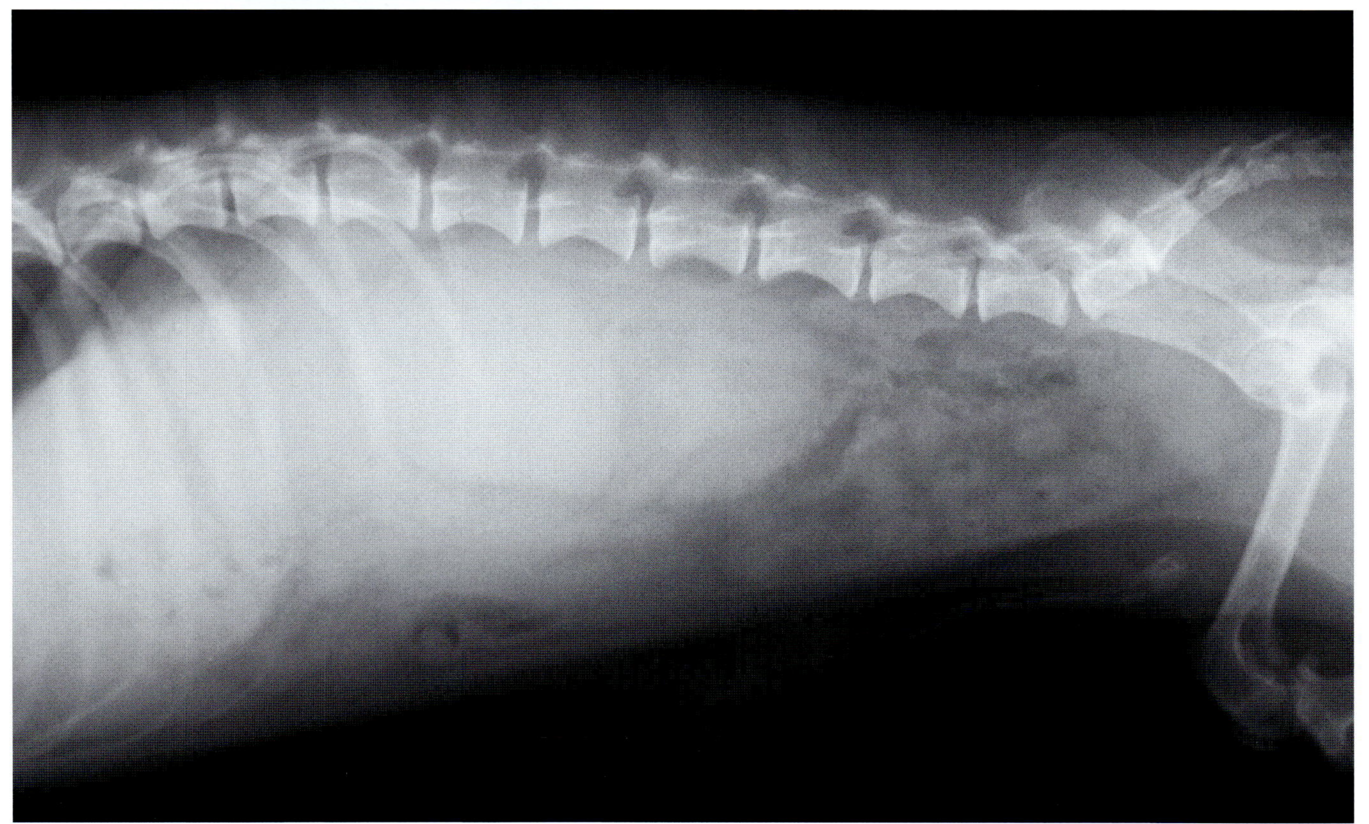

写真 76-1　腹部単純 X 線ラテラル像
胃底部尾側に消化管を腹尾側に変位するマス陰影が 2 つ観察される。

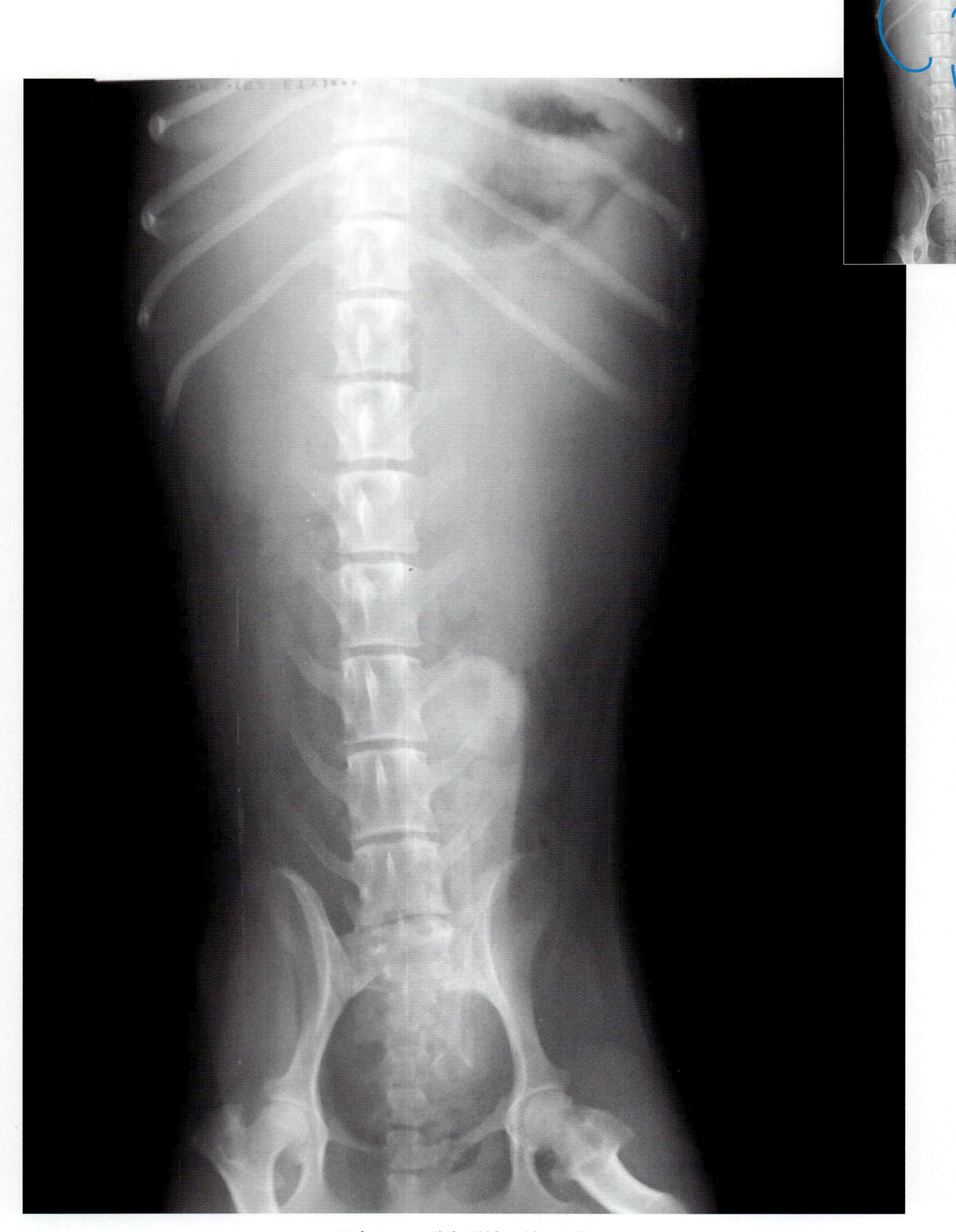

写真 76-2　腹部単純 X 線 VD 像

VD 像においては，左右の腎臓に一致するマス陰影が観察される。これら左右の腎臓の大きさは，第 2 腰椎長径のおよそ 4.5 倍である。

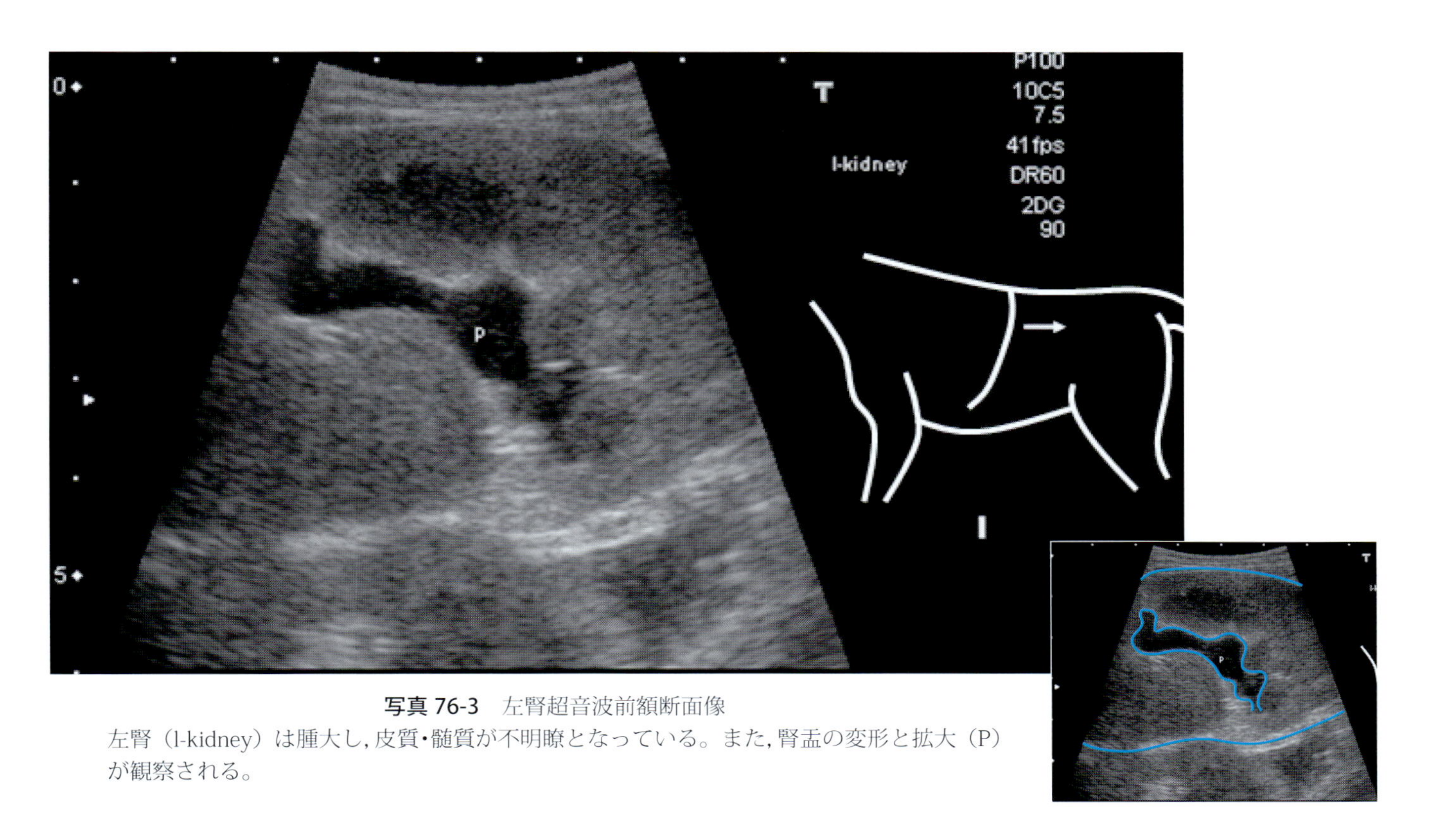

写真 76-3　左腎超音波前額断面像
左腎（l-kidney）は腫大し，皮質・髄質が不明瞭となっている。また，腎盂の変形と拡大（P）が観察される。

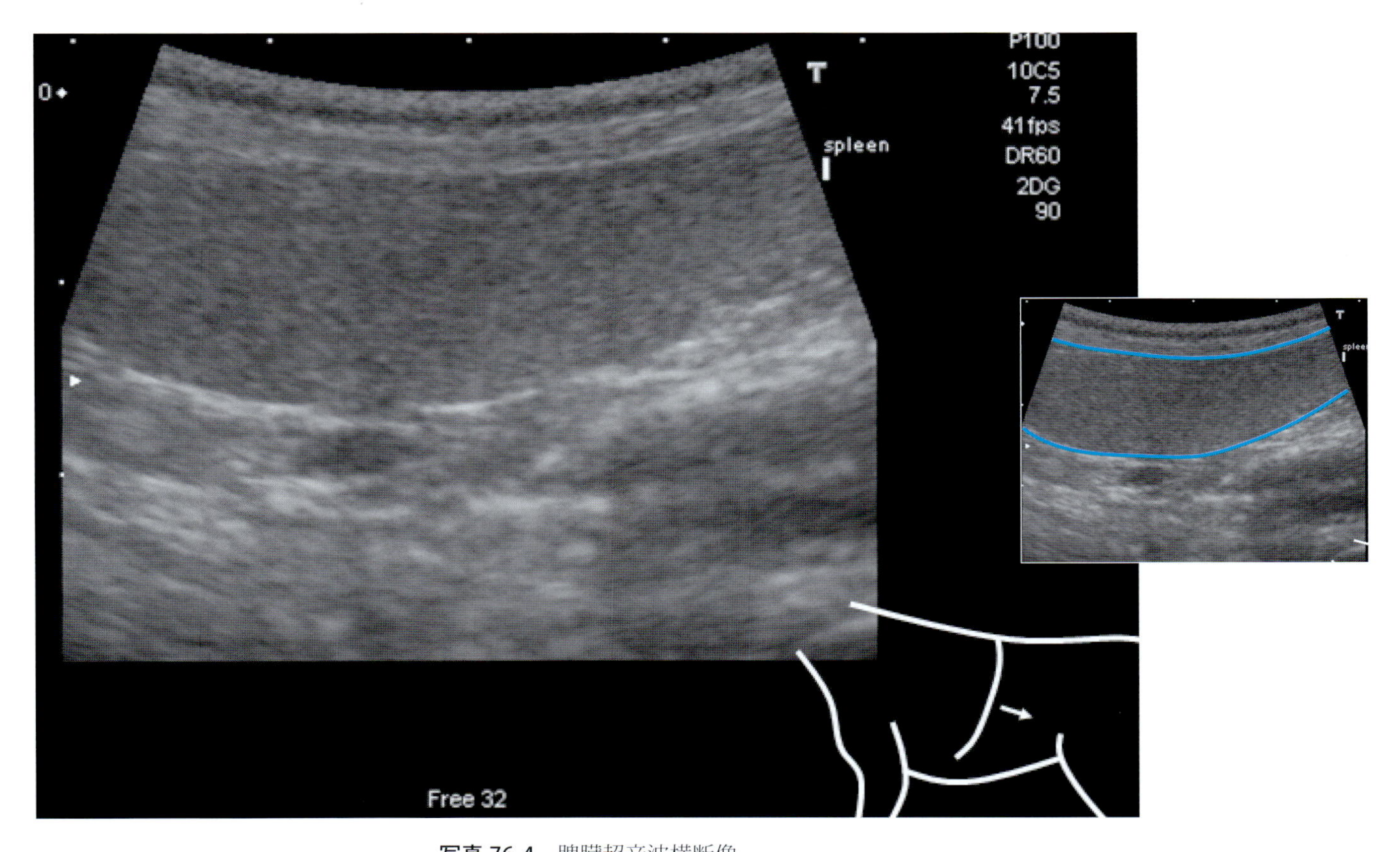

写真 76-4　脾臓超音波横断像
正常な脾臓（spleen）と同様，均一な輝度を呈しており，辺縁の不正や変形も認められない。

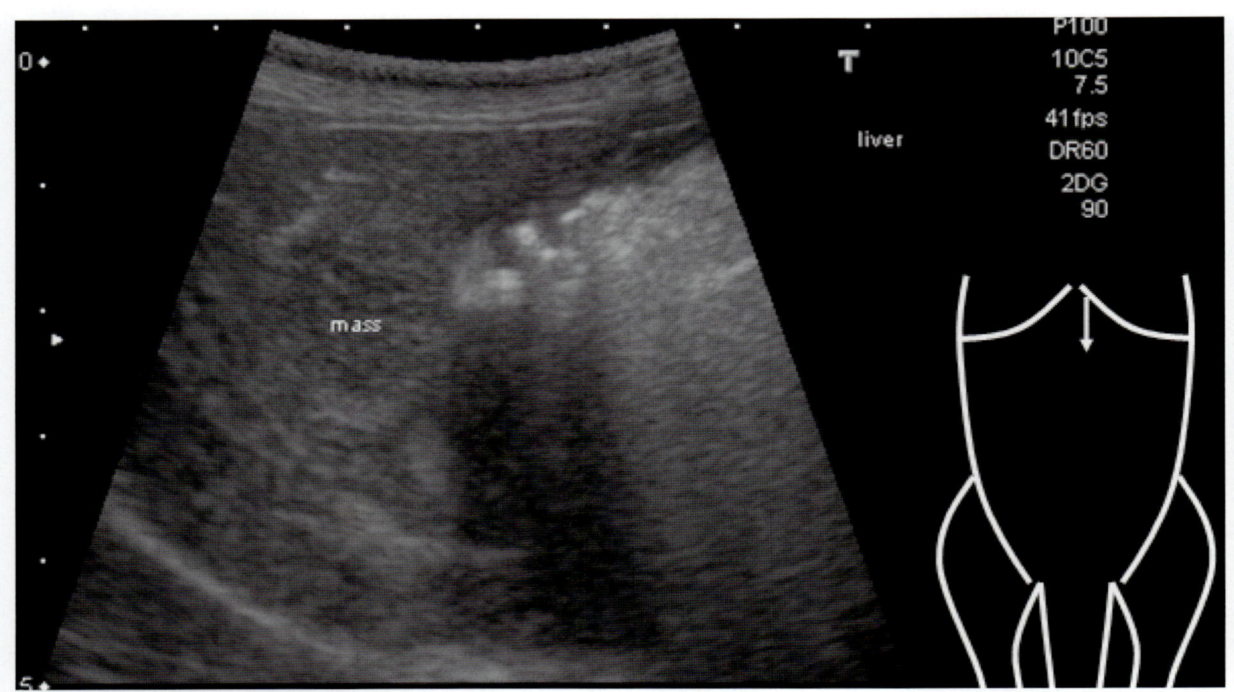

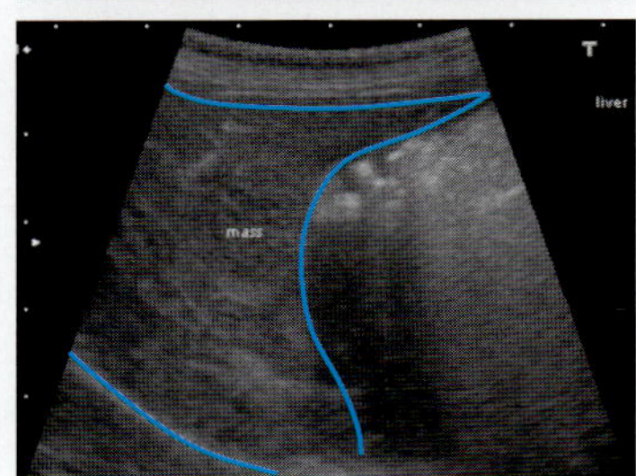

写真 76-5　肝臓超音波縦断像（左葉）
liver：肝臓

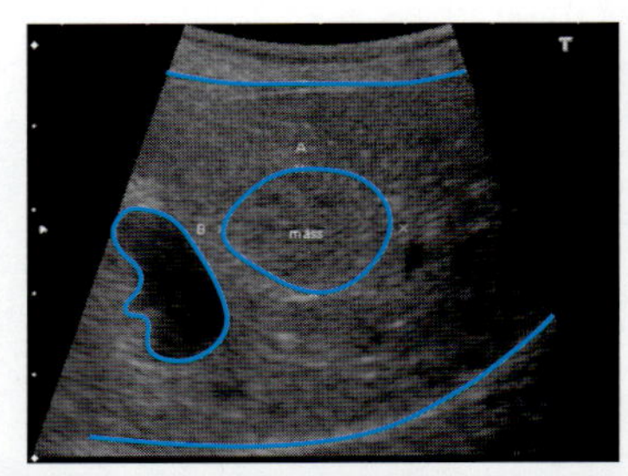

写真 76-6　肝臓超音波横断像
全体的に肝臓の輝度は均一で，辺縁の鈍化も認められない。しかしながら，胆嚢左側で周囲の均一な肝臓実質より若干低エコー性の腫瘤が観察された（A，Bのキャリパーで囲まれた領域）。

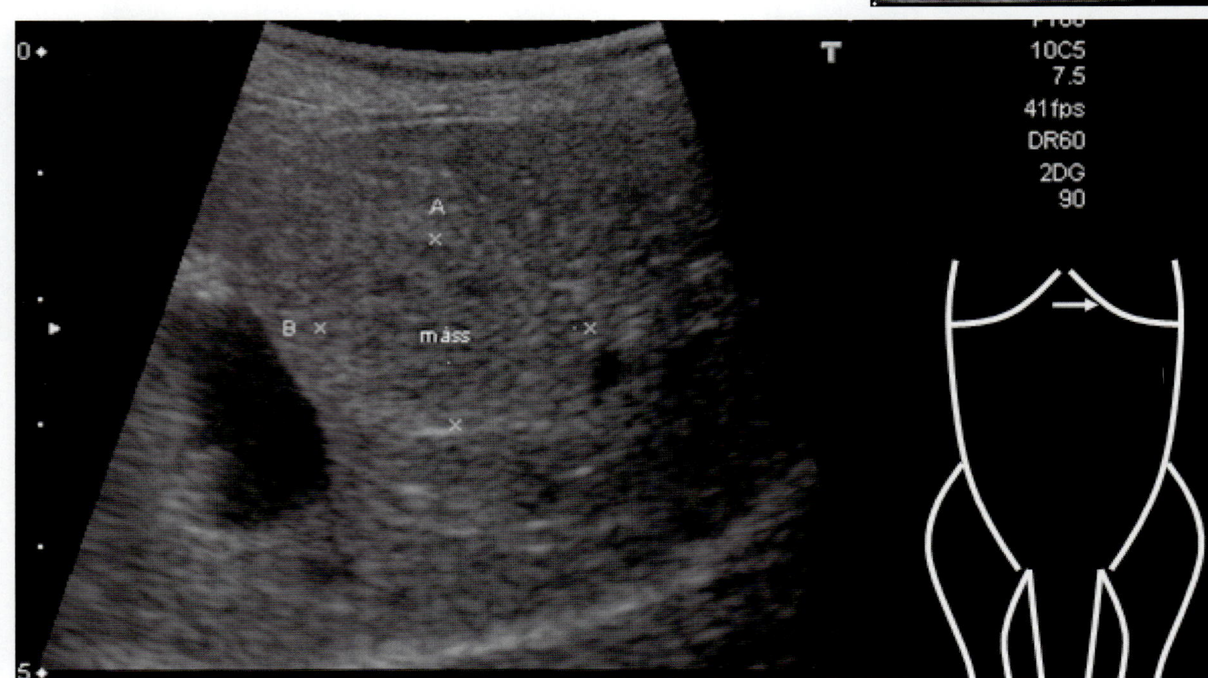

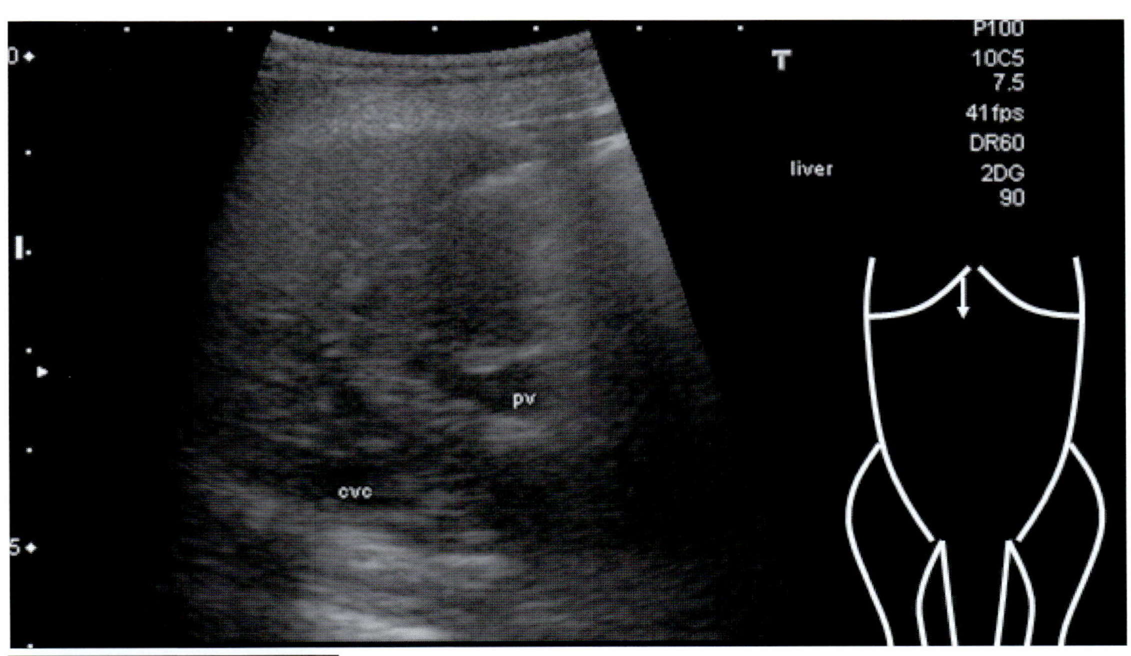

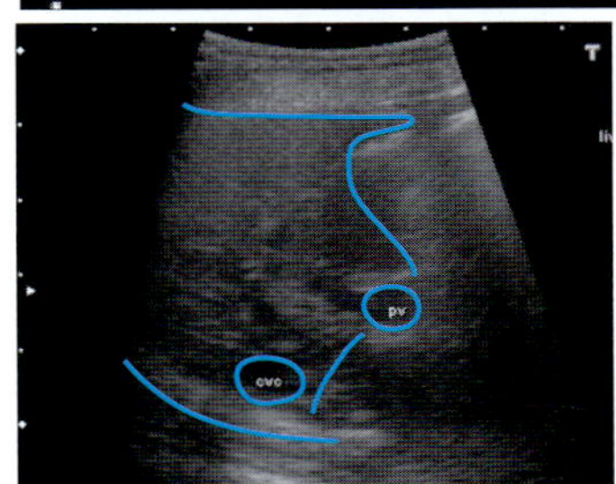

写真 76-7　肝臓超音波縦断像（右葉）
肝門部における後大静脈(cvc), 門脈(pv)が観察され, これらの構造に異常は認められない。また, 肝臓実質においても均一な輝度を示しており, 異常所見は確認されなかった。　liver：肝臓

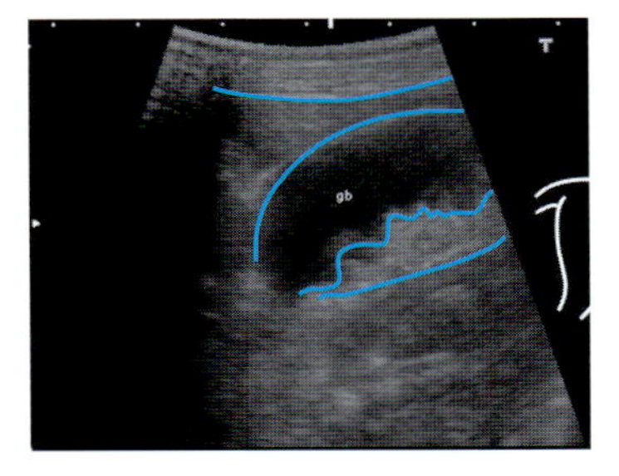

写真 76-8　胆嚢超音波縦断像
内部エコーは無エコーを呈し, 正常であるが, 胆嚢壁に関しては肥厚し, 不正な粘膜面が観察される。この所見は, 慢性胆嚢炎に起因する乳頭状過形成が最も一般的であるが, 胆嚢粘膜の腫瘍も否定はできない。　gb：胆嚢

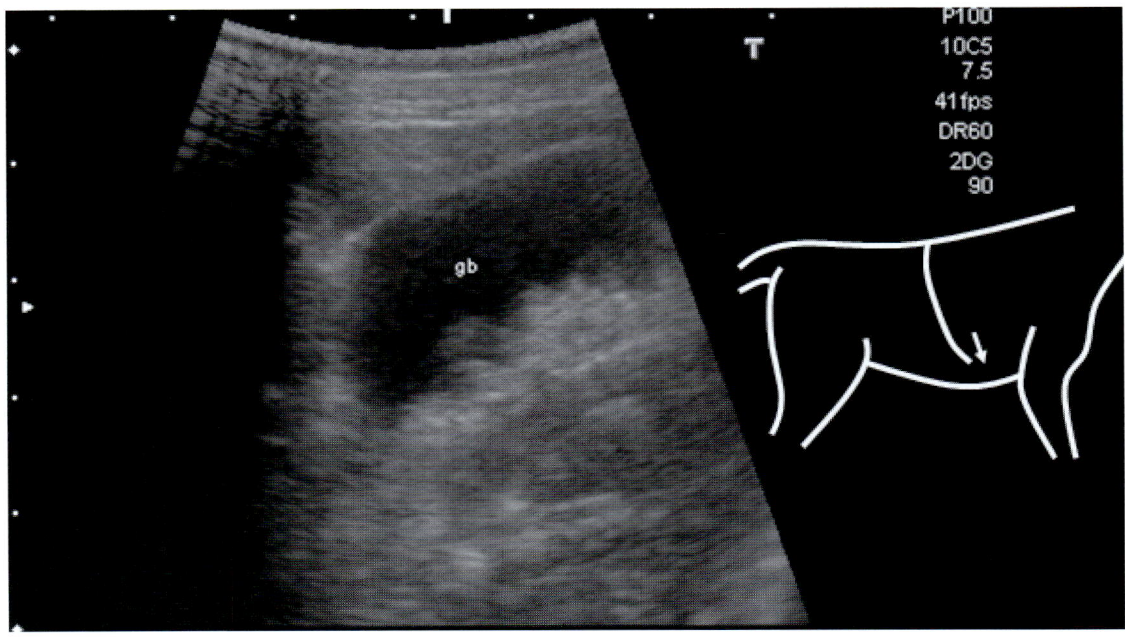

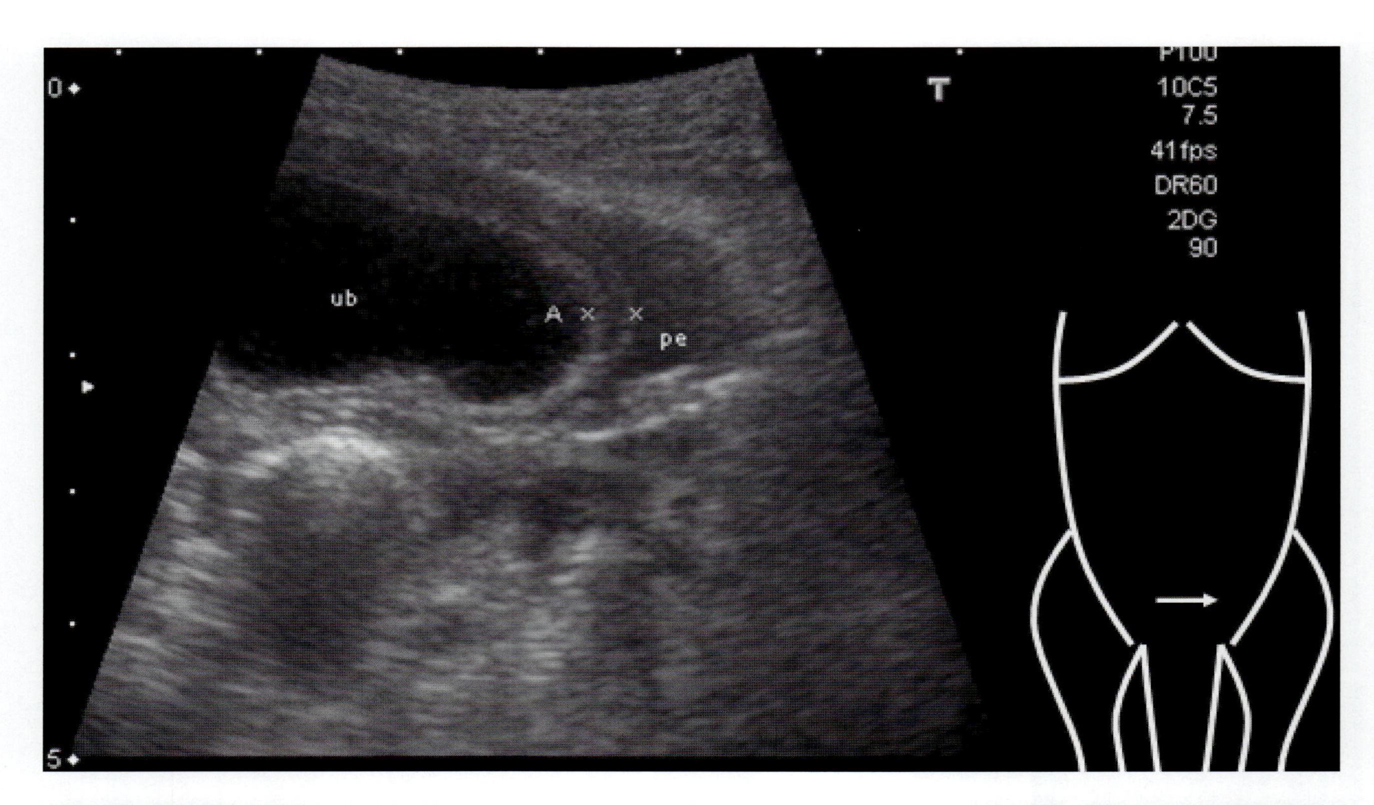

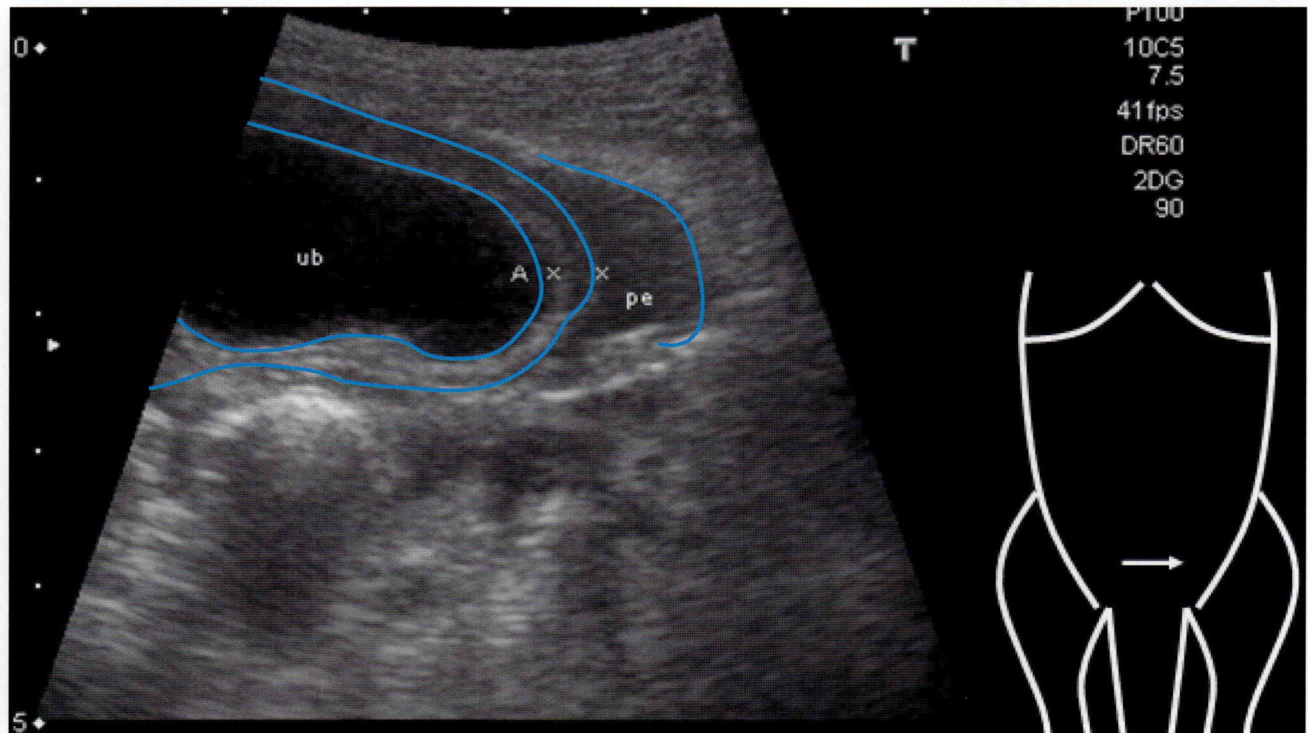

写真 76-9　膀胱超音波横断像

少量の腹水は，膀胱(ub)周囲で最も感度良く検出することができるとされている。膀胱周囲に腹水(pe)が観察されると同時に，膀胱壁の肥厚が観察された。後の尿検査において，細菌性膀胱炎が確認された。　A：膀胱壁

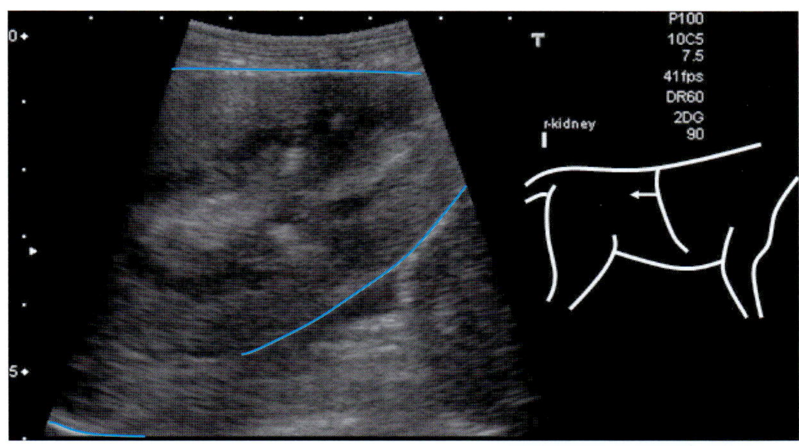

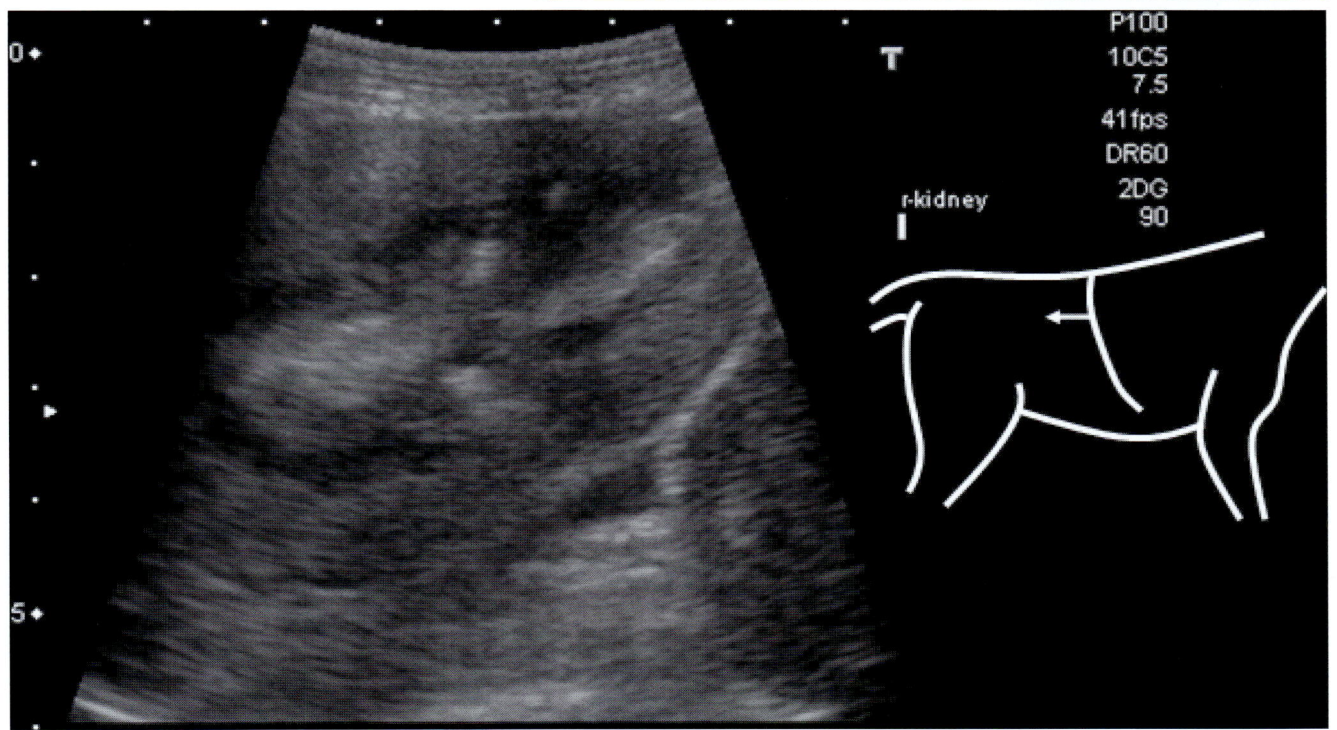

写真 76-10　右腎超音波冠状断面像
左腎と同様，右腎（r-kidney）においても腫大して観察され，皮質髄質ともに高エコーを呈している。しかしながら左腎と異なり，右腎では皮質髄質結合部が低エコーに観察されている。この画像所見の意義については不明である。

❖コメント❖

本症例は左右の腎臓が大きく拡大し，皮質や髄質が不明瞭となっていることから腎臓の腫瘍が強く疑われる。腎細胞癌や両側性であることを考慮するとリンパ腫が強く疑われるものと考えられる。腎細胞癌では癌細胞がエリスロポエチンを産生し，多血となることがあるが，いかなる腎疾患においても腎臓が虚血や低酸素状態になると，エリスロポエチンが産生され多血となる。また，超音波像から腫瘍の種類を特定することは不可能であることから，確定診断のオプションとしては，針生検，コア生検，切除生検が挙げられる。本症例は両側性で，血液検査からも鎮静や麻酔処置が困難であったため針生検を行った。その結果，リンパ腫と診断された。また，肝臓のマスについては，結節性良性病変，結節性過形成，肝原発性腫瘍，リンパ腫の肝病変などが考えられるが，画像で鑑別することは不可能である。

77. 尿管断裂

症　例：ミニチュア・ダックスフンド，避妊雌，9 歳。

主　訴：約 3 週間前に，交通事故に遭遇した後から，排尿排便困難を発症。下腹部に腫瘤性病変が触知されたため，来院した。

血液検査所見：

PCV	49.8	%
RBC	761×10^4	/μL
Hb	17.2	g/dL
MCV	65.4	fL
MCH	22.6	pg
MCHC	34.5	g/dL
WBC	139.0×10^2	/μL
pl	56×10^4	/μL
TP	6.3	g/dL
Alb	3.8	g/dL
ALT	49	U/L
ALP	115	U/L

TC	159	mg/dL
Tg	41	mg/dL
T-Bil	0.0	mg/dL
Glu	115	mg/dL
BUN	15.7	mg/dL
Cr	0.7	mg/dL
Ca	9.9	mg/dL
iP	3.2	mg/dL
Na	146.5	mmol/L
K	4.61	mmol/L
Cl	113.2	mmol/L

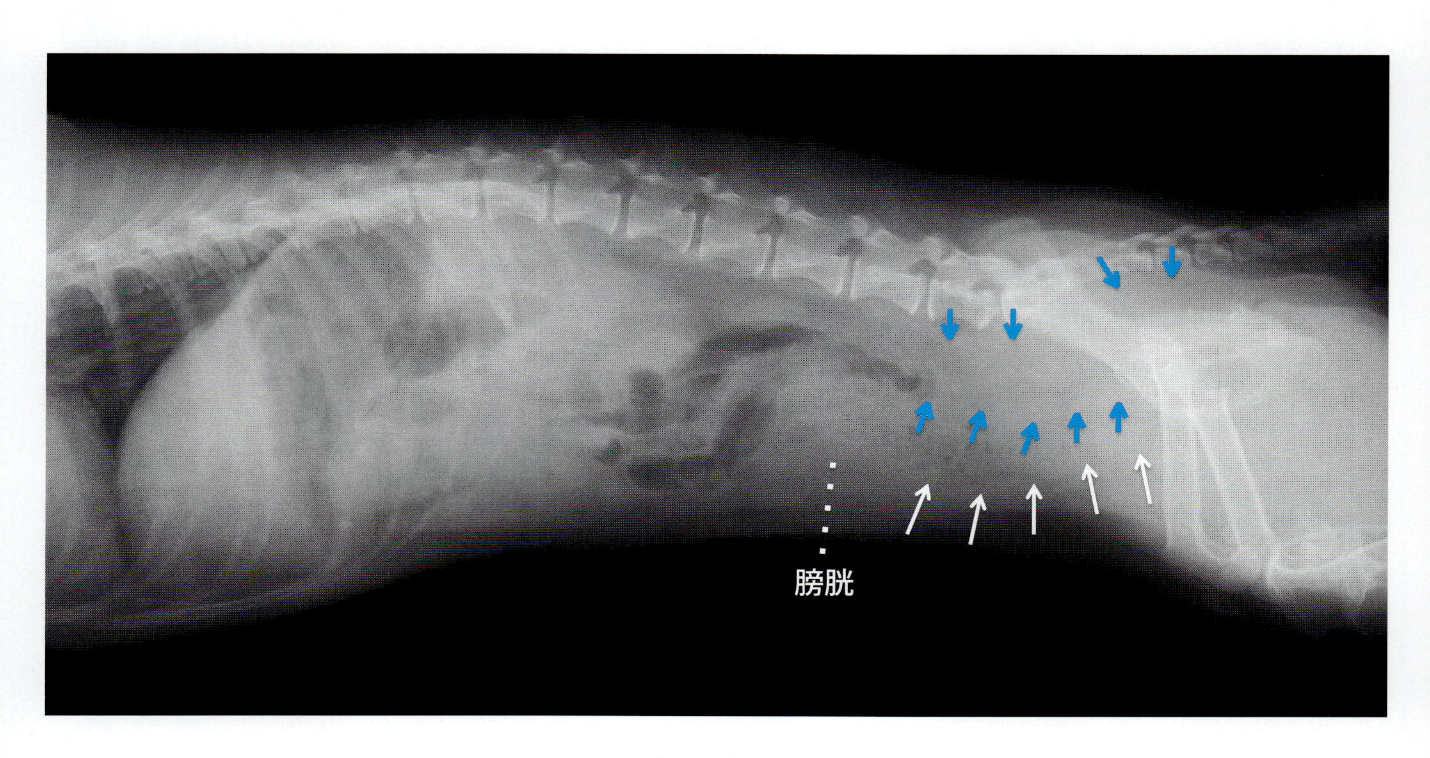

写真 77-1　腹部単純 X 線ラテラル像
下腹部背側に，軟部組織デンシティーの腫瘤（青矢印）が認められ，膀胱ならびに直腸（白矢印）が腹側に変位している。

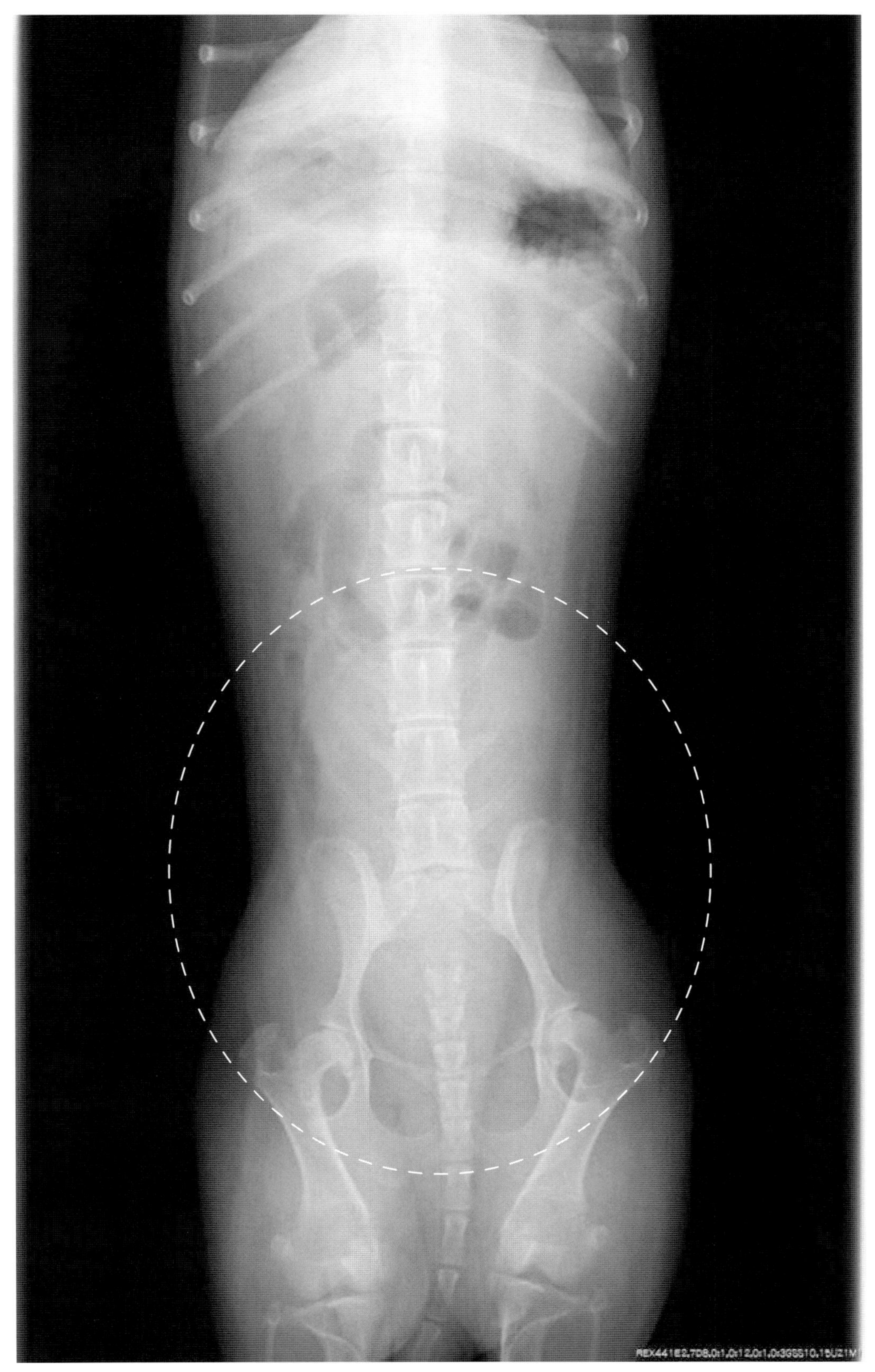

写真 77-2　腹部単純 X 線 VD 像
下腹部の鮮鋭度が低下している（点線領域）。

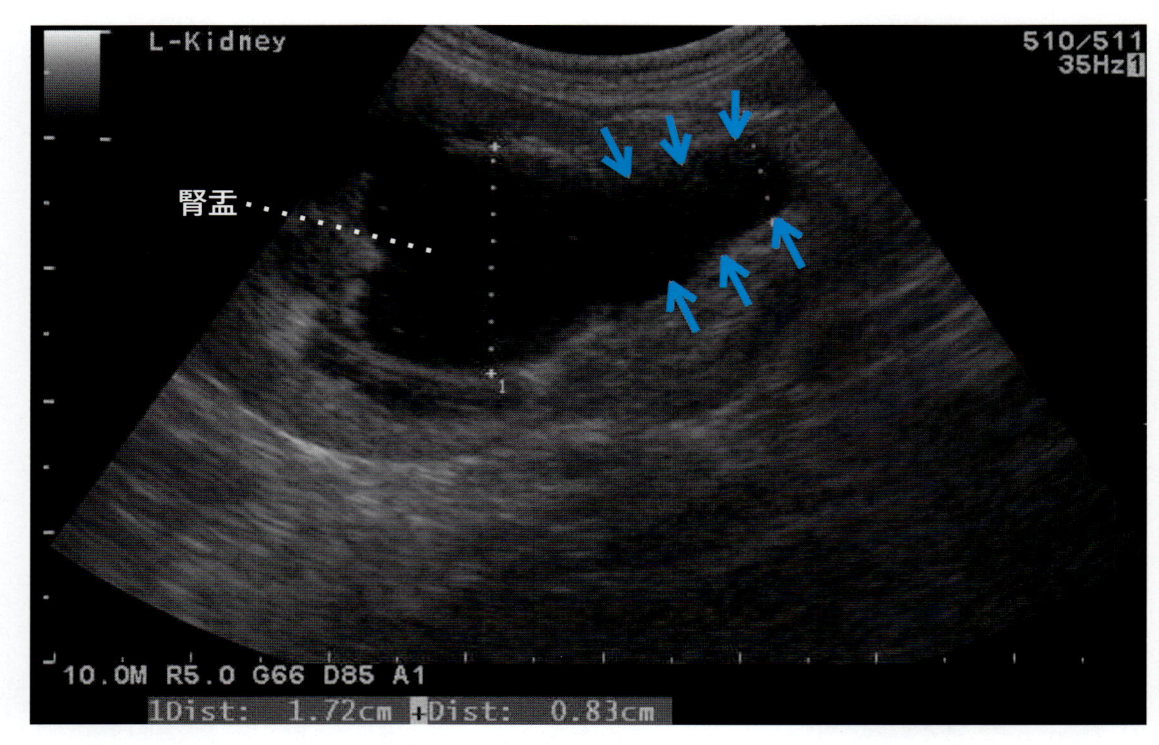

写真 77-3 腹部超音波像（下腹部短軸像）
腎盂および近位尿管（矢印）の拡張が認められる。 L-Kidney：左腎

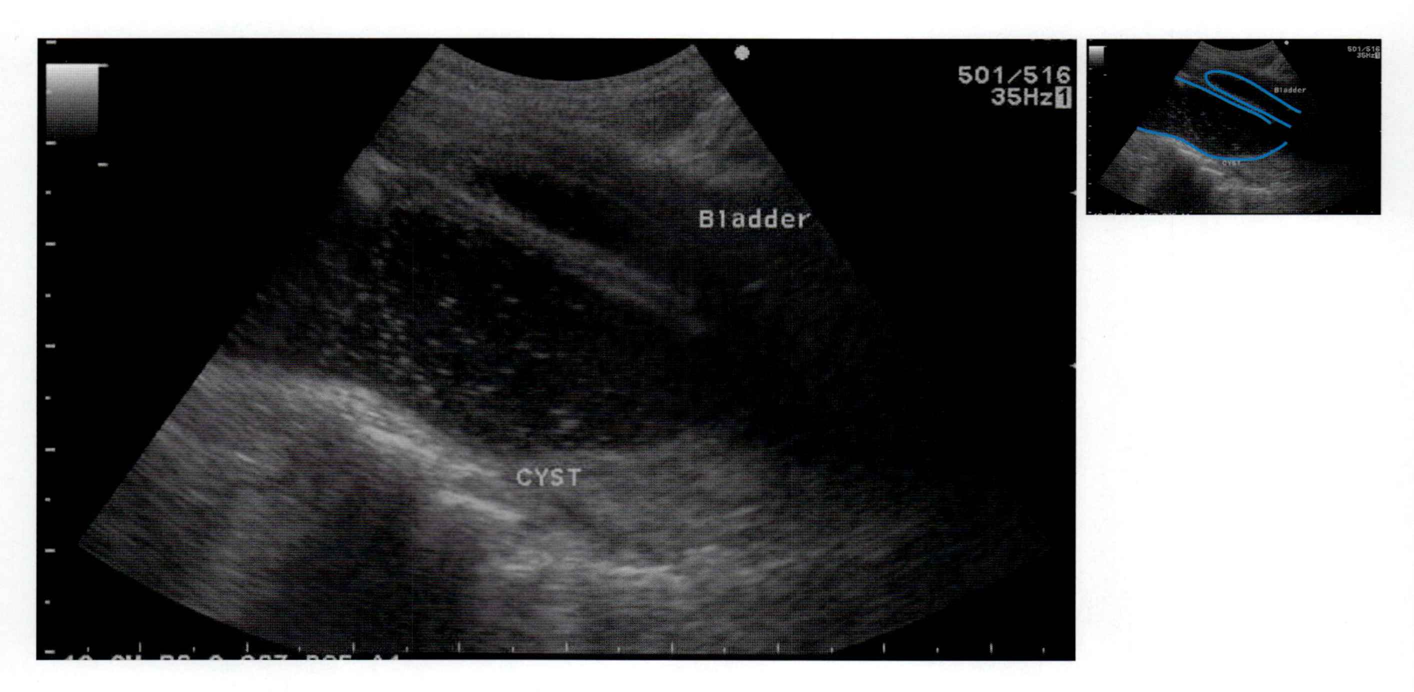

写真 77-4 腹部超音波像（膀胱短軸像）
膀胱（Bladder）の背側に，内腔が高輝度の浮遊物を含む低エコー性の貯留液で満たされた空洞性病変（CYST）が認められる。X線で認められる腫瘤は，この空洞性病変と同一である。貯留液を採取し，その性状を検査したところ，比重は 1.016，TP 1650.5 mg/dL，有核細胞数は 3040/μL で，尿素窒素ならびにクレアチニンは，各々 37.3mg/dL，3.62mg/dL であった。貯留液の尿素窒素とクレアチニンは，血液より高値を示しており，内部の液体は尿と判断できる。したがって，空洞性病変は，尿路断裂による尿貯留の可能性が考えられる。

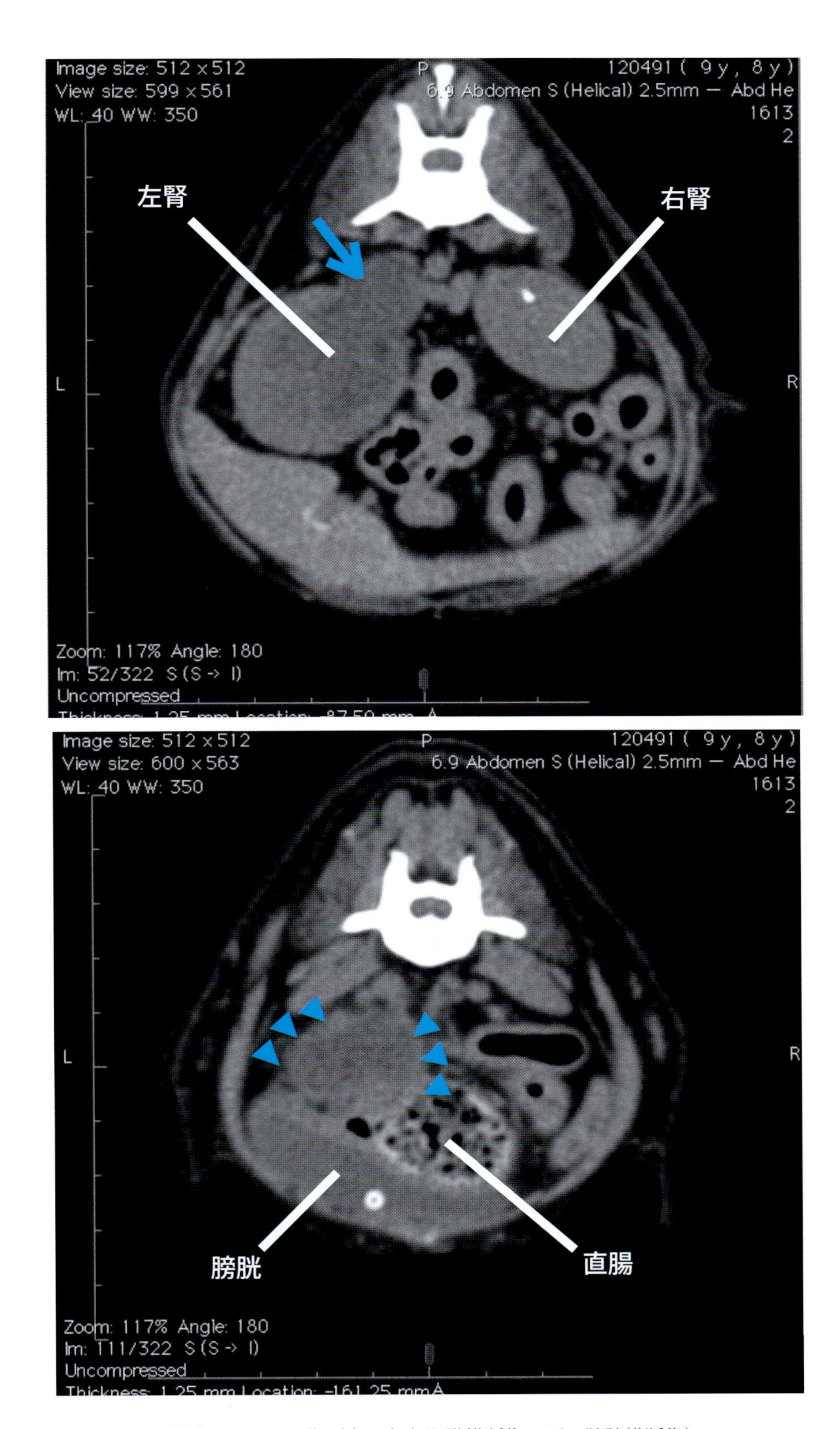

写真 77-5　CT 像（上：左右腎臓横断像，下：膀胱横断像）

尿路断裂部位の特定，左右の腎臓排泄能の評価，尿貯留範囲の確定，後大静脈・大動脈などの後腹膜器官や膀胱などの腹腔内臓器と病変の位置関係把握のため，CT 検査を実施した。左腎拡大および近位尿管の拡張（矢印）を認める。また，下腹部において，膀胱および直腸背側に，高吸収の被膜で覆われた尿貯留部（矢頭）が確認できる。膀胱内には，尿道の位置を明確にする目的で，カテーテルを留置している。

造影剤投与後 40 秒　腎臓　横断像

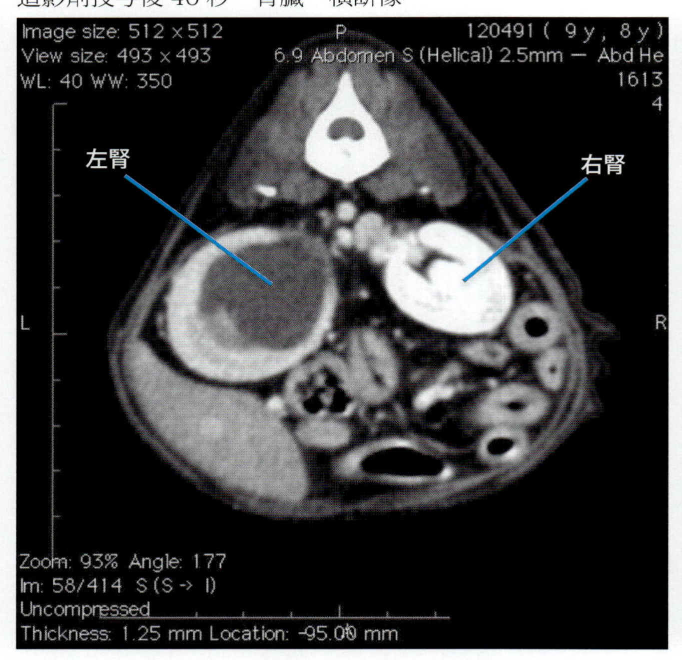

造影剤投与後 40 秒　骨盤腔　横断像

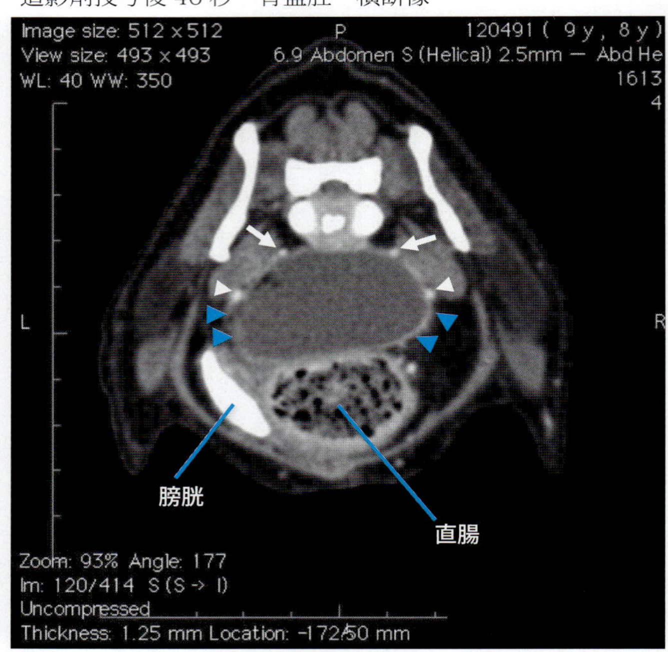

造影剤投与後 5 分　腎臓　横断像

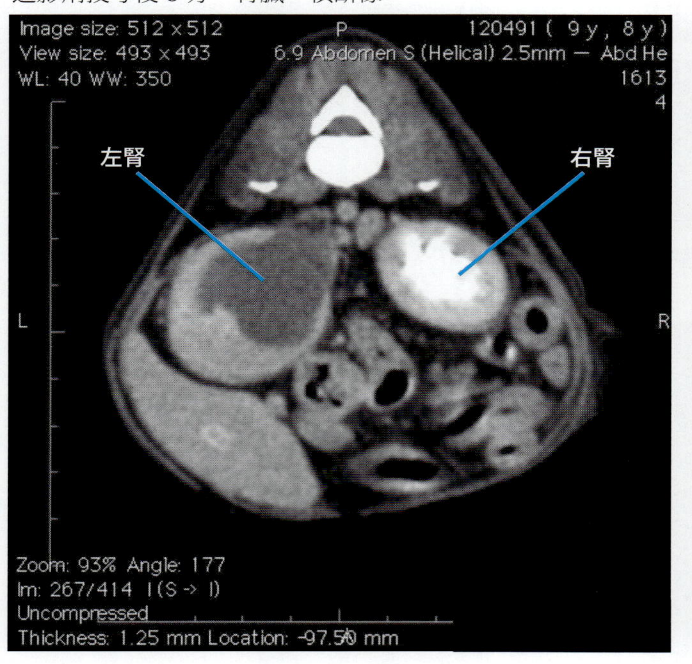

造影剤投与後 5 分　骨盤腔　横断像

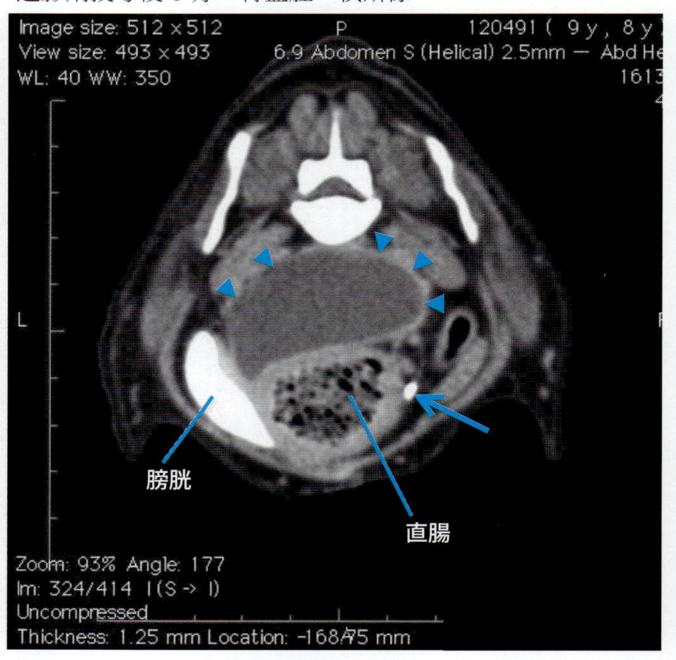

写真 77-6　造影 CT 像（経静脈的造影 CT 検査）

引き続き，尿路断裂部の特定と両腎臓の排泄能を評価するため，静脈に造影剤を投与する造影 CT 検査を実施した。早期には腹部血管が明瞭に抽出されるため，病変と血管系の位置関係が可視化される。その後，腎臓排泄能に問題がなければ，排泄された造影剤で尿路が描出できるため（排泄性尿路造影），腎臓の排泄能評価や尿管の観察が可能となる。

造影剤を静脈内投与後 40 秒で撮影した造影 CT 像において，右腎は十分に増強している。一方，左腎は，ほとんど増強されておらず，排泄能が低下している。また，下腹部において，尿貯留部は，外腸骨静脈（白矢頭）・内腸骨静脈（白矢印）に接しており，後腹膜腔に存在することが示唆される。

造影剤を静脈内投与後 5 分で撮影した造影 CT 像では，右腎および尿管（青矢印）が造影剤を正常に排泄しており，右腎の機能は問題ないと思われる。一方，左腎と尿管は，造影剤が排泄されず，左腎の機能は低下している。

腎臓横断像

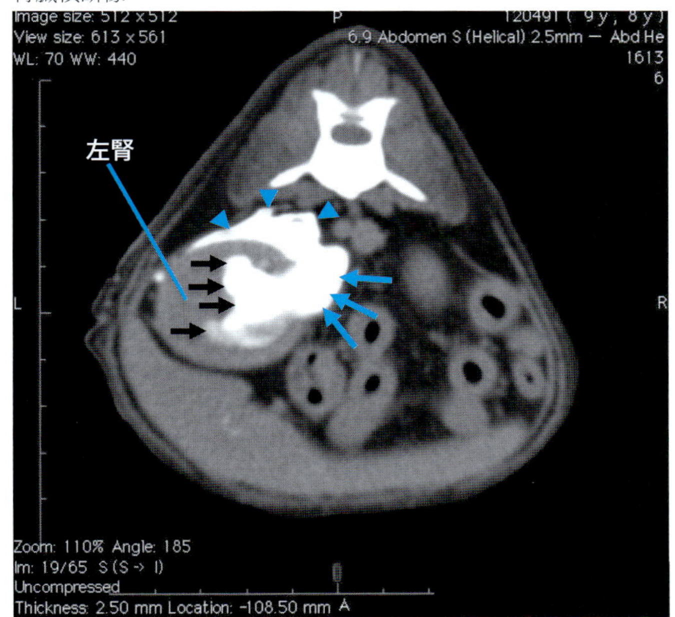

膀胱頭側横断像

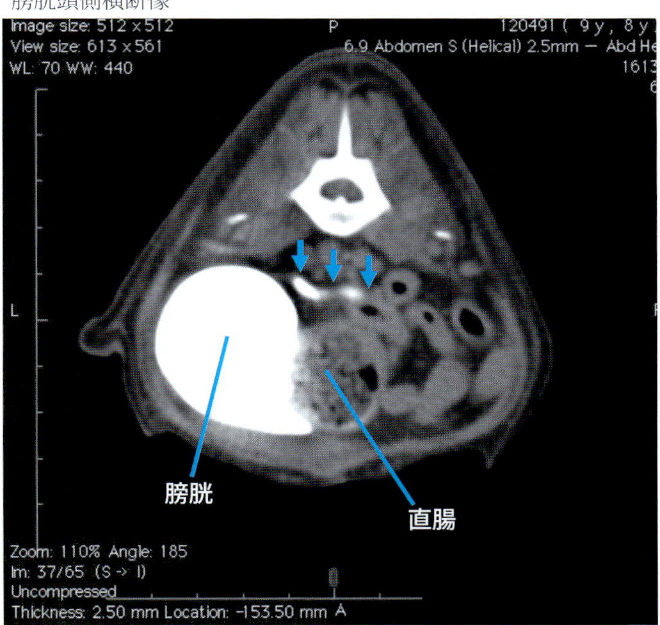

膀胱尾側横断像（断裂部）

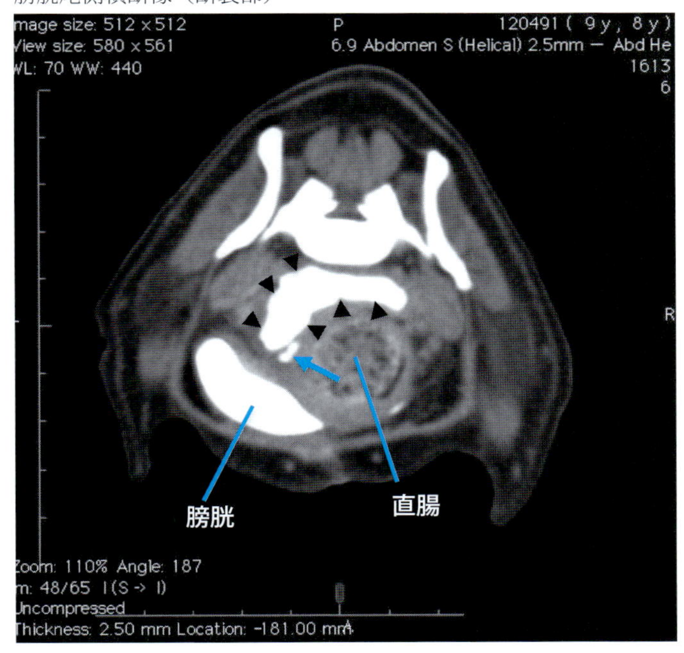

次頁に 3D 構築像

写真 77-7　造影 CT 像（経皮的順行性腎盂造影検査）

そこで，排泄性尿路造影では評価不可能であった左尿管を描出する目的で，左腎盂に穿刺して尿を抜去した後に，抜去した量の半量の造影剤を注入し再度撮影した。

造影剤は左腎盂（黒矢印）から拡張した左側尿管（青矢印，3D 構築像では白矢印）を経て，膀胱背側の尿貯留部まで進入している（黒矢頭，3D 構築像では白矢頭）。以上から，尿管断裂であることが確定できる。

また，左腎被膜下にも造影剤が貯留しているが（青矢頭），左腎盂に造影剤を注入した際に生じた造影剤の漏出である。

3D 構築像

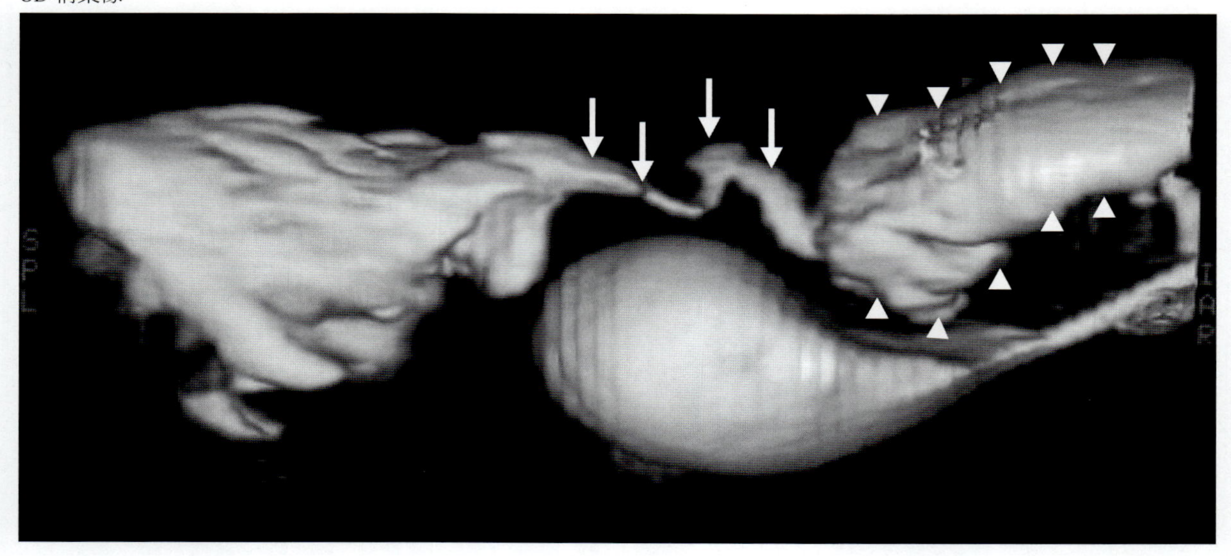

写真 77-7　（つづき）

❖コメント❖

尿管断裂は，外傷やまれにではあるが医原性損傷によって発症する。部分損傷で尿貯留が少量の場合には，無治療で治癒する場合もある。しかし，断裂の程度によっては，持続的な尿貯留のため周囲組織に炎症が惹起され，動物の状態が悪化する場合がある。したがって，罹患側および反対側の腎機能を確認し断裂部位の特定をした上で，持続的に尿貯留を呈する尿管断裂は外科的に治療しなければならない。具体的な治療方法としては，尿管腎摘出術，尿管吻合術，尿管カテーテルの留置，尿管の膀胱への移植などが挙げられる。反対側の腎機能に問題がなく尿漏出範囲が大きければ，通常は罹患側の尿管腎摘出が選択されることが多い。また，反対側の腎機能が低下し，罹患側の尿管と腎臓の温存が必要な場合は，尿管遠位の断裂であれば尿管の膀胱への移植が実施され，それが難しければ尿管吻合術や尿管カテーテルの留置が選択される。

尿管断裂は，単純 X 線検査や超音波検査により，罹患側の水尿管や水腎症，腹腔内または後腹膜腔への尿漏出を確認することで間接的に診断が可能である。しかしながら，断裂そのものを，単純 X 線検査や超音波検査で検出することは，困難な場合が多い。通常，断裂部位の検出には，静脈性尿路造影（intravenous urography：IVU）による造影 X 線検査が用いられる。造影後 10 秒から腎臓皮質の増強が始まり，その増強度合いから腎臓排泄能の評価が可能となる。その後，腎臓が正常な排泄機能を有していれば，5 分で尿管が最も増強され，断裂部位から造影剤の漏出が確認できる。また，CT 検査も，尿管断裂の検出に有用である。静脈性血管造影を実施し，造影剤注入後 5 〜 10 分まで撮影することで，腎臓および尿管の観察が可能となる。IVU においては造影剤の重複によって断裂部が不明瞭になる場合もあるが，造影 CT 検査では画像上での重複がなく病変部をより正確に抽出可能である。もちろん，IVU でも十分に断裂部の確定を得ることができるが，断層像による正確な形態観察という点で，CT 検査は有利となる。

尿管断裂が疑われ，本症例のように経過が長く，水尿管および水腎症を呈し罹患側の腎臓の排泄能が低下している場合には，IVU ならびに造影 CT では病変が抽出できないことがある。このような場合，本症例に実施したような経皮的順行性腎盂造影は，非常に有用な検査になる。本法は，腎盂への穿刺を超音波ガイド下，X 線透視下，CT 下で行う必要があるものの，腎機能に左右されることなく断裂部を確実に描出できる。また，外傷時には，膀胱や尿道の損傷も多く遭遇する。この場合には，逆行性尿路造影を併せて行うことで，損傷を確認することが可能となる。

本症例は，断裂部位が後腹膜腔内であり，断裂部位以降の尿貯留が非常に広範囲であることが判明した。また，罹患側腎臓機能の低下および反対側腎臓機能の健全性が造影 CT で認められた。以上から，尿管腎摘出術が実施された。

78．犬の血尿

症　例：中型雑種犬，雌，13 歳。

主　訴：およそ 1 か月前からの血尿。

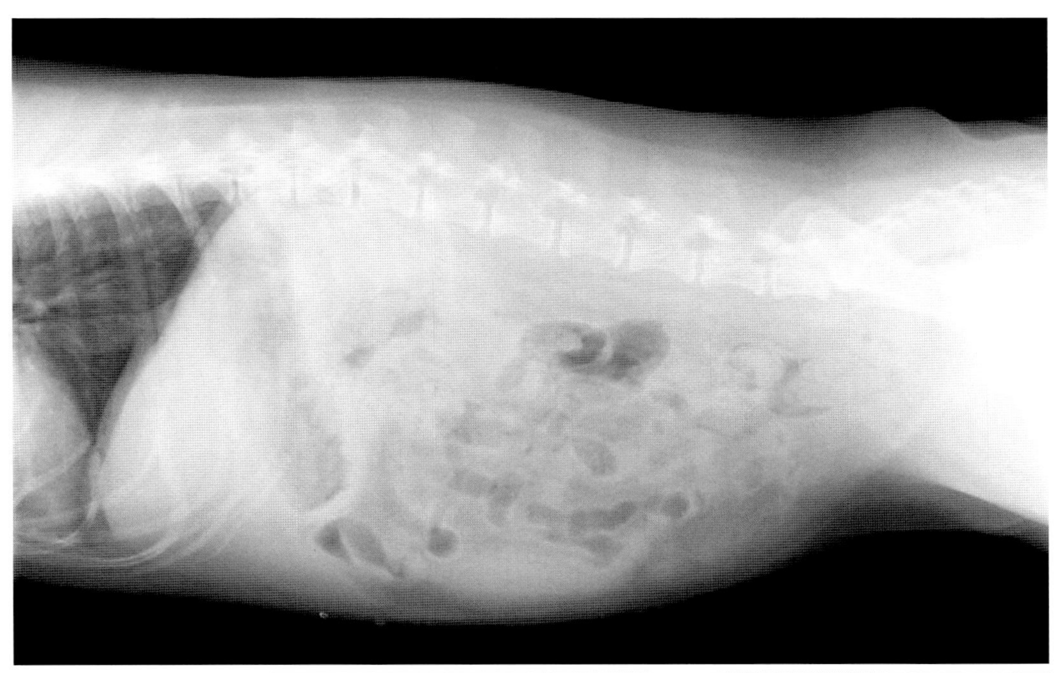

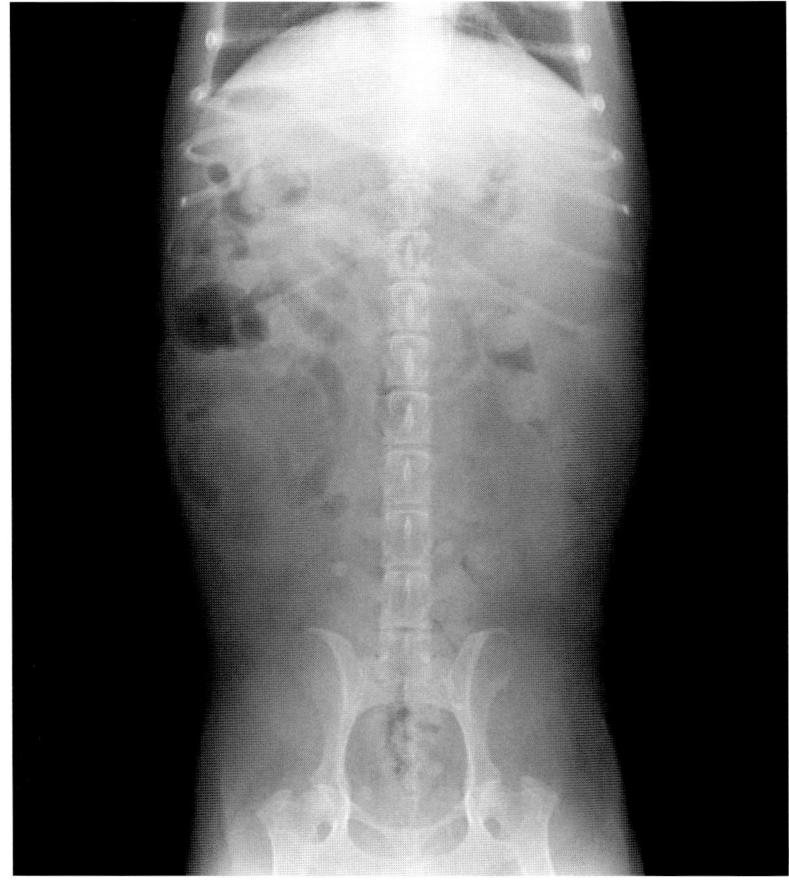

写真 78-1　腹部単純 X 線像（上：ラテラル象，下：VD 像）
ラテラル像，VD 像共に，異常は認められない。

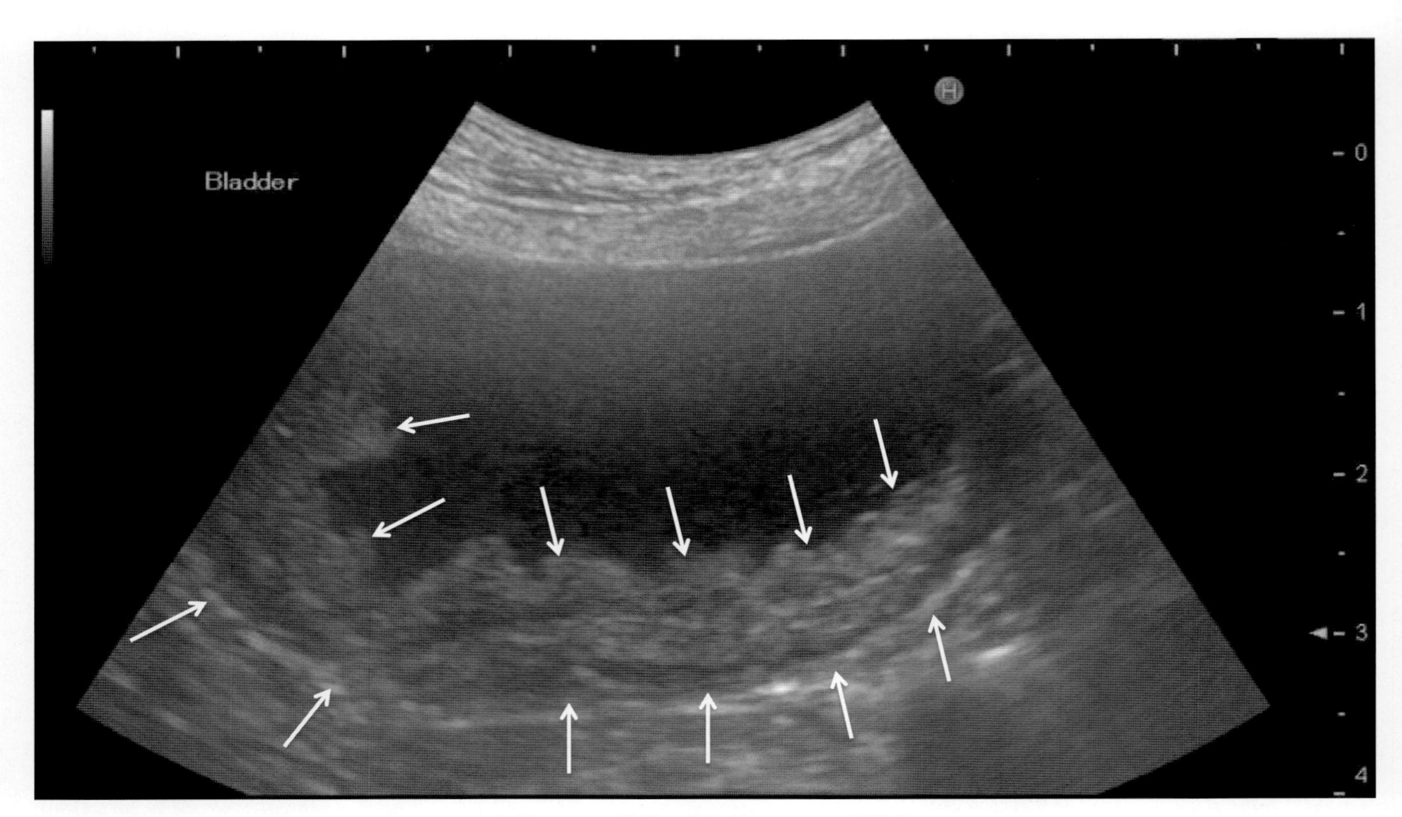

写真 78-2 膀胱の超音波 B モード長軸像
膀胱壁全体の肥厚と粘膜表面の不整が観察される（矢印）。 Bladder：膀胱

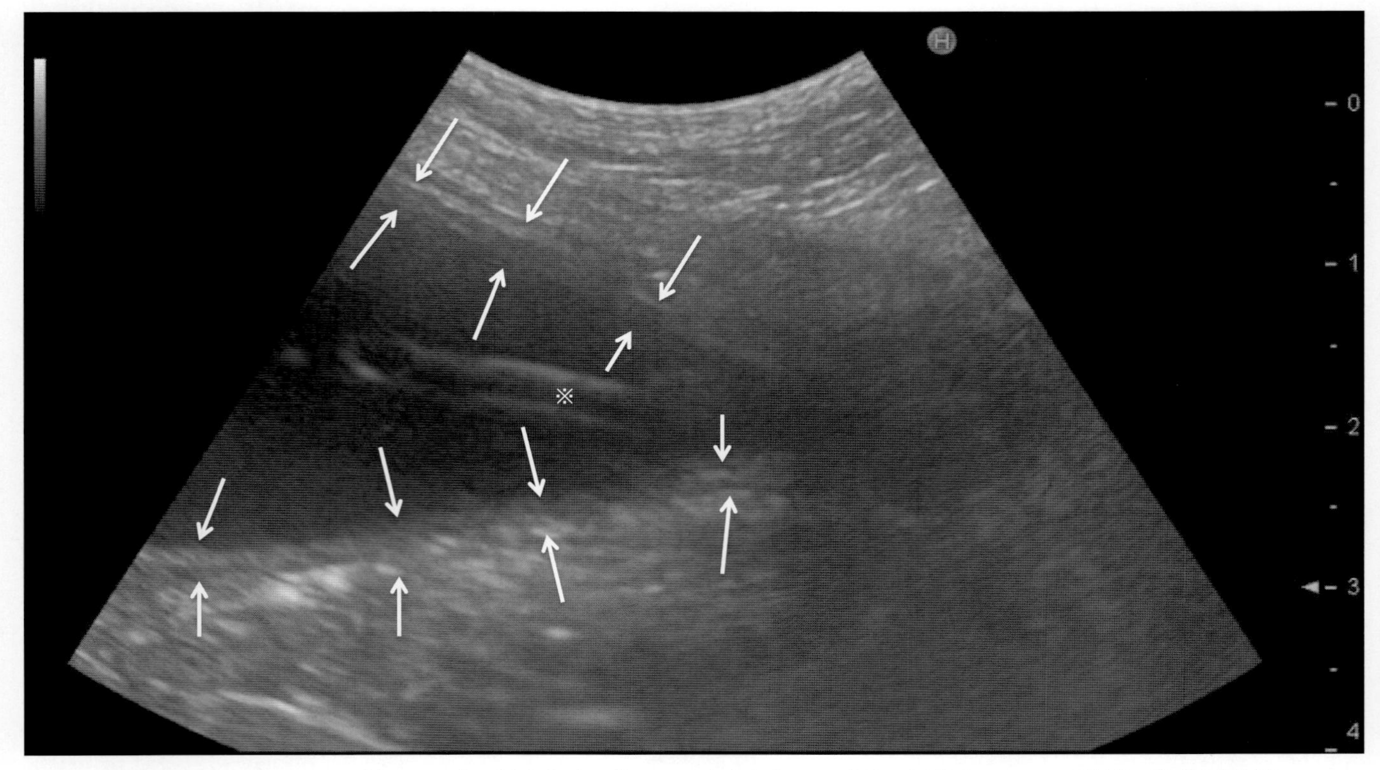

写真 78-3 カテーテルを挿入し，生理的食塩水を注入して走査を行った膀胱の超音波 B モード長軸像（膀胱尾側部）
膀胱尾側部における粘膜表面は平滑であり，壁厚にも異常は認められない（矢印）。 ※の二重ラインはカテーテル

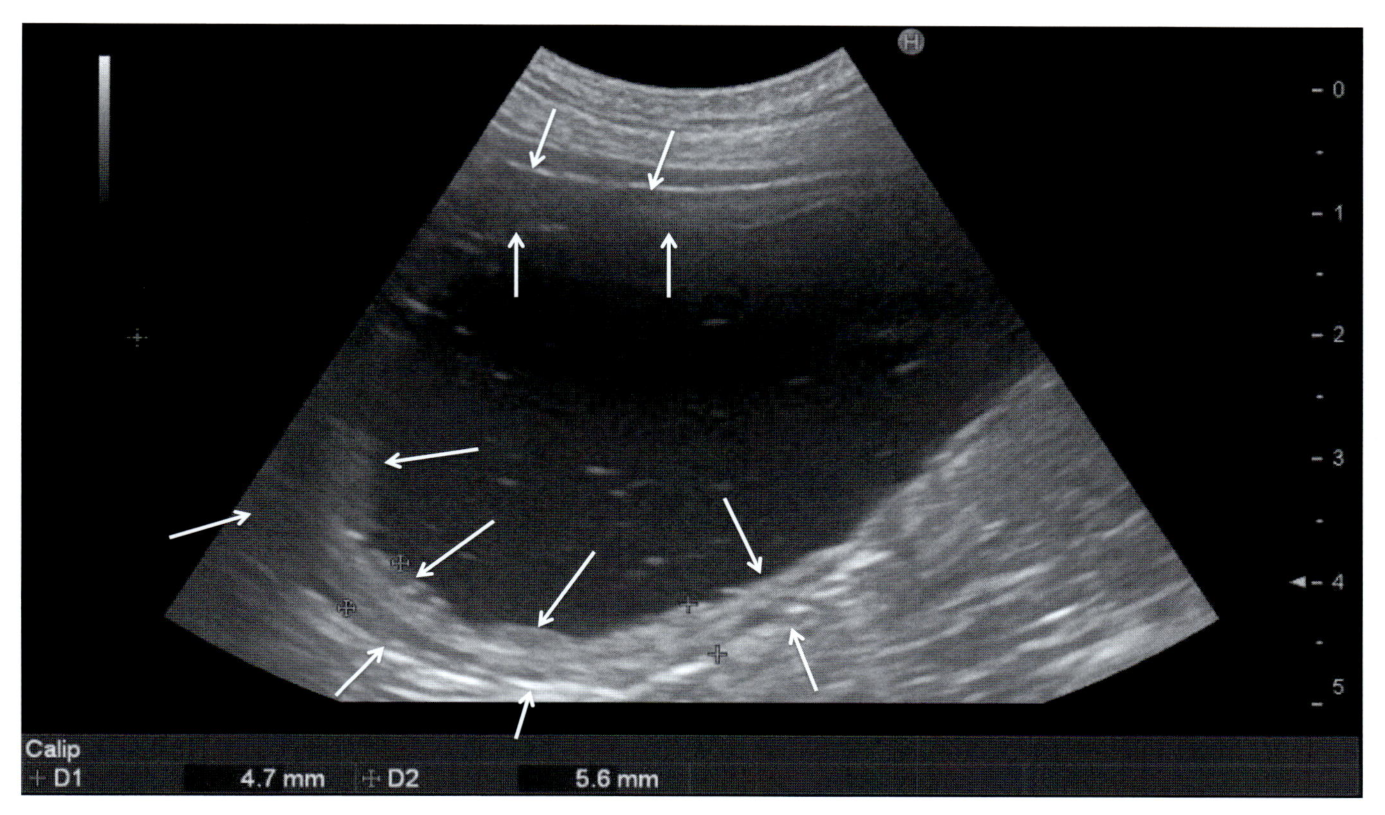

写真 78-4 カテーテルを挿入し，生理的食塩水を注入して走査を行った膀胱の超音波 B モード長軸像（膀胱頭側部）
膀胱頭側部における粘膜表面は若干不整であり，壁肥厚（およそ 5 mm 程度：キャリパー部）が認められる（矢印）。

❖コメント❖

X 線検査とは異なり，内部の構造異常を明瞭にとらえることのできる超音波検査は，膀胱において非常に簡易で有用な画像診断法といえる。しかしながら，膀胱は蓄尿し，粘膜は移行上皮で構成されていることから，尿貯留の程度によって壁厚や粘膜表面の形態が変化する。本症例の超音波写真，写真 78-2 が示すよう膀胱内の液体貯留量が少ない状況では，一見すると膀胱壁全体の高度な壁肥厚と粘膜不整が生じている様に感じるが，実際に異常なのは写真 78-3，4 が示すよう膀胱頭側のみに限局する壁肥厚と軽度な粘膜不整だけである。したがって，膀胱の超音波検査では，膀胱内の液体量を調節せずして正確な評価を行うことはできない。

膀胱の超音波検査は，最初にカテーテルを膀胱内に挿入して尿を回収した後，2mL/kg 以上の生理的食塩水をゆっくりと注入して走査を行うことで，はじめて正確な評価が可能となり，膀胱壁は粘膜が薄く描出されず，内腔側から高エコーの粘膜下組織，低エコーの筋層，高エコーの漿膜からなる 3 層で観察され，2mL/kg 以上の液体貯留下では壁厚が 2mm 以下となる。また，この方法で壁構造や壁厚の変化を評価した後に，診断には細胞診または組織検査が必須となるため，挿入したカテーテル先端の位置と病変部を超音波で確認しながら膀胱粘膜の吸引生検を実施する。一般的に腫瘍は膀胱三角部の壁肥厚が多く，本症例のように膀胱頭側部の壁肥厚は膀胱炎に起因することが多い。

本症例は，吸引生検の結果，慢性炎症や結晶の機械的刺激による上皮細胞変性性過形成と診断され，ピロキシカムによる治療が実施された。

79. 犬の膀胱腫瘍

症　例：ゴールデン・レトリーバー，雄，11 歳。
主　訴：頻尿，血尿が徐々に悪化。

血液検査所見：

PCV	38.8	%
RBC	546×10^4	/μL
Hb	12.8	g/dL
MCV	71.7	fL
MCH	23.4	pg
MCHC	33.0	g/dL
WBC	323.0 × 10^2	/μL
Band-N	0.0×10^2	/μL
Seg-N	258.4×10^2	/μL
Lym	6.46×10^2	/μL
Mon	57.06×10^2	/μL
Eos	1.07×10^2	/μL
Bas	0.0×10^2	/μL
Other	0.0×10^2	/μL
pl	43.3 × 10^4	/μL

TP	7.4	g/dL
Alb	2.85	g/dL
ALT	31	U/L
ALP	82	U/L
TC	219.7	mg/dL
T-Bil	0.16	mg/dL
Glu	120.5	mg/dL
BUN	11.5	mg/dL
Cr	1.0	mg/dL
Ca	9.9	mg/dL
iP	4.0	mg/dL
Na	157	mmol/L
K	4.0	mmol/L
Cl	120	mmol/L

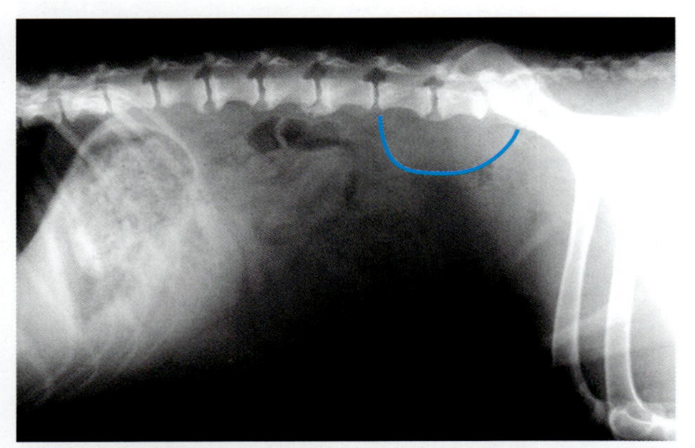

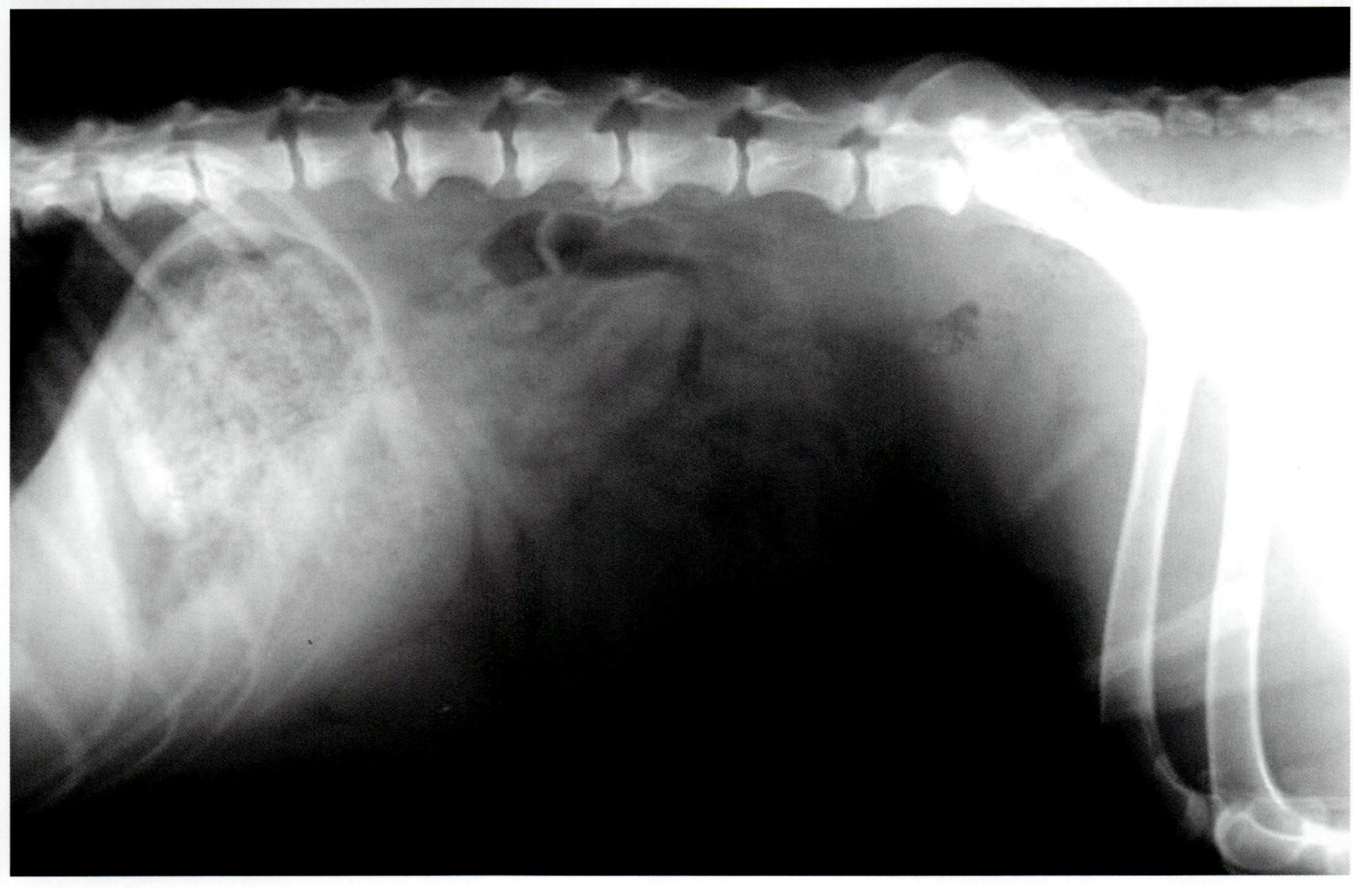

写真 79-1　腹部単純 X 線ラテラル像
第 6 腰椎（L6），第 7 腰椎（L7）下の後腹膜腔領域に軟部組織性腫瘤を認める。

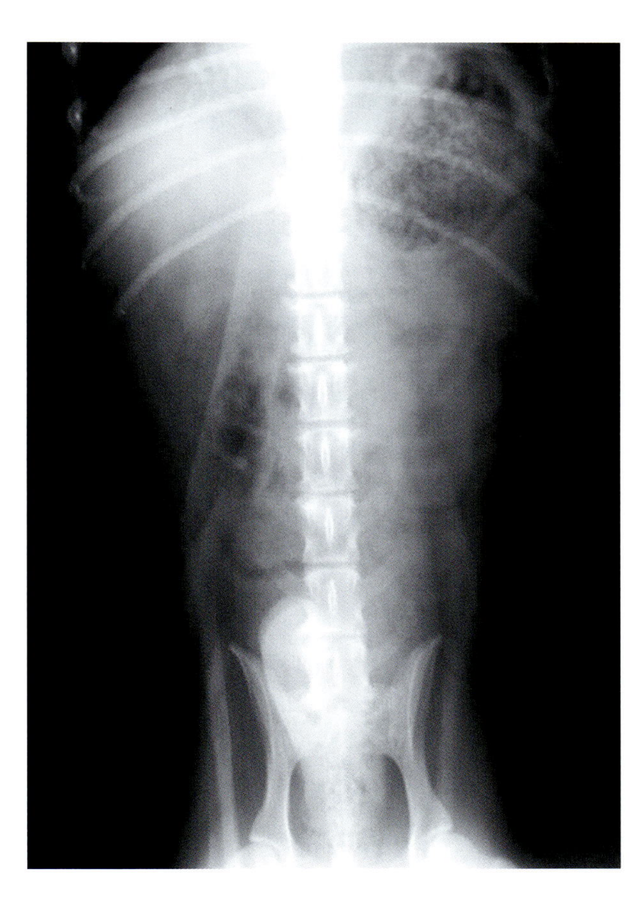

写真 79-2　腹部単純 X 線 VD 像
異常所見は認めない。

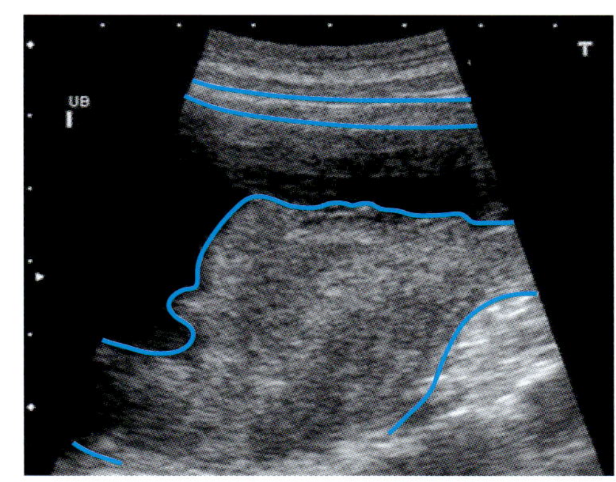

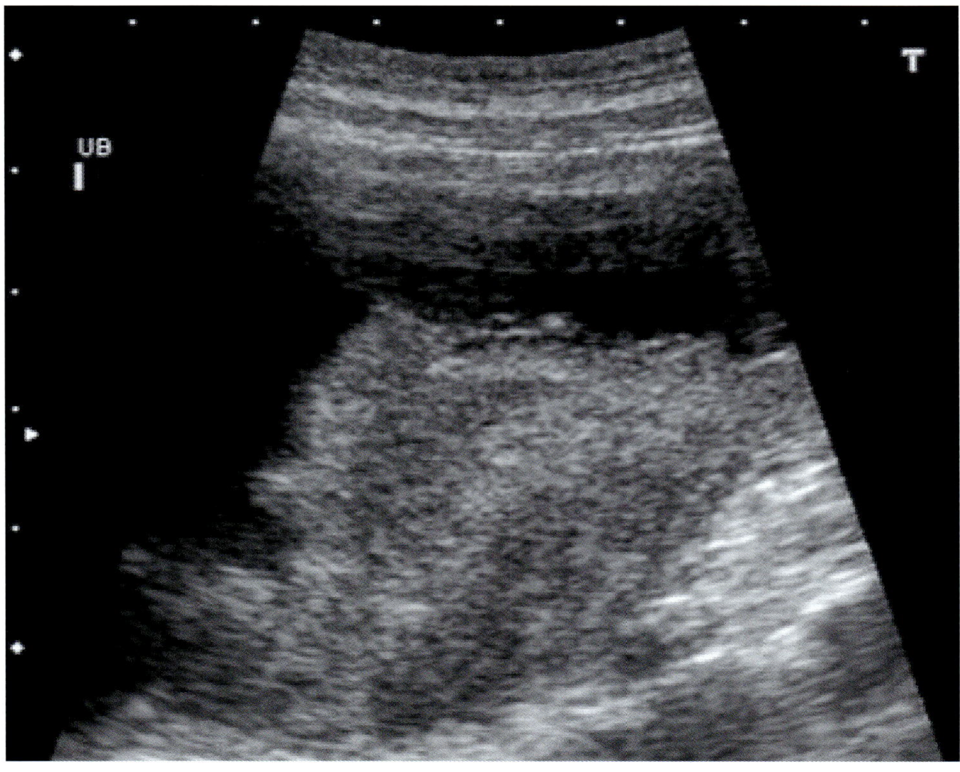

写真 79-3　膀胱超音波長軸像
膀胱三角部に腫瘤を認め，漿膜面の粗造が観察される（矢印）。
UB：膀胱

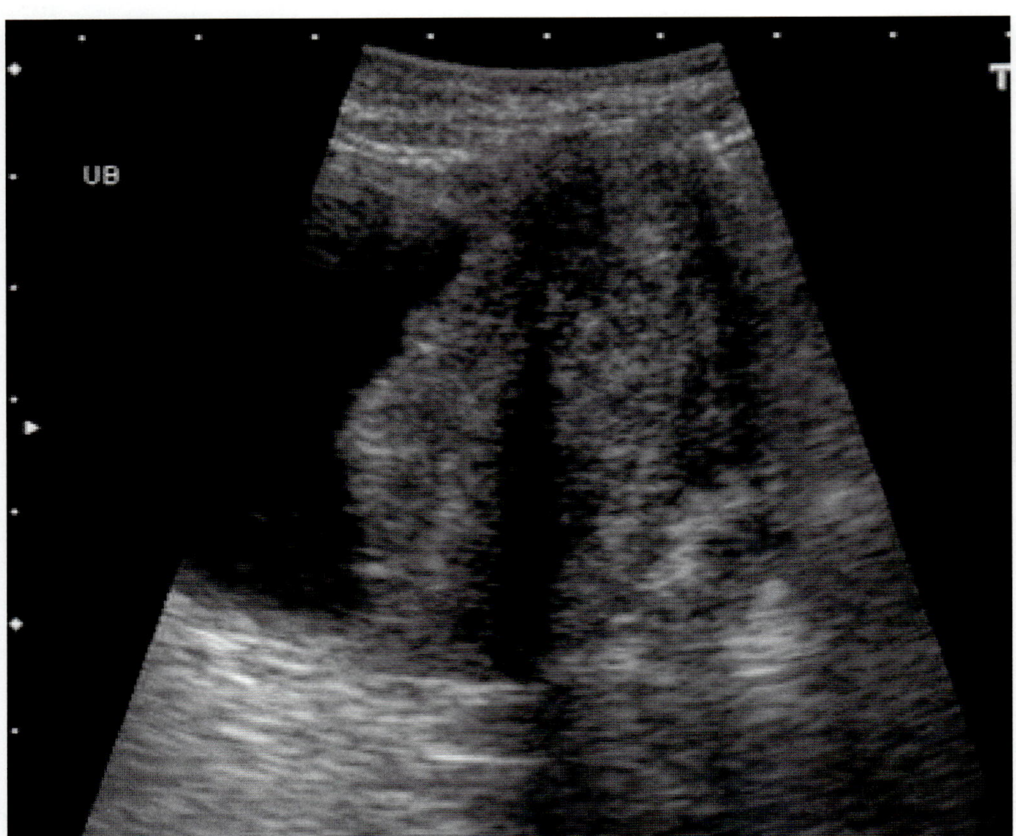

写真 79-4　膀胱超音波短軸像
膀胱三角部左側に腫瘤を認め，長軸像同様漿膜面の粗造が観察される（矢印）。　UB：膀胱

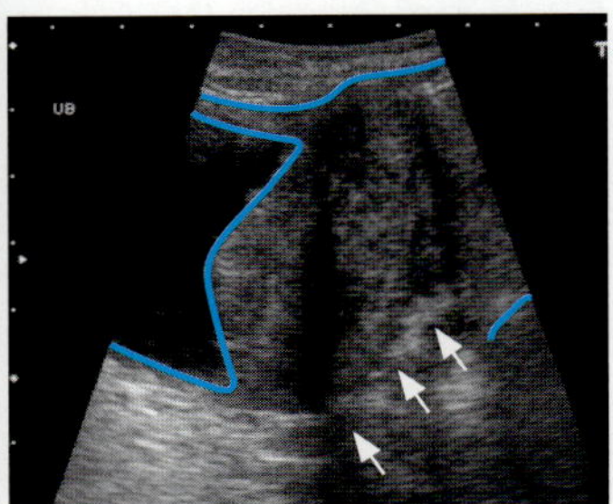

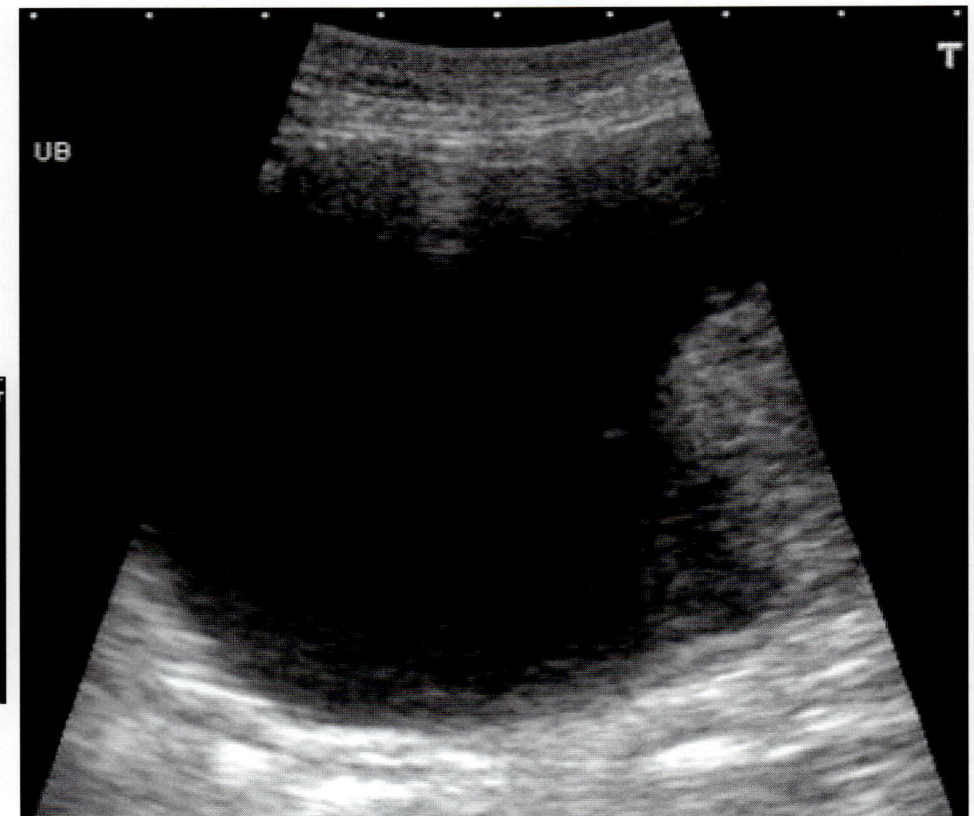

写真 79-5　膀胱超音波長軸像
膀胱頭側または腹側の粘膜面に異常は観察されない。　UB：膀胱

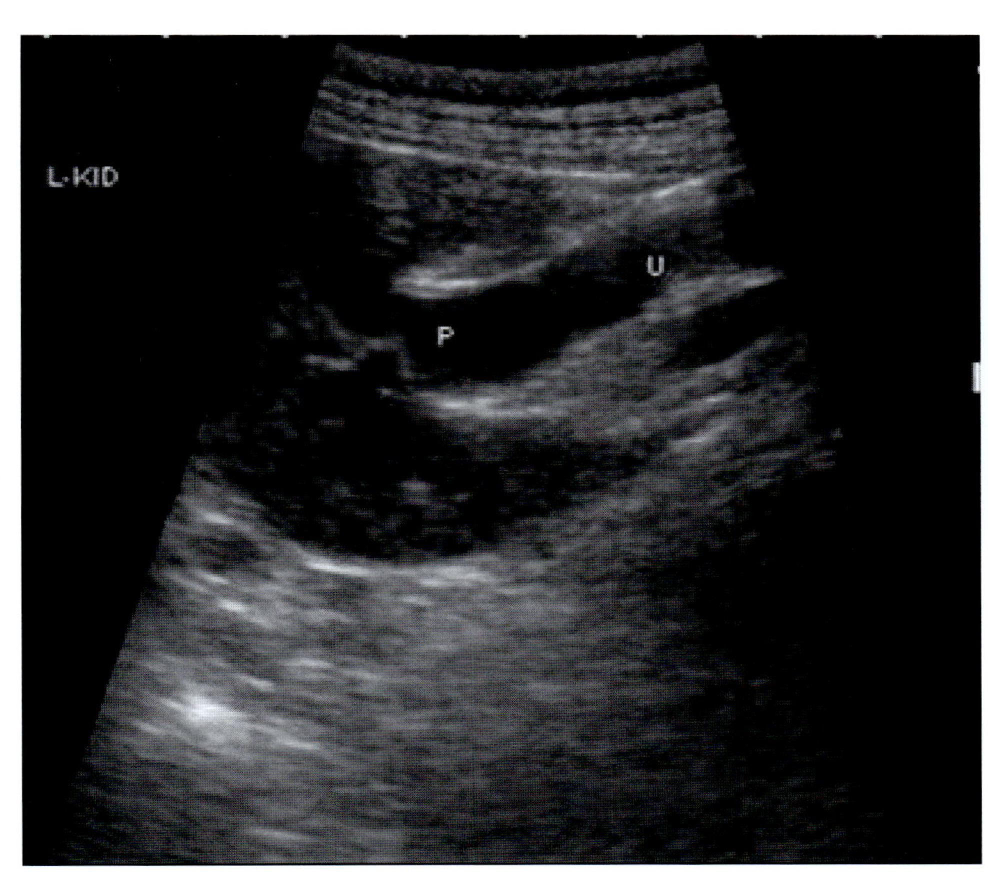

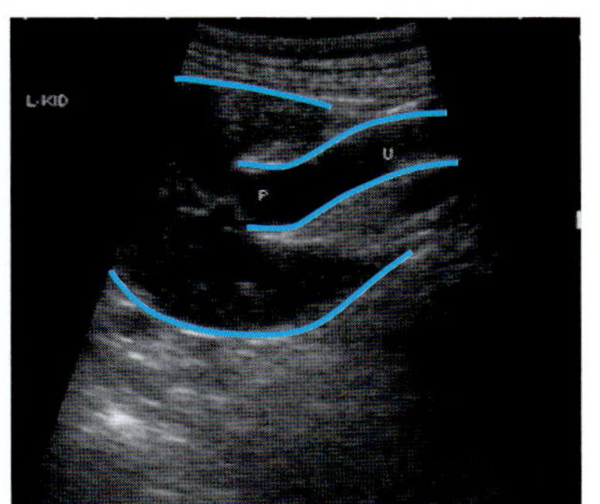

写真 79-6　左腎超音波短軸像
左腎には腎盂の拡張が認められ，連続して尿管の拡張も観察される。
L-KID：左腎，U：尿管，P：腎盂

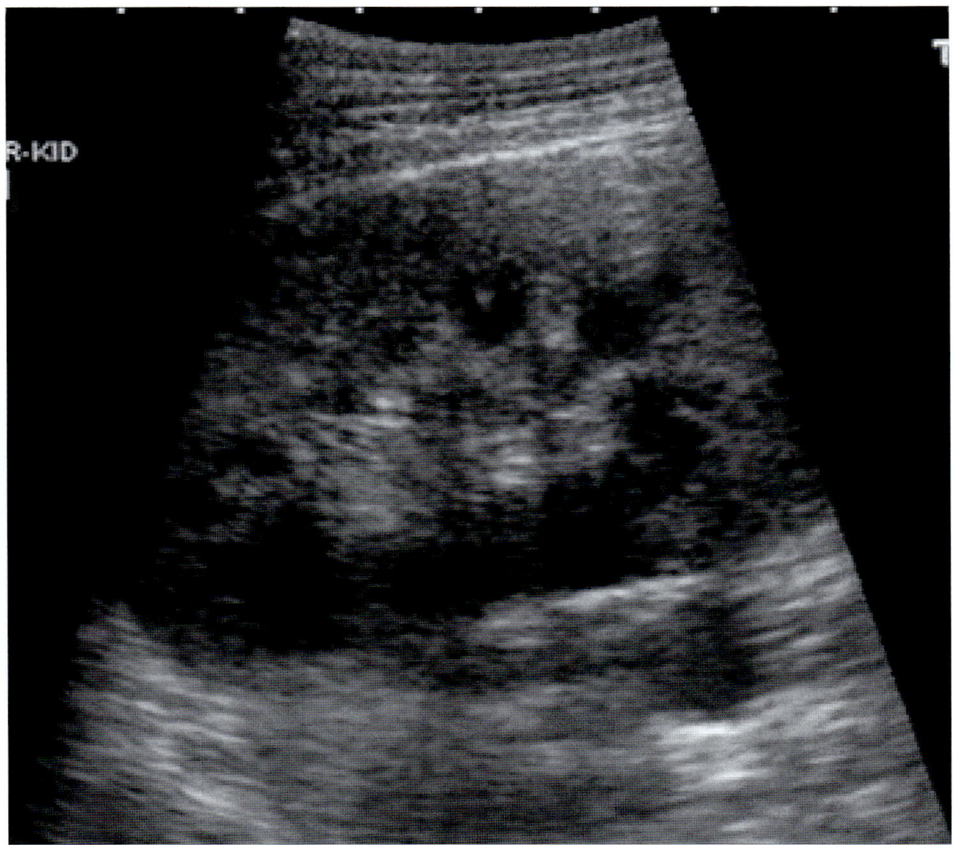

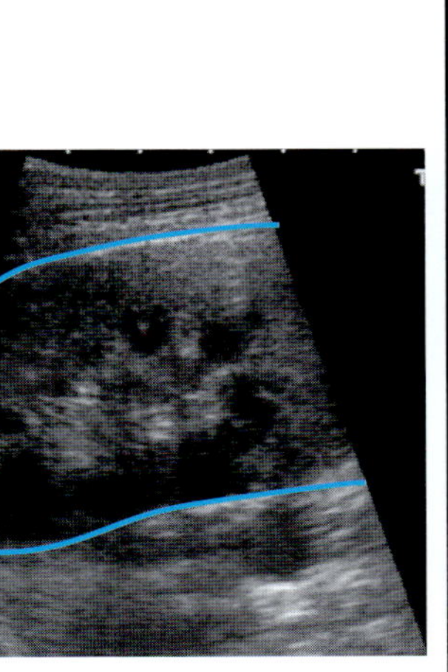

写真 79-7　右腎超音波長軸像
右腎（R-KID）は皮質・髄質明瞭で腎盂の拡張も観察されない。

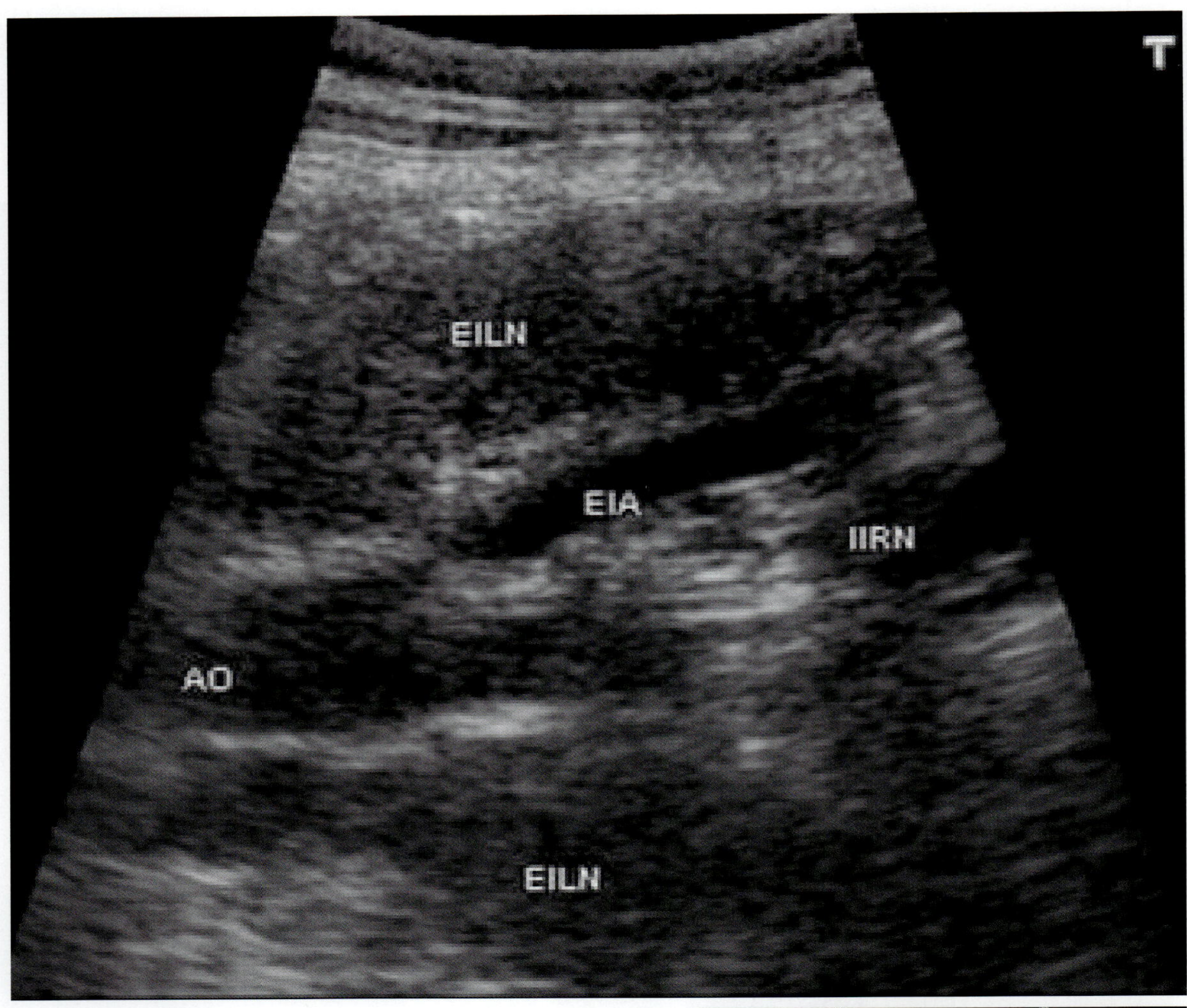

写真 79-8　外腸骨動脈超音波長軸像
左右の内側腸骨リンパ節（EILN）と内腸骨リンパ節（IIRN）の拡大を疑う。　EIA：外腸骨動脈，AO：大動脈

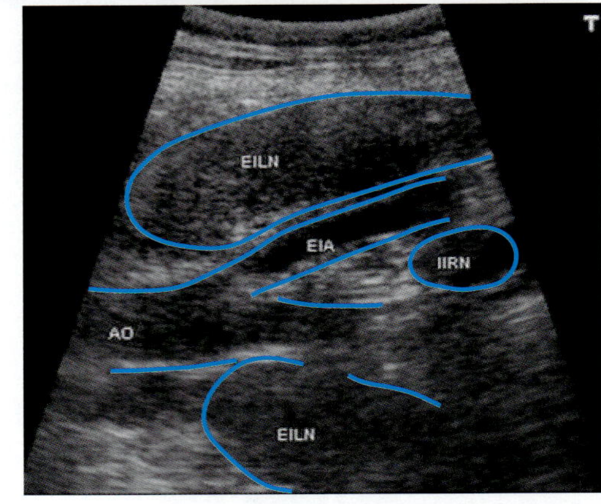

❖コメント❖

確定診断には，細胞診または組織診断が必須となるが，本症例の膀胱壁には局在性の腫瘤を認め，漿膜面の粗造が確認されることから，膀胱壁内に浸潤した膀胱腫瘍（T2）が疑われる。また，膀胱腫瘤が膀胱三角部左側に位置していることから，左側尿管開口部の閉塞により左腎の軽度水腎ならびに水尿管が観察される。局所リンパ節は腰下リンパ節になるが，内側腸骨リンパ節の両側性拡大が疑われ，内腸骨リンパ節も拡大していることから，針生検によるリンパ節転移の確認が必要である。

80. 犬の後産停滞による子宮蓄膿症

症　例：シー・ズー，雌，5 歳。

主　訴：1 週間前に出産し，産後から高体温，呼吸促迫，食欲不振が認められる。

血液検査所見：

PCV	34.6	%	ALT	31	U/L
RBC	496×10^4	/μL	ALP	139	U/L
Hb	12.6	g/dL	Glu	135.0	mg/dL
MCV	69.8	fL	BUN	8.0	mg/dL
MCH	25.4	pg	Cr	0.8	mg/dL
MCHC	36.4	g/dL	Ca	9.8	mg/dL
WBC	221×10^2	/μL	iP	4.8	mg/dL
pl	42.5×10^4	/μL	Na	131.0	mmol/L
TP	6.1	g/dL	K	4.0	mmol/L
Alb	2.8	g/dL	Cl	105.0	mmol/L

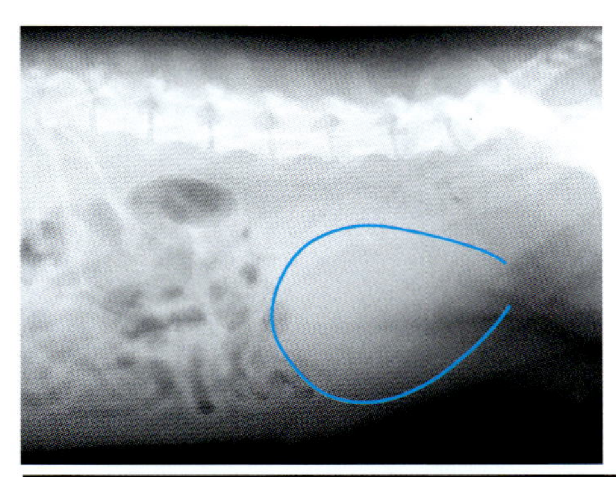

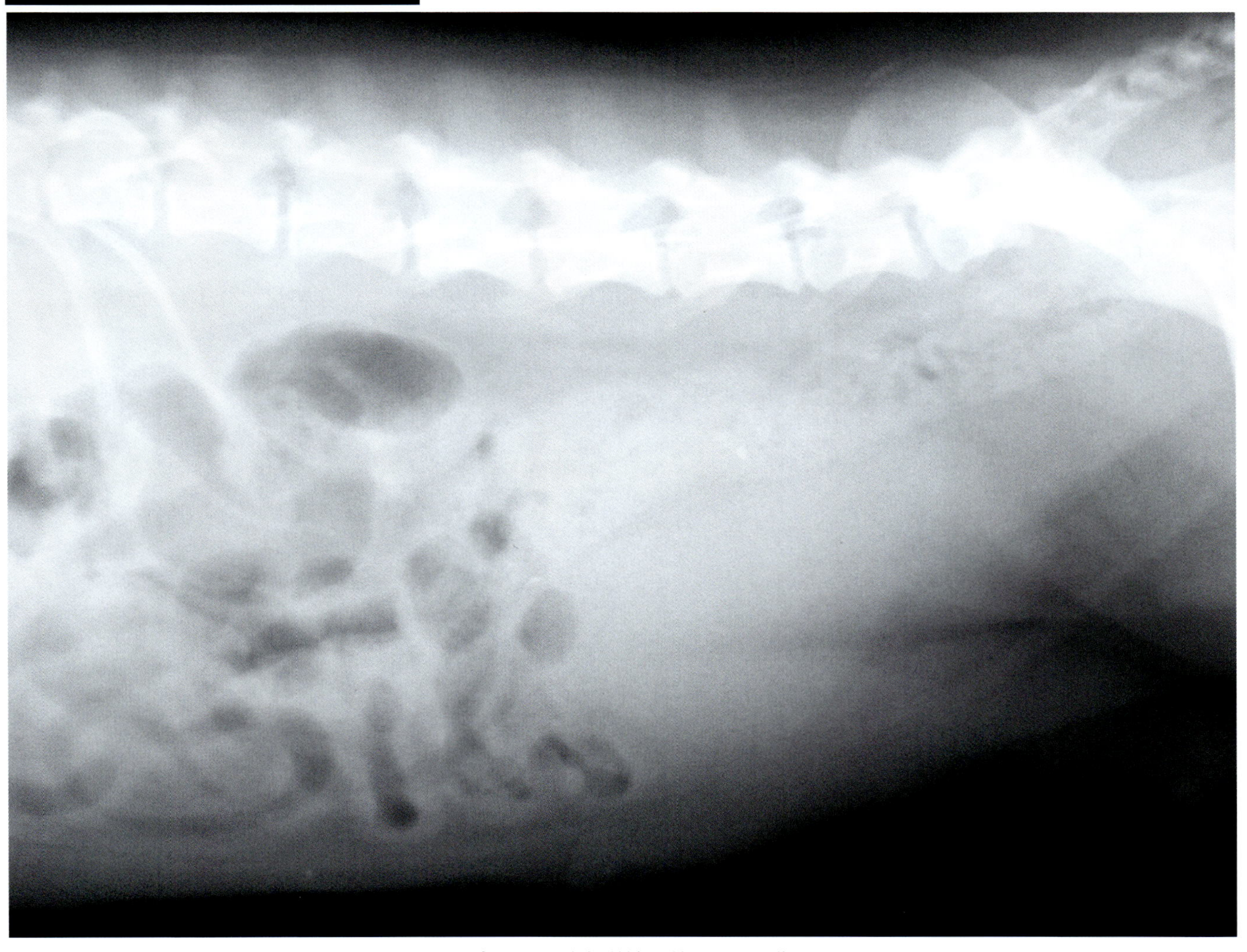

写真 80-1　腹部単純 X 線ラテラル像
下腹腹側領域に膀胱と重複する軟部組織性腫瘤が観察される。

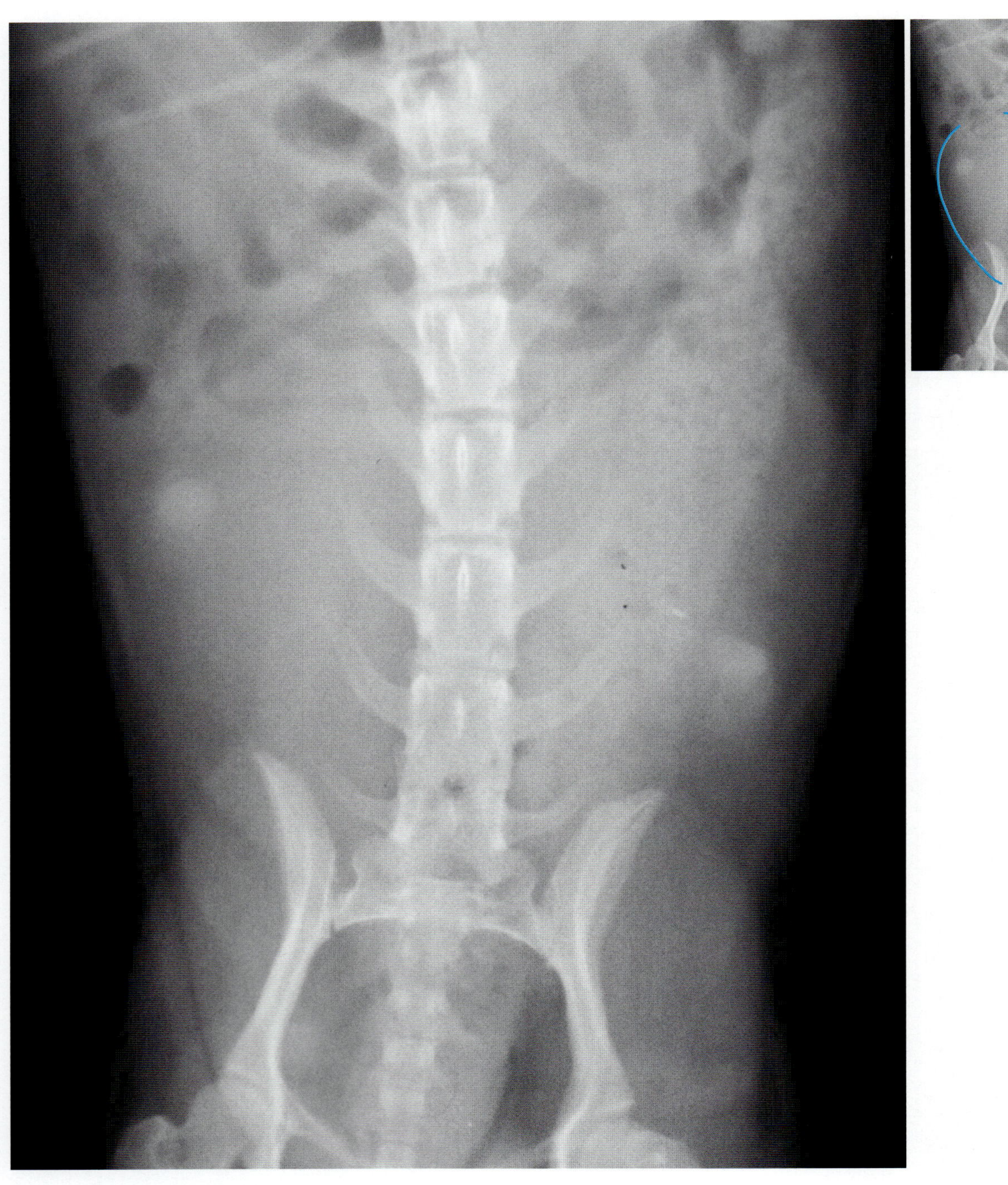

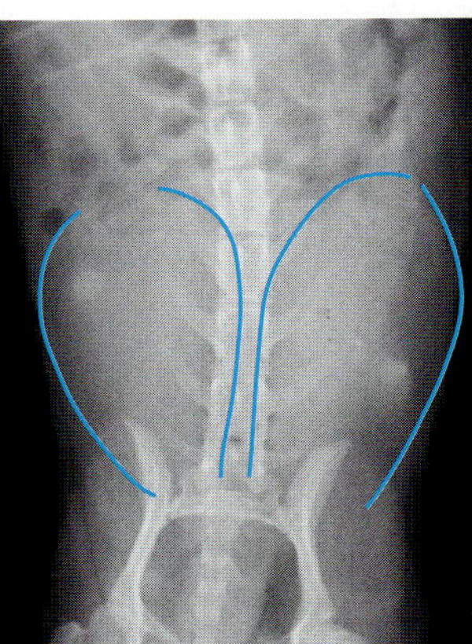

写真 80-2 腹部単純 X 線 VD 像

ラテラル像（写真 80-1）で認められる軟部組織性腫瘤は VD 像において左右の腹壁に沿って認められ，子宮拡大が推察される。

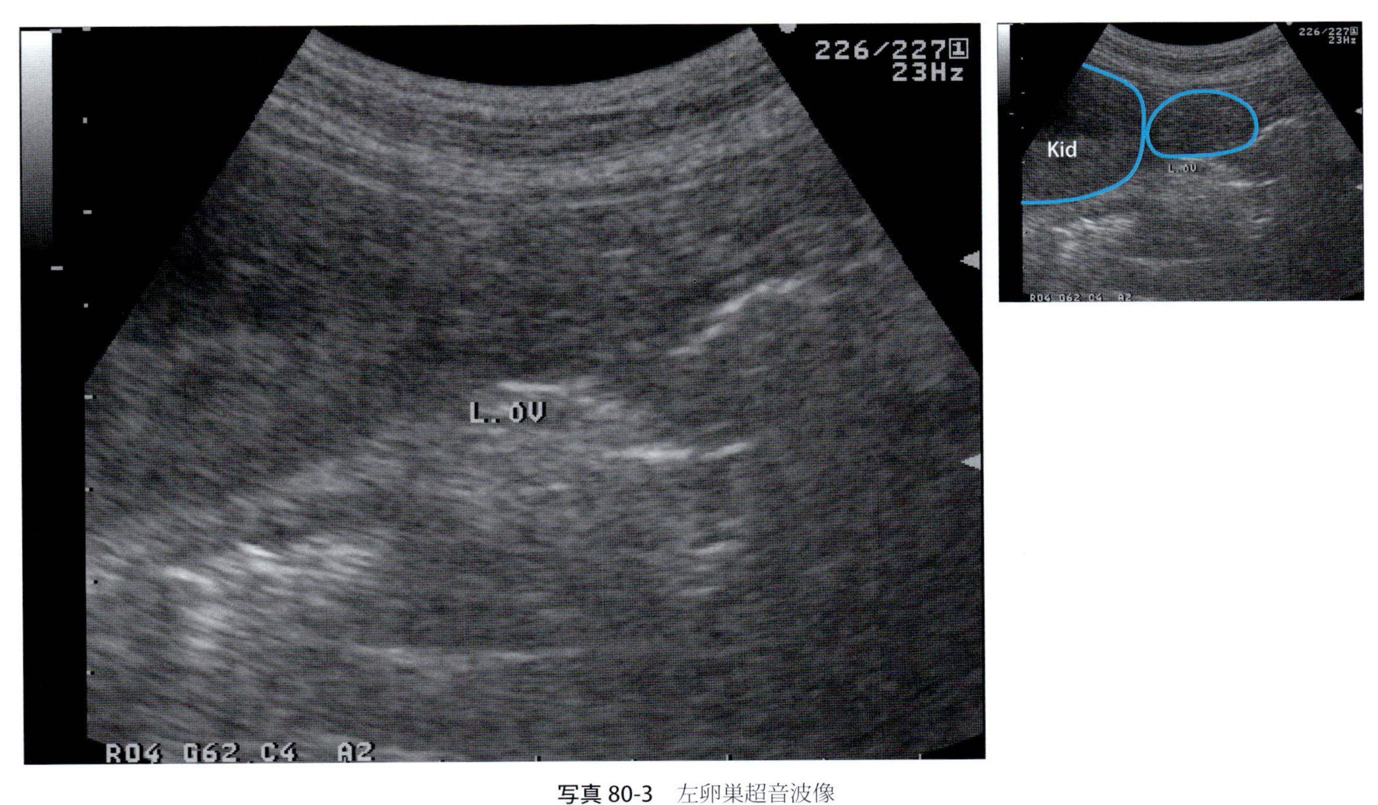

写真 80-3　左卵巣超音波像
左卵巣（L. OV）は辺縁が平滑であり，内部は充実性であることから，異常所見は認められない。　Kid：腎臓

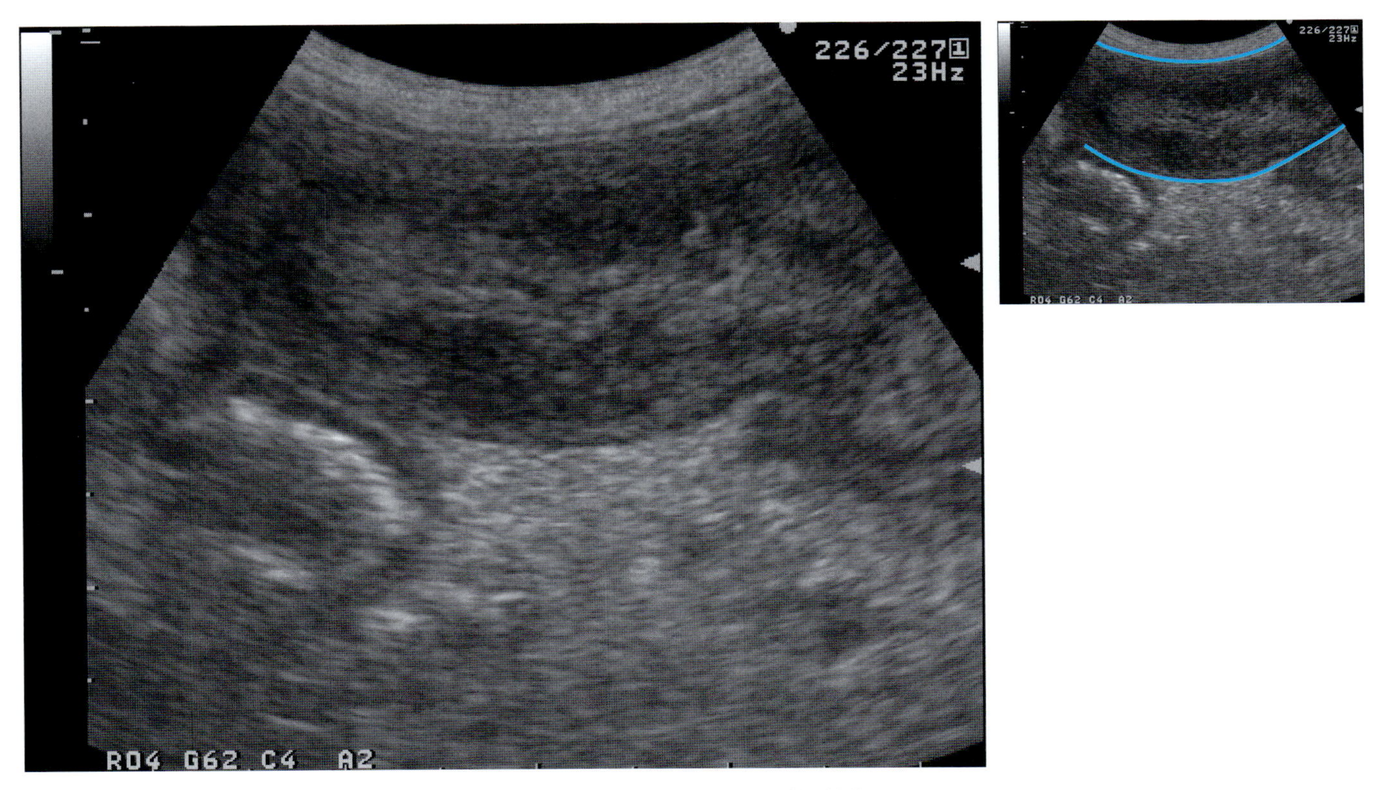

写真 80-4　左子宮角超音波短軸像
子宮内膜は過形成を呈し，内部は子宮内遺残物と推察される高エコー部と液体性の無エコー部が混在して観察される。

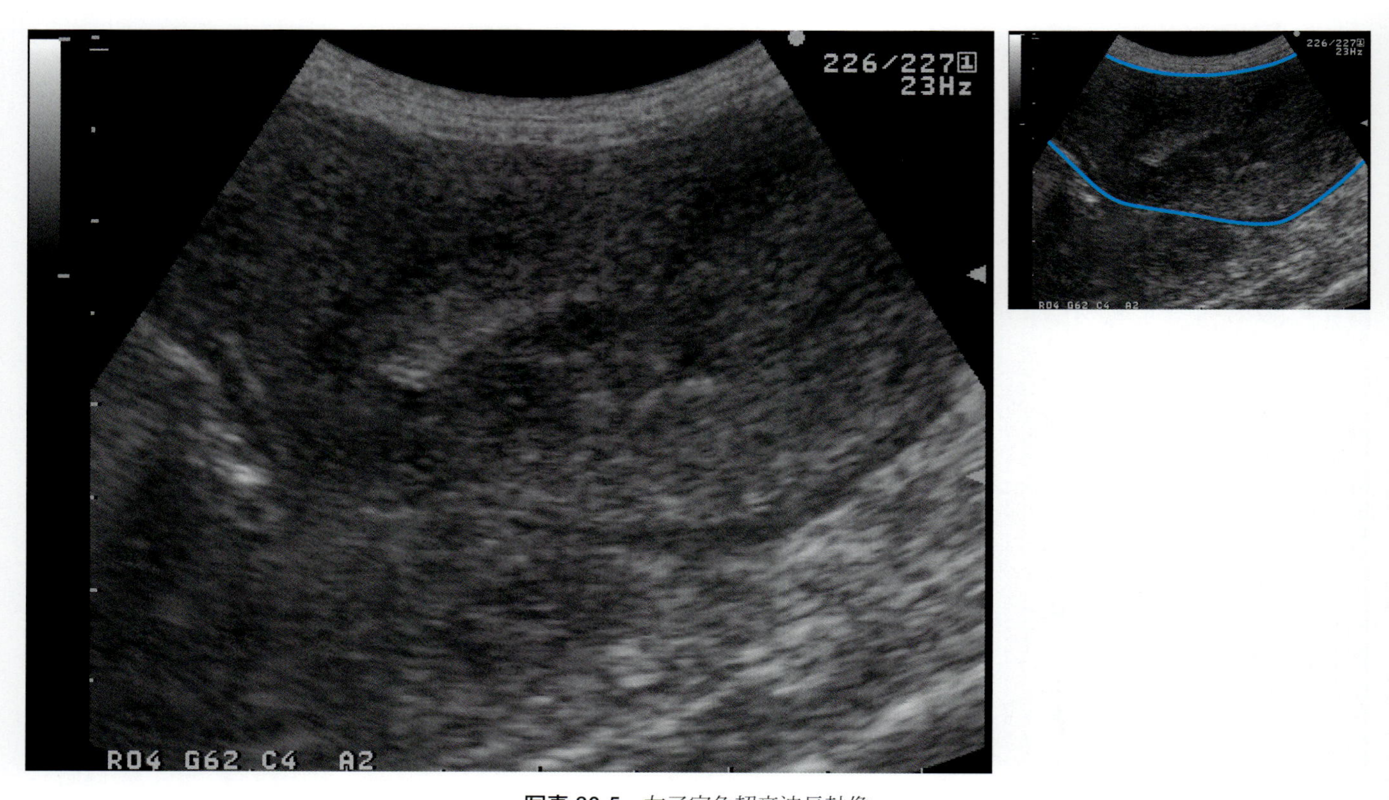

写真 80-5　左子宮角超音波長軸像
子宮内膜は過形成を呈し，内部は無エコー部と高エコー部が混在して観察される。子宮直径は全体的に 2cm 前後である。

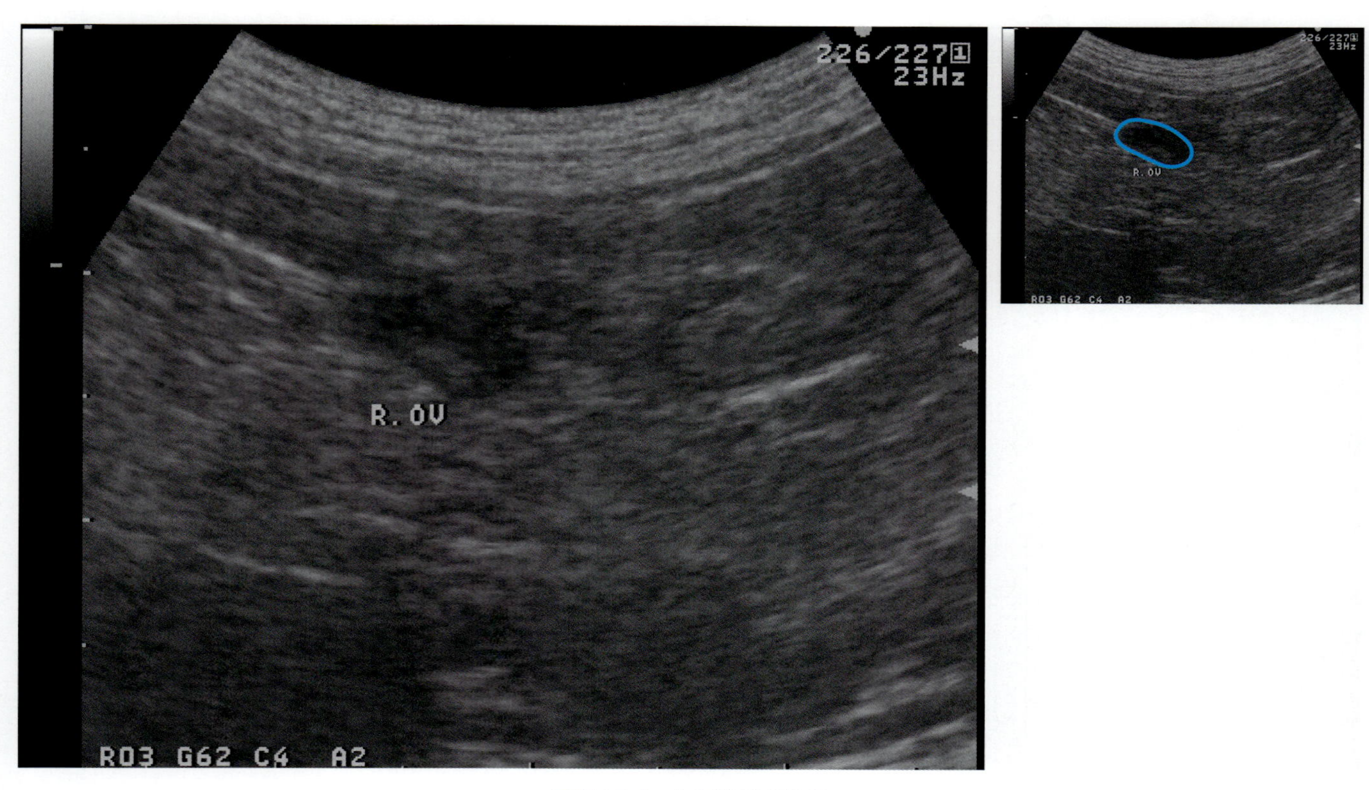

写真 80-6　右卵巣超音波像
右卵巣（R. OV）には低エコー部が認められ，低エコー部を形成する辺縁の壁構造が比較的厚いことから，黄体の存在が疑われる。

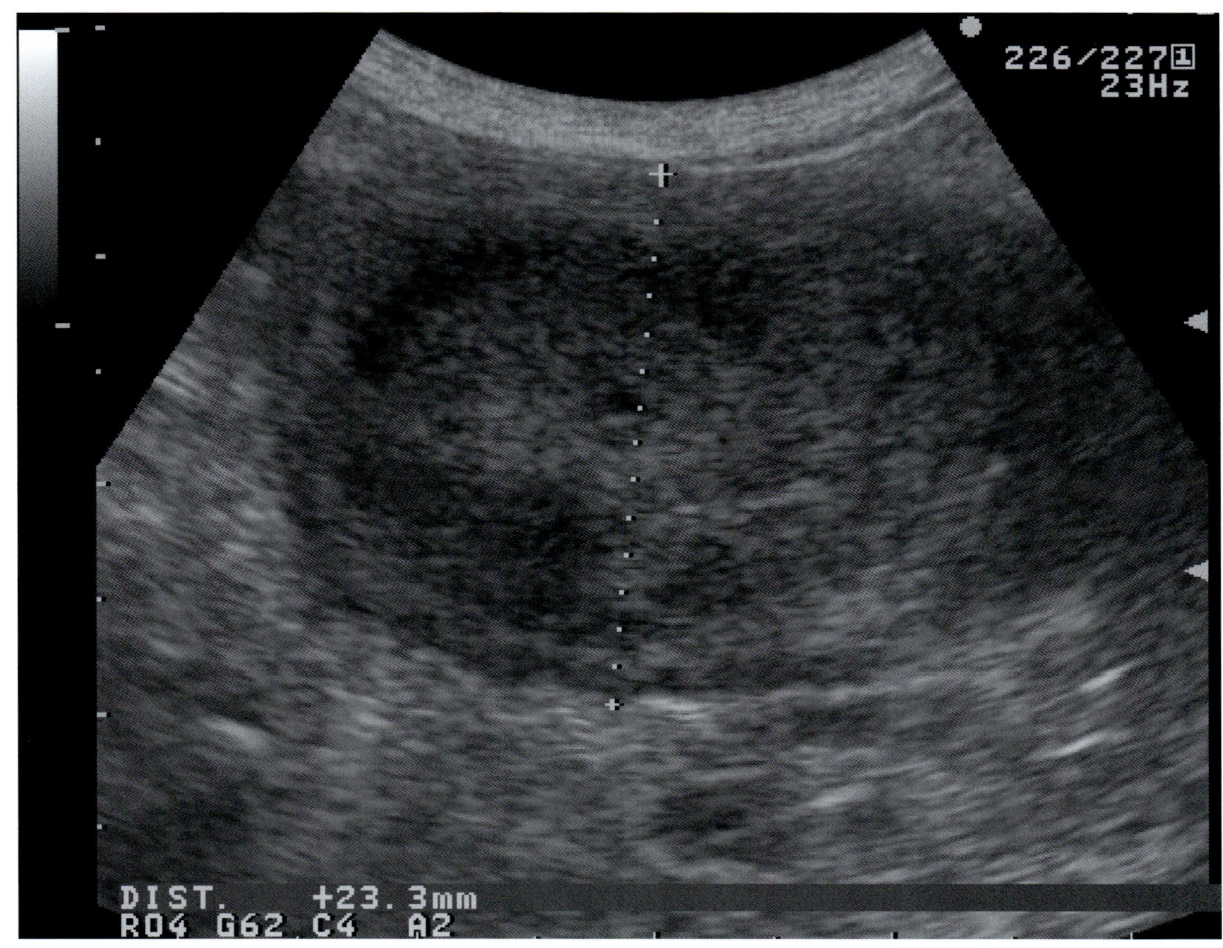

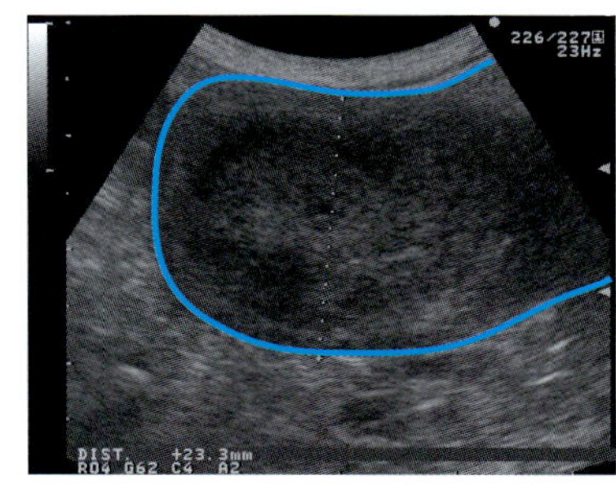

写真 80-7　右子宮角超音波短軸像
左子宮角と同様，子宮内膜の過形成ならびに，内部の混合エコーが観察される。子宮直径についても左側同様，全体的に 2cm 前後である。

❖コメント❖

発熱や白血球の上昇が認められ，画像検査においても子宮の拡張が確認された。さらに経腟的にスメアーを採取し，細胞診を行ったところ多数の変性好中球が観察されたことから，産後でなければ間違いなく子宮蓄膿症を推察するものと思われる。しかしながら，本症例は産後であり，画像検査で確認された子宮の拡張は出産後の退縮過程とも考えられる。産後の子宮退縮はおよそ 3 ～ 4 週かかることが知られている。今回認められたような画像所見が，分娩後 1 ～ 4 日であれば異常とは断定できないが，通常分娩 7 日後からは子宮角内部の遺残物は超音波上均一化し，子宮内膜についても徐々に菲薄化してくる傾向にある。さらにこの時期での中型犬（15 ～ 25kg）における胎盤形成部の子宮角直径は 2.2 ～ 2.8cm であることが報告されている。本症例の犬種を考慮すると異常な大きさであると考えられ，胎盤形成部，非形成部無関係に拡大している。以上のことから産後の子宮蓄膿症と診断し，2 日後に開腹を行った。その結果，子宮内には分娩後の遺残物が充満し，化膿性子宮炎（子宮蓄膿症）を呈していた。また，子宮が穿孔し化膿性腹膜炎も併発していた。

81．犬の不明熱（卵巣子宮摘出の縫合糸肉芽腫）

症　例：チワワ，避妊雌，5 歳。

主　訴：発熱と CRP の上昇が認められ，どこかを痛がる。

一般身体検査：軽度の発熱（39.5℃）が認められる以外は，異常なし。

血液検査所見：

PCV	48.1	%
WBC	145.7 × 10^2	/μL
Neu	109.2 × 10^2	/μL
Lym	26.6 × 10^2	/μL
Mon	8.0 × 10^2	/μL
Eos	1.8 × 10^2	/μL
Bas	0.1 × 10^2	/μL
pl	63.9 × 10^4	/μL
TP	6.2	g/dL
Alb	3.1	g/dL
ALT	39	U/L
ALP	591	U/L
TC	214	mg/dL
Tg	51	mg/dL
T-Bil	0	mg/dL
Glu	126	mg/dL
BUN	20.8	mg/dL
Cr	0.5	mg/dL
Ca	9.3	mg/dL
P	3.1	mg/dL
Na	147.7	mmol/L
K	5.29	mmol/L
Cl	116.0	mmol/L
CRP	18	mg/dL

A

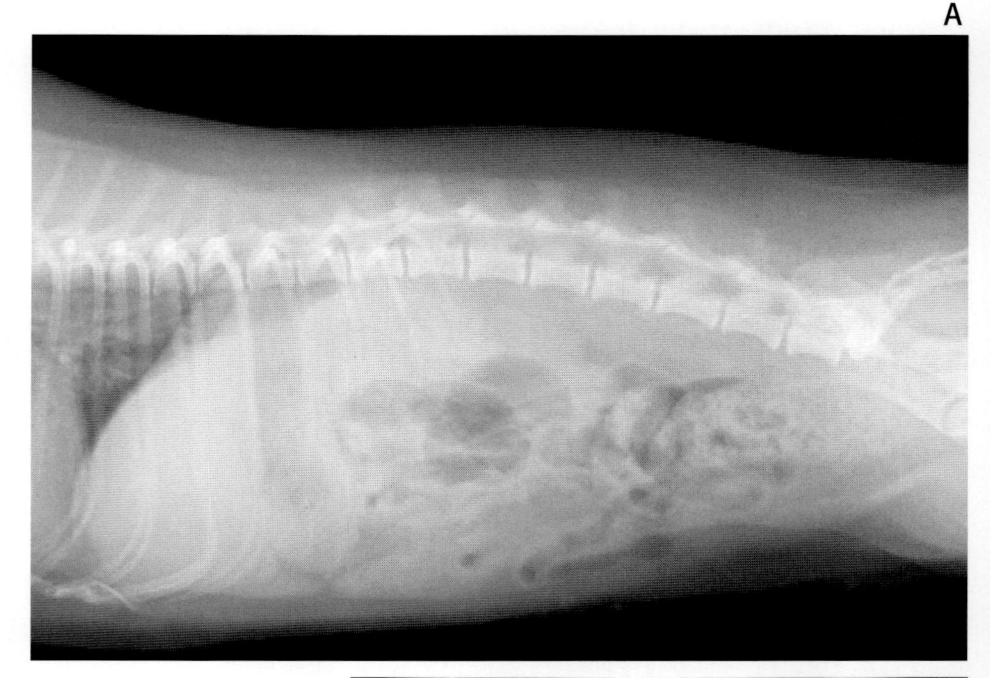

B

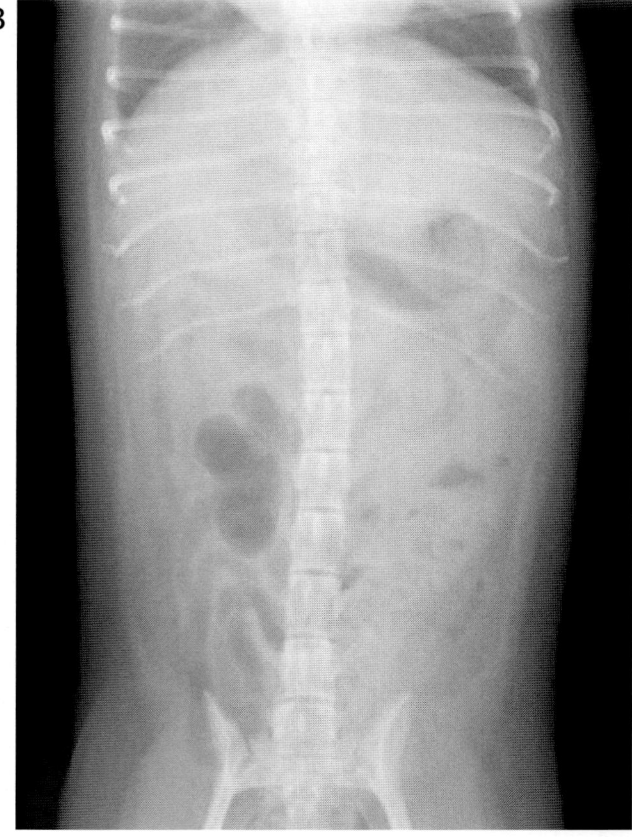

写真 81-1　腹部単純 X 線像（A：ラテラル像，B：VD 像）
一般身体検査上，明らかな異常はみられなかったが，痛そうに背中を丸めることがあるとのことから，腹部単純 X 線検査を実施した。ラテラル像，VD 像ともに，異常な所見は認められない。

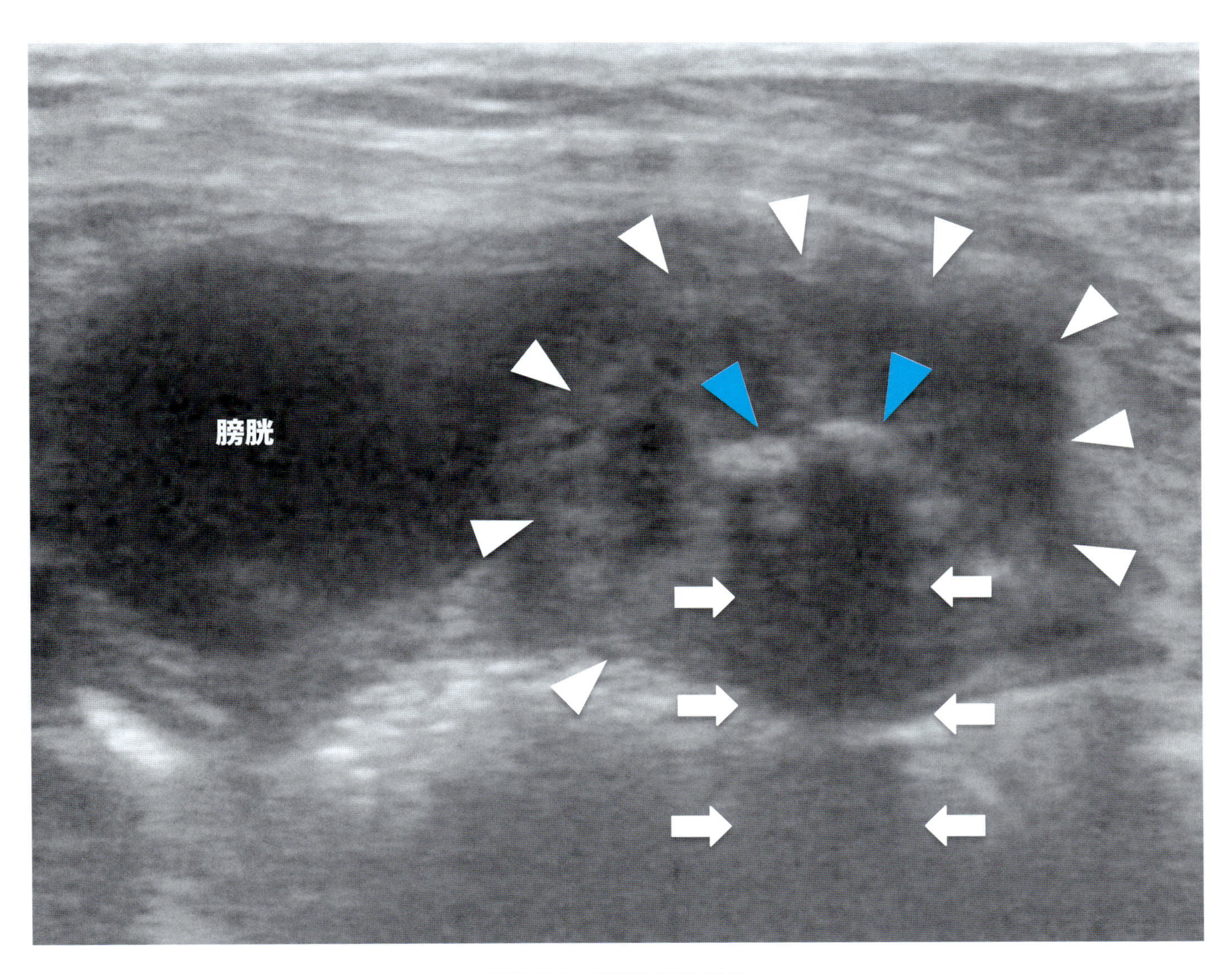

写真 81-2 膀胱超音波短軸像

腹部Ｘ線検査において異常は認められなかったが，腹部のスクリーニング検査の一貫として，超音波検査を実施した。その結果，膀胱背側に混合エコーの腫瘤が確認された。腫瘤は，膀胱との境界が不明瞭で，内部は混合エコーに観察される（白矢頭）。特に，中心部は高エコー性の点状から線状構造が認められ（青矢頭），その深部にはシャドーが観察されている（白矢印）。以上の所見から，避妊時に子宮頸管の結紮に使用された縫合糸による反応性肉芽腫を疑い，左右腎臓尾側の領域においても観察を行った。

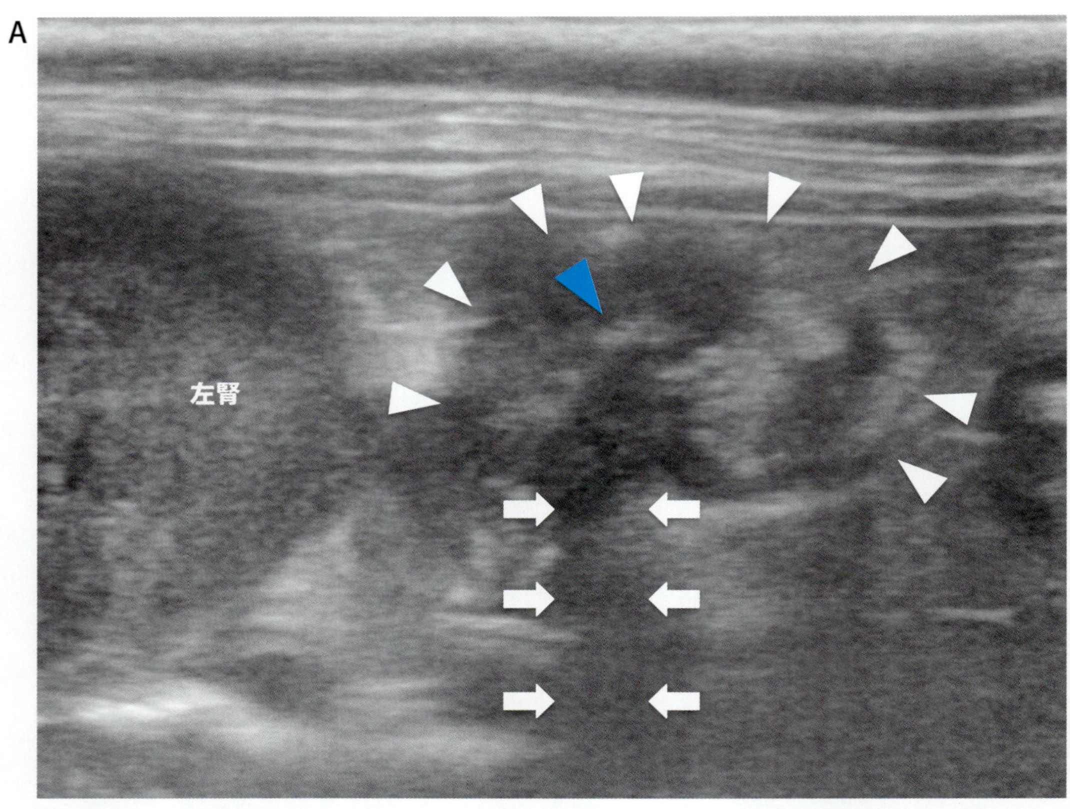

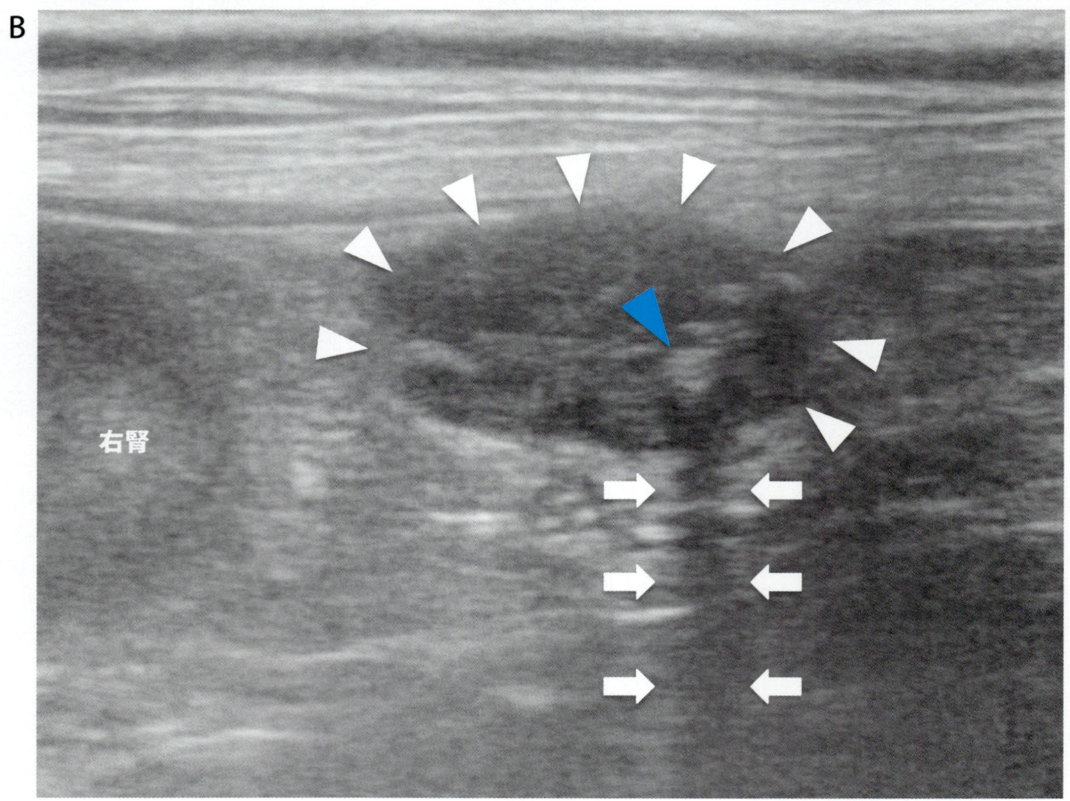

写真 81-3　超音波像（A：左腎尾側領域，B：右腎尾側領域）
左右卵巣が存在したであろう各々の腎臓尾側領域にも膀胱背側と同様，辺縁不整で混合エコー性の腫瘤が認められる（白矢頭）。内部には反射の非常に強い部位がみられ（青矢頭），その深部にはシャドーが観察される（白矢印）。

❖コメント❖

本症例は，原因不明の炎症性疾患ということで来院した。「お腹を丸めるようにして痛がることがある」とのことから，通常実施する一般的な腹部超音波検査を実施したところ，膀胱観察時に辺縁不整で混合エコー性の腫瘤を膀胱背側に認めた（写真 81-2）。この部位は，子宮体部の位置に一致している。また，左右の卵巣が存在したであろう領域にも，同様の所見を呈する塊状病変が観察された。これら腫瘤を詳細に観察すると，内部には非常に強い高エコー部がみられ，その深部にはシャドーが観察される（写真 81-3）。通常，結紮糸などの異物は，異物表面で超音波が強く反射するため，高エコーに観察され，その深部は超音波が届かなくなるためにシャドーが形成される。以上から，本症例で描出された画像は，腹腔内異物（結紮糸）による反応性肉芽腫性病変の典型的画像と考えてよい。

膀胱背側の腫瘤に対して針生検を行った結果，好中球とマクロファージ，線維芽細胞と考えられる紡錘形細胞が認められ，細菌は観察されなかったことから，本症例は結紮糸ならびに不良肉芽の摘出を行った（コメント写真 81-1，2）。

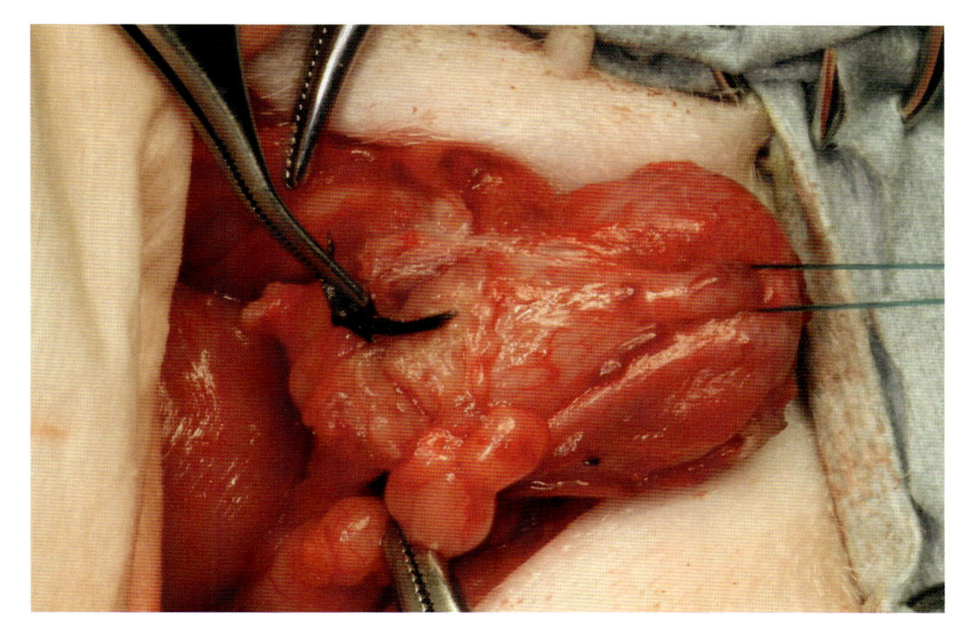

コメント写真 81-1　膀胱背側の肉芽腫
内部に絹糸を認める。

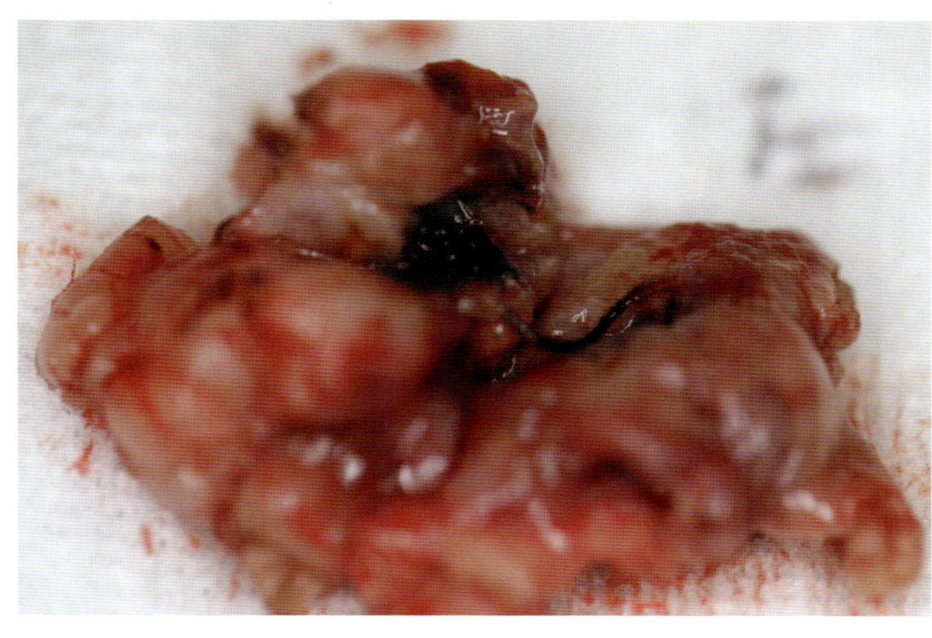

コメント写真 81-2　腎臓尾側から切除された肉芽腫
内部に絹糸を認める。

82．右大動脈弓遺残症

症　例：ビーグル，雄，２か月，体重 2kg。
主　訴：離乳食開始後の吐出と削痩。

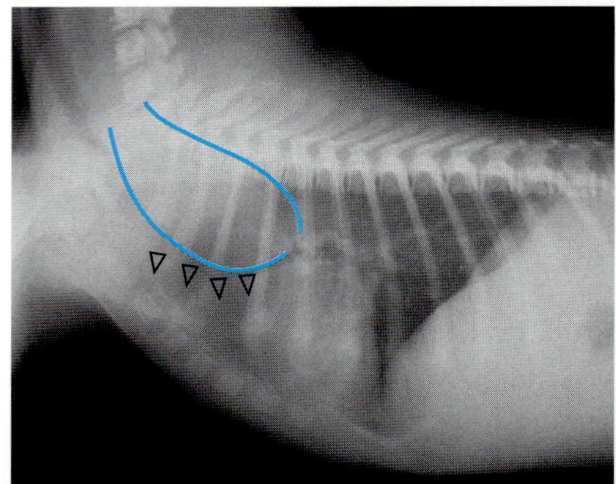

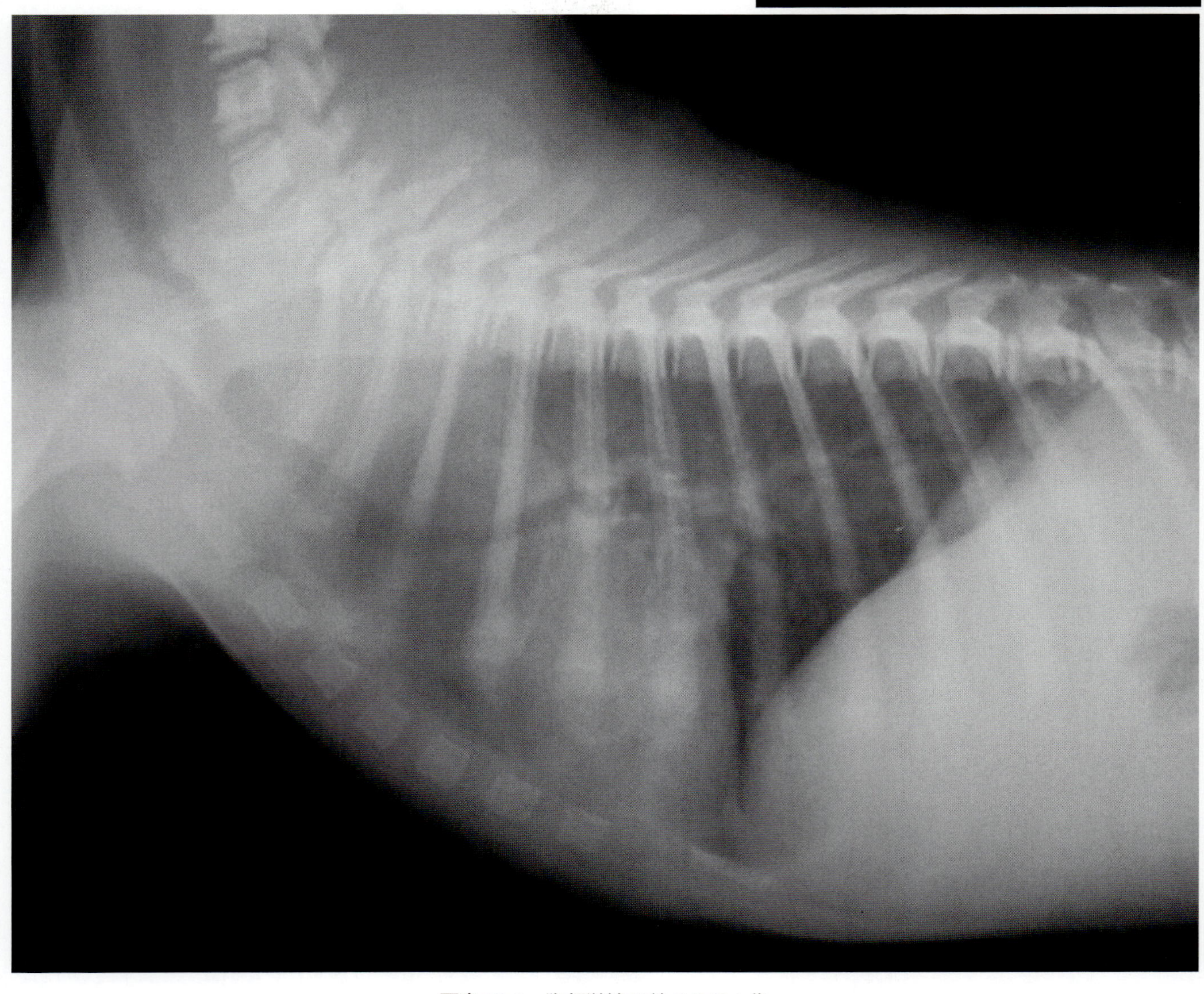

写真 82-1　胸部単純Ｘ線ラテラル像
心臓頭側にＸ線不透過陰影を認め，気管を腹側に変位させている（矢頭）。

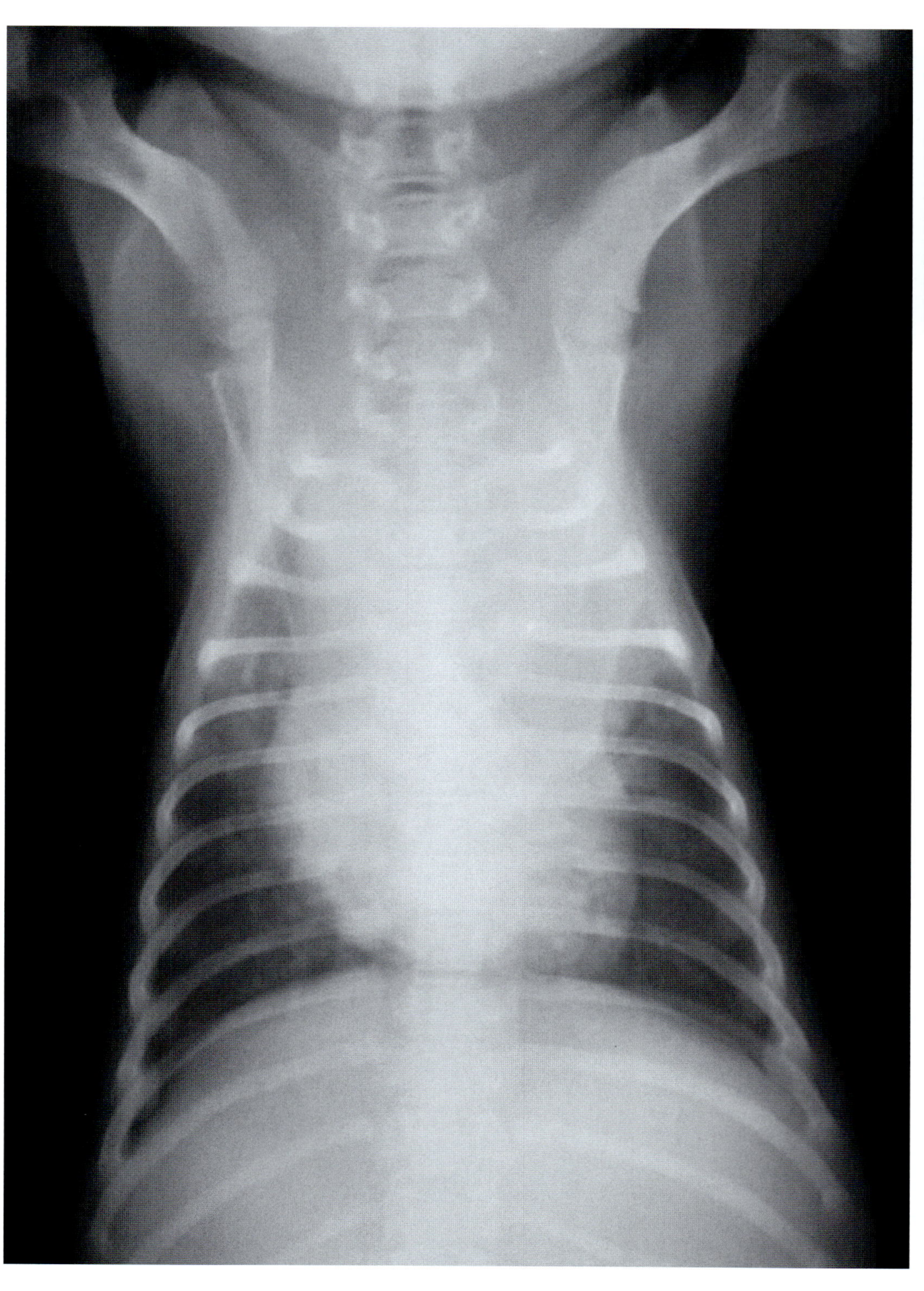

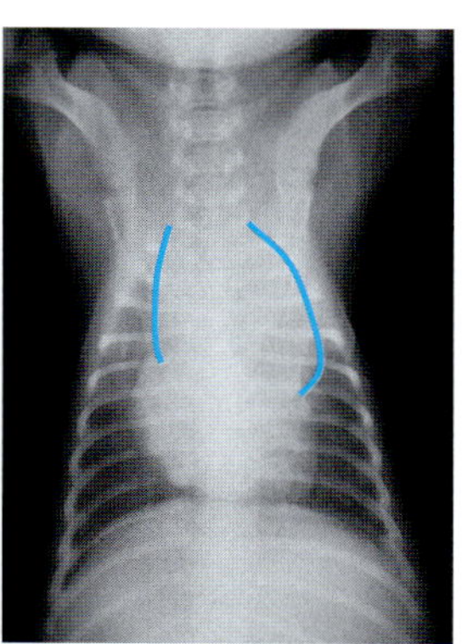

写真 82-2 胸部単純 X 線 VD 像
心臓頭側の前縦隔領域に X 線不透過陰影を認める。

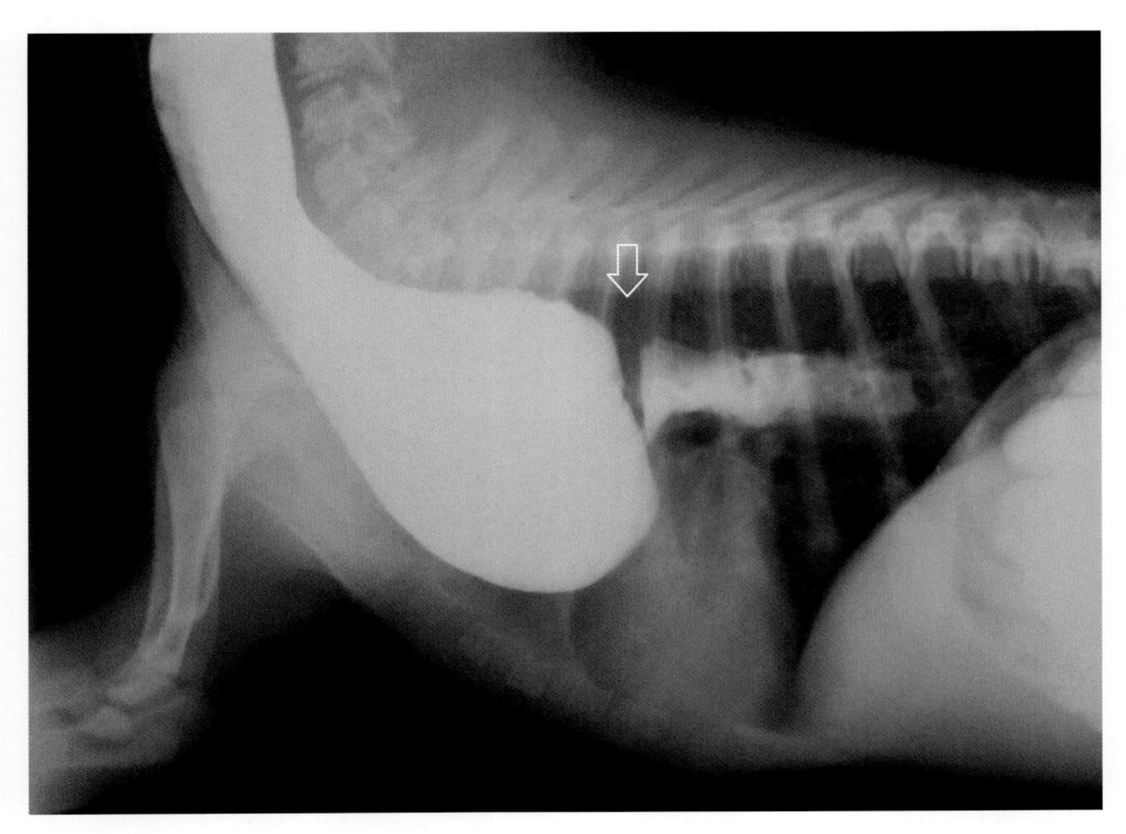

写真 82-3　食道バリウム造影 X 線ラテラル像
心基底部（第 5 肋間）に食道狭窄部（矢印）を認め，狭窄部の頭側に拡張した食道が認められる。

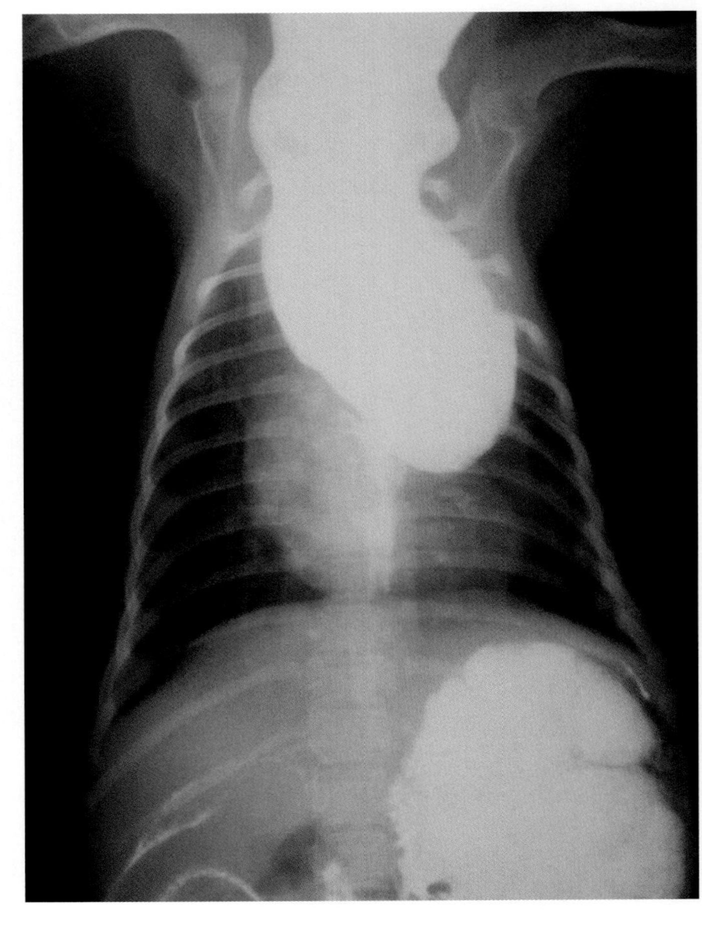

写真 82-4　食道バリウム造影 X 線 VD 像
拡張した食道が左側前胸部に認められる。

❖コメント❖

本症例は胸部単純 X 線検査において，心臓頭側に X 線不透過陰影を認め（写真 82-1，2），吐出が主訴であることから，食道の異常が疑われた。食道バリウム造影検査を行った結果，ラテラル像において心基底部（第 5 肋間）より頭側の食道が，重度に拡張して認められた（写真 82-3）。また，VD 像において前胸部の食道拡張が左側寄りに認められている（写真 82-4）。これは右側に存在する大動脈が食道を圧迫するために起こる右大動脈弓遺残症に特徴的な所見である。このことから血管輪異常を強く疑ったが，食道炎や先天的な食道狭窄などの食道疾患も除外できないため，内視鏡検査を実施した。その結果，食道自体の異常は認められなかったことから，右大動脈弓遺残症と診断した。

右大動脈弓遺残症は血管輪異常の中で最も発生頻度の高い疾患である。その病態は，本来左側胸部を走行する大動脈が退化消失する代わりに，右第 4 大動脈弓が遺残し，右大動脈と肺動脈間に存在する動脈管（索）が食道を横断することに起因する。大動脈（右側），心基底部（腹側），動脈管（左側と背側）に囲まれた食道は，動脈管が食道の拡張を妨げる絞扼帯となり，その頭側で食物が滞留し，吐出を引き起こす。したがって心基底部より尾側の食道は，重度に拡張した頭側食道と比較し，正常あるいは軽度の拡張程度に留まることが多い。食道全体が拡張する巨大食道症とは，食道の造影 X 線検査において鑑別が可能である。

本症例は，X 線写真から左側第 4 肋間で開胸後，食道を絞扼している動脈管索を慎重に鈍性剥離した。動脈管索は大動脈側と肺動脈側で二重結紮し，切断した。

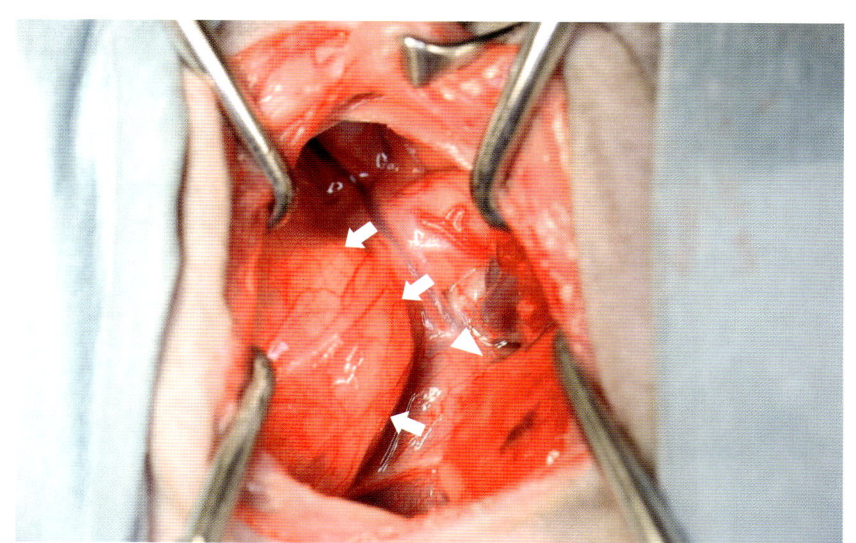

コメント写真 82-1 術中写真（開胸直後）
左第 4 肋間より開胸し，肺を尾側に牽引。拡張した食道（矢印）と心基底部（矢頭）を認める。

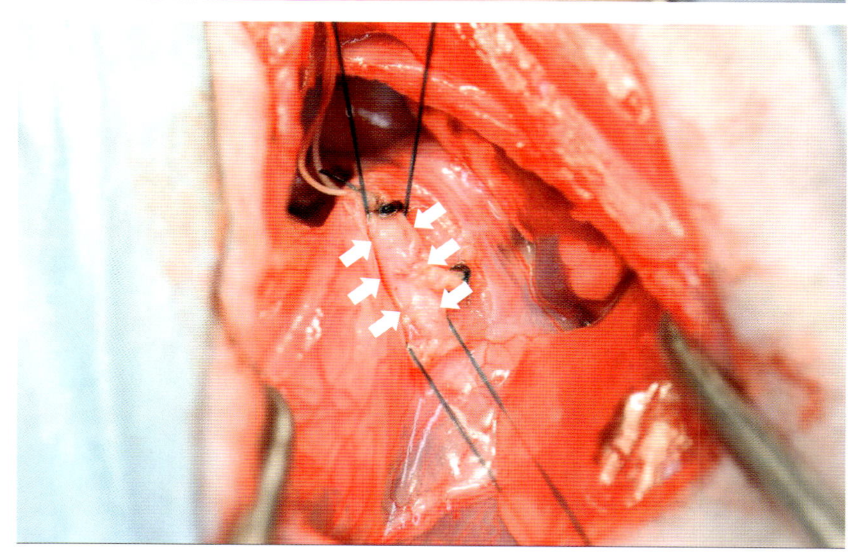

コメント写真 82-2 術中写真（周囲剥離後）
コメント写真 82-1 と同部位。動脈管索を周囲組織から分離後，結紮離断した。

83．犬の胃腫瘍

症　例：ゴールデン・レトリーバー，雄，9 歳。

主　訴：5 か月間の嘔吐。

血液検査所見：

PCV	45.2	%
RBC	624 × 10^4	/μL
Hb	15.8	g/dL
MCV	74.4	fL
MCH	25.3	pg
MCHC	35.0	g/dL
WBC	86.0 × 10^2	/μL
Band-N	0.0×10^2	/μL
Seg-N	80.0×10^2	/μL
Lym	4.53×10^2	/μL
Mon	1.41×10^2	/μL
Eos	0.06×10^2	/μL
Bas	0.0×10^2	/μL
pl	33.4 × 10^4	/μL
TP	6.4	g/dL
Alb	2.6	g/dL
ALT	45.8	U/L
ALP	40.3	U/L
TC	302.4	mg/dL
Tg	52.3	mg/dL
T-Bil	0.145	mg/dL
Glu	106	mg/dL
BUN	5.3	mg/dL
Cr	0.9	mg/dL
Ca	10.0	mg/dL
iP	3.0	mg/dL
Na	152.9	mmol/L
K	4.45	mmol/L
Cl	110.5	mmol/L

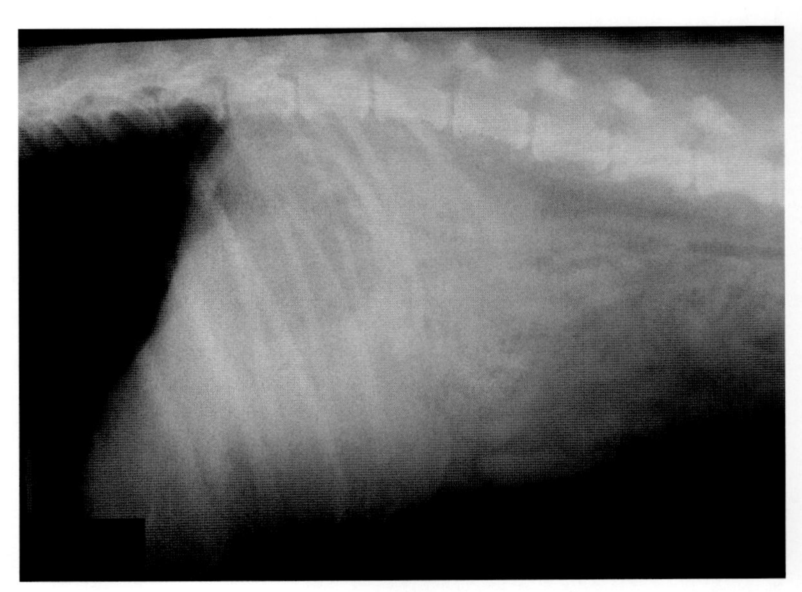

写真 83-1　腹部単純 X 線ラテラル像
異常所見は認められない。

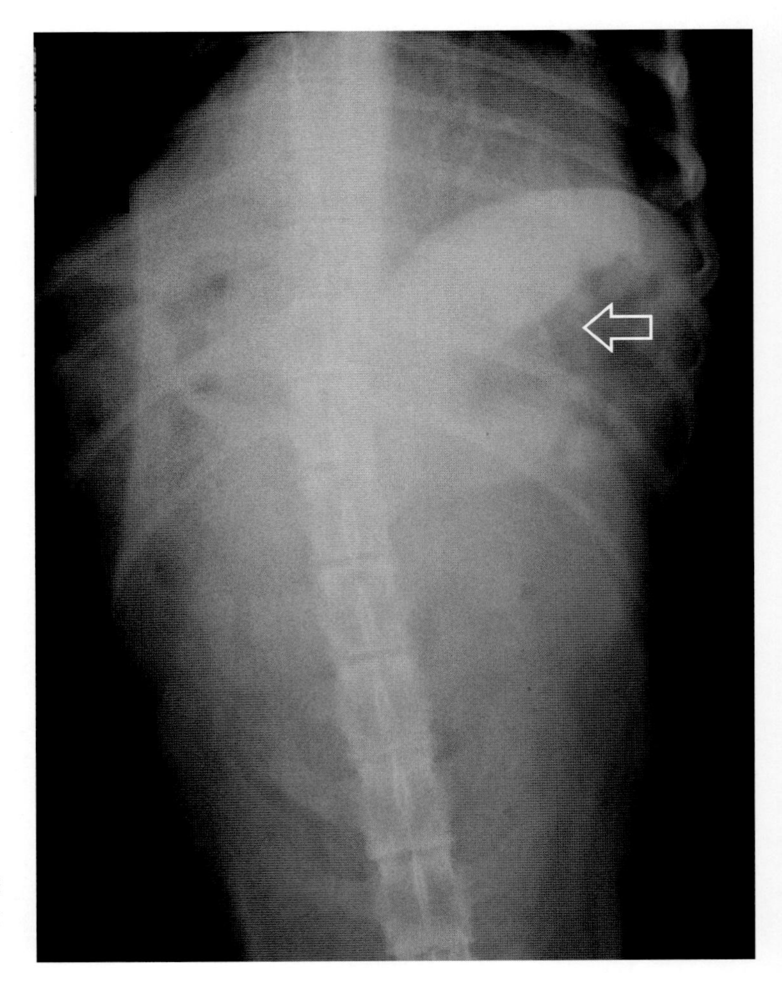

写真 83-2　腹部単純 X 線 VD 像
胃小弯部の胃ガスの不整が観察されるが，明らかな異常所見とは断定できない（矢印）。

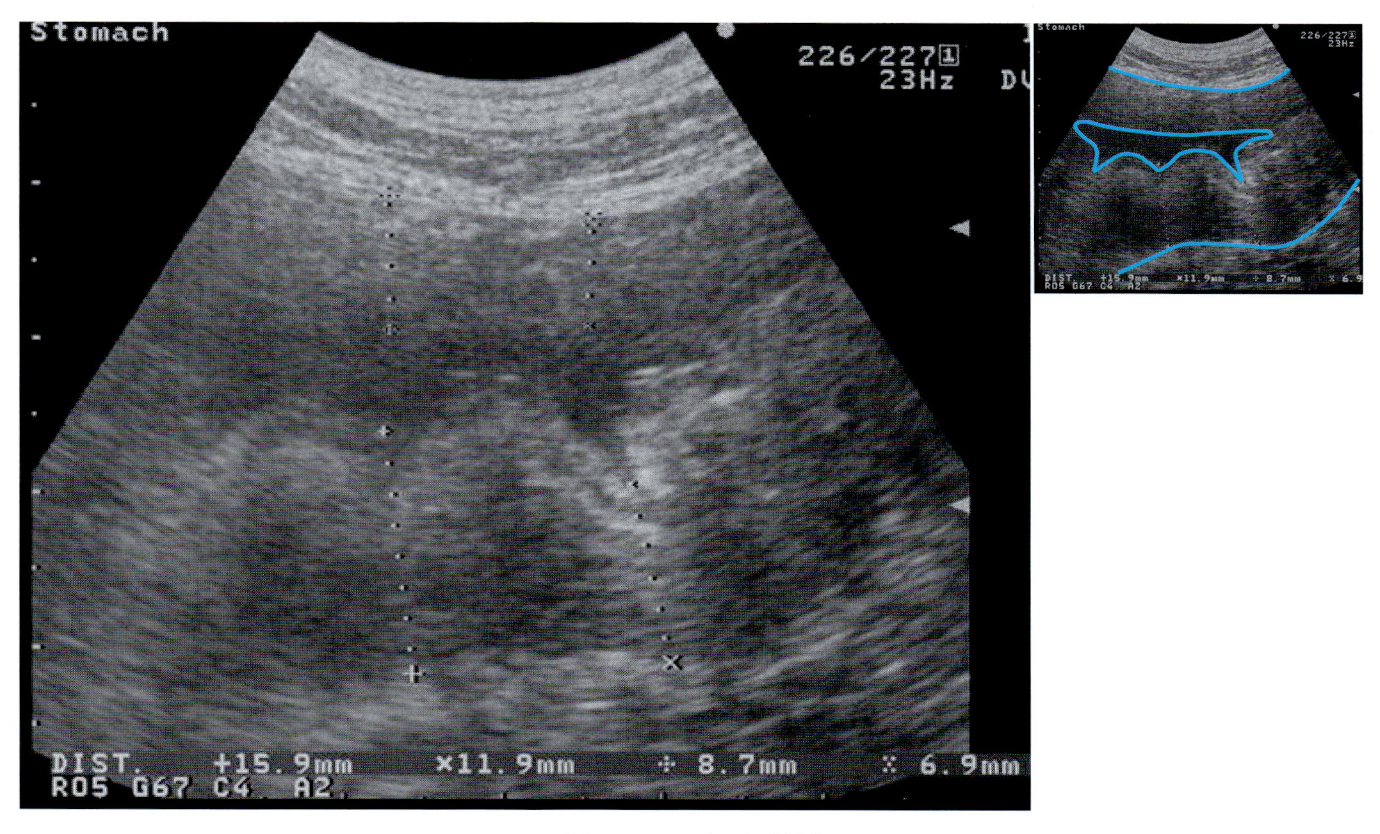

写真 83-3　胃壁の超音波像
胃壁が肥厚し，胃壁自体の層構造が不鮮明であることから，胃（Stomach）の腫瘍が強く疑われた。キャリパーは胃壁の厚みを示す。

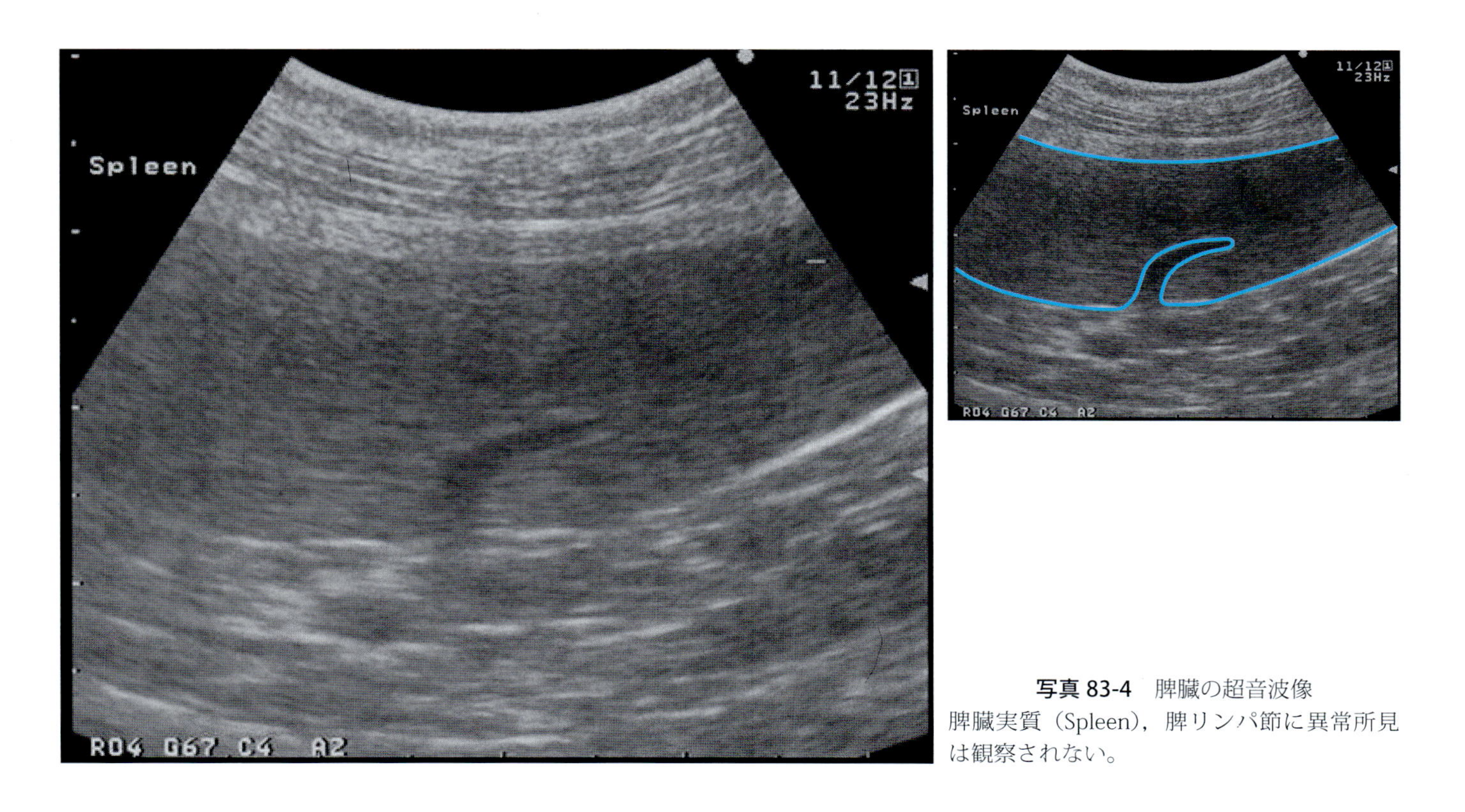

写真 83-4　脾臓の超音波像
脾臓実質（Spleen），脾リンパ節に異常所見は観察されない。

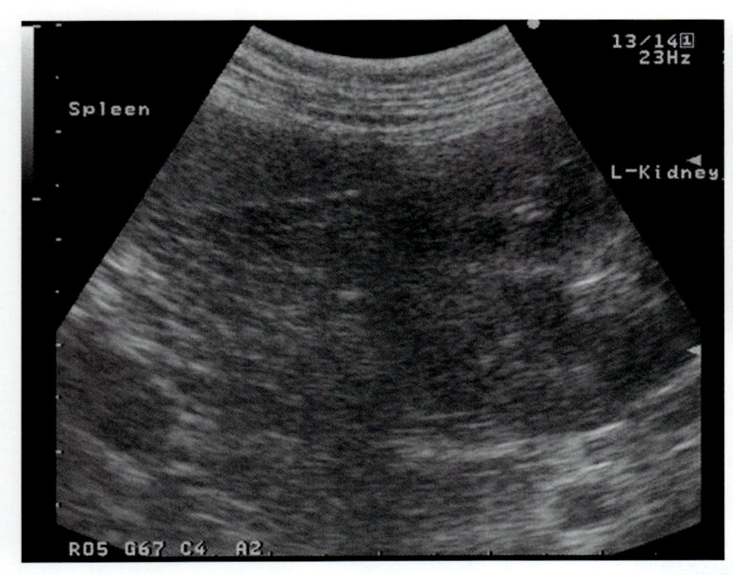

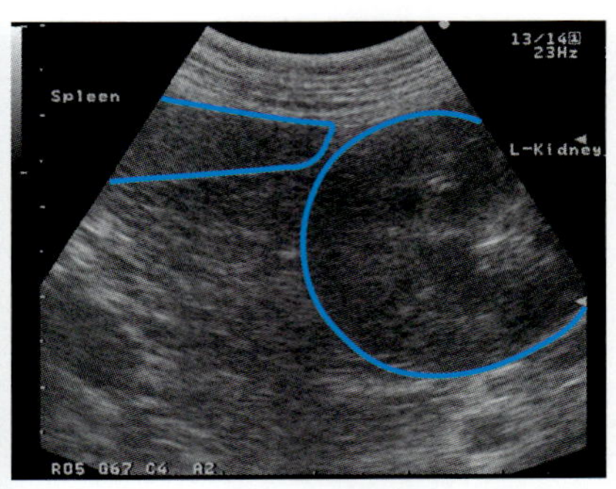

写真 83-5　超音波像（脾腎コントラスト）
脾臓（Spleen）は左腎皮質と比較し高エコーであり，異常は観察されない。左腎（L-Kidney）の構造についても正常に認められる。

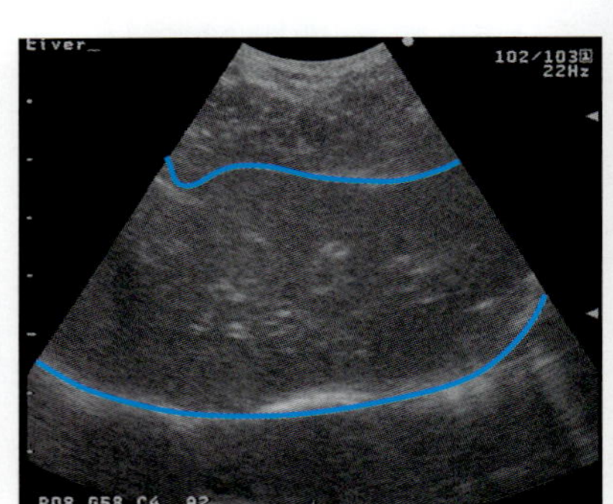

写真 83-6　肝臓超音波像
肝臓実質（Liver）は均一で，転移などの所見は認められない。

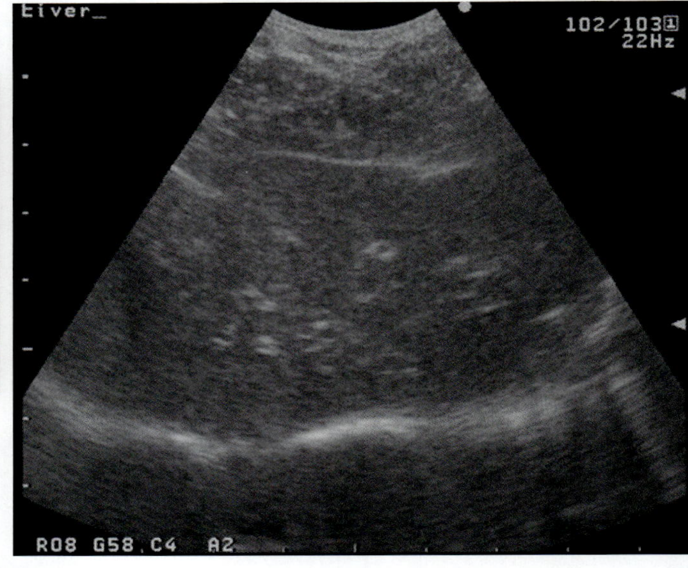

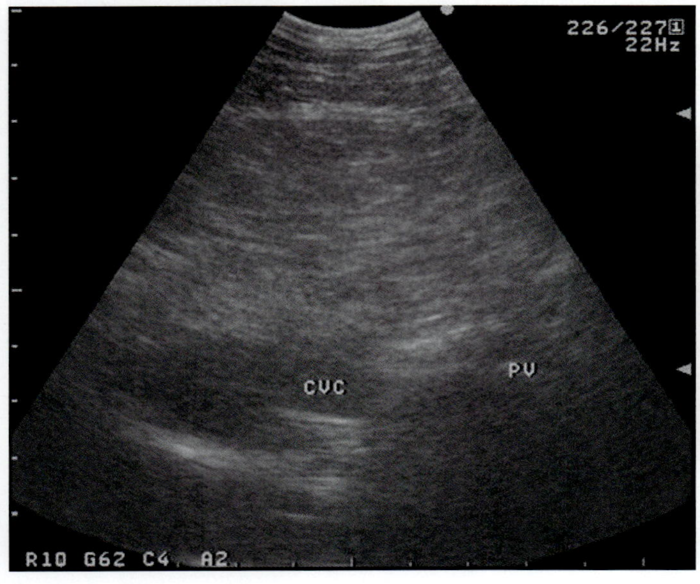

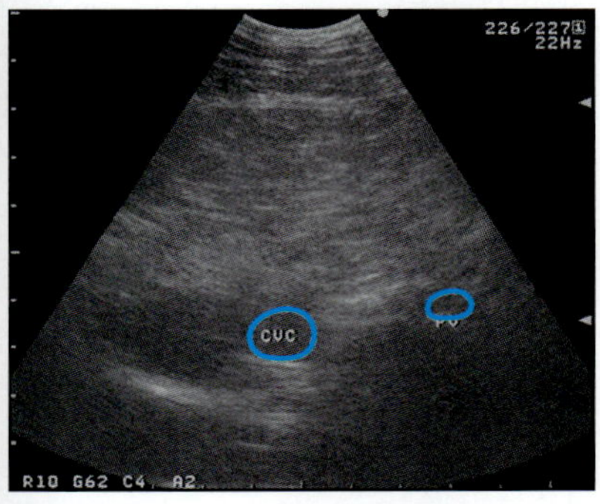

写真 83-7　肝門部超音波像
肝門部は正常で，肝リンパ節の異常も観察されない。　CVC：後大静脈，PV：門脈

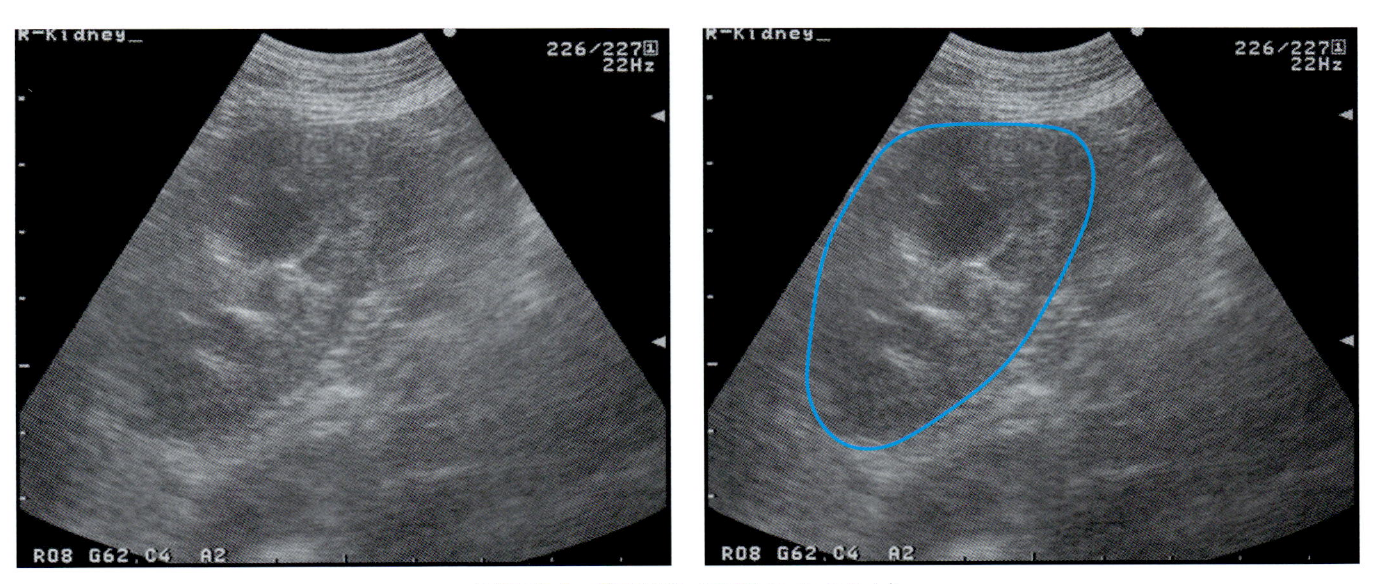

写真 83-8 超音波像（肝腎コントラスト）
右腎（R-Kidney）は正常に観察され，肝腎コントラストについても異常は認められない。

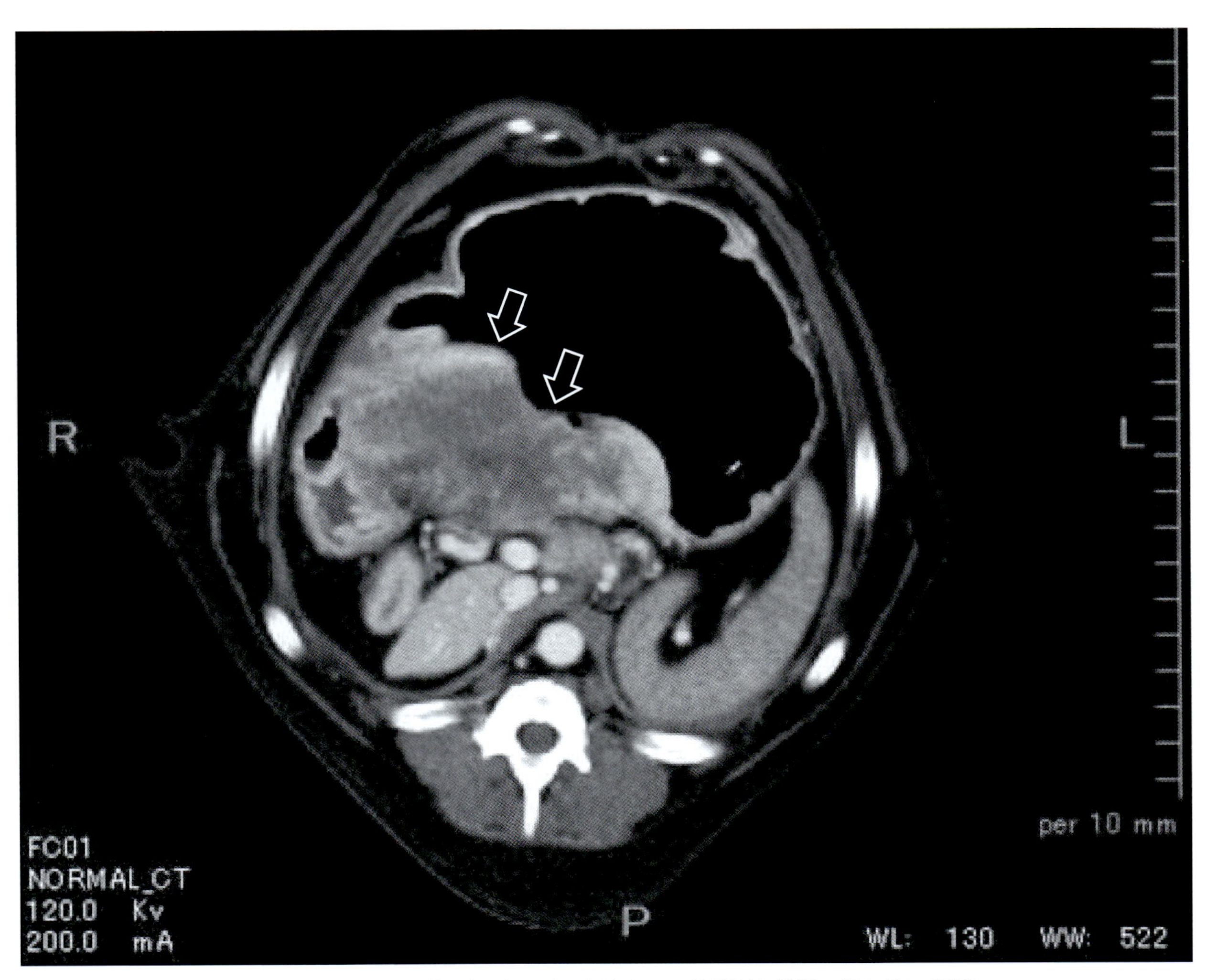

写真 83-9 胃の CT 像（胃内にガスを注入し，造影剤を静脈に投与後に撮影）
胃の小弯部にマスを認める（矢印）。

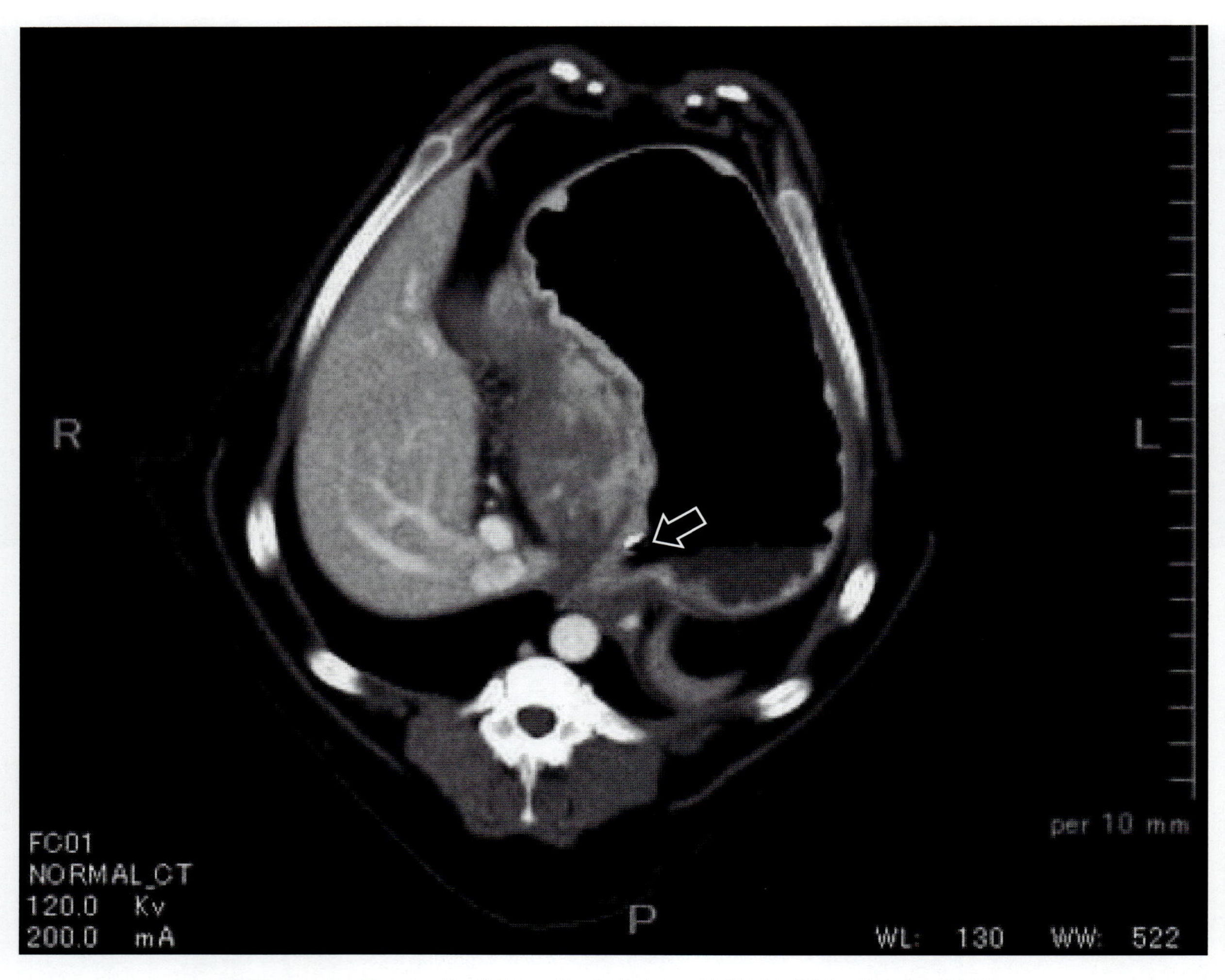

写真 83-10　胃の CT 像（胃内にガスを注入し，造影剤を静脈に投与後に撮影）
写真 83-9 より頭側の横断像であるが，胃壁のマスは噴門部にまで達している（矢印）。

❖コメント❖

X 線検査において消化管壁の厚さを評価することはできないが，本症例ではガスの辺縁が不整（写真 83-2）なため，胃壁に異常のある可能性が示唆される。また，超音波像において，正常な胃壁は内腔側から低エコー性の粘膜，高エコー性の粘膜下組織，低エコー性の筋層，高エコー性の漿膜が観察され，胃壁の厚さは皺壁外の部位で 5mm 以下とされる。本症例では壁構造が消失し，胃壁の肥厚が観察され，胃の腫瘍を強く疑う所見である（写真 83-3）。犬の胃腫瘍の発生頻度を考慮するとリンパ腫や腺癌が考えられるが，リンパ腫においてはその他の部位にリンパ節の腫脹や肝脾に病変が認められることが多いことから，本症例では胃の腺癌が鑑別診断のトップとして挙げられる。超音波検査はガスが存在すると画像形成が不可能であり，胃のバリウム造影検査（二重造影を含む）や内視鏡検査については粘膜面の異常を検出するのみにすぎない。したがって，これらの検査では胃全体を評価することが困難であることから，外科適用か否かを決定する目的で CT 検査が必要となる。CT 検査では胃の正常部と肥厚部を明確にするために，X 線不透過性チューブを使用してガスを胃内に充満させ，さらに造影剤を静脈に注入した後に撮影を行っている。X 線不透過性チューブは，噴門部の位置を明確にするため先端を胃内に留置したまま撮影を行っている。この結果，胃の腫瘤は小弯部が主体で噴門部にまで達していることが CT で確認され（写真 83-9，10），外科的なマージンを取っての切除は不可能であり，本症例は外科手術の適用症例でないことがわかる。

84. 犬の腸閉塞（1）－単純 X 線検査での診断基準－

症　例：ラブラドール・レトリーバー，雄，9 歳。
主　訴：3 週前からの食欲不振と嘔吐。

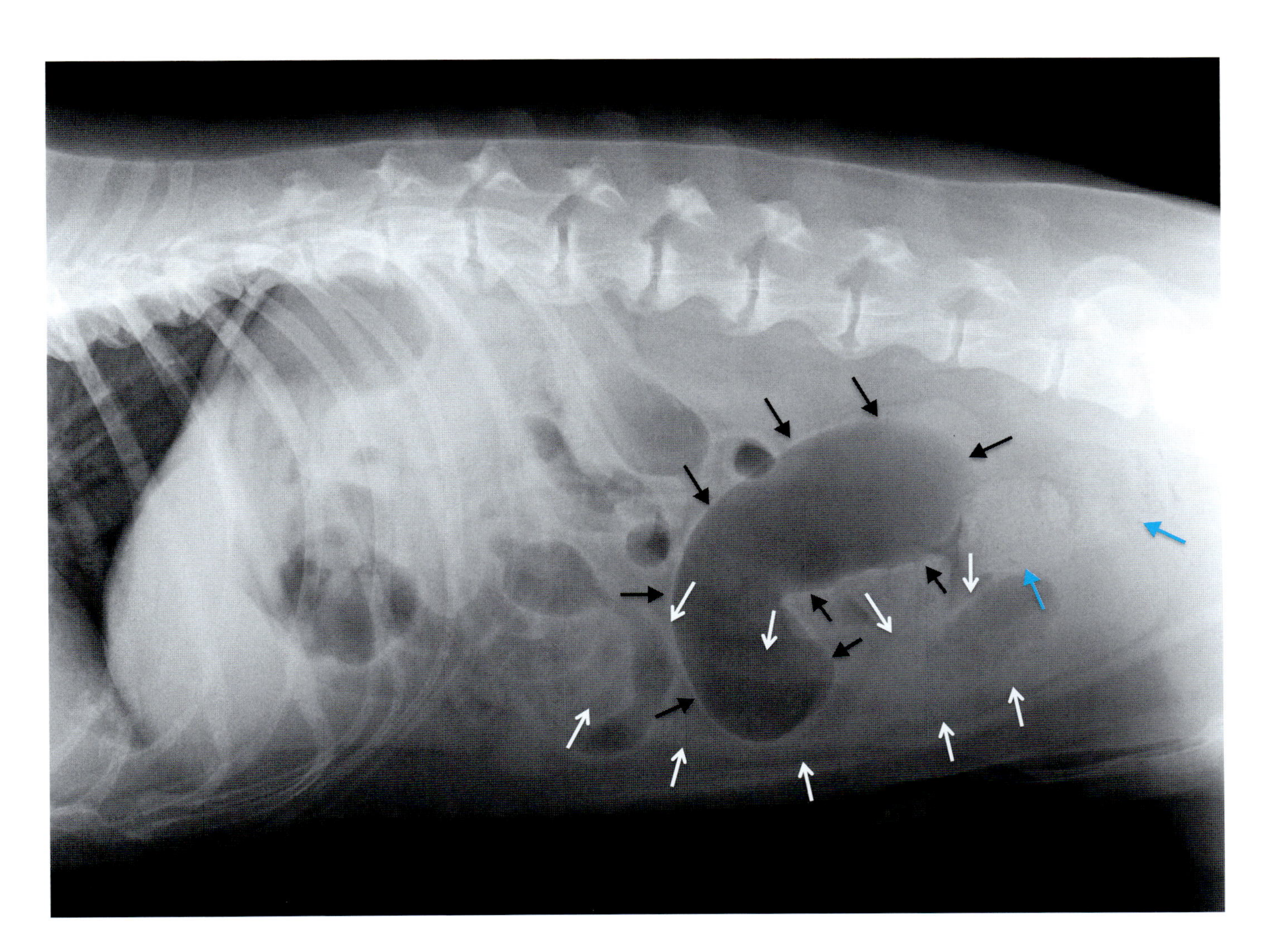

写真 84-1　単純 X 線像（A：ラテラル像，B：VD 像）
糞塊を貯留した結腸（青矢印）とは異なった部位に，ガスで拡張した消化管ループ（黒矢印）とガス・液体を貯留した消化管ループ（白矢印）が認められる。

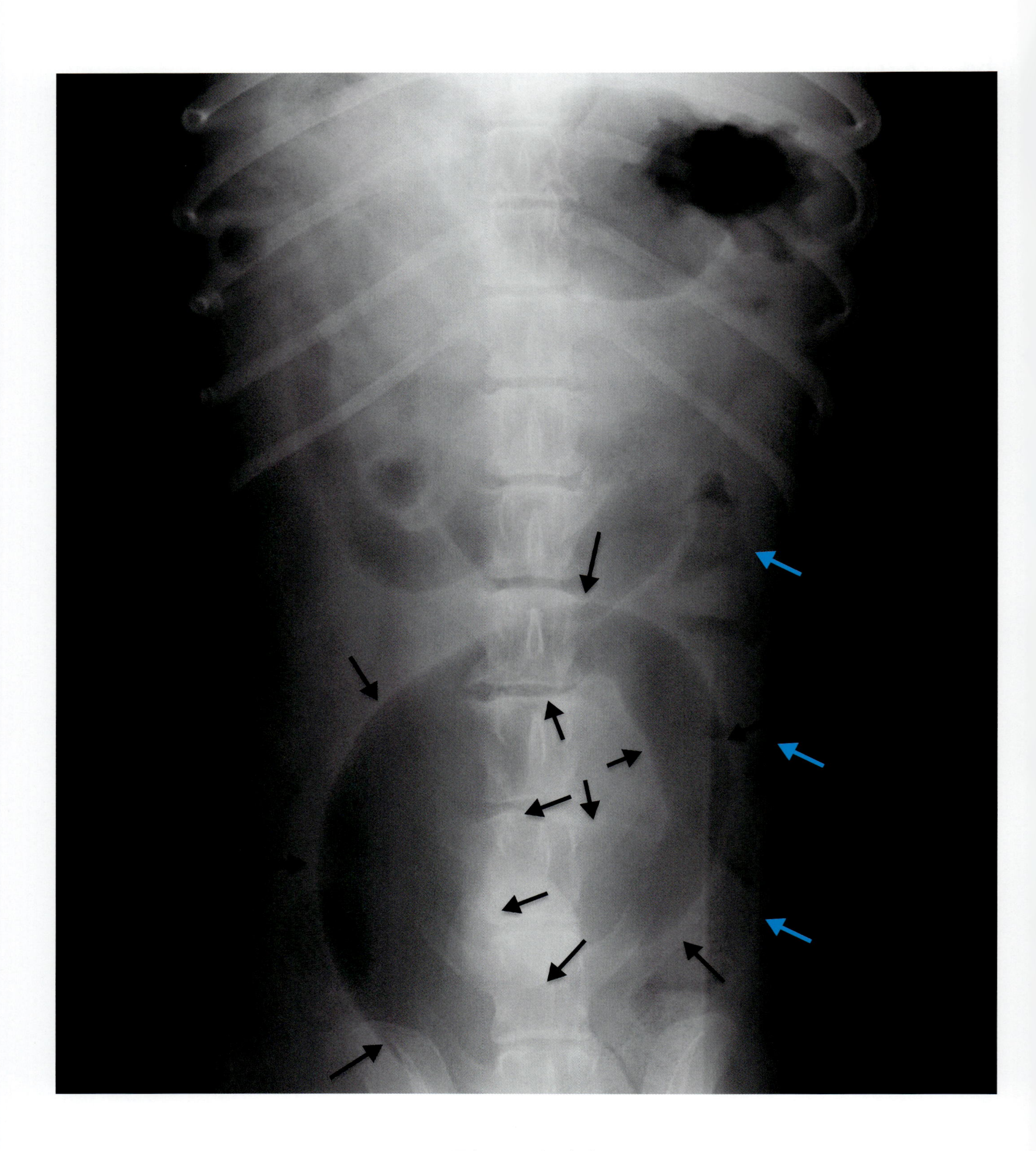

写真 84-1 （つづき）

❖コメント❖

腹部の単純 X 線写真では，胃，小腸，大腸の確認が可能で，正常な胃は肋骨腔内に，小腸と大腸は中～下腹部領域に存在している。24 時間以上絶食を行った犬の正常な小腸は，ガスや液体をほどよく貯留し，小腸径は，腰椎椎体の幅（高さ）以下，または肋骨幅の 2 倍以下とされる。一般に，小腸直径が他の小腸直径の 2 倍以上となることはなく，犬においては小腸直径が L5 椎体中央の高さの 1.6 倍以上であれば，腸閉塞が強く示唆される。したがって，小腸と大腸の識別が可能で，拡張した消化管ループが小腸であることさえ証明できれば，腸閉塞を単純 X 線写真のみで診断することができる。ただし，単純写真で必ずしも小腸と大腸が識別できる症例ばかりではなく，太い消化管が存在したとしても，それが大腸であれば必ずしも異常とは言い切れないことから，読影には細心の注意が必要である。もし，顕著に拡張した消化管が存在し，小腸と大腸の鑑別に迷う症例に遭遇した時は，経口的に造影剤を投与するのではなく，肛門からの大腸造影を行えば，時間をかけることなく，容易に識別が可能である。肛門から太めの軟性カテーテルを可能な限り奥に挿入し，適当量のバリウムを注入して撮影すれば，大腸がバリウムでマークされ，拡張した消化管と大腸が同一かどうかを確認できる。

本症例では，黒矢印で示した小腸ループの直径が第 5 腰椎（L5）椎体中央部の 4 倍以上であり，便を貯留した大腸とは別に観察されること，太い小腸ループと正常な小腸ループが混在していることから，小腸の機械的閉塞が存在することは決定的である。したがって，単純 X 線検査のみで，開腹による閉塞解除が必要であることまで判断できる。

腸閉塞の原因については，X 線不透過性異物が存在する以外，単純 X 線のみで判断することは不可能であり，超音波検査を実施する必要がある。しかしながら，多少，乱暴ではあるが，如何なる原因にかかわらず，腸閉塞は開腹が必要なことに変わりがなく，手術をすれば結果は自ずと付いてくるものとも考えられる。よって，原因を追及せずに開腹することも，決して間違った方法ではない。本症例は，超音波検査を行った結果，小腸腺癌が強く疑われ，閉塞解除を目的に開腹を行った。病変部は盲腸近くの回腸に存在し，腸管切除後，端端吻合を行った（コメント写真 84-1）。摘出した病変部を用いた病理検査を実施したところ，小腸腺癌と診断された。

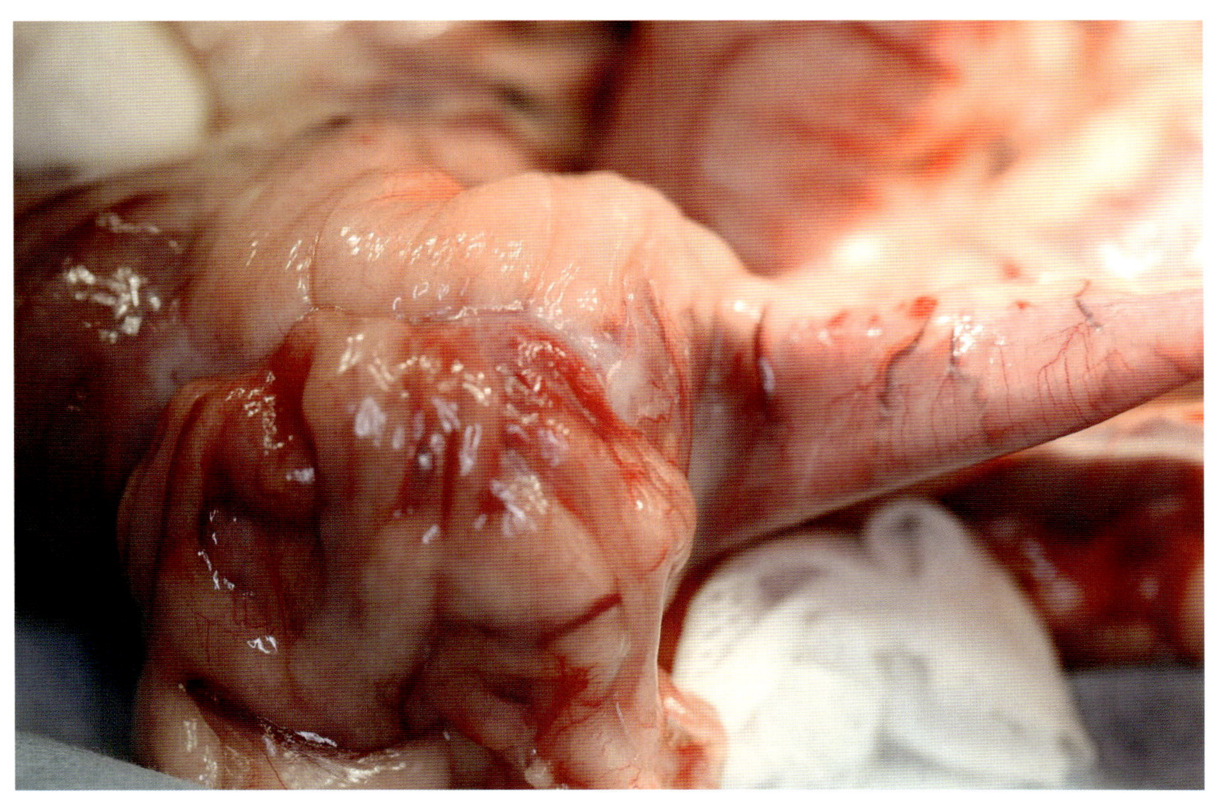

コメント写真 84-1

85．犬の腸閉塞（2）

症　例：キャバリア・キング・チャールズ・スパニエル，雄，5 歳，体重 8.3kg。

主　訴：1 か月前からの食欲不振，嘔吐。2 週間前からのタール様下痢便。

血液検査所見：

PCV	43.3	%
RBC	621.0 × 10^4	/μL
Hb	14.8	g/dL
MCV	69.7	fL
MCH	23.8	pg
MCHC	34.2	g/dL
WBC	684.0 × 10^2	/μL
Neu	670.0 × 10^2	/μL
Lym	9.21 × 10^2	/μL
Mon	3.12 × 10^2	/μL
Eos	1.64 × 10^2	/μL
Bas	0.00 × 10^2	/μL
pl	59.5 × 10^4	/μL
TP	3.8	g/dL

Alb	1.7	g/dL
ALT	20.0	U/L
ALP	79.0	U/L
TC	95.0	mg/dL
Tg	51.0	mg/dL
T-Bil	0.0	mg/dL
Glu	73	mg/dL
BUN	7.6	mg/dL
Cr	0.4	mg/dL
Ca	8.3	mg/dL
iP	3.9	mg/dL
Na	142.7	mmol/L
K	3.92	mmol/L
Cl	112.7	mmol/L

A

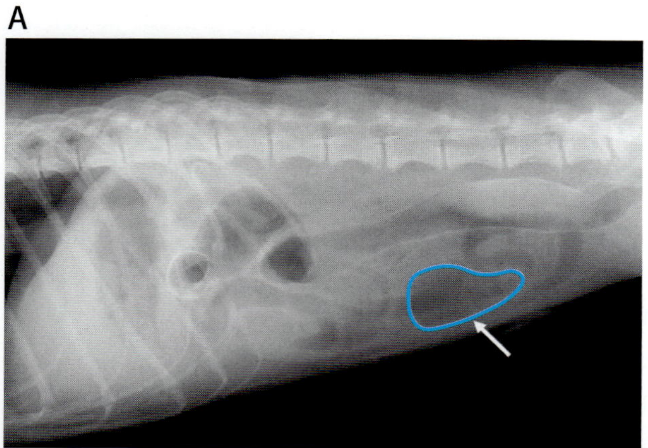

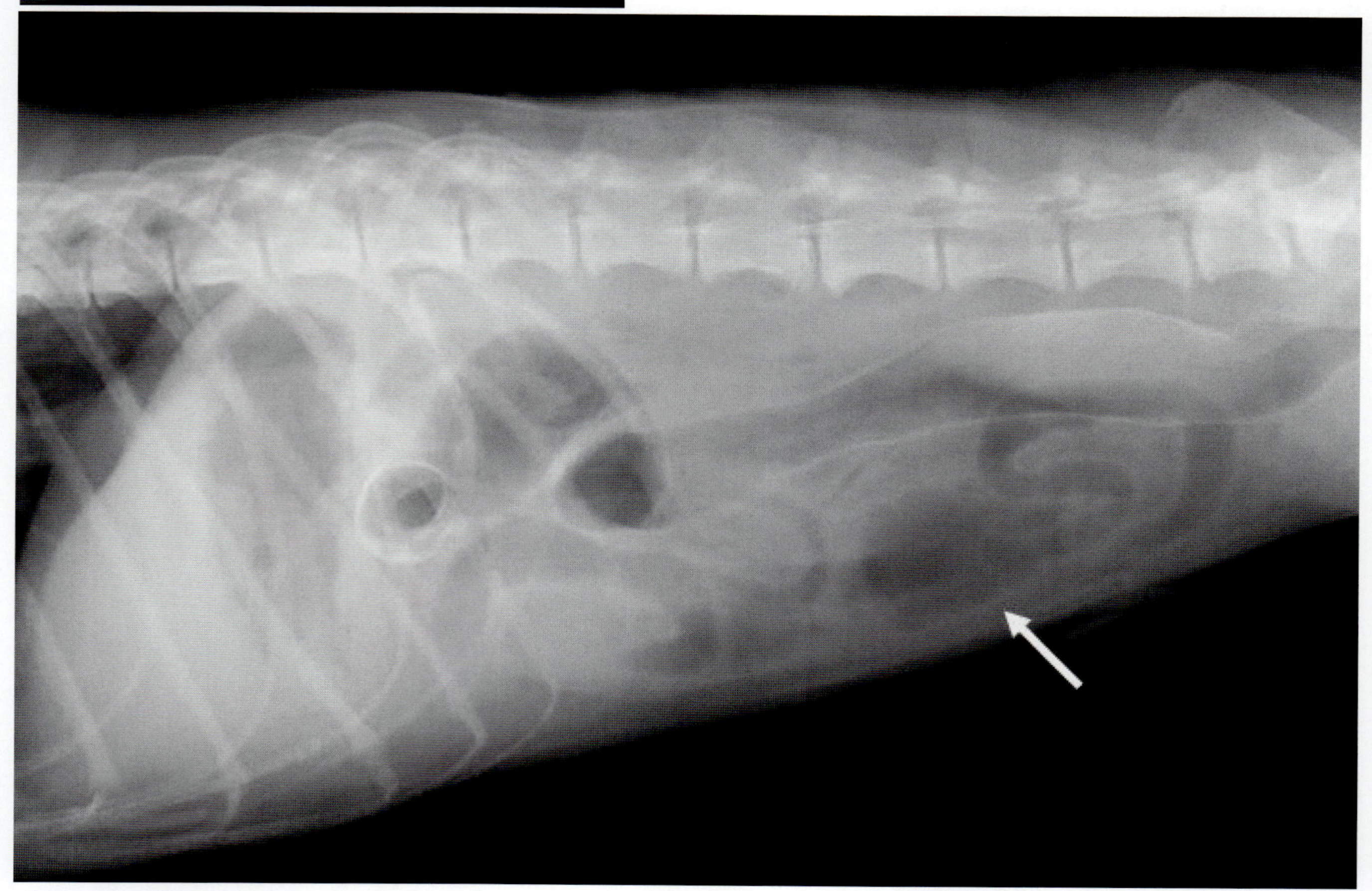

写真 85-1　腹部単純 X 線像（A：ラテラル像，B：VD 像）
腸管の一部にガス貯留が認められる（矢印）。

B

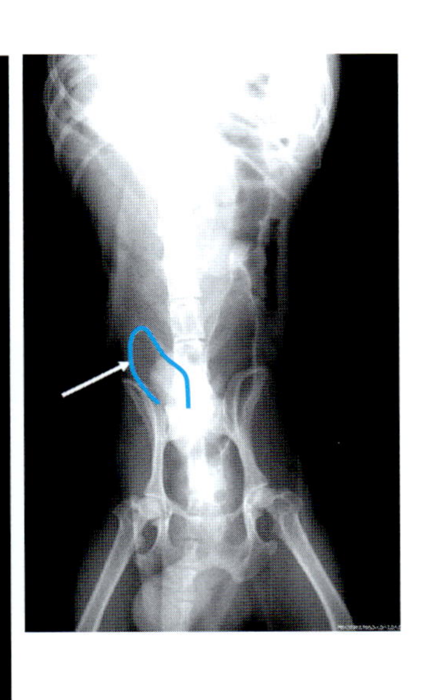

図 85-1 （つづき）

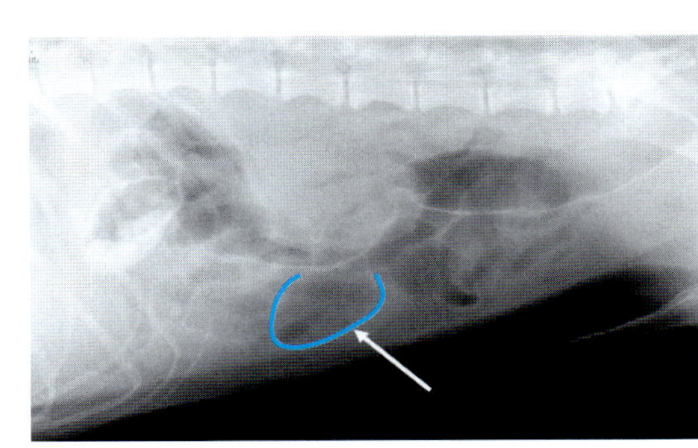

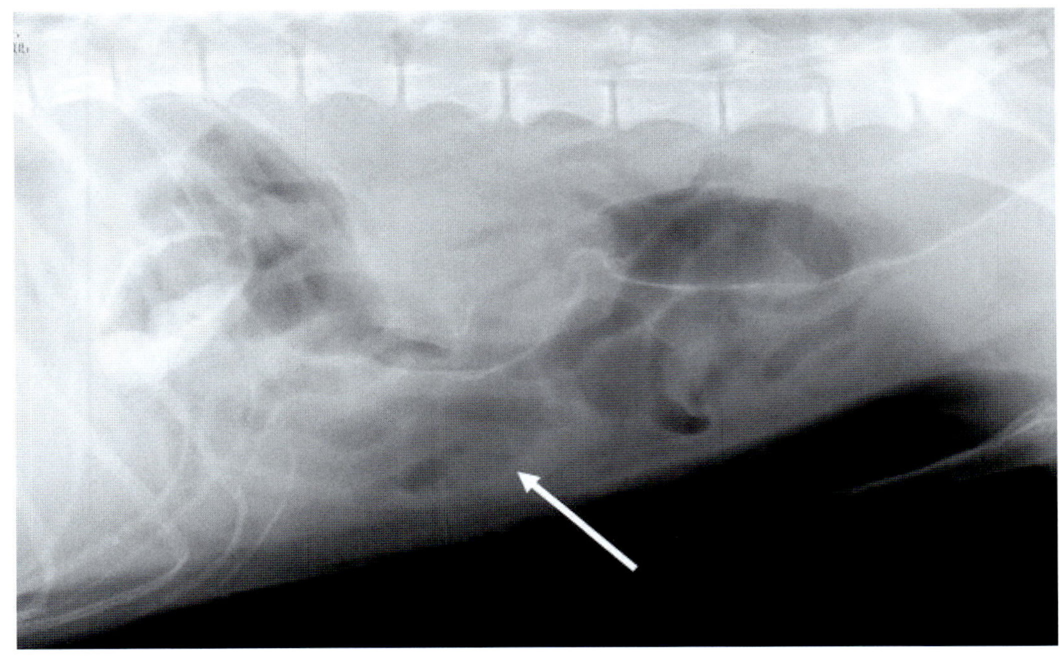

写真 85-2 3 時間後の腹部単純 X 線ラテラル像
ガスの消失や移動は認められない（矢印）。

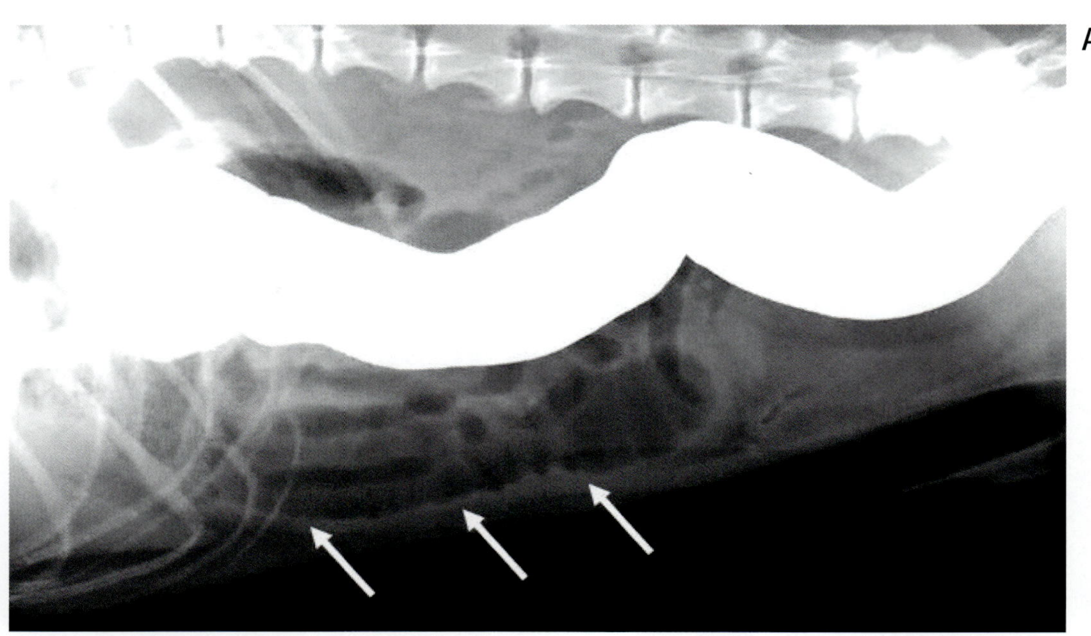

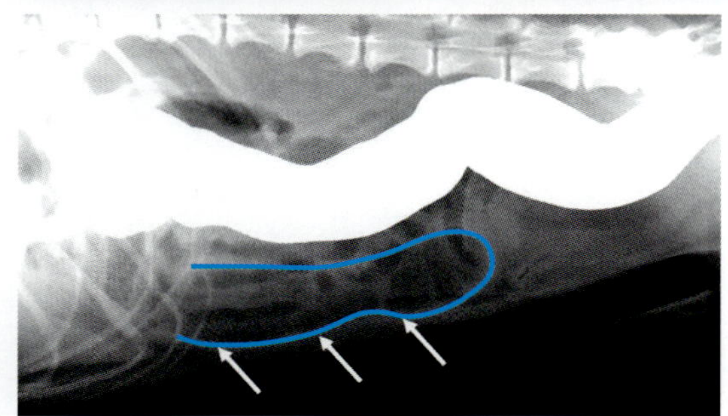

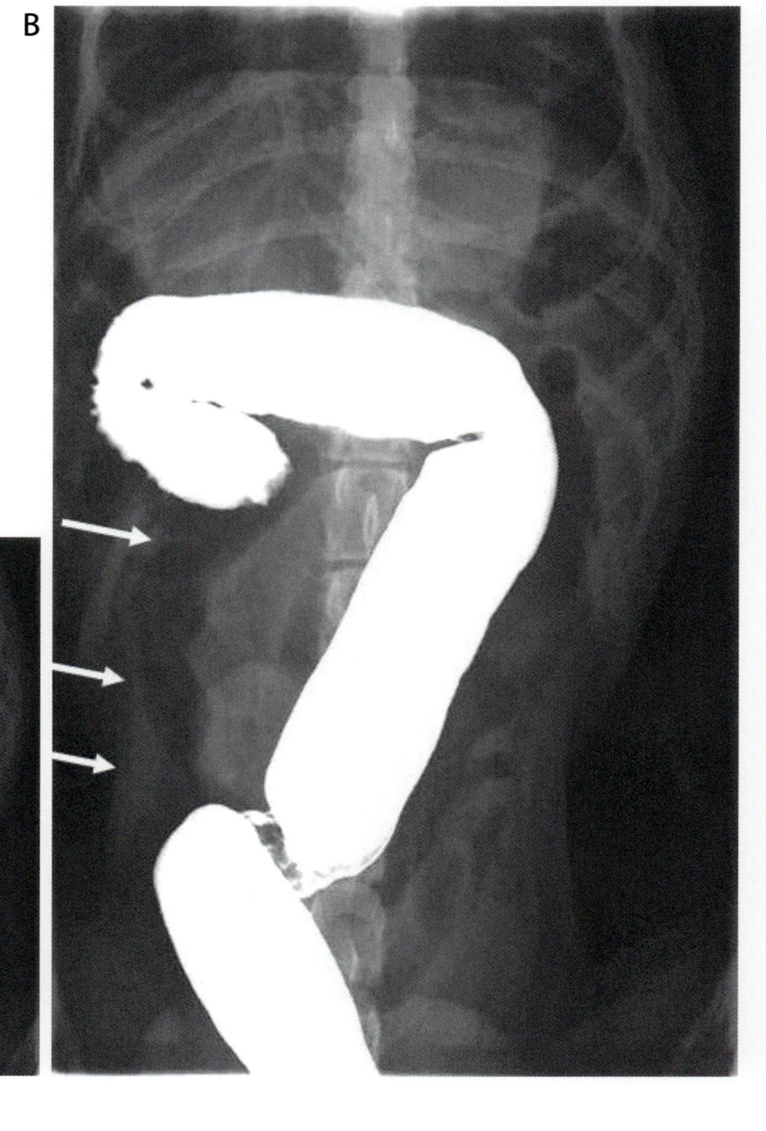

写真 85-3　注腸造影 X 線像（A：ラテラル像，B：VD 像）
バリウム造影により大腸をマークした結果，ガスが貯留した消化管は小腸（矢印）であることが確認される。

❖コメント❖

本症例は太いガスを貯留した消化管（肋間1個分を超える）が単純X線写真で認められ，症状からも腸閉塞が示唆された。しかしながら，ガスを貯留した消化管が小腸であれば腸閉塞と断定できるものの，大腸であれば正常範囲内であるため，この鑑別が必要となる。そこで超音波検査を行ったが，判定が困難であったため，造影検査を実施した。

通常，消化管の造影は経口的にバリウムを投与するが，本法では閉塞があった場合，閉塞部までバリウムがなかなか到達せず，検査時間が非常にかかる。さらに，消化管のバリウムが抜けないため，外科適用となった場合，バリウムによって手術がしづらくなってしまう。本症例のような場合では，ガス貯留した消化管が小腸であることさえ証明できれば，原因が何であれ手術適応と判断されるため，バリウム注腸による大腸のマーキングで診断は十分であり，検査時間も大幅に短縮される。

手術を行った結果，コメント写真85-1が示すように小腸は変色して大網と癒着していた。内腔からはビニールの異物が回収された。

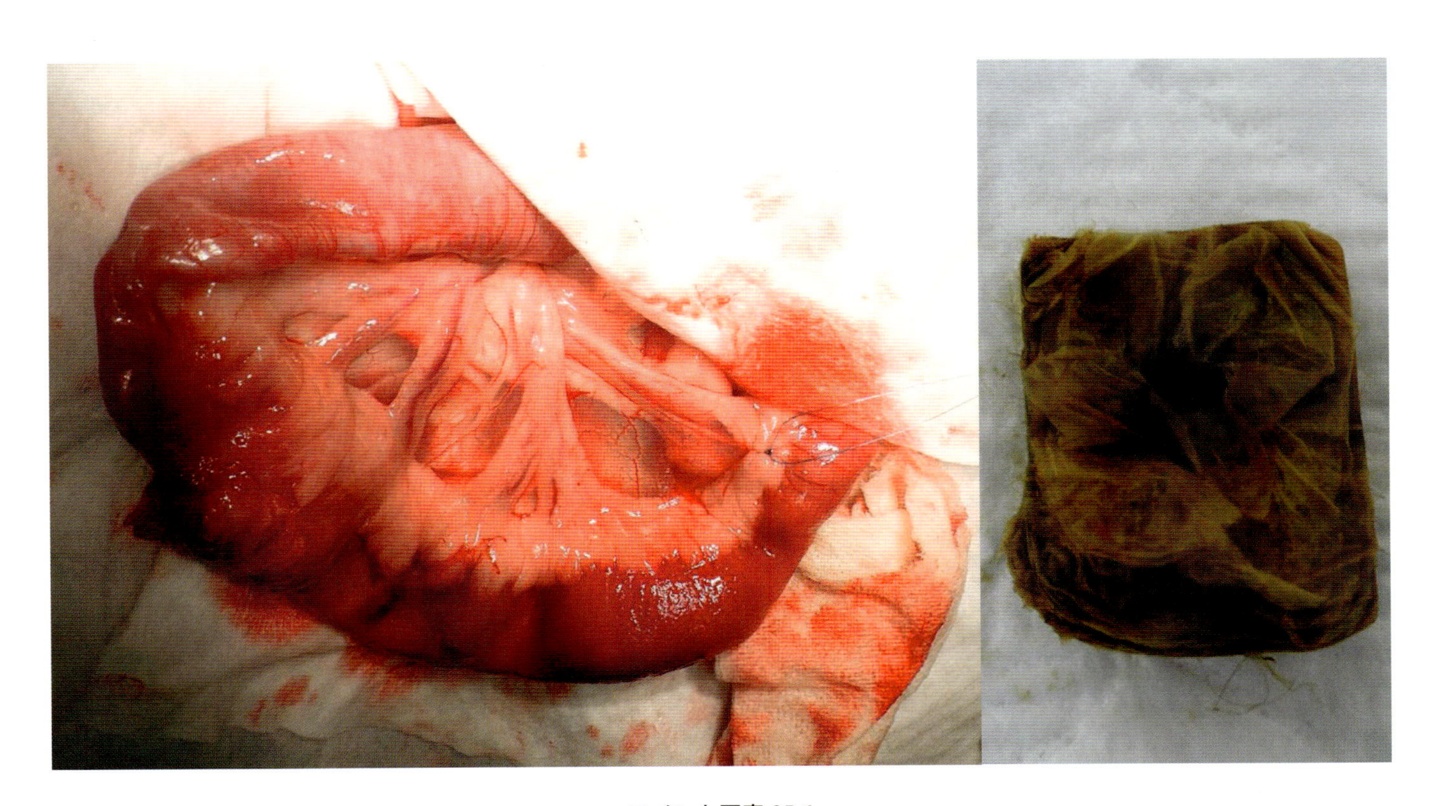

コメント写真 85-1

86. 犬の腸閉塞（3）

症　例：シェットランド・シープドッグ，雄，10 歳，体重 11.4kg。
主　訴：2 か月前からの慢性的な嘔吐，下痢。

血液検査所見：

PCV	44.7	%	Alb	3.2	g/dL
RBC	648.0×10^4	/μL	ALT	101.0	U/L
Hb	14.9	g/dL	ALP	312.0	U/L
MCV	68.9	fL	TC	158.0	mg/dL
MCH	23.0	pg	Tg	44.0	mg/dL
MCHC	33.4	g/dL	T-Bil	0.0	mg/dL
WBC	181.0×10^2	/μL	Glu	142	mg/dL
Neu	176.0×10^2	/μL	BUN	37.6	mg/dL
Lym	3.17×10^2	/μL	Cr	0.9	mg/dL
Mon	0.56×10^2	/μL	Ca	9.2	mg/dL
Eos	0.54×10^2	/μL	iP	4.4	mg/dL
Bas	0.00×10^2	/μL	Na	143.5	mmol/L
pl	43.6×10^4	/μL	K	4.45	mmol/L
TP	5.9	g/dL	Cl	101.4	mmol/L

A

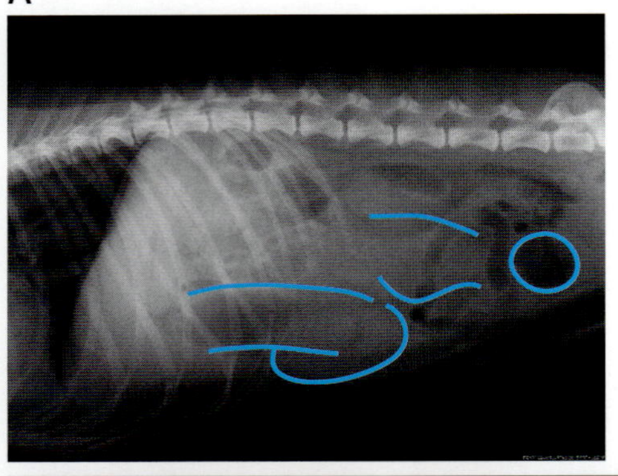

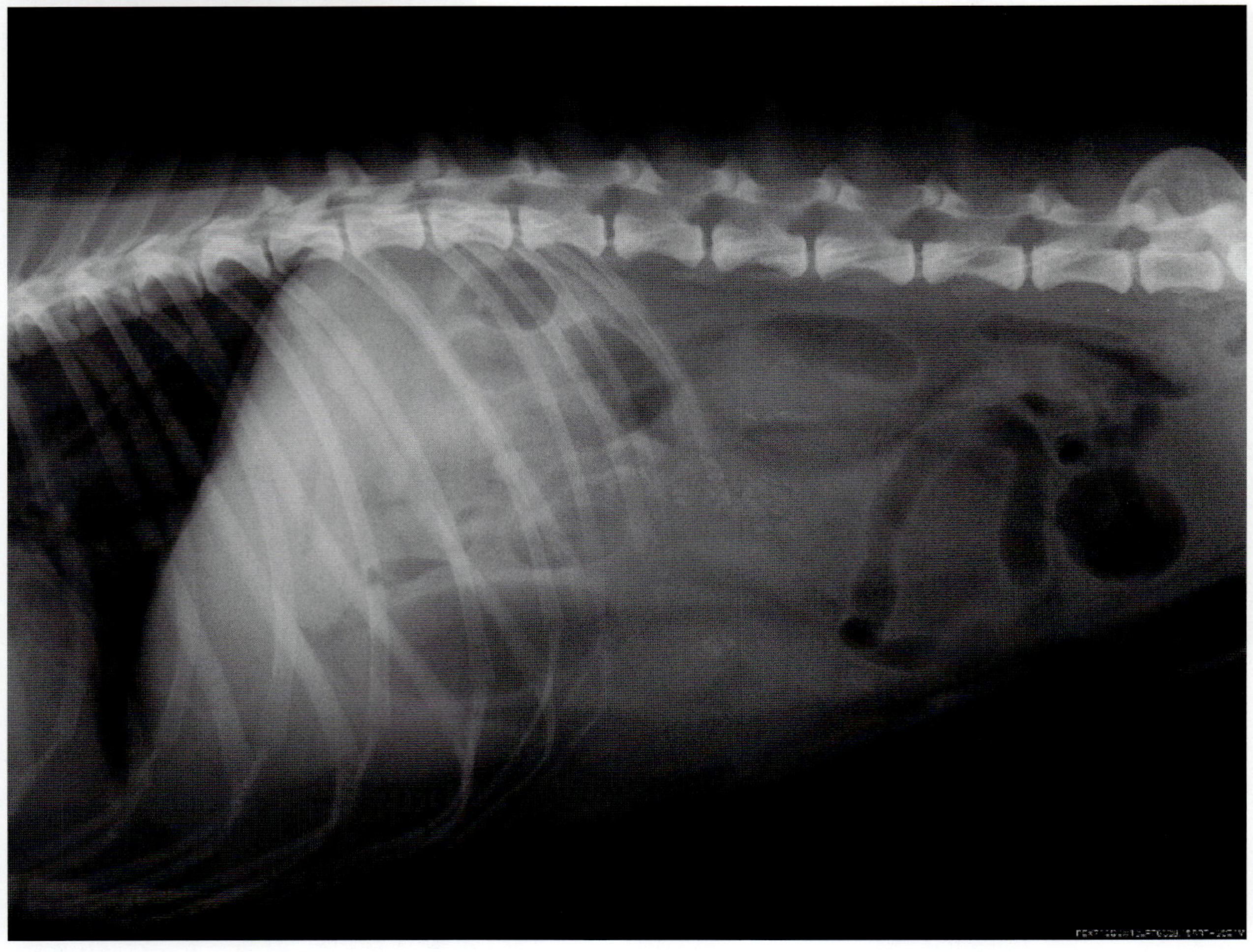

写真 86-1　腹部単純 X 線像（A：ラテラル像，B：VD 像）
中腹部から下腹部にかけて，拡張した消化管と思われる陰影ならびに正常な消化管が認められる。

B

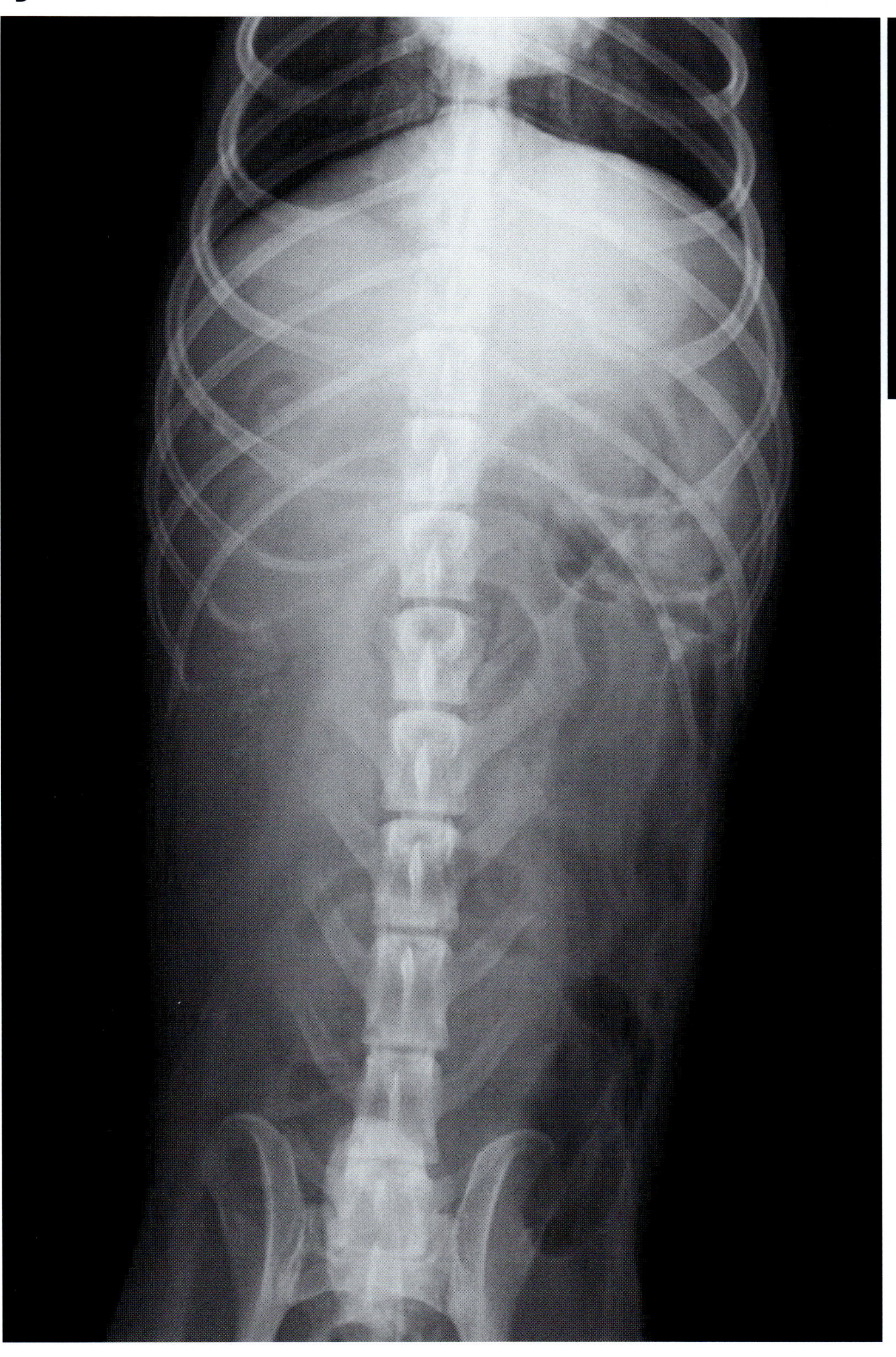

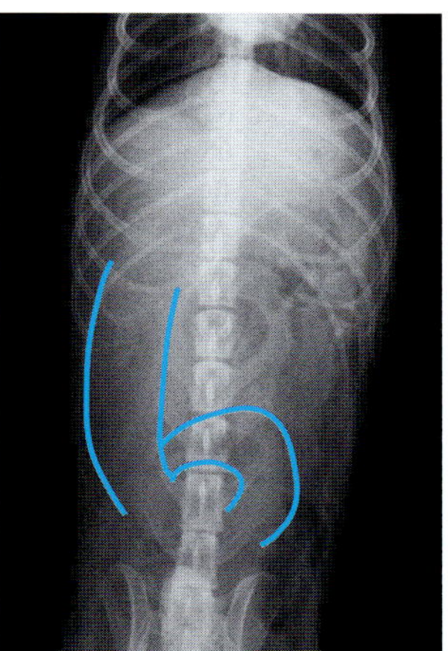

写真 86-1 （つづき）

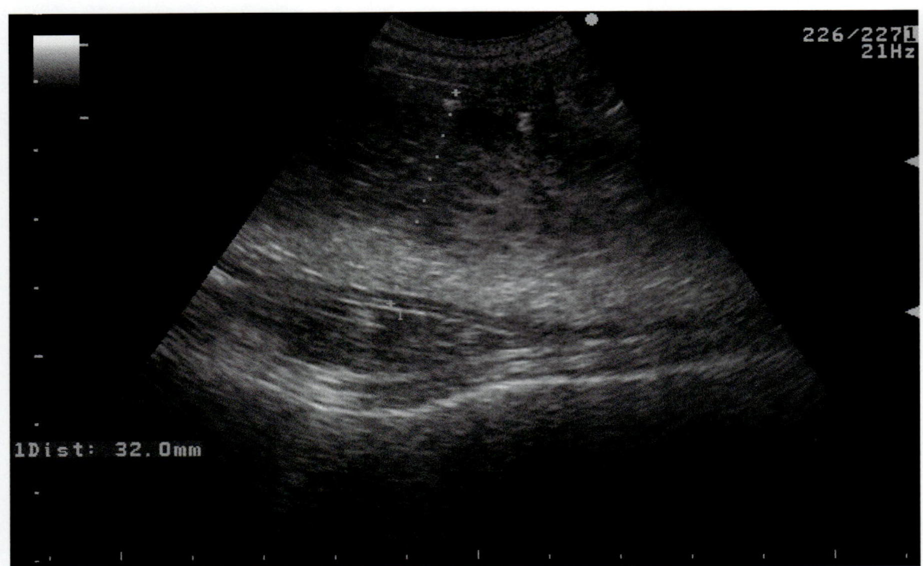

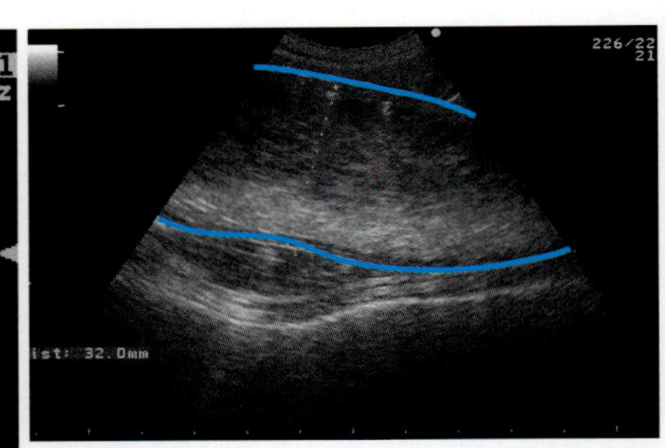

写真 86-2 腹部超音波像
液体状の内容物を満たし，重度に拡張した腸管が広範囲に認められる。蠕動運動も盛んで，内容物は絶えず行き来している。消化管壁は正常に観察される。

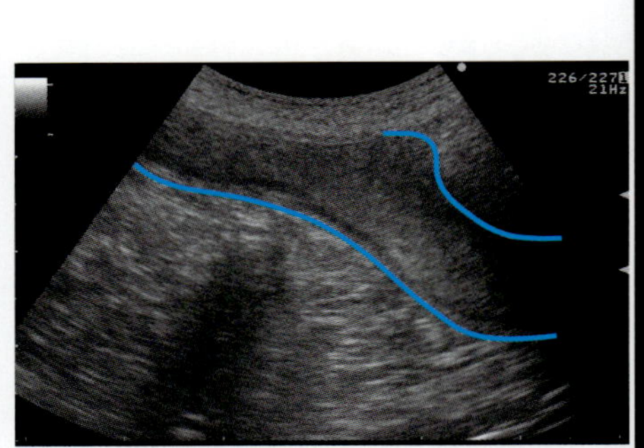

写真 86-3 小腸超音波像
走査部位によっては正常な径の小腸も認められた。

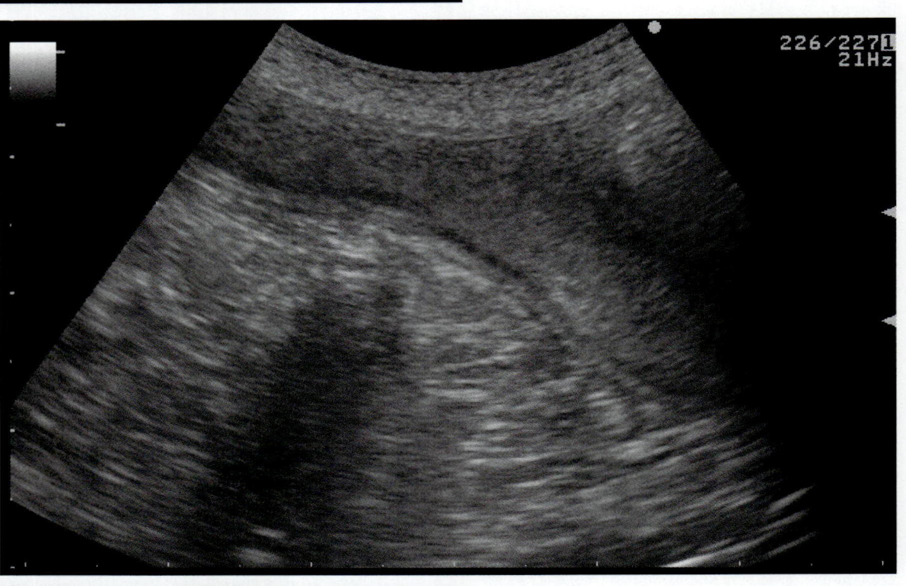

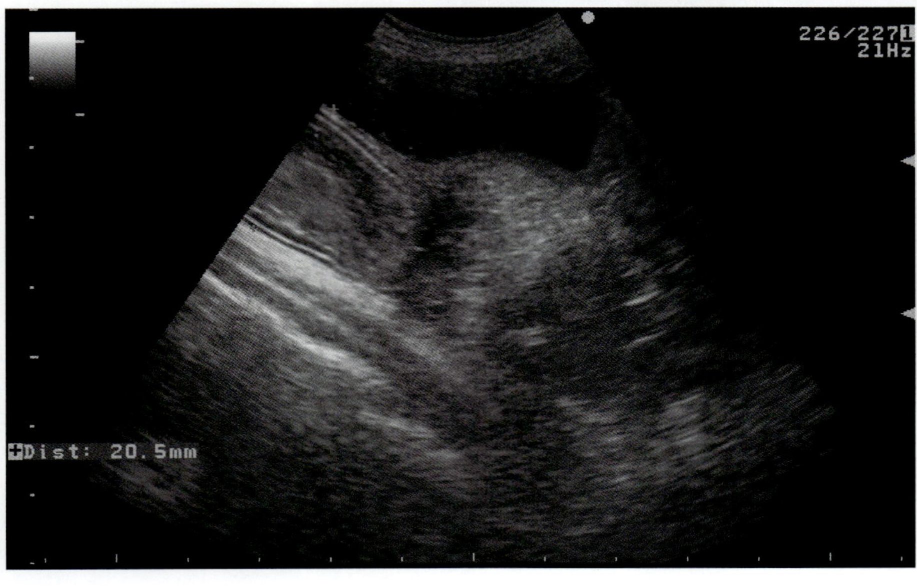

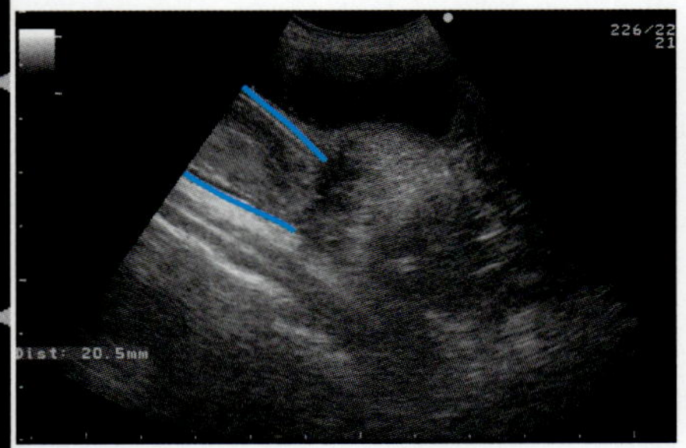

写真 86-4 小腸超音波像
下腹部では，膀胱の背側に正常な径の結腸が認められ，走行を逆行性に追うことで下行，横行，上行結腸まで，異常所見は認められなかった。

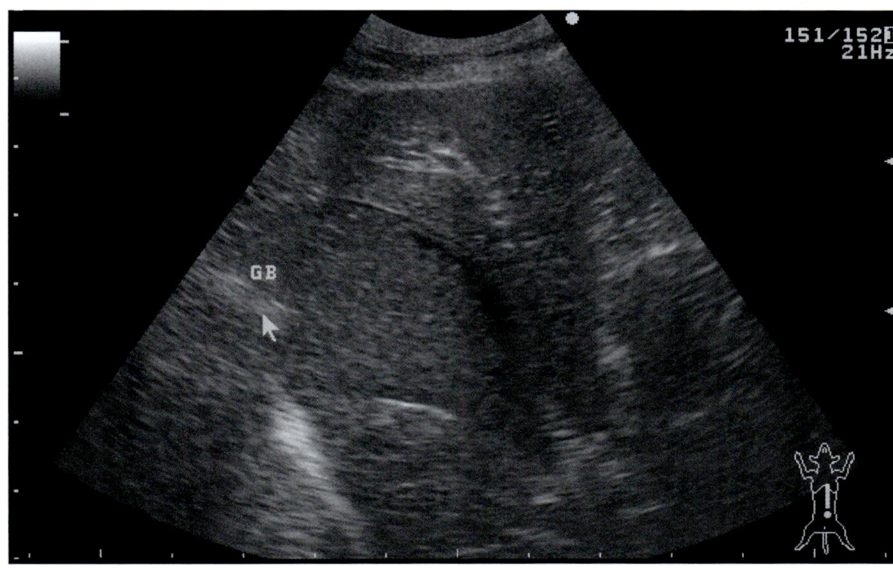

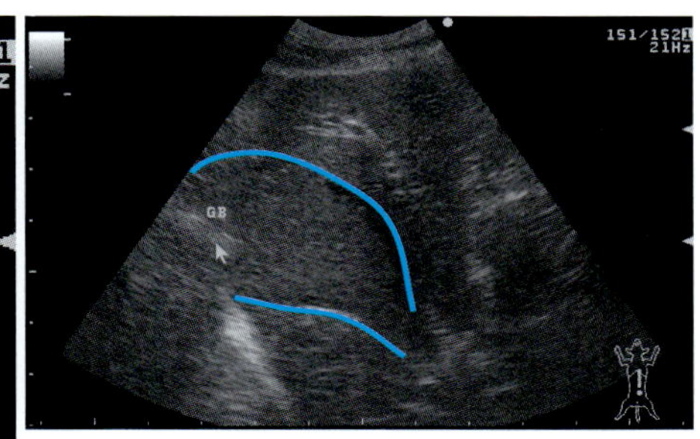

写真 86-5 肝臓超音波像
数日間食餌を摂れていなかったためか，胆嚢（GB）には胆汁（矢印）が満ちていたが，胆管の拡張や実質の異常所見は認められなかった。

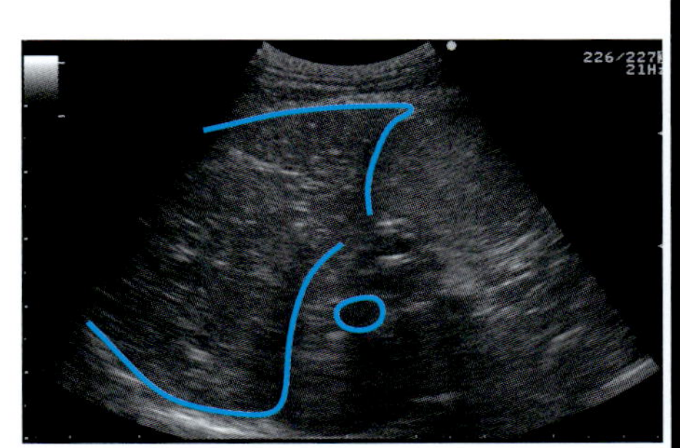

写真 86-6 肝臓超音波像
肝門部の走査は困難で明瞭な画像は得られなかったが，肝門リンパ節は描出されず，異常は認められなかった。

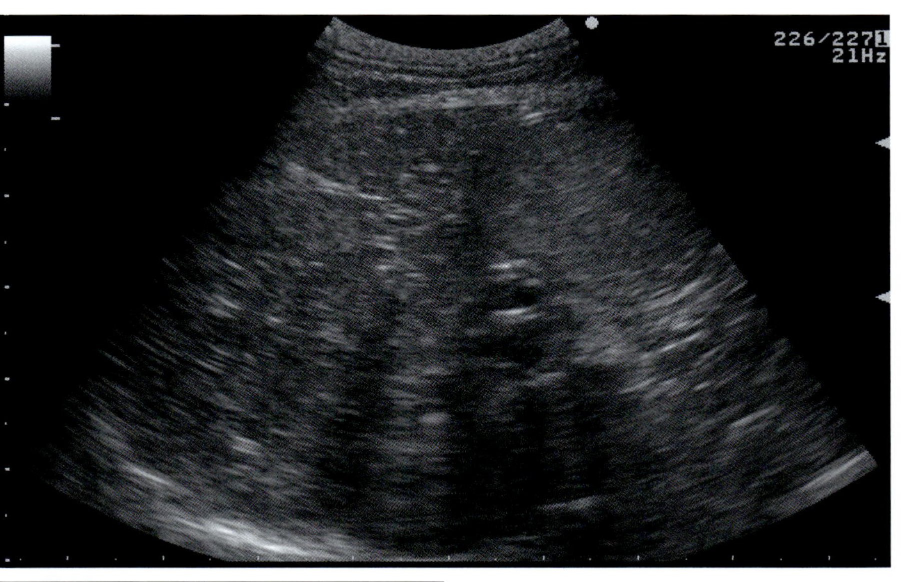

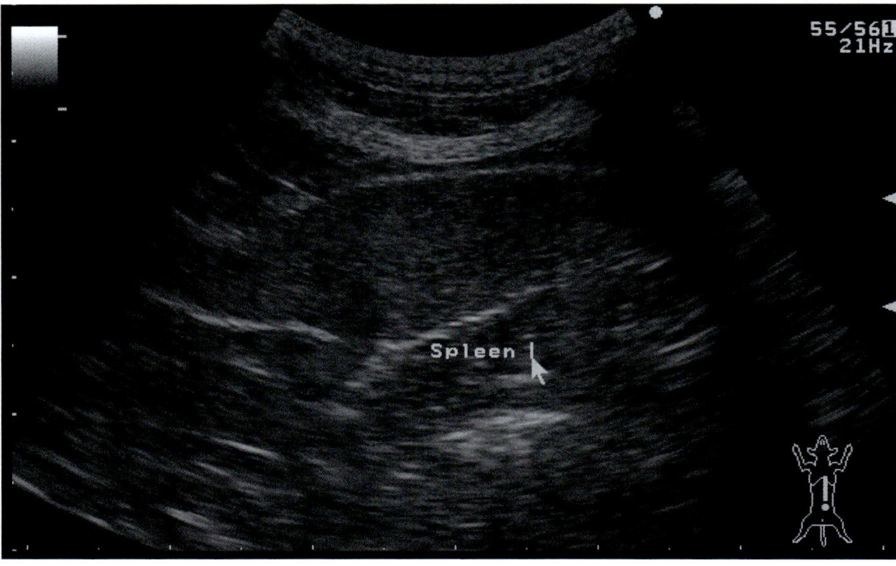

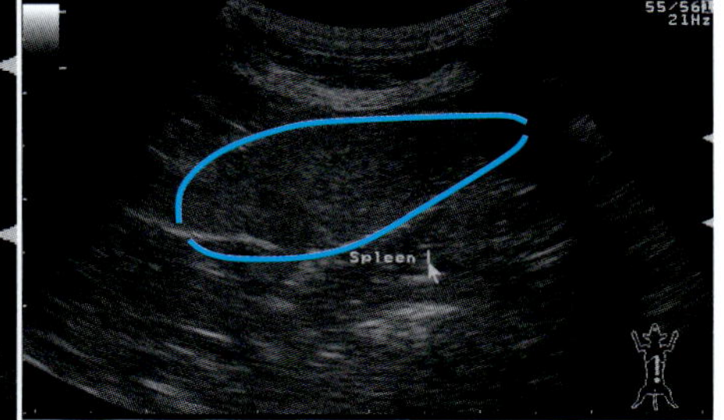

写真 86-7 脾臓超音波像
脾臓（Spleen）のエコー源性は正常で，実質に病変も認められなかった。また脾門リンパ節は描出されなかった。

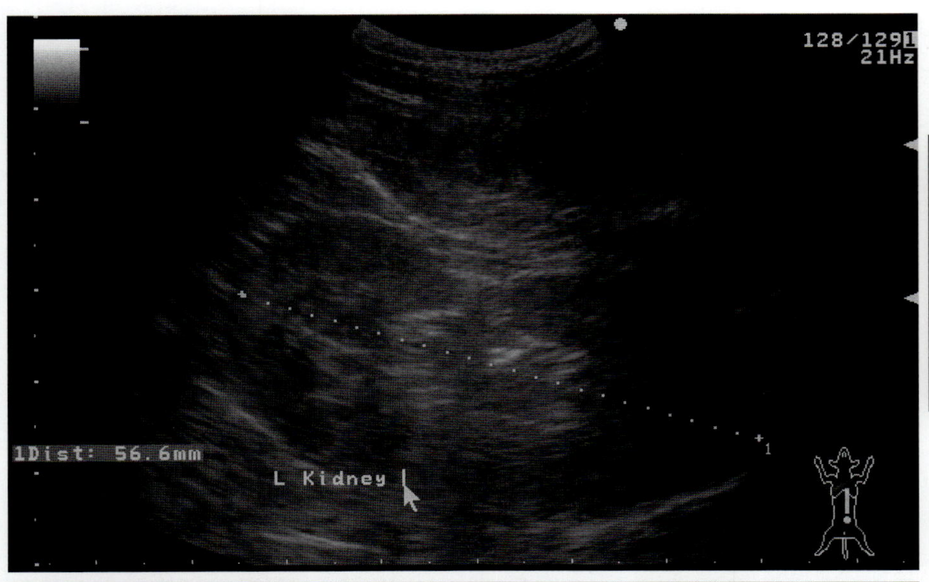

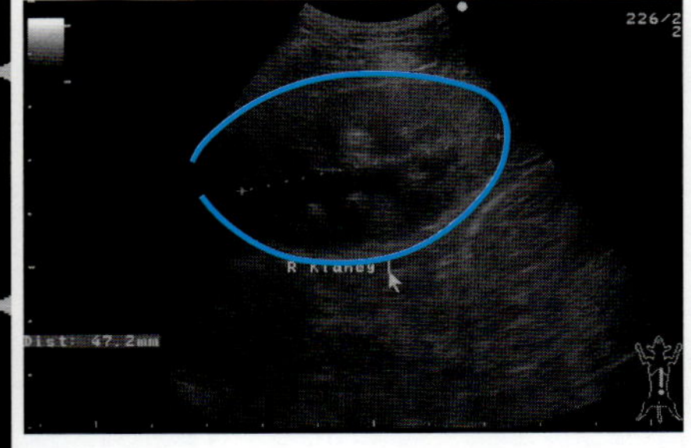

写真 86-8 左右腎臓超音波像
腎臓は左右共に正常な構造が認められ，腎リンパ節も描出されなかった。
L Kidney：左腎，R Kidney：右腎

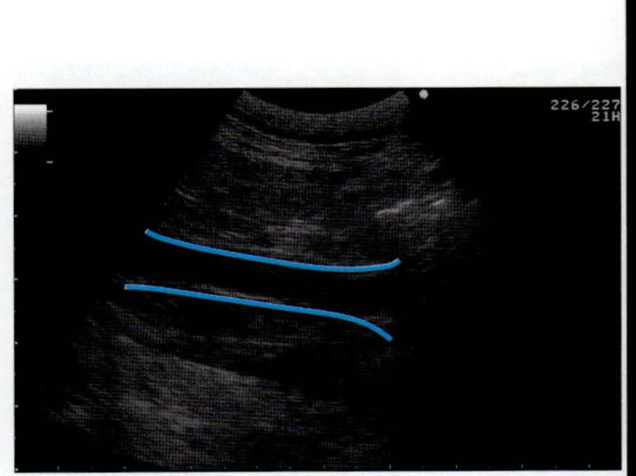

写真 86-9 腰下リンパ節超音波像
内腸骨リンパ節は明らかには描出されなかった。

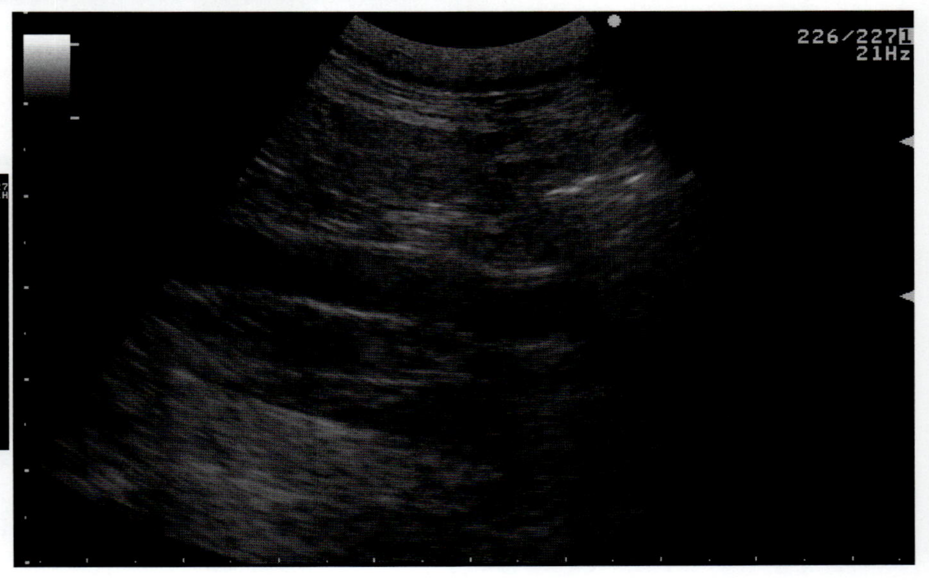

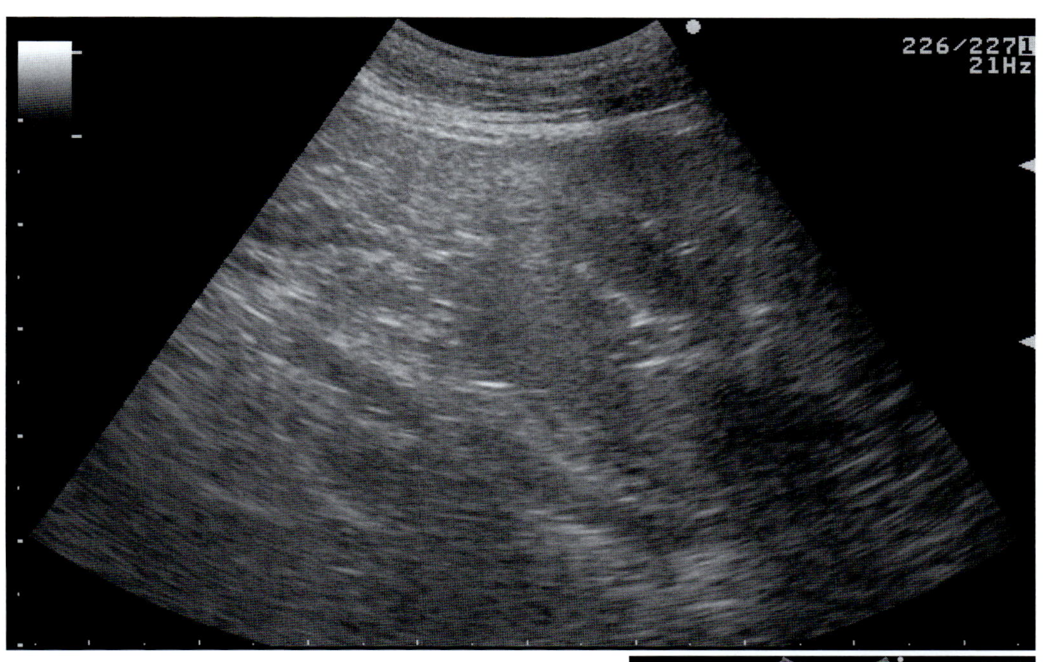

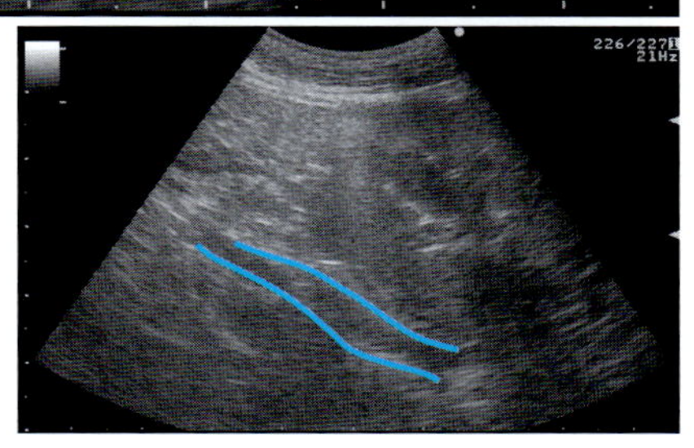

写真 86-10　前腸間膜リンパ節超音波像
腸間膜リンパ節の腫大は認められなかった。

❖コメント❖

本症例は，X線および超音波検査所見により，内容物を貯めて拡張した消化管が認められた。この消化管が大腸であった場合は異常とは断定できないが，小腸であった場合，腸閉塞と判断される。そのため，この拡張した消化管が小腸か大腸かを鑑別することが重要となる。その判断のための検査としては経口もしくは注腸による消化管造影検査，または超音波検査が挙げられる。しかし経口による造影検査の場合，検査時間が数時間に及び，造影剤による誤嚥や，検査後に手術となった場合の造影剤による術野の汚染などのデメリットも多くなる。一方，注腸造影検査や超音波検査の場合では，大腸の走行を短時間かつ非侵襲的に判断することが可能で，術中の消化管内からのバリウムの流出も回避できる。しかしながら，注腸造影検査ではその他の臓器の詳細な情報は得られない。本症例では超音波検査の結果，拡張した消化管は大腸ではないことが示唆されたため，小腸における腸閉塞と判断された。

本症例のように重度に拡張し蠕動運動の亢進した小腸と正常な径の小腸が混在して認められる場合，腸閉塞の原因としては閉塞が最も疑われる。消化管閉塞の原因としては，消化管内異物，腫瘍，腸重積などが挙げられるが，本症例では，閉塞の原因となる明らかな病変部は術前の検査の段階で確認できなかった。しかし，消化管閉塞の状態である以上は外科処置により閉塞を解除する必要があり，さらに開腹時の切除生検による病理検査で今後の治療に繋がる確定診断も得られることが予想される。

犬で消化管腫瘍が疑われた場合は腺癌，平滑筋肉腫，リンパ腫の発生率が高いが，比較的局所浸潤性で転移の遅い腺癌，平滑筋肉腫と，高確率に散在性の病変を作るリンパ腫とでは治療方針・予後が大きく変わってくるため，開腹手術の前に肝臓，腎臓，脾臓などの腹腔内臓器および腹腔内リンパ節の精査を行い，他に病巣がないか，血行性・リンパ行性の転移がないかも確認しておくことが重要である。

開腹時に確認された回腸部の拘縮病変を切除し，病理検査を行ったところ，この症例は腸腺癌であった。

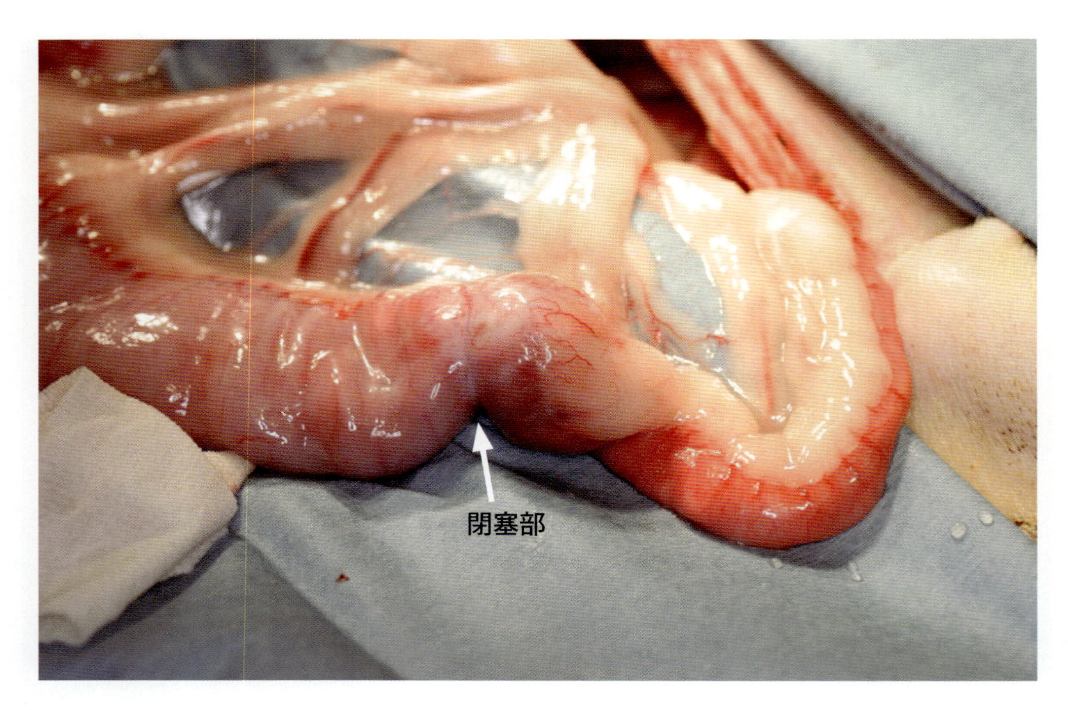

コメント写真 86-1

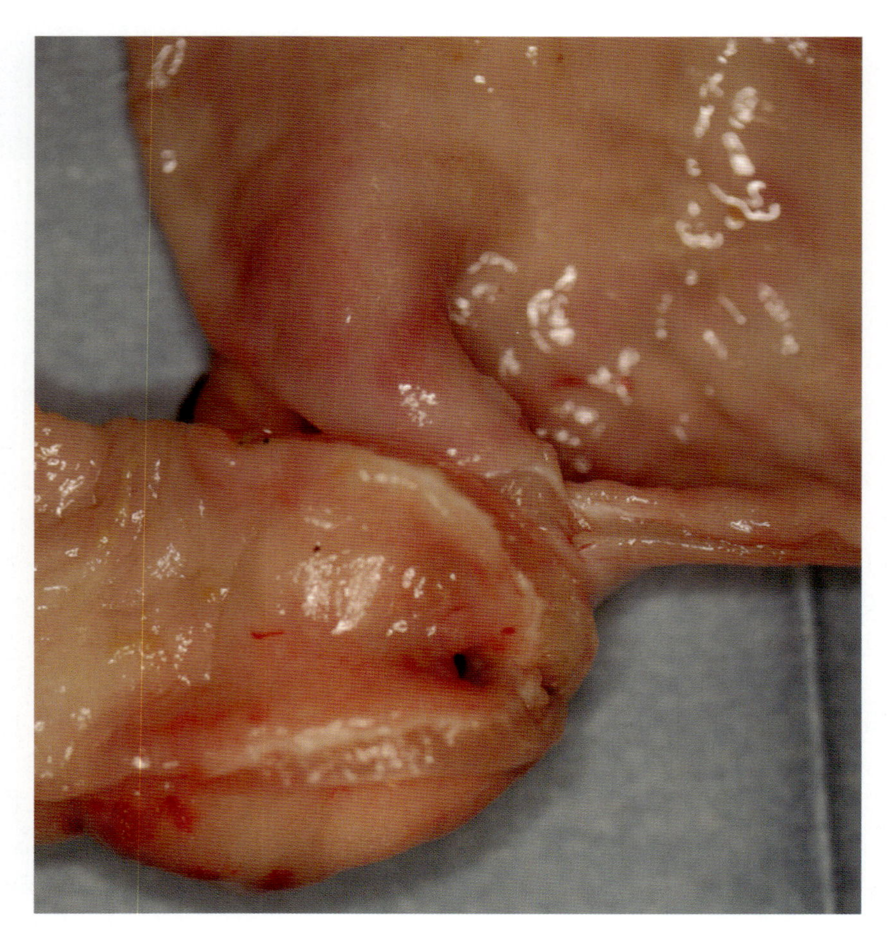

コメント写真 86-2

87．猫の腸閉塞

症　例：雑種猫，雄，年齢不明（おそらく10か月），体重1.3kg。

主　訴：食欲不振，嘔吐。

血液検査所見：

PCV	37.7	%	Alb	3.6	g/dL
RBC	954 × 10^4	/μL	ALT	29.4	U/L
Hb	13.7	g/dL	ALP	7.0	U/L
MCV	39.5	fL	TC	141	mg/dL
MCH	14.3	pg	Tg	174	mg/dL
MCHC	36.3	g/dL	T-Bil	0.228	mg/dL
WBC	15.8 × 10^2	/μL	Glu	103	mg/dL
Neu	13.8×10^2	/μL	BUN	11.9	mg/dL
Lym	1.67×10^2	/μL	Cr	0.8	mg/dL
Mon	0.089×10^2	/μL	Ca	10.4	mg/dL
Eos	0.207×10^2	/μL	iP	4.26	mg/dL
Bas	0.016×10^2	/μL	Na	155.9	mmol/L
pl	82.8 × 10^4	/μL	K	4.78	mmol/L
TP	6.0	g/dL	Cl	105.4	mmol/L

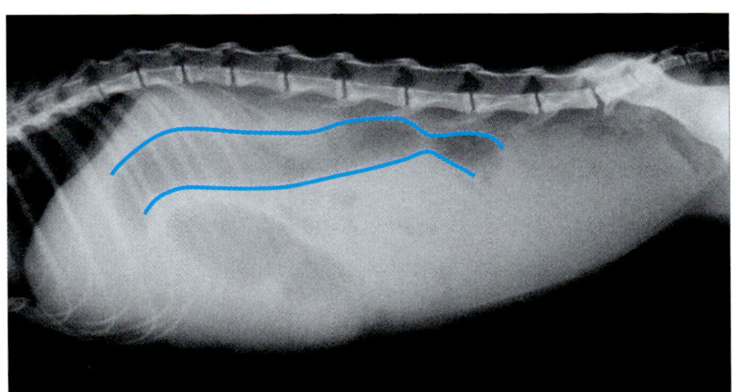

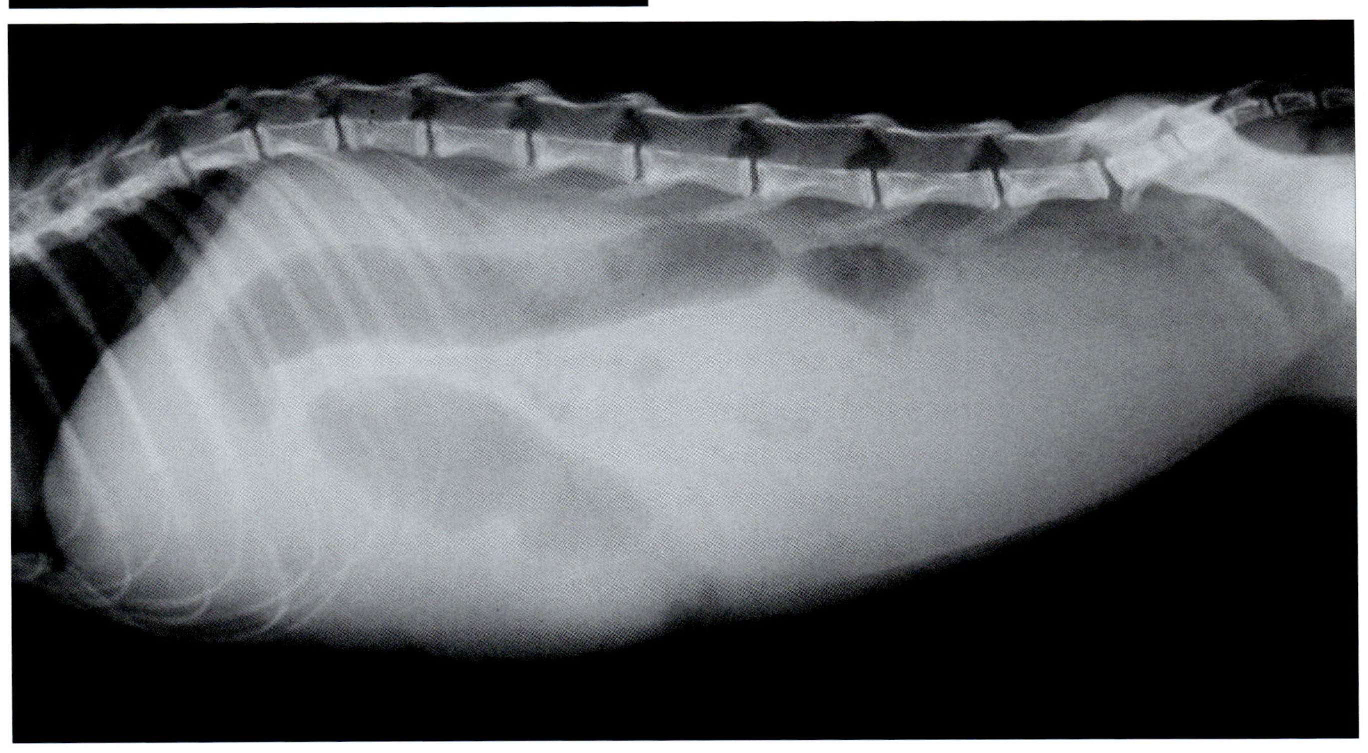

写真 87-1　腹部単純X線ラテラル像

重度な削痩のため腹部全体の鮮影度が低下して観察される。消化管全体の太さは確認不可能であるが，ガスを貯留した，軽度に太い十二指腸陰影が認められる。

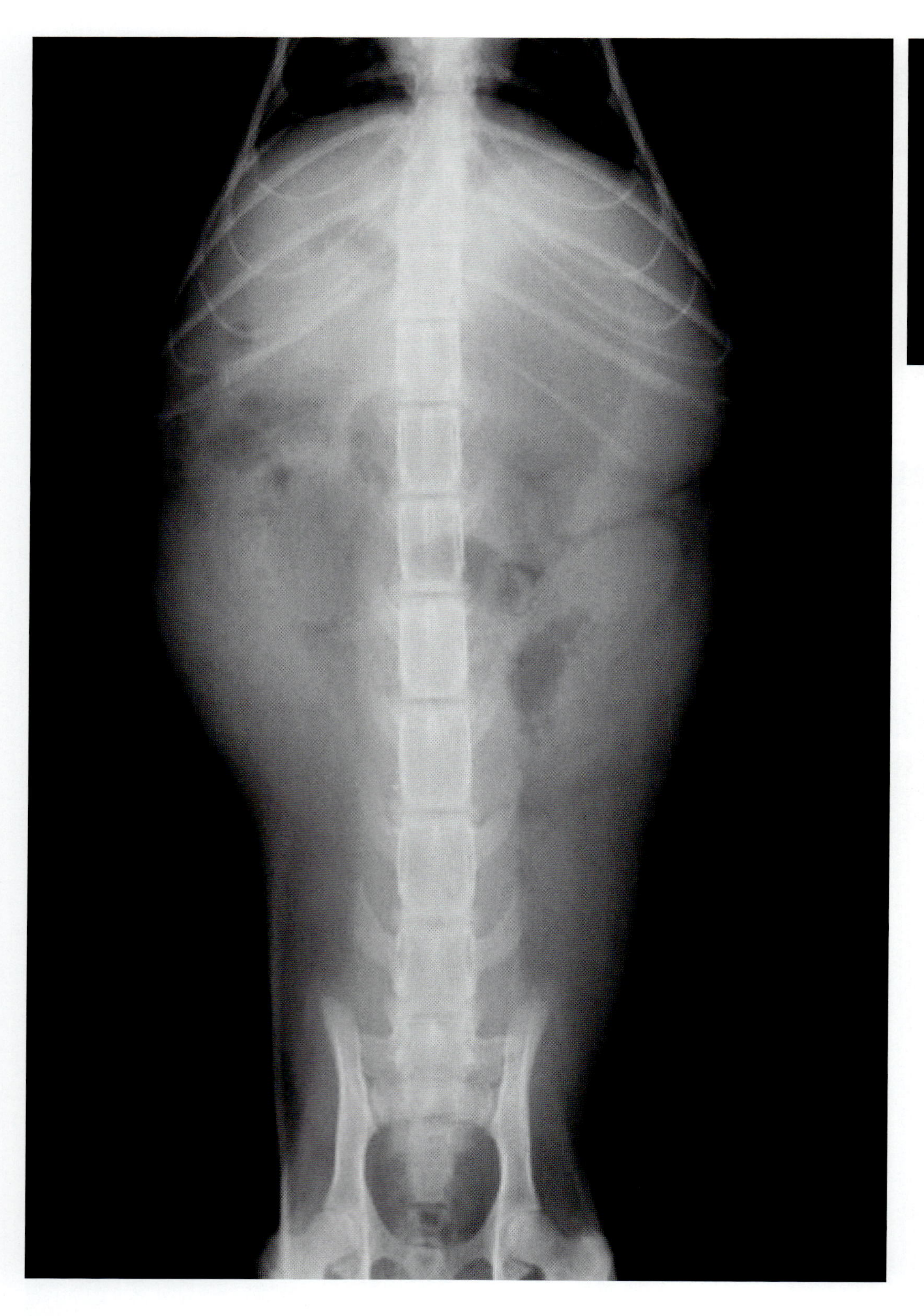

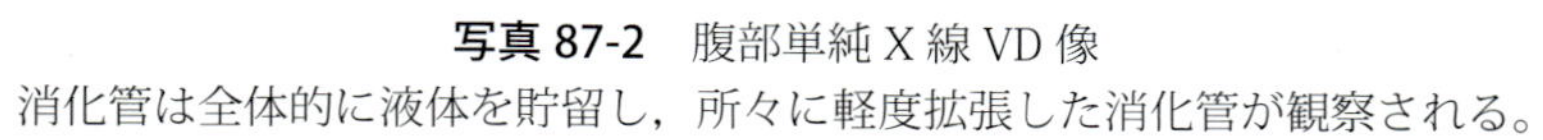

写真 87-2　腹部単純 X 線 VD 像
消化管は全体的に液体を貯留し，所々に軽度拡張した消化管が観察される。

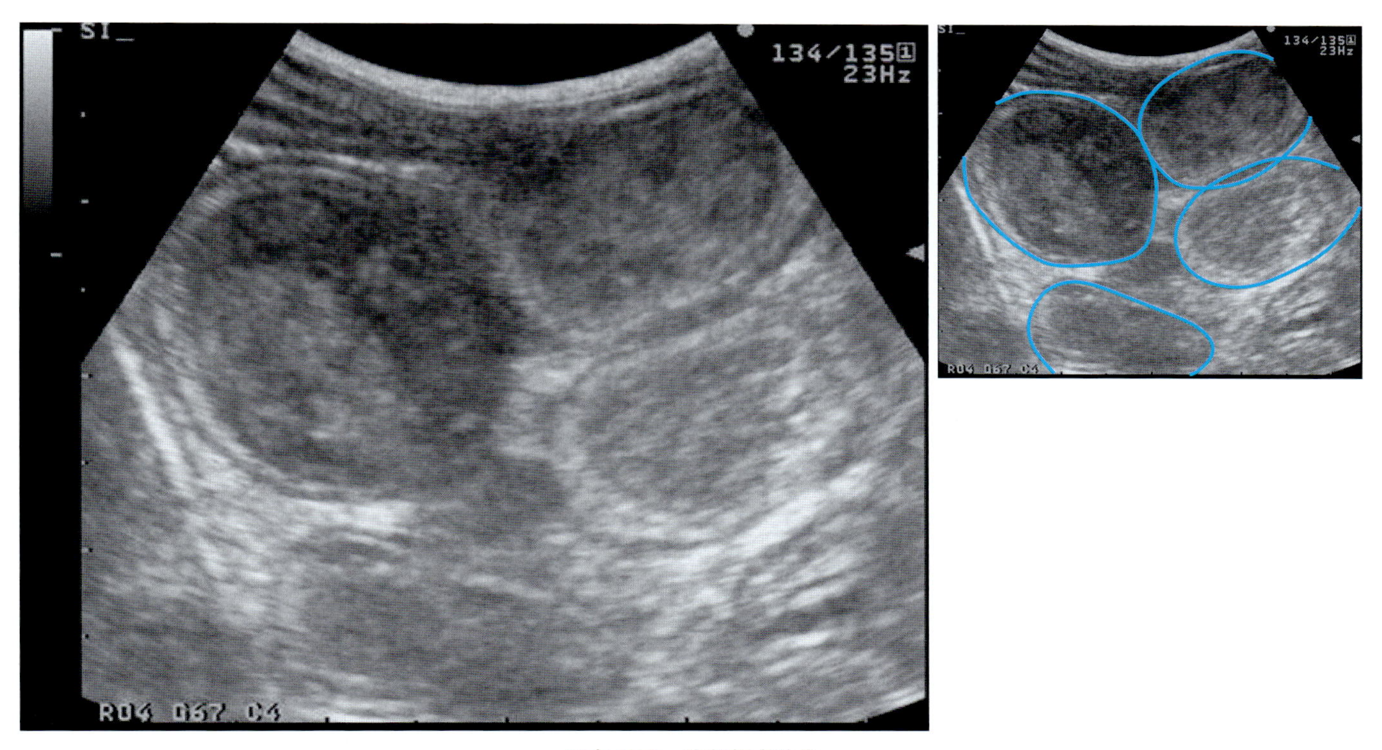

写真 87-3　腹部超音波像

小腸の横断像が多数認められ，消化管壁に異常は認められないものの，内腔には多量の液体を貯留している。この断面における小腸は，全体的には拡張して観察される。

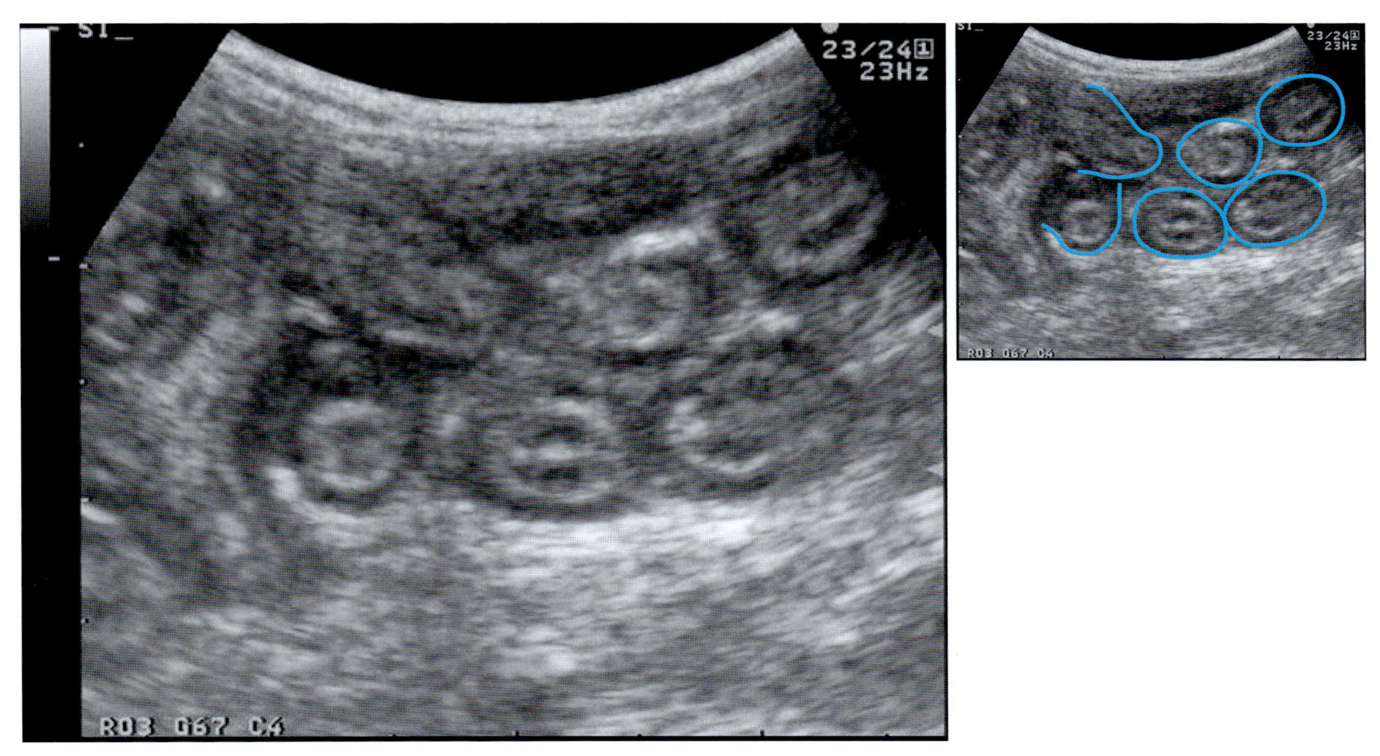

写真 87-4　腹部超音波像

走査部位によっては，内腔に貯留物はなく，消化管壁も正常な層構造を呈して観察される。この断面では，全く異常のない小腸の横断像が多数認められる。

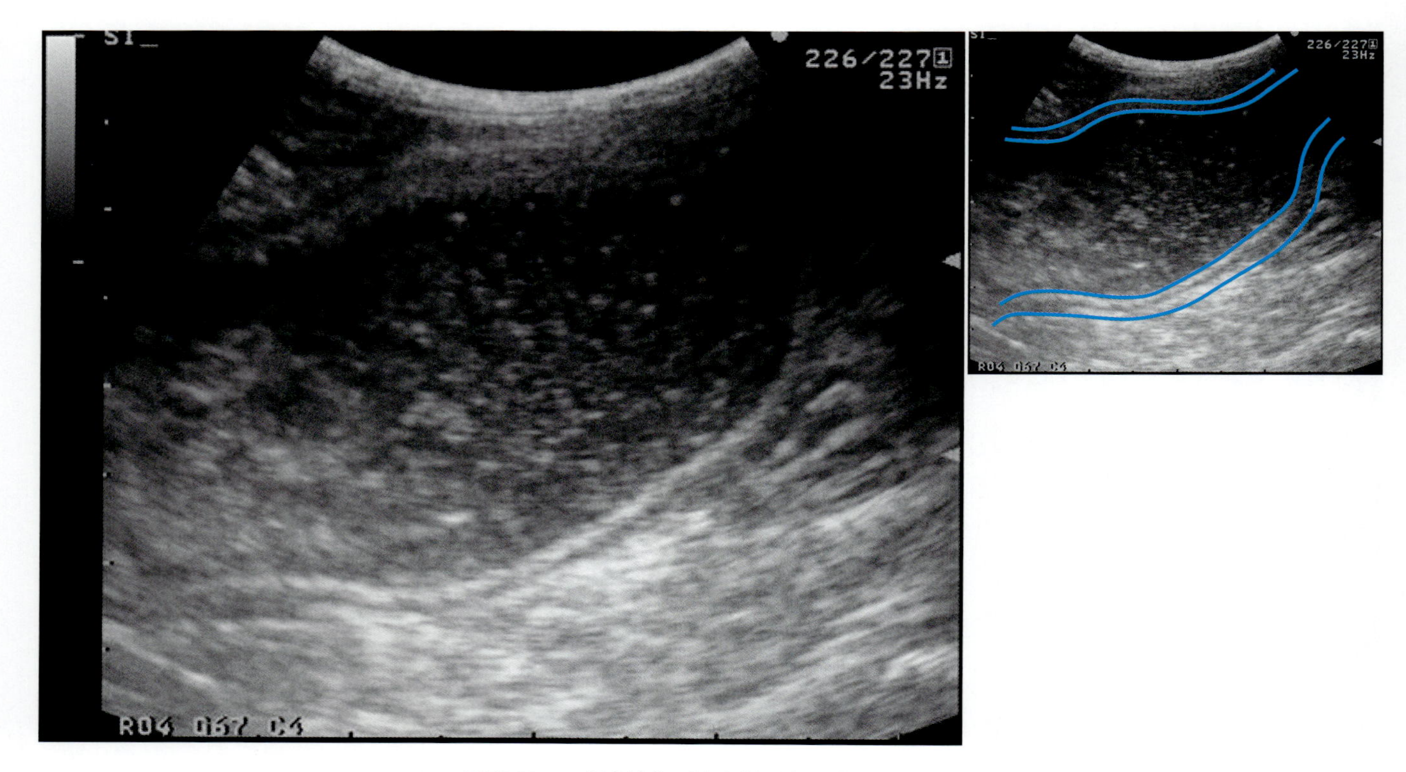

写真 87-5 超音波像（小腸拡張部遠位の縦断像）
閉塞の原因を特定することが不可能であった。

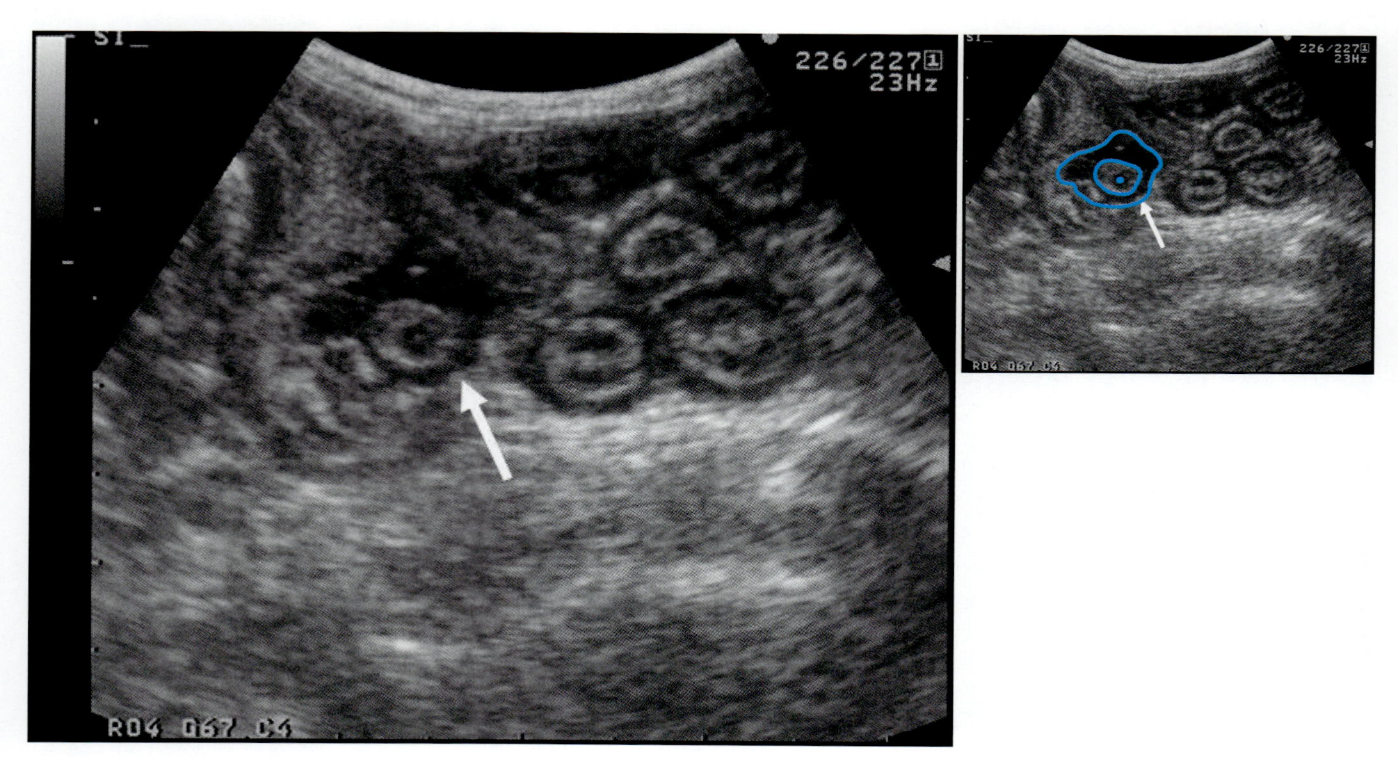

写真 87-6 超音波像（小腸狭窄部の横断像）
層構造に異常が確認できるが（矢印），病変の種類を特定することはできなかった。

❖コメント❖

X線における猫の小腸陰影の正常な太さは，第4腰椎椎体横径の2倍以下または12mm以内である。本症例におけるX線検査では，小腸の軽度拡張が異常所見として観察されるものの，明らかな拡張と判断できる太さではないものと考えられる。しかしながら，超音波検査において，液体を貯留して拡張した小腸と，全く内容を含まない小腸とが混在していることから，原因の特定は不可能であったものの，腸閉塞が考えられ，外科適用であることが判断される。超音波検査後，本症例は試験開腹を行ったが，回腸に閉塞部が確認され，摘出を行った。病理組織検査では，寄生虫の迷入によるものと考えられる内腔粘膜の消失と肉芽形成ならびに周囲平滑筋層の過形成が認められた。

腸閉塞の症例では腹腔内鮮影度が低下しているものが多く，重度なガス貯留がない場合，診断が困難となる場合が少なくない。単純X線検査後に超音波検査を行うことで，バリウム造影の手間が省け，手術時のバリウム汚染も避けることができる。

88．猫の腸重積

症　例：アビシニアン，6 か月。

主　訴：10 日前からの嘔吐と体重減少。

血液検査所見：

PCV	45.8	%
RBC	1372 × 10^4	/μL
Hb	15.0	g/dL
MCV	33.4	fL
MCH	11.0	pg
MCHC	32.8	g/dL
WBC	177.0 × 10^2	/μL
Neu	142.0×10^2	/μL
Lym	22.6×10^2	/μL
Mon	1.41×10^2	/μL
Eos	3.07×10^2	/μL
Bas	0.71×10^2	/μL
pl	147.0 × 10^4	/μL
TP	6.7	g/dL
Alb	3.4	g/dL
ALT	41.4	U/L
ALP	18.0	U/L
TC	161.3	mg/dL
Tg	66.8	mg/dL
T-Bil	0.151	mg/dL
Glu	139	mg/dL
BUN	75.4	mg/dL
Cr	1.5	mg/dL
Ca	11.6	mg/dL
iP	7.8	mg/dL
Na	156.9	mmol/L
K	4.10	mmol/L
Cl	98.3	mmol/L

A

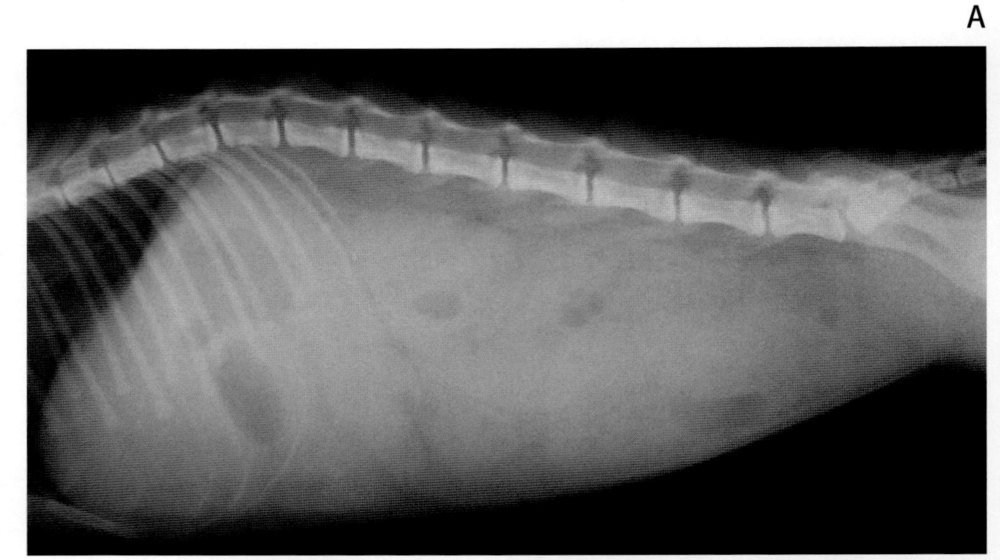

B

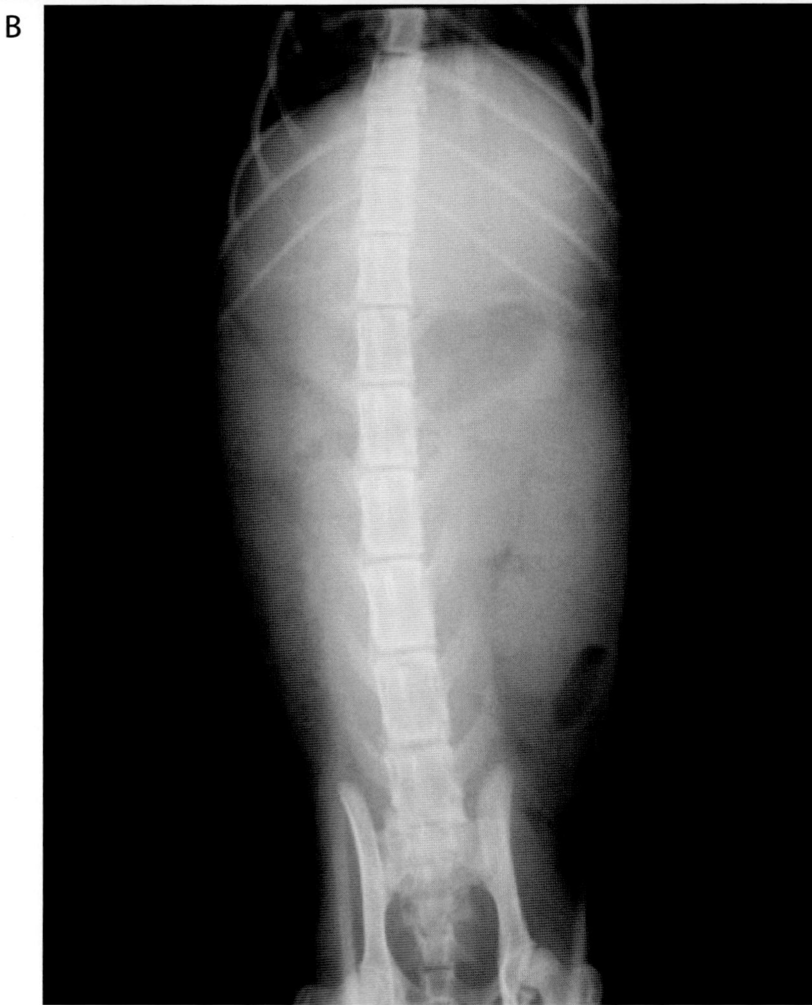

写真 88-1　腹部単純 X 線像（A：ラテラル像，B：VD 像）

液体を貯留した消化管が腹部全体に観察されるが，明らかな異常と判断される消化管の拡張所見は認められない。

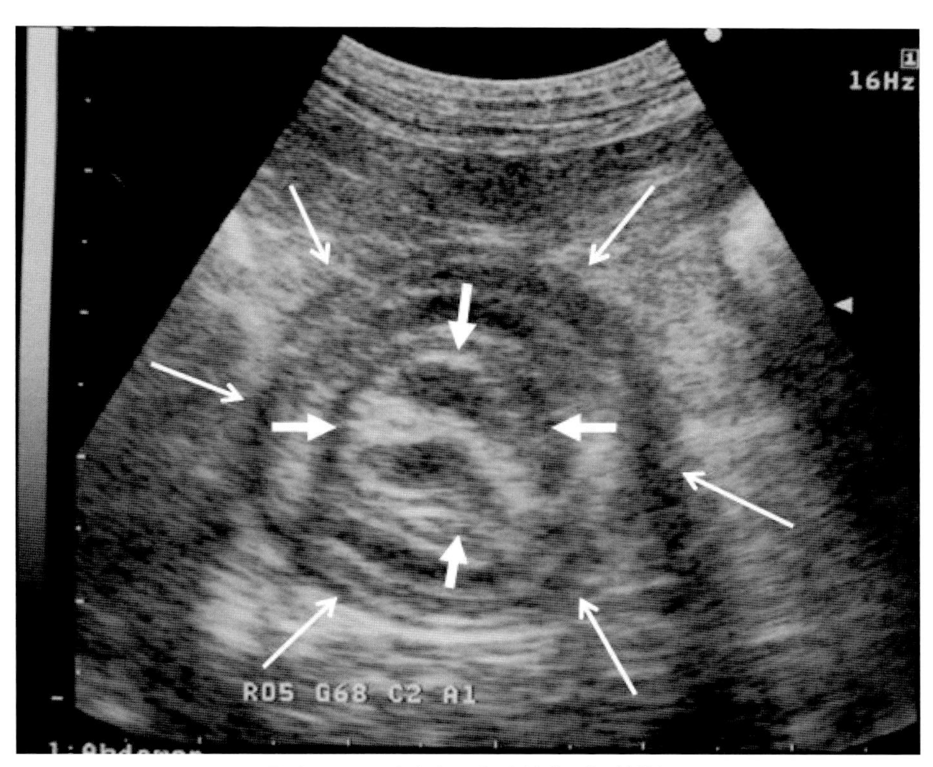

写真 88-2　病変部の超音波像（短軸像）
層構造を有する小腸（太矢印）の外側周囲に層構造を呈する小腸壁（細矢印）が全周性に認められる。腸重積に特徴的なリングサインに一致する所見である。

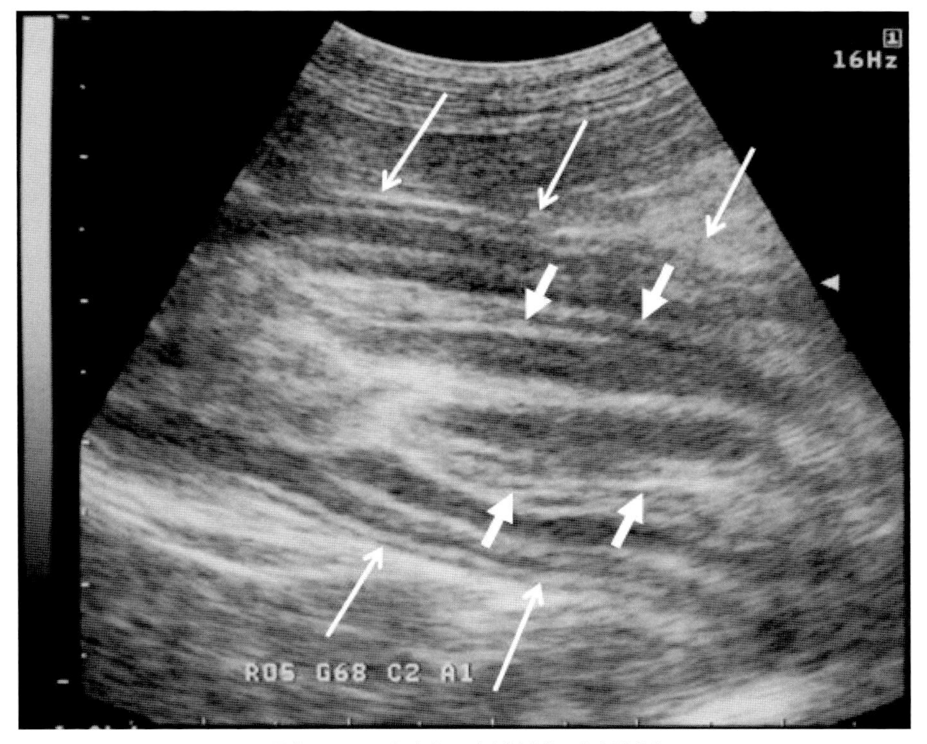

写真 88-3　病変部の超音波像（長軸像）
層構造を有する小腸（太矢印）の上下に層構造を呈する小腸壁（細矢印）が認められる。これも腸重積に特徴的なヘイホークまたはトライデントサインに一致する所見である。

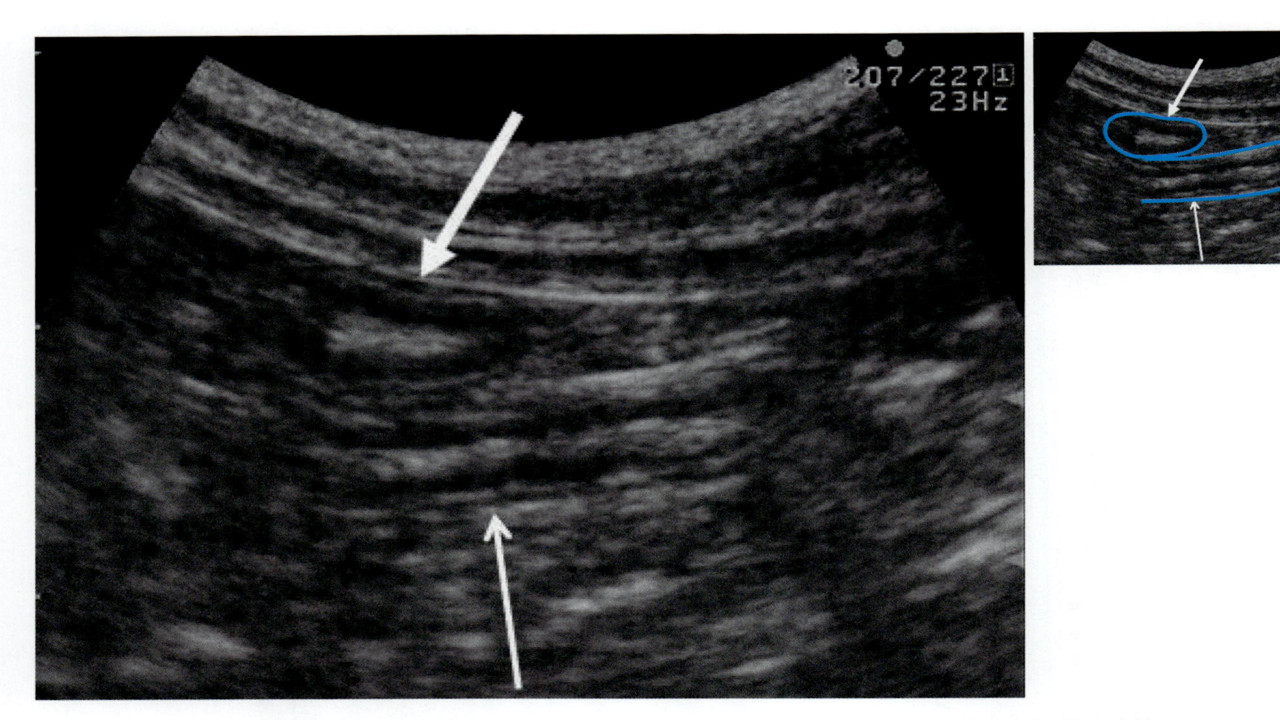

写真 88-4　正常な猫の消化管超音波像〔小腸の短軸像（太矢印）および長軸像（細矢印）〕
小腸壁厚は 2.09 ± 0.37mm

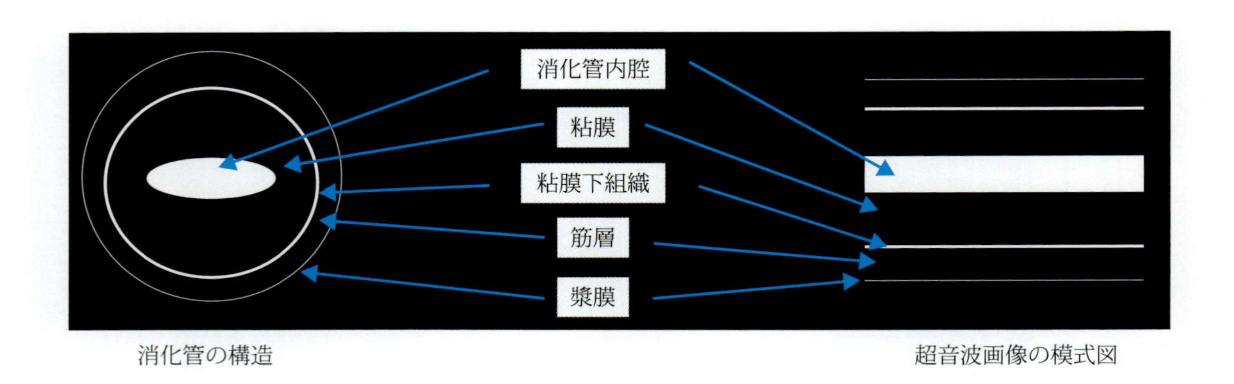

消化管の構造　　超音波画像の模式図

❖コメント❖

本症例は嘔吐を主訴に来院し，X 線上小腸領域に液体貯留を認めた（写真 88-1）。しかしながら，猫の消化管の正常な太さはラテラル像において椎体横径の 2 倍以下とされ，明らかに異常と判断できる小腸の拡張所見は得られなかった。次いで，消化管の造影検査は行わず超音波検査のみを行ったが，層状の壁構造を有する外筒の内側に正常な層構造を有する小腸の内筒が認められたことから，腸重積と診断した（写真 88-2，3）。開腹の結果，重積部は回腸で認められ，陥入部位は完全閉塞を呈し癒着していたことから，重積部を含めた小腸切除を行った。

消化管の異常を診断する方法として消化管造影法が挙げられるが，腸閉塞が認められる場合，造影剤が閉塞部までなかなか到達しないため診断が困難となる例が多い。また，本症例のように消化管穿孔の認められない例では，病変の詳細が観察しやすいバリウムが第 1 選択の造影剤となるが，手術時にバリウムが漏出するため消化管縫合部がバリウムによって汚染される。一方，超音波検査では，これらのデメリットがないため消化器の診断においても有用性が高い。

89. 犬の消化管穿孔

症　例：ミニチュア・ダックスフンド，雄，8歳。

本症例は，慢性下痢と低アルブミン血症で小腸の内視鏡生検を実施した結果，リンパ球プラズマ細胞性腸炎ならびにリンパ管拡張と診断された。内科治療を行っていたが，突然元気と食欲の低下，ならびに発熱がみられたため来院した。

A

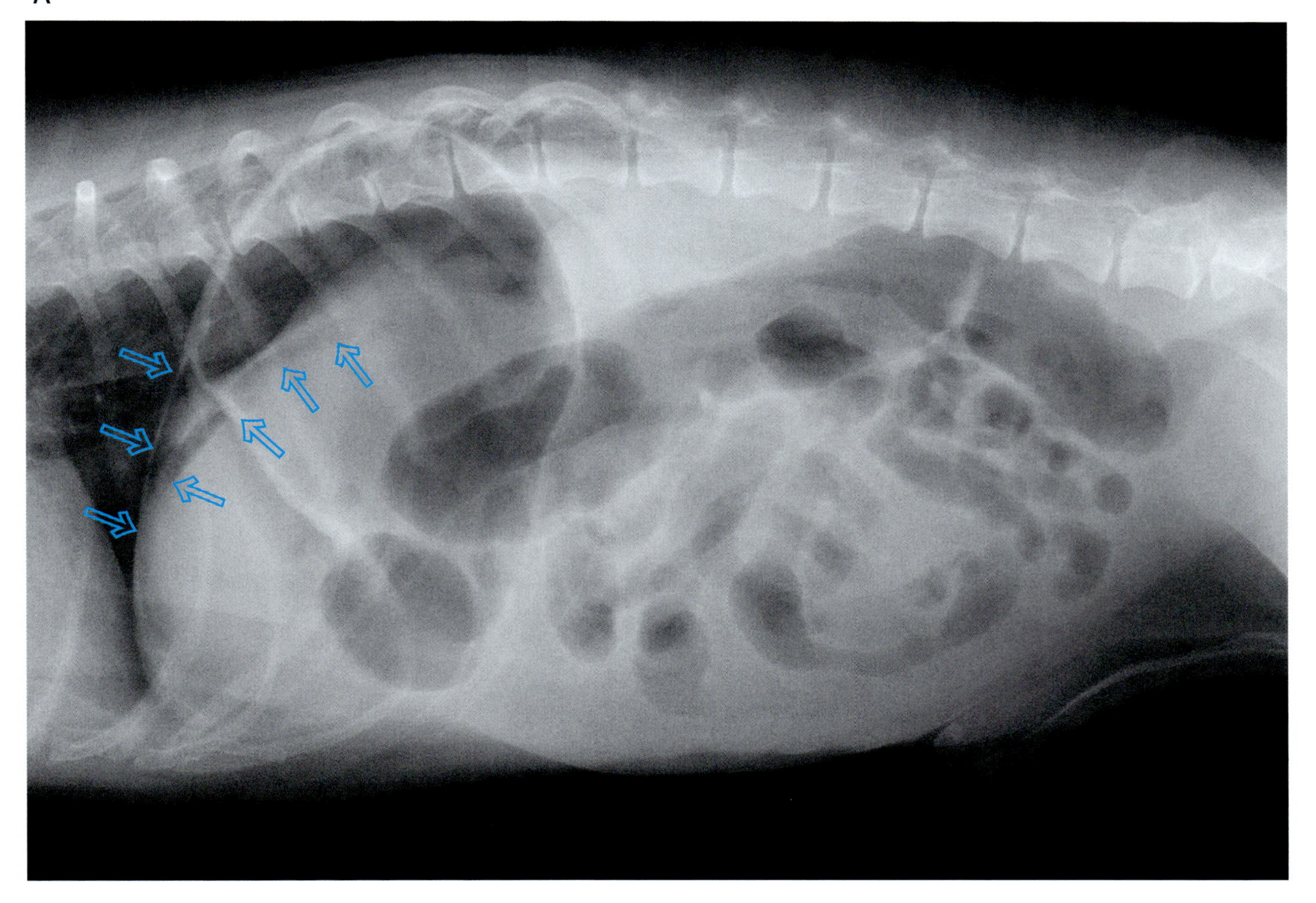

写真 89-1　腹部単純 X 線像（A：ラテラル像，B：VD 像）
腹腔内脂肪が不明瞭で，消化管壁の漿膜面が観察不能である。腹部全体の鮮鋭度が低下している。また，横隔膜と肝臓の間にガスが認められる（青矢印）。VD においては腹壁と消化管の間にもガスが認められる（白矢印）。

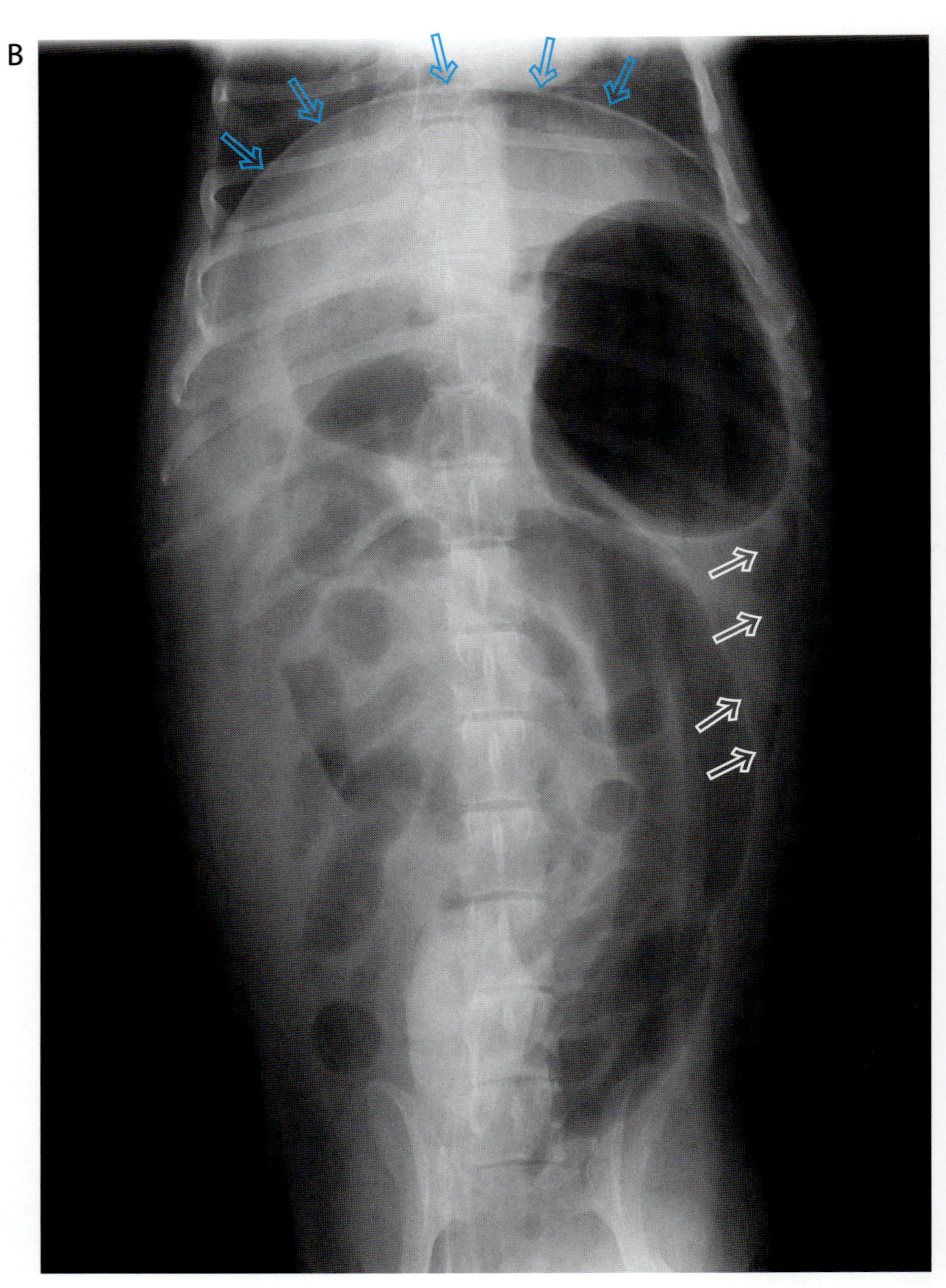

写真 89-1　（つづき）

❖コメント❖

腹腔内にガスが遊離すると，ガスは呼吸運動によって横隔膜と肝臓の隙間に移動する傾向がある。腹腔内遊離ガスが認められる場合，消化管穿孔，腹壁の貫通創，ガス産性菌感染が代表的な鑑別診断となるが，身体検査上貫通創が認められない限り，開腹下での消化管整復または腹腔洗浄とドレインチューブ設置を必要とする。消化管穿孔が疑われる際には，ヨード系造影剤による消化管造影が推奨されているが，腹膜炎や腹腔内遊離ガスがみられた場合，治療には開腹を必要とするため，造影検査によって穿孔の有無を診断するメリットはあまりなく，術前に必ずしも原因の特定を必要とするわけではない。したがって本症例は，直ちに試験開腹を実施し，腹腔内を探索した結果，空腸に穿孔が認められたため穿孔創を修復し，腹腔内洗浄とドレインチューブ設置を行い閉腹した。

90. 猫の消化管穿孔

症　例：雑種猫，去勢雄，12 歳 5 か月齢。

主　訴：1 か月前に食欲消失，黄疸あり。その後，食欲回復したが，再び消失した。体重減少も著しい。

血液検査所見：

PCV	25.7	%
RBC	525 × 10^4	/μL
Hb	9.1	g/dL
MCV	49	fL
MCH	17.3	pg
MCHC	35.4	g/dL
WBC	211 × 10^2	/μL
Neu	201 × 10^2	/μL
Lym	5.75 × 10^2	/μL
Mon	1.40 × 10^2	/μL
Bas	0.11 × 10^2	/μL
pl	7.1 × 10^4	/μL
TP	4.8	g/dL
Alb	1.7	g/dL

ALT	23	U/L
ALP	186	U/L
TC	195	mg/dL
Tg	82	mg/dL
T-Bil	0.79	mg/dL
Glu	249	mg/dL
BUN	17.4	mg/dL
Cr	0.8	mg/dL
Ca	9.5	mg/dL
iP	2.2	mg/dL
Na	143	mmol/L
K	3.12	mmol/L
Cl	108	mmol/L

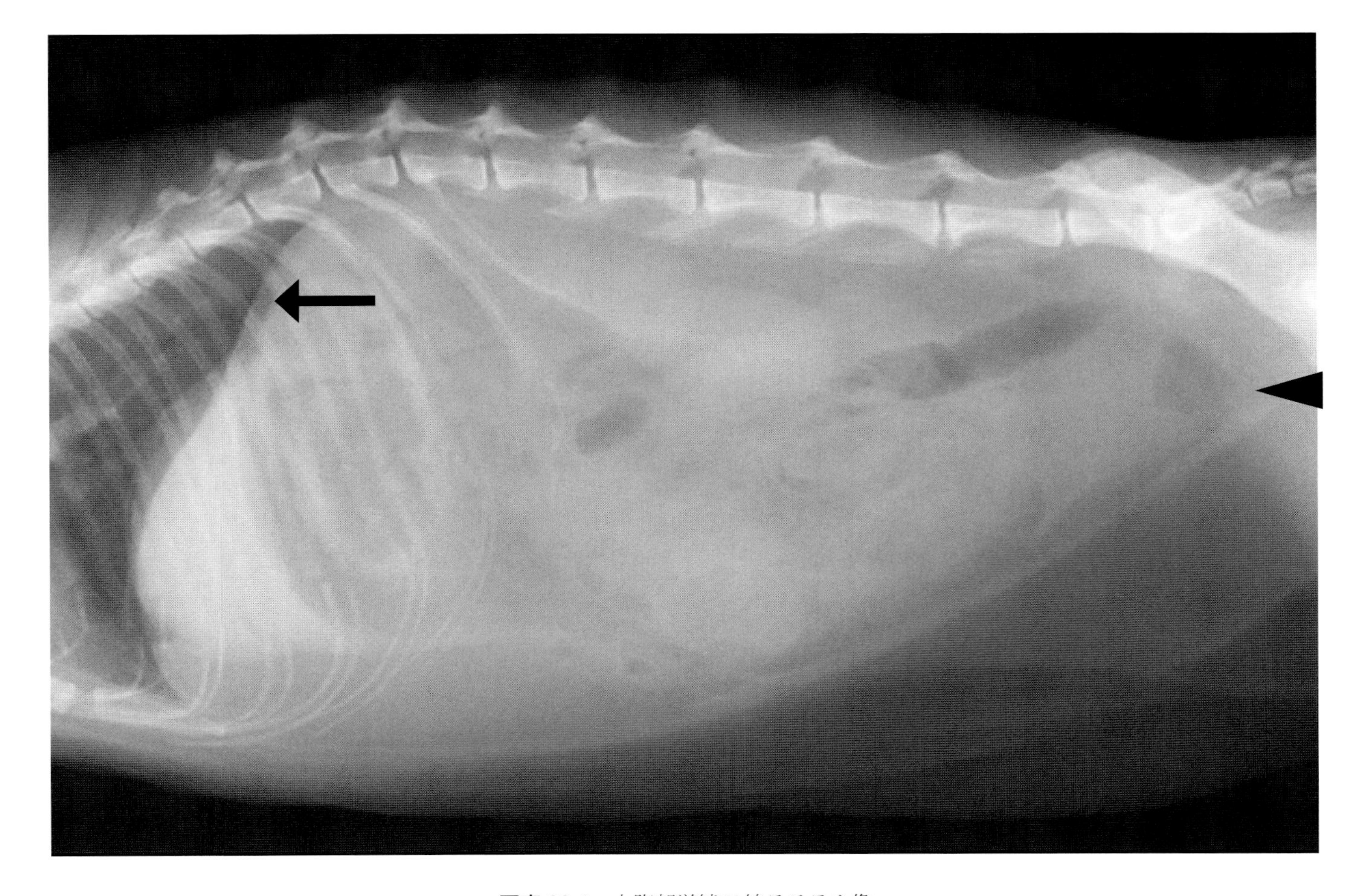

写真 90-1　上腹部単純 X 線ラテラル像
横隔膜と肝臓の間（矢印），ならびに膀胱尾側に遊離ガスが認められる（矢頭）。また，腹部中央部の小腸領域に鮮鋭度の低下が認められ，漿膜面の観察が困難である。

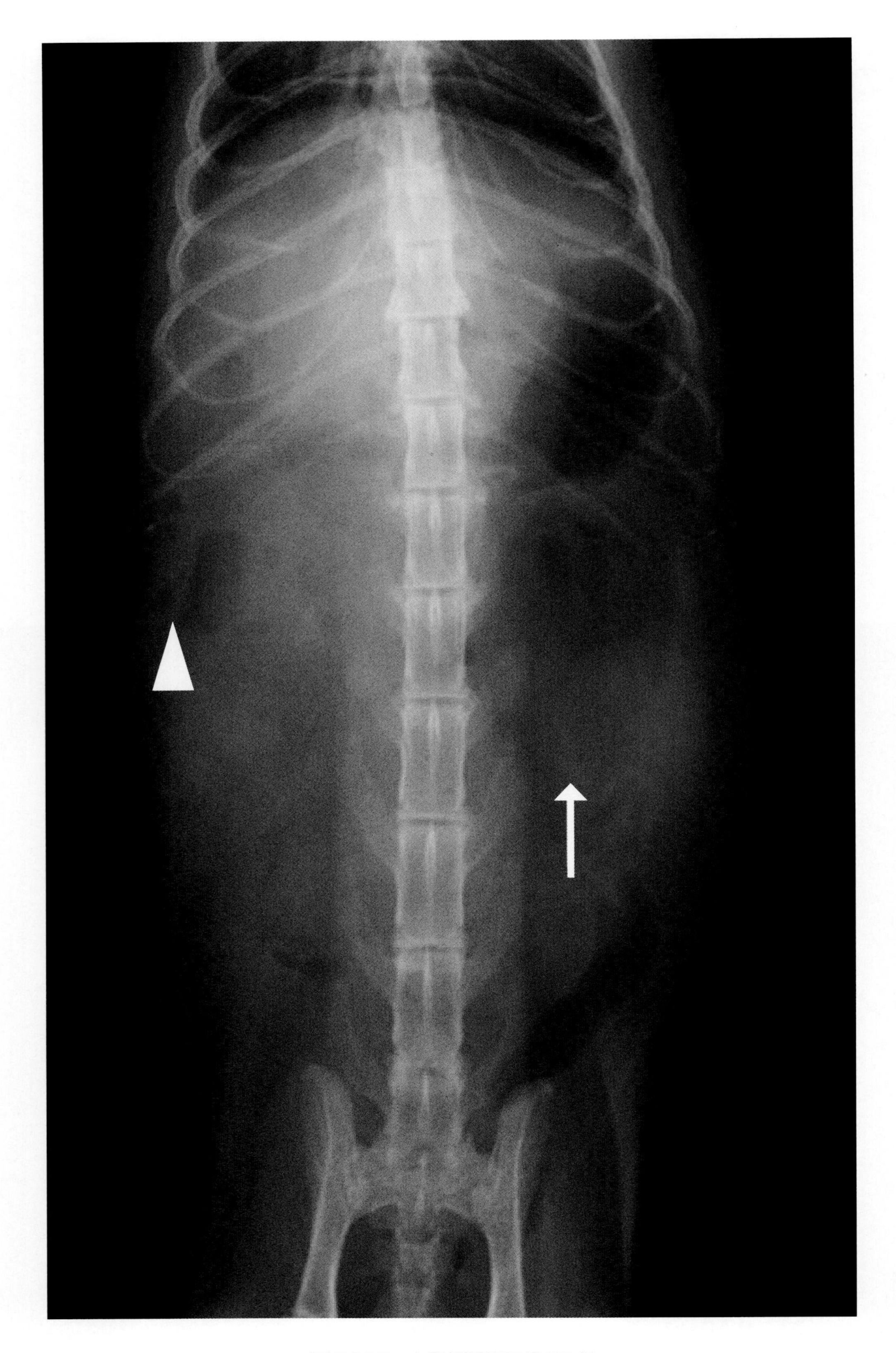

写真 90-2　上腹部単純 X 線 VD 像
胃ガスの尾側に大量の遊離ガスが認められ（矢印），右側腹壁領域にも細かな遊離ガスが観察される（矢頭）。また，ラテラル像（写真 90-1）同様，腹部右側中央の小腸領域は鮮鋭度が低下し，消化管の漿膜ラインが観察されない。

❖コメント❖

X線検査において腹腔内遊離ガスの存在，腹腔内鮮鋭度の低下，消化管漿膜面の不鮮明といった所見が認められる場合，消化管穿孔による腹膜炎が強く疑われる。消化管穿孔では，その原因に関わらず，開腹手術が必要となる。したがって本症例は，X線検査において消化管穿孔が示唆されることから，早急な手術が必要となるが，術前に行われた超音波検査では，小腸領域に消化管壁の肥厚と層構造の消失が限局して観察された（コメント写真90-1）。このことから，消化管の腫瘍や，炎症性腸疾患による消化管穿孔と診断された。

手術を行った結果，腹腔内に消化管内容物の漏出があり，回腸遠位端には直径5mm程の穿孔を伴う限局的な消化管の肥厚部が確認された（コメント写真90-2）。病変部を切除し，病理検査を実施した結果，慢性化膿性肉芽腫であった。

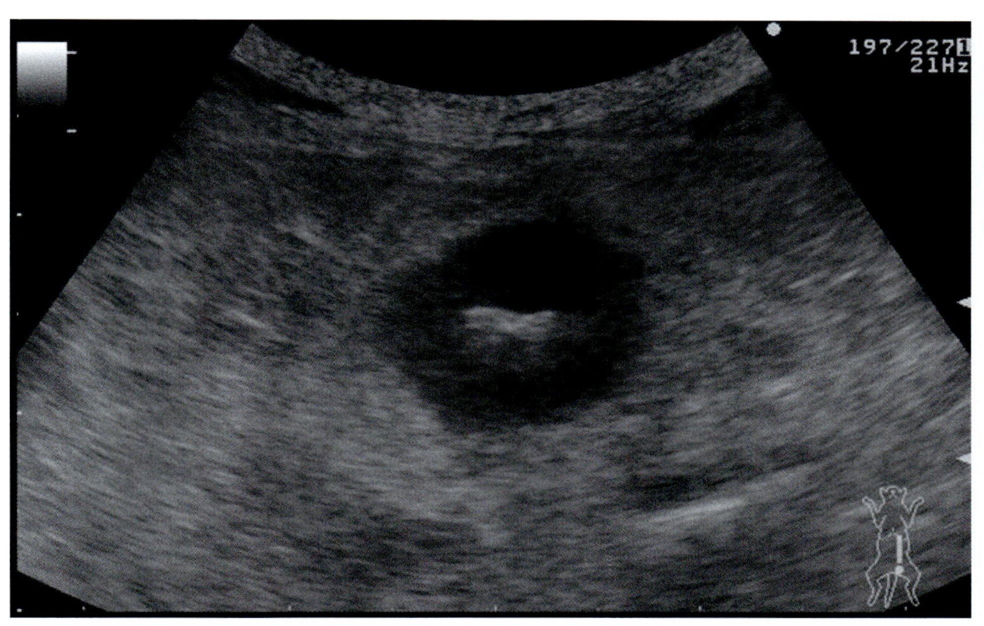

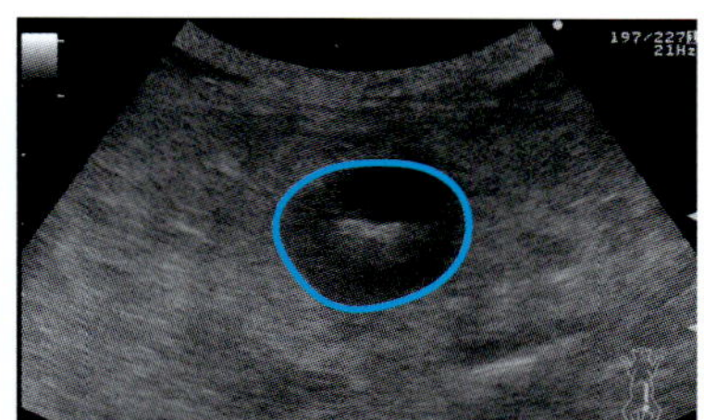

コメント写真90-1 超音波上腹部腸管短軸像
消化管壁の肥厚，ならびに層構造の消失が認められる。

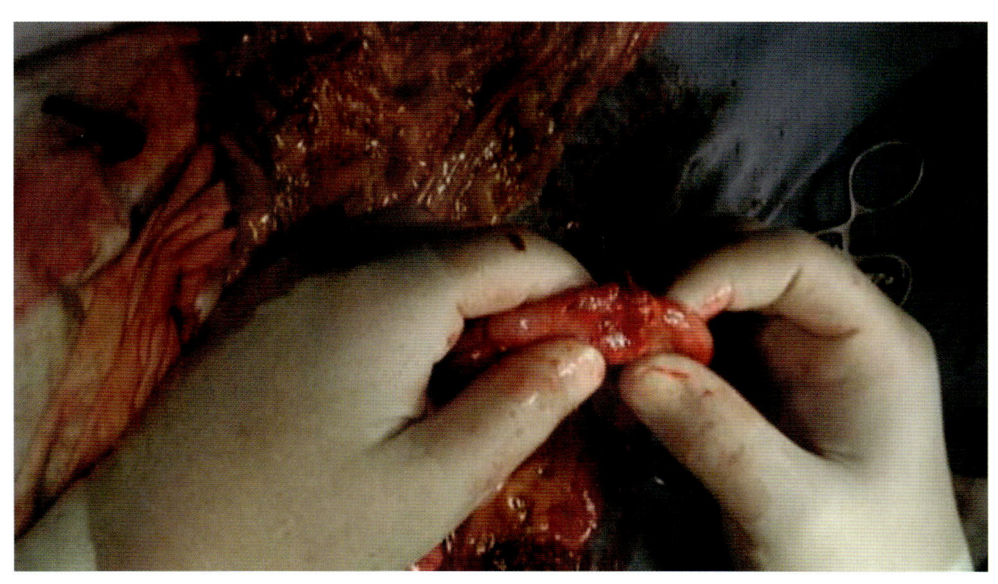

コメント写真90-2 回腸遠位端の穿孔部

91. 犬の腸リンパ管拡張症

難治性の下痢を呈する犬に対し，腹部超音波検査を実施したところ，小腸領域において，リンパ管拡張症で認められる典型的な所見が検出されたので解説する。

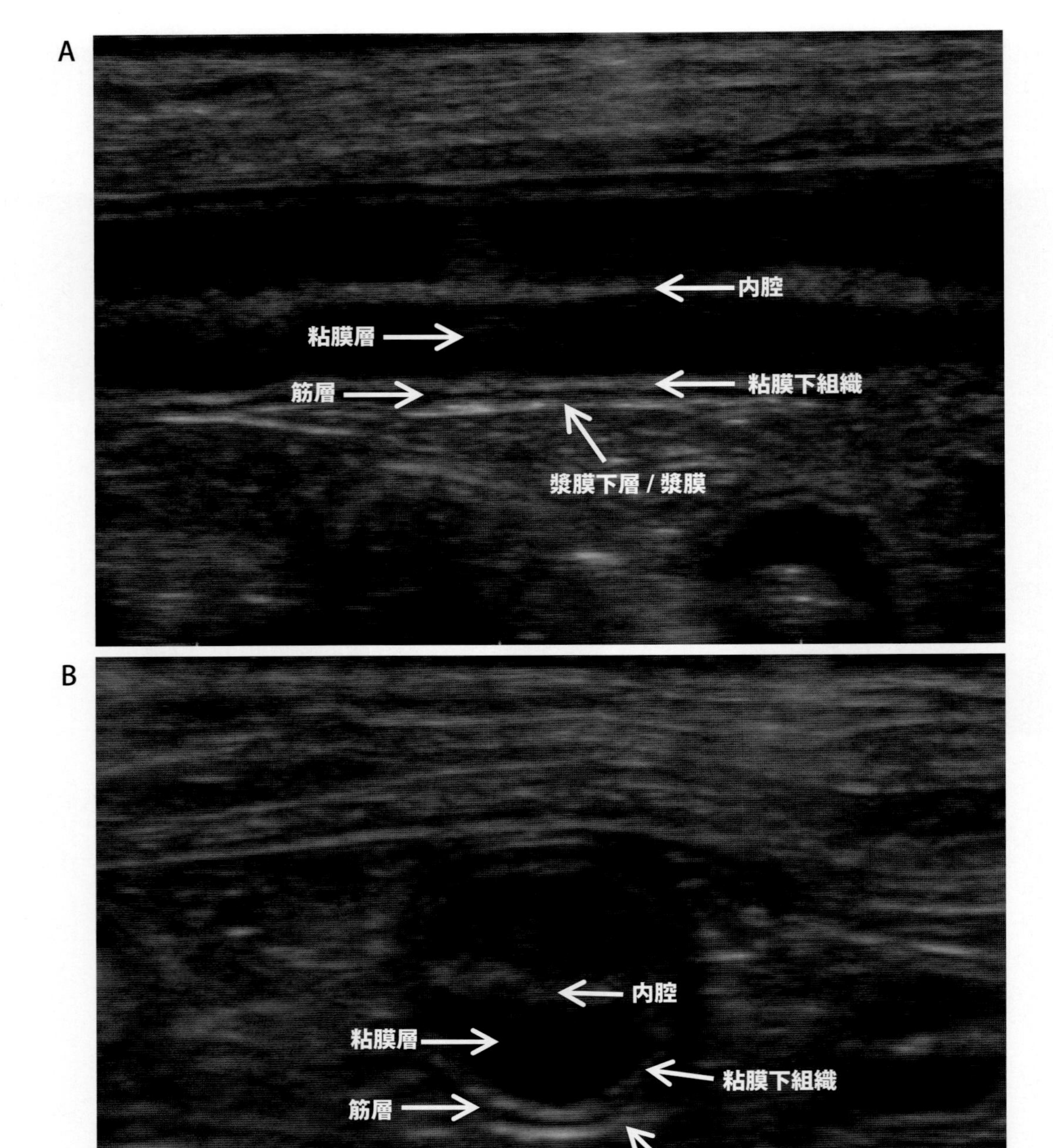

写真 91-1　正常な小腸の超音波像（A：縦断像，B：横断像）
正常な消化管壁構造は，5つの層構造をもち，内腔側から漿膜表面にかけて，内腔に接している高エコーの粘膜表面，低エコーの粘膜，高エコーの粘膜下組織，低エコーの筋層，そして高エコーの粘膜下層と漿膜となっている。

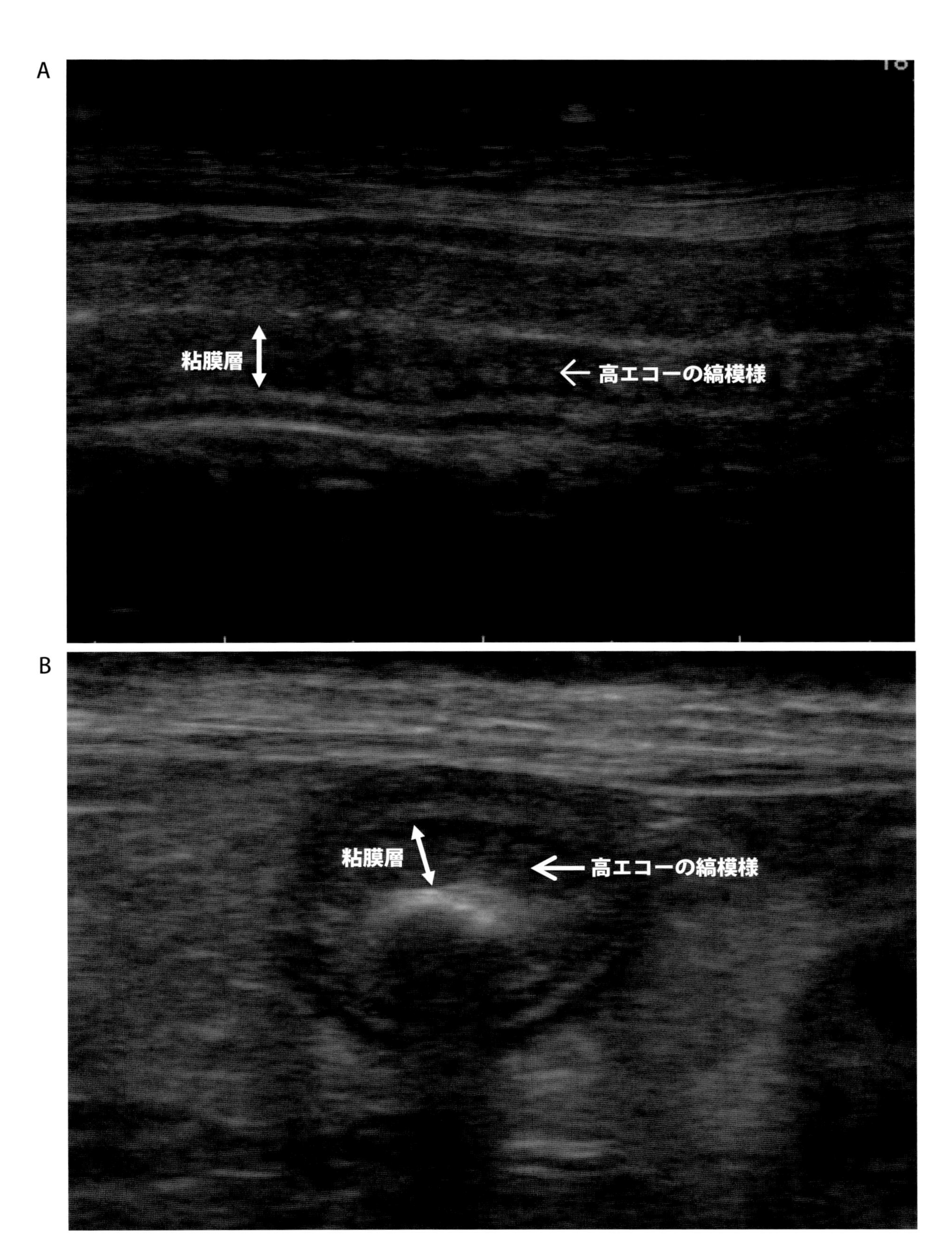

写真 91-2　リンパ管拡張症の小腸の超音波像（A：縦断像，B：横断像）
正常では小腸粘膜層が低エコーで描出されるが，この犬の粘膜層には，内腔の軸に対し垂直に，多数の平行に配列した高エコーの縞模様が認められる。

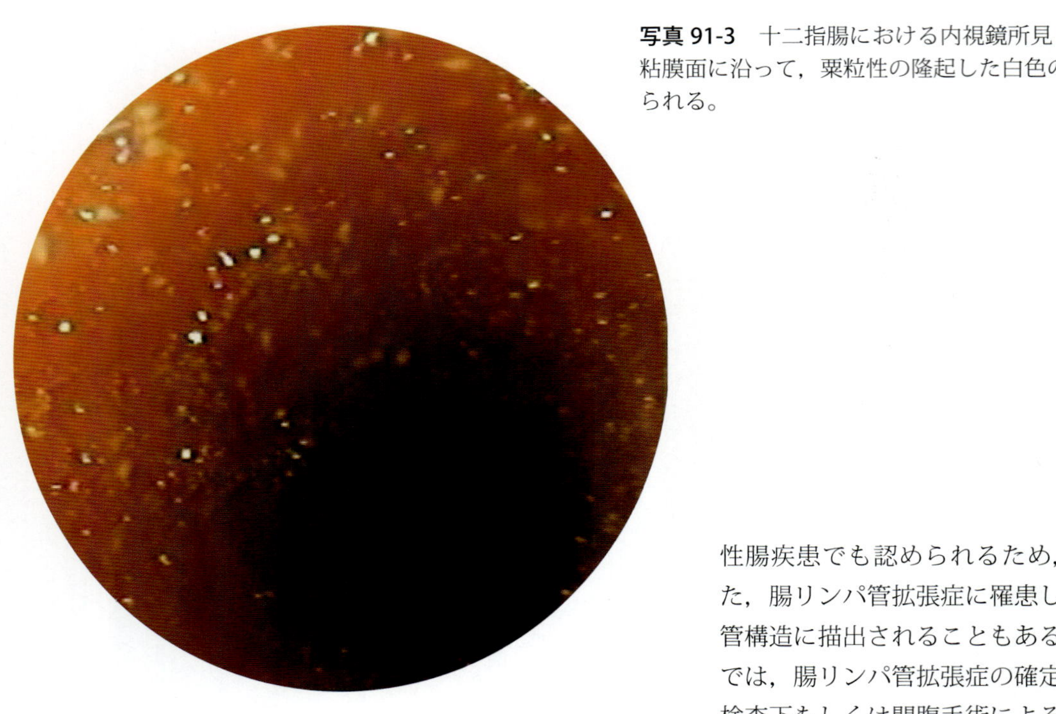

写真 91-3　十二指腸における内視鏡所見
粘膜面に沿って，粟粒性の隆起した白色の構造物が認められる。

❖コメント❖

犬の腸リンパ管拡張症は，腸粘膜，粘膜下組織，腸間膜の異常なリンパ管拡張を呈する病態である。これにより，蛋白質，脂質，リンパ球などを豊富に含んだリンパ液が，腸管腔内へ漏出し，その結果，低蛋白血症，低コレステロール血症，リンパ球減少症が認められる。症状は，下痢，嘔吐，食欲不振，体重減少，腹水貯留などである。腸リンパ管拡張症の原因は，原発性と続発性に分類される。前者は，先天性のリンパ管形成不全もしくは特発性が挙げられ，そして後者には，炎症性腸疾患（リンパ球，形質細胞，好酸球性など），腫瘍性腸疾患（リンパ腫など），感染性腸疾患（ヒストプラズマなど）によるリンパ管の閉塞，もしくはまれに右心不全や門脈圧亢進症などによるリンパ圧の上昇が挙げられる。しかしながら，原発性の腸リンパ管拡張症においても，腸組織におけるリンパ漏が，続発性の炎症を引き起こすため，原発性と続発性を鑑別することは困難な場合がある。好発犬種は，ヨークシャー・テリア，マルチーズ，ノルウェジアン・ルンデハウンド，ロットワイラー，シャー・ペイで報告されている。

腸リンパ管拡張症の最も一般的な超音波所見は，小腸粘膜層の高エコー線状パターン，腹水の貯留（多くは無エコー），腸管の肥厚，壁の波形構造である。しかし，これらの異常所見は，炎症性腸疾患，腫瘍性腸疾患，感染性腸疾患でも認められるため，非特異な所見である。また，腸リンパ管拡張症に罹患していたとしても，正常な腸管構造に描出されることもある。よって，超音波検査のみでは，腸リンパ管拡張症の確定診断には至らなく，内視鏡検査下もしくは開腹手術による生検材料の，病理組織学的評価が必要となる。しかしながら，侵襲性のあるこれらの検査の前に，超音波検査を実施することは重要である。Sutherland-Smith J. らの報告[1]では，超音波検査において，小腸粘膜層の高エコー線状パターンが検出された犬 23 頭のうちの 96％において，病理組織学的検査でリンパ管拡張症が認められている。この報告から，超音波検査所見で小腸粘膜層に，高エコー線状パターンが確認された場合は，腸リンパ管拡張症に罹患している可能性が極めて高い。また，内視鏡検査においては，スコープの届かない空回腸領域に病変部がある場合や，粘膜下識や腸間膜にのみ病変部がある場合には，採取した病理組織でも診断が困難なことがある。しかし超音波検査は，非侵襲的にこのような領域を観察することが可能であり，その所見は診断の補助になりうる場合がある。

近年，高性能の超音波検査機器が獣医学領域でも使用されることが多くなり，消化管を細密に描出できるようになってきている。特に，被写体である動物の大きさなどの条件にもよるが，高周波のリニアプローブの使用は，さらなる詳細な情報が得られる場合もある。このような検査機器を積極的に使用し，消化管壁の細部まで観察を行うことが，腸リンパ管拡張症の早期診断に役立つと思われる。

参考文献

1）Sutherland-Smith,J., Penninck,D.G., Keating,J.H. et al.（2007）：*Vet. Radiol. Ultrasound*　48, 57-61.

92. 犬の炎症性ポリープ

症　例：ミニチュア・ダックスフンド，避妊雌，11 歳。
主　訴：1 か月前より鮮血便を伴う下痢と，しぶりによる直腸脱を繰り返す。

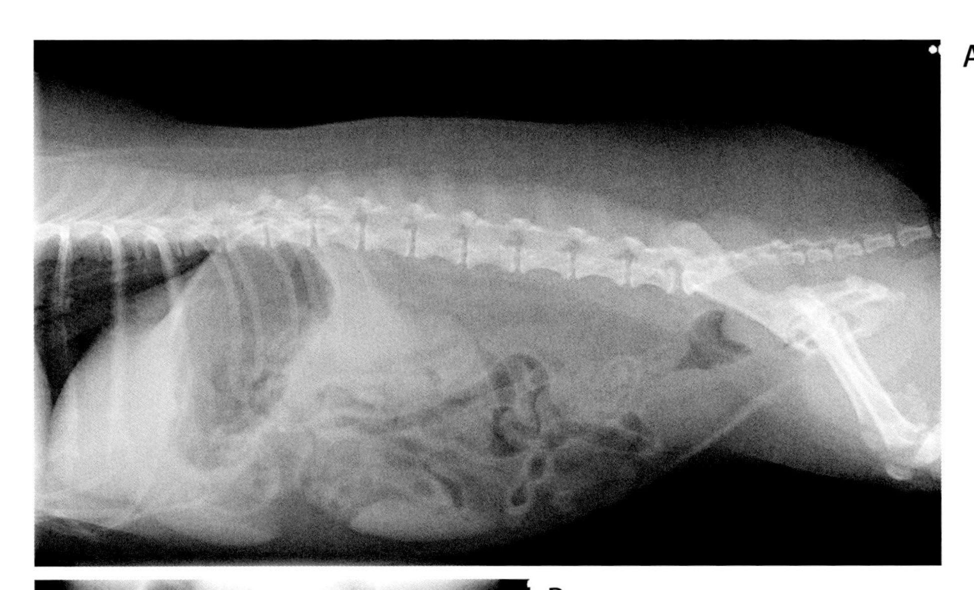

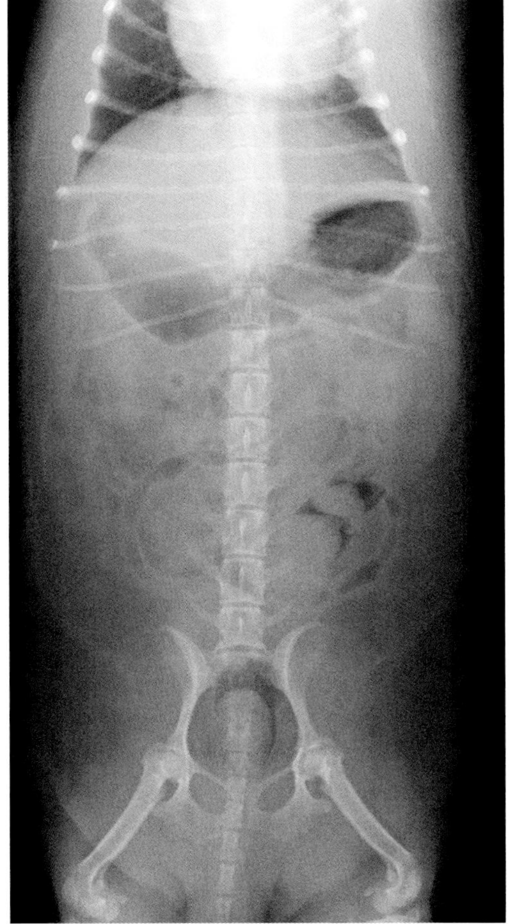

写真 92-1　腹部単純 X 線像（A：ラテラル像，B：VD 像）
腹部に明らかな異常は認められない。

A

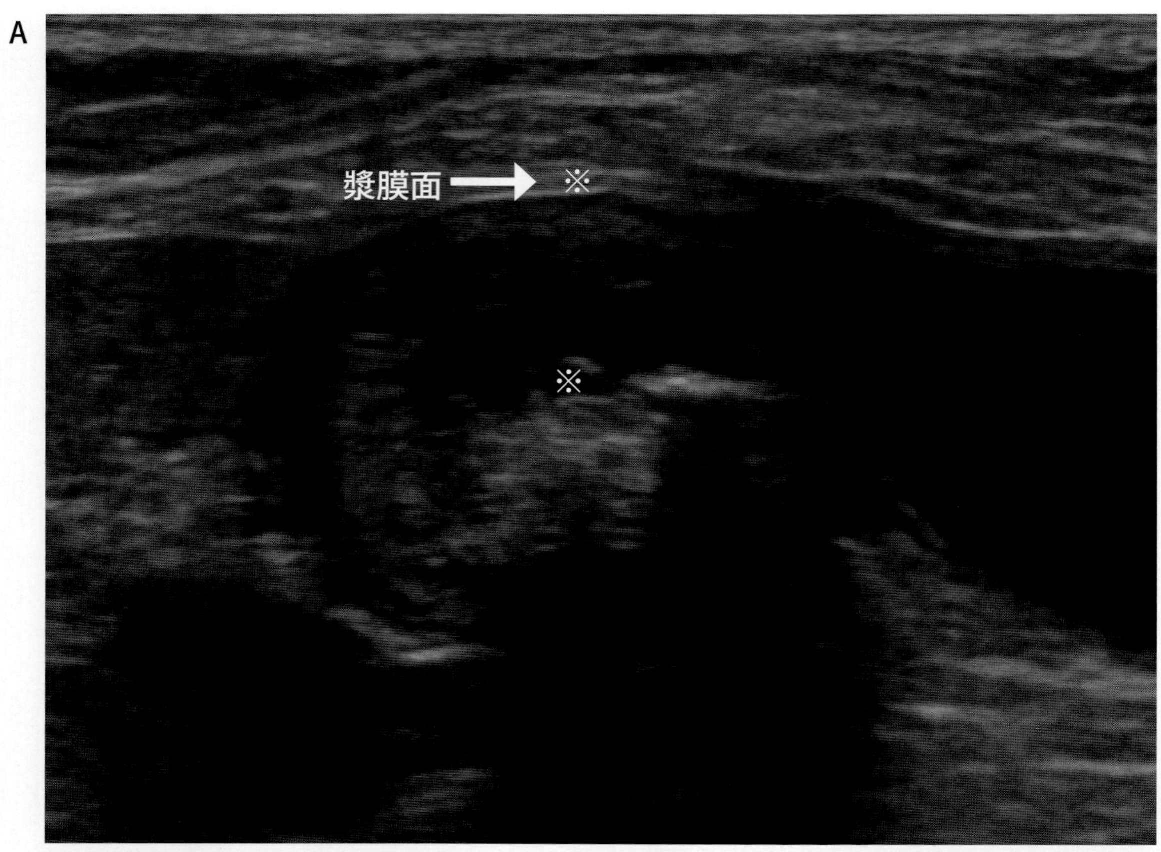

B

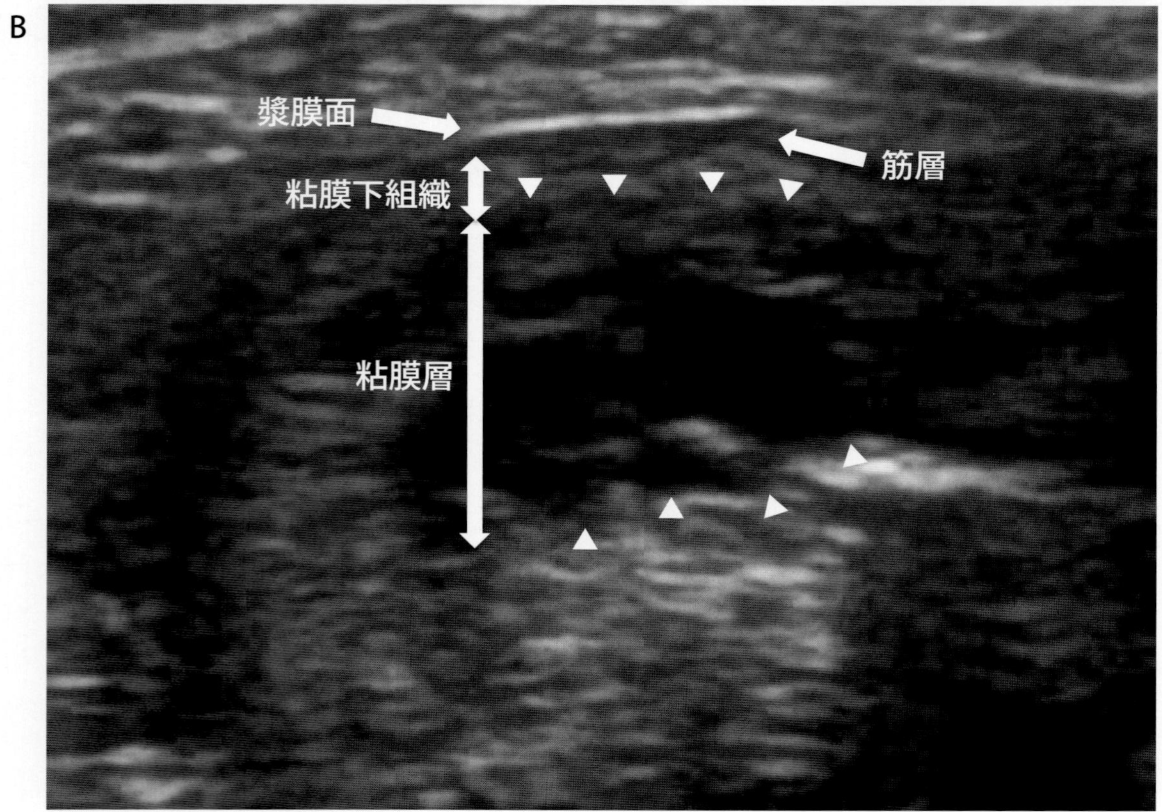

写真 92-2　下行結腸の超音波横断像（A：病変部，B：A の拡大像）

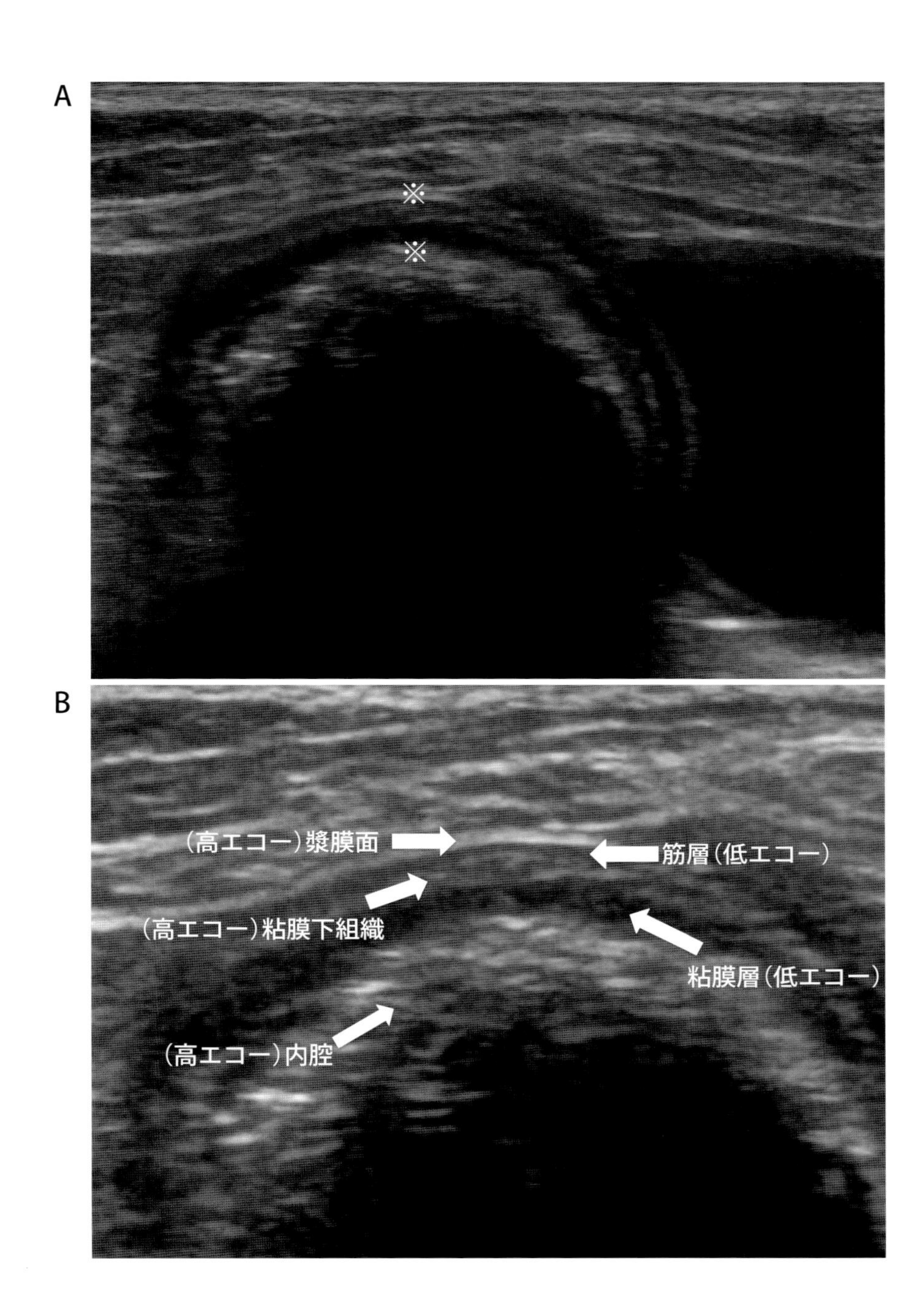

写真 92-3　下行結腸の超音波横断画像（A：正常部，B：A の拡大像）

消化管壁の厚さは漿膜面から内腔の粘膜面境界部までの距離を測定し評価するが，一般的に，犬の結腸壁の正常厚は 2 ～ 3mm である。写真 92-3 に示す症例の正常部では，糞便の存在によりシャドーが生じるため深部の壁厚まで確認することはできない。確認可能な浅部領域では結腸壁の厚さが均一で 2.4mm に計測されている（※）。また，正常な消化管壁は 5 層の構造を有するが，本症例においても同様に，中心より高エコーの内腔，低エコーの粘膜，高エコーの粘膜下組織，低エコーの筋層，高エコーの漿膜の 5 層で観察される。一方，異常のみられる結腸壁厚は不均一で最大で 5.7mm に計測される（写真 92-2 の※）。また，明らかな層構造の喪失は観察されないものの，粘膜層に限局的な肥厚が認められる（写真 92-2 の矢頭）。消化管壁の厚さだけで炎症性変化か腫瘍性変化かを確定することは不能であるが，壁厚が 10mm を超える場合，腫瘍の可能性が高いとされる。同様に超音波検査において，層構造の喪失が確認された場合は IBD や潰瘍性大腸炎などの炎症疾患よりも腫瘍疾患である可能性が 50 倍高いことが報告されている。以上から，本症例では層構造を維持した限局的な粘膜層の肥厚が認められるため，炎症性ポリープなどの非腫瘍性ポリープが強く疑われる。

❖コメント❖

ポリープとは粘膜に覆われた管腔臓器に発生する隆起性病変の総称であり，腫瘍性ポリープと非腫瘍性ポリープに分類される。大腸の腫瘍性ポリープには，腺腫，腺癌，平滑筋腫，平滑筋肉腫，リンパ腫，肥満細胞腫，形質細胞腫があり，非腫瘍性ポリープには炎症性ポリープおよび，過形成ポリープが挙げられる。

中でも，炎症性ポリープはミニチュア・ダックスフンドに多い疾患であり，Ohmi らは結直腸ポリープと診断された犬の 33 症例のうち，48％（16 症例）がミニチュア・ダックスフンドであり，そのうち 75％（12 症例）が炎症性ポリープであったと報告している[1]。

以上から本症例は，犬種や症状に加え，超音波検査により炎症性結直腸ポリープが強く疑われた。

超音波検査は，麻酔を必要とせず繰り返し検査することができ，特に消化管疾患においては他の画像診断法より詳細に，消化管壁厚の計測や 5 層構造の観察を行うことが可能で，病変の鑑別診断において非常に有用性が高い。しかし，下部消化管では，糞便によりシャドーが生じる消化管深部や，骨盤の骨で覆われた直腸の観察はできないため，大腸全域を確認することは不能である。また，確定診断には病理組織検査が必須である。したがって，追加検査として内視鏡検査が必要となる。本症例は内視鏡検査により，肛門から 7 ～ 9cm の領域に限定した多発性のポリープ様病変が確認され，病理検査により炎症性ポリープと診断された。

治療は内科的なものが選択されることが多いが，病変の分布によっては外科的治療も適応となる。本疾患は免疫機構が関与していると推察されており，免疫抑制剤の投与が効果的である。一方，内科的治療に反応が乏しい場合や完全切除を目的とする場合は外科的治療が考慮される。本症例は，病変が骨盤腔頭側の下行結腸の粘膜層に限局していたため開腹による全層切除が適応となるが，飼い主の希望によりピロキシカムの内科的治療を開始した。

治療開始 3 か月後に超音波検査による治療効果確認を実施した。病変は消化器症状と同様に改善しており，腸壁の肥厚は最大で 3.6mm（※）であった。

以上のように，超音波検査によって消化管壁厚の測定や層構造の観察を行うことは，適切な追加検査や治療方法を選択する上で有用である。

参考文献

1）Ohmi,A., Tsukamoto,A., Ohno,K. et al.（2012）：*J. Vet. Med. Sci.* 74, 59-64.〔Epub.2011 Sep 6.A〕

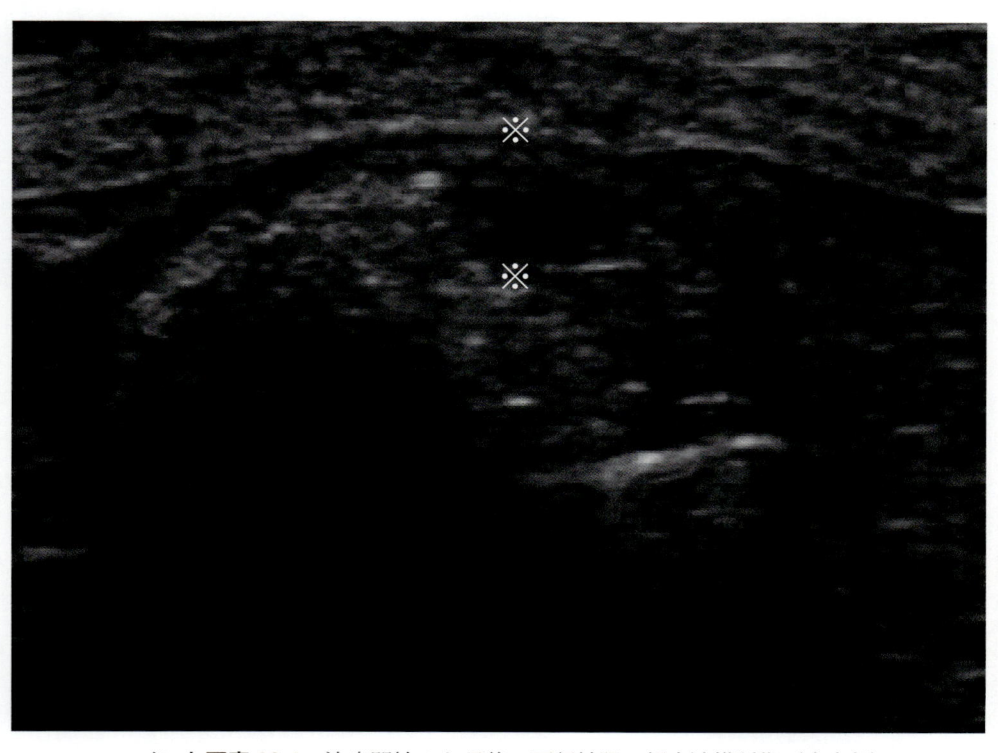

コメント写真 92-1 治療開始 3 か月後の下行結腸の超音波横断像（病変部）

93. 犬のリンパ腫

症　例：ウェルシュ・コーギー，雌，7 歳。
主　訴：元気，食欲消失。嘔吐。

血液検査所見：

PCV	22.9	%	TP	3.3	g/dL
RBC	334.0×10^4	/μL	Alb	1.5	g/dL
Hb	7.1	g/dL	ALT	119	U/L
MCV	68.6	fL	ALP	2710	U/L
MCH	21.3	pg	TC	116	mg/dL
MCHC	31.0	g/dL	Tg	135	mg/dL
WBC	580.0×10^2	/μL	T-Bil	1.416	mg/dL
Band-N	4.6×10^2	/μL	Glu	24	mg/dL
Seg-N	486.0×10^2	/μL	BUN	8.7	mg/dL
Lym	36.5×10^2	/μL	Cr	0.5	mg/dL
Mon	48.1×10^2	/μL	Ca	6.5	mg/dL
Eos	0.0×10^2	/μL	iP	4.91	mg/dL
Bas	0.0×10^2	/μL	Na	137.7	mmol/L
Other	5.8×10^2	/μL	K	4.36	mmol/L
pl	10.1×10^4	/μL	Cl	109.4	mmol/L

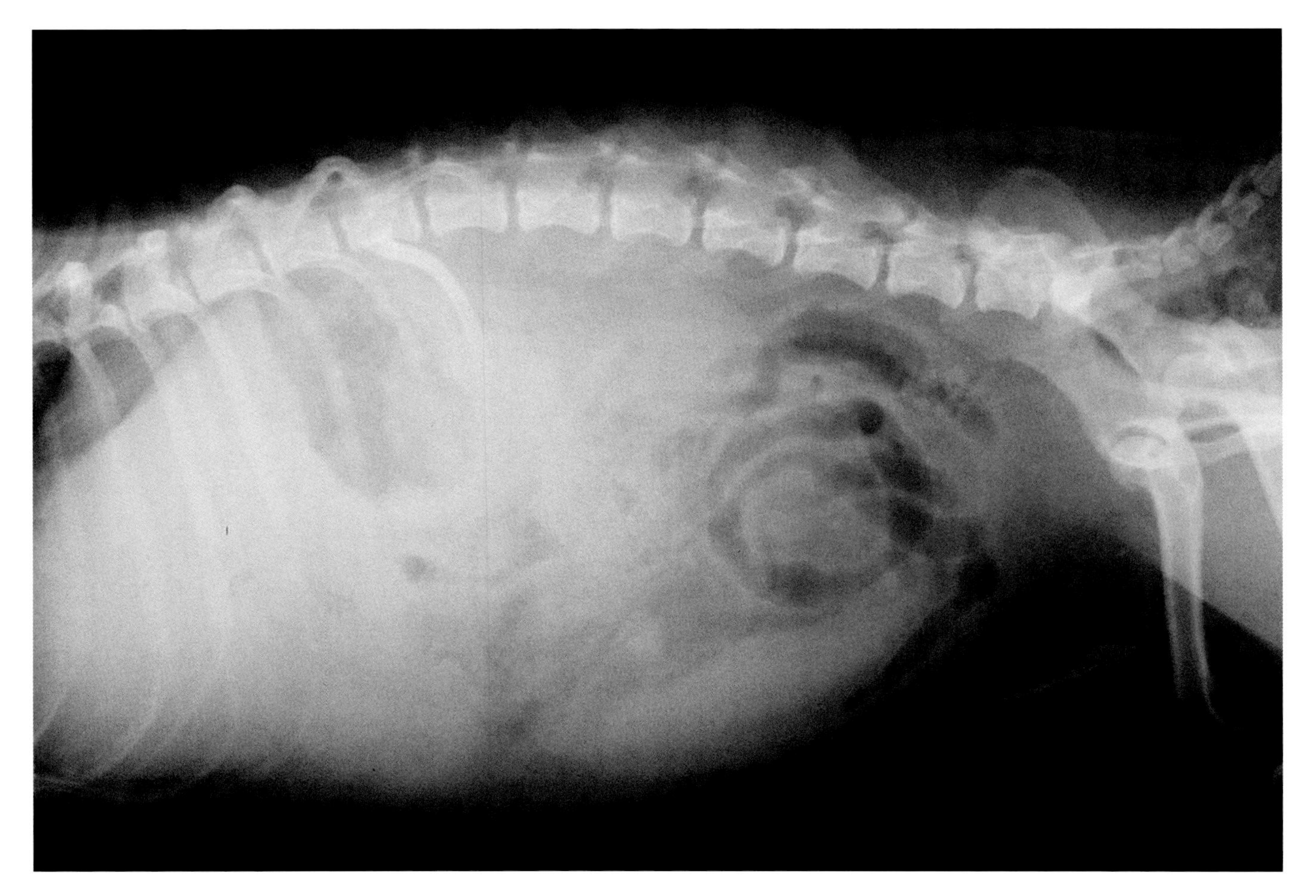

写真 93-1　腹部単純 X 線ラテラル像
腹腔内の鮮鋭度低下が観察される。その他の異常所見は認められない。

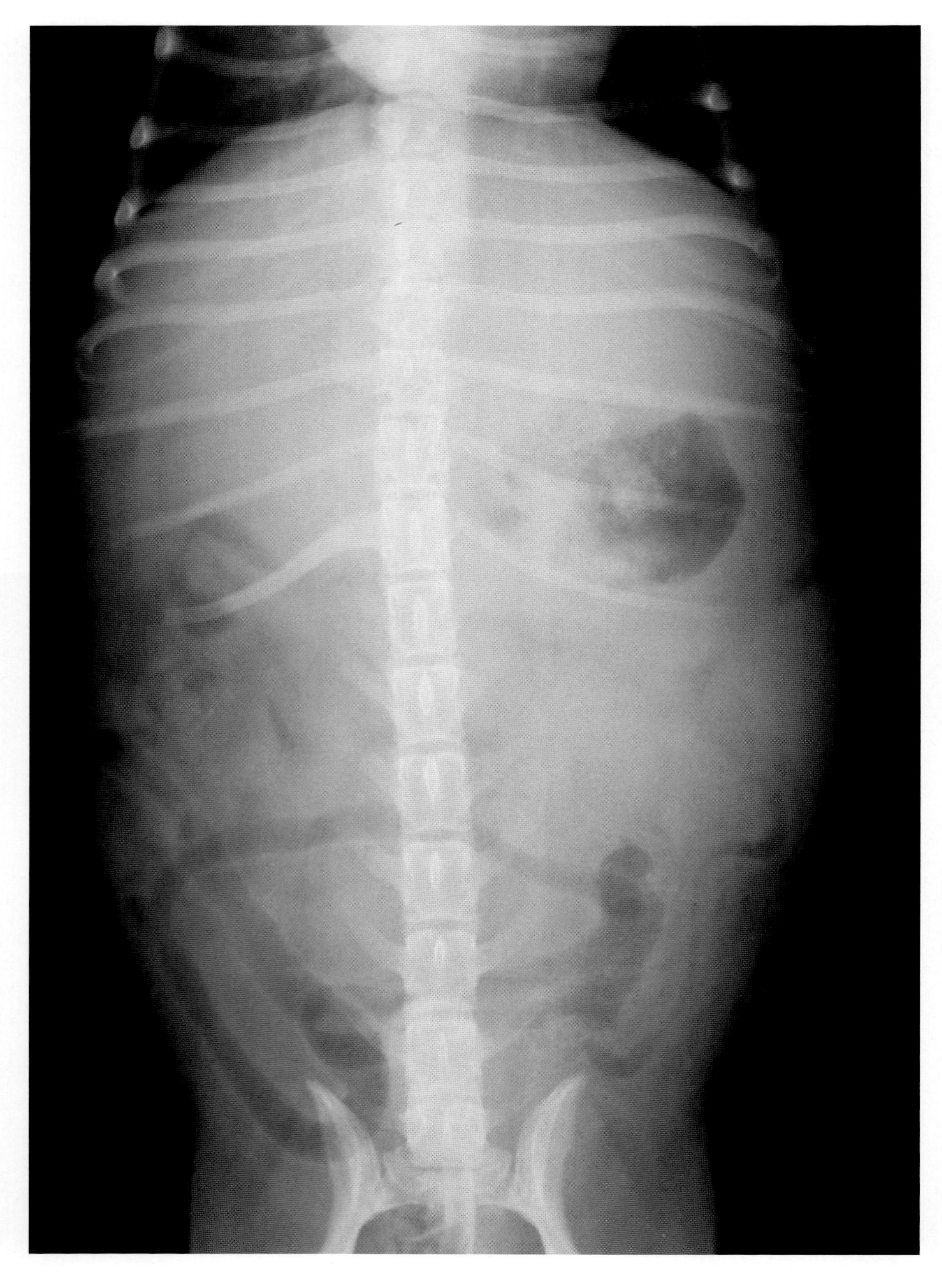

写真 93-2 腹部単純 X 線 VD 像
腹腔内の鮮鋭度低下ならびに胃底部胃壁とガスの境界面に不整が観察される。その他，異常は観察されない。

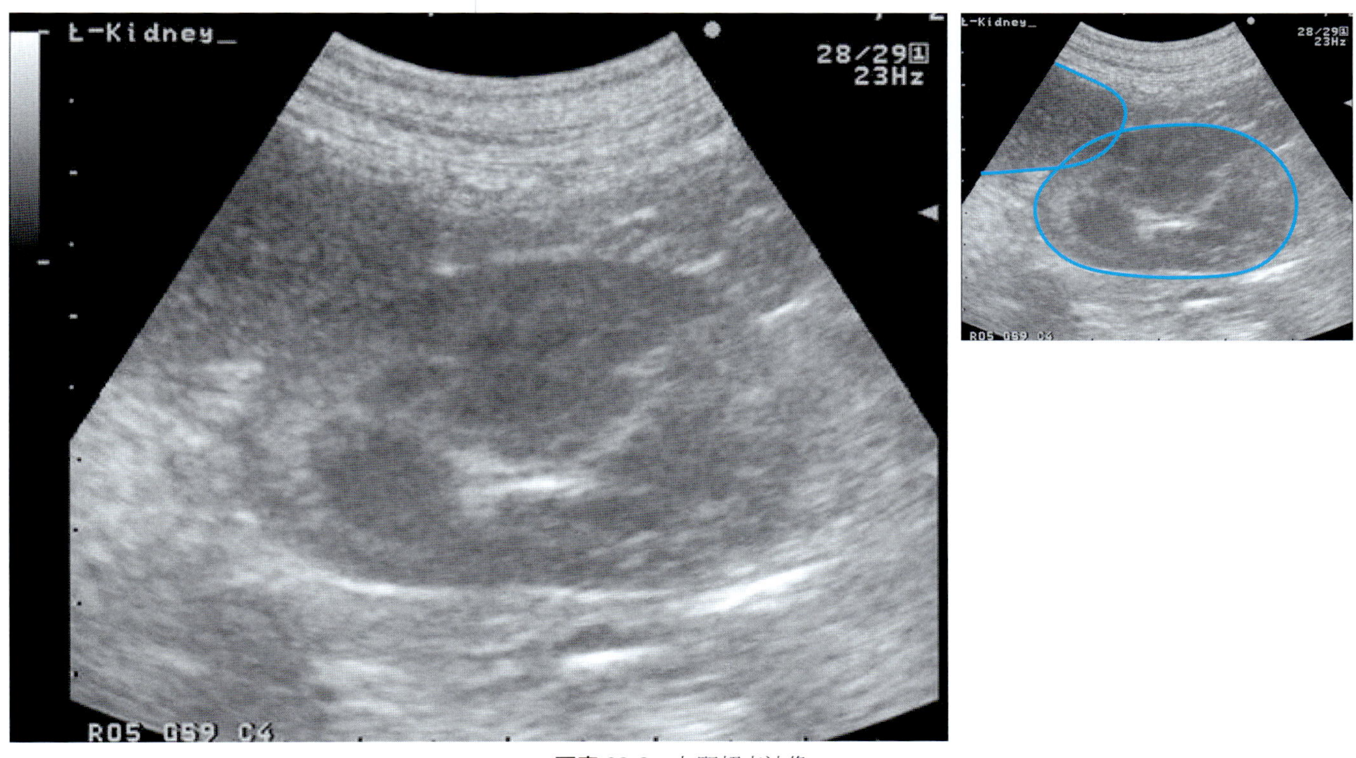

写真 93-3 左腎超音波像
構造上の異常は観察されない。脾臓と腎皮質の輝度が同一であることから，腎皮質の輝度の上昇あるいは，脾臓実質の輝度の低下が考えられる。 L-Kidney：左腎

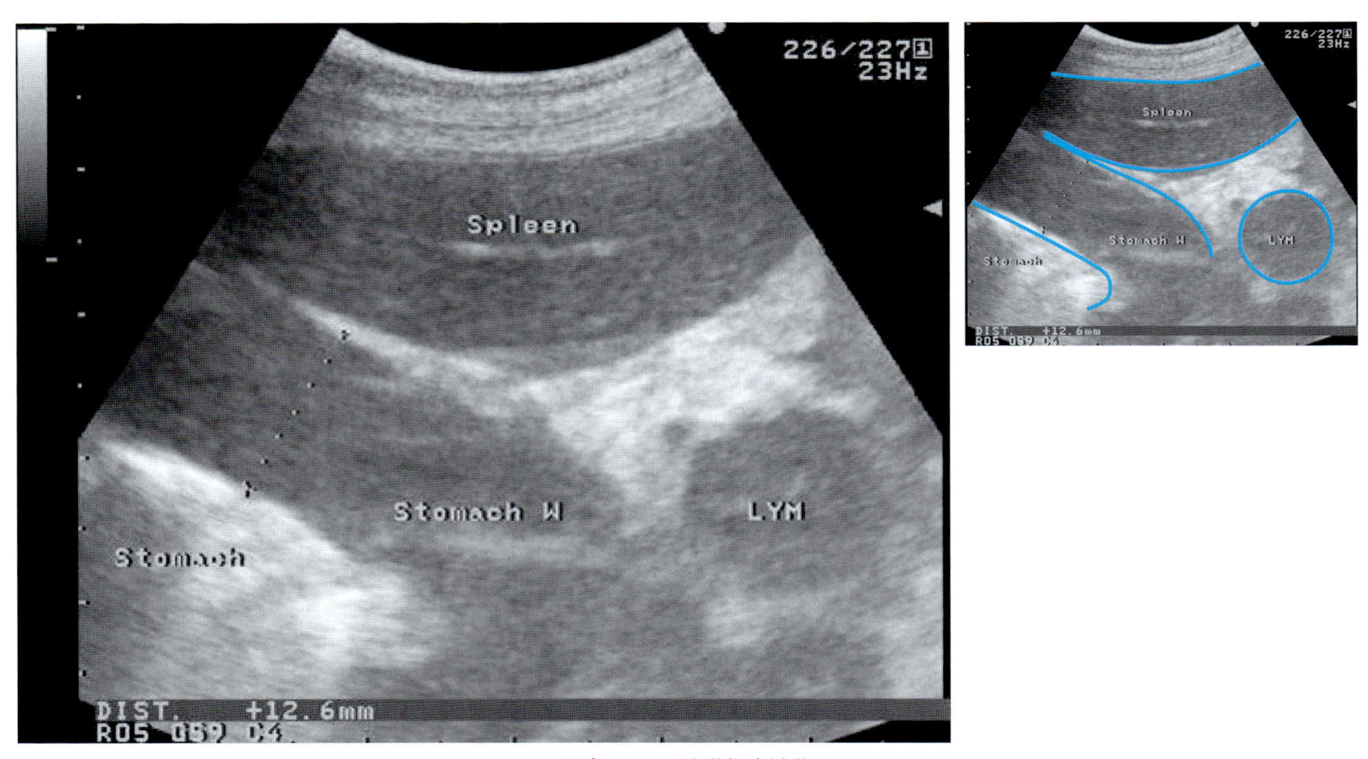

写真 93-4 脾臓超音波像
脾臓（Spleen）の辺縁が鈍化して観察される。また，その深部に認められる胃底部胃壁の肥厚ならびに層構造の消失が観察される。 Stomach：胃内腔，Stomach W：胃壁，LYM：脾リンパ節

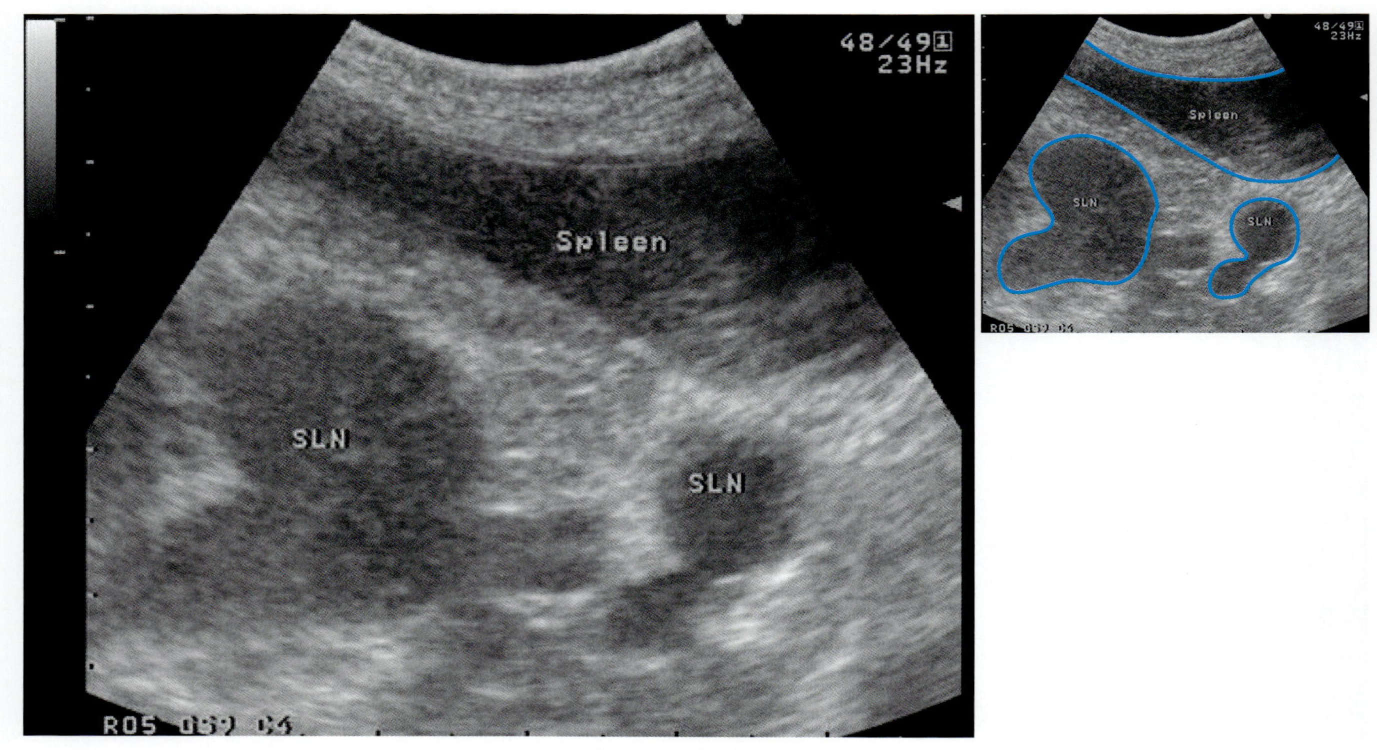

写真 93-5　脾臓超音波像
脾臓（Spleen）深部の胃脾間膜に低エコー性結節を認める。位置から，脾リンパ節腫大と判断される。　SLN：脾リンパ節

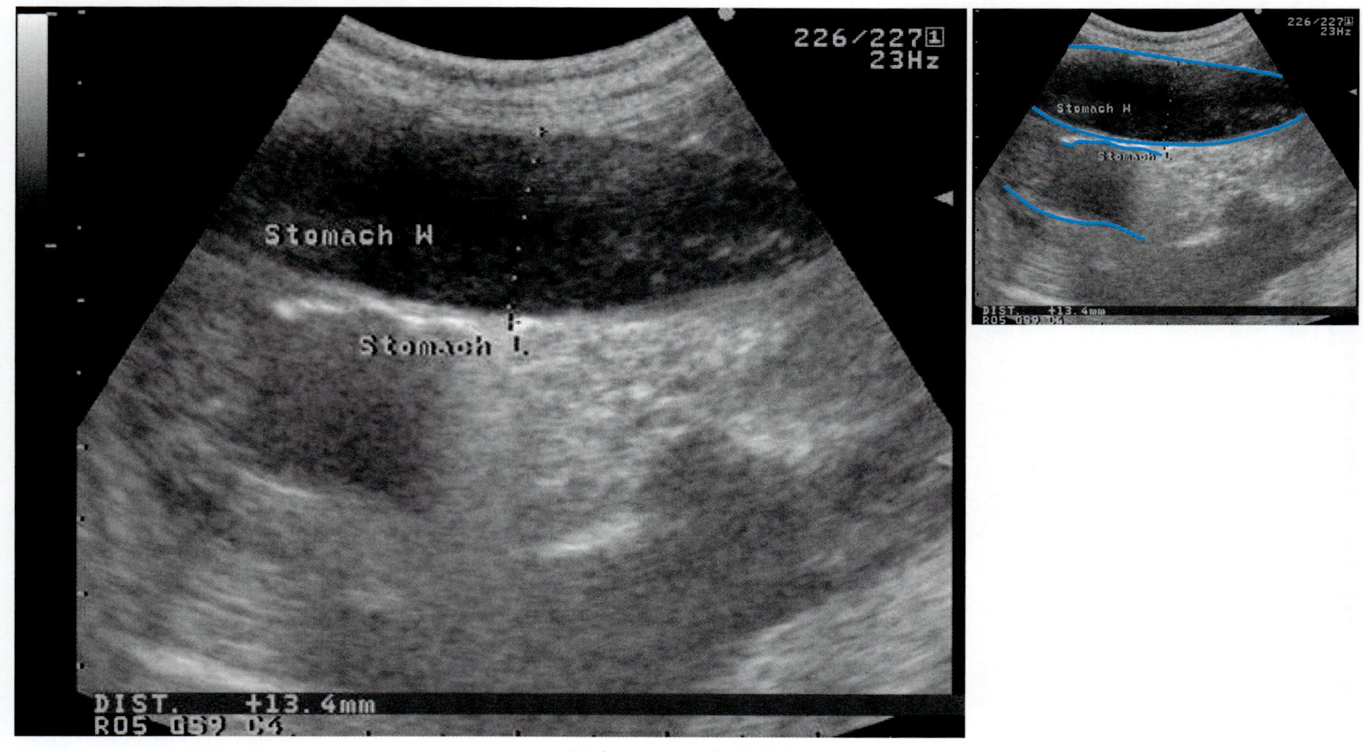

写真 93-6　胃超音波像
胃体部胃壁の肥厚ならびに，層構造の消失が観察される。　Stomach：胃内腔，Stomach W：胃壁

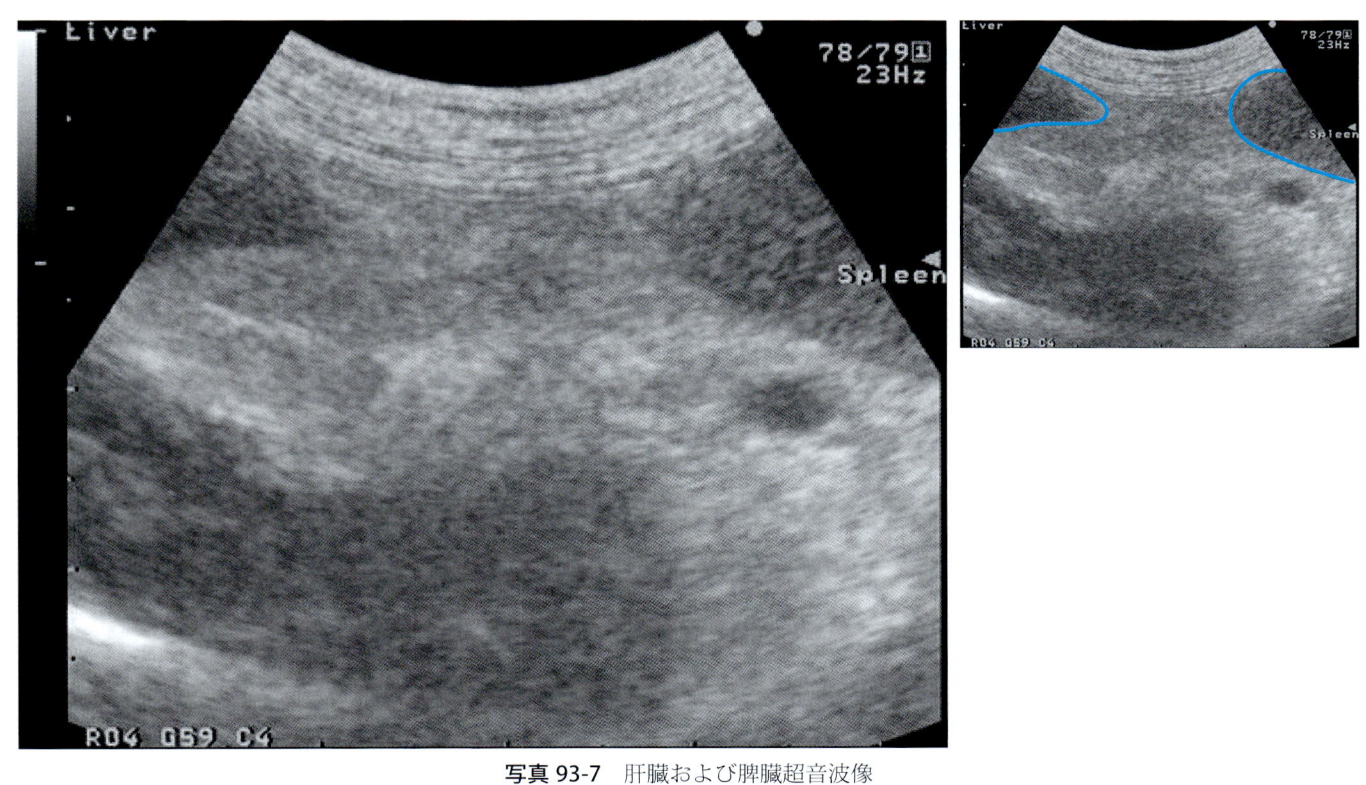

写真 93-7　肝臓および脾臓超音波像
肝臓（Liver）と脾臓（Spleen）の輝度がほぼ等しいことから，脾臓の輝度低下あるいは肝臓の輝度上昇が考えられる。

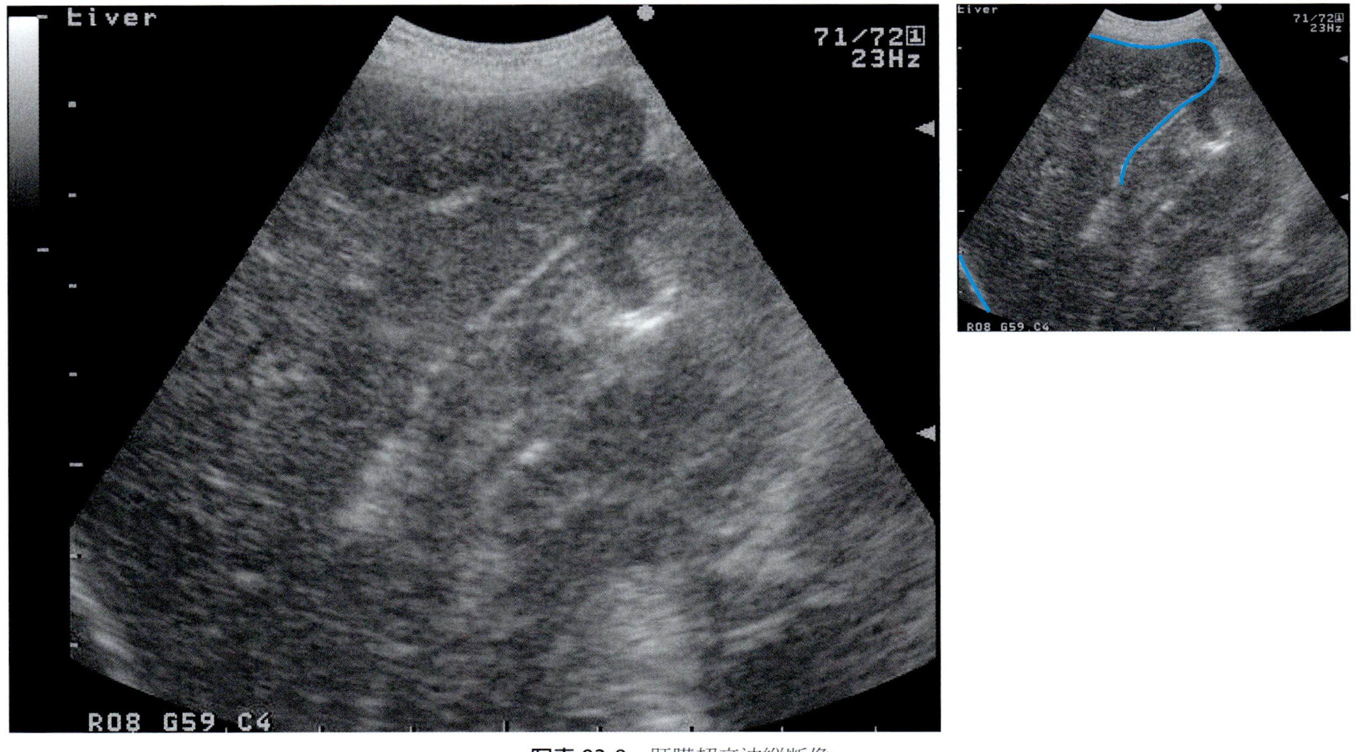

写真 93-8　肝臓超音波縦断像
辺縁の鈍化が観察される。実質は均一で異常は観察されない。　Liver：肝臓

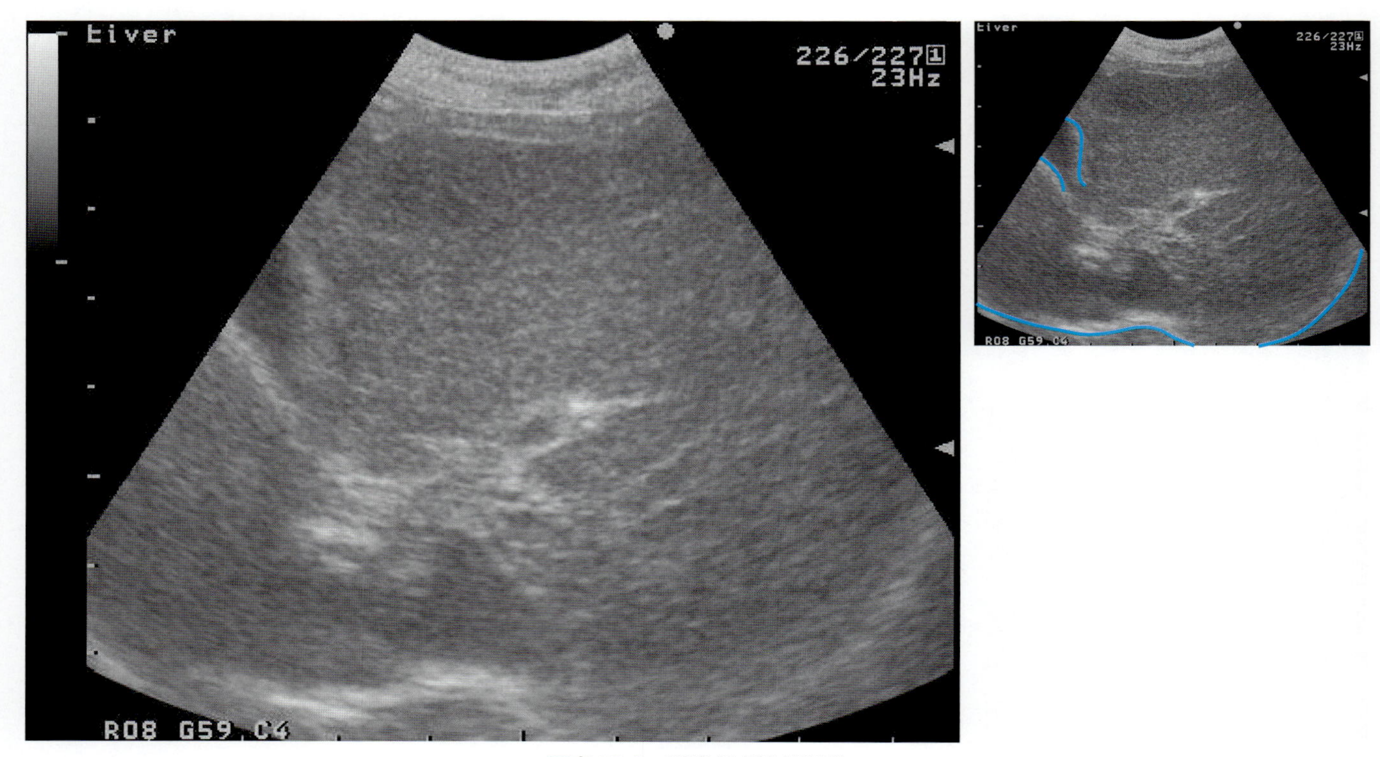

写真 93-9　肝臓超音波横断像
実質は均一で，異常所見は観察されない。　Liver：肝臓

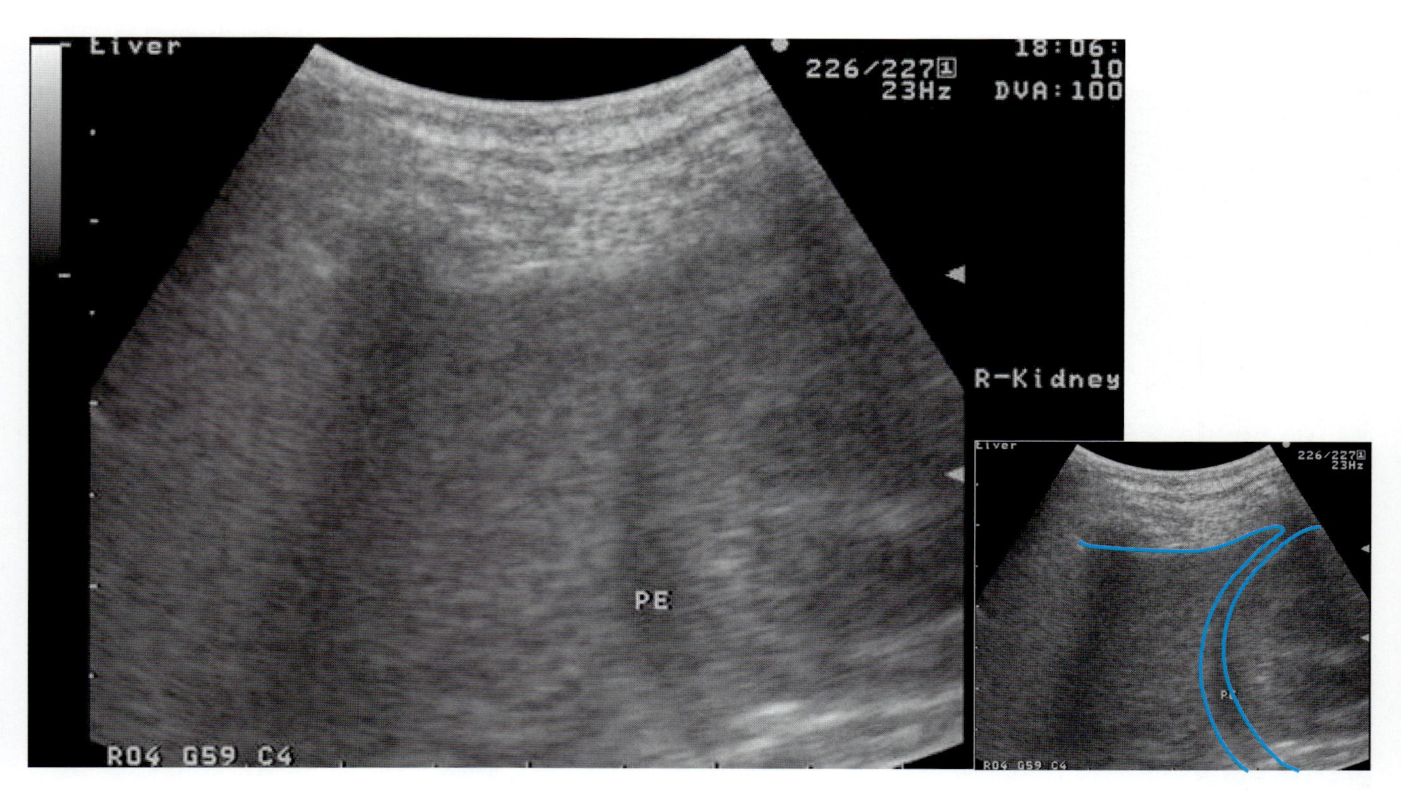

写真 93-10　肝臓および右腎超音波像
右腎（R-Kidney）において，構造上の異常は観察されず，肝臓（Liver）と右腎皮質の輝度はほぼ等しいことから正常である。したがって，脾臓の輝度低下が判断される。腎圧痕に無エコー性のスペースが認められることから，軽度腹水が検出される。　PE：腹水

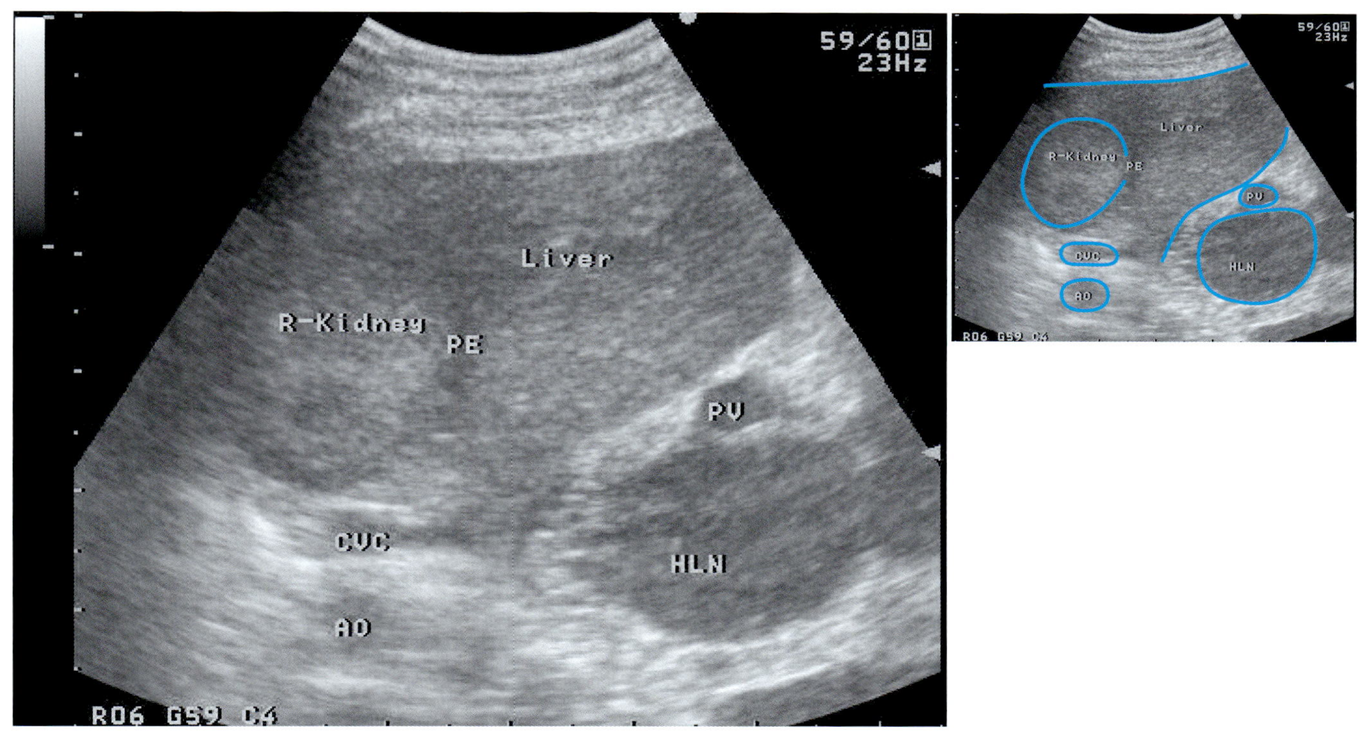

写真 93-11　肝門部超音波像
肝門部門脈周囲に肝リンパ節の腫脹が認められる。　Liver：肝臓，R-Kidney：右腎，PE：腹水，PV：門脈，CVC：後大静脈，AO：大動脈，HLN：肝リンパ節

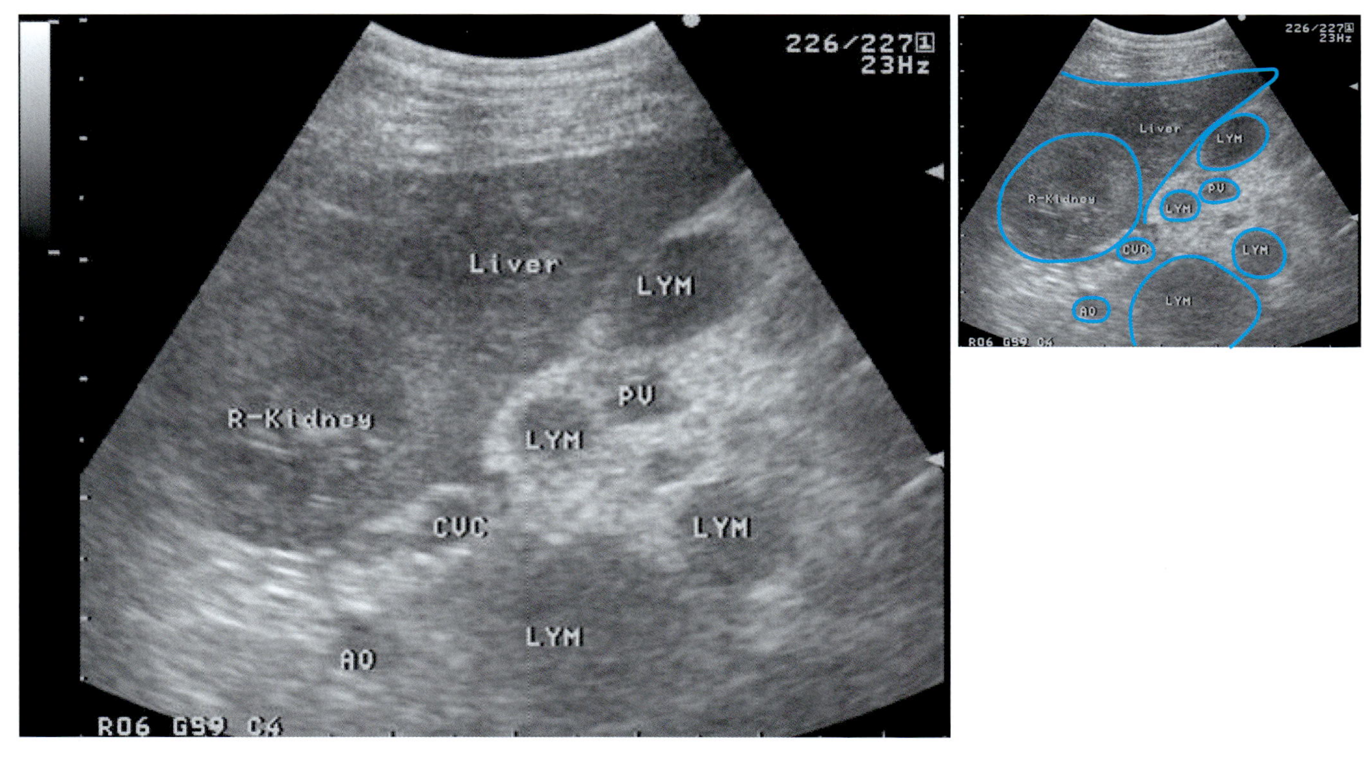

写真 93-12　写真 93-11 と同じ肝門部超音波像
Liver：肝臓，R-Kidney：右腎，LYM：肝リンパ節および左結腸リンパ節，PV：門脈，CVC：後大静脈，AO：大動脈

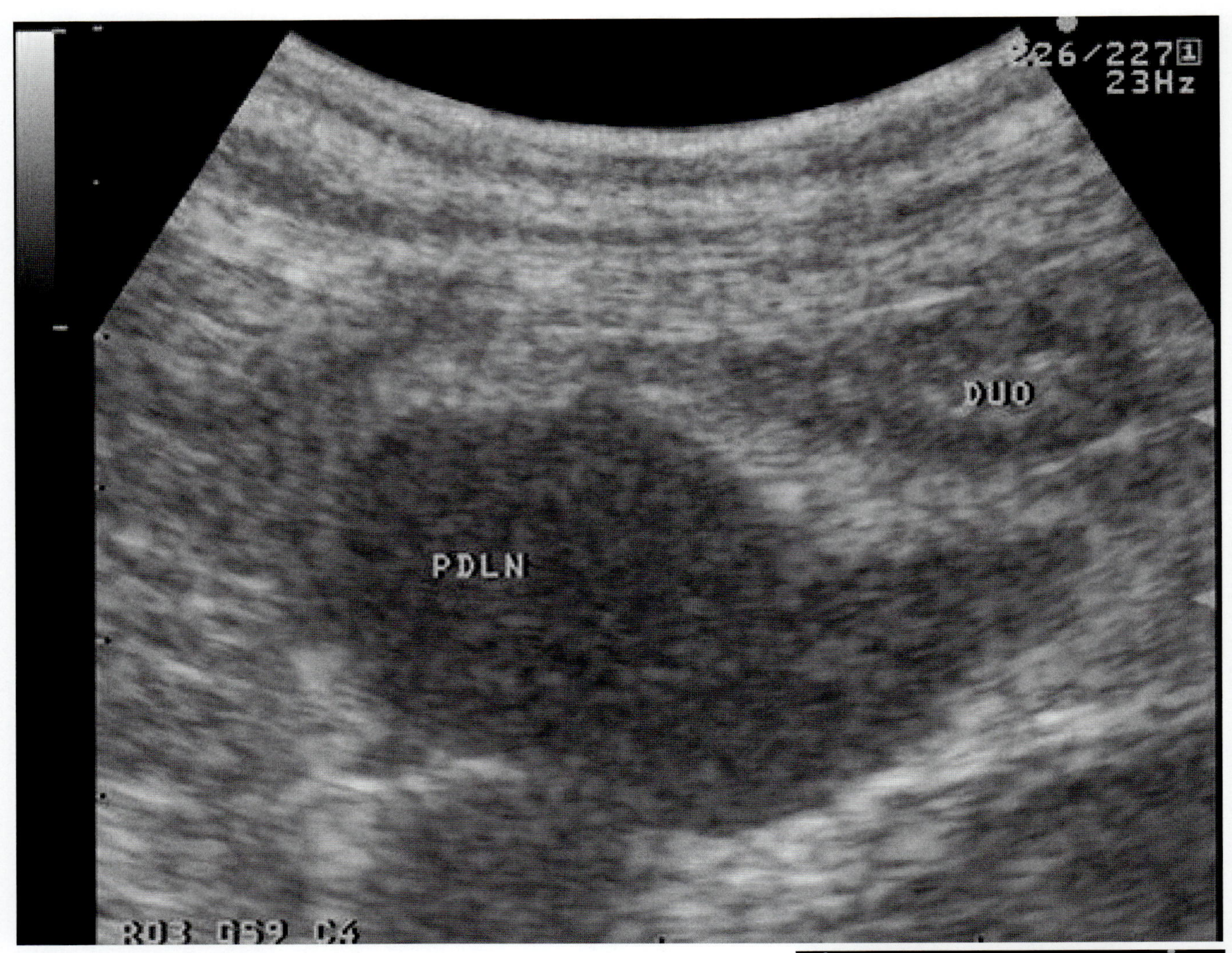

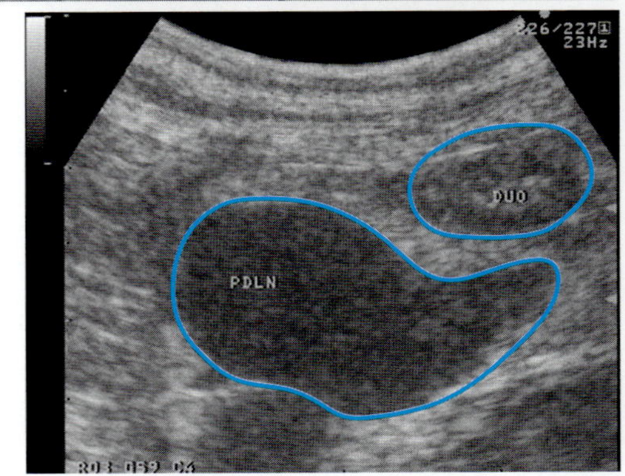

写真 93-13　十二指腸超音波像
十二指腸（DUO）に沿って腫脹したリンパ節が観察されることから，膵十二指腸リンパ節（PDLN）腫大が認められる。

❖コメント❖

本症例は胃壁の肥厚と層構造の消失，腹腔内リンパ節腫脹，脾臓の広汎性低エコー性病変が検出されたことから，消化器型リンパ腫または炎症性腸疾患（IBD）が強く疑われる。リンパ節の針生検を行った結果，異型性のあるリンパ芽球が大多数を占めていたことから，リンパ腫と診断した。通常認められない腹腔内リンパ節の腫脹は，胃腸の炎症によっても引き起こされるため，確定診断には腫脹したリンパ節の経皮的針生検や内視鏡での消化管生検を行う必要がある。

94. 犬の消化器型リンパ腫

症　例：ゴールデン・レトリーバー，雄，10 歳。

主　訴：食欲低下，下痢。

血液検査所見：

RBC	470×10^4	/μL
Hb	11.1	g/dL
MCV	71.9	fL
MCH	23.6	pg
MCHC	32.8	g/dL
WBC	400.0×10^2	/μL
Band-N	0.0×10^2	/μL
Seg-N	388.0×10^2	/μL
Lym	6.0×10^2	/μL
Mon	4.0×10^2	/μL
Eos	0.0×10^2	/μL
Bas	0.0×10^2	/μL
Other	2.0×10^2	/μL
pl	23.3×10^4	/μL
TP	5.7	g/dL
Alb	2.2	g/dL
ALT	156	U/L
ALP	466	U/L
TC	230	mg/dL
Tg	91	mg/dL
T-Bil	0.285	mg/dL
Glu	61	mg/dL
BUN	29.9	mg/dL
Cr	1.0	mg/dL
Ca	9.4	mg/dL
iP	3.42	mg/dL
Na	153.1	mmol/L
K	4.41	mmol/L
Cl	129.0	mmol/L

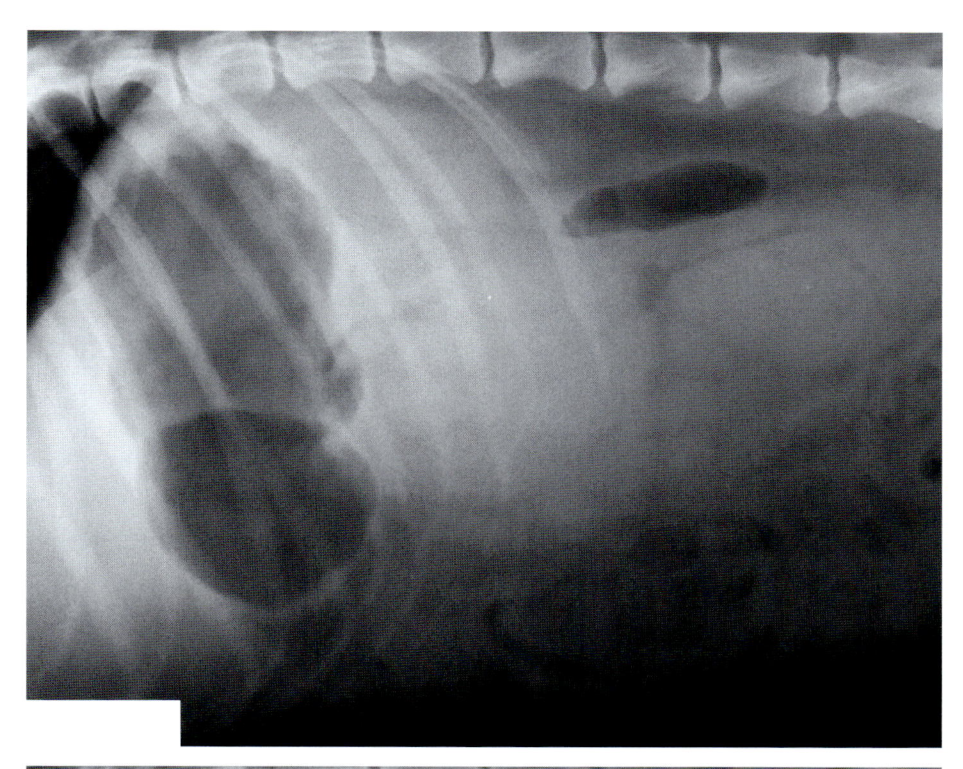

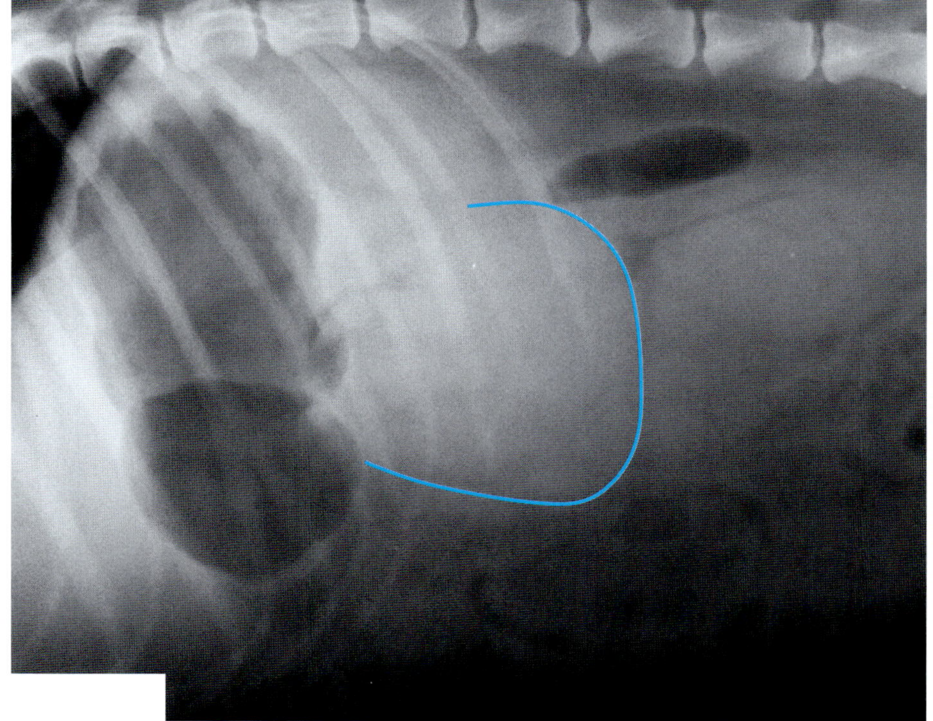

写真 94-1　腹部単純 X 線ラテラル像
胃体部尾側，腎臓腹側にマス陰影が観察される。

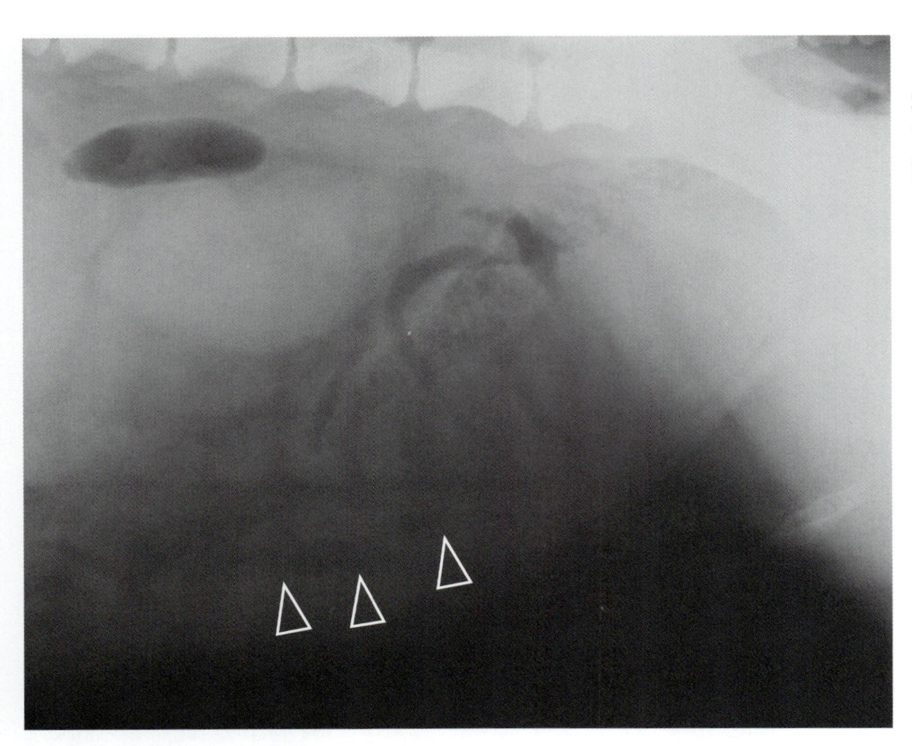

写真 94-2　腹部単純 X 線ラテラル像
下腹部に不整な消化管ガス（矢頭）が観察される。

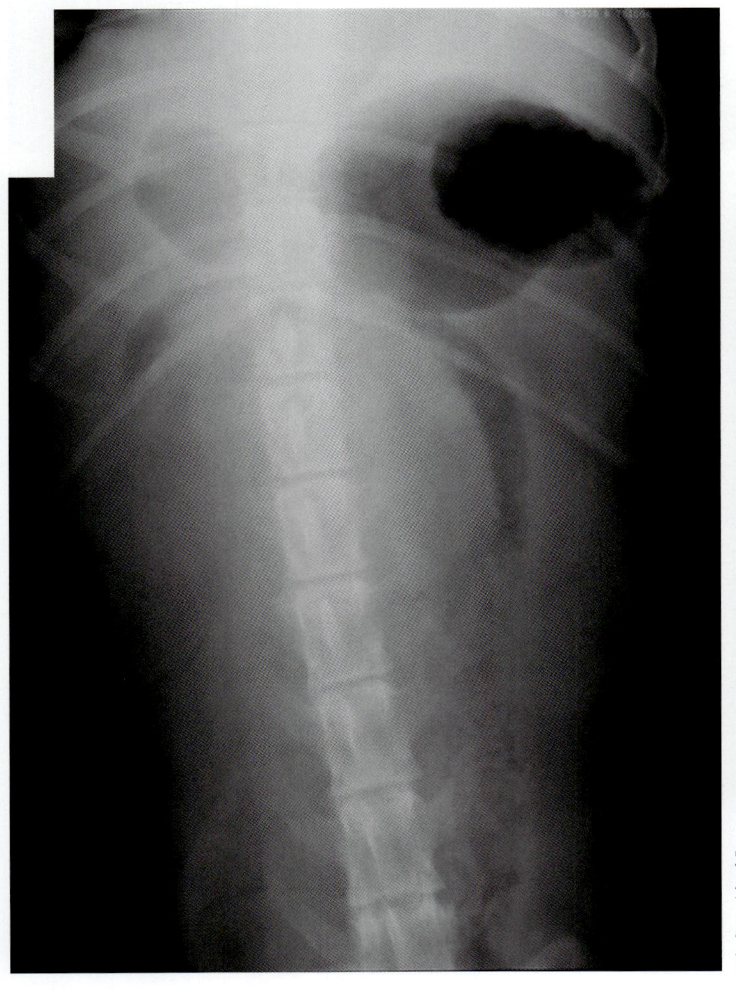

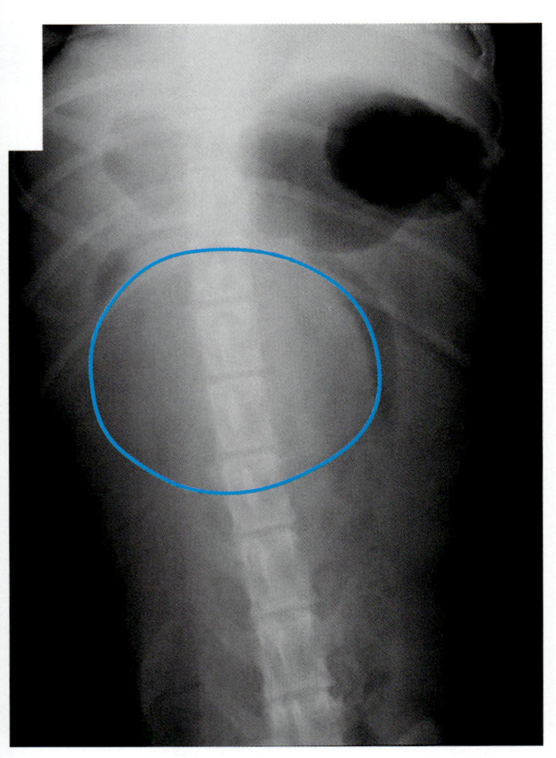

写真 94-3　腹部単純 X 線 VD 像
写真 94-1 で認められるマス陰影は，VD 像において胃体部尾側，腹部中央部で確認される。症状，腹部 X 線所見から，前腸間膜リンパ節の腫脹と消化管病変が示唆される。

A

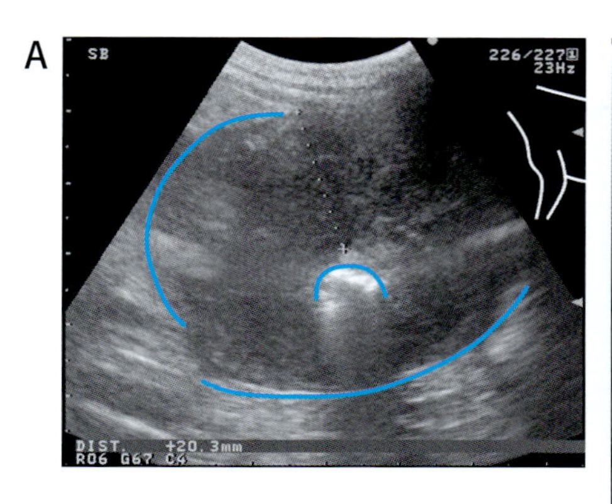

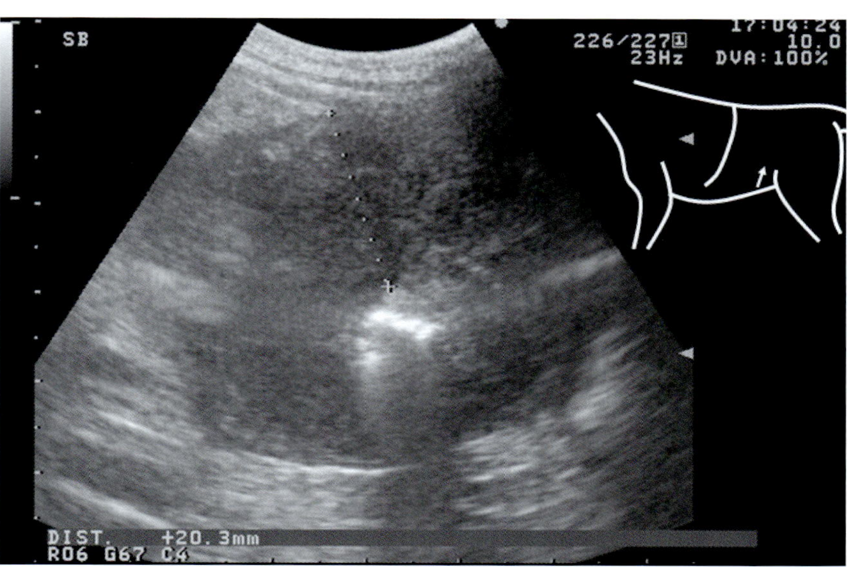

写真 94-4　下腹部超音波像（A：小腸横断像，B：小腸縦断像）
壁厚がおよそ 20mm に肥厚した小腸が認められ，小腸壁の層構造は消失して観察される。以上の所見から小腸壁に発生した腫瘍が強く疑われる。　SB：小腸

B

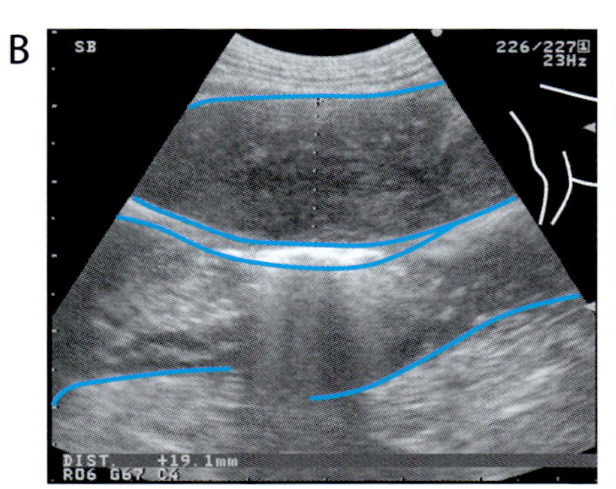

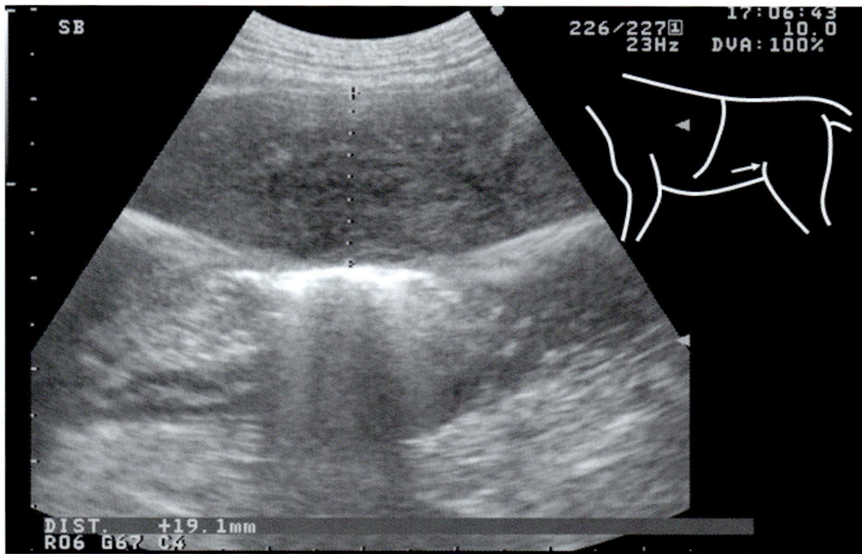

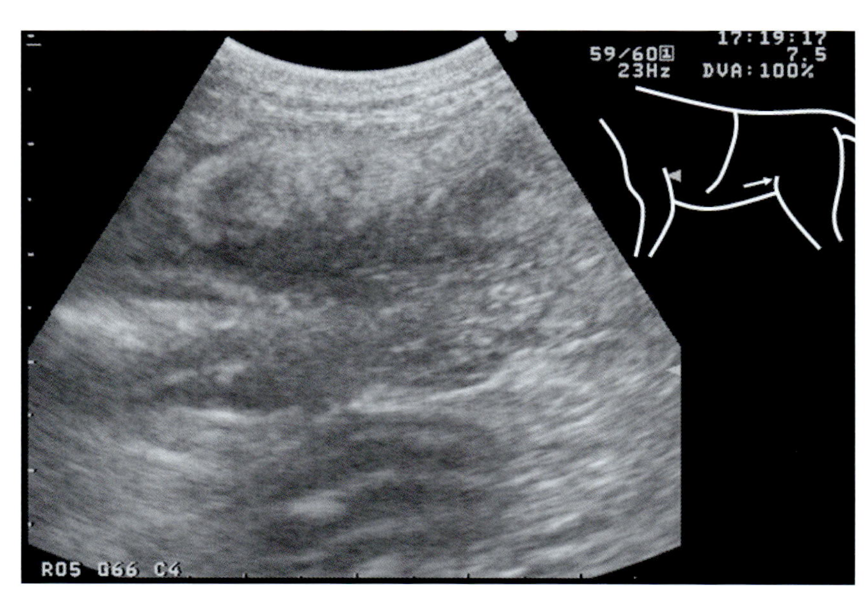

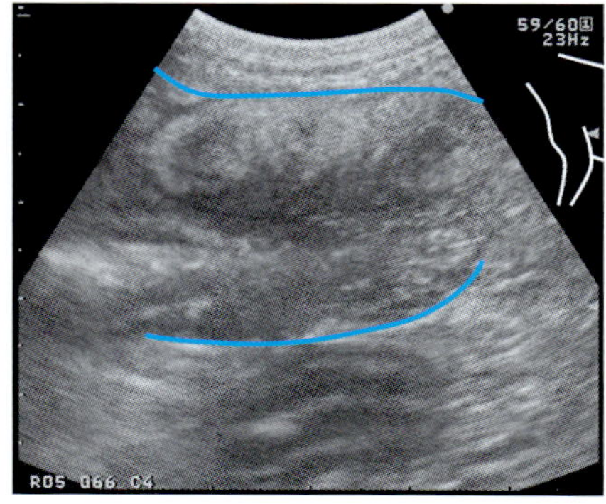

写真 94-5　下腹部超音波像（写真 94-4 周囲の腸間膜）
浮腫または腫瘍浸潤を示唆する所見が認められる。

A

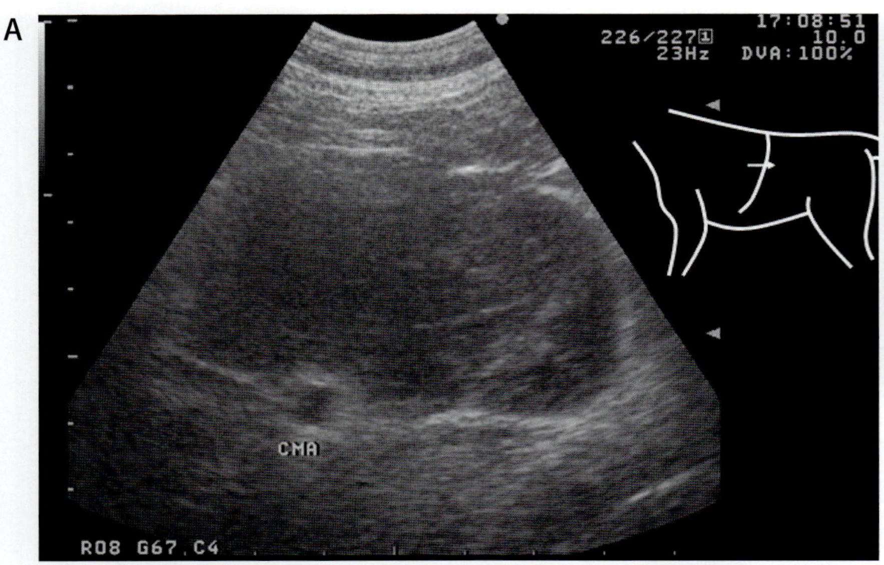

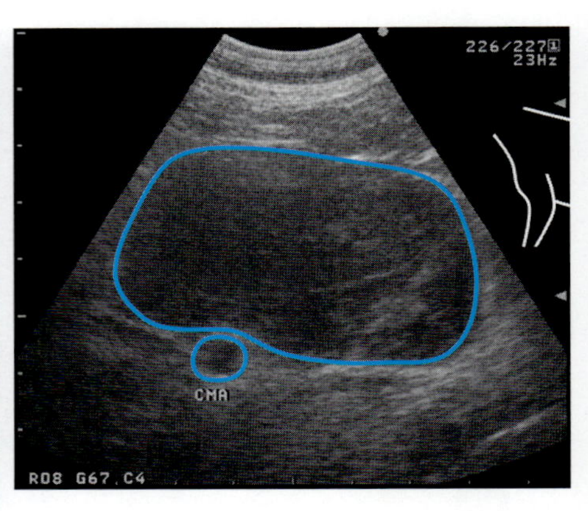

写真 94-6　上腹部超音波像（A：マス縦断像，B：マス横断像）
X 線で認められたマス陰影は，等〜低エコー性の不均一な内部構造をしており，マス中央部には前腸間膜動脈が走行して観察される。以上の解剖学的所見から，マスは前腸間膜リンパ節の腫脹であることが確認される。
CMA：前腸間膜動脈，LYM：空腸リンパ節

B

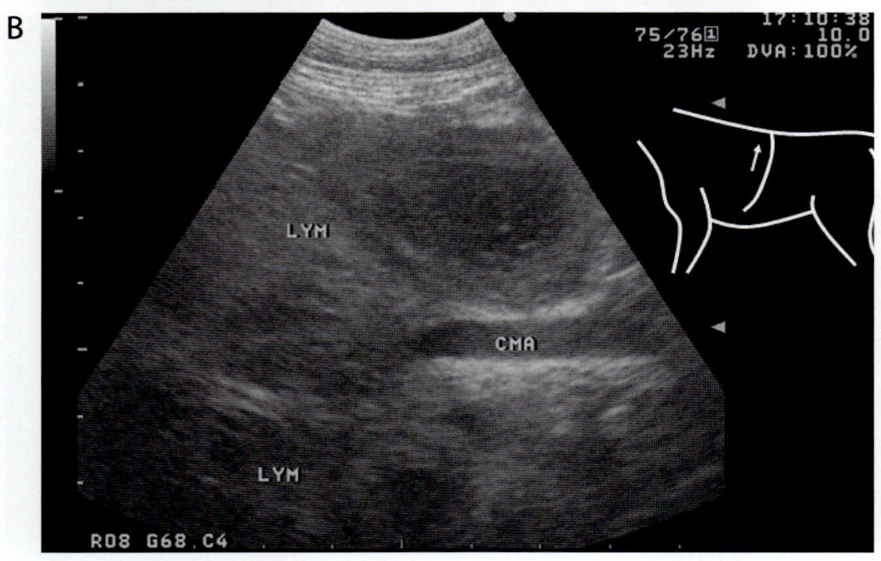

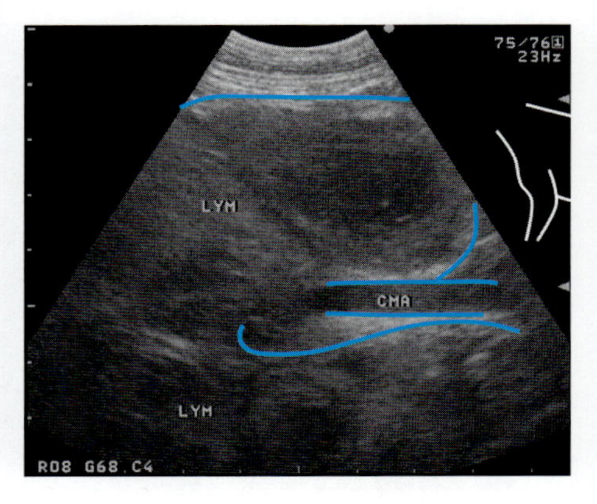

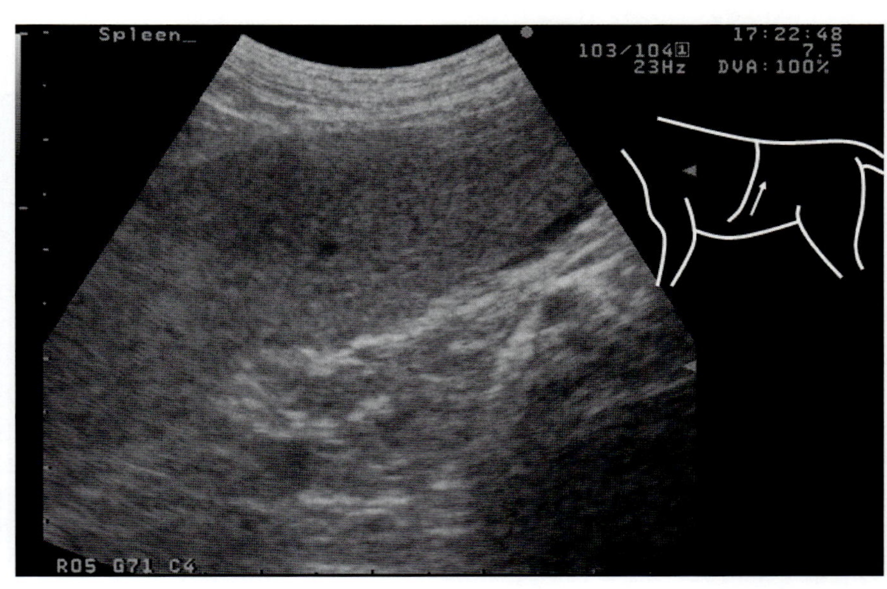

写真 94-7　脾臓超音波縦断像
脾臓は均一な構造を呈し，異常所見は認められない。　Spleen：脾臓

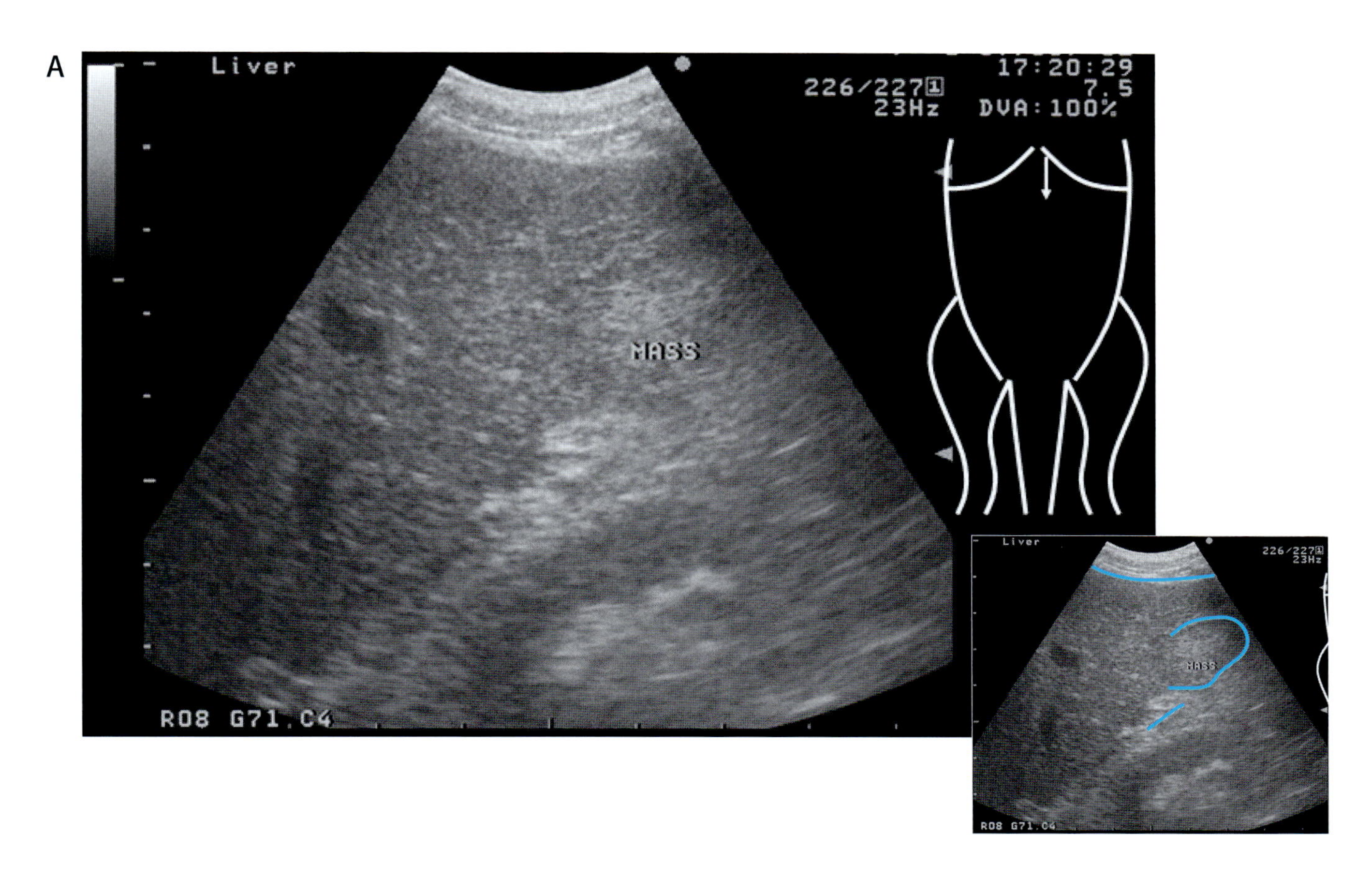

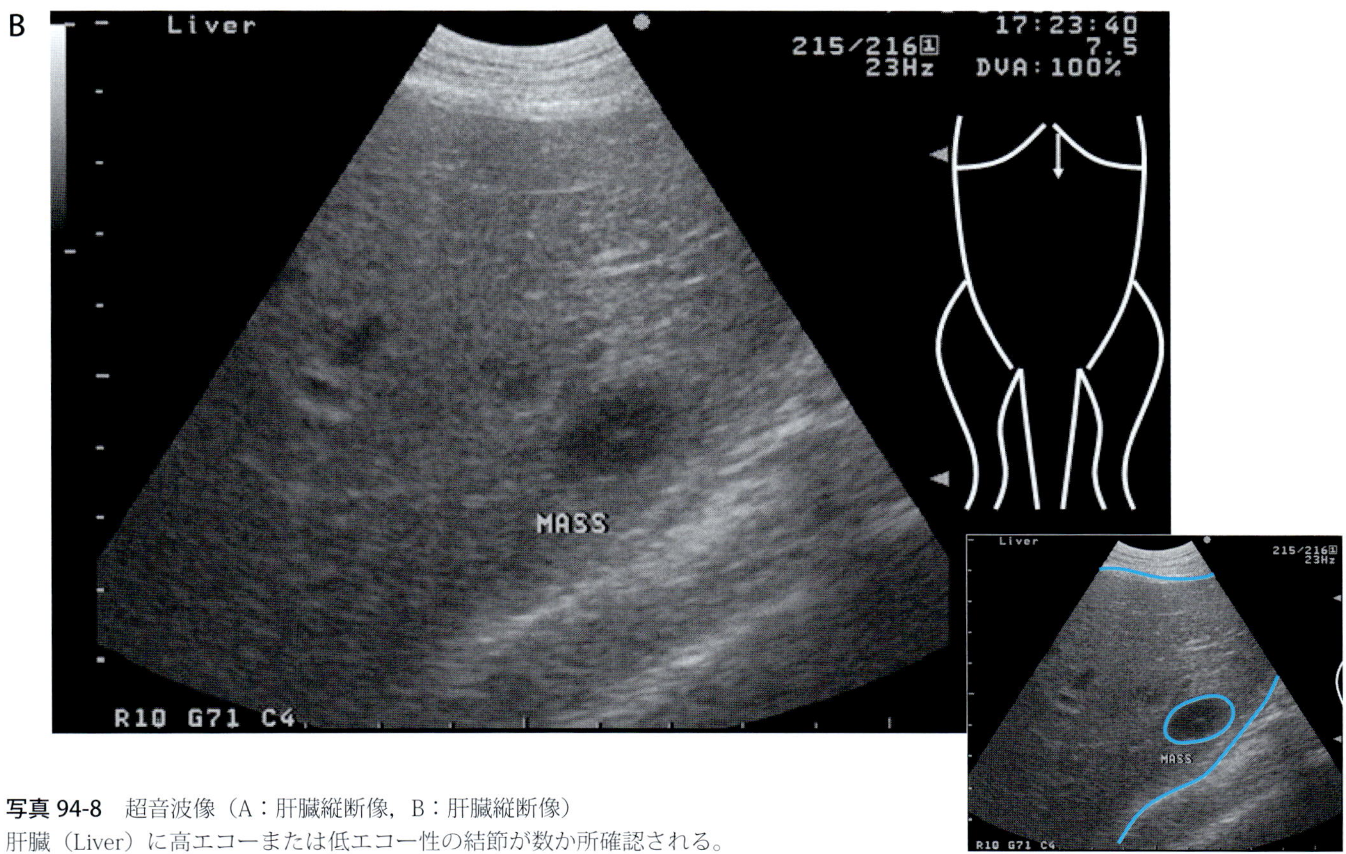

写真 94-8　超音波像（A：肝臓縦断像，B：肝臓縦断像）
肝臓（Liver）に高エコーまたは低エコー性の結節が数か所確認される。

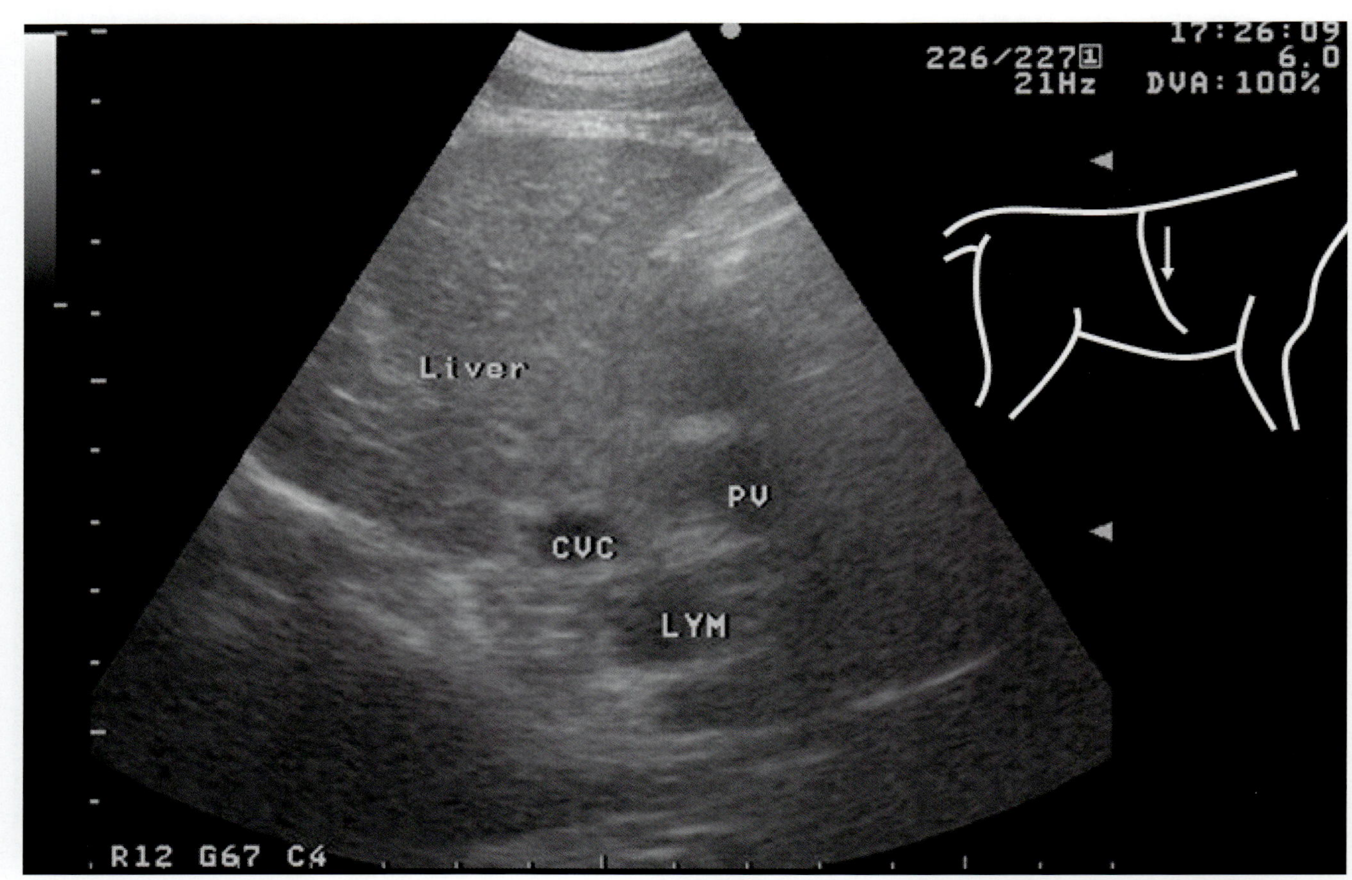

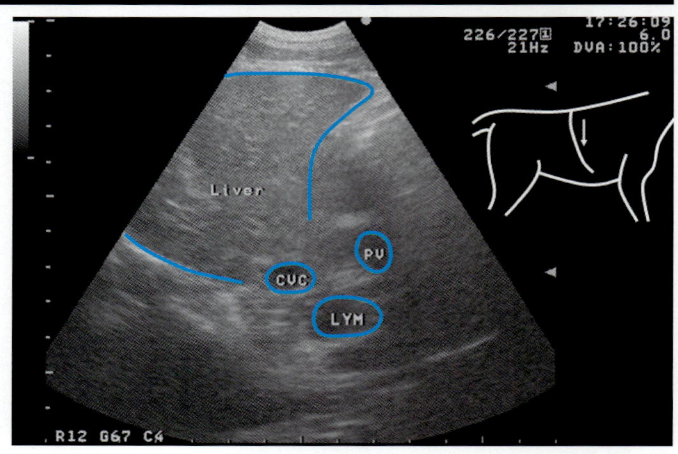

写真 94-9　超音波像（肝門部横断像）
肝リンパ節の腫脹が観察される。　Liver：肝臓，PV：門脈，CVC：後大静脈，LYM：肝リンパ節

❖コメント❖

以上の画像所見から，小腸原発性の悪性腫瘍とそれに伴う前腸間膜リンパ節，肝リンパ節，肝臓への転移，または小腸，前腸間膜リンパ節，肝リンパ節，肝臓の消化器型リンパ腫が鑑別診断として挙げられる。画像上，針吸引生検やコア生検によって診断することが可能な症例であるが，抗癌剤による消化管穿孔やイレウスなどの QOL の観点から消化管腫瘤の切除を行い診断することとした。その結果，消化器型リンパ腫と診断された。

95．犬の腹水（心内膜症）

症　例：ラブラドール・レトリーバー，雄，8 歳。
主　訴：腹囲が膨大し，元気がない。
血液検査所見：異常認めず。

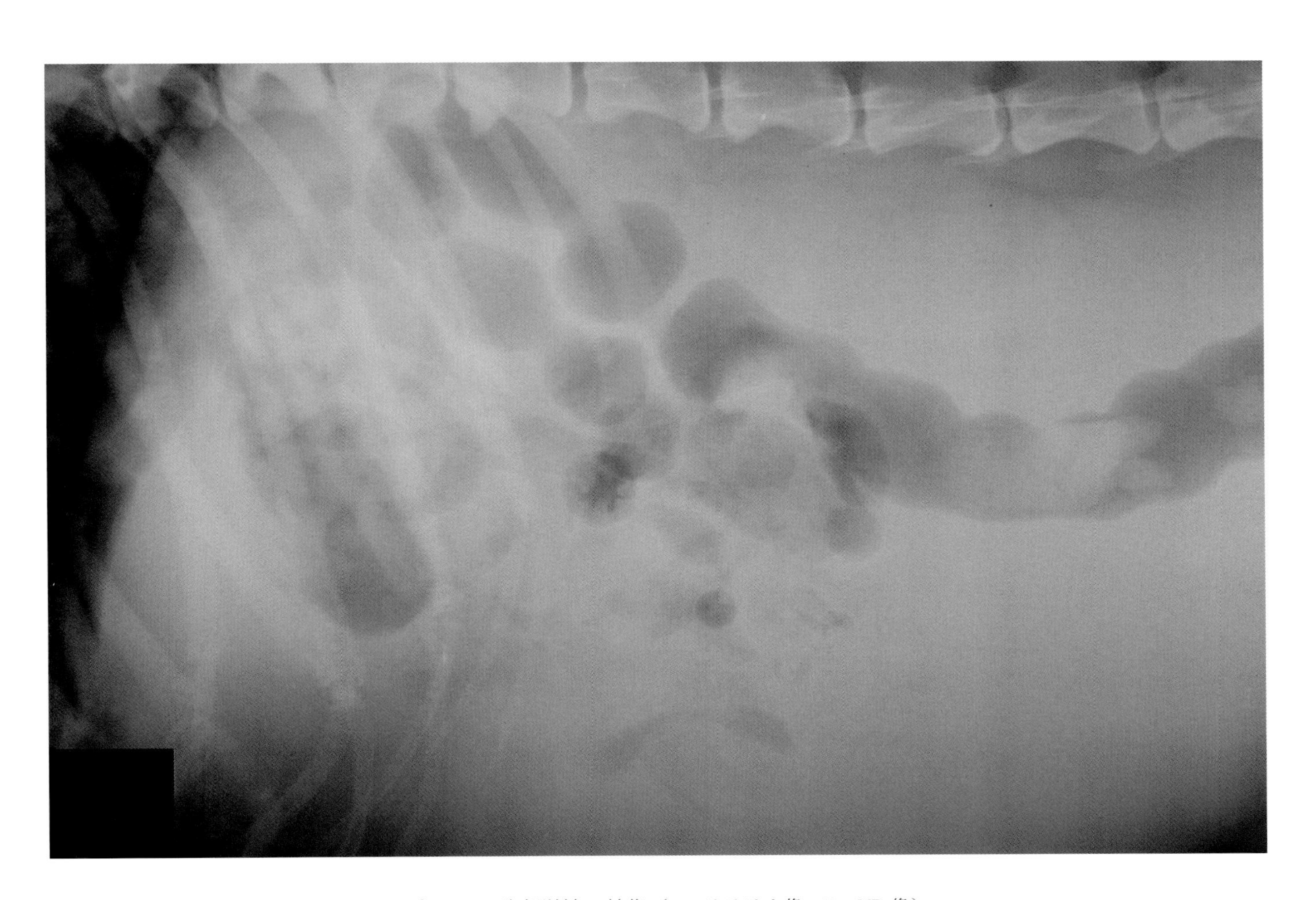

写真 95-1　腹部単純 X 線像（A：ラテラル像，B：VD 像）
腹部の単純 X 線検査において，腹部膨大ならびに鮮鋭度の低下が観察される。以上の所見から，腹水症または腹腔内腫瘤が鑑別診断となる。

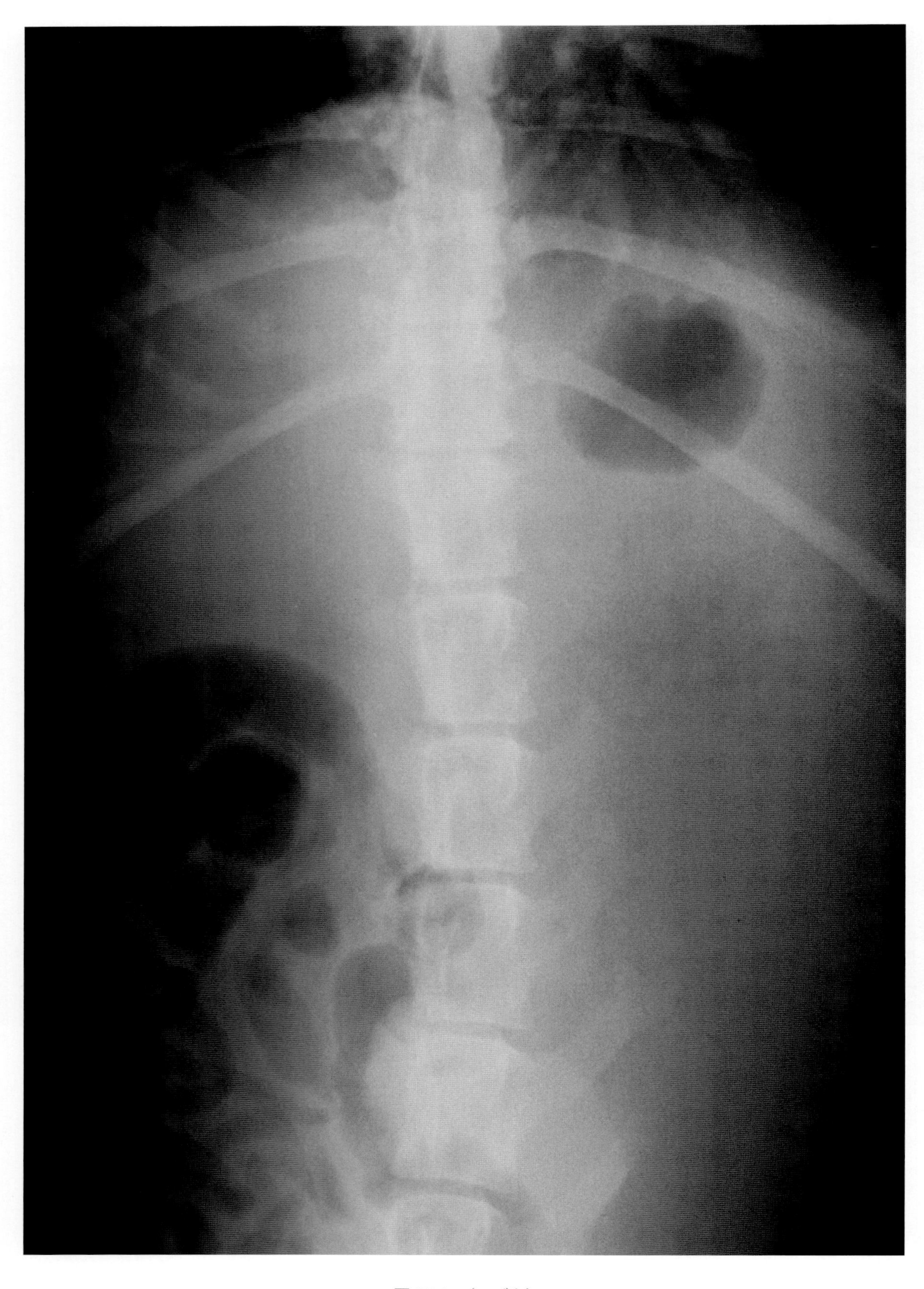

図 95-1 （つづき）

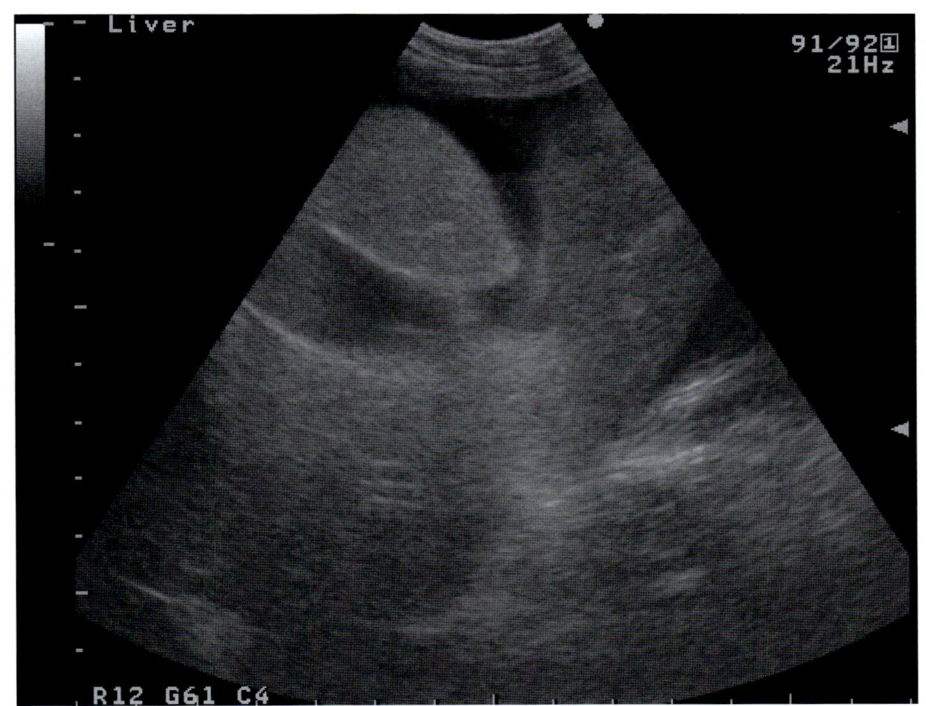

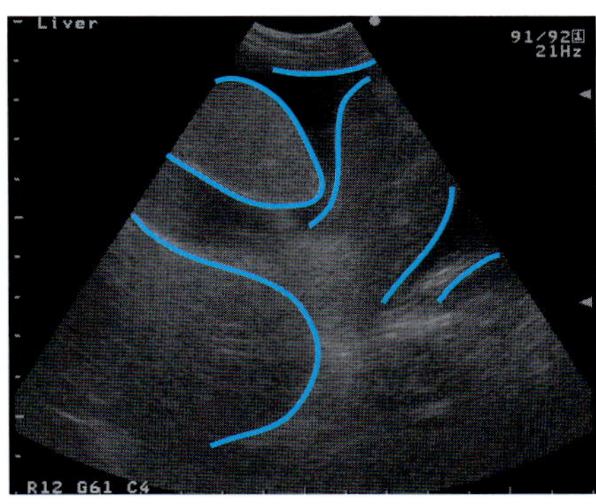

写真 95-2 腹部超音波像
低エコーの腹水貯留が認められ，その他の異常は観察されない。腹水の性状は比重 1.027，細胞数 134/μL，TP4.08g/dL であり，変性漏出液と判断された。

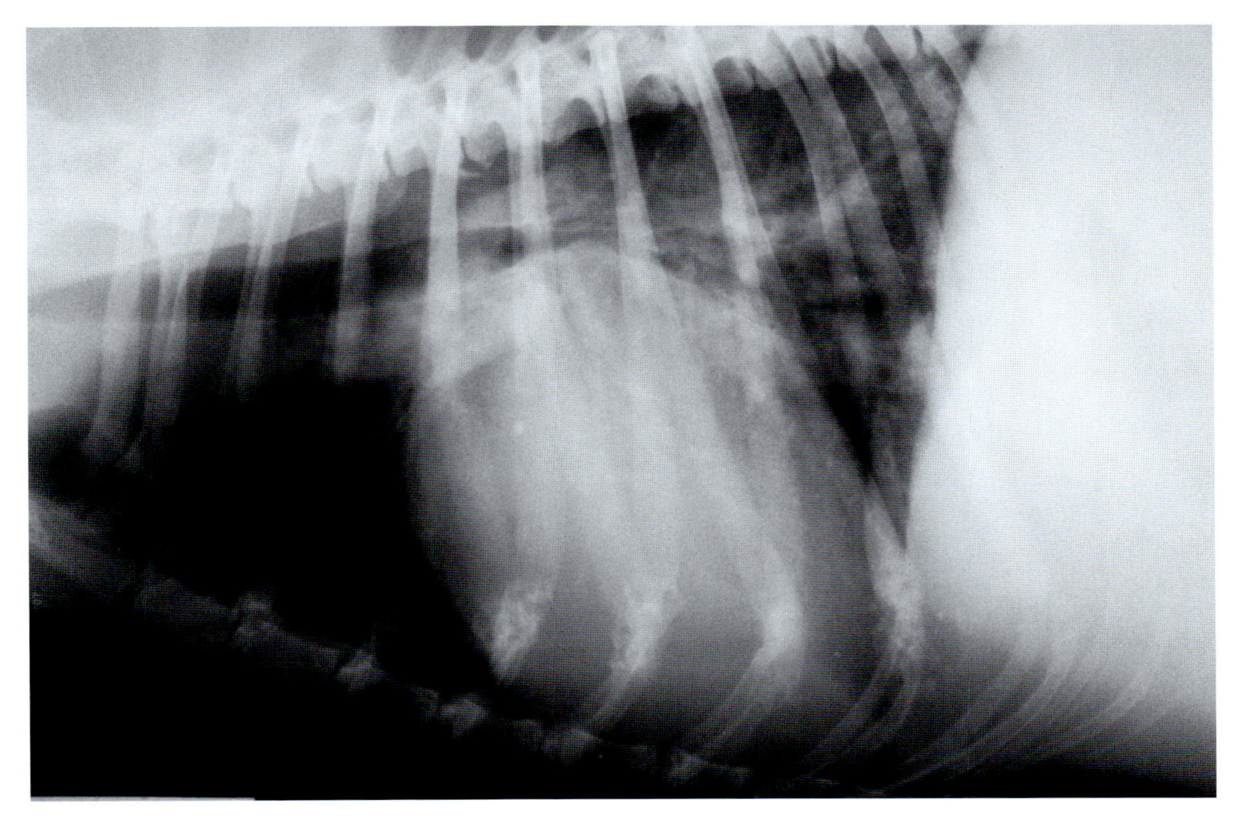

写真 95-3 胸部単純 X 線ラテラル像

写真 95-3，4 心臓全体の拡大が認められ，左心耳ならびに右心房領域の突出が観察される。

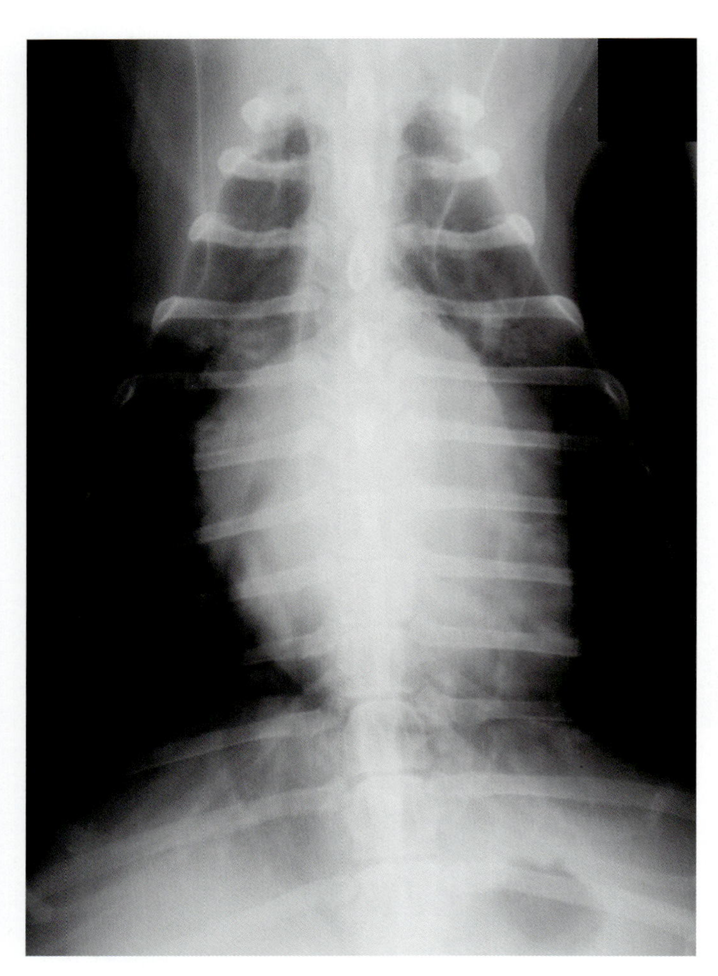

写真 95-4　胸部単純 X 線 VD 像

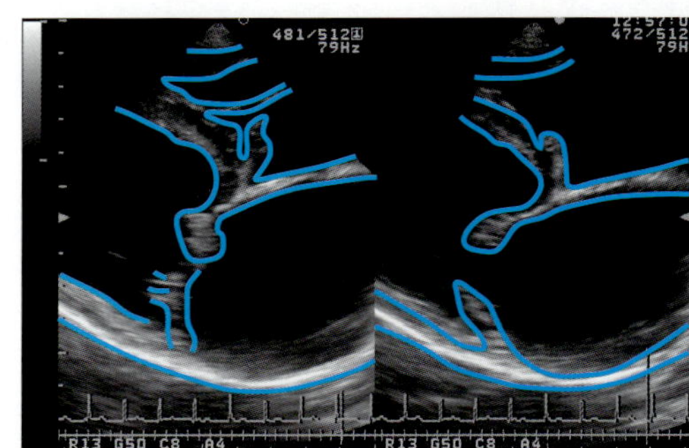

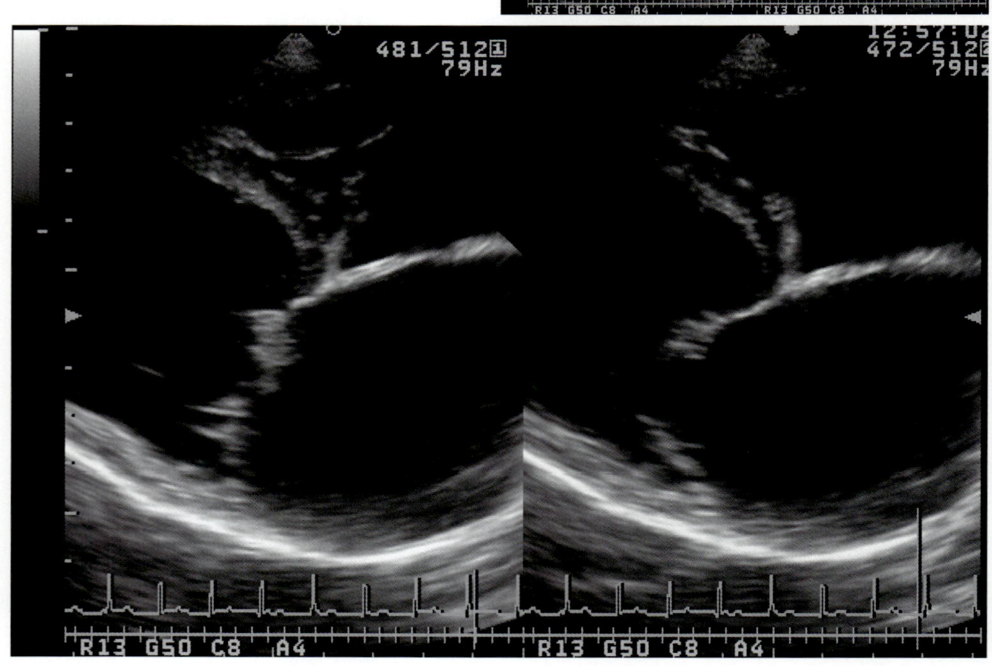

写真 95-5　超音波像〔右側胸壁四腔断層像（B モード）〕
心腔は房・室ともに拡大し，容量負荷が疑われる。写真左は収縮期，写真右は拡張期であるが，収縮期において僧帽弁ならびに三尖弁の逸脱が認められ，拡張期においては弁尖の肥厚が観察される。

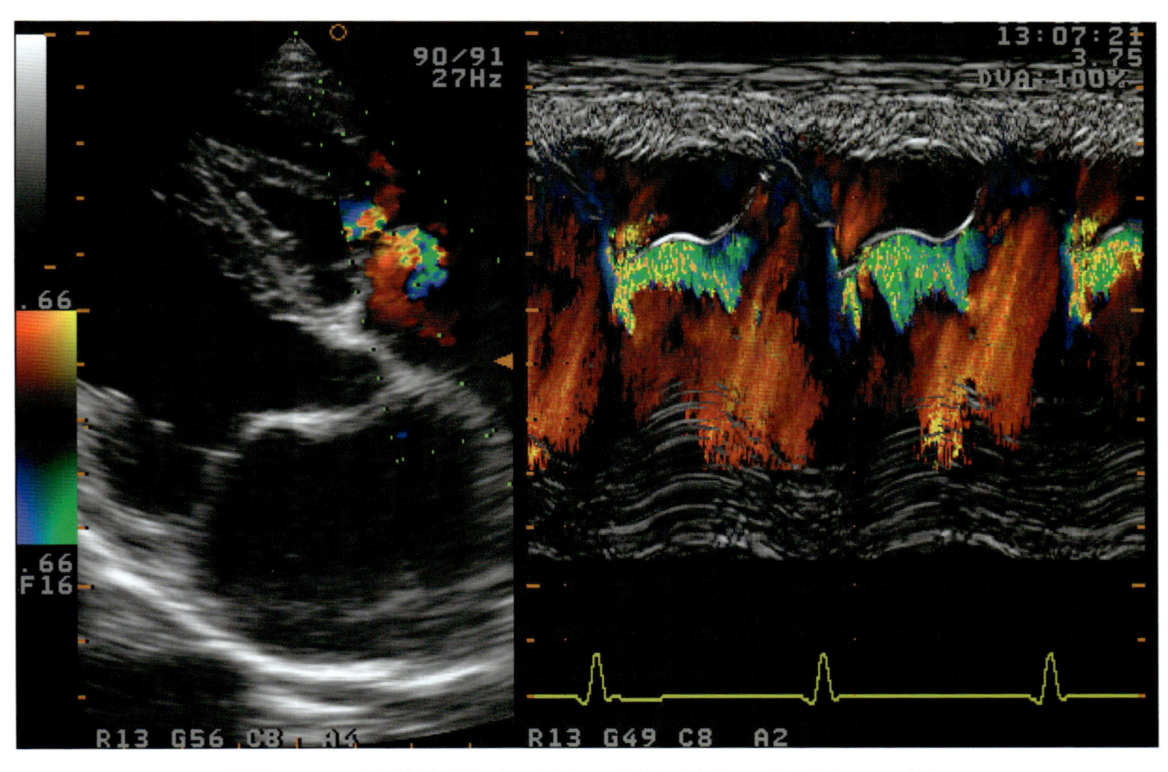

写真 95-6　超音波像〔右側胸壁四腔断層像（カラードプラ M モード）〕
収縮期に三尖弁逆流が R 波の後方に観察される。

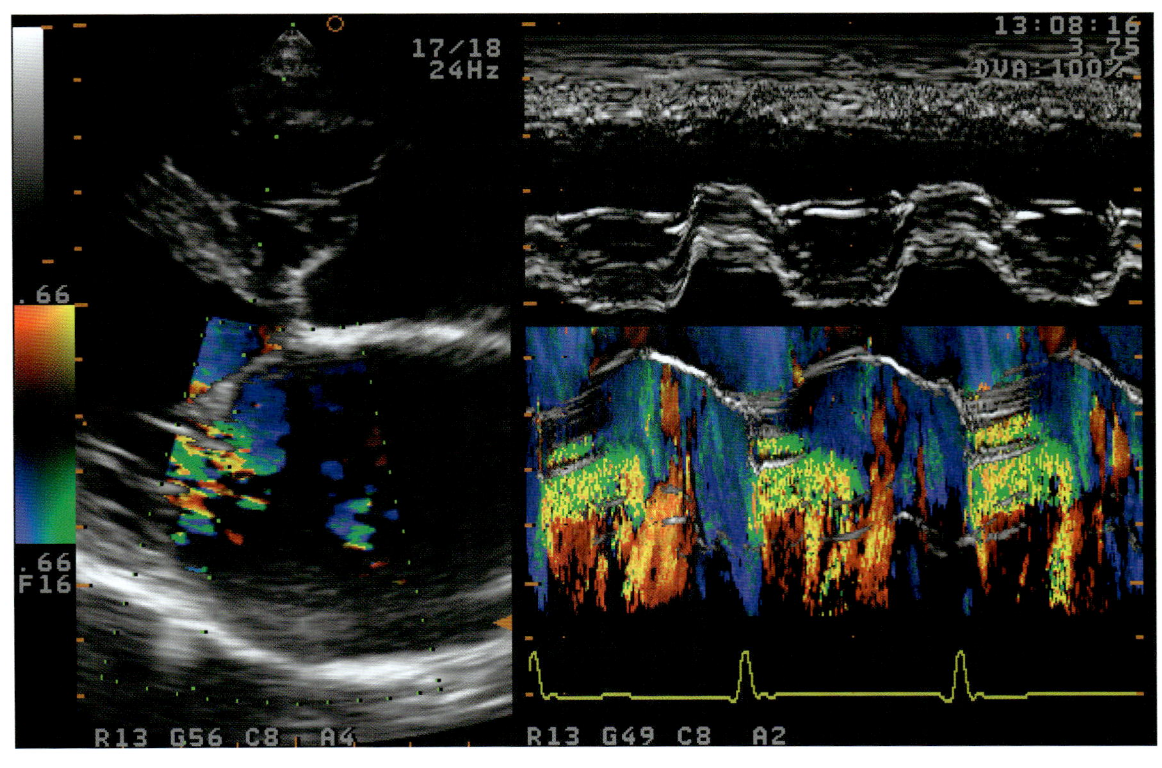

写真 95-7　超音波像〔右側胸壁四腔断層像（カラードプラ M モード）〕
収縮期に僧帽弁逆流が R 波の後方に観察される。

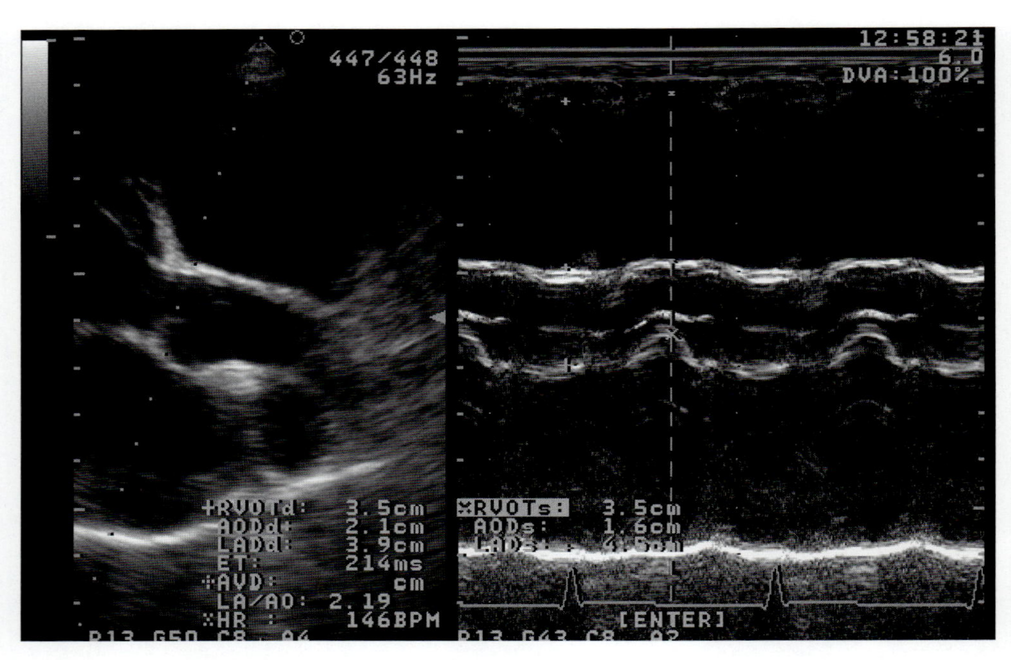

写真 95-8 超音波像〔右側胸壁左室流出路長軸像（M モード）〕
LA/Ao は 2.19 であり，左心房拡大が診断される。

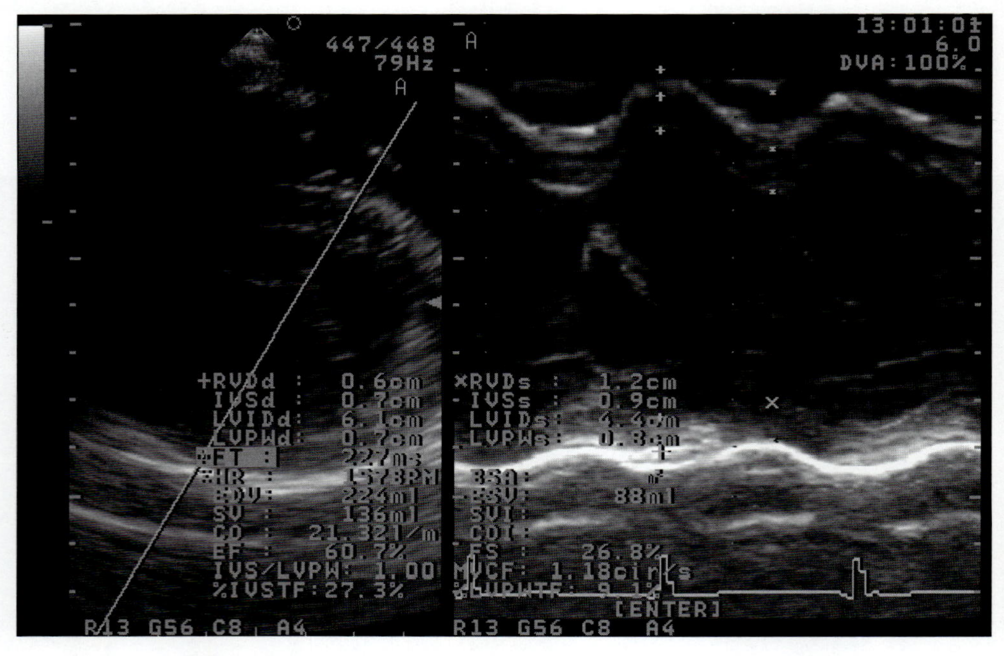

写真 95-9 超音波像〔右側胸壁短軸像（腱索レベル M モード）〕
拡張期における心室中隔ならびに左室後壁厚は，若干非薄化しているが正常値から逸脱している
ものとは考えられない。また，左室収縮能についても正常値を示している。

❖コメント❖

本症例は大型犬であり，B モードにおいて四腔の容量負荷に起因する拡大が観察される。以上の変化によって一見心筋は非薄化したように感じられ，拡張型心筋症を疑いたくなるが，房室弁の逸脱と肥厚が認められ点や腱索レベルでの M モード計測において，心筋厚，左室収縮能に異常が認められない点から拡張型心筋症は否定され，心内膜症による両房室弁閉鎖不全症と診断される。

96. 犬の悪性組織球症

症　例：ゴールデン・レトリーバー，雄，8歳。

主　訴：1か月前からの発熱ならびに嘔吐，食欲不振。

血液検査所見：

PCV	28.7	%
RBC	399×10^4	/μL
Hb	10.0	g/dL
MCV	71.9	fL
MCH	25.1	pg
MCHC	34.8	g/dL
WBC	332.0×10^2	/μL
Band-N	0.0×10^2	/μL
Seg-N	320.4×10^2	/μL
Lym	10.3×10^2	/μL
Mon	1.0×10^2	/μL
Eos	0.3×10^2	/μL
Bas	0.0×10^2	/μL
Other	0.0×10^2	/μL
pl	1.01×10^4	/μL
TP	5.1	g/dL
Alb	2.5	g/dL
ALT	33	U/L
ALP	57	U/L
TC	69	mg/dL
Tg	48	mg/dL
T-Bil	0.567	mg/dL
Glu	88	mg/dL
BUN	13.4	mg/dL
Cr	0.9	mg/dL
Ca	8.7	mg/dL
iP	2.46	mg/dL
Na	155.8	mmol/L
K	4.10	mmol/L
Cl	124.1	mmol/L

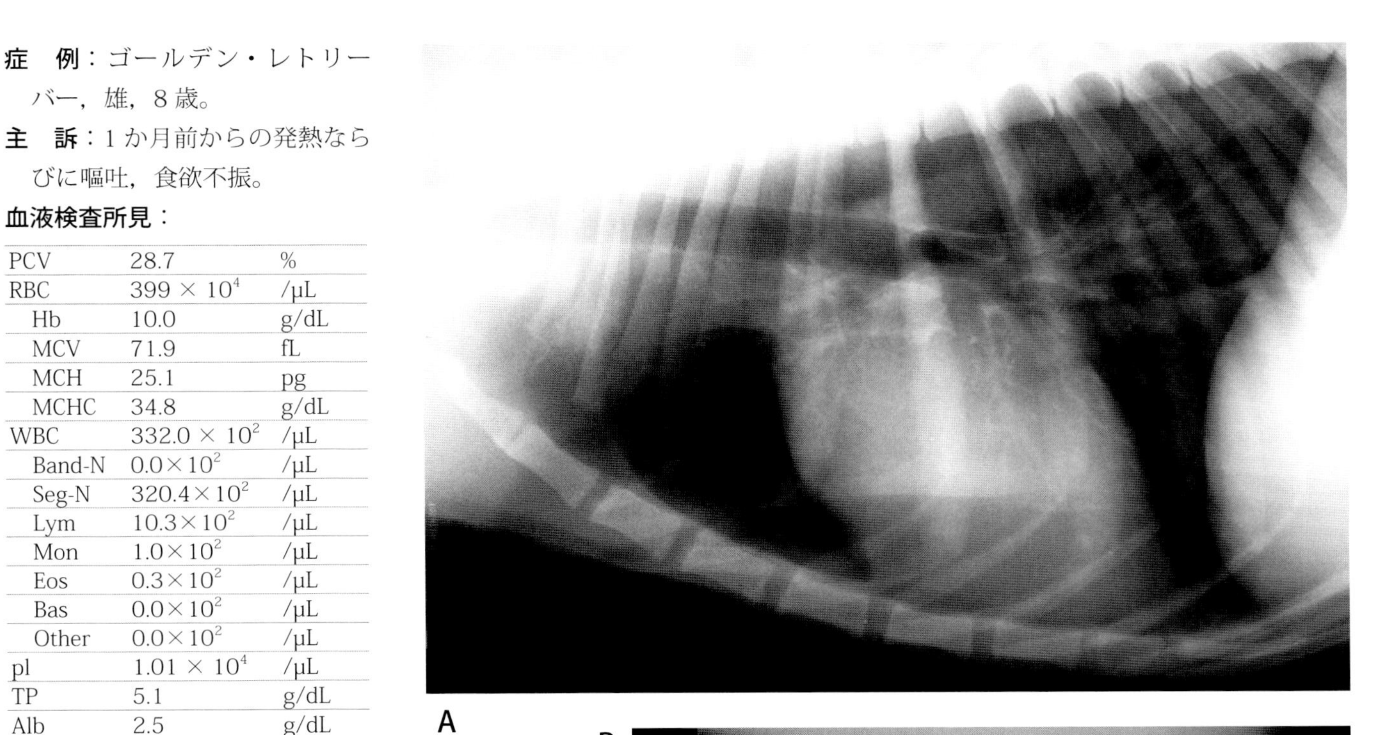
A

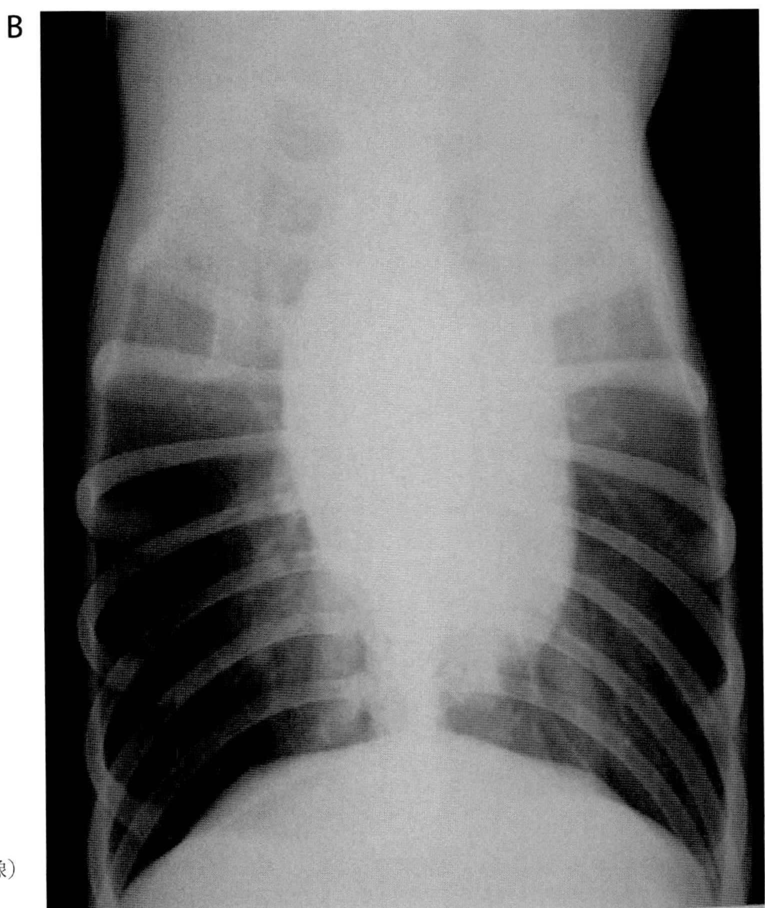
B

写真 96-1　胸部単純X線像（A：ラテラル像，B：VD像）
胸部に異常は認めない。

A

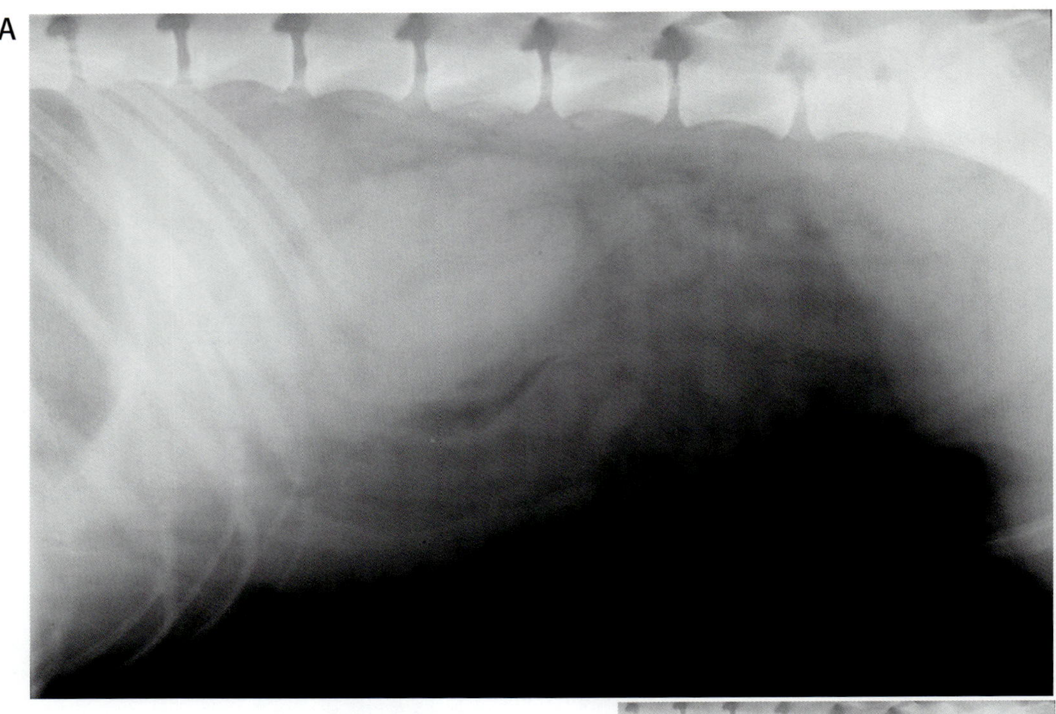

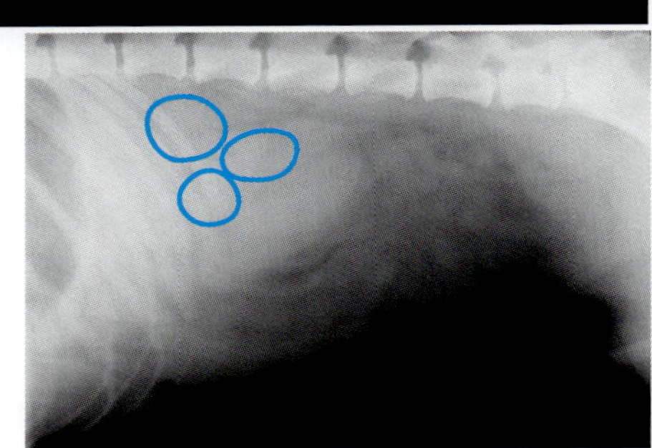

B

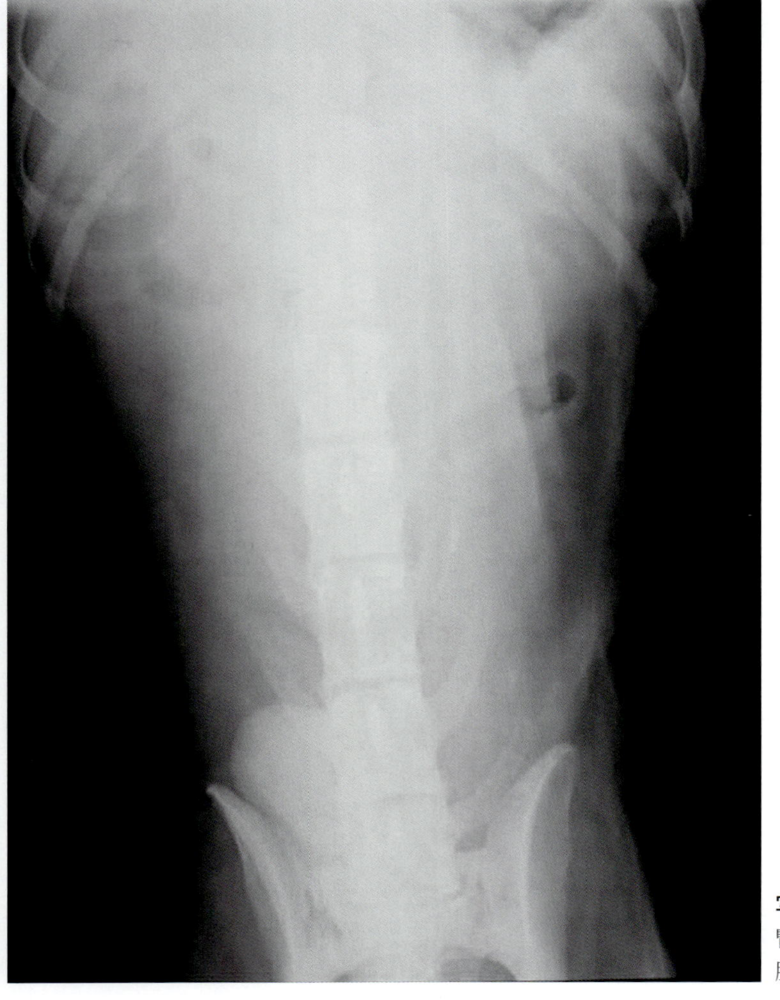

写真 96-2 腹部単純 X 線像（A：ラテラル像，B：VD 像）
腎周囲の後腹膜腔領域に数個のマス陰影が観察され，腹腔内全域の鮮鋭度の低下が観察される。

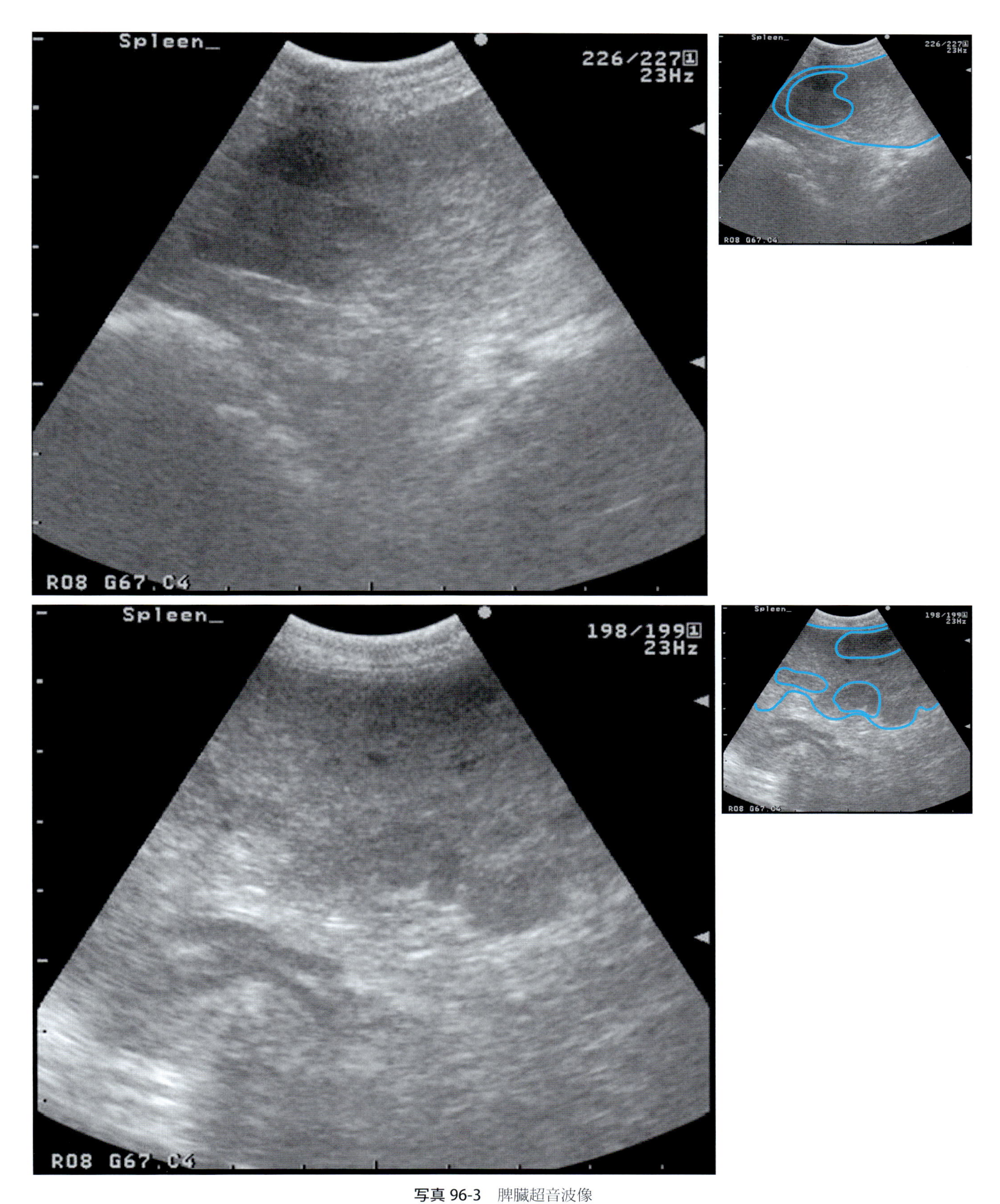

写真 96-3　脾臓超音波像
脾臓に低エコー性のマスが数個認められる。　Spleen：脾臓

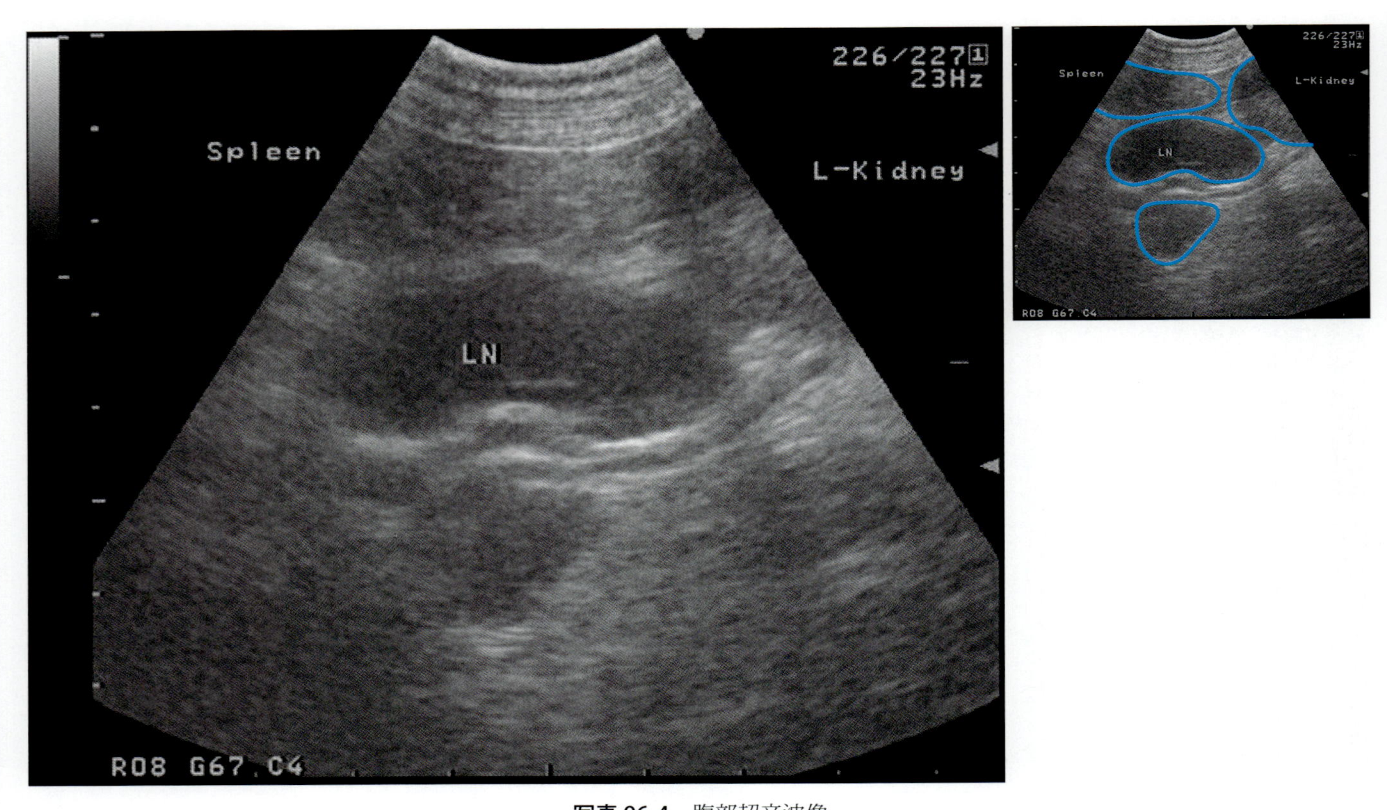

写真 96-4 腹部超音波像
脾リンパ節の拡大が観察される。 Spleen：脾臓，L-Kidney：左腎，LN：リンパ節

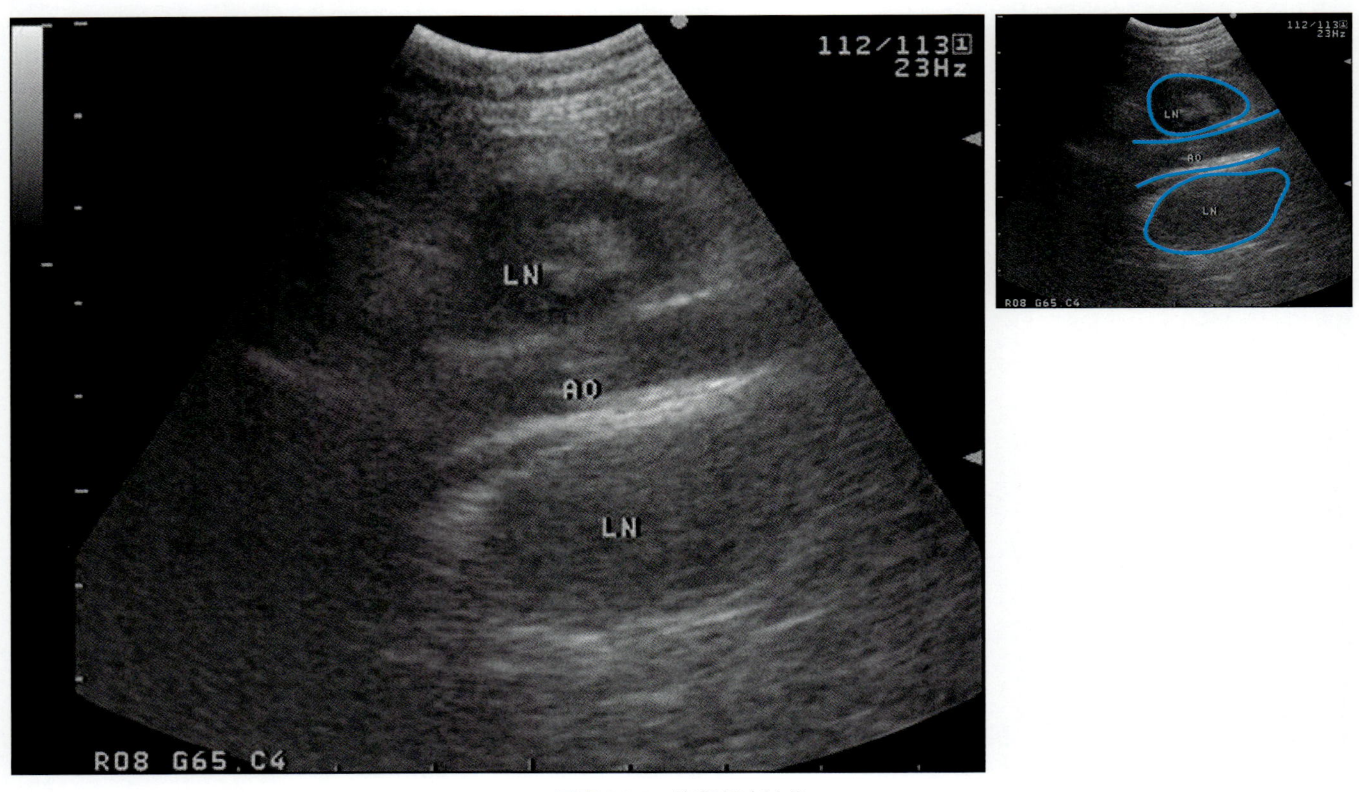

写真 96-5 腹部超音波像
大動脈周囲に存在する腰リンパ節群のリンパ節拡大が観察される。 LN：リンパ節，AO：大動脈

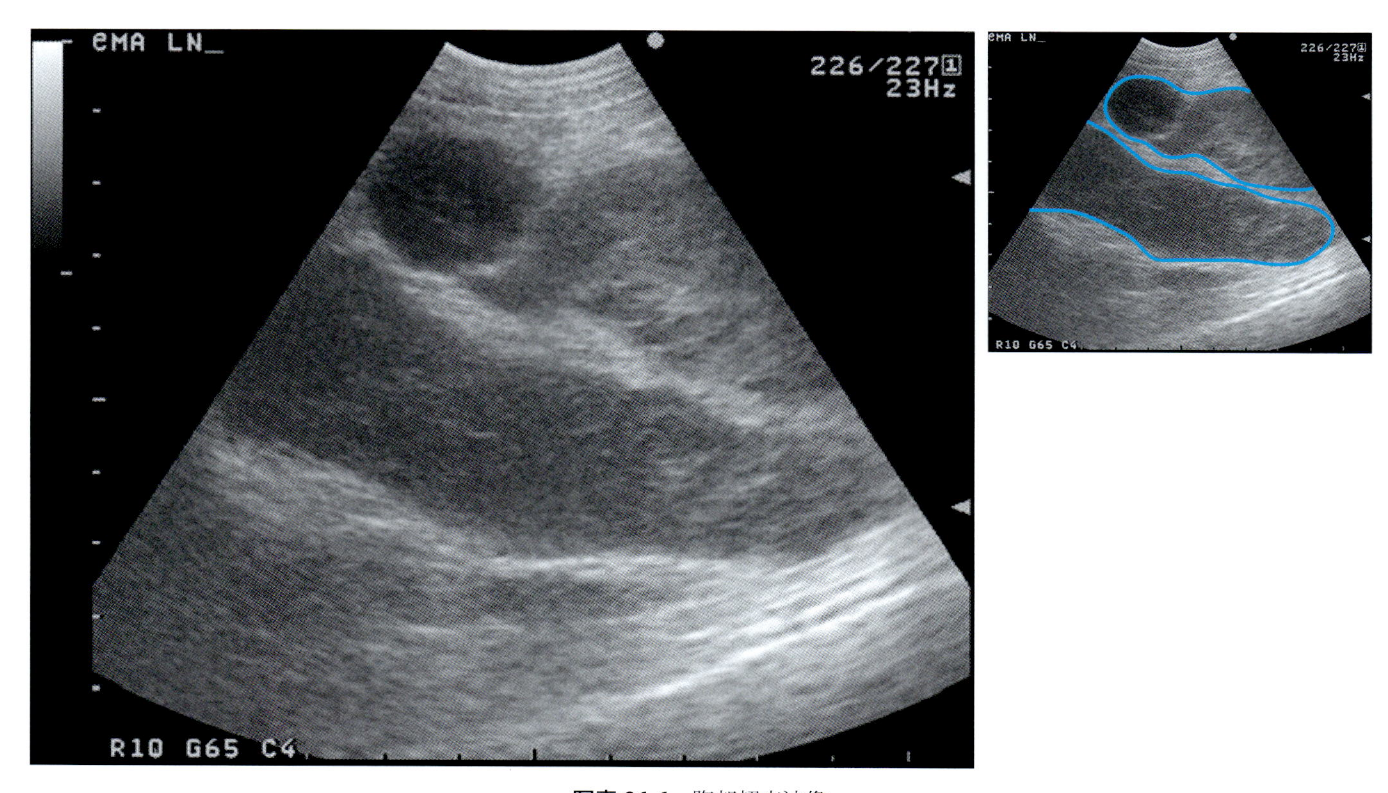

写真 96-6　腹部超音波像
前腸間膜動脈に沿って，空腸リンパ節の拡大が観察される。

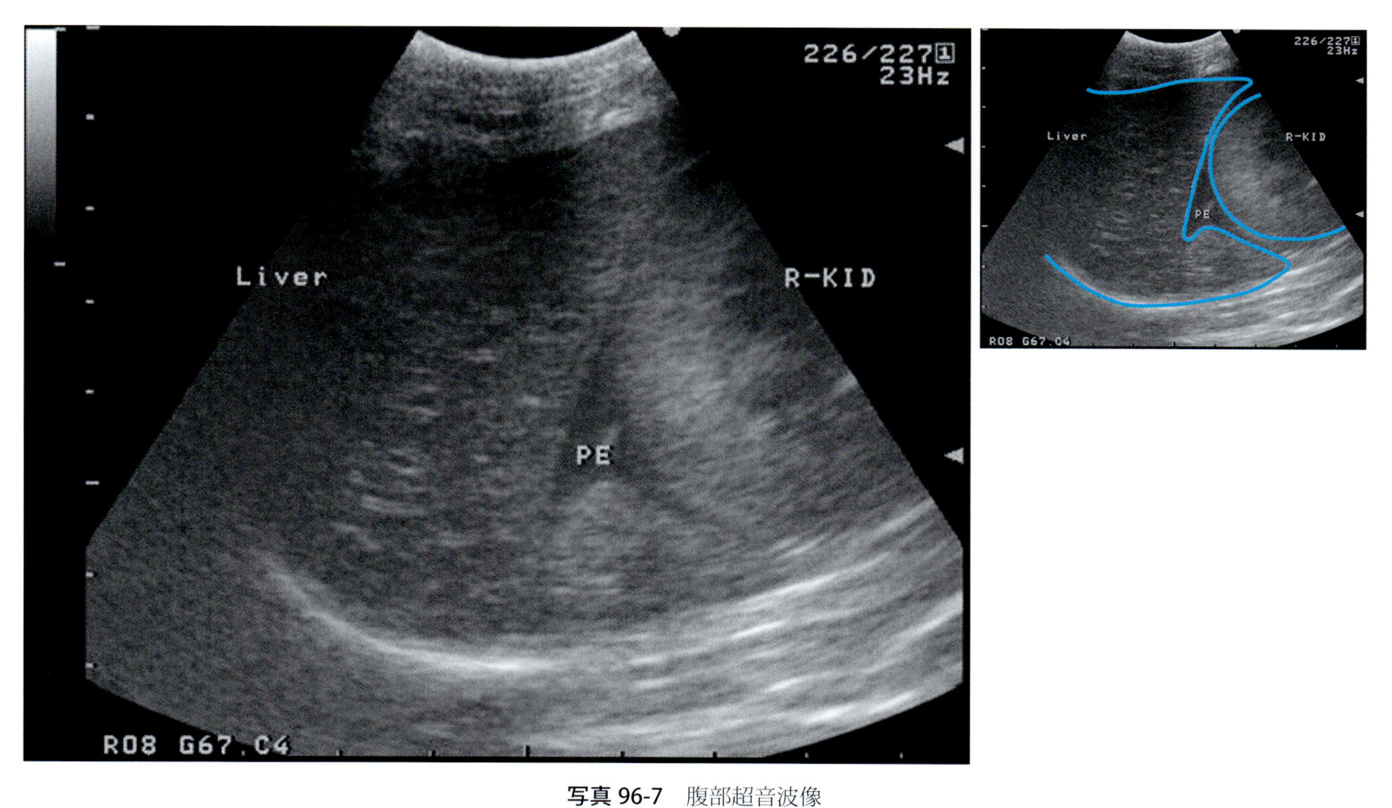

写真 96-7　腹部超音波像
肝臓（Liver）の葉間裂や腎圧痕に腹水の貯留が観察される。　R-KID：右腎，PE：腹水

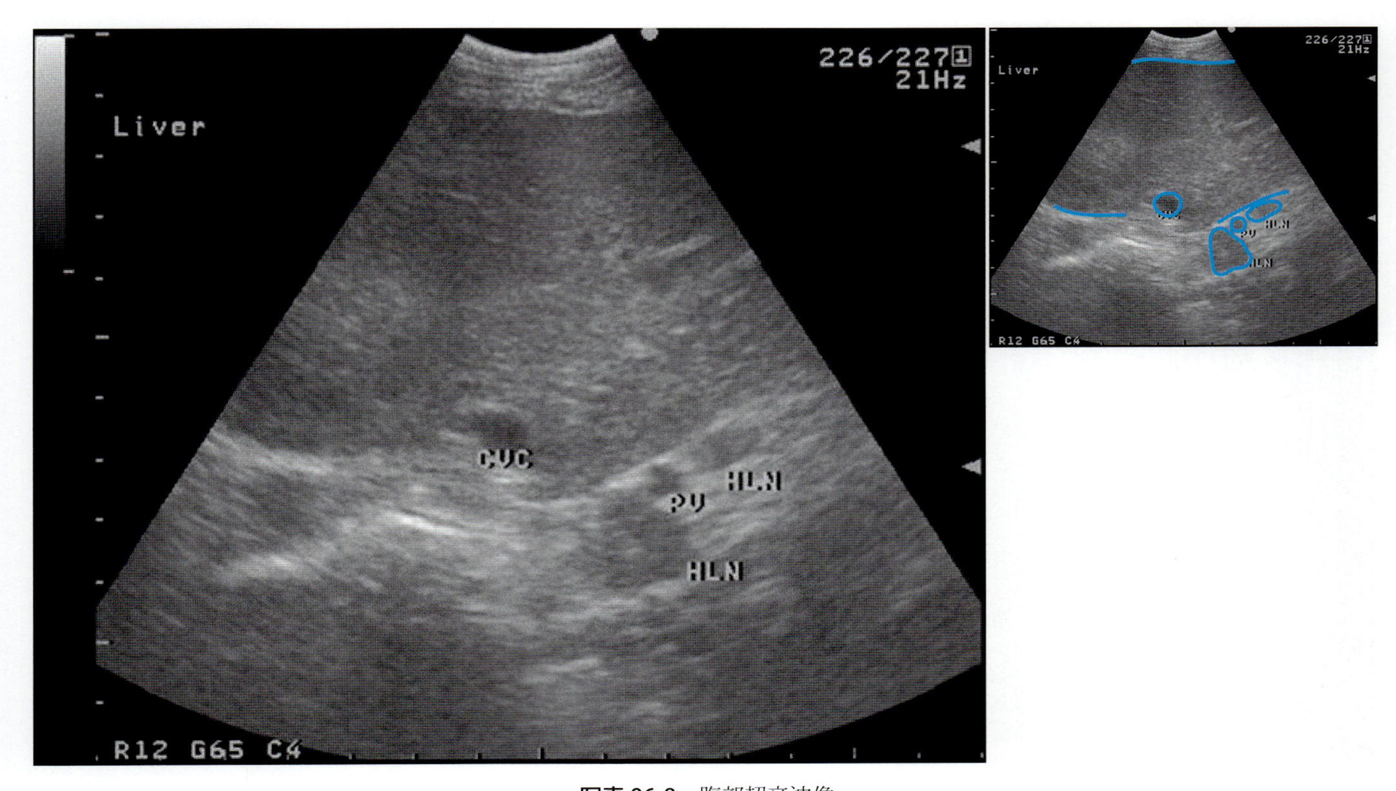

写真 96-8 腹部超音波像
肝門部の門脈（PV）周囲に腫大した肝リンパ節を認める。 Liver：肝臓，CVC：後大静脈，HLN：肝リンパ節

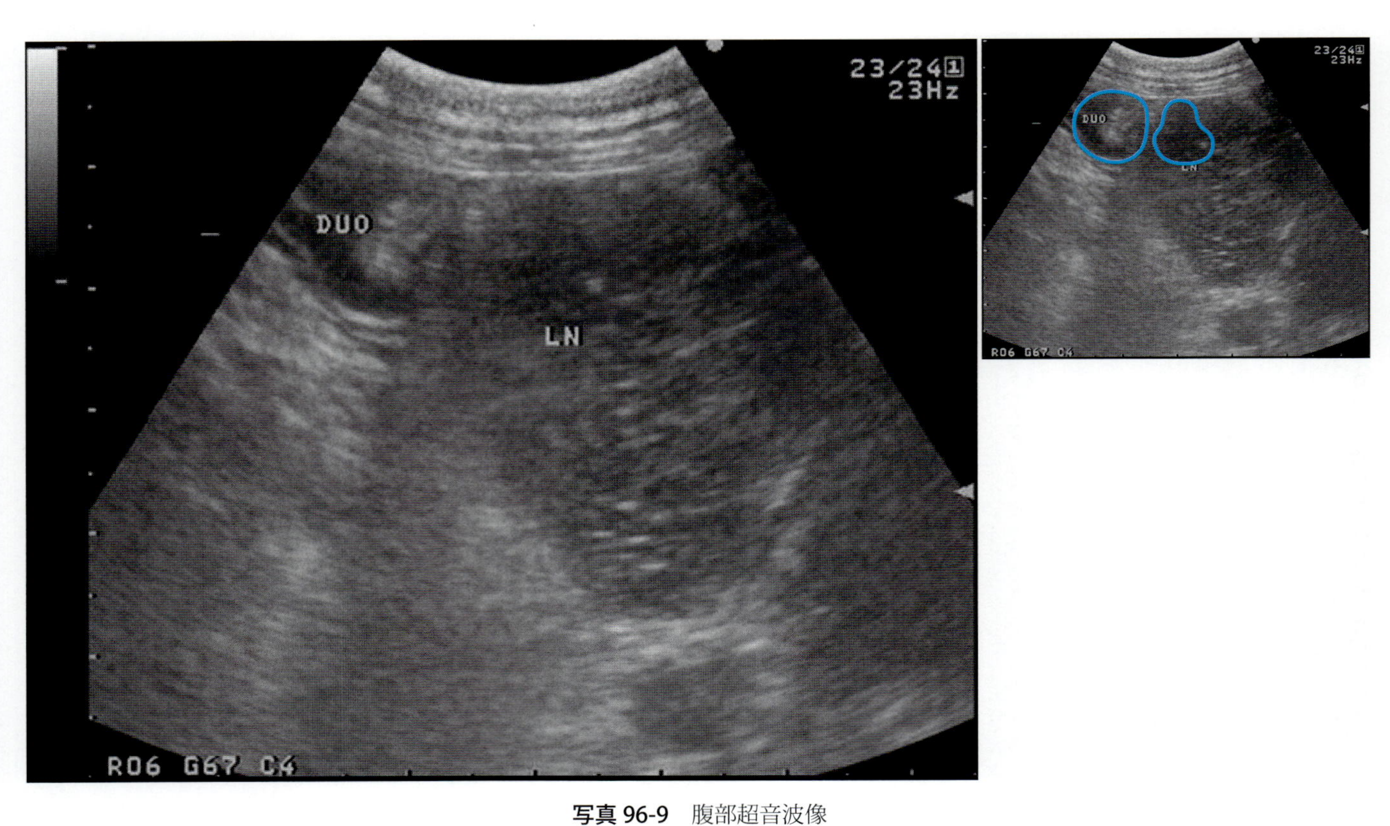

写真 96-9 腹部超音波像
膵十二指腸リンパ節の拡大を認める。 DUO：十二指腸，LN：リンパ節

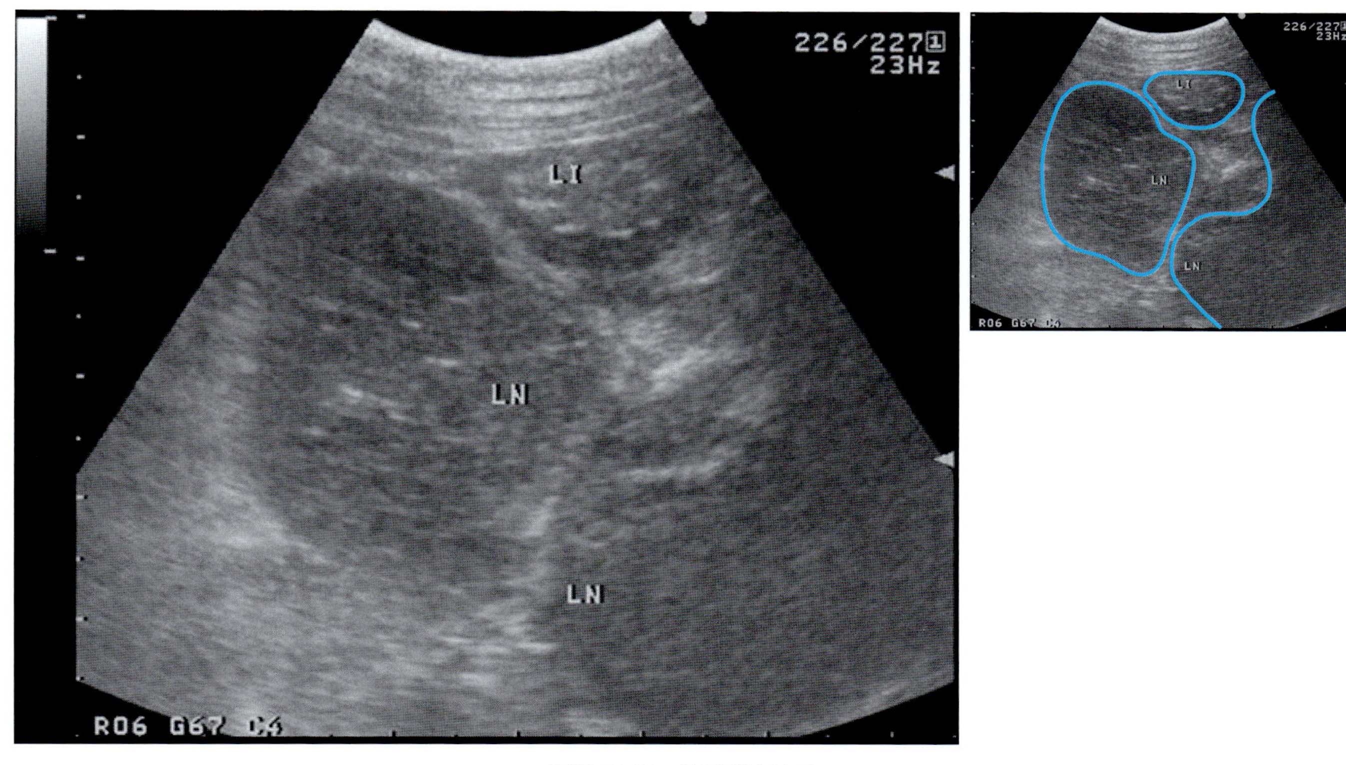

写真 96-10　腹部超音波像
上行結腸周囲に左結腸リンパ節の腫脹を認める。　LI：大腸（上行結腸），LN：リンパ節

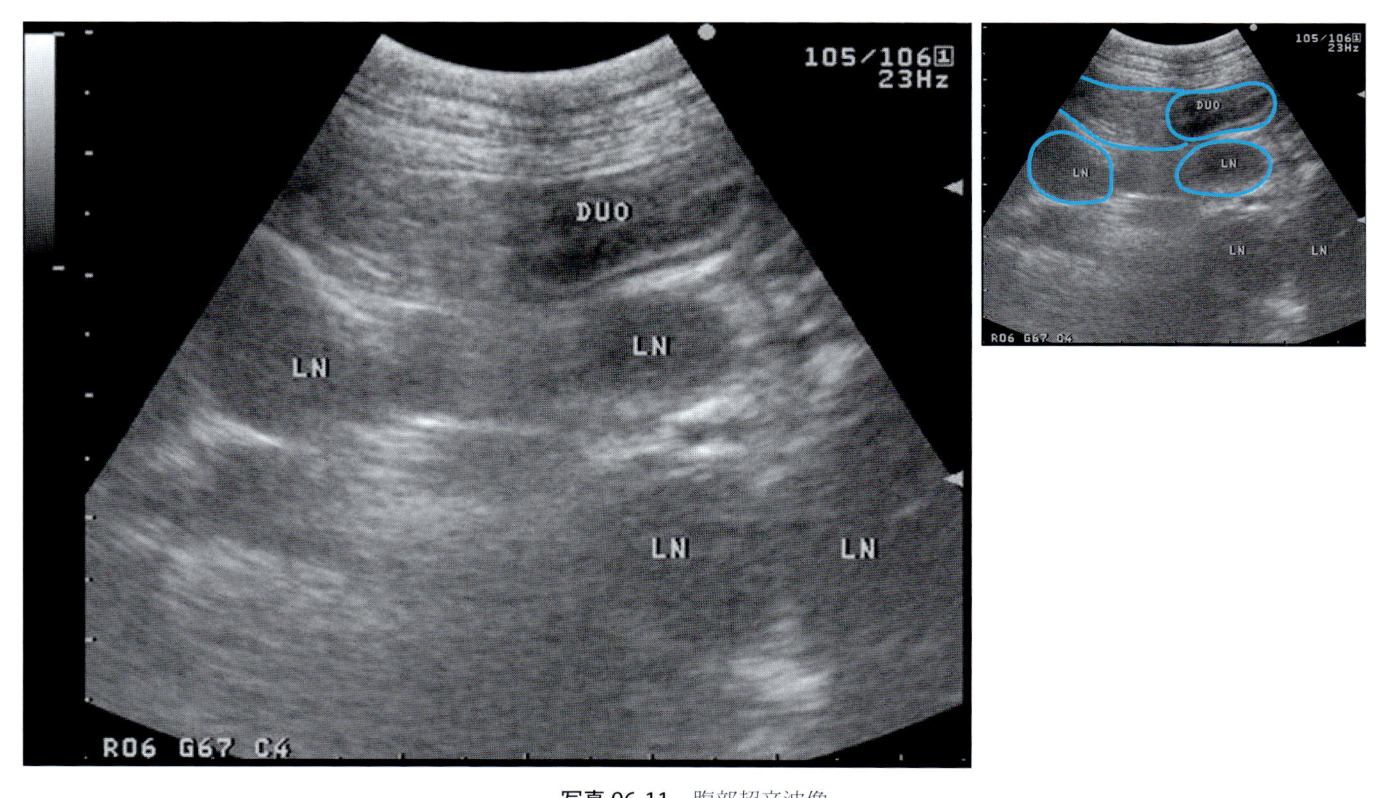

写真 96-11　腹部超音波像
その他のリンパ節（LN）の腫脹が観察される。　DUO：十二指腸

❖コメント❖

正常動物のリンパ節は非常に小さく，周囲の脂肪組織などと等エコーを呈していることから，確認されない（前腸間膜リンパ節や外腸骨リンパ節は正常でも比較的大型なリンパ節であることから，観察可能な場合がある）。しかしながら，過形成や腫瘍のリンパ節転移では，リンパ節が腫大し，低エコーとなることから観察が容易となる。

本症例においては，原発巣と考えられる腫瘤性病変が存在せず，腹腔内や後腹膜腔内に多数のリンパ節腫脹を認めた。さらに，脾臓には多数のマス病変が観察されたことから，鑑別診断としてリンパ腫，悪性組織球症が画像上強く疑われた。しかしながら，確定診断には針生検や組織生検が必須である。本症例では，血小板の低下が認められたことから，22 ゲージの針で生検を行い，悪性組織球症と診断した（コメント写真 96-1）。

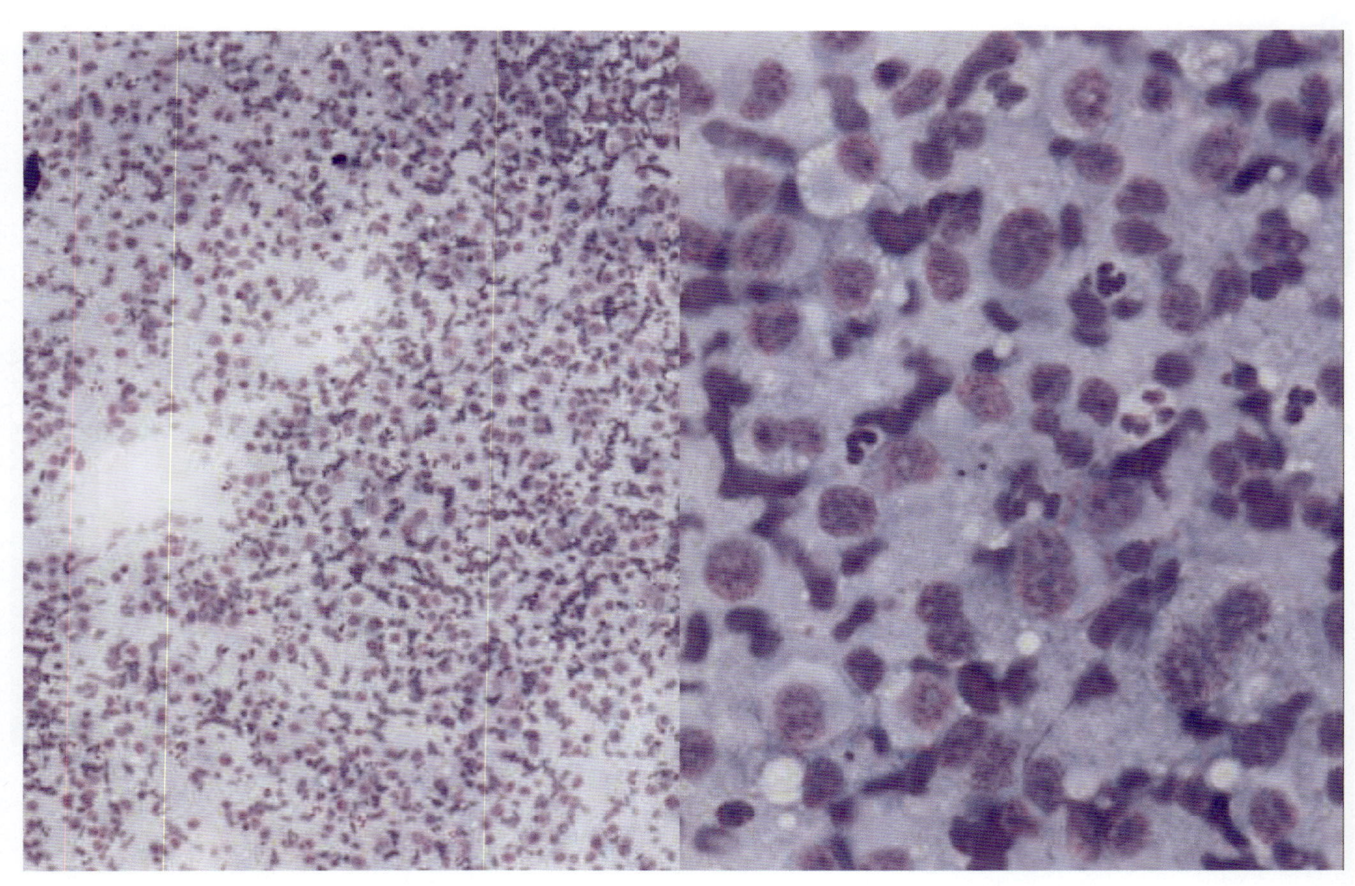

コメント写真 96-1　腰リンパ節より針生検を行った結果，悪性の組織球様の細胞が確認された。

97. 犬の腹腔内脂肪腫

症　例：柴犬，未避妊雌，11 歳 4 か月。
主　訴：腹囲膨大。

血液検査所見：

PCV	41.3	%	Tg	44.0	mg/dL
RBC	764×10^4	/μL	T-Bil	0.03	mg/dL
WBC	106.7×10^2	/μL	Glu	102	mg/dL
pl	59×10^4	/μL	BUN	8.3	mg/dL
TP	6.6	g/dL	Cr	0.6	mg/dL
Alb	3.3	g/dL	Ca	9.9	mg/dL
ALT	29.0	U/L	Na	145.1	mmol/L
ALP	459.0	U/L	K	4.58	mmol/L
TC	157	mg/dL	Cl	109.6	mmol/L

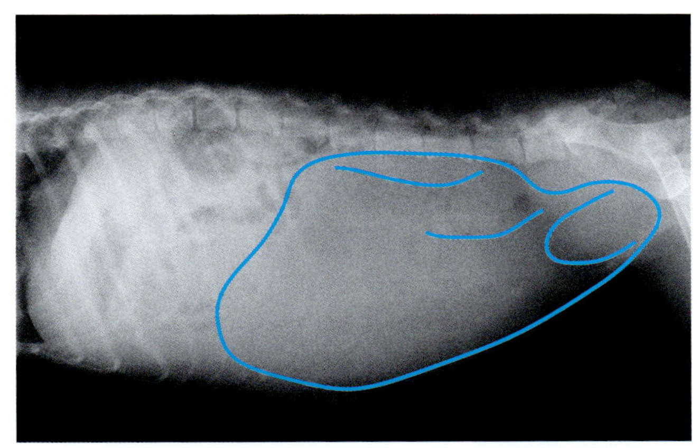

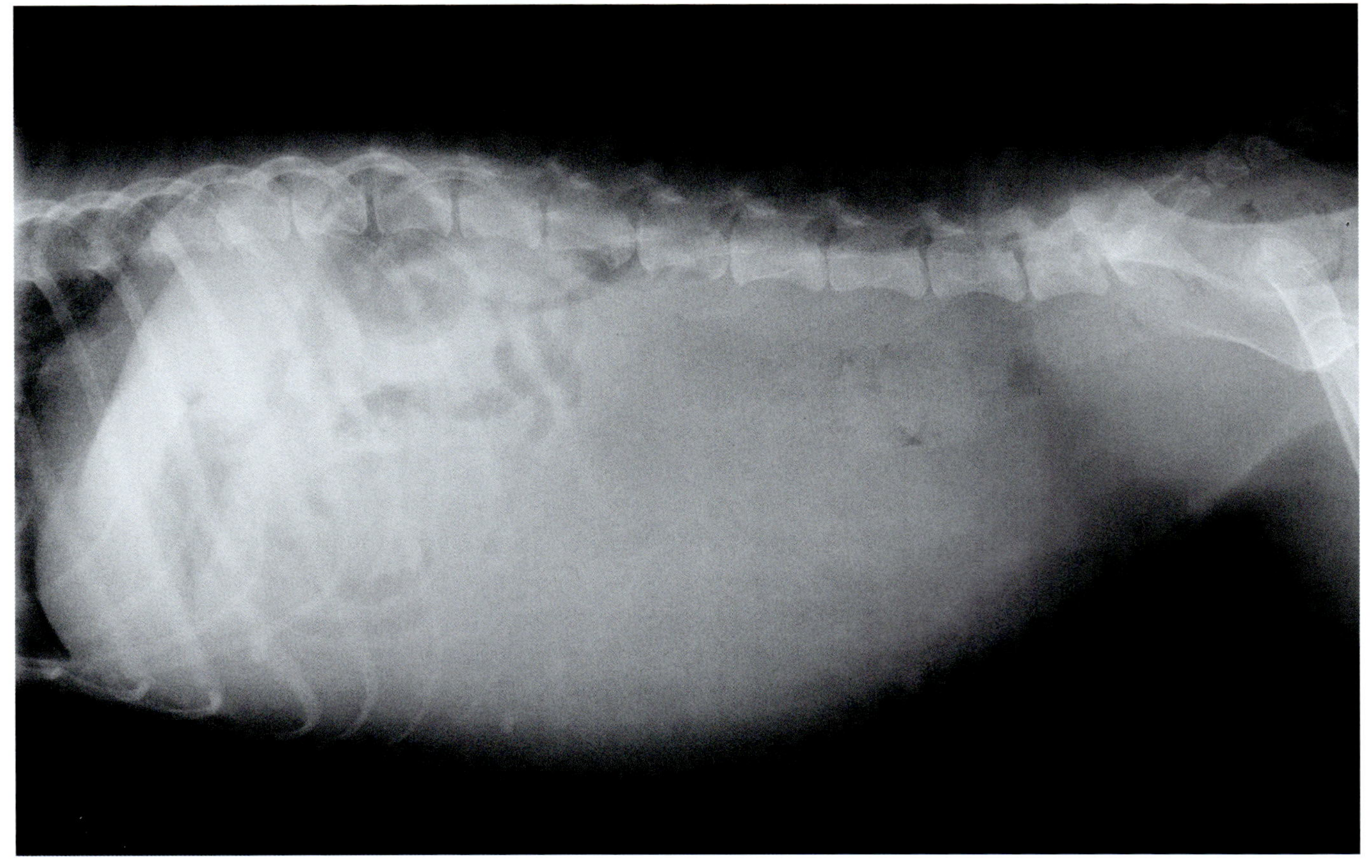

写真 97-1　腹部単純 X 線ラテラル像
下腹部領域に占拠性病変が認められ，消化管の頭側変位と結腸の背側変位が観察される。占拠性病変と接する軟部組織デンシティーの小腸壁や結腸壁が明瞭に描出され，さらに占拠性病変のデンシティーは軟部組織よりも若干低いことから脂肪デンシティーと考えられる。

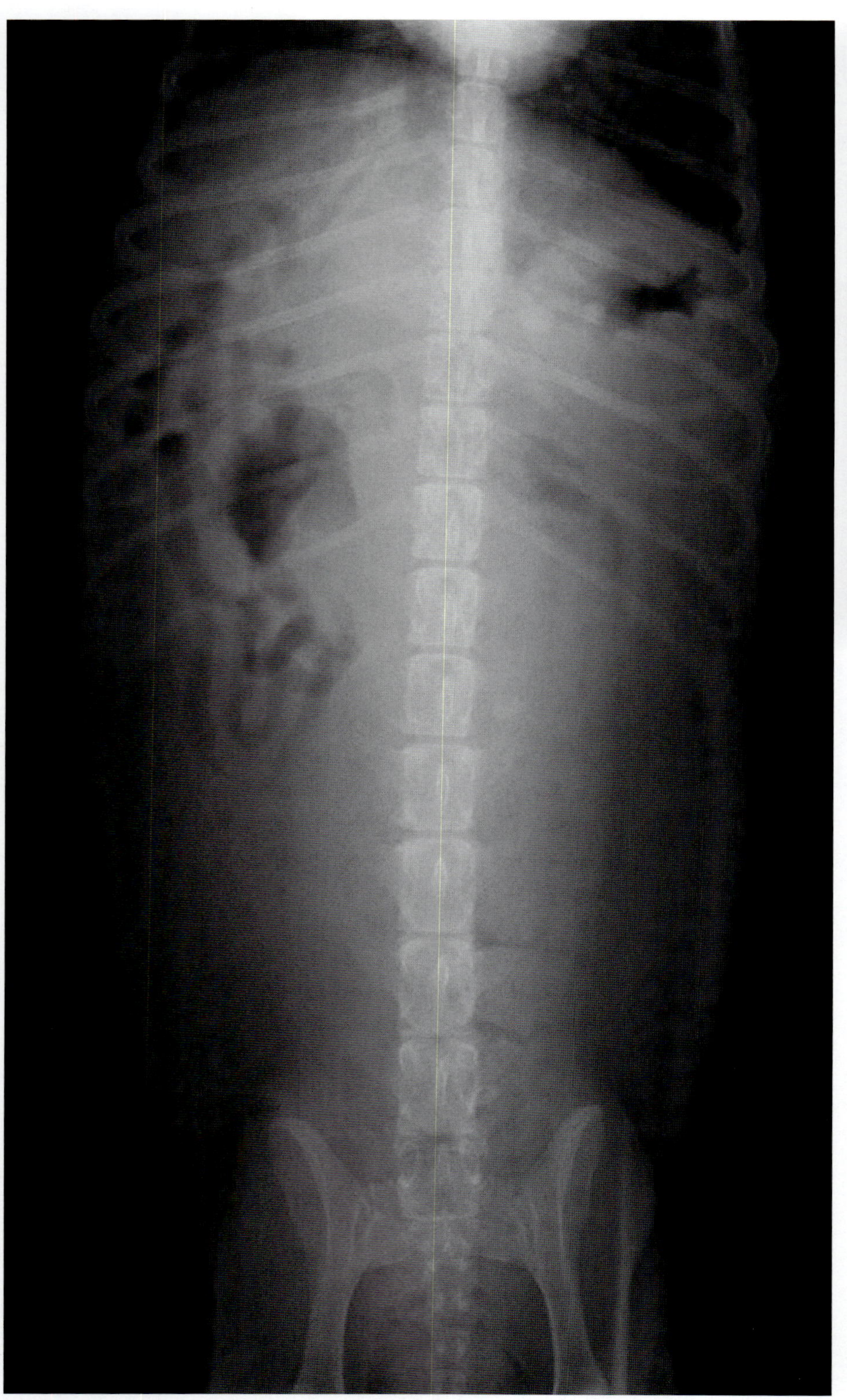
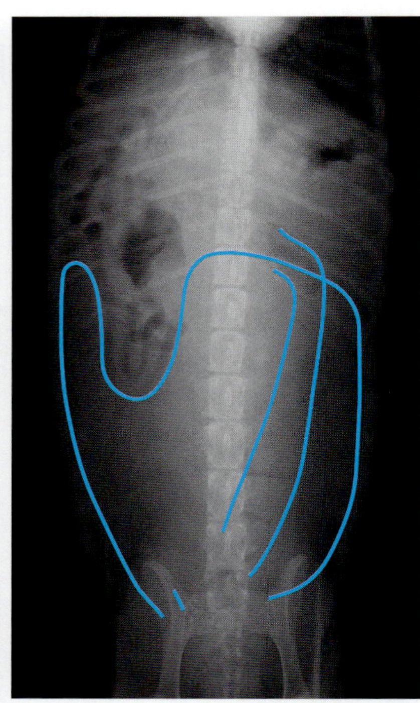

写真 97-2 腹部単純 X 線 VD 像
占拠性病変は VD 像において下腹部中央に観察される。腫瘤と重複する下行結腸〜直腸が確認できる。

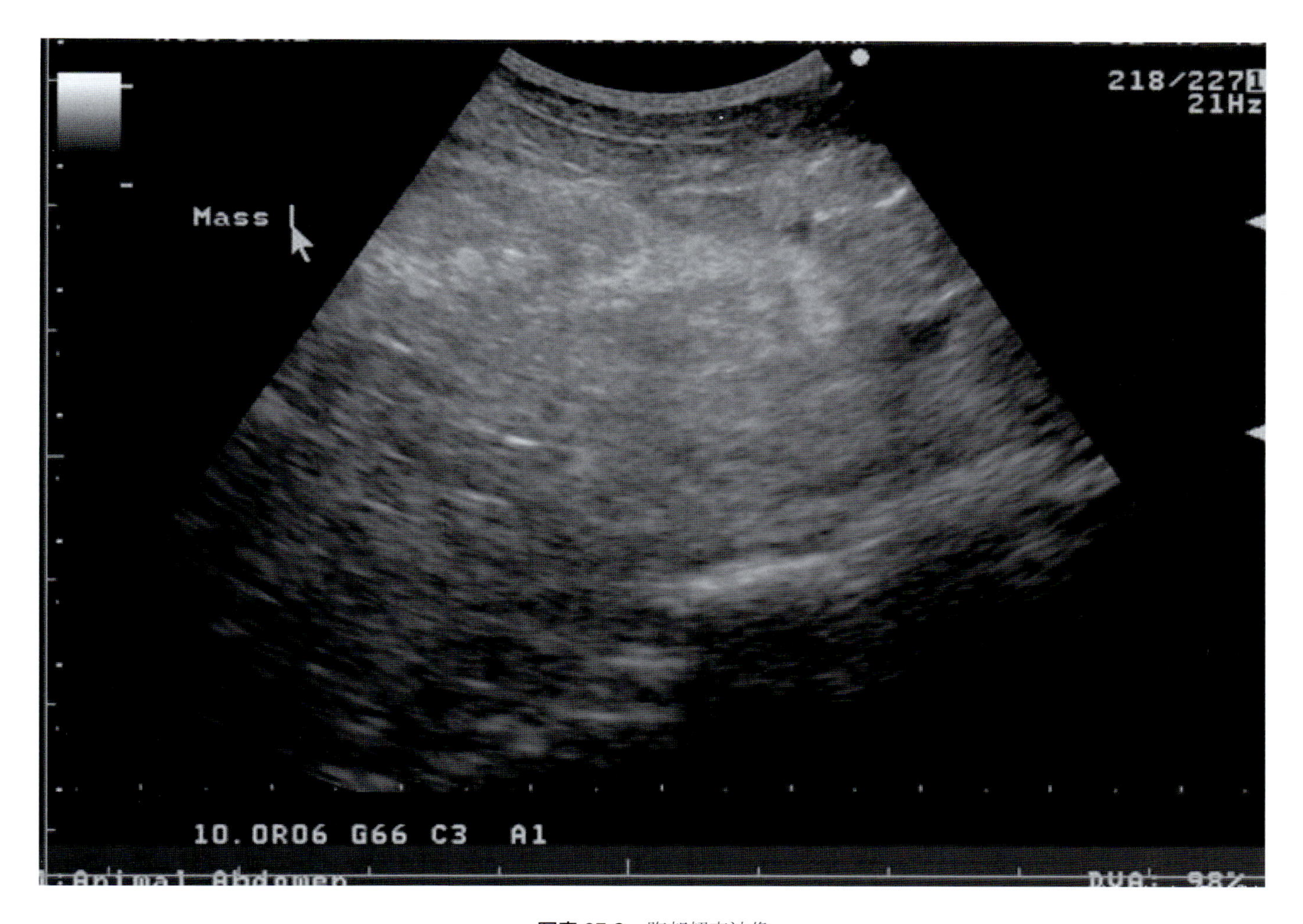

写真 97-3　腹部超音波像
占拠性病変は，均一性のない腫瘤で全体的に高エコーを呈しており，腫瘤辺縁は不整な形状をしている。

❖コメント❖

本症例は，腹部膨満を主訴に受診し，腹部単純 X 線検査ならびに腹部超音波検査を行ったものである。腹部単純 X 線検査では，下腹部中央領域に消化管を変位させる占拠性病変が描出された。占拠性病変は軟部組織の臓器と比較し，低デンシティーを呈しており，消化管などの周囲軟部組織が明瞭に観察された。このことから，占拠性病変は脂肪と判断できる。さらに，同部位の超音波検査を行ったところ，本病変は，境界明瞭な均一性のない高エコー領域として認められる。これらの X 線所見および超音波所見から，腹腔内に発生した脂肪腫が考えられる。

外科的摘出を目的とし開腹を行った結果，腫瘤は孤立性で乳白色を呈し，子宮体部の脂肪から発生していた。病理組織学的検査の結果，腫瘤は脂肪腫と診断された。

筋間，筋肉内，体腔内などに発生する腫瘤性病変には，炎症性疾患や腫瘍などが挙げられる。通常，これらの病変は X 線検査において軟部組織デンシティーを呈するため，周囲組織とのコントラストが得られず，境界は不明瞭となる。しかしながら，脂肪腫は脂肪デンシティーを呈するため，筋間，筋肉内，体腔内などに発生した場合においても境界が明瞭に観察され，存在の把握が容易である。また，

X 線透過性が病理学的性状を反映するため（X 線の透過性から脂肪と判断できる），X 線検査は脂肪肉腫を含めた軟部組織肉腫（これらの病変は軟部組織デンシティーを呈する）との鑑別に有用となる。

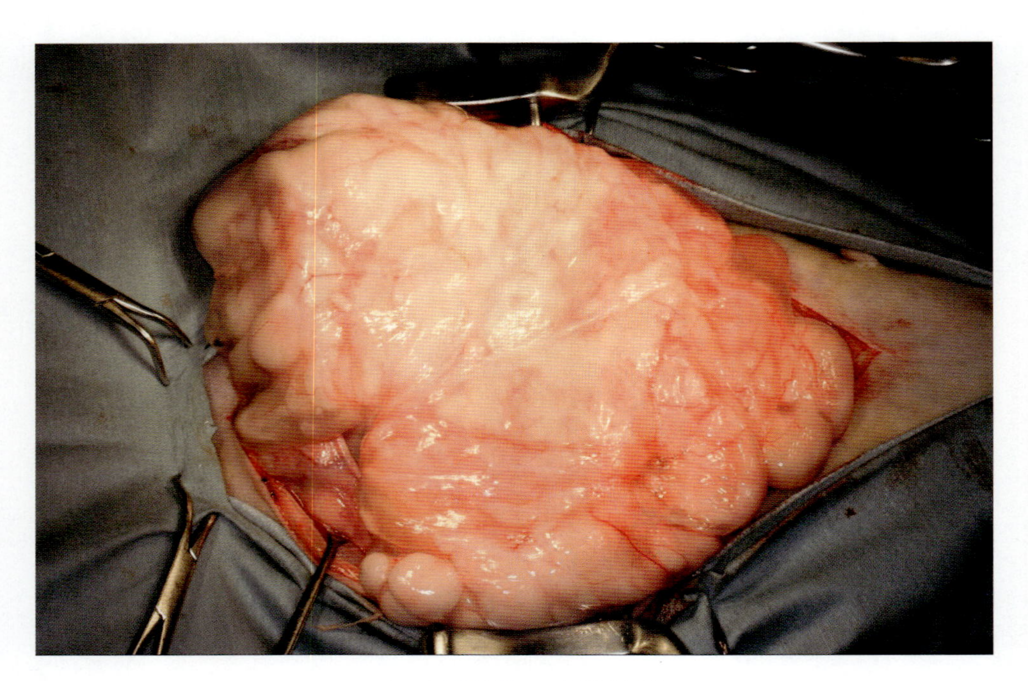

コメント写真 97-1 開腹時所見
開腹時，腹腔内の大部分を占有した腫瘤が認められる。

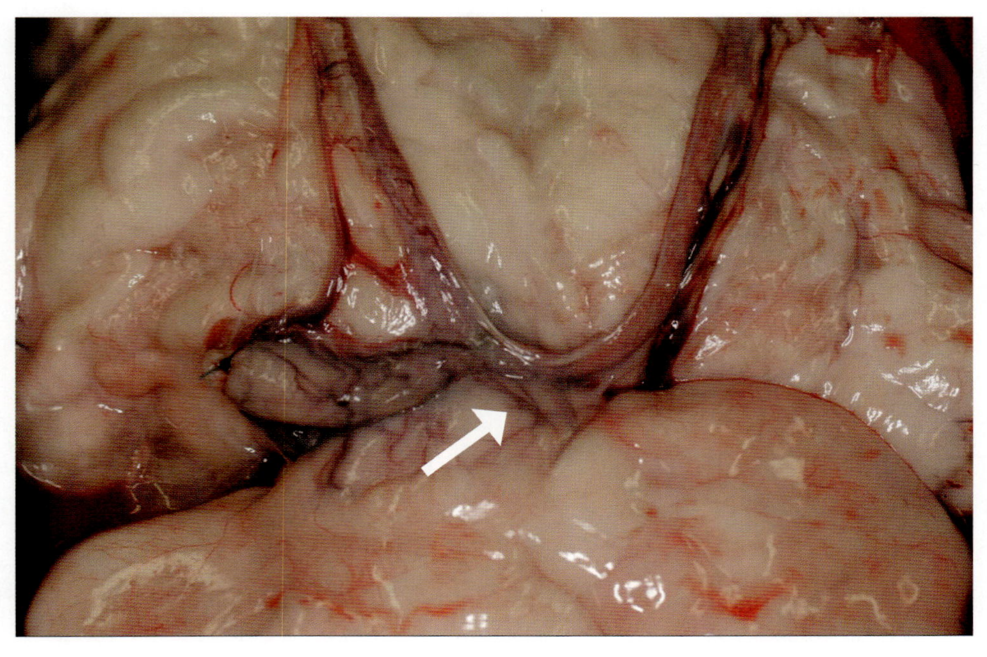

コメント写真 97-2 摘出した腫瘤
腫瘤は子宮体部脂肪から発生していた（矢印）。

98. 犬の胸壁腫瘤

症　例：ラフ・コリー，去勢雄，5歳9か月，体重31.7kg。

主　訴：約3か月前からの慢性的な跛行のため来院。X線検査により，偶発的に胸部腫瘤が発見された。

既往歴：1年4か月前に去勢手術を行い，左側陰睾はセルトリ細胞腫（脈管浸潤なし）と診断された。

A

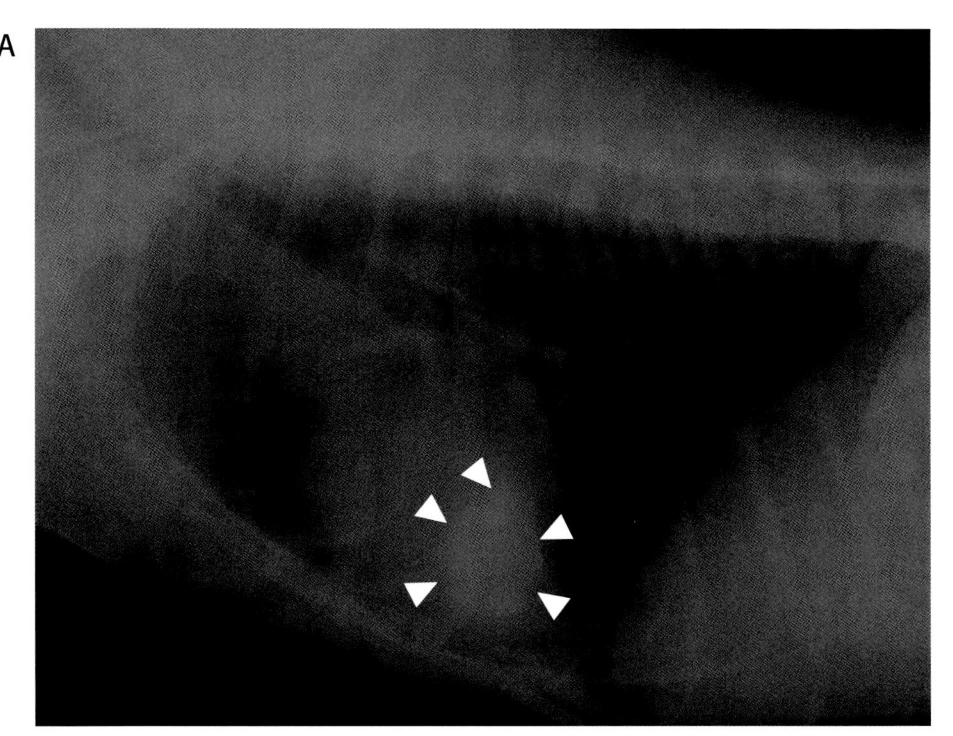

B

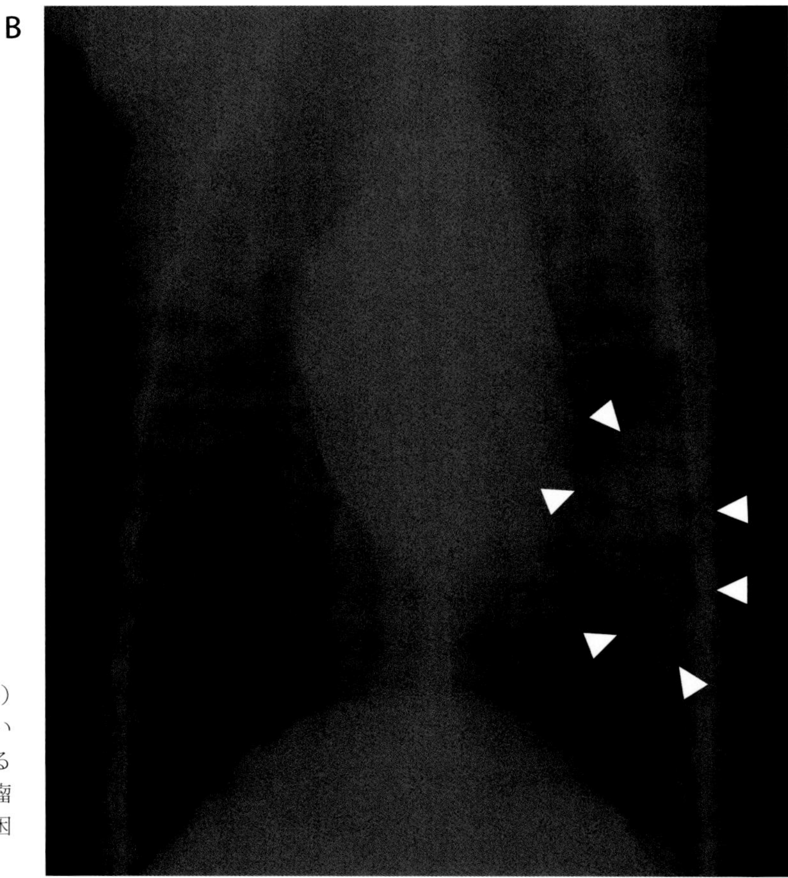

写真98-1　胸部単純X線像（A：ラテラル像，B：VD像）
左側胸腔（左肺前葉後部尾側領域）に辺縁明瞭で若干いびつな軟部組織腫瘤が認められ，胸壁に広く接している（矢頭）。X線所見から，肺腫瘤もしくは胸膜・胸壁腫瘤が疑われる。しかしながら，X線検査のみでは判別が困難であることから，胸部CT検査を追加した。

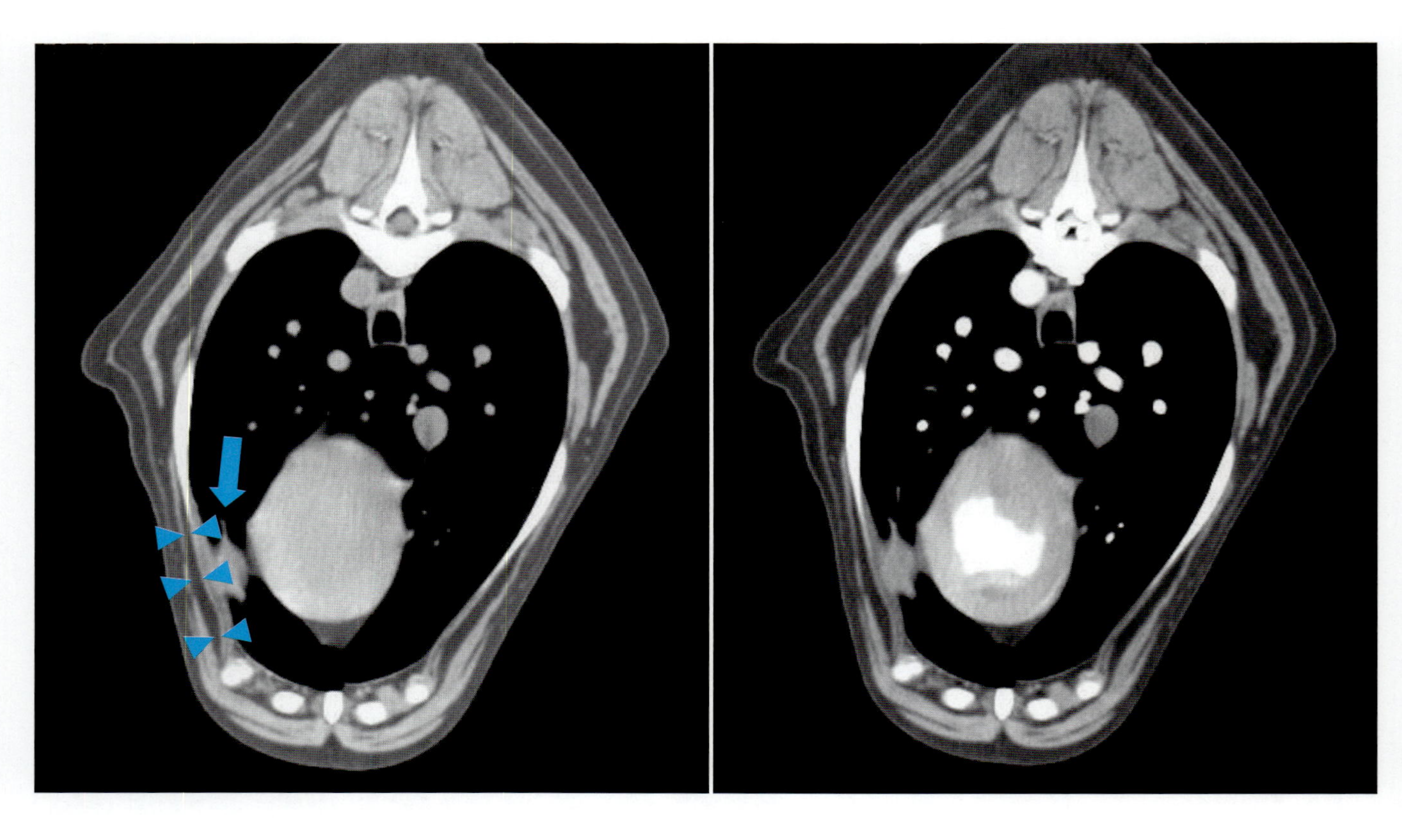

写真 98-2　第 5-6 肋間，腫瘤頭側部の単純（左）ならびに造影 CT 像（右）

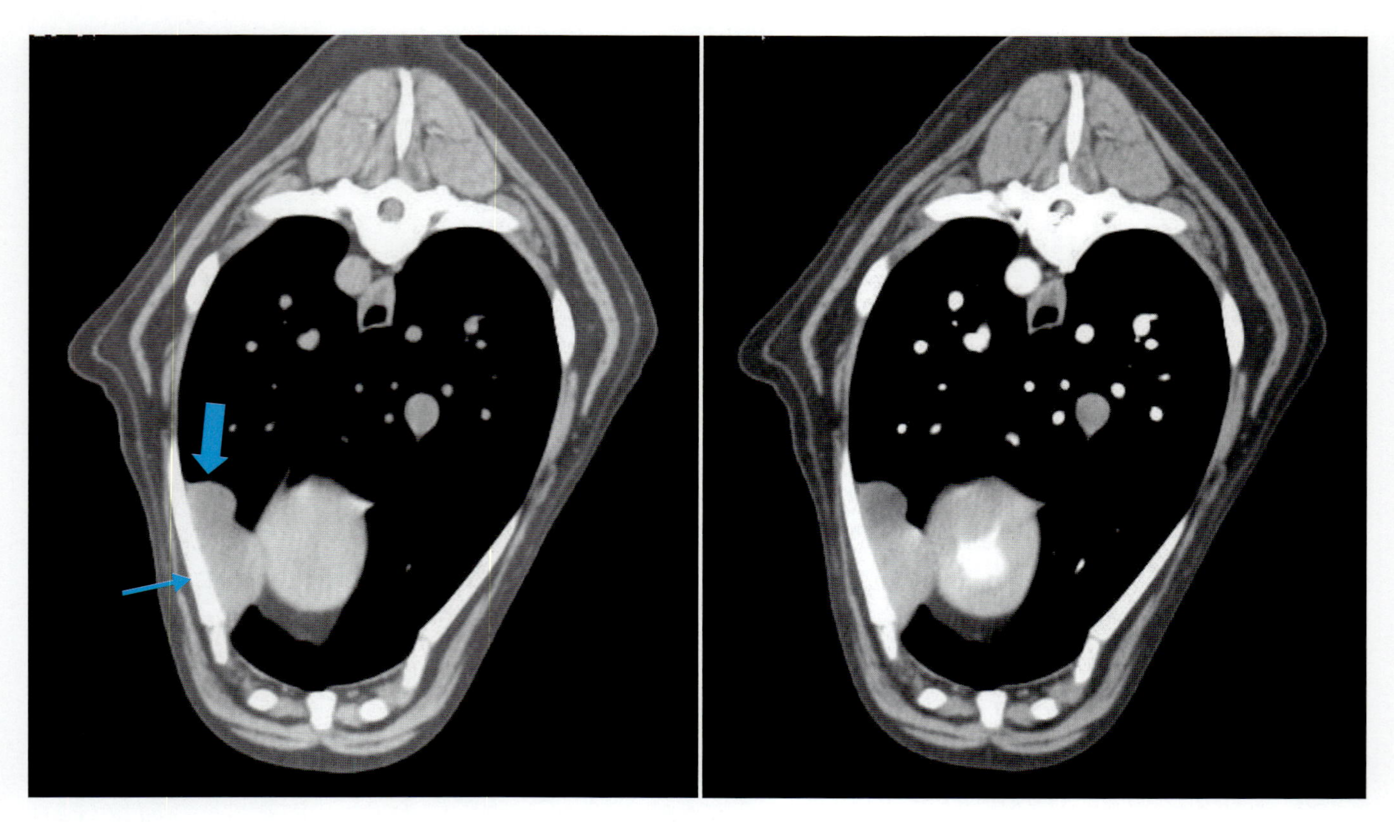

写真 98-3　第 6 肋骨，腫瘤中央部の単純ならびに造影 CT 像

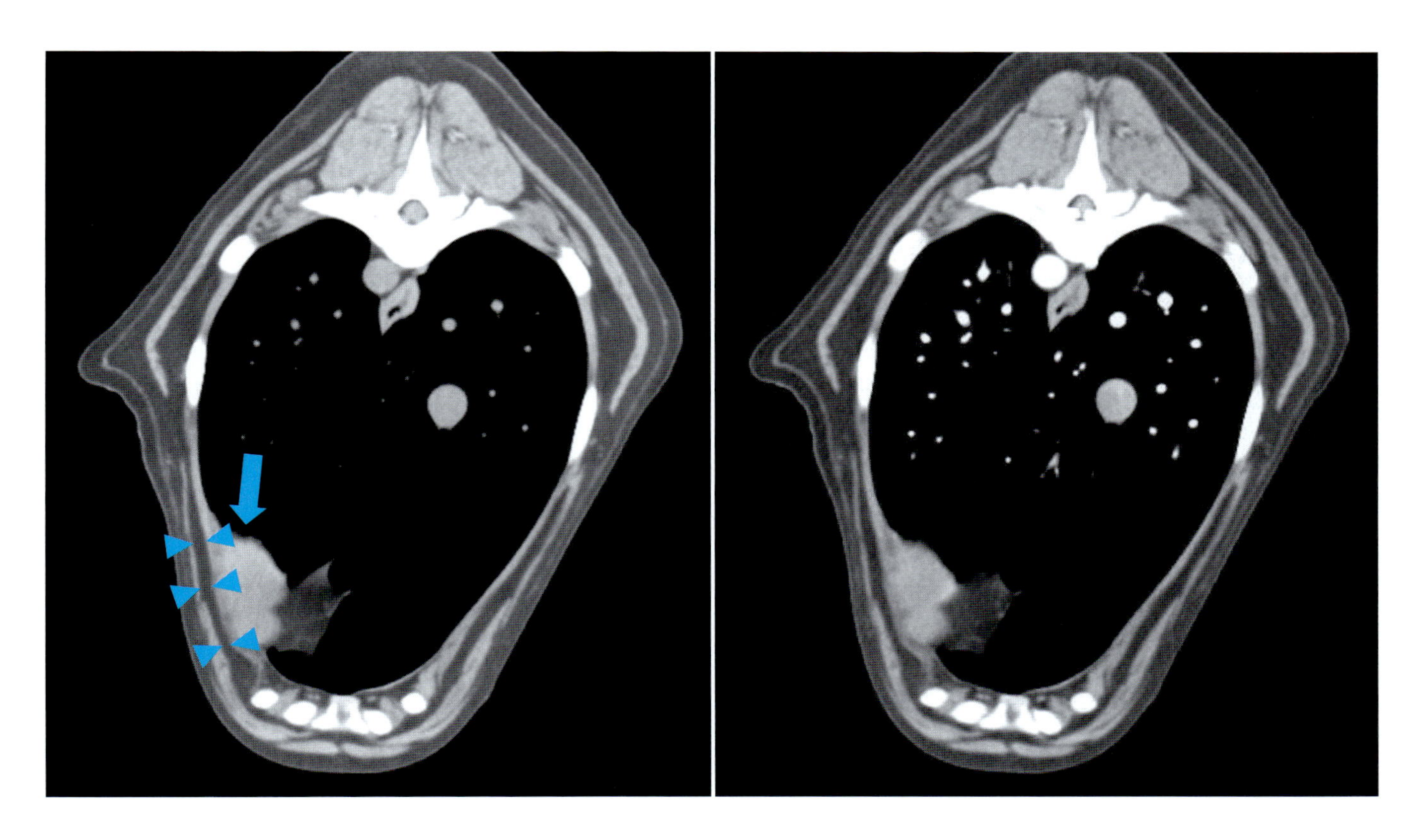

写真 98-4 第 6-7 肋間，腫瘤頭側部の単純ならびに造影 CT 像

写真 98-2 ～ 4 左側胸壁に接した腫瘤（太矢印）は，胸腔に向かって緩やかな凸状を呈する。胸壁との付着部は広く，腫瘤の最大径となっている。したがって，腫瘤は胸壁より発生し，胸腔内に突出して心臓に接しているものと判断される。また，腫瘤が付着する肋間筋外側の脂肪（矢頭）も明瞭に観察され，第 6 肋骨（細矢印）の骨膜反応も認められないことから，明らかな腫瘤の浸潤性はないと考えられる。

❖コメント❖

本症例のように，X 線検査において，胸壁に隣接する腫瘤が認められた場合，肺腫瘤または胸膜・胸壁腫瘤を鑑別診断として考慮する必要がある。両者の鑑別は，腫瘤と肺や胸壁が形成する境界の特徴と，腫瘤の形状によって行われる（コメント図 98-1）。胸膜・胸壁腫瘤は通常，胸壁から胸腔方向に凸状の形状を呈し（いわゆる肩状ライン），胸壁に接している部位が腫瘤の最大径となることが多い。加えて，肋間の拡大や肋骨の骨膜反応が認められることもある。一方，肺腫瘤の多くは円形で，胸膜・胸壁腫瘤でみられる肩状ラインは認められず，腫瘤と胸壁付着部にはウエストが形成される。両者を X 線検査のみで鑑別することは困難である場合もあるが，X 線像における特徴から推測することは可能である。また，CT 検査は X 線検査と異なり器官や臓器の重複がなく，腫瘤のより立体的な形状や，周囲組織との位置関係を把握することが可能となる。CT の読影は特殊と考えられがちであるが，X 線検査と同様，X 線によって画像構成していること，両者ともに形態診断であることから，評価の考え方は全く同じである。本症例の場合，X 線像や CT 像において胸壁との付着部が広く，付着部が最大径であり，胸壁から胸腔方向に凸状の形状を呈していた。以上から，肺腫瘤ではなく，胸壁腫瘤が強く疑われる。

本症例はセルトリ細胞腫の既往歴があり，細胞診では転移病変の可能性も考えられたが，CT 検査により孤立性病変であったことから，第 6 肋骨遠位部 1/4 とともに腫瘤の切除を行った。病理組織学的検査の結果，生殖器由来細胞に類似した細胞が認められ，セルトリ細胞腫の転移病巣であることが強く示唆された。

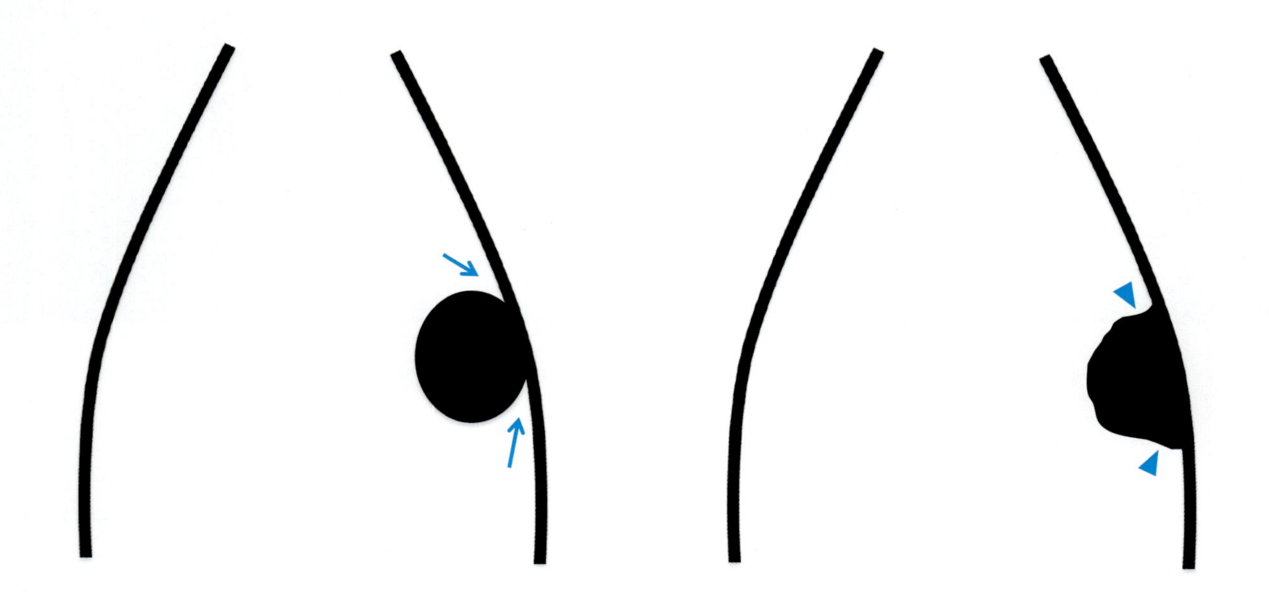

コメント図 98-1　胸壁に接する肺腫瘤（左）と胸膜・胸壁腫瘤（右）の相違を示す模式図
ラインは，胸壁を示す。
肺腫瘤と胸壁付着部に形成されるウエスト（矢印）
胸膜・胸壁腫瘤に認められる肩状ライン（矢頭）
※胸膜・胸壁腫瘤では，胸壁との付着部が腫瘤の最大径となっているのが特徴である。

99. 皮下異物

症　例：ラブラドール・レトリーバー，去勢雄，5 歳，体重 30kg。

主　訴：3 か月前に突然右側腹全体が腫脹し，ソフトボール大の腫瘤ができた。抗菌薬とステロイド剤で縮小したが，その後 1 か月ほど腫脹と改善をくり返し，2 週間前に排膿した。膿汁の細菌培養を行ったところ細菌感染が確認され，抗菌薬を変更したが改善しないとのことで麻布大学附属動物病院に紹介された。

血液検査所見：

PCV	42.7	%
RBC	648 × 10^4	/μL
Hb	14.9	g/dL
MCV	65.9	fL
MCH	23.0	pg
MCHC	34.9	g/dL
WBC	85.5 × 10^2	/μL
Neu	63.7 × 10^2	/μL
Lym	14.7 × 10^2	/μL
Mon	3.2 × 10^2	/μL
Eos	3.8 × 10^2	/μL
Bas	0.1 × 10^2	/μL
pl	27.6 × 10^4	/μL
TP	5.8	g/dL

Alb	3.4	g/dL
ALT	23.0	U/L
ALP	95.0	U/L
TC	203.0	mg/dL
Tg	43.0	mg/dL
T-Bil	0.07	mg/dL
Glu	106	mg/dL
BUN	7.7	mg/dL
Cr	0.9	mg/dL
Ca	10.2	mg/dL
iP	2.5	mg/dL
Na	149.3	mmol/L
K	4.47	mmol/L
Cl	117.2	mmol/L

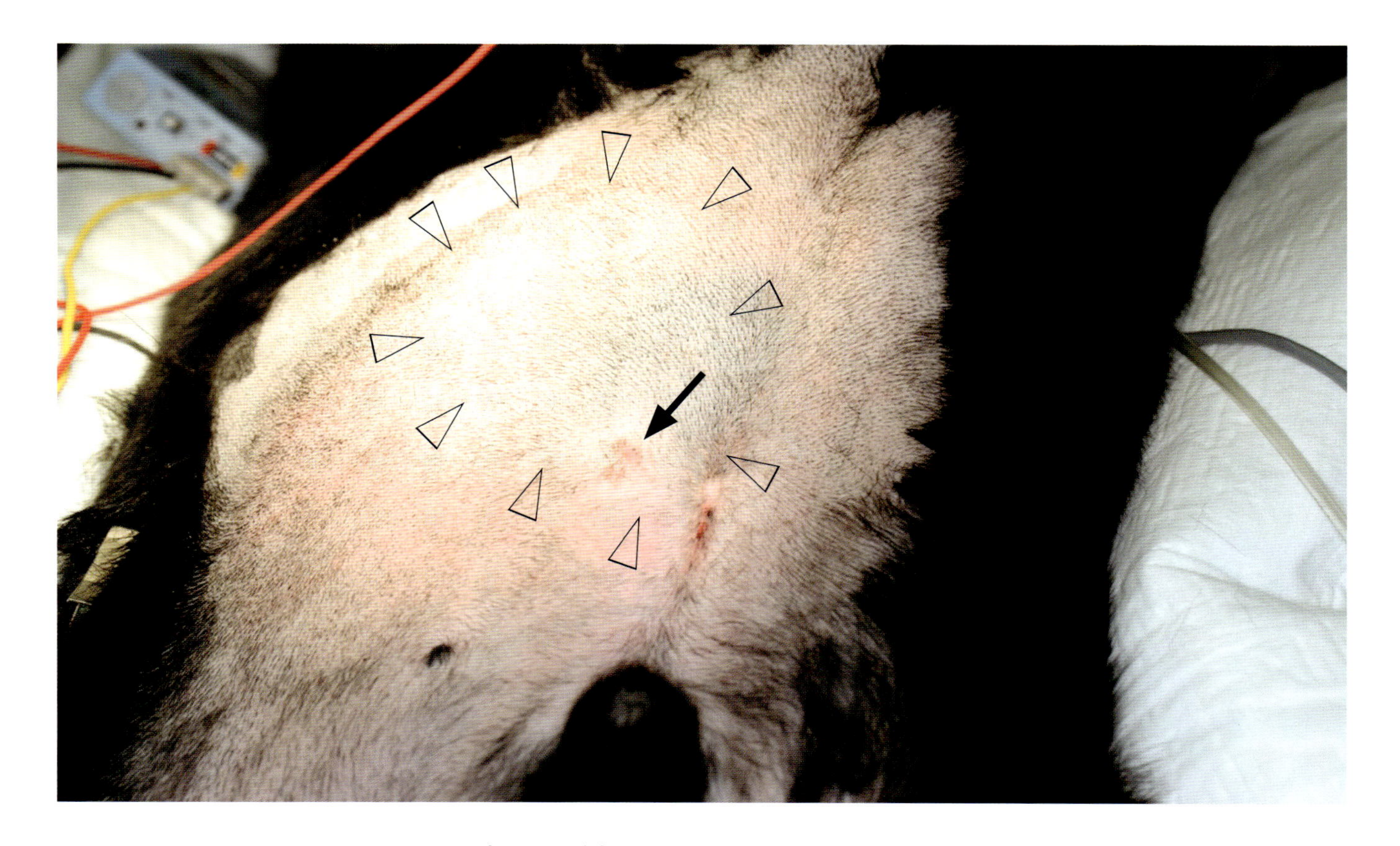

写真 99-1　腹部に認められた腫瘤部分の外貌写真
写真では分かりにくいが，矢頭が示すよう 7 × 5cm 大の扁平な腫瘤が腹壁に固着して触知された。矢印は閉鎖した排膿口跡を示す。

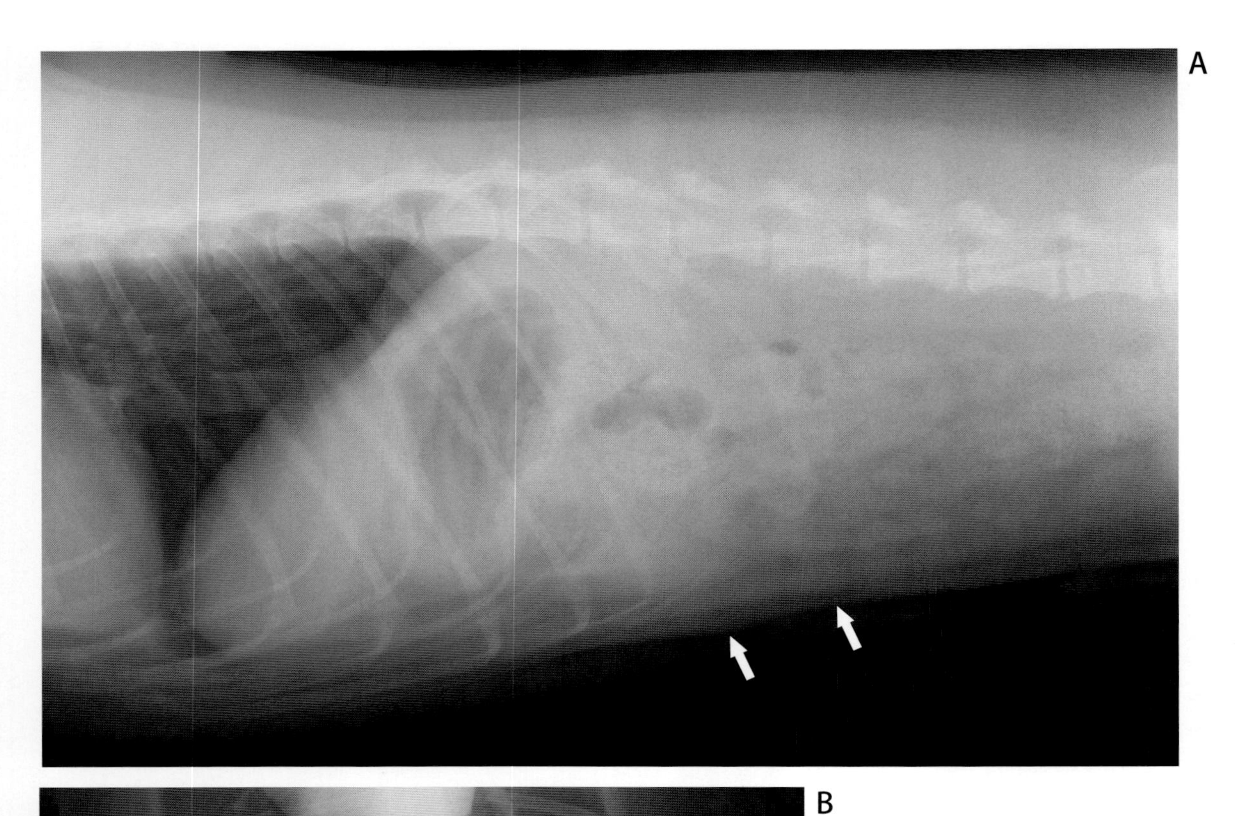

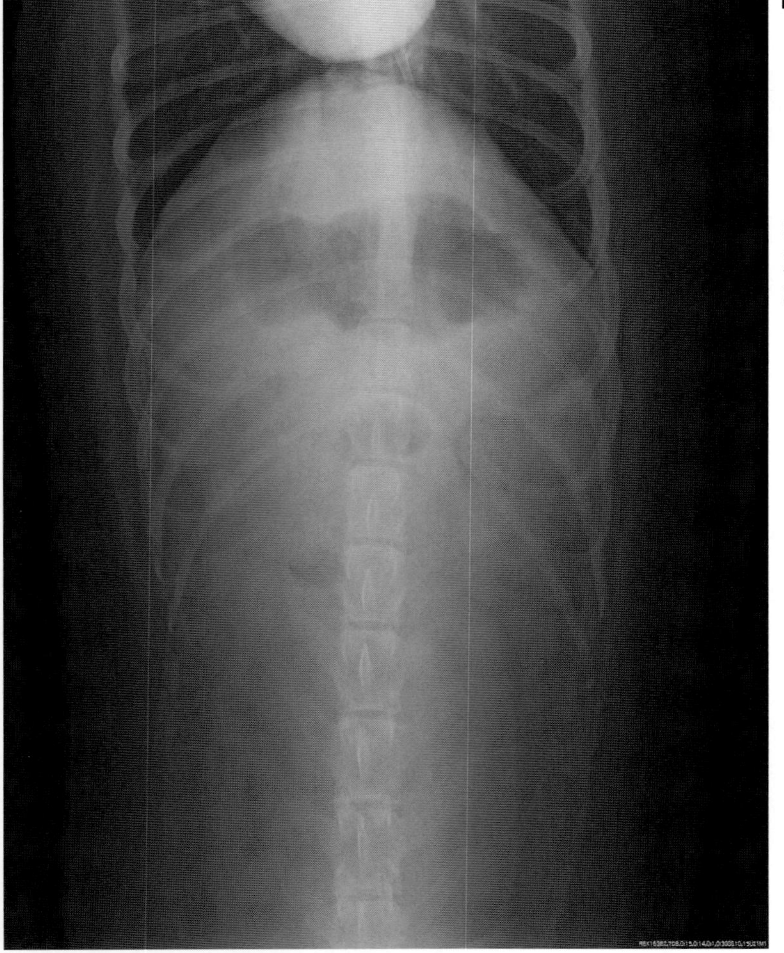

写真 99-2 上腹部単純 X 線像（A：ラテラル像, B：VD 像）
X 線検査において，腫瘤部分（矢印）の鮮鋭度に異常は認められない。

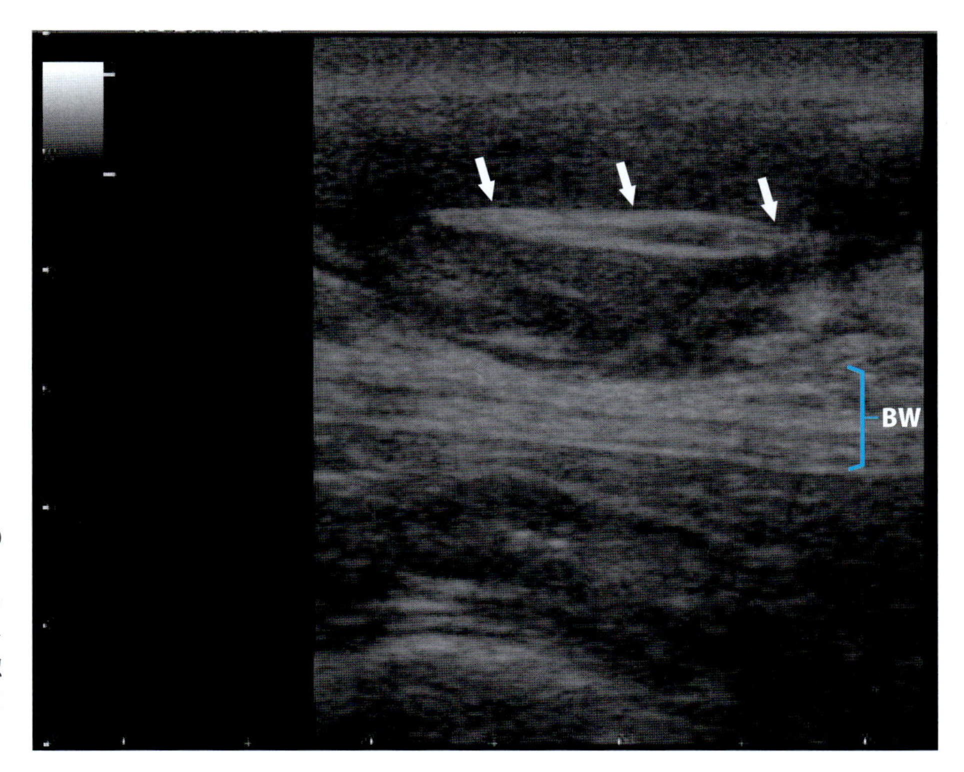

写真 99-3 腫瘤部分の超音波像（13.0 MHz リニアプローブを使用）
皮下に紡錘形の高エコーライン（矢印）が確認され，周囲の皮下脂肪は低エコー化して観察される。皮下脂肪の深部に認められる体壁（BW）ならびに腹腔内に異常は認められない。

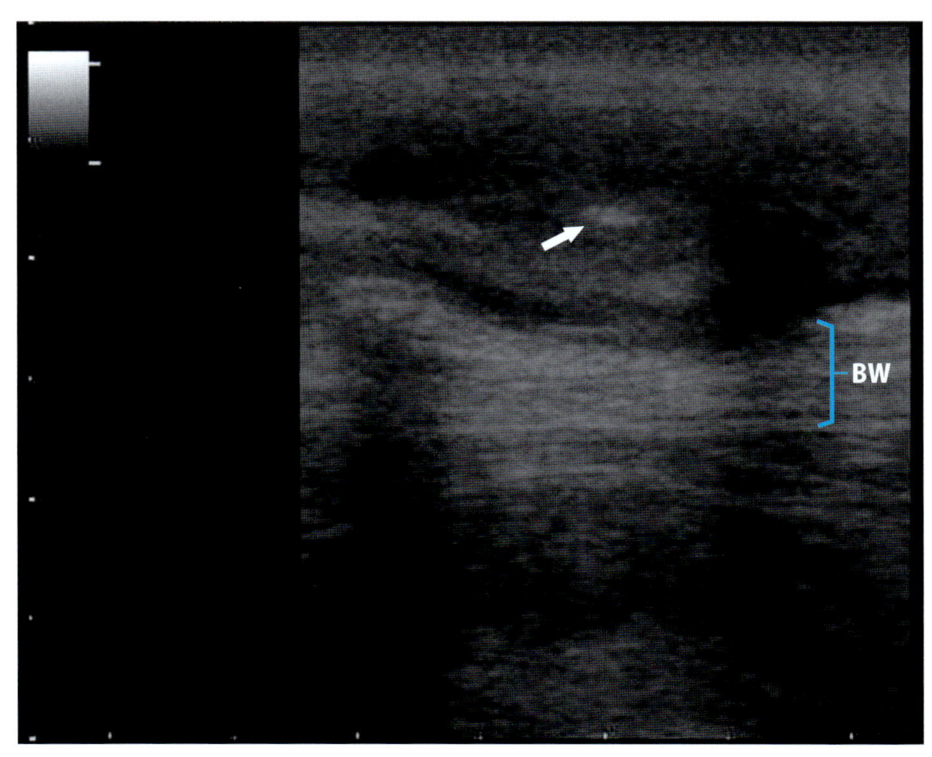

写真 99-4 腫瘤部分の超音波像（写真 99-3からプローブを90°回転させた画像）
写真 99-3 で確認された紡錘形の陰影は，点状高エコー像として観察される。肋軟骨（矢頭）を含む体壁（BW）は，写真 99-3 と同様，正常に観察される。

以上の所見から，皮下異物に起因する脂肪織炎（皮下膿瘍）が強く疑われたため，外科的切除を行った。

❖コメント❖

本症例は，３か月前に疼痛を伴う腫脹が胸腹壁部全体に認められ，抗菌薬を中心とした内科治療を行ったにもかかわらず改善と悪化をくり返すため，麻布大学附属動物病院に紹介されたものである。

触診上腫瘤は扁平・硬固で，体壁の筋層固着については不明であった。皮下腫瘤部の体壁筋層や腹腔内の鮮鋭度を確認する目的でＸ線検査を行ったが，異常は認められなかった。さらに腫瘤ならびに体壁や体腔内の確認を行うため，超音波検査を実施した結果，皮下異物を思わせる境界明瞭な高エコー構造物が病変部中央に認められ，周囲皮下組織は炎症や浮腫に起因して低エコー化しているものと考えられた。さらに，腫瘤深部の体壁筋層は正常に観察されたことから，体壁筋層や腹腔内へ病変が進展していないことが確認された。

これらの画像所見より，皮下に迷入した異物による膿瘍形成が強く疑われたため，外科的切除を行った。コメント写真 99-1 に示すように，一部が変色した肉芽様組織が切除され，内部からノギが発見された（コメント写真 99-2）。

皮下に膿瘍を形成する原因としては，咬傷・刺創などから接種される細菌ならびに異物が挙げられる。膿瘍が表在性あるいは表層外に破裂した場合には，瘻管からの排膿がみられ，異物を原因とする膿瘍の場合では，薬剤感受性試験に基づいた積極的な抗菌薬治療を行っても，原因物質が完全に排除されない限り排膿が繰り返される。

金属や石などのＸ線不透過性異物は，Ｘ線によって存在部位や異物自体の全体像が把握可能であるため，確定診断が非常に容易である。しかしながら，植物，木片，プラスチックなどのＸ線透過性異物は，診断に苦慮することが多い現状にある。

超音波検査はそのような異物の識別に効果的であるが，異物の種類や大きさによっては超音波の反射強度が異なり，全体の把握が困難となる場合がある。本症例のような植物性異物は，大きさも非常に小さく特徴的な形状を呈しているため，超音波での診断が非常に容易である。また，周囲の構造物との関係や組織内での深度も確認可能であるため，外科的マージンの決定にも有用となる。一般的に表在性の軟部組織病変の診断には，詳細な画像の描出が可能で，表層の視野を広く確保できる高周波リニアプローブが推奨されている。

今回，写真には示していないが，通常の腹部走査に用いられる 7.5MHz コンベックスプローブでも十分に診断が可能であったことから，皮下腫瘤に対してより積極的に超音波検査を実施することは非常に重要である。

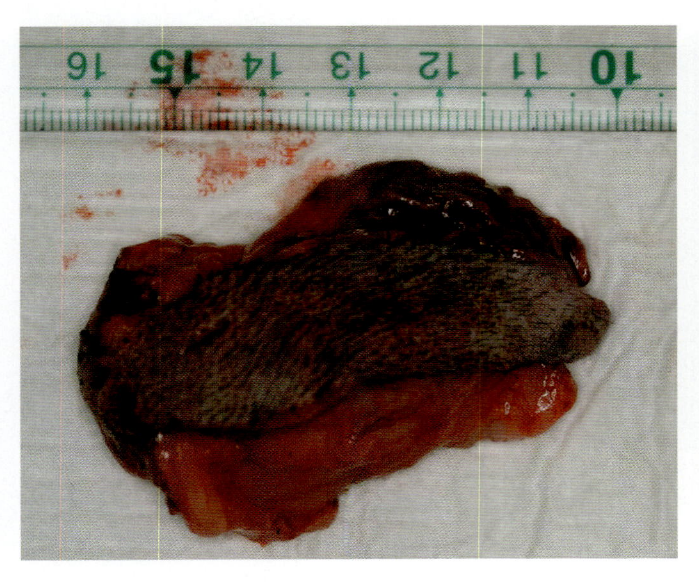

コメント写真 99-1 切除した皮下腫瘤

コメント写真 99-2 腫瘤の中から回収されたノギ

100. 腹壁ヘルニア

症　例：雑種猫，去勢雄，9 歳 6 か月，体重 6.5kg。

主　訴：1 か月前に 4 階より落下した。骨折は認められず，食欲低下，肝酵素の上昇を一時認めたが対症療法にて改善した。落下時より約 2 週間後に，左側下腹部が腫脹したため来院した。

血液検査所見：

PCV	40.7	%
RBC	787 × 10^4	/μL
Hb	13.4	g/dL
MCV	51.7	fL
MCH	17.0	pg
MCHC	32.9	g/dL
WBC	78.3 × 10^2	/μL
Neu	55.4 × 10^2	/μL
Lym	10.8 × 10^2	/μL
Mon	1.7 × 10^2	/μL
Eos	10.4 × 10^2	/μL
Bas	0.0 × 10^2	/μL

pl	21.9 × 10^4	/μL
Rti	0.85	%
TP	7.1	g/dL
Alb	3.8	g/dL
ALT	61.0	U/L
ALP	109.0	U/L
TC	181.0	mg/dL
Tg	33.0	mg/dL
T-Bil	0.06	mg/dL

Glu	102	mg/dL
BUN	23.0	mg/dL
Cr	1.7	mg/dL
Ca	10.3	mg/dL
iP	4.2	mg/dL
Na	151.2	mmol/L
K	3.94	mmol/L
Cl	116.2	mmol/L

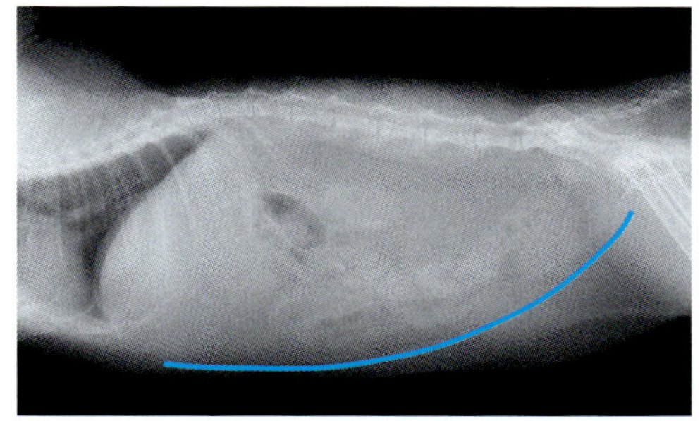

写真 100-1　腹部単純 X 線ラテラル像
腹壁ラインは正常で，明らかな異常所見は認められない。

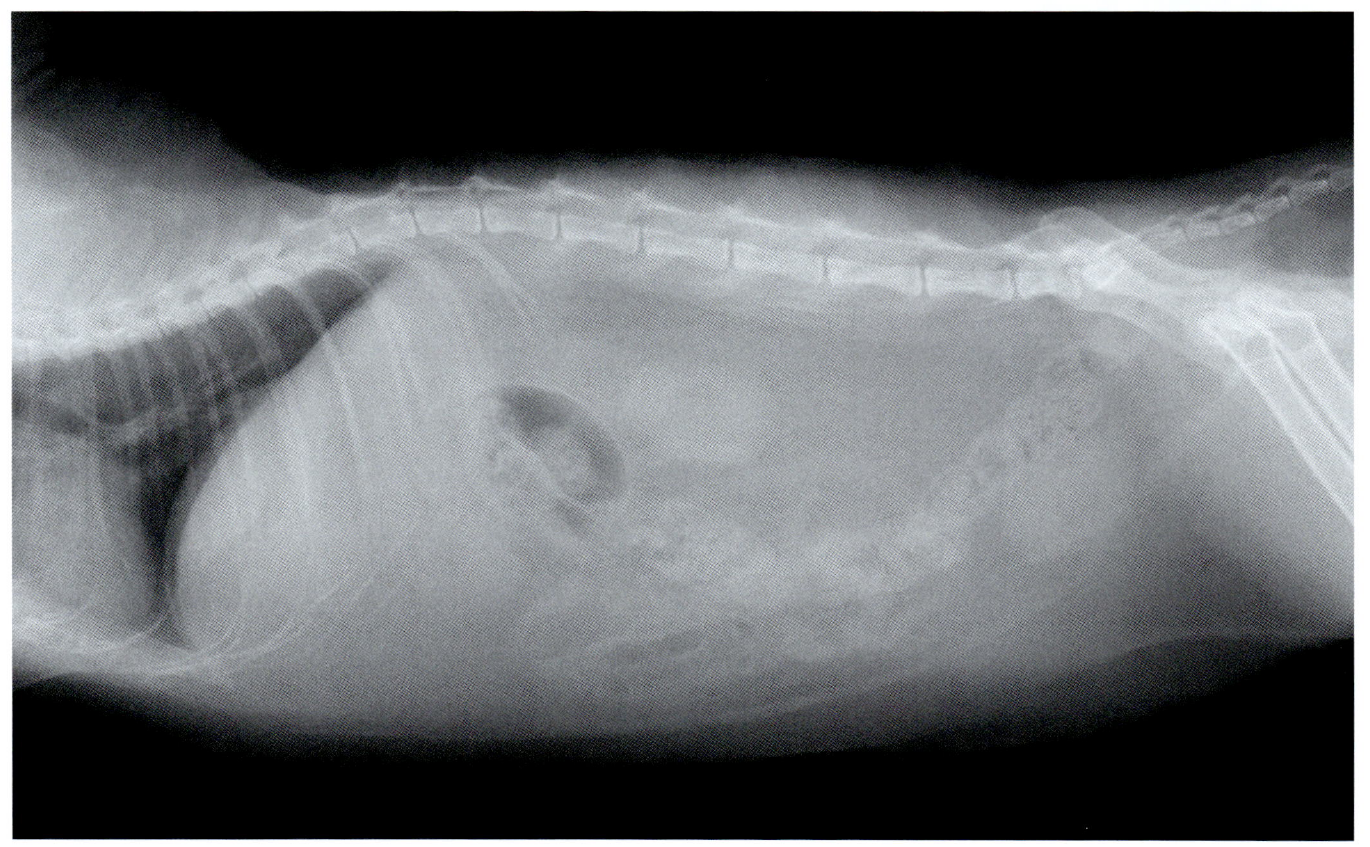

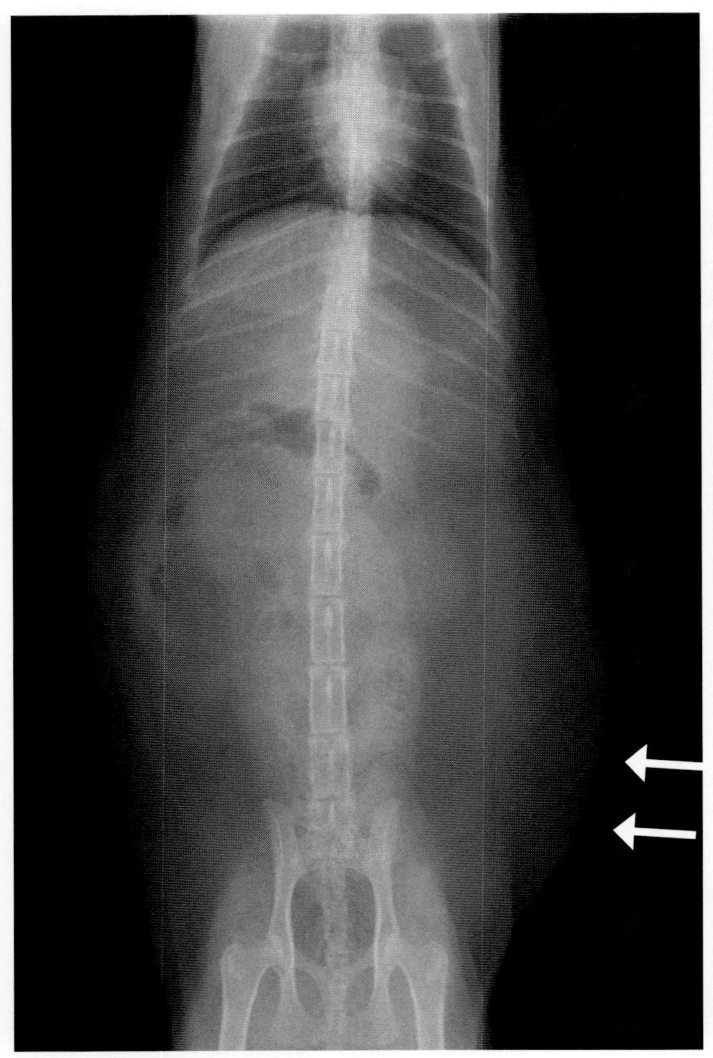

写真 100-2　腹部単純 X 線 VD 像
左側下腹部の皮下組織内に，右側と比較してやや腫脹した脂肪デンシティー（矢印）を認める。

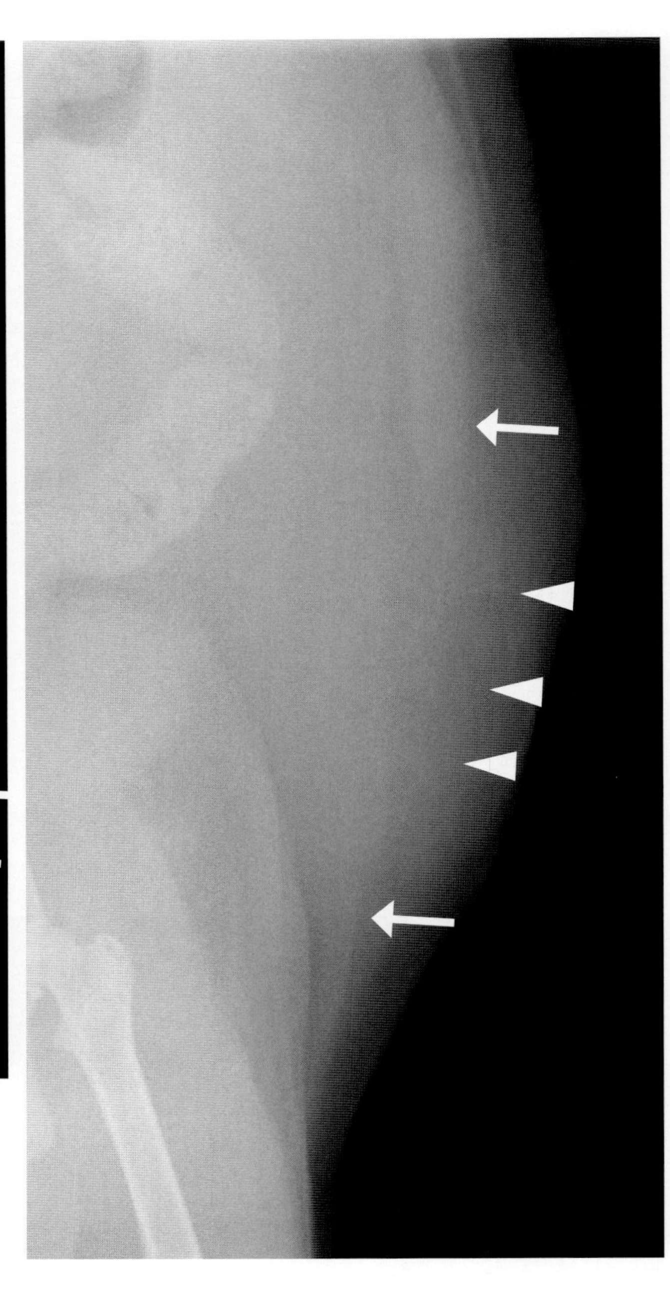

写真 100-3　左側下腹部斜位像
左側下腹部腹壁に対して X 線が平行に入射する角度で，斜位撮影を行った。腹壁ラインの連続性が消失している。
矢印：腹壁断端，矢頭：欠損部

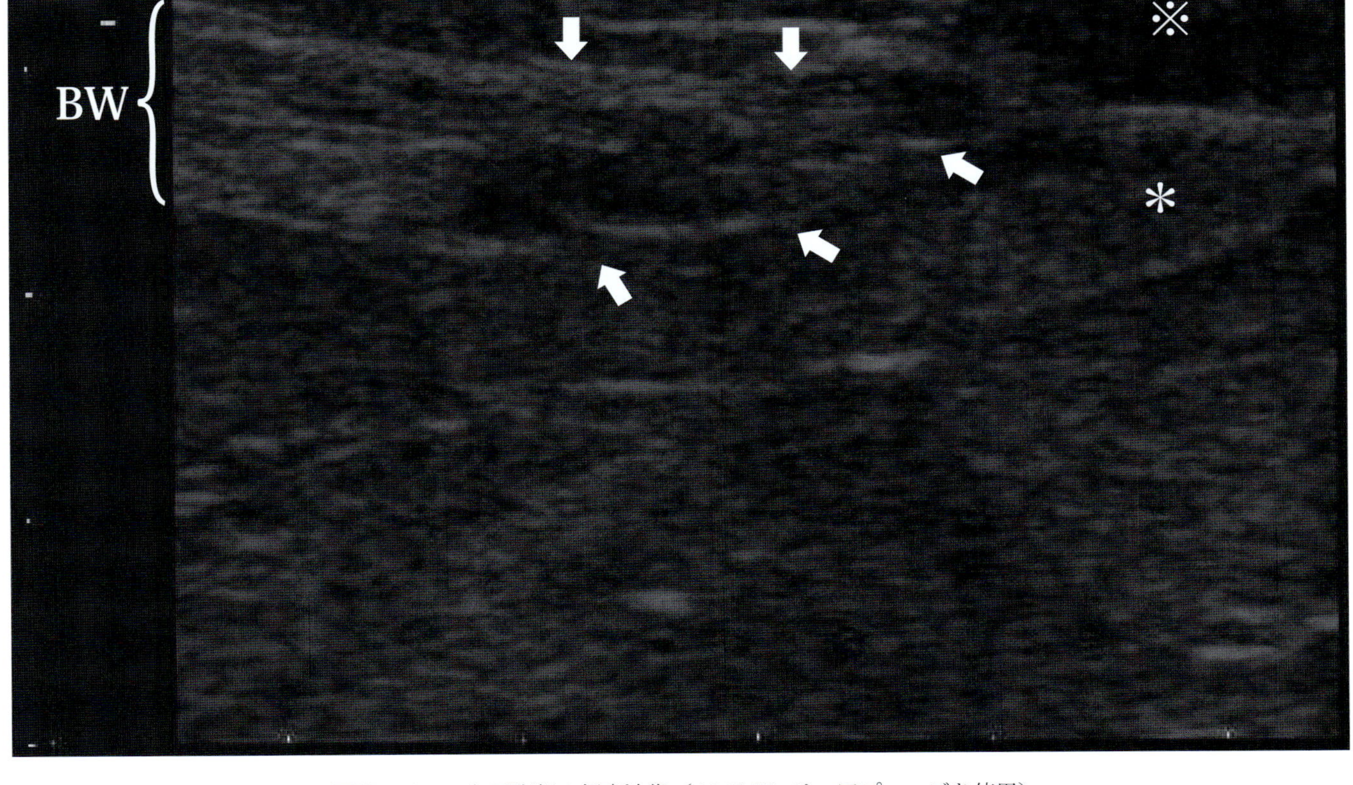

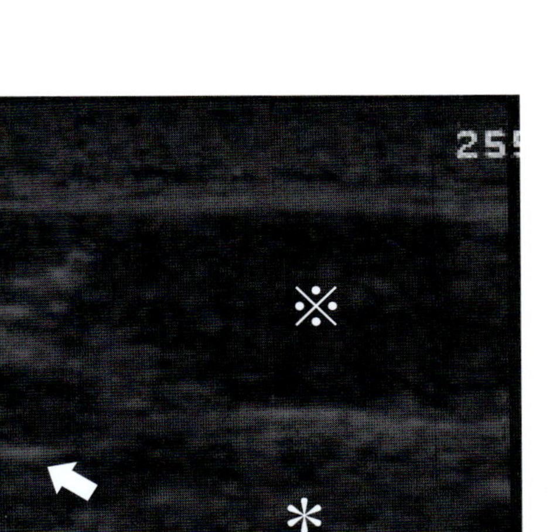

写真 100-4　左下腹部の超音波像（13.0MHz リニアプローブを使用）
腹壁（BW）の連続性が失われ，不鮮明な断端が観察される（矢印）。低エコーの皮下脂肪（※）直下に高エコーの腹腔内脂肪（＊）が認められる。

❖コメント❖

本症例は，高所から落下し 2 週間以上経過した後，左下腹部の腫脹を認めたため，麻布大学附属動物病院に紹介された猫である。触診上腫脹部位は軟性で，腹壁ヘルニアが疑われた。

皮下脂肪や腹腔内脂肪が豊富な動物は，X 線検査において軟部組織の腹壁が明瞭に観察される。しかしながら，腹壁断裂の X 線診断は，病変部位に対して平行に X 線束が入射するような撮影体位でないと，異常の検出ができない。したがって，ヘルニア内容がガスを含む消化管などでない限り，体位が不適切であると見落とす可能性がある。

一方，超音波検査は皮下脂肪や腹腔内脂肪に関係なく，腹壁構造をコメント写真 100-1 に示すように，明瞭に観察することが可能である。したがって，削痩した動物でも診断が容易であり，さらに病変部に対して直接走査を行うことから，不適切な撮影手技による誤診もほとんど起こらない。また周囲組織の状態，ヘルニア輪の大きさ，ガスを含まないヘルニア内容物などの状態が，X 線と比較して理解しやすい。

本症例は，X 線ならびに超音波検査から腹腔内脂肪あるいは大網などのヘルニア内容物を含む外傷性腹壁ヘルニアと確定診断し，外科手術を実施した。コメント写真 100-2 に示すように断裂した腹壁が確認され，ヘルニア内容物は腹腔内脂肪と大網であった。欠損孔が大きく経過も長いことから，ポリプロピレンメッシュを使用しヘルニア孔を閉鎖した。

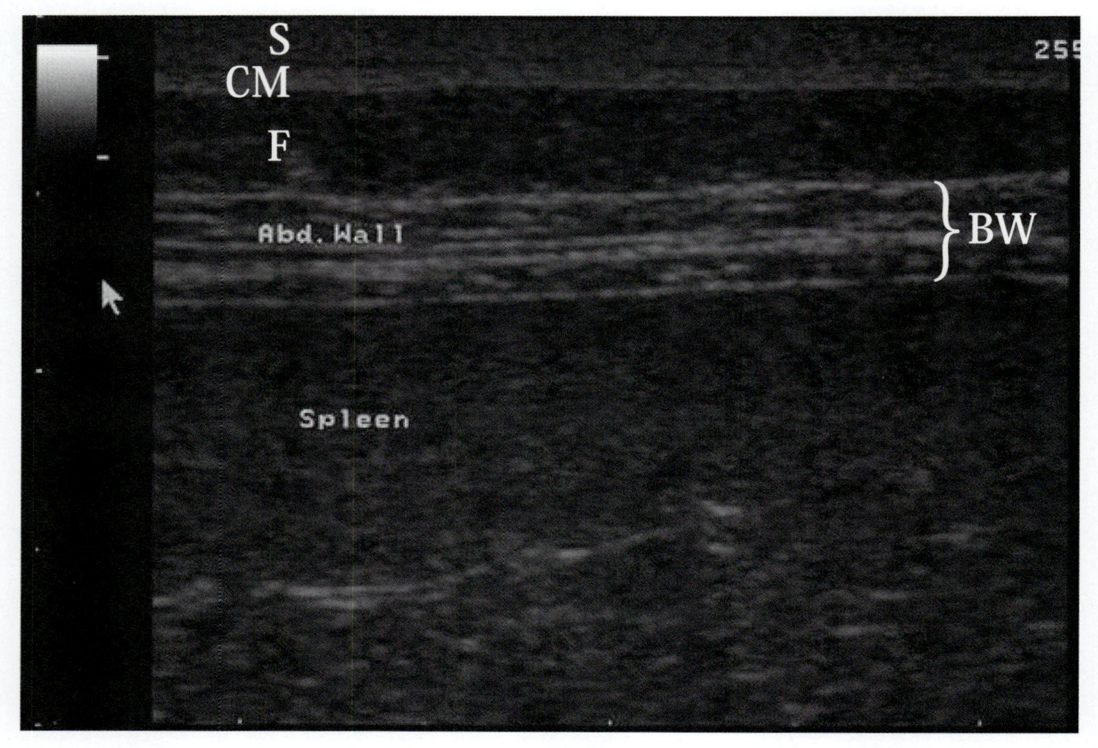

コメント写真 100-1　正常な腹壁の超音波画像
表層から中等度のエコー源性を示す皮膚（S），高エコーの皮筋（CM），低エコーの皮下脂肪（F）が認められ，さらにその深部には層状の腹壁（BW，Abd. Wall）が観察される。　Spleen：脾臓

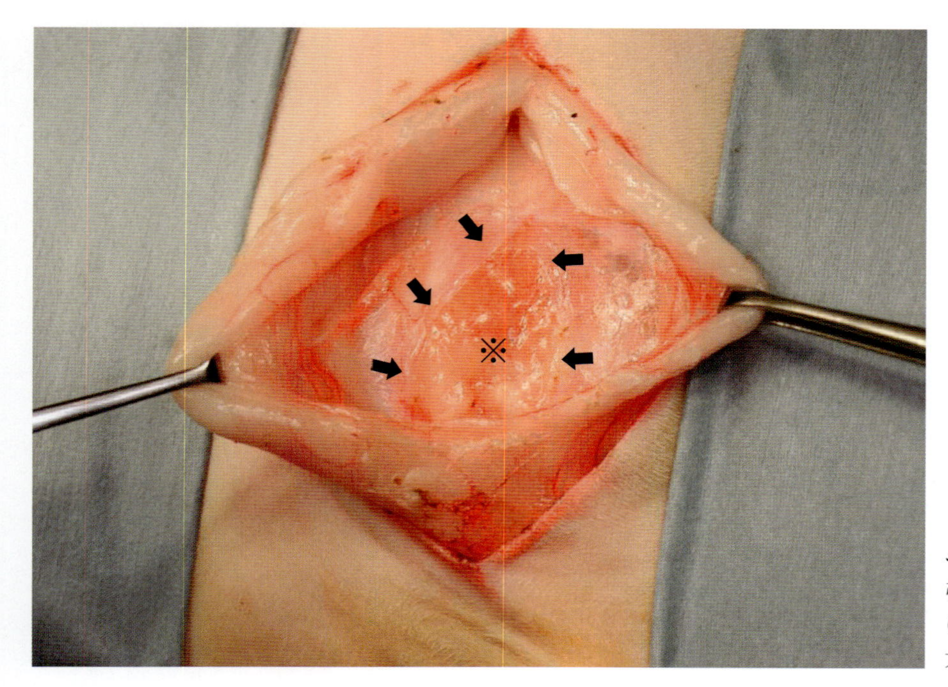

コメント写真 100-2　術中写真
ヘルニア部位を切皮し皮下脂肪を左右に牽引したところ，腹壁の断端部が確認された（矢印）。ヘルニア内容物は，腹腔内脂肪と大網（※）であった。

索 引

執筆担当

症例 No.	JVM 掲載号	執筆者
1	2009 年 6 月号	茅沼秀樹・高尾将治
2	2013 年 10 月号	茅沼秀樹・菅原優子
3	2014 年 10 月号	茅沼秀樹・西村匡史
4	2009 年 7 月号	茅沼秀樹・杉山　観
5	2012 年 10 月号	茅沼秀樹
6	2012 年 11 月号	茅沼秀樹・芹澤昇吾
7	2012 年 4 月号	茅沼秀樹・木下淳一
8	2010 年 12 月号	茅沼秀樹・守下　建
9	2015 年 4 月号	茅沼秀樹・菅原優子
10	2014 年 2 月号	茅沼秀樹・畑　岳史
11	2008 年 12 月号	茅沼秀樹・金井詠一
12	2005 年 4 月号	茅沼秀樹
13	2014 年 5 月号	茅沼秀樹・佐竹恵理子
14	2008 年 10 月号	茅沼秀樹・高尾将治
15	2012 年 1 月号	茅沼秀樹・菅原優子
16	2011 年 2 月号	茅沼秀樹・菅原優子
17	2011 年 12 月号	茅沼秀樹・牧村(石原)さゆり
18	2010 年 1 月号	茅沼秀樹・荒川太郎
19	2008 年 7 月号	茅沼秀樹・廣間純四郎
20	2008 年 8 月号	茅沼秀樹・佐竹恵理子
21	2009 年 8 月号	茅沼秀樹・佐竹恵理子
22	2014 年 6 月号	茅沼秀樹
23	2010 年 2 月号	茅沼秀樹・福田祥子
24	2009 年 10 月号	茅沼秀樹・廣間純四郎
25	2012 年 7 月号	茅沼秀樹・菅原優子
26	2010 年 6 月号	茅沼秀樹・廣間純四郎
27	2013 年 5 月号	茅沼秀樹
28	2008 年 11 月号	茅沼秀樹・木下淳一
29	2011 年 9 月号	茅沼秀樹・佐竹恵理子
30	2013 年 9 月号	茅沼秀樹・土持　渉

31	2014年7月号	茅沼秀樹・菅原優子
32	2012年5月号	茅沼秀樹・守下　建
33	2013年4月号	茅沼秀樹・守下　建
34	2013年11月号	茅沼秀樹・芹澤昇吾
35	2012年3月号	茅沼秀樹
36	2010年8月号	茅沼秀樹・佐竹恵理子
37	2014年8月号	茅沼秀樹・芹澤昇吾
38	2012年9月号	茅沼秀樹・廣間純四郎
39	2009年11月号	茅沼秀樹・守下　建
40	2013年1月号	茅沼秀樹・畑　岳史
41	2014年9月号	茅沼秀樹
42	2010年5月号	茅沼秀樹・安川(伊予田)桃子
43	2010年4月号	茅沼秀樹・福田祥子
44	2014年11月号	茅沼秀樹・廣間純四郎
45	2009年12月号	茅沼秀樹・柴田久美子
46	2015年5月号	茅沼秀樹・守下　建
47	2006年6月号	茅沼秀樹
48	2005年10月号	茅沼秀樹
49	2014年3月号	茅沼秀樹・魚谷祐介
50	2006年12月号	茅沼秀樹
51	2009年5月号	茅沼秀樹
52	2011年11月号	茅沼秀樹・守下　建
53	2011年6月号	茅沼秀樹・廣間純四郎
54	2004年12月号	茅沼秀樹
55	2004年4月号	茅沼秀樹
56	2004年2月号	茅沼秀樹
57	2008年6月号	茅沼秀樹・杉山　観
58	2013年2月号	茅沼秀樹・土持　渉
59	2009年3月号	茅沼秀樹・中島(磯部)杏子
60	2003年12月号	茅沼秀樹
61	2008年2月号	茅沼秀樹・兼子祥紀
62	2008年4月号	茅沼秀樹・深澤一将
63	2014年4月号	茅沼秀樹・守下　建
64	2011年8月号	茅沼秀樹
65	2010年3月号	茅沼秀樹・廣間純四郎

66	2007年10月号	茅沼秀樹
67	2011年7月号	茅沼秀樹・深澤一将
68	2009年2月号	茅沼秀樹・小田切(島本)瑠美子
69	2010年11月号	茅沼秀樹・深澤一将
70	2010年10月号	茅沼秀樹・水野浩茂
71	2007年8月号	茅沼秀樹
72	2008年5月号	茅沼秀樹・安川(伊予田)桃子
73	2009年4月号	茅沼秀樹・安川(伊予田)桃子
74	2003年4月号	茅沼秀樹
75	2003年6月号	茅沼秀樹
76	2003年8月号	茅沼秀樹
77	2013年8月号	茅沼秀樹・魚谷祐介
78	2015年3月号	茅沼秀樹
79	2007年2月号	茅沼秀樹
80	2006年2月号	茅沼秀樹
81	2015年1月号	茅沼秀樹
82	2010年9月号	茅沼秀樹・木下淳一
83	2005年2月号	茅沼秀樹
84	2012年12月号	茅沼秀樹
85	2008年9月号	茅沼秀樹・國廣(菅野)知里
86	2007年12月号	茅沼秀樹・杉山　観
87	2004年6月号	茅沼秀樹
88	2005年6月号	茅沼秀樹
89	2015年2月号	茅沼秀樹
90	2009年1月号	茅沼秀樹・宮田祥代
91	2014年1月号	茅沼秀樹・廣間純四郎
92	2014年12月号	茅沼秀樹・外山康二
93	2007年6月号	茅沼秀樹
94	2003年10月号	茅沼秀樹
95	2006年10月号	茅沼秀樹
96	2004年10月号	茅沼秀樹
97	2011年3月号	茅沼秀樹・水野浩茂
98	2012年8月号	茅沼秀樹・牧村(石原)さゆり
99	2011年1月号	茅沼秀樹・國廣(菅野)知里
100	2011年4月号	茅沼秀樹・木下淳一

実症例から学ぶ小動物の画像診断

2019年 6月3日　初版 第1刷発行

編　集　茅沼秀樹
発行者　福　　毅
発　行　文永堂出版株式会社
〒113-0033　東京都文京区本郷2丁目27番18号
TEL 03-3814-3321　FAX 03-3814-9407
URL https://buneido-shuppan.com
製　作　株式会社ムレコミュニケーションズ

定価（本体22,000円＋税）

ISBN 978-4-8300-3273-8

Ruth Dennis, Robert M.Kirberger, Frances Barr, Robert H.Wrigley/
Handbook of SMALL ANIMAL RADIOLOGY and ULTRASOUND
Techniques and Differential Diagnoses 2nd ed.

小動物Ｘ線・超音波 ハンドブック
−検査手技と鑑別診断−

茅沼秀樹 監訳

翻訳（五十音順）：荒川太郎，伊予田桃子，金井詠一，茅沼秀樹，木下淳一，佐竹恵理子，菅原優子，杉山 観，廣間純四郎，深澤一将，福田祥子，牧村（石原）さゆり，水野浩茂，守下 建

B5 判，394 頁，ソフトカバー，2 色刷り
定価（本体 16,000 円＋税）

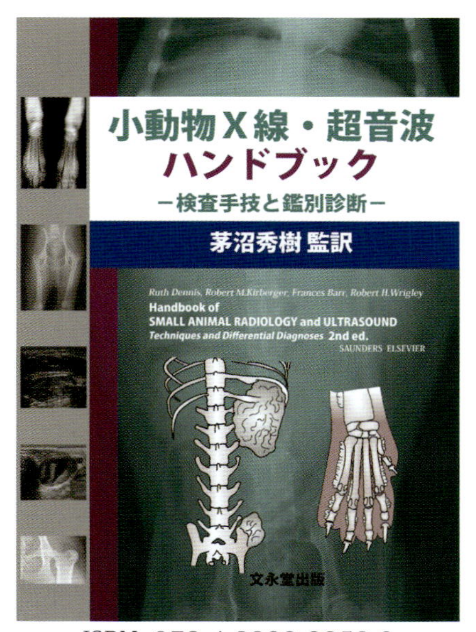

ISBN 978-4-8300-3253-0

画期的 !! 画像診断における鑑別診断書　画像診断をよりスムーズに，より的確に

本書は非常にユニークで，画像から見出される 1 つの特徴的な異常所見から鑑別診断を効率的に検索することができ，いかなる画像診断書よりも臨床に即した参考書といえます．本書は動物の部位や機能で章が分類され，各章の最初には内容に関するリストが記載されていますので，このリスト中から画像にみられる異常所見に合致する項目を見つけることによって，自分の考える画像診断上での鑑別診断リストに不足がないか，または間違っていないかなど，直ぐに調べることができる形式となっています．診療時，実際に使って頂けば，見た目からは想像できないほど実用性が高いことに驚かされると思います．画像診断を専門にしている獣医師はもちろんのこと，一般臨床獣医師においても時間のない診察の傍ら，煩わしさを感じることなく簡単に引けるので，非常に価値のある一冊になるものと思います．その様な本書が，診療の何時でも直ぐに手に取れる場所に置かれ，多くの日本の獣医師に活用されることを監訳者として強く望んでいる次第であります．── 監訳者序文より抜粋

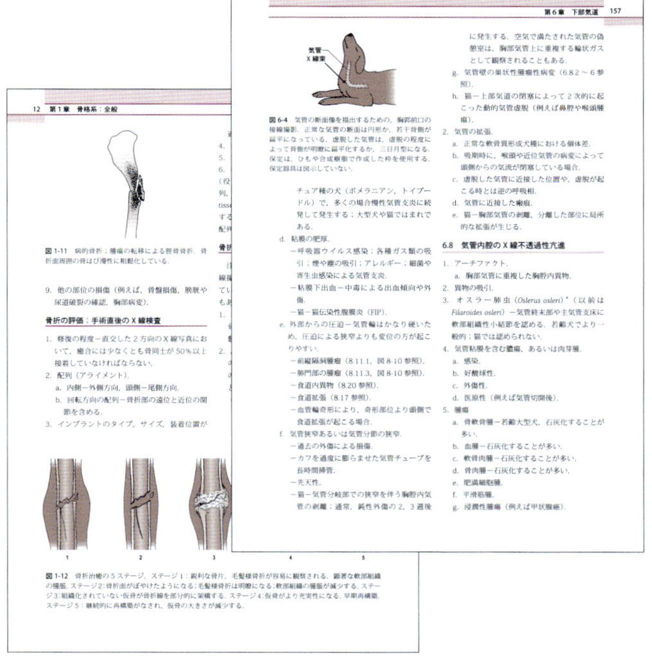

略目次　第 1 章 骨格系：全般，第 2 章 関節，第 3 章 付属骨格，第 4 章 頭頚部，第 5 章 脊椎，第 6 章 下部気道，第 7 章 心血管，第 8 章 その他の胸部構造：胸腔，縦隔，胸部食道，胸壁，第 9 章 その他の腹腔内構造：腹壁，腹腔と後腹膜腔，実質臓器，第 10 章 消化管，第 11 章 泌尿生殖器，第 12 章 軟部組織

ご注文は最寄りの書店，取り扱い店または直接弊社へ

文永堂出版 検索 click！

文永堂出版　〒 113-0033　東京都文京区本郷 2-27-18　TEL 03-3814-3321　FAX 03-3814-9407